冷冲模设计案例剖析

钟翔山　等编著

机 械 工 业 出 版 社

本书介绍了冲裁模、精冲模、弯曲模、拉深模、成形模及复合模、级进模、自动模等的设计基础知识，进而由浅入深、循序渐进地对各种典型冲模的加工工艺、模具结构进行了分析，对各类冲模的加工案例进行了“工艺方案、主要计算方法和步骤、模具结构及模具设计要点”等内容的全面剖析。本书通过以点串线、以线带面的形式，对整个冷冲模设计知识进行了精心的梳理。对冷冲压各工序的加工技能、技巧进行了系统的归纳和总结。全书内容详尽实用、结构清晰明了，有助于冷冲模设计人员开拓思路，掌握冲模设计的方法，迅速提高冲模设计技能。

本书可供从事冲压工艺及模具设计工作的工程技术人员使用，也可作为大专院校机电专业和模具设计与制造专业师生的参考书。

图书在版编目（CIP）数据

冷冲模设计案例剖析/钟翔山等编著．—北京：机械工业出版社，2009.7

ISBN 978-7-111-27274-8

Ⅰ．冷…　Ⅱ．钟…　Ⅲ．冷冲压－冲模－设计　Ⅳ．TG385.2

中国版本图书馆 CIP 数据核字（2009）第 083031 号

机械工业出版社（北京市百万庄大街 22 号　邮政编码 100037）
策划编辑：陈保华　责任编辑：郑　铉　版式设计：霍永明
责任校对：李秋荣　封面设计：姚　毅　责任印制：邓　博
北京机工印刷厂印刷（三河市南杨庄国丰装订厂装订）
2009 年 8 月第 1 版第 1 次印刷
169mm×239mm・32.75 印张・638 千字
0 001—4 000 册
标准书号：ISBN 978-7-111-27274-8
定价：68.00 元

凡购本书，如有缺页、倒页、脱页，由本社发行部调换
销售服务热线电话：（010）68326294
购书热线电话：（010）88379639　88379641　88379643
编辑热线电话：（010）68351729

前　言

作为工业之母的模具工业随着我国加入 WTO 后获得了迅猛的发展。近年来，大量模具企业及模具工业城不断涌现，从业人员已超百万，模具专业连年出现人才的奇缺，整个行业呈现出前所未有的发展良机。然而，人才市场却屡屡出现这样一种怪现象：大量的模具技术人才需要从各类校门跨入厂门就业，企业也需要大量的模具人才，但模具企业却又常常招不到合适的人才。

对这种困惑，笔者认为是由模具具有的极强实践性、实用性特点所决定的，而这种实用能力往往须经多年生产实践的积累与总结才可获得，为此，笔者特编著了《冷冲模设计应知应会》一书，以期让院校毕业生尽快地适应工作，缩短自身成长周期。

近来，模具协会同行又普遍反应在当今市场经济体制下，模具行业的市场、价格、质量的竞争越来越激烈，企业对工艺方案的制订及模具设计呈现出近乎苛刻的“优质、高产、低耗”要求，对设计技能的要求越来越高，使得具有多年工作经验的“老模具”也倍感压力重重；几年来，笔者通过陆续参观多家不同规模的模具企业及拜访散落于各地的多位模具同事，都不同程度地听到模具生产企业的老总对“模具设计人员的技能不强”，解决问题“妙招稀缺”的埋怨声以及同事、同行对“现在的技术工作难做，既要出好零件还要最经济，而常常不宜承揽的加工件也照接不误”的诉苦声……，可见，这是新时期出现的带有普遍性的问题。

如何应对？如何解决？这便是本书写作的缘由。紧扣工艺方案的分析、突出模具结构的设计，便是本书写作的着眼点，也是笔者苦苦寻觅后的破解良策。因为一个高质量冲压零件的成功加工，主要有两个关键，一是实施正确、实用的工艺方案，这属于整个零件加工成败的战略谋划；二是完美、实用的模具结构设计，这属于零件加工中具体的战术实施。只有在两者都具备的情况下，通过工艺方案与模具结构设计的有效配合，才能在满足零件加工需要的同时呈现“妙”招叠出。

考虑到设计技能提高的渐进性及写作的连贯性，本书按《冷冲模设计应知应会》一书的姊妹篇进行编排，选取的案例依然包含生产中疑难杂症的巧思妙解，既是《冷冲模设计应知应会》一书的延续、补充与提高，又有自身的特色与侧重，并可独立成册。

全书以典型冲模结构为切入点，以冲压加工工艺为主线，采取“案例剖析”的编写格式，介绍了冲裁模、精冲模、弯曲模、拉深模、成形模及复合模、级进模、自动模等各类冲模的设计知识，在此基础上，由浅入深、循序渐进地对各类冲模的加工工艺、模具结构进行了分析，为突出实用，每个案例都有工艺方案分析、主要计算方法和步骤、模具结构介绍及模具设计要点。通过以点串线、以线带面的形式，对整个冷冲模设计知识进行精心的梳理，对冷冲压各工序的加工技能、技巧进行系统的归纳和总结，以开拓冲模设计人员的思路，掌握冲模设计的方法，培育解决实际问题的能力。全书既按冲压加工工序分门别类进行介绍，又突出各工序的综合运用，力图通过对各种实例的剖析，将冷冲压各加工工序工艺方案及模具设计与制造的具体结构、要点一一加以综合论述。考虑到设计的需要，在书中最后一章编排了冷冲模设计常用的各种设计计算公式、数据资料，供读者在实际工作中参考。

本书由钟翔山策划、主笔，特邀钟礼耀高工、钟翔屿博士、孙东红研究员高工、钟静玲高工、周莲英高级教师、曾冬秀、陈黎娟硕士参与编写和整理资料工作，钟师源、孙雨暄为本书进行了部分文字处理，感谢他们的辛勤努力，共同促成了本书的成书速度。全书由钟翔山整理统稿，钟翔山、钟礼耀校审。

在本书的编写过程中，得到了亚洲富士长林电梯（新余）有限公司领导的支持，感谢他们以“创一流企业，树知名品牌”的企业追求精神对本书进行的热忱指导，同时还要由衷地感谢广大同行及有关专家的热情帮助和鼓励。由于水平有限，经验不足，疏漏错误之处难免，热诚希望读者指正。

钟翔山

目　录

第6章 复合模设计案例剖析…… 313

第1章 冲裁模设计案例剖析

1.1 冲裁模设计基础

1.1.1 冲裁工序及模具结构简图

使板料分离的冲压工序称为冲裁。根据冲裁变形机理的不同，冲裁可以分为普通冲裁和精密冲裁两大类。普通冲裁是由凸、凹模刃口之间产生剪裂缝的形式实现板料分离的。本章主要讨论普通冲裁。

习惯上，冲孔与落料工艺作业统称为冲裁，属于分离类工序。分离类工序是使冲压件与板料沿要求的轮廓线相互分离，并获得一定断面质量的冲压加工方法。

冲孔是切舌（切开）、冲口、冲任意形状孔的通称；落料就是冲压零件的外形整体冲切并与原材料分离。此外，剪切、剪裁、切边、剖切、整修等分离冲切工序均属于分离作业的冲裁工序。各工序主要特点如下：

（1）落料　用模具沿封闭轮廓线冲切板料，切下部分是工件，其工序及模具简图见图1-1a。

（2）冲孔　用模具沿封闭轮廓线冲切板料，切下部分是废料，其工序及模具简图见图1-1b。

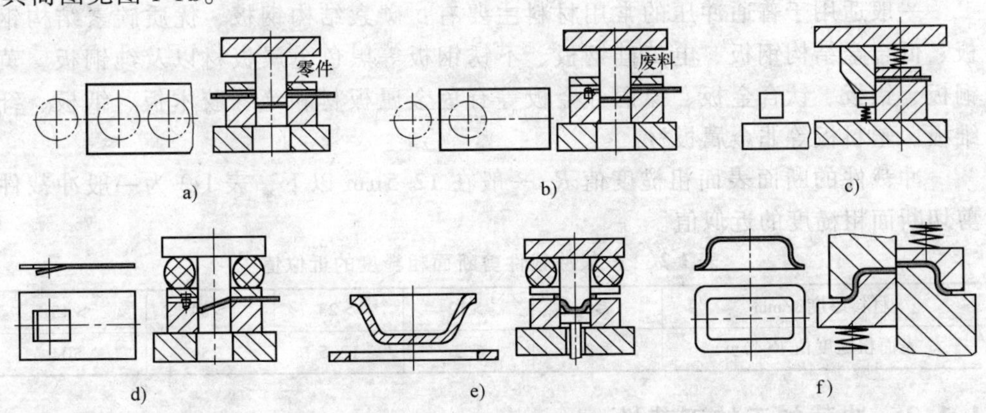

图1-1　分离类工序及模具简图

a）落料工序及模具简图　b）冲孔工序及模具简图　c）切断工序及模具简图

d）切口工序及模具简图　e）切边工序及模具简图　f）剖切工序及模具简图

（3）切断　用剪刀或模具将板料沿不封闭轮廓线分离，其工序及模具简图见图 1-1c。

（4）切口　用模具沿不封闭轮廓将部分板料切开并使其下弯，其工序及模具简图见图 1-1d。

（5）切边　用模具将工件边缘的多余材料冲切下来，其工序及模具简图见图 1-1e。

（6）剖切　用模具将冲压成形的半成品切开成为两个或数个工件，其工序及模具简图见图 1-1f。

1.1.2　冲裁加工的经济精度

对普通冲裁模来说，冲模的制造精度对冲裁件的尺寸精度有直接的影响。冲模的精度愈高，冲裁件的精度也愈高。表 1-1 为当冲模具有合理间隙与锋利刃口时，其制造精度与冲裁件精度的关系。

表 1-1　冲模制造精度与冲裁件精度的关系

冲模制造精度	材料厚度 t/mm											
	0.5	0.8	1	1.6	2	3	4	5	6	8	10	12
IT6 ~ IT7	IT8	IT8	IT9	IT10	IT10	—	—	—	—	—	—	—
IT7 ~ IT8	—	IT9	IT10	IT10	IT12	IT12	IT12	—	—	—	—	—
IT9	—	—	—	IT12	IT12	IT12	IT12	IT12	IT14	IT14	IT14	IT14

一般来说，金属冲裁件内外形的经济精度为 IT12 ~ IT14 级，一般要求落料件精度最好低于 IT10，冲孔件最好低于 IT9 级。

一般适用于普通冲压的常用材料主要有：碳素结构钢板、优质碳素结构钢板、低合金结构钢板、电工硅钢板、不锈钢板等黑色金属板材以及纯铜板、黄铜板、铝板、钛合金板、镍铜合金板等有色金属板材和绝缘胶木板、纸板、纤维板、塑料板等非金属板材。

冲裁件的断面表面粗糙度值 R_a 一般在 12.5μm 以下，表 1-2 为一般冲裁件剪切断面粗糙度的近似值。

表 1-2　一般冲裁件剪断面粗糙度的近似值

材料厚度 s/mm	≤1	>12	>23	>34	>45
表面粗糙度值 R_a/μm	3.2	6.3	12.5	25	50

1.1.3　冲裁加工的工艺性

对冲裁加工件应判断其在冲压加工中的难易程度，即进行冲裁件的工艺性分析，主要考虑如下因素：

冲裁件的外形或内孔设计应力求简单、对称，避免尖锐的尖角，一般应有 $R>0.5t$（t 为料厚）以上的圆角。冲裁件的凸出悬壁和凹槽不宜过长，其宽度 b 要大于料厚 t 的两倍，即 $b>2t$。冲孔尺寸不宜过小，否则凸模强度不够，一般对低碳钢冲孔，许可的最小冲孔尺寸约等于料厚。用自由凸模或带护套凸模冲孔的最小尺寸见表 1-3 及表 1-4。冲裁件的孔与孔之间和孔与边缘之间的距离 a 不能过小，否则凹模强度不够，容易破裂，且工件边缘容易产生膨胀或歪扭变形。最小距离数值应取 $a \geqslant t$（对圆孔），或 $a \geqslant 1.5t$（对矩形孔）。

表 1-3　用自由凸模冲孔的最小尺寸

材　料	冲孔最小直径或最小边长	
	圆孔	矩形孔
硬钢	$1.3t$	t
软钢及黄铜	t	$0.7t$
铝	$0.8t$	$0.6t$
夹布胶木及夹纸胶木	$0.4t$	$0.35t$

表 1-4　用带护套凸模冲孔的最小尺寸

材　料	冲孔最小直径或最小边长	
	圆孔	矩形孔
硬钢	$0.5t$	$0.4t$
软钢及黄铜	$0.35t$	$0.3t$
铝及锌	$0.3t$	$0.28t$

对冲裁件中未注公差尺寸的极限偏差按 GB/T 15055—2007《冲压件未注公差尺寸极限偏差》选取，具体参见表 1-5、表 1-6、表 1-7。

表 1-5　未注公差尺寸的极限偏差　　（单位：mm）

基本尺寸		材料厚度		公差等级			
大于	至	大于	至	f	m	c	v
0.5	3	—	1	±0.05	±0.10	±0.15	±0.20
		1	3	±0.15	±0.20	±0.30	±0.40
3	6	—	1	±0.10	±0.15	±0.20	±0.30
		1	4	±0.20	±0.30	±0.40	±0.55
		4	—	±0.30	±0.40	±0.60	±0.80
6	30	—	1	±0.15	±0.20	±0.30	±0.40
		1	4	±0.30	±0.40	±0.55	±0.75
		4	—	±0.45	±0.60	±0.80	±1.20

（续）

基本尺寸		材料厚度		公差等级			
大于	至	大于	至	f	m	c	v
30	120	—	1	±0.20	±0.30	±0.40	±0.55
		1	4	±0.40	±0.55	±0.75	±1.05
		4	—	±0.60	±0.80	±1.10	±1.50
120	400	—	1	±0.25	±0.35	±0.50	±0.70
		1	4	±0.50	±0.70	±1.00	±1.40
		4	—	±0.75	±1.05	±1.45	±2.10
400	1000	—	1	±0.35	±0.50	±0.70	±1.00
		1	4	±0.70	±1.00	±1.40	±2.00
		4	—	±1.05	±1.45	±2.10	±2.90
1000	2000	—	1	±0.45	±0.65	±0.90	±1.30
		1	4	±0.90	±1.30	±1.80	±2.50
		4	—	±1.40	±2.00	±2.80	±3.90
2000	4000	—	1	±0.70	±1.00	±1.40	±2.00
		1	4	±1.40	±2.00	±2.80	±3.90
		4	—	±1.80	±2.60	±3.60	±5.00

注：对于0.5及0.5mm以下的尺寸应标公差。

表1-6　未注公差冲裁圆角半径线性尺寸的极限偏差　（单位：mm）

基本尺寸		材料厚度		公差等级	
大于	至	大于	至	f　m	c　v
0.5	3	—	1	±0.15	±0.20
		1	4	±0.30	±0.40
3	6	—	4	±0.40	±0.60
		4	—	±0.60	±1.00
6	30	—	4	±0.60	±0.80
		4	—	±1.00	±1.40
30	120	—	4	±1.00	±1.20
		4	—	±2.00	±2.40
120	400	—	4	±1.20	±1.50
		4	—	±2.40	±3.00
400	—	—	4	±2.00	±2.40
		4	—	±3.00	±3.50

表 1-7　未注公差冲裁角度尺寸的极限偏差　　（单位：mm）

公差等级	短边长度/mm						
	≤10	>10～25	>25～63	>63～160	>160～400	>400～1000	>1000～2500
f	±1°00′	±0°40′	±0°30′	±0°20′	±0°15′	±0°10′	±0°06′
m	±1°30′	±1°00′	±0°45′	±0°30′	±0°20′	±0°15′	±0°10′
c v	±2°00′	±1°30′	±1°00′	±0°40′	±0°30′	±0°20′	±0°15′

1.1.4　冲裁加工工艺与模具设计的关系

当通过工艺性分析确定零件为冲裁加工方案后，在制订冲裁件的加工工艺时，首先应根据冲裁件的形状、尺寸、精度要求、材料性能考虑冲裁工艺性，以确定选择采用普通冲裁还是精密冲裁，在此基础上，根据生产批量、冲压设备、模具加工条件等多方面的因素作综合的分析，以制订经济、合理的工艺方案。

根据确定的工艺方案设计零件的排样方式，计算冲裁力并选定设备，便可进行模具的总体设计，同时计算模具各工作部件的受力，最后进行零件的设计。

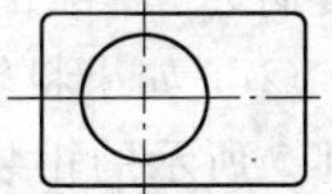

图 1-2　零件结构简图

1）小批量生产图 1-2 所示的产品零件，若精度要求不高，外形尺寸不大，则采用的加工工艺方案为：剪成零件外形 → 模具冲孔。

设计的模具结构如图 1-3 所示。

该模具为无导向的开式简单冲孔模，剪切好的坯料由安装在凹模 5 上的 3 个定位销定位，上模 1 与凹模 5 共同冲出圆孔，由压缩后的聚氨酯块 2 提供动力给卸料板 4 将夹在上模 1 冲头上的零件推出。

由于该类模具结构简单、制造容易、成本低，尽管使用时模具间隙调整麻烦，冲件质量差，操作也不够安全，但能满足精度要求不高、形状简单、批量小的冲裁件的生产需要，且有利于企业经济效益的提高。

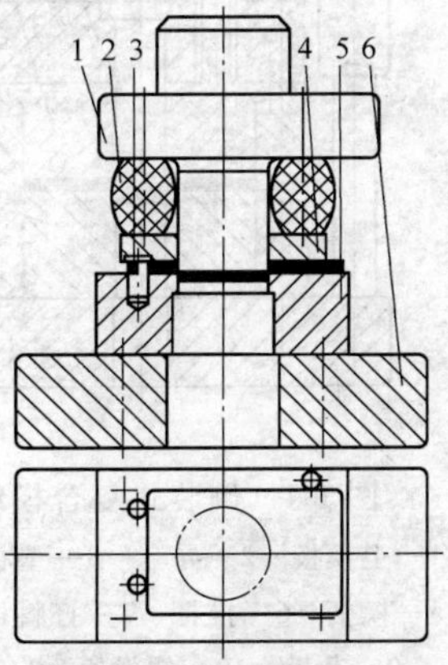

图 1-3　模具结构简图

1—上模　2—聚氨酯块　3—定位销　4—卸料板　5—凹模　6—下模板

无导向单工序冲裁模通常在以下场合使用：

① 冲裁件尺寸精度不高，一般低于 IT12 级。

② 冲裁料厚较大，通常 $t \geqslant 1$mm。

③ 冲裁线形状为圆、方、矩形、长圆或多角以及类似或接近的、规则而简单的几何形状，冲裁线圆

滑、平直，无锐角与齿形、小凸台以及细小枝芽、悬壁等冲切形状。

④ 冲裁件产量不大。

⑤ 对冲裁件冲切面质量、毛刺及平面度无要求。

⑥ 冲裁件尺寸较大，推荐冲裁件尺寸：长×宽×料厚≥25mm×10mm×1mm；更小尺寸及更薄料的冲裁工件，为安全计，不推荐用敞开模冲制。

2）生产图1-2所示零件，若尺寸精度要求较高，生产批量较大，零件的外形尺寸不大，有足够吨位的压力机，那么，采用的加工工艺方案变为：剪切条料→利用复合模一次性加工出零件。

① 如果料较厚，材料强度较高且零件平面度没有特殊要求，则可设计成图1-4所示的倒装式复合模（因为落料凹模11装在上模），整套模具采用导柱12及导套2导向。冲裁时，卸料板14先压住条料起校平作用，压力机滑块继续下行时，落料凹模11将卸料板14压下与凸模9、凸凹模13共同作用，将零件外形冲出，当压力机滑块上行，卸料板14在聚氨酯块15作用下将条料从凸凹模上卸下，而打料杆7受到压力机横杆的推动，通过打料板8、推杆6与卸料块10将零件从落料凹模型腔中推出，冲孔废料则直接由凸凹模孔漏到压力机台面上。

② 如果料较薄，材料较软且零件平面度有较高要求，那么最好应设计成图1-5所示的正装式复合模，其工作过程与倒装式相似，冲出的零件由压力机的下顶缸或通过弹性缓冲器由顶杆14通过卸料块12顶出，条料及冲孔废料则由压力机横杆通过上模的卸料板9及打杆8推出。

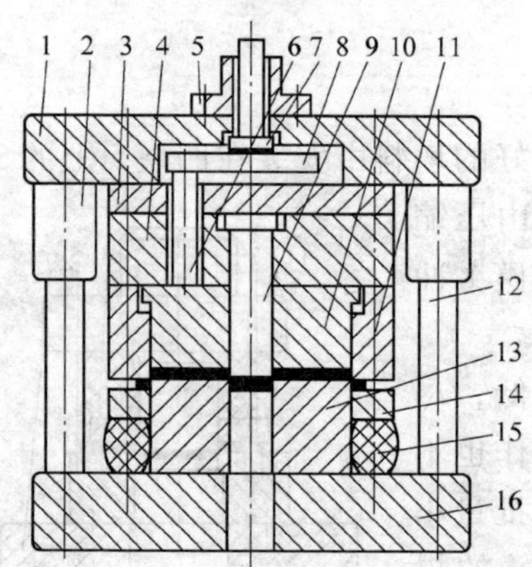

图1-4 倒装式复合模结构简图

1—上模板 2—导套 3—垫板 4—固定板 5—模柄 6—推杆 7—打料杆 8—打料板 9—凸模 10—卸料块 11—落料凹模 12—导柱 13—凸凹模 14—卸料板 15—聚氨酯块 16—下模板

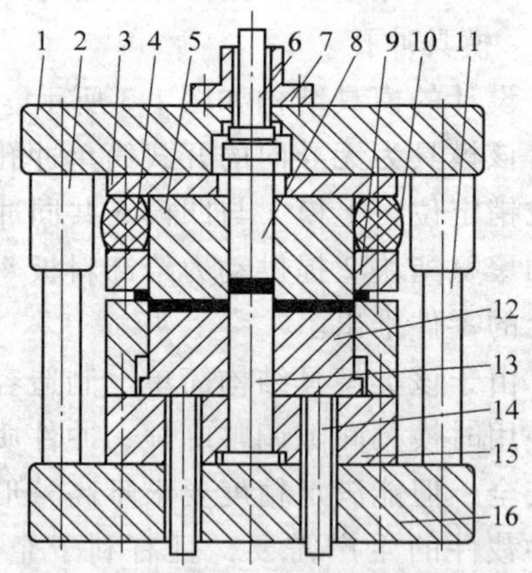

图1-5 正装式复合模结构简图

1—上模板 2—导套 3—垫板 4—聚氨酯块 5—凸凹模 6—打料杆 7—模柄 8—打杆 9—卸料板 10—落料凹模 11—导柱 12—卸料块 13—凸模 14—顶杆 15—固定板 16—下模板

由于倒装式复合模冲孔废料可以从压力机工作台孔中漏出，工件从上模推下，比较容易引出去，操作方便、安全，能保证较高的生产率，因此，应优先采用。而正装式复合模，冲孔废料由上模带上，再由推料装置推出，工件则由下模的推件装置向上推出，条料由上模卸料装置脱出，三者混杂在一起，如果万一来不及排除废料或工件而进行下一次冲压，就易崩裂模具刃口。

因正装式复合模的顶件板、卸料板均是弹性的，条料与冲裁件同时受到压平作用，所以对较软、较薄的冲裁件能达到平整要求，冲裁件的精度也较高；而在倒装式复合模中，冲裁后工件嵌在上模部分的落料凹模内，需由刚性或弹性推件装置推出，刚性推件装置推件可靠，可以将工件稳当地推出凹模，但在冲裁时，刚性推件装置对工件不起压平作用，故工件平整度及尺寸精度比用弹性推件装置时要低些。

3）有导向的单工序冲裁模通常在以下场合使用：

① 冲裁件尺寸精度较高，一般高于 IT12 级，可达到 IT10 级，甚至更高一些。

② 冲裁件料厚 t 一般不限，但目前可以达到的工艺水平为：薄料、超薄料冲裁，$t<0.5\text{mm}$，$t_{\min}=0.01\text{mm}$；厚料、超厚料冲裁，$t=4.75\sim16\text{mm}$，$t_{\max}=25\text{mm}$；冲孔 $t_{\max}=35\text{mm}$；较常用的冲裁料厚 $t\leqslant3\text{mm}$，更多的料厚范围为 $t=0.5\sim2\text{mm}$。

③ 适用冲压零件的生产性质为成批、大批量生产。

④ 对冲裁件冲切面质量、毛刺及平面度有一定要求。

⑤ 对冲裁件尺寸的限制：

使用标准模架，推荐冲裁件凹模尺寸：长×宽≤630mm×500mm；冲制圆孔直径 $d\geqslant0.6t$，推荐 $d\geqslant t$；冲裁料厚 $t\leqslant16\text{mm}$，推荐 $t\leqslant10\text{ mm}$。$t>10\text{mm}$ 时用热冲裁。

许用最大冲裁料厚 $t_{\max}$，取决于冲压设备的类型及其公称压力。对于通用、普通标准的机械压力机，其许用最大冲裁料厚，推荐按下述公式计算：

单次行程，间断冲裁时：

$$t_{\max}=0.9\sqrt{F_{公称}/10}\quad(\text{mm})$$

连续行程，不间断（连闸开机）冲裁时：

$$t_{\max}=0.45\sqrt{F_{公称}/10}\quad(\text{mm})$$

式中 $F_{公称}$——具有标准行程的普通标准机械压力机的公称压力（kN）。

⑥ 精冲小孔、高精度群孔、深孔：冲孔直径 $d=0.4\sim3\text{mm}$ 小孔，冲孔直径 $d=0.3t\sim t$ 的深孔。

⑦ 光洁冲裁冲切面光洁平直，表面粗糙度 $R_a\leqslant0.8\ \mu\text{m}$。

4）生产的图 1-2 所示零件，如果零件外形尺寸较大，而精度要求不高，生产批量又不大，那么根据生产中的实际情况，则有可能确定如下几种加工工艺方案：剪成零件外形 → 气割内孔；或剪成零件外形 → 冲切内孔等。

5）生产图 1-6a 所示圆形零件，生产批量较大，采用的加工工艺方案为：剪切条料 → 落料。

零件排样如图 1-6b 所示，模具结构如图 1-6c 所示。

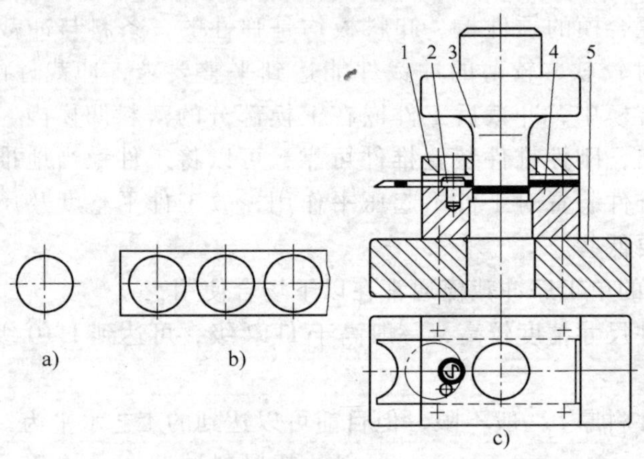

图 1-6　落料零件及模具结构简图

a）零件结构简图　b）排样简图　c）模具结构简图

1—导板　2—圆柱销　3—上模　4—凹模　5—下模板

该模为导板式落料模，上模 3 的工作部分与导板 1 成小间隙配合进行导向，对冲裁小于 0.8mm 的材料时，其采用 H6/h5 的配合，对冲裁大于 3mm 的材料，则选用 H8/h7 级配合。导板同时兼起卸料作用，冲裁时，要保证凸模始终不脱离导板，以保证导板的导向精度，尤其对多凸模或小凸模，若凸模离开导板再进入导板时，其锐利刃边易被碰损，同时也啃坏导板上的导向孔，从而影响到凸模的寿命或使得凸模与导板之间的导向精度受到影响。

此类模具较无导向模精度高，制造复杂，但使用较安全，安装容易。一般用于板料厚度 $t>0.5\text{mm}$ 的形状简单、尺寸不大的单工序冲裁或多工序的级进模，要求压力机行程要小，以保证工作时凸模始终不脱离导板。对形状复杂、尺寸较大的零件，不宜采用这种结构形式，最好采用有导柱导套型导向的模具结构。

在实际生产中，由于企业规模及管理设置上的不同，加工工艺方案的确定与模具的设计可能在相同或不同部门里由同一个人或不同的人员协作完成，但不管如何，加工工艺方案的确定与模具的设计是相互联系的，须统筹兼顾、相互配合。有时，为提高冲裁件加工工艺性，在不影响使用的前提下，还可与产品设计人员对零件的形状、加工精度、材料厚度以及对冲压件的表面要求等进行沟通、协调。对某些工艺性差的设计，确实是产品需要，也可采用冲压工艺与其他加工方法（如车、铣等机械加工）合作，来保证产品的设计要求，达到产品与工艺间的合理、统一。

1.2 落料模案例剖析

1.2.1 落料加工工艺及模具结构分析

落料是以封闭曲线的形式从板料中分离部分形状的板料并作为工件。在制定落料加工工艺时，很重要的一项内容便是排样方式的选择。一般来说，应结合工人操作时的方便性，对零件的横排、纵排及斜排分别进行综合考虑，尽量采用少、无废料排样，从中选定材料利用率最高的一种方式。

若加工的零件生产批量不大且外形尺寸较小，则一般裁成条料进行加工；若加工零件即使生产批量较大，但外形尺寸很大，考虑到模具的制造及工人的操作强度，也采用单件单工序加工；若零件外形尺寸较小、料较薄（$t \leqslant 2$mm）且生产批量较大，则可采用卷料进行自动送料加工。但不管采用哪一种裁料加工方式，进行落料模设计时，应注意到以下几点：

（1）根据零件精度、形状复杂程度、批量大小等来选择模具类型　对零件精度要求不高、形状简单、批量不大的零件，一般依次考虑设计无导向简单模、导板式简单冲裁模、导柱式简单冲裁模等。其次，对形状复杂、尺寸大的落料件须设计导柱导套冲裁模，同时考虑到模具加工能力、节约材料、模具维修方便等，多在模具中采用凸、凹模分块的镶拼结构，一般分块原则如下：

1）便于机械加工，减少钳工工作量，并减少热处理变形。当有尖角时，可在尖角处分段；尽可能将形状复杂的内形加工改为外形加工，根据形状可沿对称轴线分割，使形状、尺寸相同的分块可以一同磨削加工；圆弧形分割时，拼接线应在离切点 3～5mm 的直线部分，拼接线要与刃口垂直；镶块间的接头，应在刀刃点的最低处。

2）便于维修更换与调整。比较薄弱或易磨损的局部凸出或凹进部分，应单独做成一块或采用镶嵌结构。

3）凹模上和凸模上镶块的接头不应重合，保证凸模与凹模的拼接线错开约 3～5mm，以免产生冲裁毛刺。

4）镶块的固定可以采用热套、锥套、框套、螺钉紧固、螺钉销钉紧固以及低熔点合金和环氧树脂浇注等方法。分块时应考虑到便于布置紧固螺钉孔和销钉孔。

（2）考虑到冲模平衡地工作　模具压力中心必须通过模柄轴线，即与压力机滑块的中心线重合，否则滑块就会受到偏心载荷而导致滑块导轨和模具的不正常磨损，降低模具寿命甚至损坏模具。

冲压力合力的作用点称为模具的压力中心。整个压力中心的计算根据合力对某轴之力矩等于各分力对同轴的力矩之和的力学原理求得。

1）计算压力中心的步骤如下：

① 先选定坐标轴 X 和 Y。

② 将工件周边分成若干段简单的直线和圆弧段，求出各段长度 l_1，l_2，…，l_n 及其各段的重心的坐标尺寸 x_1，x_2，…，x_n；y_1，y_2，…，y_n。

③ 将上述数据分别代入计算重心的坐标位置公式，即：

$$x_0 = \frac{l_1x_1 + l_2x_2 + \cdots + l_nx_n}{l_1 + l_2 + \cdots + l_n}$$

$$y_0 = \frac{l_1y_1 + l_2y_2 + \cdots + l_ny_n}{l_1 + l_2 + \cdots + l_n}$$

2）如冲裁图 1-7 所示较复杂轮廓的压力中心，计算（图 1-7）的顺序如下：

① 按比例绘出凸模工作部位的轮廓图。

② 从离开轮廓形状任意远的地方确定 X 和 Y 轴。

③ 将轮廓线分成若干部分并决定其重心的坐标 x_1，x_2，…，x_n 和 y_1，y_2，…，y_n。

④ 因为冲裁力和剪切长度 l_1，l_2，…，l_n 成正比，所以在计算总的冲裁力时可用 l_1，l_2，…，l_n 来表示，然后按上述压力中心的坐标位置计算公式确定压力中心的坐标。

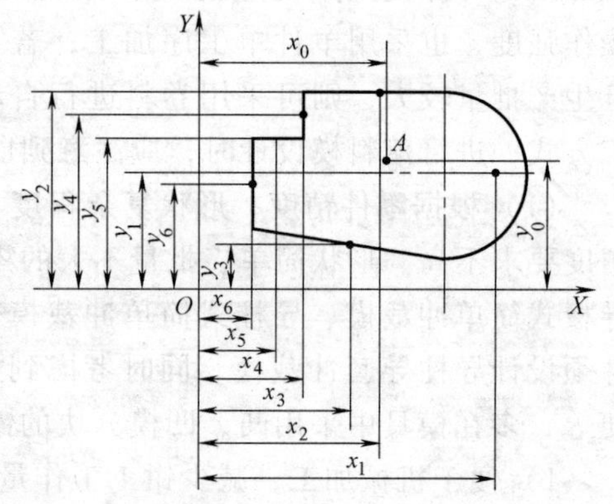

图 1-7　压力中心计算示意图

3）确定多凸模冲模压力中心的顺序如下：

① 按比例绘出凸模工作部位的轮廓图。

② 选择坐标轴 X 和 Y。

③ 找出每个独立凸模的重心和它的坐标。

④ 计算出每一个凸模轮廓的周长 l_1，l_2，…，l_n，然后按上述压力中心的坐标位置计算公式确定压力中心的坐标。

4）直线及圆弧的压力中心。

冲裁轮廓均可化为由直线和圆弧组成，因此，确定了各组成部分的直线和圆弧的压力中心便可确定整个冲裁轮廓的压力中心。

直线线段的压力中心即是线段的中点。对称形状的工件，其压力中心位于轮廓图形的几何中心上。

圆弧的长度和压力中心（图1-8）按以下两式求得。

$$l = \frac{\alpha}{180}2\pi r = \frac{2r\alpha}{57.29}$$

$$x_0 = \frac{180r\sin\alpha}{\alpha\pi} = \frac{57.29r\sin\alpha}{\alpha}$$

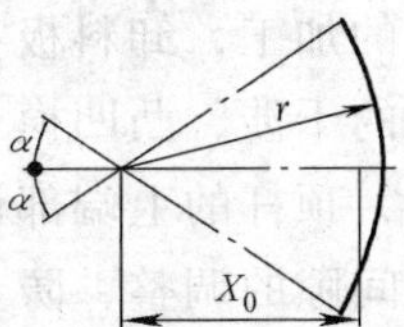

图1-8 圆弧的压力中心

式中 l——展开长度（mm）；

r——圆弧半径（mm）；

α——中心半角（°）；

x_0——圆弧压力中心与圆心距离（mm）。

1.2.2 风机侧板落料模

1. 零件结构 图1-9为某联合收割机上的蜗壳式风机侧板的结构简图，采用1mm厚的Q235—A钢板制成。

2. 模具结构及工作过程 设计的模具结构如图1-10所示。

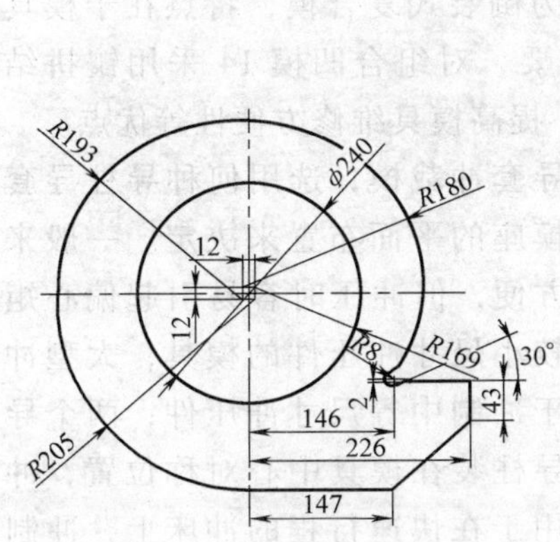

图1-9 侧板的结构简图

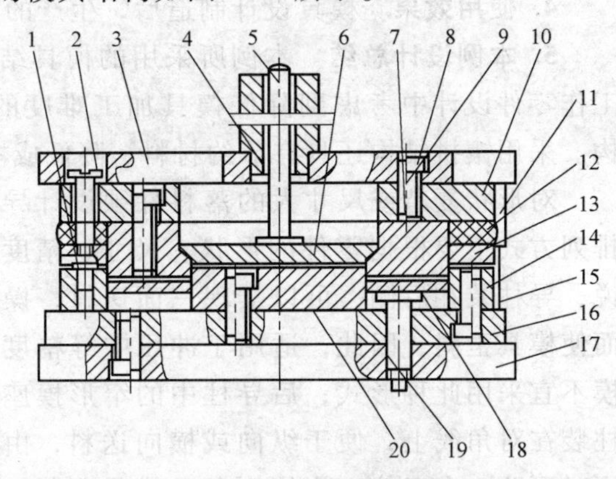

图1-10 模具结构

1—挡料销 2—卸料螺钉 3—上模板 4—模柄 5—退料杆 6—顶出器 7—凸凹模 8—螺钉 9—销钉 10—上模垫板 11—导套 12—橡胶 13—卸料板 14—组合凹模 15—导柱 16—垫板 17—下模板 18—推件板 19—顶杆 20—凸模

模具工作时，板料由挡料销1定位，随着压力机滑块向下运动，卸料板13在橡胶12的压力作用下将板料压紧，凸凹模7继续向下，与凸模20、组合凹模14共同作用完成冲裁，顶出器6在退料杆5的作用下将废料从凸凹模内腔中顶出，卸料板在橡胶弹力作用下，将冲完的板料卸下，气垫卸料装置产生的压力经顶杆19传递给推件板18后将组合凹模中的工件推出。

3. 设计要点

1）凸凹模 7 用螺钉 8 及销钉 9 与上模垫板组装后，再用螺钉、销钉与上模板 3 连接牢固，卸料螺钉 2 的沉孔在上模板上打通，以减少卸料的长度，方便零件的加工，卸料板在挡料销安装的对应部位打通孔，以消除卸料板与挡料销之间的干涉，凸凹模 ϕ240mm 刃口部位设计有 45°斜刃口，限制顶出器的工作部位，顶杆的上端部设计成凸肩，以防止顶杆掉出，考虑到组合凹模 14 安装时冲裁间隙的调整，防止热处理的变形、开裂，减少模具钢的消耗，从各自的圆心，以 90°分成四块拼装而成。

2）为保证模具的工作精度，延长模具使用寿命，保证冲裁件的质量，导柱 15、导套 11 采用对角安装形式。

3）模具上模板、导柱、导套、模柄、退料杆、卸料螺钉等选用专业模具厂的标准件；凸模 20、凸凹模 7、组合凹模 14 采用 T10A 钢，热处理硬度为 58～62HRC；顶杆、挡料销选用 45 钢，热处理硬度为 40～45HRC；上模垫板因中间有大孔，受力较集中，选用 Q235 钢板；下模垫板选用 HT200 时效处理；推件板、卸料板、顶出器用 45 钢，不需热处理。

4. 使用效果 模具设计制造后，生产的零件质量满足产品要求。

5. 本例设计总结 本例所采用的模具结构为倒装式复合模，特点在于模具工作零件设计中考虑到降低模具加工难度的需要，对组合凹模 14 采用镶拼结构。采用镶拼结构还具有节约材料、降低成本、提高模具维修方便性等优点。

对形状复杂或尺寸大的落料件须设计导柱导套冲裁模，选用何种导柱导套排列方式主要根据零件的形状、尺寸、精度及模座的平面布置来决定。一般来说，导柱装在后侧，可以实现三面送料，操作方便，但冲压时容易引起偏心矩而使模具歪斜，因此，适用于冲压中等精度的较小尺寸冲压件的模具，大型冲模不宜采用此种形式；后导柱中的窄形模座用于冲制中等尺寸冲压件；两个导柱装在对角线上，便于纵向或横向送料，由于导柱装在模具中心对称位置，冲压时可防止由于偏心力矩引起的模具歪斜，适用于在快速行程的冲床上，冲制一般精度冲压件的冲裁模或级进模；四个导柱冲模的导向性能最好，适用于冲制比较精密的冲压件；三导柱冲模用于冲制大尺寸冲压件。

1.3 冲孔模案例剖析

1.3.1 板料冲孔加工工艺及模具结构分析

冲孔与落料一样也是以封闭曲线的形式从板料中分离部分形状的板料，与落料不同的是，分离的部分为废料，板料上剩下的部分为工件。

在进行冲孔模设计之前，也应根据冲孔零件精度、形状复杂程度、批量大小等来选择模具类型，其模具结构选择与落料模类似。

一般情况下，冲孔凸模的强度是足够的，所以不用进行强度计算。但对于特别细长的凸模或厚度较大的冲裁板料，应进行压应力和弯曲应力的校核，检查其危险断面尺寸和自由长度是否满足强度要求。

（1）压应力的校核　圆形凸模按下式进行压应力校核。

$$d_{\min} \geqslant \frac{4t\tau}{[\sigma_{压}]}$$

非圆形凸模按下式进行压应力校核。

$$A_{\min} \geqslant \frac{F}{[\sigma_{压}]}$$

式中　$d_{\min}$——凸模最小直径（mm）；

$A_{\min}$——凸模最小截面的面积（mm^2）；

t——料厚（mm）；

τ——材料的抗剪强度（MPa）；

F——冲裁力（N）；

$[\sigma_{压}]$——凸模材料的许用压应力（MPa）。$[\sigma_{压}]$ 的值取决于材料、热处理和冲模的结构，如 T8A、T10A、Cr12MoV、GCr15 等工具钢淬火硬度为 58～62HRC 时，取 1000～1600MPa，当有特殊导向时，可取 2000～3000MPa。

（2）弯曲应力的校核　凸模的弯曲应力，根据模具结构特点，可分为无导向装置和有导向装置凸模两种情况进行校核。

1）无导向装置的凸模结构如图 1-11a 所示。

圆形凸模按下式计算：

$$L_{\max} \leqslant 95\frac{d^2}{\sqrt{F}}$$

非圆形凸模按下式计算：

$$L_{\max} \leqslant 425\sqrt{\frac{I}{F}}$$

2）带导向装置的凸模结构如图 1-11b 所示。

圆形凸模按下式计算：

$$L_{\max} \leqslant 270\frac{d^2}{\sqrt{F}}$$

非圆形凸模按下式计算：

$$L_{\max} \leqslant 1200\sqrt{\frac{I}{F}}$$

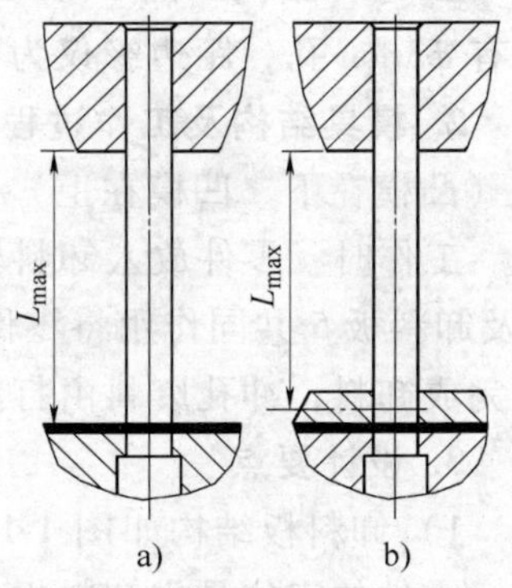

图 1-11　无导向和带导向凸模

a）无导向的凸模　b）带导向的凸模

式中　$L_{\max}$——允许的凸模最大自由长度（mm）；

d——凸模的最小直径（mm）；

F——冲裁力（N）；

I——凸模最小横截面的惯性矩（mm^4）。

一般来说，板料冲孔加工工艺的制定比较直观，冲孔模的设计比较规范，模具结构相对也比较简单。但在斜面上冲孔时，由于受侧向力的作用，在冲孔过程中，易使凸模工作时发生歪斜。当斜面角大时，则产生的侧压力就大，对凸模零件的影响就越大。为此，在模具设计中应对坯料设置挡块，对凸模实行保护，以减少或避免侧向力对冲孔凸模的影响。当冲切大斜面角（α 为 15°～45°）时，由于凸模斜角较大，尖角过于尖锐，冲切时容易崩刃，可采取如图1-12所示的结构，将尖角处磨掉 1mm，形成一微小平台，解决崩刃问题。

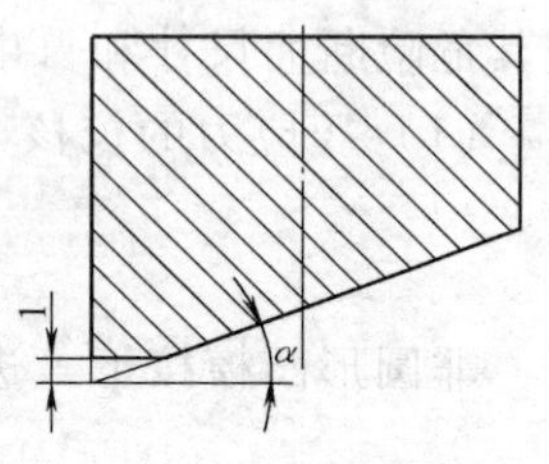

图 1-12　冲切大斜面角时凸模结构简图

当冲裁孔边距特小的孔时，应在充分保证模具各工作零件强度的前提下，考虑安排模具结构的设计，一般采用倒装式冲孔模结构（详见加工实例 1.3.2）。

对两侧有同轴度要求的零件，为保证同轴度，模具设计中常设计各种斜楔机构进行冲孔。斜楔及斜楔常用机构参见第 10 章有关章节。

对外形尺寸较小的零件，依照斜楔冲孔原理，可设计浮动斜滑块结构，从而简化模具（详见加工实例 1.3.3）。

1.3.2　特小孔边距冲孔模

1. 零件结构　图 1-13 所示零件结构，采用 2mm 厚的 Q235—A 钢制成，其上有 ϕ3mm 孔，距边缘仅为 1.5mm。

2. 模具结构及工作过程　针对零件结构，设计图 1-14 所示整体倒装式冲孔模（凸模在下、凹模在上）的结构。

工作时，零件放入卸料板 5 上的适当位置，随着上模的下行，凸模 6、凹模 4 及卸料板 5 共同作用将零件孔冲出，随着上模的上行，零件在卸料板 5 的作用下完成卸料，冲孔废料由打料杆 2 顶出。

3. 设计要点

1）卸料板结构如图 1-15 所示，它的下部铣去一个梯形，以利于零件的运动，零件的定位是靠卸料板的前面及浅槽的侧面。

2）凸模采用护套式凸模，凹模由于在上面，它不受零件的限制，其壁厚可按需要加工。

3）凸模固定板、凸模保护套、垫板、下模座均加工成如卸料板结构（均铣去一个梯形）。

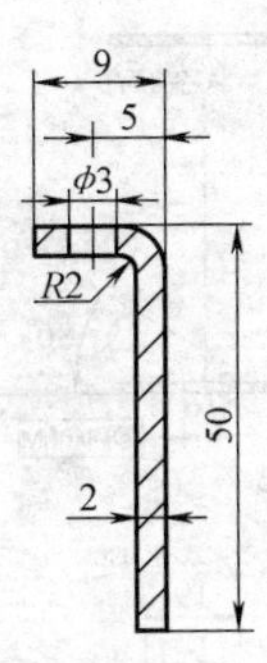

图 1-13　零件结构简图

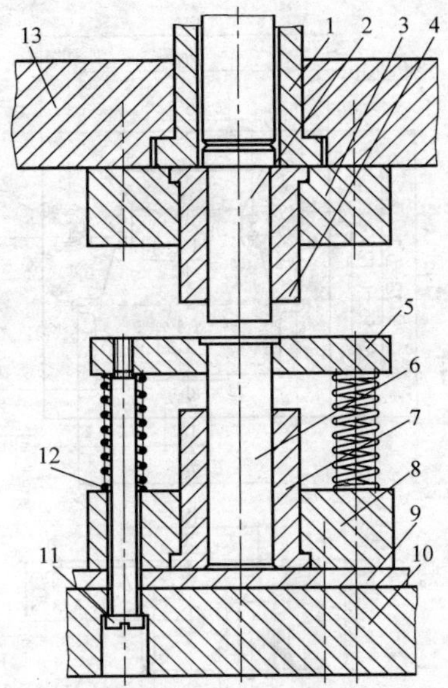

图 1-14　整体倒装式冲孔模具结构简图

1—模柄　2—打料杆　3—凹模固定板　4—凹模　5—卸料板　6—凸模　7—凸模保护套　8—凸模固定板　9—垫板　10—下模座　11—卸料螺钉　12—弹簧　13—上模座

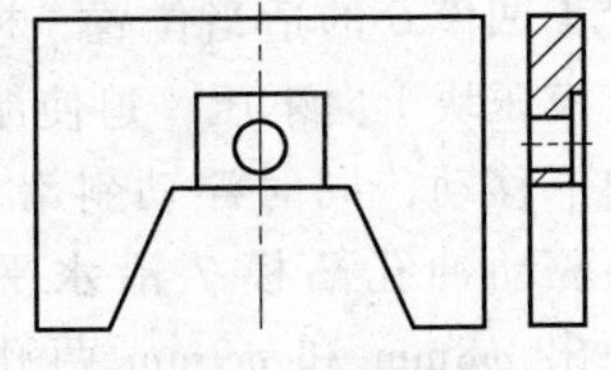

图 1-15　卸料板结构

4. 使用效果　模具设计、制造后，冲制的零件满足产品要求。

5. 本例设计总结　本例模具设计的特色在于模具结构的安排上，整个模具结构简单、维修方便。若设计凸模在上、凹模在下的顺装式结构，由于结构所限，凹模壁厚不足1mm，凹模极易被损坏。

该零件若采用：落料 → 弯曲 → 钻孔 → 去毛刺的工艺方案，尽管也能加工出合格零件，但钻完孔后，内侧毛刺无法采用钻床划窝去除，只能手工去除，生产效率低。

1.3.3　浮动斜滑块冲孔模

1. 零件结构　图 1-16 所示为某型电表上的机架零件结构，采用 2mm 厚的 Q235—A 料制成，由于使用上的需要，两长弯曲凸耳上的 ϕ8mm 和 ϕ9mm 孔有同轴度要求，长凸耳与机架体有垂直度要求。

2. 模具结构及工作过程　为冲两长弯曲凸耳上的孔，设计了如图 1-17 所示的浮动斜滑块冲孔模。

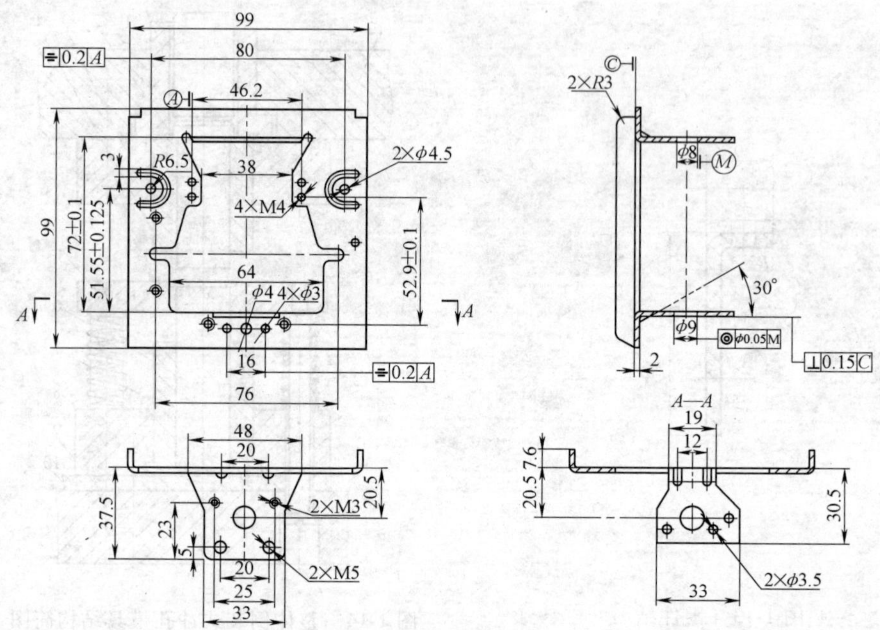

图 1-16　零件结构

工作时，压力机滑块上升至上死点，上、下模脱离接触，将待冲零件置于凹模 6 的适当位置，模具闭合时，上模压块 1 向下压，迫使浮动斜滑块 3 向下移动，同时浮动斜滑块 3 上的斜面驱动冲孔凸模 7 沿水平方向运动，冲出 ϕ8mm 和 ϕ9mm 两孔，开模时，顶杆 8 受弹簧力的作用，驱使浮动斜块 3 返回原位，冲孔凸模在左右两边弹簧力的作用下复位。

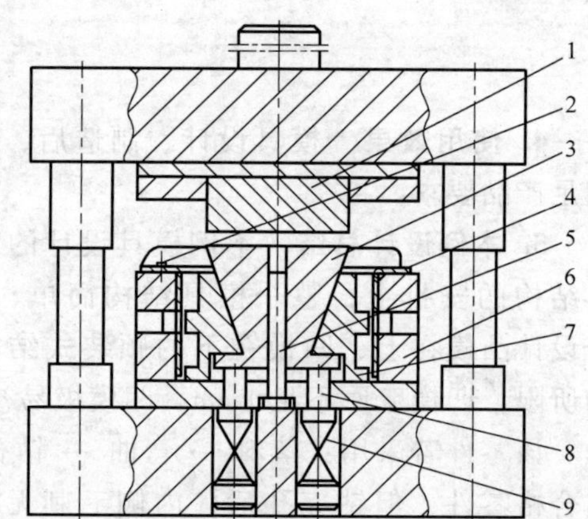

图 1-17　浮动斜滑块冲孔模

1—压块　2—定位钉　3—浮动斜滑块　4—零件　5—导向块　6—凹模　7—凸模　8—顶杆　9—弹簧

3. 设计要点

1）浮动斜滑块 3 依靠中间导向块和凸模 7 的斜面配合作斜向运动。

2）凹模 6 的内腔为零件冲孔的定位型腔，保证其与零件的外形尺寸有 0.1 ~ 0.3mm 的间隙。

4. 使用效果　该模具结构简单，运行平稳、可靠。

5. 本例设计总结　对长凸耳上孔的冲裁，如果使用传统的侧面冲孔模具结构即斜滑块机构，则左右两边各需一套，这样的模具尺寸较大。本例采用的模具结构特色在于：取消了左右两边的斜滑块结构，采用浮动斜滑块结构，使模具尺寸大大缩小，模具成本得到降低，冲孔质量得到保证。

由于该零件外形结构较复杂，包括的基本工序较多，主要有冲孔、落料、弯曲、压印、压肋和整形等，因此，合理安排好各工序才能保证产品的质量。

零件上有24个孔，且有些孔相隔很近，如半月牙孔和两个$\phi4.5$mm孔，相隔仅4mm，而且半月牙为异型孔，如果放在同一副模具上加工，一方面模具安装较为困难，另一方面也会使凹模强度降低，因此，冲孔落料就应考虑用多副模具。

对零件中关于中心线对称如$2\times\phi4.5$mm、$4\times$M4及具有公差要求如（51.55 ±0.125）mm、（52.9±0.1）mm等的尺寸尽可能的放在同一副模具上加工，以免反复定位造成定位误差，影响零件精度。

长凸耳对零件中心线有对称度要求。弯曲长凸耳时，如果靠外形定位则难以保证零件的精度，因此定位以关于中心线对称的孔为佳，且沿中心线方向跨度越大越好。

两个长凸耳上的孔$\phi8$mm与$\phi9$mm应在凸耳弯曲、压肋、校正后冲裁，以保证其同轴度。

由此，该零件的冲压方案确定为：落料冲孔（冲半月牙形中心的两孔$2\times\phi4.5$mm及$4\times$M4 mm的预制孔$\phi3$mm、落料）→冲孔（除$\phi8$mm、$\phi9$mm之外其余的孔）→弯左右两侧的短边→压平和压印→弯两个长凸耳→压肋、校正→冲长凸耳上$\phi8$mm、$\phi9$mm两孔。

1.4 钢管冲孔模案例剖析

1.4.1 钢管冲孔加工工艺及模具结构分析

在钢管上实施冲孔加工工艺，相对于钻床等机械加工来说，具有生产效率高，加工质量稳定等优点。但由于受管料封闭性结构及壁厚强度等的限制，在钢管上冲孔，模具的结构大多以芯棒作为凹模，采用钢管一端悬空的形式进行冲切，即图1-18所示的悬臂式冲孔模。因为是悬臂结构，芯棒又受钢管内径尺寸大小的限制，强度不便于加强，从而使模具受力情况较差，易产生变形且影响管料的冲孔。因此，模具设计主要考虑改善这种结构的受力，或

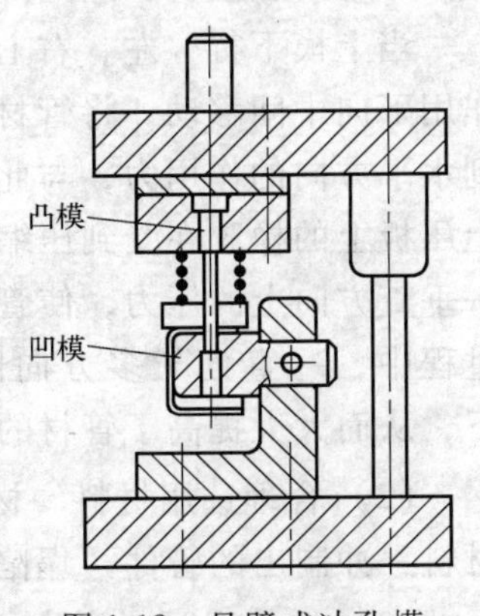

图1-18 悬臂式冲孔模

设计新型的结构，改善冲孔过程中的受力状况。

管料两端都须冲孔的加工，对于一般精度要求不高的，可设置定位销分几次冲出，若精度要求较高及批量较大，则通过斜楔传动同时冲出或采用浮动式凹模等完成。

钢管冲孔另一个问题是管料易产生变形，解决的方式主要有两种：第一，设计特殊的冲裁凸模刃口的形状，一般可采用尖刃、斜刃、齿形刃等形状的凸模刃口，使冲裁是逐渐切入管料的，以降低冲裁力，减少管壁变形；第二，在对管材进行定位夹紧时，有意识地让管材产生预变形，以补偿冲裁的变形及进一步分散冲裁力对管壁变形的影响。

当受管径大小和冲裁位置限制，无法或不允许设置芯棒时，若管料较厚或孔的要求不高，允许管件有很小的“凹坑”和“塌陷”等缺陷存在，可采用无凹模模具结构，直接依靠凸模对管材进行冲孔。

无芯模冲孔和一般的冲裁过程不同，它是在管内无芯模支撑的作用下，仅靠凸模对管壁进行冲孔。由于管材支撑刚度有限，在冲孔过程中，当管材受力点受到的冲压力大于管材的屈服应力时，冲孔周围材料在力的作用下，向冲孔方向移动，孔周围的材料在凸模力作用下向中间产生弯曲变形，便自然形成“凹坑”和“塌陷”；由于冲孔过程管内无芯模的支撑，管材在冲裁力的作用下将有被压扁的趋势，若管材及模具的支撑刚度太差，还可能使冲孔过程无法完成。

因此，提高管材在无芯模支撑条件下的抗变形能力是该类模具设计考虑的首要问题，一般来说，主要有如下措施：

（1）设计恰当的压紧装置　采用图1-19所示压紧装置可以改变管材受力，在冲孔前可以给管材一相反方向的预变形，使管材发生弹性变形成为椭圆形，从而在冲压方向可补偿一部分管顶的塌陷，可降低“凹坑”和“塌陷”现象，提高冲孔的质量。

当上模下行，左、右上压板在斜楔的作用下向中间移动，将管材夹紧，管材受到水平方向的作用力，与此同时，安装在上压板上的橡胶在受到压缩后，给上压板一垂直方向上的压力，使管材在整个冲孔过程中，一直处于多方向的压应力状态下，从而大大提高了管材的抗变形能力。

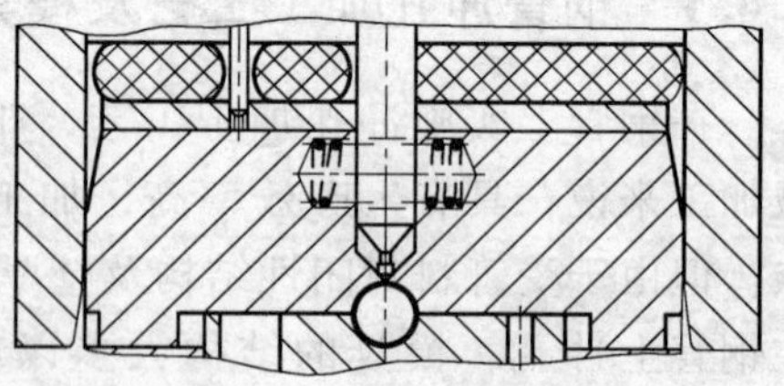

图1-19　压紧装置

（2）合理选用材料　材质较软的管材，在冲孔过程中，“塌陷”较大；硬质材料，冲制出的管件“塌陷”小。

（3）选择合适的管材壁厚　管材的壁厚对管材的支撑刚度影响较大，对

ϕ22mm、壁厚为 0.8mm 的 Q195 管材，冲直径为 ϕ10mm 的孔后“凹坑”比较大；当壁厚提高到 1.5mm，冲孔质量明显提高；壁厚达到 2.5mm 时，冲制出的孔“凹坑”较小，且表面比较圆滑，冲孔质量较好。

（4）设计合理的凸模形式　采用无芯模冲孔，产生“凹坑”是不可避免的，因此，凸模形状的设计主要是考虑怎样使弧面冲孔所受的力最小，管材的变形最小。图 1-20a ~ 图 1-20c 所示凸模结构对中性较好，凸模不容易发生偏移，主要适用于材料较软或壁厚小于 2mm 的钢管冲孔，图 1-20d、图 1-20e 则适用与材料较硬或壁厚大于 2mm 的钢管冲孔，且图 1-20e 凸模其尖部 2mm 左右不是刃部，因而缩短了有效剪切冲程。工作部位与管壁的接触面也较小，使用效果好。

（5）采用合理的模具支撑结构　在管材无芯模冲孔过程中，模具支撑工件的机构形式对冲孔的质量影响比较大。采用图 1-21c 所示的支撑板结构，在管材冲孔过程中，可以提供一个均匀的支撑力，管材在冲孔后，不会引起变形集中，管件下部也不容易发生扁化，管件冲孔质量较好。

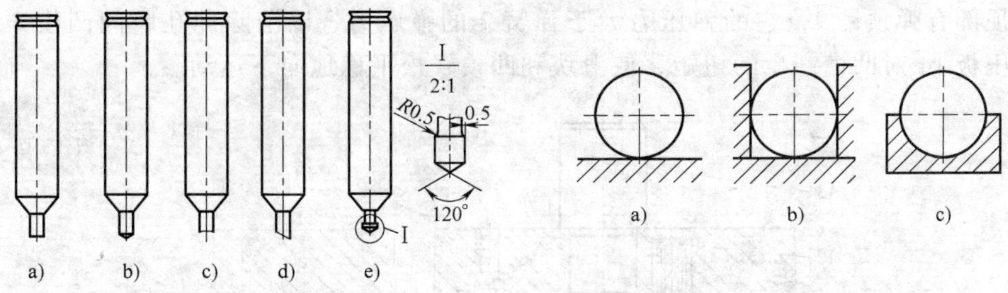

图 1-20　各种凸模的结构

图 1-21　支撑板的结构
a）平面支撑板　b）带侧壁支撑板　c）圆形支撑板

在实际生产过程中，对管径不大且较长的管料进行冲孔，也采用在图 1-18 所示悬壁式冲孔模基础上给悬臂凹模加垫块的方法，如图 1-27 所示。此法尽管有效，但工人操作烦琐，且对细长比大的管料则效果不大，此时可采用将悬臂凹模做成浮动式结构，以克服上述结构的不足，同时方便生产、保证冲孔质量（详见加工实例 1.4.2）。

对管径小且薄壁的管料进行双向冲孔时，考虑到落料孔开设后将大大削弱凹模的强度，因此，不宜采用图 1-57 所示的上下对向冲孔式模具结构形式，此时可使用一个冲头分别在上、下凹模中一次冲出的形式（详见加工实例 1.4.3）。

对管料中冲十字形结构且有较高位置要求孔时，由于受模具结构设计的限制，可在采用浮动式凹模结构完成冲孔的基础上，结合采用无凹模冲裁结构共同完成对其中一孔的部分冲裁（详见加工实例 1.4.4）。

对管料两端有同轴要求的孔，只要模具结构安排上有可能，应考虑采用斜楔结构完成（详见加工实例 1.4.5）。

1.4.2 浮动式凹模钢管冲孔模

1. 零件结构 图1-22所示零件采用10钢的高频焊接管制成，管内有一个0.5mm宽、0.2~0.3mm高的焊接凸肋。在它的一端圆周上有30个ϕ4.5mm的孔，分5圈排列，每圈6个孔在圆周上均布，精度不高，无其他特殊要求。

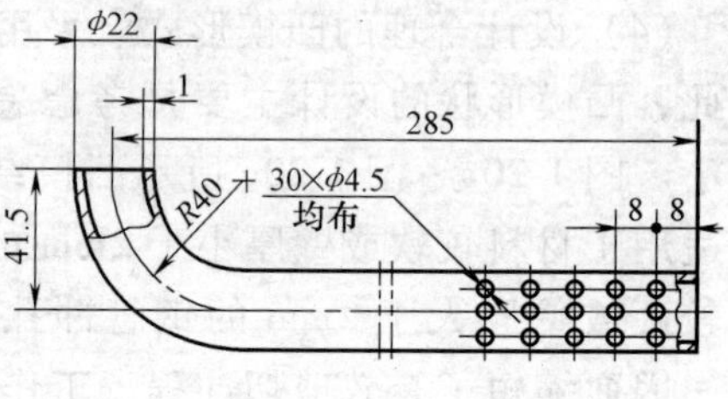

图1-22 零件结构简图

2. 模具结构及工作原理 设计的模具结构如图1-23所示。

工件靠凹模6外圆和滑块4的端面定位。凹模6上有6条用于让位和分度的小槽，利用管子孔内的凸肋在小槽中分度定位。凹模6固定在滑块4上，在滑块4的下面有弹簧2，滑块4能在支承板3和导轨7组成的轨道中上下滑动，从而带动凹模6向上浮动或下沉。在滑块4的顶部有弹顶销9，它的弹压力大于弹簧2的弹压力，以消除冲孔瞬间凸模8、弹压板14对凹模产生的扭矩，使滑块和凹模轻松平稳地向下运动。

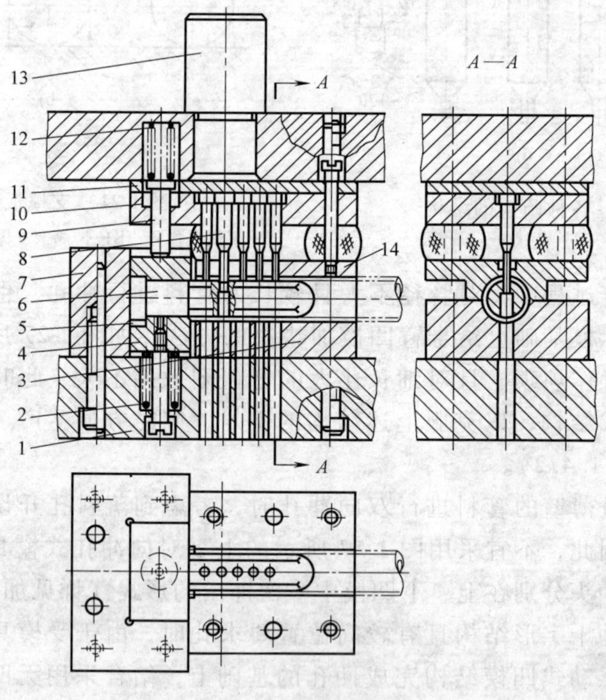

图1-23 模具结构

1—下模板 2—弹簧 3—支承板 4—滑块 5—平键 6—凹模 7—导轨 8—凸模 9—弹顶销 10—固定板 11—垫板 12—弹簧 13—模柄 14—压板

工作时，当压力机滑块下行时，弹顶销 9 首先接触滑块 4，压缩弹簧 2，使凹模 6 带着工件下行与支承板 3 的圆弧面呈刚性接触时，弹顶销 9 才开始被压缩。此时压板 14 的圆弧面开始压紧工件，使工件处于受压状态，增加管子刚度、减少变形。随着压力机滑块的继续下行，凸模 8 与凹模 6 共同作用将一排孔冲出。当滑块向上回升，凸模 8 先脱离工件，压板放松离开工件，然后弹顶销放松离开滑块 4，凹模在弹簧 2 的作用下向上浮动到达最高点，此时便可取出工件旋转分度，进行第二次冲孔。共分度六次便全部冲完工件上的 30 个孔。

3. 设计要点

1）凹模 6 在滑块 4 中采用 H7/h6 配合，不允许转动和轴向移动。它对支承板 3 的平行度和同心度均为 0.03mm，凹模按凸模配制，保证双面间隙 0.03mm。凹模材料为 Cr12MoV，淬火硬度为 56～58HRC。凹模向上浮动 3mm，便于取件即可。

2）凹模 6 的漏料要顺畅，当工件从凹模上拔出以后，废料必须自由下落，通过支承板 3 和模具底座掉在地上。凹模上的漏料孔不宜扩得过大；否则在取件时带动废料翻转堵死凹模，不但影响取件，还会损坏模具。

3）滑块 4 在滑动轨道中的滑动间隙为 0.006mm，采用研磨保证滑动自如，这是保持凸凹模间隙的关键。

4）支承板 3 和压板 14 上的两段圆弧组成图 1-23 中 *A—A* 剖面所示的圆孔，它的直径为管子的最大外径，并且在半圆弧口部尖角处倒 *R*0.5mm，防止冲件表面出现划痕，在压板的强大压力下，对冲件有校圆作用。

5）凹模外径小于管子内径，取 ϕ19.8mm，它与管子最大内径配合间隙较大，在 35kN 的冲裁力作用下，工件直径要产生弹性变形，但达不到塑性变形的程度，只要外力去除以后，工件立即恢复圆状，假如出现不圆，在以后的分度冲孔过程中也会校圆。工件和凹模的配合间隙不要取得过小，否则若有毛刺产生也会影响取件。

6）该模具的分度方法比较粗糙，不适宜精密分度，若要精密分度，可根据产品结构和精度要求的具体情况设计精密分度装置。

4. 使用效果 模具设计制造后，生产的零件质量能满足产品使用要求。

5. 本例设计总结 在圆管上冲孔，生产中常用的模具结构是采用一般固定式凹模冲孔，轴形凹模主要有以下四种结构，即：一端固定不动的悬臂梁结构；悬臂梁加活动垫块结构；两端支承中间悬空的移动式结构；两端支承在中间加活动垫块的移动结构。尽管上述 4 种情况都可以达到冲孔的目的，但工人操作繁琐，生产效率低。

本案例采用的浮动式凹模结构，由于管料冲孔是在浮动凹模与下支承板呈刚性接触，并在压板的受压作用下进行的，因此管料不易变形，适用于细长比较大的管料冲孔，能消除固定凹模结构上的一些弱点，使生产效率得到提高，满足大批量生产的需要。

在圆管上采用冲孔加工相对于钻模钻孔来说，具有生产效率高，管内无毛刺等优点。

1.4.3 小口径薄壁管浮式深孔冲模

1. 零件结构 图 1-24 所示节管，采用 $\phi5$mm × 0.25mm 管料制成，其上要加工 2 × $\phi1.5$mm 的孔，另外生产中还有直径为整数管（$\phi3$mm ~ $\phi8$mm）、小数管（$\phi3.6$mm ~ $\phi5.2$mm）等薄壁管均需冲裁 2 × $\phi1.5$mm 孔。

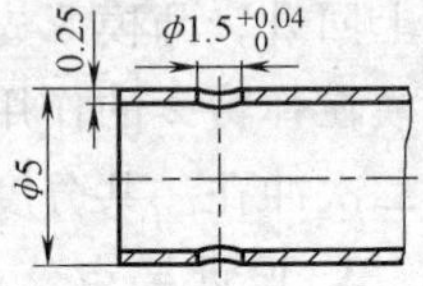

图 1-24 节管结构简图

2. 模具结构及工作过程 图 1-25 为设计的浮式深孔冲裁模结构简图。

模具工作时，压力机滑块上升，将节管插入凹模 10，上模随着冲床滑块下降，卸料板 14 压迫固定板 9、凹模 10 连同节管一起下滑到位，卸料板 14、凸模护套 13 和凹模固定板 24、凹模镶块 2 合并，且紧紧包住节管，完成冲孔前的准备。

随着压力机滑块的继续下行，凸模 17 一次性从上到下完成 2 × $\phi1.5$mm 孔的冲裁。上模回升，固定板 9 在弹簧 8 的作用下上浮复位。凹模 10 从上模板 20 中的半圆槽内分离，抽出节管，一个工作过程结束。

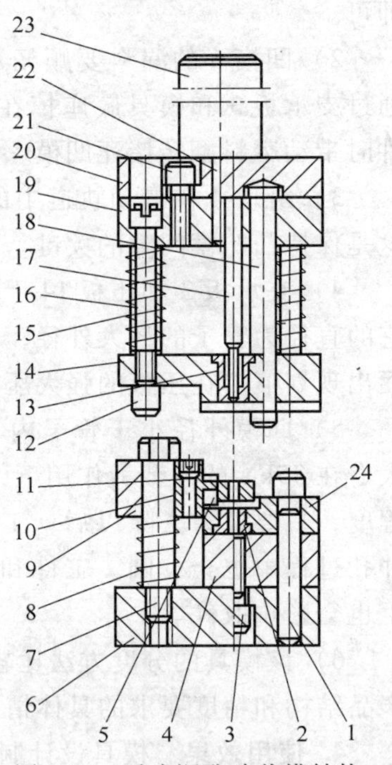

图 1-25 浮式深孔冲裁模结构

1—定位销 2—凹模镶块 3、16、21—螺栓 4—垫板 5—定位铜环 6—下模板 7、12、18—导柱 8、15—弹簧 9、19—固定板 10—凹模 11—定位螺钉 13—凸模护套 14—卸料板 17—凸模 20—上模板 22—圆柱销 23—模柄 24—凹模固定板

3. 设计要点

1）凹模镶块 2、凹模 10、凸模护套 13、卸料板 14 和凹模固定板 24 均加工成标准件。通过更换部件达到加工其他直径节管的冲孔目的，使模具的生产成本下降。当凹模 10 刃口磨钝后，可外磨直径改作其他零件使用。

2）为便于管料的定位、夹紧，卸料板 14 及凹模固定板 24 间与节管接触部位开有 $R2.5$mm 的半圆槽。

4. 使用效果 节管被冲出的两孔毛刺很小，节管端口不变形，两孔完全符合图样的尺寸要求。

5. 本例设计总结 管类的同轴两孔加工一

般设计成用双向对冲的冲裁模结构进行，但这种结构对小口径薄壁类管来说是很难实现的，很不适宜于生产。因为若硬性在凹模10刃口的轴心部位开落废料槽，则刃口部位的强度相当差，加上槽与 $\phi1.5$mm 通孔相贯，侧壁受冲击后极易断裂。对于较大直径的凹模，虽然用线切割的方法可以加工出落废料槽，但冲模在工作过程中，由于落废料槽窄，废料相互贴紧和粘油，易造成废料掉不下来，须人工进行清除，费工费时，不能做到安全生产。

与双向对冲式结构冲孔模相比较，该模具结构设计合理、完善，它不同于一般冲孔模的地方是上孔在浮动的凹模内冲出，相对的下孔则在固定的凹模镶块内冲裁出。模具的结构和加工精度较常规冲孔模具高。

该零件若采用钻模一次性将工件两孔同时钻出，由于钻孔时，两孔毛刺是沿钻头向下产生的，且随钻头磨损而增大，毛刺清除困难；又由于管壁薄、孔小，须用高速钻床加工且钻孔压力不能大，否则易造成管料端口部分变形，被加工出的两孔不圆或孔被划伤变形，直接影响到各节管之间的相互套装。而采用冲模生产，其速度比钻孔快，加工质量也得到提高。

1.4.4 管柱冲孔模改进

1. 零件结构 图1-26所示管柱是某产品上的零件，生产批量较大，采用 $\phi25$mm × 2mm 的08钢管制成，由于使用的需要，在其圆弧面上需加工出相对成十字形的两槽孔。

2. 原加工工艺及模具结构 该零件为一简单的冲孔件，考虑到零件生产批量较大，因而决定采用模具加工。由于要加工的两孔呈十字结构，采用普通的两边同时冲孔模具结构形式存在着零件冲切后的废料难以排出、冲切孔相交部分无刃口等问题。

基于上述分析，决定采用如下的工艺方案：锯切管料后，先冲出长槽孔，再以该槽孔为圆周方向定位冲出另一腰形孔。

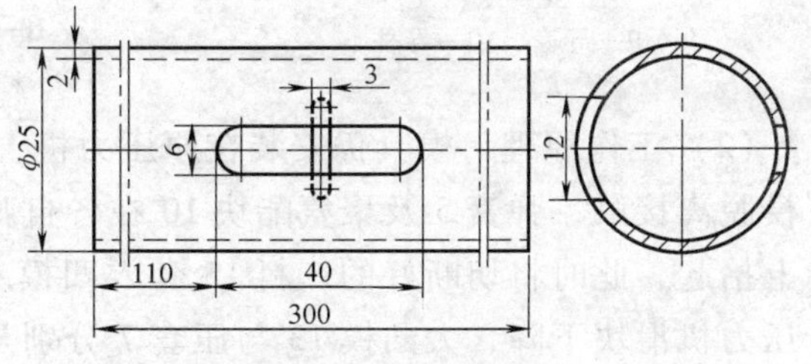

图1-26 管柱零件图

完成上述工序安排的零件加工共需两套模具。在设计长槽孔冲模时，为防止悬臂结构的凹模4在冲切过程中由于强度不足而可能发生的歪斜，在模具结构中设置了垫块8。整套长槽孔冲模结构如图1-27所示。因小槽孔冲模与此类似，此处不再详述。

模具工作时，压力机滑块上升，上、下模脱离接触，将切断好的管料套入凹模4中，压力机滑块下降，凸模7与凹模4共同作用将坯料5的槽孔冲出。尽管模具设计时已考虑到凹模冲切可能发生的变形并采取了必要的措施，然而由于凹模直径较细，冲切悬臂长度较大，因此，凹模 4 在冲切部分孔后仍不可避免地发生了严重歪斜，造成坯料 5 无法通过凹模 4 与垫块 8 的间隙而进入凹模 4 的工作部位，同时使凸模 7 与凹模 4 间的间隙也无法保证，造成模具无法正常使用。

3. 模具改进设计

（1）模具结构　在分析上述模具失效的基础上，为保证零件的顺利加工，根据零件的使用功能要求，经仔细分析，决定改进原加工工艺，在锯切管料后，直接设计一套浮动式双向冲模，一次性冲出十字形槽孔。改进后的浮动式双向冲孔模结构如图 1-28 所示。

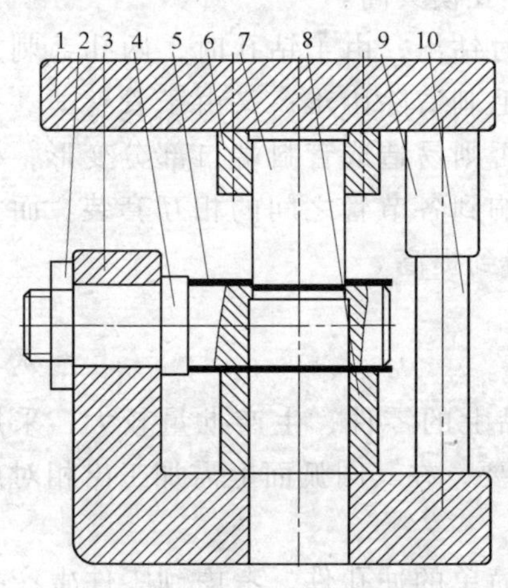

图 1-27　长槽孔冲模结构简图

1—上模板　2—螺母　3—下模板　4—凹模　5—坯料　6—固定板　7—凸模　8—垫块　9—导套　10—导柱

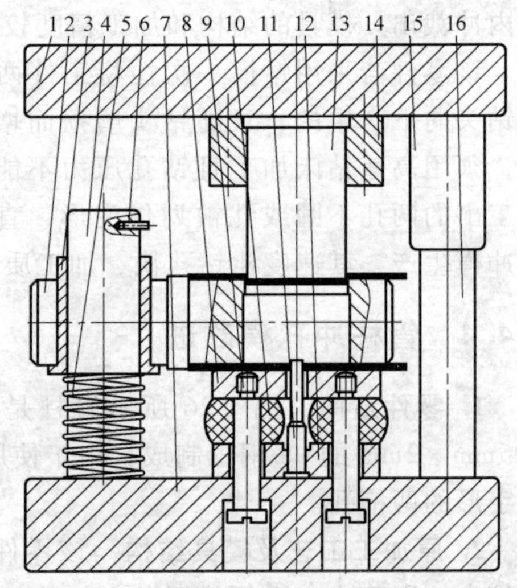

图 1-28　改进后的模具结构简图

1—上模板　2—凹模　3—滑套　4—滑柱　5—弹簧　6—限位销　7—压套　8—卸料板　9—卸料螺钉　10—聚氨酯块　11—小凸模　12—下固定板　13—大凸模　14—上固定板　15—坯料　16—导套

（2）工作原理　模具仍安装在原压力机上，工作时，压力机滑块上升，上、下模脱离接触，弹簧 5 及聚氨酯块 10 在各自弹力作用下分别将凹模 2、卸料板 8 向上抬起，此时将切断好的坯料 15 套入凹模 4 中，完成零件加工前的准备。随着压力机滑块下降，大凸模 13 与压套 7 分别与各自的坯料 15 外表面、滑套 3 上端面接触，随着上模的下降而共同下降。随着压力机滑块的继续下降，大凸模 13、小凸模 11 开始冲上下两槽孔。冲孔完毕后，大凸模 13、压套 7 上行，在聚氨酯块 10、弹簧 5 弹力作用下，凹模 2、坯料 15、滑套 3 随即一起向上浮动，直至限位销 6 挡住滑套，卸料螺钉 9 至极限位控制住卸料板 8 的上升位置后，即可抽出冲好的管料，完成零件的冲切，与此同时，废料也经开设的漏料孔漏出。

（3）设计要点

1）模具中冲切大槽孔的大凸模 13 刃口采用一般标准间隙冲裁，小凸模 11 刃口采用大间隙冲裁。

2）考虑到冲切的小槽孔宽度较小，管料厚度不大，冲切力也不大，根据零件结构，在模具设计中，凹模 2 中间一段是空的，无刃口，其剪切直接依靠小凸模 11 完成。

3）为保证冲孔废料的排出，大凸模 13 及小凸模 11 的相应凸模做成对称向内倾斜 5°~10°的斜刃，以形成剪切，减少被冲件在此处的变形，同时，斜刃的开设有助于废料的变形，利于卸料。为此，卸料板 8 与聚氨酯块 10 中间必须开通，下固定板 12 中间须做成斜面，以便废料下落时能沿斜面滑出。

4）卸料板 8 与管子接触面是半圆弧接触，以便工作时自动定位找正。

5）考虑到管料冲切部位悬臂较长、直径较细，为防止出现带动凹模 2 浮动的滑套 3 与滑柱 4 间的卡滞，特意设置压套 7 与大凸模 13 共同对凹模 2 进行下压滑动。

6）凹模 2 的浮动结构是整套模具设计的关键。为此，凹模 2 与滑套 3 采用异形孔成过盈配合连接，滑套 3 与滑柱 4 间采用异形孔成小间隙配合滑动连接。

4. 效果　上述模具设计、制造完成后，冲切的零件能满足产品的需要，冲好的管料在相应的凹模无刃口的那一段只有极其轻微的变形。目前，生产零件近万件，产品质量稳定，模具工作良好。

5. 本例设计总结　对管径较小、孔距较大筒形件的冲裁，设计悬壁式冲裁加支撑的模具结构，难以完成该类件的加工。一般可考虑设计浮动式冲裁模。对双向冲孔的零件结构，若受结构限制，难以完成普通冲裁的卸料，此时可依据零件使用用途，考虑设计无凹模冲裁。

1.4.5　方管两侧同步冲孔模

1. 零件结构　图 1-29 所示零件采用 Q215 钢制作，规格为 50mm×30mm×1.5mm 的有缝方管。要求保证管两侧方孔的中心线一致。

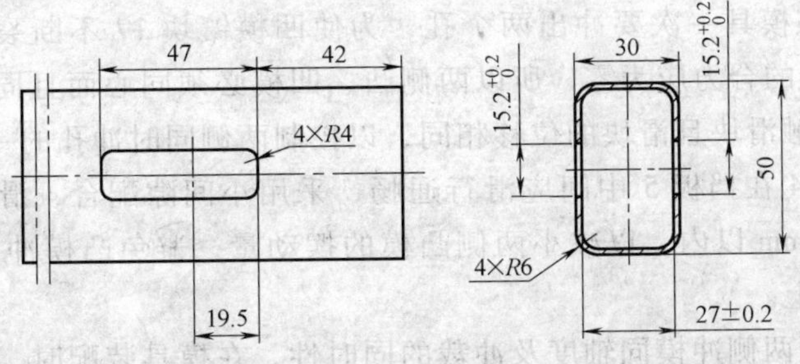

图 1-29　零件结构简图

2. 模具结构及工作过程 模具结构如图 1-30 所示。

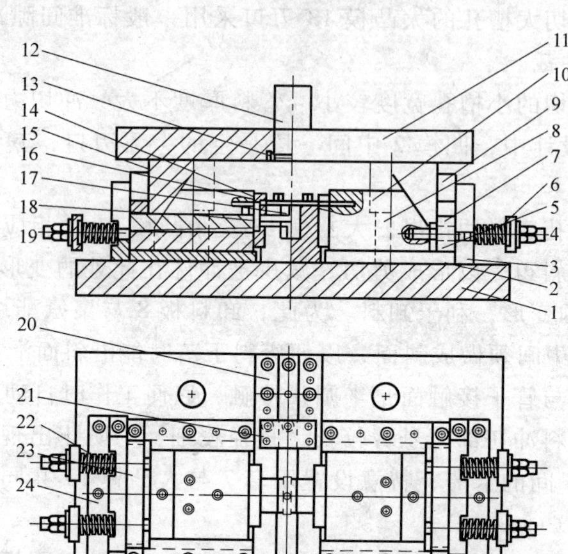

图 1-30 模具结构

1—下模板 2—垫板 3—后挡板 4—螺杆 5—挡板 6—挡盖 7—压板 8—导柱 9—前挡板 10—导套 11—上模板 12—模柄 13—防转销 14—滑块 15—上斜楔 16—固定板 17—凹模镶块 18—凸模 19—固定销 20—凹模底座 21—定位板 22—弹簧 23—限位板 24—加固挡板

工作时，将去过毛刺的钢管料套在凹模镶块 17 上，靠紧定位板 21，当压力机滑块下行时，两侧斜楔 15 靠着前挡板 9 同时下行，首先与相对应的模具滑块 14 接触，压力机斜楔 15 继续下行，斜楔 15 推动模具滑块 14 均向凹模镶块 17 移动，从而实施冲裁。冲裁完成后，压力机斜楔15 上行，依靠弹簧22 的拉力使模具滑块回复原位，完成整个冲裁过程。

3. 设计及制造要点

1） 考虑到两侧均有凸、凹模，模具采用带导向模架。

2） 由于该模具一次要冲出两个孔，为使凹模镶块 17 不断裂，冲裁时凹模镶块 17 上所受的合力应为零，所以两侧凸、凹模必须同心而且同时冲裁，即保证斜楔同时接触滑块且滑块的位移相同，以控制两侧同时冲孔的一致性。

3） 滑块 14 在挡板 5 中间应滑行通畅，采用小间隙配合，滑行位移尽量缩小，控制在 10mm 以内，以减小两侧凸模的摆动量，避免凸模冲到凹模镶块 17 刃口以外的面上。

4） 为保证两侧冲模同轴度及冲裁的同时性，在模具装配时，先把冲孔凸模 18 装到固定板 16 上，采用过盈配合，调整两面凸模，保证间隙、同轴度及两面一致性，固定板 16 装到滑块 14 上，然后装挡板 5，保证滑块的顺利滑行，间隙控制在 0.03mm 以内。装斜楔 15 时保证两个斜楔 15 同时接触滑块 14。

5）加工中保证滑块 14 的各个滑动面的垂直度要求。两面垫板 2、压板 7 要分别同时磨削，保证两面高度的一致。凹模镶块孔一次加工，以保证同轴度。

6）模具在使用过程中应及时清理滑动面上的废弃物，保证模具的清洁，以提高模具的寿命。

4. 使用效果 该模具使用效果良好，保证了孔的同轴度，而且提高了生产效率。

5. 本例设计总结 本例的模具结构是两面同时冲孔，保证两侧同心度的典型结构，具有通用性大、生产效率高等优点；但模具冲制过程中，应保证凹模在两侧冲孔时受力的同时性，以避免凹模产生歪斜。

对同心度没有严格要求的管料孔，也可采用一次冲一面孔，然后翻过来冲另一面孔的方案。此方案虽然模具结构简单，但凹模悬出部分始终向一个方向受力，模具寿命不高。

本例也可采用图 1-57 所示的双向对冲悬臂式结构，但由于凹模的悬臂结构将使模具寿命降低，冲制质量差，不适宜大批量生产，且该种结构受零件冲切孔位置影响（直接影响到悬臂长度）。

1.5 冲深孔模案例剖析

1.5.1 冲深孔加工工艺及模具结构分析

在冲裁过程中，凸模不仅承受轴向冲击力的作用，同时还不可避免地承受由各种原因引起的坯料偏移、卸料板的偏移、冲裁力分布不均等因素造成的径向力作用。小孔凸模由于结构细而长，强度、刚度较差，在冲裁过程中容易弯曲，甚至折断。因此，普通冲孔不能冲制孔径小于料厚的孔，并且冲出孔的孔壁表面粗糙度不小于 $R_a12.5\mu m$。

当孔的直径 d 小于料厚 t，即孔深比 $t/d \geqslant 1$ 时，称为深孔。要冲深孔，必须采用特殊的模具结构，在强力压料的情况下，以很小的间隙进行。表 1-8 为普通冲孔与深孔冲裁的最小冲孔尺寸对比。深孔冲裁能达到的尺寸精度为 IT8 ~9 级，孔壁表面粗糙度不小于 $R_a1.6\mu m$。

深孔冲裁模的设计主要是防止小孔凸模的弯曲或折断，为保证其极小的冲裁间隙，广泛使用高精度滚珠模架。另外，一般还应从改善凸模结构、受力条件、增设导向机构、减小径向力和选用合理的模具材料等角度入手对模具工作条件进行改善。

表 1-8 最小冲孔尺寸对比

冲孔工艺类别		普通冲孔			深孔冲裁		
冲件材料		硬钢	软钢、黄铜	铝、锌	硬钢	软钢、黄铜	铝、锌
最小冲孔尺寸	圆孔直径	≥1.3t～1.5t	≥0.9t～t	≥0.8t	0.5t	0.35t	0.3t
	方孔边宽或长 方孔窄边宽度	≥1.2t～1.3t	≥0.8t～0.9t	≥0.7t	0.4t	0.3t	0.28t

注：t—材料厚度。

最简便、常用的是加固凸模杆部，缩短刃口工作段长度。当冲孔直径 $d \geqslant$ 3mm 时，一般将其总长度的一半加粗至（1.5～2）d，将凸模制成二台阶形式；当冲孔直径 $d<3$mm 时，则制成三台阶形式。但这种加粗的办法用于冲孔直径 $d \geqslant 2$mm 效果较好，更小的凸模直径不仅制造困难，使用效果也不能令人满意。此时主要还可采取如下结构和措施。

1. 对小凸模增设导向护套 通过对小凸模增设导向护套，使其处于全程或局部导向状态，以缩短小凸模的自由长度，提高凸模的强度和刚度。

模具中的导向套、导向护套常安放于卸料板上，小凸模与导向护套或卸料板的单边间隙取 0.005～0.01mm 或取 H8/h8 的滑动配合。而卸料板有的采用与上、下模板中的导柱导套同时导向（应用实例见 1.5.2），有的自身自带导向机构，其配合部分单边间隙取 0.004～0.006mm。这样既可提高模具自身的导向精度，同时又可减少或消除卸料板作用于凸模的径向力，从而防止对小凸模造成的弯曲或折断。

（1）对小凸模实行全程导向 图1-31 为凸模实行全程导向工作始末情况简图，该结构能给凸模以可靠的导向。

根据冲孔零件结构的不同，还有如下的类似结构形式。

1）缩短式结构。在冲直径为 ϕ0.3mm～ϕ0.8mm 的小孔时，可采用缩短式结构的凸模导套，结构如图 1-32 所示。这种结构以开槽的固定套代替三个扇形块，凸模直接装入固定套中，从而使凸模的长度减短。

2）简化结构。图 1-33 为凸模护套的简化结构，这种凸模护套没有铣槽，凸模上端有部分长度（大于冲件料厚）未被导向。

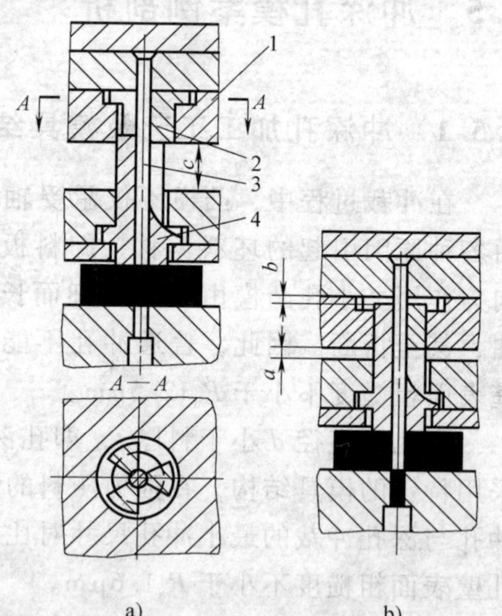

图 1-31 凸模全程导向元件工作始末情况
a）冲孔开始 b）冲孔结束
1—扇形块座 2—扇形块
3—凸模 4—保护套

图 1-34 所示用圆销保护凸模，依靠三个在圆周上均匀分布的圆销对凸模紧贴，防止其弯曲。

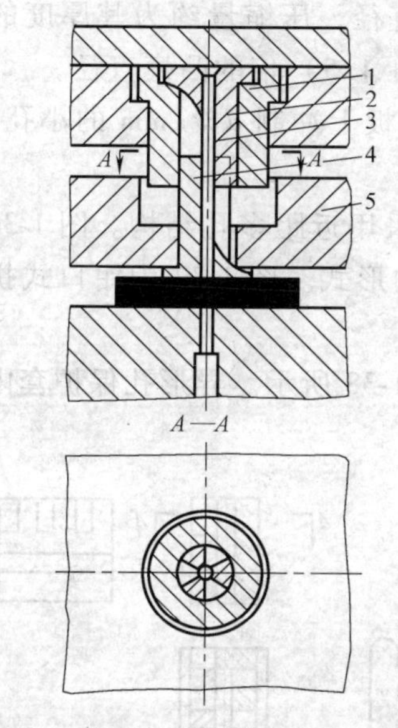

图 1-32 缩短式结构的凸模导套
1—套筒 2—固定套 3—凸模 4—保护套 5—卸料板

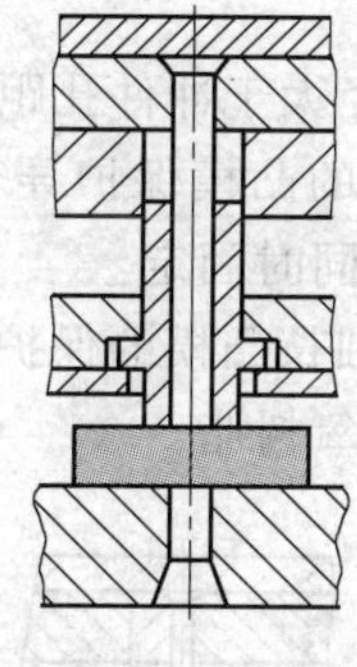

图 1-33 凸模护套的简化结构

图 1-34 用圆销保护凸模

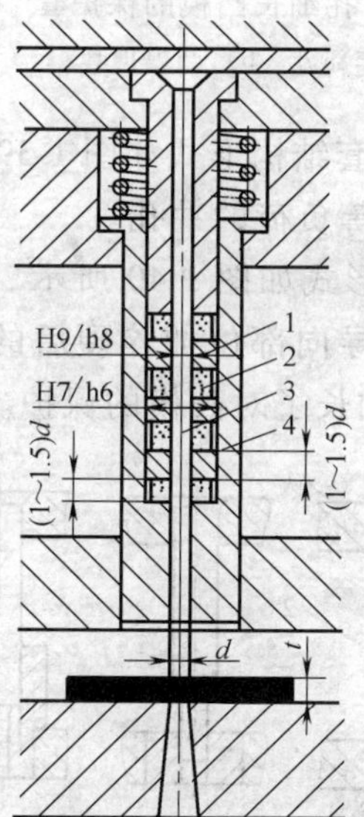

图 1-35 弹性保护套结构
1—钢垫圈 2—橡胶垫圈 3—凸模 4—外套

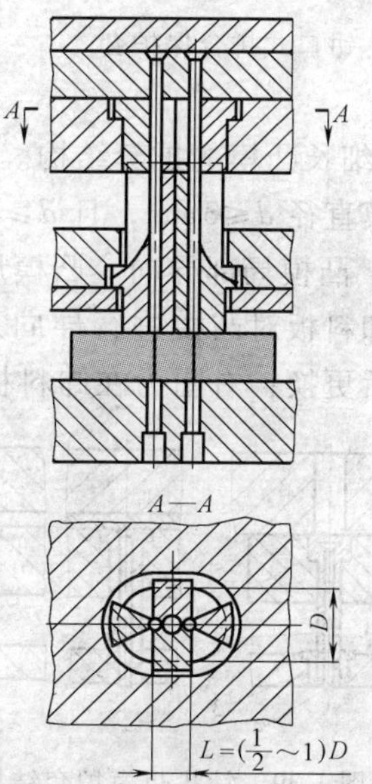

图 1-36 孔距很近的凸模导套

3）弹性保护套结构。弹性保护套结构如图 1-35 所示，弹性保护套的伸缩部分由钢垫圈 1 和橡胶垫圈 2 交替组成。钢垫圈 1 的内径及外径分别与凸模 3 和外套 4 精密配合，橡胶垫圈 2 外径应小于外套 4 内孔直径，压缩量约为其厚度的 1/3。总压缩量 $\geqslant t+1$。钢垫圈及橡胶垫圈厚度取（1 ~ 1.5）倍的凸模直径。

采用这种结构可以在冷轧带钢、铝、黄铜及纯铜板上冲制 $d=1\text{mm}$ 的小孔，料厚可达 2.5mm。

4）多孔结构。保护套外径大于冲件孔距时，须采用近距多孔结构。图 1-36 为同时冲两个小孔时孔距很近的凸模保护导套的结构形式。图 1-37 为钳口式拼合保护套，两半钳口应用螺钉同时固定。

5）长方孔结构。长方孔细长凸模的保护套如图 1-38 所示。异形孔保护套内孔难于精密加工时，可浇注环氧树脂。

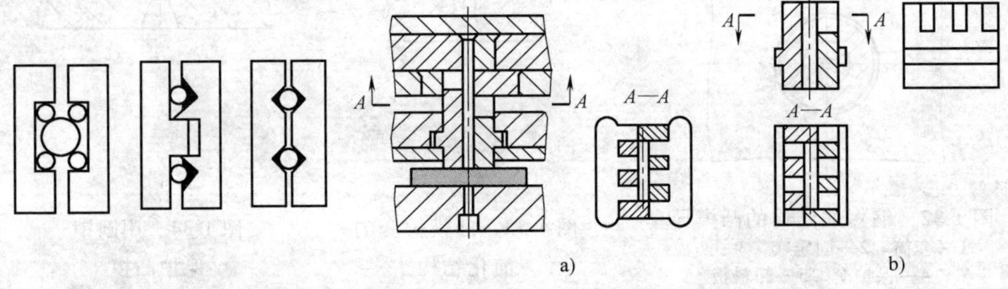

图 1-37　钳口式拼合保护套

图 1-38　长方孔细长凸模的保护套
a）模具工作部分　b）凸模护套

6）细长凸模的护套结构。细长针状凸模的护套结构形式如图 1-39 所示。适用于凸模直径 $d\leqslant 3\text{mm}$，且 $d\geqslant 1.3t$ 时，可承受中等负荷的冲孔。

（2）凸模局部导向　凸模局部导向结构常用形式如图 1-40 所示。左图为利用导向卸料板对凸模进行导向及保护；中图为在导向部位加淬硬后的镶件，便于磨损后更换；右图为在卸料板上装上短护套，加长了对凸模的保护。

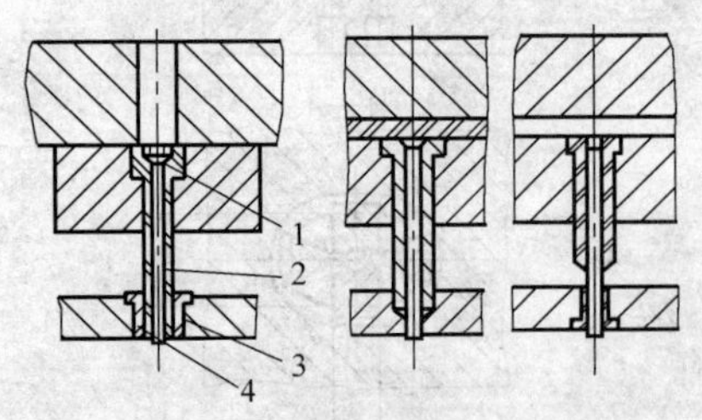

图 1-39　针状凸模护套结构
1—调节螺钉　2—护套
3—衬套　4—针状凸模

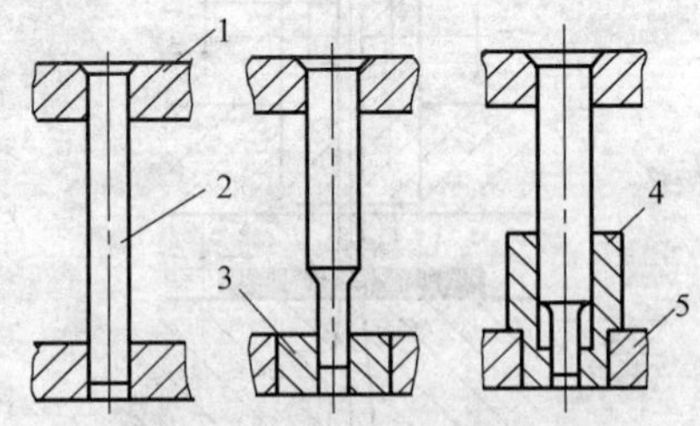

图 1-40　凸模局部导向结构
1—凸模固定板　2—凸模　3—导向镶块　4—短护套　5—卸料板

保护套的高度 h 的计算见图1-41。

2. 防止坯料冲裁过程中的偏移 冲压生产中，由于各种原因会使坯料产生滑动，坯料整体或者局部向某一方向移动。特别是在级进模生产中，先后工位若有成形或切口工序或者冲孔周边间距不等，坯料会向某一方向整体移动或局部偏移，小凸模随之移动而被折断。一般采取的措施为：

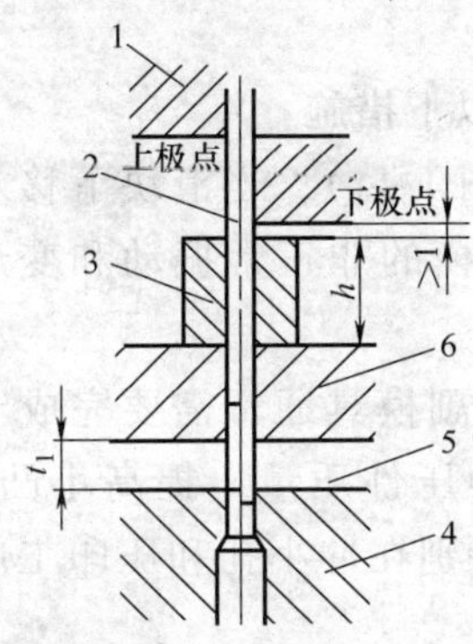

图1-41 保护套高度计算

1—固定板 2—凸模 3—保护套

4—凹模 5—导料板 6—导板

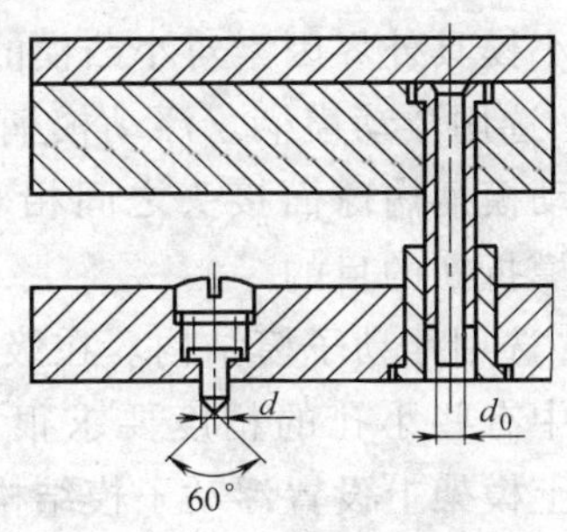

图1-42 柔性导正销

1）采取无间隙高精度柔性导正销（图1-42）。导正销端部为60°锥角，直径比导正孔直径大1～1.5mm。这样导正销与导正孔之间为线接触，不但可以提高导正销强度、导正精度，消除坯料的整体偏移，同时兼起卸料作用，阻止带料随凸模上升。

2）采用在小孔周边对坯料加压的全程导向深孔冲模。在多工序冲压生产中，零件的成形是分步完成的，若冲小孔时周边间距不等，根据金属流动阻力最小定律，小孔附近坯料向孔间距较小的地方偏移，凸模随之弯曲，甚至使凸模、凹模发生刚性碰撞而崩裂或折断，这种现象在厚料上冲小孔尤为严重。模具结构按图1-43设计。在冲裁之前，将弹性元件施加于卸料板上的力全部传递到小孔周边较小面积内，产生较大的压力，这样就可减缓孔型周边坯料的任意移动，从而达到防止凸模折断的作用，同时提

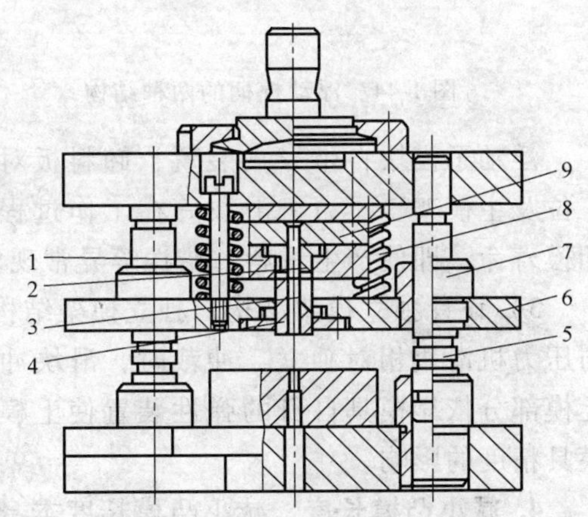

图1-43 在小孔周边对坯料加压的全程导向深孔冲模

1—扇形块座 2—扇形块 3—凸模 4—保护套

5—导柱 6—卸料板 7—导套

8—弹簧 9—固定板

高孔型周边坯料的三向静水压，使坯料塑性提高，与精冲有相同的效果。

3. 消除模具外界因素对小孔凸模的影响 通常情况下，凸模固定在上模座上，上模座又紧固于压力机的滑块上，使得模具的精度直接受压力机精度影响。如果压力机滑块与导轨之间间隙调整得不适当或导轨已被磨损，则滑块下降时将左右摆动，最终导致模具导柱、导套出现非正常磨损而失去导向作用，细小凸模也会受到非正常振动，产生变形而折断。

减小模具外界因素对小凸模的影响，主要有以下措施：

1）选用浮动模柄。浮动模柄有两种结构（图1-44），当滑块下移左右摆动时，浮动模柄内球面接头之间相对转动，消除凸模的非正常振动和变形，达到防止凸模折断的目的。

2）选用浮动子模结构。在级进模生产中，1副模具通常需要完成十多道工序，其中有些小孔的精度要求很高，为了保证冲压件质量，提高小凸模寿命，往往在上模架上设置浮动子模结构（图1-45），特别在冲小孔和压印工序的位置更应如此。

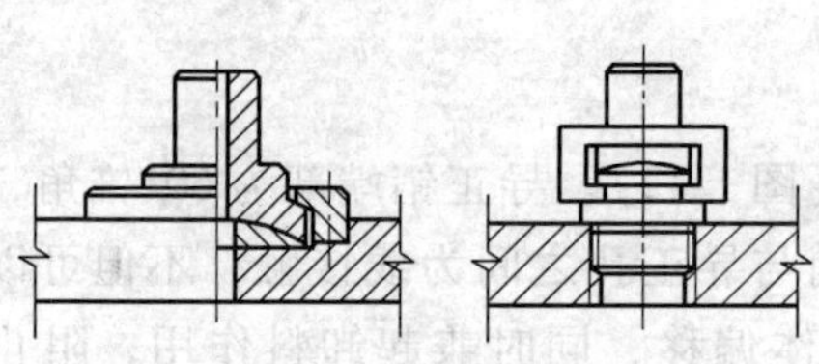

图1-44 浮动模柄的两种结构

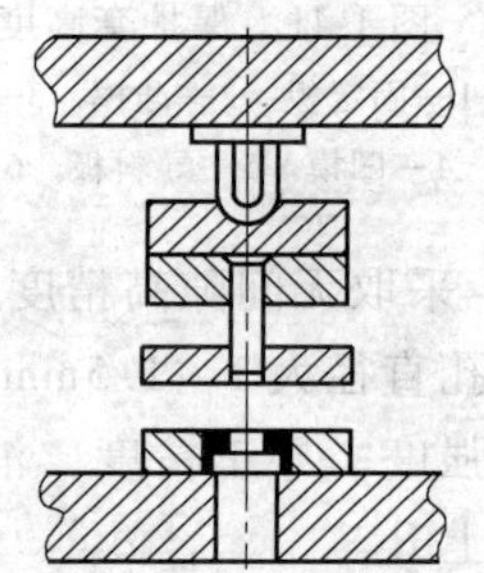

图1-45 浮动子模结构

浮动子模块自带导向装置，卸料板对小凸模起导向作用，这样可排除其他工位及主模架、压力机滑块等在工作过程中对小凸模的影响，保证小孔质量和凹模寿命，即使产生重料、错送等异常现象，凸模也不会啃模、崩裂。

3）设计独立模架结构。独立模架结构可使模具的上下模自成一体，上模座与压力机滑块相对独立，冲裁时，滑块冲击上模座完成冲裁过程。滑块回程时上模部分依靠模具自身的弹性装置使上模复位，这样几乎完全消除了压力机对模具精度的影响。

4. 减小凸模长度 减小凸模长度本身就有利于提高自身的强度和刚度，是各种措施中最行之有效的方法之一（该项的直接运用详见加工实例1.5.3），但往往受到模具整体结构等因素的限制。

除上所述之外，选用高精度的模架、韧性较高的模具材料及合理的热处理，使模具的压力中心与模具中心线重合等方案是常规模具设计中必须考虑的事项，在一定程度上都可以防止小凸模的弯曲、折断，提高小凸模的使用寿命。

采用深孔冲裁模时，深孔冲裁的双面间隙一般按表 1-9 选取。

表 1-9　深孔冲裁的双面间隙值

料厚 t/mm	0.5～2	3	4～6	10
间隙	0.025t	0.02t	0.017t	0.015t

当冲裁的小孔较多且孔位密集时，因漏料孔需连通，会使冲模零件强度下降，降低寿命，可采用分步分工序冲孔工艺（详见加工实例 1.5.4）。若一次冲孔数较多，卸料力很大时，可采用弹压和刚性相结合的双重卸料机构。

若冲裁小孔的批量不大，又受生产设备的限制（如无压力机等），则可采用图 1-54 的简易厚料冲模完成零件的加工（详见加工实例 1.5.5）。

1.5.2　全程导向小孔冲模

1. 零件结构　如图 1-46 所示是某产品上的锭钩零件，采用 4mm 厚的 Q235—A 钢制成，生产批量较大，由于使用上的需要，需冲制 ϕ2.4mm 小孔。

2. 模具结构及工作过程　根据零件结构，设计的模具结构如图 1-47 所示。

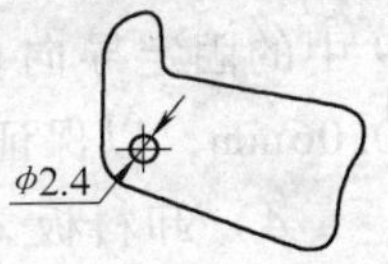

φ2.4

图 1-46　锭钩零件结构简图

模具工作时，将模具置于压力机工作台上，压力机滑块上升，上、下模脱离接触，此时将落料好的坯料置于定位块 10 的合适位置。随着压力机滑块的下降，活动导向块 16 在弹簧 7 的作用下，首先与坯料接触并压紧，随着上模的下行，凸模 11

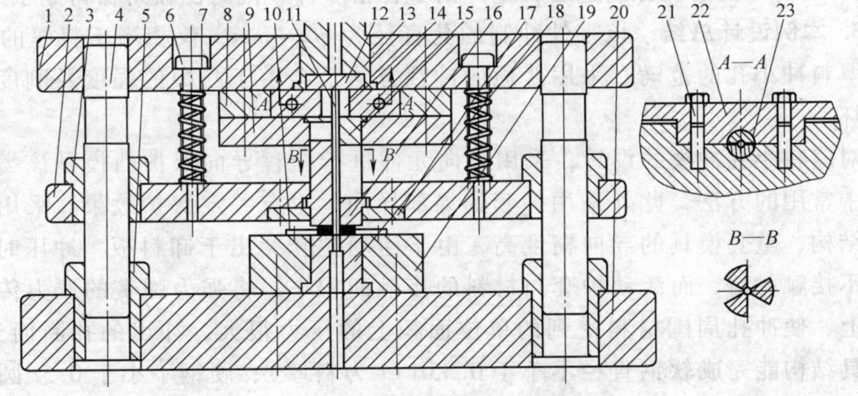

图 1-47　模具结构图

1—上模板　2—卸料板　3、5—导套　4—导柱　6—卸料螺钉　7—弹簧　8—凸模固定座　9—导向块固定板　10—定位块　11—凸模　12—垫板　13—模柄　14、23—半圆套　15—固定导向块　16—活动导向块　17—凹模　18—压块　19—凹模固定座　20—下模板　21—螺钉　22—活动压紧块

与凹模 17 共同完成对坯料的冲切；随着上模的上行，卸料板 2 在弹簧 7 的作用下完成对已冲切好零件的卸料。

3. 设计要点

1）在整套模具冲切过程中，尽管凸模 11 直径很小，由于整个冲切全程都在固定导向块 15 及活动导向块 16 中得到保护，因此冲切过程中凸模可能引起的强度及刚度不足缺陷得到了克服，两导向块与凸模 11 成小间隙配合，双面间隙取 0.05～0.1mm。

2）考虑到凸模 11 加工及更换安装的方便，凸模 11 设计成直杆式，其固定依靠半圆套 14、23 及活动压紧块 22 夹紧，为避免小凸模的高应力对模具的损害，采用垫板 12 进行分散，垫板 12 选用 T10A 制成，淬火硬度为 52～60HRC，上下面均磨平。

3）固定导向块 15 与导向块固定板 9 成过盈配合，活动导向块 16 与卸料板 2 成过盈配合，两导向块各均匀开设有三个扇形槽，它们相互错开排列，既避免了冲模工作过程中相互碰撞，又能使活动导向块 16 插入固定导向块 15 扇形槽中，并能上、下滑动，活动导向块 16 上段在模具工作初始便插入导向块固定板 9 中的固定导向块 15 安装孔内，它们之间成小间隙配合，单面间隙取 0.03～0.06mm，以保证凸模 11 在冲切初始及结束均得到保护。

4）卸料板 2 在整个冲裁全程中均得到导向，从而保证了整个模具工作稳定，可靠，而凸模 11 借助能起导向作用的卸料板 2 来导向，也使冲裁时凸模的稳定性得到了保证。

4. 效果　模具设计制造后，生产出了合格零件，同时凸模寿命得到了保证。

5. 本例设计总结　该零件冲制的孔直径为 $\phi2.4$mm，仅相当于料厚的 3/5，属于厚料冲小孔的范畴，采用普通的冲裁方法，会由于凸模的强度及刚度不足而破坏。

对厚料小孔冲模的设计，采用导向元件进行全程导向保护凸模是该类模具设计中常用的方法，此外采用护套的局部导向，也有一定保护效果。采用全长导向结构，整套模具的导向精度高，由于活动护套突出于卸料板，冲压时，卸料板不接触材料，而活动护套与材料的接触面积小，将强力弹簧的压力传递到材料上，使冲孔周围材料受到的单位面积上的压力很大，冲出的孔断面光洁。该模具结构能完成软钢直径不小于 $0.35t$（t 为料厚）、硬钢不小于 $0.5t$ 圆孔的冲裁。

本案例设计的全程导向冲孔模采用了凸模快换结构，使凸模更换方便。

1.5.3　超短凸模小孔冲模

1. 零件结构　图 1-48 所示零件，采用 4mm 厚的 Q235—A 钢制成，批量生产，由于使用需要，在其上需冲制出 $2\times\phi2.8$mm 及 $2\times\phi2.2$mm 的小孔。

2. 模具结构及工作过程 根据零件结构，设计的模具结构如图 1-49 所示。

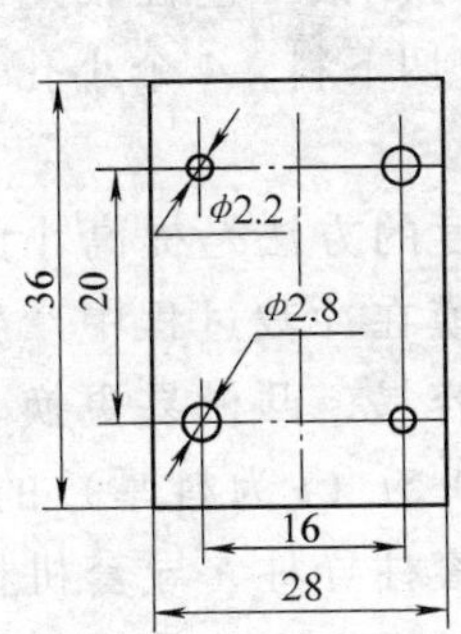

图 1-48 零件结构简图

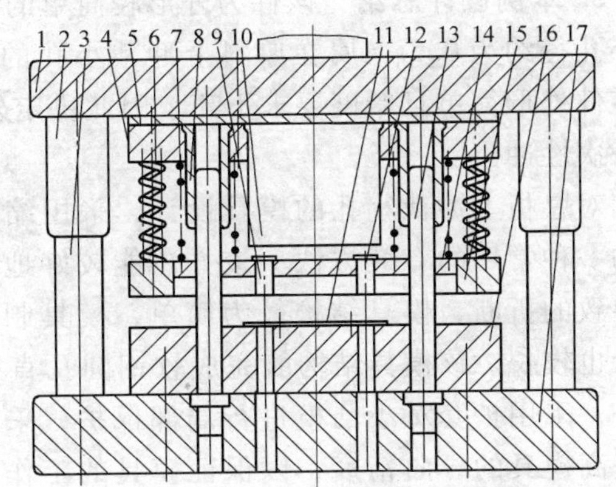

图 1-49 模具结构简图

1—上模板 2—导套 3—导柱 4—固定板 5—垫板 6、7—弹簧 8—小导套 9—小凸模Ⅰ 10—打击头 11—定位板 12—小凸模Ⅱ 13—小导柱 14—凸模固定板 15—卸料板 16—凹模 17—下模板

模具工作时，将剪切好的坯料置于模具定位板 11 的合适位置，此时，压力机上滑块开始下降，卸料板 15 与坯料接触，把坯料压紧在凹模 16 上。随着压力机的下降，凸模固定板 14 在小导柱 13 的导向作用下与打击头 10 接触，在打击头 10 的作用下，小凸模 9、12 与凹模 16 共同作用，对坯料进行冲孔；随着压力机滑块的上升，凸模固定板 14 在弹簧 7 的弹力作用下回复，与此同时，卸料板 15 在弹簧 6 弹力作用下将零件坯料推出凸模 9、12，完成坯料的冲切，此时，将冲好的工件取出模外，模具转入下一个工作循环。

3. 设计要点

1）小凸模 9、12 与凸模固定板 14 采用 H8/h7 小间隙配合装配，其各自上端面均高于凸模固定板上表面，使打击头 10 能直接作用于小凸模上端面，同时又利于小凸模的更换。凸模固定板 14 与小导柱 13 成小间隙配合，间隙取 0.05 ~0.1mm，凸模固定板 14 依靠小导柱 13 及小导套 8 进行精确导向。

2）为防止小凸模 9、12 在冲载过程中，可能由于长度较长而发生的弯曲变形而折断，模具中特意设计成缩短其长度的结构，其冲裁力依靠打击头 10 传递。

3）整个冲孔完成后的卸料由卸料板 15 作用于工件坯料的外围完成。

4）整套模具依靠导柱 3 及导套 2 导向，为保证小凸模 9、12 与凹模 16 的准确定位，特意设置了二次导向机构，用小导柱 13 及小导套 8 进行导向。

4. 效果 冲裁的小孔满足产品要求，小凸模使用寿命冲裁几万次未出现折断。

5. 本例设计总结 该件为外形较简单的冲裁件，加工的二种孔孔径均较小，最小孔径约为 $0.5t$，属在厚料上冲裁小孔的类型，孔的冲裁工艺性较差。考虑到零件外形简单且精度要求不高，因此决定外形采用剪切下料，4 个小孔设计模具一次性冲出。

对厚板上冲裁小孔的模具设计，采用缩短凸模长度的方法是提高小凸模寿命的一种常用的有效方法。该方法能较好地防止小凸模在冲裁过程中产生弯曲而导致的折断，模具结构较为简单，模具制造也比较容易，凸模易更换、使用寿命也较长。该模具结构能完成软钢圆孔直径不小于 $0.5t$（t 为料厚）的冲裁。此外，采用护套对小凸模进行局部保护，采用滚珠或滚柱导柱、导套机构进一步提高模具的导向精度，以保证模具的工作平稳性，对提高小孔冲模的寿命也很有效，但模具价格会有所上升。

1.5.4 面罩小孔冲模

1. 零件结构 图 1-50 所示零件为面罩，采用 0.5mm 厚的硬铝板 LY4（2A02）制成。其上有 550 个 $\phi0.8$mm 的小孔，小孔之间横向与纵向间的中心距均为 1.5mm。

2. 加工工艺分析 该零件上的小孔数目较多，孔径较小，经过工艺分析决定采用如下工艺方案：剪切条料→冲裁小孔→落外形。

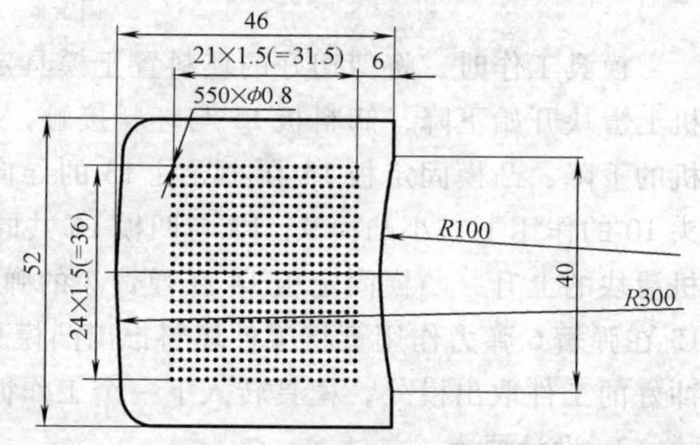

图 1-50 面罩零件结构简图

先将硬铝板排样剪成如图 1-51 所示的条料，条料尺寸为 $(112 \pm 0.1)\text{mm} \times 100_{-0.1}^{\ 0}\text{mm}$，再采用级进式小孔冲模分 5 步（每次送进步距为 $5 \times 1.5\text{mm} = 7.5\text{mm}$）将条料上所有小孔冲出，最后落成外形。

3. 模具结构 设计的小孔冲模结构如图 1-52 所示。

模具共分 5 次完成所有孔的冲裁，首次冲出前面的 5 排孔，然后通过侧刃一次向前送进 7.5mm 后，再冲出后续的 5 排孔，依次 5 次冲切完成所有孔的冲裁。

冲裁完成后的板料，最后利用落料模加工成所需零件形状。

4. 设计要点

1）采用内置式导柱和导套，将凹模，卸料板及上模座之间进行合模导向，使模具工作时能保证卸料板上下运动平稳，不至于损伤冲针。四个导柱、导套

之间采用 ϕ12H/h6 配合，以满足冲针与卸料板之间 0.02mm 及冲针与凹模 0.04mm 的间隙要求。

2）卸料板、固定板及凹模三个零件一次性地用国产线切割机割出，以保证三者孔间的位置度要求。

3）为减小冲针长度，冲针选用非加强型，且卸料板与固定板之间仅 5mm 距离，卸料采用上模座内置聚氨酯橡胶 2、垫片 3 推动四个顶杆 4 的工作方式，通过上述设计的冲针长仅 29mm。

4）侧刃剪切刃口高出冲针 5mm，大于凹模刃口厚度 4mm，以防止凹模储存过多的废料而导致的凹模损坏，同时凹模左右两边都制有侧刃刃口，工作时只用一个，以提高模具的使用寿命。

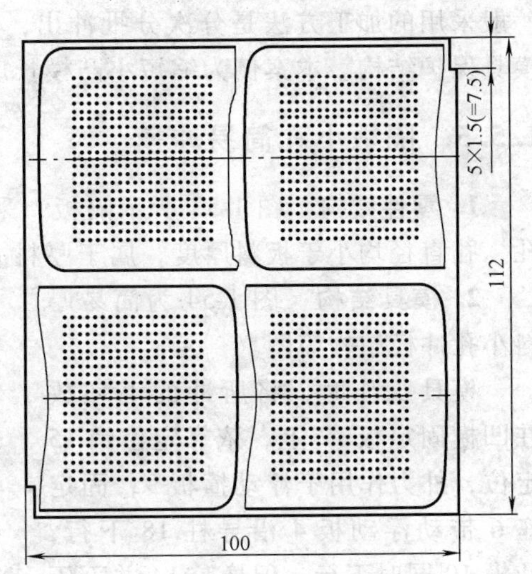

图 1-51　零件排样图

5）凹模、卸料板采用 Cr12MoV 制作，固定板采用 Q235 钢制作，三件板都制有 220 × ϕ0.5mm 工艺孔，淬火前，由钻床分别钻出，组合在一起。组合后所有成形 ϕ0.8mm 孔均由工艺孔穿丝分别贯穿各小孔依次割出，总计 10 排，凹模刃口厚度取 3.5mm。凹模漏料孔在割完后由电火花加工完成。

6）侧刃长度为 40mm，厚度为 1.5mm。采用韧性较好的材料 3Cr2W8V，淬火后硬度为 40 ~ 48HRC。

5. 使用效果　该模具装配合格后，一次试压成功。不但模具寿命长，而且生产效率很高。

6. 本例设计总结　对于多排密集型的小孔件冲制，采用传统的落料冲孔工艺方案很难加工。

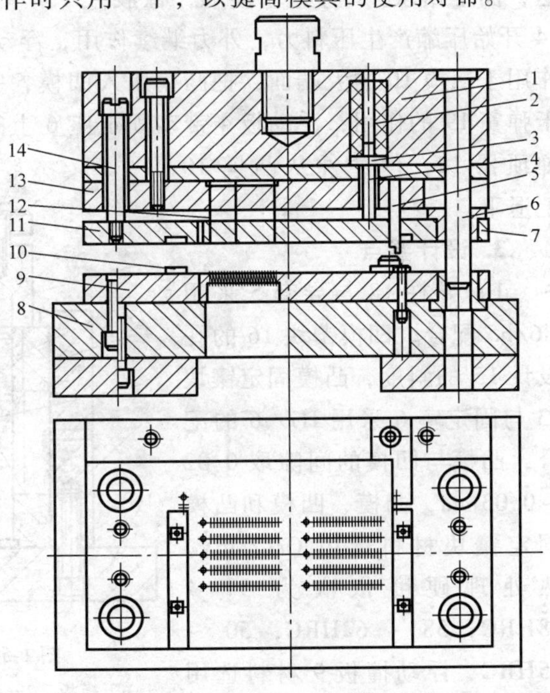

图 1-52　小孔冲模结构

1—上模座　2—聚氨酯橡胶　3—垫片　4—顶杆　5—侧刃　6—导柱　7—导套　8—下模座　9—凹模　10—导料板　11—卸料板　12—冲针　13—固定板　14—卸料螺钉

一般采用的加工方法是分次分批冲出，同时在模具设计中充分运用深孔冲裁的模具保护结构。本案例为缩短小凸模长度而设计的卸料结构很有借鉴性。

1.5.5 隔板小孔简易冲模

1. 零件结构 图 1-53 所示隔板，采用 1.5mm 厚的 H62 制成，上面有 6 个孔，孔直径均小于板料厚度，属于厚料冲小孔。

2. 模具结构 图 1-54 为简易厚料小孔冲模结构简图。

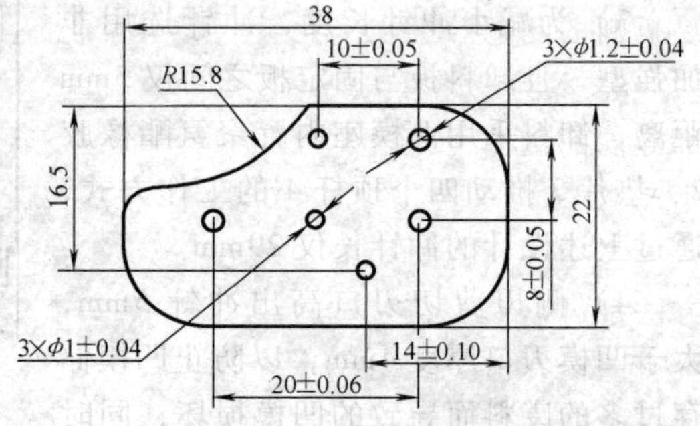

图 1-53 隔板结构简图

模具工作时，将所冲的毛坯放在凹模固定板 17 上，依靠定位销 15 定位，外力作用于浮动撞板 9，固定座 6 带动浮动板 4 沿导柱 18 下行，凸模 10 同时下行，但橡胶 14 并不压缩，直到凸模 10 接触到毛坯并向后退，固定镶块 13 与毛坯接触，橡胶 14 开始压缩产生压料力，外力继续作用，浮动撞板 9 迫使橡胶 14 压缩，其底部作用于凸模 10 的大端面，把凸模压入凹模，完成深孔冲压，当外力撤除后，由于弹簧 19 的作用，浮动板 4 带动固定座 6 上行，凸模 10 上升，弹簧 11 作用于弹顶器 12，使冲件从凸模 10 上退下。

3. 设计要点

1）导柱 18 与导套 5 采用 H6/h5 配合，凹模镶块 16 的孔设计 15′的斜度，凸模固定镶块 13 与固定座 6 采用 H7/r6 的配合，凸模与凹模的间隙取 0.02 ~0.03mm，凸模、凹模和凸模固定镶块材料选用 Cr12MoV，热处理硬度依次为 54 ~ 58HRC，58 ~ 62HRC，50 ~ 55HRC，浮动撞板 9 材料选用 45 钢，等高套 7 与浮动撞板 9 采用 H6/h5 配合，硬度为 42 ~ 48HRC。

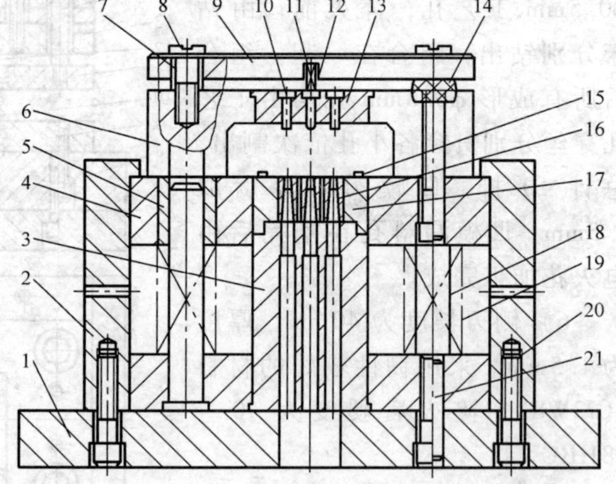

图 1-54 简易厚料冲小孔冲模结构

1—下模板 2—限位套 3—定位板 4—浮动板 5—导套 6—固定座 7—等高套 8、19—螺钉 9—浮动撞板 10—凸模 11、19—弹簧 12—弹钉器 13—凸模固定镶块 14—橡胶 15—定位销 16—凹模镶块 17—凹模固定板 18—导柱 21—圆柱销

2）浮动撞板运动平稳，

不可倾斜，各运动部位工作时应无迟滞现象，弹簧 19 提供的力只需要将浮动板 4 浮起到指定位置即可，橡胶 14 在保证提供足够的压料力前提下，尽可能选软橡胶。

3）小孔凸模 10 和凸模固定镶块 13 的表面粗糙度值均取 R_a0.2～0.4μm，以防止磨损导致导向间隙增大和弯曲力矩增大。

4. 结论 该简易小孔冲模结构简单、小巧，很好地解决了小孔冲模凸模容易折断的问题。

5. 本例设计总结 在厚料上冲小孔，一般常用的方法是采用凸模全长或局部导向的结构，或超短凸模的结构形式，但模具结构较复杂，生产成本高。对生产批量不大的零件，可考虑设计简易厚料小孔冲模。

本例冲孔模的特点在于工作可以不需要压力机，任何可以提供足够压力的方法都可以完成，如采用气缸或液压缸等。由于模具凸模和凹模都装在下模，没有上模，极大降低了模具闭合高度，提高了冲压稳定性，凸模的长度比现有超短凸模长度更短，一般小于 15mm，给凸模导向的导柱长度比现有的方法短 1/2～1/3，极大提高了导向的稳定性。

1.6 成形件冲孔模案例剖析

1.6.1 成形件冲孔加工工艺及模具结构分析

在已成形或拉深好的工件上进行冲孔加工，其加工工艺及模具设计的要点从本质上讲与管件冲孔是一致的。但由于成形件形状的复杂性，使成形件冲孔模的结构形式呈现出比管材冲孔模更多的多样性。

在选用模具结构时，一般处理原则为：

1）对中小尺寸的筒形件或盒形件侧壁有孔，若孔位精度要求较高，零件生产批量较大，可考虑一次冲成。

图 1-55a 所示零件工件斜面角小于 30°，材料厚度在 0.6～1.5mm，则可考虑图 1-55b 所示盖冲侧孔模。八个凸模 3 安装在压料板 2 中，是上模，而凹模 1 是下模，上、下模间的导向采用导柱 5 和导套 7，这种模具应安装在行程较小的偏心压力机上。

2）若孔位精度要求不高，零件生产批量不大，则选用直冲式结构，采用如图 1-56 的零件安放方式，每次只冲一孔，换位时用定位销定位。

3）当中小型零件对称轴线两侧有孔时，可以选用如图 1-57 所示的双向冲孔悬壁式结构。通过活动凹模 2 与上凸模 3、下凸模 1 依次冲出上部及下部的孔。

图 1-57 所示结构受零件冲孔位置（直接影响到轴形凹模的悬臂长度）及成

形件内径的影响，当成形件的外形尺寸不大，料厚较薄且在其侧面需冲裁多个孔时，若设计及安排斜楔结构有困难时，可考虑设计旋转式结构，通过安放工件的部件的旋转来推动凸模产生冲孔运动（详见加工实例 1.6.2）。

对外形尺寸大的零件，需注重零件安放的位置及方式，据此设计相应的模具结构，如采用上、下浮动式对冲模具结构比选用斜楔结构冲孔能大大减少模具外形尺寸（详见加工实例 1.6.3）。

在模具设计中还需考虑到由于在不同冲孔方式下凸、凹模的强度，从中选择合乎该零件冲孔要求的最佳模具结构形式，一般采用倒装式冲孔模有利于保证凹模的强度（详见加工实例 1.6.4）。

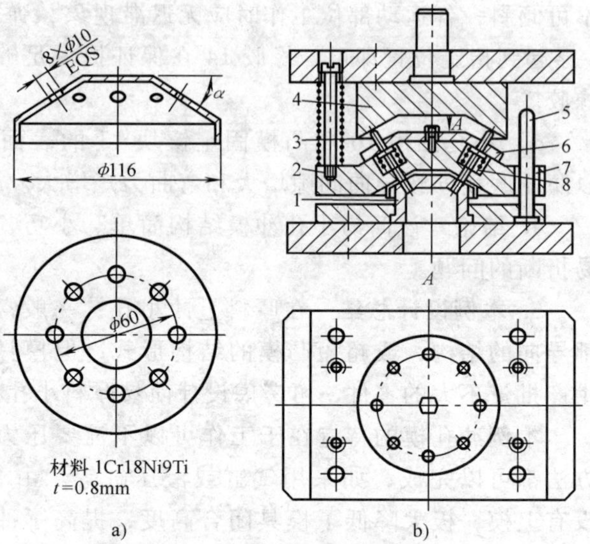

材料 1Cr18Ni9Ti
t=0.8mm

a）　　b）

图 1-55　盖冲侧孔模
a）零件图　b）冲模结构图
1—凹模　2—压料板　3—凸模　4—斜面压板　5—导柱　6—压板　7—导套　8—弹簧

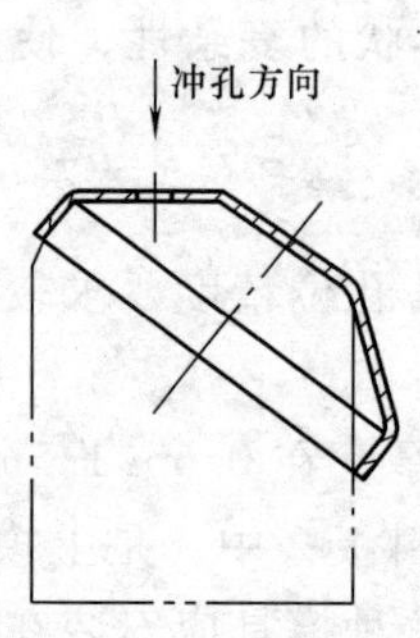

图 1-56　零件安放方式

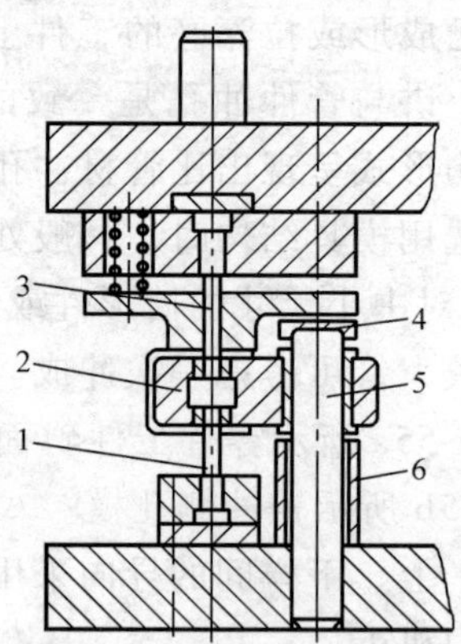

图 1-57　对向冲孔悬壁式结构
1—下凸模　2—活动凹模　3—上凸模　4—限位块　5—导柱　6—限位套

1.6.2 旋转式冲侧孔模

1. 零件结构 图 1-58 所示拉深件采用 1mm 厚的 08Al 钢制成，其上要求冲出 4 个均布的 ϕ4mm 孔，且两个相对孔的同心度误差不大于 0.2mm。

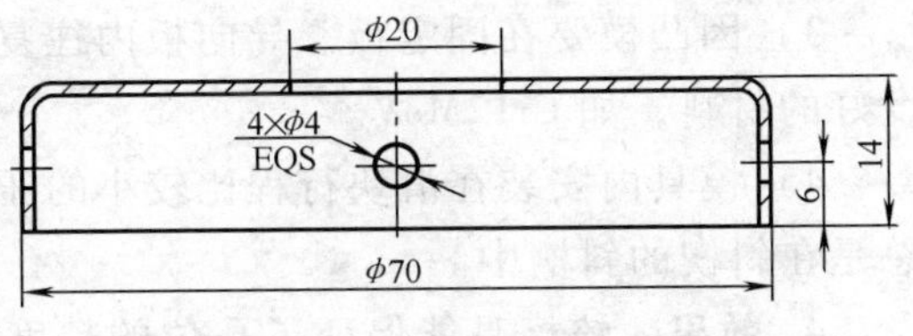

图 1-58 拉深件零件结构简图

2. 模具结构及工作过程 根据零件结构，设计了如图 1-59 所示旋转式冲侧孔模。

该模具改变常用冲侧孔模每个冲裁方向都需要一组斜楔结构的形式，而采用不论几个冲裁方向，都只用一个斜楔 2，斜楔 2 上铣出一个上下倾斜一定角度的槽，通过斜楔 2 的上下运动推动转动盘 5 左右旋转。

在旋转盘 5 上安装 4 个带 T 形槽斜面的凸模固定板 9，凸模固定板 9 随转动盘左右旋转，而安装在凸模固定板上的凸模 8 不随转动盘转动，只在凸模固定板上的斜面推动下作前后运动，前后运动的距离是由转动盘 5 每次转动的角度和凸模固定板 9 的 T 形槽斜度来决定，运动精度由凸模 8、凸模导向板 7 保证。凹模 6、凸模导向板 7 固定在下底板上，始终保持不动。

模具工作时，压力机滑块上升至上死点，将制件放在凹模 6 上，由凹模的外形定位，当斜楔 2 随压力机滑块下行时，斜楔上斜槽一面推动拨销 3 和转动盘 5 一起按顺时针方向转动，固定在转动盘上的 4 个凸模固定板 9 推动 4 个凸模 8 在凸模导向板 7 的孔中向前运动，与凹模接触冲出 4 个小孔。当斜楔 2 随压力机滑块上行时，斜楔上的斜槽推动拨销和转动盘沿逆时针方向转动。凸模固定板拉 4 个凸模向后运动，退出制件完成一次冲裁过程。

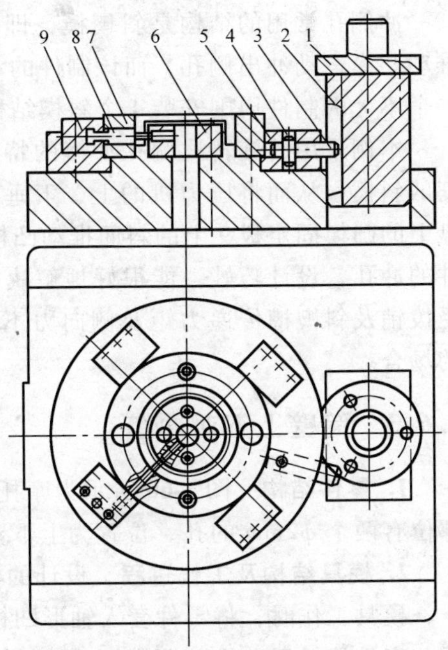

图 1-59 旋转式冲侧孔模具结构

1—模柄 2—斜楔 3—拨销 4—圆柱销 5—转动盘 6—凹模 7—凸模导向板 8—凸模 9—凸模固定板

3. 设计要点

1）设计时，要计算好斜槽上斜槽的角度，以保证斜楔到上死点时凸模能离开凹模 2.5～3 倍的制件料厚，即 2～3mm。

2）制造及安装时，要保证凹模和凸模导向板上相对应 4 个孔的同心度误差小于 0.02mm，以保证凸模、凹模的冲裁间隙。

3）因凸模要在固定板、导向板内往复滑动，所以凸模要选用耐磨性能及硬度好的材料，如 Cr12MoV。

4）模具内安装在滑块行程比较小的压力机上，以保证斜楔上下运动时拨销总是在斜楔的斜槽中。

4. 效果 该模具能保证了孔位的精度要求，且结构较斜楔式模具简单、可靠。

5. 本例设计总结 该制件本身体积小、厚度较薄、冲裁 4 个侧孔所需冲裁力不大，为避免因多次定位造成的孔位误差，保证 4 个侧孔的位置精度和提高劳动生产率，应在压力机的一次行程中同时冲出 4 个侧孔。

冲侧孔常用的结构是斜楔模，即在每一个冲裁方向上，安装一个斜楔结构推动凸模运动冲出侧孔，而该制件的 4 个侧孔在 4 个不同的冲裁方向上，且要在一个不大的制件周围安装 4 个斜楔结构，模具的设计和制造都相当困难。

本例采用的旋转式侧孔冲模的特点在于，通过在模柄上安装带一定倾斜角度的斜楔，从而将压力机的上、下垂直运动转化为转动盘的旋转，又通过转动盘上的凸模固定板 9 上的斜面推动凸模导向板中的凸模 8 作径向运动，实现成形件的冲孔，设计巧妙，能很好地解决零件外形小，不便于安装斜楔的困难，但受拨销及斜楔槽传递力矩及侧向力不大的影响，仅能用于料较薄，冲裁力不大的场合。

1.6.3 筒壁上下对冲模

1. 零件结构 图 1-60 所示为摩托车前大灯反射镜的零件结构简图，在圆筒部位有两个 $\phi 2$mm 的孔，位置为上下对称。

2. 模具结构及工作过程 设计的模具结构如图 1-61 所示。

模具工作时，将零件套入轴形凹模 11 上，压力机滑块下行，当上凸模 9 下行与工件接触后，推动凹模 11 及凹模固定板 10 沿小导柱 4 一起下行，至工件与下凸模接触时，上凸模首先冲孔，并使推杆 6 与凹模固定板接触，继续推动凹模 11 下行，使下凸模冲出下面的孔。

3. 设计要点

1）由于凸模较细易折断，模具采用快换凸模结构。凸模损坏需要更换时，只要松开限位螺钉，即可方便地更换。

2）凹模固定板与小导柱 4 采用小间隙配合，其间隙约为冲裁间隙的 1/2 左右即可。

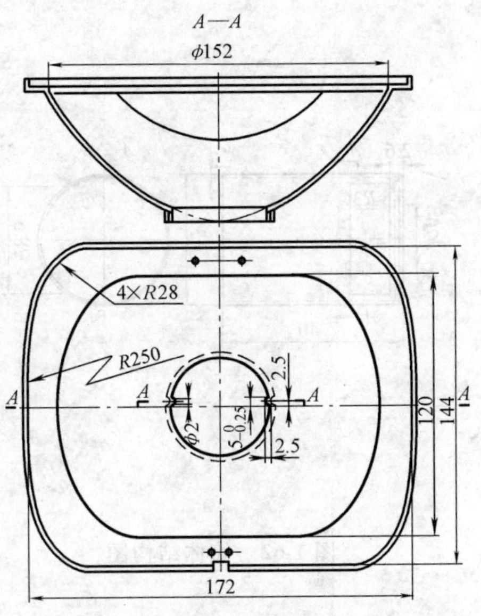

图 1-60 零件结构简图

4. 效果 该模具加工出的零件稳定，模具状态良好，使用方便。

5. 本例设计总结 该零件如采用斜楔传动的水平横向冲孔法，则模具结构复杂且外形尺寸大，必须使用较大闭合高度的压力机（吨位也较高）加工，使加工成本上升。

本例设计的模具结构将传统的上下对冲式的模具结构与凹模浮动结构结合起来，创新性设计了一种新的模具结构，通过在固定轴形凹模 11 的联板上设置小导柱 4 进行二次导向，保证了凹模浮动的位置精度，保证了冲孔凸、凹模间的间隙，整个模具简单且外形尺寸减小且能在小吨位压力机上加工。

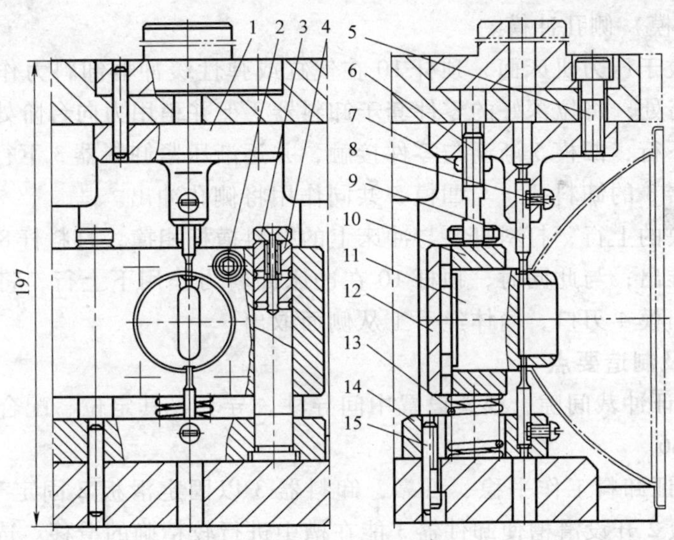

图 1-61 模具结构

1—上凸模固定板 2、5—螺栓 3、4—小导柱 5、8—螺钉 6—推杆 7—螺母 9—上凸模 10—凹模固定板 11—轴形凹模 12—联板 13—弹簧 14—下凸模固定板 15—圆柱销

1.6.4 倒装式侧孔冲模

1. 零件结构 图 1-62 所示筒体，由 1.5mm 厚的优质碳素结构钢 08F 制成，生产批量较大，要求在其靠近底部的侧面冲一方孔。

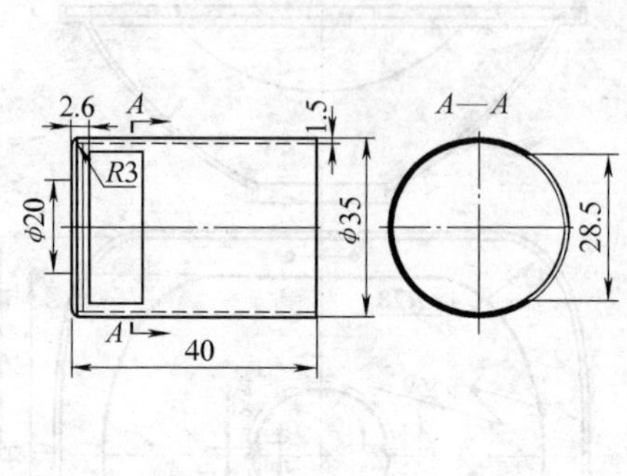

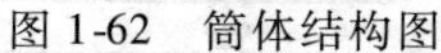

图 1-62　筒体结构图

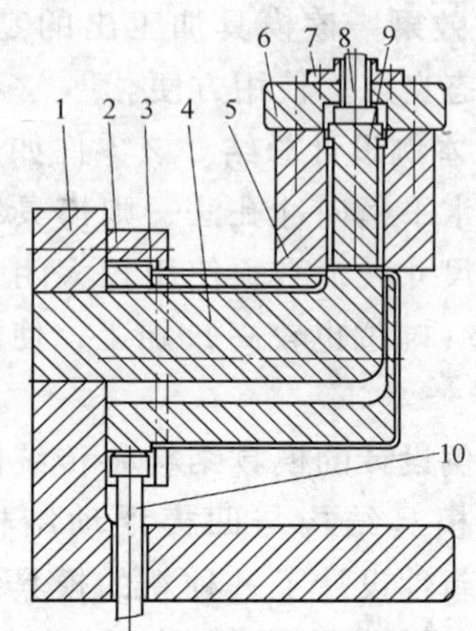

图 1-63　倒装式侧孔冲模结构简图

1—下模座　2—固定滑板　3—卸料器　4—凸模　5—凹模　6—上模板　7—模柄　8—打料杆　9—上卸料器　10—顶杆

2. 模具结构及工作原理　依据冲模工作特点，设计了如图 1-63 的倒装式（即凹模在上模）侧孔冲模。

模具安放于压力机床面，顶杆 10 在气缸或弹性缓冲器卸料力作用下将卸料器 3 顶至最高处，将拉深好的零件套于卸料器 3 上并稍用力向台阶处压紧，随着压力机滑块下行，凹模 5 渐渐与零件接触，并逐渐压紧卸料器 3 下行，凸模 4 随之露出卸料器 3 的卸料孔，与凹模 5 共同作用将侧孔冲出。

随着滑块的上行，打料杆 8 与冲床上的打料横杆相撞，打料杆 8 冲击上卸料器 9 将废料推出；与此同时，顶杆 10 在冲床卸料力作用下上行，将冲裁好的筒体零件顶出凸模 4 刃口，筒体经手工从侧面取出。

3. 设计及制造要点

1）为保证冲裁间隙，模架设置中间导柱、导套，其定位、配合精度分别为 H7/r6、H7/h6。

2）为保证卸料工作平稳、可靠，卸料器 3 以固定滑板 2 固定于下模座上，并在固定滑板 2 开设滑槽使卸件器 3 能在槽中进行较精确的滑移。选用间隙配合 H8/f7。

3）为防止凹模 5 冲裁过程中对零件侧面的压伤，凹模 5 与零件外形接触表面做成形状一致。

4）凸模 4 与下模座 1 以过盈配合进行联接，凸、凹模间隙调配合适后，为防止凸模 4 转动，影响冲裁调配的精度，用圆柱销将凸模 4 与下模座 1 进行固定。

5）卸料器 3 台阶处 10mm 左右的外形尺寸按零件内孔实际尺寸进行配作，使之有适当过盈，筒体安放时作适当挤入，以使筒体定位可靠、冲裁过程稳定。

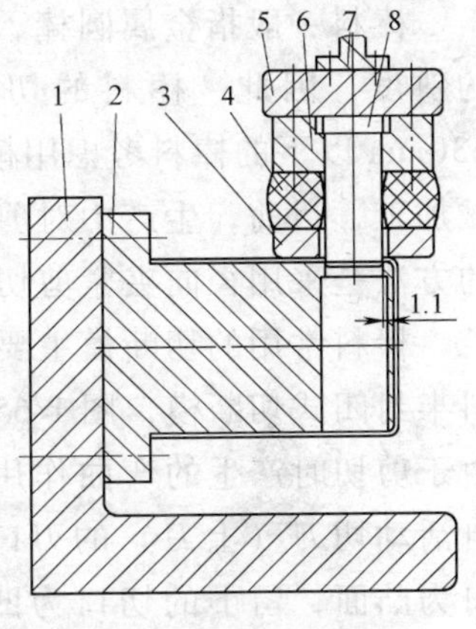

图 1-64　筒体顺装式模具结构简图

1—下模座　2—凹模　3—卸料板　4—橡胶块　5—上模板　6—固定板　7—模柄　8—凸模

4. 使用效果　设计的模具，经试模合格。冲裁零件数万件，模具仍未出现损坏，产品质量稳定、可靠。

5. 本例设计总结　由于筒体开设的缺口较大且冲裁面离筒体底仅 2.6mm，若采用典型的顺装式模具结构（即凹模在下模），如图 1-64 所示，那么，凹模缺口处壁厚仅 $2.6\text{mm} - t = 2.6\text{mm} - 1.5\text{mm} = 1.1\text{mm}$（$t = 1.5\text{mm}$），如此小的壁厚，必然造成凹模强度过低，易产生崩刃、使模具寿命太低，不利于大批量生产及经济效益的提高。故顺装式模具结构不能采用。

本例设计的倒装悬臂式冲模，很好地解决了凹模壁厚强度不足的问题，而根据压力机的结构设计的顶料装置，能有效地完成零件冲裁中的顶料及压料作业，整个模具结构简单、实用。该类倒装式冲裁模同样可以应用于其他具有相似结构零件的冲裁。

根据拉深件毛坯及拉深系数计算公式，选取合适的修边余量，可算出零件毛坯直径为 ϕ81mm、拉深系数为 0.41，查阅相关资料后，可确定拉深次数为二次。该零件工艺方案为：落料及首次拉深→二次拉深并冲底孔 ϕ20mm→车去修边余量→冲侧孔。

1.7　切断模案例剖析

1.7.1　切断加工工艺及模具结构分析

采用切断加工工艺加工棒料、管料端面、型材、异型材，比采用锯切、铣削具有更高的生产效率，同时加工成本更低，质量更稳定。

由于大多数的切断加工为单面冲切，冲切力不平衡，料与冲头都承受偏移力，易造成冲头折断或使料产生偏移，为此，切断模的设计须充分考虑到这种剪切侧向力的影响。通常采取的措施为：对工件及凸模设置挡料块（一般安放在凹模上）或部分加长凸模的非工作刃口部分的长度，使冲切之前，切断凸模与挡料块先紧贴，或使加长部位凸模紧贴凹模先行进入，由此抵消由于切断产生的偏移力，保证模具的寿命及切断的工件质量。挡块的设置形式及位置，需结合冲切工件的形状及模具结构考虑，以有效地抵消剪切侧向力的影响（详见加工实例 1.7.2）。

棒料一般指金属圆棒，使用较多的是钢棒，由于圆棒材切断后断面有较大的斜度，因此，棒料的切断加工工艺多用于毛坯加工，生产中对剪切直径ϕ30mm以下的棒料考虑用模具剪切，而ϕ30mm以上的棒料下料多用锯、车等机械加工，目前，生产中对剪切直径大于ϕ50mm的大直径棒料应用较好且较经济的方法是采用径向夹紧剪切，即定刀设计成夹紧型的刀片。

棒料常用的切断模主要有半封闭式及全封闭式两种结构形式。图1-65为棒料半封闭式切断模，图1-65a为常见的半圆形切断模，切断的棒料下方无支承。由于剪切时产生的弯曲作用，会留下因大的压痕而产生的压塌，又因裂纹产生自活动切刀（上刀）的刃口一侧，即受弯时的拉深一侧，所以被切下部分的切口为凸面，留下的切口为凹面。材料越软，塌陷越严重，如图1-65b所示。因此，对断面有较高剪切面要求的零件，不宜采用该结构。

若要达到较高的剪切面，则需采用全封闭式模具结构（详见加工实例1.7.3）。该结构由于使棒料和切断料都处于封闭状态，减少了棒料剪切过程中发生的弯曲。全封闭式结构有单件切断和双件切断两种形式，如图1-66所示。

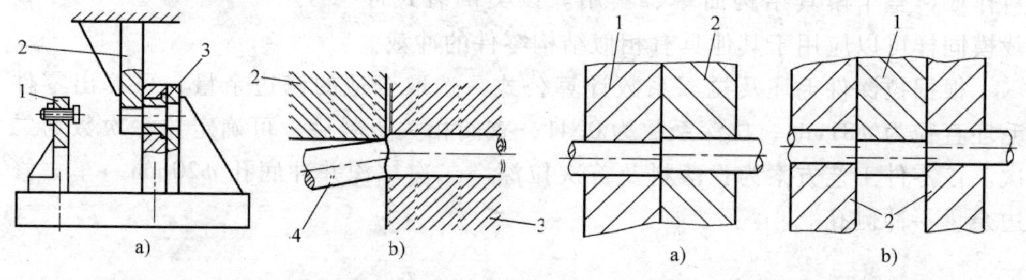

图1-65　棒料半封闭式切断模
a）半圆形切断模　b）切口塌陷
1—定位挡板　2—上刀　3—下刀　4—切断料

图1-66　全封闭切断方式
a）单件切断　b）双件切断
1—活动切刀　2—固定切刀

双件切断，由于棒料处于对称受力状态，使剪下的坯料相对于棒料平行下移，使剪切面的变形小，断面光滑平整，多适用毛坯质量要求较高的精密塑性成形。

生产中使用的角钢及槽钢等型材以及异型材的切断均属于单面切断，由于冲切时，对凸模有一个侧向推力，凸模工作的稳定性相对较差，同时由于冲切材料较厚，较大的冲切力易造成凸模刃口的崩刃或开裂。在凸模受到侧向推力的同时，被冲切的型钢同样受到一反作用力，造成型钢冲切时的翘曲力很大。为此，型钢的冲切常采用图1-76所示打击式切断模（详见加工实例1.7.4）。该切断模采用封闭式结构，受力平衡作用较好，切刀所受侧向力在封闭式结构中可得到较好的平衡，故冲切时型材翘曲趋向性较小。

对厚度小于6mm的角钢也常采用图1-67所示的切断模，为了防止角钢切断时翘曲，压料板预压和卸料采用弹簧加橡胶，保证操作的稳定及安全性。上下模采用导柱导向，上、下切刀有挡块来承担侧向推力。

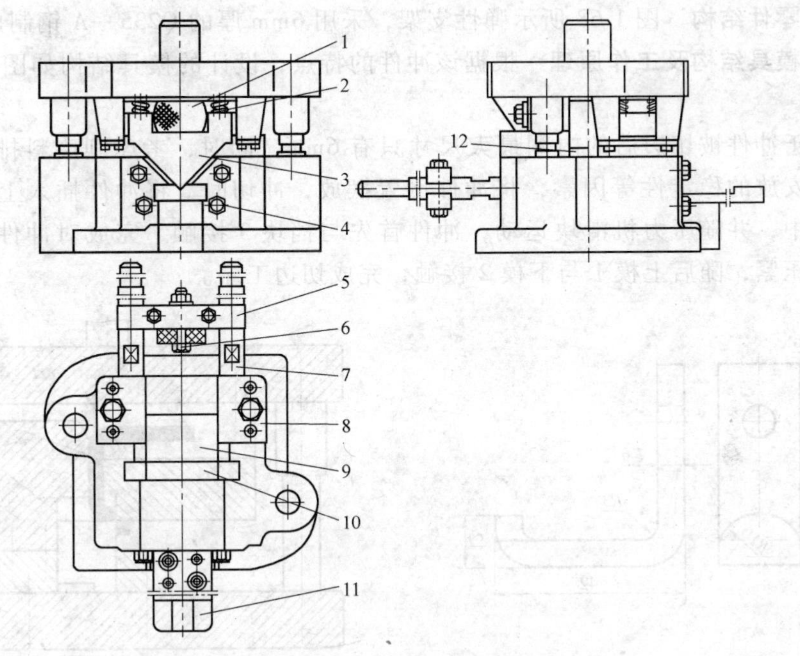

图 1-67　打击式切断模

1—橡胶　2—弹簧　3—上压板　4—下切刀压紧螺钉　5—挡料架　6—定位螺钉　7—支撑柱　8—压板　9—下压板　10—下切刀　11—托料架　12—上切刀

工作时，毛坯沿托料架 11 和下压板 9 上的 V 型槽送到定位螺钉 6 处定位，上模下行时，上压板 3 与下切刀 10 及下压板 9、上切刀 12 分别将毛坯夹紧，上切刀 12 与下切刀 10 共同完成角钢的切断。

上切刀 12 与下切刀 10 的工作刃口夹角均取 90°，切断时可从两边逐渐切断，使冲裁力降低。下切刀 10 为对称设计，单面刃口磨损后，可翻转 180°使用。冲切时单面间隙可选用 0.3～0.4mm。

对料薄且形状较复杂的异型材，为防止型材在剪切过程中产生过大的弯曲变形而导致剪切塌角太大。可考虑采用活动凹模绕转轴摆动，根据斜刃剪切的原理，对异型材进行渐进剪切（详见加工实例 1.7.5）。

与钢管上冲孔加工工艺一样，对管料进行切断及管料的端面冲切，在加工工艺及模具设计中考虑的一个重要因素仍是管料的变形，常采用的方法是使管料先进行预期的反变形或改变切断刃口的形状，减小径向方向的力，减少对管料变形的影响等工艺措施。当条件允许时，设置芯轴对控制管壁的塌陷、变形是有利的。管料的端口冲切详见加工实例 1.7.6、1.7.7、1.7.8。

1.7.2 弹性支架切弧模

1. 零件结构 图1-68所示弹性支架，采用6mm厚的Q235—A钢制成。

2. 模具结构及工作原理 根据该冲件的特点，设计的模具结构如图1-69所示。

由于冲件被切边后的内侧最大尺寸只有6mm，同时，考虑到废料排除便利及冲件安放的稳定性等因素，将冲件倒置摆放，冲切时，将冲件插入上模1的定位槽中，并随压力机滑块运动，冲件首先与挡块3接触，完成对冲件的定位及侧面压紧，随后上模1与下模2接触，完成切边工序。

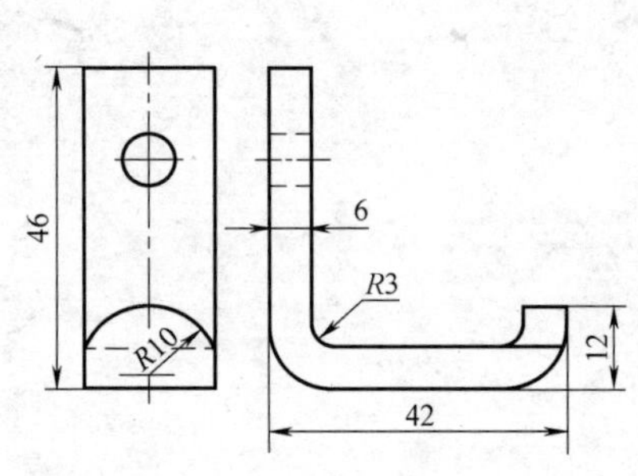

图1-68 弹性支架结构简图

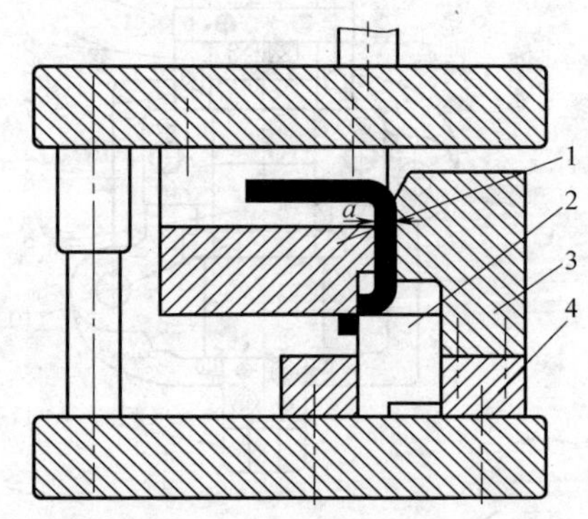

图1-69 模具结构

1—上模 2—下模 3—挡块 4—下模固定板

3. 设计要点

1）上模设计结构如图1-70所示，尺寸13.3处用于冲件定位，尺寸6部位为切边刃口，该零件除了有足够的强度，制造工艺也较简单。

2）由于采取了单边刃口冲切的形式，且冲件材料较厚，因此，冲切时的侧向力较大。设计中应考虑压料装置，以减小侧向力，提高断面质量及模具刃口寿命。但由于被冲切部位的限制，不宜采用常见的压、顶料装置。为此，设计了图1-71所示的挡块，以阻止冲件的倾斜，其次，由于冲件的倾斜会造成尺寸12不易保证，而采用挡块后，因挡块定位面至下模刃口的距离固定，故切边高度可得到保证。

挡块定位面与上模定位面的间隙a（图1-69中的尺寸a）按冲件料厚的最大公差选取，取6.3mm，挡块上端留一长15mm的15°斜面，使冲件随滑块下移时能顺利的滑入挡块与上模之间。

3）下模如图1-72所示。R9.73mm为冲切刃口。因凸模工作时竖直方向几乎不承受拉力，考虑到刃口加工维修的方便，将定位台阶设计成开放式结构。

4. 使用效果 该模具切边后的零件满足产品要求。

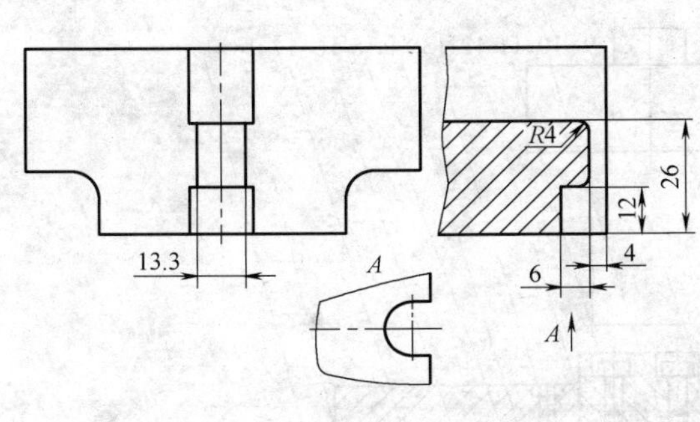

图 1-70 上模结构简图

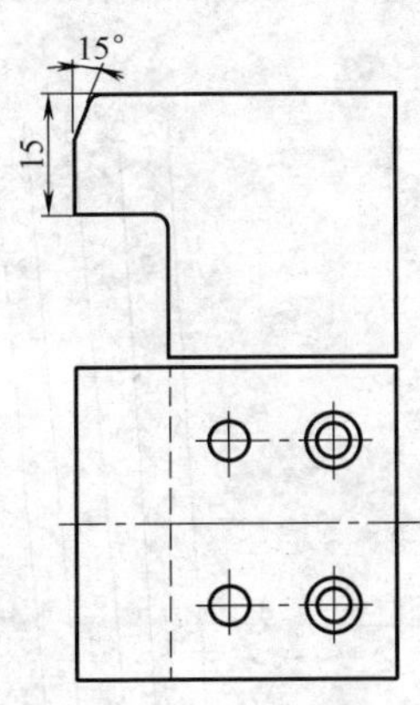

图 1-71 挡块结构简图

5. 本例设计总结 本例采用的切断模冲切圆弧的加工工艺很有创新性。

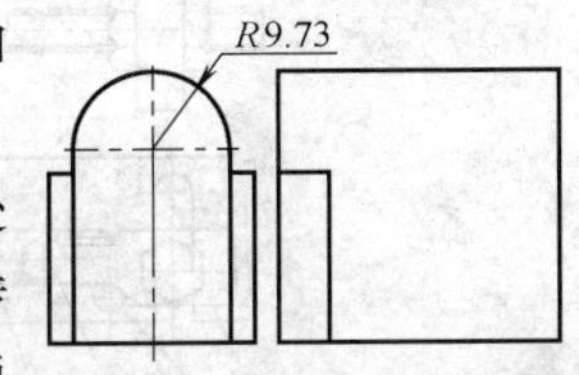

图 1-72 下模结构简图

由于该冲件需切除的轮廓为曲线状，且在轴中心处的高度为 6mm，两边几乎与 R3mm 根部相交。因此，传统的切边模结构已无法满足产品要求。本例模具结构通过合理安放零件的摆放位置，在模具中开设相应的让位槽，设置挡块 3 在冲切前即与上模 1 紧贴等措施，很好地解决了该件采用模具进行切断的难题。

1.7.3 圆钢切断模

1. 零件结构 如图 1-73 所示是某企业需大批量下料的圆钢结构简图，材料为 Q235—A 热轧圆钢，外径为 ϕ22mm，棒料长度 L 各不等。

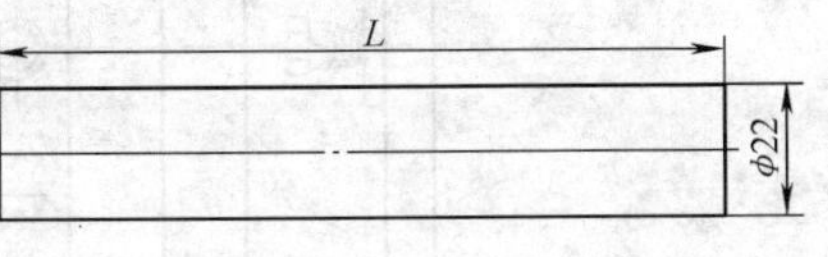

图 1-73 圆钢结构简图

2. 模具结构及工作过程 根据零件结构，设计的模具结构如图 1-74 所示。

整个模具分定尺组件、冲击头、活动刃组件、固定刃组件四大部分组成。其中定尺组件由螺杆 1、螺母 2、连接板 3、弹簧 4、定位螺栓 5、压块 20、转动板 21、限位销 22、螺钉 23、扭簧 24、挡销 25 组成；冲击头由上模板 6、冲击头 7、模柄 8；活动刃组件由螺栓 9、压紧套 10、动刀 11、动刀滑动座 12、弹簧 13、螺栓 14；固定刃组件由定刀 15、定刀压紧套 16、定刀固定座 17、下模板 18、螺母 19 组成。

工作时，模具置于压力机工作台上，随着压力机滑块的上升，上、下模脱离接触，此时，将需截断的圆钢穿过定刀压紧套 16 的圆孔，使圆钢端头与定位螺栓 5 端面紧贴（此时已调整好须切断圆钢的长度），随着压力机滑块下

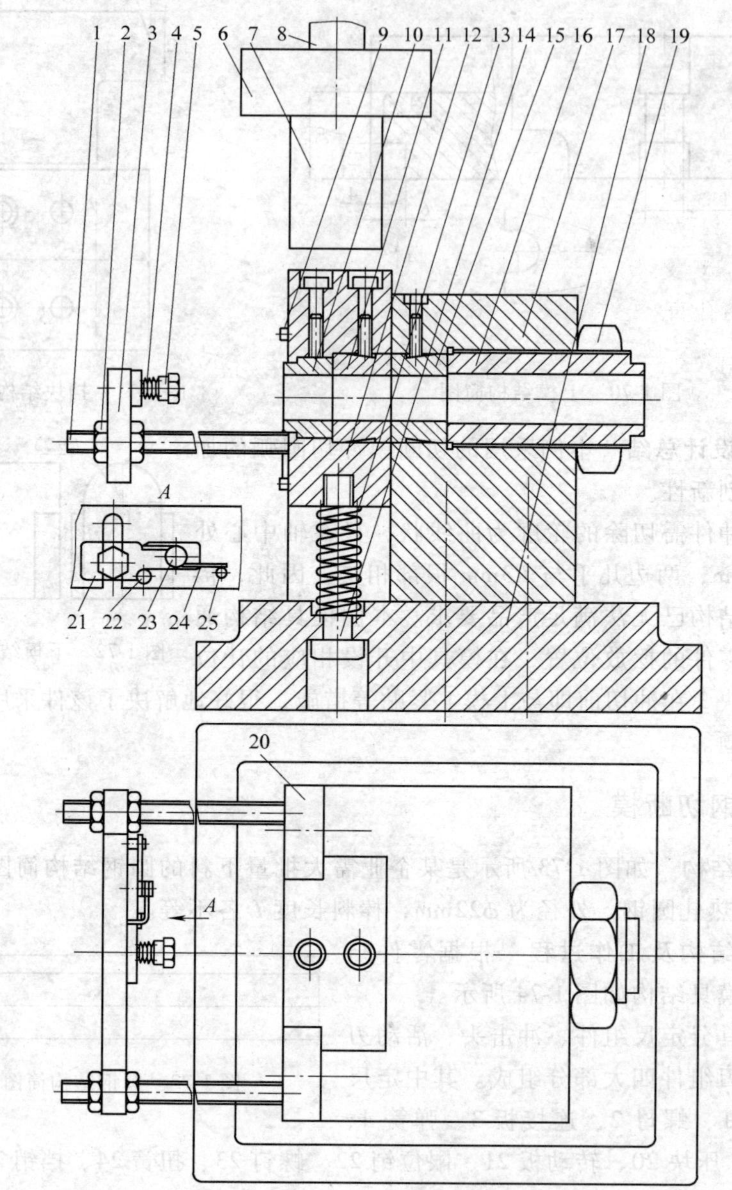

图 1-74　模具结构简图

1—螺杆　2、19—螺母　3—连接板　4、13—弹簧　5—定位螺栓　6—上模板　7—冲击头　8—模柄　9、14—螺栓　10—压紧套　11—动刀　12—动刀滑动座　15—定刀　16—定刀压紧套　17—定刀固定座　18—下模板　20—压块　21—转动板　22—限位销　23—螺钉　24—扭簧　25—挡销行，冲击头 7 与动刀滑动座 12 接触，压迫动刀 11 与定刀 15 共同作用将圆钢切断；随着压力机滑块的上行，弹簧 13 将动刀滑动座 12 回复到位，转动转动板 21 一定的角度，便可将切断的圆钢从连接板 3 开设的槽中取出。

3. 设计要点

1）模具中设置螺杆 1 及连接板 3，螺栓 5 等配合来调整水平长度，以便能在一定范围内切不同的长度。

2）动刀 11 及定刀 15 剪切面间的切断间隙取 0.9～1.1mm。

3）动刀 11 及定刀 15 为套筒式结构，选用 Cr12 制造，热处理硬度为 58～62HRC，其内孔直径按棒料的最大名义直径加 0.5mm 设计。

4. 使用效果 模具设计、制造后，截断的零件断面正常，能满足棒料下料的要求，而成本降低显著。

5. 本例设计总结 该类零件企业常常采用的方法是锯切下料，注意到生产批量较大，而零件断面质量要求也不高，同时，棒料直径为 ϕ22mm，剪切性能也较好，因此，采用切断模加工，则更经济、快捷。

对剪切直径 ϕ30mm 以下的棒料一般采用图 1-66 所示全封闭式模具结构，俗称套筒式剪切模。一般间隙取棒料直径 d 的 2%～5%，切较硬的钢材时，模具取较小的数值，切较软的钢材时，模具取较大的数值。除此之外，另外还有开式及半封闭式，但均较全封闭式剪切质量差。然而对于剪切直径大于 ϕ50mm 的大直径棒料，采用全封闭式剪切模仍然不能满足使用要求，剪切质量很差。目前，生产中应用较好且较经济的方法是采用径向夹紧剪切，即定刀设计成夹紧型的刀片。当剪切 ϕ50mm～ϕ70mm 直径的钢材时，动刀与定刀的轴向间隙记为 Δ，45 钢取 Δ =（0.01～0.015）d（d 为棒料直径）；20Cr、20CrMnTi、40Cr 取 Δ =（0.013～0.038）d，而定刀的径向夹紧力，当直径 50mm 时，这四种热轧棒料夹紧力取 90t 较合适。

1.7.4 型材打击式切断模

1. 零件结构 图 1-75 为某产品上所用的型材断面，生产中需下成长度不等的零件使用。

2. 模具结构及其工作原理 图 1-76 为模具结构简图。

工作过程时，先将型材置于固定凹模 2 及活动凹模 7 内，定位块 3 控制切断的型材长度。随着压力机滑块的下行，模柄 8 在压力机工作行程中推动活动凹模 7 下行，使其与固定凹模 2 相互搓动，将型材切断。

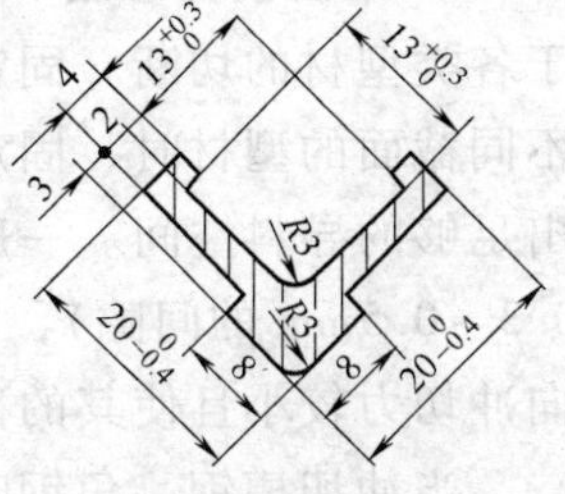

图 1-75 型材断面

3. 设计要点

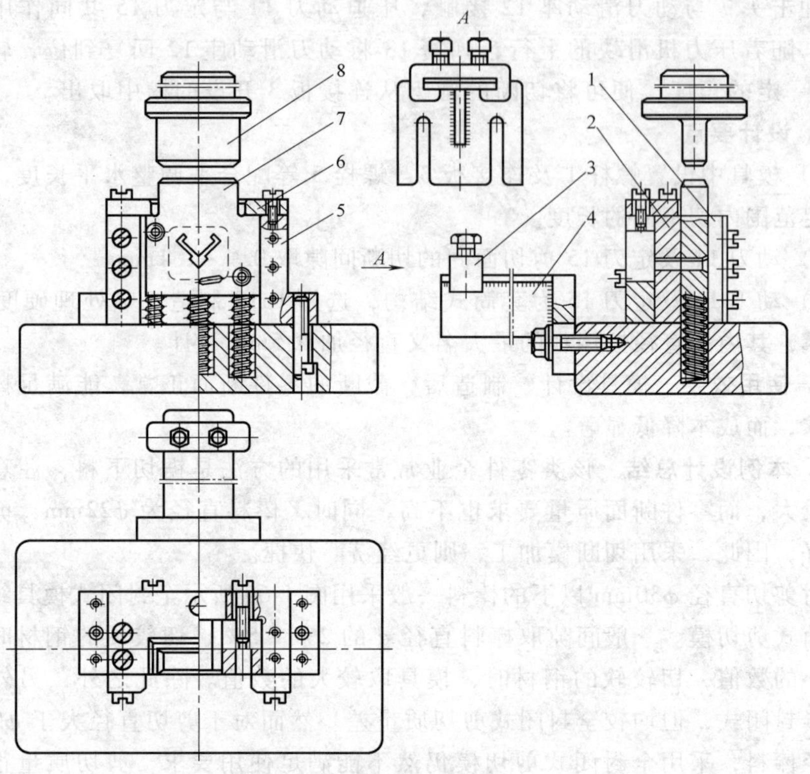

图1-76 模具结构简图

1—压板 2—固定凹模 3—定位块 4—支架 5—框架 6—盖板 7—活动凹模 8—模柄

1）活动凹模7和固定凹模2上的型孔（图1-76所示模具结构中的虚线框部分）按型材的尺寸加以0.3~0.5mm的间隙。

2）如果型材直线度误差较大，间隙还可适当加大。

3）为获得更好的冲切质量，设计活动凹模7和固定凹模2时，应保证冲切间隙在0.05~0.1mm之间。

4. 效果 切断的型材断面质量较好，切断效率高，模具操作简单。

5. 本例设计总结 本案例的模具结构为型材打击式冲切的典型结构，适用于各类型材的切断。固定凹模2及活动凹模7是该模具的主要工作零件，当冲切不同截面的型材时，固定凹模2及活动凹模7应相应设计不同的切刃形状，并留出足够的导料空间。一般来说，固定凹模的刀刃基本与型材截面一致（适当加0.3~0.5mm的间隙），活动凹模的刀刃设计则主要考虑使待冲切型材所受的径向冲切力较小且使其的截断面变形小、毛刺小。

当冲切槽钢、角钢时，固定凹模2及活动凹模7两种刀刃结构见图1-77，图中实线部分表示固定凹模2的刀刃形状，双点划线为活动凹模7的刀刃形状，通

常图示 α、β 角按型材角度选取，为减小型材所受的径向冲切力，设计时也可使 α、β 稍大于型材角度。

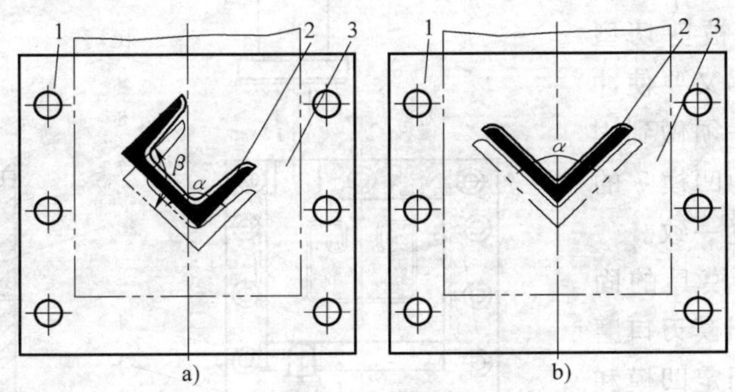

图 1-77 固定凹模及活动凹模的刀刃结构

a）冲切槽钢 b）冲切角钢

1—活动凹模 2—零件 3—固定凹模

1.7.5 异型材摆动式切断模

1. 零件结构 图 1-78 为某产品上所用的异型材断面，采用 2mm 厚的 Q235 钢制成，生产中需下成长度不等的零件使用。

2. 模具结构及其工作原理 图 1-79 为该异型材摆动式切断模结构简图。

模具工作时，上模 10 随压力机滑块下行，当上模 10 与活动凹模 7 接触后，推动活动凹模 7 绕转轴 8 摆动，此时，活动凹模 7 与固定凹模 6 对型材进行渐进剪切，直至完成，当上模回程时，顶销 4 在弹簧 3 的作用下，推动活动凹模 7 绕转轴 8 摆动，最后由活动凹模框 5 限位，使活动凹模 7 回到起始位置，送料后，可进入下一个工作循环。

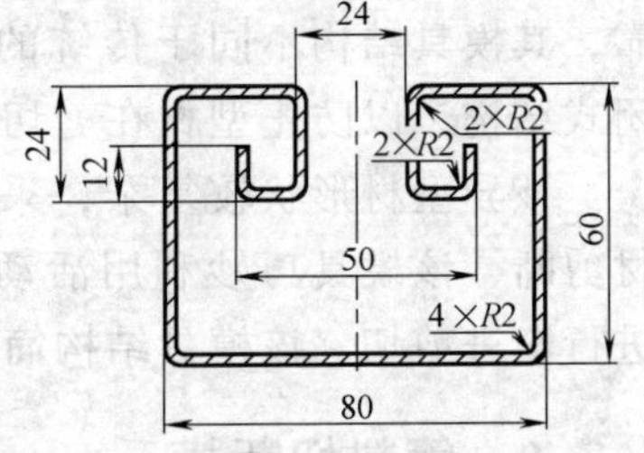

图 1-78 异型材断面

3. 设计及制造要点

1）为保证模具寿命，活动凹模和固定凹模分别采用 Cr12MoV 或 Cr12 制造，热处理硬度为 56～60HRC。

2）模具加工过程中，活动凹模和活动凹模框架采用一块材料，淬火、平磨后，采用电火花线切割进行加工，将其一分为二。加工中，保证转轴部分配合间隙为 0.12～0.2mm。为保证活动凹模转动灵活，将活动凹模的上下面用平面磨分别磨去 0.05mm。

3）模具经过一段时间的使用，如果刃口变钝，可以将活动凹模 7、活动凹模框 5、固定凹模 6 翻过来使用另一面。如果两面刃口都变钝，将活动凹模 7、活动凹模框 5、固定凹模 6 都磨去相应量后使用。

4）为保证被剪切型材能顺利送料，又要使冲切断面毛刺小，须做到固定凹模 6 与活动凹模 7 的型腔在初始位置一致。

5）为保证模具的固定凹模和活动凹模刃口磨钝后的维修，固定凹模和固定凹模板厚度应一致。

4. 效果 生产的冲件质量稳定。

5. 本例设计总结 异型材加工常用砂轮切割机进行切断，然后用铣床铣两端面，最后去除毛刺的加工工艺，尽管能保证产品要求，但生产效率较低。

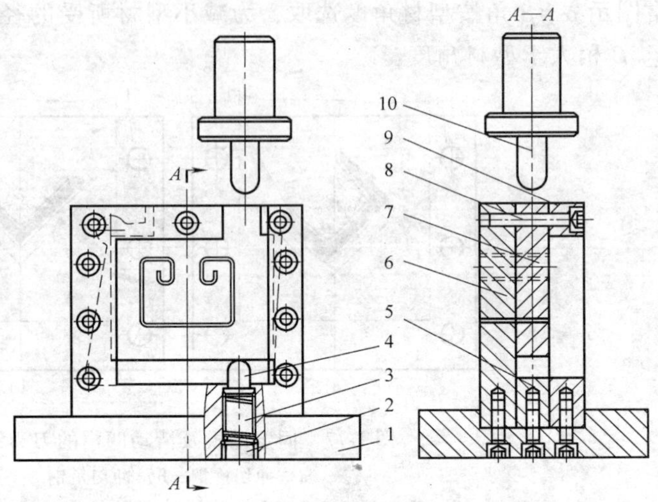

图 1-79　切断模结构

1—下模板　2—螺塞　3—弹簧　4—顶销　5—活动凹模框　6—固定凹模　7—活动凹模　8—转销　9—固定板　10—上模

本例设计的摆动式异型材切断模结构简单、新颖，模具设计合理，动作可靠，其模具结构不同于传统的一般敞开式活动刃模的自由剪切，而是采用全封闭式结构，以防止型材在剪切过程中产生过大的弯曲变形而导致剪切塌角太大。

该异型材形状较复杂，采用传统的上下移动式活动凹模不能很好地将该型材剪断，该模具巧妙利用活动凹模绕转轴转动，根据斜刃剪切的原理，对型材进行渐进剪切。该模具结构简单紧凑，容易调整，优于常规机械加工。

1.7.6　管料切断模

1. 零件结构 如图 1-80 所示零件，采用 $\phi22\times2$ 的无缝钢管制成，由于使用上的需要，须制成 60°的角度，长度 L 各异，零件生产批量较大。

2. 模具结构及工作过程 根据零件结构，设计的模具如图 1-81 所示。

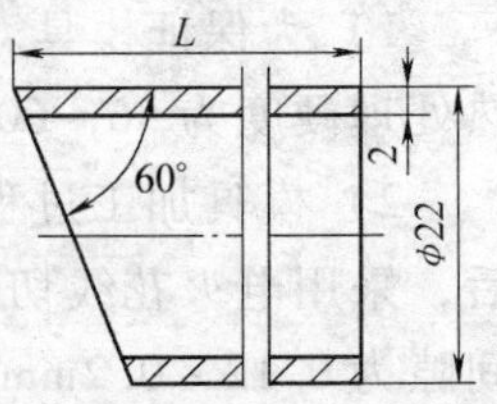

图 1-80　零件结构简图

模具置于普通压力机上，压力机滑块上升，上、下模脱离接触，此时将待加工管料置于凹模内适当位置，通过定位杆 16 控制管料长度，随着压力机滑块的下移，上模夹紧板 4 的前端小斜面开始插入衬板 3 并逐渐与压紧块 5 接触，随着上模的逐渐下移，夹紧板 4 推动滑块凹模 8 在导轨 7 导向作用下沿径向将待切管料夹紧，并使管料呈微凸形状，随后，切断凸模10尖角开始与管材接触实施切断，随着切断凸模10的逐渐下移，其与固定凹模12、滑动凹模8共同对管料实行切断，随着滑块的上行，切断凸模10与固定凹模12、滑动凹模8脱离接触，与此同时，夹紧板4与压紧块5、衬板3也相继脱开，滑动凹模8在弹簧18的弹力拉动下沿导轨7回复，原先夹紧的管料被松开，此时，可将切断好的零件取出凹模型腔。

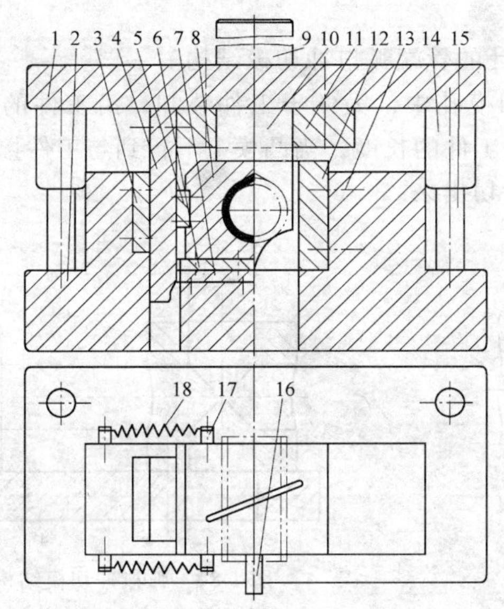

图1-81　模具结构简图

1—上模板　2—下模板　3—衬板　4—夹紧板　5—压紧块　6—导条　7—导轨　8—滑动凹模　9—模柄　10—切断凸模　11—固定板　12—固定凹模　13—螺钉　14—导套　15—导柱　16—定位杆　17—固定销　18—弹簧

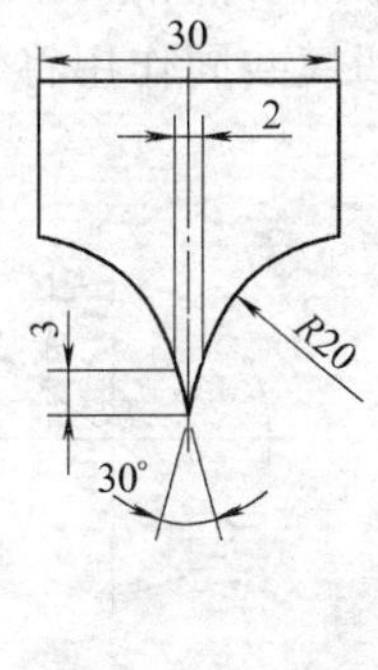

图1-82　切断凸模端面结构简图

3. 设计要点

1）整套模具采用导柱、导套导向；切断凸模与固定凹模、滑动凹模间的单面间隙取0.02～0.05mm。

2）切断凸模是整套模具中的重要工作零件，端面结构如图1-82所示。

3）为保证切断管料不发生变形，使夹板通过压紧管料，使其径向产生预变形（管料顶端最大变形为2mm），以抵消切断时径向可能产生的变形。

4. 效果　切断的管料断面质量较好，切断效率高，模具操作简单。

本例设计总结　采用管料切断模切断管料端面或切成适当角度，具有生产效率高，操作简便等的优点。

本例模具结构适用于管料厚度 t =（1～3）mm，管外径 D =（$\phi8$～$\phi35$）mm，（t/D）×100 =（7～11）的管料切断及弧形冲切，切断的废料宽度取（2～4）mm。常见的质量问题是管子被压扁和管壁歪斜。对压扁问题主要采取预先将管子压成桃形的措施；对管壁歪斜问题主要通过改变刀刃尖端角度来控制，刀刃顶角越小则管料歪斜也越小，一般刀刃顶角的角度不小于30°。

1.7.7 管端平弧口冲切模

1. 零件结构 在管料及管料的直角联接中，常须在管端加工出图1-83所示的弧口相贯线。

2. 模具结构 图1-84为设计的管端弧口冲切模结构。

模具工作时，将管料插入凹模孔中，为便于工件装卸，沿工件的轴向采用一个活动插销3作后定位，控制工件的长度，当凸模1下行到与工件接触时，其与凹模共同作用将管料的弧口冲切出来。

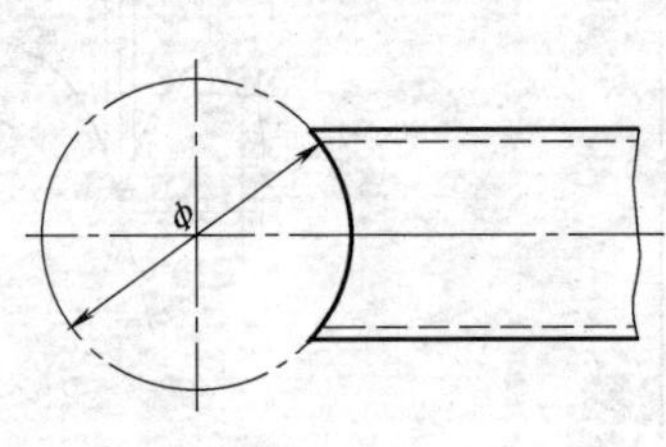

图1-83 管端弧口相贯线

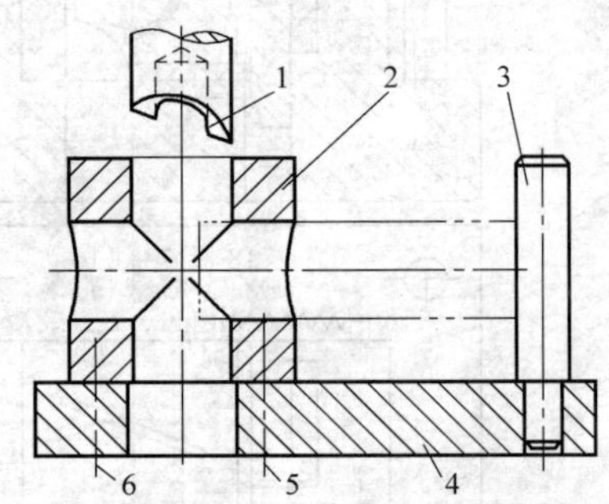

图1-84 弧口冲切模结构

1—凸模 2—凹模 3—活动插销 4—下模板 5—销钉 6—螺钉

3. 设计要点

1）从理论上来说，凹模应设计成两部分，冲切前将工件夹紧，这样才能比较有效地防止在凸模入口处工件上产生塌陷和压扁的现象。考虑到工件的管径变化不大，同时为简化模具结构，将凹模设计成整体式。

2）凸模设计成图1-85所示的形状。

工作时，端刃首先与工件接触，保持10°~15°的刃倾角，能有效地减小最初的冲切力，通过逐步剖切废料，使工件的塌陷最小。端刃不是一条直线，而是一个底边为圆弧的等腰三角形。最先与工件接触的就是等腰三角形的尖端，因为此时要将工件的管壁刺破，凸模要承受一个很大的力，只有保持端刃上该处有足够的强度，凸模才能达到一定的使用寿命。

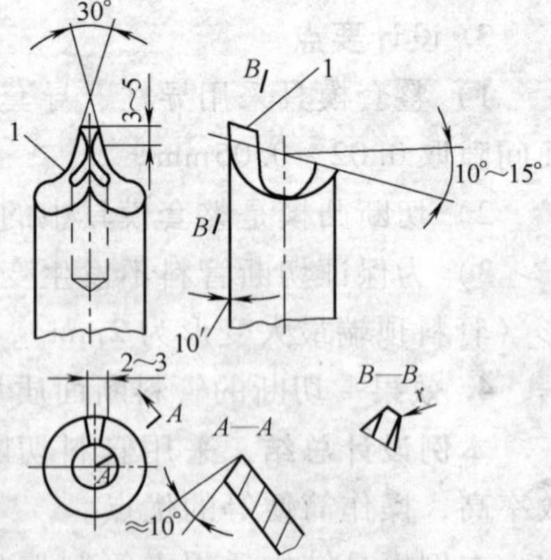

图1-85 凸模结构简图

1—侧刃

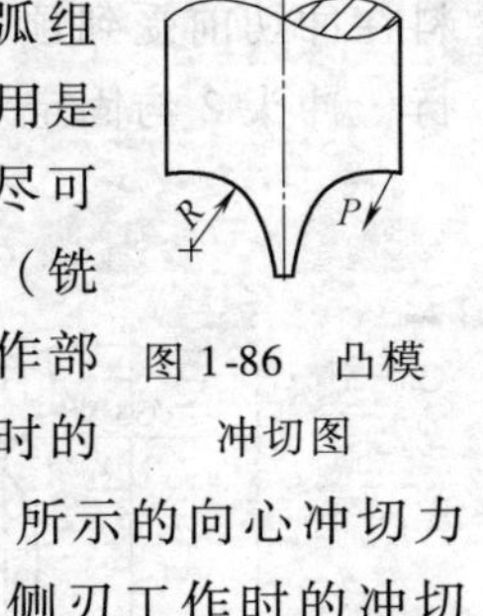

图 1-86 凸模冲切图

两旁的侧刃保持对称，其投影分别由一斜线段和一圆弧组成。两边斜线组成一个约30°的楔角，高度约3～5mm，其作用是减小管壁被刺破后瞬间的冲切力，并使凹模刃口上半部分也尽可能地发生作用，避免工件进一步的塌陷和压扁。圆弧半径 R（铣刀半径）要等于或略大于凸模的半径。圆弧越大，凸模的工作部分越长，工作时所需的行程越大。半径太小，两旁侧刃工作时的最高点与最边点就不重合，最边点在工作时就会产生图 1-86 所示的向心冲切力 P，使凹模的刃口失去作用，进一步将工件压扁。为了减少侧刃工作时的冲切力，增加刃口的锋利程度，侧刃加工了一个10°左右的前角。凸模中间钻孔，可减少磨前角和刃磨的工作量。此外凸模还可以保持约10′的倒锥，既可以消除工作时的摩擦力，又可以避免因摩擦力的存在进一步压扁工件。

3）凸模刃口磨损后，可像车工刃磨车刀一样，先在砂轮机上粗磨，后用风动砂轮和油石打光，只要凸模的长度足够，就能继续进行冲切。为保持凸模刃磨时的红硬性，采用高速钢制造凸模，效果比较好。

4）当管料很长时，可在模具适当的位置加一 V 形体托平。工件的径向定位则由凹模上的横向孔来实现，由于凹模孔与工件之间存在间隙。将会造成入口处的上方与出口处的下方长度发生变化。当工件长度公差要求较严时，可加装一块移动压板将工件压紧。

4. 使用效果 采用冲切方法加工出来的工件，在管壁冲切小部分范围会有塌陷的现象，但并不严重，不会影响到工件的焊接性能和使用性能，但加工工效提高很多。

5. 本例设计总结 本例从减少管料弧端口塌陷，具体介绍了冲切凹模、凸模各参数、形状的选择及设计，也提供了解决问题的方法及措施，相关零件的管料冲切模可以参照此进行设计。此外，除从模具设计着手减小塌陷外，改变管子壁厚、材料硬度也能控制弧口的塌陷值在一个小范围内。

对管端弧口采用冲切模加工工艺能克服常用的铣削加工中出现的内、外表面毛刺很大，清除费工费力的问题，并且生产效率大大提高。

1.7.8 管端斜弧口冲切模

1. 零件结构 在管料及管料的斜角联接中，常须在管端加工出图 1-87 所示的斜弧口相贯线。

2. 模具结构 冲切相贯线模如图 1-88 所示。

模具工作时，将待冲的管料放入固定左凹模 1 型腔，压力机滑块下行，上斜楔 7 随着压力机下行先与下斜楔 10 接触，橡胶 6 预紧后通过上斜楔 7 将压力传递给下斜楔 10，同时推动活动右凹模 12 向固定左凹模 1 方向移动，使待冲管料在冲切前受到预压力，防止圆管在冲切时失稳变形，随着压力机滑块继续下行，冲头 2 与固定左凹模 1、活动右凹模 12 共同作用将管料的相贯线冲出。

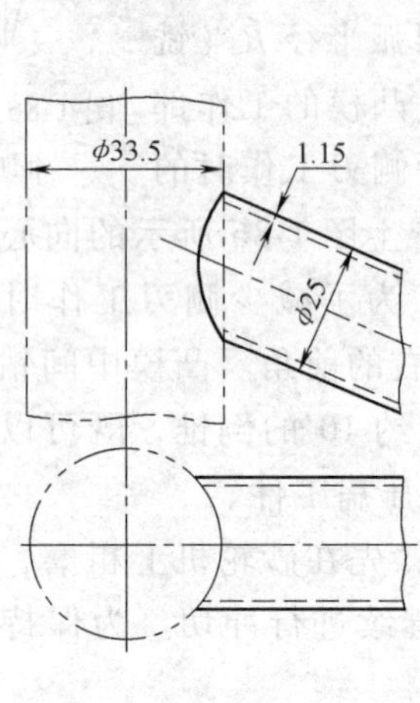

图 1-87　斜弧口相贯线

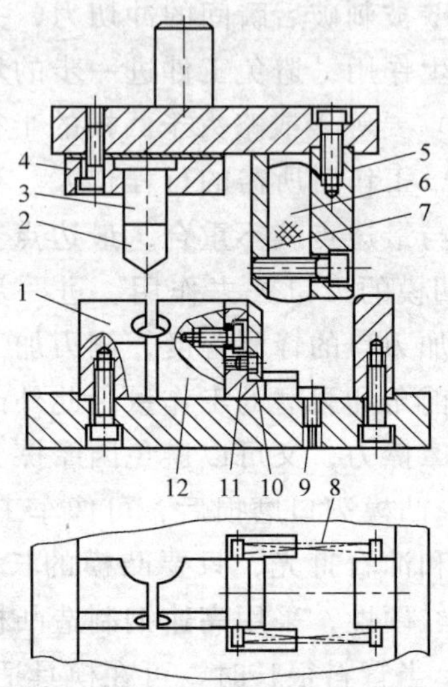

图 1-88　冲切相贯线模结构

1—固定左凹模　2—冲头　3—冲头柄　4—冲头柄座　5—挡块　6—橡胶　7—上斜楔　8—弹簧　9—螺钉　10—下斜楔　11—滑块　12—活动右凹模

3. 设计要点

1）为减少冲头对管子的冲击力，将冲头设计成图 1-89 所示形状。

冲头直径按相互联接的管料外径选取。冲切时，冲头的尖端实际上是刺破工件，尖端的尖角即为圆 A 与圆 A'在 C 点的切线 CD 与 CD'的夹角 2α，如图 1-90 所示。

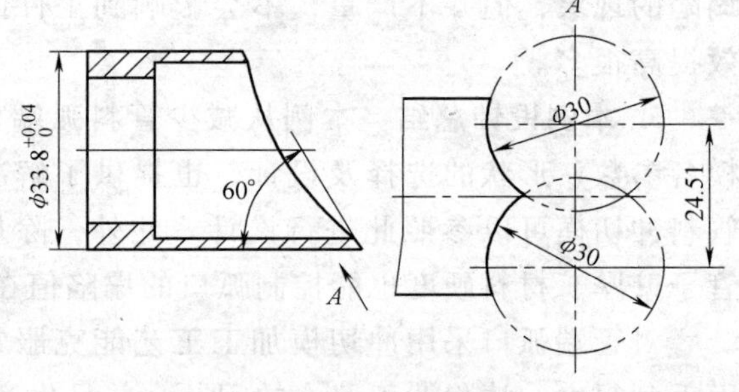

图 1-89　凸模形状简图

可求得 α 值为：$\alpha = 35°$，故尖端尖角为 70°，这样的尖角角度能使冲头尖端有一定的强度而又不致造成管子凹陷，同时也便于加工。

2）为保证管料在直径公差内波动时仍可获得一个稳定的夹紧力，橡胶的预紧力取 4000N。

3）设计凹模时，保证其在夹紧管子后尚留有 0.1～0.3mm 的间隙。

4）为保证冲切时管料的稳定性及冲切质量，凹模应设计成管子夹紧后，其后端上翘的安放形式。这是由于此时凸模给予工件的冲切力，可分解为径向压

扁力 N 和轴向位移力 F，如图 1-91 所示。

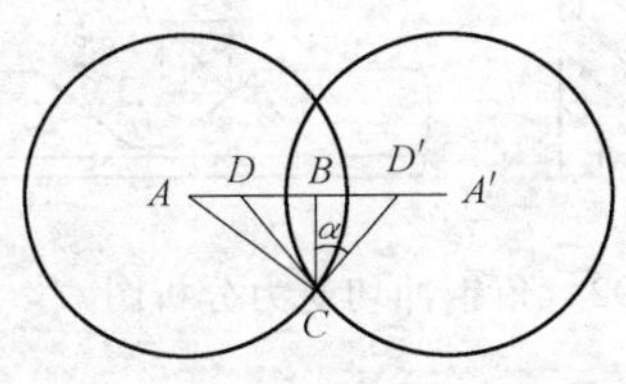

图 1-90　冲头尖端的尖角 2α

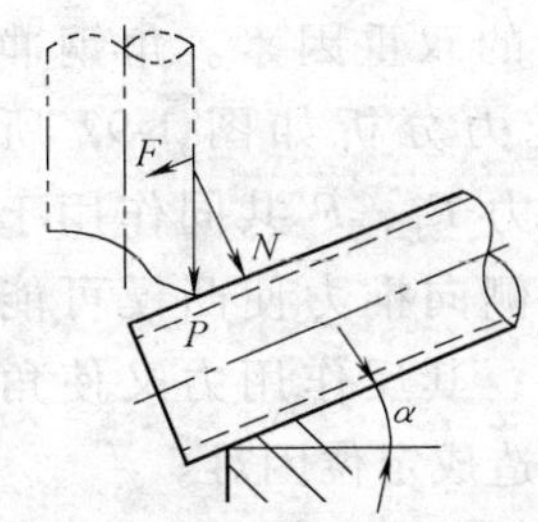

图 1-91　凸模冲切受力分析

若倾角 α 小于等于摩擦角，F 力的存在，工件并不会移位，而径向压扁力 N 小于冲切力 P 将使工件切口的表面质量显得更好。若倾角 α 的值大于摩擦角则增大斜楔的夹紧力后，仍能保证工件冲切时不移位。

4. 使用效果　在冲 ϕ28mm × 1.25mm 管子时发现刀尖易崩刃。为此在待冲切管料端增加 ϕ9mm 预冲孔，基本上解决了崩刃问题。

5. 本例设计总结　本例是冲切管料端口的又一典型实例，本例的冲切凸模相对于图 1-87 所示冲切凸模更简单、更易制造、成本更低，尽管相对耐用性差些，在生产中仍被广泛应用。

在具体模具设计中，根据生产的情况，也可用图 1-85 所示冲切凸模，当然，本例冲切凸模也可采用图 1-84 模具结构。

对此类管料斜弧口相贯线采用模具加工，相对于铣削加工，具有切口干净无需再去毛刺、工效高等优点。

1.8　切口模案例剖析

1.8.1　切口加工工艺及模具结构分析

与切断加工一样，由于切口冲切曲线不封闭，冲切力不平衡，使坯料及切口凸模受到一个较大的侧向推力，易造成料的偏移及模具工作的不稳定，为此，须考虑到模具工作过程中冲裁力的平衡。常在模具中采取的措施有：

对待冲切件进行可靠夹紧、固定，防止其移动；冲切凸模设置凸台导向，该凸台部分与冲切凹模成无间隙或小间隙配合，使之对坯料进行冲切之前能先行接触，控制侧向力的影响；在冲切凹模上设置挡料块，使冲切凸模在与坯料接触之前先行进行无间隙导向，消除侧向力的影响。

对管料等件上的切口，在模具结构上除采取上述措施外，还可依照“1.4.1 钢管冲孔加工工艺及模具结构分析”一节中管料冲孔的相应措施结合使用。

在角钢等型材上切口，由于冲切是在一个斜面上进行的，且其厚度是从小到大，因此，存在斜面冲切和单边剪切的双重因素。角钢冲切时的受力分析如图1-92所示，侧向力 F_1、F' 共同作用于凸模，该侧向推力使凸模可能产生错移，其反作用力又使角钢移位，造成定位困难。

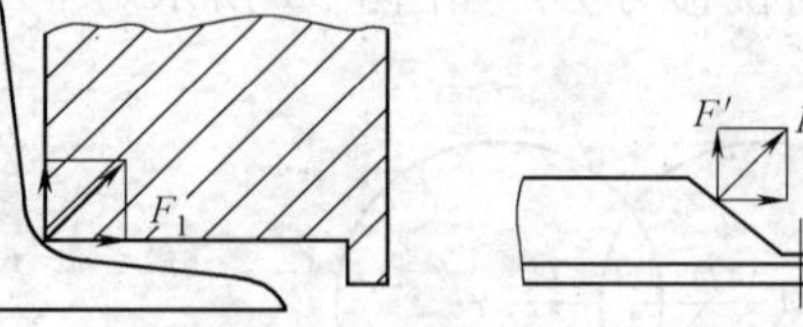

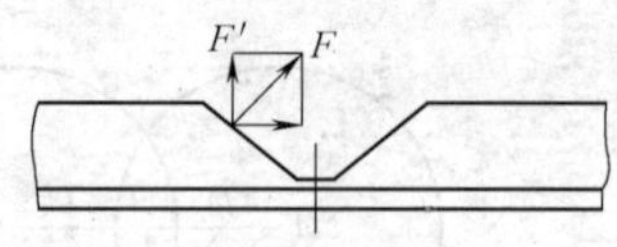

图1-92 角钢冲切受力分析图

生产中使用的通用角钢切口模如图1-93。

工作时，角钢一侧靠在导板3上，长度方向用定位板9定位，用手柄5旋紧，使角钢固定。凸模非冲裁一侧与凹模内形无间隙配合，利用凸模的凸台导向，消除侧向力的影响，保持凸模受力平衡和角钢工作时稳定。

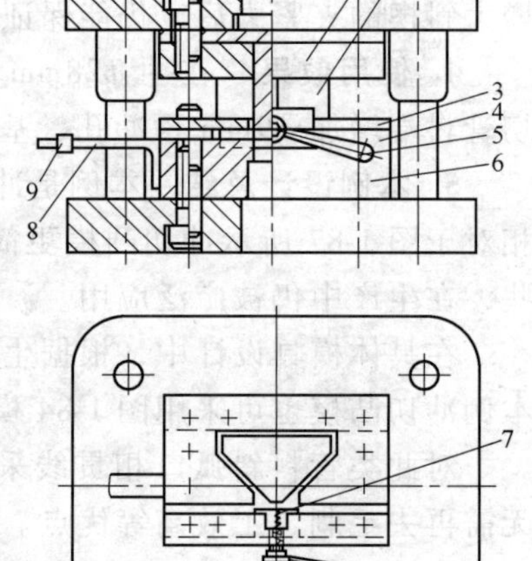

图1-93 通用角钢切口模

1—固定板 2—凸模 3—导板 4—支板 5—手柄 6—凹模 7—顶块 8—支架 9—定位板

除此之外，在冲切较长管料形零件时，若采用悬臂式冲切模，则在模具上常采用增加支撑块，提高模具的抗弯能力，或提高冲裁凹模的韧性，提高其抗裂能力等相关措施（详见加工实例1.8.2）。

在筒形件上冲切缺口，若冲切凹模设计成活动芯棒式结构，在冲切前，为保证冲切零件的正确位置，同时防止冲切过程中侧向力对冲切零件的影响，要对零件进行可靠压紧（详见加工实例1.8.3）。

浮动式凹模常用于冲切长筒形件，对一次冲切不便于完成的切口，可在加工工艺上分次完成（详见加工实例1.8.4）。

型材的冲切模设计可参照型材的切断模进行，考虑到冲切时的稳定，模具中常设置压料装置及挡料块，为便于凸、凹模的更换，常设计成镶块结构（详见加工实例1.8.5）。

1.8.2 联接头冲槽模改进

1. 零件结构 图1-94为某产品上的零件联接头，采用2mm厚的20钢制成。

2. 原加工工艺及模具结构 从结构上看，该件是一个套筒类零件，其侧面均布的6个槽采用铣削加工，但生产效率低，后改用侧面冲槽方法加工，凹模结构如图1-95所示。材料为Cr12，经淬火、回火热处理后硬度为58～62HRC，结构上是心轴连接四方体，四方体作为固定部分安装于下模座。但实际冲压时，凹模的寿命很低，仅生产200件左右，心轴与固定端处就断裂，其次，均布的6个槽位置难以准确控制。

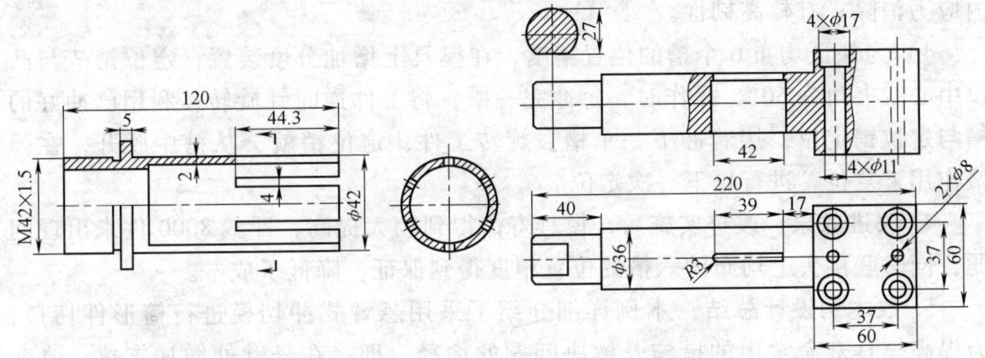

图1-94　联接头结构简图　　图1-95　凹模结构

联接头6个槽改进为冲压加工后，虽然生产效率明显提高，但模具寿命低，使生产成本增大。经分析主要有以下几点原因。

1）凹模体由一个心轴与固定端尖角连接，热处理中，容易产生应力集中，另外热处理硬度过高，凹模韧性降低，这样结合面处出现裂纹。

2）冲裁过程中，冲裁力过大，而凹模体结构上是一个悬臂支撑，必然导致心轴与固定端处受弯矩增大，产生断裂。

3）该模具工作时，上模下压一次，只能冲1个槽，而6个槽均布（夹角60°），需要准确控制位置，否则零件精度达不到要求。

3. 模具结构改进　为此，对原有的模具结构作如下改进，改进后的冲槽模结构如图1-96所示。

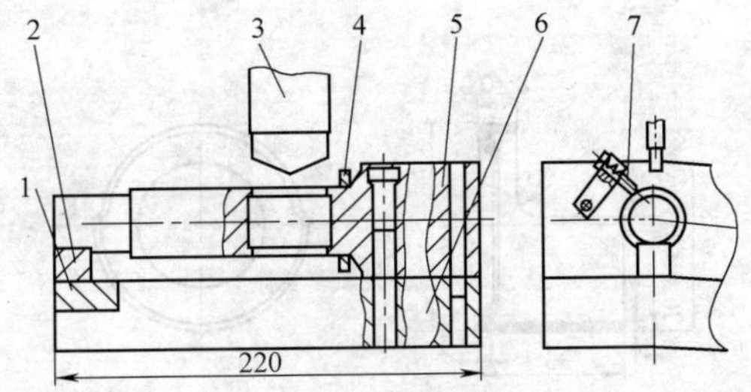

图1-96　改进后的冲槽模结构

1—垫板　2—支撑板　3—凸模　4—定位圈　5—凹模　6—下模座　7—定位销

1）改进凹模体，在心轴与固定端处增加过渡圆弧 $R5$mm，工件利用定位圈4进行轴向定位，减小热处理中出现裂纹的趋势，因原凹模体是悬臂结构，冲裁中弯矩大，改进后，在凹模心轴末端增加辅助支撑块，每次工件安装后，支撑在心轴末端处，6个槽冲裁结束，先取下支撑块，再取工件。虽然这样给操作者增加一些不便，但凹模受力平稳，间隙均匀，寿命提高。

2）凸模刃口端面采用斜刃，斜角 $\alpha=4°$，约降低冲裁力10%～20%。因冲件精度要求不高，通过增大模具双边配合间隙至0.25～0.30mm，又可使冲裁力降低。

3）原凸模、凹模进行淬火、低温回火，材料硬度约为 58～62HRC，但韧性不高。改进后，采用淬火，中温回火热处理工艺，材料硬度约为 48～52HRC，内应力消除，有较高韧性。

4）为保证均布 6 个槽的位置精度，在模具上增加分度装置，定位销 7 与凸模中心线夹角为 60°，操作时，每冲完一槽，将工件逆时针旋转，利用已冲好的槽与定位销定位，接着冲下一个槽。旋转工件，定位销就会从槽中脱开，在弹簧作用下复位，进行再下一次定位。

4. 改进效果 改进实施后，模具寿命得到较大提高，冲裁 8000 件未出现问题，同时联接头上均布的六槽的位置精度得到保证，降低了成本。

5. 改本例设计总结 本例详细介绍了采用悬臂式冲切模进行筒形件切口，为提高模具寿命常用的措施及解决问题的途径，即：在悬臂处增加支撑；改变悬臂凹模的设计结构（如增加圆角过渡等）；设置斜刃冲切，降低冲裁力；热处理改善材料组织，略降低硬度，增加韧性等。这些在实际中都很有借鉴作用。

1.8.3 圆筒冲缺口模

1. 零件结构 图 1-97 所示筒形件用 1mm 厚的 08 钢拉深成形要求在筒形件上加工一个缺口。

2. 模具结构及工作原理 采用一次冲切法，模具结构如图 1-98 所示。

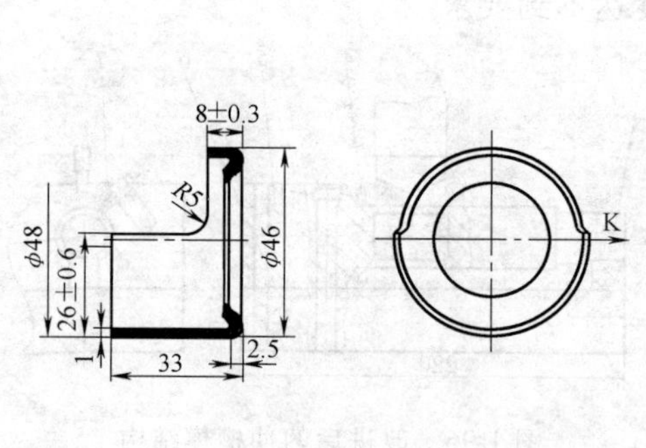

图 1-97 筒形件结构简图

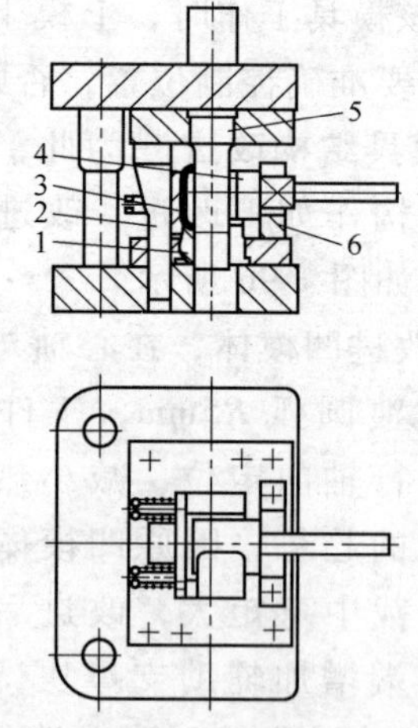

图 1-98 模具结构

1—下部凹模 2—斜楔 3—活动挡板 4—活动芯棒 5—冲切凸模 6—定位块

模具工作时，先人工将制件套在活动芯棒 4 上，并放入下模型腔，压力机滑块下行，斜楔 2 接触活动挡板 3，使之将制件与芯棒顶紧定位，然后冲切凸模 5 工作，其与活动芯棒 4、下部凹模 1 共同切出缺口，废料从下面排出，滑块上行，人工取出冲切好的制件。

3. 设计要点

1）冲切时制件内应插入的活动芯棒 4，它既是上部冲切的刃口又起支承作用。

2）冲切凸模 5 的刃口有直线部分和曲线部分，直线部分采用平刃，曲线部分刃口形状采用与冲切曲线相近似的轮廓形状，这样既有利于冲切，也有利于废料的排出。

4. 使用效果 该模具既提高了工效，又提高了缺口质量。

5. 本例设计总结 在筒形成形件上冲裁缺口，将冲切凹模设计成活动芯棒式结构是常用的设计方法，但模具设计中须注重芯棒的定位可靠，筒形件夹紧可靠，不能发生转动，以保证冲裁间隙及冲裁的安全性。

本例的模具结构可用来冲切筒形成形件上各种开设大小不等的缺口，通用性较好。

1.8.4 半圆幅孔槽冲模

1. 零件结构 图 1-99 所示为摩托车上的筒形件，要求在其成形后的零件一端冲制一个宽度 16mm 的半圆形孔槽。

2. 模具结构及工作原理 模具结构见图 1-100，将凹模放在上面，凸模采取拼块式。

工作时，压力机滑块上行，弹簧 20 将浮座 19 抬起，使凸模轴架 17 悬空一定的高度，工件 27 能方便地放入凸模轴架 17。滑块下行，推臂 23 通过橡皮 24 将浮座 19 压下，使凸模轴架 17 的右端接触到支座 29，其左端的台肩接触到下模板 18 的 *B* 处圆弧支承。压力机滑块继续下行，凸模拼块 11 及凹模 3 开始冲槽口。压力机滑块回程时，打料杆 6 由于压力机打料横铁的作用，打动卸料块 1 将废料 12 从凹模 3 中排出，同时橡皮 28 将工件从凸模拼块上卸离，然后，将工件 27 在凸模轴架 17 上旋转 90°，再冲制一次，即完成半圆槽的冲制。

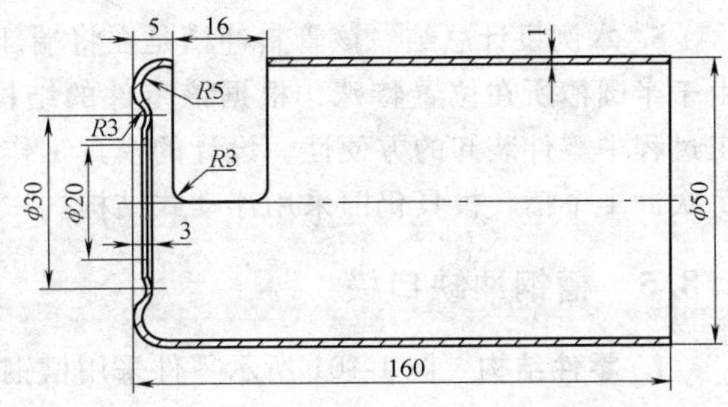

图 1-99 摩托车上的筒形件结构简图

3. 设计要点

1）凸模轴架 17 的结构是将一轴形件铣掉一部分，以使工件在冲制中能相

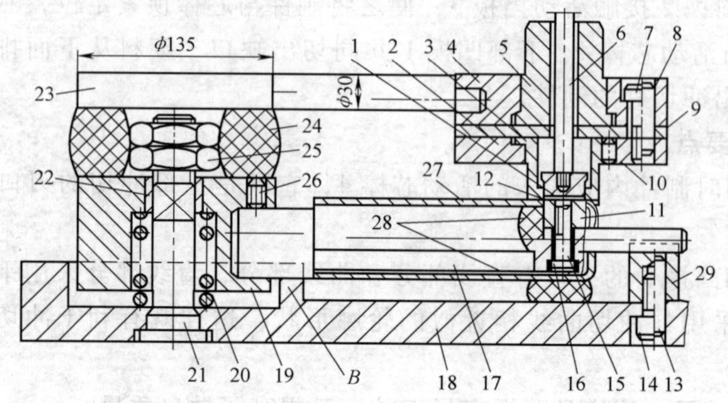

图 1-100 模具结构简图

1—卸料块 2—凹模固定板 3—凹模 4—上模板 5—模柄 6—打料杆 7、14、26—螺钉 8、10、13、15—圆柱销 9—垫板 11—凸模拼块 12—废料 16—浮座 17—凸模轴架 18—下模板 19—浮座 20—弹簧 21—导销 22—导套 23—推臂 24、28—橡皮 25—螺母 27—工件 29—支座

对下移一定的量，为防止转动，其与浮座 19 的装配采用过盈配合，并以螺钉 26 顶紧。

2）为防止浮座 16 在沿导销 21 上下移动时产生转动，将导销一定部位铣出平面，将导套 22 的内孔也加工成相应形状与之配合，导套外径与浮座 19 为过盈配合。

4. 效果 该模具设计合理，加工出的零件稳定，模具状态良好，使用方便。

5. 本例设计总结 该管料冲槽是在将端部缩口、压形、冲底孔之后进行的。由于半圆槽所在位置特殊，根据该零件的结构，为降低模具复杂程度，增加加工过程中零件装卸的方便性，设计的模具工作形式为将半圆幅孔槽分两次冲制，每次冲半个槽，模具仍旧采用浮动式结构。

1.8.5 槽钢冲缺口模

1. 零件结构 图 1-101 所示零件采用槽钢制成，总长为 L、两端有长短 B 不等的缺口。

2. 模具结构及工作过程 图 1-102 所示为模具结构图。

工作时，先将槽钢工件送至凹模总成 9 上，利用定位块 15 定位，压力机滑块下行，凸模 5 的侧面与挡块Ⅰ、Ⅱ紧贴，压料板 18 在压料橡胶 17 的作用下压紧槽钢工件，最后冲切，将废料与工件分开，废料从冲模下出料口出料，

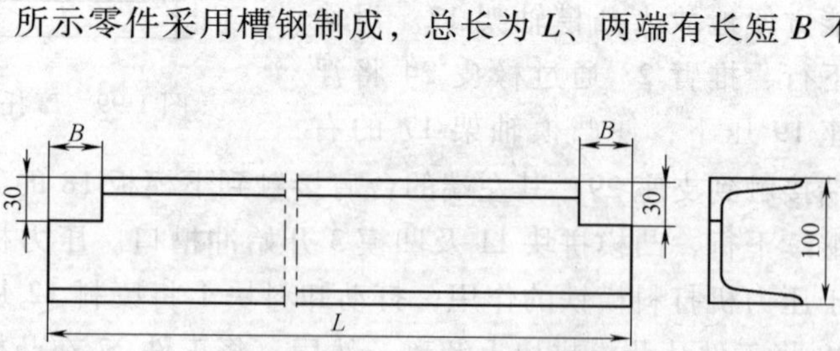

图 1-101 槽钢制零件结构简图

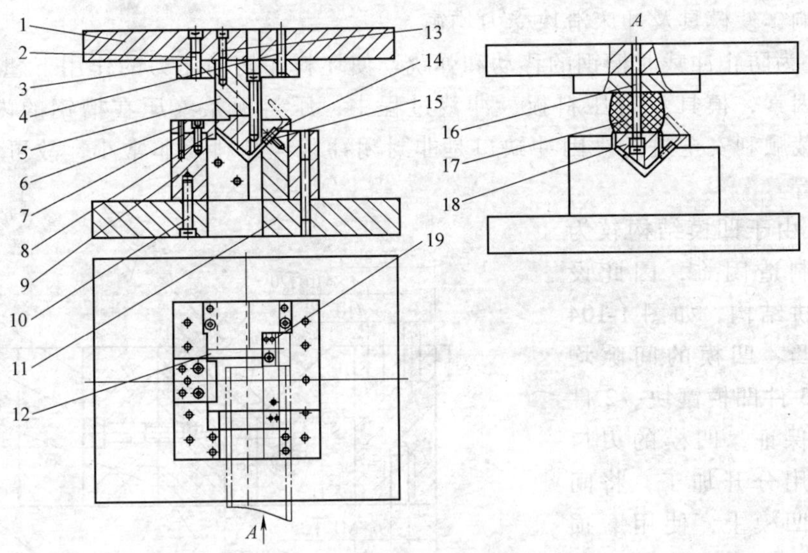

图 1-102　模具结构

1—上模座　2、7、10、13、14、16—螺钉　3—凸模固定板　4、6、19—圆柱销　5—凸模总成　8—挡块Ⅰ　9—凹模总成　11—下模座　12—挡块Ⅱ　15—定位块　17—压料橡胶　18—压料板

滑块上升，完成一次冲制过程。全部零件的一端缺口冲裁完毕后，调换定位块定位尺寸。调换另一件挡块Ⅱ到凹模对面（挡块Ⅱ共二件，尺寸一致，相互对称），重新调整冲裁间隙后，便可冲裁零件另一端缺口，得到完整的工件。

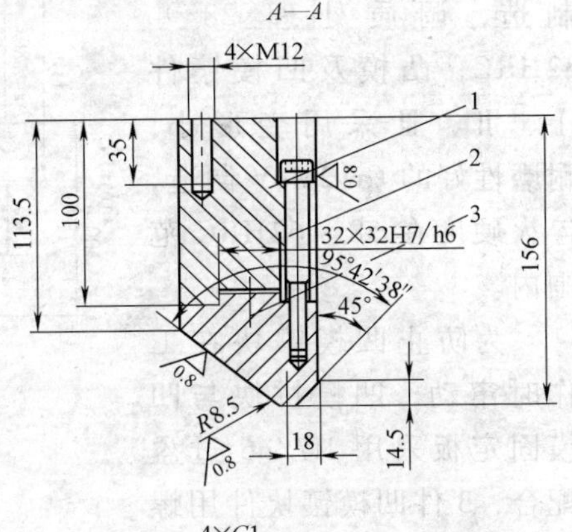

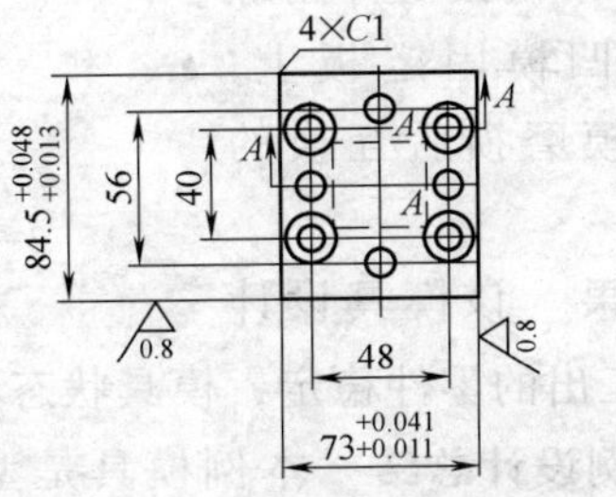

图 1-103　凸模总成结构

1—凸模固定块　2—螺钉　3—凸模

3. 设计要点

1）凸模总成 5 由凸模与凸模固定块连接起来组成，其结构如图 1-103 所示。

考虑到模具工作时，凸模与挡块的作用时间最长，造成凸模刃口侧面部分局部摩擦严重，因此，凸模设计成快换式结构。为防止凸模在工作时窜动，在凸模上设计一方形凸台，与凸模固定块上的方形凹槽采用 H7/h6 小间隙配合，同时也解决了凸模磨损后互换的定位问题，便于调整和更换。凸模选用 Cr12MoV 材料，淬火硬度在 58 ~62HRC 范围内。

2）由于挡块与凸模相接触，这样在冲裁时，凸模四周受力平衡，消除了侧向力的影响，使模具及冲床滑块受力均衡。

3）为防止冲裁时槽钢的移动和弹跳，使坯料在切向压力的作用下翘起形成不安全因素，模具设有压料板，冲裁过程中，压料板始终压在槽钢的内表面，保证冲裁顺利安全进行。因冲缺口是非封闭冲裁，卸料力非常小，故可不设计卸料装置。

4）由于凹模结构较为复杂，制造困难，因此设计成镶拼结构，如图1-104所示。凸、凹模的间隙均匀性由3件凹模镶块、2件挡块来保证，凹模的刃口尺寸采用分开加工，将间隙加在凹模上，使用磨损后可直接更换，而不需与凸模相配来调整方便模具更换和操作。

凹模固定板采用45钢制造，调质处理28～32HRC，凸模及凹模镶件Ⅰ、Ⅱ、Ⅲ采用变形小，耐磨性好的Cr12MoV制造，淬火硬度在58～62HRC范围内。

为防止凹模镶块在工作时窜动，凹模拼块与凹模固定板采用H7/n6过盈配合，3件凹模镶块件用螺钉连接于凹模固定板上，解决了凹模磨损后互换的定位问题。

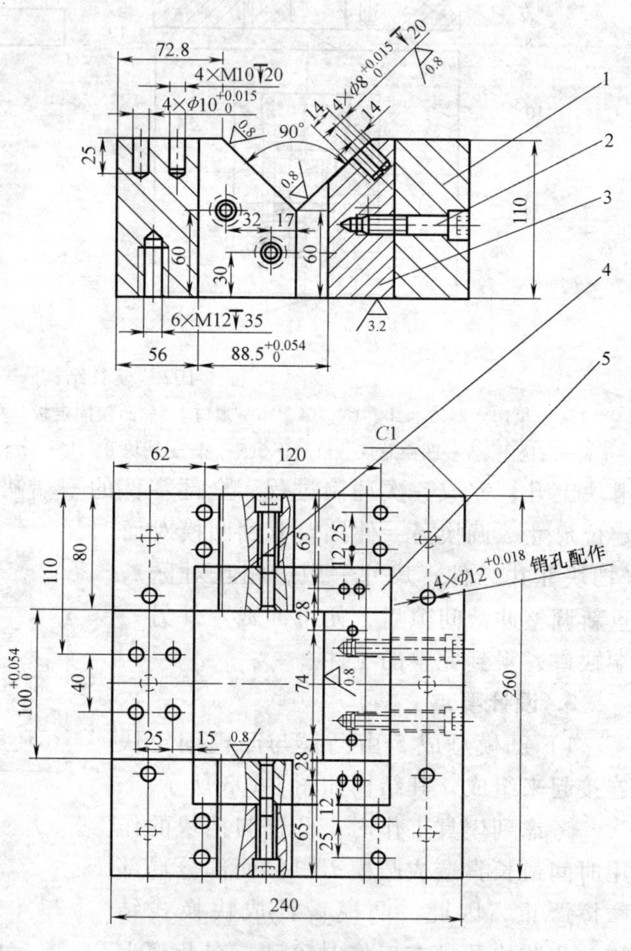

图1-104　凹模镶拼结构

1—凹模固定板总成　2—内六角圆柱头螺钉

3—镶拼凹模Ⅰ　4—镶拼凹模Ⅱ　5—镶拼凹模Ⅲ

4. 效果　该模具设计合理，加工出的零件稳定，模具状态良好，使用方便。

5. 本例设计总结　本例模具是型材切缺口的通用结构，考虑到切口量大，凸、凹模易磨损，故结构中均采用了镶拼结构，同时在模具结构中对更换时的定位及工作的稳定性进行了仔细的分析及针对性设计，很有借鉴性。

1.9 切边模案例剖析

1.9.1 切边加工工艺及模具结构分析

切边加工常用于拉深或成形完后零件边缘的修整，根据拉深件尺寸精度的要求、生产批量大小及拉深材料性能的不同，可选择不同的切边方法。生产中常用的切边方法主要有：直接切边、挤压切边、对角切边、内涨式切边。

直接切边可用于拉深件高度较大的、无凸缘的筒（矩）形件或带凸缘的筒（矩）形件的切边，料厚适用范围较广。其模具工作原理、结构与普通落料模相似，结构形式主要有正装式及倒装式两种，如图1-105所示。

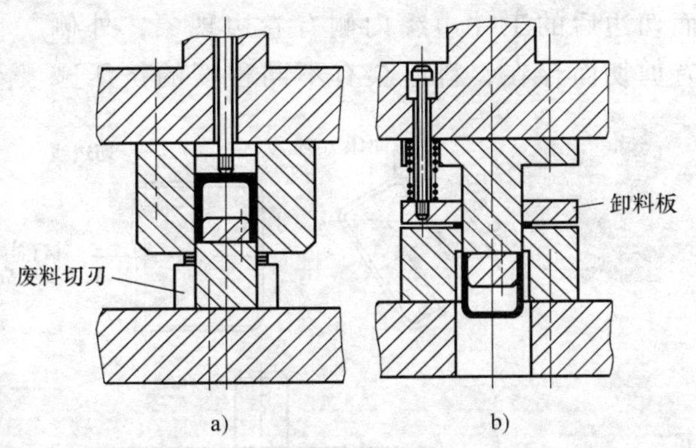

图1-105 直接切边模结构形式
a）倒装式 b）正装式

与普通落料模形式不同的是，倒装式直接切边模对废料的清除常采用废料切刀切断清除，废料切刀的刃口面应比凸模的刃口低3~5倍料厚，以免切边时啃伤刃口，最小数值应为5mm，使切边凸模刃磨刃口时方便，图1-106为带凸缘件倒装式直接切边模结构简图。正装式结构可用弹压或固定卸料板整体清除。

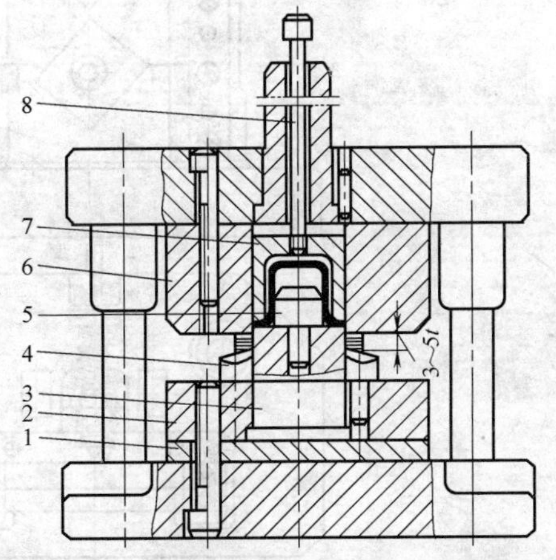

图1-106 带凸缘直接切边模结构简图
1—下垫板 2—下固定板 3—切边凸模 4—废料切刀 5—定位销 6—切边凹模 7—顶件器 8—打杆

对外形结构较复杂的拉深件采用直接切边的工艺方案，常常需要根据需切边零件的结构设计一些特殊结构，以保证零件的冲切过程的顺利实施及零件的安放及取出（详见加工实例1.9.2）。

挤压切边常与拉深及切边复合运用，即在一套模具中同时完成拉深及切边。主要适用于料厚不大于3mm的无凸缘的筒形件及无凸缘的矩形等其他形状零件的切边。其加工实例详见6.9.4。

挤压切边时，拉深凹模兼作切边凹模，拉深凹模圆角半径可取（2~4）t（料厚度），拉深凹模与拉深凸模之间的间隙取（1~1.1）t，而拉深凹模与切边凸模之间的间隙取 0.02~0.04mm。其模具结构形式主要有正装式及倒装式两种，如图 1-107 所示。

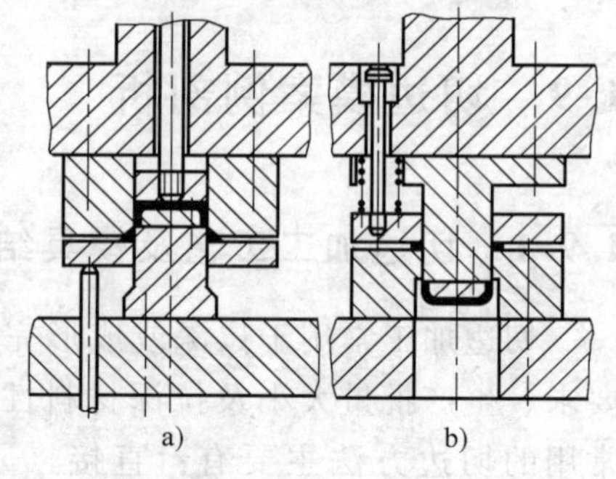

图 1-107　挤压切边模结构形式

a）倒装式　b）正装式

由于是采用拉深凹模兼作切边凹模，因而切边后的工件边缘内侧有卷边现象，外侧有剪切面存在，料厚会有不同程度的挤压减

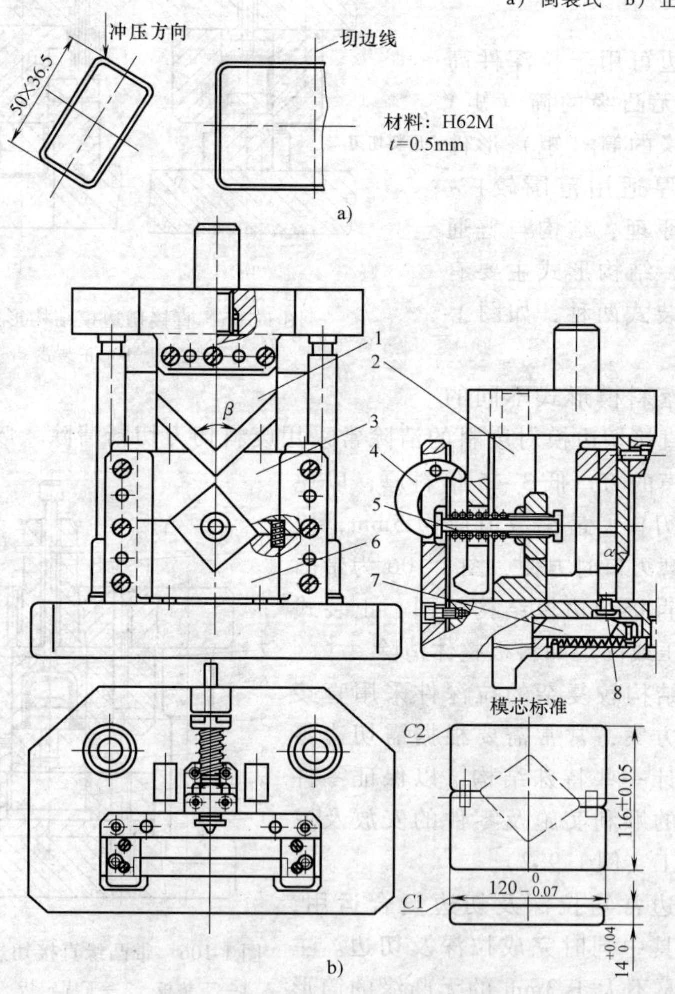

图 1-108　矩形件对角切边模

a）工件图　b）模具结构图

1—切刀　2—斜楔　3、6—凹模　4—摆块　5、8—推杆　7—滑块

薄。若零件对切边后的料厚有特殊要求，则不能采用挤压切边的加工工艺，而采用直接切边等工艺方法（详见加工实例 1.9.3）。

对角切边仅适用于料厚 0.3 ~0.8mm 的有色金属矩形拉深件的切边。工作时，利用一尖刃切刀，从矩形件的一个角沿对角线方向将工件多余的毛边切去。但切边后的工件口部会出现较大的毛刺和塌边，需添加后续工序清理口部。

图 1-108 为对角切边模的结构，用于生产批量较大的零件切边。工作时，待切边拉深件放在凹模 3 和 6 之间，用推杆 5 前端的螺套调整定位位置，来保证工件的切边高度。

上模下行时，斜楔 2 推动滑块 7 右移，使推杆 8 向上，凹模 6 向凹模 3 贴近，将毛坯夹紧。随上模下行，切刀 1 沿凹模 3、6 的刃口面向下进行切割，废料向外转出，一次切割完毕。

上模上行时，斜楔 2 上行，滑块 7 在拉簧作用下左移，推杆 8 随着下行，凹模 6 在弹簧作用下下行，松开工件。随斜楔 2 上行时带动摆块 4 转动，推动推杆 5 将工件推出。

切刀 1 的尺寸，一般取 $\beta=60°$、$\alpha=13°\sim30°$。

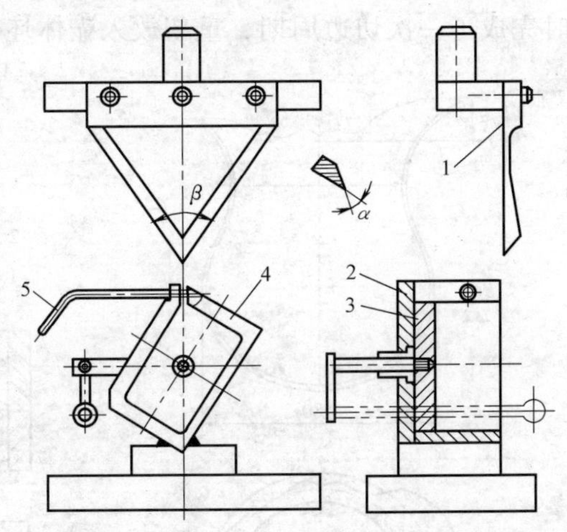

图 1-109　简易对角切边模结构简图

1—切刀　2—垫板　3—推块　4—凹模框　5—手柄

图 1-109 为简易对角切边模的结构，用于产品试制及小批量生产。拉深工件放入凹模框 4 内，用推块 3 的位置来控制拉深件切边高度，定位后用手柄 5 拧紧凹模框 4，使工件夹紧。冲切时，切刀 1 尖端先接触工件角部将其冲破，随着上模的下行直至将工件废料边全部切去。

切刀 1 的尺寸，一般取 $\beta<70°$、$\alpha=30°$。

内涨式切边是在压力机滑块的一个行程中，采用从内向外冲切的方式一次性完成对拉深件周边的冲切。主要适用于料厚大于 2mm，零件外形尺寸较大（拉深高度可深可浅）的无凸缘矩形拉深件的切边。由于模具结构较复杂，制造成本高，因此常用于大批量且工件尺寸精度要求较高的生产（详见加工实例 1.9.4）。

1.9.2　开合切边模设计

1. 零件结构　图 1-110 是中型奶壶壶体，采用 0.8mm 厚的 H62 制成，壶体口部为曲线花边。

2. 模具结构及工作原理 设计的模具结构如图 1-111，其中凹模 8 和凹模座 9 是对称割开成左右两部分，右半部分固定在底板 10 上，而左半部分是活动的。

模具工作时，压力机滑块带着上模下行时，斜楔 2 首先推动凹模座 9 及固定在其上的凹模 8 的左半部分在导柱 11 的导向作用下一起向右移动。当凹模左、右两部分合并一起后，上模继续下行，加强环 7 套入凹模。上模再下行，卸料板 6 压紧壶体坯件，紧接着凸模 4 下行冲切，将曲线花边切出。随后滑块带着上模回程，加强环脱离凹模，斜楔跟着退出。这时凹模连同凹模座的左半部分在弹簧 12 的推动下往左退回，碰到限位销 13 时停下，切边后的壶体往下掉落。这时完成了一次切边周期，重新放入壶体坯件，开始下一次冲切。

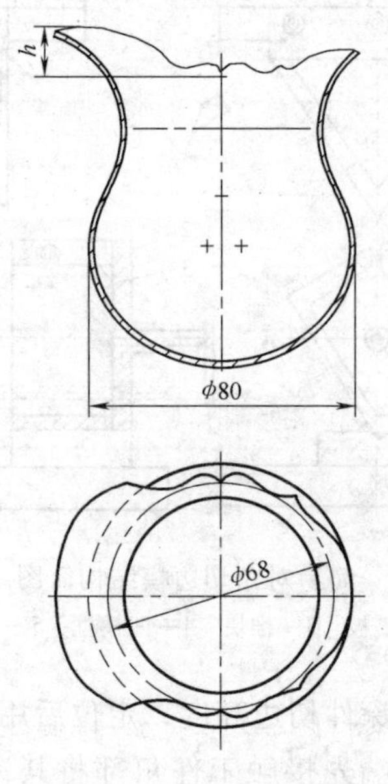

图 1-110 奶壶壶体结构简图

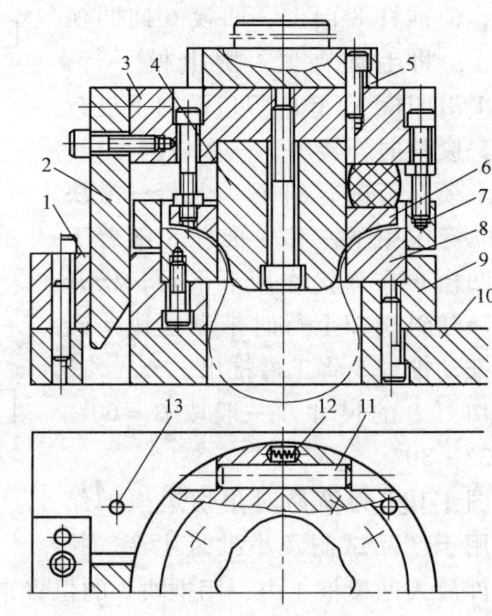

图 1-111 模具结构

1—侧导块 2—楔条 3—上模座 4—凸模 5—模柄 6—卸料板 7—加强环 8—凹模 9—凹模座 10—底板 11—导柱 12—弹簧 13—限位销

3. 设计要点

1）由于奶壶的曲线花边是分布在壶体口部的一段圆弧面上（图 1-110 的 h 部分），就是说整一周边切口不是在同一截面上。这样，凸模和凹模的冲切端面及卸料板的压料面都不可能做成平面。正确的方法是，先在凸模、凹模及卸料的相应部位加工出和壶体对应部位相吻合的圆弧面，这段圆弧的上下范围应比 h 稍大些，然后再用线切割加工出凸、凹模刃口及卸料板的空腔。

2）模具上需设置加强环，使分体凹模相当于一个整体，加强环与凹模的配合间隙取 0.01～0.05mm。在模具设计初期，没设置加强环，但在试模过程中发现，冲切几次之后，凹模左右两部分在合拢时出现不紧贴，以致使凸、凹模的间隙过大，切出壶口的毛刺过大，甚至切不断坯料。这是由于凸、凹模的斜刃口及卸料板的压料锥面加大了水平方向上的侧向力，分体的凹模承受不住这个侧向力而逐渐松开导致的。设置加强环后，此现象消除。

4. 使用效果 模具使用效果良好。

5. 本例设计总结 由于该花边的最小径处为 ϕ68mm，比壶体肚部直径小，这样在胀形后再切边时，奶壶体将放不入凹模，切边工序无法进行。

为解决零件放入及取出的问题，模具设计了将切边凹模 8 分块的结构，为保证冲切时，侧向力对分体凹模的冲切影响，模具采用了加强环控制，这种分析及解决问题的方法很值得借鉴。

1.9.3 薄壁筒形件直接切边模

1. 零件结构 图 1-112 所示零件采用 0.3mm 厚 1Cr18Ni9Ti 钢制成，大批量生产，由于使用功能上的要求，切底后筒壁必须平直，切底处的料厚不能小于基本厚度。

2. 模具结构 图 1-113 所示为切边模结构简图。

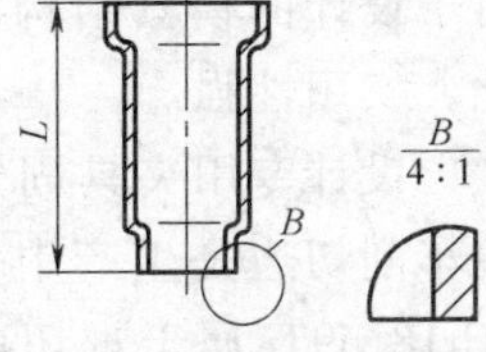

图 1-112 零件结构简图

工作时，将零件 1 插入定位块 2 后，再将零件套入硬质合金凹模 9，使零件底部与定位块固定板 10 的 *B* 面贴紧，同时保证定位块固定板 10 与定位板 12、13 的 *A* 面 0.5mm 的间隙（利用 0.5mm 垫片保证）。压力机滑块下行，切刀 3 与硬质合金凹模 9 共同作用，第一次将筒底切除；压力机滑块上升，去除定位块固定板 10 与定位板 12、13 间 0.5mm 垫片，使定位块固定板 10 与定位板 12、13 的 *A* 面贴紧，同时保持制件底部与定位块固定板 10 的 *B* 面紧贴，压力机滑块再次下行，切刀 3 与硬质合金凹模 9 共同作用便可完成筒底的切除，手工取下零件，便可进入下一个工作循环。

3. 设计要点

1）模具装在行程可调的偏心压力机上使用，使用的行程较小，使切刀和下模始终不离开，生产较安全。

2）制件与定位块的配合为间隙配合，间隙控制在≤0.02mm；定位块与固定板成 H7/r6 或 H7/n6 配合。

3）制件的外形与凹模为间隙配合，间隙≤0.02mm；保持切刀与凹模贴合，相互间能相对运动即可，这样切边后的端面质量好，无毛刺。

4）定位块的 *D* 面与 *C* 面齐平或略微缩进一点，若定位块端面高出 *D* 面那是绝对不允许的。切刀、凹模、定位块端面三者合理位置见图 1-113。

5）整个零件的切边分两次完成，尺寸和质量能达到要求。实际生产中，开始用一次切，发现当余料快切完的最后部分，常常由于废料不能很好地变形而成拉断状况，影响到切断面的质量，改成首次切后留出约0.5mm的余量，第二次再切掉能保证断面质量。

4. 使用效果 加工质量满足产品质量要求。

5. 本例设计总结 由于零件要求切底后的料厚不能小于基本料厚，因此不能采用拉深挤切加工工艺，只能使用直接切边法。本案例设计的模具由于在切边过程中，零件的内壁有定位块、外形有圆凹模的支撑和包围，其原有形状始终是受控的，不会出现切完边后外形变形的现象。尽管切边共需二次才能满足产品要求，但由于设计的模具结构简单、制造容易，因此，实用性强。

设计专用夹具固定制件，在车床上采用车削切边是生产中常用的方法。但由于1Cr18Ni9Ti属于难切削加工材料，又是薄壁件，生产效率低，加工质量差，不能满足大批量生产的要求，因此，本例使用的加工工艺也可借鉴。

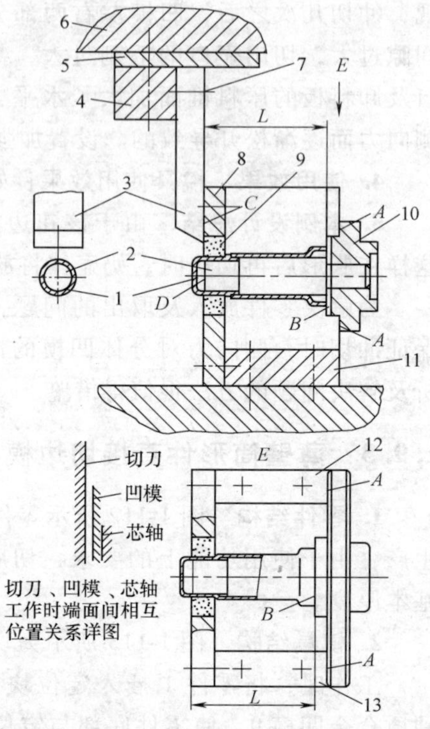

图 1-113 切边模结构
1—零件 2—定位块 3—切刀 4—固定板 5—垫板 6—带滑动导柱的模架 7—固定螺钉 8—凹模固定板 9—硬质合金凹模 10—定位块固定板 11—下模固定板 12、13—定位板

1.9.4 装饰盖内涨式切边模

1. 零件结构 图1-114示装饰盖（半成品）是某电器产品上的外观装饰件，椭圆外形，采用3mm厚的1Cr13不锈钢板制成，批量生产。

由于零件拉深成形后，尺寸132高度方向上的端面高低不平整，为此，对其须进行切边。

2. 模具结构及工作原理 图1-115为设计的切边模结构简图。

模具置于压力机工作台上，压力机滑块上升，模具开启，上、下模脱离接触，卸料板6通过顶料杆7在压力机弹性缓冲器的作用下上升至凹模4型腔中适

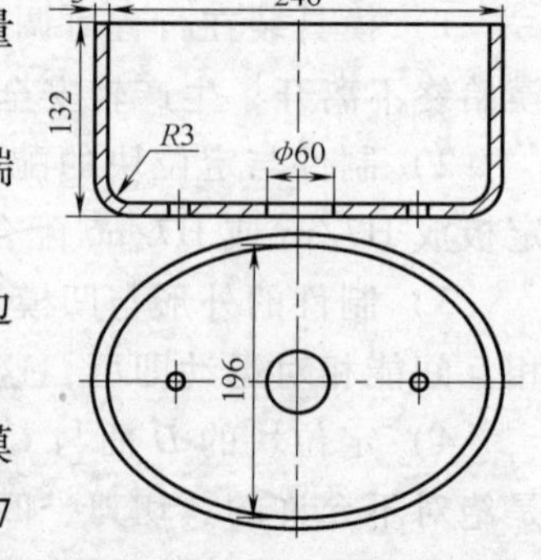

图 1-114 装饰盖结构简图

当位置。此时，将椭圆盖半成品置于凹模4型腔中，完成零件的定位。

压力机滑块下移，凸模10首先进入拉深好的椭圆盖半成品内腔，凸模10与凹模4共同作用将卸料板6压至极限，此时，斜楔11左右斜面首先与模具中左右布置的四把小切刀8上的斜面接触，在斜楔11的斜面作用下，小切刀8与凹模4共同作用，将零件端面的废边裁剪成两段，当剪切即将完成时，斜楔11前后斜面随着压力机滑块的下行，开始与模具中前后布置的两把大切刀13上的斜面接触，在导向杆14的导向作用下，大切刀13开始沿模具前后方向滑移，与凹模4共同对椭圆盖端面进行前后方向的剪切，直至椭圆盖前后端面需修边的废料被完全裁剪，与零件完全脱离。

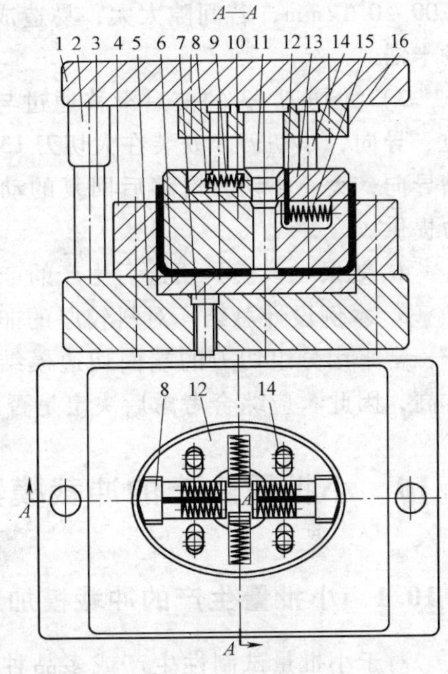

图1-115 修边模结构简图

1—上模板 2—导套 3—导柱 4—凹模 5—下模板 6—卸料板 7—顶料杆 8—小切刀 9、15—弹簧 10—凸模 11—斜楔 12—回复档块 13—大切刀 14—导向杆 16—固定板

当压力机滑块上升，斜楔11前后斜面首先与模具中前后布置的大切刀13上的斜面脱离接触，大切刀13在弹簧15弹力作用下沿着导向杆14的导向轨迹得到回复，随着斜楔11左右斜面与模具中左右布置的四把小切刀8上的斜面脱离接触，小切刀8在弹簧9的弹力作用下沿大切刀上开设的回复轨道回复原位。当压力机滑块继续上升，凸模10离开椭圆盖的内腔，完成切边的椭圆盖在顶料杆7的作用下被卸料板6推出凹模4的型腔。至此，零件的切边工序全部结束，压力机转入下一个工作循环。

3. 设计要点

1）切刀设计成二组，一组为小切刀8，另一组为大切刀13。整个零件切边分二步完成：斜楔11的左右两斜面首先单独与四块小切刀8接触，对零件长轴方向需裁剪部分进行修边，同时将废料切成两部分，随后，斜楔11与二组大切刀13的斜面接触，推动大切刀13沿零件前后方向滑动，由于小切刀8分别安装在二组大切刀13左右的定位滑槽中，因此也同时、同步随同大切刀13共同移动，直至将零件椭圆短轴方向的废边切除。斜楔11、小切刀8及大切刀13斜面间的角度均取35°，以保证相互间斜面对称一致。

2）端面切边间隙由凹模4及凸模10的高度控制，切刀与凹模保证间隙

0.09～0.12mm，若间隙太大，易造成切口不平整，若间隙太小，则会造成切刀的卡滞。

3）大切刀13的前后滑移通过与整形凸模10滑动联接的导向杆14进行定位、导向，小切刀8安装在大切刀13中，其滑移过程依靠大切刀13中开设的滑槽导向，大、小切刀滑移后回复的动力分别由各自弹簧9、15压缩后储存的弹力提供。

4. 效果 该模具切边后生产的产品质量稳定，模具工作正常。

5. 本例设计总结 对料较厚的非旋转体拉深件的端面切边，为保证批量生产，常采用分组切刀的端面切边模结构形式，但由于模具结构较复杂，制造成本高，因此，应综合考虑后决定是否采用。

1.10 小批量生产的冲裁模案例剖析

1.10.1 小批量生产的冲裁模加工工艺及模具结构分析

对于小批量试制性生产或多品种生产，由于其生产数量少，为减少模具费用，生产中广泛应用聚氨酯橡胶模、锌基合金冲模等简易冲模。

1）聚氨酯橡胶模。用聚氨酯橡胶模进行冲裁时只需要一个钢质的凸模或凹模。落料时用橡胶模垫作凹模，冲孔时用橡胶模垫作凸模。橡胶模垫应放在容框内，以使橡胶不向外挤出来，并能产生较大的单位压力。

用作冲裁的聚氨酯橡胶硬度以取邵氏硬度90A～95A为宜，它具有较好的综合力学性能，金属凸模或凹模的刃口应锋利。橡胶的厚度一般以取12～20mm为宜。橡胶的变形量一般在30%以下。同一种橡胶，在压缩量相等的情况下，厚度愈大，则所产生的单位压力愈小，这对冲裁不利。容框的型腔应与凸模的外形相仿，其单边间隙一般为0.5～1.5mm。间隙太大，搭边量增加，造成材料浪费，并且易使橡胶产生割损和脱圈现象。间隙太小，则因橡胶不易突入缝隙，对材料产生的剪切力小，不利于材料分离。

用聚氨酯橡胶冲裁模冲裁的材料厚度在0.3mm以下时效果最佳。当被加工材料为黑色金属，如碳钢、不锈钢、合金钢等时，最大冲裁料厚一般不大于1.5mm，弯曲料厚不大于3mm，成形料厚不大于1.5mm；加工有色金属，如铜、黄铜、铝、铝合金等时，最大冲裁料厚一般不大于2.5mm，弯曲不大于料厚4mm，成形料厚不大于3.5mm；冲裁非金属材料、塑料薄膜最大料厚约为2mm。

冲裁时，条料搭边应较大，一般以3～5mm为宜。压力机吨位宜选得大一些。最好选用速度较慢的液压机或摩擦压力机。

2）锌基合金冲模。锌基合金是指锌、铝、铜三大元素合金，并加入微量的镁，简称锌合金。将锌合金用铸造方法制造出的模具，称为锌合金冲模。锌基合金 $w_{Zn}93\%$、$w_{Al}4\%$、$w_{Cu}3\%$、$w_{Mg}0.03\% \sim 0.05\%$，熔点约为380℃。这种材料的抗压强度可达860MPa以上，布氏硬度为120～130HBW，具有优良的耐磨性、铸造性和切削加工性，而且还可以重熔后再利用。

用锌基合金可以制造冲裁模，也可以制造弯曲模、拉深模及其他成形模。对于锌基合金冲裁模，一般落料凹模和冲孔凸模采用锌合金制造，而落料凸模和冲孔凹模仍用模具钢制造。

1.10.2 聚氨酯橡胶复合冲裁模

1. 零件结构 图1-116所示零件，采用0.1mm厚的H62黄铜制成，要求表面光洁，无毛刺。

2. 模具结构 设计的聚氨酯橡胶复合模如图1-117所示。

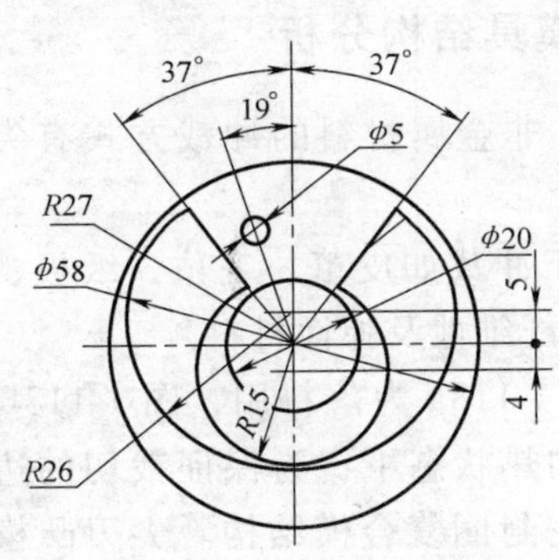

图1-116 零件结构简图

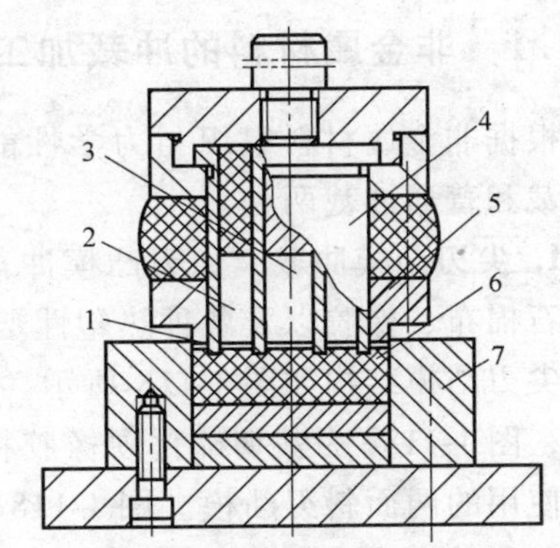

图1-117 聚氨酯橡胶复合模结构

1—工件 2—顶块 3—顶杆 4—凸凹模 5—凸台压板 6—聚氨酯橡胶 7—容框

3. 设计要点

1）采用无导向模架，结构简单，压边采用圆形凸台式压板，既提高了压边力又简化了加工。

2）凸凹模用线切割加工，切割下的扇形块可作为顶块2用，ϕ20mm的大孔中加顶杆，以利于废料分离。

3）聚氨酯橡胶模垫和容框可以通用，只要更换上模，就可加工不同形状、尺寸的零件。

4）经用不同硬度的聚氨酯橡胶垫进行试冲比较，对于此零件，采用邵氏硬度为90A厚20～25mm的聚氨酯橡胶块效果最好，甚至在尖角处也不易产生毛刺。

4. 效果 模具设计、制造后，生产的冲件上无毛刺，表面光洁、平整，能满足产品质量的要求。

5. 本例设计总结 该零件料厚为0.1mm，若选用钢制复合模加工，则冲裁模的双向间隙仅为0.01mm，模具制造困难，凸、凹模之间的均匀小间隙很难保证，冲出的工件也易产生毛刺。

采用聚氨酯橡胶模冲裁薄件能克服钢模制造上的困难，采用聚氨酯橡胶复合模冲裁，只需加工一个钢制的凸凹模，与聚氨酯橡胶垫相配，便可实现无间隙冲裁，整个冲模的结构简单，制造成本低。只要设计合理，冲切零件的质量是完全能满足使用需要的，但该类模具的使用寿命比钢模要低，因此最好应用于小批量生产或新产品试制。

1.11 非金属材料的冲裁模案例剖析

1.11.1 非金属材料的冲裁加工工艺及模具结构分析

根据非金属材料组织与力学性能的不同，非金属材料的冲裁方式有尖刃凸模冲裁和普通冲裁两种。

1. 尖刃凸模冲裁 尖刃凸模冲裁主要用于冲裁如皮革、毛毡、纸板、纤维布、石棉布、橡胶以及各种热塑性塑料薄膜等纤维性及弹性材料。

尖刃凸模结构如图1-118所示。其中：图1-118a为落料用，图1-118b为冲孔用，图1-118c为裁切硫化硬橡胶板时，在加热状态下，为保证裁切的边缘垂直而使用的两面斜刃凸模。图1-118d为毛毡密封圈复合模结构。尖刃凸模的斜角 α 的取值可参见表1-10。

表1-10 尖刃凸模斜角 α 的取值

材料名称	α/（°）
烘热的硬橡皮	8～12
皮、毛毡、棉布纺织品	10～15
纸、纸板、马粪纸	15～20
石棉	20～25
纤维板	25～30
红纸板、纸胶板、布胶板	30～40

设计时，其尖刃的斜面方向应对着废料。冲裁时，在板料下面垫一块硬木、层板、聚氨酯橡胶板、有色金属板等，以防止刃口受损或崩裂，不必再使用凹模。可安装在小吨位压力机上或直接用手工操作。

2. 普通冲裁模冲裁 对于一些较硬的如云母片、酚醛纸胶板、酚醛布胶板、环氧酚醛玻璃布胶板等非金属材料，则可采用普通结构形式的冲裁模进行加工。

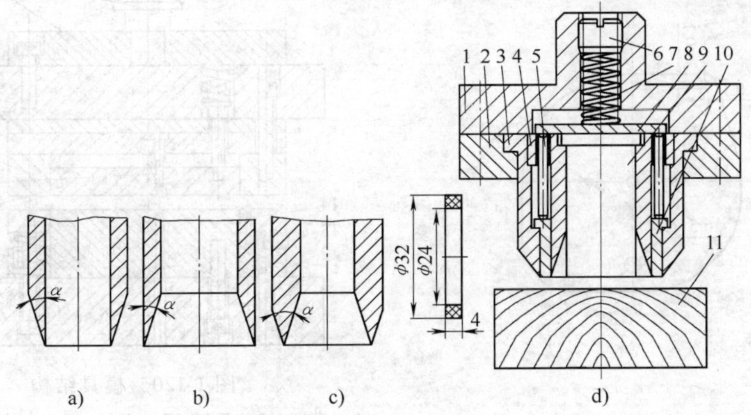

图 1-118 尖刃凸模

a）落料凸模 b）冲孔凸模 c）两面斜刃凸模 d）毛毡密封圈复合模

1—上模 2—固定板 3—落料凹模 4—冲孔凸模 5—推杆 6—螺塞

7—弹簧 8—推板 9—卸料杆 10—推件器 11—硬木垫

但是，采用普通冲裁模冲裁非金属时很难获得光洁的剪切断面。由于这些材料都具有一定的硬度与脆性，因此，易产生断面裂纹、脱层等缺陷。为减少缺陷的产生，模具设计中应适当增大压边力与反顶力，减小模具间隙，采用比一般金属材料大些的搭边值。

在实际生产中，冲裁尺寸可通过试冲后的数值进行适当补偿后确定。对于料厚大于1.5mm而形状又较复杂的各种纸胶板和布胶板零件，在冲裁前需将毛坯预热到一定温度后再进行冲裁。

1.11.2 塑料零件冲裁模设计

1. 零件结构 图1-119所示表盘零件，采用0.5mm厚的PC（聚碳酸酯）制成。

2. 模具结构 模具结构如图1-120所示。

3. 设计要点

1）由于PC类塑性材料抗拉强度、抗压强度及弹性模量皆较小，因此，在设计PC板模具时，应充分考虑到PC制件孔的尺寸有较大的弹涨现象，其弹涨量参见图1-121、图1-122的曲线。

塑料制件冲孔凸模设计尺寸应按下式确定：

$$d = (A + X\Delta + \delta)_{-T_{凸}}$$

式中 A——制件基本尺寸；

Δ——制件公差；

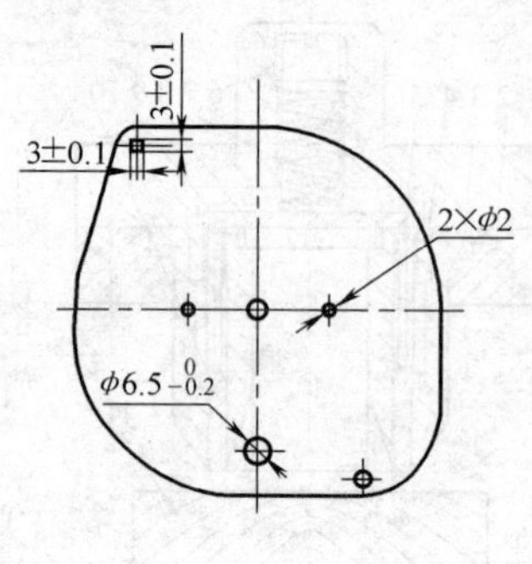

图 1-119　表盘零件结构简图

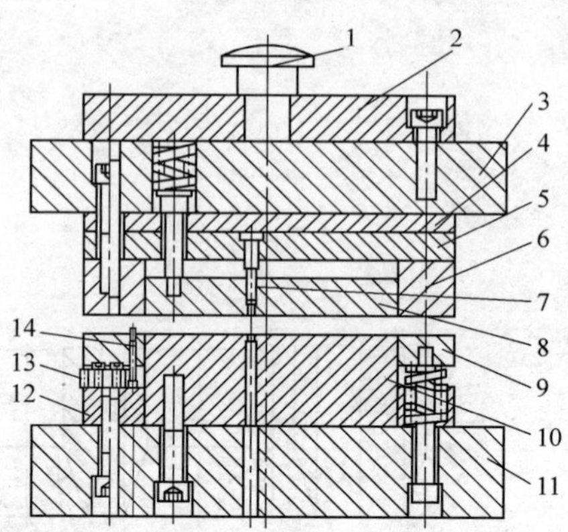

图 1-120　模具结构

1—模柄　2—垫板　3—上托　4—小垫板　5—固定板　6—凹模　7—凸模　8—弹压板　9—卸料板　10—凸凹模　11—底座　12—凸凹模固定板　13—定位销固定板　14—定位销

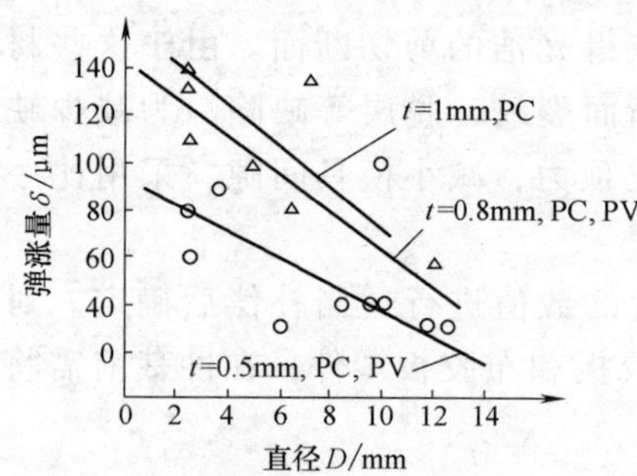

图 1-121　圆孔弹涨量

t：材料厚度

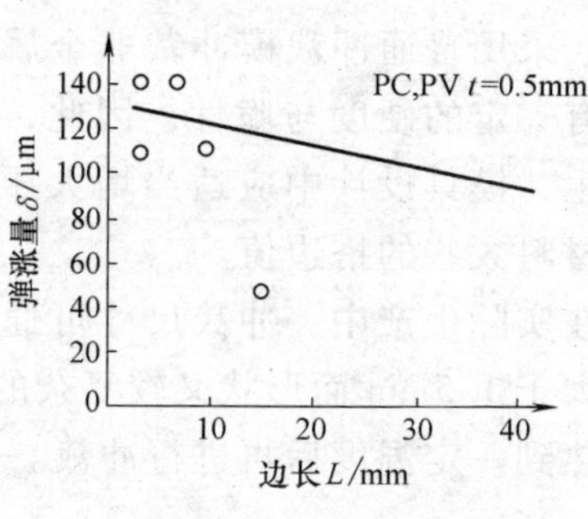

图 1-122　方孔弹涨量

t：材料厚度

X——磨损系数；

$T_{凸}$——制造公差；

δ——弹涨量，参见图 1-121、1-122。

2）因表盘类零件要求基本无毛刺，而且因冲裁力较小，所以设计中将凸凹模设计为硬度较低的半硬模，即淬火硬度为 42～46HRC，并将凸、凹模间隙设计为双面 0.01mm。

3）考虑到 PC 塑料板冲裁时，其废料流动性差，且在高温时会产生变形聚结现象，漏料孔常会发生堵塞。因此，考虑到冲裁力较小的因素，漏料孔应比一般冲模设计大一些，漏料孔锥度取 1.5°～2°。

4）对 PC 塑料的的落料外形尺寸，其与冲孔相反，具有一定的缩涨现象，但较冲孔小，因此在外形尺寸要求不大的情况下，可以不考虑。

4. 效果 加工的零件满足产品要求。

5. 本例设计总结 在冲裁硬度与脆性较大的非金属零件时，为更好的保证冲裁零件的尺寸，生产中，常根据试验中的冲裁回弹量数值对冲裁尺寸进行适当补偿后确定，以保证产品尺寸要求。本例设计中提供的这种根据自身试验确定冲裁回弹量的设计方法对于解决实际问题很有借鉴性，生产中经常使用。

第 2 章　精冲模设计案例剖析

2.1　精冲模设计基础

2.1.1　精冲工艺及模具结构简图

精冲是精密冲裁的简称，是在冲裁全过程以塑性剪切变形的方式完成的板料分离工序。按工艺方式的不同，精冲分普通精冲、强力压板精冲、对向凹模精冲及往复冲裁几大类。而普通精冲主要包括整修、光洁冲裁等。各种精冲方法比较见表 2-1。

表 2-1　各种精冲方法的比较

精冲名称		加工方法	剪切面	适用材料范围	优点	缺点	有关加工法
普通精冲	整修	切削掉冲裁毛坯的断裂面	切削面	广泛	冲切面光洁，尺寸精度高，塌角小，垂直度好	先要进行普通冲裁，难以实现自动化	振动整修，叠料整修，台阶凸模整修，冲裁拉削
	光洁冲裁	用零间隙，刃口有圆角或倒角，防止裂纹产生	塑性剪切面	只适用于高塑性材料	冲切面光洁，模具简单，不需要专用压床	塌角大，弯曲大，有锥度	负间隙冲裁
强力压板精冲，简称 FB 法		用零间隙，用 V 形压板和反压板压住材料，抑制裂纹的产生	塑性剪切面	塑性材料	冲切面光洁，尺寸精度高，弯曲小	需要专用压力机，模具造价高	简易精冲，四周约束冲裁
对向凹模（凸模）精冲，简称 OD 法		利用带突起的凹模压入材料和用精冲分离	切削面及塑性剪切面	广泛	冲切面光洁，尺寸精度高，弯曲小	需要专用压力机，模具造价高，需用前工序处理	整修
往复冲裁		零件冲裁一半后，再反向冲裁，在切口的毛刺处形成塌角	在剪切面两棱处有塌角	塑性材料	冲切面光洁	需要专用压力机或两道工序	压平法，反向剪切

尽管精冲优点很多，但由于需要专门的设备和模具，成本高，使其使用受

到一定的限制，因此，生产中比较广泛使用的是普通精冲及强力压板精冲。

图 2-1 为精冲模工作部分的组成简图，与普通冲裁模相比较，除凸、凹模间隙极小、凹模刃口带圆角外，在模具结构上比普通冲裁模多一个齿圈压板和一个顶出器，整个工作部分由凸模、凹模、齿圈压板、顶出器四部分组成。

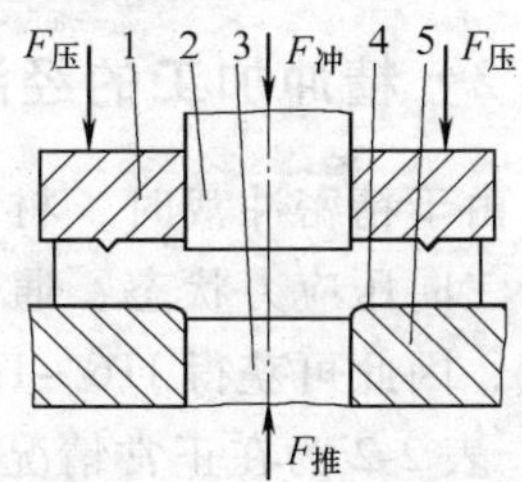

图 2-1 精冲模工作部分的组成
1—齿圈压板 2—凸模 3—顶出器
4—材料 5—凹模

为抑制冲裁过程中的撕裂，冲裁前，用 V 形压边圈压住材料，防止剪切变形区以外的材料在剪切过程中随凸模流动。压边圈和顶出器的夹持作用，再结合凸、凹模之间的小间隙（约为被冲材料厚度的 0.5% ~1%），使材料在冲裁过程中始终保持与冲裁方向垂直，将材料紧紧地压住，防止因零件的翘曲形成拉应力而导致脆性断裂，从而构成塑性剪切的条件。必要时为了增大变形区的三向压应力张量，提高材料塑性，可将冲孔凸模和落料凹模刃口倒成圆角，以减少刃口处的应力集中，避免或减缓裂纹的产生。

图 2-2 为强力压板精冲模（简称 FB 精冲模）与普通复合冲裁模结构对比图。

其主要区别在于：

1）精冲模必须置于有三向作用力（冲裁力、压边力和反压力）的精冲机上，且三力独立可调，相互匹配工作。

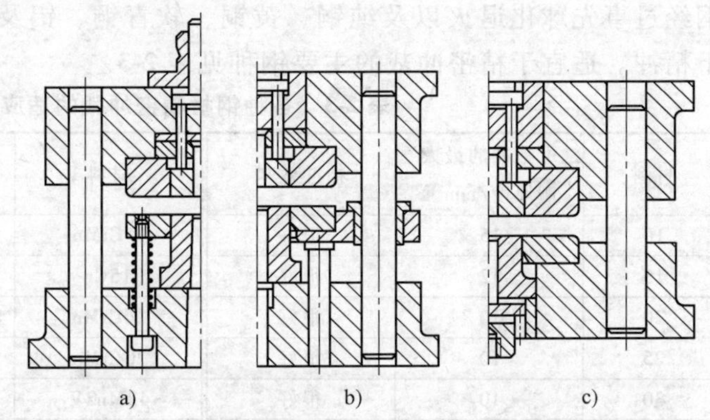

图 2-2 强力压板精冲模与普通复合冲裁模结构对比
a）普通复合冲裁模 b）固定凸模式精冲模 c）活动凸模式精冲模

2）精冲模有凸出的齿形压边圈，材料在压边圈和凹模、反压板和凸模的压紧下实现冲裁，工艺要求压边力和反压力大于卸料力和顶件力，以满足在变形区建立起三向不均匀压应力状态，因此精冲模受力比普冲模大，刚性要求更高。

3）精冲模凸模和凹模之间的间隙小，大约为料厚的 0.5% ~1%，而普冲裁模的间隙约为料厚的 5% ~10%。

4）普通冲裁模的凹模刃口是锋利的，而精冲模的凹模及凸模则带有小圆角，减少了刃口的应力集中，推迟了裂纹的发生期，同时增大了压应力，加强了对剪切面的挤压作用，从而降低了剪切面的粗糙度。

5）精冲模上有专门的润滑系统和排气系统，而普通冲模上没有。

2.1.2 精冲加工的经济精度

由于精密冲裁时，材料在齿圈压板、凸模、凹模、顶出器的共同作用下，处于三向压应力状态，通过间隙极小的凸、凹模刃口间的相互作用而完成变形冲裁，因此可获得 IT6～IT9 的尺寸精度，断面的表面粗糙度 R_a 为（1.6～0.2）μm。表 2-2 为在正常情况下，精密冲裁抗拉强度极限至 600MPa 的钢材可达到的尺寸精度。

表 2-2　精密冲裁 $\sigma_b \approx 600MPa$ 的钢材达到的尺寸精度

料厚/mm	内 形	外 形	孔 距	料厚/mm	内 形	外 形	孔 距
0.5～1	IT6～IT7	IT7	IT7	5～6.3	IT8	IT9	IT8
1～3	IT7	IT7	IT7	6.3～8	IT8～IT9	IT9	IT8
3～4	IT7	IT8	IT7	8～12.5	IT9～IT10	IT9～IT10	IT8～IT9
4～5	IT7～IT8	IT8	IT8	12.5～16	IT10～IT11	IT10～IT11	IT9

实现精冲材料必须具有一定的塑性，塑性越好，越适于精冲，在黑色金属中，含碳量 $w(C) < 0.35\%$，$\sigma_b = 300 \sim 600MPa$ 的钢精冲效果最好，含碳量高的钢经过事先球化退火以及纯铜、黄铜、软青铜、铝及其合金等有色金属也适合于精冲。适宜于精密冲裁的主要钢种见表 2-3。

表 2-3　各种钢材精密冲裁的适应性

材料	可精冲的最大厚度/mm	精冲效果	材料	可精冲的最大厚度/mm	精冲效果
10	15	很好	15CrMn	5	很好
15	12	很好	15Cr	5	好
20	10	很好	20CrMo	4	好
25	10	很好	20CrMn	4.5	好
30	10	很好	42Mn2V	6	好
35	8	好	GCr15	6	尚可
40	7	好	0Cr13	6	好
45	7	好	1Cr13	5	好
50	6	好	4Cr13	4	好
55	6	好	Cr17	3	好
60	4	好	0Cr18Ni9	3	好
65	3	好	1Cr18Ni9	3	很好
T8A	3	好	1Cr18Ni9Ti	3	好

注：很好——理想的精冲材料。剪切面粗糙度低，模具寿命长。

好——适宜于精冲的材料。剪切面光洁度低，模具寿命正常。

尚可——勉强用于精冲的材料。用于形状复杂的零件冲裁时，剪切面撕裂，模具寿命短。

2.1.3 精冲加工的工艺性

对精密冲裁来讲，由于精冲模结构牢固和配合紧密，使得模具冲裁过程较为平稳。因而在普通冲裁中不能生产的零件，完全可能在精密冲裁模上完成。

精冲圆孔允许的最小孔径 d、窄槽宽度 b、窄长槽长度 L、孔与孔之间和孔与边缘之间的距离 W、圆角半径 R 主要由冲孔凸模所能承受的最大压应力决定，其值与材料厚度及材料性质有关。其中：

图 2-3 所示的精冲圆孔及窄槽，其允许的最小孔径 d、窄槽宽度 b 可分别从图 2-4、图2-5中查出。

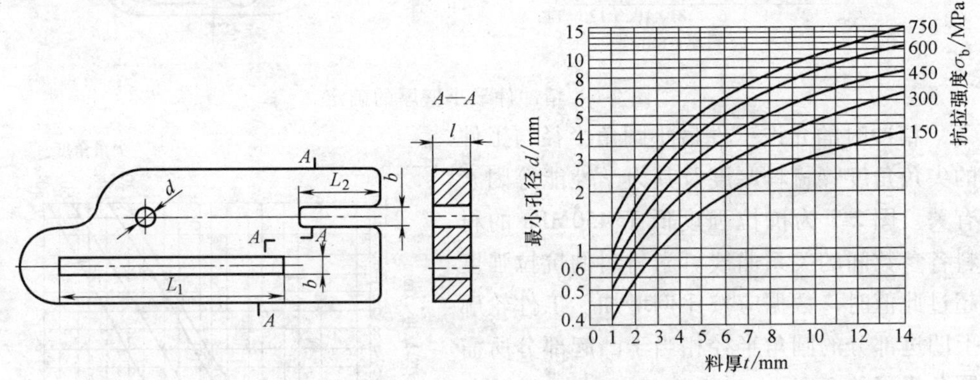

图 2-3 孔径与窄槽示意图

图 2-4 精冲件最小孔径的确定

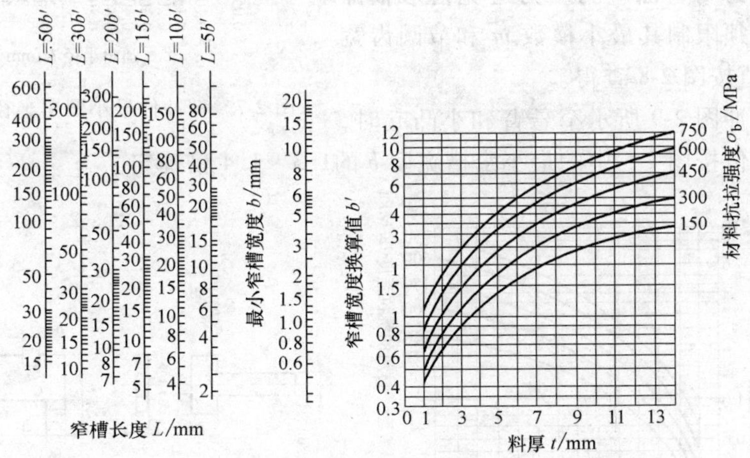

图 2-5 精冲件最小窄槽宽度的确定

对精冲工件上的孔、槽和内外轮廓之间的距离，可根据图 2-6 所示区分为不同的壁厚 W_1、W_2、W_3、W_4。最小壁厚 W_2 直接按图 2-5 中的表决定，而 W_1 处的最小壁厚按 0.85W_2 决定。W_3 和 W_4 的最小壁厚参照图 2-4 中的最小槽宽求出。

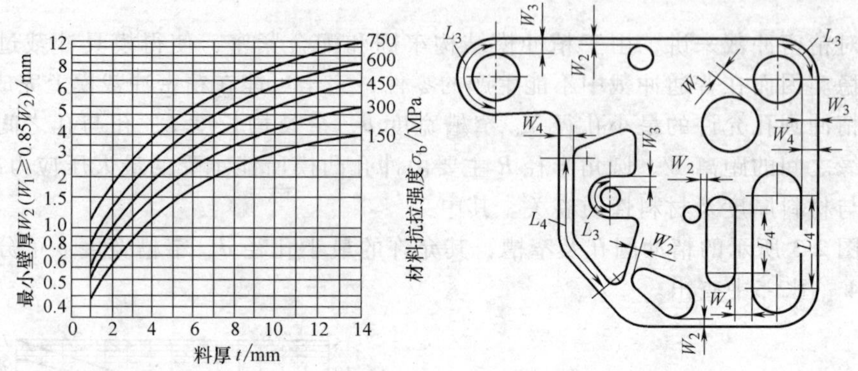

图 2-6　精冲件最小壁厚的确定

精冲时的允许工件最小圆角半径与工件的尖角角度、材料厚度及其力学性能等因素有关。图 2-7 为抗拉强度低于 450MPa 的材料各参数间的关系曲线。当材料的抗拉强度超过此值时，数据应按比例增加。工件轮廓上凹进部分的圆角半径相当于凸起部分所需圆角半径的 2/3。

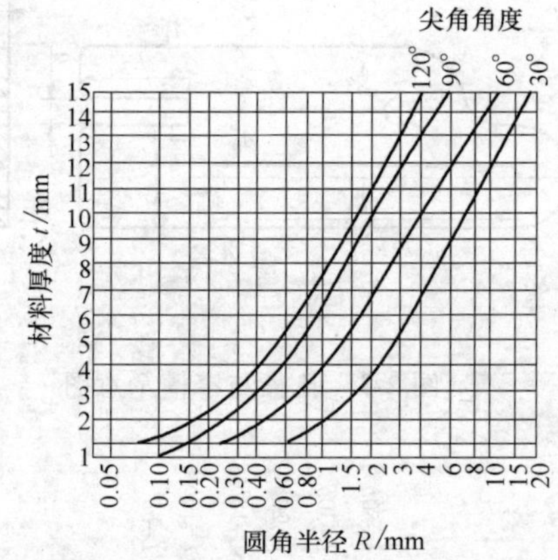

图 2-7　精冲件最小圆角半径的确定

精冲齿轮时，凸模齿形部分承受着较大的压应力与弯曲应力。为避免齿形根部断裂，必须限制其最小模数 m 和节圆齿宽 b，其数值按图 2-8 查得。

当精冲图 2-9 所示窄悬臂和小凸起时，其最小数值按图 2-5 中的最小窄槽宽度 b 的1.3～1.4 倍确定。

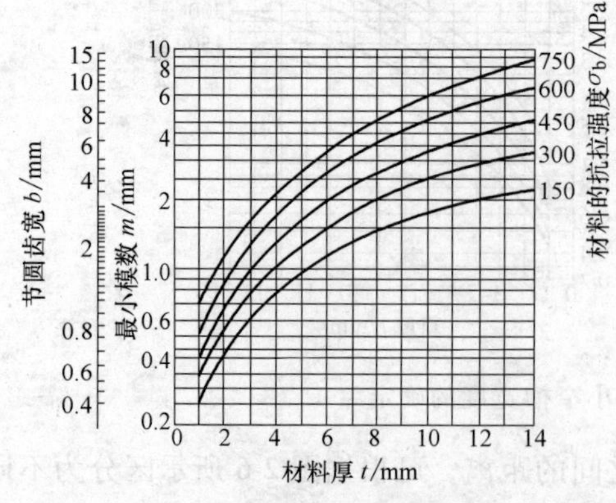

图 2-8　精冲齿形的极限值

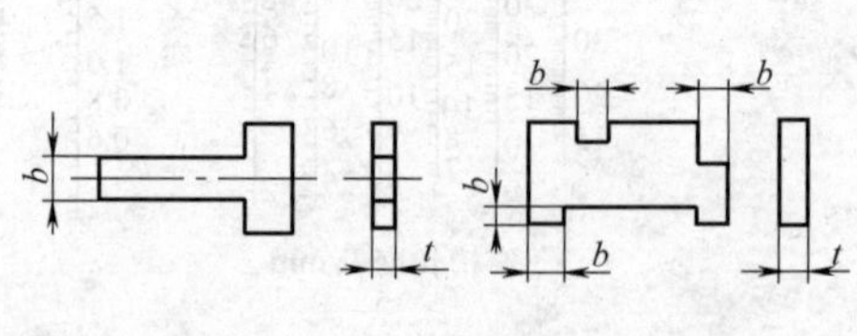

图 2-9　窄悬臂和小凸起示意图

2.1.4 精冲加工工艺与模具设计的关系

在制定冲裁件的精冲加工工艺时，除了应根据冲件的形状、尺寸、精度要求、材料性能考虑零件的精冲工艺性外，还应更多地考虑到具体的生产条件，判断经济上是否合理，生产上是否方便，技术上是否可行。

比如若企业没有专用的精冲压力机，而要实现较高精度工件的加工，则只能考虑采用简易精冲或普通精冲工艺。

如若零件加工批量大，企业又有专用的精冲压力机，那么就可采用强力压板精冲工艺并实现生产的自动化，由于生产的零件质量稳定，精度高，生产效率高。因此，尽管模具造价等初期投入高，但投资回收期短。

在实际生产中，由于企业规模及管理设置上的不同，加工工艺方案的确定与模具的设计可能在相同或不同部门里由同一个人或不同的人员协作完成，由于采用精冲加工，前期投入较大，因此，加工工艺方案的确定除需与模具的设计统筹兼顾、相互配合，与产品设计人员对零件的形状、加工精度等要求进行沟通、协调外，一般来说，还需与企业总工艺师或总工程师汇报、沟通，并报其批准。

2.2 整修模案例剖析

2.2.1 整修加工工艺及模具结构分析

整修就是在模具上利用切削的方法将冲裁件的边缘切去一薄层金属，以除去普通冲裁时在断面上留下的塌角、毛刺与断裂带等，从而得到断面光滑平整的工件。整修分外缘整修及内缘整修两种。

整修具有以下特点：

1）整修后，材料的回弹较小，工件精度可达 IT7 ~ IT6 级，表面粗糙度 R_a 可达 0.8 ~ 0.4μm。

2）整修余量约为 0.1 ~ 0.4mm（双面），板料厚，工件形状复杂，材料硬，余量取大值。当板料厚度较大（$t>3$mm）或工件形状复杂时，要采用多次整修方法逐步成形。每次整修余量要均匀。整修余量的参考值见表 2-4。

3）整修时，工件要能准确定位，保证余量均匀。整修外缘放置工件时，应将冲件带有圆角的部分向着凹模，整修模的单面间隙一般取 0.006 ~ 0.02mm；整修内缘时，应将孔的圆角部分朝上放置，整修内缘凹模一般只起支承毛坯的作用，型腔形状及尺寸可不作严格规定；若挖成圆穴，则圆穴直径 D 一般取整修内缘凸模直径 d 的 1.5 左右，即：$D\approx1.5d$。内缘整修过程见图 2-10。

表 2-4　整修余量　（单位：mm）

材料厚度 t	软 钢	中硬钢	硬 钢	锌白铜	黄 铜
1.2	0.06	0.08	0.10	0.13	0.13
1.6	0.08	0.10	0.13	0.15	0.15
2.0	0.09	0.13	0.15 ~ 0.18	0.18	0.18
2.4	0.10	0.15	0.18 ~ 0.20	0.20	0.20
2.8	0.13	0.18	0.23 ~ 0.28	0.25	0.25
3.2	0.18	0.23	0.30 ~ 0.36	0.36	0.36

4）采用整修工艺，必须及时清除切屑，加工比较麻烦，生产率较低。但整修后冲裁件质量较高，其使用不受材料软硬、塑性好坏的限制。所以对于用其他方法提高冲件质量有困难时，则可考虑采用整修的方法。

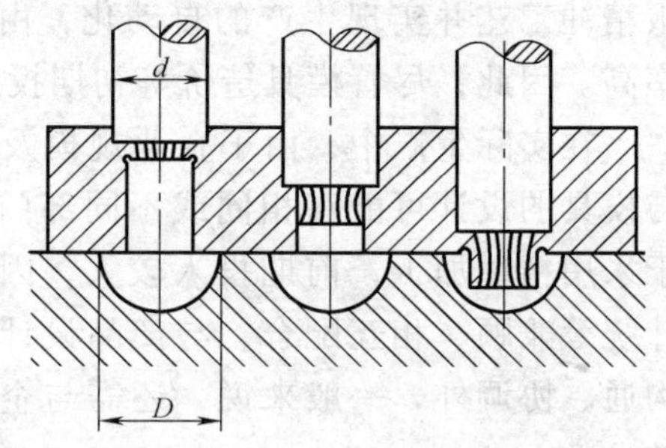

图 2-10　内缘整修的过程

5）外缘或内缘还可以用挤光的方法进行整修。挤光的实质是对冲裁件断面采用表面塑性变形来提高其质量。工作时，外缘挤光是将工件强行压入凹模而挤光；内孔挤光则是用硬度很高的心棒，强行通过工件尺寸稍小的孔，将孔挤光。两者都要求工件材料有较好的塑性才能获得满意的效果。挤光凸模比凹模尺寸大 0.1 ~ 0.2t（t 为板料厚度），单边挤光量取小于 0.04 ~ 0.06mm 的数值，由于凸模尺寸比凹模尺寸大，因此，行程到下死点时，凸模应离凹模工作面 0.1 ~ 0.2mm，这时，冲件尚未完全压入凹模，而是由下一个零件将其推进，同时模具中应设置行程限位装置。图 2-11 分别为生产中常用的外缘、内孔整修挤光凸模、凹模结构。

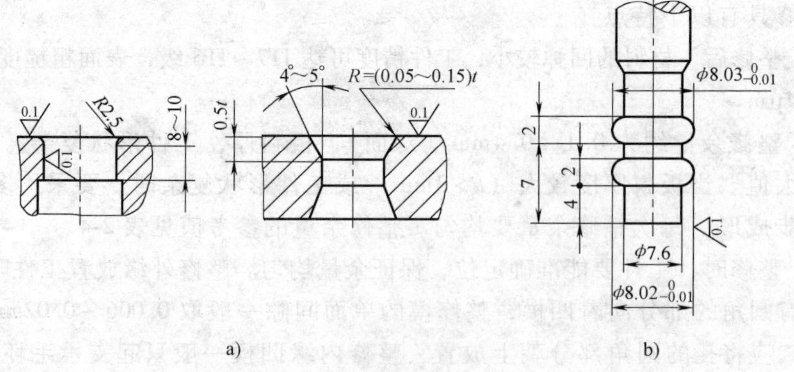

图 2-11　外缘、内孔整修挤光凸模、凹模结构

a）外缘整修挤光凹模　b）冲孔、挤光凸模

整修模结构与普通冲裁模相似，但由于间隙小，常采用高精度滚珠模架。

2.2.2 软磁体铁芯的整修模

1. 零件结构 图 2-12 所示零件——铁芯，采用 1.2mm 厚的镍合金 IJ50 制成，该种合金软磁体广泛应用于微电子、家电、钟表等微控制电路中，具有抗剪强度大，软且韧性好的特点。

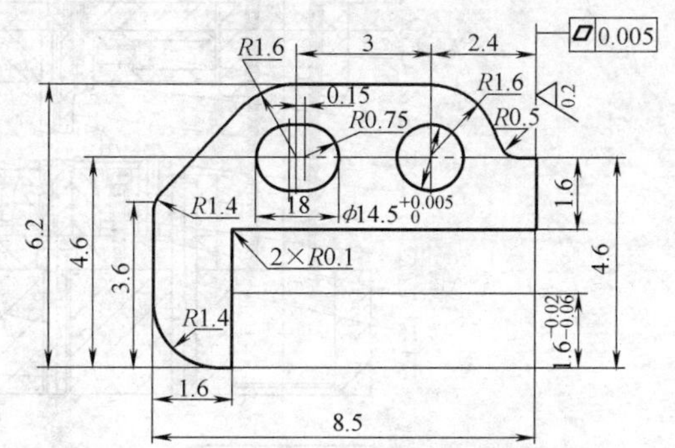

图 2-12 铁芯结构简图

2. 模具结构 所用的整修模具结构如图 2-13 所示。

模具工作时，将冲裁完的坯料置于装配在顶料芯 25 上的定位钉 23 和端面定位板 11 上进行定位，随着压力机滑块的下行，凸模 10 及凹模块 14 共同作用将坯料外形及工作面整修成形，随后顶杆 17 顶起顶料芯 25 将零件推出凹模型腔，防粘钉 9 也同时将整修好的零件推离凸模 10，完成零件的加工。

3. 设计要点

1）为保证模具精度和间隙，采用 3 导柱高精度滚珠模架来保证凸、凹模刃口之间 0.003 ~0.006mm 的单面间隙，同时凹模刃口采用调整块 13 的方法进行精密细微调整，从而达到与凸模的精密配合间隙。

2）为消除压力机对模具精度的影响，采用浮动模柄与压力机连接。

3）为增加凸模固定的牢固性，保证长期稳定工作，采用增大固定部位的面积，并且用螺钉上面拉紧和侧面挤牢的措施实现。

4）为防止零件在冲压过程中粘在凸模上，在凸模上装有防粘钉。

5）凹模材料选用硬质合金，如 YG20、YG20C 等，凸模材料选用锋利、耐温、硬度 62HRC 的合金钢，如：W6Mo5Cr4V2、W18Cr4V、LD 等。

6）整修时，工件面及外形单边留 0.1mm 整修余量，以两个孔和端面为基准定位。

4. 效果 采用的整修模制造的零件，整修面能达到表面粗糙度 $R_a \leqslant 0.2\mu m$，平面度≤0.005mm，断裂面积≤5%。

5. 本例设计总结 该冲制的零件尺寸小，形状复杂，料较厚，精度要求高，要求有效工作面粗糙度 $R_a \leqslant 0.2\mu m$，平面度小于 0.005mm，由于圆孔和椭圆孔的边距小于料厚，且孔径精度高，因此，采用普通冲裁无法满足零件要求。

本例的模具为内、外形整修的典型结构，由于该类模具刃口间隙极小，结

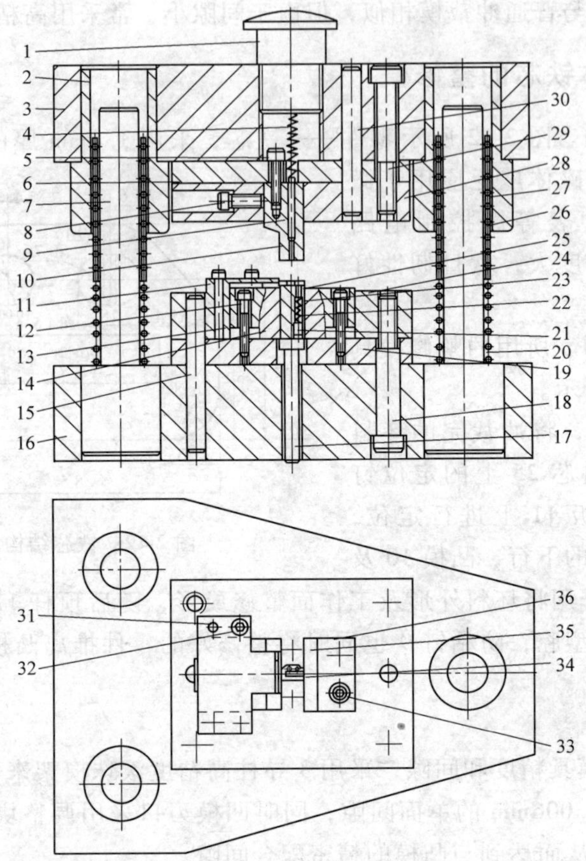

图 2-13　整修模具结构

1—浮动模柄　2—导套　3—上模座　4、22—弹簧　5、8、12、18、21、29、32、33—螺钉　6—上垫板　7—导柱　9—防粘钉　10—凸模　11—定位块　13、36—调整块　14、35—凹模块　15、30—圆柱销　16—下模座　17—顶料杆　19—下垫板　20、23—定位钉　24—凹模固定板　25—顶料芯　26—滚珠　27—保持架　28—凸模固定板　34—零件

构中采用的多项间隙调整及模具工作零件的加固措施很有借鉴意义。

2.3　光洁冲裁模案例剖析

2.3.1　光洁冲裁加工工艺及模具结构分析

光洁冲裁是指采用小间隙、凹模带圆角刃口的模具进行的冲裁。落料时，凹模刃口带圆角，凸模仍为普通形式。冲孔时，凸模刃口带圆角，而凹模为普通形式。圆角半径一般可取板料厚度的10%。

由于采用了圆角刃口和很小的冲裁间隙，加强了冲裁变形区的静水压，使挤压作用加大，拉深、断裂作用减小，从而使工件剪切面上的剪裂带大大减小，再加上圆角对剪切面的压平作用，使平滑光亮带增大。由于刃口带有圆角，将在废料上留下拉长的毛刺。

为了增加对工件的挤压作用，减小拉深、弯曲的影响，增加光亮带的高度，凸、凹模的间隙取 <0.02mm。由于冲裁后的工件要产生弹性回跳，冲件的尺寸一般要比凹模工作部分相应的尺寸大 0.02～0.05mm，这在模具设计和加工时需要考虑。

光洁冲裁一般不需要特殊的设备，但由于挤压作用大，冲裁力比一般冲裁要大 50%～100%。冲裁的工件精度可达 IT11～IT8 级，剪切面的表面粗糙度 R_a 可达 1.6～0.4μm。主要适用于简单轮廓形状的软金属，如铝、铜及 05、08 钢等延性高材料的冲裁。此外，在冲裁外形时，需要利用冲裁搭边以约束材料的办法来提高压缩力，所以只能用于冲裁封闭曲线轮廓，并且搭边宽度不能太小，因而会使材料利用率降低。

2.3.2 拨动杆高精度异形孔的整修、挤光加工

1. 零件结构 拨动杆是某产品上的传力件，采用 5mm 厚的 35CrMo 钢制成，生产批量中等，由于要承受较大的交变应力，零件需进行热处理至 220～250HBW，其局部结构如图 2-14 所示，由于产品结构的需要，零件上有一精度较高的异形孔。

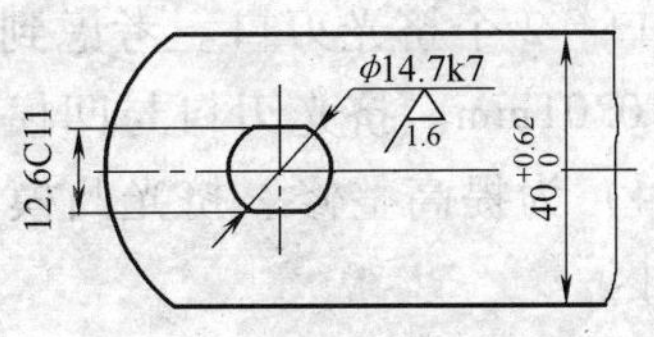

图 2-14 拨动杆结构简图

2. 模具结构及工作原理 在完成冲孔、落料有关坯料工作后，设计了整修、挤光复合模完成异形孔的加工，设计的复合模结构如图 2-15 所示。

整套模具安放在普通压力机上加工。工作时，压力机滑块上升，模具开启，上、下模脱离接触，此时将完成冲孔、落料的坯料随着定位块 7 置于适当位置完成零件的加工准备，随着压力机滑块的下行，整修、挤光凸模 8 前端的导正销首先插入坯料的预制孔中完成对坯料冲切位置的导正定位；压力机滑块进一步下行，整修、挤光凸模 8 的第一道整修刃口开始对坯料孔进行整修，当第一次整修即将完成，卸料板 9 开始对坯料实施压紧，随着压力机滑块的下行，整修、挤光凸模 8 与凹模 10 共同作用完成对坯料的后续整修、挤光，整修、挤光完成后，压力机滑块开始上升，卸料板 9 在聚氨酯块 6 的弹力作用下将加工完成的零件 11 推出整修、挤光凸模 8 工作刃口，至此完成整个零件的加工。

3. 设计要点

1）为保证整修过程中异形孔的表面粗糙度，应使异形孔的切削余量均匀，

模具设计中采用定位块 7 进行粗定位，再利用整修、挤光凸模 8 前端的导正部分进行精定位，为使粗定位不至于干涉精定位，设计及模具工作之初应调整粗定位，使坯料能在件号 8 导正部分的作用下进行适当移动。

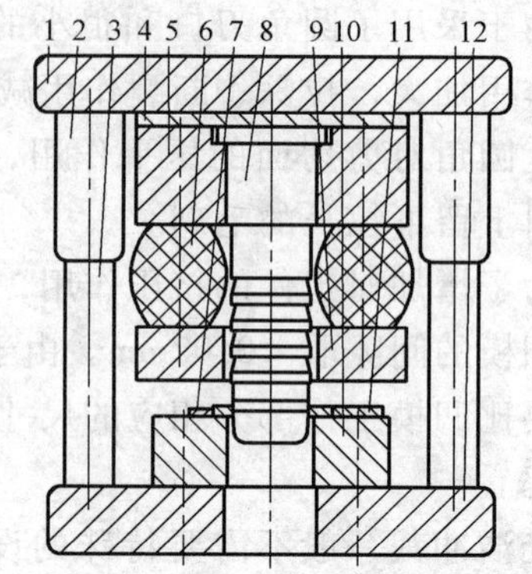

图 2-15　复合模结构简图

1—上模板　2—导套　3—导柱　4—垫板　5—固定板　6—聚氨酯块　7—定位块　8—整修、挤光凸模　9—卸料板　10—凹模　11—零件　12—下模板

2）在整修、挤光凸模 8 对坯料进行导正时，为保证坯料定位的准确性，避免卸料板 9 对坯料产生干涉，在模具设计时，特意安排卸料板 9 在整修、挤光凸模 8 即将完成第一次整修后才对坯料实施压紧。

3）整个的整修分三次完成，第一次整修双向余量为 0.15mm 左右，第二次及第三次整修双向余量均为 0.1mm，挤光量双向余量为 0.05mm 左右。整个整修—挤光工作主要由整修—挤光凸模 8 完成，为此在件 8 上分别设置了 3 个整修刃口，2 个挤光刃口。考虑到孔挤光后的回弹，挤光刃口的尺寸比孔的名义尺寸大 0.01mm。挤光刃口与凹模 10 间的单面间隙取 0.2mm。

4）为提高整修、挤光凸模 8 的使用寿命，在挤光刃口的上部预留了适当的刃磨区。

5）在整修、挤光过程中放置工件时，最好将冲裁孔的圆角带朝向凹模，以提高挤光效果。

4. 效果　整修、挤光复合模设计制造后，生产的零件能满足产品的质量要求，生产进度及企业经济效益均得到较大提高。整套模具生产近一年，生产零件二千余件，产品质量稳定，模具工作正常。

5. 本例设计总结　该零件为一典型的冲裁件，尽管零件结构并不复杂，外形尺寸要求也不高，但异形孔的加工精度较高，采用普通的冲裁加工根本无法达到零件的设计要求。

对此类高精度异形孔，在生产中运用得比较普遍的加工工艺便是采用本例介绍的设计整修、挤光复合模，采用整修、挤光复合加工工艺，完全能保证异形孔的精度要求，满足产品质量并提高工效。

在实施整修、挤光复合加工工艺前，应先完成异形孔的前期加工，即零件在完成冲孔、落料后进行整修、挤光加工，其中整修、挤光双面余量为 0.3 ~ 0.4mm。

2.4 强力压板精冲模案例剖析

2.4.1 强力压板精冲加工工艺及模具结构分析

强力压板精冲加工必须置于冲裁力、压边力、反压力三向作用力下才能完成，且这三力要求独立可调，能相互匹配。三力必须由专用精冲压力机提供。常用的专用精冲压力机上使用的专用精冲模主要有两种结构类型，即凸模固定式精冲模与凸模移动式精冲模。

图 2-16 为凸模固定式专用精冲模。

落料凹模 5 及冲孔凸模 7 固定在下模上，凸凹模 3 固定在上模上。模具的齿圈压板 4 的压边力由压力机的上柱塞 1 通过推杆 2 传递，顶板 6 的反压力则由压力机的下柱塞 10 通过顶块 9 与顶杆 8 传递。上、下柱塞一般采用液压传动。

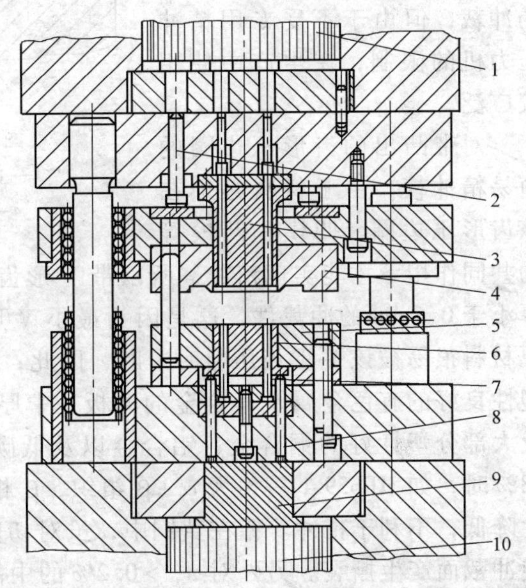

图 2-16 凸模固定式专用精冲模

1—上柱塞 2—推杆 3—凸凹模 4—齿圈压板 5—落料凹模 6—顶板 7—冲孔凸模 8—顶杆 9—顶块 10—下柱塞

图 2-17 为凸模移动式专用精冲模。

落料凹模 3 及冲孔凸模 2 固定在上模上，齿圈压板 4 固定在下模上。凸凹模 5 可以在模架中上下移动，它是由在精冲压力机下工作台面中的滑块 6 驱动的。精冲时，由上模的下压产生压边力，由上柱塞 1 通过推杆传递给推板产生反压力，由滑块 6 带动凸凹模 5 向上运动时产生冲裁力。

一般在生产中采用专用精冲模加工较多的是进行冲裁。随着精冲工艺的发展，精冲与普冲工艺（如弯曲、翻边）和其他成形工艺（如挤压、压扁、半冲孔等）相结合而成为复合工艺，精冲模具也由单工序模发展到多工序的连续模、连续复合模，但应用尚不普遍。

由于采用专用精冲模必须有专用精冲压力机，因此，是否采用强力压板精冲模加工，很大程度上取决于加工企业是否有精冲压力机。

若受设备的限制，而加工零件的精度较普通冲裁高，则可在模具结构上采用一些独立的施力装置在普通压力机上完成（该类模具称为简易精冲模，简易精冲模的具体结构详见2.4.2）。尽管冲裁的零件质量不如在精冲压力机上好，生产效率也不如精冲压力机高，且仅适用于料厚不大于4mm材料的冲裁，但由于不受专用精冲压力机的限制，在生产中使用较广泛。

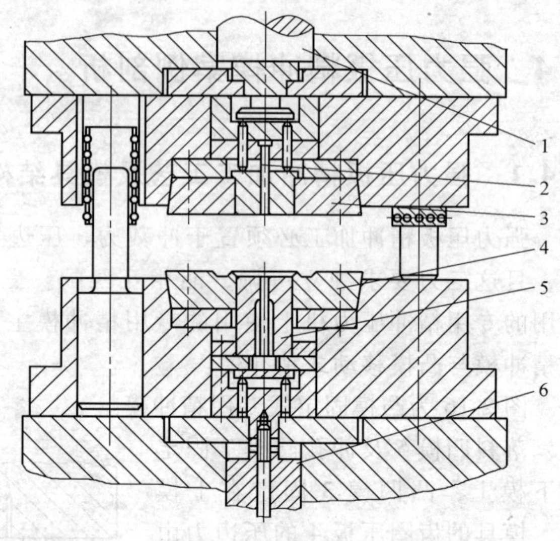

图 2-17　凸模移动式专用精冲模
1—上柱塞　2—冲孔凸模　3—落料凹模
4—齿圈压板　5—凸凹模　6—滑块

对带凸出的齿形压边圈的简易精冲模，由于材料必须在该齿形压边圈、凹模和凸模等的共同作用下才能实现精冲，所以带V形齿圈强力压板精冲工艺，不能精冲料厚小于0.5mm的冲裁件，这是因为最小V形齿高度为0.3mm，小于0.5mm的原材料很易被该V形齿压料时卡断，因此，该工艺适合于料厚大于1mm的加工塑性良好的有色金属及其合金的薄板、中厚板及厚板，特别适合于纯铜、纯铝及大部分塑性好的铜合金、铝合金以及低碳（软）钢的精冲。当黄铜中 $w_{Zn}>38\%$ 时，如HPb59-1等，为 $\alpha+\beta$ 组织，β 相使材料产生脆性，伸长率降低，塑性降低，不利于精冲。铅在黄铜中，虽对切削有利，但对精冲不利，含铅过多，使冲裁面产生撕裂。另外对 $w_C>0.2\%$ 的中高碳钢、合金钢，精冲性能也不好，为改善该类加工材料的精冲性能，多数需进行球化退火处理。

由于精冲需要在强力压料与反顶状态下进行，因此，工艺要求压边力和反压力大于卸料力和顶件力，以满足在变形区建立起三向不均匀压应力状态，故精冲所需总压力和功均比普通冲裁大1倍左右，具体精冲力的计算参见10.1.2节。

精冲模精冲间隙小，受力比普通冲模大，故在模具设计中应选用导向精度高、刚性好的滚珠钢板模架。

2.4.2　简易精冲模的结构

普通压力机，一般只有一个滑块，不能满足精冲工件要求的三向作用力。为此，在无专用精冲机的情况下，必须在模具或压力机上采取措施，通常是在模具上附加一组强力（弹性）元件或液压缸活塞装置，获得三向压力，达到精冲的要求和目的。生产中，应用得较多的主要有：聚氨酯式精冲模、碟簧式精冲模、液压精冲模。

(1) 聚氨酯式精冲模　用高强度聚氨酯橡胶作为弹性元件，作为实施 V 形齿圈压料和反顶的压力源，主冲裁力由压力机提供，模具结构见图 2-18。该模具可精冲料厚小于 3mm 的软钢、有色金属材料。

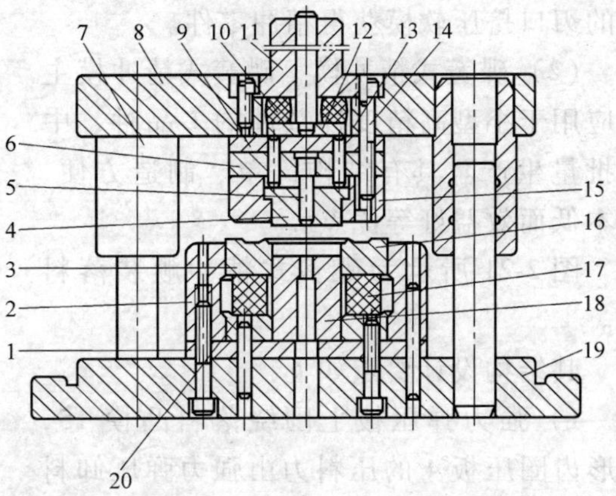

图 2-18　聚氨酯式复合精冲模

1、9—垫板　2—齿圈压板容框　3、16—齿圈压板　4—卸件器　5—冲孔凸模　6、20—固定板　7—导套　8—上模座　10、17—橡胶体　11—模柄　12—推板　13—推杆　14—螺钉　15—凹模　18—凸凹模　19—下模座

对料厚小于 1mm 的薄板件推荐采用图2-19所示的模具结构。

料厚小于 0.25mm 的平板无毛刺零件推荐采用图 2-20 所示的模具结构。该模具用邵氏硬度大于 85A 的高硬度、大弹力的聚氨酯橡胶作为落料凹模和冲孔凸模，是一种无尺寸、无刃口软模，全靠另一半硬

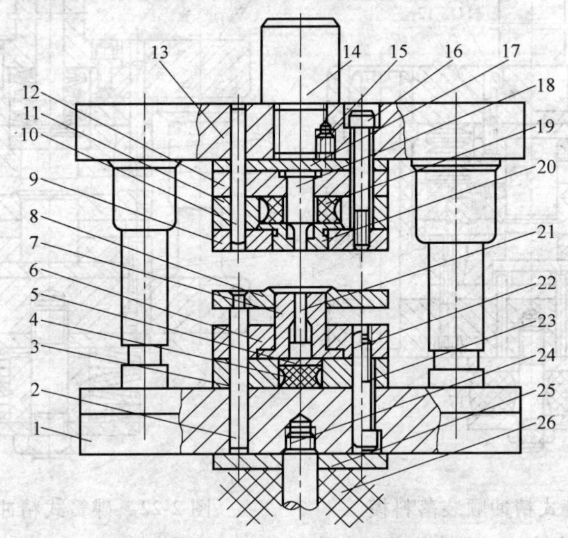

图 2-19　聚氨酯式精冲模

1—下模板　2、21—顶杆　3、5、11、17—垫板　4、19、26—聚氨酯橡胶　6—凸凹模固定板　7—凸凹模　8—压边圈　9—凹模　10、22—销钉　12—冲孔凸模固定板　13—上模板　14—模柄　15—螺塞　16、23—螺钉　18—冲孔凸模　20—反压板　24—螺杆　25—托板

模的刃口挤压软模获得精冲零件。

（2）碟簧式精冲模　碟簧式精冲模主要应用于小型高精度冲裁件的多品种、中小批量生产。具有结构简单、制造方便、成本低而效益好等优点。

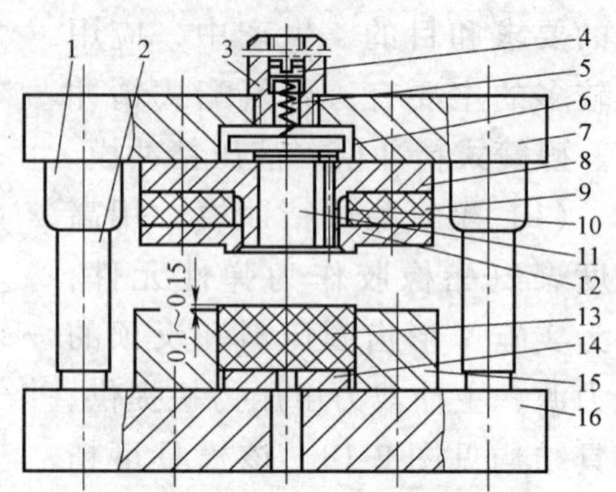

图 2-20　聚氨酯式精冲模

1—导套　2—导柱　3—模柄　4—螺塞　5—弹簧　6—顶板　7—上模座　8—凸凹模　9、13—聚氨酯橡胶　10、11—顶杆　12—齿圈压板　14—垫板　15—容框　16—下模座

图 2-21 所示为碟簧式精冲顺装落料模。

其结构设计要点如下：

1）强力弹压板上围绕落料凸模 15，V 形齿圈压板 4 的压料力由强力弹压卸料板 5 上安装的四组碟簧 8 提供。

2）反顶压力由顶件器 18，通过顶杆 16，从缓冲器上的强力聚氨酯橡胶 17 上获得。

3）主冲裁力由冲床提供。

图 2-22 为碟簧式精冲倒装落料模。即将凹模装在上模，凸模装在下模。与

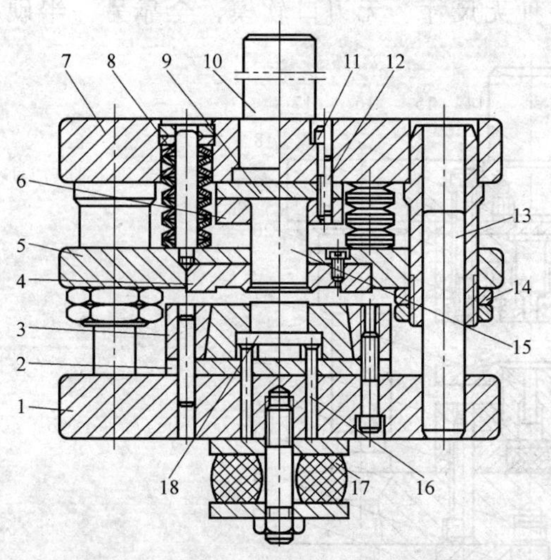

图 2-21　碟簧式精冲顺装落料模

1—下模板　2、9—垫板　3—凹模框　4—齿圈压板　5—强力弹性卸料板　6—凸模固定板　7—上模板　8—碟簧组　10—模柄　11—螺钉　12—销钉　13—导柱　14—螺母　15—凸模　16—顶杆　17—聚氨酯橡胶　18—顶件器

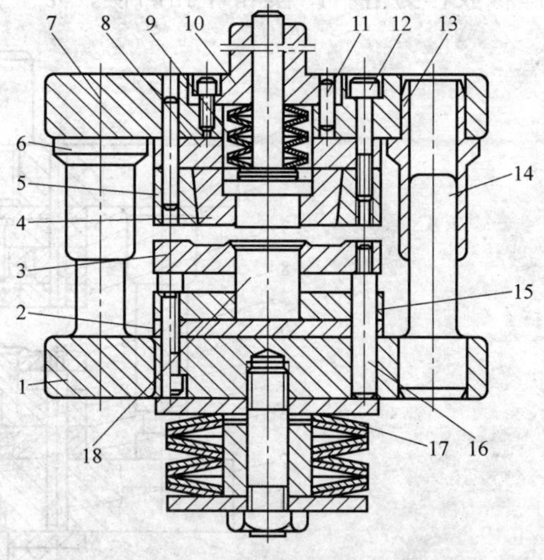

图 2-22　碟簧式精冲倒装落料模

1—下模板　2、8—垫板　3—齿圈压板　4—凹模　5—凹模框　6、13—导套　7—上模板　9、17—碟簧组　10—模柄　11—销钉　12—螺钉　13—导柱　14—螺母　15—固定板　16—顶杆　18—凸模

顺装式精冲落料模相比，该种结构的齿圈压板压力可以做得更大一些，提供齿圈压板压力的碟簧可以做得更大更强，但顶件力因其碟簧装在上模柄内，不能做大，压力有限，有时需压力机打料装置帮助从凹模中推出工件。

（3）液压精冲模　液压精冲模的主冲力由压力机滑块产生，齿圈压力、反压力则由模架内和模架外的液压装置提供，分专用液压精冲模和通用液压精冲模两种。

图 2-23 为液压缸安置在模架内的专用液压精冲模。

该类精冲模所用模架由于提供的液压压力十分有限，故只在钟表行业及类似小尺寸的精冲件生产中使用。

通用液压精冲模所用的通用精冲液压模架在国内已成功获得推广应用，并已建立规格系列，可以和各种机型不同规格的通用压力机配套使用，精冲各种小尺寸的精冲件，具有压力稳定、可调范围大，通用性好等优点。图 2-24 为通用精冲液压模架结构图。

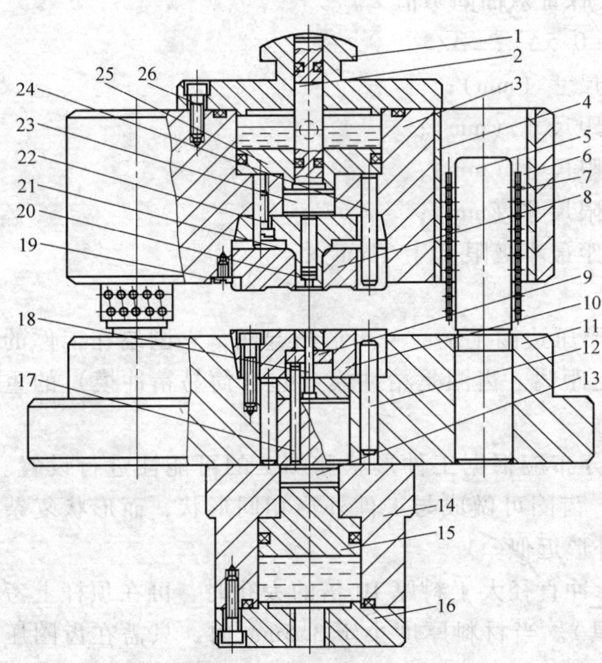

图 2-23　专用液压精冲模

1—浮动模柄　2、17、22—顶杆　3—上模板　4—导套　5—导柱　6—保持器　7—滚珠　8—压边圈　9—反压边　10—凹模　11—下模　12—销钉　13—承力块　14—下液压缸　15—下活塞　16—端盖　18—冲孔凸模　19—限位螺钉　20—顶料杆　21—凸凹模　23—垫块　24—定位销　25—上活塞　26—密封圈

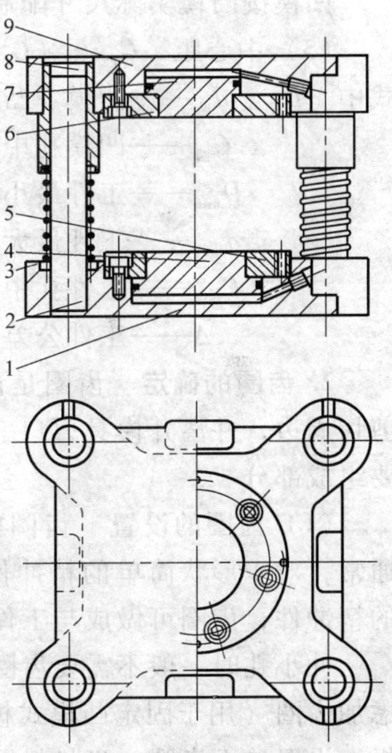

图 2-24　通用精冲液压模架

1—下模板　2—导柱　3—弹簧　4—下活塞　5—下压板　6—上压板　7—上活塞　8—导套　9—上模板

使用通用液压精冲模架精冲与专用精冲模类似，装入通用液压精冲模架的精冲模和装在专用精冲机上的固定凸模式精冲模完全一样，而且可以通用。

2.4.3 精冲模结构参数的确定

1. 凸、凹模刃口尺寸的确定 精冲模刃口尺寸设计与普通冲裁模刃口尺寸设计基本相同，仍是落料件以凹模为基准，冲孔件以凸模为基准。不同的是精冲后工件外形和内孔均有微量收缩，一般外形要比凹模小 0.01mm 以下，内孔也比冲孔凸模略小些。另外，还要考虑到使用中的磨损，故精冲模刃口尺寸按下面公式计算：

（1）落料 $D_{凹} = (D_{min} + 0.25\Delta)^{+0.25\Delta}_{0}$

凸模按凹模实际尺寸配制，保证双面间隙值 Z。

（2）冲孔 $d_{凸} = (d_{max} - 0.25\Delta)^{0}_{-0.25\Delta}$

凹模按凸模实际尺寸配制，保证双面间隙值 Z。

（3）中心距 $C_{凹} = (C_{min} + 0.5\Delta) \pm \Delta/3$

式中 $D_{凹}$、$d_{凸}$——凹模、凸模尺寸（mm）；

$C_{凹}$——凹模孔中心距尺寸（mm）；

D_{min}——工件最小极限尺寸（mm）；

d_{max}——工件最大极限尺寸（mm）；

C_{min}——工件孔中心距最小极限尺寸（mm）；

Δ——工件公差。

2. 齿圈的确定 齿圈是齿形压边圈上的“V”形凸起圈，它围绕在工件的剪切周边，并离开模具刃口一定距离。齿圈是精冲模（包含简易精冲模）的重要组成部分。

（1）齿圈的设置 齿圈的分布应根据工件形状和加工的可能性进行设置。通常，对于形状简单的精冲件，齿圈可做成与工件外形相同形状，而形状复杂的精冲件，齿圈可做成与工件外形近似。

冲小孔时一般不需要齿圈。冲直径大于料厚 10 倍的大孔时，可在顶杆上考虑加齿圈（用于固定凸模式模具）。当材料厚度小于 3.5mm 时，只需在齿圈压板上设置单面齿圈；当材料厚度大于 3.5mm 时，需在齿圈压板和凹模上都加工齿圈，即双面齿圈。为保证材料在齿圈嵌入后具有足够的强度，上、下齿圈可以微微错开。

（2）齿圈的齿形参数 参数见表 2-5 和表 2-6。

3. 刃口圆角的确定 为了改善金属的流动性，提高工件的冲切断面质量，应在凹模刃口处倒很小的圆角，但当凹模刃口太小时，有时也会出现二次剪切和细纹。因此，一般凹模刃口取 0.05～0.1mm 的圆角，效果较好。对于冲孔凸模，一般在冲裁薄料时采用清角，冲裁厚料时，采用的圆角为0.05mm左右。在实际生产试制时，还要对刃口圆角进行适当修整。

表2-5 单面齿圈尺寸（压板） （单位：mm）

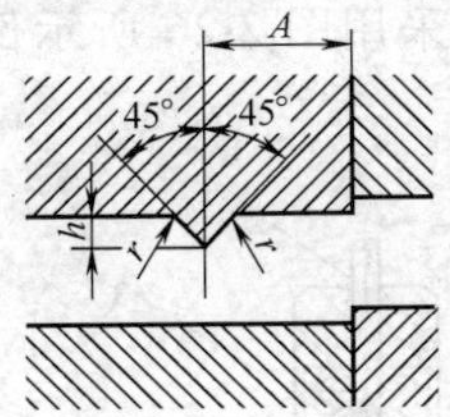

材料厚度 t	A	h	r
1～1.7	1	0.3	0.2
1.8～2.2	1.4	0.4	0.2
2.3～2.7	1.8	0.5	0.1
2.8～3.2	2.1	0.6	0.1
3.3～3.7	2.5	0.7	0.2
3.8～4.5	2.8	0.8	0.2

表2-6 双面齿圈尺寸（压板和凹模） （单位：mm）

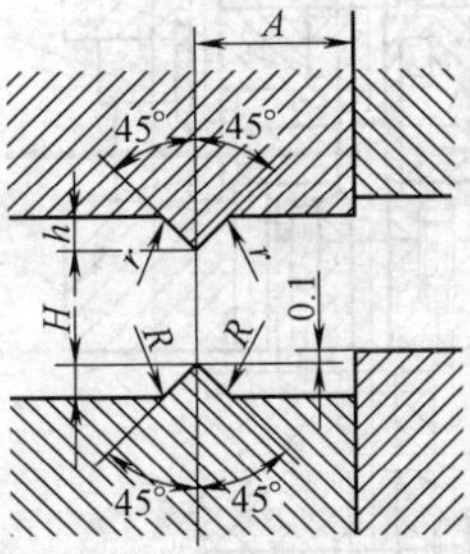

材料厚度 t	A	H	R	h	r
4.5～5.5	2.5	0.8	0.8	0.5	0.2
5.6～7	3	1	1	0.7	0.2
7.1～9	3.5	1.2	1.2	0.8	0.2
9.1～11	4.5	1.5	1.5	1	0.5
11.1～13	5.5	1.8	2	1.2	0.5
13.1～15	7	2.2	3	1.6	0.5

2.4.4 精冲复合加工的模具结构

1. 冲裁、整修、光洁冲孔复合精冲模 料厚 $t\geqslant$（2～3）mm的薄板与中厚板冲裁件，外廓与内孔壁冲切面要求光洁、平整，尺寸精度要求较高，通常高于IT9级；平面度小于0.05mm的高精度小尺寸仪表零件，可采用如图2-25所示落料、整修与光洁冲孔复合精冲模。

该冲模动作过程如下：落料凹模6、整修凹模1，用内六角螺钉与圆柱销紧固在加厚的下模座上。待冲条料放在落料凹模6表面上，落料与整修凹模的外廓沿送出料两端，有弹顶托料板2，装在下模座上。上模下行开始精冲前，弹压卸料板5将条料紧紧压在落料凹模6表面上，凸凹模4落料冲出毛坯，并将其推出落料凹模洞口，落在整修凹模刃口上。凸模继续下行完成工件的冲切面整修工作。与此同时，冲孔凸模8进行圆刃口微间隙光洁冲孔。上模完成精冲向上回程时，条料由弹顶托料板2顶起，两个带钩拉杆9接触杠杆10，将精冲件及整修废料环一并从模腔中顶出，而后用压缩空气将精冲件与废料吹至零件箱。

落料毛坯的整修余量为0.3～0.4mm；冲孔凸模的圆刃口取 $R\leqslant0.2$mm的圆

角，冲孔单面间隙小于0.01mm，与料厚无关。落料凹模采用外斜0.5°~1°的斜壁，使落料毛坯受压缩进入其凹模洞口，以利于提高冲切面质量。

2. 薄料小零件的落料、整修复合精冲模 料厚 $t<3$mm 的薄板小尺寸冲裁件，外形复杂带尖角、齿形、小的凸台与凹口等形状，尺寸精度要求 IT8 级以上，冲切面要求光洁平整并垂直，而又不允许有毛刺，可采用图 2-26 所示倒装式落料、整修复合精冲模。

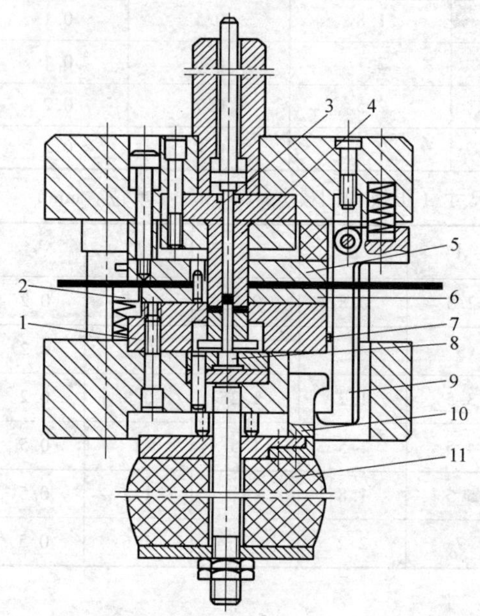

图 2-25 落料、整修与光洁冲孔复合精冲模

1—整修凹模 2—弹顶托料板 3—卸料杆 4—凸凹模 5—弹压卸料板 6—落料凹模 7—限位挡块 8—冲孔凸模 9—带钩拉杆 10—接触杠杆 11—橡胶体

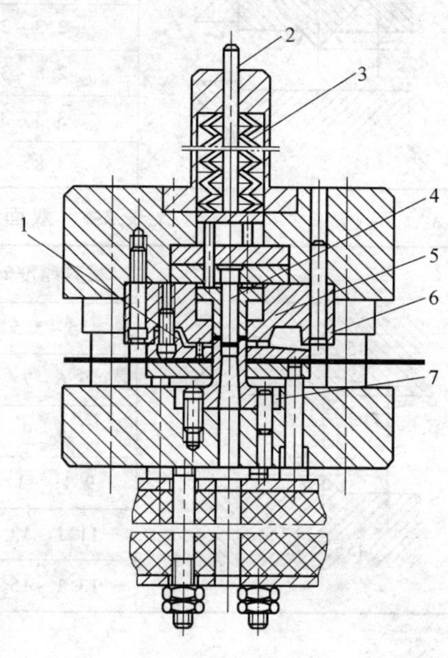

图 2-26 倒装式落料、整修复合精冲模

1—整修废料切刀 2—推杆 3—碟簧组 4—冲孔凸模 5—整修凹模 6—落料凹模 7—凸凹模

该冲模与动作过程与图 2-23 所示落料、整修与光洁冲孔复合精冲模类似。

冲孔凸模4与凸凹模7的内孔之间采取小于0.01mm的间隙，凸模采用 $R\leqslant$ 0.2mm的圆刃口，实施光洁冲裁。冲孔凸模的长度应控制在落料完成，并在整修过程开始的同时冲孔。

碟簧组3可防止毛坯弯曲，推杆2在上模回程后推卸精冲件出模。

落料凹模与整修凹模之间沿冲压方向留有（0.3~0.5）t 的缝隙，并在落料刃口外大于0.3mm处装有整修废料切刀1，还设有带斜坡的整修废料排出沟槽。整修废料切断后逐件推卸，自动沿废料排出槽滑落出模。落料凹模口设有0.5°的外倾斜度，使落料毛坯在落料后进入凹模洞口，处于三向受压的状态。

2.4.5 齿圈精冲复合模

1. 零件结构 如图 2-27 所示的齿圈，采用 1mm 厚的 T8A 钢板制成，大批量生产。

2. 模具结构及工作原理 根据零件结构，设计的模具结构如图 2-28 所示。

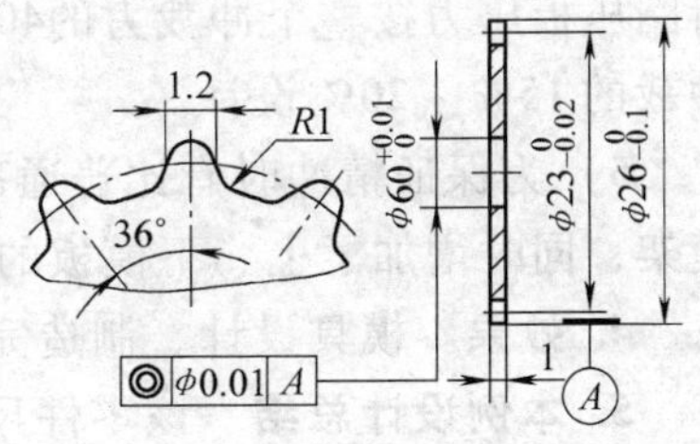

图 2-27　齿圈结构简图

模具工作时，将模具置于普通压力机工作台上，压力机滑块上升，上、下模脱离接触，此时将坯料置于模具齿圈压板 15 上的合适位置，当压力机滑块下降，齿圈压板 15 与凹模 14 共同作用先将板料压紧、压实，随着滑块的继续下降，卸料块 13 与顶杆 25 及齿圈压板 15、凹模 14 将板料完全压紧，随后，凸凹模 16 与凹模 14、凸模 8 共同将齿圈冲裁成形。

压力机滑块上升，齿圈压板 15 及顶杆 25 在碟簧 22 共同作用下将冲裁完成后的条料及冲孔废料推出凸凹模 16 及内孔，冲裁完的零件在碟形弹簧 7 作用下通过卸料块 12 被推出凹模型腔。

3. 设计要点

1）齿圈压板是精冲工艺实施的重要组成部分。齿圈压板的外轮廓形状与零件外形相同，其中齿圈压板的凸梗尖点与凸凹模外形刃口距离取 1mm，凸梗截面呈“V”字形，半锥角为 45°，考虑到料厚不大，因此，凹模面上不开设齿圈。

2）由于精冲所需要的总压力比普通冲裁大 50% 左右，为保证模具使用寿命，在凸凹模设计时选用日本的 DC53 钢材，模具的双面冲裁间隙取 1% t，即双面冲裁间隙取 0.01mm。

3）为保证冲裁断面光洁，凹模 14 刃口部位圆角半径取 0.01mm。

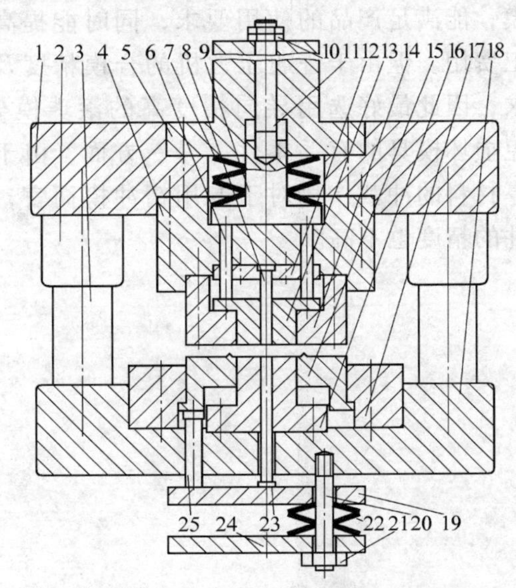

图 2-28　模具结构简图

1—上模板　2—导套　3—导柱　4—固定板　5—模柄　6—推杆　7、22—碟簧　8—凸模　9—推杆座　10、21—螺母　11、20—螺杆　12—固定板　13—卸料块　14—凹模　15—齿圈压板　16—凸凹模　17—固定座　18—下模板　19、24—顶板　23、25—顶杆

4）由于精冲的加工原理是通过让坯料变形区处于强烈三向压应力状态，以提高材料塑性，从而抑制剪切过程中裂纹的产生，达到精冲的目的，因此，坯料所受到的齿圈压力及压紧冲裁压力的大小就比较关键。为此，在模具上部特意设计了螺杆 11 通过螺母 10 的松紧进行调节。下部可通过螺母 21 松紧调节。齿圈压板压力按整个冲裁力的40% ~60% 设计，而卸料块 13 的推件压力按整个冲裁的 15% ~20% 设计。

5）为保证精冲时有比普通冲裁更好的强度及刚度，模具导向采用滚珠导向模架，同时增加了上、下模板的厚度。

4. 效果 模具设计、制造完成后，生产的零件满足要求。

5. 本例设计总结 该零件尺寸精度要求较高，对冲裁剪切表面粗糙度要求较高，采用普通冲裁无法满足产品要求，因而应选用精冲工艺。精冲一般要求在专用的精冲压力机上工作，但该设备价格昂贵，因此在生产中常考虑在普通冲床上通过设计简易精冲模来完成零件的精冲。

本例介绍的简易精冲模的上、下模通过安装成组碟簧来满足精冲所需要的三向作用力，具有简单、实用等特点，是生产中用来加工较高精度件的一种典型结构。对尺寸精度要求较高的零件，通过设计在普通压力机上使用的简易精冲模，能满足产品的使用要求，同时能提高机床的使用范围、降低成本、节省加工费用。但由于普通压力机的合模精度及控制上模的对模深度达不到精冲的要求，因此最好选用导向精度高的滚珠模架同时在操作中严格控制对模深度，以免损坏模具的有关零件。另一方面，由于精冲中的压力有限，因此不适宜于较厚材料的冲裁，相对于专用精冲模而言，简易精冲模的生产效率较低，生产零件的精度也不高。

第3章 弯曲模设计案例剖析

3.1 弯曲模设计基础

3.1.1 弯曲工序及模具结构简图

弯曲是使材料产生塑性变形、形成有一定角度形状的冲压工序，可以用模具在普通压力机上进行，也可在专用的弯曲设备上完成。其工序及模具简图见图3-1。

按其加工材料的不同，可分为板料弯曲、管料弯曲、型材弯曲、棒料弯曲等。按弯曲成形所用设备的不同，又可分为折弯、滚弯、拉弯、辊弯等。

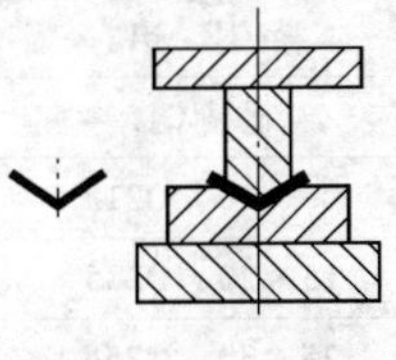

图3-1 弯曲工序及模具简图

3.1.2 弯曲加工的经济精度

弯曲件加工的精度与很多因素有关，如弯曲件材料的力学性能、材料厚度、模具结构、模具精度、工序的多少、工序的先后顺序以及弯曲件本身的形状尺寸等。精度要求较高的弯曲件必须严格控制材料厚度公差。

一般弯曲件的尺寸经济公差等级最好在IT13级以下，增加整形等工序可以达到IT11级。

角度公差见表3-1，表中精密级角度公差须增加整形工序方能达到。

表3-1 弯曲件角度公差

弯曲件短边尺寸/mm	1~6	6~10	10~25	25~63	63~160	160~400
经济级	±(1°30′~3°)	±(1°30′~3°)	±(50′~2°)	±(50′~2°)	±(25′~1°)	±(15′~30′)
精密级	±1°	±1°	±30′	±30′	±20′	±10′

对弯曲件中未注尺寸的极限偏差按GB/T 15055—2007《冲压件未注公差尺寸极限偏差》选取，具体参见表3-2。

表3-2 未注公差弯曲角度尺寸的极限偏差

公差等级	短边长度/mm						
	≤10	10~25	25~63	63~160	160~400	400~1000	1000~2500
f	±1°15′	±1°00′	±0°45′	±0°35′	±0°30′	±0°20′	±0°15′
m	±2°00′	±1°30′	±1°00′	±0°45′	±0°35′	±0°30′	±0°20′
c *v*	±3°00′	±2°00′	±1°30′	±1°15′	±1°00′	±0°45′	±0°30′

3.1.3 弯曲加工的工艺性

弯曲件的结构应具有良好的工艺性，这样可简化工艺过程，提高弯曲件的公差等级，简化模具设计。弯曲件的工艺性主要考虑以下方面内容。

（1）弯曲件的最小弯曲半径　弯曲件的最小弯曲半径不得小于表 3-3 中所列的数据，否则会造成变形区外层材料的破裂。

表 3-3　弯曲件的最小弯曲半径

材料	退火或正火		冷作硬化	
	弯曲线位置			
	垂直碾压纹向	平行碾压纹向	垂直碾压纹向	平行碾压纹向
纯铜、锌	0.1t	0.35t	1t	2t
黄铜、铝	0.1t	0.3t	0.5t	1t
磷青铜	—	—	t	3t
08、10、Q215	0.1t	0.4t	0.4t	0.8t
15～20、Q235	0.1t	0.5t	0.5t	1t
25～30、Q255	0.2t	0.6t	0.6t	1.2t
35～40、Q275	0.3t	0.8t	0.8t	1.5t
45～50、Q295	0.5t	1t	1t	1.7t
55～60、Q315	0.7t	1.3t	1.3t	2t
65Mn、T7	1t	2t	2t	3t
硬铝（软）	1t	1.5t	1.5t	2.5t
硬铝（硬）	2t	3t	3t	4t
镁锰合金 MB1、MB8	2t（加热至 300～400℃）	3t（加热至 300～400℃）	7t（冷作状态） 5t（冷作状态）	9t（冷作状态） 8t（冷作状态）
钛合金 TA2、TA5	1.5t（加热至 300～400℃）	2t（加热至 300～400℃）	3t（冷作状态） 4t（冷作状态）	4t（冷作状态） 5t（冷作状态）

注：1. 当弯曲线与碾压纹路成一定角度时，视角度的大小，可采用居间的数值，如 45°时可取中间值。

2. 对在冲裁或剪裁后未经退火的窄毛坯作弯曲时，应作为硬化金属来选用。

3. 弯曲时，使冲裁毛刺于弯曲后转到弯角的内侧，即弯曲时应将坯料毛刺一面朝向凸模。

（2）弯曲件孔边距 L　带孔的板料在弯曲时，如果孔位于弯曲变形区内，则孔的形状会发生畸变，因此，孔边到弯曲半径中心的距离要保证：

当 $t<2$mm 时，$L\geqslant t$

当 $t\geqslant 2$mm 时，$L\geqslant 2t$

如不能满足上述条件，可采取冲凸缘形缺口或月牙槽的措施或在弯曲变形区冲出工艺孔，以转移变形区。

（3）弯曲件的直边高度 H　当弯 90°角时，为使弯曲时有足够的弯曲力臂，必须使弯曲边高度 $H>2t$，最好大于 $3t$。当 $H<2t$ 时，可开槽后弯曲或增加直边高度，弯曲后再除去。

（4）弯曲件的形状　弯曲件的形状应对称，弯曲半径应左右一致，以保证板料不会因摩擦阻力不匀而产生滑动，造成工件偏移。

（5）弯曲件的公差　一般弯曲件的尺寸公差等级最好在 IT13 级以下，角度公差最好大于 15′。

3.1.4　弯曲加工工艺与模具设计的关系

在制订弯曲件的加工工艺时，首先应根据弯曲件的形状、尺寸、精度要求、材料性能考虑零件的弯曲工艺性，在此基础上，根据生产批量、冲压设备、模具加工条件等多方面因素作综合的分析，以制订合理的工艺方案。

根据确定的工艺方案，计算弯曲力并选定设备后，便可进行模具的总体设计，同时计算模具各工作部件的受力，最后进行零件的设计。

一般在制订弯曲加工工艺方案时，对于简单形状的弯曲件，主要考虑一次成形，此时，主要应考虑工序的安排能否保证工件形状尺寸、公差等级要求；对于形状较复杂的弯曲件，一般采用两次或多次弯曲成形；对于特别小的工件，应尽可能用一套复杂的模具成形，这样有利于解决弯曲件的定位及操作的安全问题，也可利用条料、卷料等采用级进模成形（详见第 7 章）；对多次弯曲件，一般先弯两端部分的角，后弯中间部分的角，且前次弯曲必须考虑后次弯曲有可靠的定位，后次弯曲不影响前次已成形的部分；对弯曲角和弯曲次数多的冲件、非对称形状的冲件，要注重分析所采用工艺的可靠性；对有孔或有切口等的冲件，要注意由于弯曲的作用特别容易引起或出现的尺寸误差，这时，最好是在弯曲之后再冲孔和切口。

模具设计时，对多角弯曲件、半封闭弯曲件和封闭弯曲件一般考虑采用摆块式弯曲模；对几个方向的弯曲件一般在模具设计中多应用斜楔机构。

弯曲模结构设计中，必须考虑到毛坯有可靠的定位，一般应选取不发生变形的部位来定位，在万不得已的情况下要使用已发生变形的部位来作定位时，要有不妨碍材料移动的结构。对弯曲件的回弹，在模具结构设计中，就应考虑到在制造和试模时能有修正凸模和凹模工作部分的几何形状及补偿回弹的可能。模具结构设计应使毛坯的变形尽可能是纯弯曲变形，以避免毛坯产生严重的局部变薄或变形不足。

弯曲模结构形式多样，因此，在一定的程度上说，弯曲模的设计就是模具结构的设计。弯曲模具有的这种特性，使弯曲加工工艺方案的确定显得越发的重要，也使得加工工艺方案与模具设计的相互联系越发紧密；在实际生产中，由于企业规模及管理设置上的不同，加工工艺方案的确定与模具的设计可能在相同或不同部门里由同一个人或不同的人员协作完成，弯曲模具有的这种特性，要求加工工艺方案的确定与模具的设计统筹兼顾、相互配合，必要时还需要与产品设计人员对弯曲件的尺寸精度、材料厚度、尺寸的内外标注等要求沟通、协调。

如小批量生产的图 3-2a 所示的零件，精度要求不高，外形尺寸不大，若一直角边高度足够大（大于 3 倍料厚），则采用的加工工艺方案为：剪成块料→钻孔→折弯机弯成直角，或剪切条料→落料并冲孔→模具折弯成直角。

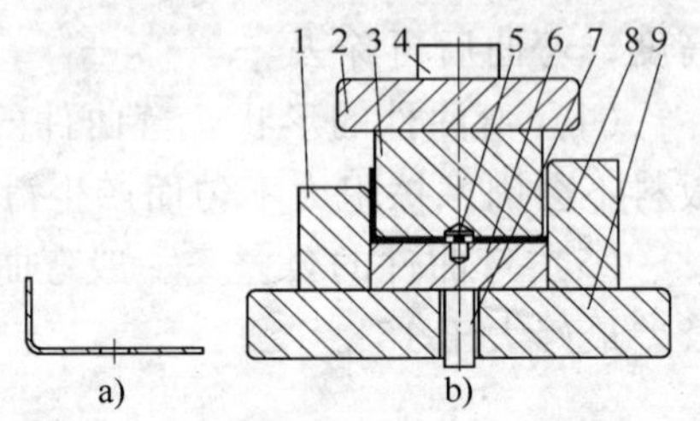

图 3-2　弯曲件及模具结构简图

a）零件　b）模具

1—凹模　2—上模板　3—凸模　4—模柄　5—定位销　6—压料板　7—顶杆　8—挡块　9—下模板

若一直角边高度尚不足 3 倍料厚，由于弯曲工艺性差，则折弯成直角工序就必须使用专用模具加工。设计的模具除可采用常用的 V 形件弯曲模外，生产中也常采用图 3-2b 所示的模具结构。

模具中通过利用零件上的孔定位，利用压料板 6 压料及挡块 8 的防偏移作用，防止因凸模 3 与压料板 6 之间的压料不足而产生坯料偏移。此外，在凸模 3 底面及压料板 6 顶面分别增大表面粗糙度值，开设齿形或沟槽增大压力防偏移，也是生产中常用的方法。

使用图 3-2b 所示的模具结构有利于保证零件的产品质量，减少操作工人对弯曲后零件的校正工作量。对生产批量不大的零件加工，设计简单的 V 形件弯曲模也是合理的，但若生产批量较大，则应设计图 3-2b 所示的模具结构。

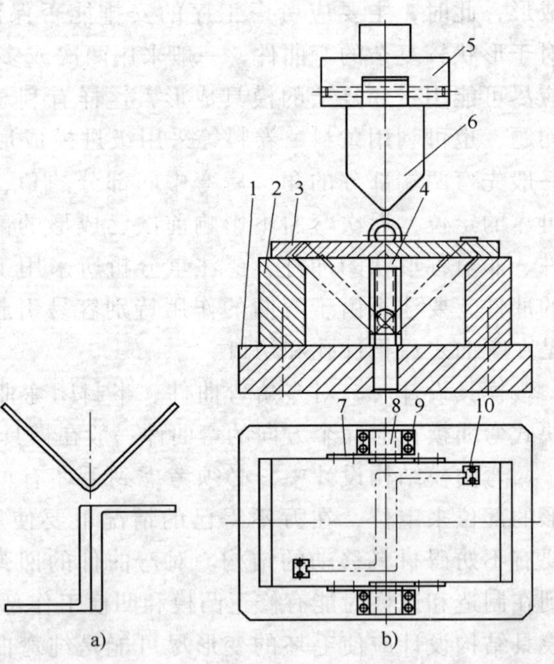

图 3-3　弯曲件及模具结构简图

a）零件结构简图　b）模具结构简图

1—下模板　2—靠板　3—活动凹模　4—顶杆　5—模柄　6—凸模　7—铰链　8—销子　9—支架　10—定位块

又如加工图 3-3a 所示弯曲件，尽管弯曲形状也为 V 形，由于弯曲面长而窄。采用折弯机及V形弯曲模则无法完成零件的弯制，需采用图3-3b所示的模具结构。

弯曲时，凸模6首先压住坯料，凸模下降时，迫使活动凹模3向内转动，并沿靠板2向下滑动，使坯料压成V形，凸模回程时，弹顶器使活动凹模上升，由于两活动凹模板通过铰链7和销子8铰接在一起，所以在上升的同时向外转动张开，恢复到原始位置，支架9控制回程高度，使两活动凹模成一平面。

在弯曲工作过程中，由于毛坯与凹模始终保持大面积接触，毛坯在活动凹模上不产生相对滑动和偏移，因此，弯曲件表面不损伤，工件质量较高，这种模具习惯上称为精弯模。它适用于弯曲毛坯没有足够的定位支承面、窄长的形状复杂的工件，但制作要求和成本都较高，只在有制作要求、生产批量大的情况下应用。

3.2 板料弯曲模案例剖析

3.2.1 板料弯曲加工工艺及模具结构分析

在生产现场，往往根据板料弯曲件的尺寸大小、产量及其复杂程度，采取不同的加工措施。对一般弯曲件，经常使用板料折弯机、滚弯机、拉弯机等加工。只有在零件弯曲工艺性较差、生产批量较大，用折弯机等设备不易保证尺寸或无法完成零件弯制时，才考虑设计弯曲模加工。

在板料弯曲的加工工艺制订中，常常根据零件形状确定不同的加工工艺方案，尽管板料弯曲件的形状千变万化，但其实是由一些相同的几何要素构成的，按结构外形及工艺性质给予分解，主要有：V、U、Z、⎍形件；夹箍形圆筒件；铰链形卷圆件以及由上述单一结构要素组成的具有不同形状弯角、圆弧等构成的多向弯曲的半封闭或封闭件而V、U形弯曲是一切加工的基础。下面从V、U形件弯曲开始，逐类进行分析。

1. V、U形件

(1) 展开件的计算　板料弯曲时，弯曲件毛坯展开尺寸准确与否，直接关系到所弯工件的尺寸精度。由于弯曲中性层在弯曲变形的前后长度不变，弯曲部分中性层的长度就是弯曲部分毛坯的展开长度。这样，整个弯曲零件毛坯长度计算的关键就在于如何确定弯曲中性层曲率半径。在生产中，一般用经验公式确定中性层的曲率半径ρ：

$$\rho = r + xt$$

式中　r——板料弯曲内角；

x——与变形程度有关的中性层系数，按表3-4选取；

t——板料厚度。

表 3-4　中性层系数 x 的值

r/t	0.1	0.2	0.3	0.4	0.5	0.6	0.7	0.8	1	1.2
x	0.21	0.22	0.23	0.24	0.25	0.26	0.28	0.3	0.32	0.33
r/t	1.3	1.5	2	2.5	3	4	5	6	7	≥8
x	0.34	0.36	0.38	0.39	0.4	0.42	0.44	0.46	0.48	0.5

中性层位置确定后，便可求出直线及圆弧部分长度之和，得到弯曲零件展开料的长度。但由于弯曲变形受很多因素的影响，如材料性能、模具结构、弯曲方式等，所以对形状复杂、弯角较多及尺寸公差较小的弯曲件，应先用上述公式进行初步计算，确定试弯坯料，待试弯合格后再确定准确的毛坯长度。

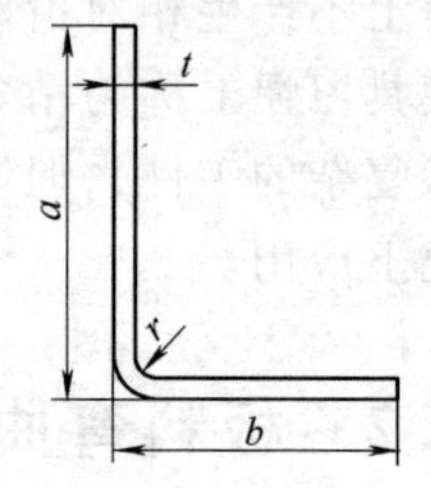

图 3-4　弯曲直角示意图

生产中，弯曲角度为 90°时，常用扣除法来计算弯曲件展开长度。如图 3-4 所示，当板料厚度为 t，弯曲内角半径为 r，弯曲件毛坯展开长 L 为：

$$L = a + b - u$$

式中　a、b——折弯两直角边的长度；

u——两直角边之和与中性层长度之差，见表 3-5。

表 3-5　弯曲 90°时展开长度的扣除值 u　（单位：mm）

料厚 t	弯曲半径 r											
	1	1.2	1.6	2	2.5	3	4	5	6	8	10	12
	平均值 u											
1	1.92	1.97	2.1	2.23	2.24	2.59	2.97	3.36	3.76	4.57	5.39	6.22
1.5	2.64	—	2.9	3.02	3.18	3.34	3.7	4.07	4.45	5.24	6.04	6.85
2	3.38	—	—	3.81	3.98	4.13	4.46	4.81	5.18	5.94	6.72	7.52
2.5	4.12	—	—	4.33	4.8	4.93	5.24	5.57	5.93	6.66	7.42	8.21
3	4.86	—	—	5.29	5.5	5.76	6.04	6.35	6.69	7.4	8.14	8.91
3.5	5.6	—	—	6.02	6.24	6.45	6.85	7.15	7.47	8.15	8.88	9.63
4	6.33	—	—	6.76	6.98	7.19	7.62	7.95	8.26	8.92	9.62	10.36
4.5	7.07	—	—	7.5	7.72	7.93	8.36	8.66	9.06	9.69	10.38	11.1
5	7.81	—	—	8.24	8.45	8.76	9.1	9.53	9.87	10.48	11.15	11.85
6	9.29	—	—	—	9.93	10.15	—	—	—	—	—	—
7	—	—	—	—	—	—	—	—	11.46	12.08	12.71	13.38
8	—	—	—	—	—	—	—	—	12.91	—	14.29	14.93
9	—	—	—	—	—	13.1	13.53	13.96	14.39	15.24	15.58	16.51

生产中，若对弯曲件长度的尺寸要求并不精确，则弯曲件毛坯展开长 L 可按下式作近似计算：

当弯曲半径 $r \leqslant 1.5t$ 时，$L = u + b + 0.5t$；

当弯曲半径 $1.5t < r \leqslant 5t$ 时，$L = u + b$；

当弯曲半径 $5t < r \leqslant 10t$ 时，$L = u + b - 1.5t$；

当弯曲半径 $r > 10t$ 时，$L = u + b - 3.5t$。

（2）弯曲回弹值的确定　在板料弯曲模设计中，弯曲件回弹值的确定是一个难点，因为压弯过程并不完全是材料的塑性变形过程，其弯曲部位还存在着弹性变形，所以工件在材料弯曲变形结束后，由于弹性恢复，将使弯曲件的角度、弯曲半径与模具的形状尺寸不一致，即出现回弹。材料的回弹数值受材料的力学性能、模具间隙、相对弯曲半径等因素的影响，影响因素多且各因素又相互影响。因此，回弹的计算比较复杂，也不准确。生产中一般按经验数表作为参考。

1）当 $r/t < 5$ 时，弯曲半径的回弹值不大，因此只考虑角度的回弹。角度回弹的经验数值可根据加工零件的结构及使用模具的结构按表3-6、表3-7、表3-8查取。

表3-6　90°单角自由弯曲的角度回弹值 $\Delta\alpha$

材料	r/t	材料厚度 t/mm		
		<0.8	0.8~2	>2
软钢 $\sigma_b = 350\text{MPa}$ 软黄铜 $\sigma_b \leqslant 350\text{MPa}$ 铝、锌	<1	4°	2°	0°
	1~5	5°	3°	1°
	>5	6°	4°	2°
中硬钢 $\sigma_b = 400 \sim 500\text{MPa}$ 硬黄铜 $\sigma_b = 350 \sim 400\text{MPa}$ 硬青铜	<1	5°	2°	0°
	1~5	6°	3°	1°
	>5	8°	5°	3°
硬钢 $\sigma_b > 550\text{MPa}$	<1	7°	4°	2°
	1~5	9°	5°	3°
	>5	12°	7°	6°
硬铝2A12（LY12）	<2	2°	3°	4.5°
	2~5	4°	—	8.5°
	>5	6.5°	—	14°
超硬铝7A04（LC4）	<2	2.5°	5°	8°
	3~5	4°	8°	11.5°
	>5	7°	12°	19°

表3-7　90°单角校正弯曲时的角度回弹值 $\Delta\alpha$

材料	r/t		
	≤1	>1~2	>2~3
Q235	-1°~1.5°	0°~2°	1.5°~2.5°
纯铜、铝、黄铜	0°~1.5°	0°~3°	2°~4°

表 3-8 U 形件弯曲时的角度回弹角值 $\Delta\alpha$

材料的牌号和状态	r/t	凸模和凹模的单边间隙						
		$0.8t$	$0.9t$	t	$1.1t$	$1.2t$	$1.3t$	$1.4t$
		回弹角 $\Delta\alpha$						
2A12（硬）（LY21Y）	2	−2°	0°	2.5°	5°	7.5°	10°	12°
	3	−1°	1.5°	4°	6.5°	9.5°	12°	14°
	4	0°	3°	5.5°	8.5°	11.5°	14°	16.5°
	5	1°	4°	7°	10°	12.5°	15°	18°
	6	2°	5°	8°	11°	13.5°	16.5°	19.5°
2A12（软）（LY21M）	2	−1.5°	0°	1.5°	3°	5°	7°	8.5°
	3	−1.5°	0.5°	2.5°	4°	6°	8°	9.5°
	4	−1°	1°	3°	4.5°	6.5°	9°	10.5°
	5	−1°	1°	3°	5°	7°	9.5°	11°
	6	−0.5°	1.5°	3.5°	6°	8°	10°	12°
7A04（硬）（LC4Y）	3	3°	7°	10°	12.5°	14°	16°	17°
	4	4°	8°	11°	13.5°	15°	17°	18°
	5	5°	9°	12°	14°	16°	18°	20°
	6	6°	10°	13°	15°	17°	20°	23°
	8	8°	13.5°	16°	19°	21°	23°	26°
7A04（软）（LC4M）	2	−3°	−2°	0°	3°	5°	6.5°	8°
	3	−2°	−1.5°	2°	3.5°	6.5°	8°	9°
	4	−1.5°	−1°	2.5°	4.5°	7°	8.5°	10°
	5	−1°	−1°	3°	5.5°	8°	9°	11°
	6	0°	−0.5°	3.5°	6.5°	8.5°	10°	12°
20（已退火）	1	−2.5°	−1°	0.5°	1.5°	3°	4°	5°
	2	−2°	−0.5°	1°	2°	3.5°	5°	6°
	3	−1.5°	0°	1.5°	3°	4.5°	6°	7.5°
	4	−1°	−0.5°	2.5°	4°	5.5°	7°	9°
	5	−0.5°	1.5°	3°	5°	6.5°	8°	10°
	6	−0.5°	2°	4°	6°	7.5°	9°	11°

2）当 $r/t \geqslant 5 \sim 8$ 时，因相对弯曲半径较大，工件不仅角度有回弹，弯曲半径也有较大的回弹。这时，角度及曲率回弹值可先进行近似计算，参见图 3-5 弯曲凸模计算简图，然后在生产中再进行修正。

$$r_{凸} = \frac{r}{1 + 3\dfrac{\sigma_s r}{Et}} = \frac{1}{\dfrac{1}{r} + 3\dfrac{\sigma_s}{Et}}$$

$$\alpha_{凸} = \alpha - (180° - \alpha)\left(\frac{r}{r_{凸}} - 1\right) = 180° - \frac{r}{r_{凸}}(180° - \alpha)$$

式中 r——工件的圆角半径（mm）；

$r_{凸}$——凸模的圆角半径（mm）；

α——弯曲件的角度（°）；

$\alpha_{凸}$——弯曲凸模角度（°）；

t——毛坯的厚度（mm）；

E——弯曲材料的弹性模量（MPa）；

σ_s——弯曲材料的屈服点（MPa）。

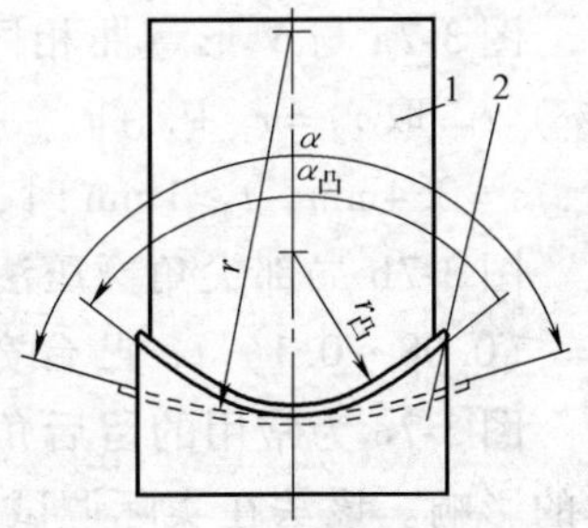

图 3-5　弯曲凸模计算简图

1—凸模　2—凹模

（3）回弹的控制　弯曲加工必然要发生回弹，压弯后，弯曲件因回弹而产生误差，要完全消除回弹是极其困难的。生产中控制或减少回弹常用的方法有补偿法和校正法。

补偿法是按预先估算或试验出工件弯曲后的回弹量，在模具工作部分相应的形状和尺寸中予以“扣除”，从而使出模后的弯曲件获得所需要的形状和尺寸。

校正法是在模具结构上采取措施，让校正压力集中在弯角处，使其产生一定塑性变形，克服回弹。生产中常用的主要有：对 V 形弯曲用完全尖角镦压法和局部尖角镦压法，见图 3-6。

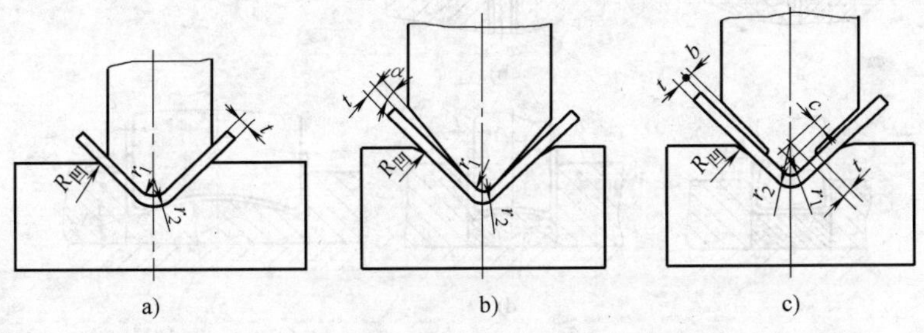

图 3-6　V 形件消除回弹的方法

a）完全尖角镦压法　b）、c）局部尖角镦压法

这两种方法都是在校正弯曲的状态下实施的，具体做法是：

图 3-6a 将底部圆角镦实，以消除角度回弹，取 $r_2 = r_1 + t +$（2%～5%）t，$R_{凹}$ =（2～4）t。这样在弯曲终了时，弯曲圆角处的材料在已变薄的情况下，再压缩（2%～5%）t。

图 3-6b 局部尖角镦压法，是使凸模弯曲角度小于凹模弯曲角度，即取 α = 2°～5°。同时取 $r_2 = r_1 + t$，$R_{凹}$ =（2～4）t。

图 3-6c 局部尖角镦压法中取 $r_2 = r_1 + t + a$；a =（5%～10%）t；b =（5%

~8%）t；$R_{凹}$ =（2~4）t。

对U形弯曲常用的消除回弹措施见图3-7。

图3-7a与V形弯曲相同，是在弯曲终了时，对圆角处材料再压缩（2%~5%）t。取 $r_2 = r_1 + s + t_{max}$ -（0.01~0.03）mm，其中 s 为中心偏距，$t<1$mm时，$s=0.4$mm，$t \geq 1$mm时，$s=0.8$mm；t_{max}为材料厚度最大值。

图3-7b局部尖角镦压法，适用于 $t>0.8$~1mm的双角弯曲，中间凹槽深度 h =（0.08~0.1）t，凸台宽度 $b=r+$（1.5~2）t。

图3-7c为常用的留后角法，按照回弹数值，将凸模修出后角 $\Delta\alpha$ 来抵消回弹的影响。该法在实际调试中使用较多。

图3-7d所示过度弯曲法用于小型模具，顶板和凸模的弧面尺寸，理论上应使 $R_2 = R_1 + t$，但为了强化过度弯曲，R_2 值应按以下取：$t \leq 1.6$mm时，$R_2 = R_1$；$t=1.6$~3mm时，$R_2 = R_1 + 0.5t$；$t>3$mm时，$R_2 = R_1 + 0.75t$。

图3-7e所示过度弯曲法用于大型模具，采用人字形顶板。顶板两侧角度按回弹角 $\Delta\alpha$ 选用，中间用 R 连接，并可采用调整顶板压力的方法来强化过度弯曲。

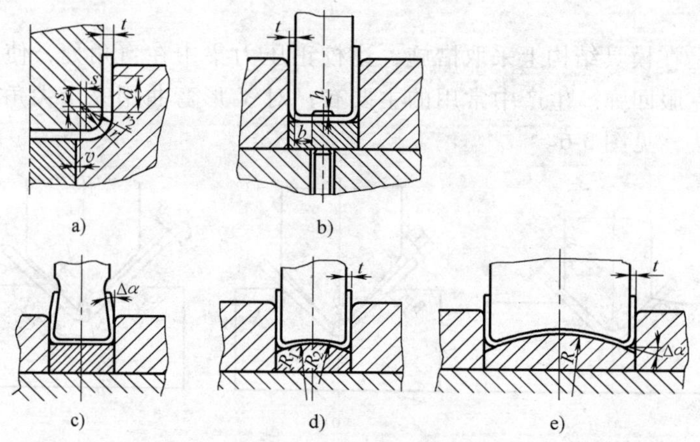

图3-7　U形件消除回弹的方法

a）完全尖角镦压法　b）局部尖角镦压法

c）留后角法　d）、e）过度弯曲法

事实上，以上述介绍的方法来抵消回弹数值时，随机因素很多，压力机闭合高度调整不同、材料性能和厚度不均匀、顶板压力调整的大小等均会影响实际回弹值的大小，因此规范冲压工艺操作要求，对保证冲件质量是非常重要的。

另外，改进零件的设计，在变形区压加强肋或压成形边翼以增加弯曲件的刚性，选用弹性模量大、屈服点小的材料进行弯曲，改进工艺加工方法，如用拉弯代替一般的弯曲，均可使弯曲件回弹困难，达到减少弯曲件回弹量的目的。

对弹性不太大的材料（如Q235、Q215、10、20等）及其回弹角小于5°的弯曲件的弯曲，采用负间隙（小于或等于料厚）进行弯曲，也有较好的效果。

在生产中，采用橡胶弯曲模，通过橡胶凸模（或凹模），使毛坯紧贴钢质凹模（或凸模），也是一种常用的消除回弹法。

（4）工作部分的设计　弯曲模工作部分的设计主要有：确定凸或凹模圆角半径、凹模深度，对U形件的弯曲模还有模具间隙及凸、凹模的尺寸与制造公差等。

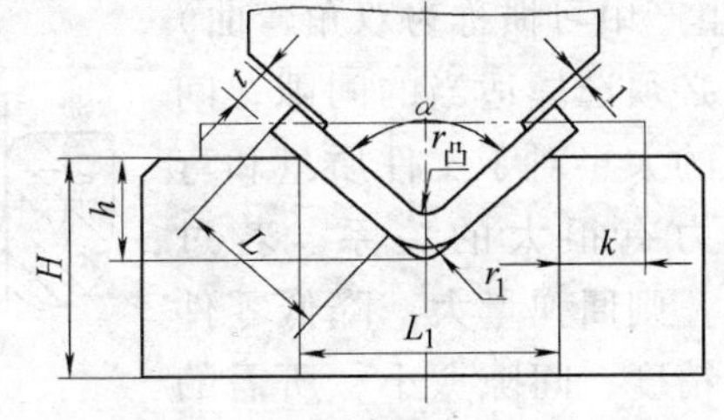

图3-8　弯曲V形件模具结构示意图

凸模圆角半径一般取略小于弯曲件内圆角半径的数值，凹模圆角半径不能太小，否则会擦伤材料表面。凹模深度要适当，过小，则工件两端的自由部分太多，弯曲件回弹大，不平直，影响零件质量；过大，则多消耗模具钢材，且需较长的压力机行程。

1）对V形件弯曲，其模具的结构见图3-8，凹模厚度H及槽深h尺寸的确定见表3-9。

表3-9　弯曲V形件尺寸H及h的确定　　（单位：mm）

材料厚度	<1	1~2	2~3	3~4	4~5	5~6	6~7	7~8
h	3.5	7	11	14.5	18	21.5	25	28.5
H	20	30	40	45	55	65	70	80

注：1. 当弯曲角度为85~95°，$L_1=8t$时，$r_{凸}=r_1=t$。

2. 当K（小端）≥2t时，h值按$h=L_1/2-0.4t$公式计算。

2）V形与U形弯曲的圆角半径$r_{凹}$、深度L_0及计算间隙公式中的系数c的确定见图3-9及表3-10。

表3-10　弯曲模的圆角半径$r_{凹}$、深度L_0及计算间隙公式中的系数c

弯边长度L	材料厚度t											
	~0.5			0.5~2			2~4			4~7		
	L_0	$r_{凹}$	c	L_0	$r_{凹}$	c	L_0	$r_{凹}$	c	L_0	$r_{凹}$	c
10	6	3	0.1	10	3	0.1	10	4	0.08	—	—	—
20	8	3	0.1	12	4	0.1	15	5	0.08	20	8	0.06
35	12	4	0.15	15	5	0.1	20	6	0.08	25	8	0.06
50	15	5	0.2	20	6	0.15	25	8	0.1	30	10	0.08
75	20	6	0.2	25	8	0.15	30	10	0.1	35	12	0.1
100	25	6	0.2	30	10	0.15	35	12	0.1	40	15	0.1
150	30	6	0.2	35	12	0.2	40	15	0.15	50	20	0.1
200	40	6	0.2	45	15	0.2	55	20	0.15	65	25	0.15

3）弯曲模的间隙。凸模与凹模之间的间隙大小和圆角半径一样，对弯曲所需的压力及零件的质量影响很大。由于弯曲V形工件时，凸、凹模间隙是靠调

整压力机闭合高度来控制的，不需要在模具结构上确定间隙。对U形类工件（生产中习惯称为双角弯曲）则必须选择适当的间隙，间隙的大小对于工件质量和弯曲力有很大的关系。若过大，则回弹量大，降低零件的精度；间隙愈小，所需的弯曲力愈大，同时零件受压部分变薄愈甚；间隙过小，则可能发生划伤或断裂，降低模具寿命，甚至造成模具损坏。

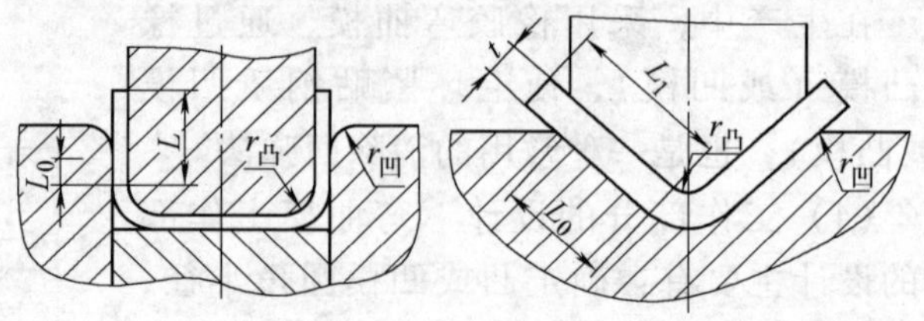

图 3-9　弯曲模结构尺寸

对于一般弯曲件的间隙可由表 3-11 查得，也可由下列近似计算公式直接求得。

有色金属（纯铜、黄铜）：

$$Z = (1 \sim 1.1)t$$

钢：

$$Z = (1.05 \sim 1.15)t$$

当工件精度要求较高时，其间隙值应适当减少，取 $Z=t$，生产中，当对材料厚度变薄要求不高时，为减少回弹等，也取负间隙，取 $Z=(0.85 \sim 0.95)t$。

表 3-11　弯曲模凹模和凸模的间隙表

材料厚度 t	材料 铝合金	材料 钢	材料厚度 t	材料 铝合金	材料 钢
	间隙 Z			间隙 Z	
0.5	0.52	0.55	2.5	2.62	2.58
0.8	0.84	0.86	3	3.15	3.07
1	1.05	1.07	4	4.2	4.1
1.2	1.26	1.27	5	5.25	5.75
1.5	1.57	1.58	6	6.3	6.7
2	2.1	2.08			

在双角弯曲时，间隙与材料的种类、厚度、厚度公差以及弯边长度 L 都有关系，间隙值按下式确定：

$$Z = t_{max} + ct = t + \Delta + ct$$

式中　Z——凸模与凹模单边的间隙（mm）；

t_{max}——材料厚度的上限值（mm）；

t——材料的公称厚度（mm）；

c——弯曲模的间隙系数（mm），见表 3-10；

Δ——材料厚度的上偏值（mm）。

（5）V、U 形件弯曲模结构　一般 V 形弯曲件采用图 3-10 左图结构。弹簧顶杆 3 是为了防止压弯时坯料偏移而采用的压料装置。图 3-10 中、右图均设置了压料装置，并以定位销定位，为克服弯曲的侧向力作用，分别设置了止推块 6，使凸模接触坯料前先行与止推块 6 紧贴，能防止毛坯及凸模的偏移，从而保证弯曲件的质量。

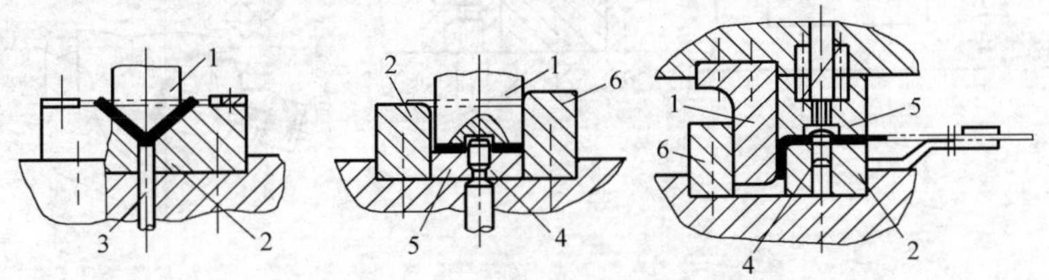

图 3-10　带有压料装置及定位销的弯曲模

1—凸模　2—凹模　3—顶杆　4—定位销　5—压料板　6—止推块

图 3-11 为常用的 U 形件弯曲模结构简图。冲压时，毛坯被压在凸模 1 和压料板 3 之间逐渐下降，两端未被压住的材料沿凹模圆角滑动并弯曲，进入凸模和凹模间的间隙，将零件弯成 U 形。

图 3-12 为带活动侧压块的 U 形件弯曲模。活动侧压块对弯曲件有校正作用，回弹小。工作时凸模下行，首先与毛坯接触弯成 U 形，随之凸模肩部压住活动凹模侧压块向下。由于斜面作用使活动凹模侧压块向中心滑动，对弯曲件两侧施压，起到校正作用。

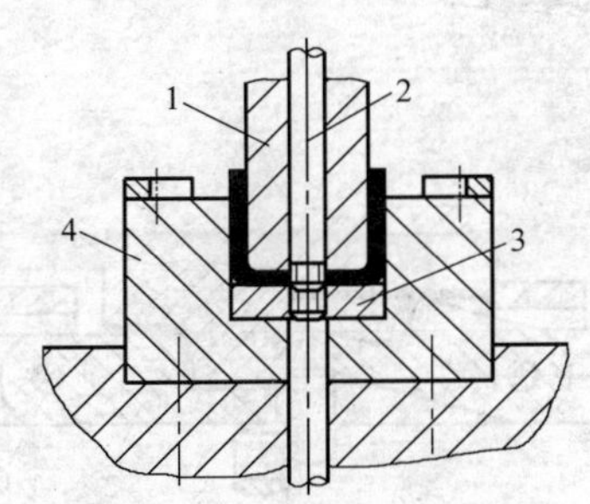

图 3-11　U 形件弯曲模

1—凸模　2—推杆　3—压料板　4—凹模

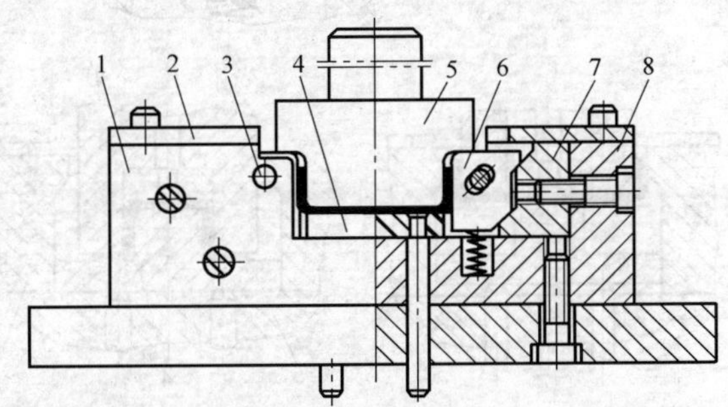

图 3-12　带活动侧压块的 U 形件弯曲模

1—挡板　2—定位板　3—轴销　4—顶件器　5—凸模　6—活动凹模侧压块　7—凹模斜面垫块　8—凹模框

2. Z 形件　Z 形件的弯曲加工及模具结构一般有以下三种形式：

1）图 3-13a 所示弯曲模结构简单，但压弯时坯料容易走动，主要用于精度要求不高的工件弯曲。

2）图 3-13b 带压料装置，毛坯由定位板和定位销定位，能防止毛坯的偏移。

3）图 3-13c 为转动凹模结构，毛坯由一边定位，凸模下压时凹模转动逐渐将毛坯弯曲成形。这种结构有利于毛坯的偏移。转动凹模靠一重锤反转复位，凹模下有一导销 7 插入底座的槽中，在凹模转动中起导向作用。

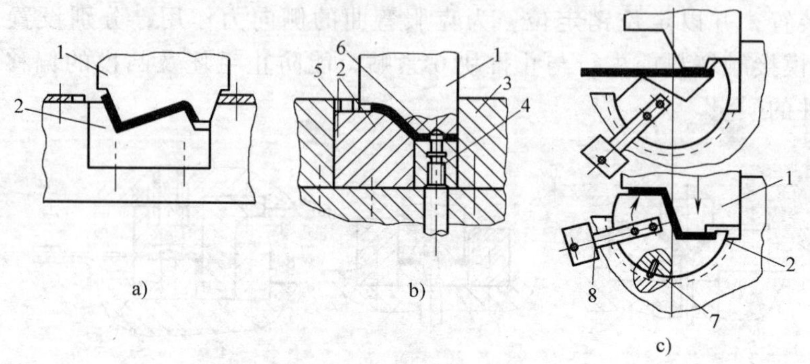

图 3-13　Z 形件弯曲模

a）简单结构　b）带压料装置　c）转动凹模

1—凸模　2—凹模　3—止推块　4—压料板　5—定位板

6—定位销　7—导销　8—重锤

3. ⎍形件　⎍形件可以二次压弯成形，也可一次压弯成形。其模具结构为：

1）图 3-14a 为二次压弯成形，第一道先压成 U 形，第二道工序压成零件。

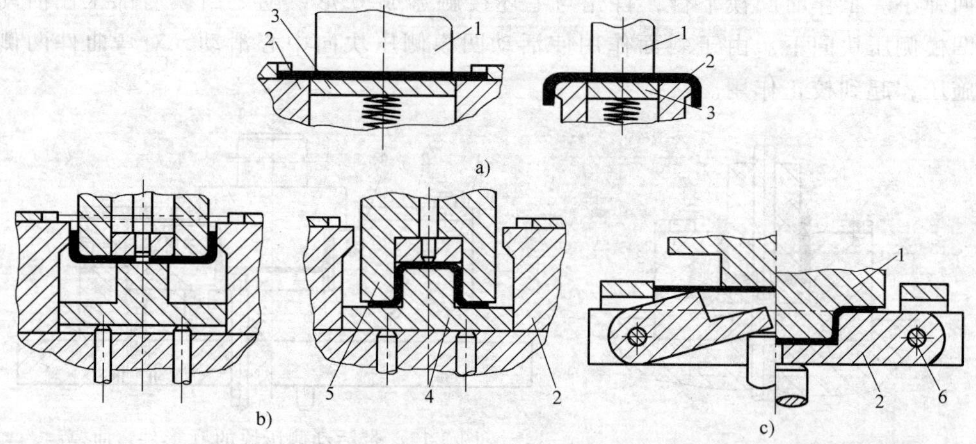

图 3-14　⎍形件弯曲模

a）二次弯曲模　b）一次弯曲模　c）摆动式凹模

1—凸模　2—凹模　3—压料板　4—活动凸模　5—凸凹模　6—销轴

2）图 3-14b 为一次压弯成形模，压弯时先压成 U 形，然后凸凹模继续下压与活动凸模作用，最后将毛坯完成零件。这种结构需要凹模下腔空间较大，以方便工件侧边的摆动。其结构实质上是图 3-14a 两套简单模的复合形式。

3）图 3-14c 为一次压弯成形的另一种形式，其特点是采用了摆动式凹模结构，两凹模能绕销轴转动，工作前由缓冲器通过顶杆将它顶起。

4. 夹箍类圆筒件 夹箍类圆筒件的加工，按其尺寸大小可分成两类：直径小于 ϕ10mm；直径在 ϕ20mm 以上。

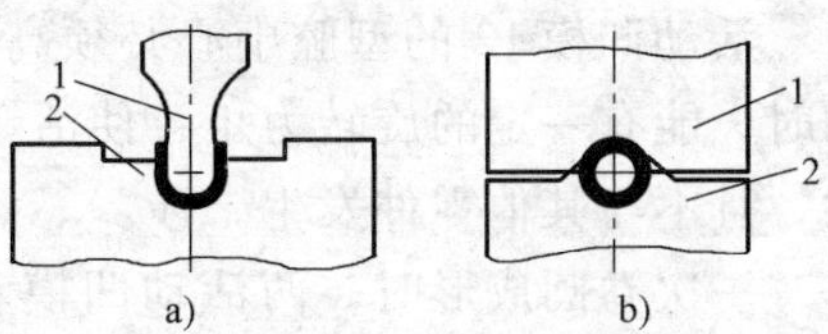

图 3-15 小圆筒的弯曲模结构

a）弯成 U 形 b）弯成 O 形

1—凸模 2—凹模

直径小于 ϕ10mm 的零件，根据生产批量的不同，采取不同的加工方案和模具。小批量生产时，采取先弯成 U 形，再由 U 形弯成圆形的二次成形，模具结构如图 3-15 所示；大批量生产时，采取一次直接成形法，图 3-16 为一次成形摆动夹卷圆模。

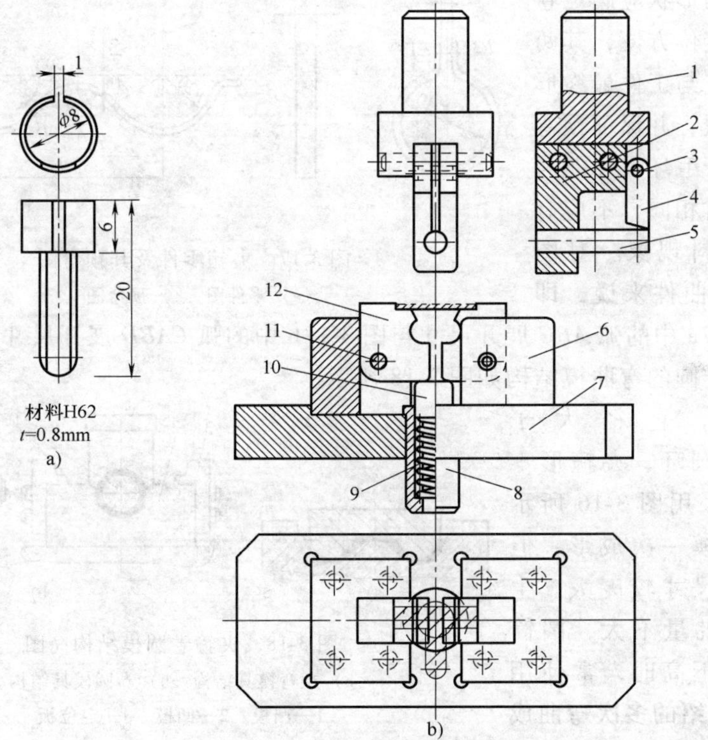

图 3-16 摆动夹卷圆模

a）零件图 b）模具结构图

1—模柄 2—上模支架 3—圆销 4—活动支柱 5—型芯 6—座架 7—底座 8—弹簧套筒 9—弹簧 10—顶柱 11—芯轴 12—活动凹模

毛坯件用活动凹模 12 上的定位槽定位。上模下行时，型芯 5 先将毛坯弯成 U 形，然后型芯 5 压活动凹模 12，使其向中心摆动，将工件弯曲成形。上模回升后，活动凹模 12 在弹簧 9 的作用下，被顶柱 10 顶起分开，工件留在型芯 5 上，由纵向取出。

活动凹模 12 的型腔中心必须高出摆动芯轴 11 一定距离，以使型芯 5 上下运动时，能有一定的旋转力矩，使活动凹模 12 在整个零件压制过程中能灵活地摆动，且不与其他零件发生干涉。

一次卷圆成形时，两活动凹模和型芯使材料成形，工件成形质量比分二次成形好。为保证型芯的工作稳定、可靠，应设置一活动支柱 4，以避免型芯在悬臂状态工作。

直径大于 ϕ20mm 的圆环、夹箍形零件，一般采用二工序成形，即先预弯，再弯曲成形。如图 3-17a 所示夹箍形零件，采用 1mm 厚的 H62 料制成，图 3-17b 为其预弯零件形状及尺寸。

预弯的形状应满足卷圆成形时定位方便，其两端部形状应与工件最终形状尺寸一致，并保证预弯形状的展开毛坯尺寸能与卷圆成形时相同，不应有缺料或余料现象。对图 3-17a 中弯曲件来说，即保证图 3-17a 中的弧 *ABC* 展开尺寸与图 3-17b 中的弧 *CABD* 展开尺寸相等。

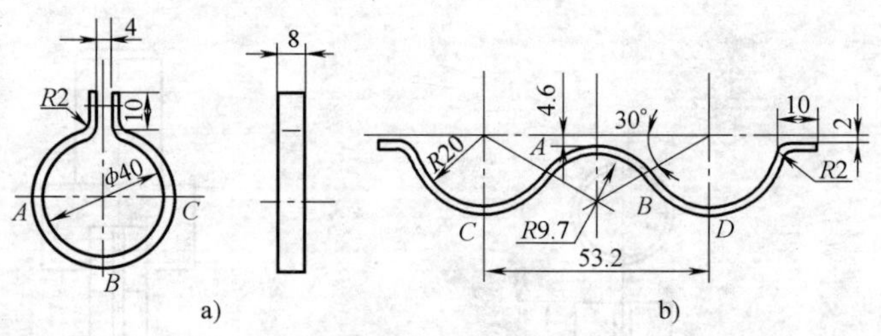

图 3-17　夹箍零件及其预弯图

a）零件图　b）预弯图

夹箍卷圆的弯曲模结构如图 3-18 所示。

当然，直径大于 ϕ20mm 的圆环、夹箍形零件，也可采用图 3-16 所示摆块成形模一次成形，但会使模具尺寸较庞大。生产中，当批量不大，圆筒成形要求不高时，常使用 3.5.4 节介绍的多次弯曲成形法。

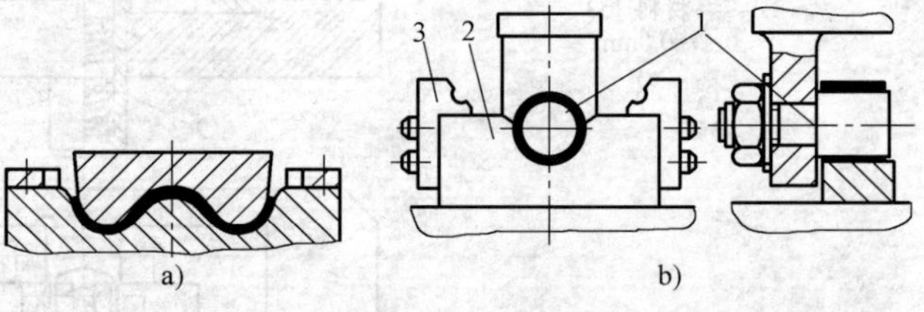

图 3-18　夹箍卷圆模结构简图

a）预弯模具结构　b）卷圆模具结构

1—凸模　2—凹模　3—定位板

5. 铰链类卷圆件　铰链形零件广泛用于产品中零件间的连接，常用主要有以下两种形式，即偏圆、正圆，见图 3-19。

由于铰链形工件弯曲成形时，材料受到挤压和弯曲作用，中性层位置会由材料厚度的中间向外层方向移动，其中性层系数 x 值见表 3-12。

因铰链头部卷圆要求较高，给成形带来一定的难点，一般均需安排预弯工

表 3-12 中性层系数 x 的值

r/t	0.5 ~ 0.6	0.6 ~ 0.8	0.8 ~1	1 ~ 1.2	1.2 ~ 1.5	1.5 ~ 1.8	1.8 ~2	2 ~ 2.2	2.2 ~ 2.4	2.4 ~ 2.6	2.6 ~ 2.8	2.8
x	0.76	0.73	0.70	0.67	0.64	0.61	0.58	0.54	0.52	0.51	0.5	0.5

序。通常图 3-19a 所示铰链由预弯、卷圆两道工序完成；图 3-19b 所示铰链，当 $r/t>0.5$ 并对卷圆质量要求较高时，采用两道预弯工序，然后卷圆；当 $r/t=0.5\sim2.2$，但卷圆质量要求一般时，采用一次预弯即可卷圆。

卷圆时，可采用有芯棒和无芯棒两种形式。当 $r/t\geqslant4$ 或对卷圆有较严格要求的场合，都应采用有芯棒卷圆。

一次预弯成形法见图 3-20。

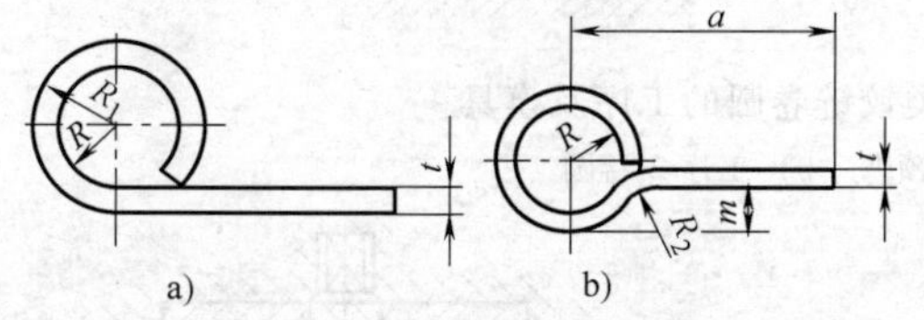

图 3-19 铰链的主要形式

a）偏圆 b）正圆

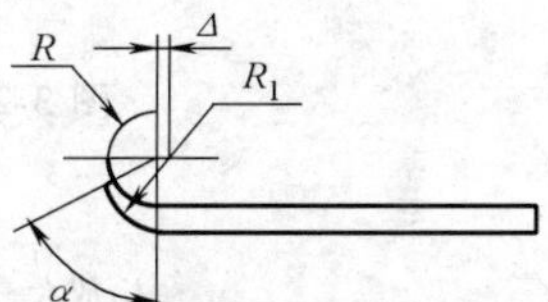

图 3-20 一次预弯成形法

预弯端部圆弧 75°～80°，并将凹模的圆弧中心向内侧偏移 Δ 值，使其局部变薄成形。图 3-20 分别为单、双铰链一次预弯形式，其中 $\alpha=75°\sim80°$，R_1 的偏移量 Δ 值见表 3-13。

表 3-13 R_1 的偏移量 Δ 值 （单位：mm）

材料厚度 t	1	1.5	2	2.5	3	3.5	4	4.5	5	5.5	6
偏移量 Δ	0.3	0.35	0.4	0.45	0.48	0.50	0.55	0.60	0.60	0.65	0.65

图 3-19a 所示偏圆类铰链，一次预弯成形的模具及其卷圆成形的模具结构见图 3-21。图 3-21b 所示卷圆模，由于卷圆凹模从水平方向卷圆成形，称为卧式卷圆，因毛坯定位稳定可靠，压料方便，零件成形质量较好，在生产中应用广泛；同样，卷圆凹模从垂直方向卷圆成形，称为立式卷圆，其模具结构见图 3-40。尽管立式卷圆易使立面材料发生失稳变形，零件成形质量不高，但模具结构简单，易制造且成本低，因此，在生产中仍有应用，常用于料较厚且直边长度较小，成形质量要求不高的卷圆件。

图 3-19b 所示正圆类铰链二次预弯成形的模具及其卷圆成形的模具结构见图 3-22。

图 3-23 为铰链模的结构参数，设计中可参考使用。

铰链类零件在实际生产中常与成形、弯曲复合，此时加工工艺方案应综合考虑其成形工序的安排，一般来说，不希望工序过多且工序的安排应有利于定

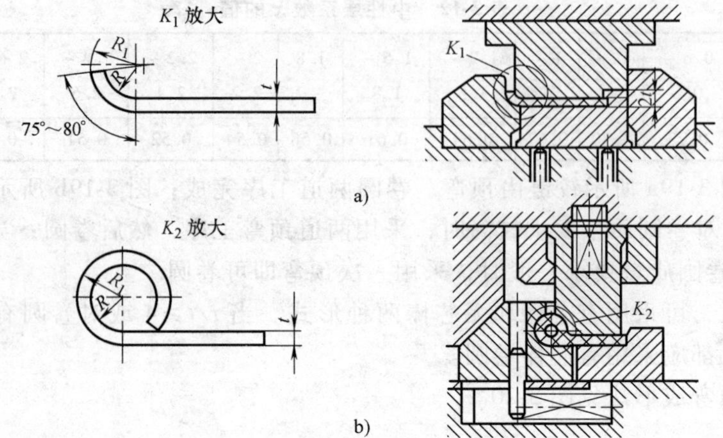

图 3-21　偏圆类铰链卷圆的工序及模具

a）工序 1 预弯　b）工序 2 卷圆

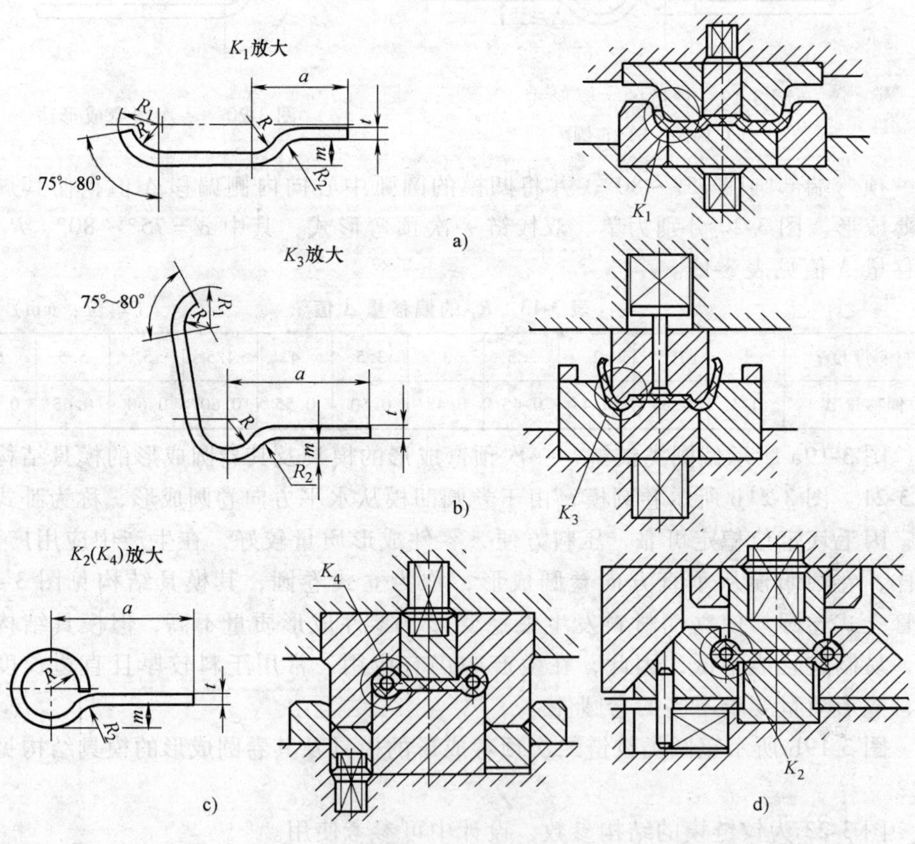

图 3-22　正圆类铰链卷圆的工序及模具

a）工序 1 预弯　b）工序 2 预弯　c）工序 3 卷圆　d）经工序 1 预弯后卷圆

位及零件加工的顺利完成（详见加工实例 3.2.6、3.2.7）。

6. 多向弯曲的半封闭或封闭件 具有多向弯曲的半封闭或封闭件，有时由于弯曲件的工艺性不好，往往一次弯曲无法满足产品要求，而不得不采用多次弯曲。弯曲顺序一般为先弯两端部分的角，后弯中间部分的角，但现阶段为提高经济效益，越来越趋向于采用一次性弯曲成形的模具结构。由于弯曲的多方向性，在很多情况下，仅靠压力机输出的垂直方向的压力是不能完全弯曲成形的，而需要从水平的、与冲压方向呈任意角度倾斜的、由里向外和由外向里甚至由下向上的施力方向，冲弯成形。因此，该类弯曲模设计的关键之一，便是设计相应的结构满足各方向弯曲力的要求。常用的改变冲压力方向的结构有：活动凹模式、活动凸模式及斜楔传动侧向弯曲结构，由此组成图 3-24 所示常见的单楔式、双楔式、转轴式、摆块式、铰链升降式等弯曲模。

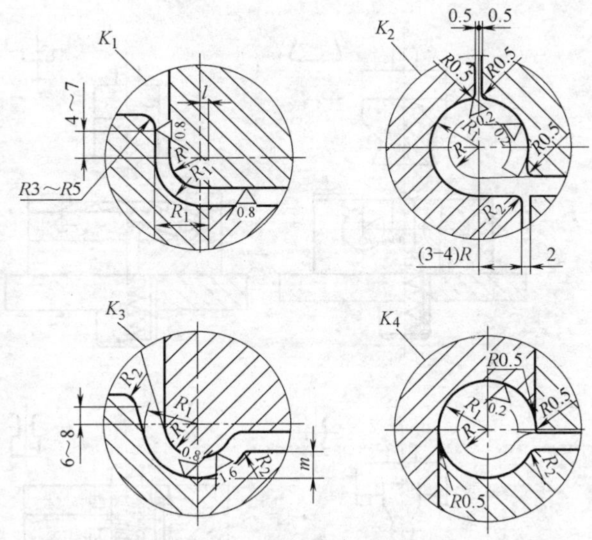

图 3-23 铰链模结构参数

具体设计及注意事项请参见加工实例 3.2.8、3.2.9、3.2.10、3.2.11 等有关章节。

7. 精度要求较高的弯曲件 对弯曲件精度及外观质量要求较高，或具有较小圆角半径，或弯曲圆角部位料厚变薄较小等特殊要求时，除可采用弯曲整形，多次重复校形，校正等工艺方法外，还可考虑采用精弯模。常见精弯模主要有：折板式及翻转模块式两类结构。

精弯模指坯料在弯曲过程中，始终随折板（或翻转模块）回转成形，其间不产生滑移，且弯曲后的零件能达到较高尺寸精度、表面质量的弯曲模。

精弯时，毛坯可用定位板或定位销定位。由于毛坯与定位板或定位销之间应始终无相对滑动，因而减少了材料在弯曲过程中的滑动，这是精弯能获得较高精度弯曲件的根本原因。

一般弯曲时，凹模圆角半径对材料弯曲成形影响很大，圆角过小时材料会被拉薄。精弯时，不存在沿凹模圆角流动的阻力，因而避免了材料变薄伸长现象。

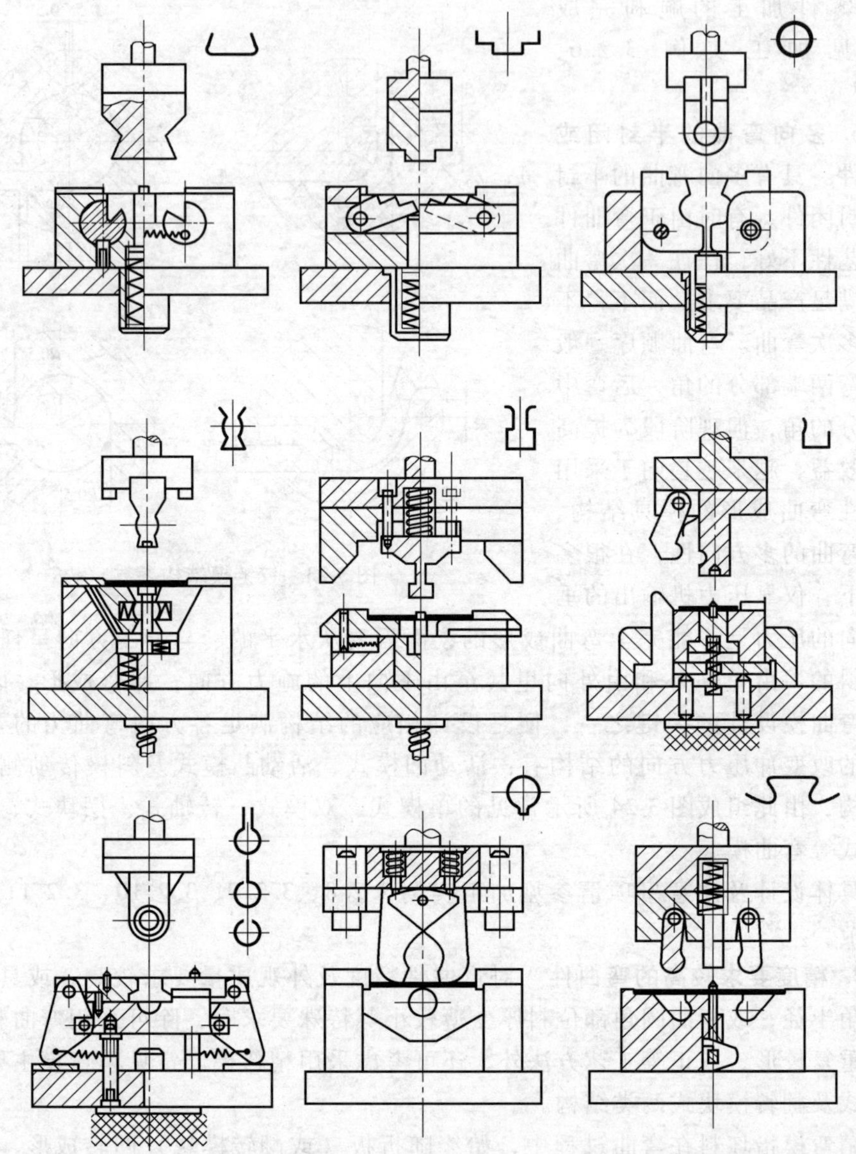

图 3-24　常见弯曲模结构

精弯模制作要求和成本都较高，一般不推荐使用。只有在有制作要求、生产批量大的情况下应用。

精弯模具特别适用于以下场合：孔位相对位置精度要求较高，又不便于弯曲成形后再冲孔的场合；弯曲用坯料不易放平稳的窄长条形工件的弯曲。

图 3-25 所示为单角 V 形弯曲件折板式弯曲模。该模具适用于较高精度、等边长与不等边长的 V 形弯曲件的弯曲。弯曲角可按需要设计凸模角度及折弯板

垫角。由于弯曲凸模与凹模在弯曲过程中始终贴紧弯曲零件表面，故无压痕。该冲模弯曲属于镦压校正弯曲，弯曲零件不仅表面平整，而且回弹小。如果在试弯后按实测回弹量修整弯曲凸模，则可获取更高精度的弯曲件。

凹模平时在拉簧及弹顶器的作用下，位于水平状态（图中左半部所示），工作时，毛坯由定位板定位。凸模下行，使凹模一方面靠凹模座滑动，另一方面绕小轴转动，从而使毛坯压弯成形（图中右半部所示）。

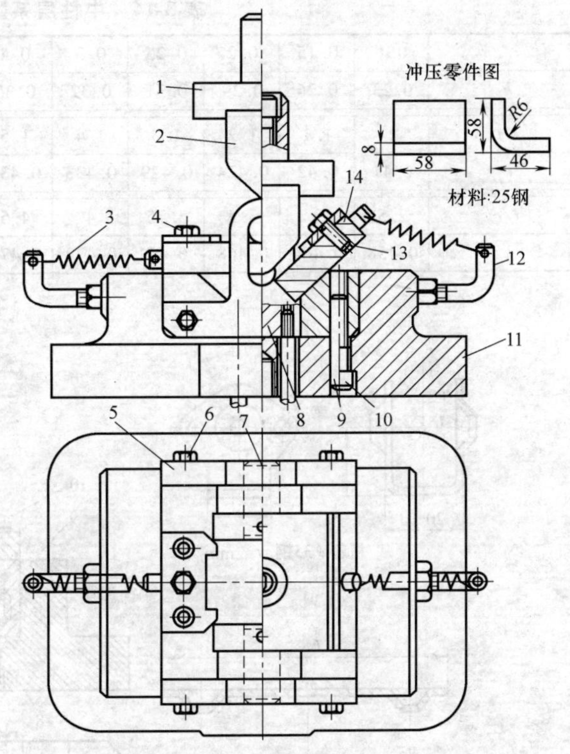

图 3-25　V 形弯曲件折板式弯曲模

1—上模座　2—弯曲凸模　3—拉力弹簧　4、6、10、13—螺钉　5—支承板　7—小轴　8—弹顶器垫板　9—圆柱销　11—下模座　12—支杆　14—折板

图 3-26a 所示的双角零件用厚 2mm 的 45 钢制成，两侧边 $4\times\phi3$mm 孔同轴度公差为 0.2mm，生产批量较大。

该零件的基本形式为 U 形件，两侧边有两个对称的锥台，两侧边的 $4\times\phi3$mm 孔同轴度公差如采用一般 U 形件弯曲模结构难以保证产品要求。为此，决定采用翻转模块式精密弯曲模，确定工艺方案为：落零件外形→冲 $4\times\phi3$mm 孔和 2 锥台→弯曲成形。

精弯模结构见图 3-26c。凹模由两个翻转模块 3 和托板 4 组成，两者用销轴 7 连接。冲压前，顶杆 6 将托板 4 和翻转模块 3 顶至水平位置，将图 3-26b 所示半成品件上的 $\phi3$mm 孔置于翻转模块 3 上，以两个定位销 10 定位。

模具工作时，上模下行，凸模 2 压托板 4 向下，四个销轴 7 沿导板 5 上的导向槽 A 向下滑动，翻转模块 3 沿凹模块 9 向下并翻转，工件随着弯曲成形。上模上行时，弹顶器通过顶杆 6、使翻转模块 3 和托板 4 复位。

图 3-3b、图 3-25 和图 3-26c 为 90°的 V、U 形精弯模。

精弯模设计的关键是确定活动凹模回转中心的位置。

1）弯曲中心角 $\alpha=90°$时，活动凹模块回转中心位置的确定。如图 3-27 所示，活动凹模块的回转中心与活动凹模工作表面的距离 h 为

$$h = 0.215r + (1 - 0.785k)t$$

式中 r——弯曲件内弯曲半径；

t——材料厚度；

k——中性层系数，见表 3-14。

表 3-14 中性层系数

r/t	0.1	0.15	0.2	0.25	0.3	0.4	0.5	0.6	0.7	0.8	0.9
k	0.23	0.26	0.29	0.31	0.32	0.35	0.37	0.38	0.39	0.40	0.405
r/t	1	1.1	1.2	1.3	1.4	1.5	1.6	1.7	1.8	1.9	2.0
k	0.41	0.42	0.424	0.429	0.433	0.436	0.439	0.44	0.445	0.447	0.449
r/t	2.5	3	3.5	3.75	4	4.5	5	6	10	15	30
k	0.458	0.464	0.468	0.47	0.472	0.474	0.477	0.479	0.488	0.493	0.496

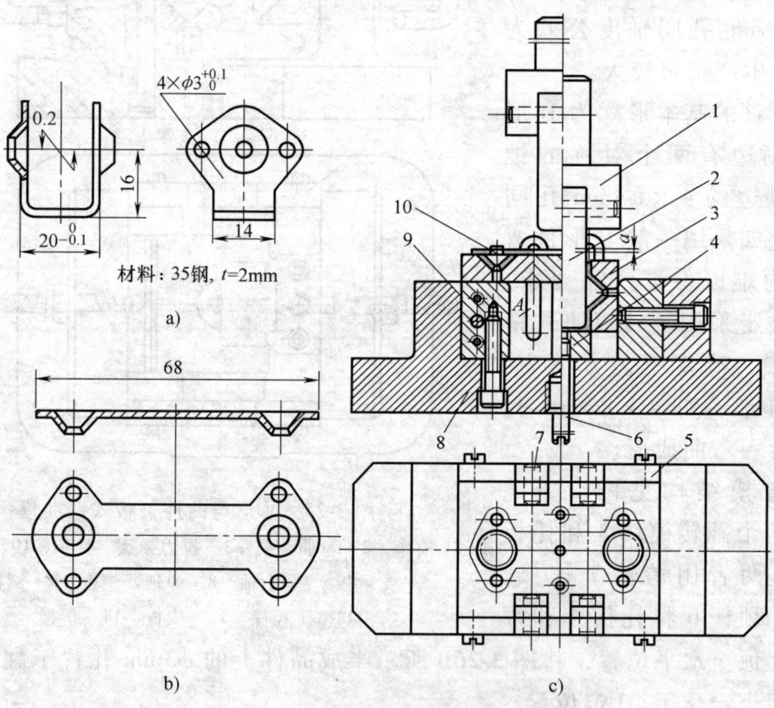

图 3-26 U 形件翻转模块式精弯模

a）工件 b）半成品件 c）冲模结构

1—模柄 2—凸模 3—翻转模块 4—托板 5—导板 6—顶杆

7—销轴 8—下模座 9—凹模块 10—定位销

2）弯曲中心角 $\alpha \neq 90°$时，V、U 形精弯模的 h 值计算：

$$h = r + t - \frac{0.785(r + kt)}{\tan\frac{\alpha}{2}}$$

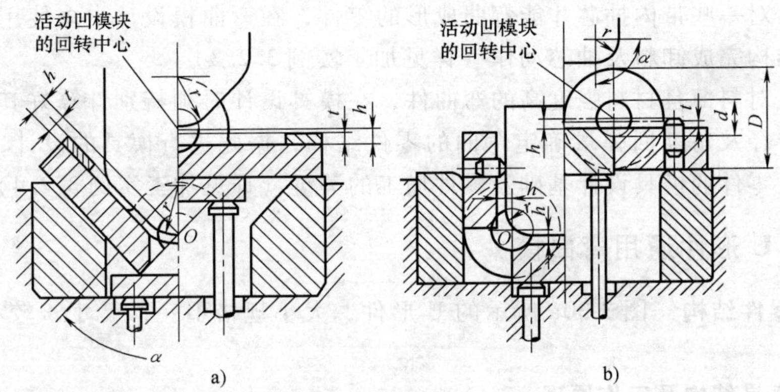

图 3-27　$\alpha=90°$的精弯模

a）V 形精弯模　b）U 形精弯模

式中　α——精弯角度，见图 3-28。

3）回转轴轴销和轴套直径的确定。连接活动凹模并起支承作用的支架上的轴销直径 d 和轴套直径 D，与弯曲件材料厚度 t、弯曲线长度 B 有关。d、D 与 t、B 关系见图 3-29。d、D 可直接由图表查得。

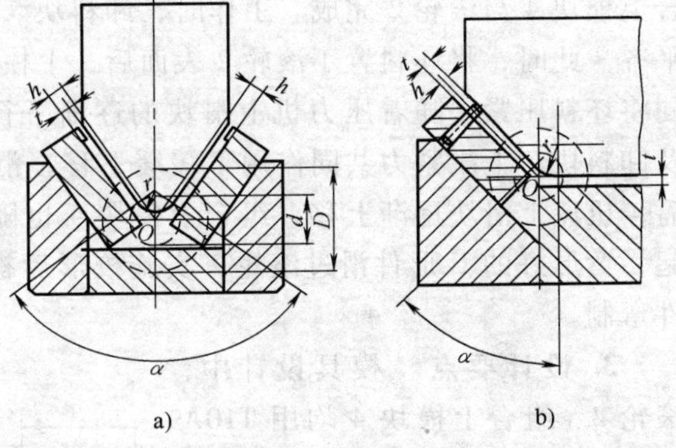

图 3-28　$\alpha\neq90°$的精弯模

a）$\alpha>90°$ V 形精弯模　b）$\alpha<90°$ U 形精弯模

4）为了使活动凹模（或翻转模块）工作可靠、灵活，尺寸配合关系推荐如下：

①　销轴与活动凹模（或翻转模块）上的轴套孔为间隙配合 G7/h6。

②　销轴与支架（或导板）上滑道为间隙配合 F7/h6。

③　销轴与托板上的轴套孔为过盈配合 R7/h6。

5）除以上所述，在弯曲加工中，还需特别注意：

①　为降低成本，生产中常根据零件特性，设计一些通用性的模具结构，达到一模多用（详见加工实例 3.2.2）。

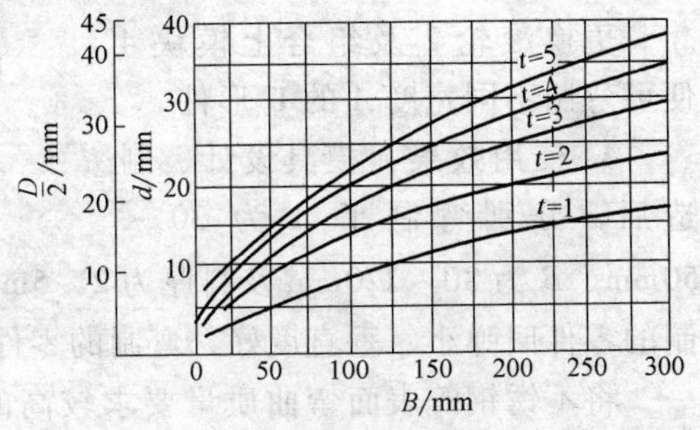

图 3-29　尺寸关系图

② 对一些带内抽芯才能弯曲成形的零件，在弯曲模设计中多使用斜楔块、锥面等结构完成卸料及抽芯动作（详见加工实例 3.2.3）。

③ 对料薄且材料强度高的弯曲件，在模具设计时须特别计算好其回弹量，并根据半径及角度回弹量确定弯曲的零件结构，据此进行模具的设计，这是回弹量较大零件的模具设计基础及零件加工的关键（详见加工实例 3.2.4）。

3.2.2 U 形件通用弯曲模

1. 零件结构 图 3-30a 所示的 U 形件，大小规格不一，尺寸 A 较小、B 较大。

2. 模具结构及工作原理

（1）模具结构 根据 U 形件（图 3-30a）弯形特点，设计了图 3-30b 的弯曲模结构。

（2）模具工作原理 模具安放于压力机上进行弯曲加工，整个弯形利用组合上模块 4 与滚轮 2 完成。工作时，卸料块 5 被卸料杆 6 顶起至与滚轮 2 外表面平齐。此时，将坯料置于滚轮 2 表面后，上模下行，组合上模块 4 与卸料块 5 共同将坯料压紧。随着压力机上滑块的逐渐下行，板料在组合上模块 4 下压紧力及卸料块 5 上压紧力共同作用下缓缓下移，滑过滚轮 2 后便弯制成 U 形。成形后，机床上滑块逐渐上移，组合上模块 4 也随之上移，卸料杆 6 将卸料块 5 顶起，弯形好的 U 形件滑过滚轮 2 实施校形后被推至滚轮 2 外表面，完成整个零件弯制。

3. 设计要点 模具设计中，滚轮 2、组合上模块 4 均用 T10A 钢，热处理后硬度为 52 ~ 58HRC。为保证滚轮弯制过程的连续性，同时，提高弯制件的表面质量，滚轮轴 3 与滚轮座 1 成间隙配合，保证滚轮弯制时能灵活旋转。

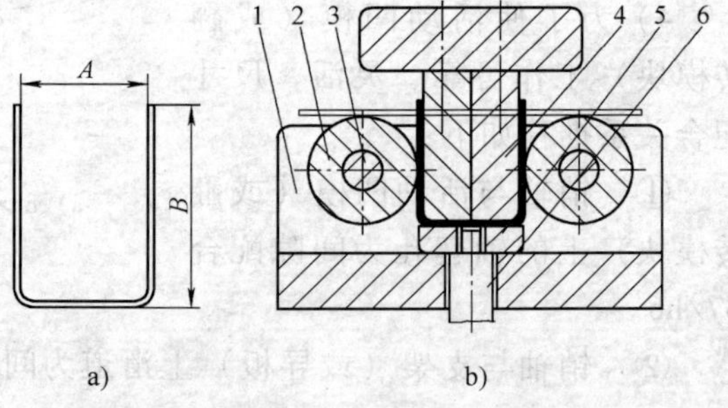

图 3-30 U 形件简图及弯曲模结构简图

a）U 形件 b）弯曲模

1—滚轮座 2—滚轮 3—滚轮轴 4—组合上模块 5—卸料块 6—卸料杆

更换滚轮 2 及组合上模块 4 便可弯制不同宽度 A 的 U 形件。

4. 使用效果 模具设计、制造后，分别弯制了 A 为 30 ~ 50mm、B 为 80 ~ 220mm 及料厚为 2 ~ 5mm 等不同尺寸窄而高的 U 形弯曲件。弯制的零件回弹小、垂直度好，弯制的零件一次合格。

将不锈钢等表面弯曲质量要求较高的外观件安排到该弯曲模上加工，也取得了较好效果。

5. 本例设计总结 对于窄而高的U形件，由于折弯刀无法插入，故不能用折弯机直接弯成。若要使用，也只能先用折弯刀弯成一钝角，然后用手工弯成直角，生产效率低，弯制质量差，直接影响产品质量及经济效益的提高。

采用滚轮弯曲模能解决折弯机无法直接弯制的困难；同时能解决使用专用弯曲模弯制，工装设备投入大，经济性差的矛盾。使用滚轮弯曲模，只要更换少量相关零件，便可实现不同尺寸U形件的弯制，同时提高了工作效率，保证了产品质量。

由于本例采用的是滚轮连续性弯曲，因而弯制过程稳定、可靠；弯制件表面圆滑、光洁，没有原使用折弯刀在普通折弯机上折弯所形成的刀痕，零件弯曲表面质量好。

3.2.3 内抽芯式弯牙模

1. 零件结构 图3-31为20cm高压锅盖结构简图，采用4mm厚的L1（1070A）制成。该零件经过落料、拉深、整形后，锅盖上还有六个牙需要弯曲成形，而成形后这六个牙需要内抽芯方能脱模。

2. 模具结构 由于压力锅盖为圆形，六个牙均布于其上，因此，可将心轴6和下模部分设计成圆锥面。利用心轴的锥面实现牙模8的到位，并利用下模中的锥面来完成六牙内抽芯。图3-32所示为内抽芯弯牙模结构。

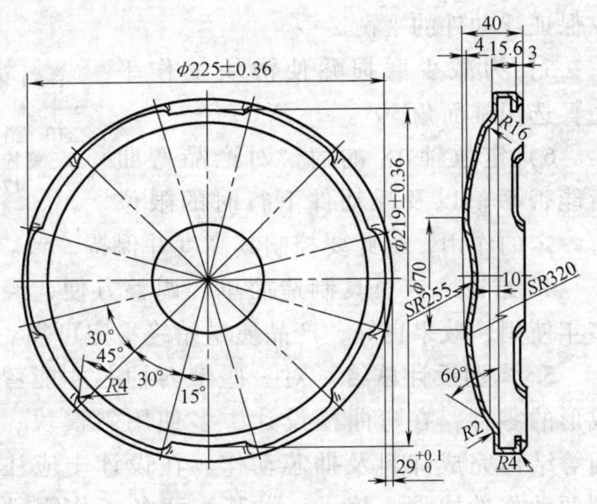

图3-31 零件结构简图

模具工作时，将整形后的坯件放入内模7，随着压力机滑块的下行，上模1压着坯件，随处于浮动状态的内模7、牙模8、滑块3、滑轨10、托板19沿心轴6向下运动。由于牙模8与滑块3靠内六角螺钉2和圆槽定位，连为一体，所以在向下运动的同时，六件滑块即沿心轴上的锥面同时向外运动，使牙模到达六个牙制定的位置。当压力机滑块再向下运行，坯料与下模六槽接触R角部分受阻，随上模1继续向下运动，其与下模9、牙模8共同作用逐渐弯牙成形。

随着压力机滑块上升，橡皮16通过顶杆11将模具中所有浮动件沿心轴向上顶，滑块3上行与下模9中的锥面接触，使其在不断上升的同时向内运动，牙模也同时向内向上运动，到达限位位置后，六个牙模同时完成内抽工作，此时，只需将弯好牙的零件取出，完成整个工作过程。

3. 设计要点

1）为保证六个滑块3、牙模8在上、下滑动过程中的位置精度，同时保证弯牙时两侧的间隙均匀，避免牙模与下模相碰，在浮动部分加定位轴18。

2）设计时，要注意心轴6与下模9的锥面部分的高度差控制，以保证浮动部分下行时不产生干涉。

3）由于锅盖在弯牙过程中会产生一部分铝屑，因此，下模板中要开设几个较大的落屑孔，以便清除铝屑。

4）六件顶杆11要求高度一致，以保证浮动件的平衡。

5）为减少磨损并使滑块工作平稳，选用锥面角30°。

6）定位轴18的肩，对产品弯曲后能否平整以及浮动件下行时的限位有一定的作用，因此要控制其高度并保持一致。

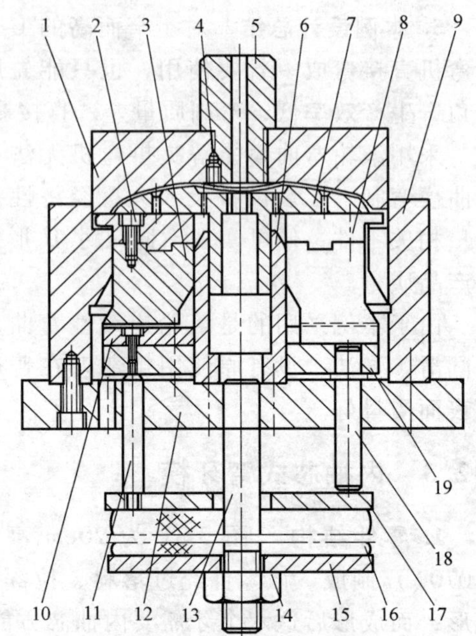

图3-32　模具结构简图

1—上模　2—内六角螺钉　3—滑块　4—螺钉　5—模柄　6—心轴　7—内模　8—牙模　9—下模　10—滑轨　11—顶杆　12—下模板　13—双头螺栓　14—螺母　15—下垫板　16—橡皮　17—上垫板　18—定位轴　19—托板

4. 结论　该模具制造简单，调整方便，经过多年使用，效果良好，产品质量始终稳定可靠。

5. 本例设计总结　对一些带内抽芯才能弯曲成形的零件，在弯曲模设计中多使用斜楔块、锥面等结构完成卸料及抽芯动作。在设计中应注意到两动作的协调、统一，尤其注意各工作零件在上、下浮动过程中不相互干涉。

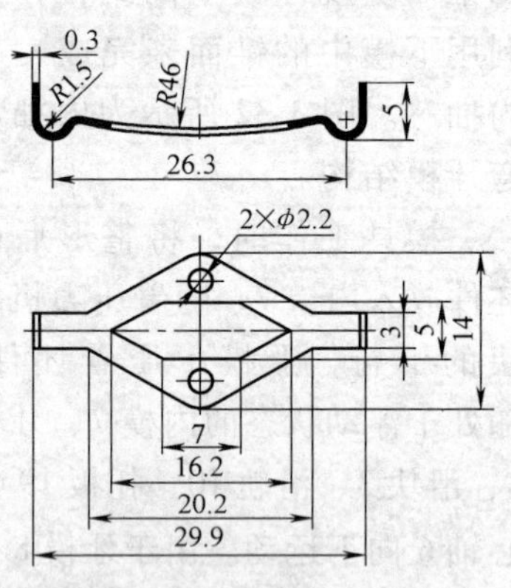

图3-33　零件结构简图

3.2.4　弹簧片双斜楔弯曲模

1. 零件结构　图3-33所示的弹簧片零件，采用0.3mm厚的60Si2Mn弹簧钢带冲压而成，由于结构需要，要求成形一处*R*46mm的大圆角及二处*R*1.5mm的小圆角。

2. 工艺计算　该零件形状并不很复杂，制订的工艺方案为：冲切展开料后直接弯曲成形，由于料薄、材料强度高，因此，加工难点在于回弹量的确定。

弯曲回弹量的大小由角度回弹量 $\Delta\theta$ 和曲率回弹量 $\Delta\rho$ 表示，当 $R<(5\sim8)t$（t 为板料厚度）时，工件弯曲半径变化不大，只考虑角度回弹。因小圆角 $R_{小}=1.5\text{mm}=5t$，大圆角 $R_{大}$（$=46\text{mm}$）$>8t$（$=2.4\text{mm}$），所以对弹簧片的小圆角仅考虑角度回弹，对大圆角的角度回弹和曲率回弹则都须考虑。

将大圆角处的各参数代入板料弯曲时的凸模圆角半径 $R_{凸}$ 公式：

$$R_{凸}=\frac{R}{1+\frac{3\sigma_s R}{Et}}$$

式中 R——工件圆角半径（mm），此处 $R=46\text{mm}$；

σ_s——材料屈服强度（MPa），此处 $\sigma_s=620\text{MPa}$；

E——材料弹性模量（MPa），此处 $E=210000\text{MPa}$；

t——材料厚度（mm），此处 $t=0.3\text{mm}$

解得，$R_{凸}=19.5\text{mm}$，这即为计入曲率回弹补偿后对应于弹簧片大圆角 $R46\text{mm}$ 的凸模曲率半径。

大圆角曲率回弹量为：$\Delta\rho=46\text{mm}-19.5\text{mm}=26.5\text{mm}$

根据图 3-34 弯曲凸模角度回弹的计算简图，图中虚线为弯曲回弹后达到的工件形状。将大圆角处的各参数代入板料弯曲时的凸模角度 $\alpha_{凸}$ 公式：

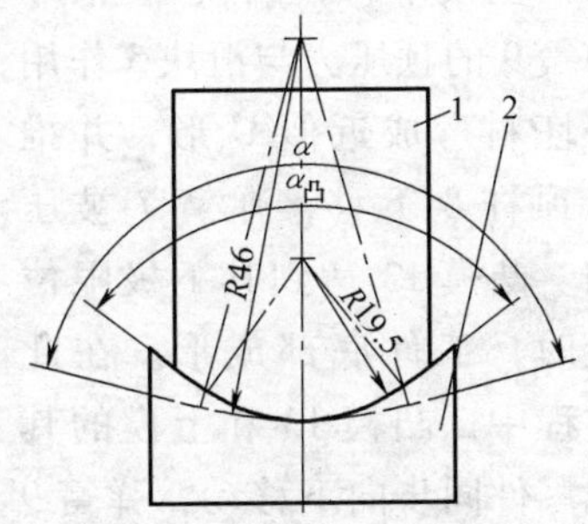

图 3-34 弯曲凸模角度回弹的计算简图
1—凸模 2—凹模

$$\alpha_{凸}=\alpha-(180°-\alpha)\left(\frac{r}{r_{凸}}-1\right)=180°-\frac{r}{r_{凸}}(180°-\alpha)$$

式中 r——工件的圆角半径（mm），此处 $R=46\text{mm}$；

$r_{凸}$——凸模的圆角半径（mm），$r_{凸}$ 依上式计算等于 19.5mm；

α——弯曲件的角度（°），根据零件结构可求得 $\alpha=148.9°$；

$\alpha_{凸}$——弯曲凸模角度（°）。

解得：$\alpha_{凸}=106.8°$

故该零件的角度回弹量 $\Delta\theta=148.9°-106.8°=42.1°$

那么，大圆角的单边角度回弹量为 $\Delta\theta_1=\Delta\theta/2=21.1°$

根据表 3-6 查得，小圆角的角度回弹量为 $\Delta\theta_2=4°$

大、小圆角的单边角度回弹之和 $\Delta\theta_{单}=\Delta\theta_1+\Delta\theta_2=25.1°$

由此可求得，模具处于闭合状态时压在模具中的弹簧片尺寸如图 3-35 所示。

显然，该工件的弯曲回弹量较大。回弹前，工件底部大圆角半径为 $R=19.5\text{mm}$，工件的两侧直边向内倾斜 25.1°。据此确定模具凹模相应部分的尺寸。

3. 模具结构 考虑零件回弹后，根据图 3-35 所示零件形状，那么采用普通的直压式弯曲模已无法完成该种形状的弯制，于是可以考虑采用斜楔模结构。设计的模具结构如图 3-36 所示。

模具工作时，整个上模处于其最上位置，凸模 13 在弹簧 9 和螺钉 2 作用下处于相对于上模板 12 的下极限位置。在弹簧 6、挡销 4、弹簧 7 和凹模 15 作用下，滑块 5 和顶杆 8 分别处于各自的初始极限位置（左右两边极限位置和上极限位置）。顶杆 8 上表面的最低点与滑块 5 上表面平齐。将毛坯的 2 个孔套在定位销 14 上定位。

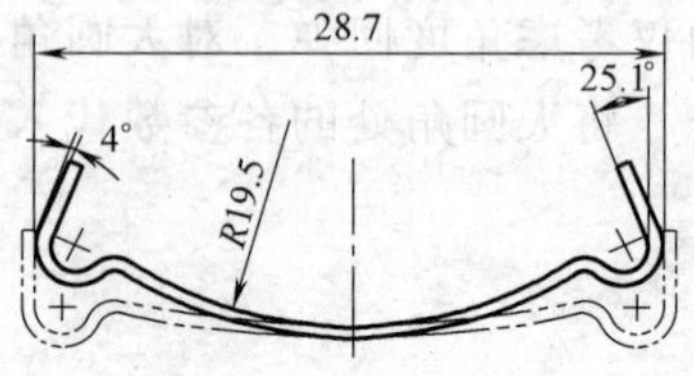

图 3-35 考虑回弹后零件的尺寸

上模下行，凸模 13 依靠弹簧 9 的预压力与滑块 5 作用将坯料弯成近似 U 形，并推着顶杆 8 下移，弹簧 7 被压缩。凸模 13 达到其下极限位置时，工件底部成形。在此过程中，凸模 13 和上模的其他零件同步向下移动，弹簧 9 未被压缩（模具装配时弹簧的预压变形除外）。

随着上模继续下行，凸模 13 静止不动，弹簧 9 被压缩，斜楔 3 推动 2 个滑块 5 移向中心，当上模下行至其下极点时，2 个滑块 5 与凸模 13 闭合，工件最终成形。

压力机滑块上升，斜楔 3 先脱离滑块 5、弹簧 6 使滑块 5 恢复至模具工作前的初始位置，凸模 13 静止不动，弹簧 9 恢复至其初始高度，上模座 12 移至与螺钉 2 的凸台接触，上模继续上移，通过螺钉 2 带动凸模 13 离开下模，弹簧 7 使顶杆恢复至初

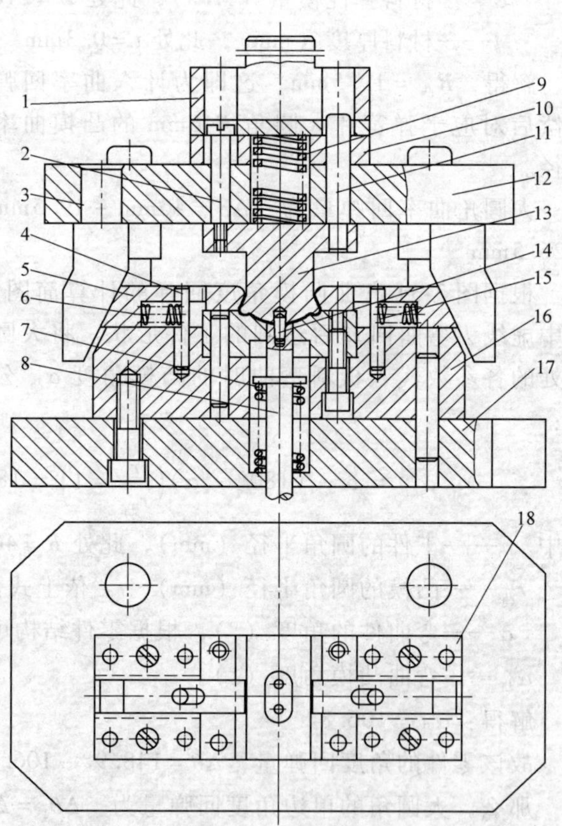

图 3-36 模具结构简图

1—模柄 2—螺钉 3—斜楔 4—挡销 5—滑块 6、7、9—弹簧 8—顶杆 10—垫板 11—小导柱 12—上模板 13—凸模 14—定位销 15—凹模 16—下模 17—下模板 18—导板

始位置，工件留在凸模 13 上，沿前后方向取下工件。

4. 设计要点

1）模柄 1、垫板 10 和上模座 12 用定位销和螺钉连为一体。

2）小导柱 11 与凸模 13 过盈配合（H6/r5），与垫板 10 和上模座 12 间隙配合（H7/g6）。凸模 13 在弹簧 9 和凹模 15 作用下，沿导柱 11 上下浮动。受结构空间限制，为使弹簧 9 的张力和行程满足工作要求，采用矩形截面的螺旋弹簧。

3）斜楔 3 采用铆接固定工艺，装配时将斜楔的底面铆开，然后磨平。

4）导板 18 用 1 个螺钉和 2 个定位销固定在下模板 16 上，与滑块 5 间隙配合（H7/f6）。滑块 5 靠导板 18 导向，在斜楔 3 和弹簧 6 作用下可左右移动。顶杆 8 与凹模 15 间隙配合（H7/f6），在弹簧 7 和凸模 13 作用下浮动。

5. 效果 该模具结构简单，工作可靠，操作方便，效率高，适用于弯制弹簧片类的小工件。

6. 本例设计总结 本例是在充分考虑到零件弯曲后的曲率及角度回弹后，根据其回弹补偿后的形状而设计的弯曲模，由于补偿后的形状无法利用直压式普通弯曲模弯曲，因而设计了采用一个垂直浮动凸模和两个水平移动的成形模块进行弯曲的较复杂斜楔弯曲模，这是在生产中对料薄、回弹大的弯曲零件常用的一种加工方法。

若批量较小，零件精度要求不高，考虑到模具制造成本的降低，也可仅考虑其主要的曲率回弹量，而设计直压式弯曲模，其角度回弹通过设计制造简单的校正胎具由手工完成，同样能满足产品要求并达到较好的经济效益。

3.2.5 对焊圆筒简易弯圆模

1. 零件结构 图 3-37 所示圆筒采用 2.5mm 料厚的 Q235—A 钢弯圆后对焊而成，生产批量不大。

2. 加工工艺分析 该类圆筒件常规的加工工艺为三辊滚弯，最后对焊成形，由于受加工设备的限制，该方案无法实施。

考虑到生产批量不大，从经济性考虑采用简单工序模成形，加工工艺为：剪切条料→弯成 U 形→弯圆（分段压弯，最终成形）→对焊成形→校正。

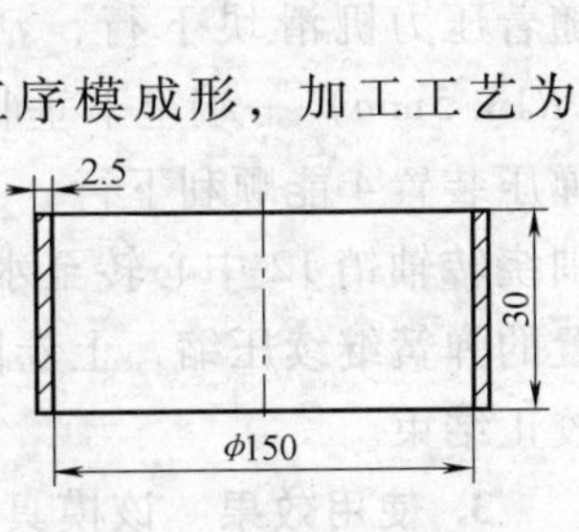

图 3-37 零件结构简图

3. 模具结构 所用 U 形弯曲模为通用型模具，此处不再详述，采用的弯圆模结构如图 3-38 所示。

工作时，直接将弯成 U 形的坯料套入下模 3 后，压力机滑块下行，直接压制，随着压力机滑块上行，将压制好的半成品转动一个角度，重复上述动作，直至零件成形。

4. 设计要点

1）上、下模与圆筒接触处的圆弧半径和成品零件的圆弧半径相同。

2）为降低模具高度，将图 3-38 中的 a 值控制在一定的范围内，如果 a 越大，则生产效率越低。

3）为方便取工件，下模不能制成半圆，下模与工件接触面要小于 1/2 圆周。

4）为防止坯料与下模座发生干涉，下模高度不能太低，且下模的悬臂端尽量短，以改善模具的受力状态。

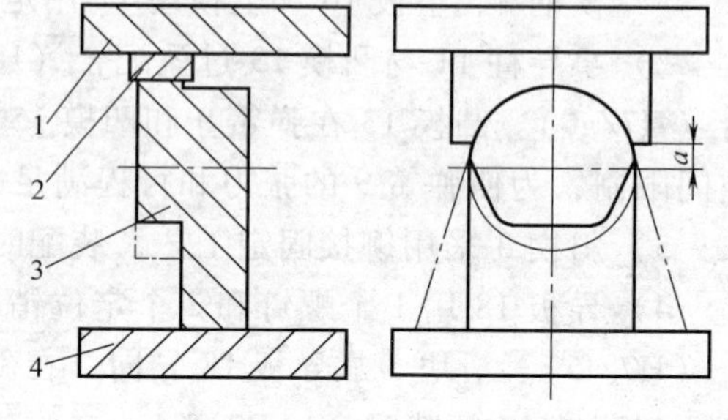

图 3-38　模具结构简图

1—上模座　2—上模　3—下模　4—下模座

5. 使用效果　模具设计、制造完成后，生产的零件能满足产品要求。

6. 本例设计总结　对于圆筒的弯制，常用的方法为三辊滚弯，本例设计的生产工艺和模具结构简单，生产的产品质量稳定，材料利用率高。

3.2.6　铰链卷圆模

1. 零件结构　图 3-39 所示铰链采用 6mm 厚的 Q235—A 钢制成。

2. 模具设计　该零件在完成预弯后，采用图 3-40 模具结构加工成形。

该模具在导柱上套装两只圆柱形支承弹簧，在非工作状态下，由弹簧的作用把上模托起。

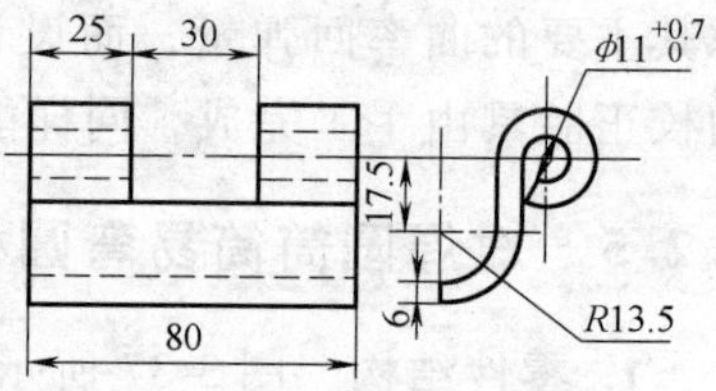

图 3-39　零件结构简图

工作时，将预弯过的毛坯（毛坯形状见图 3-41）以定位块 11 和下卷圆模块 9 部分定位，随着压力机滑块下行，活动压块 8 在弹簧 6 和顶销 7 的作用下，压紧圆弧（R13. 5mm）一端呈下垂状态，两活动压块之间的尺寸小于工件毛坯之间尺寸，弹压装置 4 能顺利下行，直到活动压块圆弧与工件圆弧接触，活动压块 8 才逐步围绕转轴销 12 中心转至水平位置，压紧工件。上模继续下行卷圆开始，弹压装置的弹簧继续压缩，上卷圆模块 5、下卷圆模块 9 与活动压块 8 接触，工件卷圆校正结束。

3. 使用效果　该模具经验证能达到一次卷圆的目的。

4. 本例设计总结　该零件为偏圆类铰链，由于 $r/t=5.5/6=0.96<4$，根据卷圆一般原则，可不用芯棒，经预弯、卷圆两道工序便能完成卷圆要求。

由于板料较厚，坯料端部不易弯曲变形，查表 3-13，预弯端部圆弧时，应将凹模的中心向里偏移 0.65mm，使其局部挤压成形见图 3-41。考虑到在推挤成形过程中，材料有增厚的趋势，根据铰链内径尺寸为 ϕ11mm，确定卷圆凹模为 R11.5mm，以保证卷圆后尺寸公差。

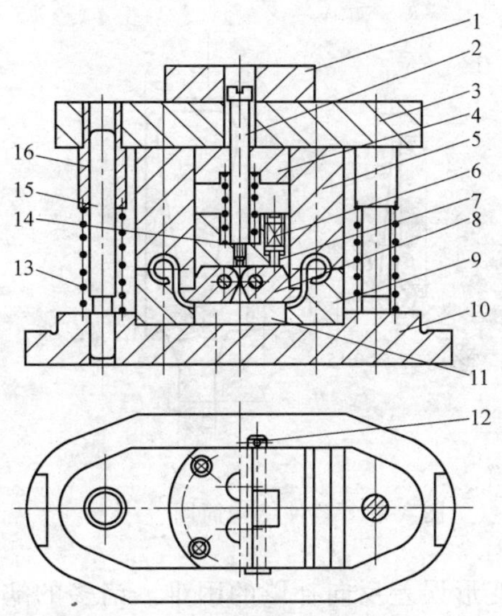

图 3-40 模具结构简图

1—压头 2—压料杆 3—上模座 4—弹性压料装置 5—上卷圆模块 6—弹簧 7—顶销 8—活动压块 9—下卷圆模块 10—下模座 11—定位块 12—转轴销 13—支承弹簧 14—压紧弹簧 15—导柱 16—导套

由于零件料较厚，直边长度不大，本例采用了立式卷圆模结构。为保证零件定位的稳定、可靠，采用了在用活动压块 8 完成零件的压紧、定位后，才开始卷圆的加工方式，既保证了零件的坯料定位可靠，又通过压紧增大了坯料的抗弯刚性。整个加工工艺为：预弯卷圆头部并成形 R13.5mm 圆弧→立式卷圆。

该件也可采用图 3-21b 所示卧式卷圆，但由于圆弧 R13.5mm 的存在，不便于定位及压紧，因此，若采用卧式卷圆，则加工工艺方案为：预弯卷圆头部→卧式卷圆→弯成 R13.5mm 圆弧。

3.2.7 摆杆成形工艺及模具设计

1. 零件结构 图 3-42 所示为摆杆零件，采用 3mm 厚的 50CrVA 钢制成，成形后须进行热处理。

2. 加工工艺分析 该零件形状大体属于正圆类铰链，零件卷圆包角达到 342°，对圆度及两边的成形角度要求较高。

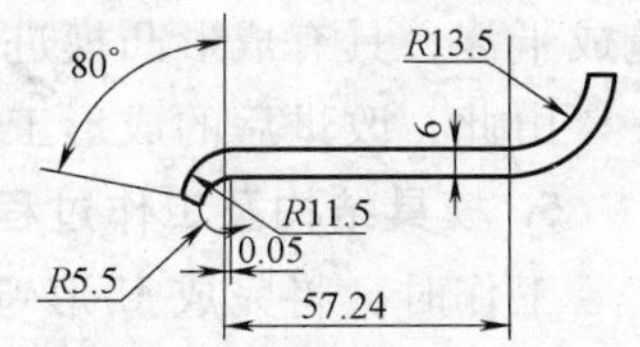

图 3-41 零件预弯结构简图

对照卷圆进行类比分析：$r/t = 4.15/3 = 1.4 > 0.5$，须采用两道预弯工序，然后卷圆。又由于卷圆直径有公差要求，应采用芯棒。因此，确定零件成形工艺如图 3-43 所示：预弯→第二次预弯→终成形→校正。

3. 加工缺陷分析 由于成形工序较多，零件经过多次定位，其尺寸、形状精度都很低，又由于零件材料强度较高，卷圆后的外圆柱面刮伤十分严重，零件形状一致性差，使零件校正后的内应力差异较大，经热处理淬火、中温回火后，各零件的变形使形状误差的离散性较大，变形规律不明显，增加了热处理

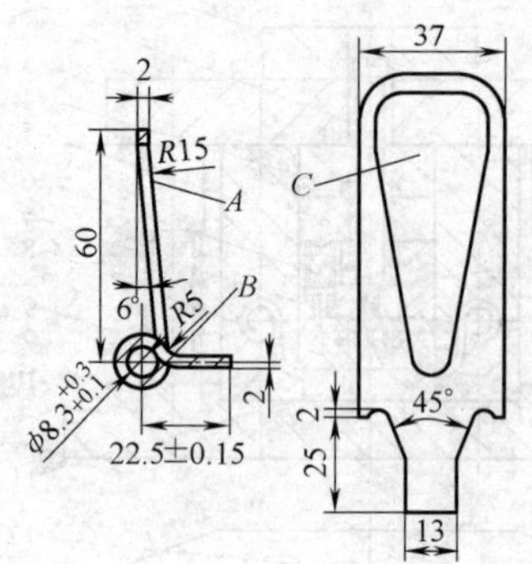

图 3-42 零件结构简图

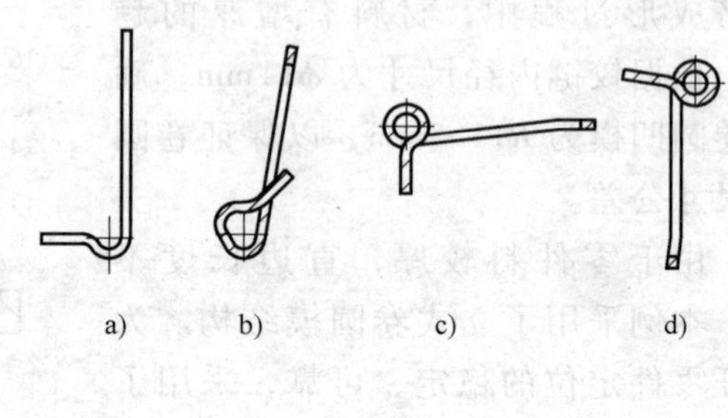

图 3-43 零件原成形工艺

a）预弯 b）第二次预弯 c）终成形 d）校正

的变形误差反向补偿的困难。诸多的缺陷使零件的合格率不到 50%。

4. 加工工艺改进 考虑到卷圆端头 13mm 宽处头部的存在，使得最不易成形的铰链头部的卷圆成形变得容易，为改善原加工工艺工序多、预弯形状复杂、不便于定位的缺陷。由此考虑改变预弯工序形状要求，直接弯成 U 形，充分利用 13mm 宽的头部直边成形，整个铰链卷圆由两道工序完成。

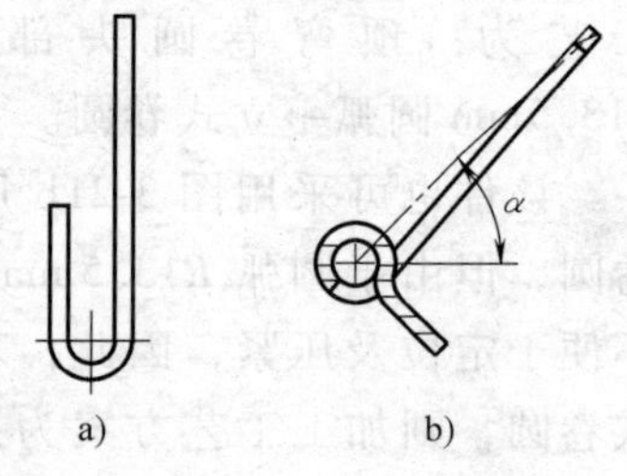

图 3-44 零件改进后的成形工艺

a）预弯 b）终成形并校正

综合考虑零件的形状，即：*A*、*B* 处的折弯是否能附加入卷圆两道工序之中，以减少模具数量，*A* 处的折弯较为简单，成形角度大，允许凸模进入方向角度大，加入卷圆工序应不困难。*B* 处成形凸模进入角度内，零件刚好有孔 *C*，故零件基本不对 *B* 处成形造成干涉，具有成形凸模进入空间，此处成形可加入零件终成形中。

由此，改进后的成形工艺如图 3-44 所示。

5. 模具结构及工作过程 按改进后工艺设计的终成形模具如图 3-45 所示。

工作时，将完成 U 形弯曲的半成品件放入凹模，以 U 形圆弧面和大平面定位，侧面以定位挡板 8 定位，上模随压力机滑块下行，导正销 9 在导板 5 的滑槽斜角作用下，带动与导正销 9 固连的滑块 11、芯轴 12 向里运动，到位后由锁楔 17 锁紧滑块，芯轴 12 在前端定位锥的作用下连成一体，由凹模镶块 15 支撑，凸模镶块 6 与工件接触，工件受力后使定位圆弧面、大平面紧贴凹模 7，实现精定位，凸模 4 继续下行完成成形，工件与凹模 7、凸模 4 全接触后，压力机对工件校正，压力机回程，凸模 4 随上模上行，导板 5 带动滑块 11 实现抽芯，取出工件，完成一个工作循环。

6. 设计要点

1）为使凹模内的受力得到平衡，避免成形时凸模与凹模的干涉，凹模设计成V形结构。各部分成形零件结构如图3-46所示。

2）采用导板抽芯方式，使滑块动作可靠，避免因材料厚度或强度的变化而使抽芯力波动。为保证成形动作前芯轴的到位及成形后抽芯的需要，设计了双面抽芯机构来满足工作要求，导板5上的双斜角导滑槽结构如图3-47所示。

3）由于导正销9始终在导板5导滑槽中滑动，故整套模具为上下模不可分离结构，压力机的工作行程应满足模具工作要求，误差应小于5mm。

7. 使用效果 经生产使用，能满足产品要求，模具结构合理，工作可靠。

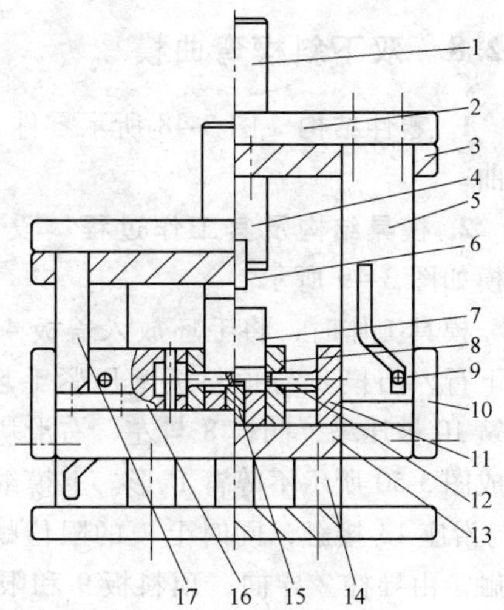

图3-45 模具结构简图

1—模柄 2—上模座 3—凸模固定板 4—凸模 5—导板 6—凸模镶块 7—凹模 8—定位挡板 9—导正销 10—侧板 11—滑块 12—芯轴 13—导滑座 14—垫块 15—凹模镶块 16—压板 17—锁楔

8. 本例设计总结 本例零件形状大体与正圆类铰链类似，最初制定的加工工艺方案也是按铰链类成形考虑安排的，但由于预弯后的零件不规则，零件后续成形定位困难，而原工序又较多，且须经过多次定位，最终造成其尺寸、形状的精度降低，不易保证零件的加工质量。

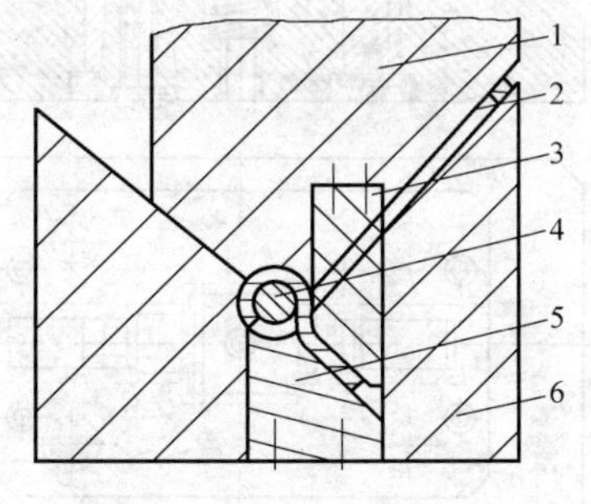

图3-46 零件成形并校正成形零件结构

1—凸模 2—工件 3—凸模镶块 4—芯轴 5—凹模镶块 6—凹模

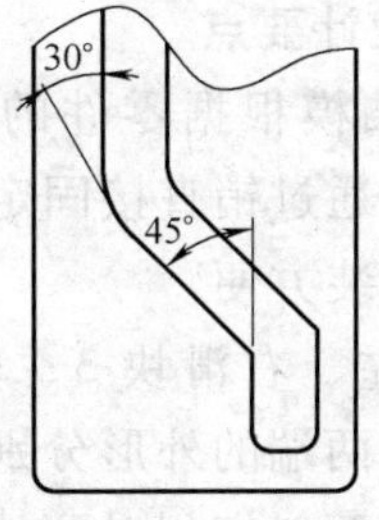

图3-47 导滑槽结构

在此情况下，根据零件的结构，充分分析其特性，采用适当的集中工序，减少定位次数是解决问题的常用途径。

3.2.8 双下斜楔弯曲模

1. 零件结构 图3-48所示零件，一端为V形弯曲，另一端为半圆形的U形弯曲。

2. 模具结构及其工作过程 设计的双下斜楔弯曲模如图3-49所示。

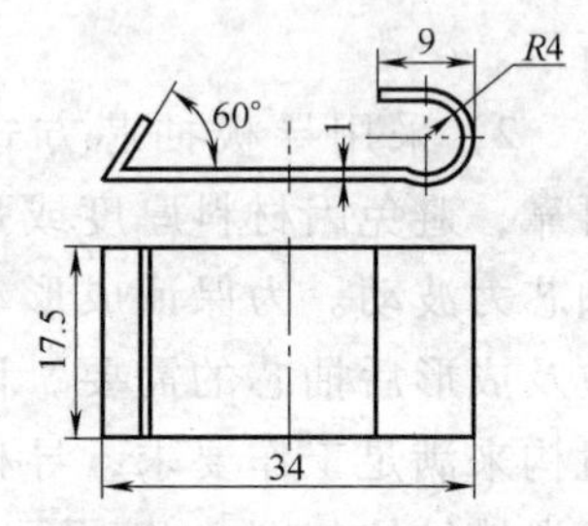

图3-48 零件结构简图

模具工作时，将毛坯放入盖板4的槽中定位，上模下行，凸模8与顶料板9压紧毛坯一起向下运动，弹簧10被压缩，凸模8与左、右滑块3、12把毛坯预弯成图3-50所示不等臂U形。上模继续下行，顶料板9与滑座13接触，同时上模的限位螺钉7也与盖板4接触。由导柱2导向，顶料板9和限位螺钉7推动凹模13、左滑块3、右滑块12、盖板4和卸料螺杆14一起向下运动，同时在左、右斜楔5、11的作用下，左、右滑块3、12沿水平方向向中心移近弯曲件。左、右斜楔5、11与左、右滑块3、12行程结束后，滑块的成形面将工件弯曲成形。

上模回程，在压力机弹顶器的作用下，通过卸料螺杆14推动滑座13、左滑块3、右滑块12和盖板4一起向上运动，同时左、右斜楔5、11使左、右滑块3、12复位。上模继续回升，弹簧10的回复力使顶料板9复位。上模上升至上限位置后，取下工件。

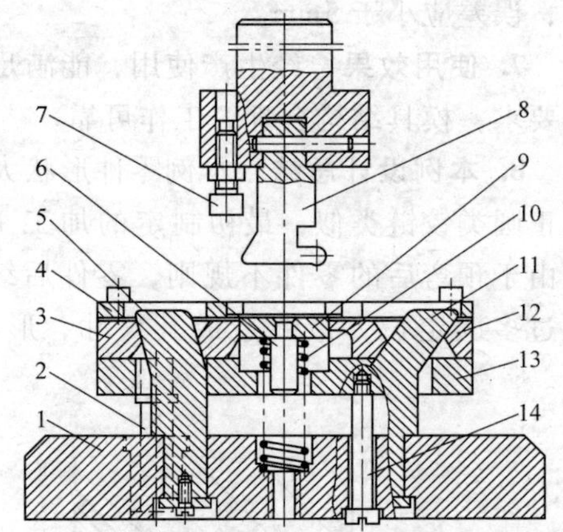

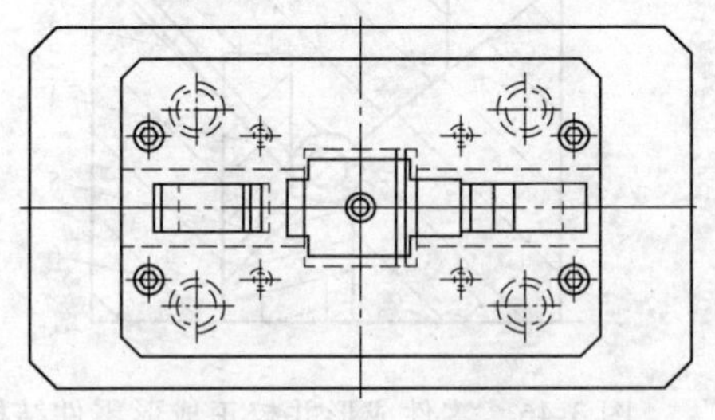
图3-49 模具结构简图
1—下模座 2—导柱 3—左滑块 4—盖板 5—左斜楔 6—弹簧座 7—限位螺钉 8—凸模 9—顶料板 10—弹簧 11—右斜楔 12—右滑块 13—滑座 14—卸料螺杆

3. 设计要点

1）凸模根据零件的内部形状及尺寸设计，通过销直接固定在上模，结构简单，安装方便。

2）左、右滑块3、12的成形面要根据零件两端的外形分别设计。在竖直方向上，两斜楔相对两滑块移动的距离相等，为保证同时成形零件两端的不同形状，所以在水平方向上，两滑块向中心方向移动的距离不同，两斜楔的楔角须设计成不同值。

3）两滑块之间的初始距离必须保

证凸模下行前与滑块之间的横向距离大于零件材料的厚度。

4）通过调整限位螺钉7，在顶料板9与滑座13接触的同时，限位螺钉7也与盖板4接触，共同推动滑座13、左右滑块、盖板4和卸料螺钉14一起向下运动。盖板4与左、右滑块3、12之间留出一定的间隙，保证滑块顺利滑动。盖板4既对工件起定位作用，又对顶料板9起限位作用。

5）模具设计时，要注意垂直、水平运动的先后关系。即先由凸模将工件和压料板压至凹模13底部后，由顶料板9和限位螺钉7推动，滑块才在斜楔作用下做水平运动。否则，相互间会发生碰撞，损坏模具。滑块的水平移动量不宜太大，初始位置定为能使工件预弯成U形即可。为保持运行平稳，滑块与凹模、导轨间应加润滑剂。

4. 结论 模具设计制造完成后，生产的零件满足产品要求。

5. 本例设计总结 该零件用常规结构的弯曲模，难以一次成形两端，也难以保证半圆头部分的尺寸，须先用模具弯成图3-50所示的预弯结构，再用模具弯成零件最终结构。

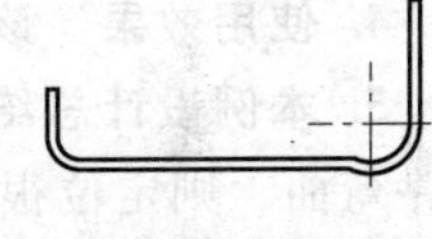

图3-50 零件预弯结构

对零件的侧向弯曲，采用斜楔滑块机构是常用的将垂直力转为水平力的结构。本例采用的双下斜楔驱动滑块结构，将斜楔安放在下模座上驱动滑块，同时成形零件两端不同的形状，整个结构紧凑，操作方便，且能一次弯曲成形，定位精度高。但受模具结构刚性的影响，该种结构模具仅适用于薄料的弯曲。

3.2.9 异形弹簧片弯曲模

1. 零件结构 图3-51所示为一个保险簧片，采用0.5mm厚的65Mn钢制成。

2. 模具结构及工作原理 设计的模具结构如图3-52所示。

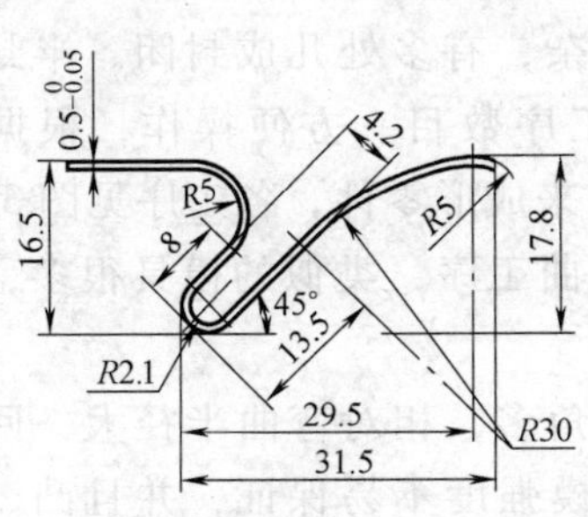

图3-51 保险簧片结构简图

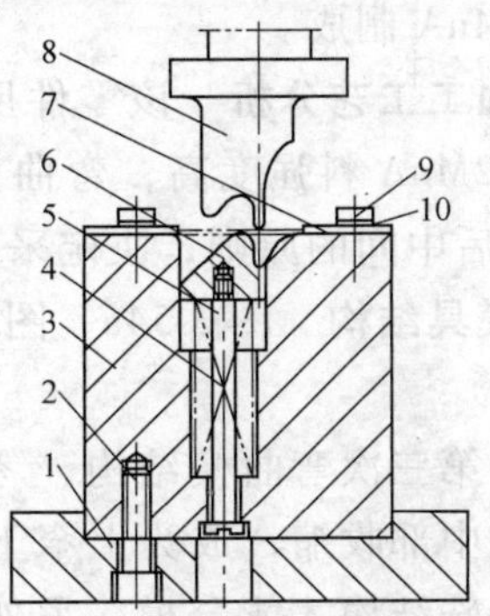

图3-52 模具结构简图

1—模板 2、5、9—螺钉 3—凹模 4—弹簧 6—下模 7—定位板 8—凸模 10—垫片

当压力机滑块下行时，凸模 8 首先与工件接触，并与下模 6、凹模 3 共同将工件压弯成形，随着滑块再下行微量，到达下死点，凸模、凹模和下模把工件压紧，起到一个校正作用。随着压力机滑块上升，下模 6 在弹簧 4 作用下把工件顶出凹模型腔，整个工作结束。

3. 设计要点

1）为保护凸模，延长它的寿命，设计中让凸模到达设计下死点时，在凸模和下模 $R2.1$mm 之间留有 0.1～0.2mm 的间隙。

2）为消除或者说减少工件的回弹量，在设计前，通过试验考虑其回弹量，同时要在模具设计上有一个校正动作，从而对其回弹进行进一步的控制。

3）工件的扭曲和左右位置，靠定位板 7 左右调整，这样便可得到满意的工件。

4. 使用效果 该模具经多年使用，产品质量稳定可靠。

5. 本例设计总结 本零件尽管外形复杂，但大体属于 Z 字形，若采用两道工序弯曲，则定位很困难，不但效率低且不能保证产品要求，因此，需设计模具一次性加工出来。

在模具设计中，为防止零件弯曲变形过程中可能出现的移位，按 Z 字形零件设计原理，使凸模 8、下模 6 先与坯料最先接触弯成 V 形，从而有效地控制坯料的滑移，同时在模具中设置定位板 7 进行坯料调整。该零件为 65Mn，材料屈服极限较高，形状中又有大圆弧，冲压后回弹很大，对模具要求校正力很大。由于该零件为非对称件，在冲压时凸模很易损坏，为此，模具工作零件设计了相应的保护措施。这些在设计中均有借鉴作用。

3.2.10 半封闭夹簧弯曲模

1. 零件结构 图 3-53 所示夹簧，采用 12mm 宽、0.4mm 厚的高强度弹簧钢带 60Si2MnA 制成。

2. 加工工艺分析 该零件尺寸小，形状复杂，有多处几成封闭、半封闭结构，60Si2MnA 料强度高，弯曲困难。为减少工序数目、方便操作，根据先外（两端）后中间的原则，决定采用四道弯曲工序来成形零件，各工序见图 3-54。

3. 模具结构 图 3-54a、图 3-54b 为简单弯曲工序，类似的模具很多，此处不详述。

（1）第三次弯曲模结构　考虑到该工序弯角多，相对弯曲半径大，回弹值大，工件中部收缩，成为上窄下宽的形状，凸模强度不易保证，并且凸、凹模需采用特殊结构才能分模。另外由于工件形状不对称，在弯曲过程中容易发生偏移。

针对上述特点，设计了如图 3-55 所示双斜楔式弯曲模结构。

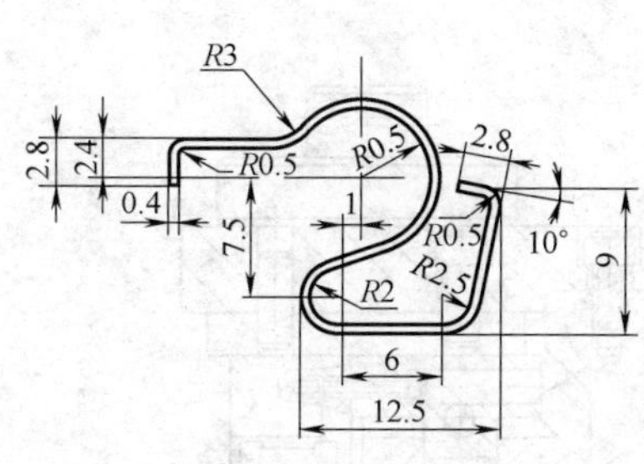

图 3-53 零件结构简图

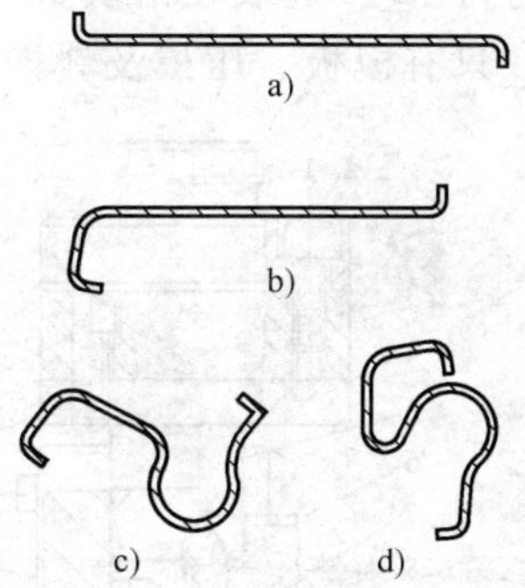

图 3-54 四道弯曲工序

a）第一次预弯 b）第二次预弯 c）第三次弯曲 d）最终弯曲

模具主要靠斜楔的作用来压弯制件。活动凸模 11 靠拉杆螺钉 13 吊在上模板上，通过弹簧 12 的弹力作用使其在斜楔 2 的滑槽内上下滑动，活动凹模 9 在顶杆、弹簧作用下在滑座 5 内上下移动，其最高点与滑块上平面平齐，左、右滑块靠斜楔的作用向中间靠拢，弹簧 8 使其复位，用定位板 3 对工序零件定位。

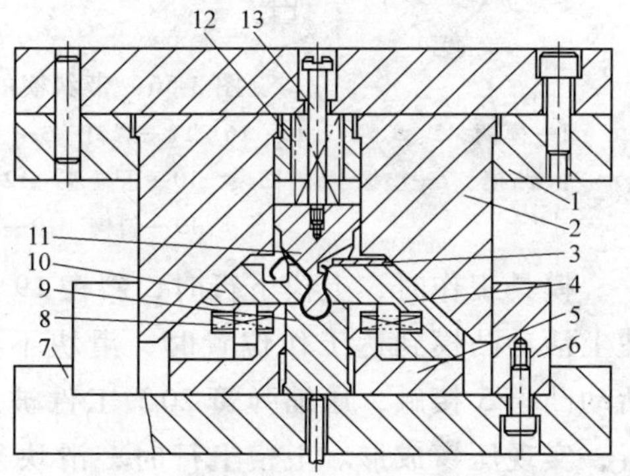

图 3-55 双斜楔式弯曲模具结构简图

1—固定板 2—斜楔 3—定位板 4—右滑块 5—滑座 6—挡板 7—下模座 8—弹簧 9—活动凹模 10—左滑块 11—凸模 12—弹簧 13—拉杆螺钉

模具工作时，上模下降，凸模 11 将工件压紧并推动活动凹模 9 下移至最低位置（要求弹簧 12 的压力必须大于压弯 U 形件时的压力和顶件器弹簧压力之和），通过左、右滑块的初始间隙，工件被压弯成 U 形，随着弹簧 12 的压缩，上模继续下降，在斜楔的作用下，同时推动左、右滑块从水平方向向中间移动，挤压工件。随着上模的回升，工件留在凸模上，人工侧向取件，完成零件的加工。

（2）最终弯曲模结构 最终弯曲的部位是左下侧的圆弧，尽管弯曲形状较简单，由于受到工件原有形状的限制，取件是个难题。若按凸模、凹模分别装在上、下模上的模具结构设计，则压弯后上下模将无法分开。

为此，设计了如图 3-56 所示的带斜楔的压弯模，将凸、凹模均放置在下模上，凹模 8 固定在下模板上，下活动凸模 6 在推杆作用下沿垫板 7、凹模 8 形成的滑槽上下移动，模具后侧装有滑块 21，其在斜楔作用下可向前移动，上活动凸模 5 与臂 18 一起装在滑块上，上活动凸模的上下行程靠限位销制约。上模结构简单，只有模板、压板及斜楔。

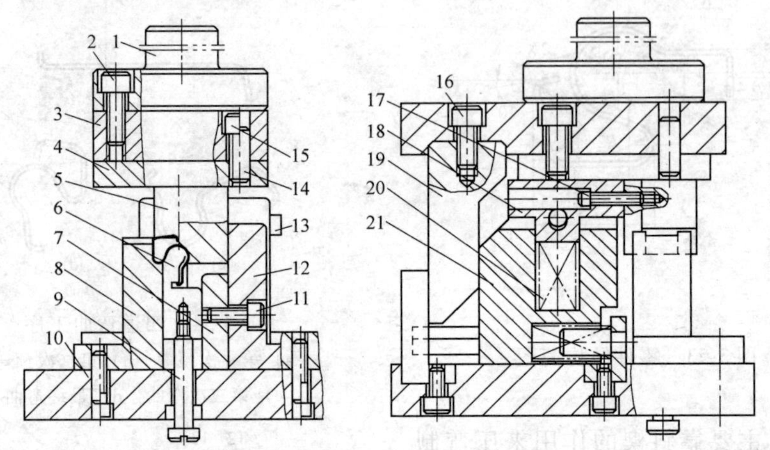

图 3-56 带斜楔的压弯模结构简图

1—模柄 2、9、11、15、16、17—螺钉 3—上模板 4—压板 5—上活动凸模 6—下活动凸模 7—垫板 8—凹模 10—下模座 12—导板 13—限位销 14—定位销 18—臂 19—斜楔 20—弹簧 21—滑块

模具工作时，上模下行时，斜楔 19 最先与滑块 21 斜面接触，当滑块前移量使上活动凸模到达工作位置时，滑块不再继续前移。上模继续下行，压板与上活动凸模 5 接触，压缩弹簧 20，工件被压紧在上下活动凸模之间。上模继续下行，实现压弯成形。上模上行时，滑块复位，上下活动凸模分离（分离量靠限位销控制），取出工件，完成零件弯曲。

4. 设计要点

1）弯制工序 3、4 的模具设计中，为减少回弹，凸、凹模及左右滑块工作部分的尺寸均须考虑回弹值后设计。

2）弯曲终了须加上必要的校正力，起一定的校正作用，进一步控制零件的回弹。

5. 使用效果 模具设计、制造完成后，生产的产品质量稳定可靠。

6. 本例设计总结 对形状复杂、尺寸小、回弹大的零件，除了零件的工序安排合理外，在设计模具时，应很好地考虑零件弯曲成形及取件的问题，此时，多采用斜楔结构、上下浮动凸凹模等结构，同时还应考虑回弹的消除。

3.2.11 双凸模弯曲模

1. 零件结构 如图 3-57 所示零件呈半封闭结构，形状复杂，弯曲处多。为提高生产效率，保证零件质量，工艺要求一次弯曲成形。

2. 模具结构及工作过程 设计的双凸模弯曲模如图 3-58 所示。

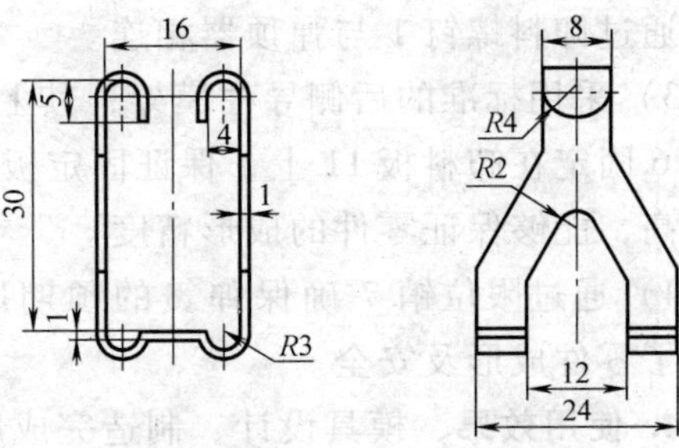

图 3-57 零件结构简图

该模具包括 2 个凸模，分别固定在卸料板 11 和固定板 8 上，随着滑块的下行，可分别完成工件的下端和上端成形，并由导柱 2 和小导柱 6 保证位置精度。

工作时，把冲切好的展开料放在凹模 15 及凹模镶块 3 上，由定位块 4 定位。滑块下行，由导柱 2 导向，固定在卸料板 11 的芯棒凸模 13 与压料板 14 共同作用，压坯料下行，成形零件下端，在芯棒凸模 13 和凹模镶块 3 的作用下，将坯料预弯成 U 形。当芯棒凸模 13 下行到下限位置时，在小导柱 6 导向下，弹簧 10 开始压缩，凸模 12 接触到坯料，开始成形零件的上端，当限位销 7 碰到卸料板 11 时，零件上端成形完毕。随着滑块上升，两凸模上行，弹簧 10 复位，此时，可取下工件。在弹顶器和卸料螺钉 1 的作用下，压料板 14 也同步复位。

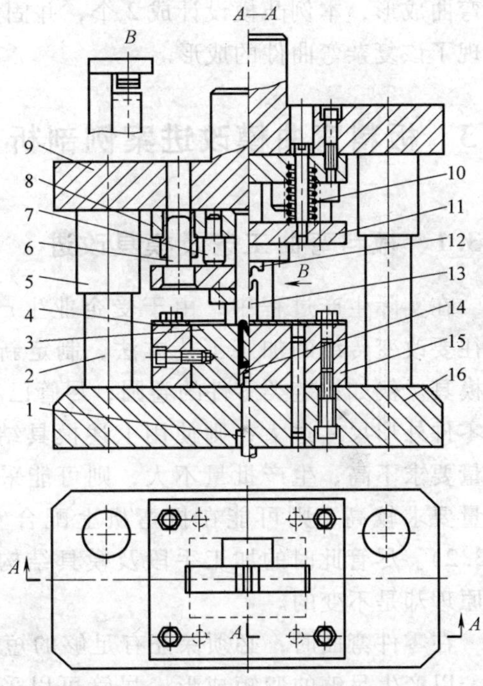

图 3-58 双凸模弯曲模结构

1—卸料螺钉 2—导柱 3—凹模镶块 4—定位块 5—导套 6—小导柱 7—限位销 8—固定板 9—上模座 10—弹簧 11—卸料板 12—凸模 13—芯棒凸模 14—压料板 15—凹模 16—下模座

3. 设计要点

1）该模具的凸模包括成形下端的芯棒凸模 13 和成形上端的凸模 12。芯棒凸模 13 的工作部位根据零件的内部形状设计，固定在卸料板 11 上，凸模 12 根据零件的外形设计，与芯棒凸模 13 配做，固定在固定板 8 上，两凸模之间的间距及弹簧的压缩量要合理设计，以保证零件上端成形过程不出现干涉，并使整个零件得到整形。

2）压料板 14 具有双重作用，既起压料作用以防坯料偏移，又作为弯曲凹模成形工件的下端，其上表面要根据零件下端外形设计，与芯棒凸模 13 配做，下部通过卸料螺钉 1 与弹顶器相连。

3）采用标准的后侧导柱模架，其上的导柱 2 保证上、下模座间的导向，小导柱 6 固定在卸料板 11 上，保证固定板 8 与卸料板 11 之间的导向。双导柱导向精度高，能够保证零件的成形精度。

4）通过限位销 7 确保弹簧的预期压缩量，进而控制凸模 12 的下限位置，保证了零件成形及安全。

4. 使用效果 模具设计、制造完成后，生产的产品质量稳定可靠。

5. 本例设计总结 本零件形状复杂，弯曲处多，呈半封闭结构，此类零件的弯曲成形须根据零件的结构特性，通过在不同位置安放成形零件，使零件依次弯曲成形，本例凸模设计成 2 个，并固定在不同位置，随滑块下行依次动作，实现了该复杂弯曲件的成形。

3.3 板料弯曲模改进案例剖析

3.3.1 板料弯曲工艺及模具改进

在实际生产过程中，由于受企业生产设备的限制以及加工经济上的考虑，往往要改变传统的加工工艺方法，制定新的加工工艺，并设计与该工艺相对应的模具。例如铰链类零件的卷圆，尽管已有比较成熟的加工工艺及其模具结构，若零件外形尺寸过大，则使用上述模具结构就不适用，也不经济。此时若产品质量要求不高、生产批量不大，则可能采用手工卷圆；若生产批量较大且产品质量要求较高，则可能在折弯机上配合专用的折弯下模完成（详见加工实例 3.3.2）。尽管此时的加工手段及模具结构发生了很大的变化，但卷圆成形的工艺原理却是不变的。

在零件弯曲时，必须保证有足够的短边弯曲高度，一般至少要求达到 $2t$ 以上，以产生足够的弯矩成形，尽管可以采取增加工艺余量，然后再切除的加工方法，但生产效率将受到影响，材料也将造成浪费，不利于企业经济效益的提高，一般情况下不予使用。分析短边零件之所以不能完成弯形的原因，可以发现，瓶颈主要在弯曲圆角部分的成形上，因此，采取措施一般也是针对圆角的弯曲。一般来说，若对弯曲短边的垂直度要求不高，可采取控制回弹中图 3-6、图 3-7 介绍的完全尖角镦压法，通过使短边的圆角区变薄成形来达到直边的弯曲；若对弯曲短边的垂直度要求较高，则可采取图 3-66 的摆块式结构，配合适当的弯曲负间隙进行。由于上述加工工艺及模具结构均会不同程度地造成圆角处的料厚变薄，当零件对料厚有特殊要求时，则不宜采用，此时便可选取增加工艺余量，然后再切除的加工方法。

为保证弯曲件质量，在工艺及模具设计中都应保证坯料在弯曲时不发生偏移，此时在模具上设置防偏挡块，采用定位销定位，增大坯料与模具间的摩擦阻力等，均是模具设计中采取的措施。此外，在试模过程中，若出现零件偏移，原因分析中也应考虑到制造方面。如：是否由于坯料两边与凹模圆角处的接触宽度不等；是否两边凹模边缘的圆角半径不相等，造成坯料向圆角半径小的一般滑移；是否模具的间隙不均匀，使坯料向间隙小、润滑状况差、表面相对粗糙的方向滑移。只有在明确偏移原因后，才能有针对性地解决。但并不是上述措施实施后，对任何零件都有效，对有些不对称零件的弯曲则在设计方案制订时，便应考虑设置成对称性工件进行加工方才有效（详见加工实例 3.3.4）。

板料弯曲过程中的回弹，尽管可通过计算、查经验图表等进行回弹补偿控制，但由于影响因素很多，很难掌握准确，在生产中，除采用回弹补偿之外，也可在加工时通过校正及反复镦压等方法改变变形区的应力状态，以减少回弹。由于此类方法既易实施又易见效，也成为弯曲加工工艺及模具设计上常采用的措施（详见加工实例 3.3.5）。

此外，控制弯曲件弹复的设计可选用合理的弯曲件结构，如在加工图 3-59a 的 U 形工件时，可同时在弯曲圆角处将直角处清角压为凸底圆角，或在图 3-59b 零件弯曲的同时压出一浅槽。厚料的弯曲也可参照执行，但压槽深度可适当减少。

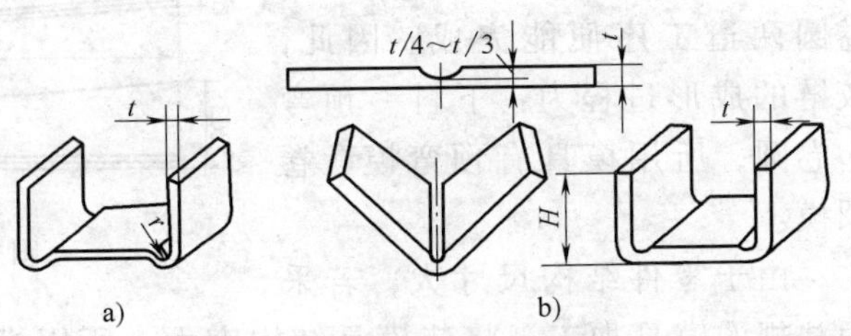

图 3-59　控制弯曲弹复的设计

a）凸底圆角　b）压槽

对弯曲角度小于 90°的弯曲件进行加工，常常要通过传力机构将压力机滑块的垂直运动变为横向运动（包括水平运动或倾斜运动），用侧向推力来完成。常用的模具结构主要有斜楔式、摆块式、转轴式等。但各式模具一定要防止自锁的发生，其中转轴式弯曲模中的关键件转轴的设计，要注意缺口的开设位置（详见加工实例 3.3.6）。斜楔式弯曲模中斜楔的设计及其常用机构参见 10.14 及 10.15 两节。摆块式弯曲模的设计可参见 3.2.1 节精弯模设计的有关内容。

对于一个零件中含有几个方向（横向和纵向）的弯曲，为保证零件质量，在冲压工艺设计时，一般都选用在一套模具中弯曲成形，以避免由于分两道工序冲压，变形时材料流动不均，造成材料局部堆聚后形成皱折，影响零件的外观质量和使用功能。在模具设计时，对此类复合性弯曲应充分考虑到各方向弯曲可能对零件成形造成的相互影响，并在模具中采取相应的限制措施。有时，这种改进措施的实施，往往是基于零件试模中出现的问题进行分析、找出症状后，有针对性地改进的结果。这是生产实践中必须掌握的技能。复合类弯曲相互影响的特性，可参见第 6 章变形类弯曲复合模的相关内容。

对料厚而强度高的零件的弯曲，应考虑采用热压模加工，在模具的设计中一定要选择红硬性较好的材料（详见加工实例 3.3.7）。

3.3.2 折弯机用卷圆模

1. 零件结构 图 3-60 所示机罩为推土机上的零件，采用 2mm 厚的 08 钢板制成，零件的两边为卷圆结构，卷圆内径为 ϕ（6.4 ±1）mm，卷圆长度为 1356mm。

2. 工艺过程的选定 该零件卷圆部分属于偏圆类铰链。对照卷圆一般原则分析 $R/t = 3.2/2 = 1.6 < 4$，故可不用芯棒，经预弯、卷圆两道工序便能完成。因此，铰链的成形过程为：下料→预弯→卷圆，所用模具有预弯模、卷圆模。

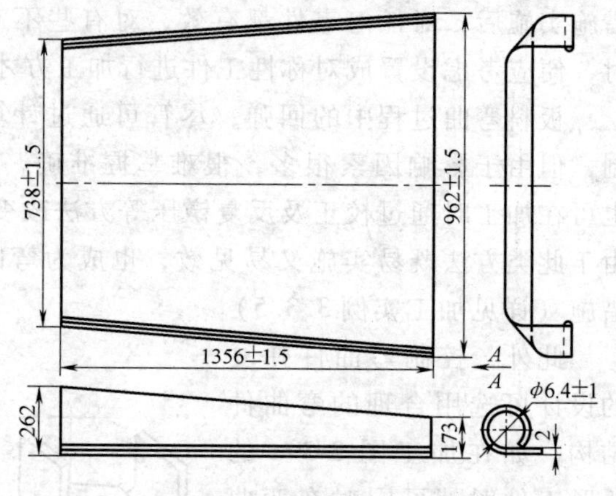

图 3-60 机罩结构简图

由于零件结构尺寸大，若采用常规的模具加工，将使模具结构庞大，所用模具材料多，加工制造周期长，同时相应需要大工作台面的压力机。

考虑到加工设备的限制及加工的经济性，安排在折弯机上加工。为保证卷圆质量，确定卷圆成形工艺如图 3-61 所示，即：下料→第一次预弯→第二次预弯→卷圆。

3. 模具及其工作原理 第一次预弯所用模具如图 3-62 所示。

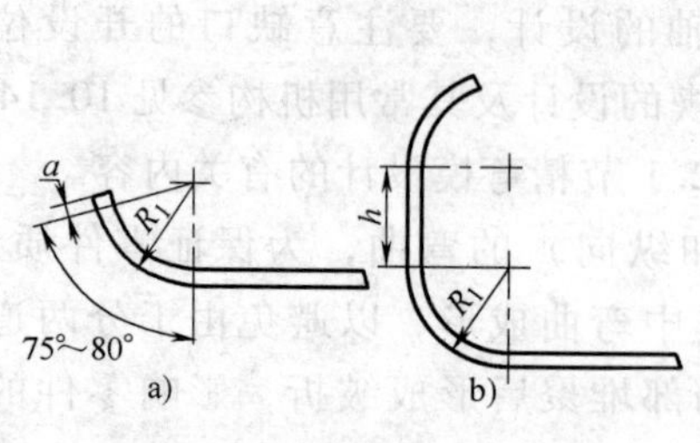

图 3-61 零件加工工艺方案
a）第一次预弯 b）第二次预弯

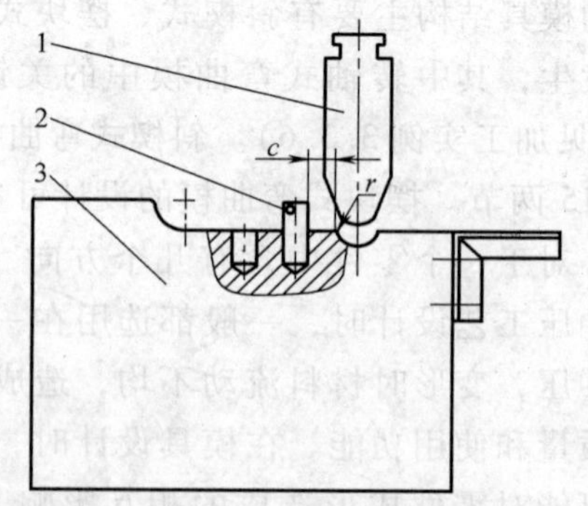

图 3-62 零件第一次预弯模具结构简图
1—上模 2—定位销 3—下模

上模1为R3.2的轧压刀，下模3按折弯机上轧枕形式设计，并装配托料架，通过定位销2预弯定位。

凹模圆角半径 r 尽量取小些（$r=0.5$mm），定位销与 r 之间的间距 C 取（1.2~1.5）mm，预弯时，既保证左边的板料有搭边量，又不致于在轧压过程中板料向右滑移，从而减小预弯件 R 前沿的直线段长度。

第二次预弯仍采用第一次预弯所用模具。预弯时，只需将定位销安放在图3-63所示的另一定位孔Ⅰ上定位即可完成零件的第二次预弯。

卷圆模结构如图3-63所示。卷圆模仍沿用第一次预弯的下模，同时更换上模。

工作时，将经过第二次预弯的工序件以下模形面 R_1 定位。卷圆初始，零件由于受偏心力的作用而旋转、滑动，使得零件右端翘起和右移。卷圆结束后，在上模的作用下，零件右侧恢复到水平位置，但右移量没有消失，使第二次预弯的工序件有效卷圆长度减少，导致卷圆角度减小、零件外形尺寸加大。

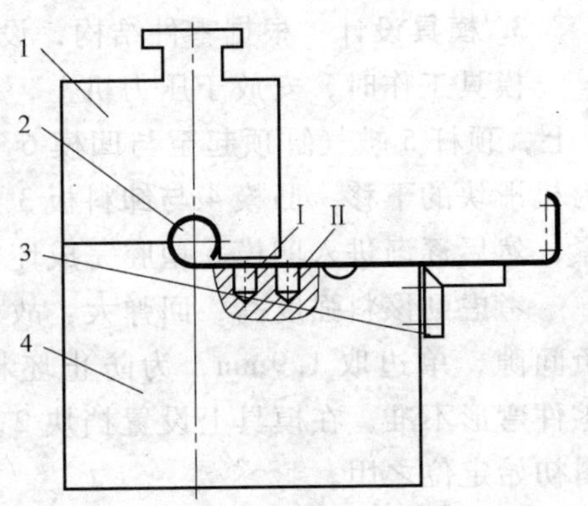

图3-63　零件卷圆模结构简图

1—上模　2—工件　3—托料架　4—下模

为解决这一矛盾，先从模具结构上考虑，因零件宽度尺寸很大，设备工作台面较小，不能安装压料装置，无法解决问题，经从工艺过程上考虑，增大第二次预弯的高度 h 尺寸，可以补偿卷圆过程中有效卷圆长度的减少量。经试验，把第二次预弯的高度 h 增至10.6mm，解决了上述问题。

4. 使用效果　利用该工艺及模具在折弯机上生产的零件，卷圆尺寸稳定，模具工作状况良好。对于长、宽尺寸较大的卷圆结构零件生产的经济效益更为显著。

5. 本例设计总结　本例是受加工设备限制或从经济性考虑而改变传统的加工工艺方法的一个典型实例，解决问题的方式也很简单、实用，时时处处都考虑到少花钱而又能办好事，这种工作方式很有实际意义，也能使企业取得更好的效益。

3.3.3　护板弯曲模设计及改进

1. 零件结构　如图3-64所示护板，采用2mm厚的高强度、高韧性军用616钢板制成，生产批量中等。由于结构设计及使用上的需要，须在一板宽200mm的钢板上弯制一处直边高度仅1mm的直角及两处钝角。

2. 零件工艺性分析 该件的弯曲性能较差，弯曲直边仅1mm，远小于弯曲工艺要求的最小直边$2t=2\times2\text{mm}=4\text{mm}$，难以产生足够大的弯矩，使零件发生塑性变形而形成弯曲直边。又由于材料强度高，故弯形更加困难。

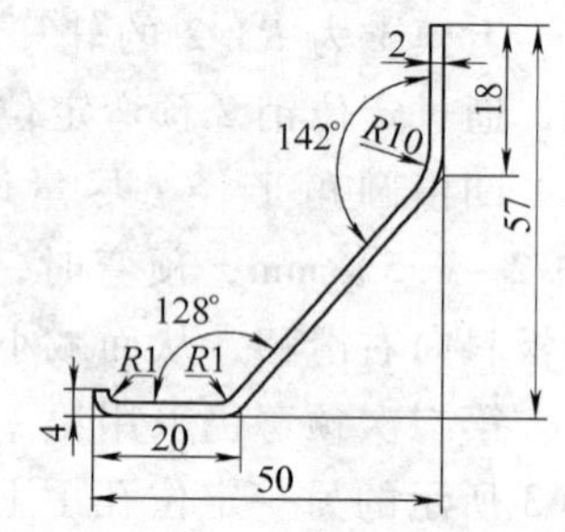

图 3-64 护板结构图

因为零件弯曲角度太多、直边太短，因而用折弯机无法弯成。为此，生产中不得不设计专用模具并采用加大弯曲直边长度进行弯曲，然后用机械加工除去该工艺留量的方法加工。

3. 模具设计 根据零件结构，设计了如图3-65所示专用模具结构。

模具工作时，安放于压力机上，坯料置于凹模6上，顶杆5被气缸顶起至与凹模6平齐，随着压力机滑块的下移，凸模4与卸料板3共同将坯料压紧，然后逐渐进入凹模6型腔完成坯料弯曲。

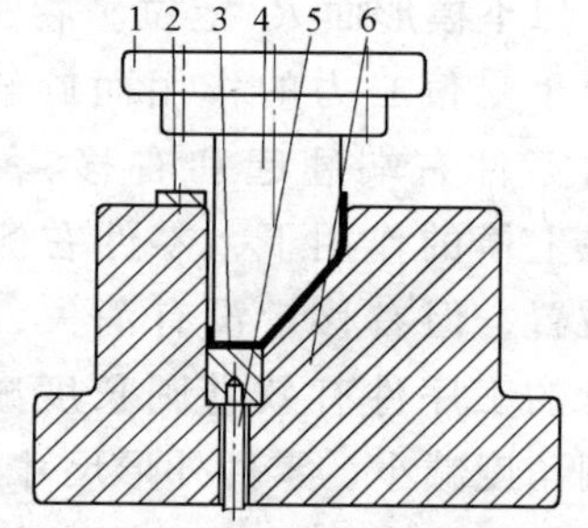

图 3-65 专用模具结构
1—上模板 2—挡块 3—卸料板 4—凸模 5—顶杆 6—凹模

考虑到该料强度高，回弹大，故模具间隙选用负间隙，单边取1.9mm，为防止坯料偏移，造成零件弯形不准，在模具上设置挡块2，同时兼作坯料初始定位之用。

4. 使用效果 弯形后的坯料经检测，短边经加长后弯形良好，但零件尺寸精度未能得到保证，最长边回弹角达5°；尝试用直边为1mm进行试弯，零件弯曲直角难以成形，弯曲内角$R1$不清晰、完整。

尽管短边经加长弯曲的零件，角度回弹大、尺寸精度未能得到保证，但经人工校正及机械加工除去工艺留量后，最终能满足图样要求。

由于零件生产批量大，材料强度、韧性高，故校正困难、工人劳动强度大，而采用机械加工除去工艺留量也增加了加工工时及材料成本，不利于生产的组织及企业效益的提高。为此，决定对原模具结构进行改进。

5. 模具改进

（1）模具改进结构及工作原理 经对零件结构进行分析，按照设计的弯曲模弯形的检测数据，设计了图3-66所示摆块式弯曲模。

模具工作仍安放于压力机上，坯料置于凹模块2及下模座11上，顶杆5被气缸顶起至高于凹模块2约5mm处，随着压力机滑块的下移，凸模6与卸料块4共同将坯料压紧，逐渐进入凹模块2与摆块7组成的型腔，在坯料下行的同时摆块7也开始克服弹簧10弹力绕其轴心旋转压向坯料完成弯曲成形。

（2）模具改进要点

1）更换卸料块，新卸料块比原块加厚5mm，同时在其顶面加工出锯齿形沟槽，以便弯形时增加坯料压紧力，防止偏心力过大而偏移。

2）为进一步弯形出小直边圆弧，摆块7、凹模块2与凸模单边弯曲间隙取1.8mm，以增加成形力矩及减少角度回弹。

3）摆块7开设角度充分考虑长直边回弹5°的特性，设置了反回弹。

4）弯形后摆块7利用弹簧10回复，利用转销9控制回复位置。

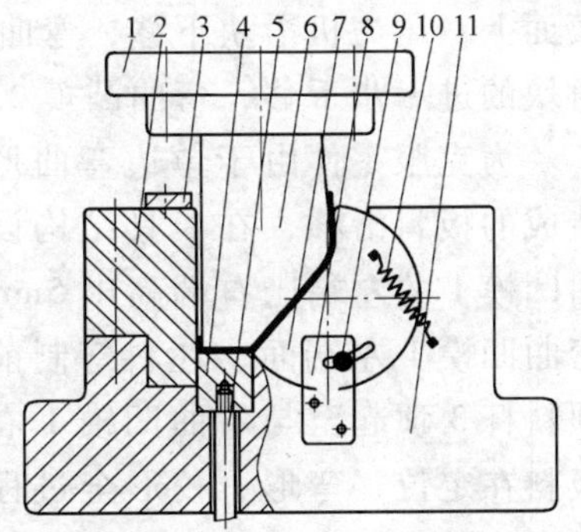

图3-66　摆块式弯曲模结构图
1—上模板　2—凹模块　3—定位块　4—卸料块　5—顶杆　6—凸模　7—摆块　8—挡块　9—转销　10—弹簧　11—下模座

6. 效果　模具改进后，经试弯，短直边弯形的内角圆弧清晰、明显，满足设计及使用要求。

7. 本例设计总结　针对零件弯曲性能差的结构，利用摆块式弯曲模，通过在模具结构中设置卸料块及摆块有效地防止坯料的偏移，再配合适当的负间隙能使模具产生较大的挤压力及弯矩，从而有效地弯制出小直边零件。

采用该工艺方法设计的弯曲模，能克服传统模具加工后零件的回弹大、校正工作量大的难题。而通过取消传统工艺中需要预留工艺直边而进行的机械加工工序，能降低加工费用，提高工效。

3.3.4　半弧板加工工艺及模具设计改进

1. 零件结构　图3-67所示半弧板是某产品上的零件，材料为高强度、高韧性军用616钢，料厚为3mm，料宽为60 mm，由于结构需要，要求在钢板长度方向上弯制四分之一个圆弧形状，整个零件呈弧形底的半U形结构。

2. 改进前零件加工及效果　对不对称件的弯曲，首先要考虑到零件弯制时会产生较大的不对称侧向力，因此在模具设计中须设法克服零件弯曲中出现的偏移，通常采取的方法是在模具上设置压料装置、定位或防偏移结构，来克服零件弯曲时可能出现的料走位。

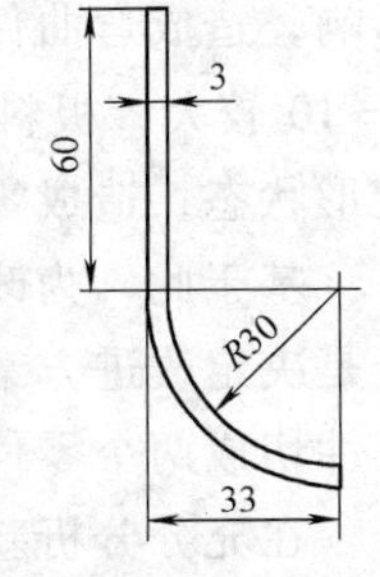

图3-67　半弧板

考虑到该种材料的屈服强度及抗拉强度等变形抗力有关的数值较大，故回弹也较大。为此根据零件的结构，设计了如图3-68所示带校正功能的模具结构。

整套模具置于压力机上，首先，顶料杆3在压力机弹性缓冲器作用下将压料板4顶起至与弯曲凹模1右端面平齐，工作时，将坯料置于凹模面上，压力机滑块下移，弯曲凸模 2 与压料板 4 共同将坯料压紧，随着压力机滑块的进一步下移，弯曲凸模 2、弯曲凹模 1 和压料板 4 逐渐将板料压弯成形。

为克服零件由于单边弯曲形成的侧向力而造成的板料滑移，在模具结构设计时特意使弯曲凹模 1 的左端比右端高出 5mm，坯料定位于弯曲凹模 1 左端面，坯料弯制前，压料板 4 被顶料杆 3 顶起至与弯曲凹模 1 右端面平齐，使板料在定位、弯形、校形全过程中均能受到弯曲凸模 2 及压料板 4 有益的压紧力和弯曲凹模 1 左端面有利的阻碍作用，有效地防止零件的弯曲走位。

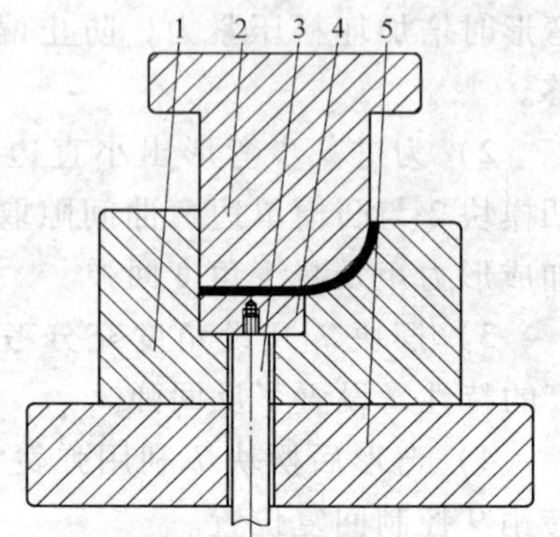

图 3-68 带校正功能的半弧板加工模具结构

1—弯曲凹模 2—弯曲凸模 3—顶料杆 4—压料板 5—下模板

尽管实施了压边，零件在侧向力作用下的偏移得到了控制，但由于是四分之一的圆弧弯曲，弯曲中心角不大，变形区域也小，使圆弧位置难以控制，加之角度回弹的影响，使零件不能满足形状要求，须利用全形样板依靠人工校正来保证圆弧精度。为保证四分之一个圆弧形状的特殊要求，工艺中只能采用给圆弧预留加工量，经校正后机加工去除，来保证要求。

由于零件强度高，校正困难，造成工人操作强度大，又由于增加了机械加工等工序使生产效率降低、产品成本升高。

3. 工艺改进及模具设计 分析零件难以直接得到理想形状的原因，主要在于：

零件的特殊形状及尺寸结构和所用材料的特殊性，但根本原因在零件形状特殊，即要求形成四分之一圆弧。

由于弯曲受很多弯曲变形因素（如材料性能、模具结构、弯曲方式等）的影响，造成弯曲件的展开长度计算难以准确，而该零件的相对弯曲半径 $r/t=30/3=10$ 较大，板料的变形程度小，使板料大部分处于弹性变形状态，造成零件的尺寸及角度回弹量大。

基于此，为改善加工条件，必须构建新型零件结构，于是决定改进方案为：先弯形成一个完整的 U 形件，而后再冲切成两个零件。如图 3-69 所示。

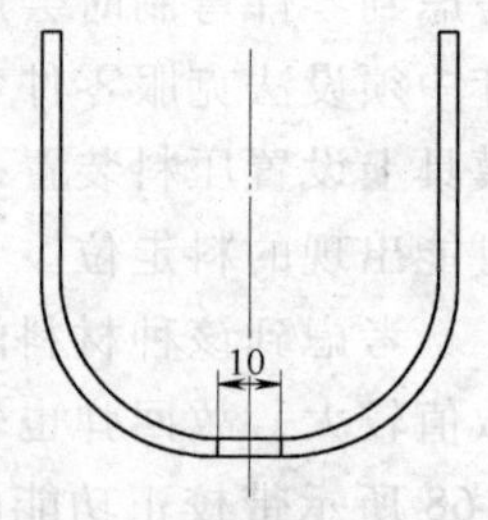

图 3-69 改进加工工艺方案

在充分分析新构建的零件结构的基础上，为提高生产效率，保证工件形状要求，同时降低生产成本及操作人员的劳动强度，设计了一种弯曲切断复合模。模具结构如图 3-70 所示。

整套模具仍置于压力机上，模柄 7 安装于压力机模柄孔中，顶料杆 10 在压力机弹性缓冲器作用下将卸料块 5 顶至与弯曲凹模 3 平齐，工作时，坯料置于模具适当位置，冲床滑块下移，弯曲凸模 4 先与板料接触，在弯曲凸模 4、弯曲凹模 3 及卸料块 5 共同作用下开始弯曲坯料，随着冲床滑块的下移，切断凸模 6 也开始与即将弯形好的半成品接触，弯曲凸模 4 一边对零件弯形校正，一边与切断凸模 6 共同作用，将板料切为两件，完成零件的加工。

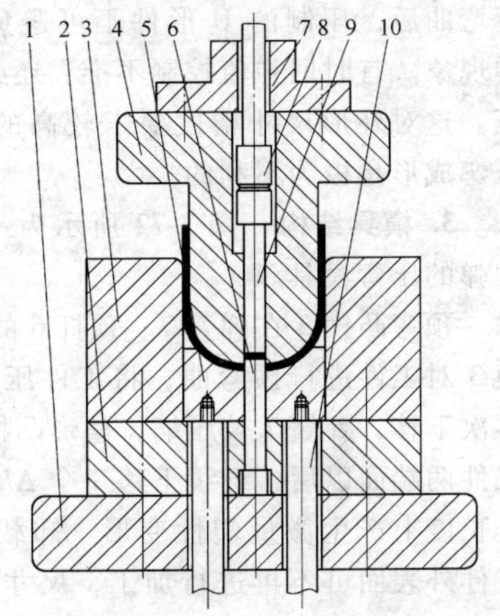

图 3-70　弯曲切断复合模

1—下模板　2—固定板　3—弯曲凹模　4—弯曲凸模　5—卸料块　6—切断凸模　7—模柄　8—打料杆　9—卸料杆　10—顶料杆

随着滑块的上移，装于压力机模柄孔中的打料杆 10 与压力机中的打料横杆相撞，卸料力经打料杆 10 传于卸料杆 9，由卸料杆 9 将冲切的废料推出弯曲凸模 4 型腔，加工好的零件通过卸料板 5 也被顶出弯曲凹模 3 型腔，完成整个零件的加工。

由于模具工作的后续阶段为弯曲及切断复合，为保证弯曲的精度，应合理安排切断的时机，使切断凸模 6 在零件即将完成弯曲时才开始接触坯料。因此应控制切断凸模 6 高度，使其仅比闭合后的卸料块 5 底端高出 4mm，从而既保证了冲切的零件精度又避免了影响弯形精度。

弯曲凸模 4 既是弯形的凸模又是零件切断的凹模，故其外形与弯曲凹模 3 型腔应保证单面弯曲间隙为 3.0 ~ 3.1mm，其内腔与切断凸模 6 选用小间隙，保证单面冲切间隙为 0.15 ~ 0.18mm，而其内腔与卸料杆 9 的间隙保证为 0.1 ~ 0.2mm，以保证弯形及切断准确、卸料可靠。

4. 效果　改进设计后的弯曲切断复合模，经制造、试模，生产的零件一次性符合图样要求。生产零件数万件，产品质量稳定、模具工作可靠。

该模具使用方便，生产效率高，一次冲出两个零件，省去了机械加工及人工的形状校正，生产效率大大提高。尤其重要的是，由于形成了对称的 U 形件弯曲，零件弯曲回弹稳定，尺寸变化确切，只要适当控制确定切断凸模的尺寸，便可通过弯曲切断复合模有效地保证零件的尺寸精度及形状要求。

5. 本例设计总结　本例为不对称弯曲成形件的弯形不合格产生原因提供了另一种一般不被重视的原因。事实上，工艺方案确定得不合理往往是不合格品产生的根源。对弯曲性能较差且不对称的弯曲成形件，依据零件特性构建成对称结构进行制造，是使零件质量得到保证的一个很好的途径。

3.3.5 克服U形件回弹的压弯模

1. 零件结构 在生产中，常遇到图3-71所示U形件，材料厚度为t。

2. 工艺分析 该类零件采用常规的弯曲模弯曲后，压制的U形件不可避免地出现回弹现象。有时回弹值控制不准，还必须进行校正。这对外形尺寸精度要求较高的U形件的压弯成形是极为不利的。

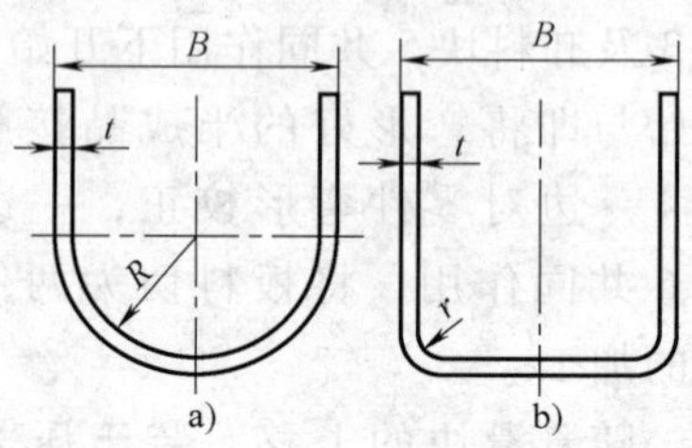

图3-71 零件结构

3. 模具结构 图3-72所示为一种能克服回弹的压弯模具。

预弯凸模3在弹簧7、顶杆6的作用下凸出。当压力机滑块下行时，预弯凸模3对工件进行预弯曲，将工件压入凹模内腔，压住不动。随着压力机滑块的再次下移，弹簧7被压缩，整形凸模4与镦块5也继续下移。当两个镦块接触到工件两端面以后，继续下移一个Δh量，镦块对工件两端进行镦压，使工件在整个长度上产生微量塑性变形。卸载后，工件外形与凹模内腔形状、尺寸一致，工件外表面可不再进行加工，尺寸B、R、r的精度可达IT10～IT12，工件壁厚增厚0.03～0.06mm（工件中央呈小值，两端呈大值）。

4. 使用要点

1）在实际使用中，通过调整Δh来控制工件外形尺寸，同时坯料的展开精确尺寸也可经试制进行调整。

2）压弯模具中凸模、凹模、镦块重要尺寸的精度取IT7～IT8，它们与工件相接触部分的表面粗糙度为$R_a0.8\mu m$。

3）将图3-72中的预弯凸模3及凹模2更换成图3-71b所示零件底部形状，便可进行该类U形件的加工。

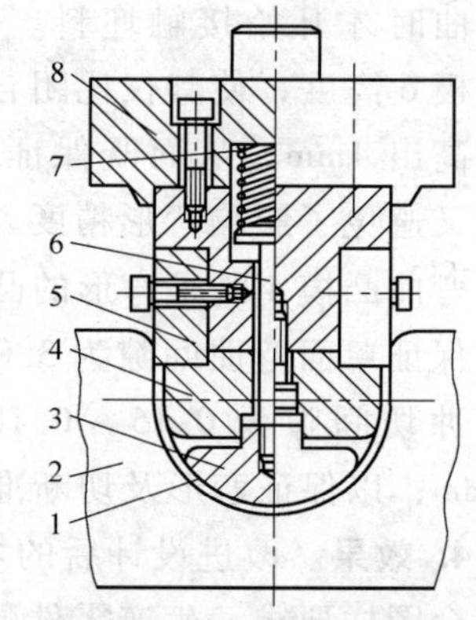

图3-72 克服回弹的压弯模具结构简图

1—U形件 2—凹模 3—预弯凸模 4—整形凸模 5—镦块 6—顶杆 7—弹簧 8—上模座

5. 本例设计总结 本例中的U形件若考虑角度及曲率回弹，则零件大多不能设计成简单的弯曲模加工，尽管可以采取其他一些控制措施（如局部墩压、采用软模弯曲等），但设计简单模进行有效的镦压，无疑是一种经济、实用的加工方法，对U形件采用图3-72所示模具能有效地控制回弹量。与此相类似的零件也同样适用。

3.3.6 支承板转轴式压弯模设计及改进

1. 零件结构 图 3-73 所示支承板，生产批量大，采用 3mm 冷轧 Q235—A 钢板制成。零件呈燕尾形，支承面上有多处多种类型联结孔，两处弯曲角精度要求高，给零件制造带来一定困难。

2. 零件工艺分析 该零件形状怪异，加工难点在于燕尾弯形，采用折弯机难以弯制且精度无法保证；另一方面，零件外形尺寸大，燕尾弯曲角均为锐角，普通弯曲模设计困难，弯形及卸料均无法实现。

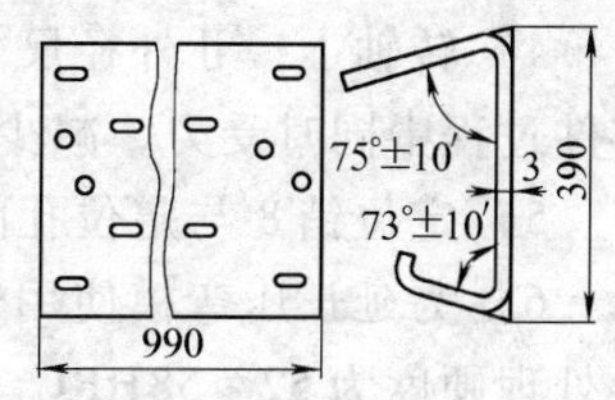

图 3-73 支承板结构简图

考虑到零件生产批量大，经分析、比较，决定采用转轴式压弯模结构。

3. 模具设计

(1) 模具结构图 结合支承板形状结构及其弯制的工艺难点，设计了如图 3-74 所示的转轴式压弯模。

(2) 模具工作过程 模具工作过程分三个阶段：

1) 压弯准备：压力机滑块在上死点，转轴Ⅰ、Ⅱ在弹簧 2 弹力作用下旋转，直到拉板 4 被制转销 3 制约、其缺口张至最大；与此同时，卸料板 9 被卸料杆 10 顶至最高位。此时，可将已冲切好外形与各种联接孔、已折弯小直边的坯料置于卸料板 9 处的定位销 8 上，完成压弯准备。

2) 压弯：滑块缓缓下移，凸模 7 与坯料接触，将卸料板 9 压紧慢慢下行，下行一段距离，凸模 7 与转轴Ⅰ、Ⅱ同时接触，在凸模 7 作用下，转轴Ⅰ、Ⅱ克服弹簧 2 弹力开始绕各自轴心旋转，与凸模 7 共同配合完成支承板的燕尾弯制，直到卸料板 9 与下模板 12 上表面贴合，整个零件弯制工作结束。

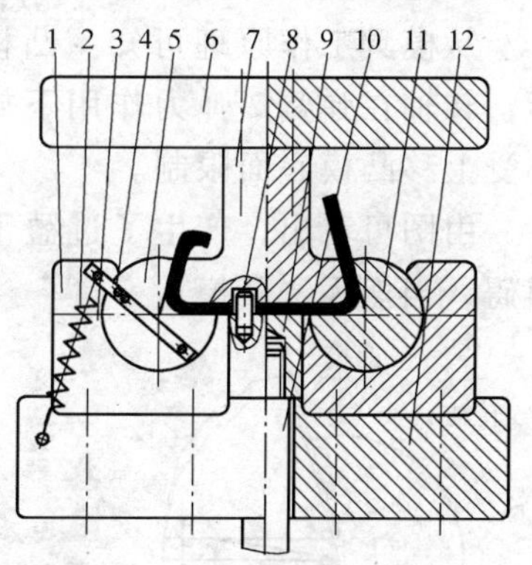

图 3-74 转轴式压弯模结构

1—转轴座 2—弹簧 3—制转销 4—拉板 5—转轴Ⅰ 6—上模板 7—凸模 8—定位销 9—卸料板 10—卸料杆 11—转轴Ⅱ 12—下模板

3) 卸料：滑块上行，带动凸模 7 上移，压制好的零件抱紧凸模工作面也跟随上升，转轴Ⅰ、Ⅱ被弹簧 2 拉动转至相应位置，凸模 7 与转轴Ⅰ、Ⅱ逐渐分离，转轴Ⅰ、Ⅱ被弹簧 2 拉动转至极限，零件从凸模 7 侧面人工抽出，完成卸料，卸料板 9 被卸料杆 10 顶起，模具转入下一阶段的压弯准备。

(3) 模具设计要点

1）转轴Ⅰ、转轴Ⅱ沿转轴中心线开设型腔缺口，缺口的夹角与相应配合的凸模 7 弯制角一致，分别取 73°、75°，以便模具闭合后形成完整的压弯型腔。

2）为减少回弹，保证压弯角精度，模具单面间隙取 3.0～3.05mm。

3）为保证支承板支承面平整，避免出现压痕，应使卸料板 9 与转轴Ⅰ、Ⅱ在模具闭合后，保持高度一致。

4）转轴Ⅰ、Ⅱ外径尺寸一致，为 ϕ105mm，开设缺口位置一致，以便弯制零件过程中同时受力，减少由于两处弯曲角不一致造成的偏移力。

5）定位销 8 与定位孔间隙为 0.1～0.15mm，保证零件不发生偏移。

6）为延长压弯模使用寿命，凸模 7 与转轴Ⅰ、Ⅱ均采用 Cr12MoV 钢制造，热处理硬度为 52～58HRC，保证强韧、耐磨；两个转轴座 1 选用 45 钢，热处理硬度为 38～42HRC，保证固定转轴强度足够，从而又有利于保证型腔间隙；下模板 12 上开设定位槽安装转轴座 1，以保证定位可靠。

7）模具放于 Y32-300 四柱油压机上，保证压弯过程平稳、可靠、有力。

4. 故障原因分析及改进措施

（1）故障的产生　设计的模具经制造验收合格后试模，按设计思想完成了第一、二阶段的动作要求，但在第三卸料阶段，出现无法开模，即模具闭合后，凸模 7 与转轴Ⅰ、Ⅱ无法脱离，经多次加压卸料，仍无法使凸模与转轴分离。

（2）原因分析　为寻找原因，将模具进行了拆卸、检查，发现：凸模成形尖角部有与转轴相应部位产生挤压的痕迹。

为进一步分析原因，消除故障，绘制了如图 3-75 所示的原因分析图。

从模具工作原理可知：凸模要能从转轴中分离，需保证其上移一段距离 y 后，转轴在弹簧 2 弹力作用下旋转的角度能让开凸模尖角，而其旋转的角度大小受上移凸模底面限制。

由图可看出，产生了过盈干涉区，凸模的过盈干涉区显然无法克服转轴的阻碍，当然无法开模。

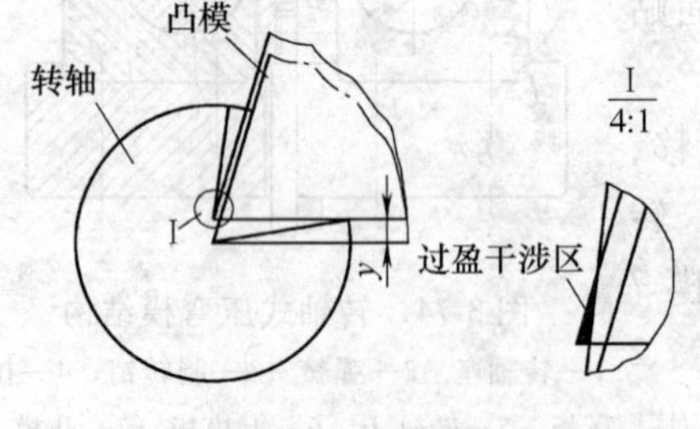

图 3-75　分析图

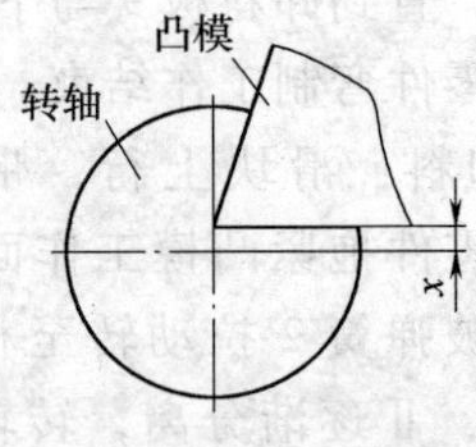

图 3-76　改进原理图

（3）改进措施　根据故障产生原因，去除过盈干涉区或增大模具间隙，固然可以实现顺利开模，但会直接影响零件弯曲精度及形状要求，故不可取。

经分析，决定进行如图 3-76 所示的改进。

改进思路是：将转轴型腔开设位置沿转轴中心上移 x，以使转轴旋转角能让开凸模尖角。该项改进对零件形状、精度不会有影响。为此，进一步进行了如下的分析、验证。

5. 正常开模条件 为实现正常开模，针对如图 3-77 所示改进原理分析图，以转轴轴心 O 为坐标圆点，建立如图直角坐标系，对上移距离 x 进行推导、计算。

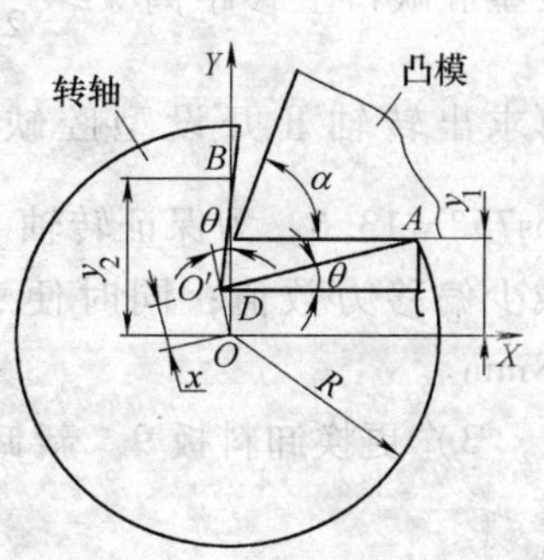

图 3-77 改进原理分析图

根据模具工作原理，假设凸模上移距离为 y_1，转轴此时旋转角为 θ；转轴缺口夹角及凸模弯制角为 α；转轴旋转后，其相应能让出的距离为 y_2；转轴半径为 R。

依照上述分析及假设条件可知：要实现正常开模，必须满足 $y_2 \geqslant y_1$，即：$y_2 - y_1 \geqslant 0$

$$y_1 = \overline{OD} + \overline{AC} = \overline{OO'}\cos\theta + \overline{O'A}\sin\theta = x\cos\theta + \sqrt{R^2 - x^2}\sin\theta$$

$$y_2 = \overline{OD} + \overline{BD} = \overline{OO'}\cos\theta + \overline{O'D}\tan(\alpha + \theta) = x\cos\theta + \overline{OO'}\sin\theta\tan(\alpha + \theta)$$

$$= x\cos\theta + x\sin\theta\tan(\alpha + \theta)$$

$$y_2 - y_1 = \sin\theta\left[x\tan(\alpha + \theta) - \sqrt{R^2 - x^2}\right] \geqslant 0$$

由于转轴开模的极限位置为 $O'B$ 与 y 轴平行，故 $\alpha + \theta \leqslant 90°$

∵ 因转轴式压弯模仅用于弯制锐角

∴ $0 < \alpha < 90°$；$0 < \theta < 90°$那么

$$\sin\theta > 0;\ \tan(\alpha + \theta) \geqslant \tan\alpha;$$

∴ 要使 $y_2 - y_1 \geqslant 0$，必须使

$$x\tan(\alpha + \theta) - \sqrt{R^2 - x^2} \geqslant 0$$

当 $\theta \to 0$ 时，便可求出最小上移距离 x，即：$x\tan\alpha - \sqrt{R^2 - x^2} \geqslant 0$

也就是：$x\tan\alpha \geqslant \sqrt{R^2 - x^2}$

两边平方，化简后，得 $x \geqslant R\cos\alpha$

因此，转轴开设型腔缺口沿轴心线上移距离 $x \geqslant R\cos\alpha$，便能保证正常开模。

6. 模具改进

(1) 改进后模具结构 根据上述分析、计算，改进后模具结构如图 3-78 所示。

(2) 改进要点

1) 更换转轴Ⅰ、Ⅱ。为保证转轴座能充分利用。新转轴外径仍取 ϕ105mm，

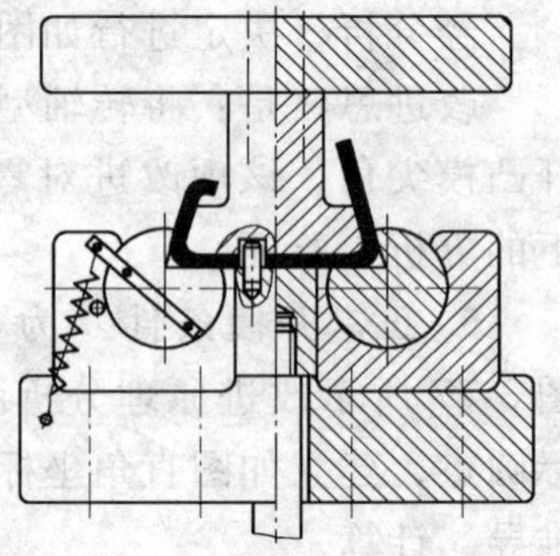
图 3-78　改进后模具结构

与转轴座配合关系不变，为$\frac{H7}{g6}$。

2）按照推导公式，对弯制 73°的转轴Ⅰ，其开设型腔缺口上移距离 $x \geqslant \frac{105}{2} \times \cos 73° = 15.3$；同理可求出转轴Ⅱ开设型腔缺口上移距离 $x \geqslant \frac{105}{2} \times \cos 75° = 13.6$，为保证转轴Ⅰ、Ⅱ与凸模同时受力，减少偏移力数值；同时便于加工，两转轴 x 均取 18mm。

3）更换卸料板 9。新卸料板比原板加厚 18mm，以保证模具压弯支承面平整。

4）改进后模具间隙保持不变，其余零件原样利用。

7. 改进效果　模具改进后，经试模，模具开、合灵活自如，弯制的零件形状及尺寸精度达到图样要求。目前，弯制五万余件，产品质量稳定，模具工作良好。

8. 本例设计总结　转轴式压弯模能很好地弯制外形尺寸大的燕尾锐角状零件。弯制的零件回弹小，能较好地保证零件形状及尺寸精度要求。但设计转轴时，型腔缺口开设位置极为重要，必须满足沿轴心线上移距离 $x \geqslant R\cos\alpha$，才能保证顺利开模。

本例对转轴式弯曲模确缺口的开设进行了详细的原因剖析，同时也提供了分析、解决问题的方法。

3.3.7　支座热压模设计及改进

1. 零件结构　图 3-79 所示支座，小批量生产，外形呈 U 形结构，由于工作条件恶劣，零件采用厚 10mm 弹簧钢 65Mn 制成，以满足高强度、高耐磨性要求。由于使用需要，弯曲后零件必须保证左右圆弧 $R150$ 等高同步。为达到零件的强度要求，两垂直边还需压制出两处加强肋。要求成形部位料厚无明显变薄，非成形部分平直，无起伏变形引起的工艺缺陷，以免影响零件的使用寿命及功能。

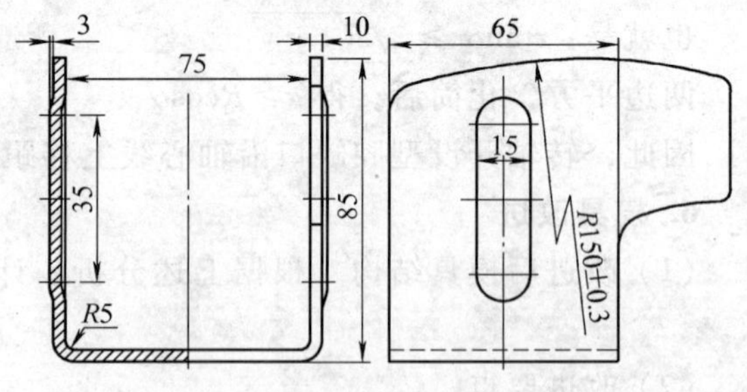

图 3-79　支座结构简图

2. 工艺方案确定及热压模设计　该件为带有两处成形肋的 U 形弯曲件，成形高度仅 3mm，变形小，采用局部成形便能满足尺寸及料厚无明显变薄的要求。由于零件料厚达 10mm，工件弯曲圆角为 *R*5，小于材料许可的最小弯曲半径，在常温下加工，冲压力会相当大，且会产生裂纹、断裂、回弹变形等质量问题，所以考虑采用热压方案。因为钢在加热后，其极限强度随之降低，塑性提高，既有利于工件成形，又可消除冷压回弹，同时冲压力也大幅度降低。

基于上述分析及企业加工设备实情，确定采用如下工艺方案：数控切割展开料→打磨切割面 → 加热展开料至 800 ~ 900℃→热压成形肋→热压成 U 形结构。

为完成零件加工，需分别设计压成形肋模及 U 形弯曲模两套热压模具，安排两台设备同时完成热压。由于压成形肋模结构较为简单，此处不再详述。设计的 U 形热压模由上、下模两部分组成，模具结构如图 3-80 所示。

模具工作时，压力机顶出缸通过顶杆 5 将卸料板 3 顶至与凹模 1 上平面平齐，此时，将完成加强肋成形的半成品置于凹模 1 适当位置（成形肋放于凹模开设的空位上），随着压机的下降，凸模 4 与卸料板 3、凹模 1 共同作用完成零件 U 形弯曲。

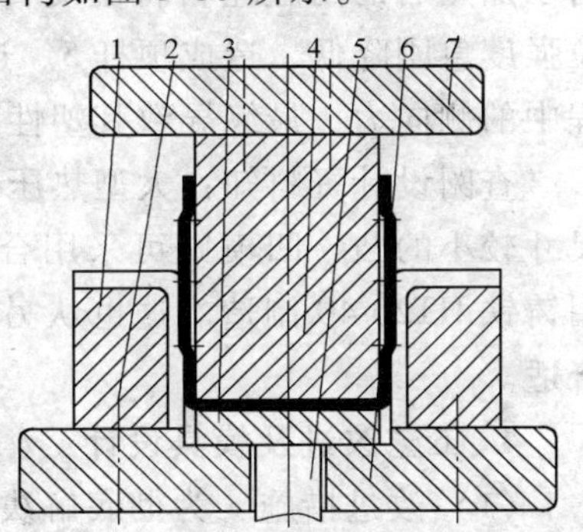

图 3-80　热压模结构简图

1—凹模　2—连接螺钉　3—卸料板　4—凸模　5—顶杆　6—下模板　7—上模板

在 U 形热压模设计时，考虑到工件的冷缩现象，凸模、凹模工作部分尺寸相应放大，以弥补冷缩量，冷缩量取 0.7%。此外，由于冷缩的原因，热压后工件紧紧地箍在凸模上，所以热压模设计时以凸模尺寸为基准，间隙留在凹模上。板料加热后，由于膨胀使厚度增加，所以凸、凹模的间隙比冷压时要大些。单侧间隙（不包括料厚）取 0.8mm。

为消除板料弯曲时，由于板料、凸模 4 与凹模 1 形成的密闭空间中的空气压力可能造成弯曲底边下弯与不平的影响，因此在凹模 1 内设有活动的卸料板 3，以避免加热后板料可能出现的下垂。

考虑到零件外形尺寸较小，生产批量不大，为加快模具制造周期，全部模具工作零件（凹模 1、卸料板 3、凸模 4、顶杆 5）选用 45 钢制造，热处理硬度为 38 ~ 42HRC。上模板 7、下模板 6 统一采用 Q235—A 钢制造。

3. 缺陷产生及原因分析　上述模具设计、制造后，弯制的零件普遍出现左右高度不一致、U 形口部比底部尺寸大 3mm 左右、侧壁划伤等缺陷。更为严重的是，在连续压制 30 余件后，模具顶杆 5 产生塑性变形断裂，凹模 1 与下模板 7 之间的连接螺钉 2 断裂，左、右两块凹模 1 分别向各自的左、右两侧坍塌，模具根本无法使用。

针对上述缺陷，经现场观察、分析后认为：出现左右高度不一致是由于板料加热后存在氧化皮，影响料的流动，使热料两侧的拉伸变形不一致造成；出现U形口部比底部尺寸大3mm则是在零件热压完成后，由于冷却过程中U形件的内、外表面冷速不一致及热应力的影响造成。

对出现的侧壁划伤，观察发现：划伤部位均位于外侧壁成形肋两侧。分析后认为是由于工件处在红热状态下，表面强度较低，被凹模1上避让的凹槽划伤所致。

对模具上产生的致命缺陷，经分析后认为是由于热压模设计时，模具工作零件选材不当造成。资料表明：常温下σ_b约为600MPa的45钢在700℃时σ_b为150MPa，800℃时σ_b为111MPa，1000℃时σ_b仅为54MPa。不难明白：热压时，由于加热后的高温坯料将温度传递到模具各个工作零件，使该类材料零件的抗拉强度急剧降低，造成顶杆5、连接螺钉2无法承受压力机顶缸卸料力和弯曲过程中的侧向力，最终导致其塑性断裂和凹模1的坍塌、歪斜。

查阅设计资料知：大型热压模的凸、凹模一般推荐采用铸铁HT20-40，对于尺寸较小的凸、凹模则可采用合金工具钢5CrMnMo或5CrNiMo，上、下模板采用铸铁HT20-40制造。这也从另一个侧面再次证明所选的模具工作零件材料不合适。

4. 工艺改进及模具设计

（1）改进措施　为彻底解决上述质量问题，在工艺上决定采用如下改进措施：

1）适当降低热压温度，以减轻高温对材料性能的影响；

2）热压过程中采用风冷，弯曲成形完成后在模具中停顿1min校正并冷却，以消除零件内、外表面冷速不一致及热应力造成U形口部比底部尺寸大3mm的缺陷；

3）设计一套复合模一次性直接完成弯曲及二加强肋的成形。

为此，整个工艺改进为：数控切割展开料→打磨切割面→加热展开料至600℃~700℃→热压成零件。

（2）模具设计　改进设计的弯曲成形热压复合模结构如图3-81所示。

整个模具弯曲成形靠弹簧7的弹力来实现，两个凹模滑块6依靠斜楔杆15传力实现成形，依靠螺杆1、弹簧2及限位块20实现复位与退让，以保证工件成形后的顺利出料。

模具工作原理为：压力机滑块上升，模具开启，上、下模脱离接触，左、右凹模滑块6在弹簧2弹力作用下，沿各自限位块20的滑道移动，止于限位块20端头，固定板4在弹簧7弹力作用下，与上模板23脱离接触，同样，斜楔滑块12通过弹簧11的弹力作用得到回复，卸料块14通过顶杆19作用，上升至与

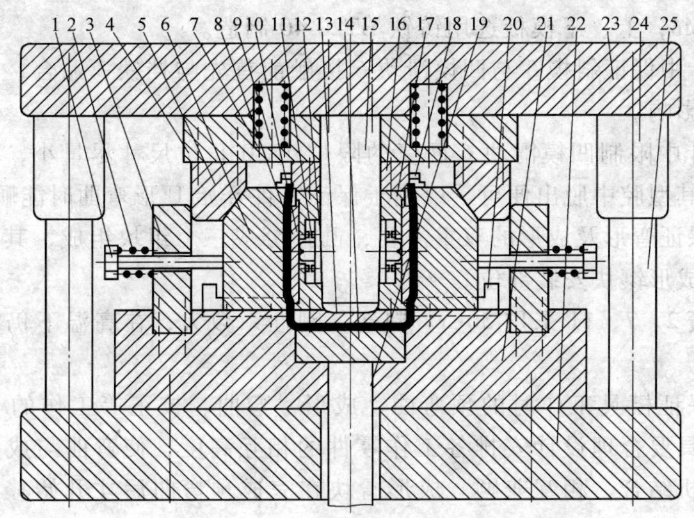

图 3-81　改进后的热压复合模结构简图

1—螺杆　2、7、11—弹簧　3—挡铁　4—固定板　5—斜楔　6—凹模滑块　8—成形镶块　9—卸料螺钉　10—连接杆　12—斜楔滑块　13—凸模镶块Ⅰ　14—卸料块　15—斜楔杆　16—凸模镶块Ⅱ　17—凸模镶块Ⅲ　18—卸料板　19—顶杆　20—限位块　21—凹模　22—下模板　23—上模板　24—导套　25—导柱

凹模滑块 6 上端面平齐。

上模部分下行，在弹簧 7 的强力作用下，凸模接触板料，将红热板料压入凹模滑块 6 完成弯曲成形，上模继续下行，斜楔杆 15 继续下行，开始作用于两处斜楔滑块 12 端面，通过连接杆 10 推动各自成形镶块 8 压向 U 形件内侧壁，同时弹簧 11 得到压缩，为成形镶块 8 的后续回复储存弹力，与此同时，两个斜楔 5 与凹模滑块 6 斜面接触，在限位块 20 的导向作用下，凹模滑块 6 各自向模具中心移动，与成形镶块 8 共同作用，将加强肋成形出来，同时对弯好的 U 形进行校正，上模下行至凹模 21 底部型腔，固定板 4 与上模板 23 接触，零件工作全部完成。

压力机滑块上升，斜楔 5 与凹模滑块 6 斜面脱离接触，在弹簧 2 弹力作用下，凹模滑块 6 得到回复，上、下模脱离接触，同时，斜楔杆 15 与斜楔滑块 12 也脱离接触，在弹簧 11 弹力作用下，成形镶块 8 得到回复，为零件的顺利脱出创造了条件，至此，完成成形及弯曲的工件上端面与卸料板 18 接触，从而零件得以脱离开模具的凸模镶块组件，与此同时，在弹簧 7 弹力及卸料螺钉 9 的限制下，固定板 4 也得到回复，卸料块 14 通过顶杆 19 的上升作用，升至与凹模滑块 6 上端面平齐。零件工作到位，转入下一个工作循环。

(3) 设计要点　为解决模具工作零件在高温下强度不够的问题，材质全部换成 5CrMnMo，上、下模板选用铸铁 HT20-40 制造。

1）设计中保证斜楔 5 与凹模滑块 6 接触前首先与挡铁 3 贴合，以消除成形时侧压力的影响。

2）设计中限制凹模滑块 6 回复的限位块 20 止位尺寸尽量小，只须保证零件能顺利从其型腔中脱出便可，以利于保证零件开始 U 形弯曲时能顺利成形。

3）为保证弯形及成形的双重需要，凸模分成三个组块组成，其中凸模镶块Ⅱ为加强肋成形镶块安装部位。

4）弹簧 2、7、11 采用 50CrV 制造，刚性系数大，在高温下仍能保持高强度、高寿命。

5）为保证模具工作时的预弯曲、成形、弯曲、校正等工作的“节奏”有序，整套模具要合理设计安排各工作零件的相互高度，使弯曲与成形步骤能共同协调、有机结合、相互兼顾。成形滑块在完成预弯曲后才开始移动，既保证零件尺寸准确，又可避免对材料流动形成阻碍。校正必须在完成弯曲及成形后进行，从而，既可减少加工完后的零件变形、回弹，又可消除热压成形可能引起的起伏变形等工艺缺陷。

5. 效果　经过上述改进，生产出的零件满足图样要求，由于采用一道工序便完成支座的成形，使生产效率得到大幅度提高。

经过重新设计和改换材料的模具，能顺利适应高温下的成形。目前，累计生产二千余件，模具工作情况良好，产品质量稳定。

6. 本例设计总结　对料厚而强度高的零件的弯曲应考虑设计热压模加工（一般生产中弯曲加工大于 8mm 的零件就有可能选用热压）。工艺方案的制订应能满足较好的满足产品的要求。热压模设计制造中一定要选择红硬性较好的材料，以避免出现由于加热而产生的零件强度不足等质量问题。

在板料弯曲或拉深等成形类加工工序中，为增加板料的变形程度，降低板料的变形抗力，有时利用金属加热软化的性质，采用加热成形的方法。但金属加热软化的趋势并不是绝对的。在加热过程的某些温度区间，往往由于过剩相的析出或相变等原因而出现脆性区，使金属的塑性降低和变形抗力增加。如碳钢加热到 200 ~ 400℃之间时，因为时效作用（夹杂物以沉淀的形式在晶界滑移面上析出）使塑性降低，变形抗力增加，这个温度范围称为蓝脆区。这时钢的性能变坏，易于脆断，断口呈蓝色，而在 800 ~ 950℃范围内，又会出现热脆区，使塑性降低，因此，选择变形温度时，碳钢应避免蓝脆区和热脆区。对变形类加工中出现的蓝脆及热脆破裂，上述措施是无能为力的，故在加工中应注意选择合适的加热温度，避免蓝脆及热脆的发生。

3.4 棒材及线材弯曲模案例剖析

3.4.1 棒材及线材弯曲加工工艺及模具结构分析

棒料弯曲加工常用的工艺方法主要有：采用弯管机、拉弯机利用绕弯模、拉弯型胎完成绕弯、拉弯。线材弯曲加工常用的方法主要为：手工弯曲。只有在生产中有模具加工需要，才考虑使用模具弯曲。

棒料、线材弯曲时，为防止毛坯在弯曲时摆动，影响工件的成形，可将凸模、凹模作成槽形，使棒料毛坯沿槽形模口向下滑动，完成工件的弯曲成形。这种结构用于手工弯曲模，在压力机上加工也可采用这种结构（详见3.4.2）。

对棒料、线材封闭及半封闭件的弯曲，可采用与相同结构的板料弯曲件所用的斜楔式、转轴式、摆块式等类似的模具结构（详见3.4.3；3.4.4）。而在充分分析线材封闭及半封闭弯曲件的成形过程后，也可巧妙地设计一种如图3-98所示的不带斜楔、摆块等较复杂件的模具结构（详见3.4.5）。

当棒材、线材弯曲件 $r/d>1.5$ 时，弯曲部分的横截面几乎没有变化，中性层系数 x 值近似于0.5，而当 $r/d<1.5$ 时，弯曲部分的横截面发生畸变，呈长圆形甚至蛋形，向弯曲内侧发生拉伸作用。如图3-82所示长圆形的尺寸 d_1，大于圆杆原直径 d，此时弯曲中性层向外侧移动。

中性层系数 x 值见表3-15。

表3-15　中性层系数 x 的值

r/d	0.25	0.5	1	≥1.5
x	0.55	0.53	0.51	0.5

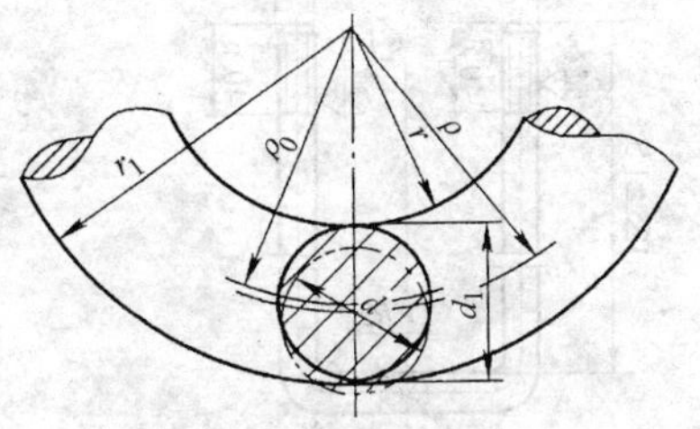

图3-82　圆杆弯曲 $r<1.5d$ 时的断面畸变

中性层的曲率半径 ρ 可用下式计算：

$$\rho = r + xd$$

棒材及线材展开料的计算可参照板料弯曲展开料的计算。

当棒料、线材弯曲件 $r/d<5$ 时，弯曲半径的回弹值不大，因此只考虑角度的回弹。角度回弹的经验数值可根据加工零件的结构及使用模具的结构参照表3-6、表3-7、表3-8选取，然后在生产中再进行修正。

当 $r/d \geqslant 8$ 时，因相对弯曲半径较大，此时，零件不仅角度有回弹，弯曲半径也有较大的回弹。这时，角度及曲率回弹值可先进行近似计算，然后在生产中再进行修正。

$$r_{凸} = \frac{r}{1 + 3.4\dfrac{\sigma_s r}{Ed}}$$

$$\alpha_{凸} = \alpha - (180° - \alpha)\left(\frac{r}{r_{凸}} - 1\right) = 180° - \frac{r}{r_{凸}}(180° - \alpha)$$

式中　d——棒料直径（mm）；

r——弯曲件弯曲半径（mm）；

$r_{凸}$——凸模弯曲半径（mm）；

$\gamma_{凸}$——凸模弯曲角度（°）；

α——弯曲件弯曲角度（°）。

棒料、线材弯曲时的最小弯曲半径，可根据棒料、线材直径对照相同材质、相同厚度的板料最小弯曲半径参照选定。

3.4.2　棒料U形弯曲模

1. 零件结构　图3-83所示U形螺栓，材质为Q235—A。生产工艺为毛坯两端车螺纹（或滚轧螺纹）后冷弯曲成形。

2. 模具设计及工作原理　棒料U形弯曲模如图3-84所示。

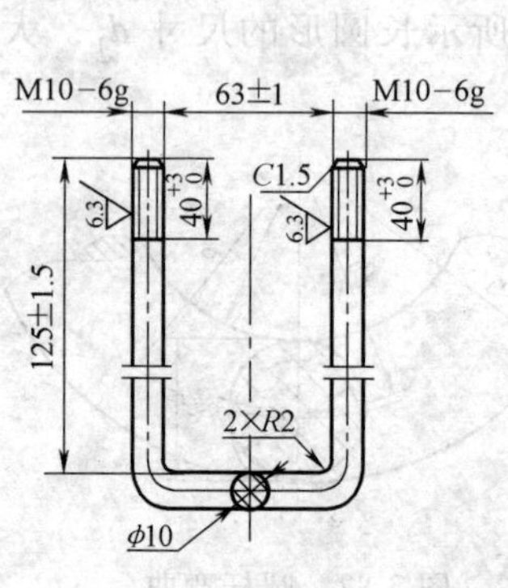

图3-83　零件结构简图

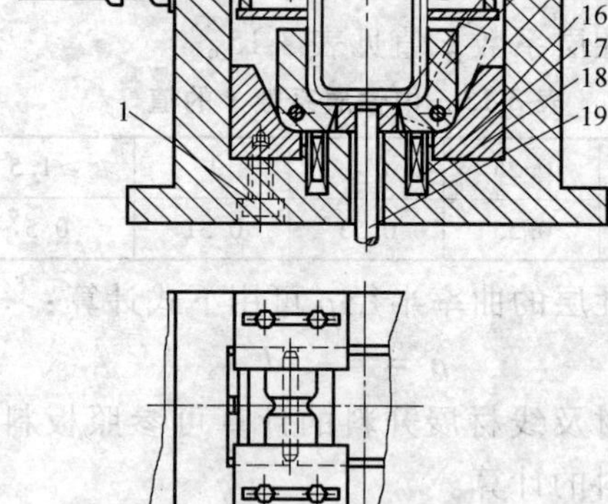

图3-84　棒料U形弯曲模结构简图

1—内六角螺栓　2—定位板　3—螺栓　4—支架　5—螺母　6—模架　7—固定压板　8—螺栓　9—凹模　10—模柄　11—凸模　12—调节架　13—压料板　14—摆动凹模　15—轴　16—垫块　17—顶销　18—弹簧　19—托杆

工作时，将毛坯放到凹模 9 上，随着压力机滑块的下行，凸模 11 与凹模 9、压料板 13 共同作用将坯料压成 U 形，当凸模 11 将坯料压弯至下死点时，迫使两摆动凹模 14 向内压，使工件紧贴在凸模上，压成 U 形，既控制弯曲回弹量，又起到了整形作用。随着压力机滑块的上行，凸模 11 与工件脱离接触，弹性顶销 17 使摆动凹模 14 张开复位。压料板 13 将弯好的零件推出模具型腔，起到压料和卸料的作用。

3. 设计要点

1）该模具既是弯曲模又是整形模。通过凸模 11、凹模 9 和压料板 13 完成弯曲。当凸模 11 将坯料压弯至下死点时，两摆动凹模 14 向内压完成整形。

2）凸模结构比较简单，易于修模，初步选取单边回弹角为 1°20′。经调试修模，凸模的尺寸最终为 $r_{凸}=2\text{mm}$，单边修正回弹角 $\Delta\alpha=2°15'$。

3）为使毛坯在弯曲过程中不发生偏移错位而出现扭曲，把凹模 9 设计成两边定位的槽轮结构。

4）把凹模 9 固定在固定压板 7 上，通过调整螺栓 3、螺母 5、调节架 12 的位置，最后紧固螺杆 8 就可得到不同的间隙值。更换凹模 9 和摆动凹模 14，调整螺栓 3、螺母 5 和螺栓 8 就可压弯宽度和直径有一定变化的圆棒料弯曲件。

5）通过调整背压弹簧加大背压力，即增大弯曲力，既能帮助工件避免错移也控制弯曲件非变形区（弯曲件底部）的弯曲变形和反向变形，减小工件的回弹量。

4. 使用效果 该弯曲模操作方便，工作效率高。

5. 本例设计总结 该工件圆角半径 $R2$ 是要求很高的工艺尺寸。参照同材质同料厚的板材最小弯曲半径 $R_{\min}=0.6t=6\text{mm}$，显然一次弯曲成形达不到此工艺尺寸，故需增加一道整形工序。工件的材质为 Q235—A，具有较高的塑性，在弯曲后不经退火而进行整形工序是可行的。

本例设计的圆钢弯曲模具有较好的通用性，在生产中有广泛的用途。

对直径较大的圆棒料弯曲件，采用冷压弯达不到图样要求，可以在此模具上进行温弯成形。去掉整形机构，对模座底部稍做改变就可形成热弯曲模。

更换压弯机构（固定压板 7、凹模 9 和调节架 12）和凸模 11，还可以压弯毛坯宽度较小，料厚较大的 U 型板料件。

该模具既能生产不同规格的圆棒料弯曲件，稍作改变又能生产板材 U 型件和成为热弯曲模。

3.4.3 回形卡成形模的改进

1. 零件结构 图 3-85 所示零件回形卡，采用 Q235—A 材质的 $\phi12$ 圆钢制成，生产批量较大。

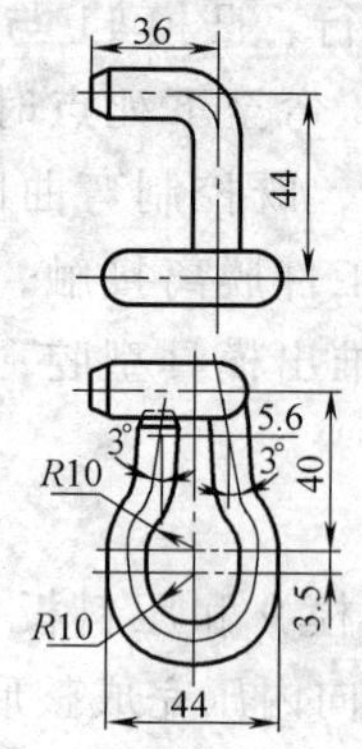

图 3-85 回形卡结构简图

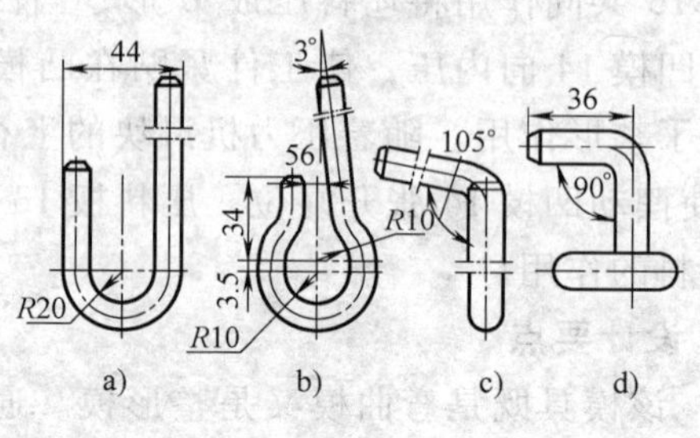

图 3-86 零件加工工艺方案
a）弯成 U 形 b）弯成 O 形 c）长柄弯成 105° d）长柄弯成 90°

2. 加工工艺 该零件分 4 道工序弯曲成形，如图 3-86 所示，即：压弯成 U 形 →压弯成带缺口的 O 形→长柄部分弯成 105°→长柄部分弯成 90°。

由于工序 1、3、4 都是简单打弯，这里不详述。对第 2 道工序采用硬击成形法，即将已冲成 U 形的工件套入芯棒送入下模成形槽内，使上模下行硬击成形，当上模回位后取出芯棒，然后插入比芯棒直径略大的孔内，用小锤敲击芯棒取出工件。

这种工艺方法不但劳动强度大，生产率低，而且很不安全，因芯棒放置位置不准确或冲压时芯棒折断飞出将可能对操作人员的人身发生伤害，为此，须改进设计为一套成形模。

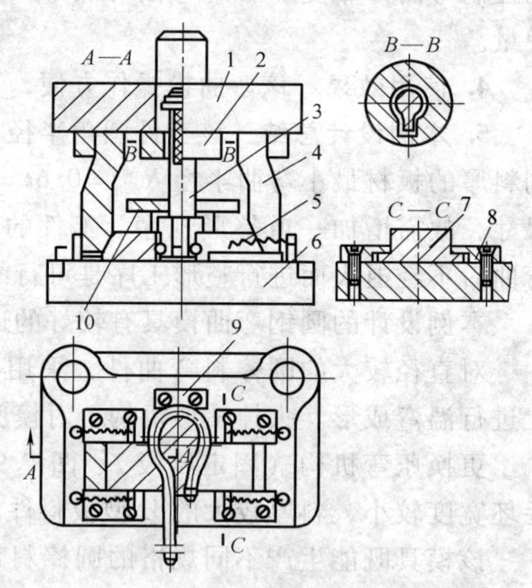

图 3-87 成形模结构简图
1—上模座 2—导向套 3—模芯 4—斜楔 5—拉簧 6—下模座 7—滑块 8—导轨 9—定位块 10—退料板

3. 模具结构 成形模结构如图 3-87 所示。

上模主要由上模座 1、导向套 2、模芯 3、斜楔 4 组成。模芯 3 下端是成形部分，上端装有导向键，可在导向套内上下滑动。下模由下模座 6、滑块 7、导轨 8 及拉簧 5 组成。成形部分开设在两滑块 7 成形端内。

工作时，压力机滑块上行，上下模分离，由于拉簧 5 的作用，两滑块 7 分别向两边分离（两滑块型腔最大距离等于工件外径 44），此时，将已冲压成 U 形的工件插到两滑块型腔内以碰到定位块

9 为止，随着上模的下行，模芯 3 进入工件，斜楔 4 同时接触到滑块的斜面上，上模继续下行，模芯 3 静止不动，斜楔 4 迫使滑块 7 克服工件的张力向内挤压，完成 O 形成形，随着上模的上行，斜楔 4 与滑块 7 脱离，滑块 7 在拉簧 5 拉力作用下退回，抱住模芯的工件同时随上模上行，与退料板 10 接触后自动落下，完成卸料，零件转入下一工作循环。

4. 设计要点

1）斜楔 4 及滑块 7 的斜楔角取 60°。

2）滑块运动行程

$$S = \frac{L_1 - L_2}{2} = \frac{44 - 29.6}{2} = 7.2(\text{mm})$$

式中 L_1——工件成形前外径宽度 44（mm）；

L_2——工件最小间距 + 工件直径 ×2 = 5.6mm + 12mm ×2 = 29.6mm

3）滑块斜面高度

$$h = s \times \tan 60° = 7.2 \times 1.732 = 12.47(\text{mm})$$

5. 使用效果 模具设计制造后，生产的回形卡质量稳定，模具工作正常。

6. 本例设计总结 模具设计中，操作人员的安全性是第一重要的，一些看似简单的模具结构，有时蕴藏着生产事故。本案例通过设计双斜楔推动滑块结构，尽管模具结构较前工艺复杂，但由于改进后的模具显著提高了工效，稳定了质量，保障了操作安全，总体还是值得的。

3.4.4 钢丝夹摆动弯曲模

1. 零件结构 图 3-88 为钢丝夹零件，为葫芦母线形状，采用直径为 0.6mm 弹簧钢丝弯制而成，钢丝截断长度为 34mm。

2. 模具结构 钢丝夹摆动弯曲模结构如图 3-89 所示。

冲压前，在弹簧 7 和限位架 4 作用下，成形摆块 3 和顶杆 6 处于各自的初始极限位置。将钢丝坯料放在限位架 4 的半圆形定位槽 12 内，钢丝的径向靠定位槽定位，轴向靠定位销 2 定位。随着上模的下行，钢丝先弯成近似 U 形。随着上模继续下行，两个成形摆块 3 向内闭合转动，当上模下行至其下死点时，两个成形摆块 3 闭合，将钢丝压弯成形。随着压力机滑块上升，在弹簧 7 作用下，成形凹模摆块 3 和顶杆 6 恢复到模具工作前初始位置，工件留在凸模芯 10、11 上，用镊子便可沿模芯轴向取出工件。

3. 设计要点

1）下模的成形摆动 3 通过轴 5 与支架 8 铰接。

2）上模由凸模体 1、凸模芯 10 和 11 组成。由于上模尺寸很小，故将除凸模芯以外的其他部分（凸模体、上模座、模柄）设计成一体。

3）为便于加工制造，将凸模体1、凸模芯10和11分别单独设计成零件。凸模芯10和11与凸模体1之间采用H7/r6过盈配合。

4. 使用效果 该弯曲模结构简单，工作可靠，操作方便，工作效率高。

5. 本例设计总结 该弯曲零件外形尺寸小，无法设计单工序模分多道工序完成，因而应考虑设计一次性弯曲成形模。对于此类具有多道弯的异形件弯曲，多设计摆动式弯曲模成形，由于零件小、弯曲力不大，因此，摆块的弹、顶均依靠弹簧7的弹簧力便可完成，一般较大零件则多借助压力机的顶缸力完成。

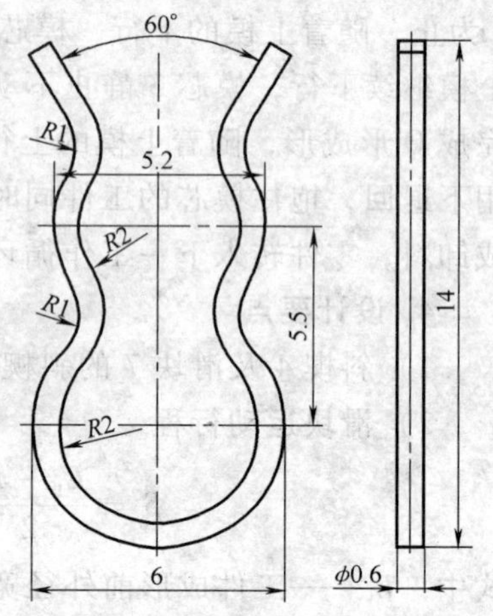

图3-88 钢丝夹零件结构简图

对钢丝类半封闭件的弯曲模设计与同类型板料弯曲模设计原理是一样的，但应注意其形状的特殊性，一般开设圆型槽进行径向定位。

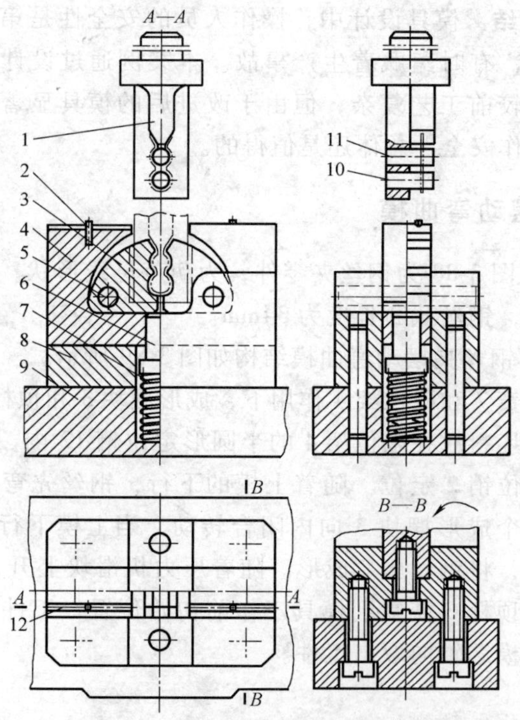

图3-89 钢丝夹摆动模结构简图

1—凸模体 2—定位销 3—成形凹模摆块 4—限位架 5—轴 6—顶杆 7—弹簧 8—支架 9—底座 10、11—凸模芯 12—定位槽

3.4.5 方环下料圈形一次成形模

1. 零件结构 图3-90为仪表手提两端用环，采用$\phi 2.5$mmH62黄铜丝制成。

2. 加工工艺分析 此类封闭弯曲件一般采用的模具结构是上模利用三个斜楔，下模采用滑块使之切断及成圈形。但模具结构复杂，精度难以控制，给制模及维修带来困难。决定设计一次成形模。

3. 模具结构 设计的成形模如图3-91所示。

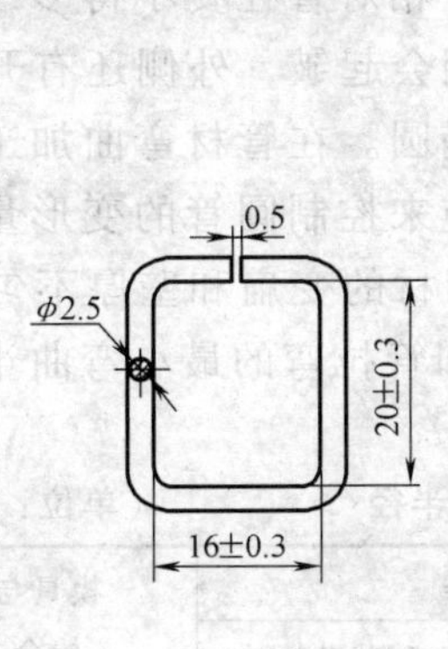

图3-90 零件结构简图

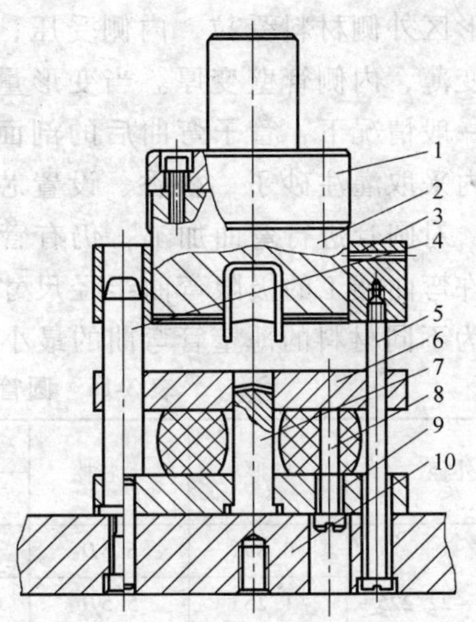

图3-91 仪表手提两端环模具结构简图

1—模柄 2、7—凸模 3—凹模 4—导柱 5、8—螺杆 6—下模 9—固定板 10—底板

该模具系切断、圈形一次成形模，当凸模2下冲时，首先切断黄铜丝，然后在凹模3中间的凸缘上将黄铜丝弯曲成倒U形。随着压力机滑块的继续下行，凸模2通过弯成倒U形的黄铜丝压迫凹模3中间的凸缘使凸模2和凹模3一起下降，黄铜丝的倒U形的两顶端进入下模6的45°斜槽内，迫使两顶端向内弯曲，继续下降由凸模7与凹模3最后成形。

回程后由凹模3的正面凸缘上将零件环取出。该模具选用双套卸料橡皮，卸料力可调整。

4. 使用效果 模具生产的零件，质量稳定、可靠。

5. 本例设计总结 本案例的模具结构设计巧妙，比之通常带斜楔、滑块机构的模具结构更简单、实用，制模及维修均较简便。

3.5 管料及型材弯曲模案例剖析

3.5.1 管料及型材的弯曲加工工艺及模具结构分析

1. 管料的弯曲加工 常用的管料主要有圆管和方管。

（1）圆管的弯曲加工工艺及模具 圆管的弯曲过程和一般弯曲是相同的，即变形区外侧材料受拉，内侧受压，由于管壁厚度相对管径要小得多，使外侧管壁变薄，内侧管壁变厚。当变形量较大时，内侧会起皱，外侧还有开裂的可能。一般情况下，管子弯曲后的剖面形状近似为椭圆。在管材弯曲加工中，常在管内采取灌注砂子、松香、设置芯棒等工艺措施来控制圆管的变形量。即便如此，对圆管进行弯曲加工，仍有管材的外观（管材的变扁和壁厚不匀）和强度允许弯曲加工的极限弯曲半径尺寸。表 3-16 为圆管拉弯的最小弯曲半径。表 3-17 为不同材料的薄壁管弯曲的最小弯曲半径。

表 3-16 圆管拉弯的最小弯曲半径 （单位：mm）

外径	壁厚	无芯棒	有芯棒		模具与球形芯棒合并使用
			柱状芯棒	球状芯棒	
12.7～22.225	0.89	6.5D	2.5D	3D	1.5D
	1.25	5.5D	2D	2.5D	1.25D
	1.65	4D	1.5D	1.75D	D
25.4～38.1	0.89	9D	3D	4.5D	2D
	1.25	7.5D	2.5D	3D	1.75D
	1.65	6D	2D	2.5D	1.5D
41.275～53.975	1.25	8.5D	3.5D	4.5D	2.25D
	1.65	7D	3D	3.5D	1.75D
	2.11	6D	2.5D	3D	1.5D
51.15～76.2	1.65	9D	3.5D	4D	2.5D
	2.11	8D	3D	3.5D	2.25D
	2.77	7D	2.5D	3D	2D
88.9～101.6	2.11	9D	3.5D	4.5D	3D
	2.77	8D	3D	4D	2.5D

注：D 为圆管外径。

圆管的弯曲成形，广泛选用弯管模加工，管子弯曲分有芯弯曲和无芯弯曲两种形式。

有芯弯曲包括带填料和填充芯子两种实施形式。直径大于 10mm 的管子弯曲时，可加填充料和芯子，当弯曲圆角半径小于管径 1.5 倍时，为防止弯曲后管子剖面椭圆度过大，也应采用有芯弯曲。

表 3-17　薄壁管弯曲的最小弯曲半径　（单位：mm）

材料	外径	壁厚	弯曲半径	弯曲角/°
321SS	63.5	0.31	76.2	90
AM350CRES 钢	38.1	0.71	38.1	180
钛 A40	101.6	0.89	152.4	90
耐腐蚀耐热镍基合金	88.9	0.71	88.9	45
因科镍铬合金	38.1	0.46	38.1	90
铝 6061T6—0	50.8	0.71	44.5	90
304SS	177.8	0.89	177.8	180

注：此处的弯曲半径为管子的中心半径。

常用填充料有松香、石英砂、低熔点盐类（如硫化硫酸钠、磷酸钠等）、易熔合金等。常用作填充的芯子有滚珠、螺旋弹簧、薄金属片、软金属丝等。

在弯管机上采用有芯棒的弯曲模，填充芯子结构见图 3-92。

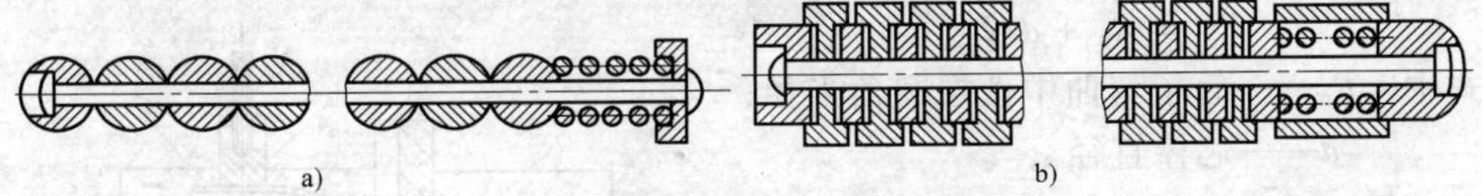

图 3-92　填充芯子

a）滚珠式芯子　b）衬片式芯子

图 3-93 为弯管模工作部分的结构。工作部分由芯棒、导板、弯曲型胎和压块组成。弯曲型胎 3 固定在机床心轴上，可以转动。弯曲前，管坯用压块 4 夹紧在弯曲型胎 3 上，管料中填以芯棒 2。当弯管机转动时，管子绕弯曲型胎逐步弯曲成形。

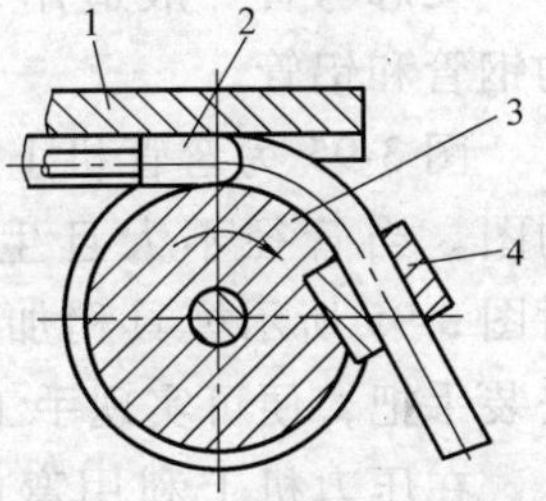

图 3-93　弯管模工作部分结构示意图

1—导板　2—芯棒　3—弯曲型胎　4—压块

图 3-94 为弯管模的工作零件。

图 3-94a 的导板，$R_1=0.1\sim0.5\text{mm}$，$H=0.2\text{mm}$，$B\geqslant(D+10)$ mm，导板长度可按需要定，工作面的表面粗糙度 $R_a<1.6\mu\text{m}$。

管子弯曲时，芯棒的工作位置与形状对管子弯曲质量有很大影响。芯棒超前，管子外侧受拉伸力大，变薄量增加，甚至开裂；当芯棒偏后，易造成管内侧失稳，起皱变扁。因此，应根据变形情况和管径大小适当调整提前量，使弯曲后管子的圆度误差和内侧皱折尽量减小，提高成形质量。

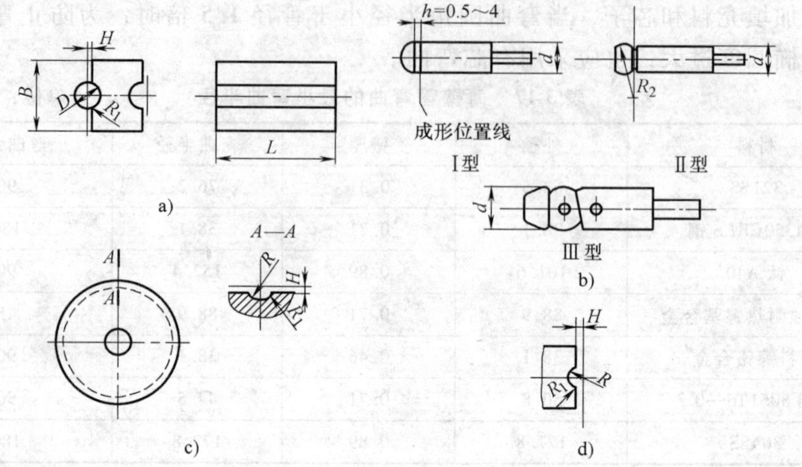

图 3-94　弯管模工作零件

a）导板　b）芯棒　c）弯曲型胎　d）压块

图 3-94b 所示的芯棒，直径 d 可比管内径小 0.4～0.8mm，工作面表面粗糙度 $R_a < 1.6\mu m$。Ⅱ型芯棒头部圆弧 R_2 尺寸为

$$R_2 = R_0 + d/2$$

式中　R_0——管子弯曲中性层圆角半径；

d——芯棒直径。

Ⅲ型芯棒为球头芯棒，在管子成形过程中可起校形作用，防止失稳变形，用于直径较大的管子弯曲。

无芯弯管一般适用于管径 8～16mm 的钢管和铝管。

图 3-95 为弯管机上使用的弯管模结构图。当管径不大且生产批量较小时，对图 3-95 所示模具稍加改进，在型胎上安装手把，便可实现手工弯管。

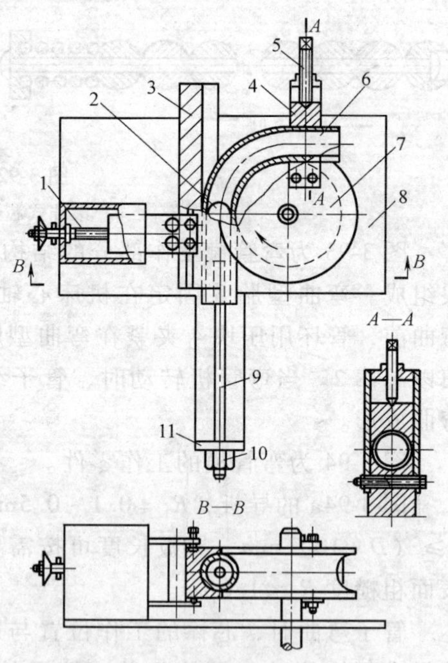

图 3-95　弯管模结构图

1—丝杠　2—芯棒　3—导板　4—滑块　5—螺杆　6—管料　7—弯曲芯胎　8—弯管机工作台　9—芯棒连接杆　10—调节螺杆　11—挡板

在压力机上利用弯曲模也能对管料进行较大弯曲角度的弯曲，但加工质量较弯管机加工差，不推荐使用（详见加工实例 3.5.2），只有在弯制角度不大且生产设备限制时才采用。

对于不带直段且弯曲半径较小、尺寸精度要求较高的弯头零件，可以采用推弯成形，薄壁管推弯模工作原理如图

3-96所示，把拟弯曲的管坯放在导向套2内，在凸模推力的作用下，管坯3在通过凹模内弯曲的孔道时，被弯曲成图中的形状。在弯曲过程中管坯的端头容易塌瘪，所以要在管坯内放置一个芯子4，它随同弯曲的管坯一起被凸模推出。

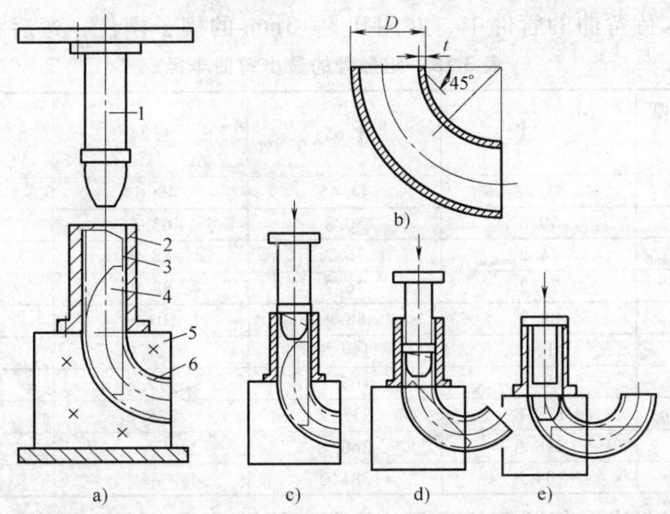

图3-96　薄壁管弯头推弯模

a）零件图　b）推弯模结构图　c）、d）、e）推弯工作过程

1—凸模　2—导向套　3—待弯管坯　4—芯子　5—凹模　6—已弯成的弯头

为了得到平齐的弯头端头，应把弯曲前管子的内侧面端部制成图中所示的斜面，同时避免前件与后件互相嵌入。

厚壁管推弯模则可不加芯子。在生产中，对塑性较好的有色金属管料的弯制也采用推弯模加工（详见加工实例3.5.3）。

管料弯曲回弹角的确定，目前资料上介绍得很少。生产中采用回弹角可调的模具结构进行控制其回弹（详见加工实例3.5.4）。

（2）方管的弯曲加工工艺及模具结构

方管在弯曲过程中，管壁外侧受拉变薄，内侧受压增厚，使弯曲后工件外侧会产生内凹现象，而内侧产生材料堆聚。

方管弯曲和矩形截面的管件弯曲时，相互垂直管壁侧面及其料厚部分在弯曲时，所需弯曲力和变形程度相差较大，在弯曲圆弧处，内侧和外侧断面比两侧面的应力更为集中，因而在弯曲区的中点及其附近最易发生畸变。

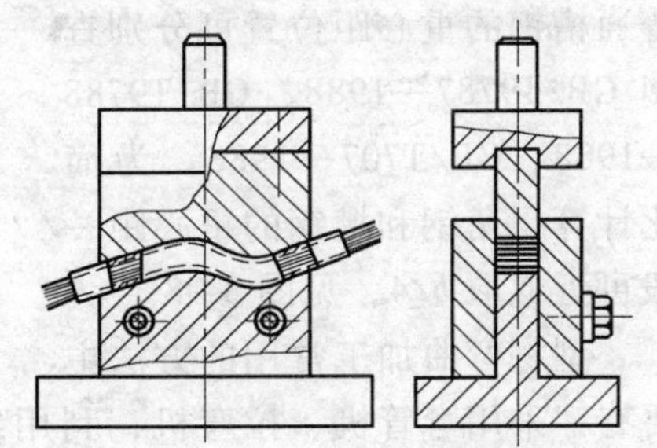

图3-97　矩形管带填充料弯曲

因此，对方管进行弯曲加工，仍有管材极限弯曲半径。表3-18为矩形管的

最小弯曲半径。

方（矩）形管件弯曲时，用薄金属片作填充芯子，可改善弯曲时变形区的畸变情况。如图 3-97 所示，用 0.1～0.3mm 厚的成束弹簧钢带叠成，与管子内形磨配，装入待弯曲的管件中，并用 0.5～3mm 的楔子楔住，弯后将其卸除。

表 3-18　矩形管的最小弯曲半径　（单位：mm）

尺寸 \ 壁厚	2.11	1.65	1.24	0.89
12.7	41.28	44.45	49.63	50.0
19.05	50.8	50.8	63.5	76.2
20.58	76.2	76.2	88.9	101.6
25.4	76.2	76.2	88.9	101.6
31.72	88.9	88.9	101.6	—
38.10	114.3	114.3	127.0	—
44.45	152.4	165.1	177.8	—
50.80	177.8	215.9	228.6	—
63.50	228.6	266.7	—	—
76.20	304.8	381.0	—	—

方料的弯曲成形与圆管相类似，采用弯管机或手工绕弯成形。

2. 型材的弯曲加工工艺及模具结构　角钢、槽钢等型钢弯曲时，毛坯展开长度的确定是以重心径为计算基础的，因为这一层材料在受拉伸和压缩后长度基本不发生变化。事实上，对轧制的各种截面形状型材的弯曲，由于主要是在型材弯型机上以大曲率半径 R（$R \geqslant 10h$，h 为型材弯曲半径 R 方向上的厚度）进行的，因此，可以相当准确地认为中性层是通过型材断面重心的。

轧制型材的重心距数值可查阅有关材料手册，其中：热轧等边角钢、热轧不等边角钢及热轧普通槽钢的重心距位置可分别查阅 GB/T9787—1988、GB/T9788—1988、GB/T707—1988。为简化计算，角钢和槽钢的重心距一般可近似取 $b/4$，见图 3-98。

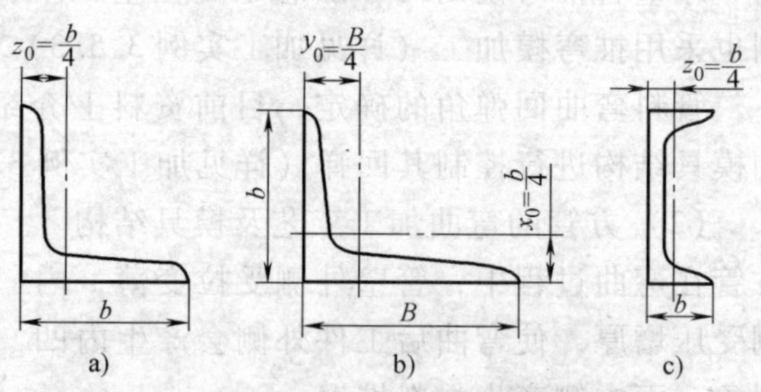

图 3-98　角钢和槽钢的重心距的近似值
a）等边角钢　b）不等边角钢　c）普通槽钢

型材弯曲加工常用的方法主要有：采用弯管机、拉弯机，利用绕弯模、拉弯型胎，完成绕弯、拉弯。型材弯曲时，其横断面形状与管材弯曲时的情况是不同的，由于型材是非对称形状，所以用哪个面作为弯曲的外侧，其最小弯曲半径也就各不相同。

在生产加工中，对型材（如角钢、槽钢、工字钢等）弯制要求不高的加工，常采用三辊滚弯机直接辊制，对断面尺寸较大的零件也可采用热弯，借助胎具手工弯成。

若型材有采取模具弯制的需要，可设计弯曲成形模弯制（详见加工实例3.5.5）。

3.5.2 在压力机上成形小圆弧半径的钢管

1. 零件结构 图3-99所示弯管，小批量生产，采用10钢制造的ϕ45mm×6mm冷拉无缝钢管制成，要求弯制管料内侧半径仅为75mm的圆弧，弯制后的管料须进行一头放入ϕ30mm的钢球，能从另一端顺利滚出的通过性圆度检查试验，即弯后的圆度误差（管料弯后大径与小径的差值）必须小于3mm。

2. 传统加工工艺 管料加工，传统加工工艺大多是使用弯管机、拉弯机等设备，配合适当的模具完成。弯管方法一般有缠绕式、滚弯、外压、拉弯等，而用得较普遍的是利用弯管机的缠绕式弯管模。

缠绕式弯管模事实上是一种回转牵引式弯曲，其模具结构如图3-100所示。工作开始，管料弯曲部分的前部通过活动夹紧块1及固定夹紧块2共同夹紧固定在回转弯曲模体3上。工作时，一面通过固定加压模4对管料加压，一面使回转弯曲模体3转动进行管料弯曲。由于管料是沿着回转弯曲模被逐渐拉入模体型槽，所以就一边被拉伸一边被弯曲成形。

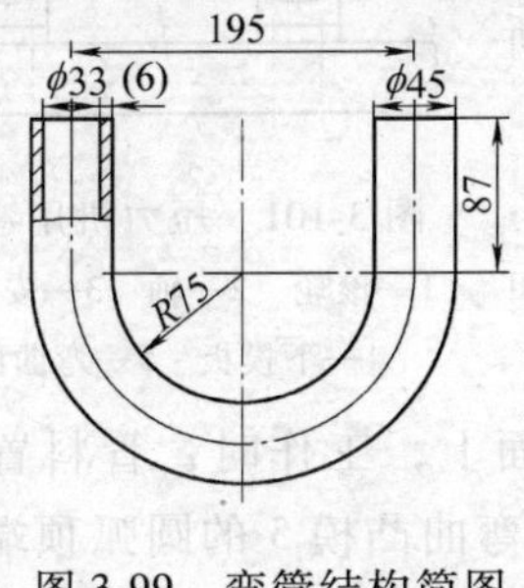

图3-99 弯管结构简图

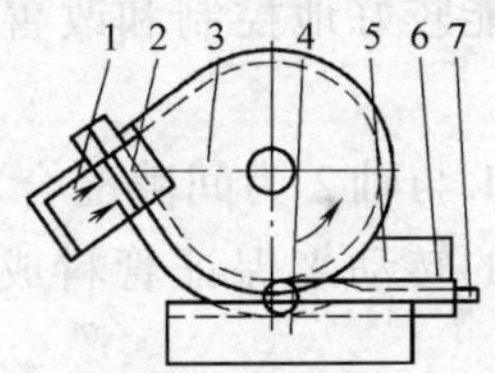

图3-100 缠绕式弯管模结构图

1—活动夹紧块 2—固定夹紧块 3—回转弯曲模体 4—固定加压模 5—防皱板 6—管料 7—芯轴

3. 传统加工工艺分析 管料在外力作用下弯曲时，其外侧管壁受拉应力作用而减薄，内侧管壁受压应力作用而增厚，当管的弯曲变形量超过材料极限便会失稳而起皱。

对缠绕式弯管，一般认为最小弯曲半径R（相对于管子中心线）为管料外径d的1.5倍，而经多次实践验证表明，当$t/d \geqslant 0.12$时，最小弯曲半径可为$R=d$。

为防止外侧管壁破裂、内侧起皱以及圆度误差较大等缺陷的发生，缠绕式弯管模常采取的措施有：

1）在管料6端部的合适弯曲部位插入适当形状的芯轴7。

2）与固定加压模 4 配合使用防皱板 5，其间仅留 1.5～2mm 的间隙进行控制。

3）在固定加压模 4 及防皱板 5 中设计出一个复合圆弧组成的模槽，形成反变形槽，以抵消管子弯曲时产生的圆度及断面畸变。

由此可见，在模具上设置有效的约束，能对管料的皱折、断裂、断面的圆形变形等进行较好的控制，是小半径圆弧能弯曲成功的关键。

4. 压力机用弯管模设计 图 3-99 所示弯管的 $t/d=6/45=0.133>0.12$，弯管半径（相对于管子中心线）R 为 97.5 mm 约为管径 d 的 2.17 倍，根据传统加工工艺实践公式可判断，该弯管的小半径圆弧能够弯成。

受生产设备的限制，该零件的弯制只能在普通压力机上进行，故考虑通过设计压力机用弯管模进行成形。由于压力机用弯管模难以设计成模仿回转式牵引弯曲模的那种工作方式，即一边对变形材料施加约束，一边进行弯曲加工。因此在借鉴传统的加工工艺基础上，设计了图 3-101 所示的弯管模。

整套模具主要由弯曲凸模 5 及滚轮 1 组成。为控制弯管时的变形，将滚轮 1 的弯管模槽设计超过管料中心，即沿模槽周向外伸出 3mm，合模后保证滚轮 1 与弯曲凸模 5 的外壁之间仅留 0.6mm 的间隙，以求能较好地控制和改善管子在弯曲过程中断面的变形。

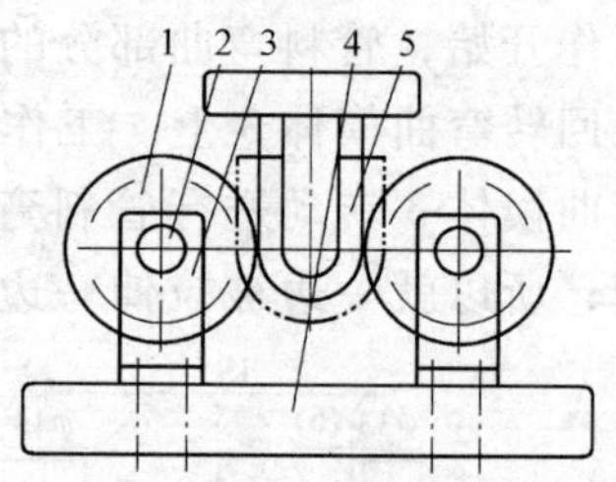

图 3-101　压力机用弯管模

1—滚轮　2—轴　3—安装支架　4—下模板　5—弯曲凸模

滚轮 1 与轴 2 为间隙配合，使得在弯制管料时，通过滚轮的转动来保证管料成形连续、平稳、表面光滑。

模具置于 J11—100 单柱固定台压力机工作台面上，工作时，管料置于两个滚轮 1 模槽中合适位置，随着弯曲凸模 5 的下压，弯曲凸模 5 的圆弧顶端首先与管料接触，然后逐渐随着压力机的下压将管料弯曲成形。

模具设计、制造后试弯的零件出现压痕，圆度严重超差，最大处达 6～7mm，后经灌沙弯形仍有 4～6mm 的椭圆形压痕。

5. 弯管模设计改进 根据模具的工作原理可知：弯管外侧的管壁材料，由于受切向拉伸而被拉向内侧，内侧部分的材料受切向压缩也靠向内侧，而模具结构中仅有弯曲凸模 5 阻碍管料向内靠的倾向，这一切综合作用的结果使整个断面形状易变成为椭圆形。又由于管料弯制过程中，其与两个滚轮 1 始终线接触，在与弯曲凸模 5 共同下压作用的最后阶段，其与滚轮线接触部位管料的塑性变形便将滚轮槽的压痕复制出来了。

综合上述分析，模具弯制缺陷的产生主要是弯曲时所加的弯曲力集中在模具的中部，对管料加工发生的不良变形没有进行有效的约束，为此将上述弯管模改进为如图 3-102 所示的结构。

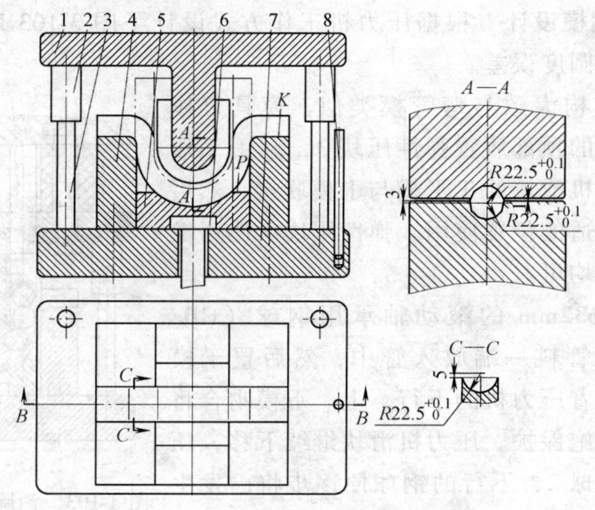

图 3-102 压力机用弯管模改进结构

1—弯曲上模 2—导套 3—导柱 4—弯曲凹模 5—成形卸料器 6—顶料杆 7—下模板 8—定位销

改进后的模具针对压力机工作情况，更注重于对管料弯曲时的约束。为了在管料弯曲时，能对其圆弧部位提供有效的约束，在模具中特意设计了成形卸料器 5。成形卸料器 5 依靠弯曲凹模 4 的型腔导向，随弯曲上模 1 共同下行，弯曲时，其与弯曲上模 1 形成型腔全程对管料的约束、保护。

为控制管料断面的变形，成形卸料器 5 模槽结构设计成超过管料中心，即沿模槽周向外伸出 3mm，合模后保证卸料器 5 与弯曲上模 1 的模槽仅有 1mm 的间隙，结构如图 3-102 的 *A*—*A* 剖视。

工作原理为：模具开启，压力机缓冲器先通过顶料杆 6 将成形卸料器 5 顶起，使其 *P* 面与弯曲凹模 4 的最低母线 *K* 平齐，此时将待弯的管料置于凹模槽内，一端由定位销 8 定位，压机下行，弯曲上模 1 开始与管料接触并成形圆弧顶端，随着成形的继续，已弯曲的管料部分进入成形卸料器 5 的模槽，得到约束保护。压力机滑块进一步下行，弯曲上模 1、成形卸料器 5 及弯曲凹模 4 共同将约束好的管料下移至模具下止点，管料逐步完成弯曲成形。随着压力机滑块的上行，弯曲上模 1 与弯曲凹模 4 脱离接触，成形卸料器 5 在压力机缓冲器作用下上行将弯好的管件推出弯曲凹模 4 的型腔，完成整个零件的弯制。

弯后零件圆度有显著好转，但圆弧的底部及圆弧与直线相交部分部位仍然有 3 ~4mm 的圆度误差，压痕有显著改善，比照以前灌沙弯曲的数据结果，采用灌沙弯曲工艺也许能满足弯制的圆度要求，考虑到灌沙不利于操作，不适应批量生产，同时工人劳动强度太大，为此决定设计整形椭圆模，用来改善圆度误差。

6. 整形椭圆模设计　根据压力机工作方式设计了图 3-103 所示模具，用来消除弯后的管料圆度误差。

整套模具结构大致与弯管模类似，模具工作时，在弯曲上模的顶部放置弹性压块 3，利用 T 形螺杆 4 通过压力机滑块的 T 形槽与上模联接，然后固定在压力机合适的位置使用。弹性压块 3 使用橡胶板或聚氨酯块均可。

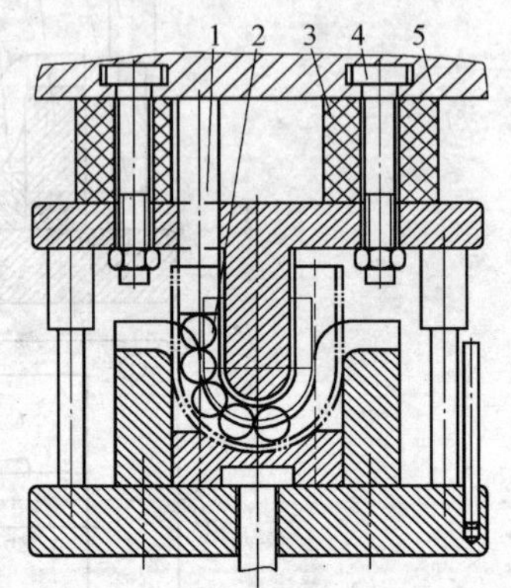

图 3-103　消除管料椭圆校形模

1—压柱　2—滚动轴承用钢球

3—弹性压块　4—T 形螺杆

5—压力机滑块

工作时将 ϕ32mm 的滚动轴承用钢球（GB/T308—2002）从管料一端放入管中，然后置于模具合适位置，随着压力机的下行，上、下模吻合将管料压入模腔实施保护，压力机滑块继续下移，压柱 1 开始接触钢球 2，下行的钢球便逐步将已发生圆度变形的部位整形出来。

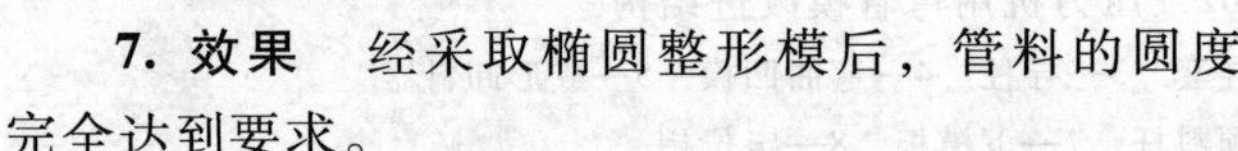

7. 效果　经采取椭圆整形模后，管料的圆度完全达到要求。

8. 本例设计总结　借鉴传统弯管机弯管的成功工艺，具体分析压力机的工作过程，通过设计合适的模具，在普通压力机上同样能弯制出合格的小半径圆弧钢管。在压力机上利用弯曲模弯制较大角度管料，加工质量较弯管机加工差，不推荐使用。生产中一般用于管料弯制角度不大且受生产设备限制时才采用压力机加工。

3.5.3　高精度 U 形管推弯模

1. 零件结构　图 3-104 所示 U 形管采用 ϕ10mm × 0.5mm 的 T4 料制成。该零件主要装配在吸热器排管上，要求中心距尺寸精确，弯曲成形后无皱折和变形。

2. 模具结构及工作过程　设计的模具如图 3-105 所示。

工作时，先把压力机滑块调整到合适位置，然后扳动手轮 7 把纯铜管 2 夹紧在模块 5 上的圆孔内。当滑块下降时，凸模 1 把工件 2 向下沿模块 5 上的导正圆孔，冲挤进模具镶块 6 上的半圆型腔内。当滑块到达下死点时，凸模 1 把工件 2 因弯曲半圆所产生的口部不平压平，保证了零件高度尺寸与口部精度。零件经过一冲一挤，可以在光滑的型

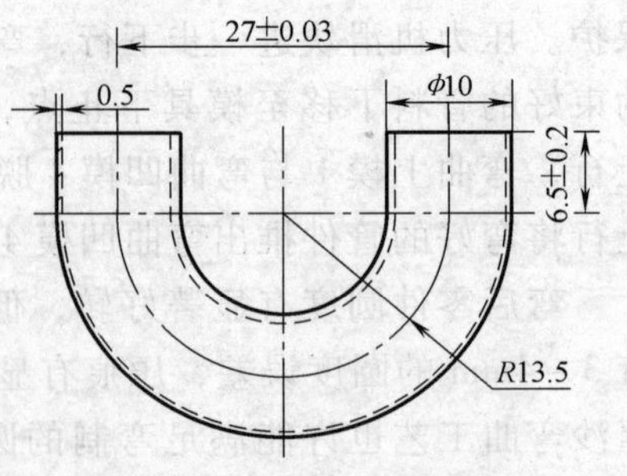

图 3-104　U 形管件结构简图

腔内塑性弯曲，从根本上消除内外层上压应力的存在，有效地控制了零件的回弹。滑块回升至上死点，手工松动手轮7，下模两模块松开，用钩子把冲好的U形零件卸下。

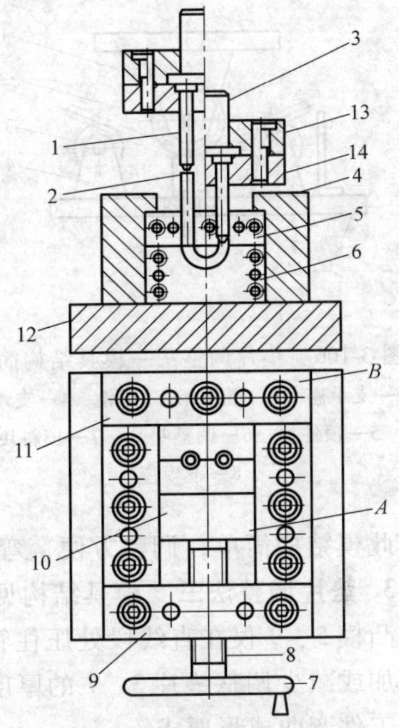

图3-105 模具结构简图

1—凸模 2—弯曲零件 3—模柄 4—导板 5、6—凹模镶块 7—转动手轮 8—锯齿形螺杆 9—螺母固定板 10、11—凹模固定板 12—下模座 13—上模座 14—凸模固定板

3. 设计要点

1）该模具在保证零件高度时，只须调整滑块行程来控制尺寸，并且冲好的零件因立体塑性弯曲消除了回弹，保证了零件的中心距尺寸。

2）模具制造维修方便。制模时只要把镶块5重叠装配在一起，按照图样尺寸中心距（27±0.02）mm镗钻ϕ9.7mm通孔，用ϕ10mm铰刀精铰，然后装夹到车床上，留一定余量车好R13.5mm半圆型腔槽，淬火后到磨床上磨至尺寸即可。

4. 使用效果 零件在挤压后，外圆光滑，无皱折和变形现象。

5. 本例设计总结 管料的推弯成形是管料成形的重要工艺方法之一。该工艺方法常用来成形采用常规成形方法难以成形的零件。推弯成形主要用于不带直段且弯曲半径较小、尺寸精度要求较高的弯头零件。

3.5.4 回弹角可调的几种实用弯管模

生产采用回弹角可调的模具结构控制管料弯曲的回弹。以下的模具结构，在可能的情况下，凹模口多以滑轮代替，这样有利于减小摩擦，提高模具寿命。

1. 垫片调整法一 模具结构如图3-106。

模具仅由滑轮2及两个滑轮3构成了凸、凹模。当调整垫片6的厚度改变时，弯管高度也相应改变，从而达到了调整回弹角的目的。

这种结构适用于尺寸较大的管子，调整方便，且滑轮磨损小，同时，也可改变支承座4两件之间的距离来调整回弹角，但调整麻烦些。

2. 垫片调整法二 模具结构见图3-107。

凸模2为固定式，它的工作槽面必须单面留回弹余量3°~5°。活动凹模3两件组成了凹模。当调整垫片6的厚度时，可改变活动凹模3所转过的角度，从而达到消除回弹的目的。

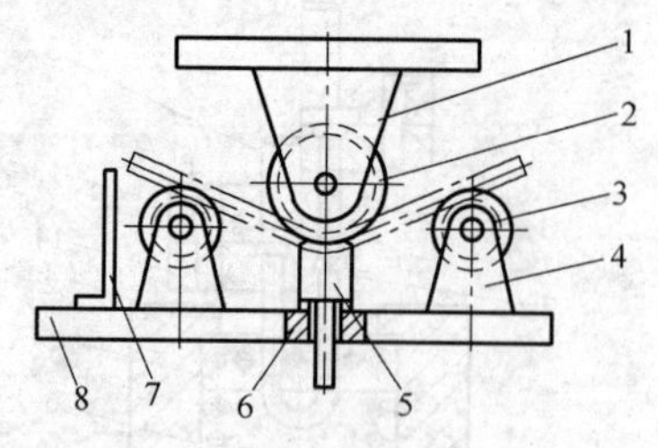

图 3-106　垫片调整法一模具结构简图

1—支承座　2—滑轮　3—滑轮　4—支承座　5—顶件块　6—调整垫片　7—挡料块　8—下模座

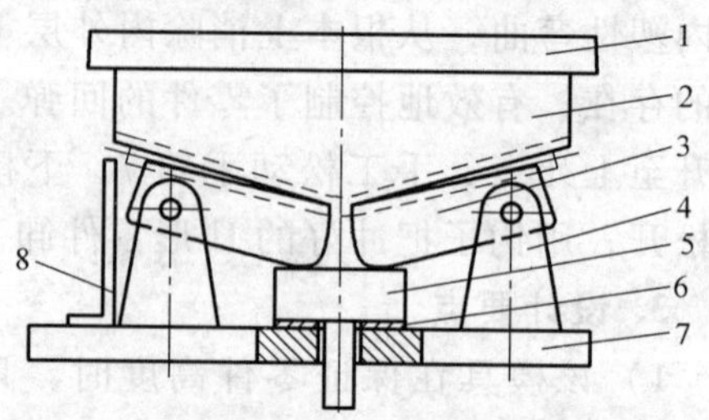

图 3-107　垫片调整法二模具结构简图

1—上模座　2—凸模　3—活动凹模　4—支承座　5—顶件块　6—调整垫片　7—下模座　8—挡料块

此模结构简单，调整方便，弯曲件质量好，能保持较好的直线度。

3. 垫片调整法三　模具结构见图 3-108。

凸模 5、9 仅在直线段处压住管件，而过渡区域则让开工件。当以相同改变量增加或减少调整垫片 3、7 的厚度时，凸模 5、9 的槽面距减少或增加，从而可满足工件弯曲成形要求。

此模结构简单，调整不方便，但能很好地保证两直线段平行及所要求的距离，因为工件在两拐角处回弹一致，适用于过渡区域不重要的管件。

4. 垫片调整法四　模具结构如图 3-109。

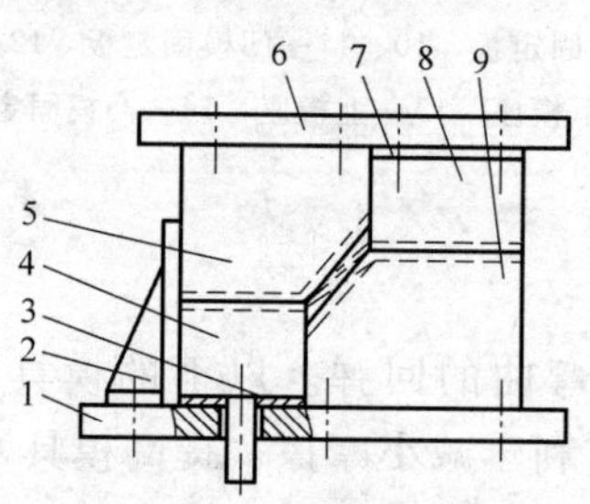

图 3-108　垫片调整法三模具结构简图

1—下模座　2—挡块　3、7—调整垫片　4—顶件块　5、9—凸模　6—上模座　8—凹模

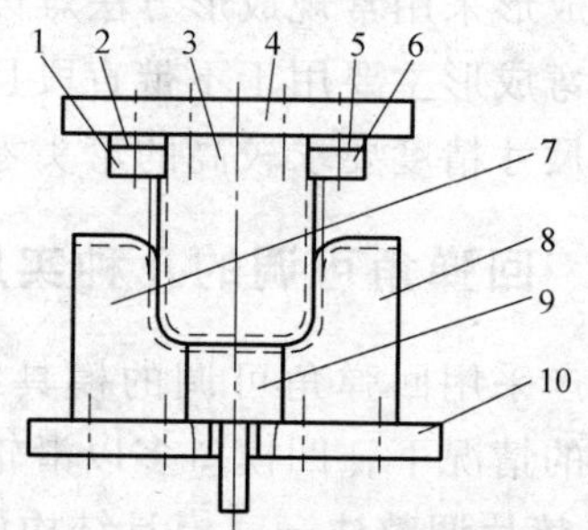

图 3-109　垫片调整法四模具结构简图

1、6—压块　2、5—调整垫片　3—凸模　4—上模座　7、8—凹模　9—顶件块　10—下模座

在管件圆角处，凹模 7、8 做成与凸模 3 相配合。模具到位时，压块 1、6 轴向压迫管子，相当于在圆角处给管子镦了一下，从而达到消除回弹的目的。调整垫片 2、5 用来调整压块 1、6 的高度，以适应不同管件的尺寸公差。

此模结构简单，调整不方便，且不易调好，适用于尺寸小且要求较精确的U形管件，多用于管件的校正工序。

5. 螺栓调节法 模具结构如图3-110。

活动凹模3的结构如图3-111，它可绕OO轴旋转。当调节螺栓5向下调节时，活动凹模3绕转轴6逆时针旋转，亦即活动凹模3的右端抬起一个高度，图3-110中的θ角则相应增大，用以抵消管件的回弹。凸模7上应预留3°~5°的余量，以便于调节。此外，图3-111中的OO轴应当通过弯管角度即θ角的顶点。

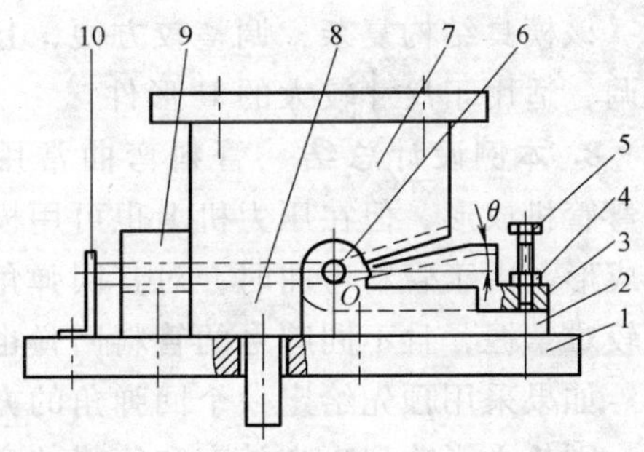

图3-110 螺栓调节法模具结构简图
1—下模座 2—支承块 3—活动凹模 4—锁紧螺母 5—调节螺栓 6—转轴 7—凸模 8—顶件块 9—挡块 10—挡料块

这种模具结构简单，调整非常方便，效果好，且在工作时不卸模即能调整，应用范围相当宽（$0<\theta<90°$），其中以$0<\theta<60°$为最佳。

6. 斜楔调整法 模具结构如图3-112。

凸模10上每边留有3°~5°的余量。当模具快到位时，斜楔7推挤摆块5，摆块5绕转销4转过一个角度，从而消除回弹。调整垫片9用来调节斜楔7的高度，亦即改变摆块5所转过的角度。

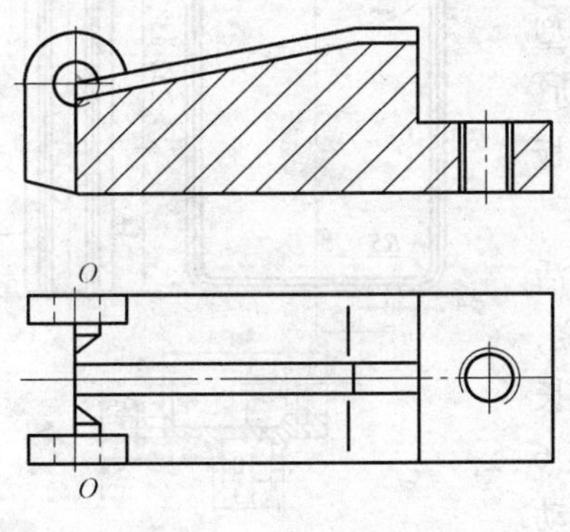

图3-111 活动凹模结构图

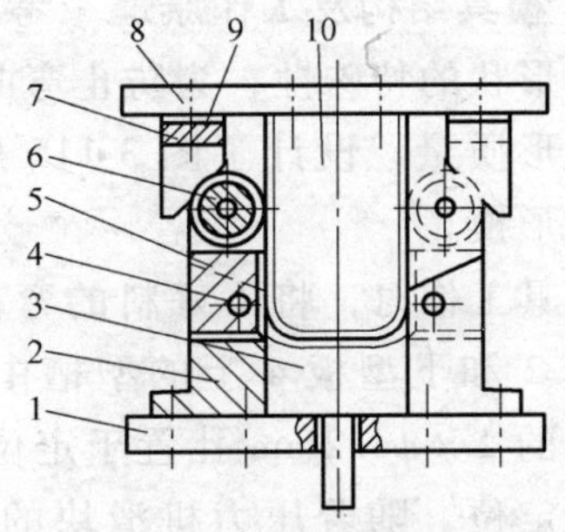

图3-112 斜楔调整法模具结构简图
1—下模座 2—支承座 3—顶件块 4—转销 5—摆块 6—滑轮 7—斜楔 8—上模座 9—调整垫片 10—凸模

此模结构复杂，调整不方便，适用于尺寸较小的U形件。

7. 转臂调整法 模具结构见图3-113。

凸模9上有一可上下调节的调节块7，调节块7可压迫转臂5绕转销4转动。转臂5与摆块6共转销4，且与摆块6通过螺栓联接。当转臂5转动时也带动了摆块6转动，从而起到消除回弹的作用。

该模具结构复杂，调整较方便，且随时可调，适用于尺寸较大的U形件。

8. 本例设计总结 管料弯曲常用多功能弯管机成形，但在压力机上也可用模具弯曲成形。由于管料弯曲时，对其回弹角的确定较难掌握，且不同牌号的管料回弹也不一样。如果采用预先给定一个回弹角的方法生产，则势必影响到生产效率和管料的弯曲质量。采用以上几种回弹角可调的弯管模结构可有效地解决上述问题。

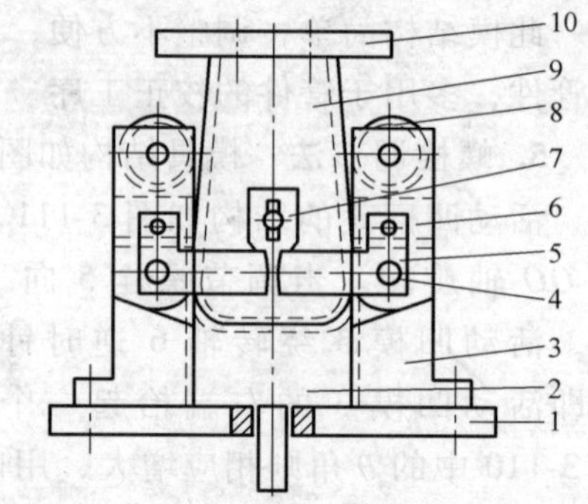

图 3-113 转臂调整法模具结构简图

1—下模座 2—顶件块 3—支承块 4—转销 5—转臂 6—摆块 7—调节块 8—滑轮 9—凸模 10—上模座

3.5.5 铝型材滚动折板弯曲成形模

1. 零件结构 图3-114所示铝型材，要求弯成U形结构，小批量生产。

2. 冲压工艺方案 根据零件结构及其生产批量不大，决定采用如下加工工艺方案：用砂轮切割机下料→钻2×ϕ4.2mm弯曲定位孔→弯曲成形。

3. 模具结构及工作原理 考虑到图示铝型材断面形状的特殊性，为防止弯曲时毛坯摆动，影响成形质量，设计了图3-115所示滚动折板弯曲成形模。

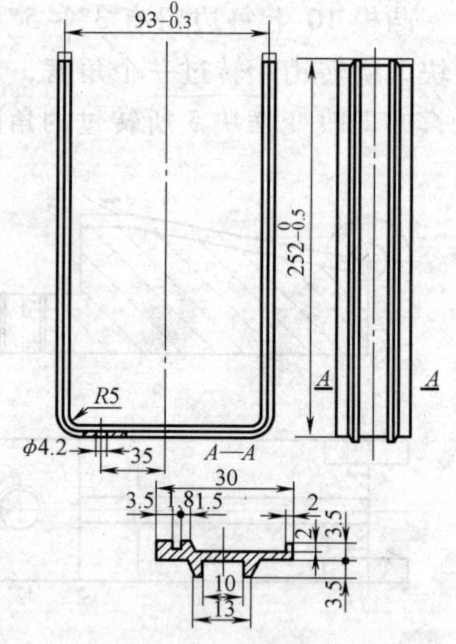

图 3-114 零件结构简图

模具工作时，将下好料的弯曲毛坯置于活动凹模2和下型板4上的型槽中作左右定位，将钻好的2×ϕ4.2mm孔置于定位销12中作长度方向定位。随着压力机滑块的下移，凸模6随上模将型板压下，与下型板铰接的两侧活动凹模2沿滑轮7下滑，直至完成工件的U形弯曲成形。随着压力机滑块的逐渐上行，下型板4被顶板13、顶杆14顶出，活动凹模2随之沿滑轮7向外侧翻倒，此时，取出弯曲成形的零件，模具转入下一个工作循环。

4. 设计要点

1）模具工作零件均按型材相应部分的形状加工出槽形，槽形宽度可比工件

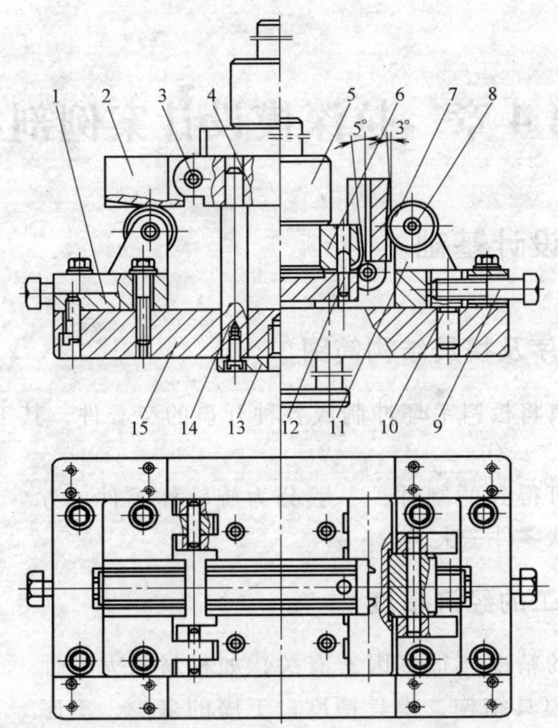

图 3-115 铝型材滚动折板弯曲成形模

1—导轨 2—活动凹模 3—型轴 4—下型板 5—模柄 6—凸模 7—滑轮 8—滑轮轴 9—调节螺钉 10—固定柱 11—支架 12—定位销 13—顶板 14—顶杆 15—底板

相应部分尺寸大 0.2 ~0.5mm。

2）凹模采用滚轮折板式结构，可减少毛坯经凹模圆角时的摩擦、擦伤乃至划痕，保证工件表面质量。

3）凸模 6 外侧作出 5°斜度，活动凹模 2 外侧作出 3°斜面，可用于调整、校正弯曲角度来补偿回弹量。

5. 使用效果 加工出的零件满足产品要求。

6. 本例设计总结 本例是型材弯曲的典型结构，整体结构与板料折板弯曲模相似。该类模具对表面易受损的有色金属弯制具有保护作用。

第 4 章　拉深模设计案例剖析

4.1　拉深模设计基础

4.1.1　拉深工序及模具结构简图

拉深是用模具将板料毛坯冲制成各种开口的空心件，其工序简图及模具简图见图 4-1。

用拉深工序可得到的制件，一般分为旋转体零件、方形零件及复杂形状零件三大类。

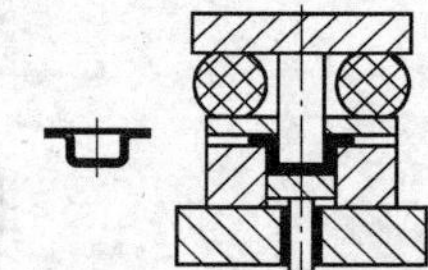

图 4-1　拉深工序及模具简图

4.1.2　拉深加工的经济精度

拉深件加工的精度与很多因素有关，如材料的力学性能、材料厚度、模具结构、模具精度、工序的多少、工序的先后顺序等。拉深件的制造精度不宜要求过高，一般合适的精度在 IT11 级以下。同时由于拉深本身的特性，拉深件应允许不变薄拉深的厚度变化为：上下壁厚约为 1.2 ~0.6t（t：料厚）。矩形盒四角应允许增厚。

多次拉深的零件外壁上或凸缘表面上应允许在拉深过程中所产生的印痕。

4.1.3　拉深加工的工艺性

拉深件是利用拉深模将平板毛坯压成筒形（或其他断面形状）零件，或将筒形（或其他断面形状）的毛坯再压成不同尺寸筒形（或其他断面形状）而形成的零件。

由于受拉深变形性能的影响，拉深件的工艺性好坏，直接影响到该零件能否用最经济、最简便的方法加工出来，甚至影响到该零件能否用拉深方法加工出来。对拉深件工艺性要求主要有：

1）拉深件的形状应尽量简单、对称，以利于拉深成形。对某些半敞开及不对称的空心件，宜将两个或几个合并成对称的形状一起拉深，然后剖切开，以避免单个成形时受力不对称而使变形困难。

2）对于带凸缘的圆筒形拉深件，在用压边圈拉深时，最合适的凸缘在以下范围：

$$d+12t \leqslant d_{凸} \leqslant d+25t$$

式中　d——圆筒件直径（mm）；

t——材料厚度（mm）；

$d_{凸}$——凸缘直径（mm）。

3）拉深深度不宜过大（即 H 不宜大于 $2d$）。当一次可拉成时，其高度最好为：

无凸缘圆筒件　$H \leqslant (0.5 \sim 0.7)\ d$

矩形件　$H \leqslant (0.3 \sim 0.8)\ B$ 且 $r_{角} = (0.05 \sim 0.2)\ B$

式中　B——矩形件的短边宽度；

$r_{角}$——矩形件角部圆角半径

4）凸缘件一次拉成的条件为：零件的圆筒部分直径 d 与毛坯 D 的比值 $d/D \geqslant 0.4$。

5）拉深圆角半径应合适：

圆筒件底与壁部的圆角半径 $r_{凸}$ 应满足 $r_{凸} \geqslant t$，凸缘与壁之间的圆角半径 $r_{凹} \geqslant 2t$，从有利于变形的条件来看，最好取 $r_{凸} \approx (3 \sim 5)\ t$，$r_{凹} \approx (4 \sim 8)\ t$。若 $r_{凸}$（或 $r_{凹}$）$\geqslant (0.1 \sim 0.3)\ t$ 时，须增加整形。

矩形件盒角部分的圆角半径 $r_{角} \geqslant 3t$，为了减少拉深次数，应尽量取 $r_{角} \geqslant H/5$（H 为盒形件高）

4.1.4　拉深加工工艺与模具设计的关系

拉深加工工艺的制定与制定冲裁、弯曲加工工艺最大的不同在于：拉深加工工艺的制定必须进行必要的工序计算（主要包括毛坯直径、拉深系数、拉深次数、拉深高度等）之后，才可确定加工工艺方案。不像冲裁、弯曲件那样具有直观性。

一般来讲，对形状规则的旋转体，由于资料上已有成熟的工艺方案及相应的模具结构，因此，模具的设计较为规范，但不管怎样，拉深模的设计不可脱离该拉深件工艺方案制定中对拉深件本身的计算、分析。

比如图 4-2、图 4-3 均为用于无凸缘圆筒件拉深的拉深模结构图。具体选用哪种结构必须经过工艺计算确定。

图 4-2 为不需压边圈的圆筒件拉深模结构图。凹模 2 上平面的浅槽 D 为安置拉深毛坯用，其浅槽深度无特殊要求，便于毛坯安放即可。

图 4-3 为需要使用压边圈的圆筒件模具结构图。拉深好的零件直接从凹模孔中漏出。凹模 2 上平面的浅槽深度 s 略大于拉深坯料料厚 t，以保持压边均衡或防止压边圈将毛坯压得过紧。在拉深铝合金工件时，s 取 $1.1t$mm，拉深钢制工件，s 取 $1.2t$mm，拉深带凸缘的工件时，s 取料厚加 0.05 ~ 0.1mm。对拉深板料较薄或带有宽凸缘的零件，为达到同样目的，即防止压边圈将毛坯压得过紧，也可以采用图 4-5a 所示带限位装置的压边圈结构。

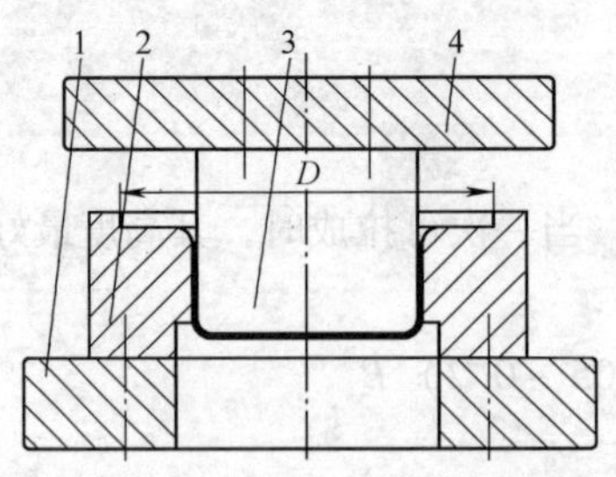

图 4-2 不带压边圈的拉深模结构简图

1—下模板 2—凹模

3—凸模 4—上模板

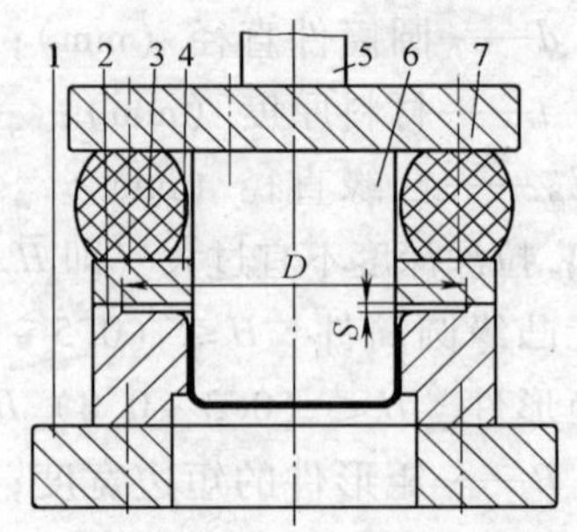

图 4-3 带压边圈的拉深模结构简图

1—下模板 2—凹模 3—聚氨酯块

4—压边圈 5—模柄 6—凸模 7—上模板

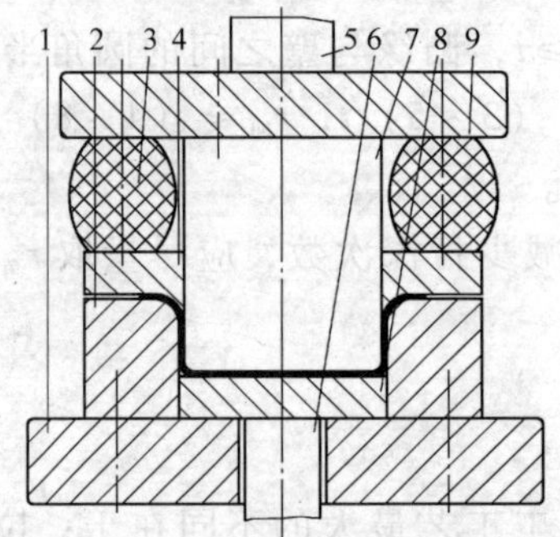

图 4-4 带弧形压边圈的模具结构简图

1—下模板 2—凹模

3—聚氨酯块 4—弧形压边圈

5—模柄 6—顶杆

7—凸模 8—卸料板 9—上模板

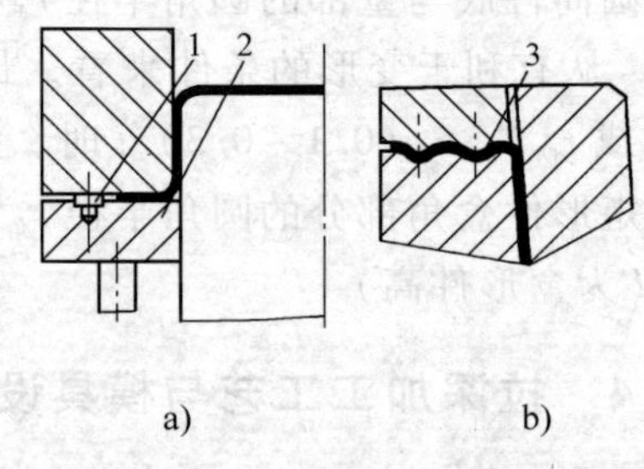

图 4-5 压边圈的种类

a）带限位装置的压边圈结构

b）带拉深肋的压边圈结构

1—限位柱 2—压边圈

3—拉深肋

再比如图 4-4 所示模具的弧形压边圈结构用于第一次拉深相对厚度（$(t/D)\times100$）小于 0.3 且有小凸缘和很大圆角半径的工件，坯料在凸凹模间的悬空度大，平底压边圈的防皱效果并不理想。采用弧形压边圈可增加压边圈压边的有效作用面积，防止压边圈过早失去作用。

对凸缘特别小或半球形工件，则需加大压边力，在工艺上可增大凸缘面积，采用图 4-5b 所示带拉深肋的压边圈进行加工。

对一般的带凸缘拉深则可采用图 4-3 所示模具结构。若拉深宽凸缘工件，则应考虑减小压边圈与毛坯的接触面积。

由此可见，模具结构的选用及具体设计离不开对拉深件的工艺计算、分析。在实际生产中，由于企业规模及管理设置上的不同，加工工艺方案的制定与模具的设计可能在相同或不同部门里由同一个人或不同的人员协作完成，不管怎样，工艺方案制定人员应提供相应的工艺方案制定时的工序计算、分析资料，这种相互间的接口文件是模具设计成功与否的关键。为提高拉深件的工艺性，必要时还需要与产品设计人员就零件的形状、尺寸精度、材料种类等进行沟通、协调。

4.2　旋转体拉深模案例剖析

4.2.1　旋转体拉深加工工艺及模具结构分析

旋转体拉深件主要有筒形件、带凸缘筒形件、抛物线形件、半球形件、锥形件等。不管是何种类型的拉深件，为制定合理的拉深加工工艺，均先要确定该旋转体拉深件的毛坯直径，然后，计算其拉深系数及拉深次数，最后根据各类旋转体拉深件的工艺制定原则确定其加工工艺方案。以下对各类拉深件分别进行总结。

1. 旋转体毛坯直径的计算　旋转体拉深加工毛坯直径的计算依据：由于拉深件拉深前后的毛坯厚度变化很小，因此，拉深变形前后体积不变就变为拉深前毛坯表面积和拉深后工件的表面积相等来进行计算。根据旋转拉深件的形状，一般分两类：

(1) 毛坯直径计算　若能将旋转拉深件划分为若干个简单的几何形状（划分单元体的形状可参见第 10 章 10.4 节），则分别求出各部分的面积 A 并相加为 $\sum A$。由于毛坯面积为 $A_0=\pi D^2/4$，那么，有

$$A_0=\frac{\pi D^2}{4}=\sum A$$

故毛坯直径的计算公式为：

$$D=\sqrt{\frac{4}{\pi}\sum A}$$

(2) 复杂旋转体毛坯直径的计算

1) 毛坯直径公式计算法。对形状复杂的旋转体拉深件，若不便于分解为简单几何形状，则在求毛坯直径时，可利用如下法则（“玖里金法则”）：

任意形状的母线 AB 绕轴线 $O—O$ 旋转，所得到的旋转体表面积等于该母线长度 l 和其重心绕该轴线旋转所得周长 $2\pi X$ 的乘积（X 是该母线重心到轴线的距离）。即旋转体表面积为　$A=2\pi lX$

而毛坯面积为 $A_{毛}=\dfrac{\pi D^2}{4}$

因拉深前后材料的表面积不变，即旋转体的表面积等于毛坯面积，即：

$$A = A_{毛}$$

对于复杂的旋转体拉深件由于整个绕轴母线长 L 及其重心到轴线距离 X 不易计算，可将拉深件的母线分解成若干简单的容易计算的单元线段（直线或圆弧线），分别算出各线段的长度 l_1、l_2……l_n，并算出各线段的重心至轴线的距离 r_1、r_2…r_n，旋转体的表面积为各单元线段表面积之和，即

$$A = 2\pi r_1 l_1 + 2\pi r_2 l_2 + \cdots + 2\pi r_n l_n = 2\pi \sum rl$$

故毛坯直径为：$D = \sqrt{8lX} = \sqrt{8\sum lr}$

2）毛坯直径的作图解析法。由于复杂旋转体的整个曲线长 L 及其重心不易计算，根据上述法则及其推导出来的毛坯直径的计算公式，毛坯直径的作图解析法步骤如下：

① 把母线分成若干容易计算的简单形状曲线（直线和圆弧部分等）。

② 在每一段的重心处标一个点，求出重心相对于旋转中心轴的距离（即重心半径）r。

③ 求出母线各段的长度 l。

④ 将各段长度 l 与其重心半径 r 相乘，加起来得到 $\sum lr = l_1 r_1 + l_2 r_2 + \cdots + l_n r_n$

⑤ 根据所求得的 $\sum lr$，按 $D = \sqrt{8\sum lr}$ 即可算出毛坯直径 D。

（3）圆弧曲线段长度、重心位置的确定　将复杂曲线划分为直线和圆弧段后，需要确定各线段的长度和重心到旋转轴的距离。对于直线段，长度可直接由零件图上得到，重心就是直线的中点。而圆弧的重心不在圆弧上，圆弧重心位置的计算公式分别为：

① 圆心角 $\alpha < 90°$，圆弧 R 的重心到 Y—Y 中心线距离 A 及 B（见图 4-6a、图 4-6b）的计算公式为：

$$A = \frac{180° \sin\alpha}{\pi\alpha} R$$

$$B = \frac{180° (1 - \cos\alpha)}{\pi\alpha} R$$

式中　α——曲线的圆心角（°）；

R——曲线圆弧半径（mm）。

② 圆心角 $\alpha = 90°$，弧 R 的重心到 Y—Y 中心线距离 B（见图 4-7）的计算公式：

$$B = \frac{2}{\pi} R$$

各弧 R 的重心确定后，则该段母线到回转中心 O—O 的距离 r 就很容易计算了。

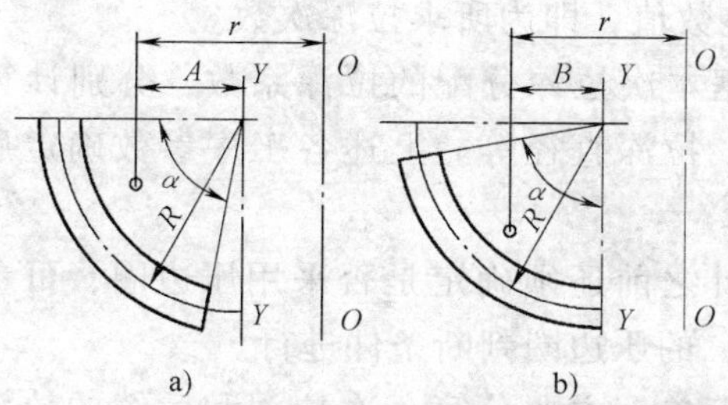

图 4-6 圆弧的重心

a）正圆弧的重心位置 b）反圆弧的重心位置

$O—O$ 为旋转体的回转中心 r 为圆弧重心到回转中心的距离

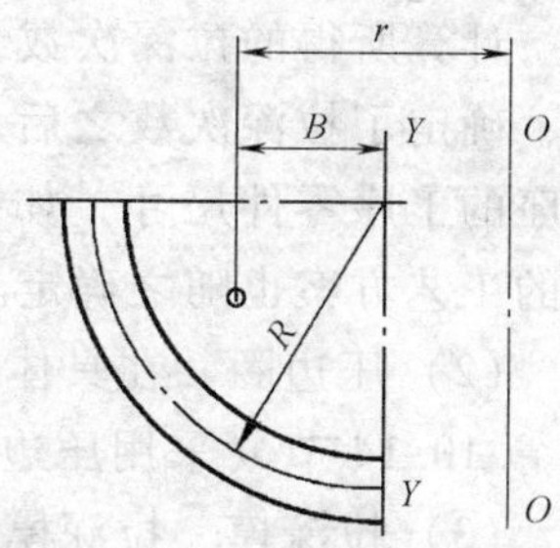

图 4-7 圆弧的重心

$O—O$ 为旋转体的回转中心

r 为圆弧重心到回转中心的距离

③ 中心角 $\alpha=1°\sim180°$ 半径为 R 的弧长 l 计算公式为：

$$l=\frac{\alpha\pi R}{180°}$$

式中 α——曲线的圆心角（°）；

R——曲线圆弧半径（mm）。

在计算毛坯直径时，考虑到拉深模的间隙不均匀、拉深材料的各向异性等因素的影响，在大多数情况下，拉深后的零件口部或凸缘周边并不整齐，须将不平的顶端或凸缘的毛边切去，所以在计算毛坯尺寸时就必须先将修边余量加入进去。修边余量 Δh 取值见第 10 章相关内容。

除上述介绍的毛坯直径计算法之外，生产中若仿制某样品，可根据拉深前后重量相等的原理进行，该计算方法不但可用于厚度不变的旋转拉深体，还可用于任意形状、厚度不等的拉深件、成形件。

2. 无凸缘筒形件的拉深加工工艺及模具结构

（1）拉深次数 无凸缘筒形件拉深加工工艺制定的一项重要内容是确定其拉深次数，一般分为以下两种工艺计算方式。

1）计算拉深件的相对拉深高度 h/d 和材料的相对厚度（t/D）×100，由表 10-26 直接查表获得拉深次数。

2）采用公式直接计算拉深次数 n

$$n=1+\frac{\lg d_n-\lg(m_1D)}{\lg m_n}$$

式中 n——拉深次数；

d_n——工件直径（mm）；

D——毛坯直径（mm）；

m_1——第一次拉深系数，查表 10-27；

m_n——第一次拉深以后各次的平均拉深系数，查表 10-27。

计算所得的拉深次数经取较大整数值，即为所求拉深次数。

确定了拉深次数之后，便可根据本次拉深分配的拉深系数，分别计算出本工序的工序零件尺寸，如拉深高度、拉深直径等。上述各工序参数确定后，具体的工艺方案也随之确定。

（2）压边圈　在具体的模具设计之前还须确定是否采用压边圈，可参照第10章10.14节（采用压边圈的范围）的压边圈判断条件进行。

（3）拉深模　拉深模结构较为简单，主要分第一次拉深和后续的拉深两种结构，具体模具结构参见图4-35、图4-34、图4-33，其中首次拉深常与外形落料复合，参见图4-32。

拉深模的设计关键在凸、凹模的设计。以下按用压边圈、不用压边圈和带限制型腔三种情况分别介绍其模具结构。

1）不用压边圈的模具结构

①　若不用压边圈，且一次可拉深完成，则拉深凹模有如图4-8所示结构。

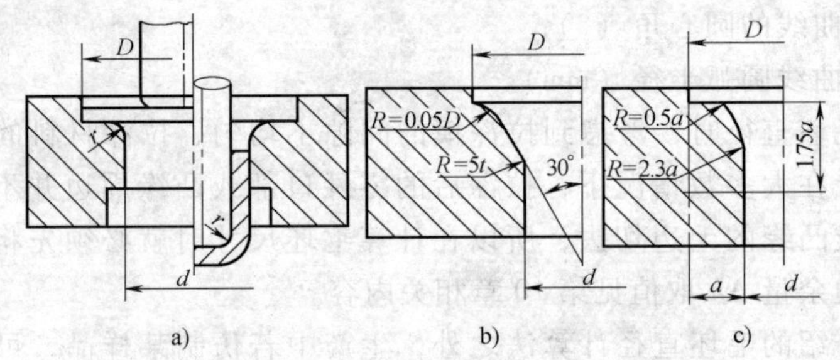

图4-8　不用压边圈的拉深凹模结构

a）带圆弧平端面凹模口　b）带锥形凹模口　c）带渐开线形凹模口

图4-8a为普通带圆弧的平端面凹模，主要适用于大件的加工。图4-8b为带锥形凹模口、图4-8c为带渐开线形凹模口适用于小件的加工。由于图4-8b、图4-8c类凹模结构在拉深时毛坯的过渡形状呈曲面形状，因而增大了抗失稳能力，凹模口部对毛坯变形区的作用力也有助于它产生切向压缩变形，减小摩擦阻力和弯曲变形的阻力，对拉深变形有利，所以可以提高零件质量。其拉深过程如图4-9所示，由于其先把坯料预压成锥形，再用凸模拉深，相当于进行了两次拉深，因而能降低拉深系数。与不带凹模锥角、不带压边圈的拉深相比，能降低拉深系数达25%～30%。其拉深系数见表4-1。

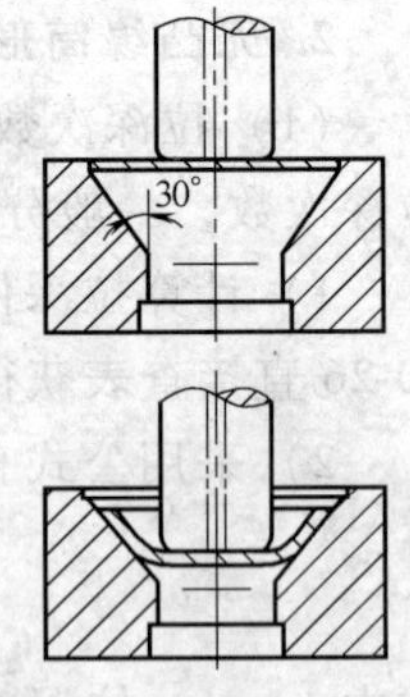

图4-9　锥形凹模拉深过程

②　对于无压边圈的多次拉深件拉深，其凸模和凹模的结构如图4-10所示。

表 4-1 不带压边圈的锥形凹模第一道拉深系数

材料	材料厚度/mm				
	2.2	2.0	1.7	1.5	1.25
08F	0.412	—	—	0.406	0.427
2Cr13	—	0.575	—	0.538	0.538
Cr20Ni80Ti	—	—	0.416	0.426	0.443

2）用压边圈的模具结构。图 4-11a 为有圆角半径的凸模和凹模，多用于拉深尺寸较小的零件（$d \leqslant$ 100mm），图 4-11b 为有斜角的凸模和凹模。采用这种结构不仅使毛坯在下次工序中容易定位，而且能减轻毛坯的反复弯曲定位，改善拉深时材料变形的条件，减少材料的变薄，有利于提高冲压件侧壁的质量，多用于拉深尺寸较大的工件（$d>$ 100mm）。

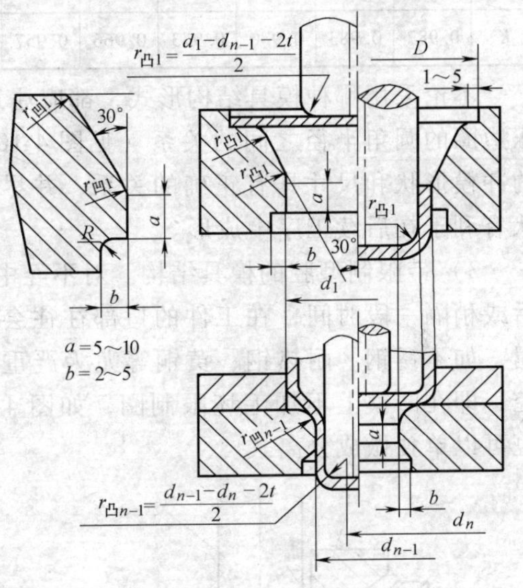

图 4-10 无压边圈的多次拉深模工作部分结构

带锥形凹模同样也可用于带压边圈的拉深，其模具结构简图如图 4-12 所示。

带锥形压边圈的拉深系数，与锥形凹模的包角 α 有关，其数值按下式确定：

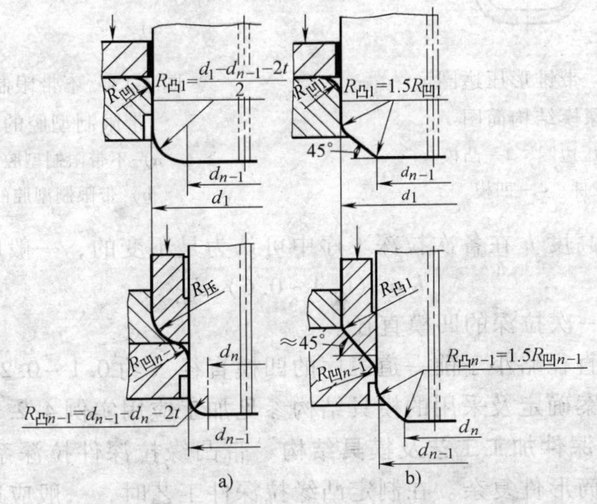

图 4-11 带压边圈的多次拉深模工作部分结构

a）有圆角半径的凸模和凹模 b）有斜角的凸模和凹模

$$m_k = Km_1$$

式中　m_1——带普通平面压边圈拉深时的首次拉深系数；

K——修正系数，见表 4-2。

表 4-2　修正系数 K

2α	164°	160°	156°	150°	140°	130°	120°	110°	100°	90°	80°	60°
K	0.987	0.983	0.980	0.973	0.966	0.957	0.947	0.940	0.932	0.925	0.908	0.900

不论采用哪种模具结构形式，都应注意前后道工序凸模和凹模的圆角半径、压边圈的圆角半径之间的关系（见图 4-10 和图 4-11），使相邻的前后两道工序的冲模形状和尺寸具有正确的关系，并尽量做到前道工序制成的中间毛坯的形状有利于在后续工序中成形。

3）带限制型腔的模具结构。对不经中间热处理的多次拉深工序，在拉深之后或稍隔一段时间，在工件的口部往往会出现龟裂，这种现象对硬化严重的金属，如不锈钢、耐热钢、黄铜等尤为严重。为改善这一状况，可以采用限制型腔，即在凹模上不加毛坯限制圈，如图 4-13 所示。其结构可以将凹模壁加高，也可以单独做成分离式。

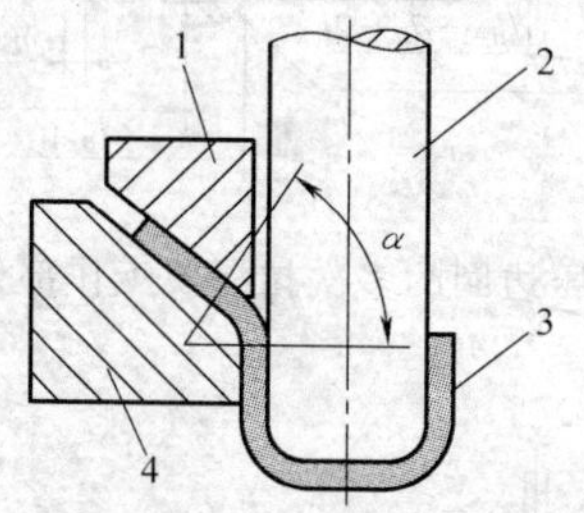

图 4-12　带锥形压边圈的拉深模结构简图

1—锥形压边圈　2—凸模　3—工件　4—凹模

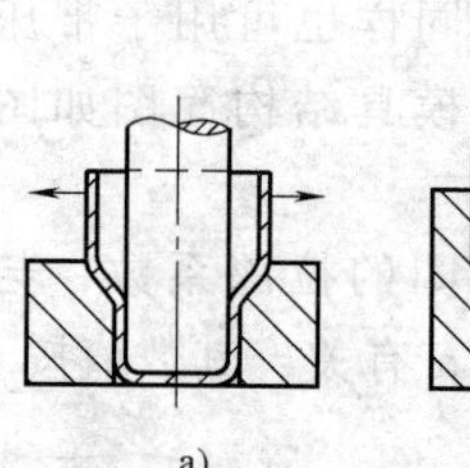

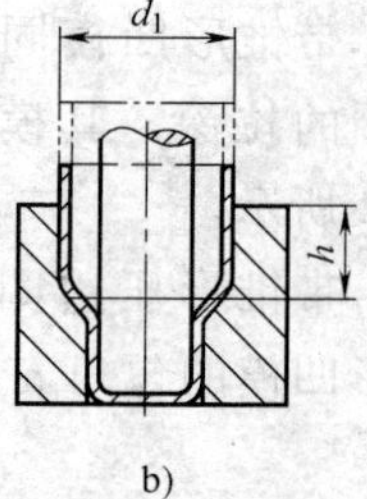

图 4-13　不带限制型腔与带限制型腔的凹模

a）不带限制型腔的凹模

b）带限制型腔的凹模

限制型腔的高度 h 在各次拉深工序中可认为是不变的，一般取：

$$h = (0.4 \sim 0.6)\ d_1$$

式中　d_1——第一次拉深的凹模直径。

限制型腔的直径略小于前一道工序的凹模直径（约 0.1～0.2mm）。

具体工艺方案确定及采用的模具结构参见加工应用实例 4.2.2。

3. 带凸缘拉深件加工工艺及模具结构　带凸缘拉深件拉深系数及拉深次数的确定较无凸缘筒形件复杂。在制定凸缘拉深件工艺时，一般应遵守如下原则：

（1）对窄凸缘件（即 $d_凸/d = 1.1 \sim 1.4$）的拉深　可在前几次拉深中不留凸缘，先拉成无凸缘圆筒件，而在以后工序中形成锥形凸缘，并在最后一道工序中将凸缘压平，如图 4-14 所示。因此，对窄凸缘件的拉深与无凸缘圆筒件的拉深相似，其拉深系数的选定与无凸缘圆筒件完全相同，可作为一般无凸缘圆筒件来制订拉深工艺。

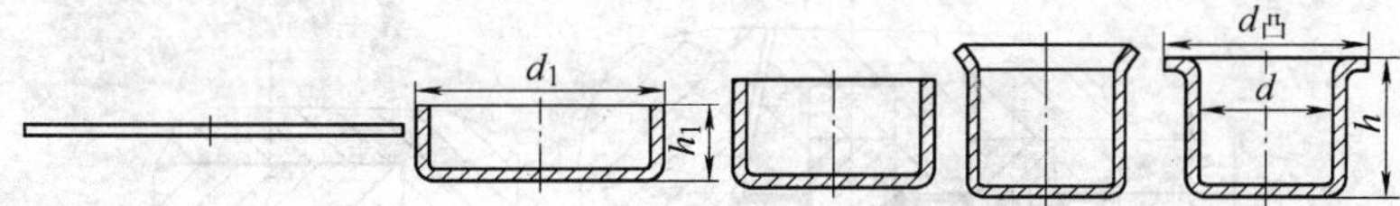

图 4-14　窄凸缘件的拉深方法

（2）对宽凸缘件（即 $d_凸/d>1.4$）的拉深　凸缘直径在首次拉深时就应拉出，后续的拉深工序仅仅是使已拉深成的工序件的直筒部分参加变形，逐步达到零件尺寸要求，在以后各次拉深中凸缘直径保持不变，否则，将使直筒部分的传力区产生很大的拉应力而使其拉裂。

当毛坯相对厚度较小，且第一次拉深成大圆角的曲面形状具有起皱危险时，应以减少拉深直径，增加拉深高度的方式进行，主要适用于凸缘直径小于 200mm 的中、小型工件的拉深，如图 4-15a 所示。

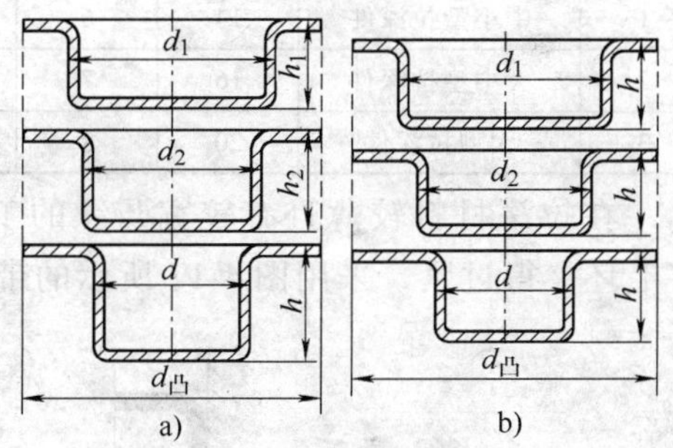

图 4-15　宽凸缘件的拉深方法
a）高度逐渐拉深法　b）等高拉深法

当毛坯相对厚度较大，在第一次拉深成大圆角的曲面形状不致起皱时，应以减少拉深直径和圆角半径，拉深高度基本不变的方式进行，主要适用于凸缘直径大于 200mm 的大型工件的拉深，如图 4-15b 所示。

对宽凸缘件的拉深，在首次拉深时，拉入凹模的材料要比按面积计算所需的材料多 3% ~5%，这些材料在以后各次拉深中一部分挤回到凸缘上，而另一部分就留在圆筒中，这为在以后各次拉深中不使凸缘部分再参与变形和避免拉破提供了保证。这一原则，对于料厚小于 0.5mm 的拉深件，效果更显著。用高度逐渐拉深法拉深的工件表面易留下痕迹，需要在最后加整形工序，而等高拉深法拉深的工件表面较为光滑，可不整形。但若有较高的圆角半径要求或凸缘平面度要求，则必须加整形工序。

带凸缘的拉深件，由于带有凸缘，设计的模具都带有压边圈，一般均采用平面压边圈，模具结构（见图 4-3）。常用的模具结构主要分第一次拉深和首次后的拉深两种主要结构，具体参见图 4-39、图 4-38。其中首次拉深常与外形落料复合，具体参见图 4-37。

当第一次拉深相对厚度（$(t/D)\times100$）小于 0.3，且有小凸缘和很大圆角半径的工件采用弧形压边圈，其模具结构（见图4-5）。

对凸缘特别小或半球形工件，则需加大压边力，在工艺上可增大凸缘面积，采用图4-16所示的带拉深肋的压边圈进行加工。拉深肋的尺寸见表4-3。

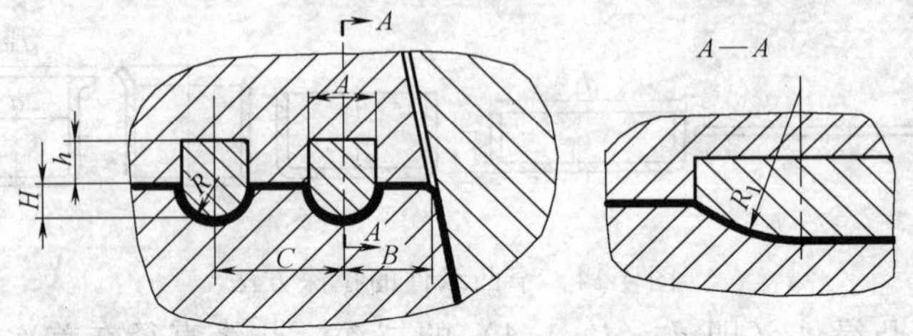

图4-16 带拉深肋的压边圈

表4-3 拉深肋的结构尺寸 （单位：mm）

序号	应用范围	A	H	B	C	h	R	R_1
1	中小型拉深件	14	6	25～32	25～30	5	7	125
2	大中型拉深件	16	7	28～35	28～32	6	8	150
3	大型拉深件	20	8	32～38	32～38	7	10	150

在拉深材料较薄且有较宽凸缘的工件，为保证压边力的均衡和防止压边圈将毛坯夹得过紧，采用图4-17所示的带限位装置的压边圈结构。

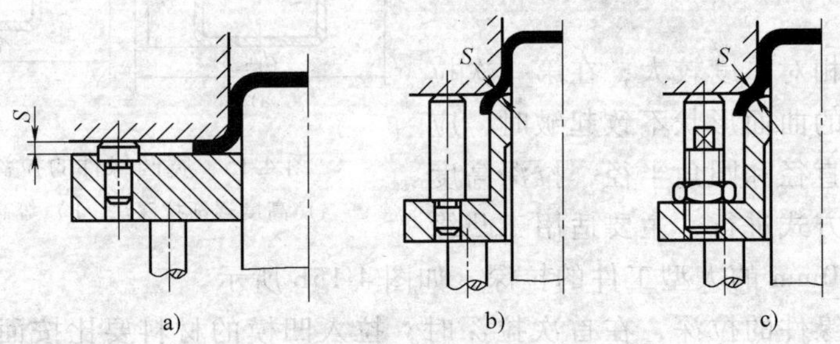

图4-17 带限位装置的压边圈结构

a）第一次拉深 b）第二次及以后各次拉深（固定式）

c）第二次及以后各次拉深（调节式）

其中拉深铝合金工件时，图中的 s 取 $1.1t$mm，拉深钢制工件，s 取 $1.2t$mm，拉深带凸缘的工件时，s 取料厚加0.05～0.1mm。

若拉深宽凸缘工件，则应考虑减小压边圈与毛坯的接触面积。常采用的压边方法如图4-18所示。图中 C 取（0.2～0.5）t。

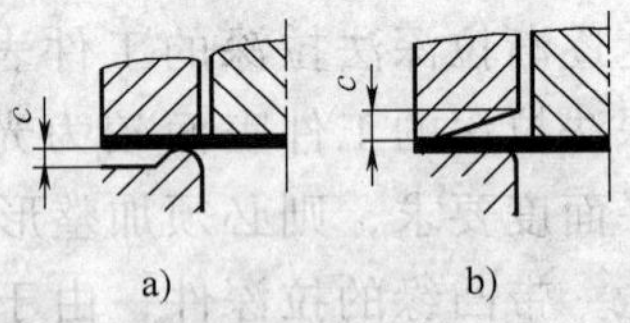

图4-18 拉深宽凸缘件的压边圈结构

a）带凸肋的压边圈

b）带斜度的压边圈

具体工艺方案的确定及采用的模具结构参见加工实例应用4.5.2。

4. 半球形拉深加工工艺及模具结构 零件结构如图 4-19 所示。

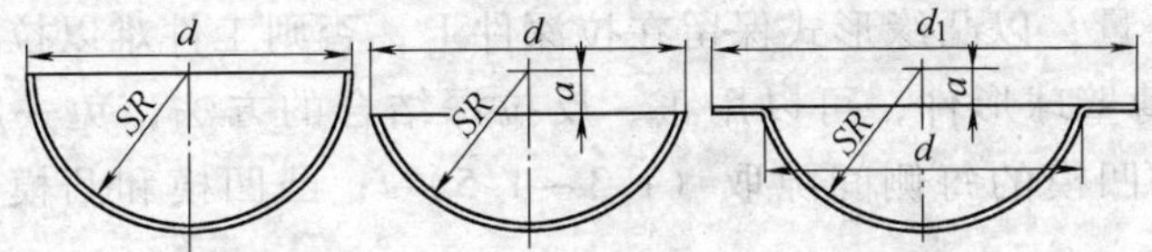

图 4-19 球形件结构简图

由于半球形拉深件的拉深系数对任何直径均为定值，其值为：

$$m=\frac{d}{D}=\frac{d}{\sqrt{2d^2}}=0.71$$

因此，它不能作为制定工艺方案的根据。在拉深过程中，凸模与毛坯中间部分只有一点接触，由于接触点要承受全部拉深力，故使接触点处的材料发生严重变薄。另外，在拉深过程中，材料的很大部分未被压边圈压住，故极易起皱，而且产生皱纹后，因间隙大，也不易消除。由于毛坯的相对厚度 t/D 值越小出现起皱就越快，拉深就越困难，故 t/D 值就成为决定成形难易和选定拉深方法的主要依据。一般判定原则为：

1）当毛坯相对厚度 $(t/D)\times 100>3$ 时，不用压边圈，利用简单模即可拉成。为保证球形件的表面质量、几何形状和尺寸精度，凹模应设计成带球形底，以便拉深结束时，能在凹模内对零件作一次校形。模具结构如图 4-20 所示。

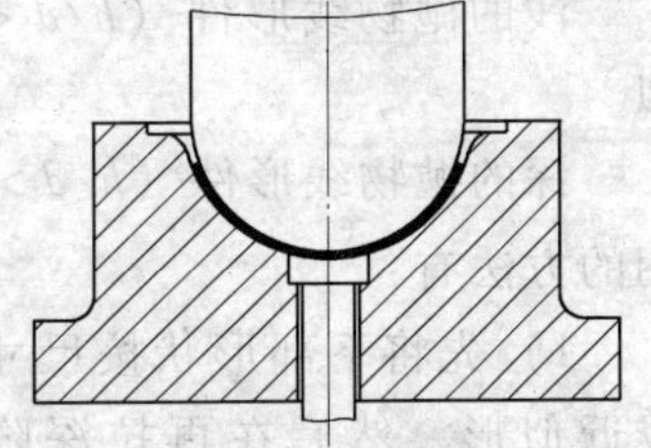

图 4-20 半球形件拉深模简图

2）当毛坯相对厚度 $(t/D)\times 100=0.5\sim 3$ 时，需采用带压边圈的拉深模，以防止起皱。此时，压边圈的作用除了防止中间悬空部分产生起皱外，同时也靠压边力造成的摩擦阻力引起径向拉应力和增加胀形成分。

3）当毛坯相对厚度 $(t/D)\times 100<0.5$ 时，需采用反拉深法或带有拉深肋的拉深模，模具结构如图 4-21 所示。

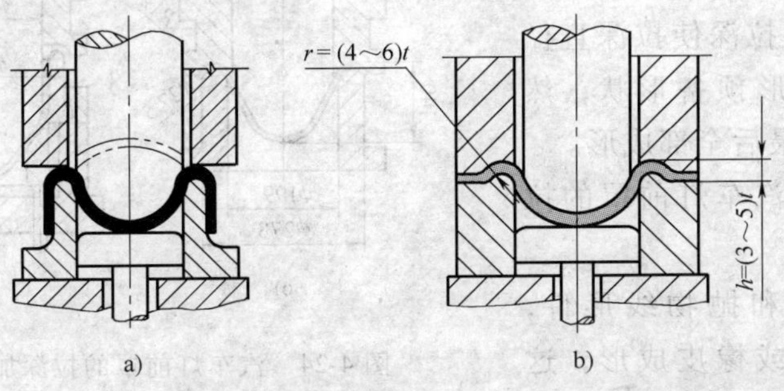

图 4-21 半球形件拉深模简图

a）反拉深 b）带拉深肋拉深

不带凸缘的薄料半球形，采用压边圈拉深时，计算坯料须加上宽度不小于10mm的修边余量，以凸缘形式保留在拉深件上，否则工件难以拉好。

尺寸大的薄壁球形件，可以用正、反拉深结合的方法，免去压边圈（图4-22）。凸凹模和凹模的每侧间隙取（1.3～1.5）t；凸凹模和凸模的每侧间隙取（1.2～1.3）t。

5. 抛物线形件拉深加工工艺及模具结构 图4-23为抛物线形件的结构简图，对该类件的不同相对高度 h/d 需要采用不同的拉深方法。

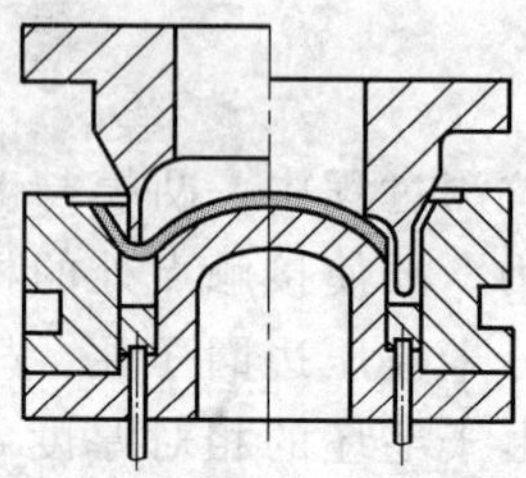

图4-22 大尺寸薄壁球形件的正、反拉深

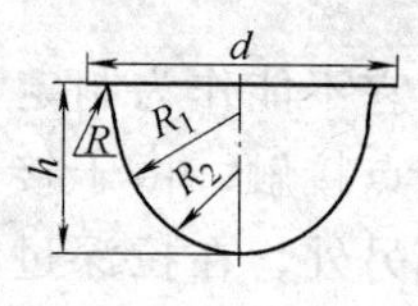

图4-23 抛物线形件的结构简图

浅的抛物线形件（$h/d<0.5$），其拉深特点及拉深模具结构与半球形件类似。

深的抛物线形件（$h/d>0.6$），一般需要采用多次拉深或反向拉深。一般采用的方法有：

1）先将下部形状按尺寸拉成近似形，然后在再拉深阶段使零件上部形状拉成，最后再全部成形。

2）用多次拉深，先拉成近似形状的阶梯圆筒件，最后全部成形。

3）用多次拉深使拉深直径缩小，制成圆形预备形状，然后用反拉深，最后全部成形。

图4-24为汽车灯前罩的拉深加工工序。

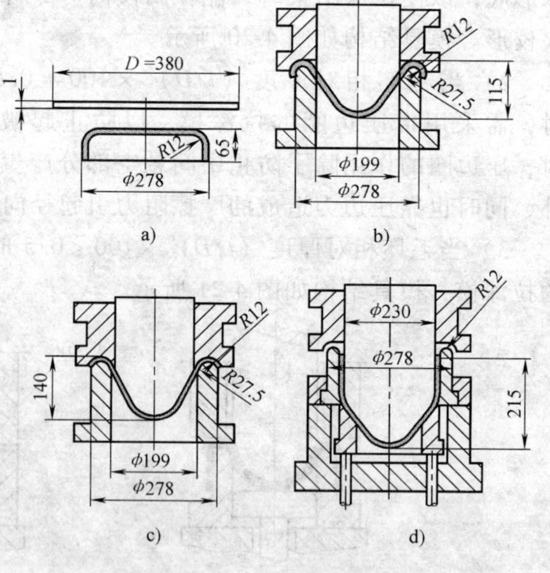

图4-24 汽车灯前罩的拉深加工工序

a）拉深工序1 b）拉深工序2

c）拉深工序3 d）拉深工序4

对半球形和抛物线形件，还可采用液压或橡皮成形，这不但能减少拉深次数，改善工作条件，而且对薄料的拉深更

为有利（详见4.2.4及4.2.5节实例应用）。

6. 锥形件的拉深加工工艺及模具结构 图4-25为锥形件结构简图。锥形零件的拉深，除具有半球形拉深的特点外，还由于工件口部与底部直径差别大，回弹现象较为严重。

（1）拉深加工工艺 根据锥形件的高度分三类。

1）当锥形件的相对高度 $h/d_2=0.25\sim0.3$，称为浅锥形件，这类零件可采用带压边装置的拉深模一次拉成。由于毛坯的变形程度不大，故回弹较严重，不易获得精确形状。为消除这一缺陷，就必须增加压边力或增大接触面的摩擦系数，使毛坯在变形过程中产生很大的径向拉应力（超过材料的弹性极限）。当 $\alpha>45°$，通常采用图4-26带有拉深肋的模具结构。

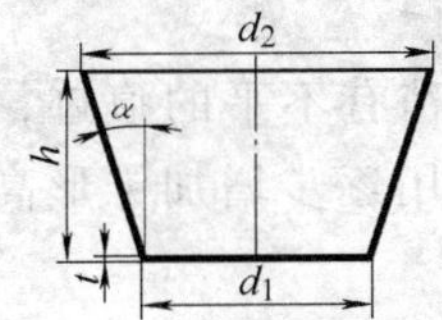

图4-25 锥形件结构简图

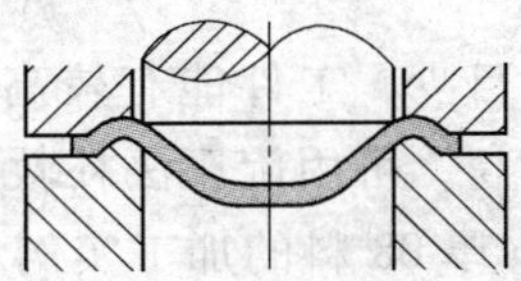

图4-26 浅锥形件的拉深模结构

2）当锥形件的相对高度 $h/d_2=0.4\sim0.7$，称为中等深度锥形件。当材料较薄（毛坯的相对厚度 $(t/D)\times100>2.5$）的情况下进行拉深时，可以不用压边圈只需要在工作行程终了时对零件进行整形，如图4-27所示；当毛坯的相对厚度 $(t/D)\times100=1.5\sim2$ 时，也可以采用一次拉深完成，但因材料较薄，为防止起皱，要用强压边。在生产中，为保证在整个拉深过程都有足够的压边力，通常采取的方法是将毛坯直径放大，拉完后再将多余部分材料切去。

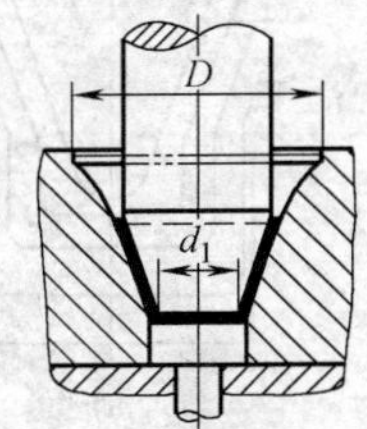

图4-27 不用压边圈的拉深

3）当锥形件的相对高度 $(h/d_2)>0.8$，称为深锥形件，这类零件一般都要经多次拉深才能成形。

（2）深锥形件的拉深方法 通常有两种。

1）阶梯式拉深法。即先拉深成阶梯型的半成品件，其阶梯形与锥形零件的内形相切，最后在精压模中予以全部成形。采用这种方法需要有很多的工序，并且在工件的表面，由于过多的阶梯存在而有很多的圆角，使厚度出现不均匀现象，致使锥形部分的表面最后留下不平的痕迹。图4-28为生产中采用阶梯式拉深法加工1mm厚08F料的加工实例示意图。

2）逐步增加锥形高度拉深法。采用这种方法是将毛坯先拉深成圆筒形，其面积与锥形件面积相等，而直径等于锥形件大端直径，以后各道工序拉深圆锥面，并逐步增加其高度，最后拉深工序中完成锥形件的成形。这种方法的优点

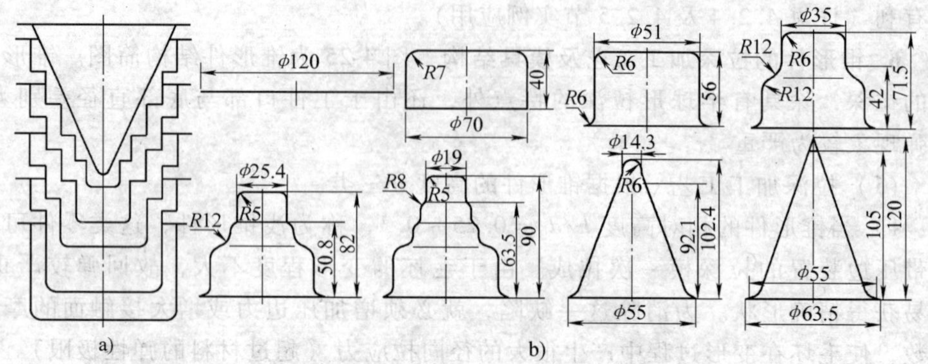

图 4-28　深锥形件的阶梯式拉深法加工实例

a）阶梯式拉深法　b）拉深实例

是工序数目少，工件能有较高质量，但工件表面也稍有不平的痕迹，若表面质量要求较高，可用旋压法补救。图 4-29 为生产中采用逐步增加锥形高度拉深法加工 1mm 厚 08 料的加工实例示意图。

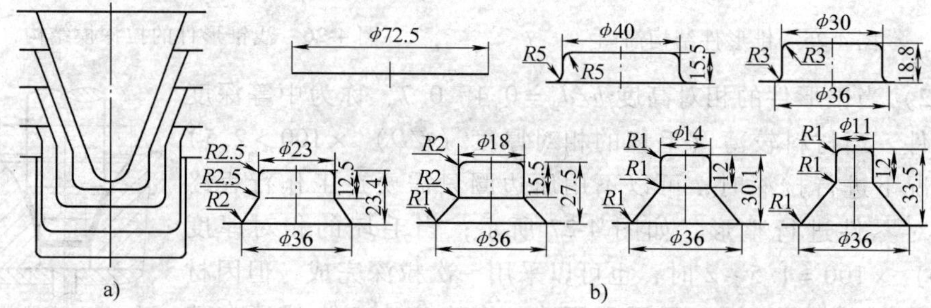

图 4-29　深锥形件的逐步增加锥形高度拉深法及其加工实例

a）逐步增加锥形高度拉深法　b）拉深实例

3）深锥形件的拉深系数。系数用平均直径（大端直径与小端直径之和的一半）求得，即

$$m_n = \frac{d'_n}{d'_{n-1}}$$

式中　d'_n——此次拉深的平均直径（mm）；

d'_{n-1}——前一次拉深的平均直径（mm）。

拉深系数的具体数值列于表 4-4。

表 4-4　深锥形件的拉深系数

毛坯相对厚度（t/d'_{n-1}）×100	0.5	1.0	1.5	2.0
m_n	0.85	0.8	0.75	0.7

（3）深锥形件的拉深次数 n　将圆筒毛坯简图和成品工件简图画在一起，如

图 4-30 所示，并计算出一边的间隙 a。

拉深次数 n 按下式计算：

$$n = \frac{a}{Z}$$

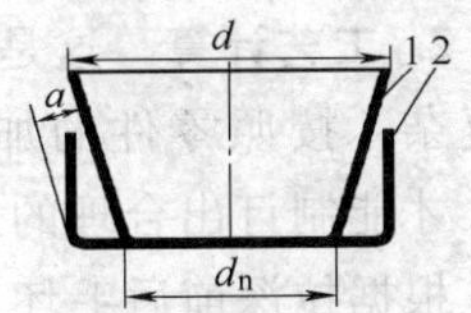

图 4-30 拉深次数的确定
1—成品 2—毛坯

式中 Z——允许间隙（mm）。

若计算出的 n 为分数值时，可采用较大整数近似值。

Z 值的确定按如下三种情况选取：

① 不用压边圈拉深时，$Z=(8\sim10)t$；

② 当 $m_n \leqslant 0.8$，$(t/d'_{n-1})\times100<1$ 时，$Z=8t$；

③ 当 $m_n \geqslant 0.9$，$(t/d'_{n-1})\times100>2$ 时，$Z=10t$。

（4）圆角半径的确定　多次拉深的深锥形件的圆筒毛坯圆角半径应取大于或等于 $8t$，而在倒数第二道工序的圆角半径应等于工件相应的圆角半径。

7. 旋转体拉深件的拉深间隙　拉深间隙确定的原则是：既要考虑到板料公差的影响，又要考虑到毛坯口部增厚的现象，故间隙值一般应比毛坯厚度略大一些。

1）用压边圈时，单边间隙见表 4-5。

表 4-5　有压边圈拉深时单边间隙值

总拉深次数	拉深工序	单边间隙	总拉深次数	拉深工序	单边间隙
1	一次拉深	$(1\sim1.1)t$	4	第一、二次拉深	$1.2t$
2	第一次拉深	$1.1t$		第三次拉深	$1.1t$
	第二次拉深	$(1\sim1.05)t$		第四次拉深	$(1\sim1.05)t$
3	第一次拉深	$1.2t$	5	第一、二、三次拉深	$1.2t$
	第二次拉深	$1.1t$		第四次拉深	$1.1t$
	第三次拉深	$(1\sim1.05)t$		第五次拉深	$(1\sim1.05)t$

注：t 为材料厚度，取材料允许偏差的中间值。

2）不用压边圈时应考虑到起皱的可能，间隙取得较大，单边间隙 Z 的取值为：

$$Z=(1\sim1.1)t_{max}$$

式中 t_{max}——材料厚度的最大值。

3）精度要求较高的拉深件，其单边间隙 Z 的取值为：

$$Z=(0.9\sim0.95)t$$

式中 t——材料厚度，取材料允许偏差的中间值。

4.2.2 套筒拉深模

1. 零件结构　图 4-31 所示套筒为某产品上的零件，采用 1mm 厚的优质低碳钢 10 制成，批量生产。

2. 工艺计算 这是一常见的典型拉深件，零件结构并不很复杂，按照零件的加工顺序，首先要对零件进行工艺计算，才能制订出合理的工艺方案。

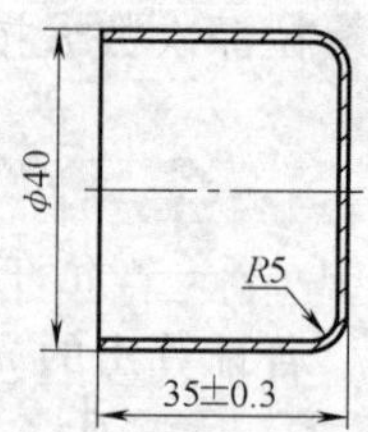

图 4-31 零件结构简图

根据拉深前后毛坯与工件的表面积不变的原则，依据毛坯直径 D 计算公式

$$D=\sqrt{\frac{4}{\pi}\sum A_i} \quad (A_i \text{ 为零件各部分的表面积})$$

可求得 $D=84$，

该零件的拉深系数

$$m=\frac{d}{D}=\frac{39}{84}=0.46$$

根据第 10 章 10.14 中的公式，确定是否采用压边：

$$\text{毛坯相对厚度}\frac{t}{D}=\frac{1}{84}=0.012$$

$$0.045\ (1-m)\ =0.0243$$

因
$$\frac{t}{D}<0.045\ (1-m)$$

故需采用压边圈。

查表 10-25 得，极限拉深系数 $m_{极}=0.5\sim0.53$

因 $m<m_{极}$，故需多次拉深。

根据表 10-25，可选取各次拉深系数 $m_1=0.59$，$m_2=0.78$

即第一次拉成 $d_1=m_1D=0.59\times84\text{mm}=49.6\text{mm}$

第二次拉成 $d_2=m_2d_1=0.78\times49.6\text{mm}=39\text{mm}$（式中各零件直径为中心层直径）

3. 工艺方案的确定 根据上述工艺计算，确定该零件的加工工艺为：落料、首次拉深→第二次拉深→修边。

4. 模具设计

（1）落料拉深复合模设计 针对上述分析，设计了如图 4-32 所示的落料、拉深复合模。

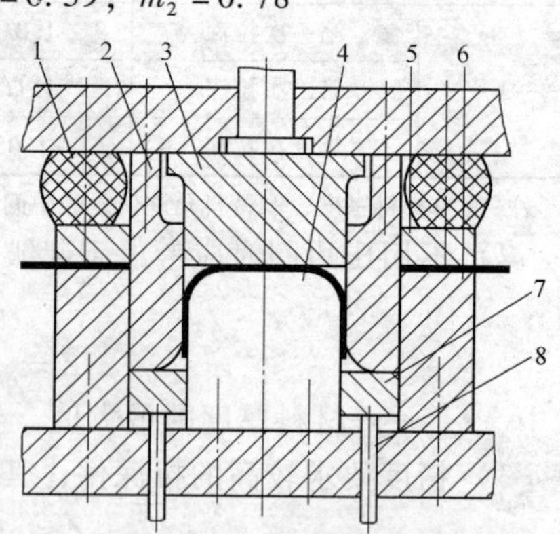

图 4-32 落料、拉深复合模结构简图

1—聚氨酯橡胶 2—落料拉深上模 3—卸料器 4—凸模 5—压料板 6—落料下模 7—卸料板 8—顶杆

模具工作过程为：坯料送入，上模下行，落料下模 6 及落料拉深上模 2 分别与

坯料接触落料，落下的圆形毛坯被卸料板 7 及落料拉深上模 2 压紧校平，当滑块继续下行时，坯料在落料拉深上模 2 与卸料板 7 共同夹持下压向凸模 4 共同完成拉深，拉深后的零件通过卸料器 3 推下。

(2) 第二次拉深模设计　设计的模具结构如图 4-33 所示。

模具工作过程为：压力机滑块上行，模具开启，顶杆 13 在压力机气缸作用下通过定位器固定板 12 将定位器 11 顶起至与凸模 1 上端面平齐，此时，将拉深好的坯料套入定位器 11 外圈，压力机滑块开始下行，限位顶杆 3 与定位器固定板 12 上端面开始接触，与此同时，凹模 2 与定位器 11 上端面也开始接触，随着压力机滑块的逐渐下行，限位顶杆 3 对定位器固定板 12 逐步压下，凹模 2 与定位器 11 共同作用将半成品拉深件逐渐拉深成成品。当拉深完成，顶杆 13 在压力机气缸作用下将定位器 11 顶至与凸模 1 上端面平齐，与此同时，打棒 7 将拉深好的零件从凹模 2 型腔中顶出。至此，整个零件加工完成，模具转入下一个工作循环。

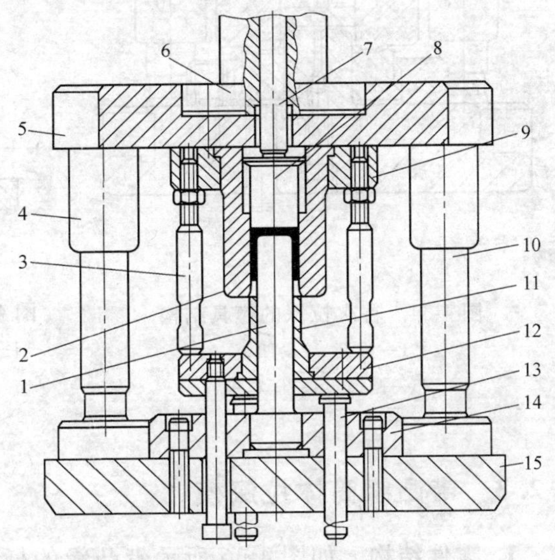

图 4-33　拉深模结构图

1—凸模　2—凹模　3—限位顶杆　4—导套
5—上模座　6—模柄　7—打棒　8—卸件器　9—固定板
10—导柱　11—定位器　12—定位器固定板
13—顶杆　14—凸模固定板　15—下模座

定位器 11 采用套筒式结构，同时起压边及定位作用，压紧力由顶杆 13 传递的气缸力提供，为防止料拉深时起皱，调整限位顶杆 3 的位置可调节压边力的大小，使压边力保持均衡同时又可防止将坯料夹得过紧。

5. 效果　模具设计、制造完成后，生产的零件满足使用要求。

6. 本例设计总结　本案例是筒形件加工的标准模式，若采用单工序加工，即落料、首次拉深→二次拉深→修边，则首次拉深的模具结构如图 4-34 所示。

落料好的坯料置于压料板 4 的定位圈中定位，凸模 3 及凹模 2、压料板 4 共同作用便可将坯料拉深出来。

图 4-34 所示模具结构也常用于带凸缘拉深件的首次拉深后各次的拉深，拉深时，将前次拉深好的凸缘置于压料板 4 的定位圈中定位。

首次拉深的模具也可采用 4. 2. 3 节的图 4-39 所示模具结构。

首次拉深后的各次拉深模也可采用如图 4-35 所示结构。

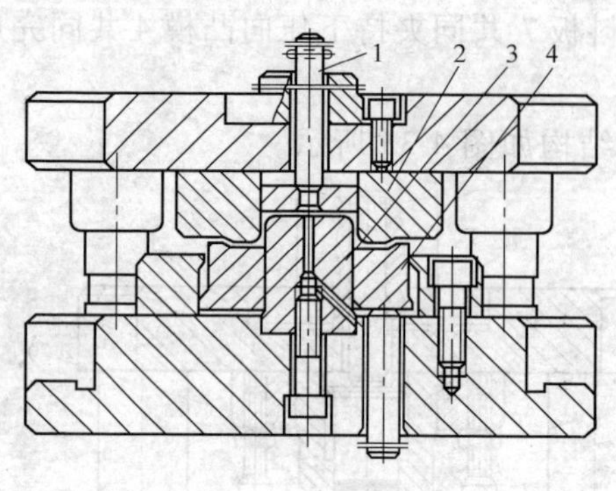

图 4-34　首次拉深的模具结构

1—推杆　2—凹模

3—凸模　4—压料板

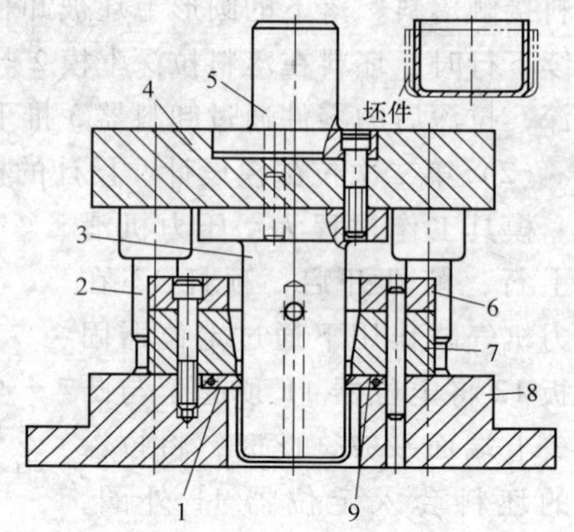

图 4-35　首次拉深后各次拉深模结构简图

1—卸件器　2—导柱　3—凸模　4—上模座

5—模柄　6—定位板　7—凹模

8—下模座　9—弹簧

4.2.3　带凸缘筒体拉深模

1. 零件结构　如图 4-36 所示带凸缘的桶形零件采用 1mm 厚的优质碳素 08 钢制成，小批量生产。

2. 工艺分析及计算　这是一常见的典型拉深件，零件结构并不很复杂，按照零件的加工顺序，首先要对零件进行工艺计算，才能制订出合理的工艺方案。

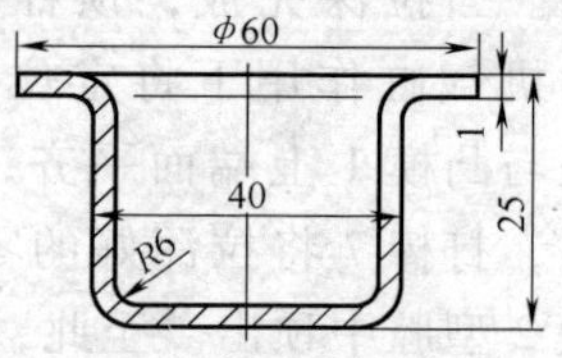

图 4-36　带凸缘的桶形零件结构简图

根据产品图样可知 $d_{凸}=60\text{mm}$，$\dfrac{d_{凸}}{d}=\dfrac{60}{39}=1.52$，根据表 10-21 可决定取修边余量 $\Delta h=3$，故工序计算中凸缘直径 $d_{凸}=66$。

依据拉深前后毛坯与工件表面积不变原则，利用毛坯直径 D 计算公式：

$$D=\sqrt{\frac{4}{\pi}\sum A_i}\quad（\sum A_i \text{ 为拉深零件各部分的表面积之和}）$$

可求得展开料毛坯直径 $D=93\text{mm}$，

那么，该零件的拉深系数 m

$$m=\frac{d}{D}=\frac{39}{93}=0.42$$

由于毛坯相对厚度：

$$\frac{t}{D}\times 100=\frac{1}{93}\times 100=1.07$$

$$\frac{d_{凸}}{d}=\frac{66}{39}=1.69$$

根据表 10-30 可得，有凸缘圆筒件第一次拉深的最大相对高度$\frac{h_1}{d_1}=0.53$

所以$\frac{h}{d}=\frac{24}{39}=0.62>\frac{h_1}{d_1}$

根据有凸缘圆筒件拉深判断条件知，不能一次拉成，须采用多次拉深。

根据表 10-29、10-31 可知，前几次拉深系数分别为：$m_1=0.47$，$m_2=0.75$ 选取各次拉深系数分别为 $m_1=0.55$，$m_2=0.76$。即：第一次拉成 $d_1=m_1D=0.55\times93\text{mm}=51\text{mm}$；第二次拉成 $d_2=m_2d_1=0.76\times51\text{mm}=39\text{mm}$（式中所示各零件直径为中心层直径）

由此可确定采用正拉深方案，加工工序为：落料、第一次拉深→第二次拉深→切边。

3. 模具结构

（1）落料拉深复合模设计　针对上述分析，设计了如图 4-37 所示的落料、拉深复合模。

由于模具工作原理与 4.2.2 节落料、拉深复合模结构相同，此处不再详述。

（2）第二次拉深模设计　模具结构如图 4-38 所示。

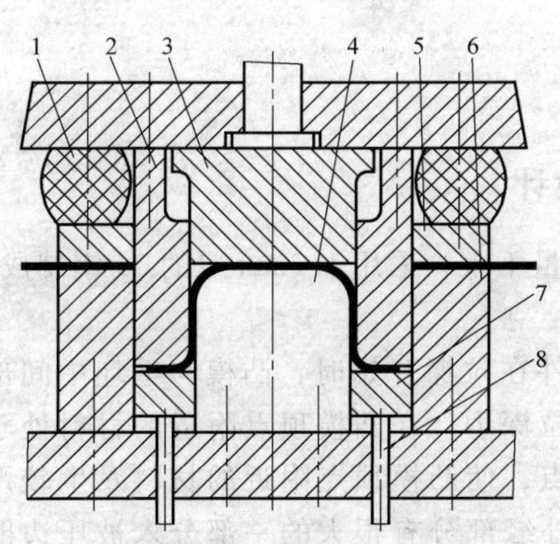

图 4-37　落料、拉深复合模结构简图

1—聚氨酯橡胶　2、3—卸料器　4—凸模　5—压料板　6—落料下模　7—卸料板　8—顶杆

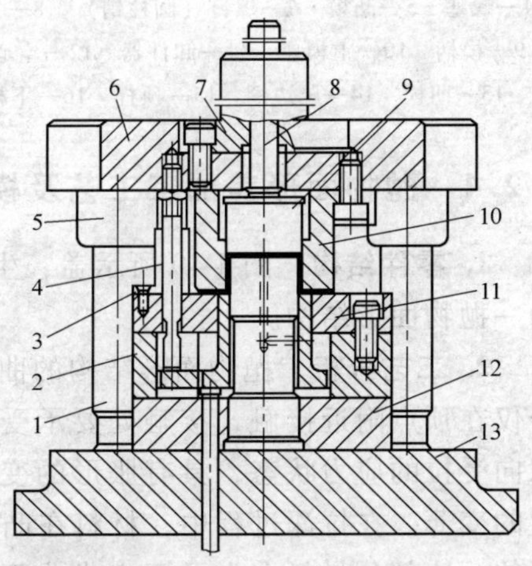

图 4-38　第二次拉深模结构简图

1—导柱　2—空心垫板　3—定距套　4—顶杆　5—导套　6—上模座　7—模柄　8—打棒　9—卸件器　10—凹模　11—压平圈　12—凸模固定板　13—下模座

模具工作原理与4.2.2节第二次拉深模结构基本类似，只是考虑到该拉深件带凸缘，为保证零件凸缘的平整性，在模具中增加了压平圈11，使零件凸缘在工作终位能得到校平。

4. 效果 模具设计、制造完成后，生产的零件满足使用要求。

5. 本例设计总结 本案例是带凸缘拉深件加工的标准模式，若采用单工序加工，即落料、首次拉深→二次拉深→修边，则首次拉深的模具结构如图4-39所示。

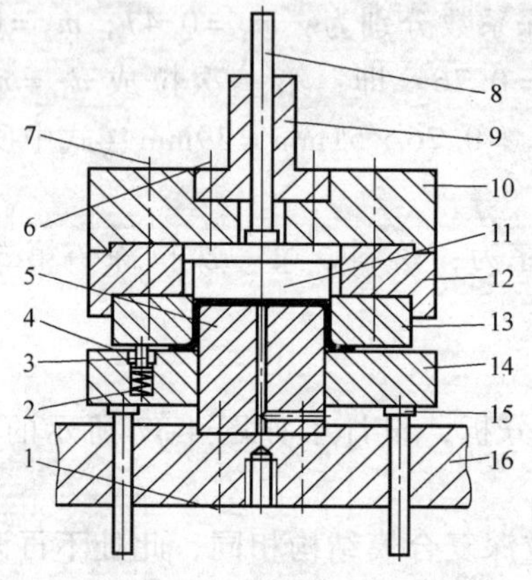

图4-39 首次拉深单工序拉深模结构简图

1、7—螺钉 2—弹簧 3—可伸缩式挡料销 4—螺塞 5—凸模 6—螺钉（圆柱销） 8—打料杆 9—模柄 10—上模座 11—卸件器 12—空心垫环 13—凹模 14—压边圈 15—顶杆 16—下模座

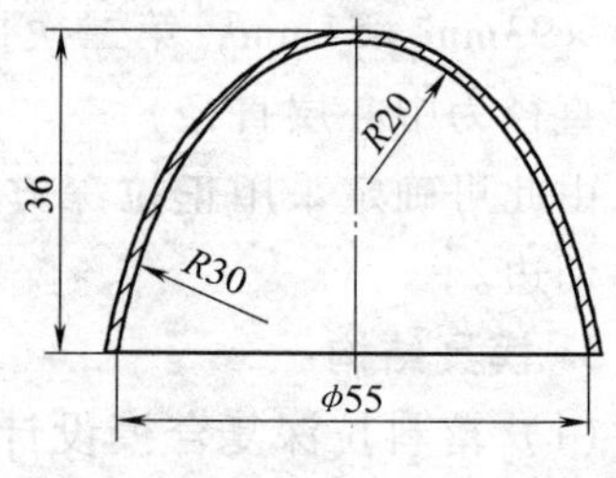

图4-40 盖

4.2.4 抛物面形盖加工工艺及模具设计

1. 零件结构 图4-40所示盖，生产批量不大，采用1.2mm厚的08钢制成，为一抛物面形结构。

2. 工艺分析 抛物面形结构的曲面零件在拉深开始时，凸模与毛坯中间部分仅在顶点附近接触，接触处要承受全部拉深力。在凸模顶点附近的材料处于双向受拉的应力状态，具有胀形的变形特点，使凸模顶点附近的材料发生较严重的变薄。在拉深过程中，材料在凸模的外缘部分有很大的一部分未被压边圈压住，这部分材料在由平面变成曲面的过程中，其切向仍要产生相当大的切向压缩变形，极易起皱。

这种拉深过程中既易变薄又易起皱的双重缺陷，对于毛坯相对厚度小而相对高度 h/d 较大的抛物面形零件来讲就更易发生。为保证零件质量，在工艺中往往采取多次拉深避免缺陷的产生。

按照该类零件的拉深步骤，在进行抛物面形拉深之前，需先拉深出大小接近抛物面形零件最大尺寸的直筒，然后再制定出相应的工艺方案。

依据拉深前后毛坯与工件表面积不变原则。毛坯直径 D 根据计算公式

$$D=\sqrt{\frac{4}{\pi}\sum A_i}$$

求出（式中 A_i 为拉深零件各部位毛坯面积）。

为计算出零件的毛坯直径，可将零件分别划分为 $R20$ 部位的小半球面、$R30$ 部位的球带及 $\phi55$ 部位的筒形三部分，查表取修边余量后，代入上述公式可得出毛坯直径 D 为 94mm。

毛坯相对厚度（t/D）$\times 100=$（1.2/94）$\times 100=1.28$，查表 10-25 可知，极限拉深系数 $m_{极}$ 为 0.5 ~ 0.53。坯料拉成直径为 $\phi55$ 圆筒的拉深系数 $m=55/94=0.59>m_{极}$，故能一次成形。

由于拉深件相对高度 $h/d=36/55=0.655>$（0.5 ~ 0.6），属于深抛物面形拉深，毛坯相对厚度 t/D 值又相当小，因此要多次拉深成形。根据经验，采用常规拉深方法，需要 4 ~ 5 次才能拉深成形。即使采用反拉深法，差不多也要 3 ~ 4 次才能拉深成形。这种工艺方案当然能保证尺寸要求，但将造成整个零件加工工艺流程长、占用设备时间多、费工费时，不利于企业效益提高。

采用液压机械拉深法，虽然可以一次拉深成形，但模具需要专门的液压系统，且要有较好的密封装置。分析液压机械拉深之所以获得成功，主要在于其拉深过程中是接近于三向压应力状态，消除了拉深过程中凸模顶点附近的材料易变薄及凸模的外缘部分材料易起皱的双重缺陷的产生根源。基于此考虑，在充分分析传统的液压机械拉深的基础上，依照其工作原理决定设计一种挤压拉深模，一次性将零件成形出来。

根据上述分析，可以确定加工工艺方案为：冲切展开料 $\phi94$mm 并拉深成 $\phi55$mm 的圆筒→挤压拉深成抛物面形盖外形→机械加工修边。

为此需要设计冲切拉深复合模及挤压拉深模两套模具完成零件的加工。由于冲切拉深复合模结构较为常见，此处不再详述。

3. 模具设计

（1）模具结构　设计的挤压拉深模结构如图 4-41 所示。其中图示左半部分为模具工作初始状态，右半部分为模具最终状态。

（2）工作过程　模具工作时，压力机滑块上升，模具开启，上、下模脱离，此时将第一次拉深好的圆筒件半成品套入聚氨酯块 4 上，压力机下降，保压容框 9 将毛坯和聚氨酯块 4 罩住，防止其向外扩张变形，变形时产生压力，随后，成形块 3 开始接触半成品圆筒，通过使聚氨酯块 4 沿成形块 3 型腔产生变形，使半成品圆筒在聚氨酯块 4 的弹性挤压作用下，逐渐进入成形块 3 的抛物面形型腔

并最终成形。

随着压力机上滑块的回升，上、下模脱离接触，顶杆 7 及卸料块 5 将成形后的零件打出，完成卸料，至此，整个零件完成拉深加工。

（3）设计要点

1）聚氨酯块 4 选用邵氏硬度 75A 的聚氨酯制造，为方便填充及取出，其外形尺寸按第一次拉深圆筒的内径尺寸略小 0.5mm 制作。

2）为保证挤压拉深过程中，聚氨酯块 4 不向外扩张变形，必须在成形块 3 拉深之前便使保压容框 9 罩住毛坯和聚氨酯块 4，即在拉深成形之初，使保压容框 9 与垫块 8 接触，两者成间隙配合 H8/f7。

3）零件外形尺寸由成形块 3 型腔决定，采用 Cr12MoV 制造，并经热处理硬度为 56 ~ 60HRC。

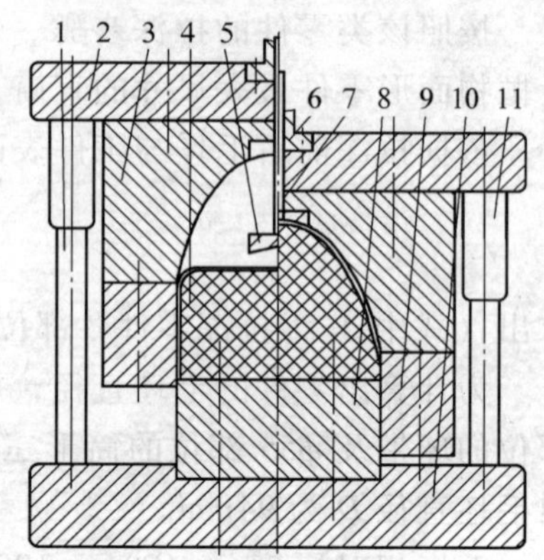

图 4-41 抛物面形盖挤压拉深模结构图

1—导柱 2—上模板 3—成形块 4—聚氨酯块 5—卸料块 6—模柄 7—顶杆 8—垫块 9—保压容框 10—下模板 11—导套

4. 效果 该挤压拉深模设计制造完成后，生产的抛物面形盖外观质量好，尺寸符合图样要求，经机械加工修边后，安装于产品上工作，满足了产品要求。

5. 本例设计总结 采用挤压拉深模拉深抛物面形零件，由于其拉深特点接近液压机械拉深的三向压应力状态，拉深过程中，聚氨酯块逐渐紧贴成形凹模，使原本悬空的成形部位始终受到聚氨酯成形块对坯料的作用，由此坯料可能产生的起皱得到了控制；聚氨酯块的逐步胀形和成形凹模的逐步挤压特性，又使其拉深具有多次拉深逐渐成形的特点，使抛物面顶点附近材料由于双向受拉可能产生的变薄得到减缓，一次拉深的变形程度得到显著提高。另一方面，采用挤压拉深模拉深还具有生产效率高，工人操作条件好等优点。习惯上将拉深凸模或凹模两者之一用液体、聚氨酯代替，并与钢质凸模或凹模配合进行的板料拉深称为软模拉深。软模拉深工艺常用来拉深球形件、抛物线形件等零件。采用软模拉深工艺能达到的极限拉深系数见表 4-6。

表 4-6 软模拉深工艺能达到的极限拉深系数

材料	极限值	推荐值
硬铝 2A12M、2A11M	0.425	0.455
铜 H62、H68	0.417	0.426
铝和铝合金 8A06M、1035M、3A21M	0.41	0.435
不锈钢 1Cr18Ni9Ti、1Cr13	0.408	0.426
10、20 钢	0.417	0.445

4.2.5 球壳正反拉深复合模

1. 零件结构 图4-42所示球壳是某产品上的零件，采用的1mm厚的优质低碳08钢制成，生产批量不大，由于工作需要，须成形出带有球形边缘的球形体结构，成形后要求零件表面无起皱，无变形。

2. 工艺分析 球形结构的曲面零件，由于在拉深开始时，凸模与毛坯中间部分仅在顶点附近接触，接触处要承受全部拉深力，将使凸模顶点附近的材料发生较严重的变薄，在凸模顶点附近的材料处于双向受拉的应力状态，具有胀形的变形特点。另外，在拉深过程中，材料在凸模的外缘部分有很大的一部分未被压边圈压住，而这部分材料在由平面变成曲面的过程中，在其切向仍要产生相当量的切向压缩变形，又易起皱，这种缺陷对薄料更易产生。

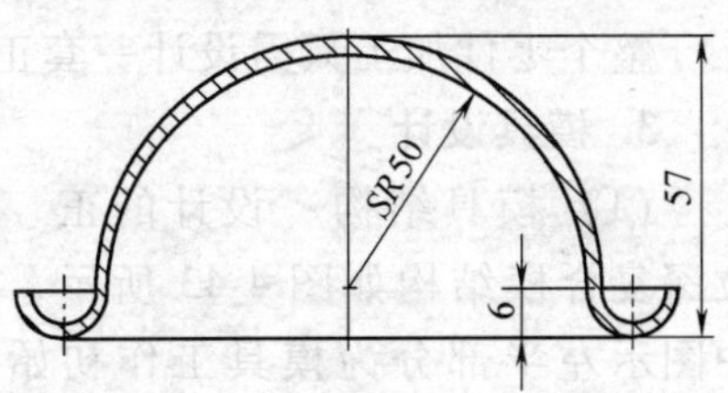

图4-42 球壳结构简图

对半球形件的拉深，其拉深系数与零件直径大小无关，是个常数，即：

$$m = d/D = \frac{d}{\sqrt{2}d} = 0.71$$

根据拉深系数公式，说明半球形件的拉深均只需要一次，但考虑到半球形件的工作实际，生产中是利用毛坯相对厚度（$\frac{t}{D} \times 100$）作为判断其拉深难度和选定拉深方法的主要依据。

当（t/D）$\times 100 > 3$ 时，不用压边圈即可拉成，但在行程末时要对零件进行整形。

当（t/D）$\times 100 = 0.5 \sim 3$ 时，需采用带压边圈的拉深模，以防止起皱。

当（t/D）$\times 100 < 0.5$ 时，需采用带反拉深法或带有拉深肋的拉深模。

按照拉深前后毛坯与工件表面积不变的原则，依据计算公式：$D = \sqrt{\frac{4}{\pi} \sum A_i}$ 可求出毛坯直径 D（式中 A_i 为拉深零件各部位毛坯面积）。

将上述各参数代入公式后，可计算出毛坯直径 D 为167.7mm。

故毛坯相对厚度（t/D）$\times 100 = 1/167.7 \times 100 = 0.6$。

根据计算可知，设计的拉深模需采用带压边圈结构，以防止起皱。

由此可知，对该零件的加工，采用传统的工艺方案应为落料、带压边圈拉深、切边、成形凸缘。这种工艺方案，当然能保证尺寸要求，但将造成整个零件加工工艺流程长、占用设备时间多、费工费时，不利于企业效益提高。

考虑到零件不大、尺寸要求不高、零件边缘须进行成形翻边，因此可不留取修边余量。又注意到球形边缘成形方向与 *SR*50 半球形成形方向相反，如果能制订合理的工艺，对这两种不同的成形方向有效地加以利用，在拉深过程中便能显著地改善成形性能，经系统分析，决定设计正反拉深复合模，一次性生产出零件，满足产品要求。

根据上述分析，加工工艺方案变为：切割展开料→拉深成球壳零件。

整个零件加工只需设计一套正反拉深复合模便可完成。

3. 模具设计

（1）模具结构　设计的正、反拉深复合模结构如图 4-43 所示，其中图示左半部分为模具工作初始状态，右半部分为模具加工终止状态。

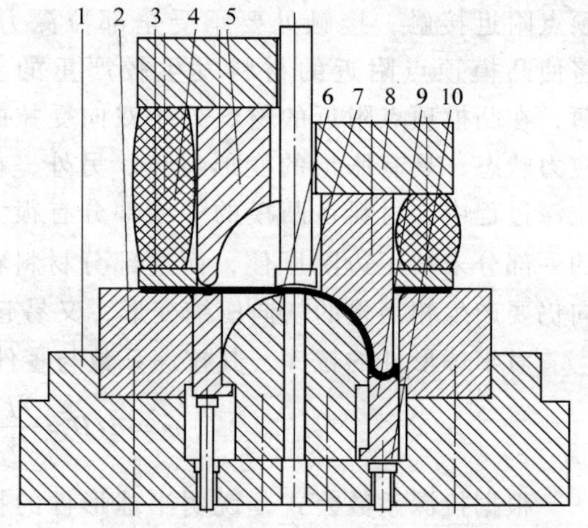

图 4-43　球壳正、反拉深复合模结构
1—下模板　2—凹模　3—压边圈
4—聚氨酯块　5—凸凹模　6—凸模　7—顶杆
8—上模板　9—卸料块　10—下顶杆

（2）工作过程　模具工作时，压力机滑块上升，模具开启，上、下模脱离，此时将切割好的坯料置于凹模 2 平面适当位置，压力机下降，压边圈 3 在聚氨酯块 4 弹力作用下将毛坯压紧，下顶杆 10 在压力机缓冲垫作用下将卸料块 9 向上顶起至与凹模 2 平齐，随着压力机的下降，凸凹模 5 首先与卸料块 9 接触，开始对坯料进行反向拉深，在边缘反向拉深的同时，凸凹模 5 与凸模 6 也开始共同作用对坯料进行拉深，在压力机滑块继续下行的同时，凸凹模 5、卸料块 9 也同步下行，逐渐成形出 *SR*50 半球体，直至卸料块 9 与下模板 1 上端面接触，整个零件的正反拉深完成。

随着压力机上滑块的回升，上、下模脱离接触，顶杆 7 及卸料块 5 将成形后的零件推出，完成卸料。

（3）设计要点

1）聚氨酯块 4 选用邵氏硬度为 75A 的聚氨酯制造，以保证拉深时压边力足够。

2）为保证正反拉深过程中，金属坯料能有序、平稳、通畅地从反拉深的边缘凸缘向 *SR*50 半球体正拉深部位流动，因此，整套模具的凸凹模 5 和凹模 2 反拉深的单侧间隙取 1.2 ~ 1.4mm，凸凹模 5 和凸模 6 正拉深的单侧间隙取 1.1 ~ 1.2mm。

3）模具成形工作零件，采用 Cr12MoV 制造，并经热处理后硬度为 56 ~

60HRC。为消除拉深过程中，空气压力可能对零件的拉深成形质量造成影响，设计时在凸模 6 上开设了排气孔。

4）整套模具置于普通压力机上便可完成，并不要依赖双动压力机才能完成正反拉深复合加工。

4. 效果 该正反拉深复合模设计制造完成后，生产的球壳外观质量好，能满足产品的要求。

5. 本例设计总结 对球壳类球形零件的拉深成形采用正、反拉深复合工艺，能较好地解决在薄料拉深半球形件过程中易产生顶部变薄破裂和中间部分起皱等工艺缺陷问题，明显提高其变形程度及抗失稳能力，同时有助于提高生产效率，降低生产成本。采用正、反拉深复合加工工艺是生产易起皱和破裂的所有类型拉深件的常用加工方法。

4.2.6 油尺盖的加工工艺改进

1. 零件结构 图 4-44 为油尺盖零件结构简图，采用 0.8mm 厚的 H62 制成。

2. 加工工艺分析 根据该零件形状结构，很容易看出其加工过程为：先拉深成无凸缘的筒形件，经镦头后，最后冲孔成形。

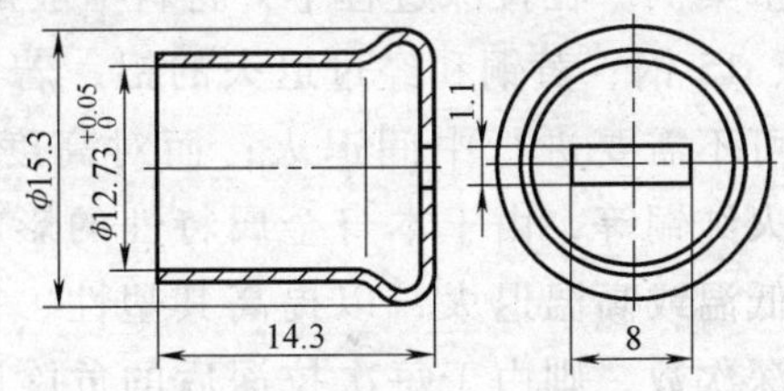

图 4-44 零件结构简图

为确定其拉深次数，首先选取适当的修边余量，而求出其毛坯直径为 φ34.5mm。由于毛坯相对厚度（t/D）$\times 100 = 2.32$，总的拉深系数 $m = 0.392$，根据表 10-25，得其第一次拉深系数 $m_1 = 0.46$，$m_1 > m$，故一次不能成形，经计算共需两次拉深。

又由于该零件胀形系数 m 为：

$$m = \frac{15.3}{12.73 + 0.8 + 0.8} = 1.07$$

查表 5-9 知，黄铜的极限胀形系数 $[m] = 1.35$

因 $m < [m]$，所以可一次胀形完成，由此，可确定该零件加工工艺方案为：第一次拉深→第二次拉深并挤切修边→镦头→冲孔。

各工序零件结构如图 4-45 所示。

3. 加工缺陷原因分析 按上述加工工艺方案加工后，在完成拉深、镦头后部分零件出现破裂。为此，对该材料加工性能进行分析，H62 黄铜属于 α + β 两相组织，室温下的 β 相较脆，冷加工后 α 相与 β 相均有不同程度的拉长、破裂，拉深过程中材料要产生较大的塑性变形，β 相使材料产生脆性，伸长率降低，塑

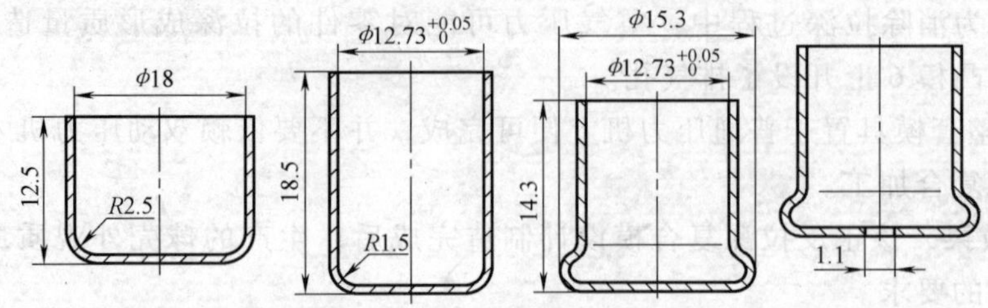

图 4-45　各工序零件结构简图

性降低，造成冷作硬化。冷作硬化又使材料塑性大大降低，从而很容易引起工件镦头断裂。

为保证拉深正常进行，必须在两次拉深工序中间采用低温退火处理，以消除硬化现象。为此，工艺方案确定为：第一次拉深→退火处理→第二次拉深并挤切修边→镦头→冲孔。

4. 效果　按上述加工工艺生产后，零件未再出现破裂。

5. 本例设计总结　本例是解决冷作硬化而产生的破裂，而改进加工工艺的典型案例。在拉深过程中，材料一般都产生冷作硬化。对普通硬化金属，如 08、10、15 钢、黄铜和经过退火的铝，若工艺过程制订得正确，模具设计合理，一般可不需要进行中间退火；而对高度硬化金属，如不锈钢、耐热钢及其合金、退火纯铜等，由于本身金属特性的影响，一般在一、二次拉深加工之后即需进行低温或高温退火，以提高其塑性、韧性。如降低每次拉深时的变形程度增加拉深次数，则由于每次拉深后的危险断面不断往上移动，使拉裂的矛盾得以缓和，于是可以增加总的变形程度，而可不需要或可减少中间热处理工序。不需要中间热处理而能连续拉深的次数可参见表 4-7。

表 4-7　不需要中间热处理能连续拉深的次数

材　料	次　数	材　料	次　数
08、10、15 钢	3 ~ 4	不锈钢及高温合金	1 ~ 2
铝	4 ~ 5	镁合金	1
H62、H68 黄铜	2 ~ 4	钛合金	1

在生产中，对拉深后进行的中间热处理，若零件外观要求较严，为保证零件外形要求，又必须除去热处理后表面带有的氧化皮和其他污物，为此须增加酸洗清理。在酸洗清理中，须防止氢脆的产生。若氢以原子或离子的形式渗入钢中，将导致钢的塑性、特别是断面收缩率随氢含量的增加而急剧降低，形成钢过早的脆断。采用自然时效及回火处理可将氢脱出使其恢复塑性。

另一方面，在拉深中，为增加板料的变形程度，降低板料的变形抗力，有时利用金属加热软化的性质，采用加热拉深，但选择变形温度时，应避免蓝脆区和热脆区，以避免破裂。如碳钢加热到 200 ~ 400℃之间时，因为时效作用（夹杂物以沉淀的形式在晶界滑移面上析出）使塑性降低，变形抗力增加，这个温度范围称为蓝脆区，这时钢的性能变坏，易于脆断，断口呈蓝色。而在 800 ~ 950℃范围内，又会出现热脆区，使塑性降低。

4.3 阶梯形件拉深模案例剖析

4.3.1 阶梯形件拉深加工工艺及模具结构分析

1. 图 4-46 所示阶梯形旋转体拉深件拉深次数的确定

(1) 一次可拉成的阶梯形件 当材料的相对厚度较大（$t/D>0.01$），而阶梯之间直径之差和工件高度较小时，可用一道工序拉深成形。具体可用两种近似方法判断：

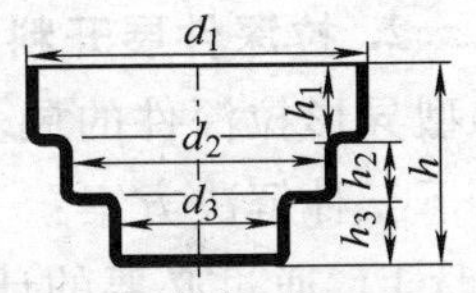

图 4-46 阶梯形旋转体拉深件示意图

1）算出工件高度与最小直径之比 h/d_n 和 $(t/D)\times 100$，按表 10-27 查得拉深次数。若拉深次数为 1，则可一次拉出。

2）据 3M 克里满诺维奇经验公式，即

$$m_{假}=\frac{\frac{h_1}{h_2}\times\frac{d_1}{D}+\frac{h_2}{h_3}\times\frac{d_2}{D}+\cdots+\frac{h_{n-1}}{h_n}\times\frac{d_{n-1}}{D}+\frac{d_n}{D}}{\frac{h_1}{h_2}+\frac{h_2}{h_3}+\cdots+\frac{h_{n-1}}{h_n}+1}$$

式中 $m_{假}$——假定拉深系数；

h_1，$h_2\cdots h_n$——各级阶梯的高度（mm）；

d_1，$d_2\cdots d_n$——由大至小的各阶梯的直径（mm）；

D——毛坯直径（mm）。

如果由公式计算所得的假定拉深系数 $m_{假}$ 等于或大于由同样大的毛坯所能达到的第一次拉深的极限拉深系数，查表 10-25，则这种阶梯形工件可以由一次拉深完成，否则就需用多次拉深。

(2) 多次拉深的阶梯形

1）若任意两相邻阶梯直径的比值（d_2/d_1、$d_3/d_2\cdots d_n/d_{n-1}$）均大于相应的无凸缘圆筒件的极限拉深系数时，则拉深顺序为由大阶梯到小阶梯依次拉出，其拉深次数等于阶梯数目，如图 4-47 所示。

2）若某相邻两阶梯直径的比小于相应无凸缘圆筒件的极限拉深系数时，在这个阶梯成形时应采用带凸缘零件的拉深方法，如图 4-48 所示。

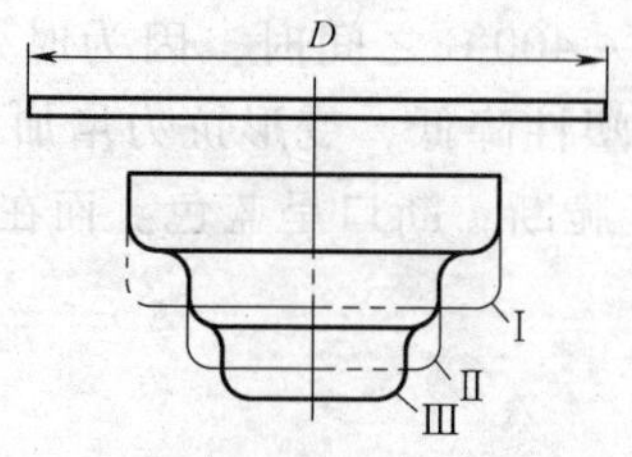

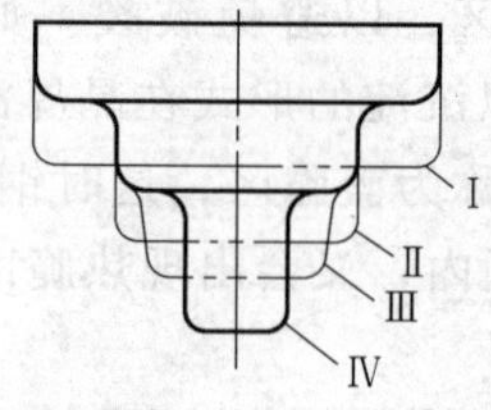

图 4-47 阶梯形零件的多次拉深法　　图 4-48 阶梯形零件的多次拉深法

3）若最小直径的筒体与其相邻阶梯直径相比相差较大需多次拉出，参见 4.4.1 节（阶梯直径相差悬殊的拉深加工工艺及模具结构分析）的拉深加工工艺进行。

2. 拉深件展开料计算　在生产过程中，由于零件结构的多样性，对某些阶梯型异形拉深件的展开料进行精确计算是很困难的，为此，根据零件结构选用以下三种解决方案：

1）通过必要的计算，经生产试模后进行改进；

2）改变加工工艺方案，通过制定工艺方案，将某些阶梯型拉深件展开料难以计算的转化为较易计算的加工件，如将经过工艺方案判定可以一次成形的加工件拆分成两次拉深成形等措施，详见 4.3.4 零件加工实例应用；

3）对零件留出足够的加工余量，最后切除。

综合上述各因素进行判定后，便可确定带阶梯形零件的拉深工艺方案，然后进行模具设计。带阶梯形零件的拉深模结构与普通旋转体模具结构相似，可参照进行设计。

4.3.2 阶梯大凸缘零件拉深模改进

1. 零件结构　图 4-49 所示零件为某吊扇的壳体，采用 1.5mm 厚的 08 钢制成，批量生产。

2. 加工工艺分析　此零件底部由抛物面形组成，大体属于阶梯形旋转体拉深件，因此可参照阶梯形件对拉深次数的判定原则进行：零件高度 h 与最小直径 d 的比 $h/d=42/156.5=0.268$，选取适当修边余量后，可求出其毛坯直径 D 为 232mm，故材料相对厚度 $(t/D)\times100=0.646$，查表 10-27 得该零件第一次拉深允许的最大拉深相对高度为 0.7～0.57。显然，相对拉深深度小于允许的最大相对拉深高度。

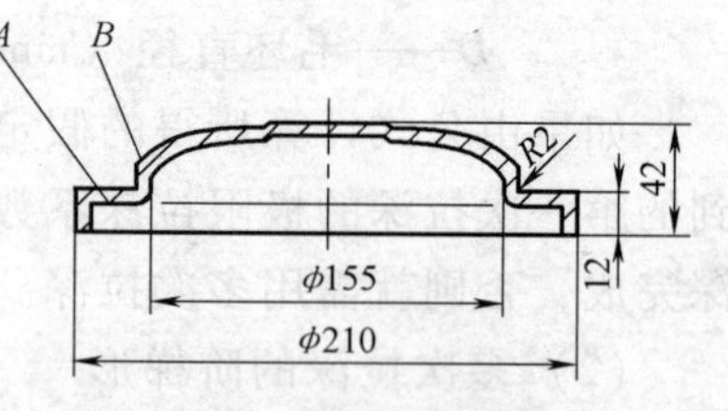

图 4-49 零件结构简图
A 处起趋，B 处裂纹

再单独考虑零件底部的抛物面，由于相对高度 $h/d=(42-12)/155=0.19$

＜0.5～0.6，为浅抛物面，在拉深过程中，接触处的材料很大一部分未被压住，易起皱，考虑到边缘凸缘的存在，有助于实施压料，将使压料得到改善。

综合上述，从理论上可基本判定，只要模具结构合理，可以一次拉深成形。

3. 模具结构 设计的模具如图 4-50 所示。模具工作良好，产品质量稳定。

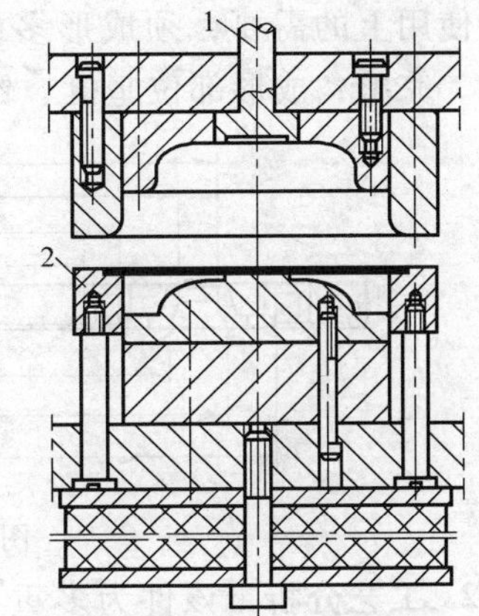

图 4-50 模具结构简图

1—卸料杆 2—压边圈

为降低成本，改用热轧 Q235—A 代替 08 钢，零件在 *A* 处严重起皱，在 *B* 区出现裂纹。

分析原模具结构，发现其存在两个致命缺点：

1）毛坯预压面积太小，基本上起不到压边作用，不能有效地防止零件的起皱。而零件底部为抛物面形结构，抗皱能力更差。

2）拉深时，*B* 处上部先接触成形，将毛坯拉成抛物面形，此时 *A* 区已经起皱，*R*2 部分的成形是在 *A* 区、*B* 区的材料均被压住后，材料反向流动成形的，这时 *B* 区受的拉力最大，已达到破坏极限。由于 08 钢延伸率很大，拉深性能较好，故可用图 4-50 拉深模成形，但用 Q235—A 钢板时，就出现了问题。

4. 改进模具结构 将下模的压边圈换成弧形压边圈，但效果仍不明显。后来把模具设计成图 4-51 结构，将凸模外圈 3 设计成活动托板式结构，并给凹模芯 2 预加足够的压边力，使毛坯预压边面积大大增加。

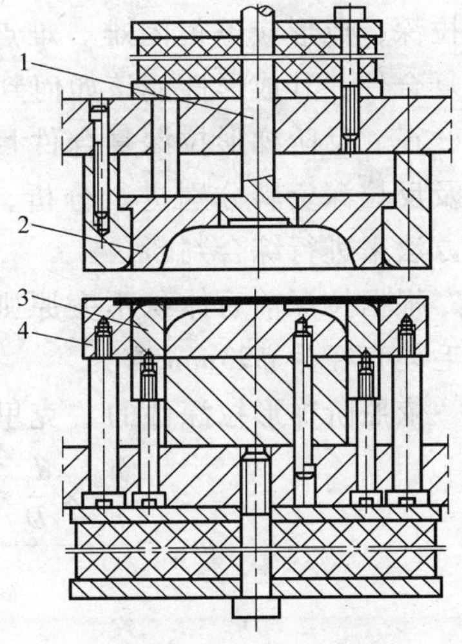

图 4-51 模具结构简图

1—卸料杆 2—凹模芯

3—凸模外圈 4—压边圈

5. 使用效果 模具经改进后，效果十分明显，拉深的零件全部符合要求。

6. 本例设计总结 对不同材料，其拉深模的设计是不相同的，因此，在生产中使用合格的模具，往往在更换材料后便有可能出现拉深件不合格的现象，此时，应从模具结构等方面寻找原因。本案例提示解决生产问题时应从多方面考虑。

4.3.3 轴承保持架工艺分析及模具设计

1. 零件结构 图 4-52 所示轴承保持架采用 0.6mm 厚的 Q235—A 钢制成，

由于使用上的需要，须成形多重凸、凹的起伏结构，要求生产的零件外形轮廓清晰、完整，成形部位坚挺、饱满，整个零件外观无明显拉伤及划痕。

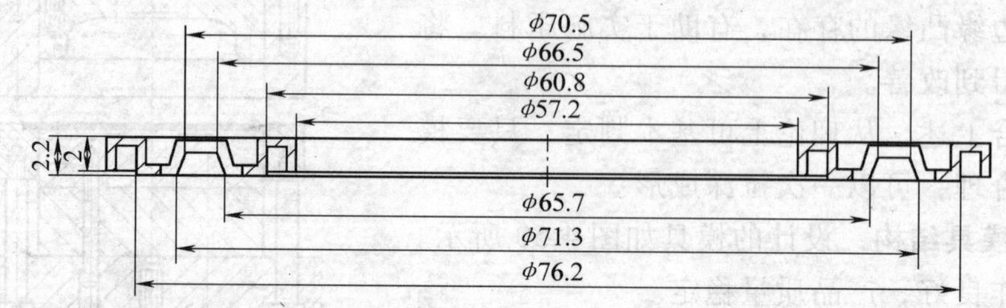

图 4-52　轴承保持架简图

2. 工艺分析　该件为多重正、反拉深后，经内、外翻边而成。由于受拉深变形、模具和板材性能等多种不确定因素的影响，内孔及外形必须在成形完并经过冲切后才能进行内、外形翻边。

从零件简图可看出，单个凸、凹台成形高度不大，仅相当于正、反方向的浅拉深，成形应不很困难。难点是凸、凹台多重组合后所形成的正反阶梯形拉深复合件，其成形性能该如何判定。

正、反阶梯形拉深复合件目前尚没有现成的资料借鉴。于是考虑根据正拉深及反拉深资料分别进行分析，同时，参照阶梯形拉深件的工艺方案判断条件的方法来进行综合判断。

根据拉深前后体积不变原则，选取合适的修边余量，可计算出该零件展开料毛坯直径为 ϕ93mm。

依照阶梯形拉深件的“克里满诺维奇”经验公式，该零件的拉深系数为：

$$m_{假}=\frac{\frac{h_1}{h_2}\times\frac{d_1}{D}+\frac{h_2}{h_3}\times\frac{d_2}{D}+\cdots+\frac{h_{n-1}}{h_n}\times\frac{d_{n-1}}{D}+\frac{d_n}{D}}{\frac{h_1}{h_2}+\frac{h_2}{h_3}+\cdots+\frac{h_{n-1}}{h_n}+1}$$

式中　h_1，h_2……h_n——各单个阶梯圆筒件的拉深高度（mm）；

d_1，d_2……d_n——各单个阶梯圆筒件的直径（mm）；

D——毛坯直径（mm）。

代入数值，可求得 $m_{假}=0.73$。

由于毛坯相对厚度（t/D）×100＝0.65（其中 t 为材料厚度），根据上述计算数据，查表 10-25 得相应的极限拉深系数 $m_{极}=0.53\sim0.55$。显然 $m>m_{极}$，故可一次拉深成形。

根据正反拉深的有关资料可知，$m_{反}=(0.85\sim0.9)\ m_{正}$，由于各阶梯圆筒间拉深存在多处反拉深，故可综合判定正反复合拉深的拉深系数应比纯粹正拉深的阶梯形拉深系数要小，这样更有利于成形。

根据上述判断，决定设计拉深、冲孔、落料复合模来一次性成形各凸、凹台且冲切内、外形。整个加工工艺为：剪切块料→成形各凸、凹台且冲切内、外形→翻内外边并整形→冲切各处窗口。

3. 模具工作过程 根据上述分析，设计的拉深、冲孔、落料复合模结构如图 4-53 所示。

整套模具置于 JA31-160A 压力机上，工作时，将剪切块料放于成形下模 6 的合适位置上，成形上模 5 首先在弹性块 4 的弹力作用下，预压坯料，然后逐渐与成形下模 6 接触成形各凸、凹台，与此同时，落料凹模 1 及凸模 7 与成形下模 6 共同作用将块料内、外形冲切出来，至成形上模 5 上端面与上模板下端面刚性接触，成形上模 5 与成形下模 6 完成对坯料的校正，整套模具工作结束。

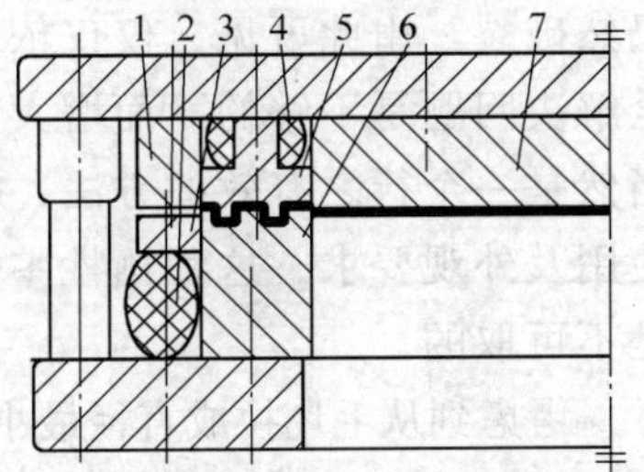

图 4-53 拉深、冲孔、落料复合模结构图

1—落料凹模 2、4—弹性块 3—卸料板 5—成形上模 6—成形下模 7—凸模

4. 零件破裂原因分析 模具制成，试冲一小批零件后发现，在成形的凸、凹台中，大部分于 $\phi65.7$mm，$\phi71.3$mm 处出现破裂。

针对破裂现象，排除模具制造问题后，又对材料进行了理化分析，又排除了拉深材料不合格因素。由此，对零件成形过程进行了受力及金属流动状态分析。

零件中心部位主要受径向拉应力 σ_1，起传递拉力的作用，其本身并不参与材料的流动及转移，各种凸、凹台的成形主要依靠坯料外形流动来补充，而各处凸、凹台的存在，使材料的转移阻力加大，金属流动困难。

尽管零件成形初期，弹性块 4 对坯料的预压成形，压力并不大，并且凹凸的结构也有利于零件的成形，但模具中较小的成形圆角 $R0.5$ 无疑给材料的流动增加了困难（考虑到零件的形状要求，成形圆角不宜取得较大，否则后续的整形将会存在明显的台阶压痕）。另一方面，使用的矩形坯料，由于四边角部及中部材料运动阻力的差异，一定程度上也削弱了材料的流动性能。

综合上述因素，使得部分部位（特别是 $\phi65.7$mm，$\phi71.3$mm）成形时，形成与起伏成形相似的变形，成形中只能依靠料厚减薄来换取台阶高度的形成。由于 Q235—A 的延伸性能并不是很好，当超出材料延伸极限便直接导致了零件破裂。

5. 改进措施 上述分析表明，零件破裂的根本原因是成形过程中的材料流动不畅。

由于整个材料的流动均来自坯料外缘，而零件的中心部位并没有参与变形。

于是设想在底部先冲出预冲孔径 ϕ50mm（比最后翻边的预冲孔径小 5mm）以改善弱区的变形条件，让中心部位也成为弱区，从而发生一定的变形，通过预冲孔的扩大，使部分材料能转向成形凸凹台，缓解料源的不足。

按此思路加工出部分带预冲孔的坯料，利用上述模具重新对零件进行了试压，结果部分零件仍然破裂。由此可见，仅仅依靠设置预冲孔想完全解决问题是不够的。而增大成形模的圆角半径当然是一个行之有效的方法，但由于会影响零件使用及外观要求，这种牺牲零件质量的做法显然是不可取的。

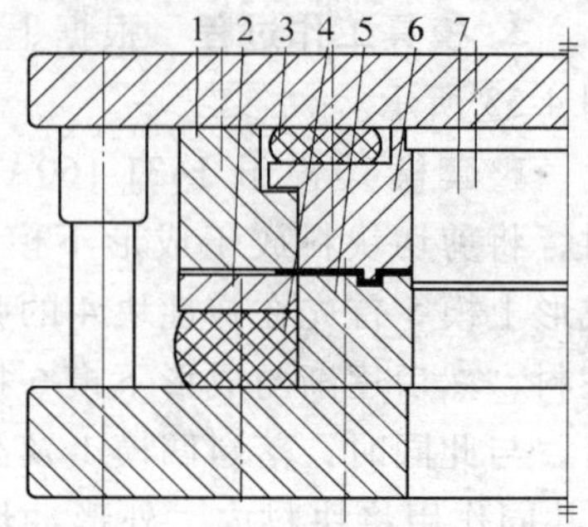

图 4-54　改进设计的模结构
1—落料凹模　2—卸料板
3、4—弹性块　5—成形下模
6—成形上模　7—预冲孔凸模

考虑到从毛坯拉成直径最小处的凸台是整个零件拉深的难点，其拉深系数为 $m=\frac{65.8+0.3}{93}=0.71$，为此，决定增加一套模具，成形出该处凸台并冲切坯料外形及预冲孔，同时为后续零件成形创造条件。

改进设计的模具如图 4-54 所示。

整套模具仍置于 JA31-160A 压力机上。成形上模 6 在弹性块 3 作用下先将坯料压紧，预冲孔凸模 7 先完成坯料的预冲孔，以便使该孔在后续的成形中，有利于材料的流动及转移，随后，成形上模 6 与成形下模 5 接触成形坯料凸台，落料凹模 1 与成形下模 5 发生作用将坯料外形冲切出来，至成形上模 6 上端面与上模板下端面刚性接触，成形上模 6 与成形下模 5 完成对坯料的校正后，模具整个工作过程结束。

改进后的加工工艺为：剪切条料→成形一凸台且冲切外形→成形全部凸台并冲切内外形→翻边并整形→冲切各处窗口。

6. 效果及结论　由于改进后的加工工艺，对成形过程中材料的流动进行了较好的考虑，因此，工艺改进后，生产的轴承保持架未出现破裂现象，经尺寸检测，满足产品要求。

7. 本例设计总结　本例出现破裂的原因在于：未充分注意到多阶梯间的小圆角及阶梯之间正、反拉深的存在，它使得阶梯间的金属流动性大大降低，而设计的模具结构对各台阶的成形基本是同步进行，这种成形方式显然对各台阶间材料的流动不利。自然，这种综合分析判断的能力需要长期的日积月累、总结才可获得，但本例的设计思想及解决问题的方法仍不失为一种可以借鉴并能推荐的好方法。

对零件加工中出现的破裂，需从其拉深工艺及成形过程上进行分析，找出原因，由此，改进工艺方案，改善成形条件。

4.3.4 阶梯形异形盖的拉深工艺及模具设计

1. 零件结构 图 4-55a 所示的盒形盖及图 4-55b 所示的压盖两种不同异形盖，采用 1.5mm 厚的 LF3-M（5A03）制成，由于产品使用的要求，均具有阶梯形结构。

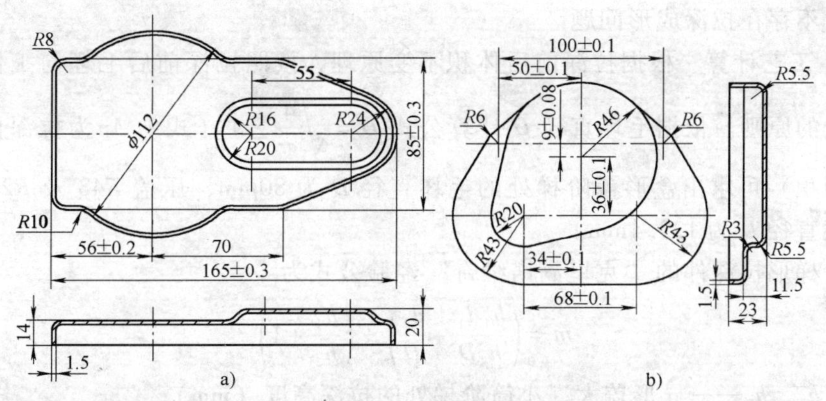

图 4-55 零件结构图

a）盒形盖 b）压盖

2. 工艺分析 根据零件结构可知，两异形盖拉深高度都不大，为浅拉深件。工艺难点主要表现为工艺方案的合理制定，而成形工艺制订的前提首先是正确判断出图示的阶梯形结构是否能一次性拉成。

盒形盖总体上属于矩形件拉深变形特征。直壁部分弯曲，直壁各部位连接处的圆角则大致为圆筒形拉深，而其 *R*24 台阶处圆角属于阶梯形拉深，其余部位由于距盒形盖边缘（大于 3 倍成形部位宽度）较远属局部成形。在 *R*24 台阶处圆角拉深时，圆角部分材料要向其直边部分流动，使直边部分受到切向压缩，相应地使圆角部分变形得到减轻，其极限拉深系数几乎达 0.3 ~ 0.32。由于圆角的切向压缩仍然比直边的大，圆角处的变形程度较大，故起皱和破裂仍发生在圆角。因此，工艺方案的制定中须对其阶梯台阶处圆角拉深进行判断。

压盖，其结构大致相当于大、小两异形筒组成的偏心件，属异形不对称拉深件，成形过程中，小筒圆角处拉深需要的材料既须从大筒获得，又要向其附近的直壁转移，筒壁形成的材料主要从大筒筒底获得，但又要向其附近的直筒壁转移出来；大筒圆角拉深需要的材料由大筒外缘获得，部分材料也向其附近直筒壁流动。

压盖成形过程中，大、小两异形筒材料具有的相互流动性，使得材料的相互转移变得复杂化，也使理论上难以按一固定的圆筒形或矩形件计算出展开料，即使计算或试验成功，由于板料变形的复杂性、材料具有的异向性及凸凹模间隙不均等原因，使拉深后的工件顶端难以保证平齐，需进行修边。

因此，压盖的工艺方案制订，除了正确判断好阶梯形结构能否一次拉成外，还要合理且经济地解决压盖展开料难以精确计算的问题。

依据上述分析，综观压盖结构，可判定其拉深难点在压盖 $R43$ 及 $R20$ 阶梯台阶拉深处，$R6$ 直边由于材料易流动，属于翻边性质，其极限拉深系数较小，因此，不存在拉深成形问题。

3. 工艺计算 根据拉深前后体积不变原理，按照拉深前后毛坯与工件表面积不变的原则。依据毛坯直径 D 计算公式 $D=\sqrt{\frac{4}{\pi}\sum A_i}$（式中 A_i 为拉深件各部位的面积）可求出盒形盖阶梯处的毛坯直径 D 为 80mm，压盖 $R43$ 及 $R20$ 台阶处毛坯直径 D 为 123.4mm。

阶梯形拉深件的"克里满诺维奇"经验公式为

$$m=\left(\frac{h_1 d_1}{h_2 D}+\frac{d_2}{D}\right)\div\left(\frac{h_1}{h_2}+1\right)$$

式中　h_1，h_2——异形盖大、小筒阶梯处的拉深高度（mm）；

　　d_1，d_2——异形盖大、小筒阶梯的直径（mm）；

　　D——异形盖所求阶梯的毛坯直径（mm）。

根据该公式可大概判定所求阶梯部位的假定拉深系数。代入数值，可求得

盒形盖阶梯处为：$m=0.59$，

压盖阶梯处为：$m=0.52$。

由于盒形盖阶梯处毛坯相对厚度 $t/D\times100=1.9$，查表 10-25 得相应的极限拉深系数 $m_{极}=0.48\sim0.50$。

压盖阶梯处毛坯相对厚度 $t/D\times100=1.2$（其中 t 为材料厚度），查表 10-25 得相应的极限拉深系数 $m_{极}=0.5\sim0.53$。

根据阶梯形件拉深的判断条件：若计算所得的假定拉深系数等于或大于其极限拉深系数，则可一次拉成。显然 $m>m_{极}$，故盒形盖及压盖均可一次拉深成形。

4. 工艺方案的确定 根据工艺计算可知，盒形盖能够一次成形。从成形特点分析可知：其 $R24$ 阶梯部位展开料应按阶梯圆筒件拉深进行计算，阶梯其余部位由于距盒形盖边缘（大于 3 倍成形部位宽度）较远，其成形只能在凸模作用下，仅靠局部材料两向受拉而变薄成形。其他部位只需依照相应弯曲及圆筒拉深进行计算。

采用工艺方案如下：先剪切条料后冲出展开料，然后一次性成形零件。计算的展开料如图 4-56a 所示。

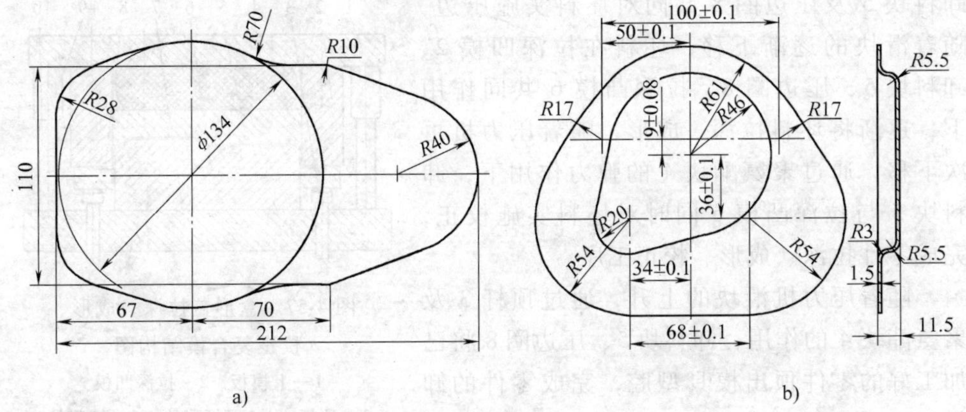

图 4-56　零件展开图

a）盒形盖展开图　b）压盖展开图

从上述工艺计算可知，压盖的拉深系数几达极限，尽管也能一次成形，但存在上述分析的展开料难以计算的难题，为此，决定大筒、小筒分二次拉深成形。

为确定合理的拉深顺序，对采用从大阶梯到小阶梯拉深还是从小阶梯到大阶梯的拉深方法进行了分析比较：采用从小到大的顺序，能使材料始终存在自由端，材料流动自由，另外由于大筒第二次拉深的是毛坯厚度及力学性能均匀的平板，对其成形有利，并且所需的坯料能保证计算较准确，使拉深后的零件顶端能较好地保证平齐，可不修边，达到取消修边模及修边工序的目的。

采用从大到小的顺序，则存在材料流动补充相互影响，易受束缚等困难，小筒第二次拉深所需的坯料计算较复杂，并且拉深后零件顶端不平齐，须增加修边工序，增加加工费用。

为此，决定采用如下工艺方案：先剪切条料，再拉深出小筒且冲切出后续大筒拉深的展开料，最后拉深大筒。经过上述工序分解，压盖展开料难以精确计算的问题也得到解决。经计算拉深小筒且冲切后续大筒拉深的展开料尺寸如图 4-56b 所示。

5. 模具设计

（1）盒形盖的模具设计　针对上述分析，设计的盒形盖拉深、成形、校正复合模如图 4-57 所示。

整个模具置于 JA31-160A 闭式单点压力机上。模具开启后，聚氨酯块 4 呈自由状态，卸料块 5 在弹力作用下移至与拉深凹模 2 底面平齐，压边圈 8 顶面通过顶杆 3 在压力机弹性缓冲器作用下，上升至与拉深凸模 6 顶面齐平。此时，将冲切好的展开料置于压边圈 8 定位环中，开启压力机，上滑块下移，拉深凹模 2、卸料块 5 及压边圈 8 共同对坯料实施压边，随着滑块的逐渐下移，坯料在拉深凹模 2、卸料块 5、压边圈 8、拉深凸模 6 共同作用下，逐渐将坯料拉深、成形，随着压力机再次下移，通过聚氨酯块 4 的弹力作用下，卸料块 5 与拉深凸模 6 同时对坯料实施校正，完成零件拉深、成形、校正工序。

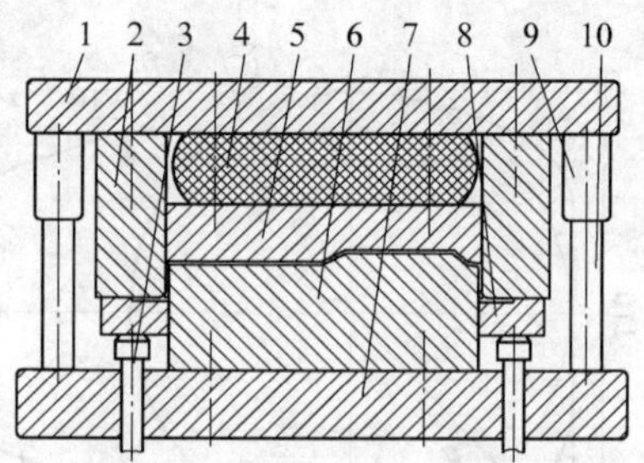

图 4-57　盒形盖拉深、成形、校正复合模结构图

1—上模板　2—拉深凹模　3—顶杆　4—聚氨酯块　5—卸料块　6—拉深凸模　7—下模板　8—压边圈　9—导套　10—导柱

随着压力机滑块的上升，通过顶杆 3 及聚氨酯块 4 的作用，卸料块 5、压边圈 8 将已加工好的零件顶出模具型腔，完成零件的卸料。

为保证坯料拉深过程中，材料流动、转移通畅，同时又不至于引起拉裂或起皱，压边圈 8 的定位环深取 1.7mm，开设的定位环大小与展开料尺寸一致。通过调整压力机滑块下压距离，增大聚氨酯块 4 压缩量，可增大校正力，满足零件校正、成形的效果。

（2）压盖的模具设计

1）根据压盖结构设计的压盖第一次拉深及外形冲切复合模如图 4-58 所示。

① 设计的模具置于 JA31-160A 闭式单点压力机上，整个工作过程分四个阶段。

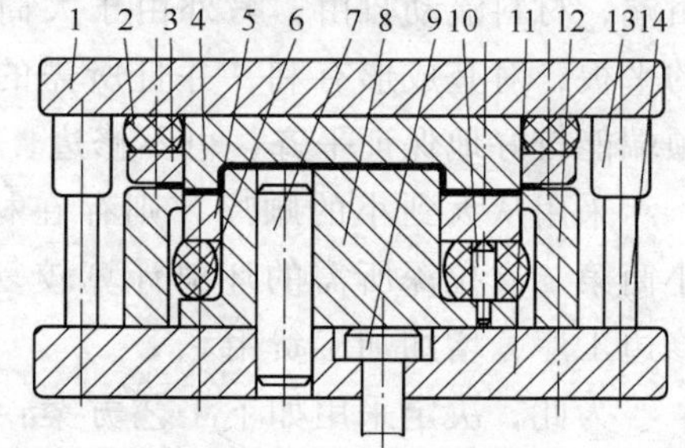

图 4-58　压盖拉深、外形冲切复合模结构图

1—上模板　2—上聚氨酯块　3—压边圈　4—拉深凹模　5—卸料块　6—下聚氨酯块　7—小导柱　8—拉深凸模　9—顶杆　10—限位柱　11—下模板　12—落料凹模　13—导套　14—导柱

第一，拉深成形准备阶段。开启模具，压力机滑块上升，上模与下模脱离接触，压力机弹性缓冲器通过顶杆 9 将拉深凸模 8 在小导柱 7 的导向作用下顶起，直至顶杆 9 底部与下模板 11 底面平齐，此时将坯料置于卸料块 5 恰当位置，压力机滑块开始下移，拉深凹模 4 及卸料块 5 在下聚氨酯块 6 的弹力作用下首先将坯料压紧，随着滑块的下移，拉深凹模 4 开始将卸料块 5 下压，由于压力机弹性缓冲器的反作用力不足以克服压力机上滑块的压力，拉深凸模 8 也被压下，直至拉深凸模 8 底面与下模板 11 顶面贴合，卸料块 5 与拉深凸模 8 顶面等高。至此，零件拉深成形准备完成。

第二，拉深成形阶段。随着滑块的继续下移，坯料与拉深凸模 8 接触，在拉深凹模4、卸料块5、拉深凸模8的共同作用下开始逐渐自由成形小异形筒。当小异形筒成形至6mm高时，压边圈3开始与坯料外边缘接触，准备实施冲切前的校平、压紧，当滑块再下降2mm，拉深凹模4周边冲切刃口与落料凹模12开始接触，零件进入下一阶段。

第三，拉深成形及外形冲切阶段。当滑块再次下降1.5mm时，在拉深凹模4、卸料块5、拉深凸模8的共同作用下成形的小异形筒已达9.5mm高，此时，零件外形冲切刚好完成，再下降0.5mm，卸料块5与限位柱10相碰，实施校正，同时零件拉深到位。

第四，卸料阶段。滑块上升，拉深成形好的零件在卸料块5、拉深凸模8作用下被顶出型腔；冲切完的零件条料通过压边圈3在上聚氨酯块2的弹力作用实施卸料。此时，模具转入下一循环的拉深成形前准备。

② 模具设计要点：

拉深凹模4在这儿起双重作用，既是第一次拉深的凹模，又是外形冲切的凸模。

为保证拉深凸模8与拉深凹模4的间隙以及成形过程中的稳定性，特意设置了两个小导柱进行精确导向。

为保证拉深成形、外形冲切等各个步骤有“节奏”地实施，对拉深凹模4、拉深凸模8、落料凹模12以及上聚氨酯块2、下聚氨酯块6、压边圈3、卸料块5、顶杆9等各零件高度要进行精确设计及控制；为减少拉深小异形筒过程中对冲切大异形筒外形产生的影响，使拉深凸模8比落料凹模12高出8mm，使得小异形筒拉深将要完成时（总拉深高度为10mm），才开始冲切外形。

为保证零件成形时材料流动通畅，坯料外缘不设置压紧。

为保证零件成形高度，设计了限位柱进行精确控制。

为使落料凹模12刃口留有修磨余量，特意使落料凹模12刃口完成冲切外形后仍进入落料凹模0.5mm，而后才达到拉深成形终止状态。当修磨刃口时，限位柱高度也要作相应调整。

2）设计的第二次拉深模如图4-59所示（图4-59中A表示坯料的初始位置）。

模具仍置于JA31-160A闭式单点压力机上。模具工作前，压力机滑块上升，上模与下模脱离，此时，拉深凸模3底面凸出呈自由状态的压边圈2的底面14mm，而压力机弹性缓冲器通过顶杆5将卸料块4顶起，使其顶面高出拉深凹模7的顶面4mm。工作时，将第一次拉深好的零件置于卸料块4的小异形筒型腔中，滑块

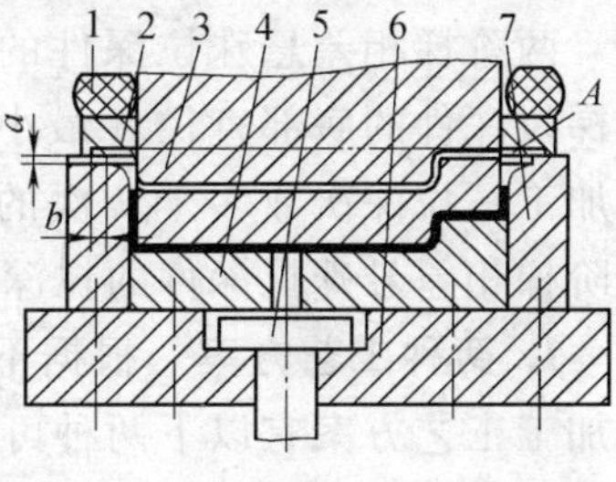

图4-59　第二次拉深模结构图

1—聚氨酯块　2—压边圈

3—拉深凸模　4—卸料块　5—顶杆

6—下模板　7—拉深凹模

下移 10mm，完成拉深凸模 3 与卸料块 4 对小异形筒的内形贴合，与此同时，拉深凸模 3 边缘与卸料块 4 边缘贴合，对将要拉深成形的边缘实施压边，当其同时下降 4mm 后，压边圈 2 与拉深凹模 7 共同压住坯料，准备拉深成形，随着滑块再次下降，拉深凸模 3、卸料块 4 及拉深凹模 7 共同将压盖外形拉深成形。

为保证压边力的均匀性，使之有利于材料流动、转移，避免拉深时，压边太严重，导致拉裂缺陷的产生。在拉深凹模 7 中开设的定位环大小比需拉深外筒的展开料周边小 3mm，即 $b=3\text{mm}$，待零件拉深收缩后，逐渐落入拉深凹模 7 的定位环中（$a=1.7\text{mm}$ 深），进入下一步的压边。卸料块 4 既是拉深中的凹模，同时又肩负将拉深完成后的零件推出型腔的任务，而在其底部开设排气孔，则有利于卸料及保证成形零件的表面质量。

6. 效果 模具设计、制造完成后，一次试模合格。拉深后的零件口部平整，仅通过钳工稍稍打磨修整即可满足图样要求。

7. 本例设计总结 本案例中的两个零件尽管都是异型阶梯拉深件，但其拉深、成形工艺性质不同，考虑到展开料的求解难度及成形性质的不同，采用了不同的工艺方案、设计了不同的模具结构。

案例中通过工序分解，解决了几种阶梯复合产生的变形复杂、展开料难以计算的拉深工艺问题，在实际生产中经常使用。

4.4 阶梯直径相差悬殊的拉深模案例剖析

4.4.1 阶梯直径相差悬殊的拉深加工工艺及模具结构分析

尽管两阶梯相差悬殊的拉深件仍属于阶梯拉深件，且有关阶梯拉深件的各种工艺制定原则仍能使用，但其拉深加工工艺在生产中具有一些特殊的方法及技巧。因此，本节单独将此列出进行分析。

两阶梯相差悬殊拉深件的具体判定目前尚没有严格的界定，一般说来，该阶梯拉深件的底部直径（最小拉深直径）与其相邻阶梯直径相比，如按正常拉深加工，拉深次数多于 2 次的，在实际生产中，其拉深加工工艺的制定都可按两阶梯相差悬殊拉深件的拉深加工方法进行考虑。

1. 两种工艺方案 根据不同的零件结构，制定两阶梯相差悬殊拉深件的拉深加工工艺方案有以下两种可供选用：

方案一：首先一次或多次拉深出整个零件的大直径，小直径部分的材料在首次拉深大直径筒形的同时便以半球形或大圆角筒形的形状形成在大直径上；或大直径筒形拉深完成后，在后续工序中再继续单独拉深出小直径部分。整个零件采用从外（大直径）向里（小直径）拉深，即从外向里成形法，详见

4.4.3、4.4.4、4.4.5 所介绍的实例。

方案二：首先一次或多次单独拉深小直径部分，在完成小直径筒形拉深后，其余阶梯部分的筒体再开始拉深，当外缘为带凸缘筒形件，按带宽凸缘筒形件方法拉成。整个零件采用从里（小直径全部完成拉深后）向外（大直径）拉深，即从里向外成形法。如 4.4.2 实例所介绍。

两种加工工艺方案的使用，没有明显的界限，而且一般也能相互通用。若零件精度要求较高或圆角半径较小，则在最终工序中一般都要安排整形加工。

当考虑到要准确计算工序间的尺寸较困难且试模调整困难，或最后成形小直径筒体会影响到其相邻阶梯部分材料的成形形状及精度时，则采用方案二（从里向外成形法）拉深成形。但采用方案二更易造成小圆筒部分的料厚变薄，且采用方案二完成零件的拉深的工序数及拉深次数较方案一多，因此，在实际生产中，从加工经济性及零件质量保证等方面综合考虑多采用方案一（从外向里成形法）拉深成形。

如图 4-60a 所示上盖，采用料厚为 2mm 的 08F 钢板制成。考虑到零件的底面为不对称形状，108°的锥面和 57mm 宽的平台间的变形是不均匀的。如采用先拉深 ϕ203mm 筒形后，再分次拉深成形 ϕ41mm × 20mm 内筒形，在以后的拉深中势必会造成筒形周边应力的不均匀，使拉深工件产生不均匀的变形，从而影响到拉深工件形状尺寸的准确性。所以选用从内向外的加工方案。拉深工艺方案如图 4-60b 所示。

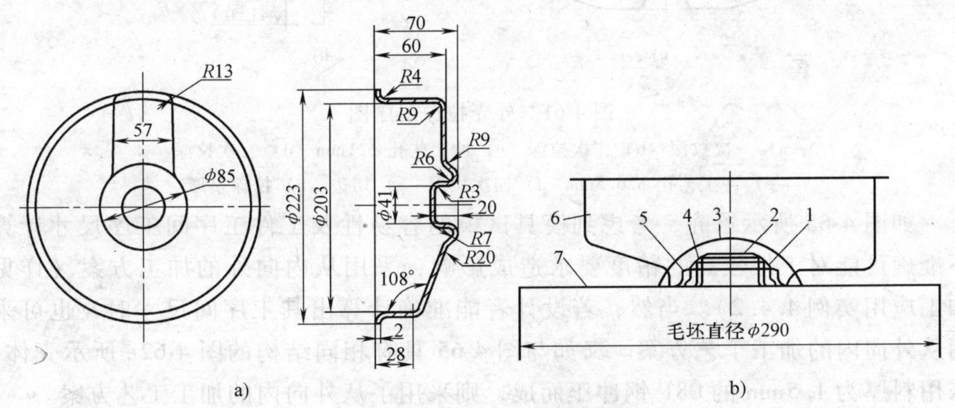

图 4-60　上盖的拉深

a）零件图　b）底部拉深工序图

1—二次拉深　2—四次拉深　3—球面预成形

4—三次拉深　5—一次拉深　6—五次拉深　7—下料毛坯

而同样结构的图 4-61h 所示外壳零件，采用料厚为 1.2mm 的 08Al 制成，由于 ϕ240mm 筒形底面为对称形状，最后成形小筒 ϕ41mm 基本上不会对其存在影响，故生产中采用从外向内的加工方案，加工工序如图 4-61 所示。

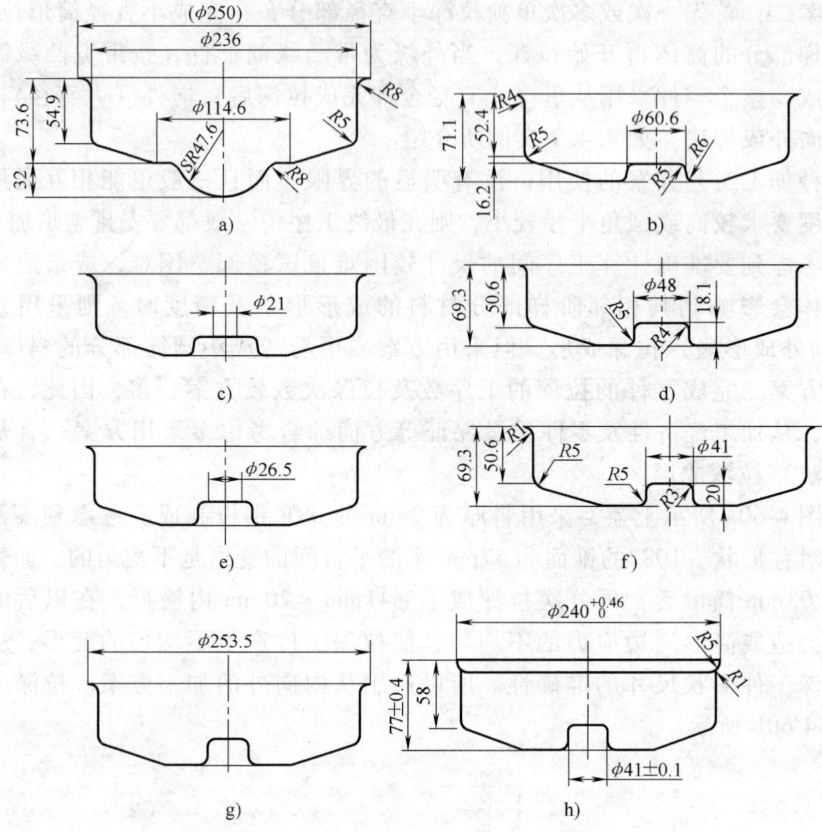

图 4-61　外壳拉深工序图

a）一次拉深　b）二次拉深　c）冲工艺孔 ϕ21mm　d）三次拉深

e）冲工艺孔 ϕ26.5mm　f）四次拉深　g）切边　h）拉深整形

如图 4-65 所示罩壳，考虑到模具试模的容易性及工件工序间工序尺寸计算不准确可能对工件较高的精度要求造成影响，采用从内向外的加工方案（详见加工应用实例 4.4.2）。当然，若设计者能准确计算出其工序间尺寸时，也可采用从外向内的加工工艺方案。又如与图 4-65 具有相同结构的图 4-62e 所示壳体，采用料厚为 1.5mm 的 08F 钢冲压而成，则采用了从外向内的加工工艺方案。

2. 拉深小直径阶梯的工艺方法　在零件拉深的实际生产加工过程中，不论采用两种方案中的哪一种，根据成形零件的不同结构，成形小直径阶梯主要可选用如下的几种加工工艺方法。

1）对底部筒形采用胀形能直接成形的，则采用直接胀形完成。一般采用的工艺方案为：在拉深完其他形状后采用直接胀形。

如图 4-63 所示底部有一凸起的圆筒形件，采用料厚 1mm 的 08 钢冲压而成。

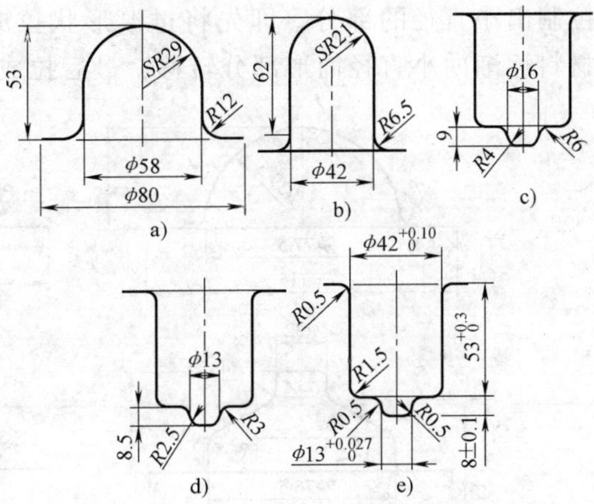

图 4-62 壳体拉深工艺方案

a）一次拉深 b）二次拉深 c）三次拉深

d）四次拉深 e）整形

圆筒形部分可按一般不带凸缘的圆筒件拉深。底部高 5mm 的凸台，与筒形部分直径 ϕ56mm 的比值，远小于相应的拉深系数，即使增加拉深系数，对工艺成形也不利，经济上也不合理。

由于筒形件拉深时平底部是不参与变形的，其材料可保持原材料的塑性。为此，考虑采用局部胀形的成形工艺，其材料的极限变形程度受材料塑性的限制。在运用该工艺方案之前需校核其线性伸长是否在允许范围内。

因为图 4-63 所示的 *abcd* 总长 l_0 为：

$$l_0 = 2\times\sqrt{\left(\frac{29-20}{2}\right)^2+5^2}+20 = 33.4\text{mm}$$

a-d 间的线性伸长 δ_{ad} 为：

$$\delta_{ad} = \left(\frac{l_a}{l_0}-1\right)\times100\% = \left(\frac{33.4}{29}-1\right)\times100\% = 15.2\%$$

查 08 钢、$t=1$mm 时的 $[\delta]=24\%$，则

$$\delta = 15.2\% < [\delta]$$

同理，在 *e-f* 间的线性伸长 δ_{ef} 为：

$$l_{ef} = \left(2\times\sqrt{\left(\frac{29-20}{2}\right)^2+5^2}+11\right) = 24.4\text{mm}$$

$$\delta_{ef} = \left(\frac{l_{ef}}{l'_0}-1\right)\times100\% = \left(\frac{24.4}{20}-1\right)\times100\% = 22\% < [\delta]$$

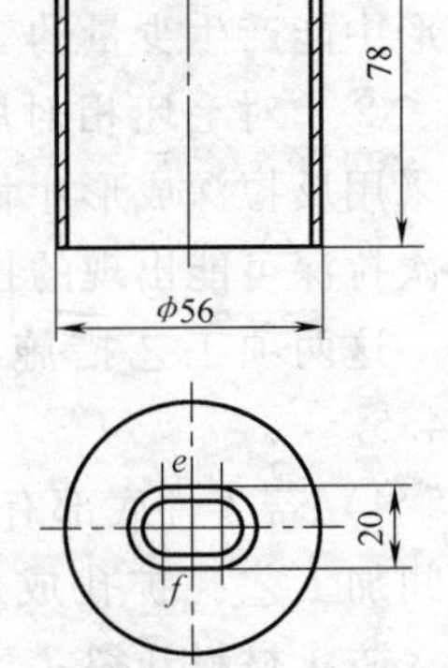

图 4-63 罩零件结构图

由此，可确定采用局部胀形。由于筒形部分需要二次拉成，故零件的冲压工艺方案为：落料并首次拉深→第二次拉深→胀形成凸台。

2）若底部小筒形状不能直接胀形，则先成形鼓包再成形，即在进行大直径圆筒拉深的同时将小筒拉深成过渡形状，其形状一般为图 4-64 所示的球形或大圆角的筒形，过渡形状的面积采用与需成形的小筒等面积的储存法完成（有时，为使后续的拉深工序不产生过大的拉应力，也在过渡形状的表面积中增大 5% ~ 10% 的表面积），然后在后续的小筒拉深中，再按宽凸缘零件的拉深方法那样逐

渐拉制出小直径的部分，即先将过渡形状拉成大直径部分，然后再将大圆筒壁的材料逐渐向小直径筒形部分转移，最后拉成小圆筒。

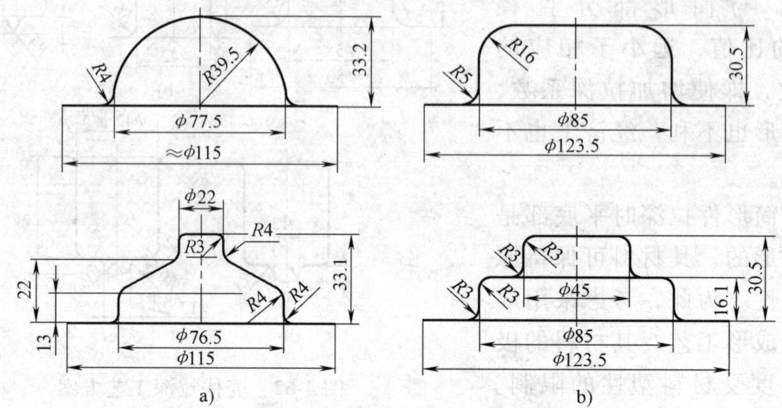

图 4-64　小筒拉深的过渡形状

a）拉成半球形　b）拉成大圆角的筒形

3）在实际生产中，对拉深性能较好的板料，有时为获得清晰、挺括的小筒外形，一般采取以下措施：

① 特意使过渡形状的面积小于成形零件的表面积 3% ~8%，从而在零件成形中能产生少量的变薄成形，保证零件表面成形充分，外观挺括。

② 对毛坯相对厚度较小、易产生失稳、需多次拉深才能完成的拉深件，多采用反拉深成形小筒。一方面能提高抗失稳能力，防止出现起皱现象，克服多次拉深可能出现的拉痕，同时还可提高拉深性能，减少拉深次数。

这两项工艺措施的采用及零件过渡形状尺寸的求解参见 4.4.2、4.4.3、4.4.5。

4）若零件底部有孔，则在拉深过程中，可先预冲工艺孔，采用局部聚料和中间加工艺孔扩孔成形的工艺措施来保证材料供给，防止材料开裂。

上述各项工艺方案的确定及相应模具结构的设计参见 4.4.2、4.4.3、4.4.4、4.4.5。

4.4.2　罩壳拉深加工工艺

1. 零件结构　图 4-65 所示罩壳，采用 1.5mm 厚的 08F 钢制成，生产批量较大。

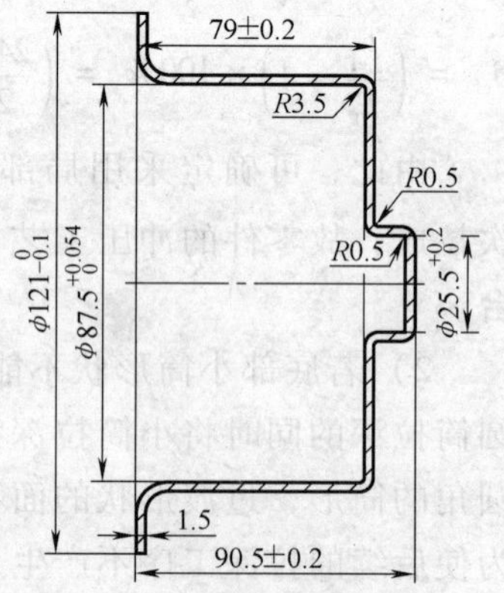

图 4-65　罩壳零件结构简图

2. 工艺分析　该零件属于薄壁旋转拉深件，除 $\phi87.5^{+0.054}_{0}$ 与 $\phi121^{\ 0}_{-0.10}$ 的尺寸精度高于 IT10 级外，其余尺寸均为 IT11 级以下，可以通过一般冲压加工方法成形，而 $\phi 87.5^{+0.054}_{0}$mm 与 $\phi 25.5$ 处两个 $R0.5$mm 的圆角半径需经整形后可以达到。

该零件的拉深主要有图 4-66 所示的三种方法。一是按带凸缘筒形件的拉深方法，先将形状拉成 $\phi 87.5$mm，然后再将 $\phi 87.5$mm 的底部筒壁材料逐步向中心转移，经几次拉深成 $\phi 25.5$mm 的小直径筒形部分；二是按带凸缘筒形件的拉深方法，先将形状拉成 $\phi 87.5$mm，并在底部形成一个凸包，然后将凸包压成小直径 $\phi 25.5$mm 筒形部分；三是在一平板毛坯上先压出一个凸包（用起伏成形的方法压出），然后将凸包压成小直径 $\phi 25.5$mm 筒形部分，压好小直径筒形部分后，再按带凸缘筒形件的拉深方法将平板毛坯拉成 $\phi 87.5$mm 的大直径筒形部分。

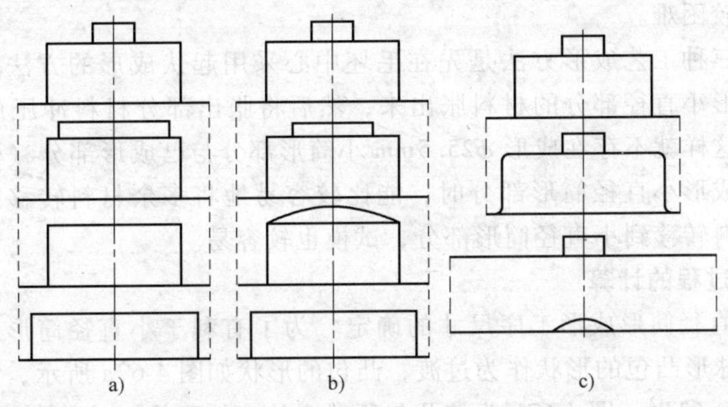

图 4-66　筒形件拉深毛坯的成形工艺方法

a）工艺方法一　b）工艺方法二　c）工艺方法三

采用第一种工艺方法成形，则成形大直径 $\phi 87.5$mm（中线尺寸为 $\phi 89$mm）需两道工序，由表 10-31 得，拉深小直径部分的以后各次拉深系数分别为：

$m_3 = 0.79$，$m_4 = 0.82$，$m_5 = 0.84$

$d_3 = m_3 \times d_2 = 0.79 \times 89\text{mm} = 70.3\text{mm}$；

$d_4 = m_4 \times d_3 = 0.82 \times 70.3\text{mm} = 57.6\text{mm}$；

$d_5 = m_5 \times d_4 = 0.84 \times 57.6\text{mm} = 48.4\text{mm}$；

若设 $m_6 = m_7 = \cdots = 0.84$

$d_6 = m_6 \times d_5 = 0.84 \times 48.4\text{mm} = 40.7\text{mm}$；

$d_7 = m_7 \times d_6 = 0.84 \times 40.7\text{mm} = 34.2\text{mm}$；

$d_8 = m_8 \times d_7 = 0.84 \times 34.2\text{mm} = 28.7\text{mm}$；

$d_9 = m_9 \times d_8 = 0.84 \times 28.7\text{mm} = 24.1\text{mm}$；

即拉深大直径后，需经 8 次拉深才可能达到工件所要求的小直径值。况且经多次拉深后的零件会随着冷作硬化的加强而不断增大，如不加退火处理中间工序，实际拉深工序还要多。由此可见，该方案的最大缺点就是工序数太多。

采用第二种工艺方法成形，则经过两次拉深后就已经完成了大直径部分的成形。成形小直径部分的材料以凸包形式储存在 ϕ89mm 筒形的底部，使该部分材料的表面积等于成形小直径筒形件的材料表面积。由于这部分材料比较多地集中于 ϕ89mm 筒形的底部，所以，以后拉深需要转移的材料比普通的拉深要少，因此，后道拉深时的拉深系数可比普通拉深系数小得多，可达 0.35 ~ 0.40 左右，故将其拉深为 ϕ25.5mm 直径圆筒只需 2 道工序。但该工艺方法有一个最大的缺点就是筒底部分的材料在成形 ϕ25.5mm 筒形时不能调整（因为该部分材料已被 ϕ89mm 筒形部分隔开，而 ϕ89mm 筒形部分在成形 ϕ25.5mm 小筒形部分时是强区，不能再发生变化），因此，对工序尺寸的计算要求较严格，且试模后若需改进则较困难。

采用第三种工艺成形方法是先在毛坯中心采用起伏成形的方法压出一个凸包来，将成形小直径部分的材料胀出来，然后将胀出部分材料冲压成 ϕ25.5mm 小筒形件。这样就不存在成形 ϕ25.5mm 小筒形部分与已成形部分（强区）隔开的情况，在成形小直径筒形部分时，能比较容易地将多余材料转移到毛坯或将毛坯部分材料转移到小直径筒形部分，试模也较容易。

3. 工艺过程的计算

（1）小直径筒形成形工序尺寸的确定　为了有利于小直径筒形的成形，先拉深一个带球形凸包的形状作为过渡，凸包的形状如图 4-67a 所示，该凸包的成形表面积为 $6.63R^2$。图 4-67b 为该凸包所对应的工件形状。

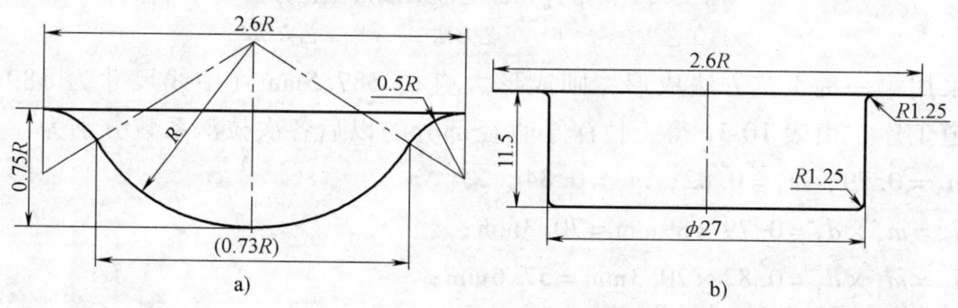

图 4-67　小直径筒形成形工序尺寸的确定

a）凸包的形状　b）凸包对应的工件形状

为使后续的拉深工序不至于产生过大的拉应力，在计算时，凸包的表面积按比工件对应的实际所需表面积多 10% 选取，即：

凸包部分面积 = 工件对应面积 × 110%

$$6.63R^2 = \frac{\pi}{4}[(2.6R)^2 + 4 \times 27 \times 11.5 - 3.44 \times 1.25 \times 27] \times 110\%$$

求得：$R = 34.87\text{mm}$。

由此，局部成形后的凸包部分直径为 $1.73R$，即 ϕ60.33mm。显然，如果是一般筒形件，从 ϕ60.33mm 拉到工件所需的 ϕ27mm，其后续拉深系数为 ϕ27/

ϕ60.33＝0.45，从表10-31中可查出，第二次拉深的极限拉深系数为0.76，还需要进行多次拉深。由于板料已经基本拉到小筒中间，后道拉深的实质相当于是对凸包进行整形，因此，能一次成形。考虑到从凸包部分压成工件所需的形状仍有一小部分材料需要流动，故后道拉深时要适当取较大的凹模圆角半径和凸模圆角半径，工件的最终要求通过整形来达到。

（2）大直径部分的拉深工艺计算　由于小直径部分的形状是由材料变薄后局部成形的，因此，不会影响毛坯尺寸的大小（但当毛坯直径与胀形凸模直径之比小于4时，有拉深变形，会影响毛坯尺寸），因此，大直径部分的拉深可看作是由毛坯拉成的不带小直径部分的带凸缘大直径筒形件的拉深。

根据带凸缘筒形件的拉深工艺计算方法，可算出大筒形件的拉深工序尺寸。

4. 确定工艺方案　在拉深成形工艺方案确定后，其他部分的冲压工艺方案便可确定。为了保证大筒形内壁 $\phi 87.5^{+0.054}_{0}$mm、小筒形内壁 $\phi 25.5^{+0.2}_{0}$mm 和小筒形处 R0.5mm 过渡圆角的要求，在拉深成形结束后安排一次整形工序。整形工序以后安排凸缘部分的切边。加工工艺方案如图4-68所示。

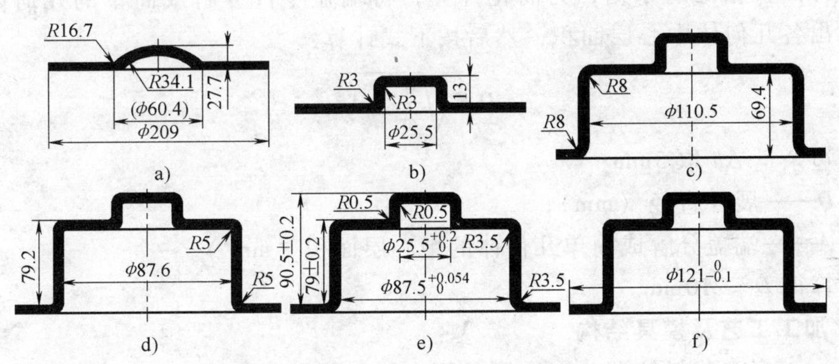

图4-68　加工工艺方案

a）落料鼓包　b）拉深小圆筒　c）第一次拉深大圆筒　d）第二次拉深大圆筒　e）整形　f）切边

5. 本例设计总结　本零件的加工难点主要在于 ϕ87.5mm 和 ϕ25.5mm 两直径相差悬殊的阶梯圆筒形的拉深工艺安排。本例采用从里（小直径）向外（大直径）拉深法，即先在毛坯中心采用起伏成形的方法压出一个凸包来，将小圆筒部分的材料先胀出来。在小直径部分成形好后，大直径部分的拉深可以看作是用毛坯直接拉成不带小直径筒体的带凸缘筒形件，按带凸缘筒形件方法拉成。这是加工两直径相差悬殊的阶梯拉深件的一种加工工艺。

4.4.3　端盖拉深工艺及模具设计

1. 零件结构　图4-69所示为某微电机的端盖，采用1.5mm厚的08F冷轧钢板制成，其精度要求较高，要求轴承室公差为0.02mm，定子室公差为

0.054mm，零件表面不允许产生划痕、划伤。

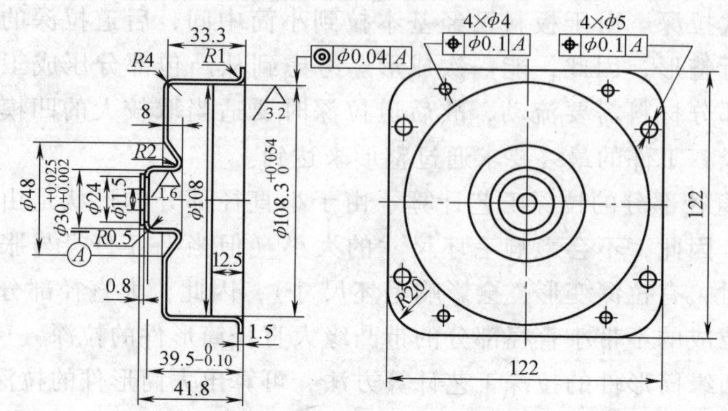

图 4-69　微电机端盖零件结构简图

2. 毛坯尺寸计算　该端盖属带中心凹部的阶梯拉深件。为制订合理的加工工艺方案，须确定其拉深次数，为此，首先必确定零件的毛坯尺寸。根据变形前后零件面积相等的原则，为简化计算，将端盖零件分解成简单的几何体，并分别求出各几何体中心层面积，然后按下式计算：

$$D=\sqrt{\frac{4}{\pi}\sum A}$$

修边余量 Δh 取 5mm

式中　D——展开直径（mm）；

A——端盖分解成简单几何体的中心层面积（mm^2）。

计算得 $D=210$mm

3. 加工工艺及模具结构

（1）工序 1 落料拉深　工序图见图 4-70。零件头部加工成圆滑的凸部，以作为第二道反拉深中心凹部工序的预成形。预成形量按照与第二次拉深的表面积相等原则计算。预成形过少易产生破裂，过大易在 B 面留下环状凸凹皱纹，并在校正工序中难以除去，影响工件的外观质量。拉深凸、凹模之间单边间隙取 1.5mm（$1.0t$），表面粗糙度均为 $R_a0.8\mu m$，尺寸精度分别按 IT8 和 IT7 制造。

（2）工序 2 二次拉深　工序图见图 4-71。

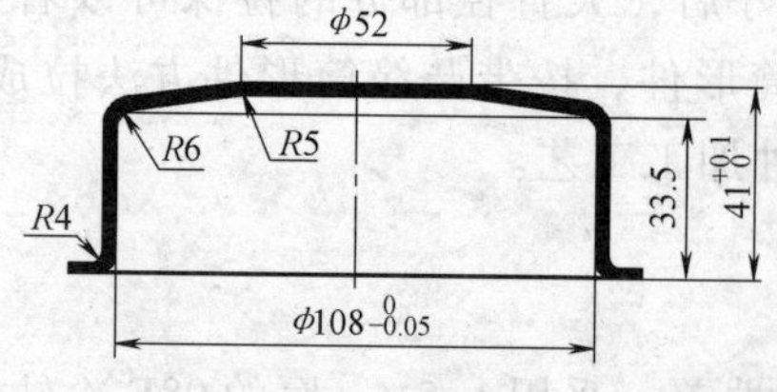

图 4-70　落料拉深工序简图

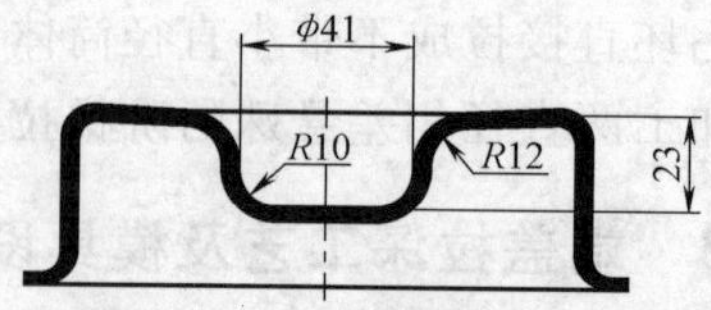

图 4-71　二次拉深工序简图

模具结构见图 4-72。由于凹部较深，所以采用反拉深完成。拉深深度根据实际需要调整。顶件力不能太大，调整到刚能顶出零件即可。凸、凹模间的单边间隙取 1.65mm（1.1t）。

（3）工序 3 三次拉深　工序图见图 4-73。

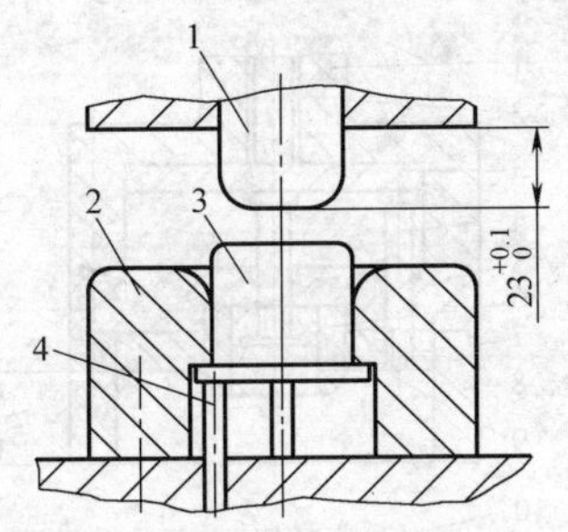

图 4-72　端盖二次拉深模具结构简图
1—凸模　2—凹模　3—顶件器　4—顶杆

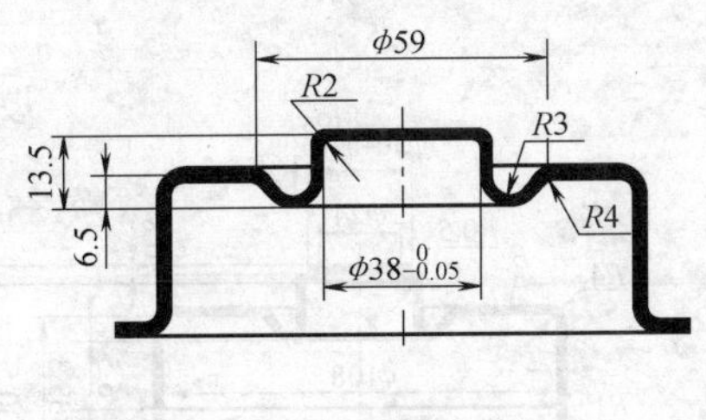

图 4-73　三次拉深工序简图

模具结构见图 4-74。本工序主要是将中心凹部拉成 ϕ38mm、深 15mm 的圆筒体，凸、凹模间的单边间隙为 1.545mm（1.03t），尺寸精度分别按 IT7 和 IT8 制造，表面粗糙度均为 R_a0.8μm。

（4）工序 4 四次拉深　工序图见图 4-75。本工序主要是将中心凹部拉成接近成品形状，凸、凹模间的单边间隙取 1.35mm（0.9t），尺寸精度分别按 IT7 和 IT6 制造，表面粗糙度均为 R_a0.8μm。

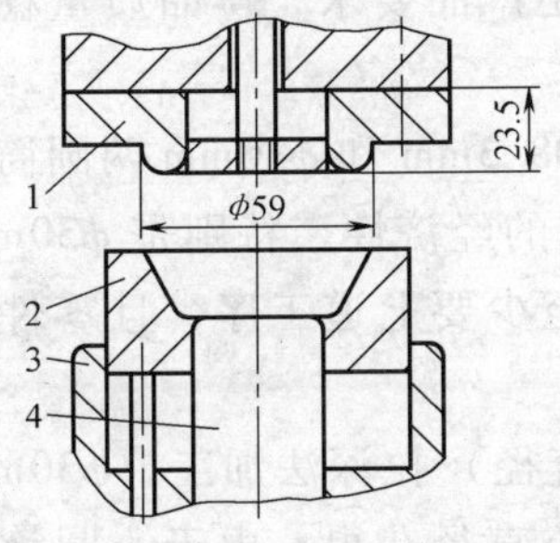

图 4-74　端盖三次拉深模具结构简图
1—凹模　2—卸件器　3—定位块　4—凸模

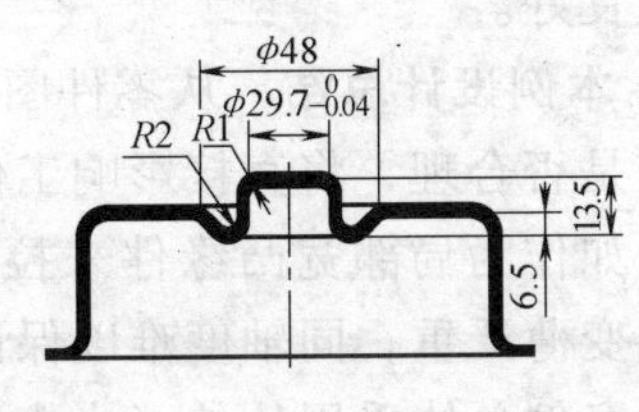

图 4-75　四次拉深工序简图

（5）工序 5 校正整形　工序图见图 4-76。

模具结构如图 4-77。

本工序是决定成形零件精度的关键，对模具精度要求较高，在确定间隙时应考虑板料的变薄，上、下模闭合高度的确定也要考虑工件各处材料厚度的变化，在结构上要考虑零件受力均匀，卸件方便。本工序轴承室凸、凹模之间单边间隙 $Z/2$ = 1.2mm（0.8t），定子室凸、凹模间单边间隙取 1.35mm（0.9t）。

轴承室凸模和凹模尺寸精度分别按 IT6 和 IT5 制造。表面粗糙度均为 R_a0. 8μm。定子室凸模和凹模尺寸精度分别按 IT6 和 IT7 制造。表面粗糙度均为 R_a0. 8μm。在模具安装时应保证间隙均匀。由于整形模的凸模磨损较快，应选用硬度高、耐磨性好的材料，如 Cr12 等。

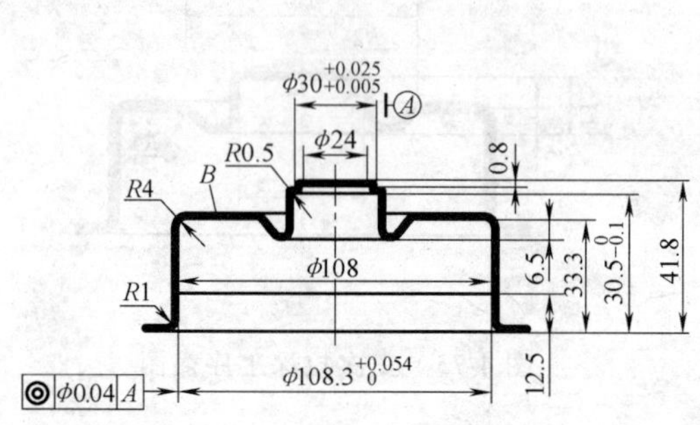

图 4-76　校正整形工序简图

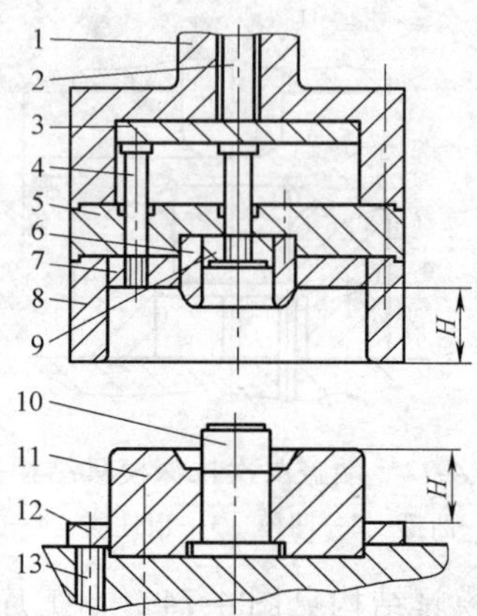

图 4-77　校正整形模具结构简图

1—模柄　2—卸料杆　3—推板　4—卸件螺钉　5—垫板　6—凸凹模　7—上卸件器　8—凹模　9—模芯　10—凸模　11—定子室凸模　12—下卸件器　13—顶杆

4. 使用效果　该零件生产工艺及模具能满足产品要求，产品质量稳定，经济效益良好。

5. 本例设计总结　从零件图中不难看出 ϕ108. 3mm 和 ϕ30mm 两圆筒形的工艺安排是否合理，将直接影响工件的质量和工艺的经济性。特别是 ϕ30mm 中心凹部，如作为局部宽凸缘件来拉深成形的话，至少要七道工序，且零件变形部位材料变薄严重，同轴度难以保证。

本案例总体采用从外（大直径）向里（小直径）拉深法加工，ϕ30mm 小圆筒采用预成形过渡形状储存材料后，经逐步减小直径获得，由于小圆筒与大筒尺寸精度及同心度要求高，为保证零件质量，缩短工艺流程。生产中，在 2、3 工序采用了两次反拉深，一是工件结构上的要求；二是反拉深可以提高材料抗失稳的能力，防止产生起皱现象，提高工件的表面质量。因多次拉深时，在工件 B 面易留下环状凸凹皱纹，无法通过整形工序去除。

经过两次反拉深，使零件预成形，这样不仅满足了工件结构形状的要求，也使材料的抗失稳能力提高，防止出现皱折现象，保证工件的使用要求。对 ϕ108. 3mm 和 ϕ30mm 两尺寸的筒形部分采用校正整形工艺，在一套模具中进行少量的变薄成形加整形的复合加工工艺方法，以减少回弹来达到尺寸精度和表面粗糙度要求。

4.4.4 后壳体的加工工艺及模具设计

1. 零件结构 图4-78所示为真空助力器的后壳体，采用2mm厚的08F冷轧钢板制成。该零件底部基本上是边为115mm×115mm高14mm的长形棱台，四角是宽40mm的斜面，大端口部还有一圈*R*1.5mm的肋。

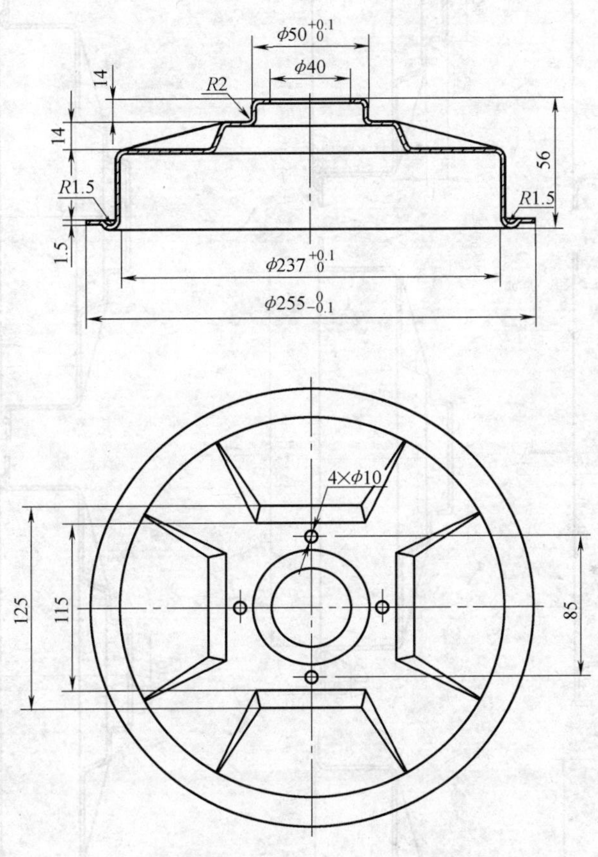

图4-78 后壳体结构简图

2. 加工工艺分析 从零件图上不难看出ϕ237mm和ϕ50mm两圆筒形的工艺安排是否合理，将直接影响到工件的质量和工艺的经济性。特别是ϕ50mm凸台，如作为宽凸缘件来拉深的话，至少需要4道工序。如作为局部拉深工艺加工，则由于变形部位材料严重变薄，质量难以保证。

为充分缩短工艺流程，保证产品质量，决定采用面积储存法进行局部拉深。加工工艺方案如图4-79所示，即：落料拉深→一次局部拉深→二次局部拉深→压方→压肋→整形→切边→冲孔。

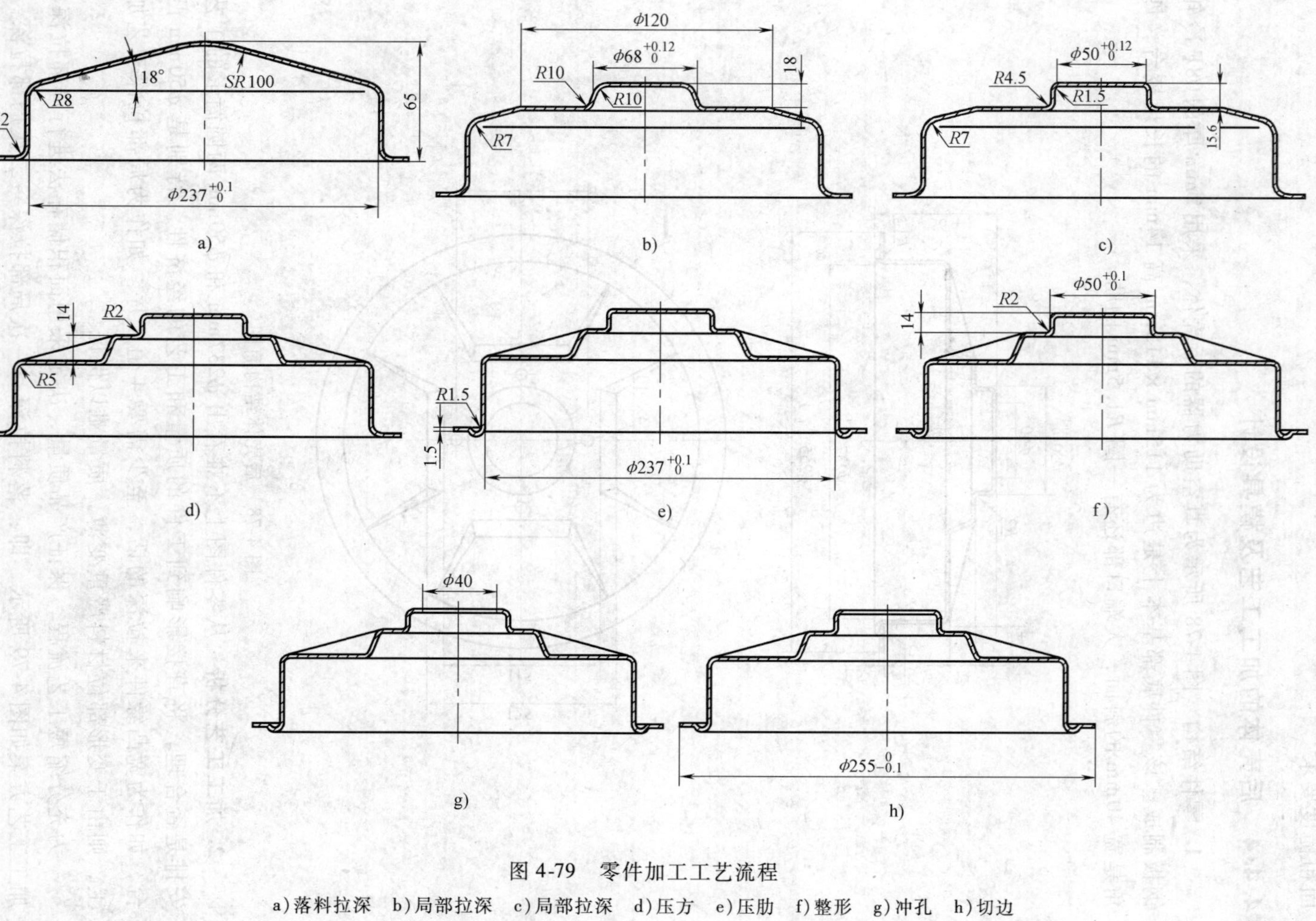

图 4-79　零件加工工艺流程

a)落料拉深　b)局部拉深　c)局部拉深　d)压方　e)压肋　f)整形　g)冲孔　h)切边

3. 各加工工序及模具特点

（1）工序1落料拉深　本工序将ϕ50mm深14mm的圆柱形凸台面积储存在SR100mm的球面中，这对下道局部拉深工序非常有利，它相对于同类宽凸缘件的拉深工艺可少一道工序，并保证质量。该工序凸、凹模之间的单面间隙取$Z/2=t=2$mm。模具结构见图4-80。

（2）工序2一次局部拉深　模具结构见图4-81，凸、凹模的单边间隙取$Z/2=1.1t=2.2$mm，拉深高度可根据实际工艺需要作适当调整。工序中的压边力不能太大，将压边力调整到刚好能使压边块顶出工件即可，这样有利于拉深变形。

（3）工序3二次局部拉深　采用的模具结构与图4-81类似。在本工序中直径方向达到了图样要求，但口部圆角半径难以达到R2mm。为保证零件质量，采用了一道整形工序，并将该工序放在压方、压肋工序之后，因为在压方工序中零件变形较大，使ϕ50mm的圆柱形凸台产生较大的圆柱度误差。但通过整形以后，口部圆角半径、圆柱高度都达到了图样要求，圆柱度误差也可得到消除。本工序中，凸、凹模间的单边间隙取$Z/2=t=2$mm，压边块的压边力调到最低值。

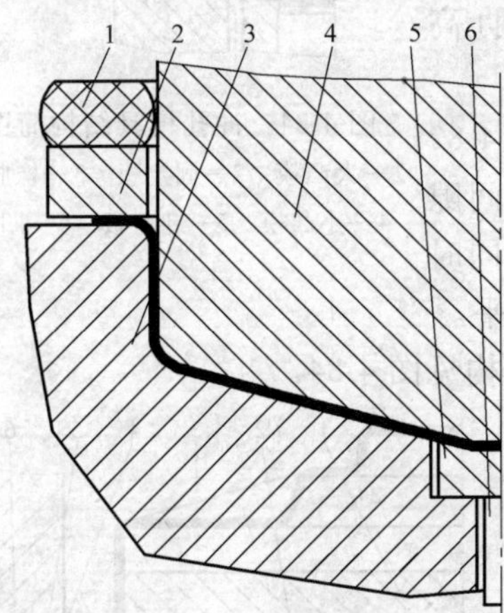

图4-80　落料拉深模具结构简图

1—橡胶块　2—压边圈　3—拉深凹模　4—拉深凸模　5—顶料块　6—顶杆

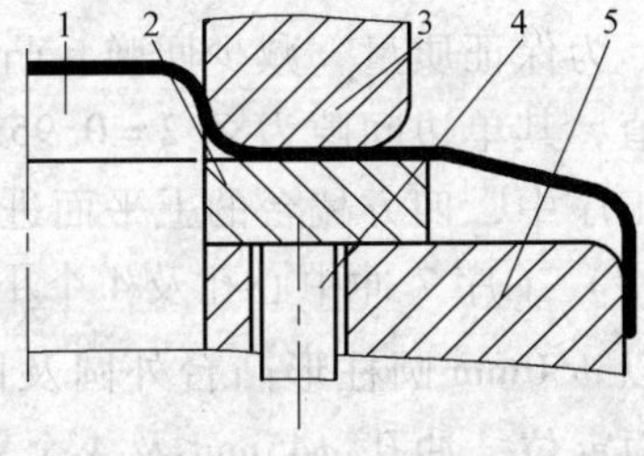

图4-81　一次局部拉深模具结构简图

1—拉深凸模　2—卸料块　3—拉深凹模　4—顶杆　5—定位块

（4）工序4压方　模具结构见图4-82，该工序重点保证尺寸14mm及相应两平面的平面度。为保证零件质量，在模具设计与制造时，对于尺寸14mm，凸、凹模都做成一致，而对于内腔尺寸，凸、凹模之间的单边间隙取$Z/2=1.2t=2.4$mm，因尺寸115mm及125mm属形状尺寸，取较大间隙值有利于成形。

（5）工序5压肋　模具结构见图4-83。

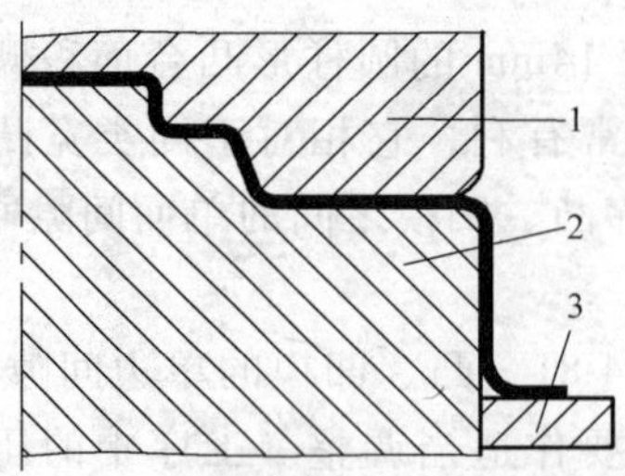

图 4-82 压方模具结构简图

1—凹模 2—凸模 3—卸料板

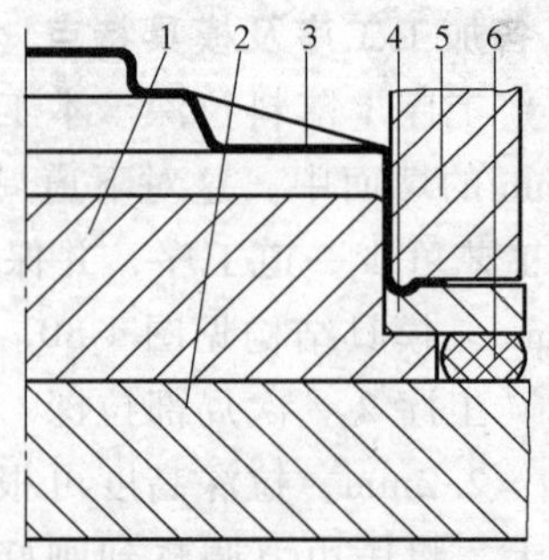

图 4-83 压肋模具结构简图

1—定位块 2—下模板 3—零件

4—成形凹模 5—成形凸模 6—橡胶块

本工序重点保证尺寸 $\phi237$mm，深度尺寸 26mm，肋 $R1.5$mm，在压肋过程中，零件相当于又经过了一道拉深整形工序。为减少回弹变形，定位块与凸模间的间隙取负值，其单边间隙为 $Z/2=0.95t=1.9$mm。为保证肋高尺寸 1.5mm 及减少变形抗力，将凹模槽深设计成 2mm，大于肋高 1.5mm。

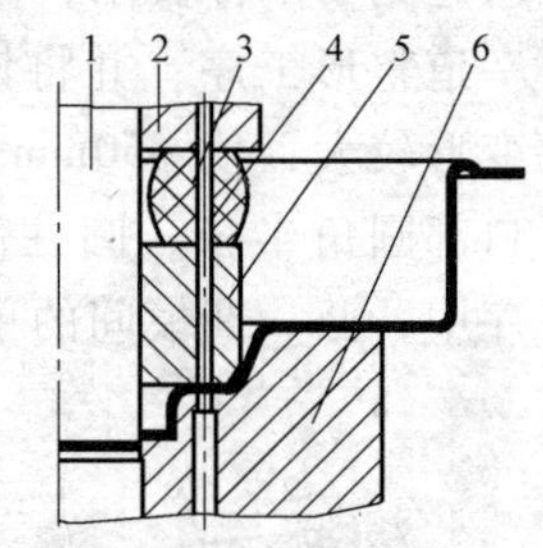

图 4-84 冲孔模具结构简图

1—大凸模 2—固定板 3—橡胶块

4—小凸模 5—卸料板 6—凹模

（6）工序 6 整形　采用的模具结构与图 4-82 类似。为保证质量，减少回弹，凸、凹模间的间隙取负值，其单边间隙为 $Z/2=0.95t=1.9$mm。同时在该工序中，四方棱台的上平面进一步得到校平。

（7）工序 7 冲中心孔及 4 个小孔　模具结构见图 4-84。

以 $\phi50$mm 圆柱形凸台外圆及四棱台的两个侧面定位，冲孔 $\phi45$mm 及 4 个 $\phi10$mm，虽然这两组孔不在同一平面上，但由于经过工序 6 的整形，两平面间的距离 14mm 已得到保证。两组孔的凹模设计成一体，以保证凸、凹模的间隙均匀。工作面间的距离 14mm 做成与零件实际高度一致，不许超差，使工件的冲切面与凹模工作面很好吻合，以消除过定位产生的不良影响。为减少冲裁力，设计成两组孔分开冲裁。为减少毛刺，选择单边间隙值 $Z/2=0.16$mm。

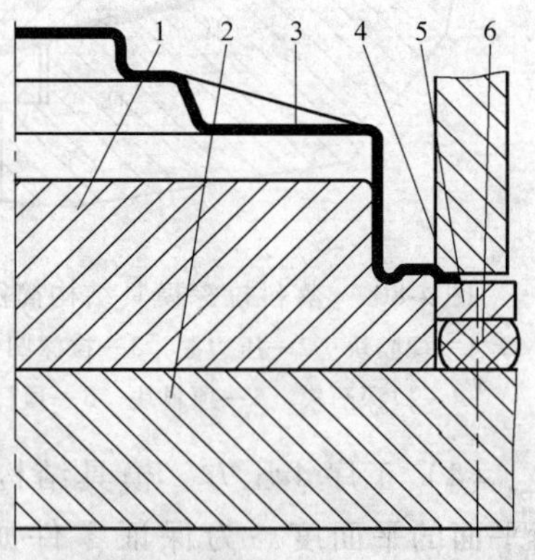

图 4-85 切边模具结构简图

1—切边凸模 2—下模板 3—零件

4—切边凹模 5—卸料块 6—橡胶块

（8）工序 8 切边　模具结构见图 4-85。

为保证切边质量，减少毛刺，凸、凹模都选用优质合金钢 Cr12MoV，在模具制造和装配过程中，尽可能提高凸、凹模的配合精度和表面粗糙度。凸、凹模间的单边间隙取 $Z/2=0.16$mm，因合理的间隙值对保证切断端面的质量至关重要。

4. 使用效果 上述工艺及模具，经多年的批量生产，产品质量稳定、可靠。

5. 本例设计总结 该零件初看较为复杂，仔细分析其结构，可将其划分为阶梯形圆筒复合局部压方、压肋、冲孔工序的复合件。整个零件的加工难点在于阶梯形圆筒件的拉深，主要在 ϕ237mm 和 ϕ50mm 两圆筒形的工艺安排，属于两阶梯相差悬殊的拉深件。本案例采用了从外（大直径）向里（小直径）拉深法，对 ϕ50mm 小圆筒采用先拉深成球形过渡形状，然后再像宽凸缘零件的拉深方法那样逐渐拉制出小直径的部分。一般多采用在缩小直径的同时增加高度的方法。对小圆筒部分采用在先拉深大直径圆筒时将小圆筒拉深成过渡形状（一般多为球形），过渡形状的面积采用等面积储存法完成。

4.4.5 电动机盖成形工艺及模具设计

1. 零件结构 图 4-86 为某电动机盖零件结构。电动机盖采用 1.5mm 厚的 08F 冷轧钢板制成。由于零件使用的需要，需成形 $SR10$mm 的小鼓包，所有表面要求平滑，不得有影响外观质量的划伤、擦痕等缺陷。

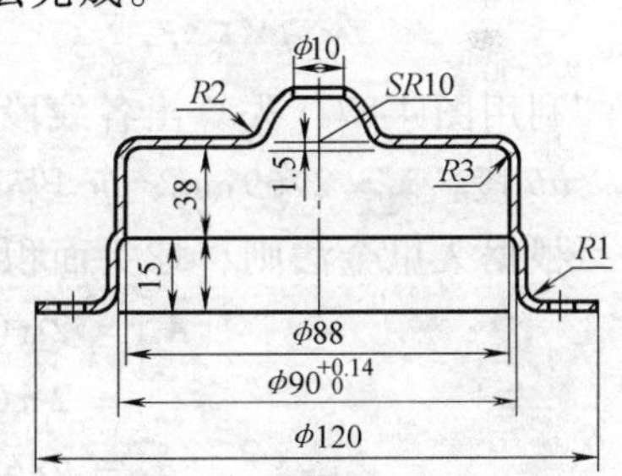

图 4-86 电动机盖零件结构简图

2. 加工工艺分析 该零件属有凸缘带中心局部凸起的回转体拉深件。选取适当的修边余量，再将零件分成几段简单的回转体，并分别求出各回转体表面中性层的面积。根据拉深前后零件面积相等的原则，可计算出零件的毛坯尺寸为 ϕ170mm。

由零件图可知，直径 ϕ88mm 与 ϕ90mm 之间阶梯较小，经计算可以一次拉深成形。零件总的拉深系数 $m=0.52$。根据表 10-29 可知，首次极限拉深系数 $m_1=0.53$。由于 $m \approx m_1$。且 08F 具有比 10 钢更好的塑性，因此阶梯形圆筒主体部分可一次拉深完成。

零件的加工难点在于球头部分的成形。若球头部分采用直接局部成形工艺，根据塑性变形理论，材料的变形量不应超过其许用变形程度，利用图 4-87 可计算出局部成形时的变形程度。

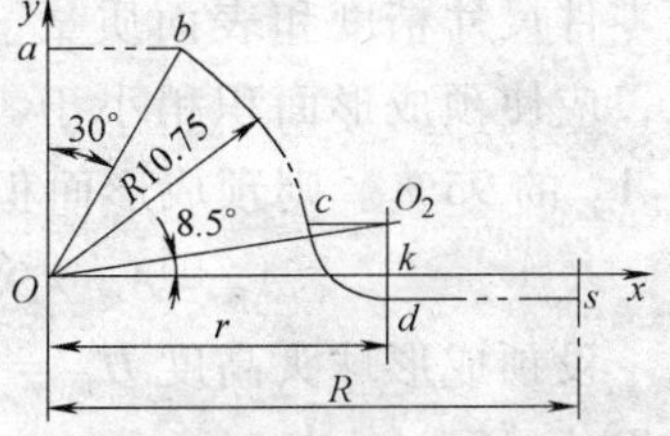

图 4-87 球面中性层尺寸分析

经分析，图中各线段长度计算如下：

ab 段：$l_1=5.38$mm

bc 段：$l_2=9.66$mm

cd 段：$l_3 = 3.91\text{mm}$

ok 段：$l_4 = 13.35\text{mm}$

球头直接局部成形时的变形程度为

$$\delta_{实} = \frac{2(l_1 + l_2 + l_3) - 2r}{2r} \times 100\%$$

$$= \frac{2(5.38 + 9.66 + 3.91) - 2 \times 13.35}{2 \times 13.35} \times 100\%$$

$$= 42\%$$

根据资料，08F 材料的最大变形程度 $\delta = 30\%$，其许用变形程度 $[\delta_{许}] = 22.5\%$。

由于 $\delta_{实} > [\delta_{许}]$，故球头部分不能直接成形。只能先预成形一个较大的球头，再收缩成一个小的球头。假设预成形变形区的尺寸扩大到图 4-87 中所示的 *S* 点位置，则 *S* 点的横坐标值 *R* 应等于球头部分的展开毛坯半径，*R* 值求解如下。

利用图 4-87，先算出各线段重心横坐标。

ab 段：$x_1 = 2.69\text{mm}$；*bc* 段：$x_2 = 8.59\text{mm}$；*cd* 段：$x_3 = 11.71\text{mm}$。

根据久里金法则，球头面积 $A_{球} = 2\pi \sum lx$，故可得

$$A_{球} = 2\pi(l_1x_1 + l_2x_2 + l_3x_3)$$

$$= 2\pi(5.28 \times 2.69 + 9.66 \times 8.59 + 3.91 \times 11.7)$$

$$= 286.4\pi\text{mm}^2$$

又根据面积相等原则 $A_{球} = \pi R^2$，有

$$R = \sqrt{\frac{A_{球}}{\pi}} = \sqrt{\frac{286.4\pi}{\pi}} = 17\text{mm}$$

则预成形变形区的面积应为

$$A_{变} = A_{球} + \pi(R^2 - r^2)$$

$$= 286.4\pi + \pi(17^2 - 13.35^2)$$

$$= 397.2\pi\text{mm}^2$$

考虑到球头部分成形实际上是拉深与胀形部分两种变形方式的叠加，为保证零件尺寸精度和表面质量，在球头最后一道工序里应有一定的胀形成分。为此，应使预成形面积稍小于零件实际变形区的面积。根据资料，取预成形面积为 $A_{变}$ 的 95%。则预成形面积为

$$A_{预} = A_{变} \times 95\% = 397.2\pi \times 95\% = 377.3\pi\text{mm}^2$$

设预成形球头高度 $H_{预} = 10\text{mm}$，利用球头面积计算公式可得预成形球头半径 $R_{预} = 19\text{mm}$。

为保证最后球头部分成形质量与模具结构的合理性，预成形球面应向内凹

进，使最后球头部分呈反向拉深成形。

3. 工艺方案的确定 根据上述分析计算，该零件的关键工序是拉深及球头部分的预成形复合在1副模具上完成。另外，圆角半径凸缘部分 $R1$mm 和球头部分 $R2$mm 均较小，应通过整形获得。整形模凸、凹模之间单面间隙应小于料厚。

零件的工艺方案确定为：落料→拉深（球头预成形）→反拉深（球头成形）→冲孔→整形→切边

4. 模具结构

1）工序2拉深（球头预成形）模结构如图4-88所示。

2）工序3反拉深（球头成形）模结构如图4-89所示。

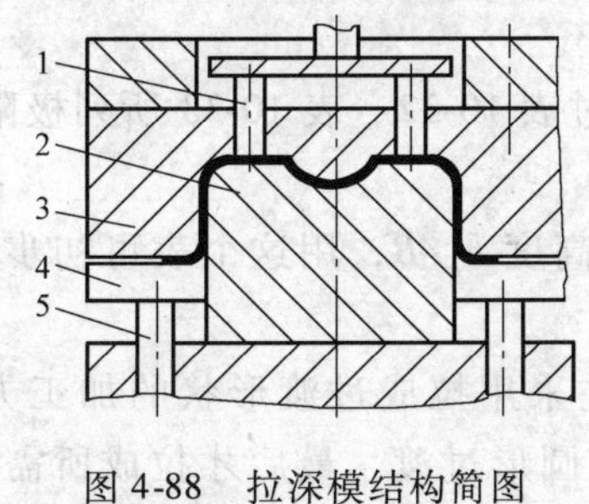

图4-88 拉深模结构简图
1—推板 2—凸模 3—凹模
4—压料板 5—顶杆

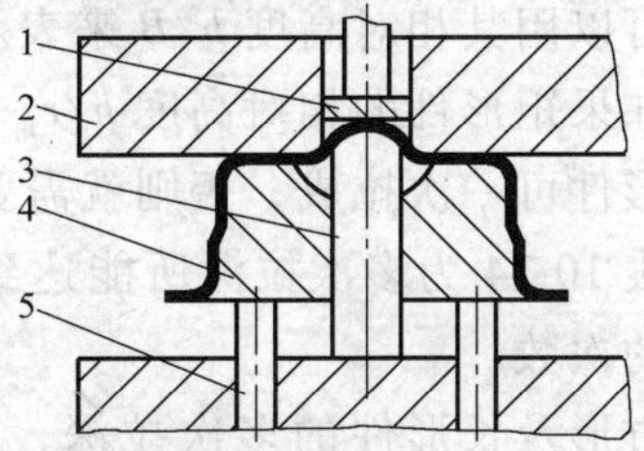

图4-89 反拉深模结构简图
1—推板 2—凹模 3—凸模
4—顶件器 5—顶杆

5. 效果 模具设计、制造后，加工的零件满足产品要求。

6. 本例设计总结 本零件的加工难点主要在于 $\phi88$ 和 $SR10$ 两直径相差悬殊的阶梯圆筒形的拉深工艺安排，而制定工艺方案的关键是球头部分的预成形设计与分析。

本案例采用了从外（大直径）向里（小直径）拉深法。考虑到成形球头易产生失稳，$SR10$mm 球头成形制定工艺方案时采用了反拉深加工工艺。由于08F料的拉深性能较好，本例在求解球头预成形形状的面积时，特意使 $SR10$mm 球头预成形形状的面积为零件实际面积的95%，以增大末次球头成形中的胀形成分，从而保证其尺寸精度及表面质量。

4.5 矩形件拉深模案例剖析

4.5.1 矩形件拉深加工工艺及模具结构分析

1. 矩形件的拉深方法

矩形件初次拉深时，圆角部分侧壁内的拉应力大于直壁部分。因此，其极限变形程度要受到圆角部分侧壁强度的限制。但是，由于直边部分对圆角部分拉深变形的减轻作用和带动作用，使圆角部分危险断面的拉应力有不同程度的降低。因此，矩形件的第一次拉深时可能成形的极限高度要大于圆筒形零件。零件的变形程度可用其相对高度 $H/r_{角}$ 来表示。由平板毛坯一次拉深可能拉成的最大相对高度决定于矩形件的相对圆角半径 $r_{角}/B$、毛坯相对厚度 t/D 和板料的性能，见表 10-32。H 为考虑 h 的修边余量后的矩形件毛坯高度，修边余量参见表 10-22 确定。

由于矩形件在同样的 $r_{角}$ 下，相对高度 H/B 愈大，圆角部分的拉深变形就愈大，即多余三角形材料要挤出去的多，则直边部分也必定会多变形一些，所以直边部分对圆角部分的影响也就较大，因此，矩形件第一次拉深的极限变形程度还可以用其相对高度 h/B 来表示，见表 10-33。

如果矩形件的相对高度 $h/r_{角}$ 或 H/B 不超过表 10-32、表 10-33 所列极限值，则矩形件可一次拉成，否则就需要多道工序。

表 10-34 为多次拉深所能达到的最大相对高度 h_n/B，用这个表可初步判断拉深的次数。

方形及长形件的多次拉深，其前几次往往采用拉成过渡形状的加工方法，一般方形件用圆形过渡，长形件用长圆形或椭圆形过渡，最后才拉成所需要的形状。拉深的半成品形状及尺寸分别如图 4-90a、图 4-90b 所示。

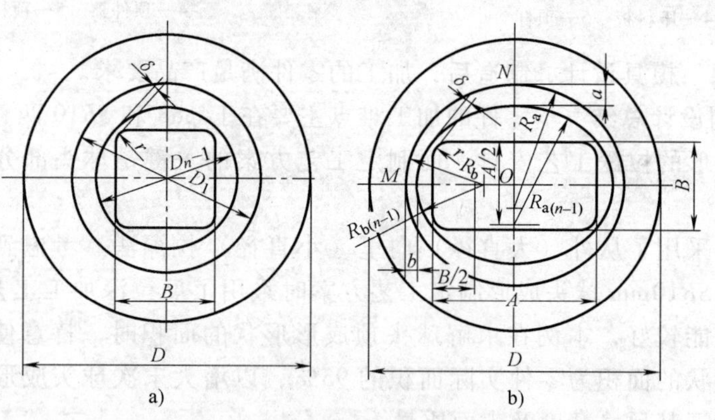

图 4-90　矩形件多次拉深的半成品形状及尺寸

a）方形件　b）长形件

（1）方形件多次拉深的计算　方形件的拉深计算是采用由（$n-1$）道工序，即倒数第二道工序开始，由里向外进行计算，其中第（$n-1$）道工序的半成品尺寸 D_{n-1} 为

$$D_{n-1}=1.41B-0.82r_{角}+2\delta$$

式中　D_{n-1}——（$n-1$）道拉深工序所得圆筒形件半成品的内径；

B——方形件的宽度（按内表面计算）；

$r_{角}$——方形件角部的内圆角半径；

δ——由（$n-1$）道拉深后半成品圆角内表面到最后拉深成方形件内表面之间的距离，称为角部壁间的距离，简称壁间距，如图4-90a所示。

壁间距δ直接影响到毛坯变形区拉深变形程度的大小和分布的均匀程度，一般均匀变形程度的角部壁间的距离δ可按$\delta=(0.2\sim0.25)r_{角}$确定。

其他各道工序可参照圆筒形零件的拉深方法，相当于直径D的平板毛坯拉深成直径为D_{n-1}、高度为h_{n-1}的圆筒形零件。

（2）长形件多次拉深的计算　长形件的拉深计算与方形件的拉深计算相似，也是采用由（$n-1$）道拉深工序开始，由里向外计算，中间各道工序都拉成椭圆形或长圆形的半成品，其中第（$n-1$）道拉深工序是一个椭圆形半成品，其半径用下式计算：

$$R_{a(n-1)}=0.705A-0.41r_{角}+\delta$$

$$R_{b(n-1)}=0.705B-0.41r_{角}+\delta$$

式中　$R_{a(n-1)}$与$R_{b(n-1)}$——分别为（$n-1$）道拉深工序所得椭圆形半成品在长轴和短轴方向上的曲率半径；

A与B——分别为长形件的长度和宽度；

$r_{角}$——长形件角部的内圆角半径；

δ——角部壁间的距离，同样可取$\delta=(0.2\sim0.25)r_{角}$，如图4-90b所示。

（$n-1$）道拉深工序所得椭圆形半成品的长轴和短轴分别为：

$$长轴=2R_{b(n-1)}+A-B$$

$$短轴=2R_{a(n-1)}-A+B$$

得到（$n-1$）道工序的半成品形状和尺寸后，即可进行（$n-2$）道工序的计算，第（$n-2$）道工序仍然是一个椭圆形半成品。为了控制从（$n-2$）道工序拉深至（$n-1$）道工序的变形程度，应保证：

$$\frac{R_{a(n-1)}}{R_{a(n-1)}+a}=\frac{R_{b(n-1)}}{R_{b(n-1)}+b}=0.75\sim0.85$$

即

$$a=(0.18\sim0.33)R_{a(n-1)}$$

$$b=(0.18\sim0.33)R_{b(n-1)}$$

a与b分别为椭圆形半成品之间长轴与短轴上的壁间距离。此时，通过相关的计算机绘图软件便可很方便的绘出所求的半成品椭圆图形。

也可按以下步骤通过作图求出，首先由a、b值找出图上的M、N点，如图4-90b所示，然后选定$R_{a(n-2)}$及$R_{b(n-2)}$，即图中的R_a和R_b，使其圆弧通过M、N

点，并且又能圆滑连接。

应该指出的是，由于矩形件多次拉深的毛坯周边变形较复杂，因此，以上介绍的确定各中间工序半成品形状和尺寸的方法是相当近似的，若在试模调整过程中发现在圆角部分出现材料的堆聚或拉裂，可适当地减少或调整圆角部分的壁间距 δ。

2. 矩形件拉深毛坯展开尺寸的确定

矩形件拉深时，正确确定其毛坯形状和尺寸，不仅能够节省材料和得到口部平齐的零件，而且也有利于毛坯的变形以保证零件的质量。毛坯尺寸过大，会引起危险断面拉应力的无谓增加，对提高变形程度和减少工序不利；毛坯局部尺寸过大，会加剧毛坯周边变形分布的不均程度，造成变形困难，以致在变形过分集中的部位引起局部起皱。

矩形件毛坯的确定同样根据面积不变原则，另外还要根据矩形件拉深是沿周边的切向压缩与径向拉深变形不均匀的特点，对毛坯的形状与尺寸作一定的修正。以下按浅矩形件及深矩形件两类进行分析。

（1）浅矩形件　浅矩形件指能一次拉深完成，包括第一次为拉深，第二次为整形修整圆角的矩形件。

拉深毛坯展开件图作法

1）四角为直角（或圆角很小）的展开件图作法，见图 4-91。

①　当用简便的方法绘制矩形件角部展开外形时，盒壁两端尺寸：

$$A \approx a + 2h$$

$$B \approx b + 2h$$

②　当考虑底部圆角半径 r_0 时，毛坯尺寸的大小按下列公式确定：

$$A = a + 2(h - 0.43r_0)$$

$$B = b + 2(h - 0.43r_0)$$

作图法：①以外角顶点 O 为圆心，以半径 $r = h$（考虑底部圆角半径 r_0 时 $r = h - r_0$）划弧 NP，另以 O 为圆心，以半径 $R = 2h$（考虑底部圆角半径 r_0 时 $R = 2h - 0.86r_0$）划弧交内矩形两边于 O_1、O_2 点；②分别以 O_1、O_2 为圆心，以 r 为半径划弧与 O 为圆心的弧相切即可。

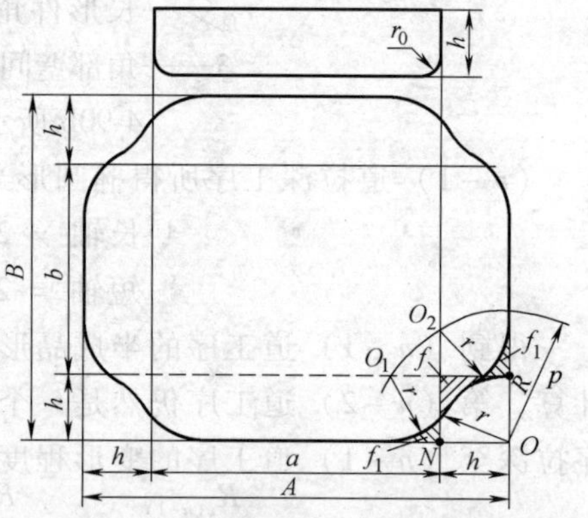

图 4-91　四角为直角的浅矩形件的毛坯展开示意图

由图可见切掉部分面积 f_1 之和等于增加部分面积 f 之值。

2）四角为圆角的展开件图作法，见图 4-92。

①　直边部分按弯曲变形计算，其展开长度 L 为

$$L = H + 0.57r_a$$

② 圆角部分按四分之一圆筒件拉深变形计算，展开的角部毛坯半径 R 为

当 $r_b = r_a = r$ 时，　$R = \sqrt{2rH}$

当 $r_b \neq r_a$ 时，　$R = \sqrt{r_b^2 + 2r_bH - 0.86r_a(r_b + 0.16r_a)}$

③ 平分 ab 线段，并从中点 c 向半径为 R 的圆弧作切线，再以 R 为半径作圆弧与直边和切线相切。

完成作图后的轮廓即为矩形件的展开料。由于圆角部分多余的材料（$+f$）被转移到侧壁上，补偿了毛料的切去部分（$-f$），既符合面积相等原则，也符合变形规律，因此，在生产中，若对零件的口部平齐性没有特殊要求，用这种方法确定的毛料外形在拉深后，一般不需要修边，便可以得到口部比较平齐的拉深件。

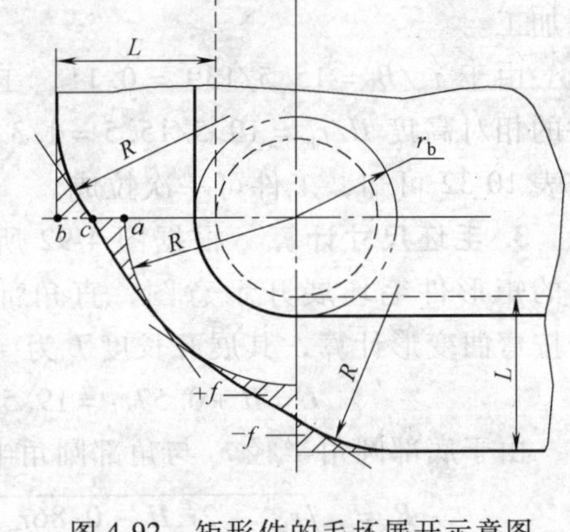

图 4-92　矩形件的毛坯展开示意图

（2）深矩形件毛坯展开尺寸的确定

1）方形件　方形件采用圆形毛坯，毛坯直径根据面积不变原则求出：

当 $r_b = r_a = r$ 时，　$D = 1.13\sqrt{B^2 + 4B(H - 0.43r) - 1.72r(H + 0.33r)}$

当 $r_b \neq r_a$，且 $r_b > r_a$ 时，

$$D = 1.13\sqrt{B^2 + 4B(H - 0.43r_a) - 1.72r_b(H + 0.5r_b) - 4r_a(0.11r_a - 0.18r_b)}$$

2）长形件　长形件可看成两侧半方形和中间直边组成，毛坯便成为长圆形毛坯，两边圆弧与中间长边的展开直线用相切弧线光滑过渡连接。

3. 矩形件拉深模结构

矩形件拉深模的结构与旋转体拉深件模具结构相类似。

当矩形件公差等级较高时，拉深模的单面间隙 Z 按（0.9 ~ 1.05）t（t 为壁厚）取值；当矩形件公差等级要求不高时，单面间隙 Z 按（1.1 ~ 1.3）t 取值。

考虑到角部金属的变形量最大，在确定最后一次的拉深间隙时，应将角部间隙比直边部分的间隙增大 $0.1t$。如果工件要求内径尺寸，则此增大值由修正凹模得到；如果工件要求外径尺寸，则此增大值由修正凸模得到。

拉深凹模圆角半径按（4 ~ 10）t 选取。

4.5.2 矩形盒拉深加工工艺分析

1. 零件结构 图 4-93 所示的矩形盒，采用 1mm 厚的 20 钢制成，生产批量较大。

2. 工艺分析 该零件尺寸为自由公差，底部圆角半径 $r_a = 5 > t$，材料为 20 钢。零件的形状、尺寸公差适合拉深加工。

由于 $r_b/B = 15.5/139 = 0.11$，工件的相对高度 $H/r_b = 19.5/15.5 = 1.3$，按表 10-32 可知，工件可一次拉成。

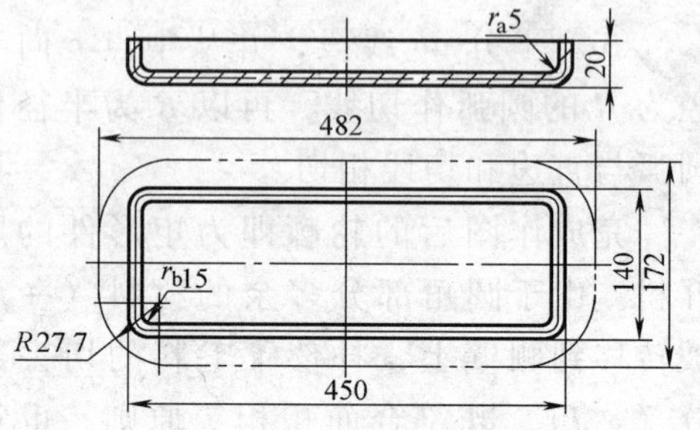

图 4-93 矩形盒零件结构

3. 毛坯尺寸计算 根据图 4-92 所示的矩形件毛坯展开示意图，直角部分按弯曲变形计算，其展开长度 L 为

$$L = H + 0.57r_a = 19.5 + 0.57 \times 5.5 = 22.64\text{mm}$$

由于底部圆角半径 r_a 与角部圆角半径 r_b 不相等，故展开的角部毛坯半径 R

$$\begin{aligned} R &= \sqrt{r_b^2 + 2r_bH - 0.86r_a(r_b + 0.16r_a)} \\ &= \sqrt{15.5^2 + 2 \times 15.5 \times 19.5 - 0.86 \times 5.5(15.5 + 0.16 \times 5.5)} \\ &= 27.7\text{mm} \end{aligned}$$

故总长 $L = A + 2L - 2(r_a + 0.5) = 449 + 2 \times 22.64 - 2 \times 6 = 482\text{mm}$

总宽 $K = B + 2L = 139 + 2 \times 22.64 = 172\text{mm}$

其毛坯如图 4-93 所示的双点划线。

4. 判断是否采用压边圈 主要考虑圆角部分，其拉深系数 $m = r_b/R = 15.5/27.7 = 0.6$，由于 $t/d_1 = 1/(2 \times 27.7) = 0.0181$，$0.045(1-m) = 0.018$，按第 10 章第 10.14 中公式知，$t/d_1 \geqslant 0.045(1-m)$，因此不需要加压边。

5. 模具设计 设计的模具结构如图 4-94 所示。

模具采用正装式结构，零件毛坯用四个定位钉定位，随着压力机滑块的下行，镶拼凸模 5 与镶拼凹模 12 共同作用将坯料压成矩形零件。随着压力机滑块的上升，推料板 8 将零件顶出凹模型腔。

6. 设计要点

1）凸、凹模采用镶拼结构，节省了模具钢材。

2）直边部分的拉深模单边间隙取 $1.05t$，圆角部分的单边间隙比直边部分大 $0.1t$，即为 $1.15t$。

7. 效果 设计的模具满足产品要求。

8. 本例设计总结 本案例是矩形模设计的通用模式，图示结构也是矩形模

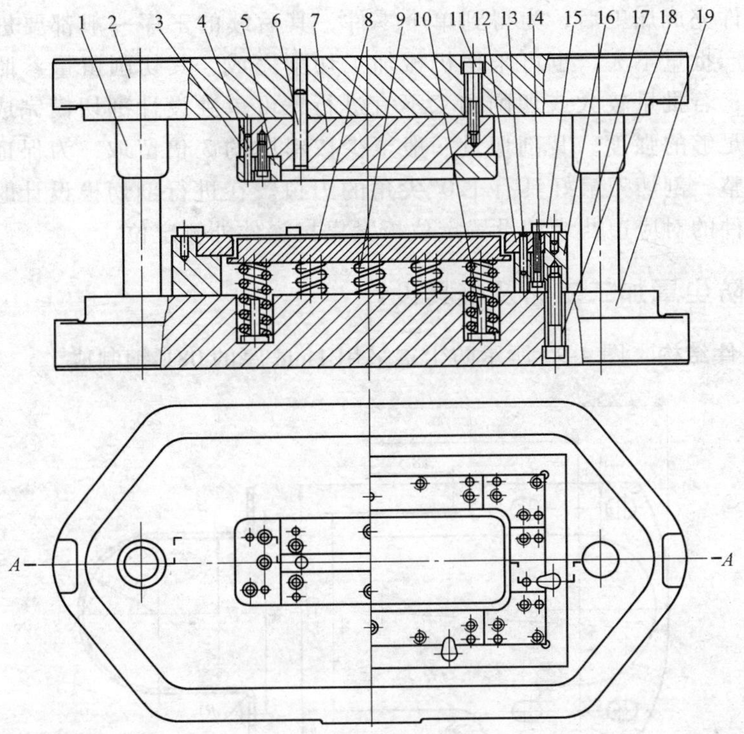

图 4-94　拉深模结构图

1—导套　2—上模座　3、6、13—圆柱销　4、11、14、18—螺钉　5—镶拼凸模　7—凸模固定板　8—推料板　9—弹簧　10—托簧圈　12—镶拼凹模　12—定位钉　16—凹模固定板　17—导柱　19—下模座

的典型结构。

4.6　不对称件拉深模案例剖析

4.6.1　不对称件的拉深加工工艺及模具结构分析

不对称件的拉深模结构尽管与普通旋转体拉深模类似，但其加工工艺方案的制定是保证零件质量，甚至是零件能否合格的关键。

对半敞开及不对称的拉深件，均宜采用将两个或几个合并成对称的形状一起拉深的加工工艺方案（详见 4.6.2）。若由于各种原因不便于合并，则在拉深模的设计中，需考虑到拉深过程零件可能发生的偏移等，并在模具结构中采取相应的措施。而对薄料且毛坯相对厚度较小的不对称、不封闭的拉深件，抵抗失稳的能力不足，在拉深过程中，即使采取一些防偏措施仍难以获得满意的效果，仍易使拉深筒壁在起拱弯曲后形成朝筒壁开口处的波浪式皱折。

合并件完成加工后，为得到单个零件，其后续的工序一般都要进行剖切加工。若生产批量不大，也可采用机械加工切削完成，其切削留量参照切削刀具规格进行；若批量较大或切削加工不宜进行，可单独设计剖切模完成。为保证切刀能有足够的强度，其剖切量一般至少按料厚的 3 倍留取，为保证效果，使剖切面平整，剖切刀最好具有 120°尖角的刃口。在进行剖切模设计时，应考虑采用拉深件的对应边凸缘和设置定位板紧靠拉深件外侧定位。

4.6.2 防尘罩加工工艺及模具设计

1. 零件结构 图 4-95 所示防尘罩采用 1mm 厚的 08F 钢制成。

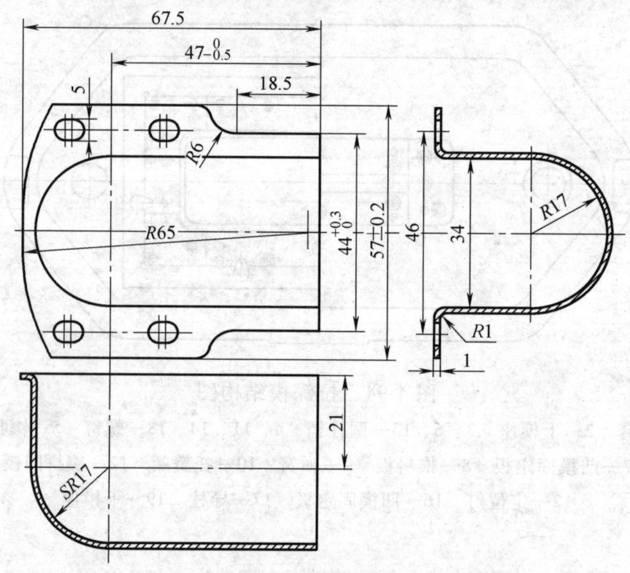

图 4-95 防尘罩结构简图

2. 工艺分析 该零件形状较复杂，由球形及弯曲件组成。它既不属于圆筒形或矩形件，也不属于球形件。由于拉深形状不对称，若直接拉深，由于受力的不均衡，球形部位的毛坯相对厚度 $(t/D)\times 100\approx 1$，成形时易起皱，因此，从工艺分析考虑，将两件组合起来拉深比较合理。

3. 模具结构及其特点 根据零件结构，将两个零件组合成图 4-96 所示结构进行拉深。图中 6mm 为剖切量。

整个零件的加工工艺为：落料→拉深→切零件端面外形→剖切成零件。

图 4-97 为组合后的工序件拉深模结构简图。

模具单面间隙为 1.05 ~ 1.1mm，拉深凹模圆角半径为 *R*4mm，利用压力机气缸压料、卸料。拉制的制件表面光滑，无起皱、拉毛等现象。

图 4-98 组合采用的剖切模，采用有废料剖切。

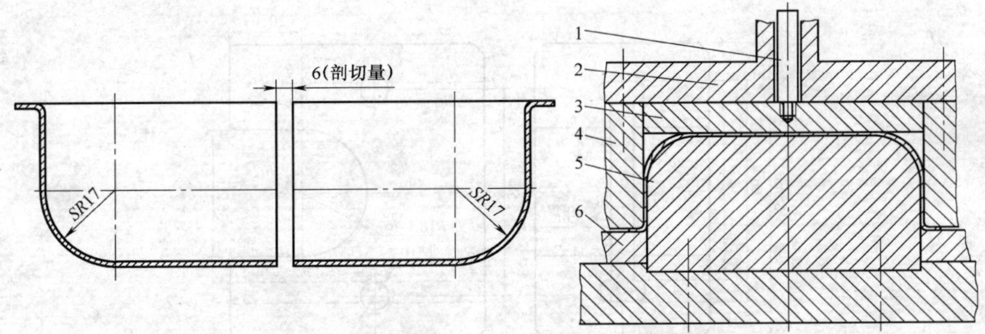

图 4-96　组合件工序尺寸

图 4-97　防尘罩两件组合拉深模结构简图

1—打料杆　2—上模座　3—卸料块

4—凹模　5—凸模　6—压料圈

剖切开始时，剖切凸模 6 的 $R19.5$mm 首先对直壁冲裁，凸模下行到工件底部时尺寸 48mm 和 $R19.5$mm 同时对组合件冲裁，剖切断面质量良好。

图 4-99 为剖切凸模 6 的结构图。工作时，凸模接触工件即开始冲切。凸模不带斜度，对工件的断面不产生拉力，两个定位块是可调的，以组合件外形定位，准确可靠。

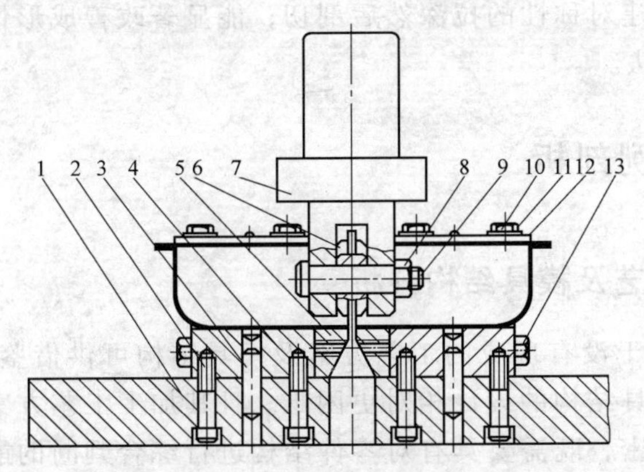

图 4-98　剖切模结构简图

1—下模座　2—螺钉　3—圆销　4—凹模固定板

5—凹模镶块　6—剖切凸模　7—上模　8、10、13—螺母

9—联接销　11—垫圈　12—凹模定位块

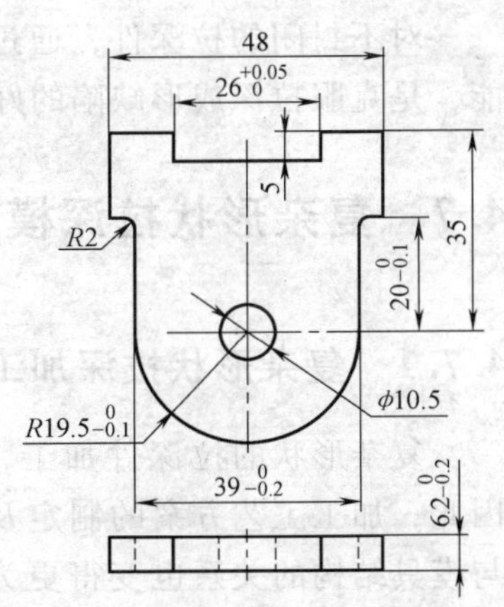

图 4-99　剖切凸模结构简图

图 4-100 为凹模，采用两块拼合结构，嵌入凹模固定板 4 的型腔中，侧面用螺钉锁紧，间隙为可调。

4. 使用效果　该加工工艺及模具设计经生产验证是合理的，产品质量能得到保证。

5. 本例设计总结　本案例的零件经工艺分析计算，一次拉深成形有些困难，

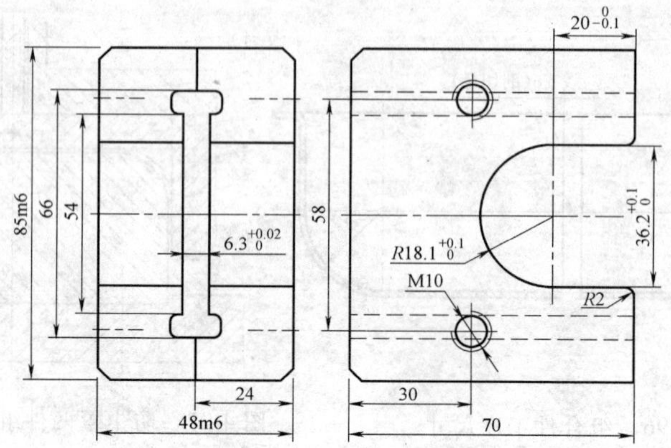

图 4-100 凹模结构简图

但考虑到08F料的拉深性能较好，若下料尺寸掌握得准确，是有可能一次拉深成形的。

在实际生产过程中，考虑到不论几次拉深，拉深成零件最终结构的模具是必须有的，因此，可先设计制造出零件最终尺寸的模具，经试生产，依据情况再确定最终工艺方案。

对不封闭的拉深件，通过构建对称性的拉深然后剖切，能显著改善成形性能，是克服拉深成形缺陷的好办法。

4.7 复杂形状拉深模案例剖析

4.7.1 复杂形状拉深加工工艺及模具结构分析

复杂形状的拉深件加工，由于没有现成的工艺方案及模具结构可供借鉴，因此，加工工艺方案的制定及模具结构的设计相对更困难。且其加工工艺方案与模具结构的关系也变得更为紧密，既需要具有对零件结构进行综合判断的能力又需要局部分析的能力。具体到某工序成形时，还应分析零件成形的先后顺序，即应让那个部位先成形，那个部位后完成。在相应的模具结构设计中须严格按上述分析设计出成形所需要的结构形式。

1. 根据零件形状进行分析

1）对多种规则曲面组合而成的零件，先将该零件划分成不同的部分，然后依照规则曲面形状零件或盒形件的拉深变形特点，运用金属的塑性变形规律，对其进行综合分析，由此得出解决问题的措施。

2）对非旋转体曲面形状零件，由于种类多，模具设计过程中同样难有现成的工艺方案及模具结构可借鉴，但往往具有曲面形状零件的内部胀形和外周拉深的复合变形，又有变形沿零件周边分布不均匀的共同特点，生产中，应针对性的灵活运用现有曲面形状零件或盒形件拉深变形分析方法及结论，然后综合地考虑各种因素的相互关系和影响，由此得出解决该类问题的措施。

3）对不规则曲面形状零件也可参照相关类似零件的成功设计，采用类比法、经验法对其进行分析判断。

上述三项措施并不是孤立的，可根据零件结构综合起来考虑。

2. 复杂形状拉深件工艺方案分析及拉深模设计要点及方法

1）对于形状复杂、须多次拉深的零件，由于很难计算出准确的毛坯形状和尺寸，因此，在设计模具时，往往先设计制造出拉深模，经试压确定合适的毛坯形状和尺寸后再制作落料模。

2）在分析零件加工工艺方案，判断拉深件的拉深次数没有现成资料时，往往可采取以下措施：一是根据需加工的零件结构分别划分为有现成拉深资料判断的拉深件，然后再根据该零件结构再次具体进行比照分析（详见 4.7.2）；二是构想一个有现成拉深资料的拉深件，且构想的拉深件比需判断的拉深件还具有更难的拉深加工性，若构想的拉深件能一次拉成，则该判断件也能一次拉成(详见 4.7.3)。

3）对一些形状复杂拉深件，确定其工艺方案缺少足够的资料、制定没有十分把握的加工件，生产中往往采用从后续设计着手的办法，即从后续结果往前推的办法。如对某拉深件是一次能拉成，还是二次能拉成，无法判定清楚，则可先设计零件最终拉深形状的拉深模，待通过拉深试模后，根据结果性质具体分析，便可最终确定该零件的加工方案（详见 4.7.4）。

4）在确定一些大型复杂的拉深件时，往往对其中某部分结构难以判定。为避免制定不合理的加工工艺方案，对企业造成更大的浪费，往往进行必要的工艺试验，以对零件工艺方案的正确制订提供必要的帮助及依据。在条件允许的情况下，也可借助相关软件在计算机上进行相关仿真数字模拟，以获取有益的设计数据。

5）拉制圆筒形制件时，应考虑到料厚、材料、模具圆角半径 $r_{凸}$、$r_{凹}$ 等情况。根据合理的拉深系数和以后各次的拉深系数确定拉深工序。拉深工艺的计算要求有较高的准确性。在拉深凸模上必须有一定尺寸要求的通气孔。

6）设计非旋转体工件（如矩形）的拉深模时，其凸模和凹模在模板上的装配位置必须准确可靠，以防止松动后发生旋转、偏移，影响工件的质量，甚至损坏模具。

4.7.2 手轮正反拉深复合模的设计及改进

1. 零件结构 图 4-101 所示手轮，几何尺寸要求较高，生产批量大，采用

2mm 厚LF_3-M材料制造。由于工作条件恶劣，零件成形后需进行检测，不允许有明显的料厚变薄或裂纹等缺陷。

2. 零件工艺分析 该零件是一个正反阶梯形拉深复合件，拉深高度不大，不利于成形。$\phi126$mm 处（以下简称外筒）及 $\phi63$mm 处（以下简称内筒）的偏心距要求高，采用二次拉深分别成形内、外筒难以达到要求。

考虑到零件拉深工艺性较好，生产批量大，决定采用正反拉深复合模一次成形。

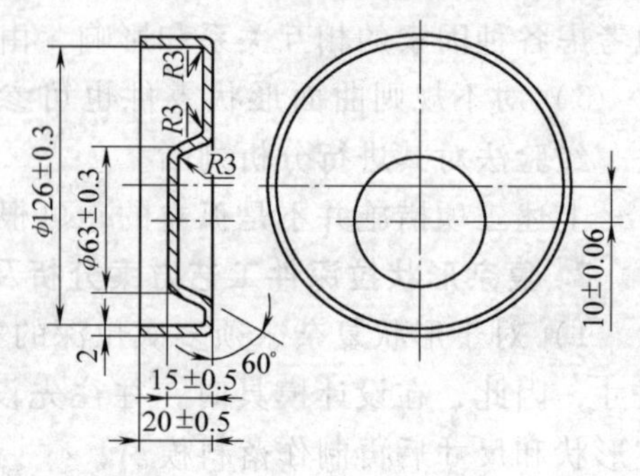

图 4-101 手轮

3. 工艺计算 由于正反阶梯形拉深复合件没有现成的资料借鉴，只能根据正拉深及反拉深资料分别进行分析，同时，参照梯形拉深件来进行综合判断。

根据拉深毛坯计算公式得：

$$D = [d_1^2 + 6.28rd_1 + 4d_2h + 8r^2]^{1/2}$$

选取合适的修边余量，计算得 $D = 160$mm。

依照阶梯形拉深件的“克里满诺维奇”经验公式，可大概判定该零件的拉深系数为

$$m = \left(\frac{h_1 d_1}{h_2 D} + \frac{d_2}{D}\right) \div \left(\frac{h_1}{h_2} + 1\right)$$

式中 h_1，h_2——外筒、内筒的拉深高度；

d_1，d_2——拉深件外筒、内筒直径；

D——毛坯直径。

代入数值，可求得 $m = 0.64$。

毛坯相对厚度 $(t/D) \times 100 = 1.25$（其中 t 为材料厚度）。

根据上述计算数据，查相应的极限拉深系数得 $m_{极} = 0.5 \sim 0.53$。

显然 $m > m_{极}$，故可一次拉深成形。

根据正、反拉深的有关资料可知，$m_{反} = (0.85 \sim 0.9) m_{正}$，由于第 2 阶梯内筒拉深采用的是反拉深，故可综合判定正反复合拉深的拉深系数应比纯粹正拉深的阶梯形拉深系数要小，这样更有利于成形。

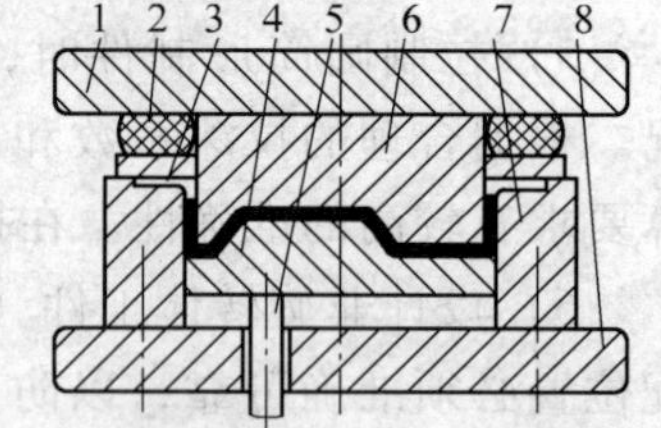

图 4-102 改进前的模具结构

1—上模板 2—聚氨酯橡胶 3—压边圈 4—卸料器 5—顶杆 6—凸模 7—凹模 8—下模板

4. 模具设计 根据上述分析，设计了如图 4-102 所示的模具结构。

模具工作过程为：将展开料放于凹模 7 定位环中，压边圈 3 压紧坯料，凸模 6 拉深坯料，一方面从外部经过凹模 7 正拉深外筒，另一方面从内部经过卸件器 4 把坯料反拉深到凸模 6 模腔中形成内筒。

考虑到零件精度较高，拉深单边间隙取 1.05t，即 2.1mm。

模具设备选用 JA31-160A 压力机。

5. 模具的改进

（1）存在的问题　模具制成，在试拉深一小批零件后检测发现，几何尺寸符合要求，但在图 4-103 所示 Ⅰ 处料厚变薄明显，检测显示，部分地方产生裂纹，零件无法使用。

（2）原因分析　针对料厚变薄问题，排除模具制造问题后，经材料理化分析，在排除拉深材料不合格的前提下，对零件进行了受力、应力及金属流动状态分析。

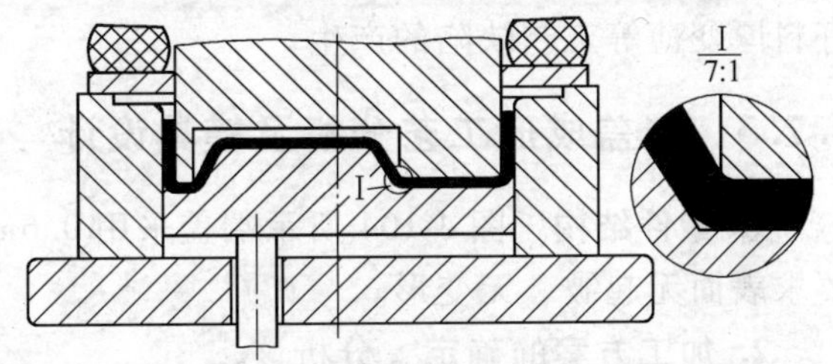

图 4-103　改进后的模具结构

对于零件外筒底部，它既是成形内筒型腔的大变形区，受径向拉应力 σ_1、切向压应力 σ_3 的综合作用，又是正拉深外筒的筒底，主要起传递拉力的作用。由于外筒较内筒大许多，故外筒筒底材料朝内筒侧壁转移阻力大，金属流动不畅，而外筒筒底却是内筒成形的料源。

内筒侧壁主要用来传递拉深力，拉深时它处于凸、凹模间，需要转移的材料本来就少，变形的程度小，冷作硬化程度低，当料源来料不畅时，在较大的径向拉应力 σ_1 作用下，内筒的成形就只能依靠料厚减薄来换取高度的增加。内筒的 Ⅰ 处由于偏心，与外筒距离大，造成阻力大，外筒底部材料流动更困难，故该处材料变薄最严重。

（3）模具改进的要点　为保证外筒底料源能自由通畅地朝内筒壁转移，完成正反复合拉深成形，模具改进的要点如下。

1）增大凹模拉深圆角半径，以利于金属流动，减小所需要的拉深力，从本质上减小产生拉裂或料厚变薄的径向拉应力 σ_1。

2）增大拉深外筒间隙，由单边 2.1mm 改为 2.3mm。内筒拉深成形间隙仍采用 2.1mm，但内筒 Ⅰ 处成形间隙比其他部分单边略增大 0.05 ~ 0.10mm，从而改善了由于偏心造成的材料流动不一致，保持了材料流动的均衡性，保证了整个金属流动的有序、平稳、通畅。

3）反拉深内筒时，金属处于受拉状态，增加了径向拉应力 σ_1。根据塑性方程 $\sigma_1 + \sigma_3 = \beta\sigma_s$ 得知，引起零件起皱的切向压应力 σ_3 得到弱化。改进后的模具结构如图 4-103 所示，该结构不仅增大了金属流动性，也增大了参与拉深成形内筒的材料面积，减小了补充材料的流动量。

4）为保证在拉深过程中金属有足够时间进行流动，同时保持拉深时的平稳性，将模具改放在 Y32－300 四柱万能油压机上进行生产。

6. 改进后的效果 经过上述改进，生产的零件经尺寸及检测结果，满足产品要求，模具工作良好。

7. 本例设计总结 正反拉深复合件的工艺计算依照阶梯形拉深及正反拉深规律综合判断是可行的。只要充分判断好金属流动情形，选取恰当的圆角半径、模具间隙等工艺参数，设计的模具结构就能够较好地保证产品尺寸要求，控制好料厚变薄等工艺缺陷的产生。

4.7.3 端盖成形工艺分析及模具设计

1. 零件结构 图 4-104 所示端盖采用 0.6mm 厚的 08 冷轧钢板制成，成形后要求表面无起皱、无变形。

2. 加工方案的确定 分析该零件的组成，很容易看出其是由带凸缘的锥形拉深件经过后续的凸缘浅拉深及锥形底面冲孔、翻边而成。由于后续的凸缘浅拉深高度仅 10mm，锥形底面翻边高度仅 2mm，故易成形。整个零件加工工艺方案制定的关键在于判定带凸缘的锥形件拉深是否能够一次拉成。

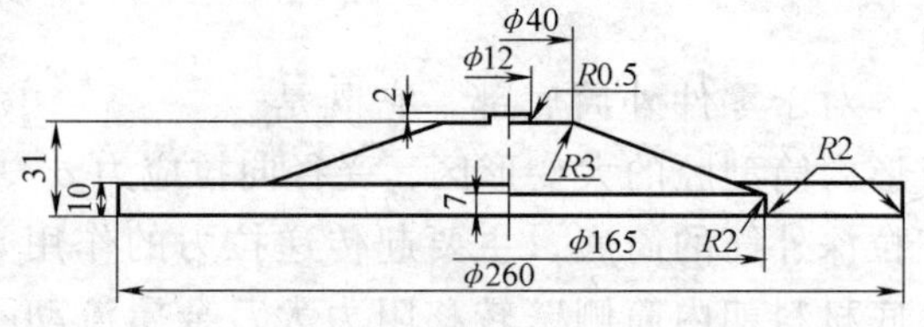

图 4-104 端盖结构简图

具体分析图 4-105 所示带凸缘的锥形件拉深件，可将其分解为一圆锥形件及一 ϕ165mm 筒径的带凸缘圆筒件复合组成，该类复合件尚没有现成的判断原则。

根据拉深前后表面不变原则，对图 4-104 所示零件选取适当修边余量，可求出图 4-105 所示带凸缘的锥形拉深件的凸缘直径为 288mm。

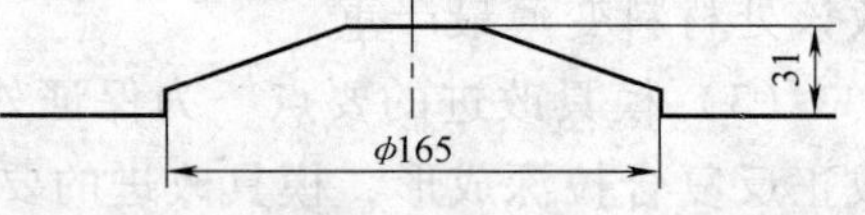

图 4-105 带凸缘的锥形拉深件结构简图

单独分析该锥形件，其相对高度 $h/d = 24/165 = 0.145 < 0.25$，属于浅锥形件，其变形程度不大，主要问题是回弹，须增加压边装置。但由于受与其复合的带凸缘筒形件影响，其变形程度加大，回弹将减小；带凸缘筒形件本身仅 7mm 高，显然能一次成形。综合分析，该零件似应能一次成形。

根据拉深成形过程可知，图 4-105 所示拉深件可看成图 4-106 所示带凸缘圆筒拉深件的中间工序。为判断图 4-105 示拉深件的拉深性能，可将该零件改进为

图 4-106 所示 $\phi165$mm 筒径的带凸缘圆筒件，它们之间的凸缘尺寸一致，为 $\phi288$mm，圆筒直径均为 $\phi165$mm。如经分析改进后拉深件能一次拉深成形，则原拉深件也能一次拉深成形。

由于图 4-106 拉深件的毛坯相对厚度 $t/D = 0.6/288 = 0.002$，$d_{凸}/d = 288/165 = 1.75$。

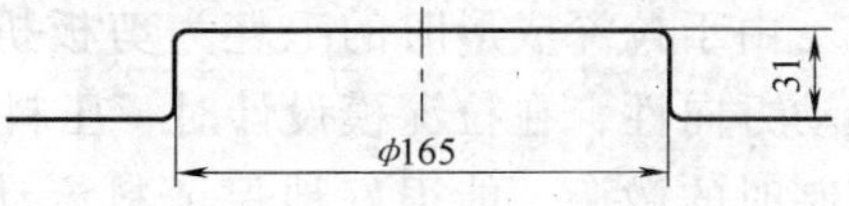

零件的相对高度为 $h/d = 31/165 = 0.187$。查表 10-30 知，其允许的最大相对高度 $h_1/d_1 = 0.29 \sim 0.35$。

因为 $h/d < h_1/d_1$，故可以一次拉深成形。

图 4-106　判断图 4-105 零件拉深成形性能的假想件

于是，可确定该锥形零件能一次拉深成形。端盖的加工工艺方案为：剪料 → 拉深成形 → 复合成形。

采用 2 副模具 3 道工序来完成该零件的加工。

3. 模具设计

（1）拉深模设计　端盖拉深模结构如图 4-107 所示。

模具结构选用后侧导柱导套标准模架，利用弹性压料板压料，聚氨酯橡胶作为弹性体，根据估算的压料力选择橡胶的尺寸，以保证在凸缘不起皱的情况下，材料能够顺利流入拉深型腔。工作时，首先弹性压料板压住坯料，成形上模对坯料进行拉深成形，上下模分离后利用导向槽用工具将零件取出。

（2）复合模设计　如图 4-108 为落料、拉深、冲孔、翻边复合模结构图。

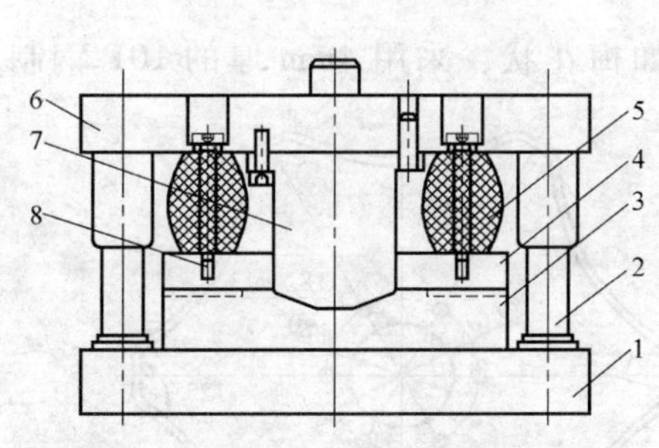

图 4-107　端盖拉深模结构简图
1—下模板　2—导柱导套
3—成形下模　4—压料板
5—成形橡胶　6—上模板
7—成形上模　8—压料螺钉

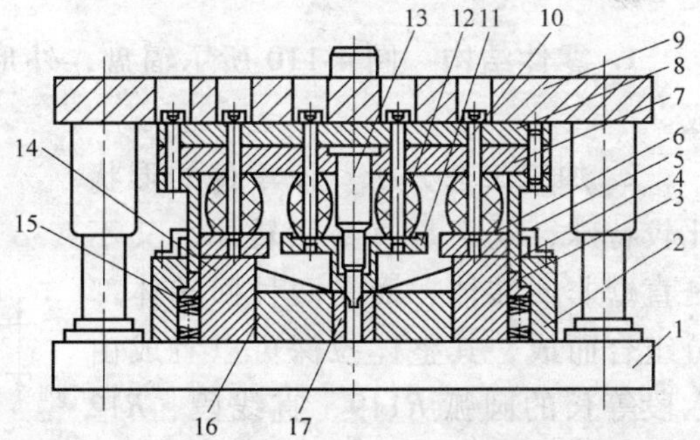

图 4-108　落料、拉深、冲孔、翻边复合模结构简图
1—下模板　2—落料下模　3—顶料块
4—落料上模　5—卸料块　6—压料板
7—固定板　8—垫板　9—上模板　10—压料螺钉
11—压料块　12—压料橡胶　13—翻孔凸模
14—成形下模　15—弹簧　16—撑块　17—翻孔下模

冲裁时，将拉深件放入由成形下模 14 内面组成的型腔内，利用拉深后零件的外形进行定位。整套模具工作步骤为：压料块 11 首先接触零件，并进行预冲

孔，在冲孔结束翻边开始时，落料上模4及落料下模2对零件外形进行落料，此此，落料上模4、成形下模14与翻孔凸模13、翻孔下模17分别同时进行拉深及翻孔。零件加工完成后，由顶料块3将零件顶出，取出零件。

由于拉深成形时的毛坯为剪板机下料的方形坯料，考虑到拉深成形时料的流动方向性，在拉深模设计时，压料板上的橡胶布置如图4-109所示，经过模具试制时的微调，能很好地保证料流动时的方向均匀性，确保料能够圆周径向同时流向拉深凹模。

为便于拉深时坯料的流动，凸、凹模表面要求进行研磨，保持一定的表面粗糙度。

4. 使用效果 改进后的模具生产的零件质量稳定、可靠。

5. 本例设计总结 在确定一些较复杂形状拉深件的加工工艺方案时，对拉深次数的判断往往没有现成资料。本案例根据零件特性将其进行分解为一些典型规则单元分别进行初步判断，在此基础上，依据该零件的拉深过程，构想一个有现成拉深资料的拉深件，且构想的拉深件比需判断的拉深件难加工，因此，可用该拉深件代替所需判断的拉深件，从而较准确地判断出零件的拉深次数，制定合理的工艺方案。这是制定较复杂拉深件工艺方案的一种常用方法。

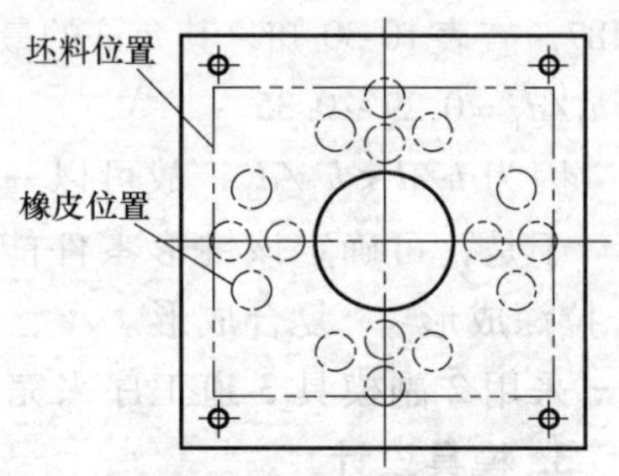

图4-109 压料板上橡胶布置简图

4.7.4 辐盘拉深模设计

1. 零件结构 图4-110所示辐盘，外形如梅花状，采用4mm厚的10F钢制成。

2. 加工工艺分析 该零件的形状比较特殊，既不是直壁回转体，又不是直壁非回转体，而是两种回转体部分组合而成，其整体拉深可以看成由六段等长的圆弧 $R119$、直线段、$R12$ 圆弧组合而成。圆弧段 $R119$mm 的拉深可以看成是圆筒拉深的一部分，直线段与连接圆弧 $R12$ 的拉深，则可以看成是盒形件一边与一角的拉深。以此作为零件变形过程及受力分析的初步依据，可以找到零件受力的薄弱点及易拉裂或拉伤的部位，从工艺上采

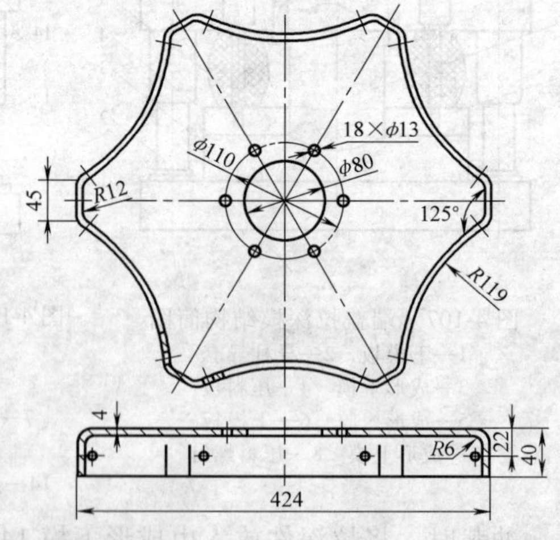

图4-110 辐盘结构简图

取相应的质量保证措施。

零件拉深高度为40mm，属于浅拉深，其成形主体 $R119$ 圆弧段一次成形没有问题，问题是直线段与圆弧的连接处，曲面半径急剧变化，且圆弧 $R12$mm 与圆弧 $R119$mm 的连接是外切连接关系，在拉深过程中，材料有着非常不均匀的流动性，应力与应变在拉深件的内沿与外沿的变化比较复杂，拉伸应力与压缩应力在较短的拉深长度内急剧变化。这样，势必在 $R12$mm 圆角处产生材料堆积，使该处的材料增厚，给零件的正常拉深带来困难。以此分析，零件在此圆弧处易产生皱折，破裂等缺陷，还可能产生喇叭口形状，影响零件的整体外观质量。

根据上述分析，零件能否一次拉成，并不能明确判定。为此，采用从后续结果往前推的办法，先设计一次性拉深模进行试模，根据拉深最终结果确定方案。

3. 模具结构及工作过程 辐盘模具结构如图4-111所示。

模具结构属正顺式，即凸模在上，凹模在下，上模部分主要由模柄3、退料杆4、垫板2、顶出器垫板5、顶出器7、凸模14、导套9等组成，下模部分主要由凹模16、推件板8、凹模座11、下模板12、定位柱6、橡胶块17、导柱10等组成。

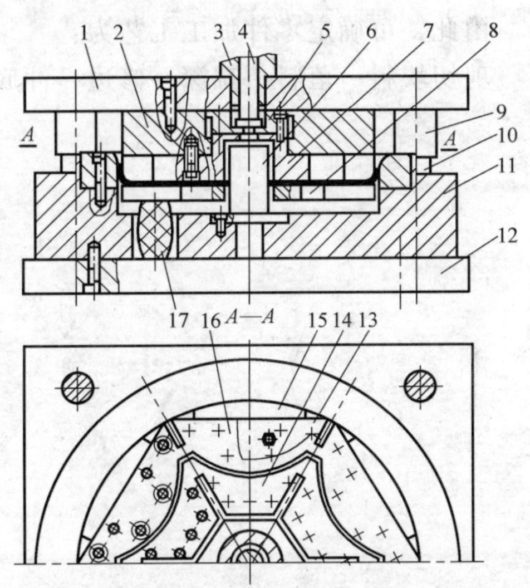

图4-111 辐盘模具结构简图

1—上模板 2—垫板 3—模柄 4—退料杆 5—顶出器垫板 6—定位柱 7—顶出器 8—退件板 9—导套 10—导柱 11—凹模座 12—下模板 13—定位板 14—凸模 15—定位键 16—凹模 17—橡胶块

模具工作时，零件毛坯放在凹模上平面，由定位柱中心定位，由定位板13周向定位，当上模下行，在凸模与凹模的共同作用下完成零件的拉深，上模上行，橡胶块的弹力推动推件板上行，将卡在凹模内的零件推出，同时，退料杆推动顶出器将可能箍于凸模上的零件卸下。

4. 设计要点

1）考虑到凹模结构较为复杂，难以加工，故分为均匀的6块，加工后组装而成。凹模材料选用T10A，热处理硬度为58～62HRC。

2）凹模高55mm，进口圆角为 $R28$mm，6件凹模等高，高度误差不大于0.03mm。

3）凸模材料 T10A，分体式，共 6 件，热处理硬度为 56 ~ 60HRC，6 件等高，误差不大于 0.02mm。

4）上模板、下模板、垫板、凹模座材料均为 HT200，时效处理，顶出器、定位柱、定位板材料为 45 钢，热处理硬度为 40 ~ 45HRC，推件板材料 45 钢，热处理硬度为 45 ~ 50HRC。

5. 使用效果 模具设计制造后，试模生产的产品质量稳定、可靠。

6. 本例设计总结 本案例从零件的各组成结构着手进行分析，初步判定主体结构能一次拉成，但对小圆弧部位判定可能产生皱折、破裂等缺陷，工艺制定并没有十足的把握，但考虑到零件最终的形状的拉深模是不可少的，若一次不能成功，则可增加一套将小圆弧拉成一较大的圆弧模具定能完成，于是，确定先按一次拉深制定工艺、设计模具，这是生产中采用的一种方法。

零件最初试模用的拉深毛坯可先依据零件各组成部分的成形关系，根据筒形件拉深及弯曲等的相关公式确定，最终形状根据试模结果修整。

由此，可确定零件加工工艺为：

剪切块料→落料→拉深→修边→冲底孔→冲侧壁孔。

第 5 章　成形模设计案例剖析

5.1　成形模设计基础

5.1.1　成形工序及模具结构简图

成形工序是指用各种局部变形的方式来改变工件或毛坯形状的各种加工方法。主要包括：起伏成形、翻边、缩口、胀形、整形、冷挤压等工序。各工序主要特点如下：

1）起伏成形：用模具将板料局部拉深成凸起和凹进形状，其工序简图及模具简图见图 5-1a。

2）翻边：用模具将板料上的孔或外缘翻成直壁，其工序简图及模具简图见图 5-1b。

3）缩口：用模具使空心件或管状毛坯的径向尺寸缩小，其工序简图及模具简图见图 5-1 c。

4）胀形：用模具使空心件或管状毛坯向外扩张，使径向尺寸增大，其工序简图及模具简图见图 5-1d。

5）整形：将翘曲的平板件压平或将成形件不准确的地方压成正确形状，其

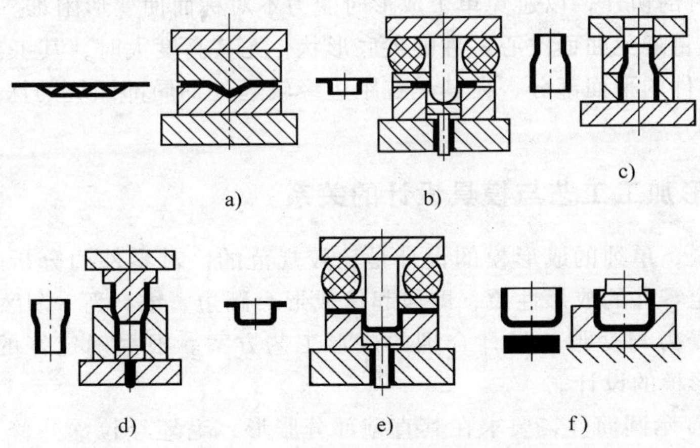

图 5-1　成形工序及模具简图
a）起伏成形工序及模具简图　b）翻边工序及模具简图　c）缩口工序及模具简图
d）胀形工序及模具简图　e）整形工序及模具简图　f）冷挤压工序及模具简图

工序简图及模具简图见图 5-1e。

6）冷挤压：使金属沿凸、凹模间隙或凹模模口流动，从而使原毛坯转变为薄壁空心件或横断面不等的半成品，其工序简图及模具简图见图 5-1f。

5.1.2 成形加工的经济精度

成形件加工的精度与很多因素有关，如材料的机械性能、材料厚度、模具结构、模具精度、工序的多少、工序的先后顺序等。它的制造精度不宜要求过高，一般合适的精度在 IT11 级以下。

对成形件中未注尺寸的极限偏差按 GB/T15055—2007《冲压件未注公差尺寸极限偏差》选取，成形圆角半径的未注公差尺寸极限偏差见表 5-1。

表 5-1 成形圆角半径未注公差尺寸极限偏差 （单位：mm）

基本尺寸	≤3	>3~6	>6~10	>10~18	>18~30	>30
极限偏差	+1.00 -0.30	+1.50 -0.50	+2.50 -0.80	+3.00 -1.00	+4.00 -1.50	+5.00 -2.00

5.1.3 成形加工的工艺性

成形具有较多的工序，各种加工工序对各自成形件的工艺性要求不一样，一般来说，主要有：

1）成形件的形状应尽量简单、对称，以利于成形。

2）除非在结构上有特殊要求，否则应尽量避免异常复杂及非对称形状的成形件。对某些半敞开及不对称的空心件，宜将两个或几个合并成对称的形状一起拉深，然后剖切开，以避免单个成形时受力不对称而使变形困难。

3）应尽量避免曲面空心零件的尖底形状，尤其高度大时，其工艺性更差。

4）在零件的平面部分，尤其是在距边缘较远处，局部凹坑的深度与突起的高度不宜过大。

5.1.4 成形加工工艺与模具设计的关系

一般来说，单纯的成形模的设计是比较规范的，对零件的分析也比较有规律。首先确定零件的成形性质，即属起伏成形、翻边、缩口等，针对不同工序，分析不同的受力与变形，设计合理的成形工艺方案。根据确定好的工艺方案，便可进行成形模的设计。

如图 5-2a 示圆筒件，要求在其直壁部分胀形，毛坯经拉深并修边后，根据胀形工艺方案的相关计算，便可考虑采用图 5-2b 所示模具进行机械式无凸模胀形。凹模分上、下两半，修好边的圆筒放置于下凹模内并由它定位，冲压时，心轴先插入毛坯内，毛坯在上、下凹模和中间心轴夹持下进行镦压，保证杯壁不会失稳，毛坯只有在中部空腔处胀形。

再比如生产图 5-3a 所示 M8 ×50mm 的螺杆，利用图 5-3b 所示搓丝模便可加工。

加工好的螺杆坯料定位于活动搓丝板 5 与固定搓丝板 6 之间，通过压力机滑块的移动，将螺纹加工出来。

固定搓丝板利用调节螺栓 9 加以调整，用联接螺栓 8 紧固。

可见，成形模的设计与该零件工艺方案本身的计算、分析是紧密相关的，而单纯成形模的结构设计常可参考一些经典的成形模结构。

在实际生产中，由于企业规模及管理设置上的不同，加工工艺方案的制定与模具的设计可能在相同或不同部门里由同一个人或不同的人员协作完成，因此，工艺方案制定人员应提供相应的工艺方案制定时的工序计算、分析资料，这种相互间的接口文件是模具设计成功与否的关键，为提高成形件的工艺性，还需要与产品设计人员沟通、协调。

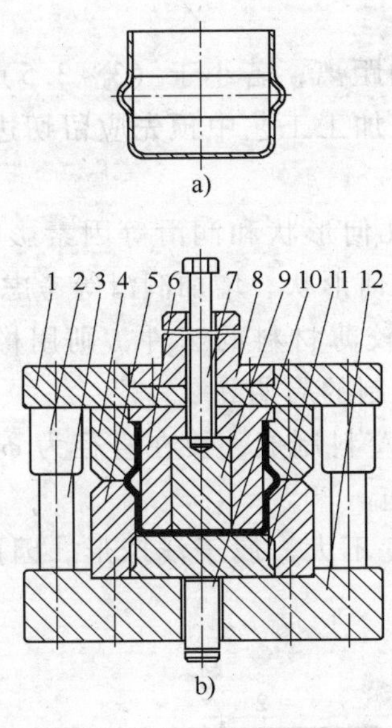

图 5-2　圆筒件及成形模结构简图

a）圆筒件结构简图　b）模具结构简图

1—上模板　2—导套　3—导柱　4—上凹模　5—下凹模　6—心轴　7—打料杆　8—模柄　9—推件块　10—顶杆　11—卸料块　12—下模板

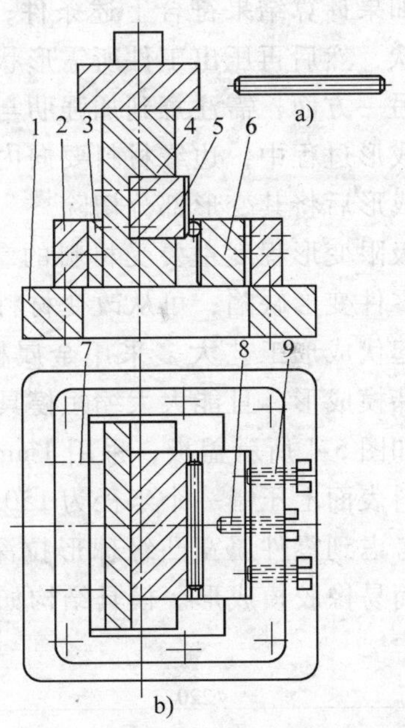

图 5-3　螺杆及搓丝模结构简图

a）螺杆结构简图　b）搓丝模结构简图

1—下模板　2—固定座　3—衬板　4—固定板　5—活动搓丝板　6—固定搓丝板　7—联接螺钉　8—联接螺栓　9—调节螺栓

5.2 起伏成形模案例剖析

5.2.1 起伏成形加工工艺及模具结构分析

起伏成形加工工艺的制定，首先要对其极限变形程度进行判定，在计算起伏极限变形程度时，可以概略地按单向拉伸变形处理，即：

$$\delta_{极} = \frac{l_1 - l_0}{l_0} < (0.7 \sim 0.75)\delta$$

式中 $\delta_{极}$——起伏变形的极限变形程度；

δ——材料的伸长率；

l_0、l_1——变形前后长度。

系数0.7～0.75视胀形时断面形状而定，球形肋取大值，梯形肋取小值。

如果计算结果符合上述条件，则可一次成形。否则，应先压制成半球形过渡形状，然后再压出工件所需形状。

另一方面，需注意到加强肋与零件边缘间的距离，若小于（3～3.5）t，由于在成形过程中，边缘材料要向内收缩，因此，加工工艺中预先应留切边余料，以便成形后将其变形部分切除。

极限变形程度主要受材料的塑性、冲头的几何形状和润滑等因素影响，若出现零件变形缺陷，可从改变材料塑性、冲头几何形状、增加润滑等考虑。

起伏成形工艺大多采用金属模压制，对于较薄材料的工件，则用橡胶模、聚氨酯模成形，且能大大缩短模具制造及产品研制的周期。

如图5-4所示盖板，采用1mm厚的Q235—A料制成，要在直径为ϕ220mm的材料表面上压制一个半径为150mm的球形鼓包。

考虑到零件属宽凸缘球形拉深件，球冠高度不大，属于浅球形。因此设想采用简易橡胶模成形。模具结构如图5-5所示。

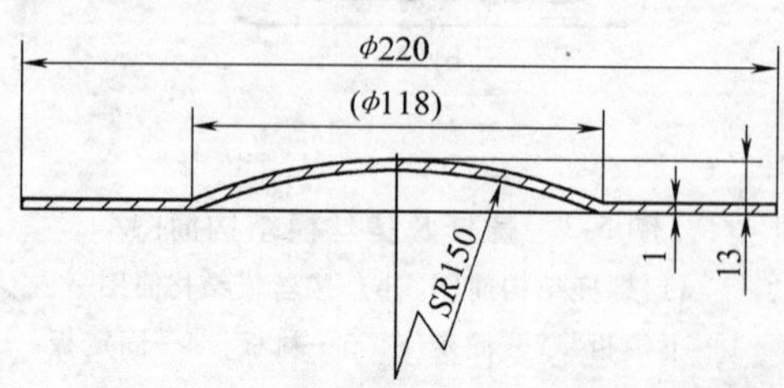

图5-4 零件结构简图

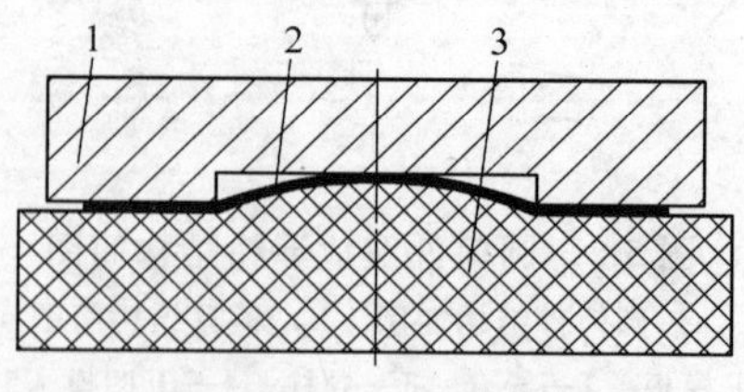

图5-5 盖板模具结构

1—凹模 2—零件 3—工业橡胶（1260）模

整个模具置于 J53-160 摩擦压力机上，橡胶模 3 置于压力机工作台上，坯料 2 放在橡胶模 3 上，凹模 1 放在坯料 2 上面，操纵压力机使其上滑块打击凹模 1 几次，通过凹模 1 的压力使橡胶模 3 产生弹性变形，便可使坯料 2 发生涨形，形成零件。

应该指出的是，尽管起伏成形是属于在平面毛坯上进行局部胀形的一种工艺，但运用在不同的场合或使用设计不尽合理的模具时，也可能发生起伏成形类变形，其伸长极限仍可利用起伏成形极限来判定。

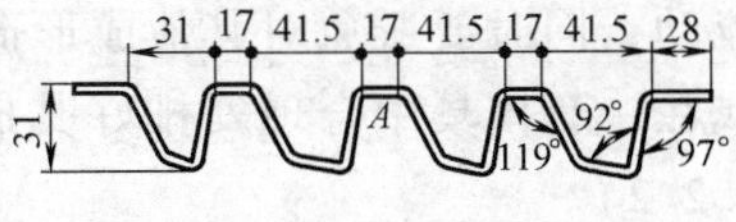

图 5-6 护网

如图 5-6 所示的护网零件，采用 0.8mm 厚的 08 钢制成，其实质发生的是连续多个形状相似、尺寸不同的 U 形弯曲。

若采用一次弯曲成形，则中间两个 U 形成形很难从外侧得到材料的补充，只能完全依靠材料自身的伸长来完成。从尺寸关系来看，中间两个 U 形成形时材料的伸长率将达到 100%，显然采用同步一次性弯曲无法完成零件的加工，坯料将发生拉断。

如若采用不同的模具对零件进行多次弯曲，则零件发生的将是弯曲成形，零件的伸长也将基本消除，自然能加工完成，但需多套模具，工序多，成本高，一般不会采用。注意到零件弯曲成形的各 U 形结构尺寸相同，若生产批量不大，一般采用一套模具，经多个工步完成，即：一次弯曲成形一个 U 形，然后再移动坯料，以成形好的 U 形定位，弯曲成形下一个 U 形，最后将不相同的 U 形校正成形。

若生产批量不大，又受生产设备限制，可设计专用弯曲上模在折弯机上完成，最终校正成形。

若生产批量较大，则可设计如图 5-7 所示的专用模具完成零件加工。

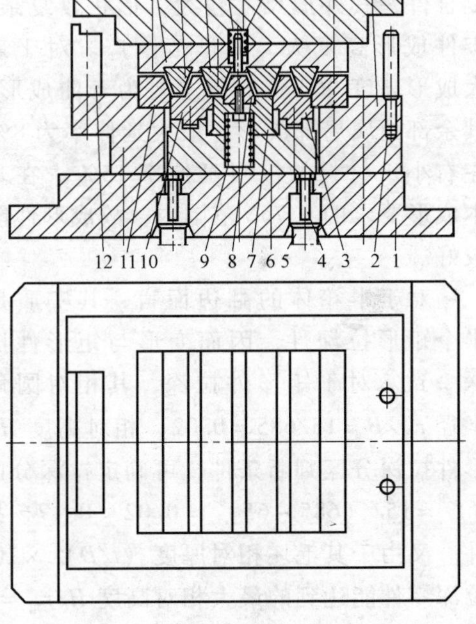

图 5-7 弯曲成形复合模

1—下模座 2—定位杆 3、8、10、11—下模 4、5—托杆 6、7—顶出器 9、17—弹簧 12—定位块 13—上模座 14—上模固定板 15、16—上模 18—顶出销 19—下模固定板

为克服零件同步弯曲，使零件产生过大的伸长，模具通过使弯曲成形的下模 8、下模 3 和下模 10、下模 11，在弹簧和气垫压力的顶出力作用下，处于三

个不同的平面上，其中下模 8 最高，下模 11 最低，下模 3 和下模 11 居中，从而使零件的弯曲成形是分步完成的，减少了板料的伸长，避免了零件的拉裂。

在生产加工中，起伏成形常常与翻边等其他成形工序复合。为避免起伏成形时伸长率过大使材料拉裂，在模具设计中必须能保证起伏成形的料能通畅地流动，同时要避免对其他成形造成影响，一般采用的加工方法是分别单独成形，或在一套模具中合理安排好其成形步骤，掌握好成形节奏（详见加工应用实例 5.2.2）。

5.2.2 半箱体破裂原因分析及模具改进

1. 零件结构 半箱体采用 1.5mm 厚的 LF3-M（5A03）制成。由于结构的需要，在半箱体箱口边缘要成形一个最大高度达 90mm 的异型鼓包，形状如图 5-8 所示。

2. 工艺性分析 该件属成形、翻边复合件，其外形尺寸较大，形状较复杂，零件成形高度大、成形范围广。对于最大成形高度 90mm 部位主要为弯曲成形，其余部位属局部成形。最大延伸率为 8% 左右小于材料的极限延伸率 15%，在基本成形要求的 0.75δ 范围内，故成形性能较好。

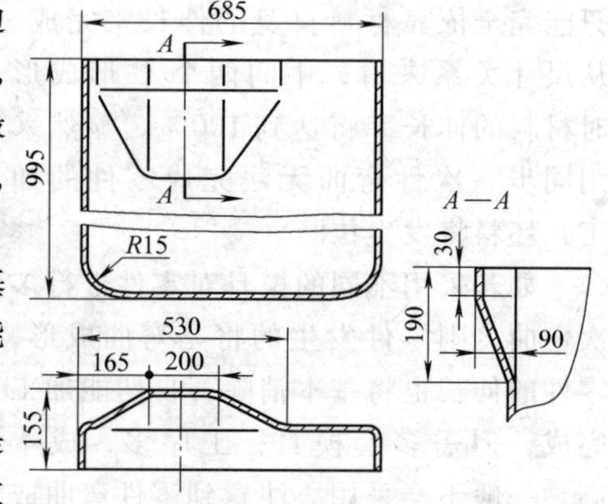

图 5-8 半箱体结构简图

对于半箱体的翻边而言，其实质是半个矩形拉深件，因而变形与矩形件拉深一致。对于矩形件拉深，其相对圆角半径 $r_{角}/B=15/685=0.02$，相对高度 $H/B=(155-90)/685=0.095$，根据矩形件拉深分区判断条件，可确定拉深分区位置。依据分区位置，因为 $r_{角}/(B-H)=15/(685-65)=0.02<0.17$，故可判定其属于圆角半径较小的低矩形件。又由于其毛坯相对厚度 $(t/D)\times100=2.2$，根据表 10-32 可知，该件一次拉深零件能达到的最大相对高度 $H/r_{角}=6>H_{零}/r_{零}=(155-90)/15=4.3$，因此，该零件能一次拉成，并且其假想拉深系数较大，故拉深性能较好。

综合上述分析，决定在剪板机下料后，在 Y32－300 油压机上采用成形、翻边复合工艺一次完成，成形后钳工稍稍修平成形部位及周边。

3. 模具设计

(1) 模具结构及工作原理 根据零件结构，设计了图 5-9 所示模具。

模具工作时，油压机上行，模具开启，卸料液压缸上升将气垫杆 7 顶起，气垫杆 7 带动下模 6 升至与下模成形块 3 平齐，同时，上模块 2 在弹簧 5 弹力作

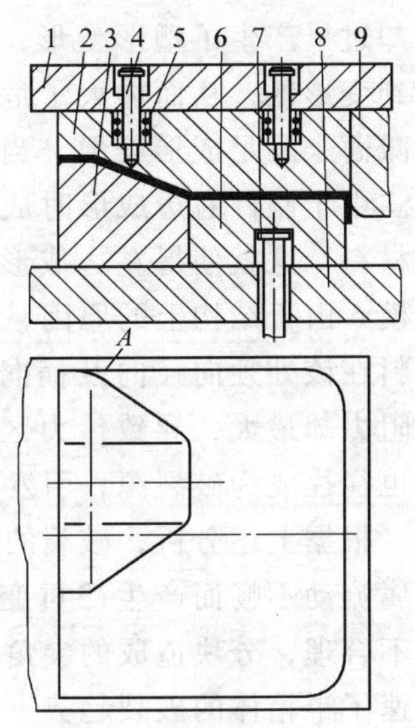

图 5-9　半箱体模具结构

1—上模板　2—上模块　3—下模成形块　4—卸料螺钉　5—弹簧　6—下模　7—气垫杆　8—下模板　9—翻边凹模

用下下降至凸出翻边凹模 9 底面 10mm，此时，卸料螺钉 4 正好限制到位，将坯料置于下模 6 后，压力机滑块下行，上模块 2 与下模 6 将坯料压紧实施压边。随着滑块下移，上模块 2 与下模成形块 3 共同将鼓包成形出 10mm 高，与此同时，翻边凹模 9 与下模 6 开始对零件边缘进行翻边，随着滑块的逐渐下移，鼓包全部成形出来，直到上模块 2 顶面与上模板 1 底面贴合，下模 6 底面与下模板 8 顶面贴合时，翻边、成形结束。随着滑块上行，卸料缸通过气垫杆 7 将下模 6 顶起，上模块 2 在弹簧 5 弹力作用下共同将成形好的零件顶出。

（2）设计要点

1）考虑到零件形状的不对称，偏心力大，故采用上模块 2 与下模 6 实施压边，使下模 6 在气垫杆的作用下与下模成形块 3 等高，从而，成形过程能始终压紧坯料。

2）为便于鼓包成形，使翻边凹模 9 底面凹进上模块 2（在弹簧回弹后）10mm。

3）翻边凹模 9 圆角取 $R8$mm，下模成形块 3 圆角取 $R5$mm。

4. 故障产生及原因分析　模具设计、试模后发现：成形鼓包口部材料沿尺寸 190 方向向下部收缩约 3mm，造成口部的成形部位不共面，显然，这是鼓包口部材料在成形过程中因受拉应力作用向成形方向收缩造成的，由于不影响零件使用，因此，不预消除。但不能容忍的是成形鼓包于口部开始发生拉裂，裂纹沿半箱体长度方向延伸，长达 40～60mm，破裂率达 100%。

为此，对半箱体破裂原因进行了认真的分析。首先在对材料进行理化检测，排除材料问题之后，又对怀疑由于展开料不足而导致成形拉断进行了复验，结果发现展开料没问题。

从零件形状来看，尺寸 190 方向上成形需要该方向的金属流动通畅，而尺寸 530 方向在尺寸 30 范围内的 U 形金属流动要自由得多，它基本属于弯曲性质，不太受 160 范围内成形鼓包的影响。按理应不会发生拉裂，因而，从模具工作原理着手进行分析。

成形过程中，上模块 2 与下模 6 一直实施坯料压边，当成形 10mm 后，翻边凹模 9 与下模 6 开始对零件边缘进行翻边，此时，成形部位的金属需要从侧边流动变得已不再通畅，造成应该变形的部分成为强区，而本应是传力区的零件边缘却过早产生了塑形变形，并受到较大的压边力作用，使传力区的材料难以流动到变形区，从而加大了危险断面处的拉应力，导致变形区的成形只能依靠料厚减薄来满足成形需要，当延伸率超过延伸极限时，板料便发生变薄严重或破裂。由于制件右边成形时成形边缘能转移的材料大大多于左边成形边缘能转移的材料，这就使得左边成形部位比右边更易破裂。另一方面，下模成形块 3 与下模 6 由于结构上的原因，将形成一尖角 *A*（如图 5-9 俯视图示），从而使金属材料在该处须向径向及横向转移，受模具结构及成形过程的限制，该处金属流动阻力却最大，导致传力区的材料难以向成形区流动，导致成形破裂。该处尖角也往往成为破裂源，引发了周围材料裂纹的产生。

根据上述分析，破裂的原因在于：压边过多、翻边过早使成形区阻力太大，金属流动不畅而产生严重变薄导致破裂；模具结构不合理，尤其是下模分块位置不合理，分块造成的尖角 *A* 使板料在鼓包成形及翻边时与之产生摩擦性划伤，加速了半箱体的破裂趋势。

5. 模具改进思路及要点　由于模具大，仅质量便达 2t 多，加之模具修理周期长，易影响零件生产进度，故不便于对模具作较大的改进，只能进行局部改进，同时又要保证模具生产出不破裂的零体。

控制金属流动的基本原则是开流、限流。即需要金属流动的地方减小阻力，让其顺利流动；在不需要金属流动的地方加大阻力，限制其流动。

依据上述原则，采取以下措施：

1）将原上模块 2 从成形处分割成上模块Ⅰ1 及上模块Ⅱ4 两部分，更换原卸料螺钉 4 和弹簧 5 为卸料螺钉Ⅰ2、弹簧Ⅰ3 和卸料螺钉Ⅱ5、弹簧Ⅱ6，卸料螺钉Ⅰ2、弹簧Ⅰ3 比原卸料螺钉 4 和弹簧 5 长 30mm，而卸料螺钉Ⅱ5、弹簧Ⅱ6 比原卸料螺钉 4 和弹簧 5 短 30mm。

2）为保证零件不偏移，依然实施压边，但根据零件成形特点，在鼓包成形的上模块Ⅱ4 底面开出让位槽，对其不实施压边。

3）增大弯曲及成形圆角部位的单边间隙 0.1mm，减轻材料受模具束缚而造成的流动困难。

4）增大翻边凹模 9 圆角为 *R*12mm，下模成形块圆角取 *R*8mm，以利于金属的转移。

5）为避免下模成形块 3 与下模 6 分块部位形成的尖角 *A* 造成板料在鼓包成形及翻边时的摩擦性划伤，在其相配的上模块Ⅱ4 部位加大圆角为 *R*16mm，并使该部位间隙单边加大 0.3mm，对形成的较大圆角在加工完后利用手工校正。

改进后模具结构如图 5-10 所示。

通过采取措施后，在 60mm 高度鼓包成形时，坯料成形是自由的；而在后续成形时，尽管坯料被压紧，翻边也同时进行，由于开设了让位槽，因而成形过程中的金属流动仍然是通畅的。

6. 效果 改进后的模具经重新试模，零件全部符合图纸要求，未能产生破裂。

7. 本例设计总结 本案例是合理安排翻边与成形复合过程中的先后顺序的典型模具结构，在零件成形、翻边复合工艺中，依据金属流动的开、限流原则，对成形、翻边复合件进行仔细分析，合理安排好成形及翻边的“节奏”，设置好恰当的压边形式，保持金属流动的通畅性，能妥善解决好零件破裂问题，生产出合格的零件。

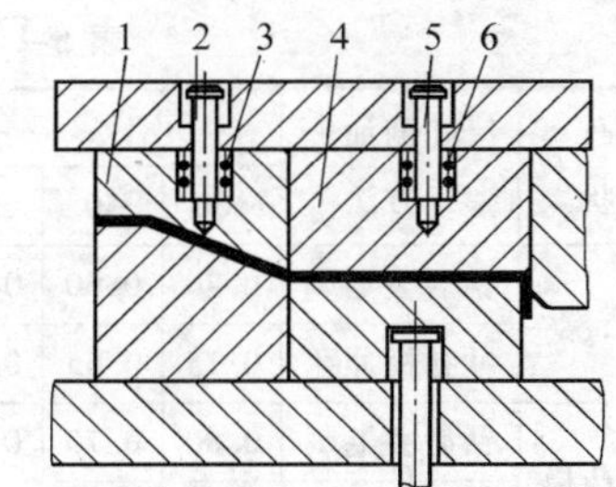

图 5-10 模具结构改进图

1—上模块Ⅰ 2—卸料螺钉Ⅰ 3—弹簧Ⅰ
4—上模块Ⅱ 5—卸料螺钉Ⅱ 6—弹簧Ⅱ

5.3 翻边模案例剖析

5.3.1 翻边加工工艺及模具结构分析

制定翻边加工工艺，首先应根据工件边缘的性质和应力状态的不同，区分出内缘翻边和外缘翻边。

1. 内缘翻边加工工艺 内缘翻边加工工艺方案的制定，首先要对翻边工件的翻边系数及翻边高度进行计算，若能达到用平板毛坯预冲孔后直接翻边的高度，则可制定平板毛坯直接翻孔工艺；若不能直接翻边出所要求的高度时，则应采用预先拉深，然后在拉深件底部冲孔再翻边或采用直接切筒底等工艺方案达到要求。

(1) 翻边系数 内缘翻边主要有内孔翻边及非圆孔的翻边两种。内孔翻边产生的缺陷主要是被拉裂，是否被拉裂取决于变形程度的大小。内孔翻边的变形程度用翻边前孔径 d 与翻边后孔径 D 的比值 m 来表示。即

$$m = \frac{d}{D}$$

m 称为翻边系数。m 值越大，变形程度越小；m 值越小，变形程度越大。翻边时孔不破裂所能达到的最小翻边系数称为极限翻边系数。极限翻边系数与材料塑性、孔的边缘状况、凸模的形状等许多因素有关。表 5-2 为采用不同的翻边凸模、不同的预制孔加工方法时的低碳钢极限翻边系数。

表 5-3 为圆孔翻边时各种材料的翻边系数。其中 m_{min} 为当翻边壁上允许有不大的裂痕时，可以达到的最小翻边系数。

表 5-2　低碳钢极限翻边系数

翻边凸模形状	孔的加工方法	材料相对厚度 d/t										
		100	50	35	20	15	10	8	6.5	5	3	1
球形凸模	钻后去毛刺	0.70	0.60	0.52	0.45	0.40	0.36	0.33	0.31	0.30	0.25	0.20
	冲孔模冲孔	0.75	0.65	0.57	0.52	0.48	0.45	0.44	0.43	0.42	0.42	—
圆柱形凸模	钻后去毛刺	0.80	0.70	0.60	0.50	0.45	0.42	0.40	0.37	0.35	0.30	0.25
	冲孔模冲孔	0.85	0.75	0.65	0.60	0.55	0.52	0.50	0.50	0.48	0.47	—

注：按表中翻边系数翻孔后，口部边缘会出现不很大的开裂，若工件不允许，翻边系数须加大10%～15%。

表 5-3　圆孔翻边时各种材料的翻边系数

经退火的毛坯材料	翻边系数	
	m	m_{min}
镀锌钢板（白铁皮）	0.70	0.65
软钢（$t=0.25\sim2.0$mm）	0.72	0.68
（$t=3.0\sim6.0$mm）	0.78	0.75
黄铜（H62$t=0.5\sim6.0$mm）	0.68	0.62
软铝（$t=0.5\sim5.0$mm）	0.70	0.64
硬铝合金	0.89	0.80
钛合金 TA1（冷态）	0.64～0.68	0.55
TA1（加热 300～400℃）	0.40～0.50	0.40
TA5（冷态）	0.85～0.90	0.75
TA5（加热 500～600℃）	0.70～0.75	0.65
不锈钢、高温合金	0.69～0.65	0.61～0.57

非圆孔的翻边，如图 5-11 所示，须对各圆弧或直线段组成部分分别进行划分，根据其变形情况，确定变形性质。对圆孔翻边的变形性质，当其圆心角 α 大于 180°时，其极限翻边系数与圆孔极限翻边系数相差不大，可直接按圆孔翻边计算；圆心角 α 小于 180°时，其极限翻边系数较圆孔极限翻边系数要小些，按 $m'=\dfrac{\alpha}{180^\circ}m$ 近似计算，图中的直线段部分按弯曲变形计算。

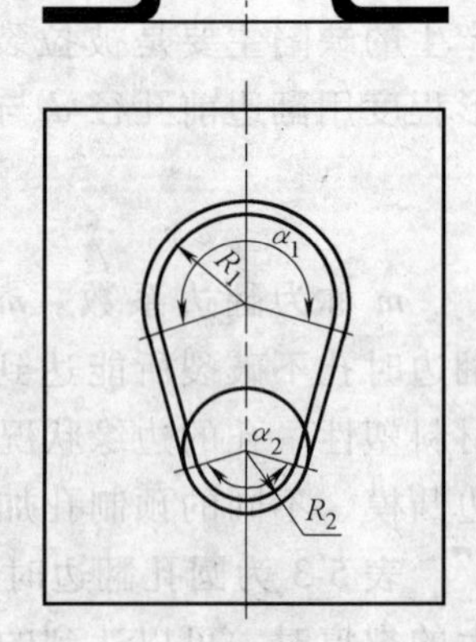

图 5-11　非圆孔的翻边

（2）翻边高度　当在平板毛坯上翻边时，对其预制孔直径 d 进行翻边工艺计算时，应根据零件翻边后的尺寸 D 计算出预制孔直径 d，并核算其翻边高度 H；当采用平板毛坯不能直接翻边出所要求的高度时，则应预先拉深，然后在拉深件底部冲孔再翻边或采用直接切筒底等工艺方案达到要求。

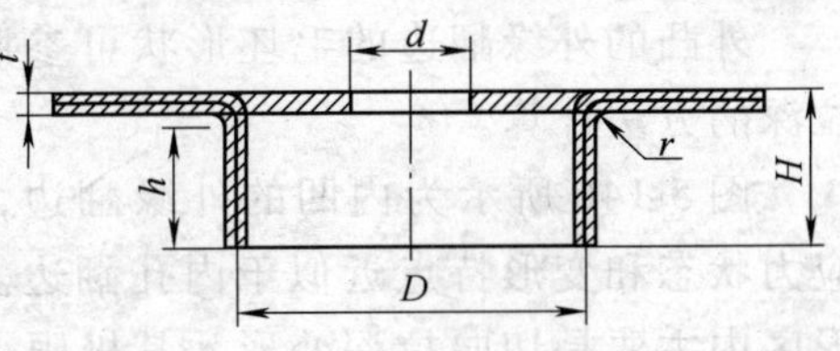

图 5-12　平板毛坯的翻边

1）平板毛坯上翻边。如图 5-12 所示。在平板毛坯上翻边时，其预冲孔直径 d 的计算式为

$$d = D - 2(H - 0.43r - 0.72t)$$

翻边高度 H 的计算式为

$$H = \frac{(D-d)}{2} + 0.43r + 0.72t$$

或

$$H = \frac{D}{2}\left(1 - \frac{d}{D}\right) + 0.43r + 0.72t$$

$$= \frac{D}{2}(1 - m) + 0.43r + 0.72t$$

由于极限翻边系数为 $m_{\min}$，因此，许用最大翻边高度 $H_{\max}$ 的计算式为

$$H_{\max} = \frac{D}{2}(1 - m_{\min}) + 0.43r + 0.72t$$

2）预拉深后翻边。当工件的高度 H 大于 $H_{\max}$ 时，则需先拉深后，在其底部预冲孔 d，再翻边。如图 5-13 所示。这时，先要决定翻边所能达到的最大高度 $h_{\max}$，然后根据翻边高度来确定拉深高度 h_1，此时

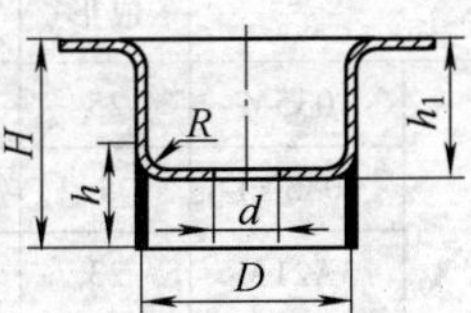

图 5-13　拉深件底部冲孔翻边

翻边高度 h 的计算式为

$$h = \frac{(D-d)}{2} + 0.57r$$

许用最大翻边高度 $h_{\max}$ 的计算式为

$$h_{\max} = \frac{D}{2}(1 - m_{\min}) + 0.57r$$

拉深高度 h_1 的计算式为

$$h_1 = H - h_{\max} + r + t$$

预冲孔直径 d 的计算式为

$$d = D + 1.14r - 2h$$

或

$$d = m_{\min} D$$

2. 外缘翻边加工工艺　外缘翻边有外凸和内凹两种情况。

图 5-14a 所示为外凸的外缘翻边，其极限变形程度主要受变形区材料失稳的限制。外凸的外缘翻边变形程度 $E_{凸}$ 的计算式为

$$E_{凸} = \frac{b}{R + b}$$

外凸的外缘翻边的毛坯形状可参照浅拉深的方法计算。

图 5-14b 所示为内凹的外缘翻边，其应力状态和变形特点近似于内孔翻边。变形区内主要是切向拉深变形，其极限变形程度主要受边缘拉裂的限制。内凹的外缘翻边变形程度 $E_{凹}$ 的计算式为

$$E_{凹}=\frac{b}{R-b}$$

内凹的外缘翻边的毛坯形状可参照内孔翻边方法计算。

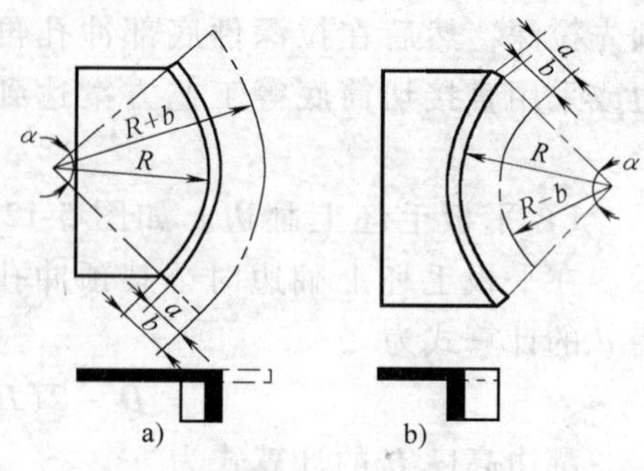

图 5-14 外缘翻边

a）外凸的外缘翻边 b）内凹的外缘翻边

不同材料采用不同的成形方法，其外缘翻边允许的极限变形程度值见表 5-4。

表 5-4 外缘翻边允许的极限变形程度

材料名称及牌号		$E_{凸}$（%）橡皮成形	$E_{凸}$（%）模具成形	$E_{凹}$（%）橡皮成形	$E_{凹}$（%）模具成形	材料名称及牌号		$E_{凸}$（%）橡皮成形	$E_{凸}$（%）模具成形	$E_{凹}$（%）橡皮成形	$E_{凹}$（%）模具成形
铝合金	1035M	25	30	6	40	黄铜	H62 软	30	40	8	45
	1035Y1	5	8	3	12		H62 半硬	10	14	4	16
	3A21M	23	30	6	40		H68 软	35	45	8	55
	3A21Y	5	8	3	12		H68 半硬	10	14	4	16
	5A02M	20	25	6	35	钢	10	—	38	—	10
	3A03Y1	5	8	3	12		20	—	22	—	10
	2A12M	14	20	6	30		1Cr18Ni9 软	—	15	—	10
	2A12Y	6	8	0.5	9		1Cr18Ni9 硬	—	40	—	10
	2A11M	14	20	4	30		2Cr18Ni9	—	40	—	10
	2A11Y	5	6	0	0						

当翻边变形程度小于极限变形程度时，可一次翻边成形。

3. 翻边模的结构 翻边模的结构与一般拉深模相似，如图 5-15 所示。与拉深模不同的是翻边凸模圆角半径一般较大，甚至作成球形或抛物面形，以利于变形。

由于翻边时有壁厚变薄现象，所以翻边模单边间隙 Z 一般小于料厚 t，可取 $Z=(0.75\sim0.85)\ t$。

对不封闭曲线的翻边模，由于是非轴对称零件，压力中心不会在零件平面形状中间位置，翻边时坯料容易窜动，因此在模具设计时要注意设置定位压紧

装置，并加大压料板的压料力，或采用两件对称的冲压方法，来减少坯料的窜动的趋势，翻边后再把翻边件从中切开，得到两个零件。

在实际生产中，根据零件使用要求，在满足零件尺寸精度的前提下，还可设置变形减轻工艺孔来控制零件的变形，从而减少加工工序，降低生产成本（详见5.3.2）。

翻边也常常与其他成形工序复合。为避免各成形工序间的相互影响，在模具设计中，一般采用的加工方法是分别单独成形，对其进行复合必须分析好其成形规律并在模具中采取合理的结构（详见5.3.2）。

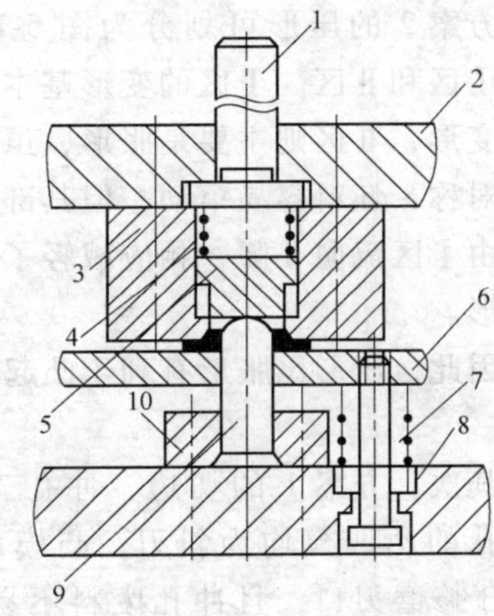

图 5-15　翻边模结构

1—模柄　2—上模板　3—凹模　4、7—弹簧　5—顶件器　6—退件器　8—下模板　9—凸模　10—凸模固定板

5.3.2　油罐支架成形翻边模

1. 零件结构　图 5-16 所示为某油罐的支架，采用 2.5mm 厚的 08 钢制成。

2. 加工工艺分析　该零件形状不对称，变形不均匀。由于中间凸起部分较高，零件外缘相对较大，在压制凸起时周边的材料补充很困难，要完全靠 B、C 两处材料变薄来实现，但从整体强度考虑，又不允许有过分变薄现象。

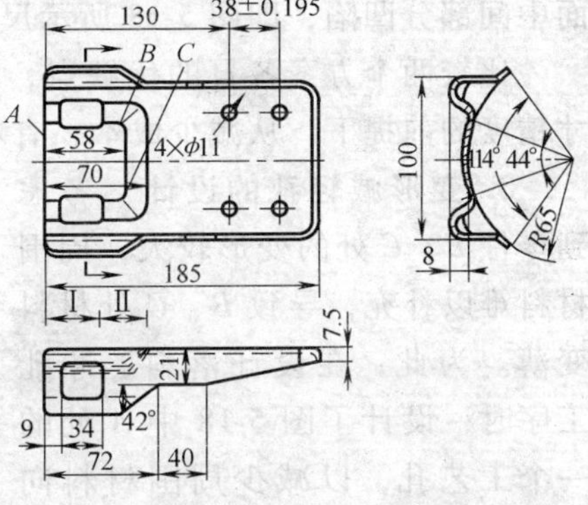

图 5-16　支架结构简图

根据零件结构，主要有如下两种加工工艺方案：

方案 1：一次出两件，两件对称布置，增加工艺补料部分，中间凸起部分采用胀形来完成，然后剖切、修边、冲孔，最后翻边，如图 5-17 所示。加工工艺方案为：胀形 → 剖切、修边、冲孔→翻边

方案 2：一次出一件，先落料冲孔，中间凸起部分采用压胀结合的方法，如图 5-18 所示。加工工艺方案为：落料、冲孔 → 压形 → 翻边

方案 1 的两件对称排列，变形具有对称性，变形较单件压形均匀，材料流动具有轴对称性，坯料不窜动。缺点是 B、C 两处周边的材料补充很困难，要完全靠 B、C 两处材料变薄来实现，成形很困难。

方案 2 的压形可划分为图 5-16 所示的Ⅰ区和Ⅱ区。Ⅰ区的变形基本上为弯曲变形，Ⅱ区则主要是胀形，虽然形状不对称，坯料容易窜动，但其部分材料可由Ⅰ区流向Ⅱ区，相应减轻了Ⅱ区的变形。

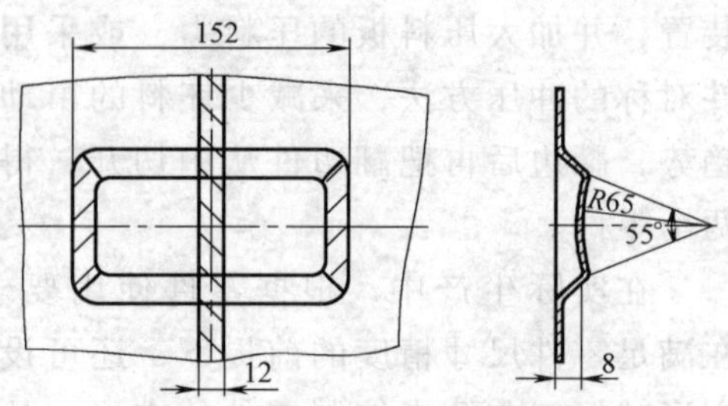

图 5-17 方案 1 加工简图

因此，压形比胀形有利于凸起的形成。

其次，方案 1 的切边、冲孔工序中，4 个方形孔的凸凹模均为斜刃，凸模承受侧向力，不利于修磨刃口，且冲孔废料不易排除。而方案 2 中的所有冲孔都是在平料上进行，凸模、凸凹模制造容易，也容易修磨刃口。

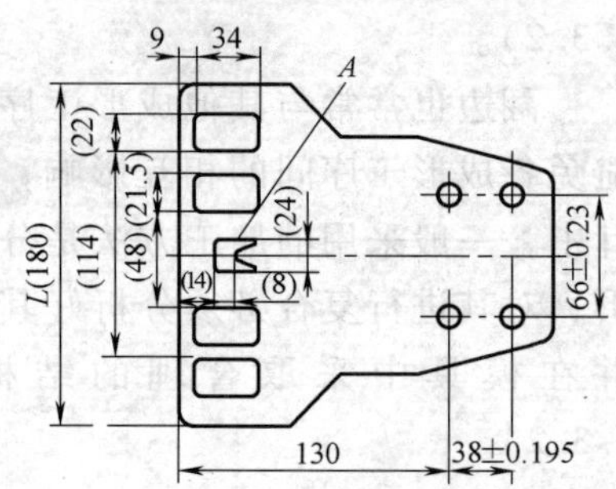

图 5-18 方案 2 加工简图

A 为工艺孔 图中带括号尺寸由实验确定

另外，方案 1 先胀形后切边冲孔，孔的形状和孔位尺寸精确，且图 5-16 示的 *A* 端面很平齐，完全符合图样要求，方案 2 由于先落料、冲孔、后压形，使方孔的形状在压形时发生一定的变形，孔位尺寸精度也相对较差，且 *A* 端面中间部分凹陷，即图 5-18 所示尺寸 *L* 会相应收缩。

比较两个方案各自的优缺点，根据对零件精度的实际要求，在满足零件尺寸精度的前提下，从减少成本，有利于成形等方面考虑，选择方案 2。

3. 变形减轻孔的设计 考虑到零件 *B*、*C* 处的变形较大，周围材料难以补充，导致 *B*、*C* 处材料变薄。为此，在设计落料、冲孔工序时，设计了图 5-18 中 *A* 处的一个工艺孔，以减少周围材料向 *B*、*C* 处流动的阻力，减缓 *B*、*C* 处的变形量。工艺孔的位置和形状通过试验测定。

4. 模具结构 压形模结构见图 5-19。

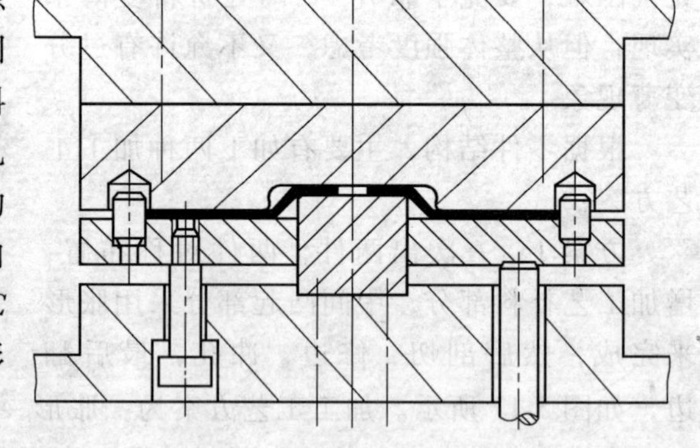
图 5-19 压形模结构简图

模具工作时，将两件坯料对称放置在模具压边圈的定位销上，使压力中心能与模具中心重合，便于零件的压制。

5. 设计要点

1）在设计落料、冲孔模时，其落料的形状及冲孔的位置，经过试验确定。先制作压形模，在压形模上通过试验确定落料冲孔模的精确尺寸。经过试验，发现 A 端面中间部分凹陷，中间最大收缩量为 2~3mm，尺寸 L 缩小了 6~7mm，各个方孔之间的位置也有相应变化，据此，修改落料、冲孔模尺寸。

2）对图 5-17 中曲面画阴影处的成形，凸模和凹模成形时均躲开此处，采用悬空变形的办法，使该处材料自由流动。

6. 使用效果 该模具生产的零件满足产品的要求。

7. 本例设计总结 在实际生产中，根据对零件精度的实际要求，在满足零件尺寸精度的前提下，从减少成本、有利于成形等方面考虑，并不一定选择仅仅从理论上分析最能保证零件尺寸精度的加工方案，同时还得综合考虑模具制造成本、模具的维修性等因素，从中优选出最佳方案，对成形可能发生的变形，可设置工艺孔，控制并减轻变形。

5.3.3 翻边模结构的改进

1. 零件结构 图 5-20 所示零件，采用 0.8mm 厚的 08F 钢制成，由于使用上的需要，一方面需要从 ϕ242mm 扩大到 ϕ247mm，另一方面又要进行 90°翻边。

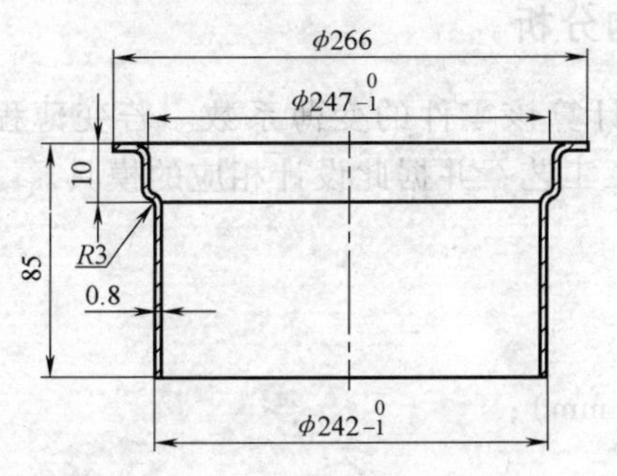

图 5-20 零件结构简图

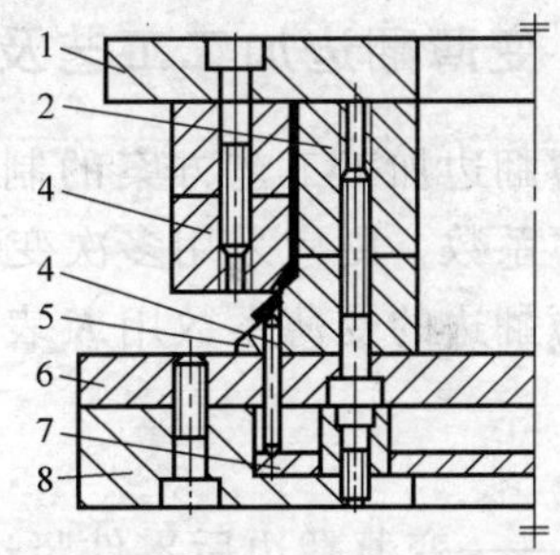

图 5-21 45°翻边模结构简图

1—上模板 2—导向块 3—凹模 4—顶销 5—翻边模 6—垫板 7—顶板 8—下模板

2. 原模具结构 该零件原加工工艺为：先翻 45°边，再翻 90°边，利用二套模具加工。图 5-21 为 45°翻边模结构，然后再把 45°边翻成 90°并压平。

模具中的顶销 4 和顶板 7 起卸件作用，在卸件时，翻边的法兰平面上有顶销的痕迹，并使平面度超出公差范围。

3. 模具改进 为保证翻边法兰面的平面度，用图 5-22 所示改进后的模具进行生产。

图中左半部分为 45°翻边模，采用 45°翻边模块 3 既可起 45°翻边作用，又通过顶件板 7 和顶销 9 把工件从凸模上卸下来，45°翻边工序完成后，把 45°翻边

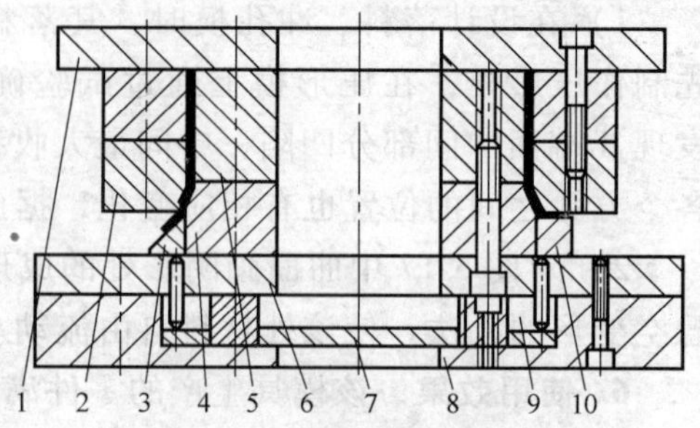

图 5-22　改进后模具结构简图

1—上模板　2—凹模　3—45°翻边模块　4—扩口凸模　5—导向模　6—垫板　7—顶板　8—下模板　9—顶销　10—90°翻边模块

模块拿下来，换上 90°翻边模块 10 进行 90°翻边、压平工序，如图右半部分。

4. 改进效果　改进后的模具不但能保证翻边法兰的平面度要求，而且只用一套模具就可以完成两道工序的工作。

5. 本例设计总结　本例原模具结构由于未注意在成形及卸料过程中对坯料实施保护，使顶销在零件上压出压痕，这种后果对薄料的成形尤其严重。改进后的成形模能满足多工序的要求，达到一模多用，降低了生产成本。这是企业中常用来降低成本的方法很有推广价值。

5.4 变薄翻边模案例剖析

5.4.1 变薄翻边加工工艺及模具结构分析

变薄翻边加工工艺方案的制定应首先计算该零件的变薄系数。若变薄程度超过变薄系数，则应采用多次变薄翻边加工工艺，并据此设计相应的模具。

变薄翻边的变薄系数用 K 表示：

$$K = \frac{t_1}{t}$$

式中　t_1——变薄翻边后零件竖边的厚度（mm）；

t——毛坯厚度（mm）。

一次变薄翻边的变薄系数 K 可取 0.4 ~0.5。

变薄翻边属于体积成形，因此变薄后竖边高度按变薄翻边前后体积不变的原则进行计算。

变薄翻边力比普通翻边力大得多，力的大小与变形量成正比。

如果要使孔壁变得很薄，则可以应用直径逐渐增大的阶梯环形凸模在压力机上一次行程中将其厚度逐渐减小来获得（图 5-23）。其中图 5-23a 表示翻边凸模用于直径较小孔的翻边，图 5-23b 表示翻边凸模用于直径较大孔的翻边。

阶梯形凸模的阶梯数按下式进行计算：

$$n = \frac{\lg t - \lg t_1}{\lg\left(\dfrac{100}{100 - E}\right)}$$

式中　t——材料厚度（mm）；

t_1——变薄后材料的厚度（mm）；

E——变形程度，见表5-5。

在生产变薄翻边类零件过程中，若由于工艺方案制定不合理，造成零件的加工缺陷，处理的方法一般是：若为小批量生产，则可与产品设计人员协商，采用更改材料及其他的后处理方法，当然，若为对外加工的模具或大批量生产，则可能要更改工艺方案（如采取多次变形，增加或改进模具等）（详见5.4.2）。

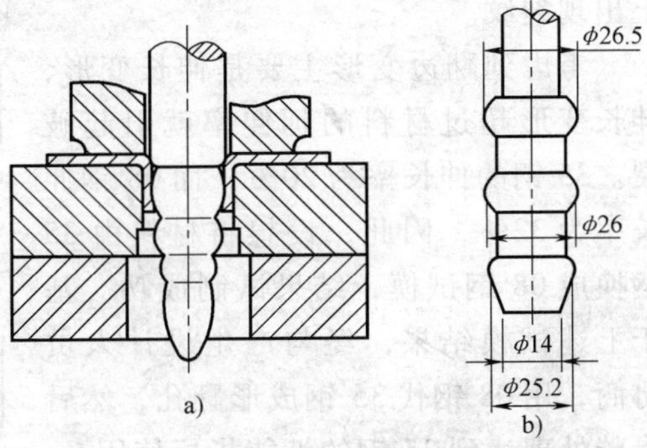

图5-23　采用阶梯环形凸模的变薄翻边

a）直径较小孔变薄翻边　b）直径较大孔翻边凸模

表5-5　变薄翻边时材料的平均变形程度 E

材料	第一次变形（%）	继续变形（%）
软钢	55～60	30～45
黄铜	60～77	50～60
铝	60～65	40～50

5.4.2　变速拨杆变薄翻边模

1. 零件结构　图5-24所示变速拨杆为小批量生产试制的产品，采用5mm厚的35钢制成。

2. 加工工艺分析　零件上的 $\phi12$mm 孔是由内孔变薄翻边而成，即由厚度5mm变成 $\frac{16-12}{2}=2$mm，变薄系数为 $K=\frac{2}{5}=0.4$。

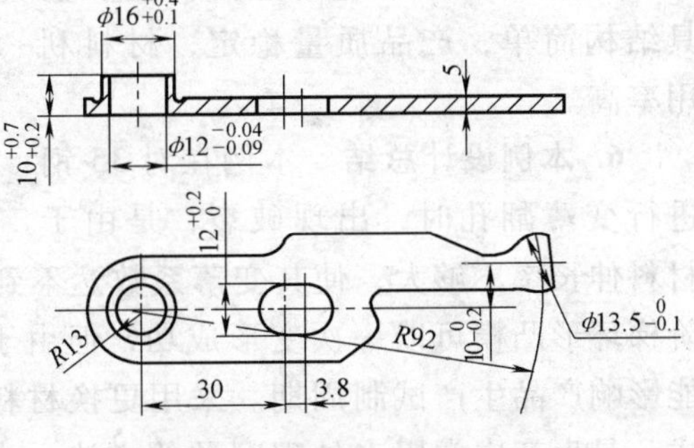

图5-24　变速拨杆结构简图

根据翻边孔变形前后体积相等原则，应在模具落料后的坯料上先钻底孔 $\phi3$mm 再在翻边模上翻孔。

3. 模具结构及工作过程　设计的翻孔模具结构如图5-25所示，该模具一次同时加工两件坯料。

在试模中，用材料35钢进行翻边，由底孔 $\phi3$mm 在凸模上定位，由托料板托料，把料片压实后翻边成形。材料在凸模压力作用下，变形区材料拉伸变形，使孔径逐步扩大，而后又在凸凹模间隙中逐步扩大，翻孔结果发现，孔的边沿上出现裂纹。

考虑到翻边变形主要是伸长变形，伸长变形超过材料的延伸率就引起破裂。35 钢的伸长率为20%，而08 钢伸长率为32%，因此，设想将材料由 35 钢换成 08 钢试模，结果试制成功。基于上述试模结果，经与产生设计人员协商，用08 钢代35 钢成形翻孔，然后渗碳处理达到 35 钢的性能指标使用。

4. 设计要点

1）翻边底孔采用钻孔加工，且毛刺的一面朝翻孔一方。

2）翻孔凸模采用锥形头部，翻边工作部分表面粗糙度为 $R_a0.4\mu m$。

3）为提高模具承载能力，凹模由二层压装而成。凸、凹模材料用 GCr15，热处理硬度为 58 ~62HRC。

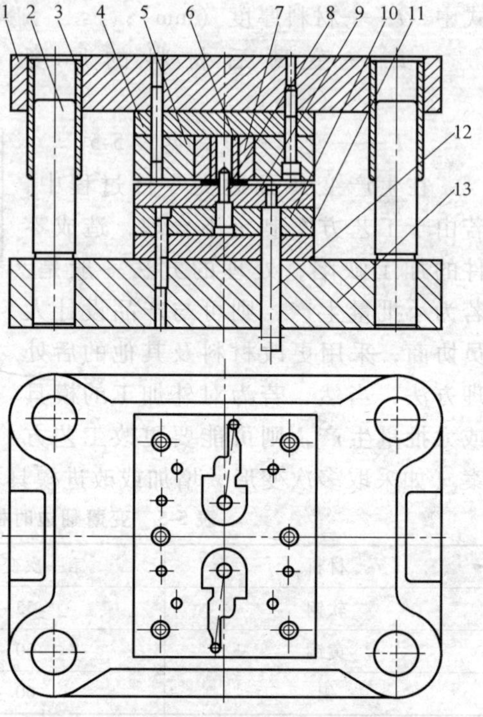

图 5-25　翻孔模具结构简图

1—上模座　2—导柱　3—导套　4—上垫板　5—凹模固定板　6—凹模套Ⅰ　7—凹模套Ⅱ　8—凸模　9—托料板　10—凸模固定板　11—下垫板　12—托料杆　13—下模座

5. 使用效果　整个生产工艺和模具结构简单，产品质量稳定，材料利用率高。

6. 本例设计总结　本例在对 35 钢进行变薄翻孔时，出现破裂，是由于材料伸长率不够大，使其变薄系数达不到一次变薄变形程度。采用图 5-23 所示阶梯环形凸模可以一次变形成功，但由于此时要对模具进行较大的改动，则可能影响产品生产试制周期。采用更换材料再经后续处理满足产品要求的处理方式，是生产中常用来处理问题的方法。当然，若为对外加工的模具，则可能要采取更改工艺方案、更改模具结构等补救措施。

5.5 缩口模案例剖析

5.5.1 缩口加工工艺及模具结构分析

1. 缩口加工工艺　缩口加工工艺方案的制定应首先计算该零件的缩口系数，若缩口程度超过其极限缩口系数，则应采用多次缩口加工工艺，并据此设计相应的模具。

缩口时，变形区内金属受切向和轴向压应力，且主要是受切向压应力的作用使直径缩小，壁厚和高度增加，切向压应力使变形区材料易于失稳起皱，而在非变形区的筒壁，由于要承受全部缩口压力，也有可能发生失稳变形。因此，防止失稳是缩口工艺的主要问题，其极限变形程度受到侧壁的抗压强度或稳定性的限制。缩口变形程度以切向压缩变形大小来衡量，用缩口系数 m 表示：

$$m=\frac{d}{D}$$

式中 d——缩口后直径（mm）；

D——缩口前直径（mm）。

极限缩口系数 $m_{\min}$ 的大小主要与材料种类、料厚、模具形式和坯料表面质量有关。

表 5-6 为不同材料、不同材料厚度的平均缩口系数。表 5-7 是不同材料、不同支承方式的极限缩口系数。

缩口模具的支承方式见图 5-26 。

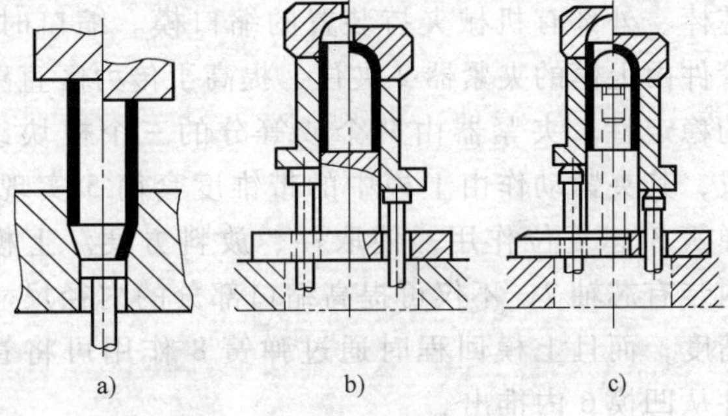

图 5-26　缩口模具的支承方式

a）无支承　b）外支承　c）内外支承

如果零件的缩口系数小于极限缩口系数 $m_{\min}$，则需要多次缩口。缩口次数 n 可根据零件总缩口系数 $m_{总}$ 与平均缩口系数 m 来估算，即：

表 5-6　平均缩口系数 m

材　料	材料厚度 /mm		
	~0.5	>0.5~1	>1
黄铜	0.85	0.8~0.7	0.7~0.65
钢	0.85	0.75	0.7~0.65

表 5-7　极限缩口系数 $m_{\min}$（锥形凹模缩口）

材　料	支　承　方　式		
	无支承	外支承	内外支承
软钢	0.70~0.75	0.55~0.60	0.3~0.35
黄铜（H62，H68）	0.65~0.70	0.50~0.55	0.27~0.32
铝	0.68~0.72	0.53~0.57	0.27~0.32
硬铝（退火）	0.73~0.80	0.60~0.63	0.35~0.40
硬铝（淬火）	0.75~0.80	0.63~0.72	0.40~0.43

$$n = \frac{\lg m_{总}}{\lg m}$$

2. 缩口模具结构分析 缩口模的结构比较规范，变化不大。图 5-27 所示为简单缩口模，适用于缩口变形程度较小、相对料厚较大的中小尺寸缩口件。

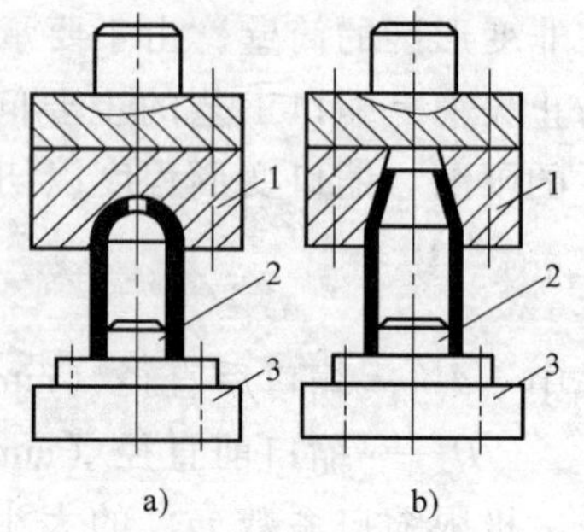

图 5-27 简单缩口模

a）球形缩口 b）锥形缩口

1—凹模 2—定位器 3—下模板

生产中，其他的缩口模大多是以图 5-27 所示简单缩口模为基础的变形结构，只是根据零件结构需要增加了某些装置。如图 5-28 是口部有芯棒、外部有机械夹持装置的缩口模。缩口时，管件由上模的夹紧器 2 夹住，提高了传力区直壁的稳定性。夹紧器由两个或等分的三个模块组成，其夹紧动作由上模中的带锥度套筒 5 实现。弹簧 3 起复位作用，使取件、放料方便。上模内装有芯轴 7，不仅可提高缩口部分的内径尺寸精度，而且上模回程时通过弹簧 8 作用可将管件从凹模 6 内推出。

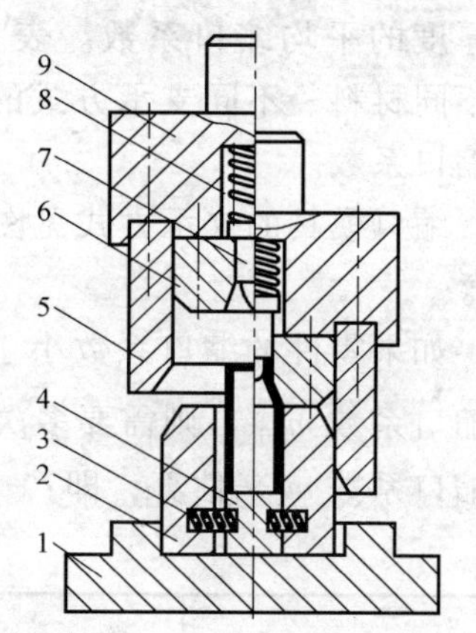

图 5-28 口部有芯棒、外部有机械夹持装置的缩口模

1—下模板 2—夹紧器 3、8—弹簧 4—垫块 5—锥形套筒 6—凹模 7—芯轴 9—模柄

由于缩口加工后，材料产生回弹现象，一般口部直径要比缩口凹模大 0.5% ~0.8%，所以设计凹模时，可对口部的基本尺寸乘以 0.992 ~0.995 作为凹模实际标注尺寸，以便补偿回弹。

在实际生产过程中，受零件加工设备、生产批量等方面的限制，同时基于零件加工总体加工工艺的安排，缩口加工往往采用在普通车床上完成，以实现缩口及修边一体化操作（详见 5.5.2）。

若生产批量很大或缩口质量特别重要，则缩口加工也往往采用专机完成，尽管加工设备发生变化，但其成形原理却是一致的。为保证其缩口质量，关键要紧紧抓住其成形特性（详见 5.5.3）。

5.5.2 齿轮套车用缩口模

1. 零件结构 图 5-29 是小批量生产的齿轮套，采用 1mm 厚的 LF_3-M（5A03）制成，由于使用上的需要，在其拉深件上要进行缩口加工。

2. 模具结构及工作过程 拉深好的零件通过车床用缩口模进行缩口并完成

修边，其结构如图 5-30。

工作过程为：将拉深好的零件套于本体 1 的左部，尔后，插入锥度心轴 5，拧紧压紧圈 10，通过弹簧 9 传力至压紧块 8 和销子 7，带动锥度心轴 5 将三块均匀分布的滑块 3 顶起，定位块 2 将齿轮套涨紧，实现夹紧。由于涨紧后的齿轮套刚性得到极大提高，因而能方便地利用车床上的三爪实现装夹且不变形。

装夹好零件后，起动车床使车床主轴转动，利用安装在车床刀架上的滚压轮 12 进行缩口加工，便可实现缩口，缩口完成旋转车床刀架，利用切断刀便可方便地对拉深件缩口后所留的修边余量进行车制修边。

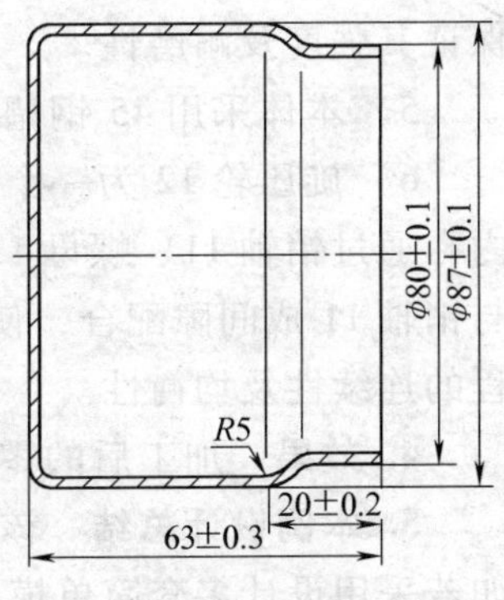

图 5-29　零件简图

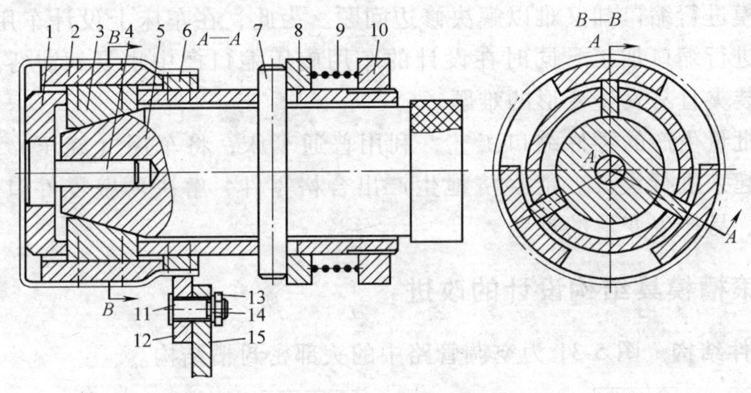

图 5-30　车床用缩口模结构

1—本体　2—定位块　3—滑块　4—导柱　5—锥度心轴　6—定位圈　7—销子　8—压紧块　9—弹簧　10—压紧圈　11—销轴　12—滚压轮　13—螺母　14—垫圈　15—车刀杆

缩口、修边完成，停止车床主轴转动，松开机床三爪，拧松压紧圈 10，将锥度心轴 5 抽出，三个斜面滑块 3 失去锥度支承而自动下落。此时，便可将完成缩口和修边的零件从模具中取出，转入下一个零件的加工准备。

3. 设计要点

1）设计时使定位块 2 及定位圈 6 尺寸与零件的内形尺寸完全一致，使涨紧后的三个定位块 2 及定位圈 6 与零件的内腔贴合良好，并保证零件的装夹刚性，在用三爪装夹时不会发生变形，也保证了零件旋压缩口过程中不会移动。

2）导柱 4 与本体 1 配合部分成过盈配合。导柱 4 与锥度心轴 5 配合部分成间隙配合，其最大双面间隙仅 0.04mm，保证零件加工的精度。

3）锥度心轴 5 与三个滑块 3 斜度均取 16°，同时，保证三个滑块斜度完全一致、三个定位块 2 的外圆尺寸一致，以实现齿轮套内孔的均匀涨紧。

4）三个滑块 3 及锥度心轴 5 的锥度均进行热处理，硬度为 45～52HRC，以保证其强度及耐磨性。

5）本体采用45钢调质处理，以保证整套旋压模强度足够。

6）旋压轮12为一个经热处理、硬度为45～52HRC的垫圈状磨光零件，其内孔通过销轴11、螺母13、垫圈14安装于普通刀杆15上。安装后的旋压轮12与销轴11成间隙配合，使旋压轮12能绕销轴11自由转动，以保持旋压缩口过程的连续性及均衡性。

4. 效果 加工后的零件质量满足要求，同时，具有较好的经济性。

5. 本例设计总结 该零件是拉深与缩口的复合件，由于零件生产批量不大，如若采用设计多套简单模具或较为复杂的复合模加工均不经济。

考虑到拉深后的零件料较薄，形状为一薄壳件，加之材料强度较低，故刚性较差，若用车床三爪直接装夹车制口部修边，极易发生装夹变形；如若采用设计缩口模进行缩口却又难以解决修边问题。为此，在车床上设计车用（旋压）缩口模能进行缩口加工，同时在设计的车用旋压缩口模中也易解决零件车削修边不便于装夹且易发生变形的难题。

对小批量生产的零件缩口工艺，利用普通车床，将车用（旋压）缩口模与夹具组合起来进行设计，能经济地生产出合格零件，解决薄壁零件口部车削不便于装夹、易产生变形的难题。

5.5.3 滚槽模具结构设计的改进

1. 零件结构 图5-31为空调管路中的头部密封槽结构。

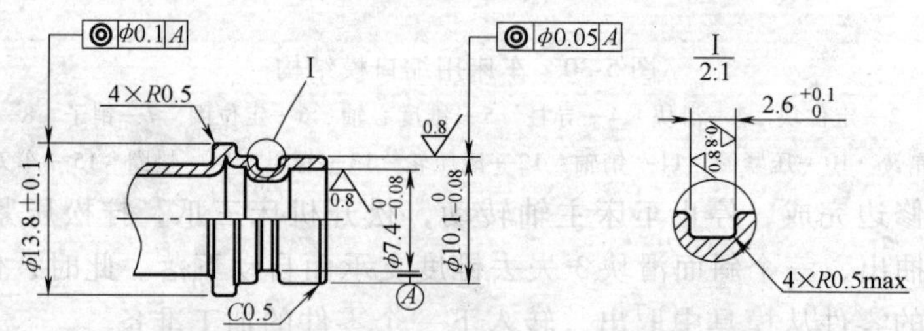

图5-31 空调管路中的头部密封槽结构简图

2. 原加工工艺及模具 此类密封槽的加工属于无切削加工。由于槽的尺寸精度、工作表面粗糙度、形位公差等要求较高，因此，采用意大利BLM公司的六工位管端成形设备配合图5-32所示的滚槽模进行加工。加工中须注意控制主轴的转速、主轴的轴向进给速度与滚轮的径向进给速度的合理配比以及适当的滚压延时等加工工艺参数。

工作时，本体15与6工位管端成形设备连接，需加工的管件被该设备夹紧固定，6工位管端成形机的主轴在旋转的同时以一定的轴向进给速度前进，当管

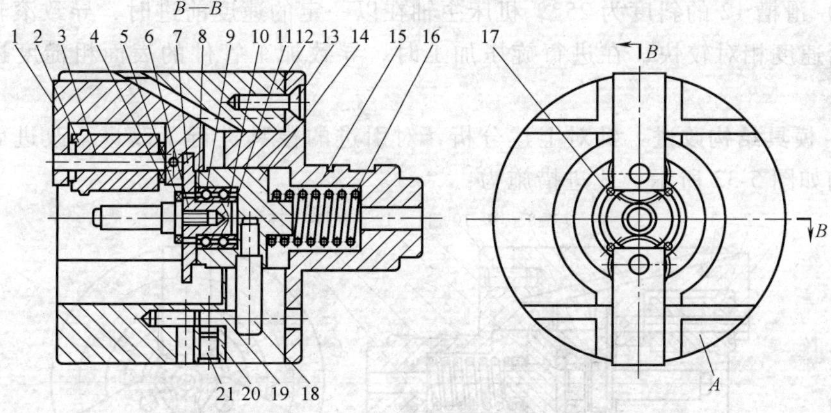

图 5-32　滚槽模结构简图

1—滚轮支架　2—滚轮　3—滚轮轴　4—进口推力滚针轴承　5—心轴　6—垫圈　7—盖　8—轴　9—单列深沟球轴承 1000802　10—轴用弹性挡圈　11—轴承挡圈　12—滑槽　13、17、19、21—螺钉　14—轴承座　15—本体　16—弹簧　18—挡销　20—垫片

件与心轴 15 接触时，管件顶住心轴 5，心轴 5 与轴承座 14 通过单列深沟球轴承 9 与轴用弹性挡圈 10 及轴承挡圈 11 相连接，盖 7 与轴承座 14 固定，盖 7 带动滚轮支架 1 沿滑槽 12 方向运动，即向后运动的同时，滚轮支架 1 向心轴方向滑动，由于此 6 工位管端成形机的主轴移动距离由伺服电机控制，因而前进的距离可以精确调整。

（1）该滚槽模加工存在的缺陷

1）头部有斜度，形成的零件外形为圆锥型。

2）零件头部圆度超差。

3）管件口部有翻边和毛刺。

4）零件表面粗糙度达不到要求，表面有毛刺、凹坑、附着铝屑等。

（2）滚槽模的工作原理及结构存在的问题

1）用对称的两个滚轮结构加工密封槽，尽管能加工直径很小的管径，但在加工成形原理上易使加工的管件头部圆度超差。

2）滑槽 12 与本体 15 固定依靠两个对称的台阶，由于本体 15 的外形已经为最大尺寸，本体 *A* 处强度不够，在进行旋槽加工时，滚轮 2 由于受到管件的反挤压力，迫使本体 15 往外张开，使两个滚轮不平行，形成一定的夹角，造成被加工的零件为圆锥型，头部有斜度。

3）管件加工时，管件与心轴 5 是相对静止的，心轴 5 是不旋转的，在图 5-36 所示的结构中，当管件与心轴 5 接触时，管件顶住心轴 5 往后退，由于紧紧顶住，轴 8 与轴承座 14 会发生卡死现象，产生心轴 5 与管件发生相对转动的现象，导致生产的零件头部口部有翻边和毛刺的现象。

4）滑槽12的斜度为25°，机床主轴在以一定的速度前进时，导致滚轮的径向进给速度相对较快，在进行旋压加工时，导致加工管件的表面粗糙度达不到要求。

3. 模具结构改进 针对上述分析，对引进的模具进行了改进，改进后的模具结构如图5-33所示，改进措施为：

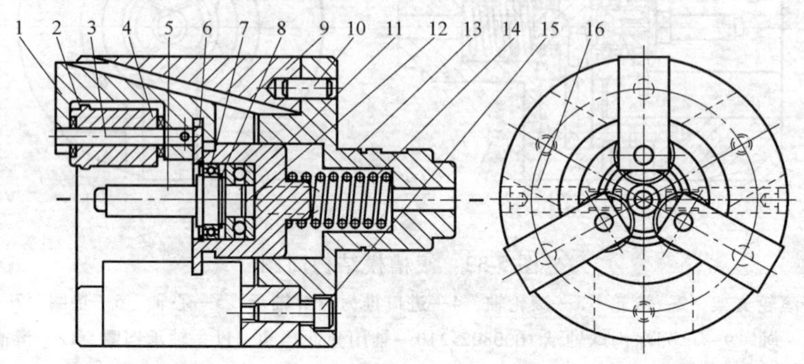

图5-33 改进后的滚槽模结构简图

1—滚轮支架 2—滚轮 3—滚轮轴 4—进口推力滚针轴承 5—心轴 6—孔用弹性挡圈 7—单列深沟球轴承1000802 8—轴用弹性挡圈 9—本体 10—圆柱销 11—平底推力球轴承8100 12—轴承座 13—本体后座 14—弹簧 15—螺钉 16—挡销

1）将对称的2个滚轮改进为120°均布的三个滚轮，提高了管件的滚压过程中的稳定性。

2）将原模具中的滑槽12与本体15结构改进为图5-33所示的一体式结构，从而，提高了本体的刚性，保证在旋压过程中本体不变形，解决了加工后的零件头部有斜度，管端为圆锥型的问题。

3）在心轴5与轴承座12之间增加平底推力球轴承11，防止心轴与轴承座产生卡死的现象，保证管件在加工过程中，当管件与心轴接触后，心轴与管件保持相对静止的状态。

4）将滑槽12的斜度25°（如图5-32所示）改进为15°（如图5-33所示），当机床主轴在以一定的速度前进时，使滚轮的径向进给速度相对变缓，使滚轮的径向进给速度与主轴的转速及主轴进给速度形成合理的匹配。

5）在本体上加工出3处均分的孔，可以在模具旋压加工时加注润滑油，使管件在加工过程中更易成形。另外将图5-32中的心轴5、垫圈6、轴8设计成一体，形成图5-33所示的心轴，将图5-32中的盖7和轴承座14设计成一体，形成图5-33所示的轴承座12，使整副滚槽模的结构更加紧凑。

4. 改进效果 经过上述改进，加工的管件达到产品要求。

5. 本例设计总结 本例的滚槽加工是在进口专机上，利用进口滚槽模完成的，尽管设备不同，但成形缩口加工原理是一致的。从加工原理着手，分析并改进滚槽模的成形原理就成了控制其加工质量的关键，同时，也能解决好生产中出现的问题，用好并改造好进口设备。

5.6 扩口模案例剖析

5.6.1 扩口加工工艺及模具结构分析

1. 扩口加工工艺 扩口加工工艺方案的制定，应首先计算该零件的扩口系数。若扩口程度超过其极限扩口系数，则不能采用扩口加工工艺。一般生产中，在扩口变形区采用局部加热来实现，并据此设计相应的模具。

扩口时，变形区的材料承受切向拉应力和轴向压应力，且主要是承受切向拉应力，使直径增加，壁厚和高度减小。其变形程度以扩口系数 K 来衡量。

$$K=\frac{D_1}{D}$$

式中 D_1——扩口后外缘的直径（mm）；

D——扩口前管坯的直径（mm）。

极限扩口系数的大小主要与材料种类、相对料厚、模具结构形式和凸模锥角等因素有关。扩口系数愈大，则扩口的变形程度就愈大。当扩口系数过大时，就会在扩口件的口部产生破裂。由扩口的变形特点可知，其极限变形程度受到材料的破裂和传力区失稳的限制，因此，扩口系数应小于极限扩口系数值，该极限扩口系数 K_{max} 按失稳理论计算，为

$$K_{max}=\frac{1}{\left[1-\frac{\sigma_k}{\sigma_m}\cdot\frac{1}{1.1\ (1+\tan\alpha/\mu)}\right]^{\tan\alpha/\mu}}$$

式中 σ_k——抗失稳的临界应力（MPa）；

σ_m——变形区平均变形抗力（MPa）；

α——凸模的半锥度（°）；

μ——摩擦系数。

从上式可以看出，比值 σ_k/σ_m 是影响极限扩口系数的重要因素。提高 σ_k/σ_m 比值就可提高极限扩口系数，为此，可采取管坯的传力区部位增加约束，提高抗失稳的能力，以及对扩口变形区局部加热等措施来达到目的。

1）t/D 愈大，允许的极限变形程度也就愈大。钢管扩口时，极限扩口系数与相对壁厚的经验关系式为：

$$K_{max}=1.35+\frac{3t}{D}$$

当采用半锥角 $\alpha=20°$的刚性凸模进行扩口时，其极限扩口系数见表 5-8。

表 5-8 极限扩口系数 K_{max} 与相对厚度 t/D 之关系

t/D	0.04	0.06	0.08	0.10	0.12	0.14
K_{max}	1.45	1.52	1.54	1.56	1.58	1.60

2）管端扩口形状及模具结构形式对极限扩口系数也有一定的影响。采用刚性锥形凸模的扩口要比分块凸模的筒形扩口较为有利。

3）管端的加工质量也直接影响到扩口系数。粗糙的管口在成形时，往往由于应力集中现象而导致口部的开裂。为此，必须要求毛坯的口部光洁、平整。

4）扩口方法不同，其极限扩口系数也不一样。如采用局部加热可显著提高极限扩口系数。

在扩口件毛坯尺寸计算时，对于给定形状、尺寸的扩口管件，其管坯直径及壁厚通常取与管件要求的筒体直径及壁厚相等。

扩口部分所需的管坯长度 l_0 按扩口前后体积不变条件来确定，且加上管件筒体部分的长度。

$$l_0 = \frac{1}{6}\left[2 + K + \frac{t_1}{t}(l + 2K)\right]$$

式中 K——扩口系数。$K = \dfrac{D_1}{D}$；

l——锥形母线长度（mm）；

t——扩口前管坯壁厚（mm）；

t_1——扩口后口部壁厚（mm）。

2. 扩口模具结构分析 冲压扩口是利用刚性模具对坯料进行扩口加工，使用普通机械压力机或液压机，生产率高。根据扩口坯料的形状、尺寸精度要求及生产批量的不同，采用不同的模具结构。

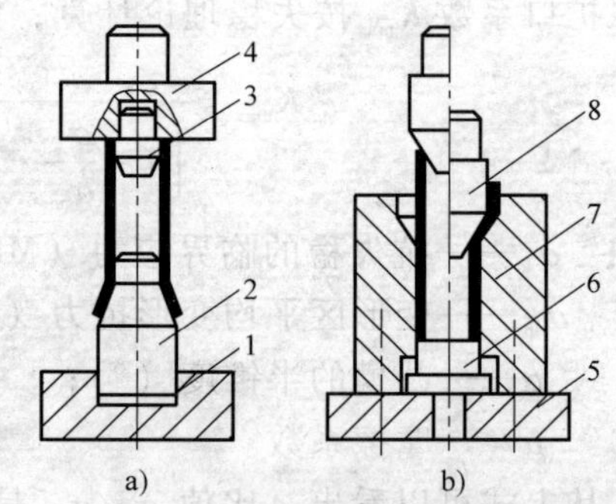

图 5-34 简单扩口模

a）用于相对壁厚较大的管坯扩口模

b）用于相对壁厚较小的管坯扩口模

1—凸模固定板 2、8—凸模 3—衬块 4—模柄 5—凹模固定板 6—顶件块 7—凹模

图 5-34 为简单扩口模结构，适用于短管坯的扩口加工。

图 5-34a 由于扩口成形过程中管壁传力区外面没加约束，传力区易丧失稳定，故常用于管坯相对壁厚（t/d）较大时的扩口加工。图 5-34b 由于凹模 3 对管壁传力区有约束作用，故可用于相对壁厚（t/d）较小些的管坯扩口加工。

生产中，其余的扩口模结构形式大多是以图 5-34 所示简单扩口模为基础的变形结构，只是根据零件结构需要增加了某些装置。如图 5-35 为有夹紧装置的扩口模结构。凹模做成对开式，固定凹模 8 紧固在下模板 1 上，活动凹模 4 在斜楔 5 作用下作水平运动，以实现夹紧管坯的动作。扩口时，对开式凹模 4、8 将管坯夹紧，提高了传力区管坯的稳定性。扩口完毕后，弹簧 9 起复位作用，使取件、放料方便。

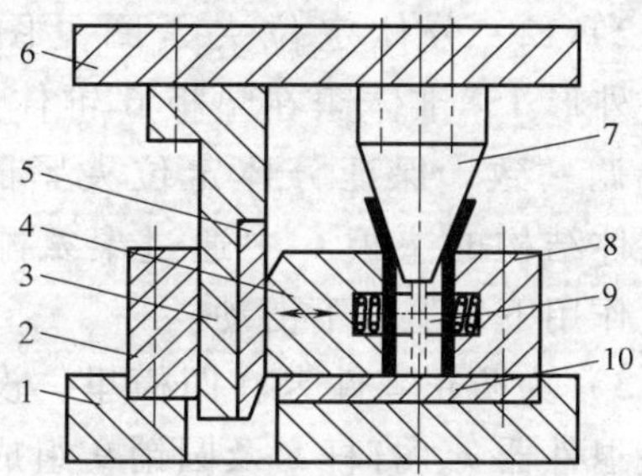

图 5-35 有夹紧装置的扩口模
1—下模板 2—挡块 3—斜楔座 4—活动凹模 5—斜楔 6—上模板 7—凸模 8—固定凹模 9—弹簧 10—垫板

对于长径比大、易产生失稳且管径变化大的零件加工，可参照图 5-38 所示浮动式扩口模进行设计（详见加工应用实例 5.6.2）。

对扩口零件加工各步骤进行分析，并有针对性地在模具中复合，能显著地减少工序数目，从而实现在一套模具中扩口（详见加工应用实例 5.6.3）。

5.6.2 浮动式凹模扩口模

1. 零件结构 图 5-36 所示零件采用 $\phi 8\text{mm} \times 1\text{mm}$ 的纯铜管端头扩口而成。

2. 加工工艺分析 该零件由于材料规格的差异，造成内孔忽大忽小，加之长径比较大，采用普通的扩口模扩口极易失稳，扩口后的产品质量极不稳定。为此，针对零件毛坯的情况需设计新的扩口模。

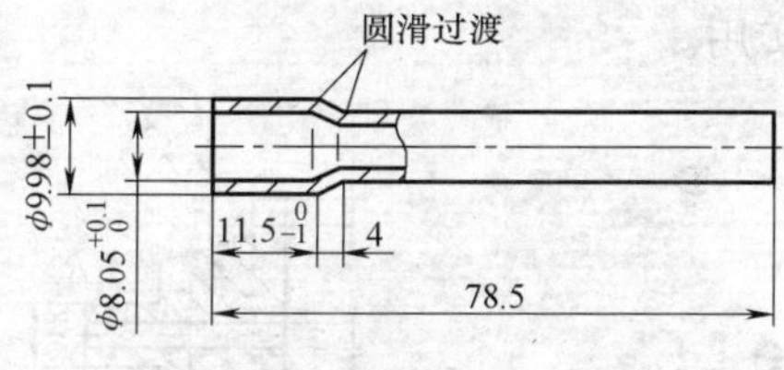

图 5-36 零件结构简图

3. 模具结构及工作过程 图 5-37 为设计的浮动式凹模扩口模。

工作时，零件通过凹模放入张开的分割定位夹紧圈 4 内，凸模 1 随压力机滑块下行，卸料板与浮动凹模接触。凸模 1 继续下行，上模卸料板把凹模压下，并使 120°分体定位夹紧圈 4 夹紧零件，随着凸模的继续下行，凸模开始对零件实行扩口，至此，分割定位夹紧圈 4 底面与下模板贴死，凸模同时完成对零件的扩口。当滑块上行时凸模离开，弹顶器 5 把分割定位夹紧圈 4 顶起，分体定位夹紧圈 4 张开，凹模托起，再用打杆 8 打退件器 7，顶出卡在凹模中的零件，完成一个零件的成形。

4. 设计要点

1）凹模用卸料螺钉 3 连接，用圆柱销 2 导向，同时被用弹顶器 5 顶起的 120°分体定位夹紧圈 4 托起。

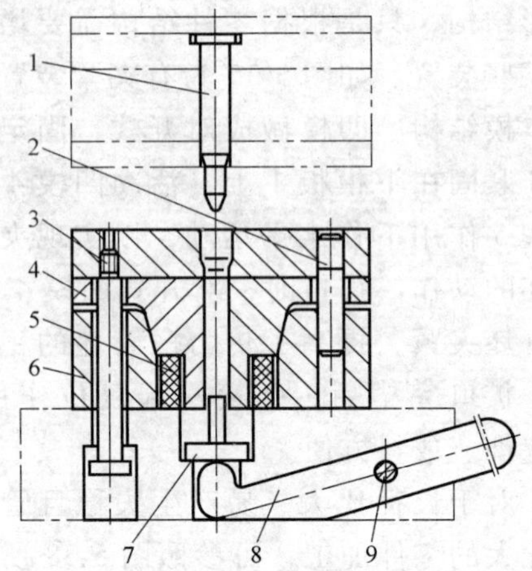

图 5-37 浮动凹模扩口模结构简图

1—凸模 2—圆柱销 3—卸料螺钉 4—120°分割定位夹紧圈 5—聚氨酯橡胶 6—垫板 7—退件器 8—打杆 9—圆销

2）120°分体定位夹紧圈见图 5-38，外形 15°锥体镶在垫板 6 锥体里，且协调一致，保证分体定位夹紧圈 4 在整体结构的垫板 6 中通过聚氨酯橡胶 5 作用下作上、下滑动。

3）为防止零件卡在凹模里，设计了由退件器 7、打杆 8 及圆销 9 组成的顶料机构。

5. 使用效果 模具设计制造后，生产的产品满足要求。

6. 本例设计总结 本例与一般扩口模最大的差别就在于采用浮动凹模即分体定位夹紧，既能解决长径比大造成的失稳现象，又能解决材质超差易卡模的问题。模具结构合理，性能稳定，拆装方便，产品质量稳定，实用性好。

本例的模具结构是对管径变化较大的管料扩口的典型结构，模具结构简单、实用。

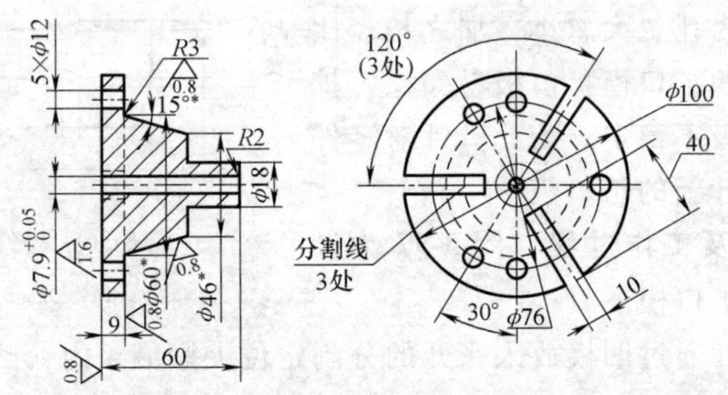

图 5-38 120°分体定位夹紧圈结构简图

5.6.3 筒套的冲压工艺方案选择及模具设计

1. 零件结构 图 5-39 所示筒套采用 1mm 厚的 08 钢制成，小批量生产。

2. 工艺方案的选择 该零件呈无底的带凸缘圆筒结构，形状并不复杂。根据其结构，最经济、直观的工艺方案通常会考虑到利用板坯料经内孔翻边直接形成零件。为此，首先要判断采用一次翻边能达到的零件最大高度，查表 5-3 得，该种材料的极限翻边系数 $m_{最小}$ 为 0. 68，将其代入如下的最大翻边高度 $H_{最大}$

公式：

$$H_{最大}=\frac{D}{2}\ (1-m_{最小})\ +0.43r+0.72t$$

式中　D——翻边后零件中心层的外径，此处等于 19mm；

r——零件拉深的圆角半径，此处等于 2.5mm；

t——材料厚度，此处等于 1mm。

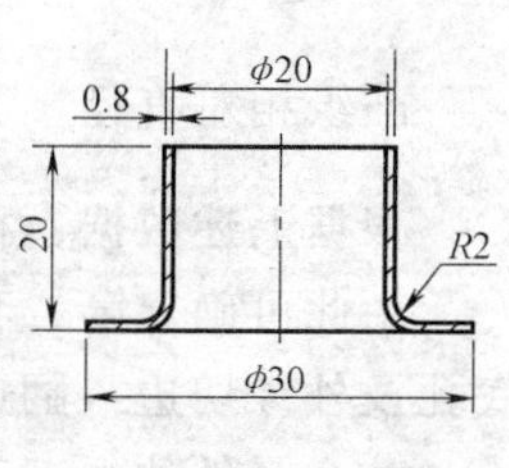

图 5-39　套筒结构简图

将上述数值代入公式，得 $H_{最大}=4.8\text{mm}$。

由于零件的最大翻边高度远小于零件的高度 20mm，因此，采用直接翻边的方法无法制成合格的零件。要成形出该零件须先拉深，常用的加工工艺方案主要有两种：第一，拉深成带凸缘的圆筒后将筒底切除。第二，拉深成一定高度带凸缘的圆筒件后在筒底冲孔，最后翻边形成零件。经对两种加工工艺方案所用的毛坯直径进行估算，第二种方案所用的材料消耗较第一种方案要小，并且第一种方案中的切底加工较难实现，因此，不采用第一种加工工艺方案，仅对第二种方案进行进一步的分析。

为制订此种方案的的具体工艺步骤，需先计算出在拉深件底部冲孔后的最大翻边高度 $h_{最大}$，然后确定翻边前的拉深件有关尺寸，为此，将有关数据代入冲底孔后的最大翻边高度 $h_{最大}$公式：

$$h_{最大}=\frac{D}{2}\ (1-m_{最小})\ +0.57r_{凸}$$

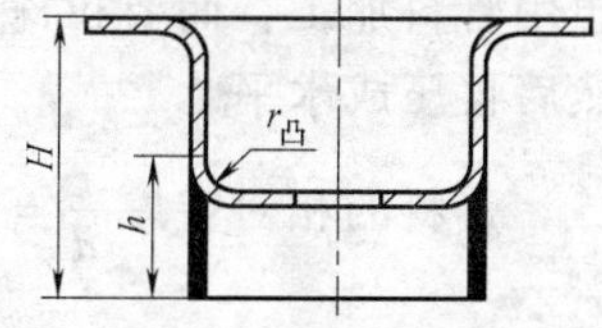

图 5-40　零件翻边示意图

拉深凸模圆角半径取 $r_{凸}=2\text{mm}$（图 5-40）。

计算后得 $h_{最大}=4.2\text{mm}$

实际取 $h=4\text{mm}$（图 5-40）

根据冲底孔直径 d 公式：

$$d=D+1.14r-2h=19\text{mm}+1.14\times 2\text{mm}-2\times 4\text{mm}=13.28\text{mm}$$

那么，翻边前的拉深件拉深高度 H 为

$$H=20-h+r_{凸}+t=20\text{mm}-4\text{mm}+2\text{mm}+1\text{mm}=19\text{mm}\ (图 5\text{-}40)$$

式中 20 为零件的总高。

由此可确定翻边前的拉深件尺寸：凸缘直径为 30mm，直筒直径为 20mm，拉深高度为 19mm，根据拉深前后零件表面积相等的原则，选取合适的修边余量，依据带凸缘圆筒件毛坯直径公式，便可求出该半成品零件的毛坯直径为 46.4mm。

取整为 46。

那么，该零件的拉深系数为　$m=\dfrac{d}{D}=\dfrac{19}{46}=0.41$

零件的相对厚度　$\dfrac{t}{D}\times 100=\dfrac{1}{46}\times 100=2.2$

凸缘相对直径 $$\frac{d_{凸}}{d}=\frac{30}{19}=1.58$$

根据上述数据，根据表10-29、表10-31，可确定该零件总的拉深次数为2。

由此可确定第二套工艺方案为：冲切坯料→第一次拉深→第二次拉深→冲底孔及外缘切边→翻边

整个零件的加工工艺方案如图5-41所示。完成整个零件的加工共需5套模具，即使采用复合模将第一道工序与第二道工序合并也需4套模具。

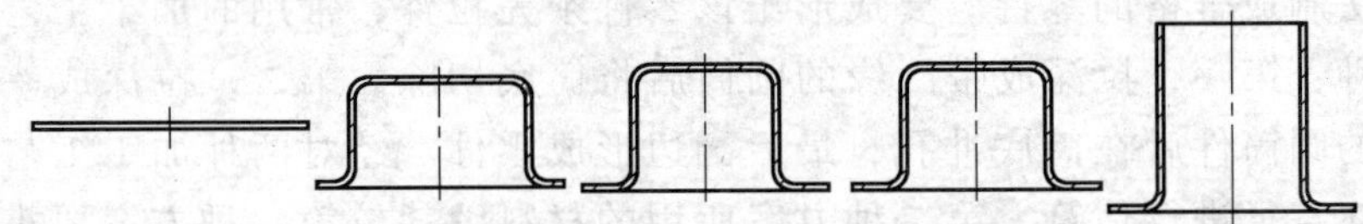

图5-41　板料加工工艺方案

考虑到零件生产批量不大，上述工序过多，加工工艺流程过长，为减少模具数目，降低零件加工费用，仍有必要寻找更经济的加工工艺方案。

注意到筒套零件为带垂直翻边的筒形件，翻边的外缘直径并不大，因此设想用管料加工，而要拉深成此类形状，常用的方法是：首先必须把垂直边压斜，然后再压成水平。

管料的相对壁厚$\frac{t}{d}=\frac{1}{20}=0.05$（$t$为管壁厚，$d$为管的外径），采用40°的锥角刚性模扩口时，查表，其极限扩口系数达1.52，而该零件的翻边系数$K=\frac{30}{20}=1.5$

由此可知，该管料能一次性扩口成功。又因为该零件对壁厚要求并不严格，因此，可确定该零件的加工工艺方案如图5-42所示，即：锯切管料→扩口→外翻边成零件。

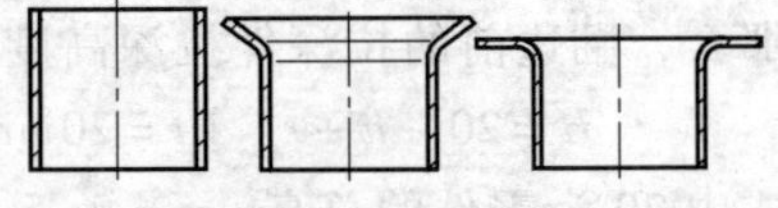

图5-42　管料加工工艺方案

尽管完成整个零件的加工仅需2套模具，但为进一步减少模具数量，提高经济效益，考虑在模具设计中，采用可滑动的扩口凸模与翻边凸模复合的结构形式，利用弹簧作动力，先完成扩口，再利用翻边凸模完成零件的翻边，在一套模具中一次性将零件加工出来。

基于上述分析，决定将原第二及第三加工工序进一步进行复合，从而使加工工艺变成，即：锯切管料 → 翻成零件。

3. 模具结构及工作原理　设计的模具结构如图5-43所示。

模具工作时，压力机滑块上行，模具开启，上、下模脱离接触，将锯切好

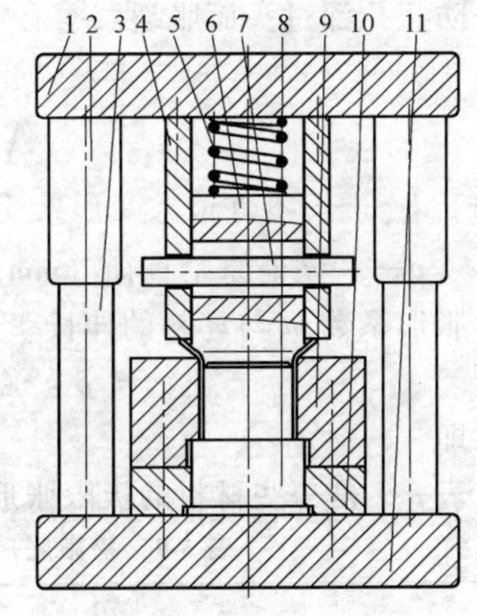

图 5-43 模具结构简图

1—上模板 2—导套 3—导柱 4—翻边凸模 5—弹簧 6—扩口凸模 7—圆销 8—芯杆 9—凹模 10—固定板 11—下模板

的管料插入凹模 9 与芯杆 8 的空隙中，随着压力机滑块下行，上模板 1 带动翻边凸模 4 与扩口凸模 6 一起下行，扩口凸模 6 首先接触工件，在弹簧力作用下，将工件预压成喇叭口形状，随着压力机滑块的继续下行，扩口凸模 6 在翻边凸模 4 中滑动，直到扩口凸模 6 下端面与芯杆 8 上端面贴合时，扩口工步完成，翻边凸模 4 继续下行，将已扩口完成的管壁翻边压平，而扩口凸模 6 同时压缩弹簧 5 继续在翻边凸模 4 中滑动，直至整个零件的加工完成，手工取出加工好的零件，模具转入下一个工作循环。

4. 设计要点

1）为降低扩口力，保证扩口的顺利成形，扩口凸模 6 外圆直径设计成 ϕ24mm、扩口锥角取 40°，以减少扩口过程中的扩口凸模 6 与管料的接触面积。

2）翻边凸模 4 与扩口凸模 6 间采取小间隙配合，设计成 H7/h6 配合。

3）为保证扩口、翻边两工步的先后工作顺序，扩口凸模 6 中须开设滑槽。

4）弹簧 5 的选取必须按计算的扩口力进行设计、选型。

5. 使用效果 模具设计完成后，生产的零件满足图样的要求，产品质量稳定，模具工作正常。

6. 本例设计总结 本例是利用扩口加工替代翻边、拉深的典型加工案例，通过对零件结构进行分析、比较，合理运用扩口加工工序能制定出最经济、合理的加工工艺方案，是企业降低成本的一条有效途径。

5.7 胀形模案例剖析

5.7.1 胀形加工工艺及模具结构分析

1. 胀形加工工艺 胀形加工工艺方案的制定应首先计算该零件的胀形系数，若变形程度超过其极限胀形系数，则应采用多次胀形加工工艺，或改变胀形加工工艺，如用软凸模胀形代替刚性凸模胀形等，在实际生产中也可采用局部加热胀形，并据此设计相应的模具。

（1）胀形系数 胀形的变形特点是材料受切向和母线方向拉应力。主要问题是防止拉深过头而胀裂。空心毛坯胀形的变形程度以胀形系数 m 来表示：

$$m=\frac{d_{max}}{d}$$

式中　d_{max}——零件最大变形处变形后的直径（mm）；

d——该处原始直径（mm），如图 5-6 所示。

胀形系数 m 与坯料的伸长率 δ 的关系为

$$\delta=(d_{max}-d)/d=m-1$$

即

$$m=1+\delta$$

表 5-9 是一些材料的极限胀形系数和切向许用伸长率的实验值。

表 5-9　极限胀形系数和切向许用伸长率的实验值

材 料	厚 度/mm	极限胀形系数 m	切向许用伸长率 $\delta\times100$
高塑性铝合金［如 3A21（LF21－M）］	0.5	1.25	25
纯铝［如 1070A、1060（L1，L2） 1050A、1035（L3，L4）、 1200、8A06（L5，L6）］	1.0 1.5 2.0	1.28 1.32 1.32	25 32 32
黄铜（如 H62、H68）	0.5～1.0 1.5～2.0	1.35 1.40	35 40
低碳钢（如 08F、10，20）	0.5 1.0	1.20 1.24	20 24
耐热不锈钢（如 1Cr18Ni9Ti）	0.5 1.0	1.26 1.28	26 28

（2）胀形毛坯尺寸的计算　空心毛坯胀形时，若两端不固定，毛坯的原始长度 L_0 如图 5-44 所示，按下式近似计算：

$$L_0=L[1+(0.3\sim0.4)\delta]+\Delta h$$

式中　L——工件的母线长度（mm）；

δ——工件切向最大伸长率$\left[\delta=\frac{(d_{max}-d)}{d}\right]$；系数 0.3～0.4 是考虑切向伸长而引起高度缩小的影响；

Δh——修边余量，约（5～8）mm。

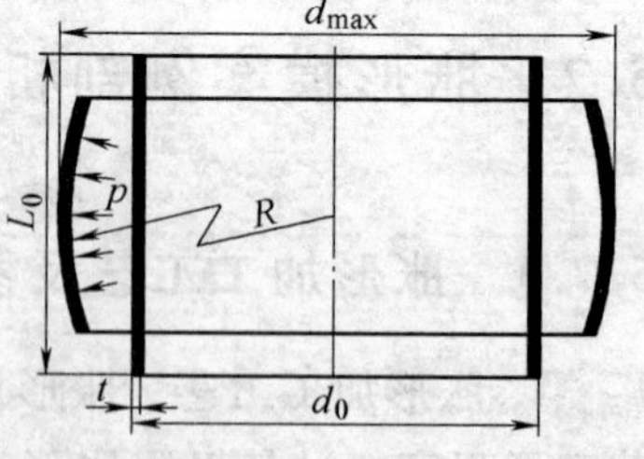

图 5-44　空心毛坯胀形示意图

2. 胀形模具结构 胀形模根据所用的胀形凸模的不同，分为刚性凸模胀形及软体凸模胀形。软体凸模主要包括：橡胶、石蜡、高压液体等。近年来，由于材料的发展，生产中大多采用聚氨酯橡胶作为软体凸模进行胀形。它具有强度好、弹性好、耐油性好和寿命长等优点。

(1) 刚性凸模胀形 由于胀形后的零件多是两头小中间大，因此一般必须将胀形凸模进行分块，使凸模在毛坯形成所需的形状后又能顺利取出。这使得模具结构复杂，成本较高，且很难得到精度较高的零件，一般用于零件小区域的成形。因为此时用聚氨酯橡胶作软凸模，会产生充填不满或无法充填，影响成形质量。

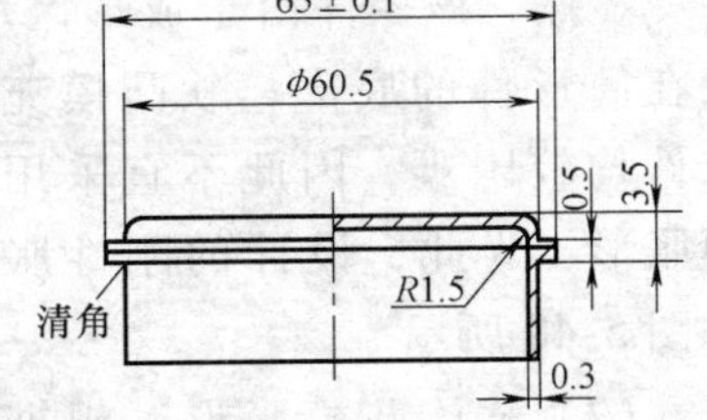

图 5-45 骨架结构简图

如图 5-45 所示骨架，采用料厚为 0.3mm 的 1035 工业纯铝制成，要在已拉深好的筒形件上部成形出一圈凸缘。

根据该零件结构，可知其胀形系数 m 为：

$$m=\frac{65}{59.9}=1.08$$

该零件的伸长率仅为 8%，在材料机械性能允许范围内，能一次胀形成功。模具结构如图 5-46 所示。但若用聚氨酯橡胶作软凸模，凸模将无法填充，零件无法一次成形。零件加工工艺需制定为：①先胀形一较大突起；②再用刚性模具压成凸缘。

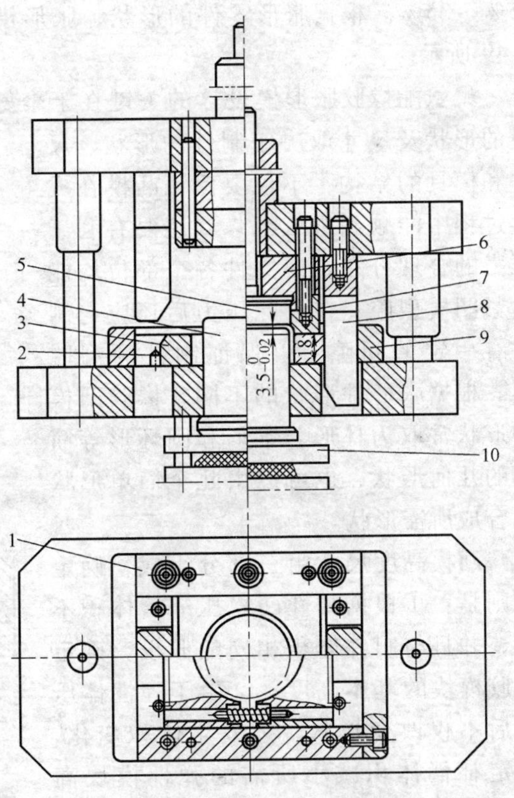

图 5-46 骨架胀形模
1—侧导板 2—挡销 3—滑块 4—凸模 5—推料块 6—垫板 7—凹模 8—斜楔 9—挡块 10—弹顶器

模具工作时，毛坯件套在凸模 4 上定位。上模下行时，斜楔 8 推动两侧滑块 3 向中心移动，将毛坯夹紧。上模推料块 5 压住坯料。在推料块 5 和凹模 7 的作用下，筒壁材料向外凸起胀出，在凹模 7 的型腔中受压成一凸缘。

上模回升时，斜楔 8 回升，滑块 3 退回，凸模 4 在弹顶器 10 的作用下，将工件顶出，上模推料块5将工件从凹模7中推出。

又如图5-47所示底座零件，采用料厚为1mm的08钢制成，要用图5-47a所示毛坯胀形成图5-47b所示零件。

显然，该零件由于成形区域小，又在筒形件的底部，软凸模充填及取件均较困难，因此不宜采用软凸模胀形，为此，设计的刚性胀形模如图5-48所示。

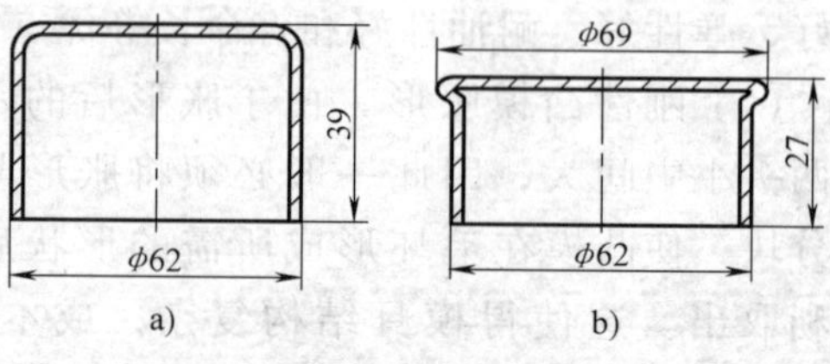

图5-47 底座零件

a）毛坯图 b）零件图

（2）软体凸模胀形 根据所用凸模材料的不同，主要又分固体软凸模及液体软凸模两种。生产中应用最广泛的是聚氨酯橡胶胀形，一般用于成形面积区域较大、成形形状圆滑零件的胀形。用于胀形的聚氨酯橡胶一般硬度为邵氏65A～85A，压缩量一般为15%～35%。根据胀形零件的形状，胀形模主要有可分式及整体式两种，如图5-49所示。

聚氨酯橡胶胀形模设计的关键在于聚氨酯橡胶凸模的设计。聚氨酯橡胶凸模的形状及尺寸取决于制件的形状、尺寸和模具的结构，不仅要保证凸模在成形过程中能顺利进入毛坯，还要有利于压力的合理分布，使制件各个部位均能贴紧凹模型腔，在解除压力后还应与制件有一定的间隙，以保证制件顺利脱模。根据胀形件形状的不同，橡胶凸模的形状常取为柱形、锥形和圆环形等简单的几何形状，也可以由几个简单形状组合成所需形状。

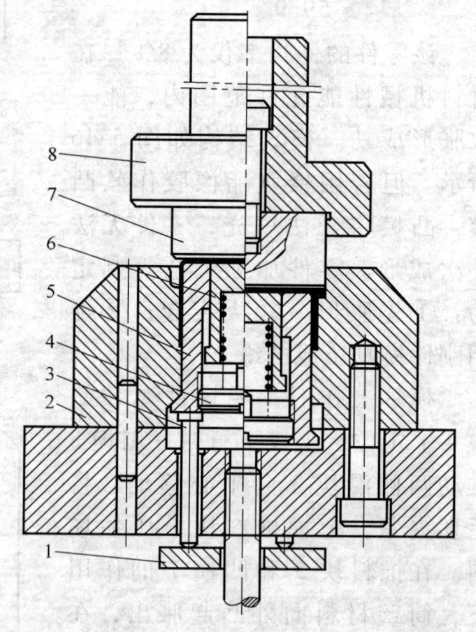

图5-48 底座刚性胀形模

1—弹顶器 2—凹模 3—顶杆 4—螺塞 5—活动下模 6—顶件块 7—凸模 8—模柄

凸模高度尺寸由三部分组成，确定原则是：①根据弹性凸模压缩后体积不变，并且与制件体积相同的假设，确定橡胶模块的基本高度；②由于弹性体压缩后不仅改变形状，还发生体积变化，确定补偿体积减小所需的弹性模块高度；③因为在胀形过程中，沿凸模高度方向上产生的胀形压力不同，为了提高制件精度，使橡胶凸模在胀形过程中产生的最大变形力得到充分利用，需要增加弹性模块高度，其中②、③两项之和的经验值为30～50mm。

生产中其余聚氨酯橡胶胀形模基本上是图5-49所示结构的变形。

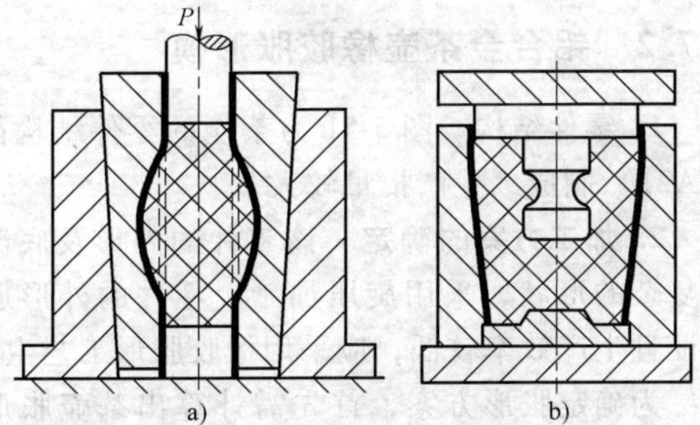

图5-49 固体软凸模胀形

a）可分式 b）整体式

液体软凸模胀形由于是在无摩擦状态下成形，且液体的传力均匀，工件表面质量好。液体胀形可加工大型零件，多用于生产表面质量和精度要求较高的复杂形状零件。

图5-50a为直接加压液压胀形，用这种方法成形之后还须将液体倒出，生产效率低。

图5-50b为橡皮囊充液胀形。工作时向橡皮囊内打入高压液体，皮囊膨胀之后迫使坯料向凹模贴靠成形。其优点是密封问题容易解决，每次成形时压入和排除的液体量小。生产效率比直接加压胀形法高。缺点是橡皮囊的制作比较麻烦，使用寿命较短。

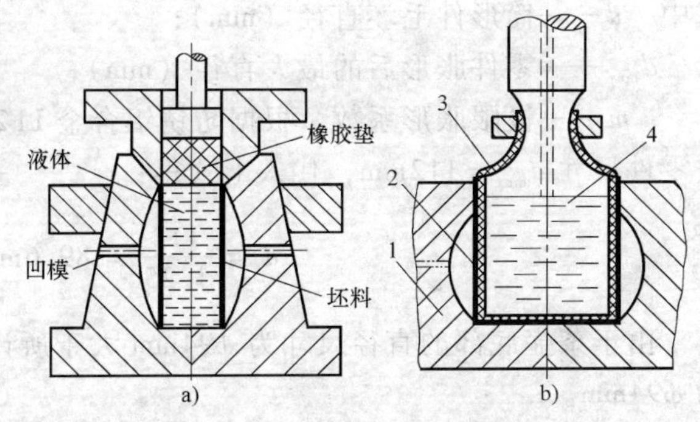

图5-50 液体软凸模胀形

a）直接加压液压胀形 b）橡皮囊充液胀形

1—凹模 2—坯料 3—皮囊 4—液体

根据制件形状和大小，考虑到操作的方便程度及取件的难易等因素，凹模也有整体式与分块式两种。在模具的凹模壁上还要开设不大的排气孔，以便坯料充分贴模。

在进行聚氨酯橡胶胀形模结构设计时，一个须重点考虑的是零件胀形后的取出问题，为此需确定分型面的合理位置，只有在分型面确定后，才可着手模具的总体设计。一般根据零件的成形形状，分型面主要有上、下分型；左右分型（详见5.7.2，5.7.3，5.7.4）。

考虑到模具数量的减少及模具制造费用的降低，根据零件结构，可在一套模具中实现几个成形工序的加工，即一模多用（详见加工实例应用5.7.5）。

5.7.2 铝合金茶壶橡胶胀形模

1. 零件结构 图 5-51 为茶壶的零件结构简图，采用 1mm 厚的铝合金 LF21（3A21）制成，生产批量较大。

2. 加工方案的确定 该零件的外形及底部内凹呈较复杂的形状，采用旋压加工，零件的外形质量难以保证且生产效率较低，应采用橡胶胀形工艺生产。

为确定胀形方案，首先需计算出茶壶胀形的毛坯尺寸，主要包括筒形件毛坯直径和长度，而筒形件壁厚通常取与胀形零件壁厚相等。

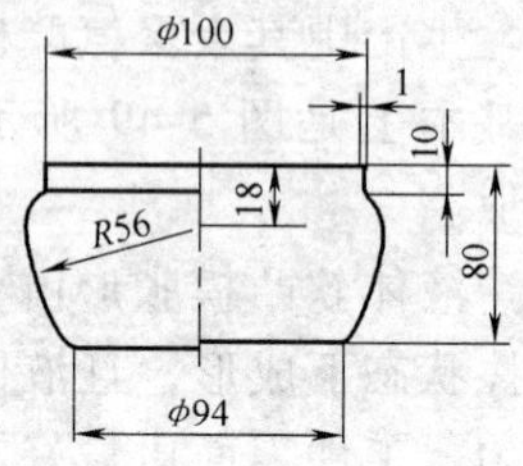

图 5-51 零件结构简图

（1）筒形件毛坯直径 筒形件毛坯直径可根据胀形系数 m 确定，即：

$$d = \frac{d_{\max}}{m}$$

式中 d——筒形件毛坯直径（mm）；

$d_{\max}$——零件胀形后的最大直径（mm）；

m——极限胀形系数，根据防锈铝合金 LF21，查表 5-9 得 $m=1.25$。

按零件尺寸 $d_{\max}=112\text{mm}$，代入上式得：

$$d = \frac{112}{1.25} = 89.6\text{mm}$$

由于茶壶底部的直径尺寸为 $\phi94\text{mm}$ 大于所计算的数，故取筒形件毛坯直径为 $\phi94\text{mm}$。

（2）筒形件毛坯长度 自然胀形的筒形件毛坯长度按等长原则计算，如图 5-52 所示。

为便于材料流动，增加材料在切向（周围方向）的可能变形程度和减少材料的变薄率，在胀形时，毛坯端部一般不加固定，使其自由收缩。因此，胀形变形区的毛坯长度 L 应比零件的胀形区高度 L' 增加一收缩量。胀形变形区的毛坯长度按下式计算：

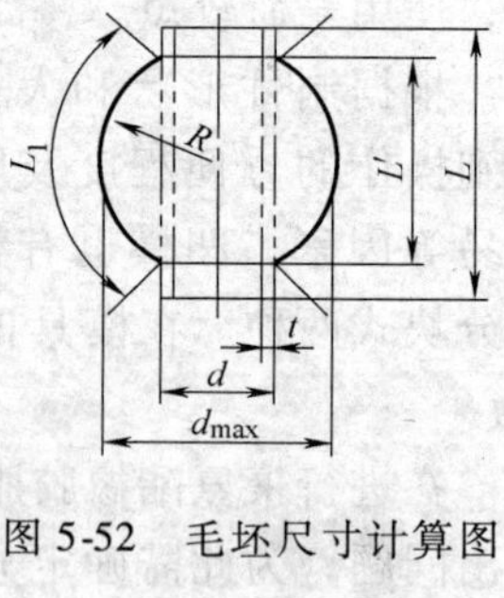

图 5-52 毛坯尺寸计算图

$$L = L_1(1 + C\delta) + B$$

式中 L——胀形变形区的毛坯长度（mm）；

L_1——零件胀形变形区母线的长度（mm）；

δ——零件胀形变形区的切向最大伸长率，$\delta = \frac{d_{\max} - d}{d}$，将 $d_{\max} = 112\text{mm}$ 及 $d=94\text{mm}$ 代入得 $\delta=0.19$；

C——考虑切向伸长而引起高度缩小的影响系数，取 $C=0.3$；

B——切边余量，一般取 $B=5\sim15\text{mm}$，对本零件取 $B=7\text{mm}$；

L_1——按根据零件结构尺寸计算得 63.5mm。

代入上述数据后，得：

$$L = 63.5 \times (1 + 0.3 \times 0.19) + 7 = 74\text{mm}$$

再加入零件的直壁部分长度得筒形件毛坯总长度 L_0

$$L_0 = L + L_{直} = 74 + 10 = 84\text{mm}$$

3. 模具结构及工作过程 图 5-53 为茶壶橡胶胀形模具结构。

模具由上、下模两部分组成，上模部分主要有上模板 1、压头 2、吊钩螺栓 4、卸件螺钉 6、弹簧 7、橡胶上凸模 8、压板 9、上凸模 13、脱板 16 及橡胶下凸模 19；下模部分主要有下模板 12、下凹模 14 及顶板 17。

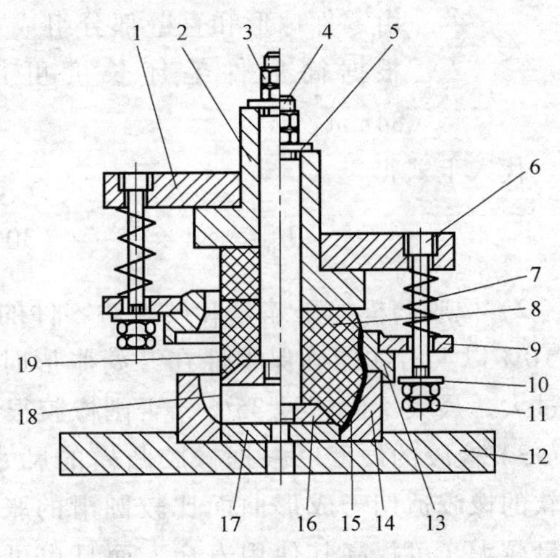

图 5-53 茶壶橡胶胀形模具结构简图
1—上模板 2—压头 3、11—螺母 4—吊钩螺栓 5、10—垫圈 6—卸料螺钉 7—弹簧 8—橡胶上凸模 9—压板 12—下模板 13—上凹模 14—下凹模 15—制件 16—托板 17—顶板 18—毛坯 19—橡胶下凸模

工作时，先将筒形件毛坯 18 置放在下凹模 14 内，当压力机滑块下行时，上模部分的上凹模 13 按滑配合套入下凹模 14 上，形成整个茶壶模具型腔，随着滑块继续下行时，橡胶下凸模 19 开始对筒形件毛坯 18 进行胀形工艺，直到胀形完全结束，再继续下行时，橡胶上凸模 8 对毛坯的直壁部分进行胀形，整个胀形工序完毕滑块回升。此后，压板 9 通过卸件螺钉 6 把上凹模 13 一起向上移动，使上、下凹模 13、14 彼此分开，然后，将通过下顶缸向上推动下顶杆，使顶板 17 把制件 15 顶出，取出制件 15。

4. 设计要点

1）用作胀形加工的橡胶凸模采用形状、尺寸相近的标准规格的聚氨酯橡胶块，经少量机械加工后制成，呈圆柱形状。其径向及高度尺寸根据胀形件的形状及尺寸特性决定。径向尺寸确定时，应考虑橡胶经多次反复变形而产生少量永久变形后仍然易于放进和取出，尺寸过小，会增加橡胶的压缩变形量，从而降低其使用寿命。其直径按下式确定，如图 5-54 所示。

$$D_0 = D - 2t - (0.5 \sim 1) = 94 - 2 \times 1 = 91\text{mm}$$

橡胶凸模的高度尺寸按体积相等原则计算，在不考虑橡胶体积变化的情况下，其高度尺寸按下式确定：

$$H_0 = L_0 \frac{D^2}{D_0^2} + (30 \sim 50)$$

式中 L_0——胀形变形区的毛坯长度（mm）。它由零件球形和直壁部分组成，同样，根据筒形件毛坯长度可得 L_0 = 84mm。

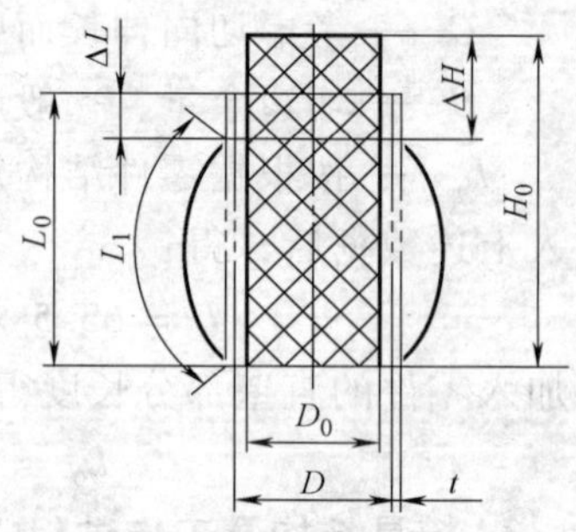

图 5-54　圆柱形橡胶凸模的尺寸确定

代入上式得

$$H_0 = 84 \times \frac{93^2}{91^2} + (30 \sim 50) = 120\text{mm}$$

2）橡胶凸模的压缩量和硬度对零件的胀形精度影响很大，最小压缩量一般在 10% 以上时才能确保零件在开始胀形时具有所需的预压力；但是压缩量也不宜过大，最大不能超过 35%，否则橡胶很快就会损坏。此处压缩量选取 20%。

3）橡胶的硬度可根据橡胶凸模的尺寸、压缩量以及所承受的载荷来选择，较软的橡胶适用于成形曲面比较圆滑的胀形件，这是由于硬度低的橡胶允许变形量较大，可提高其使用寿命，而且也可以减小压力机的吨位需要；但当成形零件具有小的圆弧或尖角，且要求成形后外表轮廓清晰时，则应选用较硬的橡胶。对于铝合金茶壶零件的形状及外表要求符合后一种情况，故选用的聚氨酯橡胶邵氏硬度为 70 ~ 80A。

4）由于零件的表面质量完全取决于刚性凹模型腔的粗糙程度，因此，设计模具时，其上、下凹模组成的球形表面也应提出更高的加工技术要求。

5. 使用效果　该模具生产的零件满足产品的要求。

6. 本例设计总结　与刚性模胀形相比，橡胶胀形模具有成形精度高、表面质量好、模具结构简单、加工方便，生产效率高等优点，同时还可避免液压胀形中的密封困难问题。

5.7.3　球形门锁把手聚氨酯胀形模

1. 零件结构　图 5-55 为球形门锁把手的胀形工艺图，坯料为拉深直筒件，材料为 H62，厚度为 0.6mm。

2. 模具结构及工作过程　设计的模具结构如图 5-56 所示。

模具工作时，先把已拉深的坯料放入下凹模 11 中，当压力机滑块下行时，固定于上凹模10上的导销3先插入下凹模11导正，接着通过橡胶5将凹模上下两部分紧紧压合，聚酯凸模2受压后变形，将直筒形坯件胀出球状。随着滑块的上行，聚氨酯凸模2解除压力而恢复原状，跟着凹模上下两部分离开，最后通过打料杆7将已胀形件从上凹模10中打下。

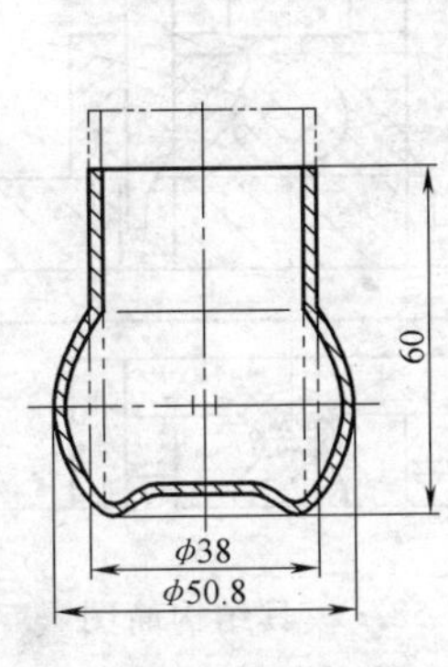

图5-55　零件结构简图

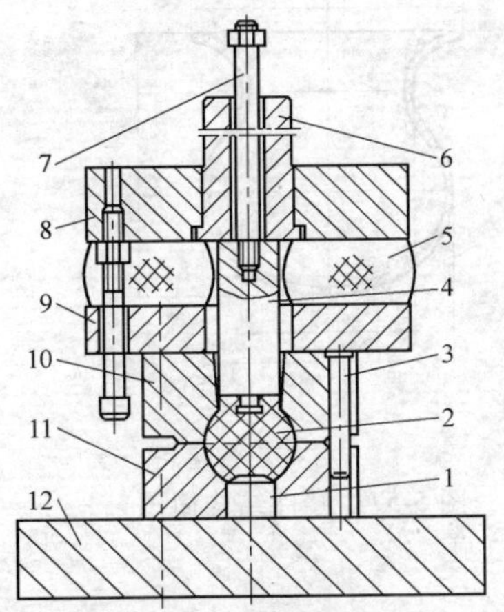

图5-56　模具结构简图

1—芯子　2—凸模　3—导销　4—固定块　5—橡胶　6—模柄　7—打料杆　8—上模板　9—上固定模板　10—上凹模　11—下凹模　12—下模板

3. 设计要点　橡胶5应使凹模上下两部分有足够的合模力，否则胀出的零件在分型面处会出现凸缘，影响产品的外观质量。

4. 使用效果　该模具能保证产品零件的要求。

5. 本例设计总结　在设计聚氨酯橡胶胀形模时，一个须重点考虑的问题是零件胀形后的取出及卸料，即确定分型面的位置。只有在分型面确定后，才可着手模具的总体设计。

5.7.4　壶体聚氨酯胀形模

1. 零件结构　图5-57为小咖啡壶体的胀形工艺图，坯料为带大圆角凸缘的拉深件，材料为H62，厚度为0.6mm。

2. 模具结构及工作过程　由于咖啡壶体的特殊构造，采用了图5-58所示的凹模左右分体式胀形模。

模具工作时，先把坯件放入左右分开的凹模2、9之间，当压力机滑块下行时，两斜楔条7利用斜面将凹模左右两部分推拢合紧，紧接着聚氨酯凸模3受压变形，径向向外扩张，将坯件胀成贴合于凹模的球状体，随着滑块的回升，聚氨酯凸块恢复原状，而凹模左右两部分在弹簧10的推动下沿着导框8左右分开，已胀形的零件即可拿出。

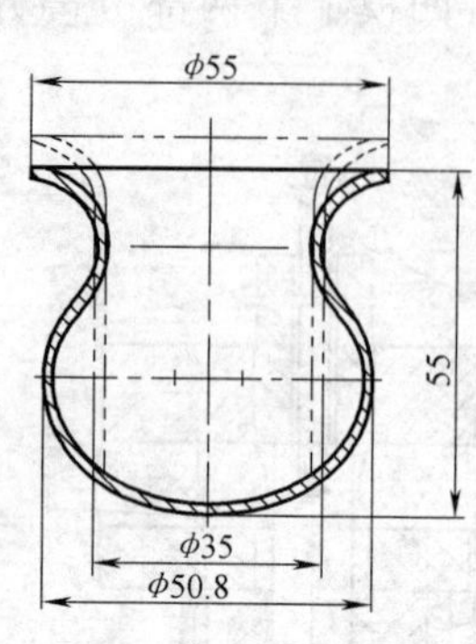

图 5-57　零件结构简图

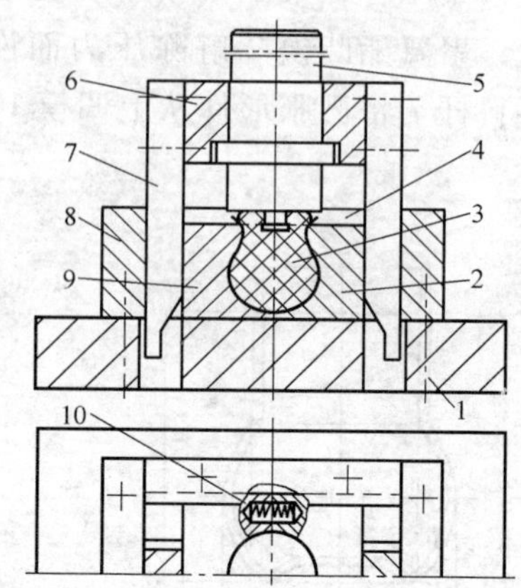

图 5-58　模具结构简图

1—下模板　2—右凹模　3—凸模　4—压板
5—模柄　6—上模板　7—楔条　8—导框
9—左凹模　10—弹簧

3. 设计要点

1）为防止胀形出的零件在模具分型面上产生凸缘，模具主要依靠有关构件的尺寸精度来保证在合模时左右凹模能紧密配合。

2）用于胀形的毛坯，一般已经过几次拉深工序，拉深毛坯件表面上的擦伤、划痕和皱纹等缺陷，很容易导致坯件在胀形时开裂，故对胀形前的各道拉深工序，都应特别小心，避免上述缺陷的发生。

3）已经过几次拉深工序的毛坯件，金属材料已有冷作硬化现象，故在胀形前应经过退火，否则，胀形时也容易引起开裂。

4. 使用效果　该模具能保证产品零件的要求。

5. 本例设计总结　本案例是对形状特殊的胀形件模具设计的又一典型实例，在形状特殊的胀形件聚氨酯橡胶胀形模设计时，考虑胀形零件取出及胀形的需要，采用双斜楔机构并配合凹模分块的结构是常使用的手段。

5.7.5　内套管扩口压环模

1. 零件结构　图 5-59 所示为内套管结构简图，采用 TA5 钛合金制成，它的一端需要扩口，中间还有一道凸出的圆环。

2. 模具结构及工作过程　设计的扩口压环模具结构如图 5-60 所示。

工作时，先将工件装于分块凹模 5 中，顺时针扳动偏心轮 9 的手柄，偏心轮绕旋转轴 10 旋转后将工件 4 夹紧，用扩口凸模 13 先对其进行扩口，2mm 扩口深度通过调节压力机的行程来保证，扩口完成后，将工件掉头装夹，更换为压环上模进行压环。

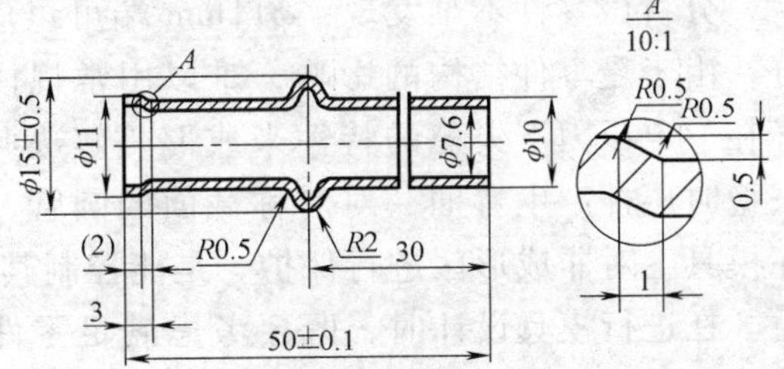

图 5-59　内套管结构简图

工件的夹紧同上道工序，在上模下行的过程中，打杆上行至工件4两端面上，随着上模的继续下行，其开始受轴向压力，外露于上凹模3和下分块凹模5以外的部分开始发生失稳成形，当压力机滑块下行到下死点后，零件完全成形。

当上模上行时，及时逆时针扳动偏心轮9的手柄，下分块凹模在弹簧8的弹力作用下，沿导正销分开，上凹模3带着零件一起上行，到达上死点时，打杆1与压力机打料横杆相撞，将零件从上凹模3中退出，至此，模具动作的一个周期完成。

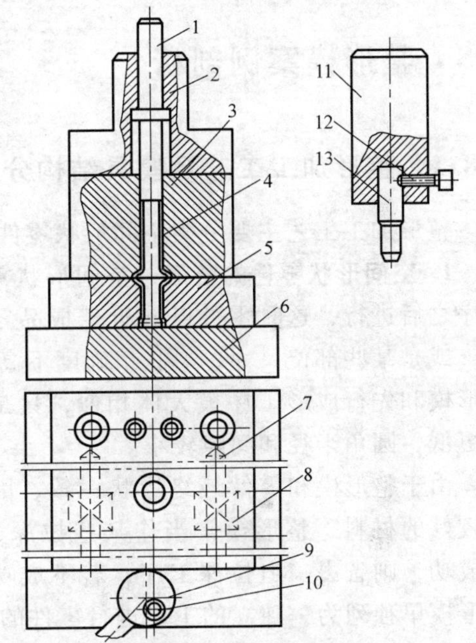

图 5-60　模具结构简图

1—打杆　2—冲头柄　3—上凹模　4—工件　5—下分块凹模　6—底座　7—导正销　8—弹簧　9—偏心轮　10—偏心轮转动轴　11—扩口模冲头柄　12—紧固螺钉　13—扩口凸模

3. 设计要点

1）为保证压环成形时，工件的其他部分材料不会发生失稳和压缩，应将圆环部分以外的材料紧紧地固定住。

2）为保护零件成形表面，上凹模3及下分块凹模5的所有与零件接触的尖点倒圆角 $R<0.5$，零件表面淬火硬度为45～50HRC，表面粗糙度 R_a 为0.4μm。

3）操作时，可将一批零件扩好口，然后更换上模进行压环，以进一步提高生产效率。

4. 使用效果　模具设计、制造后，生产的零件满足产品需要。

5. 本例设计总结　该类零件的加工一般资料介绍的工艺是旋压成形，由于成形力较大，常采用热旋压，先对套管进行局部加热，然后在车床上用旋压轮进行扩口和局部成形。由于采用手工操作，加工出来的零件大小不等，长短不一，一致性差。

分析该零件不难发现：ϕ11mm 端可以用扩口模来满足，但对凸出的圆环部分，由于受零件结构的影响，难以用常规模具来达到要求。一般来说，利用直杆在一定压力下失稳的特性来成形是解决此类问题的常用方法之一。尽管材料失稳时压杆产生弯曲，对对称截面的圆管，其弯曲方向是难以预见的，但通过在模具上对非成形区进行保护，是能控制其成形状态的。

在进行模具设计时，既要考虑满足零件成形的需要，还要考虑到模具成本和操作方便，将扩口和压环合成一套模具，使用时只需更换上模，大大降低劳动成本。这种设计在生产中常使用。

5.8 整形模案例剖析

5.8.1 整形加工工艺及模具结构分析

整形加工工艺主要分为空间形状零件的整形及平板零件的校平。

1. 空间形状零件的整形 空间形状零件的整形是在弯曲、拉深或其他成形工序之后进行，这时零件已接近于成品零件的形状和尺寸，但圆角半径可能较大，或是某些部位尺寸、形状精确度不高，需要整形，使之完全达到图样要求。整形模和先行成形工序模大体相似，只是模具工作部分的公差等级较高，粗糙度更低，圆角半径和间隙较小。

由于整形模和零件最终形状一致，因此，在实际生产中，对拉深、成形性能较好的材料，整形模常当作某些拉深、成形件的最后一道拉深模进行试制，若成功，则省去一道拉深工序；若不成功，则增加一道中间的拉深模，而将该整形模单独列为一独立的工序进行零件的最终整形。

单纯的整形模设计也较为简单、规范。整形加工大多与拉深、翻边等工序复合起来完成零件的加工。

在实际整形加工中，对多阶梯结构零件，须充分考虑到整形时圆角部分材料的流动，时刻保证材料流动的通畅，否则易出现塌肩等缺陷，影响零件质量（详见加工应用实例5.8.2）。

2. 平板零件的校平 根据板料厚度不同和零件表面平直度要求，主要分为平面校平和齿形校平两种。平面校平模是上下模为光面平板模，主要用于薄料零件

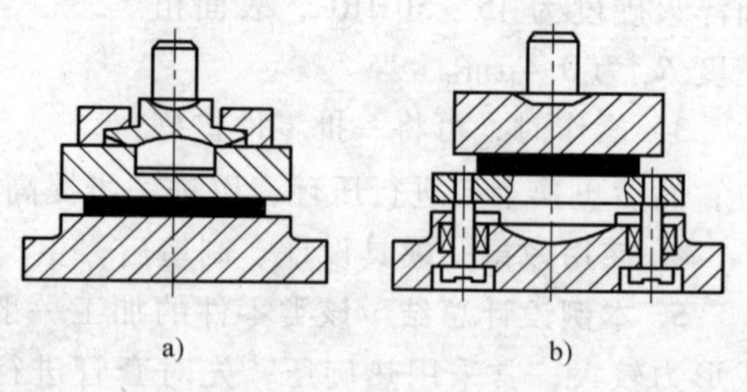

图 5-61 浮动式结构的校平模

a）浮动上模 b）浮动下模

或表面不允许有压痕的较厚料且表面平面度要求不高的零件。浮动式结构的校平模如图 5-61。

为避免压力机台面和滑块的精度影响，一般校平模都采用浮动式结构。

齿形校平模分尖齿校平模和平齿校平模，见图 5-62。

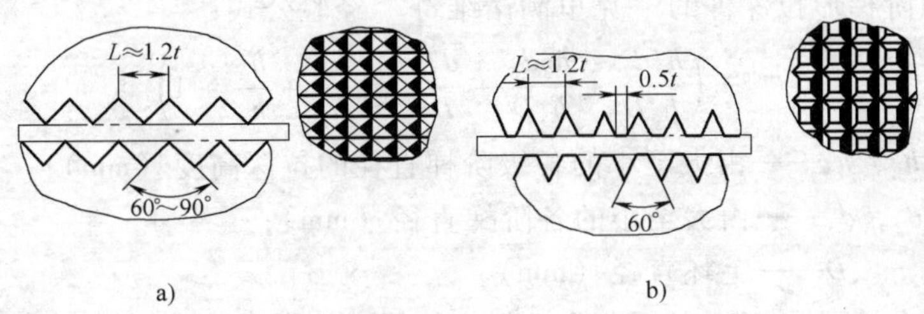

图 5-62 齿形校平模

a) 尖齿校平模 b) 平齿校平模

尖齿校平模主要用于料厚大于 3mm，表面上允许有细痕的平直度要求较高的零件；平齿校平模主要用于料厚 0.3 ~1.0mm 的铝合金、黄铜、青铜等板料制成的零件，且表面不允许有深压痕。

齿形模的上下模齿尖应相互错开。当零件的表面不允许有压痕时，可以采用一面是平板，另一面是带齿模板的校平方法。

5.8.2 小圆角多阶梯轴承盖的拉深整形模

1. 零件结构 图 5-63 所示是多阶梯轴承盖，采用 2mm 厚的 08 钢制成，由于产品使用需要，要求具有小尺寸的拉深圆角半径结构。

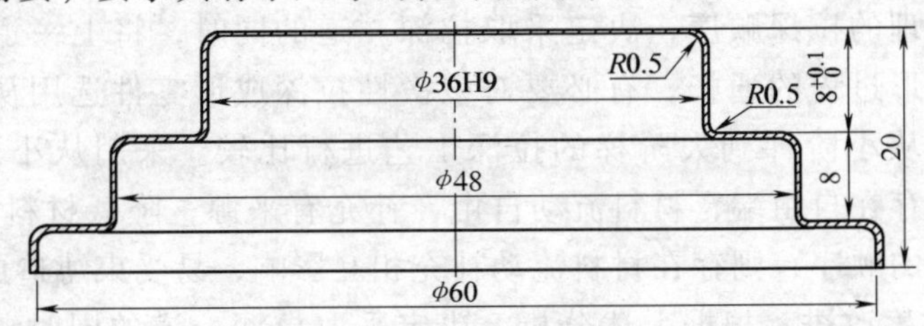

图 5-63 多阶梯轴承盖结构简图

2. 工艺分析及计算 该轴承盖为多阶梯结构，其中小阶梯直径 φ36mmH9 为 9 级精度，要通过整形达到，拉深内圆角均为 $R0.5$mm 小于板料厚度 2mm，必须依靠整形获得。

整个零件的加工难点主要在于工艺方案的合理制定，而工艺方案制订的前提首先需正确判断出图示的阶梯结构是否能一次性拉成。为此，需要计算出零件的毛坯直径。

按照拉深前后毛坯与工件表面积不变的原则。毛坯直径 D 依据计算公式：$D = \sqrt{\frac{4}{\pi}\sum A_i}$ 可求出（式中 A_i 为拉深件各部位的毛坯面积）。

代入各参数，可求出毛坯直径 D 为 88mm。

又依照阶梯形拉深件的“克里满诺维奇”经验公式：

$$m = \left(\frac{h_1 d_1}{h_2 D} + \frac{h_2 d_2}{h_3 D} + \frac{d_3}{D}\right) \div \left(\frac{h_1}{h_2} + \frac{h_2}{h_3} + 1\right)$$

式中　h_1，h_2，h_3——由大至小的各级阶梯直径的拉深高度（mm）；

d_1，d_2，d_3——由大至小的各阶梯直径（mm）；

D——毛坯直径（mm）。

根据该公式可大概判定所求阶梯部位的假定拉深系数。

代入数值，可求得轴承盖的拉深系数为：$m = 0.53$。

由于轴承盖毛坯相对厚度 $t/D \times 100 = 2.27$（其中 t 为材料厚度）。

因此，查表 10-25 得相应的极限拉深系数为 $m_{极} = 0.48 \sim 0.5$。

根据阶梯形件拉深的判断条件：若计算所得的假定拉深系数等于或大于其极限拉深系数，则可一次拉成。显然 $m > m_{极}$，故可一次拉深成形。

根据上述工艺计算，可设计模具将零件一次性拉深成形。

3. 拉深缺陷及产生原因　零件拉深后，生产出了合格的外形，但整形后，台阶处圆角仍很大，并出现塌肩，影响零件的使用。分析原因认为：由于在将大圆角整成小圆角时，需要补充的材料来自于已成形的直壁部分，使已成形的台阶高度难以控制，而零件具有的多台阶结构使得圆角整形中，材料受模具的束缚流动困难，轻则圆角无法整形到位，重则会使材料拉断。

为确定合理的拉深顺序，决定采取拉深一道的同时，将上一道尺寸整形到位。为保证成形过程的通畅，有必要对该次性拉深成形零件选用从大阶梯到小阶梯拉深还是从小阶梯到大阶梯的拉深工艺进行比较。采用从小到大的顺序，能使材料始终存在自由端，材料流动自由，补充有来源，降低材料的往复流动；采用从大到小的顺序，则存在材料流动补充相互影响，易受束缚造成流动困难。

4. 工艺方案改进　根据上述分析，决定采取拉深一道的同时，将上一道尺寸整形到位，采用从小拉到大的次序，使整形时始终存在一个自由端，整形时材料可以从自由端补充，对阶梯的高度逐个调整到位，使材料的往复流动降到最低限度。改进后的工艺方案如图 5-64 所示。即：落料并首次拉深→整形并整小圆角→二次拉深并整小圆角→三次拉深并整小圆角→切除修边余量。

5. 模具设计　根据工艺方案，须设计 5 套模具完成上述 5 个工序的加工。下面以前 2 工序设计的模具为例作具体的说明，其余工序与此类似，就不再详述。设计的第一工序的落料、首次拉深复合模结构如图 5-65 所示。

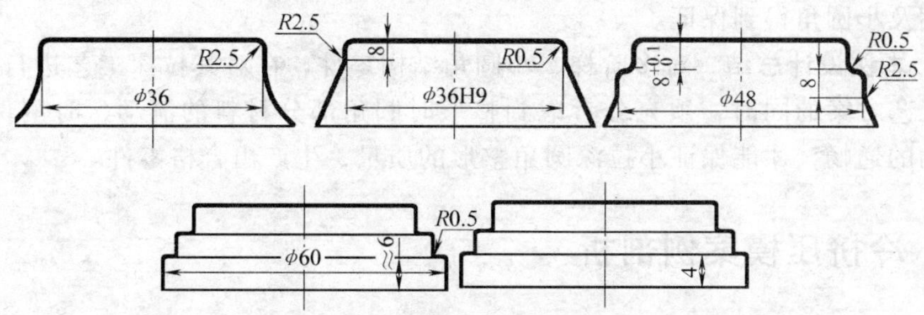

图 5-64　改进后的工艺方案

开启模具，压力机滑块上升，上模与下模脱离接触，此时将坯料置于落料凹模 10 恰当位置。压力机滑块开始下移，卸料板 9 首先将板料压紧，落料、拉深上模 3 与落料凹模 10 共同作用将毛料落下，随着滑块的下移，落料、拉深上模 3 与拉深下模 4 共同作用将毛料拉深成形，直至落料、拉深上模 3 底面与拉深下模 4 表面完全贴合，完成零件的拉深。

随着压力机滑块的上升，顶杆 7 在压力机弹性缓冲器作用下上行，卸料器 5 通过打杆 6 下行共同将拉深好的零件顶出工作型腔。与此同时，卸料板 9 将废料推出落料—拉深上模 3，完成零件的卸料。

设计的整形模如图 5-66 所示。

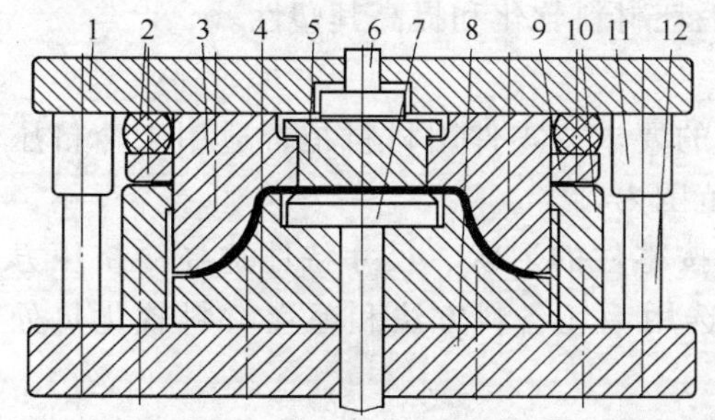

图 5-65　落料、首次拉深复合模结构图

1—上模板　2—聚氨酯块　3—落料、拉深上模　4—拉深下模　5—卸料器　6—打杆　7—顶杆　8—下模板　9—卸料板　10—落料凹模　11—导套　12—导柱

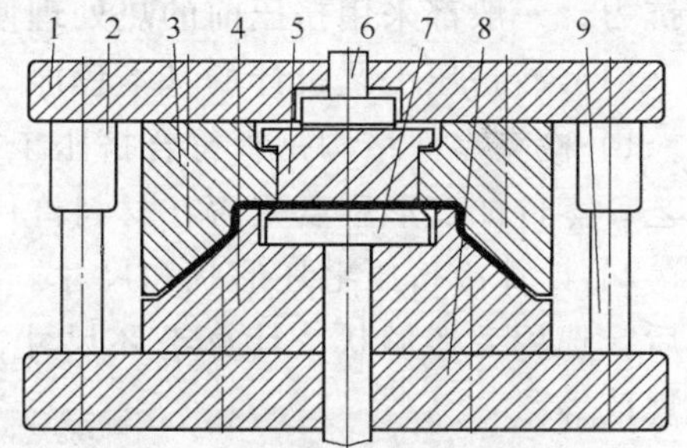

图 5-66　整形模结构图

1—上模板　2—导套　3—整形上模　4—整形下模　5—卸料器　6—打杆　7—顶杆　8—下模板　9—导柱

将拉深好的半成品零件置于整形下模 4 适当位置，随着上模的下行，整形上模 3 与整形下模 4 共同作用对零件进行整形，保证尺寸及小圆角的要求。

随着压力机滑块的上升，顶杆 7 及卸料器 5 同样共同将整形好的零件顶出工作型腔。

6. 效果　根据上述工艺方案设计模具制造完成后，一次试模合格。零件拉深高度及小圆角得到保证。

7. 本例设计总结 对多阶梯、小圆角结构零件，在对其拉深工艺进行计算、制订工艺方案的同时，须充分考虑到整形时圆角部分材料的流动，时刻保证材料流动的通畅，才能保证小拉深圆角整形的质量，生产出合格零件。

5.9 冷挤压模案例剖析

5.9.1 冷挤压加工工艺及模具结构分析

1. 冷挤压加工工艺 在冲压加工中，冷挤压是将金属体积进行重新分布的体积冲压工序之一。利用冷挤压加工的零件表面粗糙度低，加工精度高（可达IT7级），在一定范围内，可大大减少切削加工量，甚至代替切削加工，另外，在冷挤压过程中，金属处于三向压应力状态，变形后材料组织致密，又具有连续的纤维流向，因而，零件的强度、刚度较好，可用一般钢材代替贵重钢材。正因为冷挤压具有的众多优越性，其应用已日益广泛。

目前，可以挤压加工的金属材料主要有：有色金属及其合金、低碳钢、中碳钢、低合金钢。当挤压件的形状、变形程度适宜时，适当采取措施后，对部分不锈钢、轴承钢、高速钢和钛合金等也能实现冷挤压加工。为降低材料的变形抗力，一般都采用挤压前的热处理使毛坯材料软化和提高其塑性。

(1) 冷挤压工艺设计的基本程序

1) 检查零件结构是否符合挤压工艺的要求，零件用材料是否适用于冷挤压工艺，零件的变形程度是否在材料许用范围内。

2) 计算冷挤压毛坯形状和尺寸。在按零件的形状、尺寸特性选择冷挤压方法后，选用毛坯形状，计算毛坯尺寸，选用毛坯备料方法和毛坯材料软化热处理规范等。

3) 冷挤压工艺过程设计。包括毛坯准备、材料软化热处理、毛坯润滑处理、冷挤压工艺过程等。

4) 冷挤压力的计算和冷挤压设备的选用。

5) 冷挤压模具设计。

(2) 挤压变形程度　由于在冷挤压时，挤压金属处于三向压应力状态下产生塑性变形，所以塑性好，因此可达到很大的变形程度。冷挤压极限变形程度实际上是受模具强度和模具寿命的限制。也就是说冷挤压的极限变形程度实际是指在模具强度允许条件下，保持模具具有一定寿命的一次挤压变形程度。

冷挤压变形程度指挤压时金属材料变形量的大小，冷挤压变形程度的表示方法以断面缩减率 ε_A、挤压比 G 和对数挤压比 ϕ 表示，其中：

断面缩减率 $$\varepsilon_A = \frac{A_0 - A_1}{A_0} \times 100\%$$

挤压比 $$G = \frac{A_0}{A_1}$$

对数挤压比 $$\phi = \ln\frac{A_0}{A_1}$$

式中 A_0——坯料横截面积（mm^2）；

A_1——挤压件横截面积（mm^2）。

冷挤压时，一次挤压加工可能达到的最大变形程度称为极限变形程度。表5-10列出了常用金属材料一次挤压的极限变形程度参考值。

表5-10 常用金属一次挤压的极限变形程度参考值

金属材料	断面缩减率 ε_A（%）		备注
铅、锡、锌、铝、防锈铝、无氧铜等软金属	正挤	95~99	低强度的金属取上限，高强度的金属取下限
	反挤	90	
硬铝、纯铜、黄铜、镁	正挤	90~95	
	反挤	75~90	
黑色金属	正挤	60~84	上限用于低碳钢，下限用于含碳量较高的钢与合金钢
	反挤	40~75	

图5-67、图5-68、图5-69分别为正挤压实心件、正挤压空心件及反挤压件时，碳钢 w_C 对许用变形程度的影响。图中斜线以下的为一次挤压的许用变形程度区域，斜线以上的是待发展的区域，上、下斜线之间的阴影部分是过渡区域。

事实上，影响极限变形程度的因素很多，上述极限变形程度参考值是以所用模具钢的许用单位压力为20000~2500MPa以内试验得出的。归结影响极限变形程度的因素主要有两个方面：一是模具本身的许用单位压力，这取决于模具材料、模具结构和模具制造；另一方面是挤压金属产生塑性变形所需的单位挤压力，这取决于挤压金属的性质、挤压方式、模具工作部分的几何形状、坯料表面处理和润滑等。

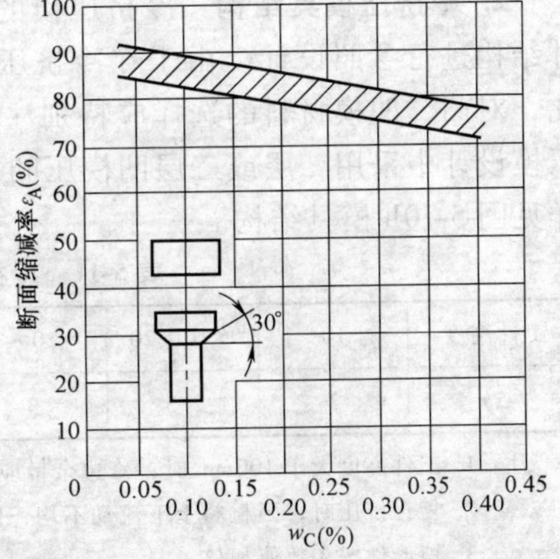

图5-67 正挤压碳钢实心件的许用变形程度

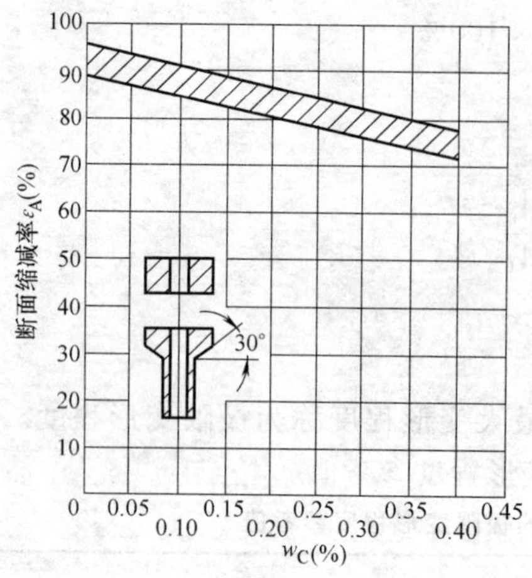

图 5-68　正挤压碳钢空心件的许用变形程度

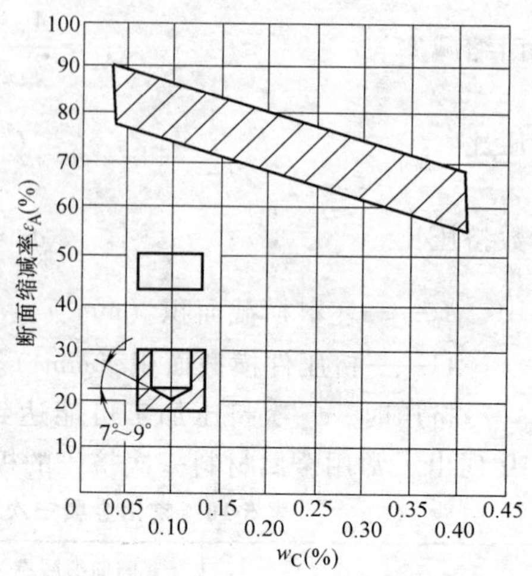

图 5-69　反挤压碳钢的许用变形程度

（3）冷挤压力　冷挤压力的计算参见第 10 章相关内容。挤压力是选用冷挤压设备的依据。

（4）毛坯尺寸的计算　毛坯体积是根据制件体积与毛坯体积相等的原则计算，考虑到零件修边的要求，按挤压工件体积的 1.03 ~ 1.05 倍确定零件毛坯的体积，也可按表 5-11 选取修边余量 Δh 后，进行计算确定。

考虑到零件定位的要求，毛坯的外径应比凹模尺寸（挤压件外径）小 0.1 ~ 0.2mm。反挤薄壁有色金属时，毛坯外径比凹模尺寸（挤压件外径）小 0.01 ~ 0.05mm。

2. 冷挤压模具结构　冷挤压模的结构比较简单、规范，设计只需根根据零件结构进行参照设计。由于在冷挤压加工中，凸模和凹模的受力最为剧烈，因此，对凸、凹模材料的选择应特别注意。常用模具材料如表 5-12 所示。在冷挤压模设计中采用二层或三层凹模压圈对凹模进行定位、压紧，以增加凹模强度，详见图 5-70b 模具结构。

表 5-11　冷挤压件修边余量 Δh　（单位：mm）

工件高度	10	>10 ~ 20	>20 ~ 30	>30 ~ 40	>40 ~ 60	>60 ~ 80	>80 ~ 100
Δh	2	2.5	3	3.5	4	4.5	5

注：1. 工件高度大于 100mm 时，修边余量应为高度的 5%。

2. 复合挤压时，因材料上下流动不均，修边余量应适当加大。

3. 矩形件按表数值加倍。

图 5-70a 所示气门顶杆采用 20 钢制成。

根据零件图可计算出该冷挤压件的总体积。该工件的相对变形程度为

75.6%，根据图 5-69 可知，该工件变形程度位于过渡区内，所以需要对毛坯进行较好的软化处理及润滑处理，才能实现一次反挤压成形。设计的反挤压模如图 5-70b。

表 5-12 冷挤压凸、凹模常用材料

模具零件	常用材料	热处理后硬度/HRC
凸模	W18Cr4V，Cr12MoV，GCr15，W6Mo5Cr4V2，6W6Mo5Cr4V1	62～64
凹模	Cr12MoV，CrWMo，GCr15	60～62

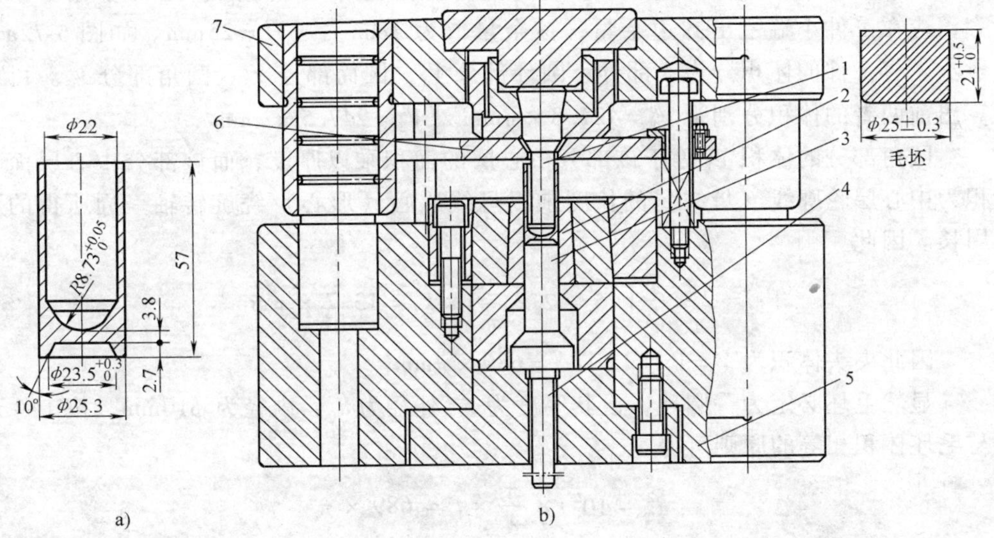

图 5-70 气门顶杆零件结构及反挤压模

a）气门顶杆 b）反挤压模结构简图

1—凸模 2—凹模 3—顶杆 4—垫板 5—下模座 6—卸料板 7—上模座

在制造空心零件时，若工件的高度与直径之比大于 3:1 时，采用冷挤压方法比拉深工艺工序少得多、简单得多。基于此，在生产中，冷挤压常用于拉深高度较大的零件（详见加工应用实例 5.9.2）。此外，零件的局部镦压也采用冷挤压加工（详见加工应用实例 5.9.3）。

由于冷挤压加工是在三向受压的应力状态下产生的塑性变形，从而使变形后的材料组织致密并冷作硬化，使材料的强度得到较大的提高。若能有效地运用，便能显著提高加工件的强度及抗疲劳性能（详见加工应用实例 5.9.4）。

5.9.2 夹头冷挤模

1. 零件结构 图 5-71 所示夹头是具有较大凸缘的空心件，材料为防锈铝 LF21（3A21），生产批量较大。

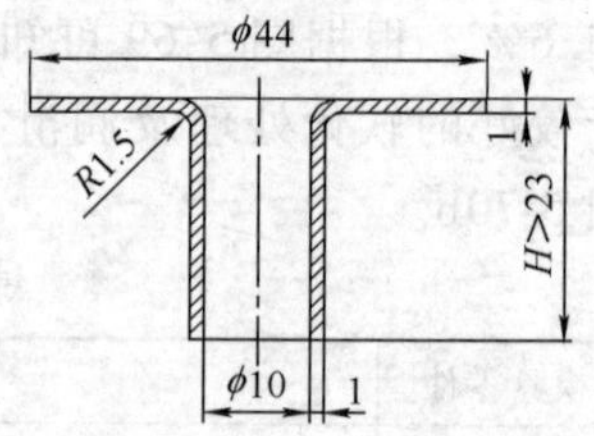

图 5-71　夹头结构简图

2. 加工工艺分析　该零件高度是中心孔直径的2倍多，无法用板料冲压翻边工艺成形，若采用拉深加工工艺，则需多次拉深且需冲底孔后翻边完成，工序多，加工流程长，故考虑采用挤压成形。

根据夹头的材质和尺寸精度要求，冷挤压工艺流程为：材料退火→制备毛坯→磷化→皂化→挤压成形→清除毛刺→清理零件表面。

3. 毛坯计算　零件要求 $H>23$mm。计算毛坯时，考虑到挤压件小端不平齐，应在工件小端留出齐边余量，该余量取为2mm，则 $H=25$mm。如图5-72a所示，将工件的体积分为3部分：圆环部分 V_1、圆筒部分 V_2、圆角部分 V_3。可算出前两者的体积分别为 $V_1=427.8\times\pi\text{mm}^3$，$V_2=247.5\times\pi\text{mm}^3$。

圆角部分的体积 V_3 等于该部分中心层的面积乘以厚度，而该部分中心层面积为中心层轮廓线（母线）的长度乘以母线质心（形心）绕旋转轴一周所得的周长。因此

$$V_3 = 2\times\frac{\pi}{2}\left(15-2\times\frac{2}{\pi}\right)\times 1 = 13.7\times\pi\text{mm}^3$$

因此夹头体积为 $V=V_1+V_2+V_3=689\times\pi\text{mm}^3$

显然毛坯必定为一圆环，设其厚度为 t，外径为 d_0，内径为 $\phi10$mm。按工件与毛坯体积相等的原则可得：

$$(d_0^2-10^2)\times\frac{\pi}{4}\times t = 689\times\pi$$

$$d_0 = \sqrt{689\times\frac{4}{t}+100}$$

如果采用铝板冲裁获得毛坯，毛坯厚度应按已有的铝板厚度规格确定。比较合适的标准规格防锈铝板材厚度有2mm、2.3mm、2.5mm、3mm，将这些数据代入上式算得圆环形毛坯相应的外径分别为 $\phi38.7$mm、$\phi36$mm、$\phi34.7$mm、$\phi31.9$mm。

综合考虑方便成形、模具寿命、材料利用率、制坯效率和成本以及毛坯定位等各方面因素，确定毛坯厚度为2mm、外径为 $\phi38.7$mm、内径为 $\phi10$mm 比较合理，见图5-72b。

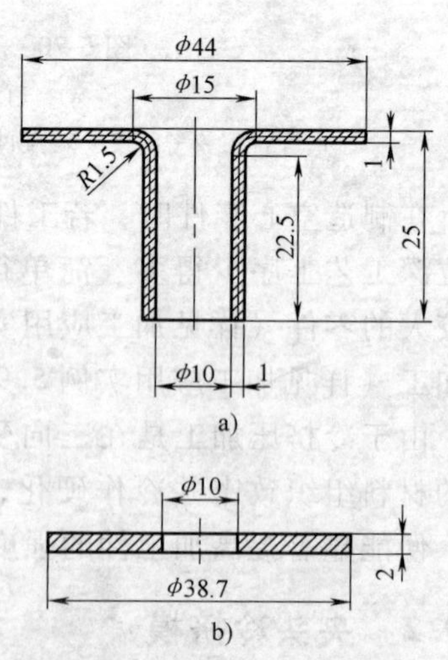

图 5-72　毛坯计算示意图

a）工件体积分区　b）毛坯尺寸

4. 毛坯制备　将直径较小的棒料用剪切

模剪切后加热墩粗再制孔。该方法的下料效率高，材料利用率较高，但是需剪切、加热、镦粗、表面清理和冲孔五道工序，耗时耗能，而且需要专用模具控制镦粗尺寸。

采用由铝板冲裁获得的方法仅需一道（用落料冲孔复合模）或两道（单工序模）工序，虽然有边角余料，但是能很好地保证毛坯的尺寸精度，而且制坯效率高，因此采用该方法。

夹头挤压设备应选用刚性好、导向精度高的压力机或液压机。

5. 模具结构及工作过程 图 5-73 是在曲柄压力机上使用的夹头挤压模结构。若用在液压机上，则需要在模具上增加行程限位装置。模具采用模具口导向，模口圆角 $R=1.5\sim2\text{mm}$，如果压力机导向精度较差，则应采用导柱导套导向。

模具工作过程如图 5-74 所示，共分四个步骤，即：

1）毛坯置放：毛坯先按图 5-74a 所示置放，出件后顶杆 9 处于其上极限位置，将毛坯内孔套在顶杆上端部的锥面上，使毛坯定位。

2）毛坯对中：随着上模下行，顶杆回到其下极限位置，毛坯垂直落在凹模块 20 上，随着上模继续下行，凸模 17 下端的锥台插入和穿过毛坯内孔，使毛坯对中。图 5-74b 是毛坯对中后即将被压缩变形的情形，此时凸模插入部分（模芯）根部的过渡圆弧刚好与毛坯接触，凸模导向部分插入凹模的深度为 h，一般应保证 $h>20\text{mm}$。

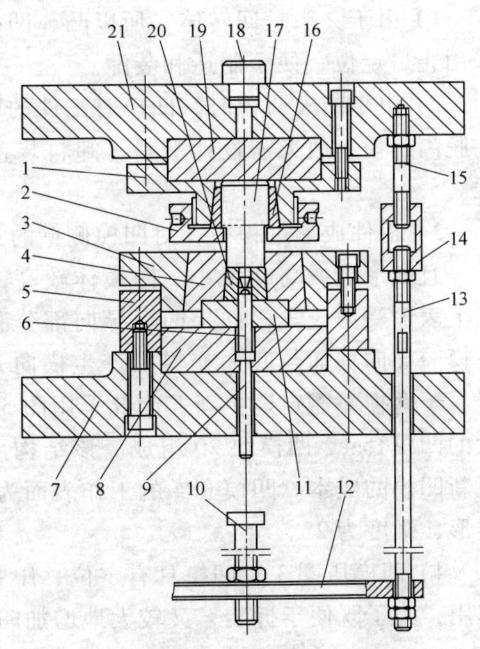

图 5-73 夹头挤压模结构简图

1—定位板 2—凸模压圈 3—凹模压圈 4—凹模套 5—定位环 6—顶杆 7—下模座 8、11、19—压力板 9—顶杆 10—螺栓 12—托板 13、15—螺杆 14—螺母 16—夹套 17—凸模 18—模柄 20—凹模块 21—上模座

3）挤压成形：上模下行至其下极限位置时，工件挤压成形，如图 5-74c 所示。

4）顶出工件：上模上行，先走一段空行程，距离上死点时顶杆开始推动工件，上模达到上死点时工件被顶出凹模，如图 5-74d 所示。此时需保证工件法兰下表面与模套上端面的距离 $a>10\text{mm}$，以便于夹取工件。

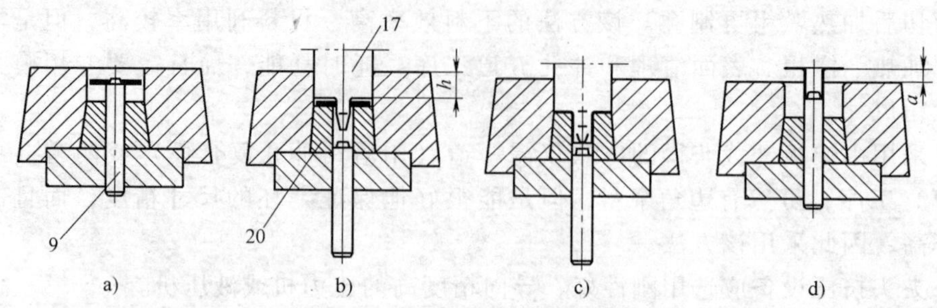

图 5-74　模具工作过程示意图
a）毛坯置放　b）毛坯对中　c）挤压成形　d）顶出工件

6. 设计要点

1）由于夹头是回转体，所以凸、凹模及其压力板的定位未采用定位销，而采用止口定位，便于制造和装配。

2）由于凸模回程时，凹模对工件的摩擦力要大于凸模对工件的摩擦力，工件脱离凸模，故无需设计上料、卸料装置，通过调整螺栓 10，可调节下顶料行程。

3）工件成形过程中，对凹模侧壁的径向单位压力比对模腔底面的垂直压力小，且变形金属高度很小，凹模体较高，所以凹模周向单位长度受力较小。模腔下表面受力较大，如果凹模导向部分和模腔底面采用整体结构，则凹模易于在模腔导向柱面与底面交界处产生横向开裂，同时，挤出金属的凹模孔圆角处最易于磨损，需定期更新。为此采用图 5-73 中的组合凹模结构，由图 5-73 中所示的凹模套 4、凹模块 20 组成。该结构可有效地防止凹模的横向开裂，并降低更新凹模的成本。凹模套 4 的工作表面为圆柱形，它与凹模块 20 的配合面为圆锥形，锥度为 2°。

4）凹模压圈 3 对凹模具有定位、压紧和径向顶紧增加凹模径向强度的多重作用，为了既便于拆装，又较大地增加凹模强度，凹模压圈 3 与凹模套 4 的配合面锥度取 4°，它与定位环 5 的配合可取 H9/f8。

5）凸模 17 由弹性夹套 16 夹紧定位，凸模上部的紧固段为圆柱形，无锥度，便于制造和更换凸模。弹性夹套有单槽夹套（图 5-75）和多槽夹套（图 5-76）两种，图 5-73 模具结构中的夹套是单槽夹套，单槽夹套将豁口开通，制造简单，但是径向弹性比多槽夹套小。多槽夹套的豁口不开通，豁口数为不小于 4 的偶数，均匀分布，豁口的方向间隔颠倒排列，豁口一般为或 6 个，图 5-76 是 8 个豁口的弹簧夹套。

7. 效果　采用冷挤压工艺加工的产品质量稳定，材料利用率高，生产成本低。

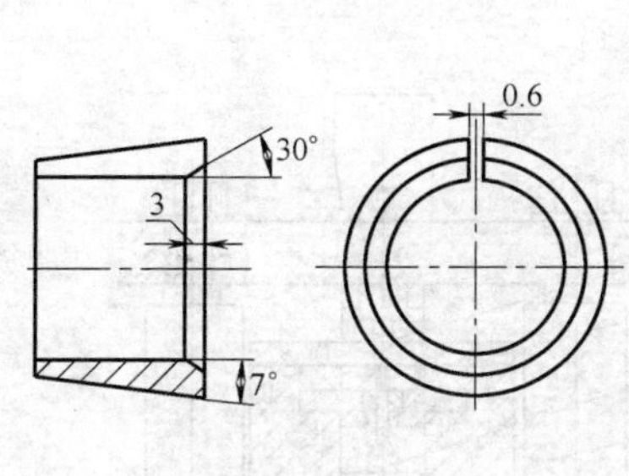

图 5-75　单槽弹性夹套结构简图

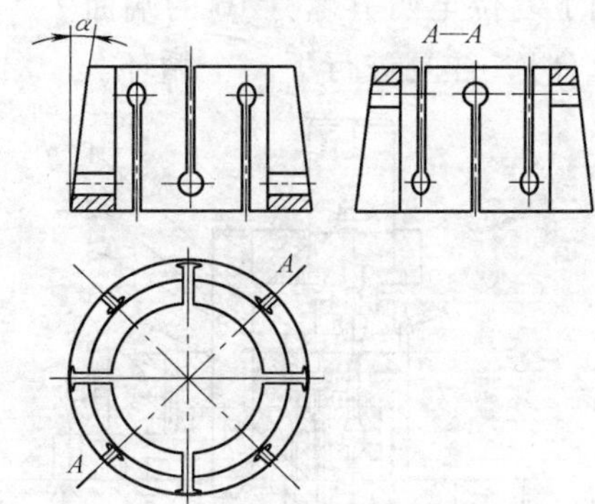

图 5-76　八槽弹性夹套结构简图

8. 本例设计总结　本案例是冷挤压设计、计算的典型模式，对零件高度大于中心孔直径很多的产品零件，为减少工序数目，降低加工成本，采用冷挤压成形比板料拉深成形、翻边等工艺成形更经济。

5.9.3　小轴冷镦工艺及模具改进

1. 零件结构　图 5-77 所示为小轴，采用 ϕ3.7mm 外径的 10 ~ 20 钢丝制成。

2. 加工工艺分析　该零件较简单，常采用的加工方法是利用相等体积的棒料放入专门的模具型腔内冷镦成形。当材料直径波动时，将直接造成产品质量的波动。由于零件小，此种模具结构操作不便且不安全，不能满足大批量生产。为此，须改进设计模具。

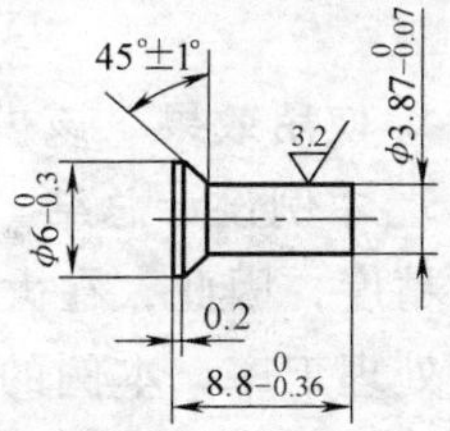

图 5-77　小轴结构简图

3. 模具结构　设计的模具如图 5-78 所示。

为确保产品质量和便于操作，工作前，应先将原材料经拉丝、矫直，控制其直径在 ϕ3.69 ~ ϕ3.74mm 之间后待用。

首先将待用线材穿入横梁 11 的进料孔，通过模板 17、顶杆座 9，剪料筒 3 和下模 1 直顶至盖板 7 的 K 面。工作时，上模部分向下冲，冲杆 2 驱动滑块座 5（下模 1 镶入滑块座中）向左滑动，线材在下模 1 及剪料筒 3 的相对运动下被剪断，坯料再被送至已调好的模具中心待镦，上模部分继续下行，导柱 12 的下斜面迫使挂爪 15 的斜面将弹簧 14 压缩，使挂爪 15 向内侧成水平方向运动，导柱 12 便顺利下行至死点，在同一时间内将工件冷镦成形，在弹簧 14 的作用下将挂爪 15 推向复位，为顶件作好充分准备。回程时，导柱 12 向上运动，平钩迫使挂爪 15 沿斜块 13 的斜面向上运动，带动横梁 11 完成顶件工作，同时，在水平分力的作用下使挂爪 15 向水平方向移动与导柱 12 脱离，横梁 11 在弹簧 10 的作用下复位。上模部分继续向上运动直至冲杆 2 离开滑块座 5，滑块座 5 在弹簧 4 的作用下复位至调节螺钉16的端面 F（此时下模1的中心正好又与剪料筒3的中心重合），往复进行下一个循环。

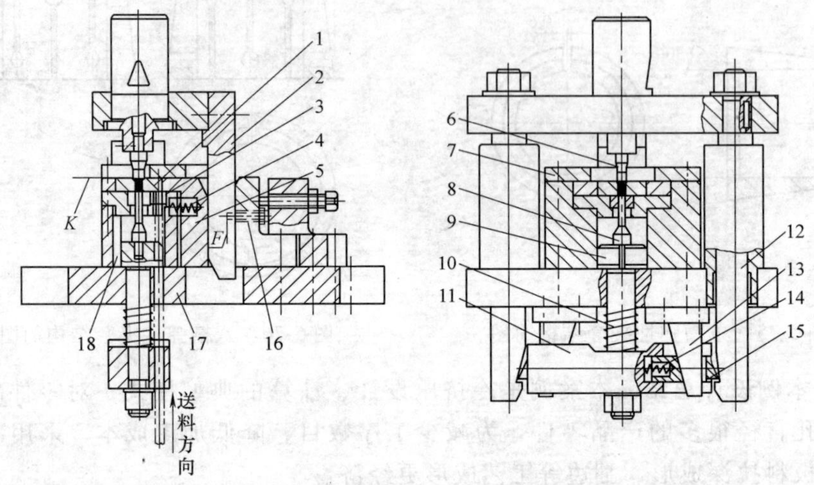

图 5-78　小轴模具结构简图

1—下模　2—冲杆　3—剪料筒　4、10、14—弹簧　5—滑座块　6—冲头　7—盖板　8—顶杆　9—顶杆座　11—横梁　12—导柱　13—斜块　15—挂爪　16—调节螺钉　17—模板　18—定向键

4. 使用效果　该模具结构合理，工作可靠。

5. 本例设计总结　对于体积成形的冷挤压加工，坯料的体积直接影响到零件的精度，因此，在大批量生产中，一般有对成形坯料进行直径及直线度控制的预处理工序，本例的特点是零件下料与成形由一套模具控制，简化了模具结构，保证了零件成形质量，配合自动送料装置使用，能实现自动成形。

5.9.4　锁扣凸台的压凸、冷挤复合模设计

1. 零件结构　图5-79所示为可调式座椅上滑套机构中的关键件——锁扣，采用3mm厚的优质碳素钢20制成，其上有一直径为 $\phi 12$ 的圆凸，在机构中该圆凸与外滑套配合滑动且绕其自身轴心线摆动，并承受交变载荷。由于功能重要，零件制成后，要求与外滑套配合进行一百万次的滑动试验而不失效。

2. 工艺方案及压凸台模结构设计　该零件主要为成形及弯曲的复合件，结构并不很复杂，由于成形的凸台与零件连接仅有1mm，该处的强度势必受到影响，如果压力机

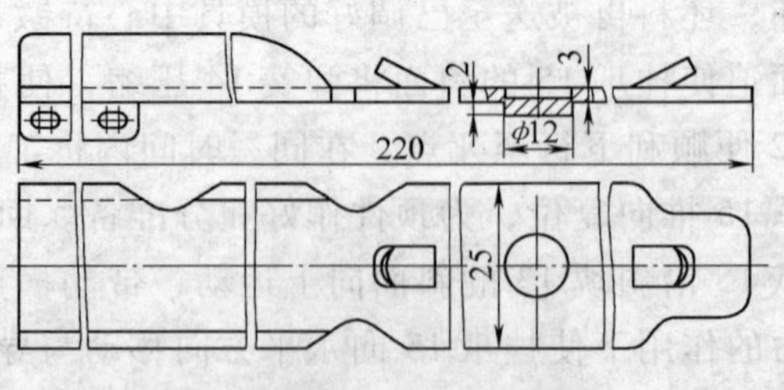

图 5-79　锁扣简图

行程调节不当或模具设计不合理都将直接影响产品质量，故凸台成形模的设计成为零件合格与否的关键。

经对零件进行工艺分析后，确定采用落料—弯曲—切舌—压凸台的工艺方案。分别设计落料模、弯曲模、切舌模、压凸台模等四套模具完成零件的制造。其中设计的压凸台模结构如图 5-80 所示。

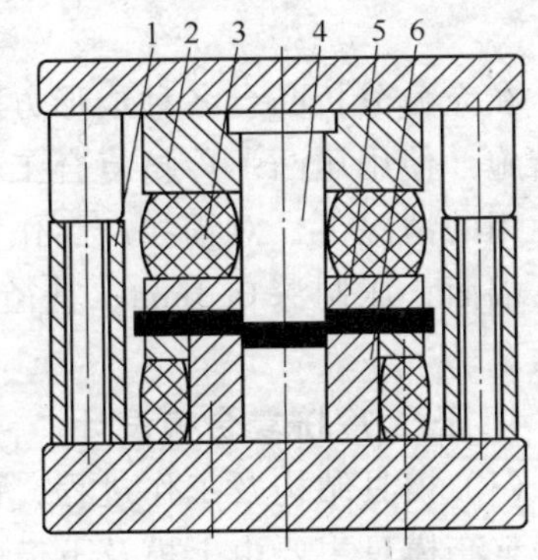

图 5-80　压凸台模结构简图

1—限位块　2—固定板
3—聚氨酯块　4—凸模
5—卸料板　6—凹模

工作时，半成品零件置于凹模 6 适当位置，随着压力机滑块的下降，凸模 4 与凹模 6 共同作用开始对零件实施压凸，当导套与限位块 1 相撞，凸台即压成。随着压力机滑块上行，上、下卸料板分别在各自聚氨酯块弹力作用下将压好的凸台零件分别从凸、凹模上卸出，完成压凸台工序。

为避免压力机行程调节不当对零件成形凸台深度的影响，同时在两个导柱上设置限位块 1 控制压力机滑块下降的高度，以免造成零件冲断。根据零件工作性质，凸、凹模单面间隙取 0.27 ~ 0.35mm。

3. 零件失效原因分析及改进措施　按上述工艺方案及设计的模具生产出了外形完全合格的零件，然而在滑动试验中，在运行十几万次甚至几万次时，圆凸台发生断裂脱落现象，多次更换零件再试验，结果依然。

对断口形貌进行仔细观察发现：断口粗糙，零件断裂口附近有三至五处裂纹，裂纹沿凸台周围呈放射状向外延伸；断口分析表明为脆性断裂。为找寻零件早期失效原因，有必要针对压凸台模具结构分析其凸台成形机理。

从压凸台模具结构可知，这种压凸成形实际上是一种材料未完全断裂的不完全冲裁，材料的变形过程类似于冲裁变形过程。即在具有尖锐刃口及间隙合理的凸、凹模作用下，经过压缩塑性变形、剪切、部分断裂分离三个阶段而完成的。

整个变形过程为：凸模接触材料，将材料压入凹模洞口，在凸、凹模压力作用下，材料表面受到压缩产生塑性变形，由于间隙的存在，使材料同时受到弯曲和拉深的作用，当凸模继续压下，压力增加，材料内部应力达到屈服条件，剪切变形区开始宏观滑移变形，此时凸模开始挤入材料，并将下部材料挤入凹模孔中，纤维组织产生更大的弯曲和拉伸变形，由于所压凸台下陷较大，板料与凸模和凹模刃口接触处将分别产生裂纹，使板料产生部分分离，同时纤维组织部分被切割破坏。

由此可知，圆凸产生断裂脱落的本质是由于成形机理不合理，导致圆凸与原材料间的纤维组织遭到破坏，并使下陷的凸台口应力集中甚至出现微裂纹。要彻底解决，只有运用新的成形工艺。

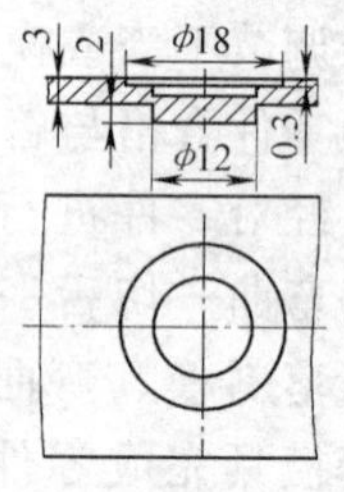

图 5-81　凸台改进图

在充分分析凸台各种成形方法的基础上，决定采取如下措施：使用压凸—冷挤复合工艺成形凸台，在不影响产品使用的情况下，对锁扣产品作如下改进，即在成形的圆凸上端面，压制深 0.3mm、直径 18mm 的浅痕，如图 5-81 所示。

4. 压凸-冷挤复合模设计

（1）模具结构及工作过程　设计的压凸、冷挤复合模如图 5-82 所示。

整套模具主要由上模及下模两部分组成，工作零件主要为冷挤凸模 3、压凸上模 4 及压凸下模 5、冷挤凹模 6 等。其中上模部分由压凸上模 4 压入冷挤凸模 3 后再与上固定板 2 成过盈配合，然后中间安放上垫板 1 与上模板联结而成，下模部分由压凸下模 5 压入冷挤凹模 6 后再与下固定板 7 成过盈配合，然后中间安放下垫板 8 与下模板联结组成。

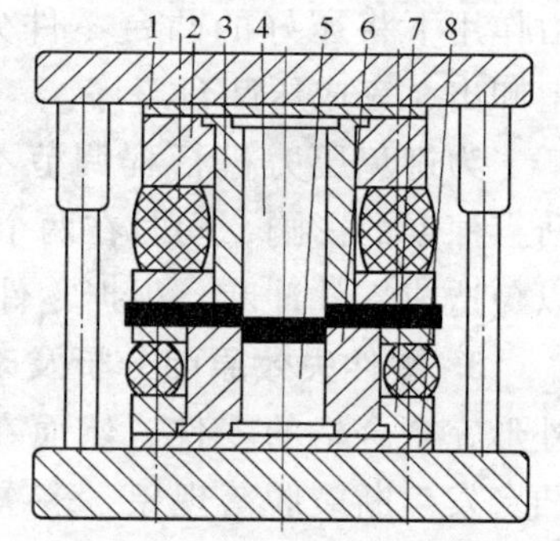

图 5-82　压凸、冷挤复合模结构简图

1—上垫板　2—上固定板　3—冷挤凸模　4—压凸上模　5—压凸下模　6—冷挤凹模　7—下固定板　8—下垫板

工作时，模具开启，压力机滑块在上死点，条料置于冷挤凹模 6 合适位置，上模下行，待加工的半成品首先被模具上、下卸料板压紧，随着上模的逐步下移，压凸上模 4 迫使其压迫下的材料流入其对面的冷挤凹模 6 凹坑以形成凸台，当上模下行 1.7mm 时，冷挤凸模 3 开始接触坯料，对坯料施行压痕，与此同时凸台仍在成形，于是，压痕处的金属材料沿下陷的凸台处流动，至此圆凸在压凸上模 4 与压凸下模 5 以及坯料上的压痕在冷挤凸模 3 与冷挤凹模 6 的共同作用下受到双向镦挤作用后，整个成形结束。随着滑块的上行，上、下卸料板在各自卸料橡胶的弹力作用下分别从凹、凸模上卸出零件，完成一个工作周期，零件转入下一个工作循环。

（2）设计要点

1）模具的工作零件全部采用装配、组合式结构，从而有利于凸、凹模的加工制造，使精度调整及维修方便。当工作零件磨损需进行修刃时，只要分别对有关凸、凹模进行磨削，便可保证其使用性能不变，使模具寿命得到提高。

2）压凸台的主要工作部件压凸上模 4 及冷挤凹模 6 刃口设计成小圆角 $R0.3$mm，以抑制裂纹的产生。

3）为改变凸台成形的冲裁性质，增大成形中的挤压作用，压凸上模 4 及冷挤凹模 6 的双向间隙取 0. 01 ~0. 02mm。

4）冷挤凸模 3 为挤压 ϕ18mm 压痕之用，其刃口周围倒圆角成 R0. 3mm。

（3）压凸、冷挤复合工艺成形机理　尽管压凸、冷挤复合模与压凸台模的工作过程基本一致，但由于在冲压工艺及模具设计上有针对性地采取了措施，从而使其成形与原冲裁的性质完全不同。

在凸台成形阶段，由于压凸台的主要工作部件采用了小圆角刃口，从而增强了对被冲材料的径向压应力，提高了金属塑性，起到了抑制裂纹产生的作用，在压凸台过程中材料被均匀地挤入冷挤凹模 6 洞口，材料纤维被拉长，并由凹模的光滑表面压平，形成了很光的断面，而很小冲裁间隙的采用，又加强了冲裁变形区的静压，使挤压作用加大，拉深、断裂作用减小，零件剪切面上的断裂带大大减小，同时圆角对剪切面的压平作用，使零件断面质量得到进一步地提高，这种压凸台的形式实质上是一种冲裁—挤光复合工序的加工；在压痕及凸台复合成形阶段，冷挤凸模 3 通过压痕时的径向挤压力作用促使其下部的材料向模腔内流动，从而达到利用模具在压力机上对模腔内的金属坯料施加相当大的压力，使其在三向受压的应力状态下产生塑性变形，保证变形后的材料组织致密并冷作硬化，使纤维组织沿凸台轮廓分布，形成连续的纤维流向，这样材料的强度便得到较大的提高，避免了原凸台成形中对金属内部纤维的破坏。

5. 使用效果　由于设计的压凸、冷挤复合模较好地控制了由于弯曲及拉深等作用造成的剪切裂纹，避免了对坯料金属纤维的破坏。因此，生产的一百余套样品经长达二个月的破坏性试验，没有再出现圆凸断裂脱落现象，加工的凸台全部合格。目前已转入大批量生产。

锁扣凸台的制造成功说明：对原失效原因的分析是正确的，采取的压凸、冷挤复合工艺措施是有效、合理的。压凸、冷挤复合工艺的有效运用能有效地提高加工件的强度及抗疲劳性能。

6. 本例设计总结　对使用中具有一定强度要求的凸台，采用压凸、冷挤复合工艺，设计压凸、冷挤复合模。生产实践及强度试验表明：该工艺能满足产品要求，对强度的提高有显著效果。

5. 10　旋压模案例剖析

5. 10. 1　旋压加工工艺及模具结构分析

1. 旋压加工工艺　旋压是将平板或半成品毛坯套在芯模上并用顶块压紧，芯模、毛坯和顶块均随主轴旋转，操纵赶棒迫使材料逐渐贴模，而获得所要求的工件形状，如图 5-83 所示。

一般生产中，采用的旋压设备和模具都很简单，且采用手工旋压方法加工，各种形状的旋转体拉深、翻边、缩口、胀形和卷边均适用，加工范围广，机动性大，但生产效率低，劳动强度大。故手工旋压只适用于单件、小批量及薄软坯料的加工。但采用半自动及自动旋压则能用于大批量及厚硬坯料加工，表 5-13 为旋压加工常用材料。

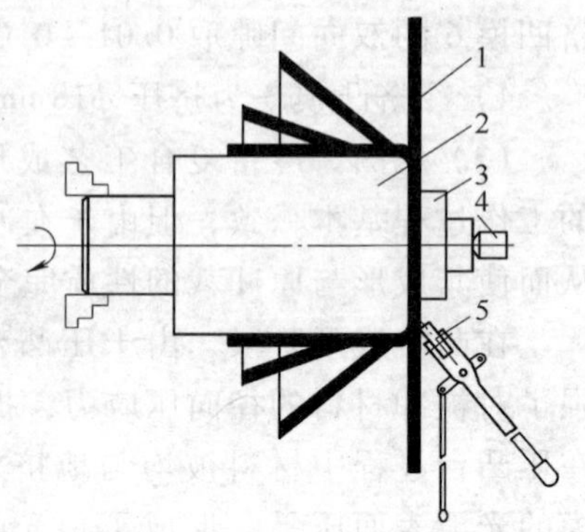

图 5-83　旋压成形示意图

1—毛坯　2—芯模　3—顶块　4—压紧块　5—赶棒

常用材料中，纯铝、金、银、铝锰系铝合金及纯铜对普通旋压的适应性优良；铝镁锰系合金、黄铜、低碳钢的适应性较好；高镁含量的铝镁系铝合金的适应性较差。难熔合金、钛合金等宜用加热旋压。

在旋压变形过程中，毛坯在赶棒的加压作用下，由点到线、由线到面，最后逐级紧贴芯模成形，毛坯切向受压、径向受拉，一方面在与赶棒的接触点产生局部塑性变形，另一方面在沿赶棒加压的方向倒伏，如操作不当，会引起材料失稳起皱或破裂。因此，采用手工旋压对操作工人的技术水平要求较高，产品质量稳定性较差。表 5-14 为手工旋压的最大适宜厚度。

旋压件的尺寸公差等级可达 IT8 级左右，表面粗糙度 R_a <3.2μm，强度和硬度均有显著提高。表 5-15 为旋压加工能达到的直径精度。

表 5-13　旋压加工常用材料

材　料	牌　号
优质碳素钢	20 钢、30 钢、45 钢、60 钢、15Mn、16Mn
合金钢	40Cr、40Mn2、30CrMnSi、15MnPV、15MnCrMoV、14MnNi、40SiMnCrMnV、45CrNiMoV
不锈钢	1Cr13、1Cr18Ni9Ti、1Cr21Ni5Ti
耐热合金	CH-30、CH128、Ni-Cr-Mo
非铁金属及合金	T2、HNi65-5、HSn62-1、5A03、5A05、5A06、5A12、3A21、6A02、2A14、7A04、7A31
难熔金属稀有金属	烧结纯钼、纯钨、纯钽、铌合金 C-103、Cb-275、纯钛、TC4、TB2、6Al-4V-Ti、纯锆、Zr-2

表 5-14　手工旋压的最大适宜厚度　　（单位：mm）

材料	铝	纯铜	软钢	不锈钢
厚度	3~4	3	2	1.35

表 5-15　旋压件直径精度　　　　(单位：mm)

工件直径		<610	610 ~ 1220	1220 ~ 2440	2440 ~ 5335	5335 ~ 6605	6605 ~ 7915
直径精度	一般	±(0.4 ~ 0.8)	±(0.8 ~ 1.6)	±(1.6 ~ 3.2)	±(3.2 ~ 4.8)	±(4.8 ~ 7.9)	±(7.9 ~ 12.7)
	特殊	±(0.02 ~ 0.12)	±(0.12 ~ 0.38)	±(0.38 ~ 0.63)	±(0.63 ~ 1.01)	±(1.01 ~ 1.27)	±(1.27 ~ 1.52)

旋压成形虽然属于局部成形，但是如果材料的变形量过大（即坯料直径太大，主芯模直径太小）便容易起皱，这就需要两次或多次旋压成形。旋压的变形程度以旋压系数 m 表示：

$$m = \frac{d}{D}$$

式中　d——工件直径（若是锥形件指小端直径）(mm)；

　　D——毛坯直径（mm)；

圆筒形件极限旋压系数可取 0.6 ~ 0.8，当相对厚度 $(t/D) \times 100 = 0.5$ 时取大值；当 $(t/D) \times 100 = 2.5$ 时取小值。圆锥形件极限旋压系数可取 0.2 ~ 0.3。

若工件需要的变形程度比较大时，可以在不同芯模上多次旋压，但其间应退火。

旋压加工主要由芯模和赶棒共同完成，芯模通过专供旋压用车床的三爪自定心卡盘对其进行固定，其相关尺寸按照零件的标注尺寸进行设计。考虑到旋压成形后零件产生的回弹作用影响到旋压件的尺寸质量，因此需要对主芯模尺寸进行初步的回弹考虑。

芯模的材料主要与零件的形状和产量大小有关。当产量很小且尺寸精度要求不太高时，芯模可采用木质、铝及铸铝等材料，或采用金属与木质合制。若产量较大且尺寸精度要求比较高时，芯模可采用铸铁或钢来制造，若产量很大，则芯模应选择 Cr12 等材料，并经热处理硬度达到 58 ~ 62HRC，同时，芯模应有较低的表面粗糙度及较轻的质量；芯模的外形应符合工件内表面的要求。

对于旋压用的大型芯模应考虑平衡和固定问题。一般情况下，旋压用的小型芯模可直接固定在车床的三爪自定心卡盘上，而大型芯模可用螺纹形式直接固定在机床主轴上，但要考虑螺纹方向应有自锁功能，并且拆卸方便。

通常旋压用的成形刀具其结构有多种类型，材料用组织坚实的硬木（核桃木、枣木）或碳素工具钢制成。为了能够达到高质量的旋压工件，应设计成形刀具。

旋压成形过程中，为了防止成形刀具与坯料之间的划痕，在旋压时必须进行润滑。常用的润滑剂有：肥皂、硬黄脂、全损耗系统用油或牛油混合剂。这些润滑剂应该有一定的粘滞性，以使在高速下仍能粘附于金属表面。

2. 旋压模结构　按结构组成的不同，旋压模可分为整体模、局部模、组合模、空气模，如图 5-84 所示。

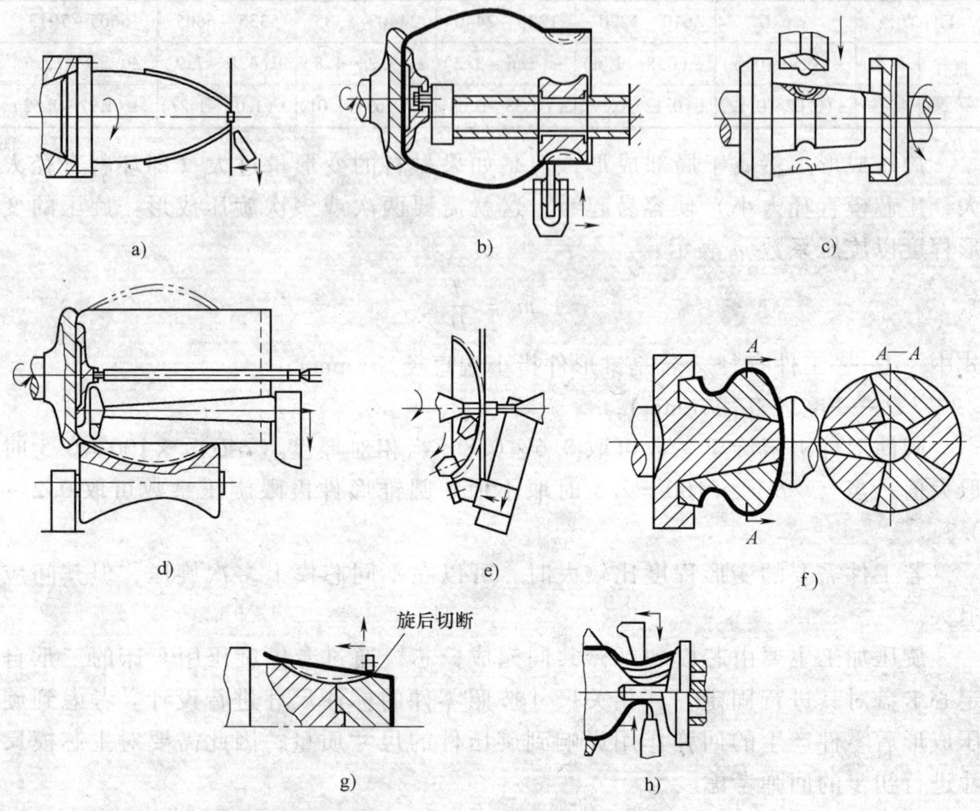

图 5-84 旋压模类型

a）全身整体模 b）偏心局部模 c）坯料偏心局部模 d）内旋局部模
e）随动局部模 f）分瓣组合旋压模 g）分段组合旋压模 h）空气模

模具一般包括工作部分、与机床配合部分以及供坯料定位、压紧部分。组合模制造费工，但旋压精度优于局部模。模具型面尺寸按工件相应尺寸的中、下差确定，经试旋后按回弹量再加以修正。

手工旋压加工实例详见 5. 10. 2。

5. 10. 2 封头旋压成形

1. 零件结构 图 5-85 为旋转体封头结构图，采用 2. 8mm 厚的钢板深拉深制成，小批量生产。

2. 加工工艺分析 该零件为旋转体，大端直径为 ϕ680mm，小端直径为 ϕ568mm，由多个圆形台阶构成，其间由圆弧进行过渡，因此适宜采用旋压成形。

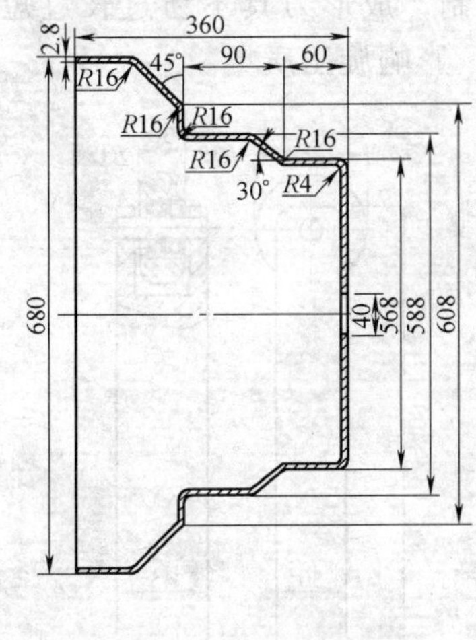

图 5-85 封头结构简图

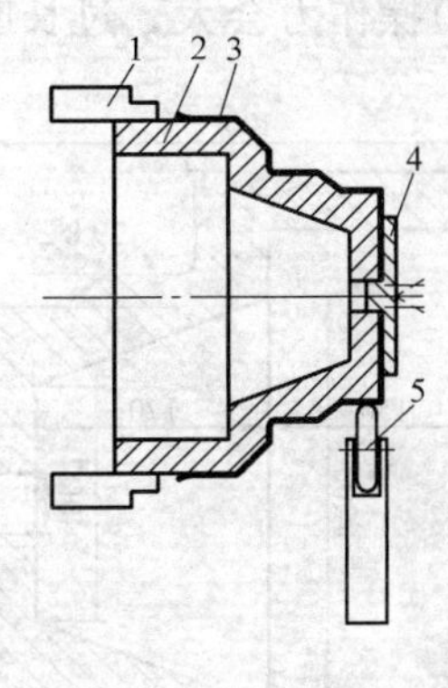

图 5-86 旋压装置示意图

1—车床卡盘 2—主芯模 3—工件

4—定位压板 5—成形刀具

3. 旋压装置 图 5-86 所示为零件旋压装置示意图。

压料板装置在旋压用车床上的专用顶尖上，压料板中心轴对毛坯中心孔进行定位，合模后由专用顶尖将毛坯压在主芯模上。调整车床转速并调整成形刀具到合适的位置后进行试生产，直到符合零件技术要求后转入批量生产。

4. 设计要点

(1) 主芯模设计 图 5-87 为主芯模尺寸简图，它通过专供旋压用车床的三爪自定心卡盘对主芯模进行固定，其相关尺寸按照零件的标注尺寸进行设计。考虑到旋压成形后零件产生的回弹作用影响到旋压件的尺寸质量，因此需要对主芯模尺寸进行初步的回弹考虑。

主芯模选择 Cr12 材料，并经热处理后硬度为 58～62HRC。

旋压用的芯模应有较好的表面粗糙度及足够的硬度，并且其质量要轻。

芯模的外形应符合工件内表面的要求。

(2) 成形刀具设计 为了能够达到高质量的旋压工件，设计了图 5-88 所示的成形刀具。

其中刃口为一能够围绕轴心进行自由旋转的弧形旋轮。弧形旋轮的圆角半径 R 应根据零件的尺寸与料厚等因素来选择。R 越大，旋压后的工件表面越光滑，但操作时较费力。反之，使用 R 小的弧形旋轮时，成形刀具使用起来比较省力，但零件表明容易出现沟槽。通常根据实际试验结果进行微调整。

为增加弧形旋压轮旋转灵敏度，仿照轴承式样设计了滚动钢球，弧形旋轮刃口选用 Cr12 材料，并经热处理后硬度为 55～58HRC。用金属制成的成形刀具表面应精抛光处理。

采用弧形旋轮时，成形刀具应进行适度控制，成形刀具不易过长过短，成形刀具过短操作力会大，过长时容易发生振动，影响旋压质量。

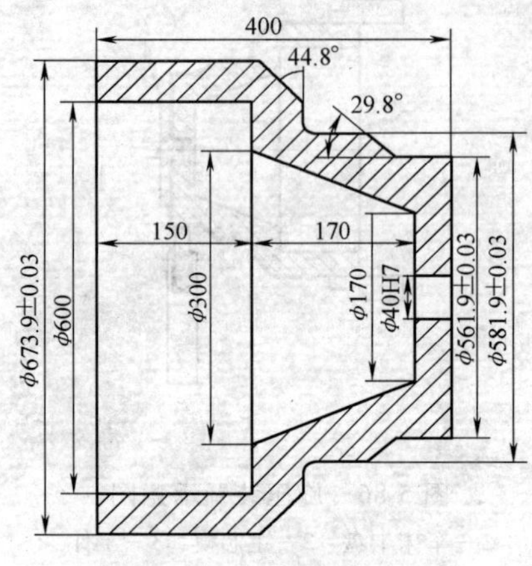

图 5-87　主芯模尺寸简图

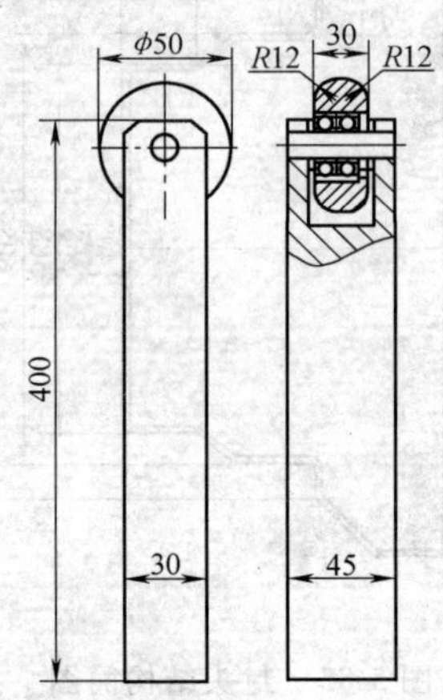

图 5-88　成形刀具结构尺寸简图

5. 使用效果　设计的模具经设计制造后，生产的零件满足产品要求。

6. 本例设计总结　旋压加工由于所用的设备和模具简单，各种形状的旋转体拉深、翻边、缩口、胀形和卷边均适用，加工范围广，机动性大，因此，在单件及小批量生产中仍广泛应用。

第 6 章　复合模设计案例剖析

6.1　复合模设计基础

6.1.1　选择复合模的原则

一个零件的加工是否采用复合模加工工艺，主要考虑以下几个方面：

1）生产批量。由于复合模可以在一副模具、一次冲压行程中完成几道工序，因此，能成倍地提高生产效率。复合模结构一般比单工序模复杂，模具的制造成本也有所提高，因此，是否采用复合模需重点考虑该零件的生产批量是否适合使用复合模。因为，在小批量生产中采用单工序模，由于模具结构简单，几个单工序模可能比一套复合模的成本还低。

2）冲压工件的精度。当冲压工件的尺寸精度或同轴度、对称度等位置精度要求较高时，应考虑采用复合模，对于形状较复杂，重新定位可能产生较大加工误差的冲压工件，也可采用复合模具。

3）分析加工工件是否具备复合的条件。具体参见 6.1.3。同时保持复合模中复合的工序数目不宜超过 4 个，否则将使模具结构过于复杂，同时模具的强度、刚度、可靠性将随之下降，制造及维修变得困难。

6.1.2　加工工艺与复合模设计的关系

采用复合模加工零件的加工工艺制定与采用单工序模加工的工艺制定没有本质区别。复合模的设计从本质上来讲与单工序模也没有什么区别，但与单工序模比较起来，一般要注意考虑：

1）根据零件结构及其模具生产厂家的设备、模具制造能力、生产批量等资料，分析零件的冲压工艺性，初步判断该零件加工成形需要的基本工序，然后分析将基本工序复合可能出现的工艺方案。

2）根据复合后的工艺，分析比较各种不同工艺方案的特点，确定工序复合后的模具设计、制造的可能性，最终确定工艺方案。同时，必须进行必要的计算，主要包括：毛坯尺寸计算、选择排样方法、确定搭边值、计算送料步距、画出排样图等。

3）决定复合的各工序要具备复合的条件，采用的模具机构易于实现要求的动作，动作完成的可靠性高。

4）复合模中凸凹模的设计强度足够，模具寿命要足够高。

5）复合模的模架应选用精度较高的模架，最好选择滚珠式模架，模架中的模板选用钢板，因其强度更高，加工工艺性较普通的铸铁模板更好。

在实际生产中，由于企业规模及管理设置上的不同，加工工艺方案的制定与模具的设计可能在相同或不同部门里由同一个人或不同的人员协作完成，不管怎样，工艺方案制定人员应提供相应的工艺方案制定时的工序计算、分析等资料，这种相互间的接口文件是模具设计成功与否的关键，为提高工件的工艺性，有时还需要与产品设计人员就零件的精度、结构进行沟通、协调。

6.1.3 常见工序复合的模具结构及其复合条件

采用复合模，能将原来由多套模具完成的工序复合在一套模具上完成，从而使生产效率得到较大的提高，冲压件的质量也得到提高，生产成本得到降低。但由于多工序的复合使模具设计、制造比单工序模复杂，成本也提高，因此是否采用复合模要进行综合考虑，既要考虑生产批量，同时对自身模具制造能力或模具制造成本也要有准确的评估。

按复合工序的性质分类，复合模主要分为冲裁类（如落料、冲孔复合模；切断、冲孔复合模等）、成形类（弯曲复合模；挤压复合模等）、冲裁与成形复合类（如落料、拉深复合模；冲孔、翻边复合模；拉深、切边复合模等）。常见复合有：

（1）预弯和落料复合　卷边零件的落料和预弯可复合为一个成形冲裁工序，只需将落料凸模对应的需预弯的一边倒圆，这样落料的同时完成预弯工序，用于薄料的预弯及落料，如图 6-1 所示。

（2）浅成形件与冲裁复合　浅锥形件、浅球面件、浅弯曲件等成形件，可采用成形与冲裁复合一次冲出。成形冲裁是将冲裁凸模端面加工成冲压件形状，冲裁时材料自动贴紧凸模而形成，可不需要成形凹模。一般浅成形件均属于局部成形性质。图 6-2 所示模具为压成浅锥形后再冲孔，同样，该模具结构形式稍加改进便可实现其他浅成形件与落料的复合。

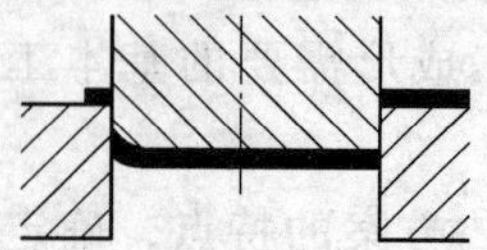

图 6-1　预弯和落料复合模结构简图

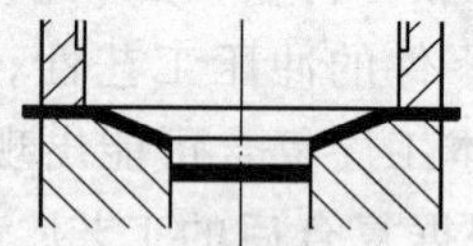

图 6-2　浅锥形和冲孔复合模结构简图

（3）落料和冲孔复合　落料和冲孔复合模是一种常用的复合形式，其有正装及倒装式两种结构。如图 6-3 所示的模具结构中的凸凹模在下模、落料凹模在上模称为倒装式，其复合条件为：凸凹模最小壁厚符合表 10-19 的要求。

当采用正装式复合模结构（凸凹模装在上模、落料凹模在下模），其复合条件为：

凸凹模最小壁厚：当冲裁硬材料时，要求最小壁厚不小于 1.5t（t 为料厚）；冲裁软材料时，要求最小壁厚不小于 t。

若采取某些措施，在冲压材料为低碳钢时，凸凹模允许的最小壁厚一般为料厚的 2 ~ 3 倍，凸凹模最小壁厚一般应大于 1.2mm；甚至凸凹模最小壁厚可小到料厚的 1.2 倍，最小可达 0.5mm。其措施如：

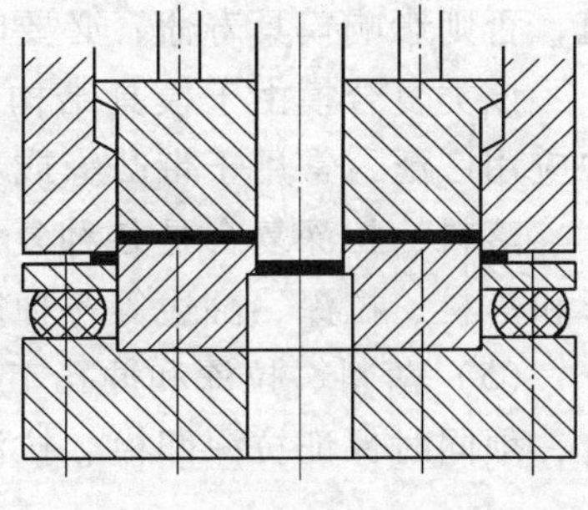

图 6-3　落料、冲孔复合模结构简图

1）适当加大冲裁间隙。落料双面间隙可取料厚的 10%，冲孔双面间隙可取料厚的 15%。

2）凸凹模的冲孔刃口直接采用 1°锥度线切割加工，刃口没有直边高度，减少了废料对凹模型腔的胀形压力，确保冲孔废料顺利排出。

3）实行阶梯冲裁。冲孔凸模比落料凹模低 1 ~ 2mm，凸凹模进入凹模后才开始冲孔，落料废料紧紧套在凸凹模外面，相当于一个预应力圈，起到保护凸凹模的作用。

4）凸凹模刃口的非工作部分适当放大，卸料板或顶料板与凸凹模配合部分通过局部减薄来避让凸凹模放大了的非工作部分。

5）采用整体橡胶卸料。卸料橡胶紧套在凸凹模上，以增大凸凹模强度。

6）对于带悬臂的窄长槽类冲压件，可在凹模下部增加一块楔紧块，让悬臂部分与凹模下部形成一个固定整体，使凹模有效工作深度缩为 12 ~ 15mm，这样基本上可防止悬臂折断。同样，凸模或凸凹模的悬臂部分也需用固定板固定，以缩短凸模或凸凹模的悬臂部分工作高度。

7）卸料板和顶料板用小导柱导向，防止其因受力不平衡而倾斜从而折断小凸模和凹模悬臂部分。

8）模具材料用 Cr12MoV，反复锻造，保证碳化物不均匀性达 3 级。

9）对较薄弱的凸凹模选用高强度、高韧性的模具钢，如 LD、LD-2、LM1、LM2、65Nb 等。

图 6-3 所示模具结构也可用于落料与切口工序的复合。落料和冲孔复合是各种复合的基础，以其为基础可拓展复合为冲孔、落料、成形和冲孔、落料、翻边等各种复合模。

（4）落料和拉深工序复合　模具结构见图 6-4。落料、拉深复合也是常见的复合形式。使用时须注意拉深凹模有足够的壁厚，即应保证该拉深件的展开料与拉深件外形的差值应大于表 10-19 中复合模凸凹模相应料厚对应的最小壁厚 a

值，否则影响模具寿命，必要时须对此进行强度校核。

该类复合模由于模具结构并不复杂，而生产效率提高明显，因此，在生产中应用广泛，常用于带凸缘或不带凸缘的拉深件加工。

落料、拉深复合是各种复合的基础，以其为基础可复合出落料、拉深、成形和落料、拉深、翻边等各种复合模。

（5）落料、拉深和冲孔工序复合　模具结构见图 6-5。落料、拉深、冲孔复合，须同时保证拉深凹模、拉深凸模（同时也是冲孔凹模）有足够壁厚。

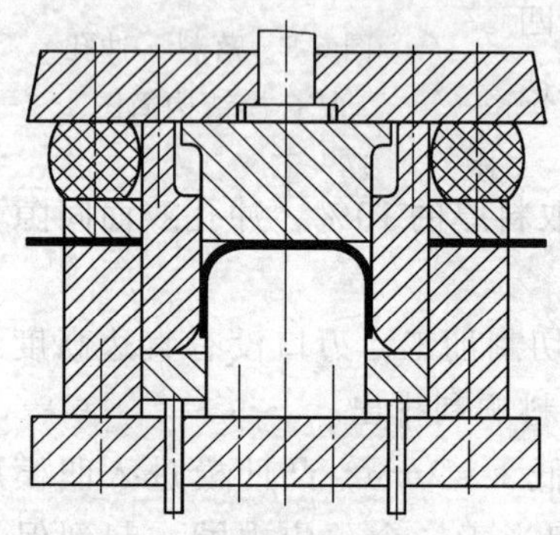

图 6-4　落料、拉深复合模结构简图

图 6-5　落料、拉深和冲孔复合模结构简图

（6）落料、拉深和冲孔、挤边工序复合　模具结构见图 6-6。

落料、拉深、冲孔复合，须同时保证拉深凹模、拉深凸模（同时也是冲孔凹模、挤边凸模）有足够壁厚，挤边多用于料厚较薄（$t \leqslant 3\text{mm}$）的无凸缘拉深件的修边。

（7）切断和弯曲工序复合　模具结构见图 6-7。

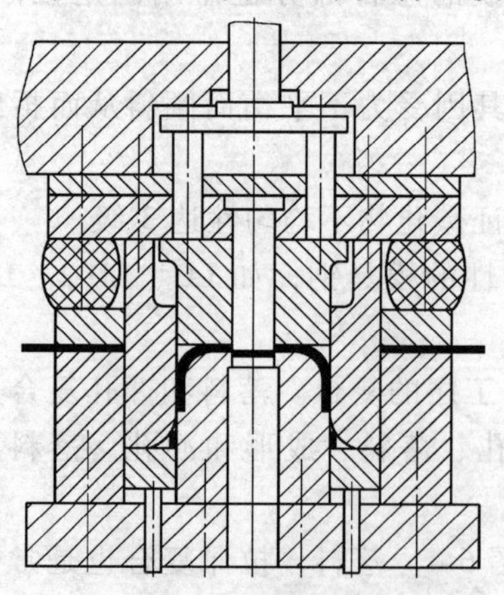

图 6-6　落料、拉深和冲孔、挤边复合模结构简图

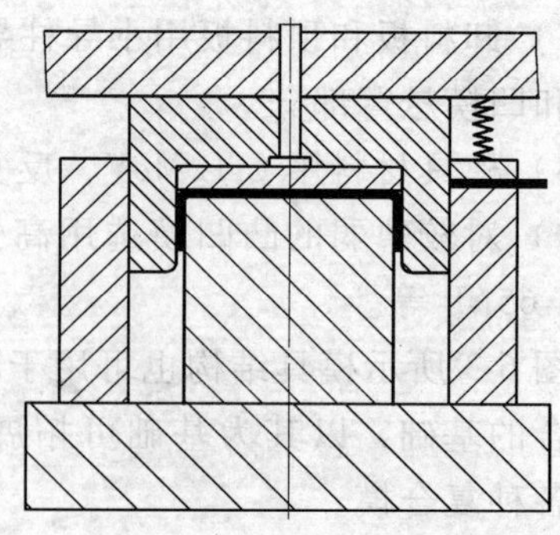

图 6-7　切断和弯曲复合模结构简图

切断、弯曲工序复合时，切断凸模要有足够的壁厚，同时弯曲的直边要足够长，否则弯后的零件圆角不够清晰、明显，且回弹较大。

(8) 冲孔、成形和切边工序复合　模具结构见图6-8。

冲孔、成形、切边复合时，应注意控制各工序完成的节奏，即先成形，最后才冲孔、切边，否则会因材料流动影响切边及冲孔后零件的尺寸。为达到控制冲压顺序的目的，成形凸模常采用弹力足够的弹性元件（聚氨酯或强力弹簧）支承的浮动结构。也可根据零件要求，通过试验或经验采用变形补偿法进行调整，即预留变形尺寸进行反补偿。

只要控制好图6-8所示模具的闭合高度，便可增加冲孔、成形、切边复合后的成形件的校正功能。

(9) 切断、弯曲和冲孔工序复合　模具结构见图6-9。

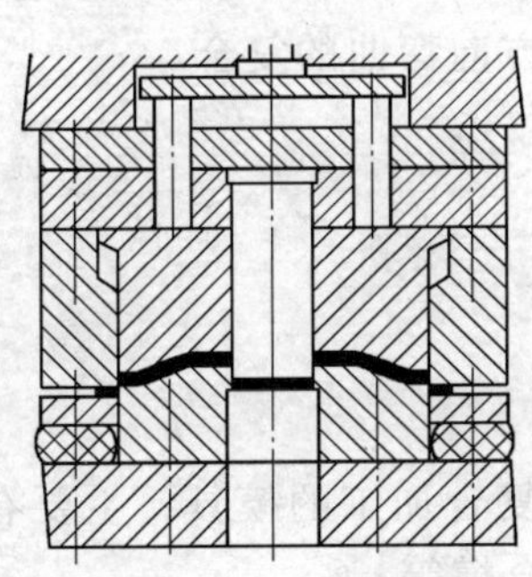

图6-8　冲孔、成形和切边复合模结构简图

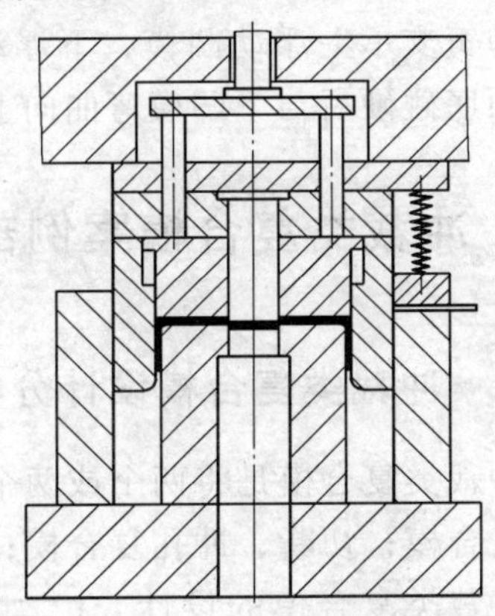

图6-9　切断、弯曲和冲孔复合模结构简图

切断、弯曲、冲孔复合、切断凸模、弯曲凸模要有足够壁厚。

(10) 冲孔和翻边工序复合　模具结构见图6-10。

冲孔、翻边复合设计时要注意控制加工的先后顺序：即先冲孔再翻边，否则将使翻边高度不准或导致翻边裂纹，同时要保证冲孔凹模（同时也是翻边凸模）壁厚足够。

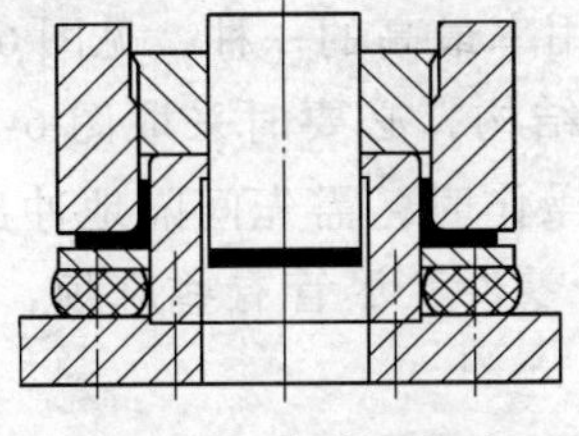

图6-10　冲孔和翻边复合模结构简图

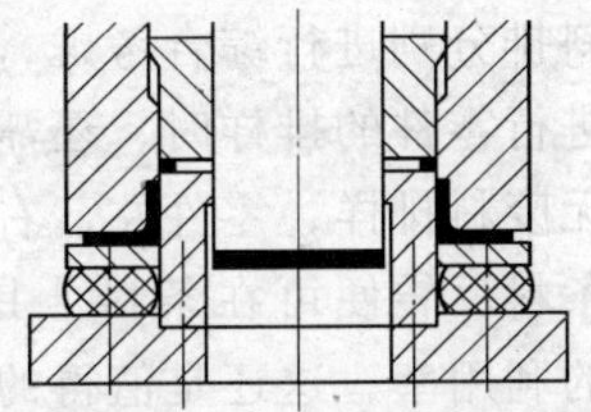

图6-11　冲孔和翻边、挤边复合模结构简图

（11）冲孔和翻边、挤边工序复合　模具结构见图6-11。

冲孔、翻边和挤边复合时要注意设计时，控制加工的先后顺序：即先冲孔再翻边，最后挤边，否则将使翻边高度不准或导致翻边裂纹。同时要保证冲孔凹模（同时也是翻边凸模）壁厚足够，挤边多用于料厚较薄（$t\leqslant3$mm）件的修边。

（12）多方向冲裁、成形、弯曲等工序的复合　在模具设计中采用斜楔和滑块配对应用，变垂直运动为水平运动或倾斜运动，可实现侧冲孔、水平修边或倾斜修边、多向弯曲、侧向成形和按顺序成形等功能。

此外，采用摆块弯曲模可实现几个方向弯曲，材料弯曲变形较缓和，材料流动阻力小，适合于多角弯曲件、半封闭弯曲件和封闭弯曲件。

当冲压件周边弯曲方向相反时，也可用橡胶或强力弹簧支承下浮动凸模，用弱弹簧支承上浮动凸模，下浮动凸模与上凹模先弯曲向下的边，接着上浮动凸模顶底碰硬后与下凹模弯曲向上的边，实现多方向弯曲的复合。

6.2　冲裁类复合模案例剖析

6.2.1　冲裁类复合模设计分析

冲裁类复合模是将两个或两个以上分离工序复合加工的模具，主要有落料、冲孔复合模；切断、冲孔复合模；冲孔、切边复合模等。

冲裁类复合模的设计与普通冲裁模相似，但必须保证模具中的凸凹模有足够的壁厚，一般应符合表10-19的要求。

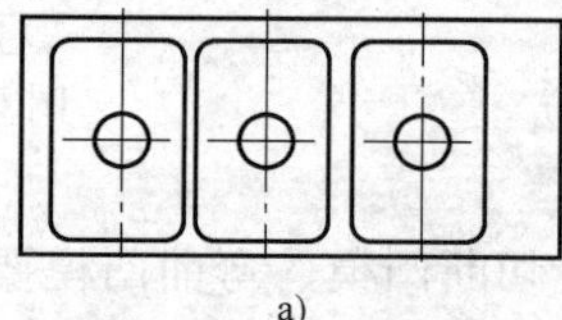
a)

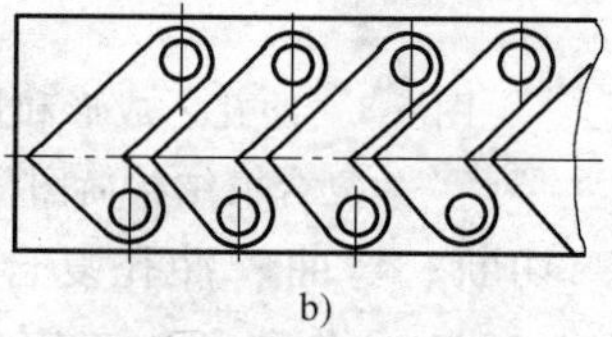
b)

图6-12　排样方式
a）直排　b）斜排

在进行冲裁类复合模的设计时，很重要的一项内容便是排样方式的选择，一般来说，应结合工人操作时的方便性，从零件的直排、斜排分别进行综合考虑，从中选定材料利用率最高的一种，见图6-12。

在进行零件的排样时，还需根据零件的具体结构，必要时采取图6-13所示的少、无废料排样，零件左、右对称排样，实际操作时，需先间隔地冲出零件，最后将条料反转便可在条料上其余位置冲出剩余零件，尽管有些麻烦，但能提高材料的利用率，这还是值得的。

一般地说，若加工的零件生产批量不大且外形尺寸较小则一般裁成条料进行加工；若加工零件的外形尺寸很大，即使生产批量较大，考虑到模具的制造及工人的操作强度，也采用单件单工序加工，若零件外形尺寸较小、料较薄且生产批量较大，则可采用卷料或条料通过自动送料装置进行加工。

除此之外，为提高材料的利用率，在实际生产中，还应非常注意余料的利用。为提高生产效率及便于零件的加工管理，依据零件的特性，可将几种料厚相同的零件采用组合的方式进行混合排样，见图 6-14。

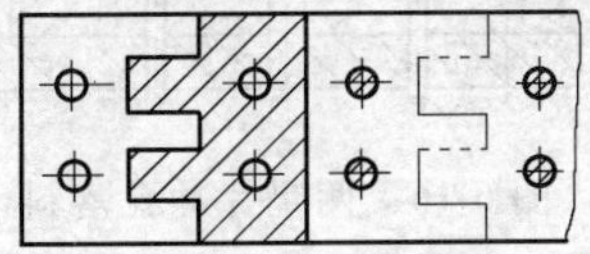

图 6-13 少、无废料排样

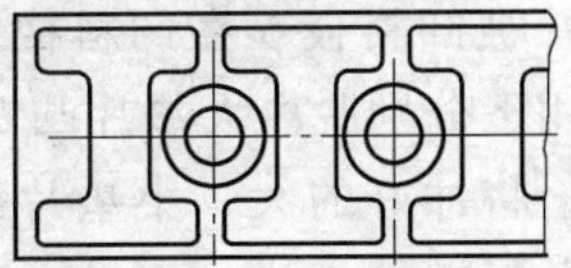

图 6-14 混合排样

对混合排样的零件加工，根据其排样的方式及零件结构的不同，在模具设计中可采用在一套模具中一次加工出来，详见加工实例应用 6.2.2，也可像图 6-14 所示，先冲完矩形件后再用另一套模具冲出垫圈状零件。

6.2.2 两垫片冲孔、落料复合模

1. 零件结构 图 6-15 是两种垫片结构简图，采用普通碳素钢 Q235—A 制成，其大垫片内孔 ϕa 等于小垫片的外径 ϕa，两垫片厚度相等，零件外形尺寸较小，生产批量较大。

2. 工艺分析 根据零件特点，为降低生产成本，制订了如下零件加工工艺：按大垫片外形结构尺寸确定剪切条料宽度，然后利用设计的冲孔-落料复合模直接冲裁成大垫片，余下的冲孔废料采用专用的冲孔模冲出内孔后形成小垫片。

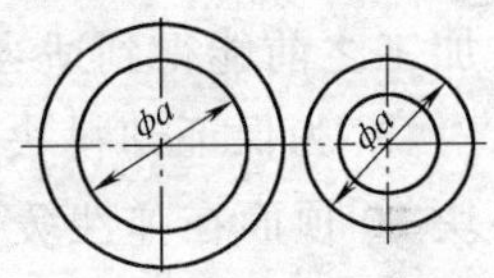

图 6-15 零件结构简图

理论计算表明：该工艺的采用能使材料利用率从 47% 提高到 63%，然而在生产过程中，由于工艺操作、管理都较繁琐。而按各自外形尺寸分别剪切成条料后，再在各自的专用模具上冲出，操作、管理都较方便，但成本提高、效益下降。为降低生产成本，同时改善操作条件，针对零件特点，设计了一种复合两种垫片加工的复合模，获得了较好的效果。

3. 模具设计

（1）模具结构 通过分析零件结构，设计了如图 6-16 所示的两垫片冲孔落料复合模。

（2）模具工作过程 模具开启，上、下模脱离接触，压力机弹性缓冲器通过卸料杆 11 将卸料块 10 向凸凹模 7 模面方向顶起，坯料置于模具适当位置，压力机滑块开始下移，凸凹模 7、卸料块 10 与卸料板 6 共同将坯料压紧，随着滑块的下移，凸凹模 7 与冲孔凸模 8、大垫片凸凹模 5 共同作用分别冲出大、小垫

片两种产品，冲孔废料直接从凸凹模7、下模板9开设的漏料孔中排出；随着滑块的上升，冲出的大垫片被卸料块10通过卸料杆11在弹性缓冲器的弹力作用下推出凸凹模型腔，与此同时，剩下的条料及冲出的小垫片被卸料板6在卸料橡胶3的弹力回复作用下分别脱离大垫片凸凹模5的内、外型腔，将冲好的大、小垫片分别归类整理后，条料继续送进，至此，整个大、小垫片的加工完成，余料转入下一工作循环。

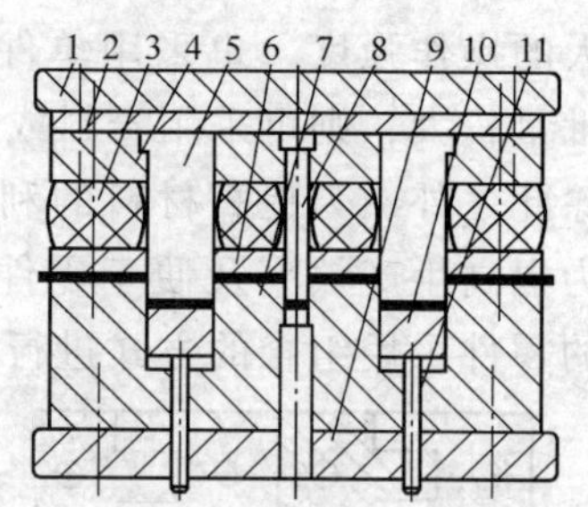

图6-16　两垫片冲孔落料复合模结构简图

1—上模板　2—垫板　3—卸料橡胶　4—凸模固定板　5—大垫片凸凹模　6—卸料板　7—凸凹模　8—冲孔凸模　9—下模板　10—卸料块　11—卸料杆

（3）设计要点

1）凸凹模7具有多重作用，它既是小垫片内孔加工的凹模，又是小垫片外形（大垫片内孔）加工的凸模，同时还是大垫片外形加工的凹模。

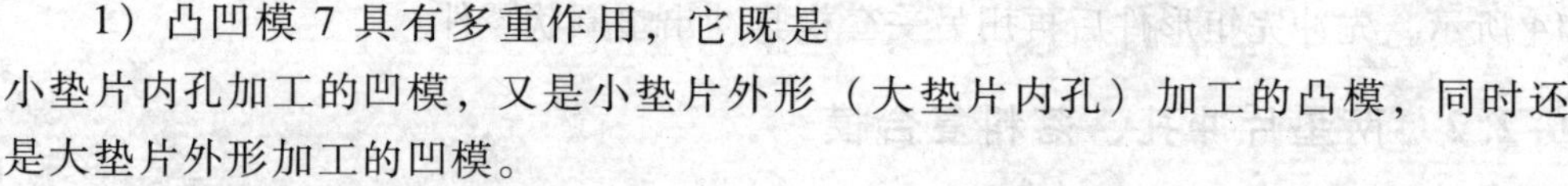

2）大垫片凸凹模5同样具有双重作用，它的外形是大垫片外形加工的凸模，内腔则是大垫片内孔（小垫片外形）加工的凹模。

3）卸料板6工作面低于大垫片凸凹模5及冲孔凸模8底面3mm，以使条料在加工之前能得到适当的校正，保证冲裁出的零件平整。

4）为保证卸料块10卸料有力及方便大、小垫片的分离，设计中特意使卸料块10顶面在弹性缓冲器作用后能高出凸凹模7工作面3mm。

5）各工作零件采用Cr12MoV制造，热处理硬度为54~60HRC，保证各工作零件间的单面冲裁间隙均匀。

4. 效果　设计的冲孔-落料复合模，经制造、试模，生产的零件一次性符合图样要求。

5. 本例设计总结　有针对性地分析各种零件的结构特点，有意识地设计能复合几种零件加工的复合模，能有效地提高材料利用率，降低生产成本，改善零件生产条件，降低生产及管理难度。本案例是采用套料加工的典型案例。

6.3　成形类复合模案例剖析

6.3.1　成形类复合模设计分析

成形类复合模是将两个或两个以上的成形类工序复合的模具，主要有弯曲、扭转复合模，成形-弯曲复合模等。

采用此类复合模进行复合加工，主要基于以下考虑：一是为了提高工效，二是为保证产品质量的需要。因为对有些两个或两个以上的成形类工序复合，若采用单独分别加工，将相互影响彼此的成形尺寸，难以或无法保证产品质量的要求。

如6.3.2节中的弯曲扭转复合件，由于弯曲及扭转的受力复杂性，若采用单独分别加工，毛坯的可靠定位难以完成，尺寸精度要求也就没有保证（详见加工实例应用6.3.2）。

再如6.3.3节中的抽屉支架，由于零件为成形及弯曲的复合体，尽管采用先弯曲再成形零件内形的方案，能保证零件加工，但加工效率显然不如一次性复合模。若按先成形零件内形，再弯曲成形，则存在弯曲定位困难，成形后尺寸误差较大，零件质量无法保证（详见加工实例应用6.3.3）。

在对细长比大的管料进行扩径、缩口复合时，在模具设计前，应对零件受力进行充分的分析、计算，对其各成形工序复合情况进行判断，由此决定并设计零件的模具结构形式（详见加工实例应用6.3.4）。

6.3.2 弯曲、扭转复合模

1. 零件结构 图6-17为电器零件，采用1mm厚的08钢制成，生产批量大。

2. 加工工艺分析 该零件成形包含两端圆弧的弯曲和中部90°的扭转工序，为两种成形类工序的复合件。为保证产品质量并提高产品的生产效率，决定设计弯曲、扭转复合模一次冲压成形。

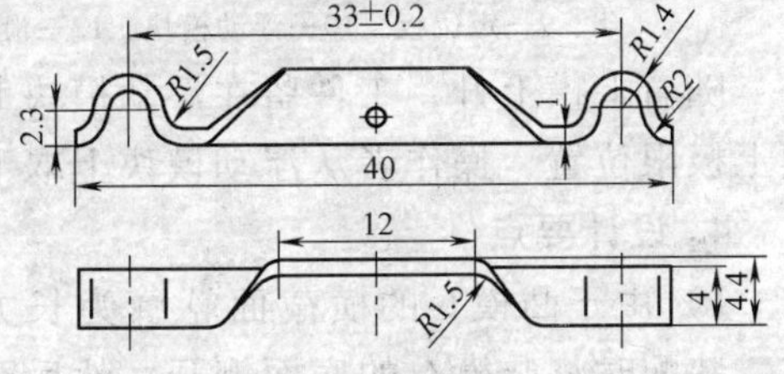

图6-17 电器零件结构简图

3. 模具结构及工作过程 设计的弯曲、扭转复合模结构如图6-18所示，置于J23-25型机械压力机上生产。

模具工作时，浮动模块10在压力机上的橡胶弹顶力作用下处于其上极限位置，滑块12在弹簧14和浮动模块10作用下也处于其偏离模具中心的极限位置。此时，将毛坯放在浮动模块10上，由定位板8和9定位。

随着上模的下行，凸模6与浮动模块10先使工件两端圆弧成形。此时，橡胶弹顶器未被压缩（因此要求橡胶弹顶器的最小弹顶力必须大于工件两端圆弧弯曲成形所需的压力），浮动模块10和滑块12静止不动，仍处于其初始位置。随着上模的继续下行，在凸模6和两个螺杆7压力作用下，浮动模块下移（橡胶被压缩），工件则被凸模6和浮动模块10夹持着下移，工件中间部分沿滑块12上端斜面扭转90°。上模再次下行，浮动模块10下端斜面使滑块12向中心移动，将工件矫正整形，使工件最终成形。

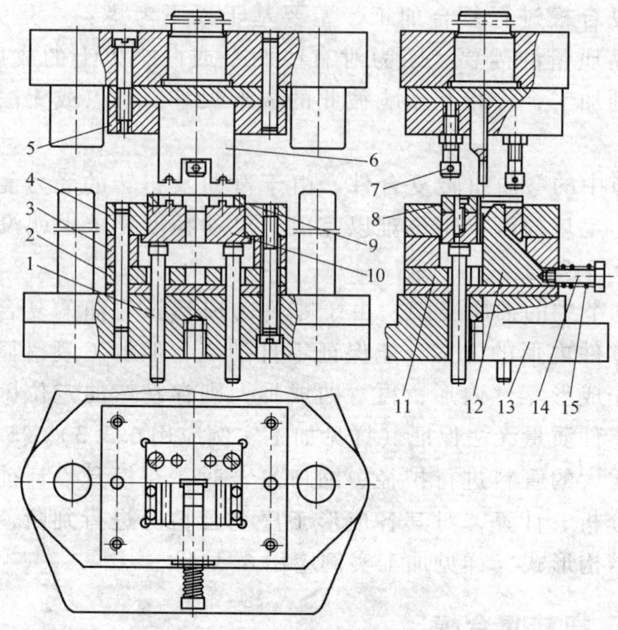

图 6-18 弯曲、扭转复合模结构简图

1—顶杆 2、11—导板 3—垫板 4—围框 5—固定板 6—凸模 7—螺杆 8、9—定位板 10—浮动模块 12—滑块 13—下模座 14—弹簧 15—螺钉

随着上模上升，工件留在浮动模块 10 上，橡胶的弹顶力将浮动模块 10 顶至其上极限位置，操作者从浮动模块上取下工件。

4. 设计要点

1）由于凸模 6 的横截面轮廓为长方形，且尺寸较小，故采用铆接固定工艺。装配时将凸模 6 的底面铆开，然后磨平。

2）凸模 6 与浮动模块 10 将工件两端圆弧成形后，上模克服橡胶弹顶力推着浮动模块 10 继续下行。由于凸模与浮动模块的接触面很窄，凸模截面积小，如果上模仅通过凸模推浮动模块下移，则可能导致两种情况发生：其一因浮动模块上、下受力位置不对称，模块受力不均衡，使模块偏斜。其二，凸模受力太强，易损坏。为此，在上模的固定板 5 上增加两个螺杆 7，两个螺杆位置关于模具中心对称，其下端一高一低（分别与定位板 8 的上平面和浮动模块 10 的上平面相对应）。在工件两端圆弧成形后，两个螺杆同时分别接触定位板 8 和浮动模块 10，并与凸模 6 一起克服橡胶弹顶力，推着浮动模块 10 下移，以保证浮动模块受力均衡，下移平稳，不发生偏斜。

5. 使用效果 模具设计、制造完成后，生产的零件满足产品要求。

6. 本例设计总结 该模具采用垂直浮动模块和水平移动滑块，在压力机一次行程中完成弯曲、扭转和矫正整形工序，工作效率高，成形零件精度高。

6.3.3 抽屉支架双向浮动成形模

1. 零件结构 图 6-19 为抽屉支架的结构简图，采用 1.5mm 厚的 Q235—A 冷轧钢板制成。

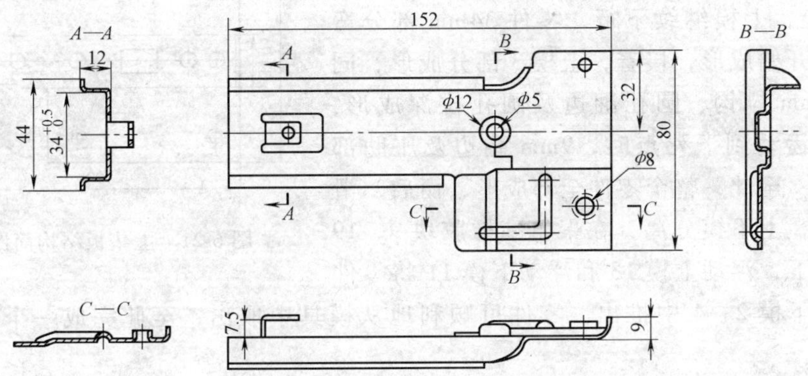

图 6-19 抽屉支架结构简图

2. 模具结构及工作过程 完成零件展开料冲切后，采用图 6-20 所示双向浮动成形模成形零件。

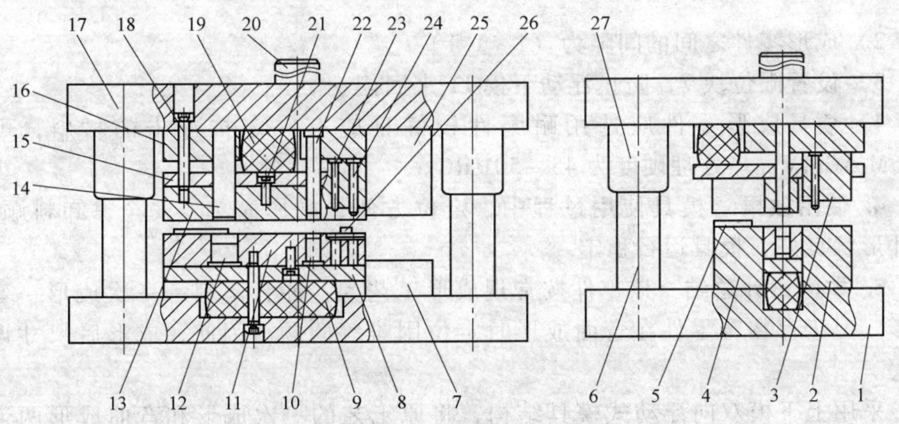

图 6-20 双向浮动成形模结构简图

1—下模板 2—下模Ⅰ 3—上模Ⅰ 4—下模Ⅱ 5—定位板 6—导柱 7—限位块 8—下垫板 9、19—聚氨酯橡胶块 10—镶块Ⅰ 11—浮动下模 12—镶块Ⅱ 13—浮动上模 14—方凸模 15—上垫板 16—固定板 17—上模板 18—卸料螺钉 20—模柄 21—紧固螺钉 22—凸模Ⅰ 23—凸模Ⅱ 24—翻边凸模 25—上模Ⅱ 26—定位销 27—导套

模具的上下模均采用浮动形式。即：浮动上模 13 与浮动下模 11 在聚氨酯橡胶块 9、19 的作用下能上下往复运动，完成零件的成形和卸料。由于浮动下模 11 上有成形型孔，因而在其下面设置一个下垫板 8 以便于固定镶块Ⅰ10 和镶块Ⅱ12。同时，为了增大浮动上模 13 的成形压力，在其上面增设一上垫板 15（图

6-21 所示，图中双点划线为浮动上模 13），由于上垫板 15 比浮动上模 13 形状大很多，因而可以放置更大的聚氨酯橡胶块以增大其成形压力。

工作时，零件定位后，压力机滑块向下运动，此时，浮动上模 13 将毛坯紧压在浮动下模 11 上，上模继续下行，零件 34mm 部分弯曲首先开始成形，接着，上模 3 部分成形，同时 7.5mm 拉钩、圆孔翻边及圆孔拉深成形，待模具运动到下死点时，9mm 翻边及压肋部分成形，至此，整个零件全部成形，而后，滑块上行，上下模分离，在聚氨酯橡胶块 9、19 的作用下，浮动上模 13 和浮动下模 11 将零件从成形下模 2、4 中推出，零件可顺利地从模具中取出，至此完成一个工作循环。

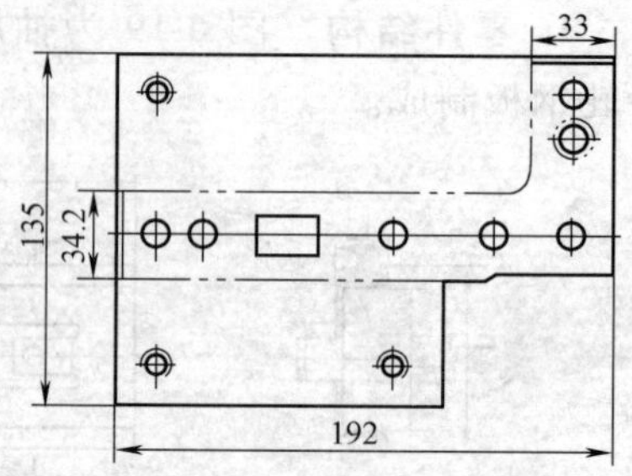

图 6-21　上垫板结构简图

3. 设计要点

1）为便于零件更好的成形，浮动上模聚氨酯橡胶块压力应大于浮动下模聚氨酯橡胶块压力，以保证零件成形次序，聚氨酯橡胶块压力应在调试模具时调整。

2）成形零件之间的间隙为（1～1.1）t。

3）设置限位块 7，防止浮动下模 11 来回摆动。

4）模具成形零件应选用耐磨性较好且应有一定抗冲击的材料，可选 6W6Mo5Cr4V，热处理硬度为 45～50HRC。

4. 使用效果　模具使用过程中，定位方便，操作简单、安全，卸料顺利，制件形状良好，模具运行稳定。

5. 本例设计总结　该零件按常规成形工艺为：冲孔落料→一次成形→弯曲成形。由于存在着零件在弯曲成形时定位困难等问题，因此，成形后尺寸误差较大。

采用上下模双向浮动式模具结构，将原工艺的一次成形和弯曲成形两道工序合并为一道工序，这样就不存在零件定位的困难，而且通过模具上下模的浮动，又可以顺利地完成零件的卸料。

6.3.4　轴壳扩径、缩口复合模

1. 零件结构　图 6-22 所示轴壳，生产批量较大，采用 $\phi60\times3$ 规格的 08 冷拔钢管制成，由于结构需要，钢管两端分别要进行扩径、缩口。

2. 工艺计算及工艺方案分析　该管料长 L 为 860mm、细长比达 14.3$\left(\frac{L}{D}=\frac{860}{60}\right)$，要顺利地进行缩口变形，必须使描述缩口变形程度的缩口系数

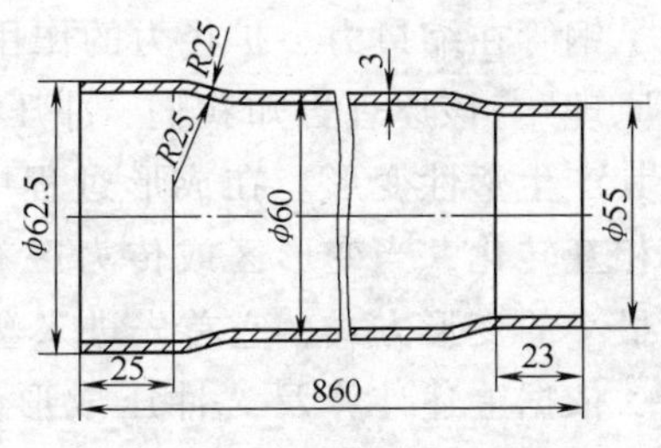

图 6-22 轴壳结构简图

m 大于极限缩口系数 $m_{极}$，这里 $m=\dfrac{d}{D}=\dfrac{52}{57}=0.912$（$d$ 为缩口后的直径，D 为缩口前的直径），由于极限缩口系数的大小与模具支承形式有较大关系，其中无支承的缩口变形最小，故极限缩口系数值最大，为 0.75，即 $m_{极}=0.75$。

同样，要顺利地进行扩径变形，须使描述扩径变形程度的胀形系数 K 小于极限胀形系数 $K_{极}$，这里 $K=\dfrac{D}{d}=\dfrac{59.5}{57}=D/d=1.04$（$D$ 为扩径后的直径，d 为扩径前的直径），根据材料类别查阅资料可知 $K_{极}=1.24$。

显然，缩口、扩径均满足成形条件，管材不会形成横向裂纹。

在扩径变形过程中，坯料主要受切向拉伸和母线方向的压缩作用而使直径胀大，缩口变形时，坯料主要受切向压缩而使直径减小，尽管变形特点不同，但变形程度均满足成形条件，故满足扩径、缩口复合的基本条件。考虑到零件生产批量较大，因此，设想设计扩径、缩口复合模加工，以有助于提高生产效率及保证质量。

由于在变形区及传力区传递压力的过程中，非变形区中的传力区——较长的筒壁要承受全部的变形压力，易产生失稳变形，因此，有必要对其稳定性进行判定，才能最终确定工艺方案。

根据缩口力计算公式：

$$F_{缩}=k\left[1.1\pi Dt\sigma_{b}\left(1-\frac{d}{D}\right)(1+\mu\mathrm{tg}\alpha)\frac{1}{\cos\alpha}\right]$$

式中：$F_{缩}$ 为缩口力；k 为速度系数，取 1.15；D 为管料缩口前的直径（中径），为 57mm；t 为管料料厚，为 3mm；σ_{s} 为材料屈服强度，取 200MPa；d 为缩口后的管料中径，为 52mm；μ 为工件与凹模接触面的摩擦系数，取 0.2；α 为凹模圆锥半锥角，经计算为 18°。代入 $F_{缩}$ 公式，得

$$F_{缩}=13386.7\text{N}\approx13.4\text{kN}$$

根据扩径力计算公式：

$$F_{扩}=1.15\sigma_{b}\frac{2t}{D}A$$

式中：$F_{扩}$ 为扩径力；D 为管料扩径后的最大直径（中径），为 59.5mm；t 为管料料厚，为 3mm；σ_{b} 为材料抗拉强度，取 400MPa；A 为扩径面积，经计算约为 7566.6mm^2。代入 $F_{扩}$ 公式，得

$$F_{扩}=350988.5\text{N}\approx351\text{kN}$$

钢管在缩口力、扩径力的作用下，其成形变形符合“冲压成形变形的趋向性原理”。该原理告知我们：冲压变形力是通过坯料的传力区而施加于变形区，使其产生塑性变形。在成形过程中，变形区、传力区的范围及尺寸不断地变化和相互转化，当变形区或传力区有两种以上的变形时，则首先发生的是需变形力最小的变形方式，它首先进入塑性状态，产生塑性变形。

依据上述计算及“冲压成形变形的趋向性原理”可分析判断出轴壳扩径、缩口的顺序为：首先在较小的缩口力（13.4kN）作用下发生缩口，缩口完成后，其自动转为传力区，尔后在较大的扩径力（351kN）作用下发生胀形。

由此可确定，应在扩径阶段对传力区进行稳定性校核，因为此时的压力（也即扩径力）为最大。

根据“材料力学”，压杆出现纵向弯曲失稳的临界力 $F_{临}$ 可由欧拉公式 $F_{临}=\dfrac{\pi^2 EI}{(\mu L)^2}$求出。

其中：E、I、L 分别为管材毛坯的弹性模量，惯性矩和高度尺寸，μ 为长度系数

由于碳钢的弹性模量 $E=2\times10^{11}\text{Pa}$，杆长 L 为 860mm，

惯性矩 $I=\dfrac{\pi}{64}\left(D^4-d^4\right)=\dfrac{\pi}{64}\left[(0.06)^4-(0.054)^4\right]=2.19\times10^{-7}\text{m}^4$

μ 根据管材成形特点，按一端固定，另一端铰支选取，为 0.7。

代入各个数据，得 $F_{临}=1192\text{kN}$

可见，$F_{临}>$扩径力 $F_{扩}$，故传力区的管材不会发生纵向弯曲（刚度足够）。

由此可确定工艺方案：采用扩径、缩口复合模完成零件加工，同时模具结构中可不必对管材中间部位附加支承装置。

3. 模具设计

（1）模具结构　根据上述计算，设计了如图 6-23 所示模具结构。

（2）工作过程　考虑到钢管较长，模具置于 Y32-300t 四柱式万能油压机上加工，工作时，首先转动定位半环 15 让开装料空间，然后，钢管中部从侧面通过定位块的定位孔定位，底部插入缩口凹模 16 缩口孔中，随后，将定位半环 15 回转至限位销 7 处完成定位。压力机滑块下降，扩径凸模 10 穿入钢管上部，在压机压力作用下，限位块 5 首先压缩聚氨酯块 6 直至限位块 5 与顶块 9 成刚性接触，随着压机滑块的继续下降，钢管先发生缩口，至缩口完成后，扩径凸模 10 开始对钢管实施从内向外的胀形，直至导套 2 下端面与限位柱 4 上端面接触形成限位，完成整个扩径、缩口过程，最后，滑块上升，卸料杆 12 在卸料缸作用下上升通过卸料块 11 将成形好的钢管顶出缩口下模，与此同时，由于弹性回复作用，已压缩的聚氨酯块 6 经限位块 5 将完成扩径的轴壳零件脱离扩径凸模 10，

完成整个零件加工。

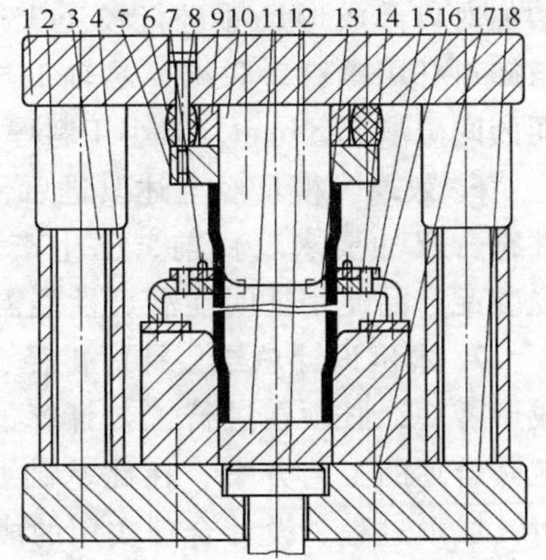

图 6-23　模具结构

1—上模板　2—导套　3—导柱　4—限位柱　5—限位块　6—聚氨酯块　7—限位销　8—卸料螺钉　9—顶块　10—扩径凸模　11—卸料块　12—卸料杆　13—定位块　14—圆销　15—定位半环　16—缩口凹模　17—联结螺钉　18—下模板

(3) 设计要点

1) 为防止扩径部位尺寸增大，在模具中设置了高度限位柱 4 及限位块 5，以控制扩径部位尺寸及整个零件成形高度。

2) 考虑到缩口后材料的弹性回复，缩口尺寸会增大，因此，缩口下模尺寸特意作相应缩小，尺寸缩小 0.4mm。

3) 为防止压力机工作高度不够，定位块的定位环采用可旋转的半环结构，以使钢管能从侧面放入，以节约装料空间。

4) 考虑到零件扩径及卸料的需要，模具上部特意设计了限位块 5、聚氨酯块 6、卸料螺钉 8 及顶块 9 组成的扩径、卸料装置。保证自由状态时，聚氨酯块 6 的厚度比顶块 9 高 10～15mm。工作过程中，限位块 5 先压缩聚氨酯块 6 完成弹力储备，尔后，限位块 5 与顶块 9 成刚性接触完成零件扩径，扩径完成之后，再由聚氨酯块 6 释放能量推动限位块 5 完成扩径部位的卸料。

4. 问题产生及原因分析　模具加工完成后，试模发现：扩径尺寸符合尺寸要求，但缩口部位出现外翘现象，尺寸小于名义尺寸 1.5mm。

为寻找原因，针对缩口成形过程绘制了如图 6-24 所示分析图进行分析。

从缩口成形过程可知，毛坯在沿缩口凹模壁流动时，其外层材料将受到图 6-24 所示凹模壁的摩擦力 f 的阻碍作用，内层材料在传力区力的直接作用下，其流动速度比外层要快，它的流动速度要受到外层金属的约束，毛坯在外层金属约束力及凹模壁摩擦力 f 的双重作用下，钢管缩口部分的端部就产生了向外翘曲的缺陷。

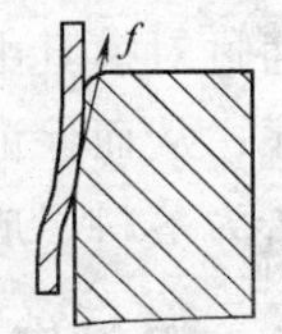

图 6-24　缩口成形分析图

5. 解决措施　根据产生原因的各种因素，减小摩擦力 f 当然有效，但降低摩擦力 f 的方法无非是——采用增添润滑油、降低缩口凹模 13 缩口模壁的表面粗糙度等办法，这一方面将增加成本和工人操作难度，另一方面，摩擦力的降低也是有限的，总的效果不理想。为此考虑对缩口变形部分进行约束，采取如图 6-25 所示的改进结构。

改进结构中在缩口部位增加了芯轴 1，一方面给内层金属流动施加约束，平衡内、外层金属的流动速度，另一方面，可对缩口端部成形尺寸进行控制，即增加对口部成形尺寸进行校正工序。芯轴 1 与卸料杆用螺钉 2 联结，芯轴 1 与缩口凹模间的间隙取 2.85mm，略小于料厚 3mm。

6. 效果 模具经上述改进后，生产的零件符合尺寸要求。目前，已生产三千余件，经装配产品使用证明能满足性能需要。

7. 本例设计总结 针对扩径、缩口类的成形零件，必须在进行工艺计算的基础上确定其合理的工艺方案，在此基础上，仔细分析其成形过程，设计合理实用的成形模，才能经济地生产出合格的零件。

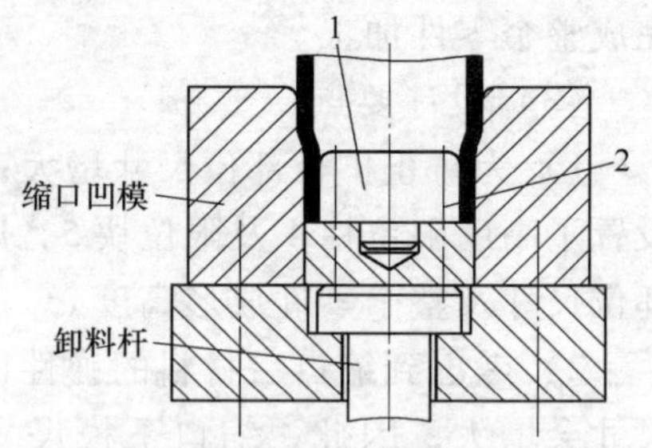

图 6-25 模具结构改进图

1—芯轴 2—螺钉

6.4 冲孔、成形复合模案例剖析

6.4.1 冲孔、成形复合模设计分析

冲孔、成形复合模属于冲裁与成形类复合模中的一种，由于是分离类工序与变形类工序的复合，因此，该类零件的模具设计，应控制好冲孔、成形的先后顺序，一般应先成形，再冲孔，否则易使冲孔的零件产生变形，影响精度。为保证冲孔、成形的顺序，在模具结构上采用的方式主要有：

设计机构控制加工顺序，一般常采用的机构有：在上、下模相应的工作零件上设置刚度不同的弹簧；设计斜楔滑块机构等。其中斜楔滑块机构（详见实例应用 6.4.2）。

通过对模具中相应的工作零件高度进行适当安排，控制其与坯料先后接触的顺序，从而保证零件加工的步骤，以保证零件的质量（详见实例应用 6.6.3）。

若为落料、成形加工，其要求同冲孔、成形复合加工的要求。

6.4.2 双斜楔压平、冲孔模

1. 零件结构 图 6-26 所示拉深壳体，采用 3mm 厚的 Q235—A 钢制成，在 $R250$mm 的圆弧面上要成形出一个 $\phi50$mm 的平台并冲 1 个 $\phi30$mm 的孔，孔的圆度误差要求不大于 $\phi0.05$mm。

2. 模具结构 设计的双斜楔压平冲孔模结构如图 6-27 所示。

斜楔 4 固定在液压机滑块上，其余部分则固定在工作台上。开始工作时，由于滑块尚未接触到工件，只需克服滑动时的摩擦力，故由 30°的斜面驱动滑块快速移动，如图 6-28 所示。当外滑块 2 开始接触工件时，由于冲压力逐渐增大，则由 5°的斜面驱动滑块，以使滑块及斜楔的垂直方向受力减小，还可延缓外滑块 2 的移动速度，同时，内滑块 3 在斜楔Ⅱ的作用下快速接近工件，当内滑块 3 快要接触工件时，外滑块 2 已基本到位，即压平工序基本结束。冲孔结束后，外滑块 2 对平面进行整形，而此时斜楔Ⅰ与外滑块的接触面也达到最大，保证了外滑块与斜楔的强度。回程时，内滑块的速度大于外滑块的速度，外滑块又起卸料的作用。

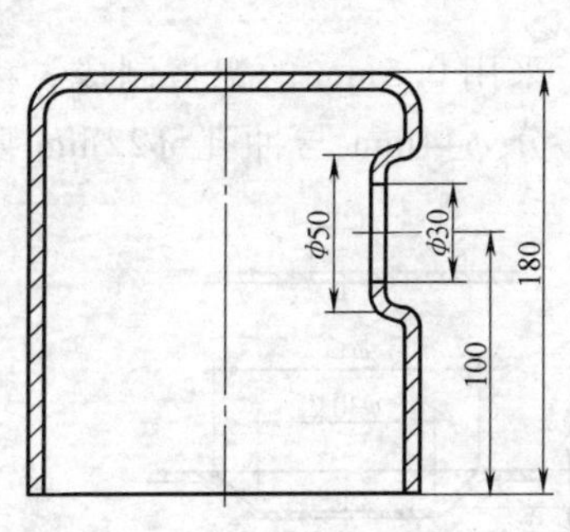

图 6-26　壳体结构简图

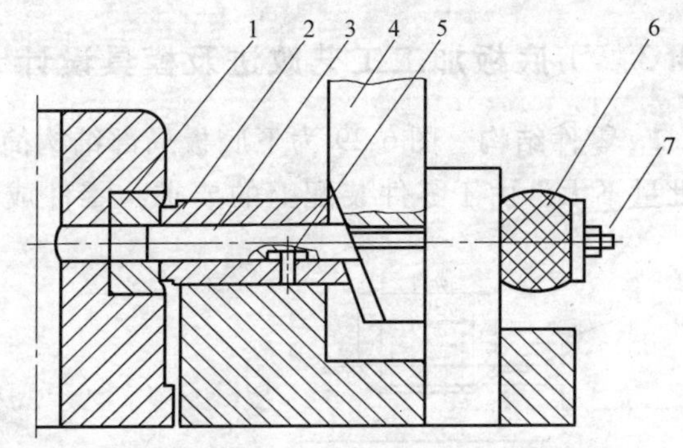

图 6-27　双斜楔压平冲孔模结构简图

1—凹模　2—外滑块（压平凸模）　3—内滑块（冲孔凸模）　4—斜楔Ⅰ和Ⅱ　5—挡块　6—橡胶　7—拉杆

3. 设计要点

1）如图 6-28 所示，斜楔Ⅰ与外滑块分别设计有 30°及 5°的斜面。

2）凸模由内外两滑块组成，图 6-27 中内滑块 3 是冲孔凸模，外滑块 2 是压平凸模，分别由两个斜楔驱动。设计时，必须保证外滑块先动作将工件压平，之后才能开始冲孔，否则，冲出的孔会呈椭圆形。

3）设计时，须保证斜楔的工作步骤，即：当上模下行时，图 6-27 中斜楔Ⅰ驱动外滑块，外滑块压平凸模开始工作，当快接近零件时，斜楔Ⅱ开始驱动内滑块工作。当工件压平时，外滑块必须保持在原位置不动，而上模继续下行，使内滑块完成冲孔工作。上模回程时，内滑块在橡胶、拉杆的作用下开始离开凹模，由于外滑块始终压紧在工件上，使冲孔凸模离开工件完成卸料动作。当内滑块接触挡块时，带动外滑块一起离开凹模，恢复原位。

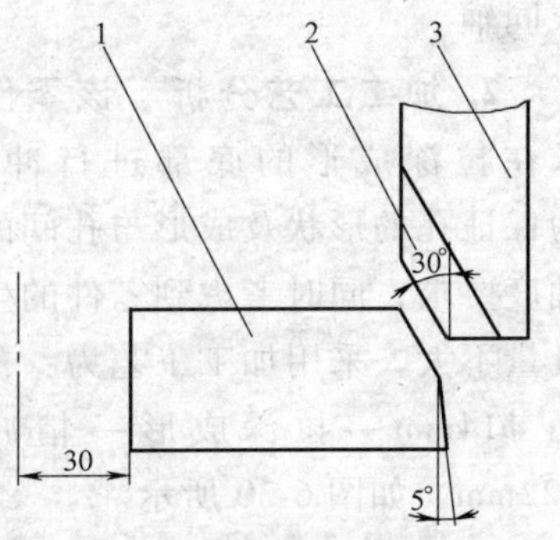

图 6-28　滑块斜楔结构

1—外滑块　2—斜楔Ⅰ　3—斜楔Ⅱ

4. 效果　双斜楔压平冲孔模设计制造后，生产的零件质量稳定、可靠。

5. 本例设计总结　该零件外表呈圆弧状，尺寸较大，料较厚，冲压时，必须先将圆弧面压平，然后再冲孔，否则冲出的孔呈椭圆形。如果将其分成两道工序，不但会使操作工序复杂，而且定位不方便，操作不易掌握，工件精度也难以保证，故必须采用压平冲孔一次冲压完成。

为保证压平、冲孔的先后顺序，模具设计了双斜楔结构，使操作方便，维护简单，模具结构紧凑，工作合理，工件精度容易保证。

6.4.3 下底板加工工艺改进及模具设计

1. 零件结构 图6-29为下底板局部结构简图，采用0.5mm的铝板制成，生产批量不大。由于零件装配上的要求，零件成形部分ϕ44mm与冲孔ϕ22mm要求同轴。

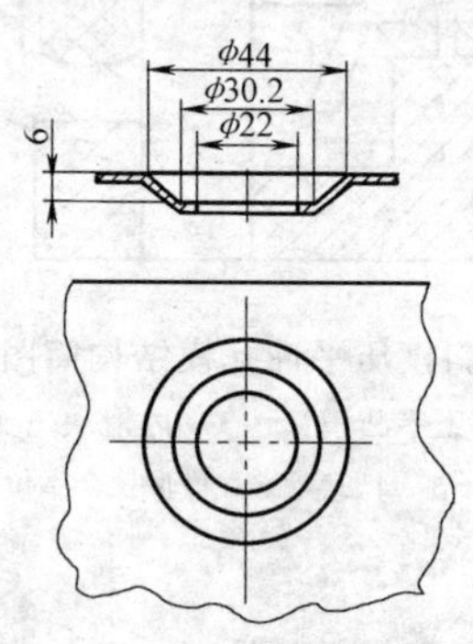

图6-29 下底板局部结构简图

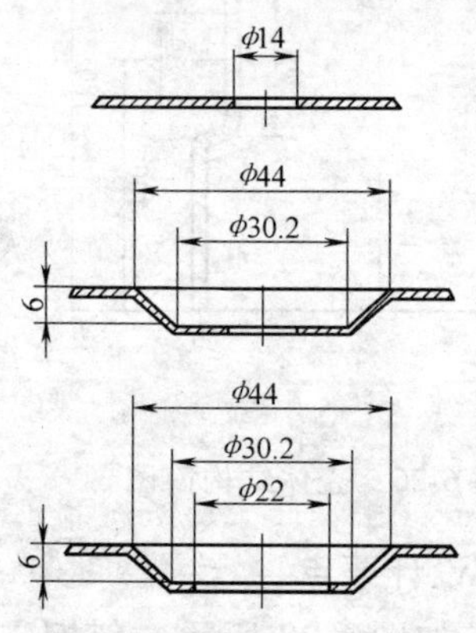

图6-30 零件加工工艺

2. 加工工艺分析 该零件要求在拉深成形的底部进行冲孔，为保证孔的形状及成形与孔间的同轴度要求，同时考虑到零件的生产批量不大，采用加工工艺为：预冲孔ϕ14mm→拉深成形→精冲孔ϕ22mm，如图6-30所示。

按此工艺生产时，由于精冲孔ϕ22mm工序是靠拉深成形的凸起部分定位，定位不准确，因此，很难保证ϕ22mm与ϕ44mm凹坑的同轴度，影响零件的使用及外观效果。为此，决定改进原冲压工艺方案，将拉深与冲孔合并为一道

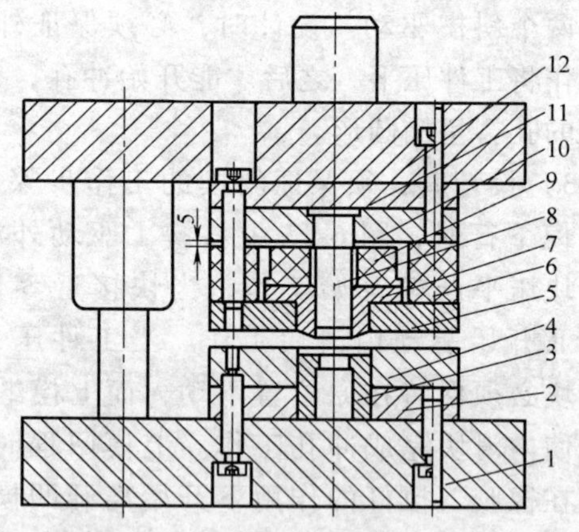

图6-31 拉深冲孔复合模结构简图

1—下模座 2—下模固定板 3—凹模 4—拉深凹模 5—压板 6、9—橡胶 7—拉深凸模 8—凸模 10—上模固定板 11—上垫板 12—上模座

工序。

3. 模具结构 设计的拉深-冲孔复合模结构如图 6-31 所示。

模具采用下底板外形定位。工作时，压力机滑块下行，由拉深凸模 7 将料挤入拉深凹模 4 中，再由压板 5 将料压紧，当橡胶 9 压缩到一定程度时，拉深凸模 7 完成拉深成形，此时，模具继续下行，橡胶 9 和 6 继续压缩，凸模 8 冲切板料，完成冲孔工序。滑块上行，开始下一个工作过程。

4. 设计要点

1）模具冲压过程中，应保证先将拉深部分挤入拉深凹模 4 中，再由压板 5 将料压住，因此，聚氨酯橡胶 9 和 6 在高度上应作具体要求。

2）模具装配后，聚氨酯橡胶 9 与上固定板 10 之间应保证 5mm 间隙。

3）拉深凸模 7 的内外圆及斜面部分均由磨床一次磨出，以保证同轴度。

5. 使用效果 改进后的模具，解决了定位困难，装配间隙不均的问题，保证了冲压件的质量，此模具定位方便，操作简单、安全，生产出的零件形状良好。

6. 本例设计总结 设计复合模有时能很好地解决单工序模定位困难的问题。本例对拉深、冲孔工序进行复合是为保证成形部位及冲孔的同轴度要求，为防止拉深成形对孔形状及位置的破坏，模具中通过对拉深成形、冲孔部件与坯料的接触先后顺序进行控制，来保证先完成拉深之后再进行冲孔的次序。这是成形、冲孔类模具保证加工成形步骤的常用设计方法。但受成形压力不足的影响，该模具的结构形式适用于薄板的拉深与冲孔复合。

6.5 冲孔、挤压复合模案例剖析

6.5.1 冲孔、挤压复合模设计分析

冲孔、挤压复合模属于冲裁与成形类复合模中的一种。因此，该类模具设计时也应控制好冲孔、挤压的先后顺序，一般应先冲孔，再挤压。根据挤压变形的程度，在冲孔时考虑是否预留挤压量，对去毛刺性质的极小倒角性挤光，一般不留量（详见加工应用实例 6.5.2），而对锪孔类的挤压，其孔的变形及孔的预留量可参考 7.2.3 节的“定位板冲孔锪孔落料级进模”的有关内容。

由于挤压加工能改善冲切断裂面、细化冲裁部位的组织并产生冷作硬化，因而对影响零件疲劳强度等的关键部位可考虑对此类部位采取挤压工艺（详见加工应用实例 6.5.3）。

若为落料、挤压复合加工，则其零件加工要求与冲孔、挤压一致。

6.5.2 圆形件冲孔、倒角复合模

1. 零件结构 图6-32所示为圆形件，采用1mm料厚的08钢制成，要求冲制4个$\phi 2.5$mm小孔并倒角45°，产品平面度要求高。

2. 模具结构及工作过程 图6-33为设计的冲孔和倒角复合模。

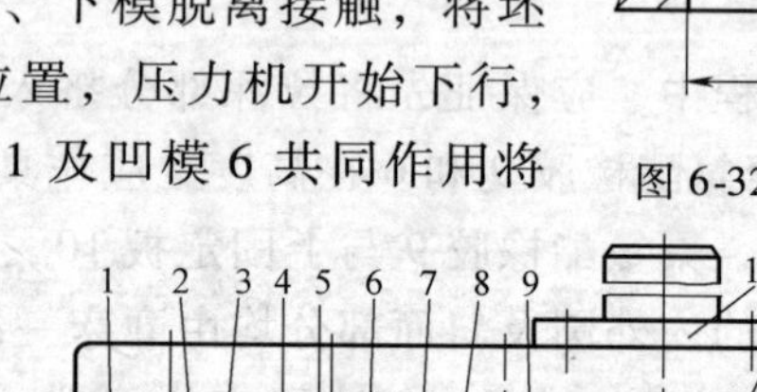

图6-32 圆形件结构简图

工作时，模具开启，上、下模脱离接触，将坯料置于模具定位销5适当位置，压力机开始下行，凸凹模12、冲孔倒角凸模11及凹模6共同作用将零件外形及4个$\phi 2.5$mm内孔冲出，随着压力机滑块的继续下行，冲孔倒角凸模11及凸凹模12共同将4个$\phi 2.5$mm内孔上的$C0.2$倒角冲出，同时上卸料块9及凸凹模12对零件进行一次校平，保证工件平面度，然后压力机上升，上卸料块9、下卸料板13分别在各自卸料橡胶8、14的作用下将零件及边料推出，完成一个工作循环。

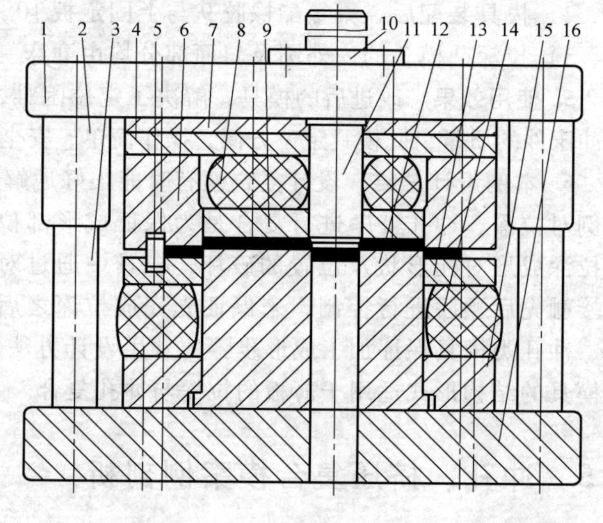

图6-33 冲孔和倒角复合模结构简图

1—上模座 2—导套 3—导柱 4—上固定板 5—定位销 6—凹模 7—垫板 8、14—卸料橡胶 9—上卸料块 10—模柄 11—冲孔倒角凸模 12—凸凹模 13—下卸料板 15—下固定板 16—下模座

3. 设计要点

1）冲孔倒角凸模11在冲入凸凹模刃口2mm时，模具下行至下死点，此时4个$\phi 2.5$mm孔倒角成功。

2）由于凸凹模12为圆形结构，且内部又有凹模孔，所以冲裁时，在模具中定位要求很严格，因此，将其与下固定板固定的部分设计成四方结构，防止其转动。

3）冲孔倒角凸模11既是完成$\phi 2.5$mm内孔的冲孔凸模，又是完成$C0.2$倒角的凸模。由于倒角尺寸极小，因此，零件的倒角实际上是由冲孔倒角凸模11挤压完成，不用考虑材料的转移。

4. 使用效果 该模具结构简单，制造容易，操作方便。

5. 本例设计总结 该零件平面度要求高，因此采用了倒装式冲裁复合模结

构，考虑到冲裁、倒角可用一个凸模来完成，又考虑到产品平面平行度要求高，在工件成形时，可采用紧压形式来完成冲裁，防止零件变形。

6.5.3 碟簧加工工艺及模具设计

1. 零件结构 某型进口车的国产化进程中有如图 6-34 所示的碟簧，该件生产批量大，采用 2.6mm 厚的 60Si2MnA 钢制成，要求 ϕ70mm 范围内硬度为 56～62HRC，其余 44～48HRC。表面强化喷丸处理后须作疲劳试验 1 千万次而不失效。

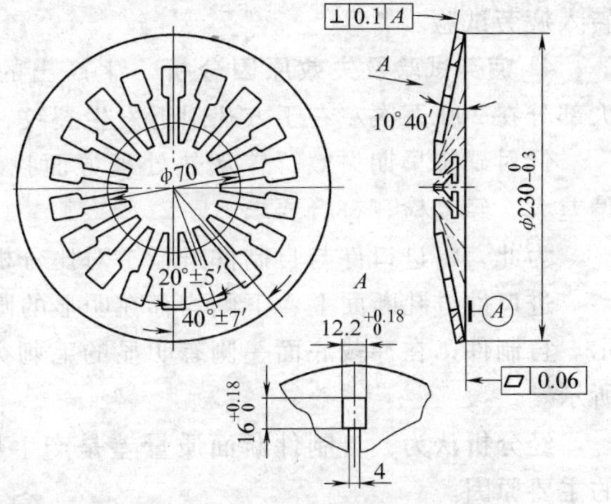

图 6-34 碟簧结构简图

2. 工艺分析 从零件结构上看，其几何形状较为复杂，18 个方孔及长槽精度要求高，排列紧凑，间隔很小，窄处仅 4mm（约为 1.5t，t 为壁厚）；又由于 $60Si_2MnA$ 材料强度高，冲裁压力大、成形困难，要求模具有较好的强度和刚度，故 18 个方孔及长槽难以一次冲裁成。

又由于零件成形后为一薄壳件，弹性极好，热处理后易发生变形，故尺寸及形状精度将无法保证。

3. 冲压工艺及模具设计 依据上述零件工艺分析，结合公司生产设备具体情况，确定工艺方案为：

首先冲 18 个方孔及内、外圆，然后冲出 18 个长槽，完成成形坯料的加工，最后将坯料热成形，同时进行淬火冷却。整个工艺过程采用三套模具，安排四步完成。

第一套模具负责冲 18 个方孔及内、外圆。由于模具较为常见，此处不作介绍。

第二套模具冲 18 个长槽，为保证模具使用寿命，整个冲裁分两工步完成，先冲出相间 9 槽后，零件旋转一角度、以任一冲出方孔定位，完成另 9 槽的冲裁，至此完成零件成形坯料的冲裁。由于模具结构为标准的冲裁模，故不再详述。

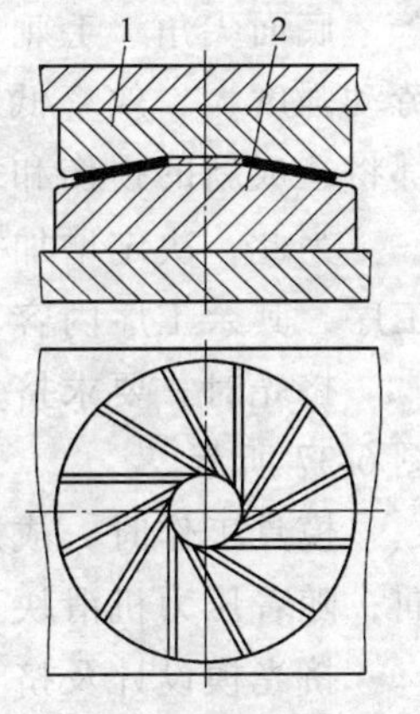

图 6-35 热成形锥度模具结构图
1—成型上模
2—成型下模

第三套模具热成形锥度，同时完成热处理淬火。模具结构如图 6-35 所示。

模具安放于淬火机床上使用。工作时，冲出的成形坯料经加热至相变温度后快速置于件 2 定位环中，上模下压，完成坯料热成形，成型模压住零件一起下沉入淬火油箱喷油环中，淬火介质——油通过上、下模开设的油槽流入零件进行喷油浸油淬火，由于零件始终处于模具压力下成形、保压淬火冷却，从而使零件热处理变形得到有效控制，制造工艺简化、可靠。

经试验生产零件的形状完全合格，零件经局部高频处理及喷丸处理，碟簧转入疲劳试验。

4. 疲劳试验及失效原因分析 生产出的零件经喷丸处理后进行疲劳试验，大部分在 200 万次左右于方孔附近发生裂纹，甚至断裂，零件早期失效。

针对碟簧早期失效，曾从热处理方面找寻原因，认为是由于方孔附近硬度偏差大，经复检，符合要求。

为此，将进口件与自制件进行了对比分析，结果发现：

进口件方孔断面上，下侧均存在明显的圆角，无明显断裂面，如图 6-36a 所示。自制件，在冲裁底面一侧有明显的毛刺突出，断裂面明显粗糙，如图 6-36b 所示。

经分析认为：自制件断面质量差是产生早期失效的主要原因。

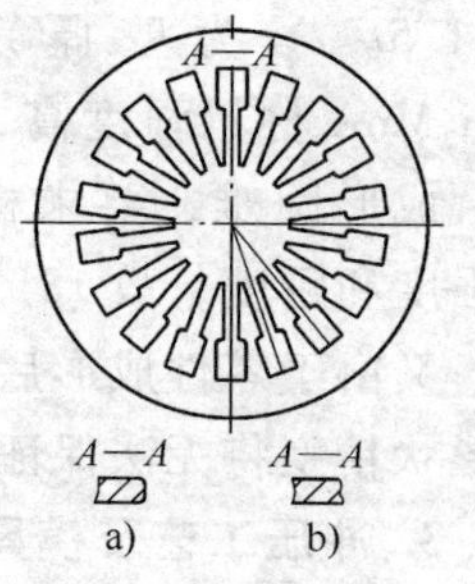

图 6-36 进口与自制件断面对照图

a）进口件断面 b）自制件断面

5. 措施及冷挤光模设计 为解决断面质量低问题，曾采用过提高模具导向精度，改变模具间隙等方法，但由于 $60Si_2MnA$ 塑性较差，冲裁时裂纹出现较早，材料被剪切深度小，光亮带所占比例仍然小，圆角也小，断面质量仍不理想。

底面尖角、毛刺曾试用钳工修锉来消去。这不仅劳动强度大、效率低且不可靠，修成尖沟，留下锉痕都将造成新的损伤和裂纹源。

为此，决定增加一套模具，在第二套模具冲完 18 个长槽之后，加进冷挤光工序，其余工序内容不变。

挤光时，要求挤光方孔冲裁面，同时把底面尖角压成圆角。挤光模结构如图 6-37 所示。

模具工作时，成形坯料置于定位销 7 粗定位，然后用导向销 8 精定位并导向，随着压力机滑块下行，挤光凸模 4、挤光凹模 12 与坯料接触完成挤光。

挤光模设计及挤光工艺要点：

1）导柱导套中设置两个高度限制块 2，以控制挤光凸模 4 进入挤光凹模 12 的深度，从而达到控制挤光的程度。限制块的高度通过试模来调整，以挤光凸模 4 在碟簧方孔侧面棱上正好压出圆角为佳。

2）上垫板 3 采用 T8A 料淬火至硬度 50～56HRC，这是考虑到 18 个凸模尺寸细小，挤压应力很大，使用高硬度垫板以承受和分散凸模传递的压力，防止在模板上压出凹坑而影响高度限制块的限位精度。

3）凸、凹模双面间隙取0.03~0.06mm。

4）挤光留量要恰当，留量过少达不到挤光形变的目的，留量过多，则易形成卷边及翻边现象。经估算及试验验证，确定方孔单边挤光留量为0.05~0.1mm，与此同时，冲制方孔的第一套模具凸、凹模作相应修改，以保证后续留量。

5）碟簧放入挤光模的方向应认准，让毛刺凸出的那面朝向挤光凸模，这样才能达到挤光冲裁面又压出圆角的目的。

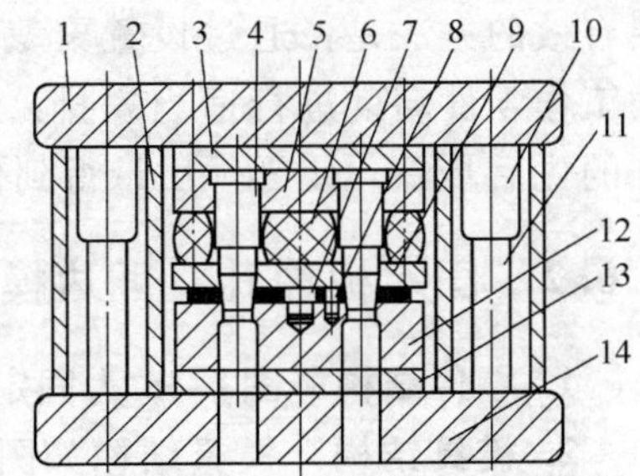

图6-37　挤光模结构简图

1—上模板　2—高度限制块　3—上垫板　4—挤光凸模　5—固定板　6—聚氨酯块　7—定位销　8—导向销　9—卸料板　10—导套　11—导柱　12—挤光凹模　13—下垫板　14—下模板

6. 效果　经增加挤光处理的碟簧，重新与进口样件对比检查，断面形状已经接近。按规定作疲劳试验最终达1千万次而不失效，满足了产品要求，实现了零件的国产化。

7. 本例设计总结　对薄壳型且有一定硬度及形位公差要求的零件，采用热成形与热处理保压淬火冷却复合工艺，能显著降低热处理变形，保证零件尺寸及形状精度要求；而对冲裁断面采用冷挤光工艺，能明显改善冲裁断面的表面质量，提高其抗疲劳能力，满足零件疲劳强度要求。

6.6　冲孔、落料、翻边复合模案例剖析

6.6.1　冲孔、落料、翻边复合模设计分析

冲孔、落料、翻边复合模属于冲裁与成形类复合模中的一种。即在冲孔、落料两工序中复合了翻边的变形工序。一般说来，在该类模具的设计过程中，要求三工序变形的先后顺序为：先冲孔、再翻边，最后落料。

若翻边影响到落料的外形，则必须在先完成翻边后，再落料或即将完成翻边之后开始落料，同时在模具设计中必须充分考虑到落料翻边凸凹模的壁厚强度（详见加工应用实例6.6.2）。

若内孔翻边范围较小，不至于影响落料的外形，则内孔翻边及外形落料可同时完成或按先落料，再冲孔、翻边的顺序完成，以缩短压力机的工作行程（详见加工应用实例6.6.3）。

一般来说，为实现上述各工序加工的先后顺序，在模具结构上最常用且简

便有效的方法是：通过设置聚氨酯橡胶作为压料、卸料力源，并对模具中相应的工作零件高度进行适当安排，以控制其与坯料先后接触的顺序，满足零件加工的先后步骤，使零件质量得到保证。

6.6.2 固定板冲孔、翻边模设计

1. 零件结构 图 6-38 为固定板结构简图，采用 3mm 厚的 Q235—A 钢制成。

2. 模具结构 模具结构如图 6-39 所示，为了使预冲孔的废料从压力机的工作台孔中漏出，决定采用正装复合模，零件从凹模中顶出。

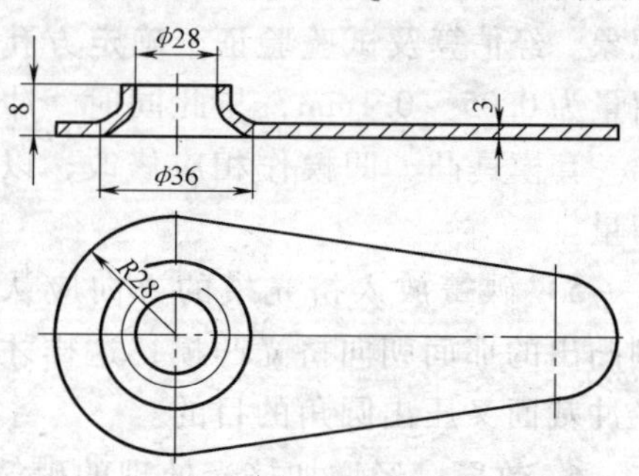

图 6-38 固定板结构简图

工作时，压力机滑块下行，冲孔凸模 2 与冲孔凹模 5 共同作用冲出预冲孔，随着压力机滑块的继续下行，落料凸模 1 及冲孔凹模 5 共同作用完成零件的翻边，随后落料凹模 4 及落料凸模 1 共同作用完成零件的外形落料，与此同时，落料凸模 1 与冲孔凹模 5 也共同完成对已翻边的零件整形，整个零件的工作顺利完成，随着滑块的上行，零件由落料凹模顶出，搭边废料由刚性卸料板从凸模卸下。

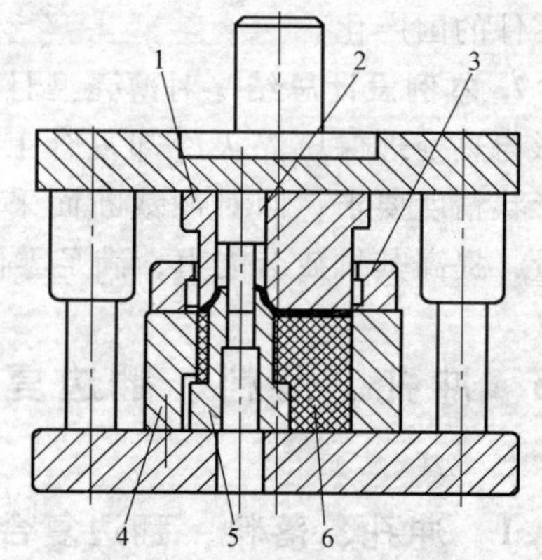

图 6-39 模具结构简图

1—落料凸模 2—冲孔凸模 3—卸料板
4—落料凹模 5—冲孔凹模 6—聚氨酯橡胶

3. 设计要点

1）冲孔凸模 2 与落料凸模 1 之间采用 H7/m6 的过渡配合，保证冲孔与落料的相对精度。冲孔凹模 5 具有双重作用，既是冲孔凹模又是翻边凸模；而落料凸模 1 既是落料凸模又是翻边凹模。

2）因这种零件的尺寸较小，冲孔凹模壁厚度只有 5mm，为提高凸、凹模材料的机械性能，采用模具钢 Cr12MoV。在凸、凹模冲裁方面，为了提高模具冲裁寿命，采用最小双面间隙为 0.5mm，以提高其翻边竖直。

3）考虑到此零件较小，在落料完成后，如果采用弹性卸料，将使模具的尺寸变大，所以本模具采用刚性板卸料，同时起导向作用。在设计刚性卸料时，为了使条料送料方便，卸料板高度要高出冲孔凹模 5mm。

4. 使用效果 该模具在制造过程中工艺性较好，便于装配及后续的修模。

压制的零件完全合格，而且翻边后没有出现裂口现象。

5. 本例设计总结 该零件需要经过冲孔、翻边、落料、成形几道工序才能完成，由于零件较小，成形、翻边时不易定位，易使翻边高度不均匀，且模具过多将增加成本和劳动强度。因此，宜采用1副模具完成该零件的全部加工。

在模具设计中应考虑到成形鼓包与落料外形尺寸之间间距较小，因此预冲孔不能过大，否则会使冲孔凹模壁厚太薄，降低模具的使用寿命。经计算，在保证翻边的情况下，取预冲孔凹模的壁厚为5mm，预冲孔为ϕ18mm，翻边高度为8.4mm，因此，只需在翻边完成后，稍修整翻边高度，便可满足产品要求。

对于成形后的顶料问题，由于成形与落料之间的间距较小，不能采用弹簧及顶料杆顶料。经过计算，该零件的落料力为$F_{冲}=18900\text{N}$，其中所需要的顶料力为$F_{顶}=0.05F_{冲}=945\text{N}$，但弹簧不能满足如此大的顶料力，如果采用气动或液压顶杆顶料，会使料顶偏。因此，决定采用聚氨酯橡胶顶料，该橡胶弹力大、耐油。按照此空间安装聚氨酯橡胶，最大的顶料力为$F_{顶\max}=990\text{N}$左右，完全可以满足顶出零件的要求，而且落料后成形使零件大端边缘收缩，零件凹模间隙变大，料容易顶出。另外，聚氨酯橡胶硬度较高，所以不加钢板也不会使零件变形。

6.6.3 冲孔、落料、翻边复合模设计

1. 零件结构 图6-40为某消音器上的隔板，采用1.2mm厚的409渗铝板制成，生产批量较大。

2. 工艺分析 该零件加工需要的基本工序为落料、拉深、预冲孔及翻边。由于拉深及翻边高度不大，能一次拉成，为提高生产效率，保证产品质量，设计落料、冲孔、翻边复合模一次性加工出零件。

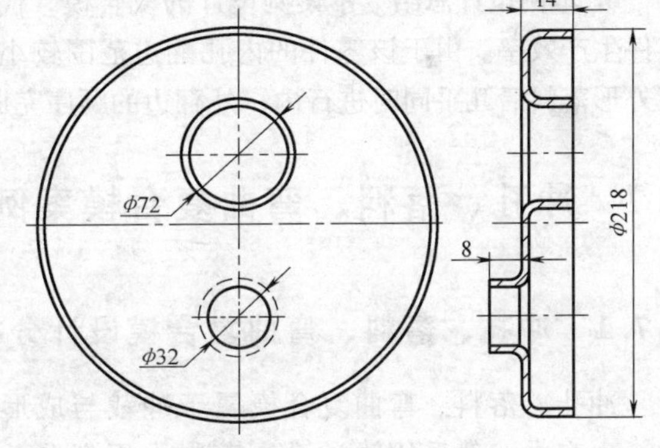

图6-40 隔板结构简图

3. 模具结构及工作过程 图6-41为模具结构图。

模具工作时，将毛坯放在落料凸模3和落料凹模12之间，随着压力机滑块向下运动，落料凸模3首先对毛坯进行落料，冲孔凸模5和冲孔凸模14进行预冲孔。滑块继续向下运动，落料凸模3利用内孔与翻边凸模13一起作用对坯料进行翻边达到ϕ218mm尺寸。同时冲孔凹模15与卸料板作用向上翻内孔ϕ32mm，翻边凸模13与翻边凸模7相作用向下翻内孔ϕ72mm。零件加工完成。

随着压力机滑块上行，在聚氨酯的作用下，卸料板10、弹料钉9、翻边凸模

13 分别将零件和废料顶出，完成整个冲压过程。

4. 设计要点

1）落料凸模 3 具有双重作用，它既是外形落料的凸模，又是 $\phi218$mm 翻边的凹模；翻边凸模 7 也具有双重作用，它既要完成内孔 $\phi72$mm 的翻边，又要冲制其翻边的预制孔；同样冲孔凹模 15 既要完成 $\phi32$mm 内孔翻边预制孔的冲孔凹模，又是其翻边的凸模。

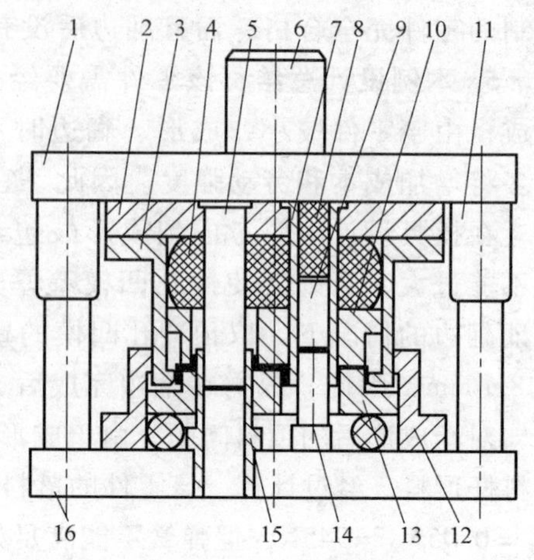

图 6-41　模具结构简图

1—上模板　2—固定板　3—落料凸模　4、8—聚氨酯橡胶　5、14—冲孔凸模　6—模柄　7、15—翻孔凸模及冲孔凹模　9—弹料钉　10—卸料板　11—导套　12—落料凹模　13—翻边　凸模　14—冲孔凸模　15—冲孔凹模　16—下模板

2）对模具中的工作部件均采用 Cr12MoV 钢制造，热处理硬度为 58 ~ 60HRC。对模具中的滑动部件，一定要有足够的硬度，同时达到较高的尺寸精度。

3）由于该模具的冲裁行程较大，工作时应选择稍大吨位的冲床。

5. 使用效果　模具制造后生产的零件满足产品要求。

6. 本例设计总结　本案例设计的复合模，代替了传统加工的多道工序，提高了零件生产效率。由于该零件的内孔翻边范围较小，不至于影响落料的外形，故采用了外形落料后几乎同时进行内、外翻边的顺序完成，以缩短压力机的工作行程。

6.7　冲孔、落料、弯曲复合模案例剖析

6.7.1　冲孔、落料、弯曲复合模设计分析

冲孔、落料、弯曲复合模属于冲裁与成形类复合模中的一种。对于此类工件，生产中一般采用先冲孔、落料，再弯曲共两道加工工序的工艺方案。一般在零件生产批量大，机床设备负荷大，同时零件单工序生产不够安全，或为进一步降低生产加工成本才考虑采用冲孔、落料、弯曲复合模。

由于冲裁工序中复合了变形的弯曲工序，因此，该类复合模的加工一般是先冲孔、落料，再弯曲，对零件弯曲的回弹，一般在模具中采取弯曲回弹补偿、减小弯曲间隙或在工艺中采取增加校正工序等措施来解决。

对薄料的冲孔、落料、弯曲复合加工可参阅使用实例 6.7.2。

对较厚料的冲孔、落料、弯曲复合加工参阅使用实例 6.7.3。

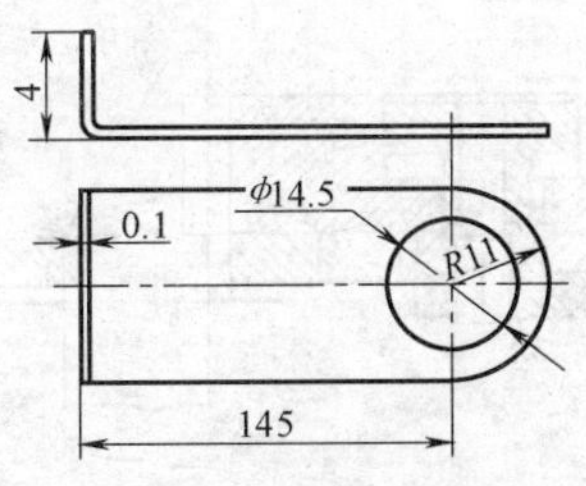

图 6-42 锁紧片结构简图

为完成冲孔、落料、弯曲三工序的复合加工，模具常需使用斜楔滑块等机构。常用机构的结构请参见本书第 10 章第 10.15 节。

6.7.2 冲孔、落料、弯曲复合模

1. 零件结构 图 6-42 为某油泵上的锁紧片结构简图，采用 0.1mm 厚的 08 钢制成。

2. 模具结构及工作过程 模具结构如图 6-43 所示。

模具工作时，上模座带动落料凹模 9、冲孔凸模 8 与可滑动折弯凹模 17 一起下行，可滑动折弯凹模 17 接触斜楔 6 后，由于斜楔 6 作用从而在滑架 16 内逆弹簧力作用向右移动，避开顶料板 4，继续下行时，冲孔、落料同时完成，如图 6-44a 所示。

上模座上行时，未完成折弯的板料卡在落料凹模 9 中，随同落料凹模 9 一起上行，同时折弯凹模 17 在弹簧力作用下回复原位，如图 6-44b 所示，继续上行时，打杆组件 14 碰到压力机横梁迫使折弯凸模 7 下行，直至从折弯凹模脱出，如图 6-44c 所示。

3. 设计要点

1）采用可滑动折弯凹模 17 与利用打杆组件 14 压迫可滑动折弯凸模 7 相结合的形式，完成模具的冲孔落料及折弯工作，从而使模具结构简单，工作可靠。

2）可滑动折弯凹模 17 滑架 16 采取 H7/h6 的间隙配合。

3）模具装配时，必须保证可滑动折弯凹模 17 复位时能满足与可滑动折弯凸模 7 的间隙，在开模过程中，尽量不使可滑动折弯凹模 17 与斜楔分离，以免对可滑动折弯凹模 17 冲击，造成模具的损害。

4. 使用效果 模具设计制造后，生产的零件满足产品要求。

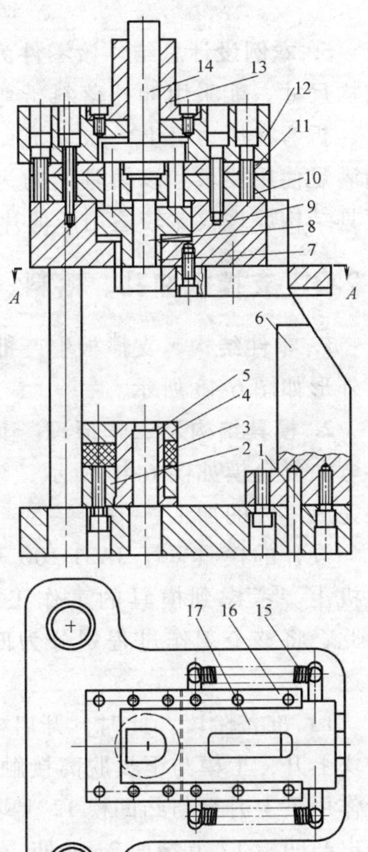

图 6-43 模具结构简图
1—模座底板 2—落料凸模固定板 3—橡胶垫 4—顶料板 5—凹凸模 6—斜楔 7—可滑动折弯凸模 8—冲孔凸模 9—落料凹模 10—冲孔凸模固定板 11—模垫 12—上模座 13—模柄 14—打杆组件 15—拉簧 16—滑架 17—可滑动折弯凹模

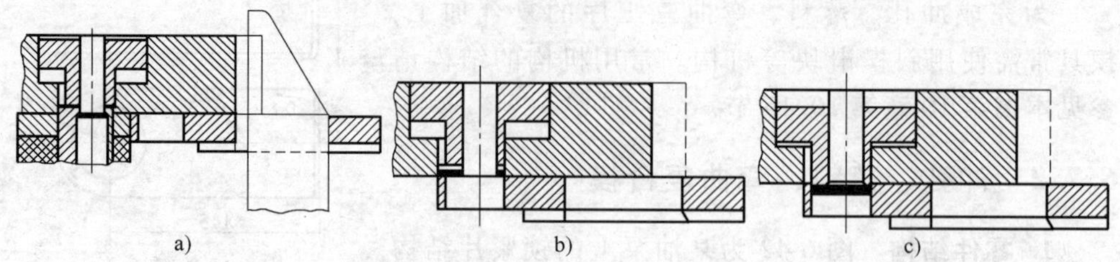

图 6-44 模具工作过程

a）冲孔落料 b）上升 c）折弯

5. 本例设计总结 该零件为带垂直折边形状，结构比较简单，分析零件各结构尺寸，能采用冲孔落料折弯复合模完成该零件的全部加工。由于冲孔、落料、折弯在压力机上一次完成，降低了加工成本，提高了生产效率，生产的产品满足使用要求。该模具结构为其他同类型的冲压工艺提供了技术借鉴，但该模具结构原理仅比较适用于薄片形零件的加工。

6.7.3 支撑板冲孔、落料、弯曲复合模

1. 零件结构 支撑板生产批量较大，采用 2mm 碳素钢 Q235—A 钢板制成，其外形如图 6-45 所示。

2. 模具结构及工作原理 设计的冲孔落料弯曲复合模如图 6-46 所示，该模具能一次性完成零件的加工。

设计的模具置于 JA21-100 开式固定台压力机上。考虑到模具的工作工序较为复杂，为此，将整个工作过程划分为四个阶段进行描述。

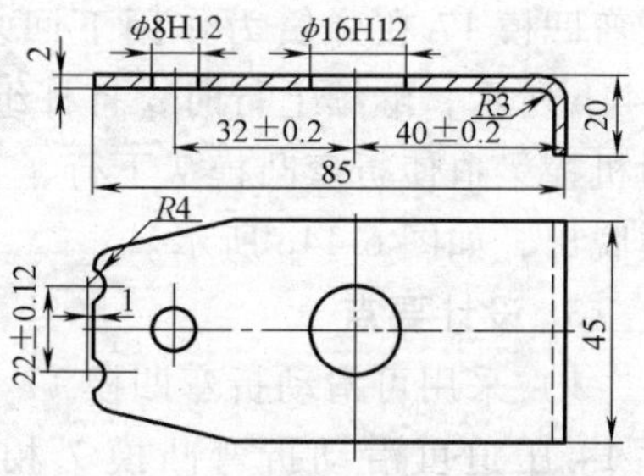

图 6-45 支撑板结构简图

1）准备阶段。此时，开启模具，压力机滑块上升，上模与下模脱离接触，活动凸模 13 通过顶件块 15 在压缩弹簧 16 弹力作用下上升至与凸凹模 12 上端面平齐，下卸料板 18 也在弹簧 5 弹力作用升至高出凸凹模 12 上端面 2mm 处，卸料板 10 在卸料橡胶 9 的弹性作用下也得到回复，此时将剪切好的条料置于下卸料板 18 的定位销 24 上，压力机滑块开始下移，斜楔 20 下斜面开始与活动滑块 19 的上斜面接触，随着压力机滑块的下行，斜楔 20 推动活动滑块 19 按照滑块导轨 27 的轨道向活动凸模 13 下斜面滑移，直至两斜面完全贴合，与此同时，落料凹模 4 及下卸料板 18，卸料板 10 与凸凹模 12 共同完成对冲切部分条料的压紧。至此，零件冲孔-落料-弯曲准备阶段完成。

2）冲孔-落料阶段。随着滑块的继续下移，落料凹模 4、小冲头 8、大冲头 11、凸凹模 12、活动凸模 13 共同作用完成对条料的冲孔、落料，此时，斜楔 20

的下斜面移出活动滑块 19 上斜面，斜楔 20 两斜面的交点开始与活动滑块 19 的两斜面直线端头接触，当滑块再下降 2mm，斜楔 20 的上斜面与活动滑块 19 的下斜面开始接触，零件进入下一阶段。

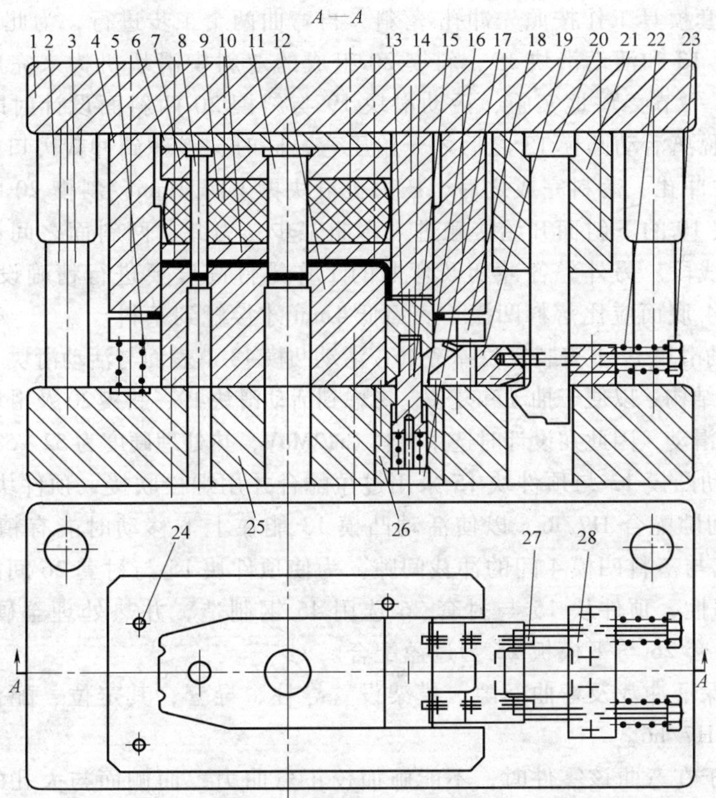

图 6-46　冲孔落料弯曲复合模结构简图

1—上模板　2—导套　3—导柱　4—落料凹模　5、16、22—弹簧　6—垫板　7—冲头固定板　8—小冲头　9—卸料橡胶　10—卸料板　11—大冲头　12—凸凹模　13—活动凸模　14—弯曲凹模　15—顶件块　17—螺杆　18—下卸料板　19—活动滑块　20—斜楔　21—斜楔固定板　23—活动螺杆　24—定位销　25—下模板　26—衬套　27—滑块导轨　28—斜楔挡块

3）弯曲阶段。当压力机滑块继续下移，斜楔 20 逐渐解除对活动滑块 19 向活动凸模 13 的下斜面方向滑移的约束，活动滑块 19 在弹簧 22 弹力作用下沿着滑块导轨 27 向斜楔挡块 28 方向回复，活动滑块 19 与活动凸模 13 脱离接触，此时，凸凹模 12 与弯曲凹模 14 共同作用完成对已冲切好的半成品的弯形。

4）卸料阶段。滑块上升，斜楔 20 上斜面与活动滑块 19 下斜面接触，克服弹簧 22 的弹力作用，使其向活动凸模 13 方向移动，斜楔 20 随压力机滑块同步上行。活动凸模 13 与卸料板 10 分别在弹簧 16 及卸料橡胶 9 的弹性作用下完成零件卸料，随着压力机滑块的上升，卸料板 10、下卸料板 18 与斜楔 20 得到完全复原。至此，零件加工完成，压力机转入下一个工作循环的准备阶段。

3. 设计要点

1）整套模具工作按照先冲孔-落料，再弯曲两个工步进行，为此，设计了一个活动凸模 13 和活动滑块 19、斜楔 20 组成的双斜楔滑块机构来完成。为保证各个步骤有“节奏”地实施，活动滑块 19 与斜楔 20 两斜面设计时既要保证活动滑块 19 脱离活动凸模 13 之后才开始压弯，同时，考虑到冲裁刃口的刃磨，又要保证零件冲孔、落料完成之后，压力机滑块再下降 2mm，斜楔 20 的上斜面才与活动滑块 19 的下斜面开始接触进入弯曲工步，为此，两斜面之间设计有一段 2 mm 的直线段。另外，各冲切及弯曲的工作零件高度要进行精确设计及控制，弯曲凹模 14 底面应比落料凹模 4 底面低 4mm 才接触到条料。

2）活动滑块 19 下安装复位弹簧 16，活动凸模 13 下表面与活动滑块 19 上表面均设计成斜面结构，以便于抽动和复位。考虑到活动滑块 19、斜楔 20 及滑块导轨 27 要经常接触、滑动，因此在设计时选用材料 Cr12MoV，热处理硬度为 52 ~ 58HRC。

3）活动凸模 13 与顶件块 15 采用过盈配合并用螺栓联接，顶件块 15 与衬套 26 间选用间隙配合 H7/f6，以使活动凸模 13 能在上下移动时能有精确的导向，同时保证其与落料凹模 4 间的冲裁间隙。为使顶件块 15 与衬套 26 间能有足够的强度及耐磨性，顶件块 15 与衬套 26 选用 45 钢制造，并热处理至硬度为 40 ~ 45HRC。衬套 26 与下模板 25 为过盈配合。

4）为保证冲裁及弯曲间隙，模架设置导柱、导套，其定位、配合精度分别为 H7/r6、H7/h6。

5）由于在弯曲该零件时，不能施加校正弯曲力，而侧面与大孔的间距又有精度要求，因此，采用减小弯曲凸凹模的间隙来保证尺寸要求及减少回弹，单面弯曲间隙取 1. 8mm。

6）凸凹模 12 在这儿起双重作用，既是冲孔的凹模及部分外形落料的凸模，又是零件第二工步弯曲的凸模。

4. 使用效果 设计的模具制造完成后，一次性试模合格，生产的零件质量稳定、可靠。

5. 本例设计总结 本案例的模具是依据冲模及弯曲模的工作特点，同时考虑到压力机的特点，利用双斜楔及滑块机构，实现冲孔、落料、弯曲复合的典型结构。

一般来讲，对该类零件的加工需要冲孔-落料复合模、弯曲模两套模具分两道工序完成，但模具需方根据其加工设备的负荷及生产成本等综合因素，要求一次性将零件加工成形。

该冲压件为冲孔、落料、弯曲的复合件，形状较为简单且对称，尺寸精度要求不高，材料 Q235—A 冲压性能较好，零件弯曲直边为 15（$20-t-r=20-2$

$-3=15$）mm，大于资料要求的最小直边 $2t=2\times2\text{mm}=4\text{mm}$，故弯曲工艺性较好；而各孔与零件外形边缘的距离均大于复合模中凸凹模的最小壁厚 4.9mm 尺寸的要求，因此，冲孔及落料复合时，凸凹模的强度足够。加之零件弯曲直边有 10mm，在模具上设置活动凸模结构也较易实现。综合上述分析该冲裁件可选用冲孔、落料、弯曲复合模。

将三道工序复合在一起，有以下两种不同的工艺方案：①先落料，然后冲

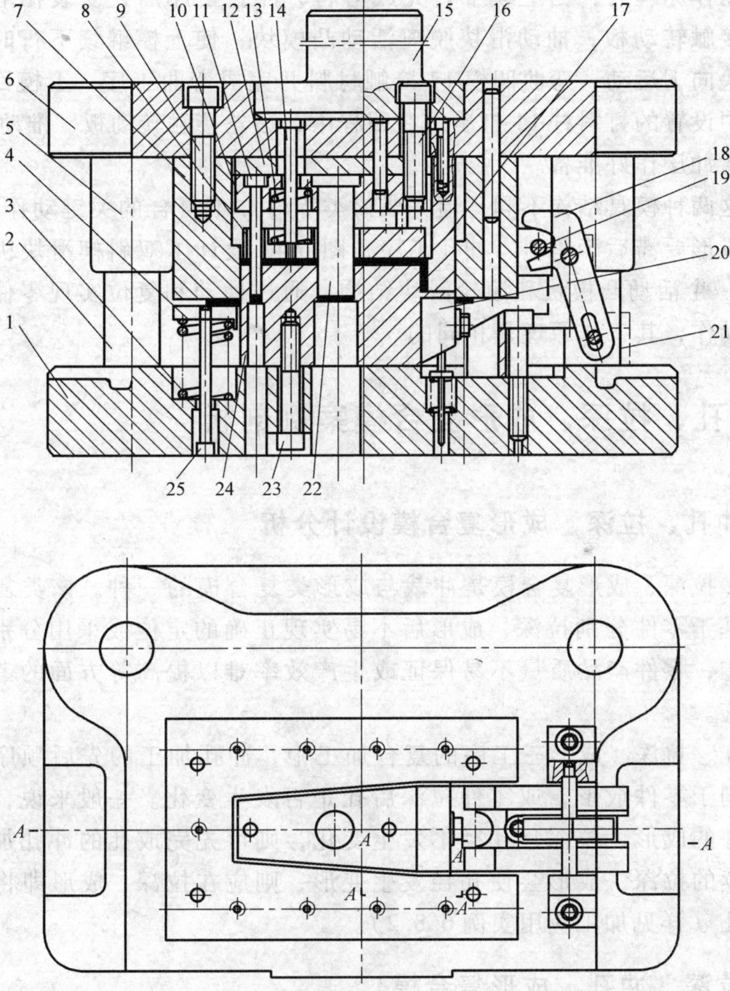

图 6-47　落料、冲孔、弯曲复合模另一种结构

1—下模座　2—导柱　3—卸料弹簧　4—卸料板　5—导套　6—上模座　7—落料凹模　8—压料板　9、16、23—螺栓　10—凸模固定板　11—冲头Ⅰ　12—垫板　13—压料弹簧　14—打料杆　15—模柄　17—弯曲凹模　18—转动板　19—滚轮　20—活动凸模块　21—滑块　22—冲头Ⅱ　24—凸凹模　25—推杆

孔和弯曲在同一工步；②落料，冲孔为同一工步首先完成，然后进行弯曲。采用方案①加工工件，不易保证长度尺寸（40±0.2）mm 的精度要求，而且易使内孔冲头磨损，降低模具寿命。

经分析、比较，确定采用方案②，即设计一套冲孔落料弯曲复合模，模具划分为两个工步完成上述三道工序，在压力机上一次性实现零件的加工成形。

图 6-47 为本零件加工的另一种模具结构。

模具动作原理为：当上模下行完成落料、冲孔工序后，安装在落料凹模外侧的滚轮接触转动板，抽动滑块脱离活动凸模块，使上模继续下行时，不阻碍活动凸模块向下运动，弯曲凹模 17 接触材料并完成弯曲工序。上模回升时，零件由上模中设置的打料杆 14 打出。在回程中，滚轮接触转动板，推动滑块 21 复原，为再次冲压作好准备。

尽管这两种模具结构不同，但完成该类零件加工复合的关键动作是一致的，即：弯曲成形要滞后于落料、冲孔工序，图 6-46 设计了双斜楔滑块机构，图 6-47 设计了一个活动凸模块和滚轮滑块结构，通过抽动和复位实现零件的落料冲孔和弯曲动作，其工作原理是相同的。

6.8 冲孔、拉深、成形复合模案例剖析

6.8.1 冲孔、拉深、成形复合模设计分析

冲孔、拉深、成形复合模是冲裁与成形类复合模的一种。该类复合模的应用主要是基于零件分别拉深、成形后不易实现正确的定位或采用分别拉深、成形加工工艺，零件产品质量不易保证或生产效率难以提高等方面的考虑而采取的加工措施。

在冲孔、拉深、成形三工序的复合加工中，冲孔加工的先后顺序主要是考虑是否有利于零件成形，或零件拉深后孔是否发生变化。一般来说，若先冲孔有利于零件的成形、拉深且孔径不发生变化，则可先完成孔的冲孔加工；若先冲孔而后续的拉深、成形会使孔径发生变形，则应在拉深、成形即将完成的同时进行冲孔（详见加工应用实例 6.8.2）。

6.8.2 拉深、冲孔、成形复合模

1. 零件结构　图 6-48 为某灯罩结构简图，采用 1.5mm 厚的纯铝板制成，形状近似矩棱台，呈盒形，盒口带凸缘且翻边，盒壁上均匀分布着 36 条肋，属带锥矩形盒拉深件，表面质量要求光滑、美观，生产批量中等。

2. 加工方案的确定　该零件轮廓尺寸较大，形状较复杂。除两个 ϕ92H7 孔

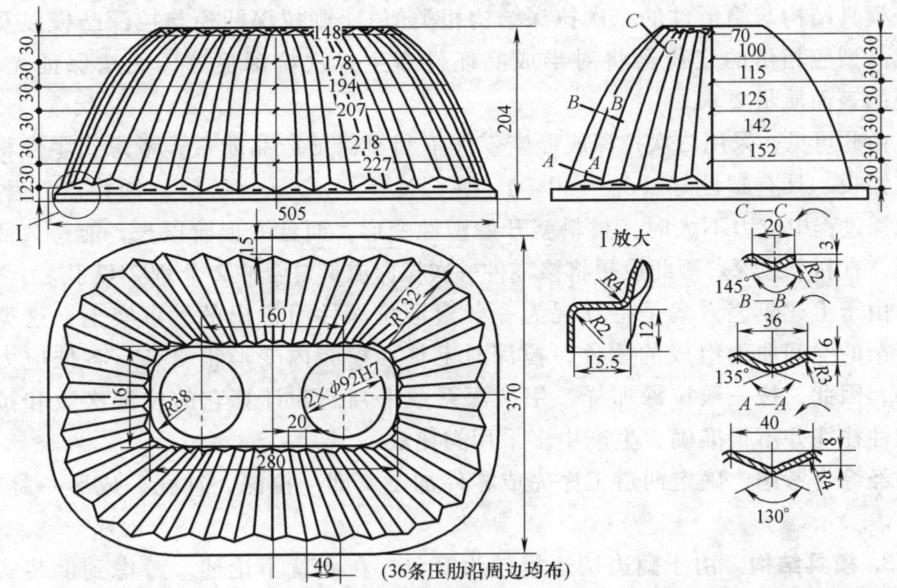

图 6-48　灯罩结构简图

精度要求较高外，其余各部分尺寸精度要求不高。由于带有锥度，故在拉深过程中，有很大一部分毛坯处在压边圈之外呈悬空状态，容易起皱。

零件近似于矩棱台，呈盒形，选取适当修边余量后，根据表面积相等原理，可近似计算出其毛坯形状和尺寸，通过理论上的近似计算，定出拉深工序次数为两次。

由此可初步确定加工工艺方案如图 6-49，即：首次拉深→切边→二次拉深成形→冲孔。

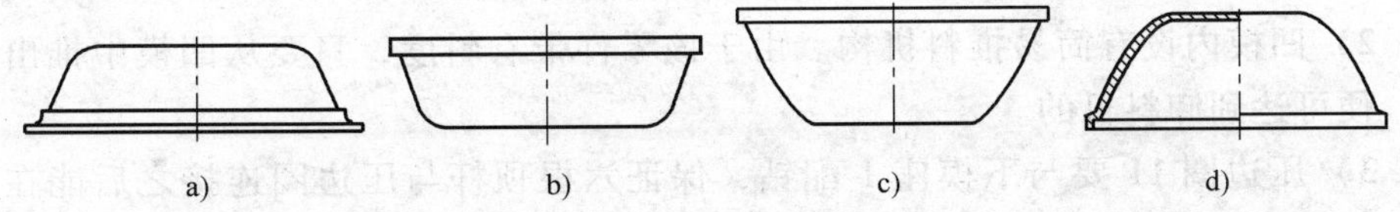

图 6-49　初定工艺方案
a）首次拉深　b）切边　c）二次拉深成形（表面带压肋）　d）冲孔

进一步分析该加工方案可知：将切边工序安排在二次拉深成形前不合理，因盒形件在二次拉深时，不易保证边界整齐；而在设计二次拉深成形模时，拉深压边困难，很难保证在拉深过程中毛坯处于张紧状态，并平稳地紧贴凸模而不产生皱纹。

若将初定方案中的工序 2 与工序 3 对调，则在二次拉深成形模设计时，若拉深模采用正装式（拉深凹模在下模）半成品件在凹模模腔内定位困难且仍然无法保证坯料平稳地紧贴凸模而不产生皱纹；若采用倒装式（拉深凹模在上模，整个模具结构与筒形件的二次拉深结构相类似），则拉深凹模与拉深凸模以及与半成品型腔相仿的定位器将对半成品坯件产生二次拉深痕迹，无法保证光滑、美观的表面质量要求。

由此可见，采用二次拉深成形该零件不利于保证产品质量，考虑到零件材料为纯铝板，具有塑性好（$\delta_{10}=40\%$），屈强比小（$\sigma_s/\sigma_b=0.65$）的特点，因此，在拉深过程中应力不大时，材料就开始塑性变形，而且变形阶段长，能持久而不破裂，有利于拉深。因此设想将该零件一次拉深成形复合冲2个ϕ92H7孔。

由于上述工艺方案是将其视为一般盒形拉深件而作出的，事实上，这类由较复杂的空间曲面组成的零件，拉深时毛坯在模腔内变形很复杂，各处应力不相同，因此，按一般拉深那样，用拉深系数来判断和计算它的拉深次数和拉深可能性往往并不很准确，生产中多采用类比法。

经综合考虑，确定两道工序完成零件加工，即：拉深、冲孔、成形→翻边、切边。

3. 模具结构　由于翻边切边模较为简单，在此就不论述。考虑到倒装式复合模易实现压边且容易排出冲孔废料，因此设计了如图6-50所示的拉深、冲孔、成形复合模。

模具工作时，将毛坯放在定位支架2上，上模下行，在压边圈11、凸凹模9和拉深凸模10的作用下，对毛坯进行拉深加工。当拉深加工快结束时，冲孔凸模8对毛坯进行冲孔加工，然后减慢闭合速度，使毛坯表面充分进入凸凹模9和拉深凸模10的压肋槽中。模具闭合后保压一定时间，上模回程，推杆12将工件从凸凹模9上顶出，定位支架2和压边圈11复位，准备下一次加工。

4. 设计要点

1）凹模做成不封顶形式，有利于凹模内腔的加工。

2）凹模内设有简易推料机构。由于该零件带有斜度，只要从凹模中推出一点，便可达到卸料目的。

3）压边圈11要与下模座1配钻，保证六根顶杆与压边圈连接之后能在下模板六个顶杆孔内自如运动。

4）顶杆12与压边圈11采用不通孔连接形式，使压边圈11表面光滑无孔，提高零件表面光滑程度。

5）凸、凹模材料用QT600-2球墨铸铁制做，制取毛坯容易，也有利于加工，同时又能进行表面淬火，达到耐磨要求。

5. 效果　模具设计制造完成后，生产的零件满足产品要求。

6. 本例设计总结　本例是冲孔、拉深、成形复合模的典型结构，之所以采用此类复合形式主要是由于该零件分别拉深、成形两次，无法保证产品质量，对此类较复杂的空间曲面组成的零件，生产中常采用理论分析配合类比法进行

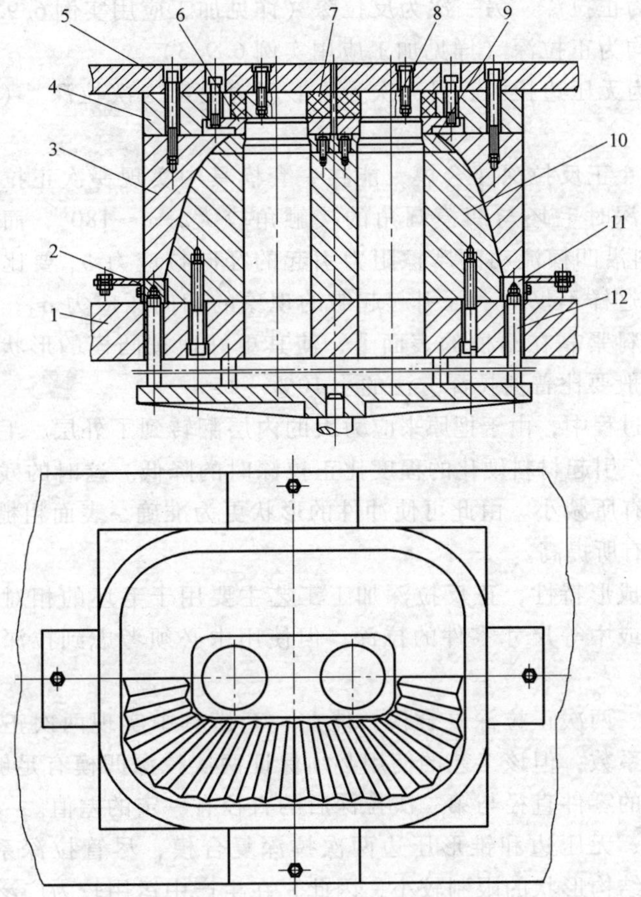

图 6-50　拉深、冲孔、成形复合模结构简图

1—下模座　2—定位支架　3—拉深凹模　4—凹模垫板　5—上模座　6—卸料板　7—橡胶　8—冲孔凸模　9—凸凹模　10—拉深凸模　11—压边圈　12—顶杆

比较、对比而得出工艺加工方案。

6.9　落料、拉深两次复合模案例剖析

6.9.1　落料、拉深两次复合模设计分析

落料、拉深两次复合模是冲裁与成形类复合模的一种。

在生产加工中，为减少零件加工工序数目，降低拉深系数，在模具设计中常采用在一副模具中先落料，然后分别拉深两次的加工方法，按其拉深两次性质的不同，主要有如下三种：

1）一次为正拉深、另一次为反拉深（详见加工应用实例 6.9.2）。

2）两次均为正拉深（详见加工应用实例 6.9.3）。

3）一次为无压边拉深、另一次为锥形压边的第二次拉深。（详见加工应用实例 6.9.4）。

采用落料、正反拉深复合模，能在一套模具中实现一次正拉深和一次反拉深。由于反拉深时毛坯与凹模圆角的接触角较大，$\alpha \approx 180°$，而一般拉深 $\alpha \approx 90°$，所以材料沿凹模流动的摩擦阻力引起的径向拉应力 σ_1 要比用普通拉深方法的大得多。这样不仅减小了引起起皱的现象的切向压应力 σ_3，而且也因拉应力的作用使板料紧靠在凸模的表面上，使其更好地按凸模的形状成形。反拉深的拉深系数一般要比普通拉深方法的小 10% ~15%。

在反拉深过程中，由于把原来应力大的内层翻转到了外层，毛坯侧壁反复弯曲的次数减小，引起材料硬化的程度比正拉深时的降低。这时的残余应力要比一般的拉深方法有所减小。由此可使冲件的形状更为准确，表面粗糙度降低，零件的尺寸精度则有所提高。

基于上述成形特性，正反拉深加工工艺主要用于毛坯的相对厚度较小、板料较薄的大件或中等尺寸零件的拉深，但使用中必须考虑到拉深中凸凹模的强度。

采用落料、两次正拉深复合模，能在一套模具中实现两次正拉深，从而能大大降低拉深系数，但该工艺的使用必须保证两次拉深凹模有足够强度的条件，即首次拉深后的零件直径与第二次拉深后的直径有一定的差值。

采用落料、无压边和锥形压边两次拉深复合模，尽管拉深系数降低不大，但由于受零件结构形状的限制较小，因此，在生产中运用较为广泛。

6.9.2 简体落料、正反拉深复合模

1. 零件结构 如图 6-51 所示零件为拉深件，采用 1mm 厚的优质碳素 08 钢制成，小批量生产。

2. 工艺分析及计算 这是一常见的典型拉深件，零件结构并不很复杂，按照零件的加工顺序，首先要对零件进行工艺计算，才能制订出合理的工艺方案。

根据产品图纸可知，$d_凸 = 60\text{mm}$，$\frac{d_凸}{d} = \frac{60}{39} = 1.52$，由此查表可决定取修边余量 $\Delta h = 3\text{mm}$，故工序计算中凸缘直径 $d_凸 = 66\text{mm}$

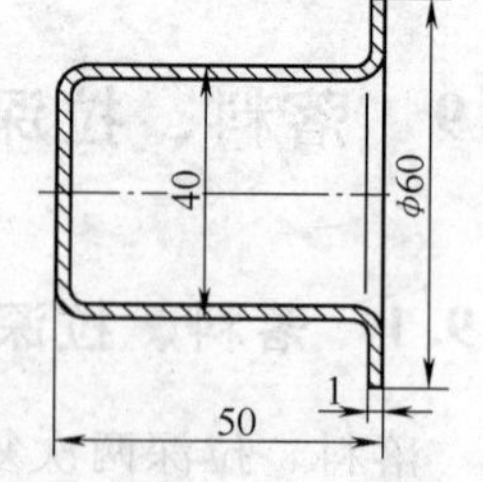

图 6-51 零件结构简图

依据拉深前后毛坯与工件表面积不变原则，利用毛坯直径 D 计算公式：

$$D=\sqrt{\frac{4}{\pi}\sum A_i}\ （\sum A_i 为拉深零件各部分的表面积之和）$$

可求得展开料毛坯直径 $D=110\text{mm}$

那么，该零件的拉深系数 m

$$m=\frac{d}{D}=\frac{39}{110}=0.35$$

由于毛坯相对厚度：

$$\frac{t}{D}\times 100=\frac{1}{110}\times 100=0.91$$

$$\frac{d_{凸}}{d}=\frac{66}{39}=1.69$$

根据表10-30得，有凸缘圆筒件第一次拉深的最大相对高度$\frac{h_1}{d_1}=0.5$

因为
$$\frac{h}{d}=\frac{49}{39}=1.26>\frac{h_1}{d_1}$$

根据有凸缘圆筒件拉深判断条件知，不能一次拉成，须采用多次拉深。多次拉深有两种方案，即多次正拉深和正拉深、反拉深。

1）采用多次正拉深：查表10-30、表10-31可知，前几次拉深系数分别为：$m_1=0.45\sim0.53$，$m_2=0.76$，$m_3=0.79$。

选取各次拉深系数分别为 $m_1=0.55$，$m_2=0.78$，$m_3=0.83$

即：第一次拉成 $d_1=m_1D=0.55\times110=60.5\text{mm}$

第二次拉成 $d_2=m_2d_1=0.78\times60.5=47.2\text{mm}$

第三次拉成 $d_3=m_3d_2=0.83\times47.2=39\text{mm}$（式中所示各零件直径为中心层直径）

由此可确定采用正拉深方案，加工工序为：落料→第一次拉深→第二次拉深→第三次拉深→修边，如图6-52示。

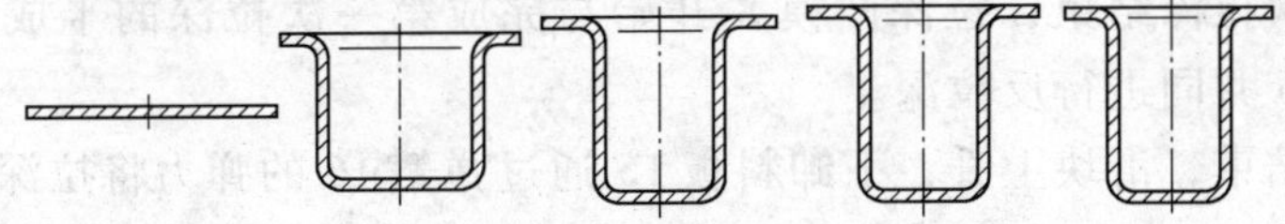

图6-52　正拉深加工工序

2）采用正、反拉深：由于反拉深能降低拉深系数10%～15%，于是考虑在第一次拉深结束后，在第二次拉深中采用反拉深。

根据上述数据，可知第一次拉深系数及第二次反拉深系数分别为：$m_1=0.53\sim0.55$，$m_2=0.65\sim0.7$

选取各次拉深系数 $m_1=0.53$，$m_2=0.67$

即第一次拉成 $d_1 = m_1 D = 0.53 \times 110 = 58.3\text{mm}$

第二次拉成 $d_2 = m_2 d_1 = 0.67 \times 58.3 = 39\text{mm}$

由此可见，采用正、反拉深方案，加工工序为：落料→第一次拉深→反拉深→修边，如图 6-53 所示。

比较两种加工方案很容易发现：采用反拉深可减少拉深次数，两次便可拉成，而仔细分析正反拉深各加工工序的尺寸可见，由于落料尺寸 ϕ110mm 与第一次拉深的外形 ϕ59.3mm 相差较大，而反拉深后尺寸（ϕ40mm）与第一次拉深的内腔尺寸（ϕ57.3mm）数值也有较大差别，这就为各工序的复合提供了可能。

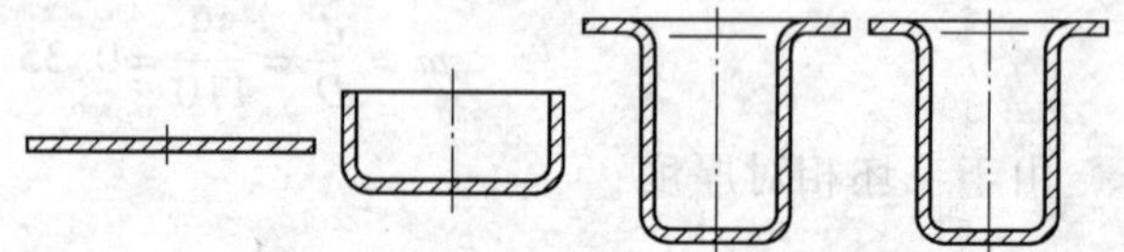

图 6-53　正、反拉深加工工序

考虑到零件生产批量不大，设计较多的模具及较多的加工工序，均不利于企业生产效率及效益的提高。因此，决定设计一套落料、正反拉深复合模，一次性完成零件的成形，使该零件的加工工序变为：拉成零件外形→机械加工修边。

3. 落料、正反拉深复合模设计

（1）模具结构及工作原理　根据上述分析，设计了如图 6-54 示的落料、正反拉深复合模。

整套模具能同时完成零件的落料、第一次拉深、反拉深三道工序的加工。模具工作时，压力机滑块上升，上、下模脱离接触，在压紧橡胶块 3 的弹性回复作用下，卸料块 17 通过下顶杆 20 上升至与落料凹模 2 上端面平齐，此时将坯料通过定位导料板 19 置于落料凹模 2 适当位置，滑块下降，落料拉深上模 14、卸料块 17 首先与坯料正、反面接触，实施压边，与此同时，落料拉深上模 14 与落料凹模 2 共同作用开始落料，落料凹模 2 与拉深凸凹模 6 也开始对板料进行拉深，当第一次拉深结束，拉深凸模 8 开始与完成第一次拉深的半成品接触，与拉深凸凹模 6 共同进行反拉深。

当拉深结束，滑块上升，下卸料板 15 通过弹簧 16 的弹力将拉深好的零件推出型腔，当压力机上的打杆横梁与打杆 10 相撞，通过打料板 11、打料杆 13 传动给卸料板 7 将拉深好的零件推出拉深凸模 8 工作部位，落料后的废料通过卸料导板 18 卸出。

（2）设计要点

1）拉深凸凹模 6 外形为第一次拉深的凸模，内腔为反拉深的凹模，其尺寸分别按拉深件工序计算的内、外形尺寸进行加工，并保证与相应的工作零件落料拉深上模 14、拉深凸模 8 的拉深单面间隙为 1～1.1mm。

2）零件第一次拉深要压边，由于零件反拉深时，材料与凹模接触面比正拉深大，材料的流动阻力大，材料不易起皱，因此，在第二次反拉深时未设置压边圈，即反拉深时不压边。

3）落料拉深上模14外形为落料凸模，内腔为第一次拉深的凹模。

4. 效果 模具经过制造后，一次试模合格，生产的零件符合图样要求，目前，累计生产千余件，模具工作良好，产品质量稳定。

5. 本例设计总结 零件采用正反拉深复合工艺，反拉深时，工件的内外表面相互转换，材料的流动方向与正拉深相反，因而有利于相互抵消拉深时形成的残余应力，降低拉深系数，合理的应用能减少拉深次数，同时，又由于反拉深过程中材料的流动阻力大，不易起皱，故在模具中可不设置压边圈，有利于简化模具结构，也避免了由于压边力不适当或压边力不均匀可能造成的拉裂。

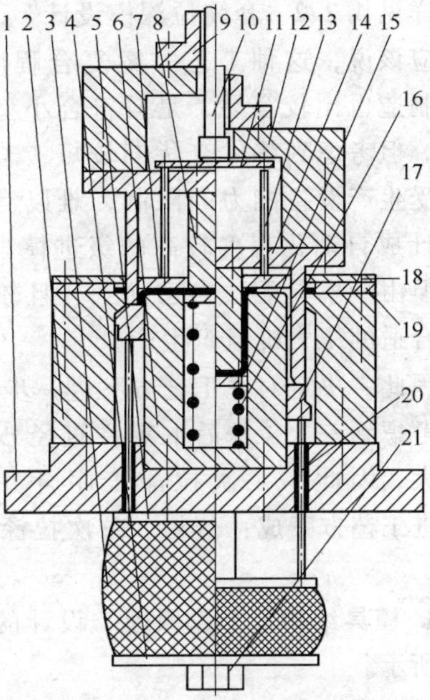

图6-54 落料、正反拉深复合模结构简图

1—下模座 2—落料凹模 3—压紧橡胶块 4、5—压紧块 6—拉深凸凹模 7—卸料板 8—拉深凸模 9—模柄 10—打杆 11—打料板 12—上模座 13—打料杆 14—落料拉深上模 15—下卸料板 16—弹簧 17—卸料块 18—卸料导板 19—定位导料板 20—下顶杆 21—紧固螺钉

尽管反拉深有以上优点，但必须要考虑到拉深中凸凹模的强度，因此，主要用于板料较薄的大件或中等尺寸零件的拉深。一般资料上对应用反拉深工艺，必须满足拉深圆筒的最小直径 d_2 符合（30~90）t，凹模壁厚（d_1-d_2）/2应有足够的强度，零件的内圆角半径 r 最好大于(2~6)t，且所设计的拉深凹模圆角半径受零件结构的限制，不能大于(d_1-d_2)/4，只有上述条件全部符合，才有进行落料、正反拉深复合的可能。

6.9.3 套筒落料、两次正拉深复合模

1. 零件结构 图6-55所示套筒，采用1mm厚的优质低碳钢10制成，同型号不同规格的零件还有三种，每种型号年产量为6万件，由于生产急需，合同要求的交货期很短。

2. 工艺方案的确定 根据4.2.2节“套筒拉深模设计”的有关工艺计算，可确定加工工艺为：落料、首次拉深复合→第二次拉深、挤边复合。模具具体

结构详见 4.2.2“套筒拉深模设计”。

应该说，这种工艺方案复合程度还是比较高的，模具制造也比较容易，是较符合小型私营企业生产实际的。但考虑到零件交货期较短，若按该工艺方案生产，受生产设备能力的限制，难以满足交货要求。如若设计成自动化程度较高的级进模当然能满足交货进度，但由于模具无法自己加工，且较为庞大的模具也没有合适的压力机组织生产。

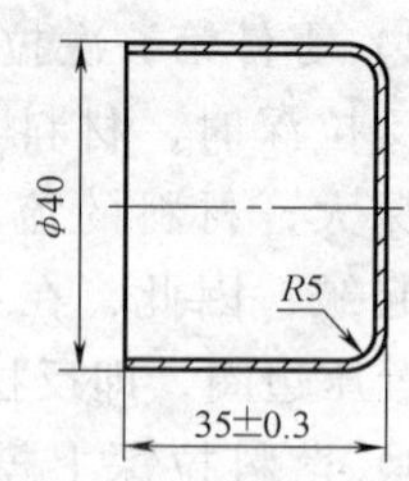

图 6-55　套筒结构简图

因此，决定对原工艺方案进一步复合，以减少工序数目，提高生产效率。

考虑到首次拉深后的零件直径 ϕ49.6mm 与第二次拉深后的直径 ϕ39mm 相差较大，因此一二次拉深工序合并，有结构设计上的前提条件，因此，决定改进工艺方案成：落料、首次拉深、第二次拉深并挤边一次性完成零件的加工。

3. 模具结构及工作原理　设计的落料、两次拉深、挤边复合模，结构如图 6-56 所示。

整套模具按其工作顺序，依次连续性地完成落料、首次拉深、第二次拉深、挤边、卸料五个步骤。

首先，模具开启，聚氨酯块 22、23 在自身弹力作用下通过顶杆 20、19 分别将首次拉深凸模 10、压边圈 14 顶起至与落料凹模 11 上端面平齐，此时将条料放入模具合适位置，压力机滑块开始下行，落料凸模 3 与落料凹模 11 共同作用将拉深件的展开料毛坯冲下，完成落料工作。

展开料冲切完成，冲切好的坯料被落料凸模 3 及压边圈 14 共同压紧后随压力机滑块一同下行，随之落料凸模 3 与首次拉深凸模 10 进行首次拉深，直至第二次拉深凹模 5 开始与首次拉深凸模 10 端面接触，模具转入第二次拉深。

随着压力机滑块的继续下降，第二次拉深凹模 5 迫使首次拉深凸模 10 向下运动，第二次拉深凹模 5 及第二次拉深凸模 9 开始对第一次拉深结束的半成品进行第二次拉深。

随着第二次拉深的完成，第二次拉深凸模 9 的挤切工作部分进入第二次拉深凹模 5 的型腔，它们共同作用将第二次拉深好的工件切边。此时，整个零件的拉深、切边完成。

最后，滑块上升，首次拉深凸模 10、压边圈 14 通过顶杆 20、19 在聚氨酯块 22、23 弹力作用下开始上升复位，同时将挤切后的废边推出第二次拉深凸模 9 的挤切工作部位，与此同时，上模带着成品零件复位，至冲床上死点，打料杆 6 与冲床打料横杆相撞，推动卸料板 8 将成品从第二次拉深凹模 5 型腔中推出，至此零件完成一个工作周期，模具转入下一个工作循环。

4. 设计要点

1）该模具有两组拉深凸、凹模，其中件号10既是首次拉深凸模又是第二次拉深时的压边圈，其结构为悬浮结构，靠第二次拉深凸模9下部和压边圈14定位以及顶杆20支撑，其他3个凸、凹模均为固定式。

2）件号9上部既是第二次拉深的凸模又是挤切修边的凸模，同时其下部还担负首次拉深凸模10的初始定位及导向作用；落料凸模3外形既是落料的凸模，内孔下部又是首次拉深的凹模、其上部为第二次拉深凹模5的固定部位。

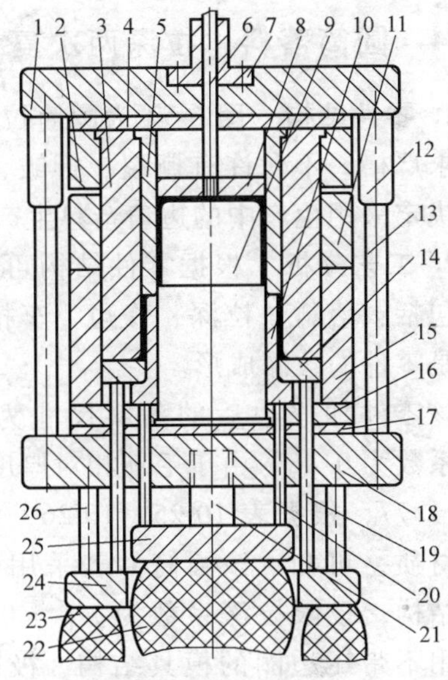

图6-56 落料、两次拉深、挤边复合模结构图

1—上模板 2—上固定板 3—落料凸模 4—上垫板 5—第二次拉深凹模 6—打料杆 7—模柄 8—卸料板 9—第二次拉深凸模 10—首次拉深凸模 11—落料凹模 12—导套 13—导柱 14—压边圈 15—凹模垫块 16—下固定板 17—下垫板 18—下模板 19、20—顶杆 21、26—螺杆 22、23—聚氨酯块 24、25—顶板

3）为承受及分散零件工作时的压力，模具中设置上、下垫板4、17，垫板采用T10A钢制造，淬火硬度至56~58HRC。

4）整套模具下模采用两组各自独立的聚氨酯块通过弹力进行顶料，同时又提供压边力及零件的首次拉深力，因此要求支承首次拉深凸模10的聚氨酯块22预压力应大于零件的首次拉深力，上模脱料由打料杆完成。

5）为保证拉深及脱模的顺利完成，压力机滑块行程至少应大于2倍零件高度与首次拉深高度之和。

5. 使用效果 设计的模具，经生产制造后，顺利地投入了使用，生产的零件形状及精度都满足产品的要求。

6. 本例设计总结 对各工序有针对性的进行复合，能显著减少工序的数目，解决压力机负荷大等问题，使生产效率及经济效益得到较大地提高。本案例中的拉深件，由于首次拉深后的零件直径ϕ49.6mm与第二次拉深后的直径ϕ39mm相差较大，因此，具有保证第二次拉深凹模5有足够强度的条件，使落料、第二次拉深得以完成，在此基础上，本例还复合了挤边工序，使零件在一套模具中能完成落料、第二次拉深及挤边四道工序，一次性加工出合格的零件，大大提高了生产效率。

6.9.4 圆筒落料、拉深两次复合模

1. 零件结构 图6-57为圆筒拉深件，采用1.2mm厚的25钢制成，零件外观要求严格，不允许有撕裂、折皱、划伤等缺陷。为提高材料利用率，降低成本，决定采用生产中的边角余料生产。

2. 工艺分析 根据零件结构可知，其主要工序包括：落料、拉深、修边、车槽、冲孔等。关键是零件的拉深成形。

该零件加修边后的落料尺寸为$\phi67.5$mm，拉深系数为0.48。由于毛坯相对厚度（t/D）×100=1.77，根据表10-25、10-26，并考虑到零件的材质，可知：该圆筒件若采用带压边圈的模具结构，极限拉深系数为$m_{极}=0.51\sim0.55$；若采用不带压边圈的模具结构，极限拉深系数为$m_{极}=0.66\sim0.61$。可见均不能一次拉成。如若对拉深的边角余料退火软化后再进行加工，也许可以一次成形，但由于要增加退火工序，不利于生产成本的降低，且不能保证有较高的合格率，为此，决定对该零件实施落料、拉深两次复合加工。

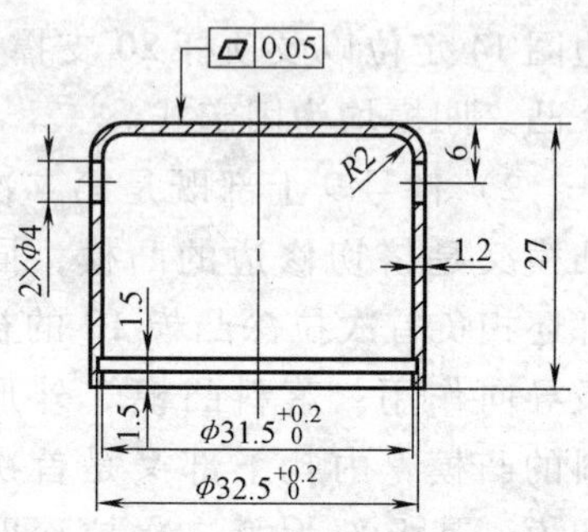

图6-57 圆筒结构简图

根据该零件的拉深系数，采用第一次为无压边拉深（极限拉深系数为$m_{极}=0.66\sim0.61$），第二次为锥形压边拉深（极限拉深系数为$m_{极}=0.70\sim0.75$），完全能保证零件的拉深要求。

3. 模具结构 设计的落料、拉深两次复合模结构见图6-58。

工作时，锥形压边圈在顶料装置的作用下，与凹模同平面，高出凸模2mm，将涂了润滑剂的角料放入模具，由于角料落料位置的随意性，模具不设定位装置，由目测定位；上模随压力机滑块下行，在凹凸模和凹模的作用下落料；上模继续下行，由凹凸模在无压边的条件下把落料件拉成圆台形，完成首次拉深；材料开始与压边圈接触，进行锥形压边的二次拉深；到达下死点，工件全部拉入凹模，由限位块对拉深件底校平；滑块回程，由于压边圈的顶料作用，工件脱出凸模与废料均随凹凸模上行；在打料杆作用下，通过限位块和卸料板的作用，分别推出废料和工序件，由于工序件高度与模具工作行程占去了大部分开模空间，接件装置无法进入模具工作，由人工推出工序件，完成工作循环。

4. 设计要点

1）模具的工作行程很大，对模架的导向精度和刚度有较高的要求。采用自制后侧导柱精密滑动导向模架。导套加长，导向长度$L>2.5d$，增大导柱直径，并加长为合模高度减去凹模刃磨量。下模板采用圆钢辊锻45钢板，并调质硬度

为 28 ~ 32HRC。为保证导柱导套安装孔精度，采用上下模板同时由线切割加工，保证较高的中心距精度。

2）模具各零件均设计为回转体，可获得较高的尺寸及位置精度，使模具装配简便。

3）为保证模具能进行安全连续生产，落料、拉深时合理的卸料装置非常关键。常规的方案有：采用缺料拉深（即无搭边落料），此方案不论采用单缺口，还是双缺口，必然增大落料直径，降低拉深系数，这对降低成本和提高拉深合格率均不利；采用废料刀凿断搭边，废料刀凿向凹模，对凹模刃口不利，工作中废料刀难以长时间锋利，成了模具的一个薄弱环节，严重影响生产效率。采用弹簧卸料，为保证工件开模后不被压边力和卸料力压变形，模具必须设计压边圈滞后顶出装置，由于是角料落料，操作极为不便，通过打料卸料，此方案设计的模具合模高度较小，角料尺寸、质量均不大，操作非常方便，模具易损环节少，可靠性高，生产效率高。

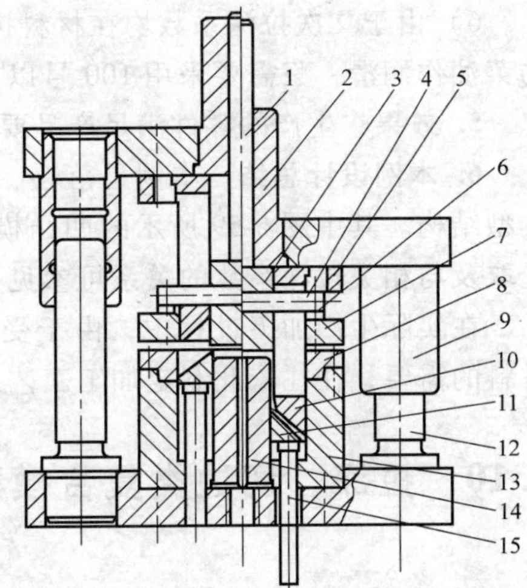

图 6-58　落料、拉深两次复合模结构简图

1—打料杆　2—模柄　3—限位柱　4—横杆　5—凹凸模固定板　6—垫柱　7—卸料杆　8—凹模　9—导套　10—凹凸模　11—锥形压边圈　12—导柱　13—凹模座　14—凸模　15—顶料杆

4）凹凸模的结构如图 6-59 所示。

锥角为设计关键，小锥角可增大凹模圆角处的包容角，降低拉深变形抗力，降低第一次拉深的拉深系数。但也使凹凸模承受由压边力产生的应力增大，降低了模具运行的安全系数，故需综合考虑影响。凹凸模第二次拉深入口采用无凸缘拉深的锥形入口，降低拉深变形抗力。为保证拉深有较高的尺寸精度，取单边间隙 1.35mm。为保证有较高的寿命，凹凸模采用 Cr12MoV 制造。加工工艺为：锻造→粗、半精加工→1120℃淬火并两次回火→精加工→回火，降低工件的残余应力，避免工作过程中发生开裂。

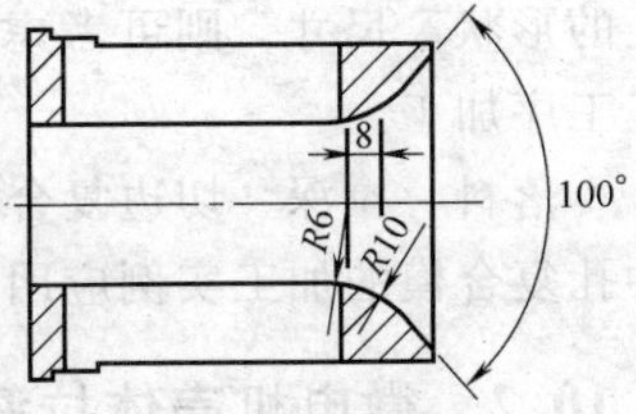

图 6-59　凹凸模结构简图

5）横杆采用 40Cr 制造，调质硬度为 38 ~ 40HRC。限位块、卸料板、打料杆均用 45 钢制造，淬火硬度为 40 ~ 40HRC，保证使用过程中有较高的尺寸保持性。

6）由于二次拉深系数均在材料拉深允许的安全范围内。避免采用深拉深用的菜油作润滑，只需要采用100号以上的普通全损耗系统用油废油作润滑即可。

5. 效果 生产的零件满足产品要求。

6. 本例设计总结 本例是落料、无压边首次拉深、锥形压边第二次拉深的典型结构。其中图6-59所示的凹凸模锥角直接影响到该零件的拉深系数，其值选取及与相关拉深系数的关系可参见4.2相关章节。

在实际生产加工过程中，由于受加工设备的限制及为降低成本而套用边角材料的需要，往往依此制定加工工艺及相应的模具。

6.10 拉深、切边类复合模案例剖析

6.10.1 拉深、切边类复合模设计分析

拉深、切边类复合模是冲裁与成形类复合模的一种，是在拉深完成或即将完成后再复合完成一道切边加工工序的复合模具。一般对无凸缘的拉深件多采用挤切，俗称挤边，加工实例应用详见6.10.2；对带凸缘拉深件则采用冲切，即直接切边，切边类模具结构详见1.9。

在此基础上，一般还可复合其他工序，如：落料，冲孔等。但在复合上述加工工序时，须考虑到：在冲裁加工工序中复合成形类的拉深加工工序，需分析其拉深工序的加入是否会导致落料或冲孔形状、尺寸的变化，从而决定冲裁加工的顺序安排。对有利于后续的拉深成形，可考虑先安排冲裁加工，若对外形或孔有较高的形状、尺寸要求，或后续的拉深成形将影响到零件外形或加工孔的形状、尺寸，则可考虑安排在拉深成形之后在加工，或单独安排独立的加工工序加工。

落料、拉深、切边复合模的加工实例应用详见6.10.3；落料、拉深、切边、冲孔复合模的加工实例应用详见6.10.4。

6.10.2 微电机壳体拉深、挤边复合模

1. 零件结构 图6-60为某微型电机壳体（半成品），采用0.6mm厚日本进口电镀锌板SECD-E24制成，生产批量较大。

2. 工艺方案分析 该件为一矩形拉深件，其相对圆角半径$r_{角}/B=5/15=0.33$，相对高度$H/B=25/15\approx1.67$，根据矩形件拉深分区判断条件，可确定其拉深分区位置属于高矩形件。

又由于其毛坯相对厚度$(t/B)\times100=4$，查表10-32可知，该件一次拉深零件能达到的最大相对高度$H/r=3.8<H_{零}/r_{零}=25/5=5$，因此，该零件不能一次

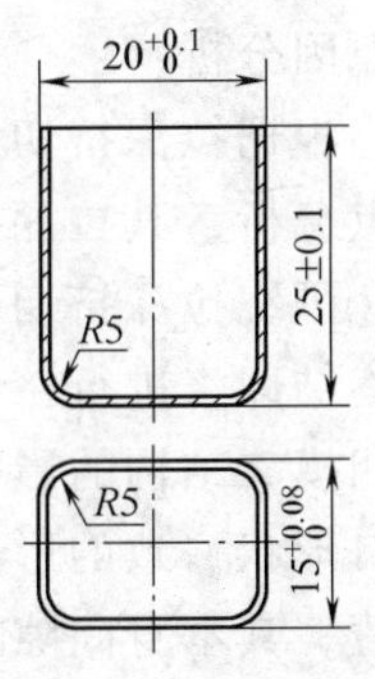

图 6-60 壳体结构图

拉成。根据资料提供的矩形件多次拉深所能达到的最大相对高度，可知该零件加工须经过两次拉深。

由此可确定其加工工艺方案为：落料并首次拉深→第二次拉深并挤边

3. 模具结构及工作过程 由于落料、拉深复合模较为常见，此处不再详述。拉深、挤边复合模结构如图 6-61 所示。

工作时，压力机滑块上行，模具开启，顶杆 10、顶板 13 将弹簧 14 的弹力传递到压边圈 3 而被顶起。此时，将首次拉深好的半成品套于压边圈 3 上，当滑块下行，拉深挤切凹模 2 与压边圈 3 作用进行压边，其压边力大小可通过适当调节限位柱 9 与压边圈 3 台阶处的距离进行控制。随着滑块的逐渐下移，拉深挤切凹模 2 与拉深挤切凸模 7 共同作用对拉深半成品进行第二次拉深，当拉深完成，拉深挤切凸模 7 上的挤切刃口部位开始与拉深挤切凹模 2 作用将挤切口部挤切出来，完成修边。零件及废料由卸料板 4 从拉深挤切凹模 2 内推出，工件与切边料自行分离。

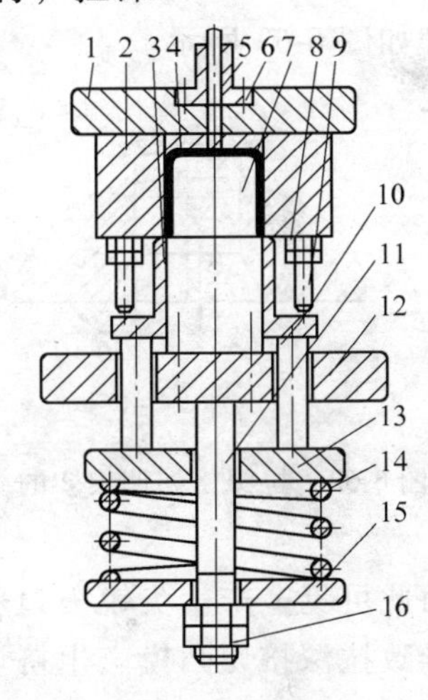

图 6-61 拉深、挤边复合模结构图
1—上模板 2—拉深挤切凹模 3—压边圈 4—卸料板 5—打杆 6—模柄 7—拉深挤切凸模 8—调节螺母 9—限位柱 10—顶杆 11—螺杆 12—下模板 13—顶板 14—弹簧 15—调整板 16—调整螺母

4. 设计要点

1）采用的套筒式压边圈 3 同时起压边及定位作用，考虑到料薄易起皱，还设置了调整弹簧 14 来达到足够的压紧力。在拉深挤切凹模 2 上安有限位柱 9 来调节压边圈 3 的合适压紧力，因此，能使压边力保持均衡同时又可防止将坯料夹得过紧。

2）整套模具拉深单边间隙取 0.7mm，挤切凸凹模挤切的双边间隙取 0.02～0.04mm。

5. 缺陷的产生及其原因分析 在试模过程中，由于薄料在拉深时，边缘曾出现失稳内陷起皱现象，造成挤切时挤切壁部出现擦伤性挤光，通过压缩弹簧 14、调大压边力，问题得到解决。

在试模中出现挤切口呈尖锐的刃口状（产生率 100%），虽经多次调整模具，仍然无法消除。

在排除各零件制造及装配没有不符合技术资料的情形下，对模具结构进行了原因分析：

根椐拉深挤切复合模结构及其工作原理，围绕拉深挤切凹模 2 结构进行了重点分析，其拉深挤切凹模 2 的结构如图 6-62 所示。

围绕拉深挤切凹模 2 的结构，从模具结构及其工作原理进行了分析。在拉深终结即将进行挤切时，由于压边圈 3 与拉深挤切凹模 2 的共同作用，受拉深挤切凹模 2 结构的影响，第一次拉深后的修边余量材料便被拉深成与拉深挤切模模口形状一致的形态，当拉深挤切凹模 2 下移与坯料口部先行接触时，由于料较薄，其本身间隙较小，因此，拉深挤切凹模 2 与拉深挤切凸模 7 发生挤切时，其挤切真实始点是在拉深挤切凸模 7 与拉深挤凹模 2 设计始点的稍下方（即靠拉深挤切凹模口方向），换句话说，即沿坯料的 30°斜面开始发生挤切，挤切分析原理如图 6-63 所示。

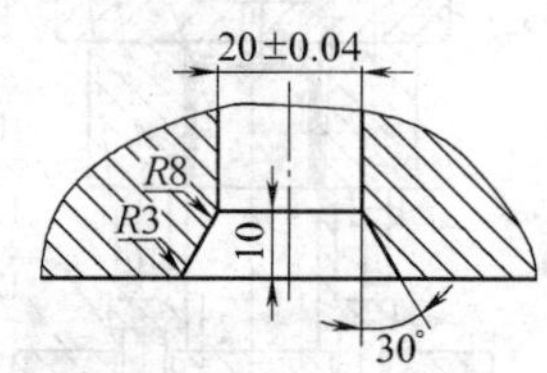

图 6-62　拉深挤切凹模 2 的结构

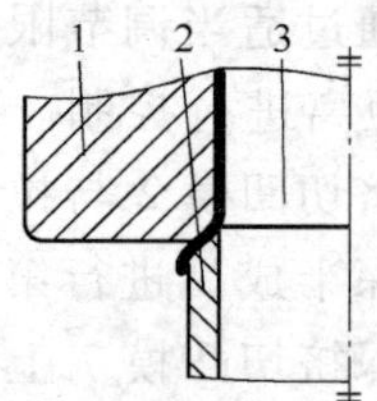

图 6-63　挤切分析原理图
1—拉深挤切凹模　2—压边圈
3—拉深挤切凸模

由此可见，产生尖锐刃口状挤切口的原因是由于拉深挤切凹模口形状不合理，导致拉深挤切凸模产生挤切时，其挤切真实始点与设计始点不一致。

6. 改进措施及效果　根据上述原因分析，将原拉深挤切凹模周边 30°倒角改进为 55°，并将挤切部位的原 R8mm 改为 R3mm。

改进后的模具再次进行了试模，结果挤切口基本没有出现刃口状缺陷，产品质量合格。

7. 本例设计总结　本例为拉深挤切复合模的典型结构，该结构不仅适用于方形零件，对圆筒形零件也同样适用。拉深挤切复合模多用于料厚较薄（$t \leqslant$ 3mm）件的修边。

采用拉深挤切复合模，能较好地实现拉深及拉深件口的修边，模具设计制造简便易行，挤切效果好，能极大地提高生产效率。但拉深挤切凹模设计较为重要，设计中除应充分考虑其挤切模口形状，以免影响挤切口的挤切面形状外，还应注意到由于切边时凹模承受的侧向力比普通冲裁大得多，故凹模壁厚应为普通冲裁的壁厚的 1.3 ~1.5 倍。

在拉深最终进行挤切修边时，拉深挤切凹模圆角不可过大，同时，最好保证挤切修边口的平直，从而避免出现尖锐刃口状挤切口。

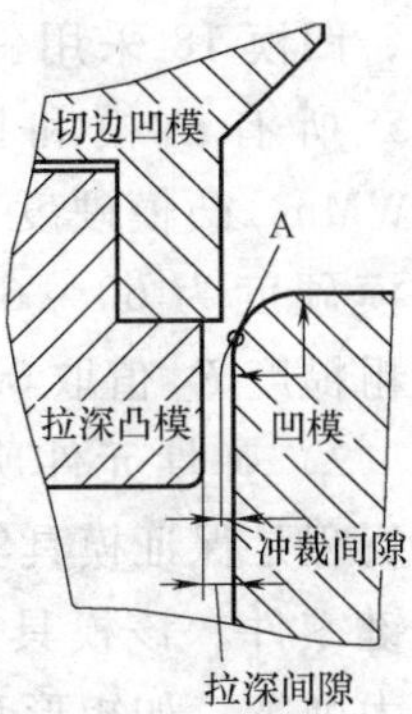

考虑到日后维护及制造的便利，切边凹模和拉深凸模采用镶拼结构，如图6-64所示。拉深挤切凹模刃口修磨成不大的圆角，以防止锋利刃口对拉深零件造成的拉伤，甚至在拉深时切断筒壁。零件在切边前，筒壁与凸缘交接处是圆滑过渡，锋利的刃口在圆弧处也会产生拉伤。为使凹模既能拉深又能有较好的切断作用，拉深挤切凹模圆角部分与直壁部分不相切，而是在图中A点与直壁相交。

图6-64所示切边原理不但适用于带锥形口的拉深凹模，同样适用于带圆角的拉深凹模。

图6-64 挤压切边的原理

6.10.3 过滤盒拉深、切边、落料复合模

1. 零件结构 图6-65所示为过滤盒，是一个中间有25个小孔带浅凸缘的盒形件，采用1mm厚的08Al钢制成，生产批量较大。

2. 加工工艺分析 该零件外形大体为一矩形件，由于拉深深度不大，据工艺计算分析后，能一次拉深成形。

考虑到零件加工批量较大，制定加工工艺方案为：落料、拉深、切边复合→冲孔。仅需两套模具，其中复合模采用浮动式切边凸模和拉深凹模结构。

3. 模具结构及工作过程 模具结构如图6-66所示。

该模具在拉深过程中，需要压边力，而提供它的弹性元件安装在下模，其尺寸超过了压力机的漏料孔尺寸。为此，采用在下模座22下部再设计一垫板1和支撑板2的结构，并将橡胶24放在垫板1上面，以方便模具装配。上、下模的导向采用后侧滑动独立导柱导套结构。

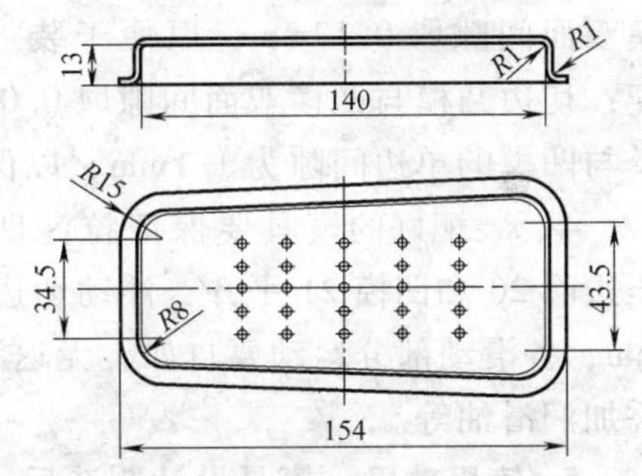

图6-65 过滤盒结构简图

工作时，将条料送入并依靠挡料销定位，上模下行，卸料板19首先接触到板料，依靠装在卸料螺钉8上的弹簧压缩产生压料力，凸凹模18进入凹模21完成落料；上模继续下行，拉深凸模6进入浮动拉深凹模7，完成带浅凸缘的盒形件的拉深，在这一过程中，强力弹簧13始终不压缩；上模再继续下行，浮动切边凸模5碰到垫板4，强力弹簧13开始压缩，凸凹模18下行，完成切边工序。在回程中橡胶24回弹，迫使顶杆3将冲件和切边废料从下模顶出，上模继续上行，压力机的横梁推动打杆12，再推动推件板9将冲件从上模顶出。

4. 设计要点

1）拉深凸模6上平面应比凹模18刃口低0.8～1mm，以保证先落料后拉

深，凹模 18 采用斜刃口，斜度取 0.5°所有凸模和凹模材料选用 CrWMn，凸模硬度为 58 ~ 62HRC，凹模硬度为 60 ~ 64HRC，模具表面粗糙度 R_a 值取 0.4μm。

2）弹性元件所提供力的大小和行程是保证模具实现正常工作的关键零件。该模具的弹簧 13 选用强力弹簧，如矩形和椭圆形截面弹簧和碟形弹簧，但始终要保证其提供的预压力要大于拉深力，在设计时，可以多设计几个放置弹簧的位置，以方便调整。橡胶 24 主要提供压边力，因此要采用软橡胶，以防止压边力过大，引起拉裂，其行程不要超过自由长度的 1/3。

3）模具间隙合理设计是保证冲件成形质量的关键。落料凸、凹模双面间隙取 0.12mm，以便于装配；切边凸模与凹模双面间隙取 0.08mm，以保证切边的毛刺去除方便；拉深凸模与凹模的单边间隙为 1.1mm，以保证材料进入凹模容易，防止拉裂。

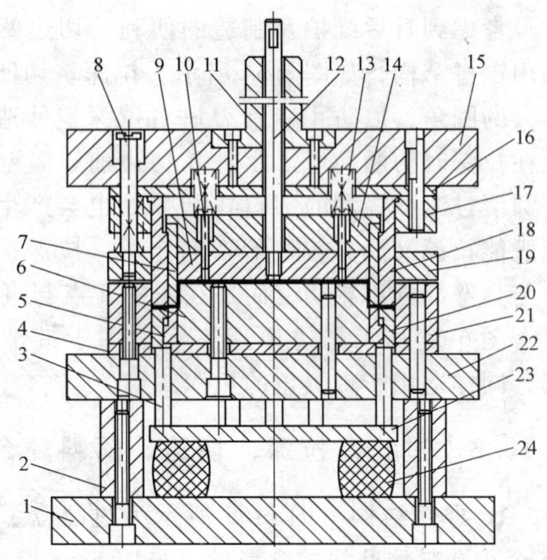

图 6-66　模具结构简图

1—下垫板　2、23—支撑板　3—顶杆　4、16—垫板　5—浮动切边凸模　6—拉深凸模　7—浮动拉深凹模　8—卸料螺钉　9—推件板　10—螺钉　11—模柄　12—打杆　13—强力弹簧　14—承压板　15—上模座　17—固定板　18—凸凹模　19—卸料板　20—压边圈　21—凹模　22—下模座　24—橡胶

4）装配好的模具要保证拉深凹模 7 和凸凹模 18 端面平齐，无明显凸台，压边圈 20 和凹模 21 平齐，浮动切边凸模 5 和拉深凸模 6 高度差为（13 ±0.05）mm，各滑动部分运动要自如，无迟滞现象，在冲压过程中要及时给各润滑部位添加润滑油等。

5. 使用效果　模具设计制造后，加工的零件满足产品要求。

6. 本例设计总结　该模具较好地解决了浅凸缘盒形件落料、拉深和切边的复合冲压，以及下模弹性装置难以布置的问题，同时提高了劳动生产率和设备利用率。

6.10.4　锅盖落料、拉深、冲孔、切边复合模

1. 零件结构　图 6-67 为某企业生产的不锈钢锅盖，采用 0.6mm 厚的 1Cr18Ni9Ti 钢制成，生产批量较大。

2. 加工工艺分析　该零件为较复杂的旋转体，其中包含球形件、锥形件及外形边缘须卷边的凸缘组成。

球形件的拉深深度只有球半径的1/8，为浅球形拉深，锥形件的拉深也很浅，都可以一次成形，其成形难点在于变形程度太小，易发生起皱。

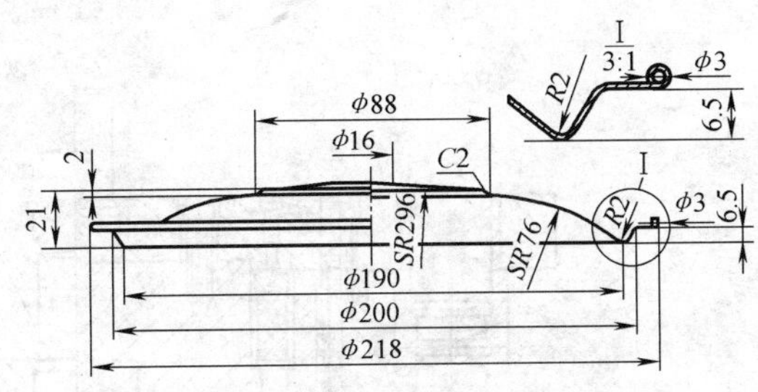

图 6-67　锅盖结构简图

综合考虑零件的形状，浅球形为正向拉深，锥形件为反向拉深，由于是反向锥形拉伸，在拉深过程中，可以起拉深肋的作用，再外面供卷边的凸缘，可用来压边，为防止起皱提供一定的条件。

可见，该零件一次应能拉成。由于浅球形拉深、锥形件拉深及落料、冲孔、切边这几道分离工序是不同直径的同心圆，所以可以设计复合模，在一次冲压过程中顺利完成。

因此，该零件的加工工艺方案为：剪切条料→落料、拉深、冲孔、切边复合→卷边

3. 模具结构和工作过程　复合模的结构如图 6-68 所示。

当模具闭合时，落料切边凹凸模 6 与落料凹模 7 闭合，首先把坯料从条料上冲裁下来，同时上压边圈 5、落料切边凹凸模 6、下压边圈 9 和废料推件板 10 共同将坯料压紧，由于上橡胶垫 4 强大的弹力，随着上模继续下行迫使下压边圈 9 向下运动（下橡胶垫 15 的弹力必须小于上橡胶垫 4），下压边圈 9 与拉深凸模 11 的凸台呈刚性接触时，上压边圈 5 被迫上行，其与下压边圈 9、拉深凸凹模 3 开始反向拉深锥形，同时，下压边圈 9 与落料切边凹凸模 6 产生剪切运动，完成切边工序。上模继续下行，拉深凹凸模 3 与拉深凸模 11 紧密贴合，与此同时，冲孔凸模 2 与冲孔凹模 19 共同作用完成 ϕ16mm 冲孔，冲孔废料由空心螺杆中的空心孔排出。随着上模的上行，条料废料由弹性卸料板 22 顶出，废料推件板 10 和下压边圈 9 在下橡胶垫 15 和顶杆 12 的作用下，把切边废料和零件顶出模面，整个零件的加工完成，模具转入下一个工作循环。

4. 模具设计要点

1）模具上下压边圈的预压力，通过调整螺钉 27 和大螺母 17 在试模中进行精确调整，以满足零件加工的需要。

2）本模具复合拉深、落料、冲孔及切边等多工序，因此，应控制各工序加工的步骤，使之按落料→正拉深球形→反拉深锥形→切边、冲孔的步骤进行。

3）切边必须在反向拉深开始时进行，若拉深的高度较高，会重新造成凸缘周边不匀，不利于卷边工序的进行，这个高度以不超过 10mm 为宜。

4）反向低锥形拉深的高度，比正向拉深低很多，起皱危险很小，但易产生

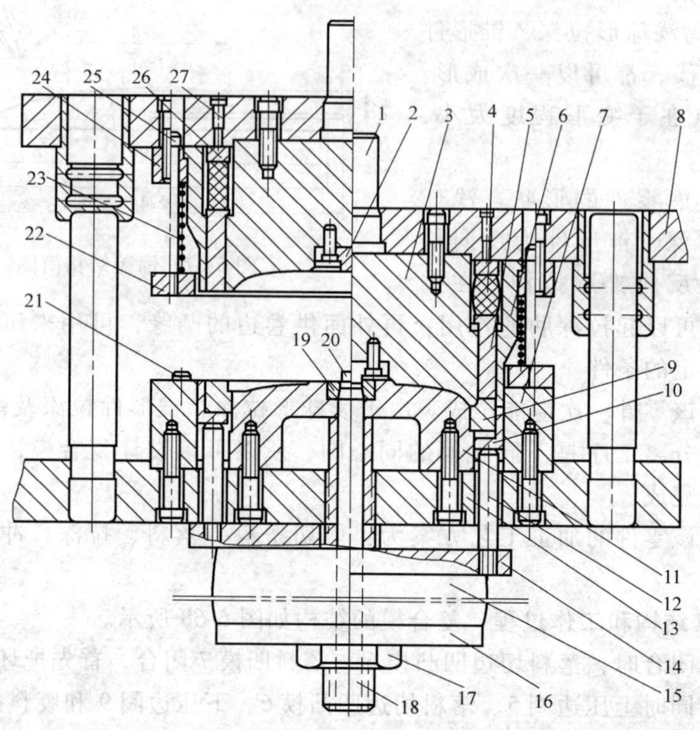

图 6-68　复合模结构简图

1—模柄　2—冲孔凸模　3—拉深凹凸模　4—上橡胶垫　5—上压边圈　6—落料切边凹凸模　7—落料凹模　8—上模板　9—下压边圈　10—废料推件板　11—拉深凸模　12—弹簧顶杆　13—上模板　14—顶杆固定板　15—下橡胶垫　16—下压板　17—大螺母　18—空心螺杆　19—冲孔凹模　20—挡料销　21—导料销　22—卸料板　23—卸料弹簧　24—固定板　25—卸料螺钉　26—调整板　27—调整螺钉

回弹。通过控制加工成形步骤，使反向低锥形的拉深在正向拉深的后期才开始，两者同时结束，在这段时间它可以起拉深肋的作用，使材料径向拉应力增大，切向压应力减小，既能防止起皱，又能提高拉深件的刚度，减少回弹。

5. 使用效果　该模具经生产证实，性能稳定可靠，运行状况良好，零件满足设计要求。

6. 本例设计总结　本案例的零件尽管较复杂，但其加工难点主要在于拉深成形的分析及判断，通过将其分解为规则曲面，从而分析判断其拉深类型，在此基础上确定拉深成形工艺方案，这是复杂性零件常用的方法之一。在分析其他工序加工对拉深成形的相互影响基础上，本例还复合了其他工序的加工，这种分析问题的方法是值得借鉴的。

6.11 落料、冲孔、翻边、成形复合模案例剖析

6.11.1 落料、冲孔、翻边、成形复合模设计分析

落料、冲孔、翻边、成形复合模是在冲孔、落料、成形复合模基础上进一步复合翻边工序而成的又一种冲裁与成形类复合模。

该类模具设计时，须具体分析零件结构，考虑到翻边、成形对冲孔、落料的影响，而具体安排好各工序的加工步骤。若板料拉深性能较好且拉深变形程度不大，落料后成形、翻边，零件外缘或内孔形状及尺寸易发生变化，周边不齐，则应将落料安排在最后；若拉深变形较大，一般应先落料、再冲孔、翻边。

如应用加工实例6.11.2，根据各工序加工变形的影响，模具设计中各工序的安排步骤为：冲孔→翻边、拉深→落料。

而在应用加工实例6.11.3中，根据零件结构，安排的加工顺序为：落料完成后拉深，拉深中途开始冲孔，冲孔完成后翻边。

冲孔、落料、成形复合模是在冲孔、落料（冲裁类复合模）基础上变形而来的又一种冲裁与成形类复合模。

该类模在设计时，根据成形对冲孔及落料外形可能造成的影响，须合理安排好成形的顺序，若对落料外形及冲孔无影响，则三者无同步要求；若有影响，则应在成形后，完成冲孔、落料动作。

6.11.2 防尘盖落料、冲孔、翻边、成形复合模

1. 零件结构 图6-69示为防尘盖结构简图，采用0.3mm厚的10钢制成，生产批量较大。

2. 加工工艺分析 该工件是一个冲孔、落料件，带内孔翻边和外形拉深成形，由于翻边及成形高度均不大，故能一次成形。一般冲制这类工件采用落料、冲孔和翻边、成形两道工序，但落料在翻边、成形之前，直径为ϕ98.9mm的凸缘容易在浅拉深之后变得周边不齐，在第二道工序中操作者须将手放入模具内，不安全，且工序多，不利于大批量生产及企业效益的提高。

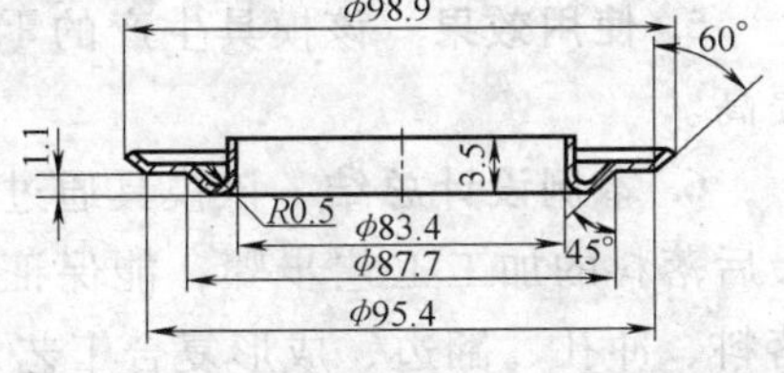

图6-69 防尘盖结构简图

由于材料厚度仅为0.3mm，冲裁性能较好，而零件翻边、成形高度不大，能一次成形。又由于零件成形外形及翻边内孔之间有足够的壁厚，模具设计有足够空间，符合落料、冲孔、翻边、成形的条件。由此确定，设计落料、冲孔、

翻边、成形复合模一次性加工出零件。

3. 模具结构及工作过程 设计的落料冲孔翻边成形复合模如图6-70所示。

工作时，将剪切好的板料放在定位导尺6中定位，压力机滑块下行，冲孔凸模11首先进行冲孔，继续下行时，件7与件3进行翻边，同时，在下模橡胶2作用下件4与件7对零件进行初步成形。当滑块下行到一定距离时，兼起落料凸模的件7与落料凹模5对工件落料。滑块到下死点时，对工件进行整形，以达到产品图样要求。

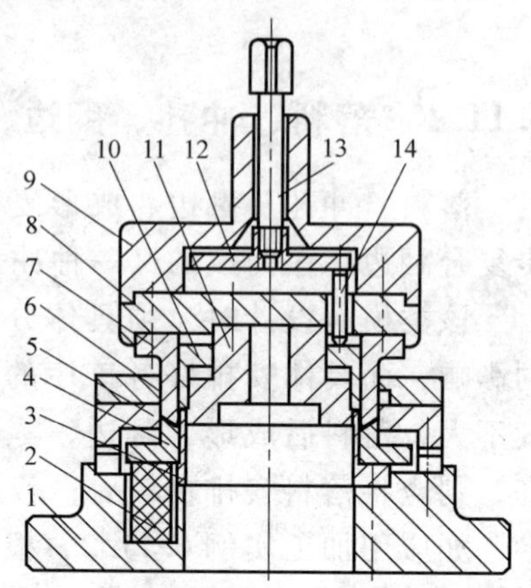

图6-70 落料、冲孔、翻边、成形复合模结构简图

1—下模座 2—橡胶 3—冲孔翻边凸凹模 4—成形凹模 5—落料凹模 6—定位拉料板 7—翻边成形落料凸凹模 8—接板 9—模柄 10—卸料环 11—冲孔凸模 12—顶板 13—打杆 14—顶杆

4. 设计要点

1）下模采用橡胶2弹性卸料，上模采用刚性顶件器，滑块上的打料横梁通过打棒13、顶板12、顶杆14、卸料环10将制件从上模中打出，废料通过定位拉料板6从翻边成形落料凸凹模7中卸出。

2）由于落料是在工件冲孔翻边并初步成形后进行，因此，确定该工件落料尺寸为外径φ98.9mm，产品有60°角度要求，属倾斜面冲裁，取落料间隙为零间隙。

3）上模装配好后，应保证冲孔凸模11露出翻边成形落料凸凹模7，其露出量为$t+(0.5\sim1)$ mm，t为料厚。要严格控制各零件的平行度。

4）冲孔翻边凸凹模3壁厚较薄，在热处理前留磨削余量应大一些，磨削时进刀量不宜过大，以保证模具的尺寸精度及圆度要求。

5. 使用效果 该模具生产的零件满足产品要求，生产效率及操作安全大大提高。

6. 本例设计总结 该模具通过合理安排各工序，采用先冲孔、再翻边成形、最后落料的加工工艺步骤，能保证加工的工件外观平整、光洁、毛刺小，采用落料、冲孔、翻边、成形复合工艺，能减少加工工序，一次性将零件压制成形。该模具结构在实际设计应用中有借鉴作用。

6.11.3 罩圈落料、拉深、冲孔、翻边复合模

1. 零件结构 某型仪表部件上有如图6-71所示零件——罩圈。采用1mm厚的Q235—A钢板制成，小批量生产，由于使用上的要求，须拉深成阶梯形盖结构，且要反向翻边出一高度为8mm的内筒。

2. 工艺分析及计算　这是一典型的筒形拉深件，零件结构并不很复杂，按照零件的加工顺序，首先要判断出是否能一次性加工出 $\phi60$mm 的内筒。成形方法主要有两种，即：翻边和拉深后切去筒底形成。考虑到减少坯料成形尺寸，有利于降低成本，采用翻边成形当然是首选，为此，须对该零件最大成形翻边高度进行判断。

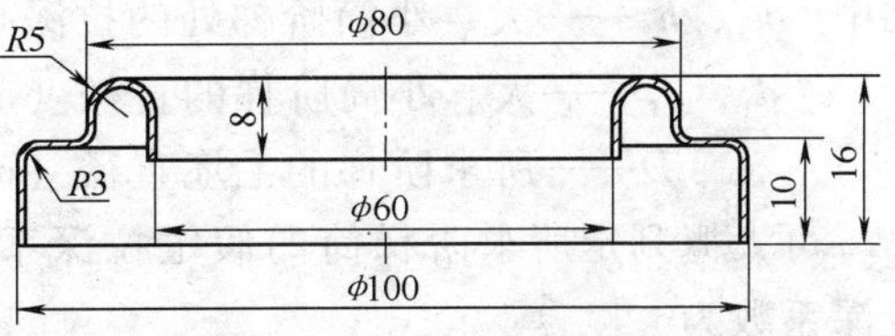

图 6-71　罩圈结构简图

依据翻边的最大翻边高度计算公式：$h_{最大} = (D/2) \times (1 - m_0) + 0.43r + 0.72t$

m_0 为材料的翻边系数，参考表 5-3，取 0.7。

$h_{最大} = (61/2)(1 - 0.7) + 0.43 \times 4.5 + 0.72 \times 1 = 11.8\text{mm} >$ 实际翻边高度 7.5mm，故能一次翻成。

根据该零件翻边特点，依据翻边前后体积不变原则，考虑到翻边前后材料厚度变化很小，因此，可按翻边前后表面积不变进行计算，即保证图 6-72 示计算简图中翻边前后阴影面积相等。

也就是：

$$\frac{\pi}{4}(70^2 - d^2) = \frac{\pi}{2} \times 4.5 \times (\pi \times 70 - 4 \times 4.5) + \pi \times 61 \times (8 - 5)$$

即：保证翻边前 $\phi70$mm 外径、d 内径组成的圆环表面积与 $R5$mm 的四分之一凹球带及 $\phi60$mm 内径、3mm 高圆筒共同组成图形的表面积相等。

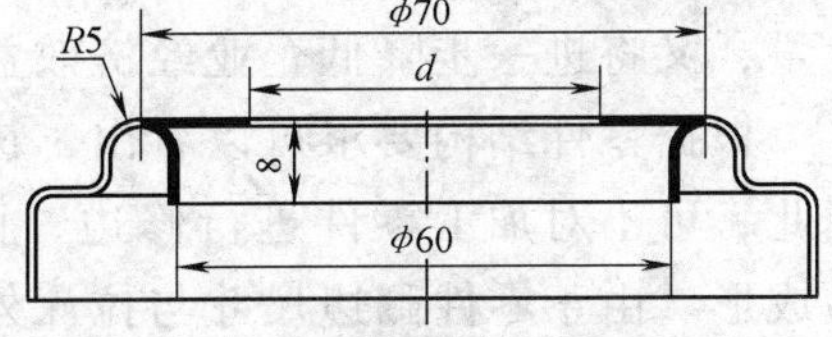

图 6-72　翻边预冲孔计算简图

代入数据，可求出按在拉深件底部冲孔后翻边需预冲的孔直径 d 为 48.5mm。

根据上述分析，零件毛坯可确定按大筒外径为 100mm、高 10mm 及小筒外径 80mm、高 6mm 的阶梯筒进行计算。

选取合适的修边余量后，根据拉深前后毛坯与工件的表面积不变原则，依据毛坯直径 D 计算公式：

$$D = \sqrt{\frac{4}{\pi}\sum A_i}\ （\sum A_i \text{ 为拉深零件各部分的表面积之和}）$$

可求得 $D = 121$mm。

又依照阶梯形拉深件的“克里满诺维奇”经验公式

$$m = \left(\frac{h_1 d_1}{h_2 D} + \frac{d_2}{D}\right) \div \left(\frac{h_1}{h_2} + 1\right)$$

式中 h_1，h_2——大、小筒阶梯处的拉深高度（mm）；

d_1，d_2——大、小筒阶梯的直径（mm）；

D——所求阶梯的毛坯直径（mm）。

可大概判定所求阶梯筒的假定拉深系数。代入数值，可求得阶梯筒的假定拉深系数为

$$m=0.75$$

由于毛坯相对厚度（t/D）×100=0.83，根据相对厚度0.83，查表10-25可得，极限拉深系数为

$$m_{极}=0.53\sim0.55$$

根据阶梯形件拉深的判断条件：若计算所得的假定拉深系数等于或大于由同样大的毛坯拉深圆筒形工件（按最小的阶梯直径计算）所能达到的极限拉深系数，则可一次拉成。显然 $m>m_{极}$，故该阶梯筒可一次拉深成形。

根据零件的工艺计算，依据传统的加工经验，可制订出如下的工艺方案。落料→拉深→修边→预冲孔→翻边，见图6-73。

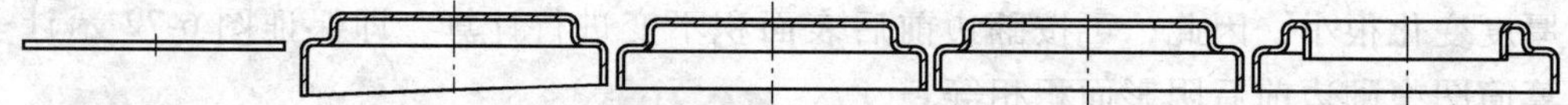

图6-73 传统工艺方案

3. 工艺方案确定 传统的加工工艺方案，当然能生产出合格的产品。但由于工艺流程长、占用设备多、费工费时，而过多的模具数量及不大的零件生产批量，又将进一步降低企业经济效益。

根据零件结构要求可以看出，该零件拉深高度不大，零件精度要求也不高，因此，可不对加工零件进行修边，而预冲孔后的翻边，由于翻边高度不大，也易成形。由于零件翻边尺寸与拉深外形尺寸、展开件落料尺寸具有一定的差值，为零件成形结构的设计创造了条件，因此具有复合的可能。

综合考虑零件使用及其工艺计算，决定改进工艺方案，设计落料、拉深、冲孔、翻边复合模，一次性加工出零件，满足企业生产及经营要求。

4. 模具设计

（1）模具结构及工作原理 设计了如图6-74所示的落料、拉深、冲孔、翻边复合模。

整个模具工作过程分零件成形及卸料二阶段。

模具置于压力机工作台面上，压力机滑块上升，模具开启，上、下模脱离接触，卸料板3在卸料橡胶2弹力作用下下降，下卸料块6及下顶杆14分别通过顶杆18在压力机弹性缓冲器和弹簧15弹力作用上升至与落料下模19上平面平齐。此时，将坯料置于落料下模19适当位置，完成零件的定位。

当压力机下移，卸料板3在卸料橡胶2弹力作用下开始与坯料弹性接触，对

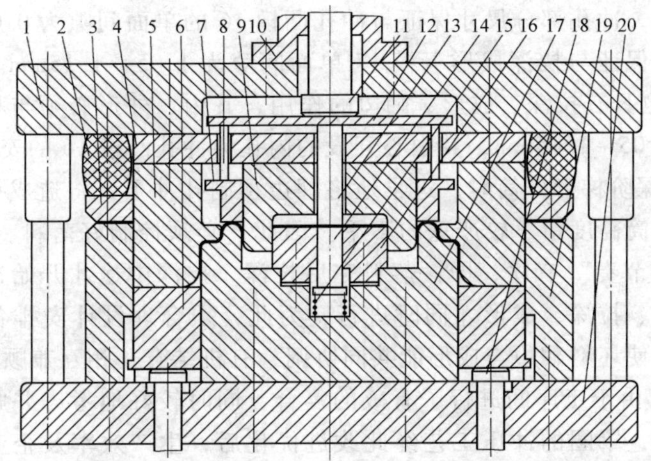

图 6-74 落料、拉深、冲孔、翻边复合模结构简图

1—上模板 2—卸料橡胶 3—卸料板 4—垫板 5—落料拉深上模 6—下卸料块 7—上卸料块 8—传力杆 9—冲孔翻边上模 10—模柄 11—打杆 12—推力板 13—上顶杆 14—下顶杆 15—弹簧 16—冲孔凸模 17—拉深成形下模 18—顶杆 19—落料下模 20—下模板

坯料进行压紧，当其下移一段距离后，落料下模 19 接触坯料并压缩卸料板 3 与落料拉深上模 5 共同作用对零件进行落料，落料完成同时，落料拉深上模 5 对拉深成形下模 17 发生作用对坯料进行拉深，当落料拉深上模 5 下行 5mm 后，冲孔翻边上模 9 与冲孔凸模 16 开始接触对发生局部拉深作用后的半成品零件底部冲翻边预制孔，当冲孔翻边上模 9 下行 1mm 后，翻边预制孔冲制完成，随着压力机滑块的继续下行，冲孔翻边上模 9 与拉深成形下模 17 共同作用完成对冲制好翻边底孔的半成品翻边，与此同时，落料拉深上模 5 及拉深成形下模 17 也完成对半成品零件的拉深和成形，直此，落料拉深上模 5、拉深成形下模 17 转为刚性接触，对成形好的零件部位进行校正。至此，零件落料、拉深、冲孔、翻边四工序全部结束，零件内、外成形完毕。

随着压力机滑块的上行，在上顶杆 13 及下顶杆 14 的共同作用及卸料板 3 的作用下分别将冲切的翻边预制孔废料及落料后的废料推出各自工作型腔，与此同时，上卸料块 7、下卸料块 6 共同作用将加工好的零件推出工作型腔，至此卸料完成，压力机转入下一个工作循环。

（2）设计要点

1）落料拉深上模 5 具有落料、拉深的双重作用，其外圈为落料凸模，内型腔为拉深凹模型腔，落料部分尺寸保证与落料下模 19 的单面间隙为 0.08 ~ 0.12mm，拉深部分尺寸保证与拉深成形下模 17 单面间隙为 1.05 ~ 1.15mm。

2）冲孔翻边上模 9 具有冲孔、翻边的双重作用，其外圈为翻边凸模，内型腔为冲孔凹模，冲孔部分尺寸保证与冲孔凸模16的单面间隙为0.08～0.12mm，翻边部分尺寸保证与拉深成形下模17单面间隙为1.05～1.15mm。同样，拉深成形下模17也具有拉深、成形、翻边的作用，其内、外形必须与相应的零件保证单面间隙1.05～1.15mm，其中心开设的内孔为冲孔凸模16的安装配合尺寸。

3）在拉深阶梯形外筒时，过早地将翻边预制孔冲下，将造成孔的变形，且使翻边后的内筒高度留下较严重的不平。因此，必须控制好落料、拉深、冲孔、翻边的工作“节奏”有序，即：落料完后拉深，拉深中途才开始冲孔，至此冲孔结束，翻边、拉深、成形才同时进行，为此，须合理设计安排各工作零件的相互高度，即使坯料翻边与成形能共同协调、有机结合、相互兼顾。

5. 效果 由于工序间进行了有效的复合，同时较好地考虑并解决了工序复合出现的难点，罩圈的冲压工艺经此改进优化后，生产效率及企业经济效益得到提高，生产的产品质量稳定，模具工作正常。

6. 本例设计总结 根据零件的具体结构，在充分分析其各工序成形工艺特点的基础上，设计落料、拉深、冲孔、翻边复合模，能优化工艺，提高生产效率，保证零件的产品质量要求。

6.12 复合模设计改进案例剖析

6.12.1 复合加工工艺及模具的改进

变形类工序的加工是比较复杂的，当几种变形复合在一起时，无疑又会加剧这种复杂性。对该类零件的加工，目前尚无法从理论上作出定量的分析，往往依赖于技术人员的工艺及模具设计水平，采用最多的方式是类比法。现阶段，利用有限元分析法，借助一些分析软件在计算机进行数值模拟，能获得模具设计中一些参数选择的分析结果，为模具设计及加工工艺方案的制定提供帮助及一些参考。

在生产过程中，也常根据模具试制中出现的问题，进行事后的补救，补救措施主要有：修模；增加一道中间工序；减少模具的复合工序数目，单独设计一道模具进行加工保证有关尺寸（详见加工应用实例6.12.2）；有时甚至推翻原加工工艺及模具，重新制订新的加工工艺，设计新的模具。

在制定零件加工工艺时，并不一定是复合的工序越多，总的工序越少，尺寸就越准确。复合与否，很重要的一点是考虑到各种复合成形对零件的影响，从而判断能不能保证零件尺寸精度的要求。对无法保证的重要尺寸应分离出单独工序完成零件的加工。

变形类工序的变形量难以精确计算。在生产中，为制订出更经济、合理又适用的加工工艺方案，常采用试验法摸索出其大致的变形量，从而有针对性地加以补偿（详见加工应用实例 6.12.3）。

在拉深加工中，对一些塑性性能差的零件可考虑采用热压；对黄铜、纯铜、不锈钢、镁合金、钛合金等材料由于塑性变形产生加工硬化，使强度和硬度增高，塑性降低，为恢复材料的塑性，需要进行中间退火，此时在加工工艺中，则要防止出现氢脆、蓝脆等加工缺陷。

对于分离类工序与变形类工序复合的冲裁成形类复合模，要注重到变形类工序的变形规律，更要判断好分离类工序与变形类工序复合后，变形类工序可能对分离类工序造成的影响，从而确定其加工的先后顺序。

如 6.12.4“上板冲孔、翻孔工艺及模具改进”，由于没有注意到冲孔、翻孔的先后加工次序，造成了零件的破裂；而同样是冲孔、翻孔的底盖加工工艺，由于料厚及孔径尺寸与 6.12.4 中的上板不同，造成变形特性的不同，因而采用了与 6.12.4 完全不同的加工工艺，详见应用实例 6.12.5“底盖冲孔、翻孔、挤边模设计”。

6.12.2 无内胎车轮轮辐成形工艺改进

1. 零件结构 图 6-75 所示为无内胎车轮轮辐，采用 3.5mm 厚的 Q—235A 钢制成，生产批量较大。按产品质量及性能要求，表面应光滑无拉痕，成形后的材料减薄率小于 20%。

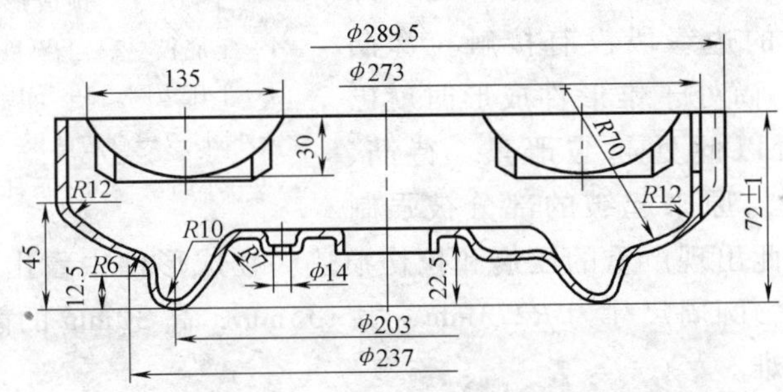

图 6-75 无内胎车轮轮辐结构简图

2. 原加工工艺及模具分析 该零件基本形状为带反拉深筒底的筒形件，原加工工艺中复合了成形、翻边、冲孔等工序。根据分析计算，可确定该零件的主体形状加工工艺方案为：落料→预成形→第二次成形→整形。其中前三道工序见图 6-76，采用的坯料形状为带圆角方形料。

3. 加工缺陷 按上述工艺利用图 6-77、图 6-78 示两套模具进行生产，结果出现如下缺陷：首先宽 135mm 高 30mm 的散热孔处先起皱后拉伤，而且很严重，影响外观质量；其次，成形后的辐底 $R7$mm 处变薄严重，难以保证材料减薄率

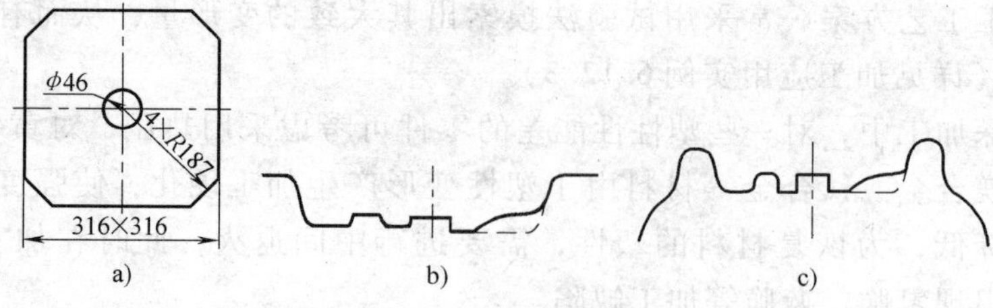

图 6-76　原加工工艺前三道工序

a）落料　b）预成形　c）第二次成形

小于 20% 的技术要求。

4. 原因分析　为找出原因，对预成形、成形两工序的模具结构进行了分析。图 6-77 为预成形模具结构图。

在预成形辐底时，由于半成品口部尺寸为 ϕ203mm，而坯料的外形尺寸为 316mm，成形过程中坯料始终处于压边圈的压力作用下，只要压边力合理，坯料不易起皱。

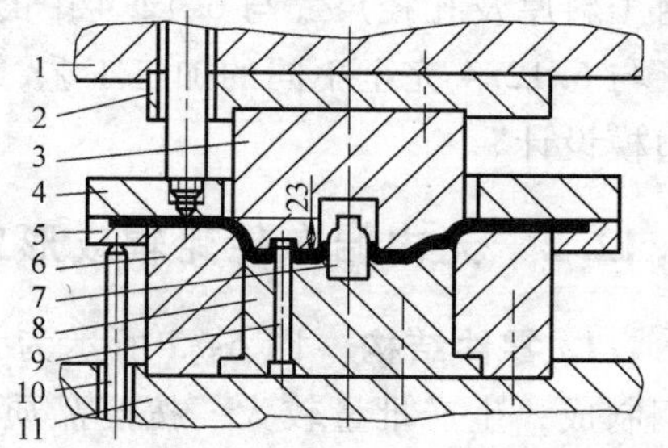

图 6-77　预成形模具结构

1—上底板　2—上模垫板　3—上模体　4—上压边圈　5—下压边圈　6—下模外圈　7—翻边凸模　8—下模内模　9—小凸模　10—顶杆　11—下模板

第二次成形模结构如图 6-78 所示，拉深凸模 13 开始工作时只相当于锥形件的凸模成形，坯料在成形时，其最窄处，即 316mm×316mm 的边缘段没有接触拉深凸模 13 的直侧面，尚处于锥形件成形时就已脱离压边圈，所以此处起皱严重。待凸、凹模完全压死时，原来起皱的部分被强制压平和拉平，因此出现严重的压痕和拉伤痕迹。在成形件中看出 *R*70mm 处起皱后有明显的压痕，圆周尺寸为 *R*273mm，宽 135mm，高 30mm 的散热孔处拉伤严重，而且出模困难。

由图 6-78 上的尺寸计算可看出，凹模型腔深为 41mm＋58mm＝99mm，内圈成形凸模 8 进入凹模内的深度为 30mm＋23mm＝53mm，故内圈成形凸模 8 底部到凹模口部的距离还相差 99mm－53mm＝46mm。造成第二次成形时，拉深凹模 10 首先与半成品外周材料接触，只有当凹模下行 46mm 后，内圈成形凸模 8 才与工件接触，产生压力，由于开始时辐底没有受压，只是外圈在受力成形，因此在成形力作用下，使辐底产生回弹变形，经实测可达 6mm。仅仅在成形后期再把此回弹变形的深度压回到要求尺寸，在没有材料流入的情况下进行拉深，就只能靠底部材料变薄来成形。

实际测量坯件底部 *R* 料厚发现，预成形时，坯件底部 *R* 处料厚由 3.5mm 变薄到3.3~3.4mm，减薄率小于10%，但经过成形工序后，R处变薄到2.8~3.0mm。

5. 改进措施 根据上述分析，决定在成形工序前另加一道工序，即预成形外圈工序，经计算大致成形深度为36mm，即到散热孔$R12$mm处位置的高度，以保持外圈成形时是在内底受压的情况下进行，从而防止上述的回弹变形。

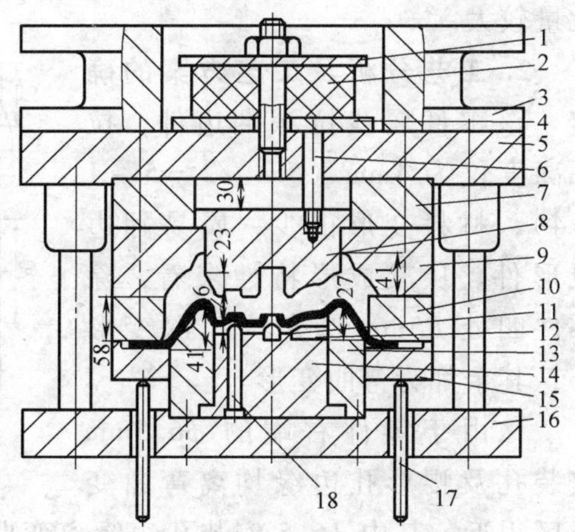

图6-78 第二次成形模结构

1—支承板 2—橡胶 3—模座 4—顶板 5—上底板 6—顶杆 7—上模外圈垫板 8—内圈成形凸模 9—上模成形外圈 10—拉深凹模 11—翻边凸模 12—镶块 13—拉深凸模 14—内圈成形凹模 15—压边圈 16—下底板 17—顶杆 18—小凸模

增加的预成形外圈模具结构与图6-78基本相同，区别主要为：

1）去掉了拉深凹模10。

2）上模成形外圈9比原图6-78的相应件低5mm，以使预成形时坯料直线部分（即ϕ289.5mm）在成形末期还有4~5mm宽的料受到压边作用，以防起皱；

3）增加内圈成形凸模8的高度，从而使其行程由原来的30mm扩大到60mm。以使上模成形外圈9在还没有施压给坯件时，内圈成形凸模8已经压紧了辐底部分，在上模成形外圈9下行进行外圈预成形时，由于辐底已受压，避免了回弹变形。即便在下道精整成形时，R处的材料厚度也仍能保持3.3~3.4mm，保证轮辐的寿命。

6. 使用效果 上述改进工艺实施后，生产的零件满足产品的要求。

7. 本例设计总结 拉深出现的材料变薄，通常都是由于没有材料流入而使该部位材料仅仅依靠自身料厚变薄产生的，一般解决方案主要是对该模具影响材料流入处实行开流，而对材料流入过分通畅的部位实行限流，从而平衡料流，防止材料成形的变薄，甚至开裂。本案例由于不便于修模或修模无法实施，采取增加一套模具对后续变形程度过大的部位先行实现预成形，从而改善后续工序的成形。

6.12.3 挂钩冲压工艺及模具设计

1. 零件结构 图6-79所示挂钩是，采用2mm厚的08钢制成，零件需弯成二个角度，且大部分边缘须翻3mm高的边。根据安装使用的要求，图示的两处ϕ6.5mm为M6螺栓联接用孔，17°角弯曲处的腰形孔为安装让位孔，零件生产批量较大。

2. 工艺分析及工艺方案的确定 该零件属浅拉深翻边件，拉深高度仅为 4mm（$5-t/2=5-1=4$），材料变形很少，属易翻边成形件。从其成形特性来看，除零件四处 $R5$mm 圆角为拉深变形外，其余都为弯曲变形。

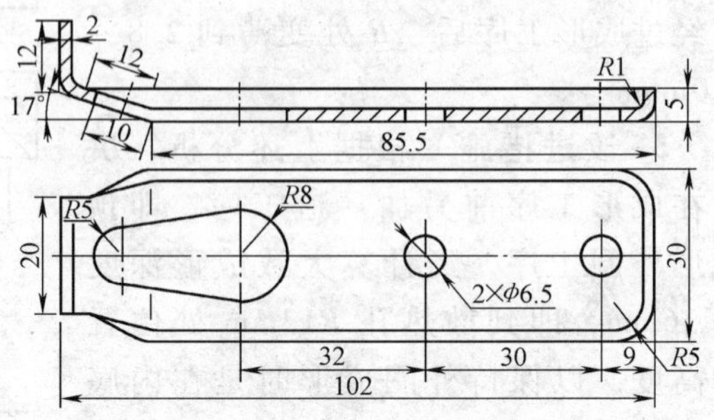

图 6-79 挂钩结构简图

又由于零件右端的 $\phi6.5$mm 安装孔及腰形孔边缘均离弯曲变形区很近，其中 $\phi6.5$ 安装孔边缘离弯曲半径中心距离为 2.75mm（$9-t-R1-6.5/2=9-2-1-3.25=2.75$），小于不发生变形的最低要求 $2t=4$mm，因此，先加工出孔再翻边、弯曲则圆孔会发生变形，同样，可判断出先加工出腰形孔再翻边、弯曲，则腰形孔也会变形。

根据上述零件的分析，可制定出如下两套工艺方案。

方案一：落料冲孔→翻边成形并弯曲；

方案二：落料→翻边成形并弯曲→冲孔。

在这二个方案中，第一套工艺方案用两道复合工序生产出工件，具有工序少，零件制造成本低等优点，然而，由于所冲孔尺寸会因为翻边成形及弯曲而发生变化，毛坯尺寸不易掌握。

第二方案通过落料、成形翻边成形并弯曲、冲孔三道工序生产出工件，生产的零件各孔尺寸稳定，零件能很好地满足图样要求，但由于增加了一道工序及一副模具，不利于生产效率的提高，从而，增加了零件生产成本，不利于企业经济效益的提高。

考虑到零件中的各孔可由冲孔补偿保证，尽管尺寸不易通过计算掌握，但展开料中孔的大小可以通过坯料试制确定，基于上述分析，最终确定采用方案一。

3. 毛坯尺寸的确定 根据零件成形特性可知：除零件宽度 30mm 范围内的四处 $R5$mm 圆角属圆筒形拉深变形外，其余部分均属弯曲变形，因此：

宽度 30mm 范围内的弯曲部分的展开长度 $L=2a_1+a_2+2l_1$

其中：a_1——板料弯曲后的高度 5mm 的直边数值，$a_1=5-t-R1=5-2-1=2$mm

a_2——板料弯曲后的直边 30mm 宽度的直边数值，$a_2=30-2t-2R1=30-2\times2-2\times1=24$mm

l_1——中性层展开长度，$l_1=\dfrac{\pi}{180}\alpha\rho=0.01745\alpha\rho$

ρ——中性层半径，$\rho = r + Kt$（K 为弯曲中性层位置系数）。

由于 $r/t = 1/2 = 0.5$，根据有压料（模具设计时考虑使用有压料装置）的 U 形压弯条件可查阅设计资料知，K 为 0.33。

代入上述数值于公式可求出宽度 30mm 范围内的展开料长为 33.2mm。

宽度 30mm 范围内的两处 $R5$mm 圆角的展开根据外径为 14mm，拉深高度为 5mm，内圆角为 1mm 的简单圆筒件展开毛坯直径计算公式：

$$D = \sqrt{d^2 - 1.72dr - 0.56r^2 + 4dh}$$

式中　d——所求圆筒件中心层料厚处直径，$d = 14 - t = 14 - 2 = 12$mm

r——所求圆筒件中心层料厚处内角半径，$r = R1 + t/2 = 1 + 2/2 = 2$mm

h——所求圆筒件中心层料厚处拉深高度，$h = 5 - t/2 = 5 - 2/2 = 4$mm

代入上述数值于公式可求出宽度 30mm 范围内的两处 $R5$mm 圆角的展开料毛坯半径为 8.55mm，取 8.6mm。

考虑到有几处位于零件弯曲变形区内的孔将发生变形，因此，其孔径作如下调整，即将位于右端的 $\phi6.5$mm 调整为 $\phi6$mm；左端的 $R5$mm 调整为 $R6$mm，以补偿弯曲、翻边对孔造成的变形影响。

尽管零件翻边后再弯曲，该翻边高度方向的弯曲部位材料将受压缩应力的作用发生塑性变形，从而可能使该部位材料向翻边高度方向凸出，但考虑到整个零件翻边高度不大，该部位的弯曲角度仅 17 度，因此，不考虑弯曲可能对该部位展开料的影响。

综合上述考虑，零件展开料形状如图 6-80 所示。展开料以机械加工的方式制作，供翻边、弯曲复合模使用。

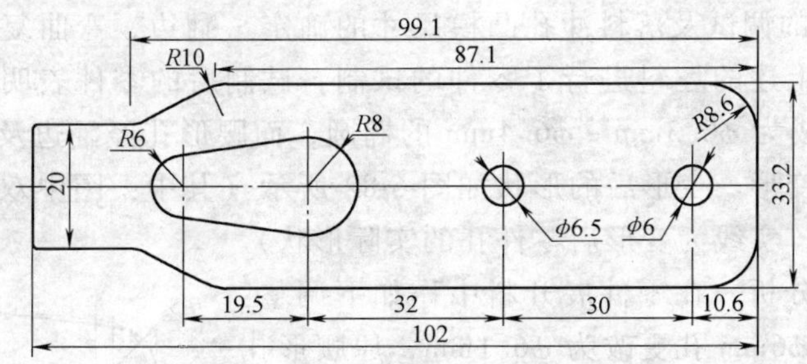

图 6-80　展开料简图

4. 模具结构及坯料的调试

（1）翻边、弯曲复合模结构及工作原理　设计的翻边、弯曲复合模结构如图 6-81 所示。

工作时，模具置于压力机工作台上，压力机滑块上升，上、下模脱离接触，顶杆 8 在压力机顶料缸作用下顶至与翻边弯曲凹模 7 顶面平齐，此时，将机加工好的坯料置于卸料块 6 的定位销 9 上，随着压力机滑块的下降，卸料板 4 与卸料块6、翻边弯曲凹模7共同作用将坯料压紧，随着滑块的继续下降，翻边弯曲凸模5、翻边弯曲凹模7共同作用完成对压紧后的坯料的翻边、弯曲及其适度校正，随着其翻边、弯曲、校正到位后，压力机滑块开始上升，顶杆8在压机顶料缸作用下，将完成翻边、弯曲、校正的零件推出翻边弯曲凹模7型腔。

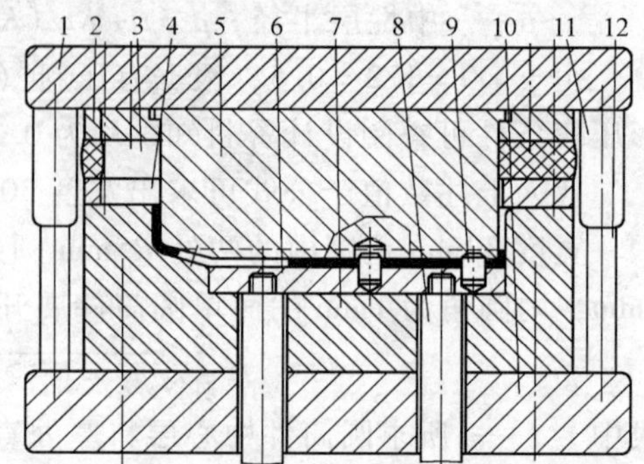

图6-81　翻边、弯曲复合模结构简图

1—上模板　2—固定板　3—聚氨酯　4—卸料板　5—翻边弯曲凸模　6—卸料块　7—翻边弯曲凹模　8—顶杆　9—定位销　10—下模板　11—导套　12—导柱

（2）模具设计要点

1）考虑到该零件翻边高度不大，其中弯曲部位的弯曲直边短，若采用较大的间隙则产生的弯矩不够，易使弯曲处的直边不挺直，直边不明显，因此弯曲性质的零件部位模具单面间隙取2.0~2.1mm，对零件弯曲17°的部位及两处$R5$mm圆角拉深部位，为避免这些部位的材料在较小模具间隙下产生向翻边高度方向凸出的缺陷，该部位模具单面间隙取2.1~2.2mm。

2）为保证零件翻边成形时，卸料板4的压边不至于会影响零件左端后续的弯曲，因此，在卸料板4及聚氨酯3的该部位开设部分空位。

3）模具设计时，保证卸料板4在聚氨酯3没有压缩时，其下平面高出翻边弯曲凸模5下平面，使坯料在翻边、弯曲之前就被压紧。

（3）坯料的调试及落料冲孔凸模尺寸的确定　翻边、弯曲复合模设计制造完成后，利用上述的坯料进行了零件的试制，试制后的零件表明：坯料右端的ϕ6mm加工后成为ϕ6.3mm~ϕ6.4mm的椭圆，而腰形孔经翻边及弯曲后，发生了严重的形状变形。变形后的形状如图6-82所示（其中：图中双点线示为坯料的腰形孔尺寸，实线为变形后零件孔的实际形状）。

基于上述分析，在零件展开料中作如下调整：将坯料右端的ϕ6mm孔更改为ϕ6.1mm，原腰形孔的$R6$mm更改为$R7$mm，19.5mm更改为16.7mm，按上述更改后的展开料重新机械加工后试模，试制后的零件尺寸表明：尽管与零件要求仍有少许差异，但完全可以满足产品的使用要求，为此，确定上述更改后的尺寸即为最终展开料尺寸。落料冲孔模按最终确定的展开料尺寸进行设计。

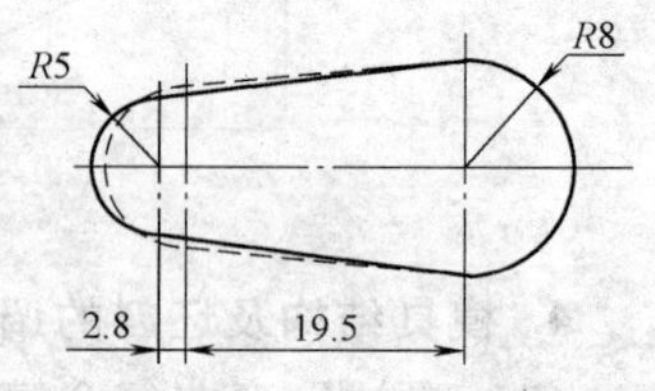

图6-82　腰形孔翻边、弯曲后形状简图

5. 效果　整个加工工艺中使用的模具设计制造完成后，生产的零件满足产品要求。

6. 本例设计总结 对处于弯曲或拉深变形区内的孔（一般判断条件为：当料厚 $t \leq 2$mm 时，若孔边缘至弯曲半径中心的距离小于等于 2 倍的板料厚度 t，则认为孔处于弯曲或拉深变形区内），通过采用展开料试模、孔变形补偿等办法是能较精确地确定其坯料尺寸的，生产的零件能够满足产品要求；而对翻边高度及弯曲角度均不大的零件展开料计算，尽管其复合会发生变形，但由于变形量不大，通过适当增大模具间隙等方法，是能够满足产品的要求、忽略其变形的；针对零件使用要求，有意识地通过坯料试验确定最终展开料尺寸的方法，从而制订出高效、经济的加工方案。

6.12.4 上板冲孔、翻孔工艺改进及模具设计

1. 零件结构 图 6-83 所示为上板的结构简图，采用 SPCC—1D 进口料制成，4 个 ϕ4mm 定位孔及 4 个 ϕ7mm 角锁孔孔距要求较严，4 个锥面孔不得有破裂和裂纹。

2. 原模具冲孔、翻孔工艺分析 由于该零件材料抗拉强度和硬度远远超过 08F，而延伸率又远远低于一般低碳钢，因此，对零件的冲孔、翻孔成形是极为不利的。

为保证孔距的尺寸公差，决定对零件中的 4 处 ϕ4mm 定位孔及 4 处（$\phi7 \pm 0.3$）mm 角锁孔同时进行冲预制孔、翻孔，其工艺过程如图 6-84 所示。

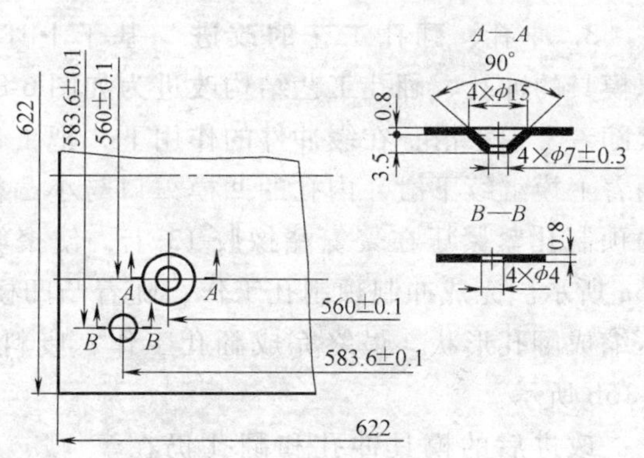

图 6-83 上板结构简图

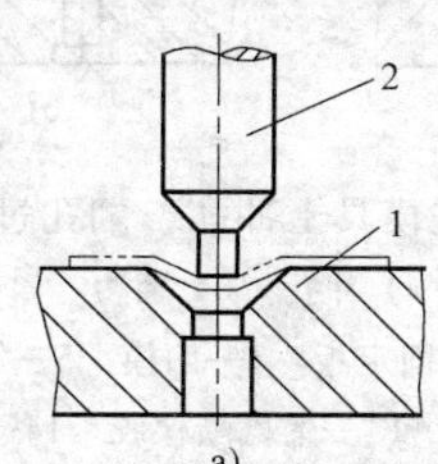

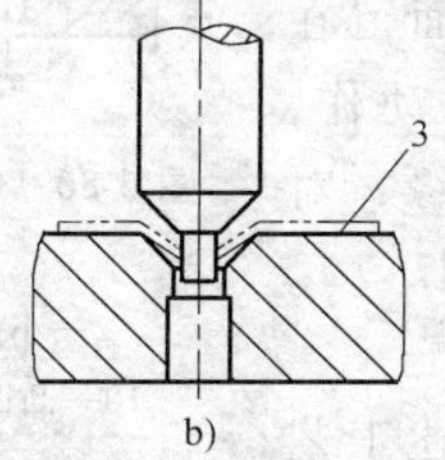

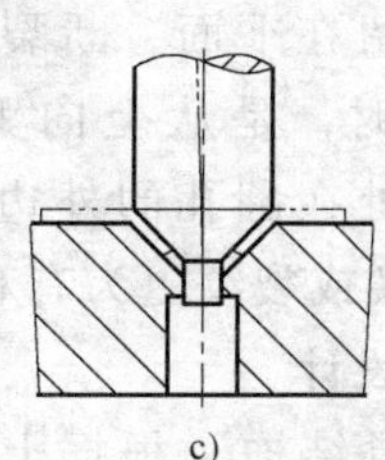

图 6-84 冲孔翻孔过程示意图

a）工件凹陷 b）冲孔 c）翻孔

1—凹模 2—凸模 3—工件

凸模固定在上模，随着上模的下移，工件产生图 6-84a 所示凹陷，随着上模的继续下移，凸模 2 使工件的凹陷逐渐加深并在凸模 2 刃口处将预冲孔的废料从工件上撕裂下来，形成翻孔前的预制件，如图 6-84b 所示，随着凸模 2 的继续下移，锥形面就起到翻孔作用，下移到下死点与凹模锥孔校正锥形面，完成翻孔动作，如图 6-84c 所示。

由于原模具冲制的预制孔不是凸、凹模冲切成形，而是凸模刃口从工件上撕裂形成的预制孔，预制孔的断面质量很差，易造成翻孔破裂或裂纹。

又由于原模具冲预制孔的方向，是由上向下撕裂，预制孔断面的质量情况如图 6-85 所示。

翻孔的方向也是由上向下翻成形，这样预制孔断面的断裂面在翻孔的外边缘，光亮面在翻孔的内边缘，因此在翻孔成形时，也容易造成翻孔的边缘破裂或裂纹。经冲孔、翻孔，零件 80% 以上破裂或有裂纹。

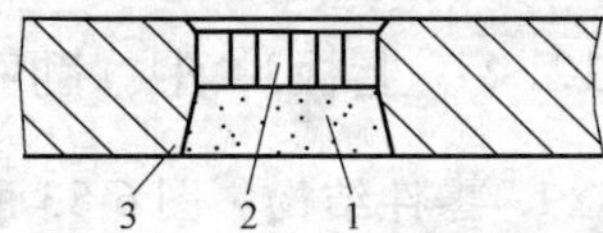

图 6-85　预制孔断面状况

1—断裂面　2—光亮面　3—毛刺

3. 冲孔、翻孔工艺的改进　基于上述分析，原模具的冲孔、翻孔工艺结构改进为如图 6-86 所示。凸、凹模 10 及卸料板 5 一起随着上模下滑，在缓冲件的作用下，把工件紧紧压在凹模 3 上，凸凹模 10 也随着上模继续下滑，内孔的凹模刃口与小凸模 14 共同冲制预制孔，同时将冲制的预制孔紧紧压在聚氨酯橡胶 13 上，使聚氨酯橡胶 13 产生压缩变形，如图 6-86a 所示。完成冲制预制孔工作，随着凸凹模 10 的继续下滑，聚氨酯橡胶 13 被压缩成翻孔形状，最终完成翻孔工作，废料从凸凹模的排料孔上端排出，如图 6-86b 所示。

改进后的模具冲孔和翻孔仍在一副模具上完成，先冲预制孔，后翻孔，预孔的断面质量好，冲预制孔是从下向上动作，这样预制孔的断面光亮面留在下面，断裂面留在上面，翻孔时，是从上向下动作，光亮面正好处在翻孔的外边缘，对预防翻孔破裂或裂纹更为有利。

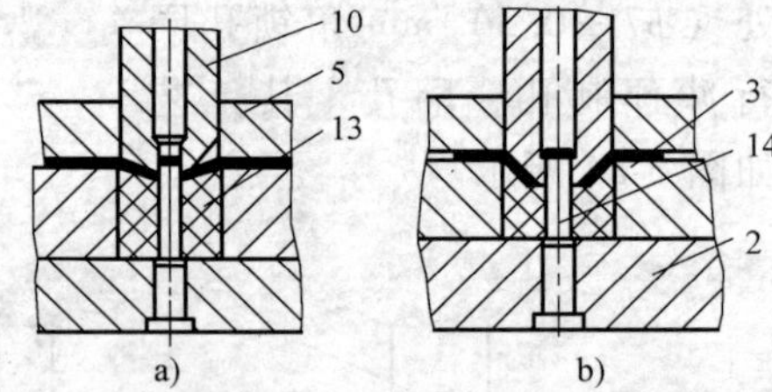

图 6-86　改进模具上冲孔、翻孔过程示意图

a) 冲孔　b) 翻边

2—小凸模固定板　3—凹模　5—卸料板

10—凸凹模　13—聚氨酯橡胶　14—小凸模

4. 模具设计

(1) 模具结构　根据上述工艺分析，设计的冲孔、翻孔复合模如图 6-87 所示。

(2) 设计要点

1) 凸凹模 10 各工作部位分别具有多种作用。其内圆小孔与小凸模 14 的单面间隙取 0.05～0.06mm，起冲孔凹模作用；顶面 $\phi6.8$mm 处起 90°的外锥面，起翻孔凸模作用，同时翻孔凸模的锥角面能套入预制孔内，能使孔的边缘圆滑胀开，这样可以得到较小的翻孔系数；冲孔的废料从凸凹模的刃口空刀孔中向上排出。凸凹模 10 结构如图 6-88 所示，采用 Cr12MoV 材料，热处理硬度为 59～62HRC。

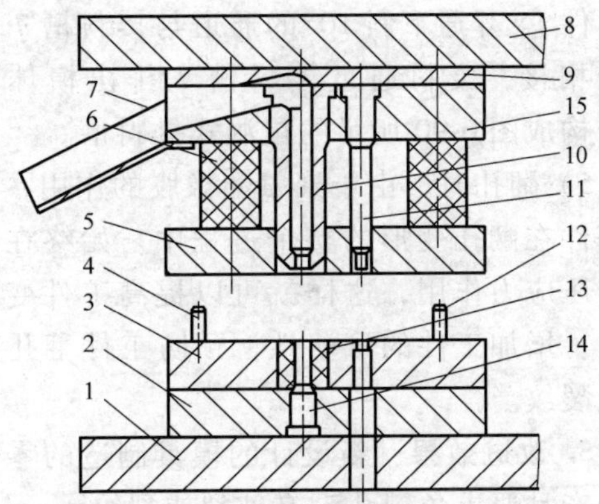

图 6-87 冲孔、翻边复合模结构简图

1—下模板 2—小凸模固定板 3—凸模板 4—挡料销 5—卸料板 6、13—聚氨酯橡胶 7—接料槽 8—上模板 9—垫板 10—凸凹模 11—凸模 12—定料销 14——小凸模 15—凸模固定板

2）为使排料缺口与凸模座排废料槽定位方便，$\phi4$mm 用 H7/n6 公差配合的圆销定位；为更换凸凹模方便，其压合部分采用 H7/p6 过盈配合。

3）翻孔模中的凹模如图 6-89 所示，用定位销与下模协调定位，用 4 个螺钉固紧一体构成下模。凹模的厚度尺寸由聚氨酯橡胶高度 H 大小确定，聚氨酯橡胶取 15% 的压缩比。

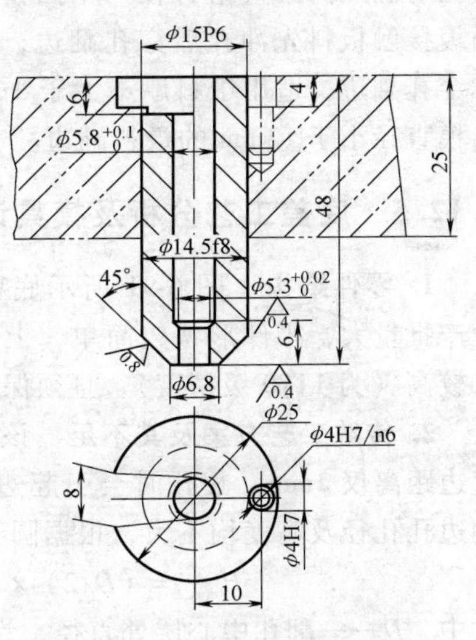

图 6-88 凸凹模结构简图

聚氨酯橡胶高度的确定：

$$2\pi R^2 \times H \times 0.15 - 2\pi r^2 \times H \times 0.15 = 2\pi R^2 h$$

化简得：

$$0.15H(R^2 - r^2) = R^2 h$$

式中 H——聚氨酯橡胶高度，mm；

R——翻孔的大头半径，$R = 8.3$mm；

r——预制孔的凸模半径，$r = 2.65$mm；

h——翻孔的高度，$h = 4$mm。

代入公式，得：$H = 29.6$mm，取 $H = 30$mm，则凹模高度也应为 30mm。

4）由于冲切 $\phi5.3$mm 的预制孔，是凹模在上面，凸模在下面，则废料必须从上模排出，如果废料排除不畅通，挤在凸凹模 10 的排料孔里，会使凸凹模 10 胀裂，造成凸凹模 10 报废。为排除废料畅通，在凸凹模 10 的上端用 $R9$mm 光滑连接，拐过 98°与垫板 9 相接，在垫板 9、凸凹模 10 通道之间相接处要圆滑过渡，件 15 开通下斜 10°的通道与接料槽 7 出口处相接，废料通过接料槽 7 排出模体之外，构成图 6-90 所示的鼠洞式排料槽。

5）翻孔时，由于聚氨酯橡胶的作用，使工序件在翻孔变形的整个过程中，始终在承受着压应力作用，这样就可以提高工件变形能力，增加工件的可塑性，预防工件翻孔破裂或裂纹。

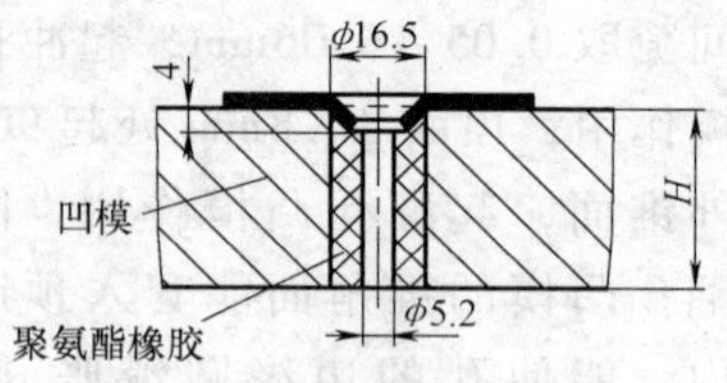

图 6-89　凹模结构示意图

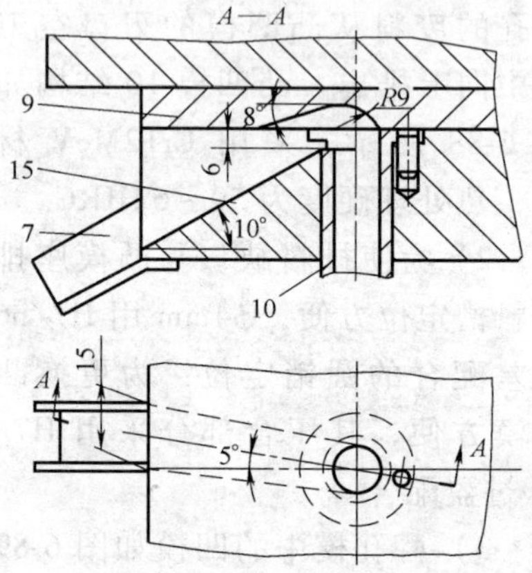

图 6-90　鼠洞式排料槽

7—接料槽　9—垫板

10—凸凹模　15—凸模固定板

5. 改进效果　新设计的模具制造的零件符合产品要求角锁孔没有破裂或裂纹。

6. 本例设计总结　对冲孔—翻孔类零件的加工，模具设计中必须注意到两者的加工顺序，即先冲预制孔，后翻孔，同时模具中应设置冲孔凹模，以保证预孔的断面质量。一般来说，用带冲孔凸模头的翻边凸模，使冲孔与翻边两凸模组合在一个凸模上，可在凸模接触板料先冲孔后穿孔翻边，该工艺俗称穿孔翻边，适用于料厚不大于 3mm、翻边凸模直径小于 12mm 的板料翻边。

6.12.5　底盖工艺分析及模具设计

1. 零件结构　图 6-91 所示底盖采用 1.5mm 厚的 Q235—A 冷轧钢板制成，生产批量大，零件形状较简单，上有四处翻边成形孔，翻边高度及孔距精度要求较高（为 1T10 级精度），且须保证翻孔边缘料厚不小于 1.4mm。

2. 传统工艺方案及其不足　该零件外形尺寸较小，四处翻边孔距外形边缘直边距离仅 2mm，翻孔时会引起边缘材料向孔部分转移，造成外形收缩畸形。翻边孔孔径及高度均不大，根据圆孔翻边的最大翻边高度公式：

$$H_{max} = (D/2) \times (1 - m_{min}) + 0.43r + 0.72t$$

式中　D——翻孔中心层处直径，为 $5.2 + t = 6.7$mm；

r——翻孔弯曲半径等于 1.5mm；

查表 5-3，得 Q235—A 材料最小翻边系数 $m_{min} = 0.68$；

代入数值，得 $H_{max} = 2.8$mm < 零件要求高度 $H = 5$mm。

由于零件的特殊性，为保证翻孔后边缘料厚不小于 1.4mm 的要求，故不能采用较小间隙的挤薄翻边来达到零件高度。因此，该零件难以一次翻孔成形。

根据上述分析，该零件的传统加工工艺方案应是：先在剪切的平板坯料上拉深出四处浅圆筒，尔后冲切外形，再在四处浅圆筒筒底预冲孔，最终翻边成形，整个工艺方案如图 6-92 所示。

该种方案具有稳定、可靠的特点，但针对底盖而言，存在明显不足：首先，零件多次重复定位，为保证翻边孔孔距精度，必导致模具制造精度大大提高；其次，翻边预冲孔孔径计算公式仅适用于翻边高度要求不高时的近似计算，实际变形中，其高度受变形程度、模具和板材性能等多种不确定因素影响，真实值须经翻孔验证、修正才能确定，给技术、生产带来诸多不便；再次，整个零件成形工艺流程长、占用设备多、费工费时，不利于大批量生产及企业效益提高。

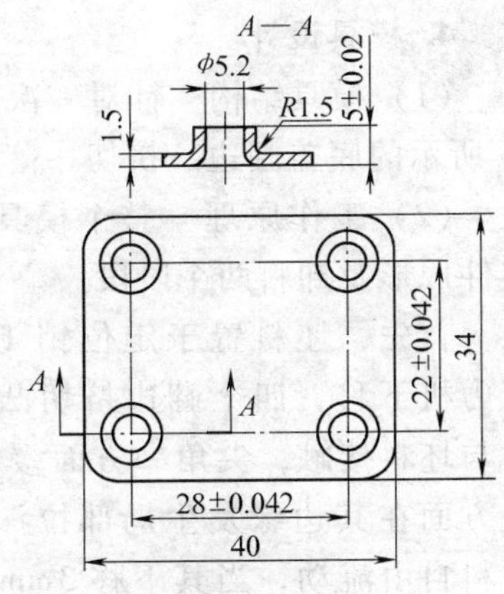

图 6-91　底盖

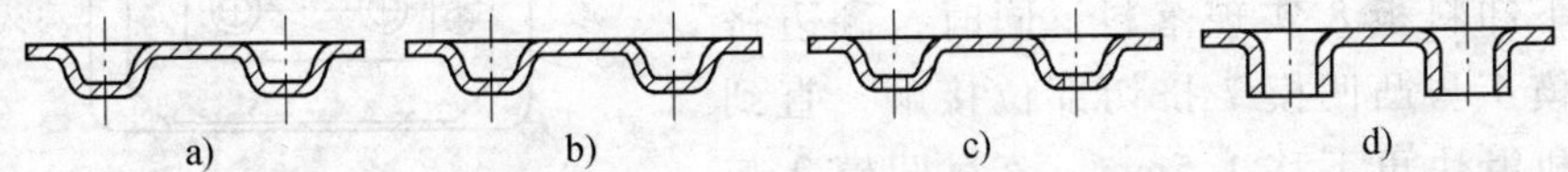

图 6-92　底盖的传统冲压工艺方案

a）拉深　b）切外形　c）预冲孔　d）翻边

综合上述分析，决定：不采用传统工艺方案。

3. 工艺方案的确定　翻孔过程中，翻边材料主要是切向拉深变形、径向变形不大，变形材料满足弯曲件中性层长度不变原则。

针对底盖结构特性，可作如下计算：

发生图 6-91 所示翻孔，即翻孔弯曲半径 $r=1.5\text{mm}$；

翻孔直边高度 $h=5-t-r=5-1.5-1.5=2\text{mm}$；

需要的料长 $l'=\pi(r+t/2)+2h=3.14(1.5+1.5/2)+2\times2=11.1\text{mm}$；

底盖翻孔参与成形的长度 $l=d+2t+2r=5.2+2\times1.5+2\times1.5=11.2\text{mm}$（$d$ 为翻孔内径）；

$$l'\approx l$$

计算结果表明：在料厚不变薄，边缘材料完全不流入的情况下，发生翻孔变形并不会造成缺料。

针对上述分析计算，考虑到：通过借助于四处翻边孔外形边缘材料的合理流动必将改善翻孔工作状况，减轻翻孔边缘材料由于承受较大的拉深应力可能形成的料厚变薄；通过合理的模具结构设计，可以达到较高精度的翻边高度，解决边缘材料的收缩畸形。

通过分析，设想采用复合模一次性完成该零件加工。

4. 模具设计

(1) 模具结构　针对一次性加工底盖可能出现的工艺难点，设计了如图6-93所示的底盖翻边、挤切、落料复合模。

(2) 工作原理　整个模具工作过程分零件成形及卸料两个阶段。

首先，坯料置于定位销13、14内侧，压力机下移，四个翻边挤切凸模4尖角同时与坯料接触，尖角一方面缓慢刺穿坯料、一方面在其边缘发生局部拉深作用，促使材料自由流动，当其下移3mm后，上卸料板6接触坯料，通过上聚氨酯卸料板5及翻边挤切凸模4共同作用，下行7mm，翻边即结束；此时，落料凹模2接触坯料并压缩下卸料板8实现落料；同时，翻边挤切凸模4与凸凹模7挤切部位接触，直到压力机滑块再下移1.5mm，落料凹模2与凸凹模7共同将底盖外形冲出，翻边挤切凸模模4与凸凹模7也同时完成挤切。至此，翻边、挤切、落料全部结束，零件内、外形成形完毕。

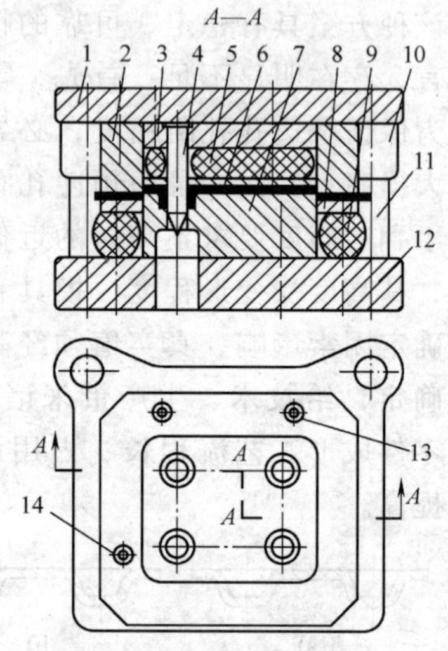

图6-93　底盖翻边、挤切、落料复合模结构

1—上模板　2—落料凹模　3—固定板　4—翻边挤切凸模　5—上聚氨酯卸料块　6—上卸料板　7—凸凹模　8—下卸料板　9—下聚氨酯卸料块　10—导套　11—导柱　12—下模板　13、14—定位销

随着压力机滑块的上行，在上聚氨酯卸料块5及下聚氨酯卸料块9的共同作用下，上卸料板6将零件推出落料凹模2型腔，下卸料板8将余下坯料顶出凸凹模7，底盖卸料完成，压力机转入下一个工作循环。

(3) 设计要点

1) 四个翻边挤切凸模穿刺尖角均取48°，以保证刺穿坯料与局部拉深作用能共同协调、有机结合、相互兼顾。

2) 翻边挤切凸模4的翻边与挤切结合部位以$R1.5$mm相联接，从而，减少应力集中，改善挤切磨损，保证挤切面光滑、平整，保持卸料通畅。

3) 上卸料板6比四个翻边挤切凸模4低3mm，从而，翻边挤切凸模4在刺穿坯料时，坯料外形边缘材料能自由流动；在上卸料板6压紧坯料时，通过其与凸凹模7表面的阻滞作用，控制翻孔的拉深变形、平衡材料内部应变、消除径向可能形成的料厚变薄。

4) 为保证翻边、挤切、落料的“节奏”有序，落料凹模2应比翻边挤切凸模4低10mm，从而使落料冲切外形在边缘材料发生完变形之后进行，既保证了外形准确无变形，又避免了对边缘材料流动形成阻碍。

5）凸凹模7四处孔上半部为翻边型腔，下半部为挤切刃口，与翻边挤切凸模4分别形成翻边及挤切模腔，应保证单面翻边间隙为1.5～1.55mm，单面挤切间隙为0.02～0.04mm。

5. 结论 模具设计、制造完成后，一次试冲合格，完全达到图样要求。目前已生产10万余件，模具工作正常，产品质量稳定。

6. 本例设计总结 针对零件翻边成形特性，依据翻边成形的材料长度计算公式，从而可制定全新的加工方案，克服传统工艺方案的不足；解决各工序复合的工艺难点；保证零件形状及精度要求。

一般的，用30°～120°尖顶翻边凸模，直接刺穿薄板并翻边成形，俗称穿刺翻边。该工艺适用于料厚不大于1.5mm、翻边凸缘直径小于12mm的薄板翻边。

第 7 章　级进模设计案例剖析

7.1　级进模设计基础

7.1.1　选择级进模的原则

级进模又称为多工位级进模、连续模、跳步模，它是在一副模具内，按所加工的工件分为若干等距离的工位，在每个工位上设置一个或几个基本冲压工序，来完成冲压零件某部分的加工。按照冲压工序的不同，级进模可分为冲裁级进模、弯曲级进模、拉深级进模和多工序复合的级进模。还有在多工位压力机上的多工位级进模。

采用级进模加工具有比复合模更高的生产效率。一个零件的加工是否采用级进模，主要考虑以下几个方面：

1）生产批量。在一副级进模内，可以包括冲裁、弯曲、成形等多道工序，故能成倍地提高生产效率，但材料利用率偏低，因此，需重点考虑该零件的生产批量是否适合使用级进模。在小批量生产中采用单工序模，由于模具结构简单，几个单工序模可能比一套级进模的成本还低。

2）冲压零件的精度。当冲压零件内、外形的尺寸精度或同轴度、对称度等位置精度要求较高时，在采用级进模时应考虑在同一工位加工出，若仍无法保证，则需考虑采用复合模具。

3）冲压零件的外形结构尺寸。外形小的冲压件，由于加工的安全性及可操作性均较差，即使生产批量不大，也须考虑使用级进模；若零件结构尺寸太大，即使工位数较多，考虑到模具与压力机的匹配性、模具外形过大及模具加工的复杂性，应考虑限制级进模的使用。

7.1.2　加工工艺与级进模设计的关系

级进模特别适用于复杂的小型零件、孔边距较小的冲压件以及生产批量大的零件加工。采用级进模冲压，在提高生产效率、降低成本、提高质量和实现冲压自动化等方面有着非常现实的意义。

采用级进模加工零件的加工工艺制订与采用单工序模加工的工艺制订没有本质区别。级进模的设计从本质上来讲与单工序模也没有什么区别，但与单工序模比较起来，一般要注意考虑：

1）根据零件结构及其模具生产厂家的设备、模具制造能力、生产批量等资料，分析零件的冲压工艺性，初步判断该零件加工成形需要的基本工序。

2）设计零件的排样图，主要包括：①确定模具的工位数目、各工位的加工内容及各工位冲压工序顺序的安排；②确定被冲零件在条料上的排列方式；③确定条料宽度和步距尺寸，从而确定材料的利用率；④基本确定模具各工位的结构。

由于不同零件的材料、形状、精度、技术要求等存在较大的差异，在多工位级进模的排样图设计时，必须按各个零件的特点和实际要求并结合具体生产条件灵活掌握、合理应用、比较筛选，尤其要注意到各工序顺序安排对模具设计制造、产品质量保证等的影响，以最终得到一个最佳的排样方案及零件加工工艺方案。为此，必须进行必要的计算，主要包括：毛坯尺寸计算、选择排样方法、确定搭边值、计算送料步距、画出排样图等。

3）进行模具总体设计，要充分考虑到模具的强度、工作的可靠性、模具的使用寿命等。

在实际生产中，由于企业规模及管理设置上的不同，加工工艺方案的制订与模具的设计可能在相同或不同部门里由同一个人或不同的人员协作完成，但不管如何，模具设计都必须凭借工艺方案制订人员提供的相应工序计算、工艺方案分析等资料，这种设计资料既是模具设计中必不可少的，也是质量管理上的重要接口文件，是保障产品质量及模具设计成功与否的关键。为提高零件的工艺性，必要时产品工艺人员还需要与产品设计人员就零件形状、精度、料厚、材质等进行沟通、协调，以达到从设计与制造上，满足产品性能、成本的最大性价比。

7.1.3 排样图的设计要点

设计级进模，首先要设计排样图，这是设计级进模的重要依据。从一定程度上说，级进模的设计就是排样图的设计。

排样图设计得好坏，对整套模具的设计影响很大，这归属于总体设计的范畴。因此，一般都要设计出多种排样图方案加以分析、比较、综合与归纳，以确定一个经济、技术效果相对较合理的方案。而衡量经济性的一个很重要的指标便是对各个排样方案中的材料利用率进行经济效率分析。

1. 排样设计 排样的要求是切除废料，将零件留在条料上，以分步完成各个工序，最后根据需要将零件从条料上分离出来。其设计的内容主要包括：

1）确定模具的工位数目、各工序加工的内容及各工位冲压工序顺序的安排。

2）确定被冲工件在条料上的排样方式。

3）确定条料的宽度和步距尺寸，从而确定材料利用率。

4）确定导料与定距方式、弹顶器的设置和导正销的安排。

5）基本确定模具各工位的结构。

2. 工位设计 在进行工位的设计时，一般应注意以下设计原则：

1）对复杂的冲裁、弯曲或成形，尽量采用简单形状的凸模和凹模或简单的机构多冲几次，也不要轻易采用复杂形状的凸模和凹模或复杂机构一次完成。对卷圆类零件，常采用无芯轴的逐渐弯曲成形方法。若采用芯轴，则易造成高速冲压时机构动作的不协调而影响正常工作。尽量简化模具结构有利于保证冲压过程连续工作的可靠性，也有利于模具的制造、装配、更换与维修。

2）对有严格要求的局部内、外形及成组的孔，应考虑在同一工位上冲出，以保证其位置精度。如果在一个工位上完成有困难，则应尽量缩短两个相关工位的距离，以减少定位误差。对于弯曲件，在每一个工位的变形程度不宜过大，否则容易回弹和开裂，难以保证质量。

3）空位设置应慎重。只有当相邻工位之间空间距离（一般步距不大于5mm）过小，难以保证凸模和凹模的强度或难以安置必要的机构时才可设置空位；模具步距大于19mm时，不宜多设置空工位；步距大于30mm以上时，更不能轻易设置空工位。

3. 工位顺序设计 各工位冲压工序之间的顺序安排，一般应遵循如下规律：

1）对纯冲裁的多工位级进模排样时，应先冲内形，再冲外形。先冲孔后落料或切断。先冲出的孔可作后续工位的定位孔。若该孔不适合于定位或定位精度要求较高时，则可冲出辅助定位的工艺孔；外形复杂的冲压件，可采用分步冲出，以简化凸模和凹模形状，增加其强度，便于加工和装配；若采用套料连续冲裁时，则应由里向外的顺序，先冲出内轮廓，后冲外轮廓；对孔壁距小的冲压件，其孔可分步冲出；工位之间凹模壁厚小的则应增设空位。

2）对冲裁、弯曲的多工位级进模排样时，一般是先冲孔，再切掉弯曲部位周边的废料后进行弯曲，接着切去余下的废料并落料；但若冲裁的孔靠近弯曲带，则应考虑先弯曲后冲孔；对于复杂的弯曲件，为了保证弯曲角度，可以分成几次进行弯曲，有利于控制回弹。

3）对有拉深又有弯曲和其他工序的零件，应先进行拉深，再安排其他其他工序。这是因为在拉深过程中必然有材料的流动，若先安排其他工序将可能使已定型的部位产生变形。

4）应合理布置冲裁和成形工位的相对位置，使冲压负荷尽可能平衡，以便使冲压中心接近设备的冲压中心，对于弯曲工序的零件，还要考虑材料的纤维方向。

另外，在设计多工位级进模排样图时，还应充分考虑以下因素会造成条料不平：冲裁毛刺；带有弯曲、成形的零件在条料上成形；进行弯曲、成形工位的凹模工作平面高低不平；冲压时条料的额外变形和位移产生的送料障碍等。对变形工序的零件在条料上形成高低不平后，一般可采用条料浮顶器将成形部分托至凹模工作表面以上，使条料可继续送进。

4. 定位设计 多工位级进模定距一般都用侧刃或自动送料机构作粗定位，用导正销进行精定位。当料厚小于0.3mm且材料较软时，由于采用导正销导正易将导正孔边冲弯或使条料变形，应合理选用导正销形状，在模具设计中慎用并采取必要措施。

侧刃定距适用于0.1~1.5mm厚的板料。太薄的板料用挡块定位时因板料易产生变形而影响定位精度；太厚的料则不适用于侧刃冲切。

采用自动送料机构时，在第1工位就应冲出导正用的工艺孔，在第2工位即设置导正销。在以后的送进时，由于导正销的位置及尺寸误差，可在其后的每3~5步再设置若干导正销，以纠正首次导正销形成的送料误差。导正销孔一般选在条料载体或余料上。对较厚的料，也可用零件上的孔作导正用，但在最后工位应予以精修。在产品尺寸要求较严的工位应设置导正销。采用双排导正销有利于增加条料的横向稳定性，可以提高送料的精度。

采用导正销作精定位时，必须保证条料在被导正时，处于自由状态。在多工位级进模中，广泛使用弹压卸料板，在冲压过程中，先压紧条料再冲压。因此可将导正销略伸出弹压卸料板（0.5~0.8）t的长度，以保证导正销的导正余地。导正销的形状可设计成圆形、扇形、钩形等。

手工送料的简单级进模多采用挡料销定距，利用工件落料后的废料孔与凹模上的定位钉实现定位。一次冲压后，用手将条料上冲裁的废料孔顶在挡料销上定位，再进行下一次的冲压。这种定位常用在压力机的单次工作，不适宜连续工作。以上的定距是粗定距，若零件精度较高，则在后续工序中，还可设置导正销将料导正，实现精确定距。

自动送料器有定型产品可以选购，它配合压力机的冲压动作，使条料能按时、定量地送进高速压力机。自动冲压必须采用自动送料器送料。目前较多选用气动送料器实现自动送料，且气动送料器已形成系列及标准化，用户可根据需要直接购买选用。使用中只需将其直接装在级进模条料的入口处，整套装置由压缩空气驱动向模具送料，送料精度高，因此，在模具中一般只需加导正销导正，不必再设定距装置。

5. 步距精度 步距精度直接影响零件的精度。步距误差和积累误差不仅影响分段切除中切口汇合点的位置和轮廓形状，以致给零件的外形尺寸带来误差，并对孔间及内、外形间的相对位置造成影响。但步距精度过高，虽可冲高精度的零件，但模具制造难度也将增大。因此，设计模具时，应根据零件的具体情况合理地确定步距精度。

步距精度与零件的精度等级、形状的复杂程度、模具的工位数、采用的定位方式以及材料种类和厚度等因素有关。采用导正销定距的多工位级进模，步距精度可按如下经验公式确定：

$$\delta = \pm\left(\frac{\beta}{2\sqrt[3]{n}}\right)K$$

式中 δ——多工位级进模步距的对称偏差值（mm）；

β——零件展开尺寸沿条料送进方向最大轮廓基本尺寸的精度等级提高三级后的实际公差值（mm）；

n——模具工位数；

K——与冲裁间隙值有关的修正系数，见表 7-1。

表 7-1 修正系数 K 值

冲裁（双面）间隙 Z	K 值	冲裁（双面）间隙 Z	K 值
0.01~0.03	0.85	>0.12~0.15	1.03
>0.03~0.05	0.90	>0.15~0.18	1.06
>0.05~0.08	0.95	>0.18~0.22	1.10
>0.08~0.012	1.00		

步距公差值 δ 与工位间的基本尺寸无关。为避免连续工位间的积累误差对送料精度的影响，在标注各工位尺寸的步距公差时，采用同一基准标注法。

7.1.4 排样图设计方案与零件质量的关系

冲压零件形状、材质、种类的多样性，造成了零件排样的复杂化。由于每一个冲压零件各自都具有一定的特点，为此须仔细分析这些特点，按零件的不同精度要求、综合考虑各工位排列顺序，以确保冲压过程的顺利进行和冲压零件的质量要求。

1）为保证冲制零件质量的一致性，冲制零件与载体的连接必须有足够的强度和刚度。这是因为在多工位级进模条料送进过程中，由于要不断地被切除余料，但在各工位之间到达最后工位之前，总要保留一些材料（这部分材料称为载体）将其连接起来，以保证条料送进的连续性。若载体强度和刚度不足，将使条料送料不平稳，条料易变形，造成定位不准，影响零件质量。

根据零件的形状和成形部位的位置和方位的不同，条料载体基本上有三种类型：双侧载体、单侧载体和中间载体。

理想的载体是双侧载体，即到最后一个工位前，条料两侧仍将保持有完整的外形，有利于保证产品质量，但材料浪费较大。但对于一些有弯曲工序的工件，很难形成双侧载体，只能选用单侧载体或中间载体。

图 7-1 为三支撑弹簧片多工位级进模排样图。该冲件材料为 1Cr18Ni9，料厚为 0.1mm。零件要求的三支撑脚高度必须控制在公差范围内，以满足使用要求。由于零件面积较小、料厚又薄，条料在送进过程中又必须浮离凹模平面。为保证条料送进的稳定性，冲件与载体的连接强度非常关键。经分析，冲件圆形底部有 3 个与支撑脚相对应的 *R*0.55mm 小凸缘，该处可作为三支撑脚的成形外形冲切分离后与载体连接的辅助载体，而 3 个小凸缘可在零件与载体最后冲切分离时冲出。因而，排样采用的载体形式为双侧载体加辅助载体的形式，排样采用了 6 个对称分布排列的形式。因零件较小，同时考虑到模具的工作强度，在导正销孔与中间小孔冲出后，需成形的局部外形分解成 3 个工位来冲切。三支撑脚成形后设置了一个整形工位，整个级进模排样图工位组成为：①冲切粗定位侧刃孔、导正销孔和小孔；②、③、④3 个工位分别冲切出需成形的局部外形；⑤成形；⑥整形；⑦零件与载体（辅助载体）的最后冲切分离。由于各零件间均有 3 条辅助载体连接，充分保证了条料在连续送进过程中的稳定性，为零件冲制质量提供了可靠保障。

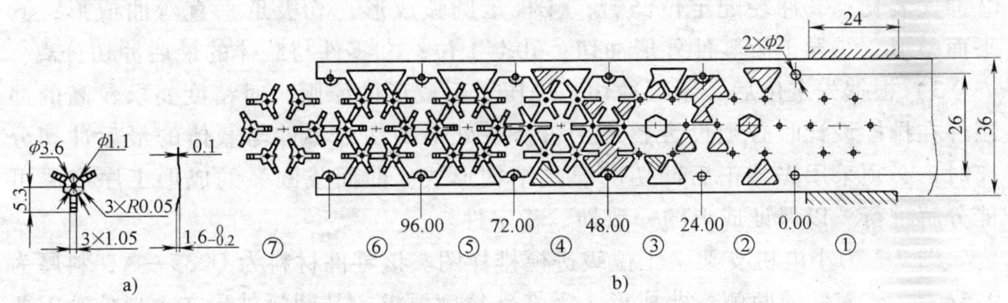

图 7-1　三支撑弹簧片多工位级进模排样图

a）三支撑弹簧片零件图　b）排样图

2）对形状复杂、工序较多、精度要求较高的冲压零件必须采取相对应的工艺措施来保证。

图 7-2 为极爪板多工位级进模排样图。该冲件材料为 Q235—A，料厚为 0.6mm，尺寸精度及平整度、同轴度等形位公差要求较高。级进模条料排样设计时，考虑到零件形状虽不复杂，但要求较高，尤其是 4 对极爪既有横向的圆弧成形又有纵向的弯曲成形。极爪如果采用一次成形，其精度与尺寸不稳定而易对零件的形位公差要求产生影响。因此必须对极爪的成形工序进行分解。同时为保证零件的平整度，在排样时必须设置整形工序。最后，为达到极爪与外形的同轴度要求，在对极爪中心孔导正后，外形一次冲切出来。在每一工位都要设置导正钉，以确保定距精度。为提高材料的利用率，零件排列采用双排对列的形式。零件与载体的连接选用双侧载体，导正钉设置在载体部分，以保证条料在连接送进过程中的强度与刚度。

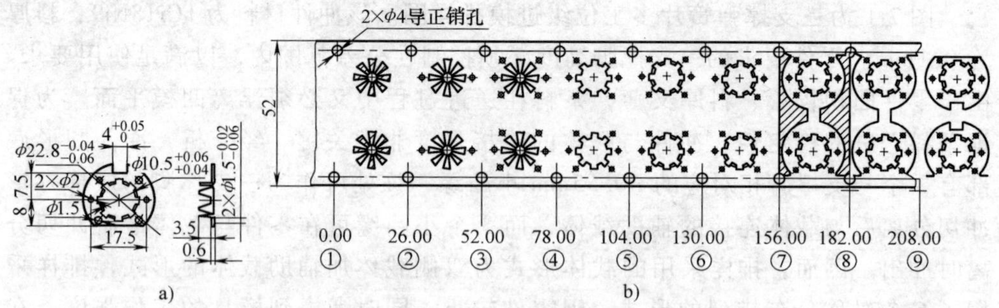

图 7-2 极爪板多工位级进模排样图

a）极爪板零件图 b）排样图

图 7-2b 为极爪板级进模的排样图，零件在外形冲切出来后与载体的最后连接方式采用上部的缺口与下部的直边部分连接，在最末工位中再与载体冲切分离。

极爪板级进模条料排样图的各工位组成与作用：①冲导正销孔与极爪冲切；②冲安装孔；③冲装配定位凸台；④极爪圆弧成形；⑤极爪垂直弯曲成形；⑥平面整形；⑦导正后零件外形冲切；⑧空工位；⑨零件与载体的最后冲切分离。

3）根据先定位后压紧再冲切、先压紧后成形的原则，对精度要求较高的冲制件在排样设计时必须设置整形工位。在外形冲切或零件与载体的最后冲切分离时，必须采用先导正后冲切的模具结构形式。曲面或圆弧的成形工序应尽可能分解进行，以保证成形的一致性、稳定性。

图 7-3 为小电机支架多工位级进模排样图。该零件材料为 Q235—A，料厚为 0.6mm。该零件须两侧弯曲成形，无特殊精度要求，其圆弧外形亦无形位公差要求。为减少工位数，可在同一工位上分别冲切出零件前后两部分的圆弧外形。又因料厚较薄，两侧且需弯曲成形，为确保条料在冲压的连续送进过程中的强度，排样中采用中间载体加两侧辅助载体的形式。电机支架级进模条料排样图

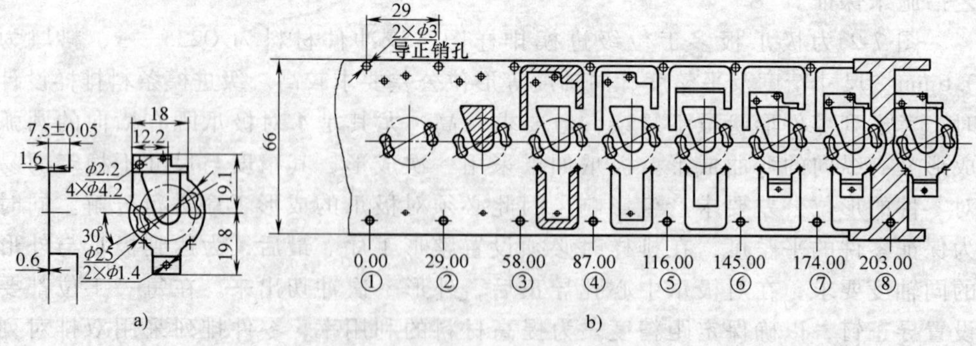

图 7-3 电机支架多工位级进模排样图

a）电机支架零件图 b）排样图

的工位组成为：①冲导正销孔与各安装孔；②冲中间工艺孔；③冲切、分离出需两侧成形的局部外形；④空工位；⑤两侧第一次成形；⑥两侧第二次成形；⑦空工位；⑧零件与载体的最后冲切分离。

7.1.5 级进模常用装置

1. 卸料装置 级进模上的卸料装置，常用的是弹压卸料板。卸料板在级进模中要求卸料平稳，有足够的卸料力。级进模中卸料板的另一个重要的作用是保护细小的凸模。级进模中经常要使用细小的凸模，由于零件形状的要求的多种多样，这些小凸模在高速连续的冲压中主要依靠卸料板对小凸模的保护，以确保有足够的使用周期。另外，在卸料板上还可以安装一些小凸模、导正销等工作部件。

在复杂的级进模中，卸料板常采用镶拼结构。在整体的卸料板基体上，根据各工位的需要镶拼卸料板镶块，镶拼块用螺钉、销钉固定在基体上。

由于卸料板的用途，特别是保护小凸模的作用，要求卸料板有很高的运动精度，为此在卸料板与上模座之间经常采用增设小导柱、导套的结构，其常用结构形式如图 7-4 所示。图 7-4a、图 7-4b 是在固定板与卸料板之间导向，图 7-4c、图 7-4d 是将上模板、固定板、卸料板、下模板都连接在一起。导柱、导套的设计可参阅相关标准，当冲压的材料厚度≤0.3mm，工位较多及精度要求高时，应选用滚珠导向的导柱、导套。一般说来，冲裁间隙在 0.05mm 以内的级进模，普遍采用滚珠导向的模架，并在卸料板上采用滚珠导向的小导柱。

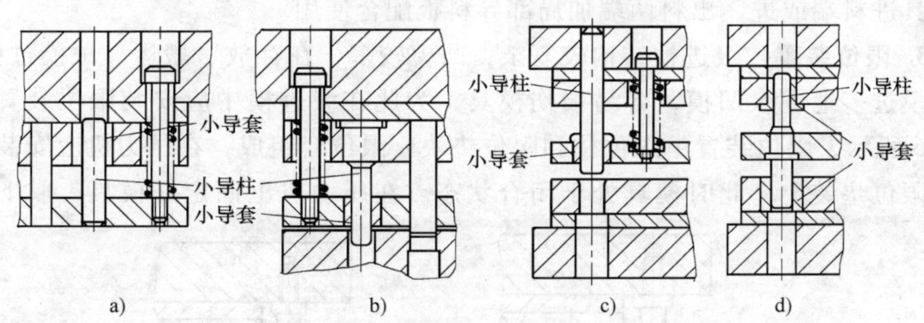

图 7-4 小导柱、导套的结构

卸料板各工作型孔应与凹模型孔、凸模固定板的型孔保持同轴，生产中常采用慢走丝数控线切割机床加工上述工件，以确保同轴度的要求。另外，卸料板各型孔与对应凸模的配合间隙值，应当是凸模与凹模间隙的 1/3 ~ 1/4 才能起到对凸模的导向和保护作用。

在设计卸料板时，其型孔的表面粗糙度 R_a 应为 0.4 ~ 0.8μm，卸料板要有必要的强度和硬度。

弹压卸料板在模具上深入到两导料板之间，所以要设计成反凸台形，凸台与导料之间应有适当的间隙。

卸料螺钉的工作长度在一副模具内必须相等，否则会因卸料板偏斜，而损坏凸模。

2. 浮料装置 级进模中若存在拉深、弯曲等工序，条料的下面就必然不平整，送进就会有障碍。对此有两条措施，一是在凹模上开槽，二是每次冲压后都用浮顶器将条料抬高，使条料在浮顶器上送进，从而避开障碍。对于前者，只能在最后几个工步采用，重要措施是采用浮顶器，浮顶器结构如图 7-5 所示。

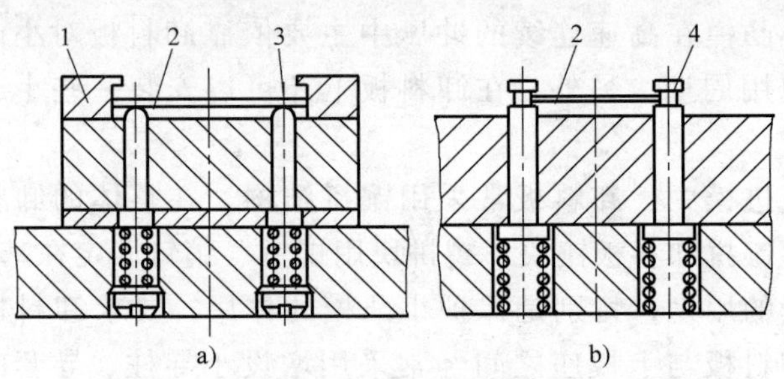

图 7-5 浮料装置

a）浮顶器 b）导向槽浮顶器

1—侧导板 2—坯料 3—抬料销 4—导向抬料销

选用图 7-5a 型浮顶器需与侧导板配合使用，图 7-5b 型导向槽浮顶器既有弹顶作用，也有取代导料板导向的作用，并可减少送进阻力。选择这种弹顶器应在模具进料端或进、出料两端加局部导料板配合使用。

3. 限位装置 级进模结构较复杂，凸模较多，在存放、搬运、试模过程中，若凸模过多地进入凹模，容易损伤模具，为此在级进模中应安装限位装置。如图 7-6 所示，限位装置由限位柱和限位垫块、限位套组成，在压力机上安装模具时把限位垫装上，此时模具处于闭合状态。在压力机上固定好模具，取下限位

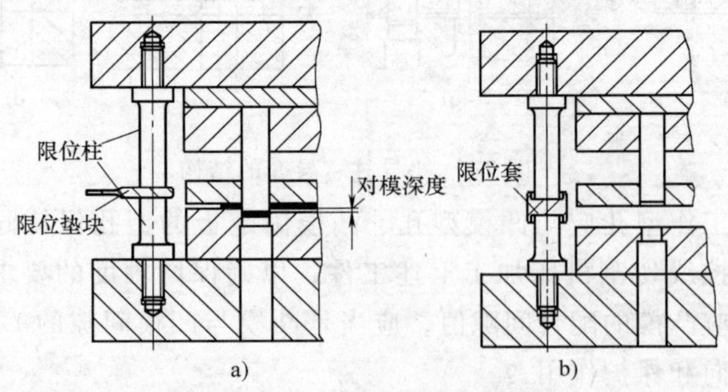

图 7-6 限位装置

a）限位垫块式 b）限位套式

垫块，模具就可工作，对安装模具十分方便。从压力机上拆下模具前，将限位套放在限位柱上，模具处于开启状态，便于搬运和存放。

4. 气动清理装置 气动清理装置从本质上讲是一种卸料出件装置，它主要完成对从模具中卸料后的零件或废料的进一步清理。因为在级进模中，当零件成形后，特别是有弯曲成形的零件从条料上切离时，往往都是一次切离几个零件，用这种方法切离的零件，基本上都不能从凹模的漏料孔中漏出，而只能从模具表面清理，而且出件必须自动进行才能满足高速生产的要求。清理的方法有各种形式，常用的是利用压缩空气把零件吹离模具表面的结构。气动卸料装置如图 7-7 所示。

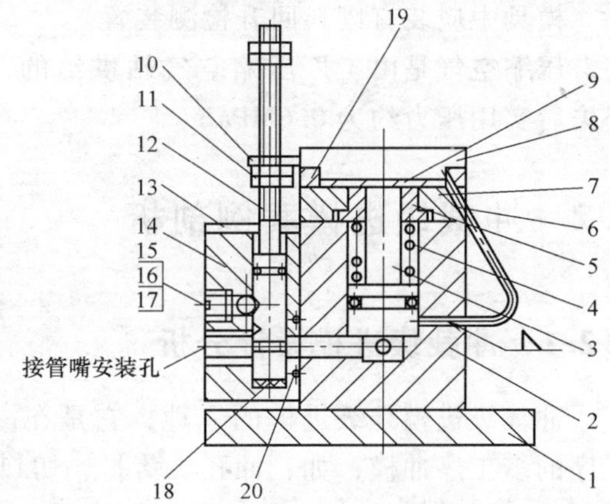

图 7-7 气动卸料装置

1—下模板 2—凹模垫板 3—顶料销 4—压簧 5—衬套 6—纯铜管 7—定位板 8—凸模 9—工件 10—拨板 11—调节螺母 12—阀心 13—压板 14—阀体 15—钢珠 16—压簧 17—螺钉 18—橡胶垫 19—凹模板 20—密封圈

当压力机滑块行至下死点，工件 9 被从载体切离，同时拨板 10 使阀心 12 下移，开通气路，压缩空气进入顶料销 3 下端的气室，随着压力机滑块上行，一方面压缩空气推动顶料销 3 克服弹簧 4 的压力，使工件 9 与凹模板 19 和定位板 7 脱离，完成卸料功能，另一方面，压缩空气通过紫铜管成一定角度吹出，一是使工件 9 与凸模分离，二是将工件 9 吹出模具表面，完成了卸料及出件，见图 7-8a。

图 7-8b 为滑块行至上死点。此前工件已被从模具表面吹离，拨板 10 使阀心 12 上移，关闭气路，弹簧 4 使顶料销 3 复位，继续进料，滑块下行，至图 7-7 状态，进入下一工作循环。

制造气阀时，阀心 12 和阀体 14 采用 H7/h6 配合，内径需加研磨。

凸模刃口端设有弹性顶件销 3，装配用螺钉、销子。图 7-7 中

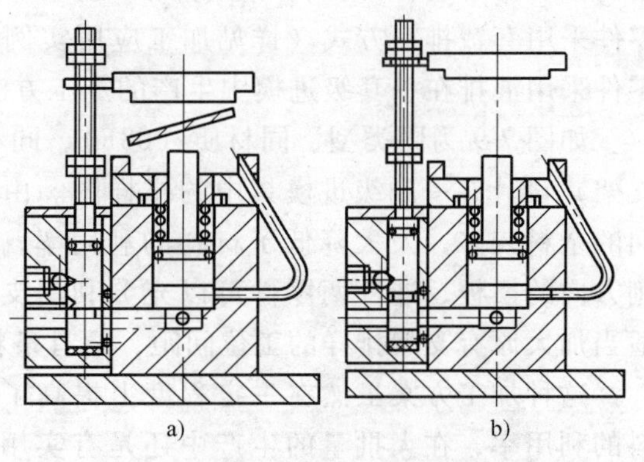

图 7-8 气动卸料过程

a）卸料清理状态 b）滑块位置上死点状态

气室中有多个出件结构的通气孔，共用一个气阀控制。

气阀安装位置应与切离工位间隔 2 ~ 3 工位，便利出件。

模具中应装有废料回升检测装置。

压缩空气是由工厂压缩空气站供给的，供给气压为 0.7 ~ 0.8MPa，经管路损失后实用压力约为 0.6MPa。

7.2 冲裁级进模案例剖析

7.2.1 冲裁级进模设计分析

冲裁级进模是级进模的一种，它是在一副模具内完成两个或两个以上分离工序的多工序冲模，如：冲孔、落料、切口、切断等。与其他类型级进模相比，其结构相对要简单些。其加工顺序一般为：先冲孔，随后再冲切外形余料，最后再从条料上冲下完整零件。

与其他众多类型的级进模一样，采用级进模加工工艺需重点考虑材料利用率的提高，材料利用率不高是级进模加工的重要缺陷之一。

在冲压加工中，材料消耗费用占到总成本的60% ~75%，因此每提高1%的材料利用率，将会使成本降低0.6%以上，如何尽可能地提高材料利用率是对不论采用何种冲压加工方法的零件都必须认真对待的问题，而对级进模加工，这一问题就显得更为重要，尤其在成批和大量生产中，合理利用材料产生的经济效益更为突出。由于不同零件的形状存在很大的差异，既要保证零件的质量又要提高材料的利用率确实存在一定的困难。

在生产中，根据不同零件的结构，通常采用以下几种措施：优化排样，采用拼裁、拼切组合排样，尽量采用少废料、无废料排样方式；对同料厚的几种零件采用套裁排料方式（详见加工应用实例 6.2.2）；对同材质、同料厚的不同零件采用混排在一套级进模中生产的加工方法来提高材料利用率。

如图 7-9 为同类型、同材质（08F）、同料厚的 3 种冲制零件（连杆、摆板、支架）设计在一副级进模具中的排样图。由于支架零件单列排样后发现各工位间的余料较多，大大降低了材料的利用率，而同类型、同材质、同料厚、同毛刺方向的摆板、连杆两零件可以充分利用支架排样工位间的余料来冲制，只须适当加大原有支架排样的工位间距，原有条料的宽度尺寸不变。

这种加工方案虽然在一定程度上提高了模具的制造难度，但大大提高了材料的利用率，在大批量的生产中还是有实用价值的。三件合一级进模排样图的工位组成为：①冲支架孔及 3 种零件局部外形（利用支架上的 ϕ7.2mm 及 ϕ3mm 孔作导正销孔定位）；②3 种零件的局部外形、形孔冲切；③3 种零件的局部外形、形孔冲切；④支架外形的局部冲切、摆板及连杆的弯曲成形；⑤连杆与载体冲切分离、支架局部外形成形；⑥支架、摆板与载体冲切分离。

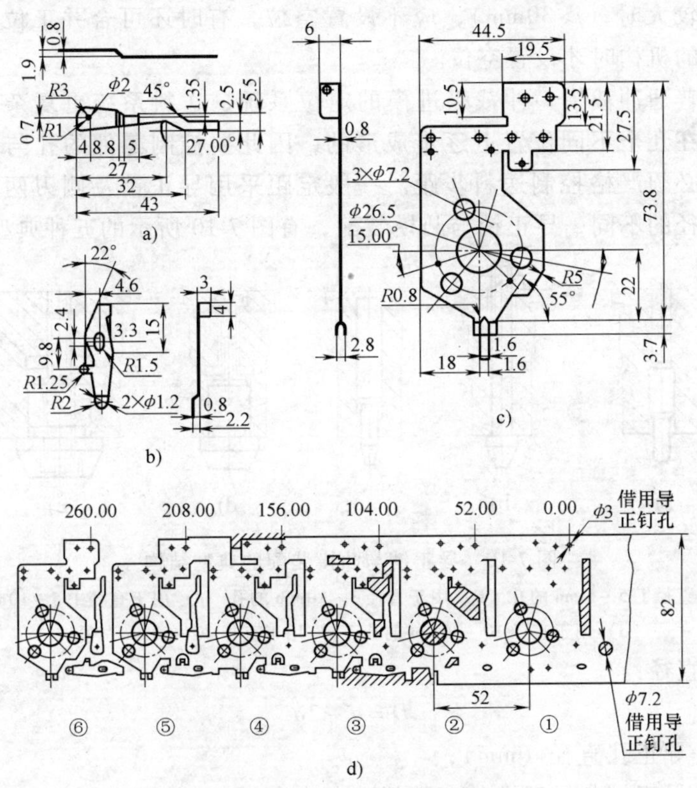

图 7-9 三件合一多工位级进模排样图

a) 连杆零件图 b) 摆板零件图 c) 支架零件图

d) 3 种零件由同一副级进模冲出的排样图

从该排样图可看出工序排列紧凑，实用，工位数仅需 6 个。

在多品种、同类型、大批量零件生产的情况下，生产中不仅采用不同零件混排的方式加工，而且大量使用硬质合金模生产，参见加工应用实例 7.2.2。

此外，在进行冲裁级进模设计时，在工位设置上注意遵循下述原则：

1）冲裁工序应尽量避免采用复杂形状的凸模，宁可多增加一个冲裁工序，以简化凸模形状。

2）为了防止在落料时引起离边缘很近的内孔发生变形，可将孔旁的外缘以冲孔方式先于内孔冲出。

3）对齿形、有较高直线度、线轮廓度及其局部有较高相对位置要求的内、外形，应考虑在同一个工位上冲出，以保证精度。

4）冲裁件孔壁、孔边厚度小于料厚，不足 2mm，应分步在两个工位上冲出，以增强凹模强度。

5）当步距太小时（≤5mm）应适当多设置几个工位，以增强冲裁凹模的强度；当步距较大时（>30mm），应不设置空位，有时还可合并工位，只有在难以安置必要的机构时才设置空位。

相对于普通冲裁模，冲裁级进模的定位系统、送料系统更复杂些。由于冲裁件是依次在几个不同位置上逐步成形的，因此要控制零件的孔与外形的相对位置精度就必须严格控制送料步距。一般定距采用导正销及侧刃两种类型。根据导正孔直径的不同，导正销与凸模装配，有图7-10所示的五种典型结构。

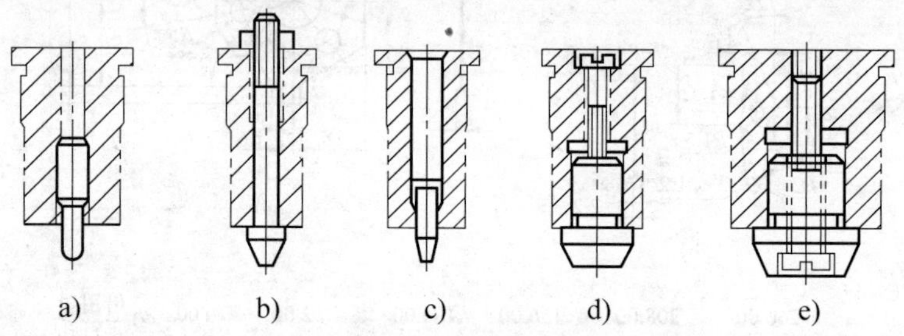

图7-10 导正销与凸模装配的典型结构

a）用于直径1.5～6mm的孔 b）用于直径3～10mm的孔 c）用于直径1.5～10mm的孔 d）用于直径10～30mm的孔 e）用于直径20～50mm的孔

导正销直径：

$$D = d - 2a$$

式中 d——导正孔直径（mm）；

$2a$——导正销与导正孔的双面间隙，查表7-2。

表7-2 导正销与导正孔的双面间隙 2*a* （单位：mm）

材料厚度 t	导正孔直径 d						
	≥1.5～6	>6～10	>10～16	>16～24	>24～32	>32～42	>42～50
≤1.5	0.04	0.06	0.06	0.08	0.09	0.10	0.12
>1.5～3	0.05	0.07	0.08	0.10	0.12	0.14	0.16
>3.0～5.0	0.06	0.08	0.10	0.12	0.16	0.18	0.20

导正销圆柱部分的高度 h 按材料厚度和导正孔直径确定，见表7-3。

表7-3 导正销圆柱部分的高度 *h* （单位：mm）

材料厚度 t	导正孔直径 d		
	≥1.5～6	>10～25	>25～50
≤1.5	1	1.2	1.5
>1.5～3	0.6t	0.8t	t
>3.0～5.0	0.5t	0.6t	0.8t

侧刃的基本尺寸等于步距的基本尺寸，其偏差值一般为 ±0.01mm。在有导正销时，侧刃的基本尺寸等于步距的基本尺寸加 0.05 ~0.10mm，制造偏差取负值，一般取 0.01 ~0.02mm。

侧刃工作部分的形式如图 7-11 所示。

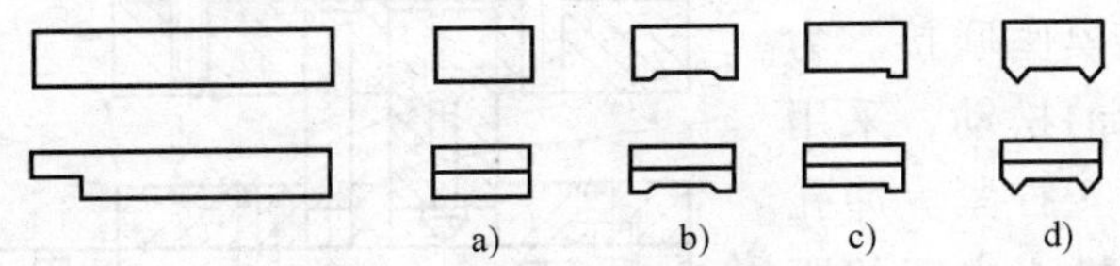

图 7-11　侧刃工作部分形式

a）简单侧刃　b）、c）加宽侧刃　d）成形侧刃

图 7-11a 所示侧刃制造简单，由于制造误差和侧刃变钝，在冲料接缝处易产生毛刺，影响定位精度；图 7-11b、c 所示侧刃虽制造困难，条料宽度增加，但可以避免上述缺点，定位准确；图 7-11d 所示为成形侧刃，主要根据工件要求决定。

又由于级进模加工往往与自动送料结合起来，根据送料方式的不同，送料主要分自动送料和手工送料两种。

根据零件的尺寸大小、加工精度、材料种类以及原材料的类型、状态等决定零件的送料及定位。一般来讲，主要考虑以下问题：

1）板裁条料广泛用于中小型冲裁件成批和大量生产，多采用手工送料，但与模具附设的送料装置配合使用也能实现自动送料（详见第 8 章）；带料和卷料适用于料厚 $t \leqslant 2$mm 的中小型冲裁零件大量生产，常采用自动送料。当配用通用自动送料装置时，可用送料装置控制送料进距，当定位精度要求不是很高时，可不用再在冲模上安装送料定位系统；当定位精度要求很高时，一般在模具上安装导正销导正，定位精度可达 ±0.02mm 以上。

2）以固定挡料销与始用挡料销构成的定位系统，多用于手工送料，大多用板材条料或带料加工。送料至固定挡料销必须将材料抬起，越过挡料销才能靠搭边定位，定位精度可达 ±0.3mm 左右。若增加导正销可校准送料步距，定位精度可达 ±0.15mm 左右。

3）用侧刃切边定位既适于手工送料，更适于自动送料。送进原材料只用贴着凹模表面，紧靠导料板送进，生产效率高。

生产中广泛采用单侧刃或双侧刃进行粗定位，再用导正销进行导正的定距方式。当采用滚珠导柱模架并选用结构合理适宜的导正销时，能使定位精度达到 ±0.002mm 左右。对零件外形尺寸较大，生产批量不大的加工，一般采用挡料销或始用挡料销，用手推动作粗定位，后续工序也可用导正销进行精定位。

上述送料、定位系统的设置不仅适用于冲裁级进模，对其他种类级进模也同样适用。

图 7-12 所示为用导正销定距、手工送料的冲孔、落料级进模。其零件如图中右上角所示。上、下模用导板导向。模柄 1 用螺纹与上模座联接。为防止冲压中螺纹的松动，采用骑缝的紧定螺钉 2 拧紧。冲孔凸模 3 与落料凸模 4 之间的距离就是送料步距 A。

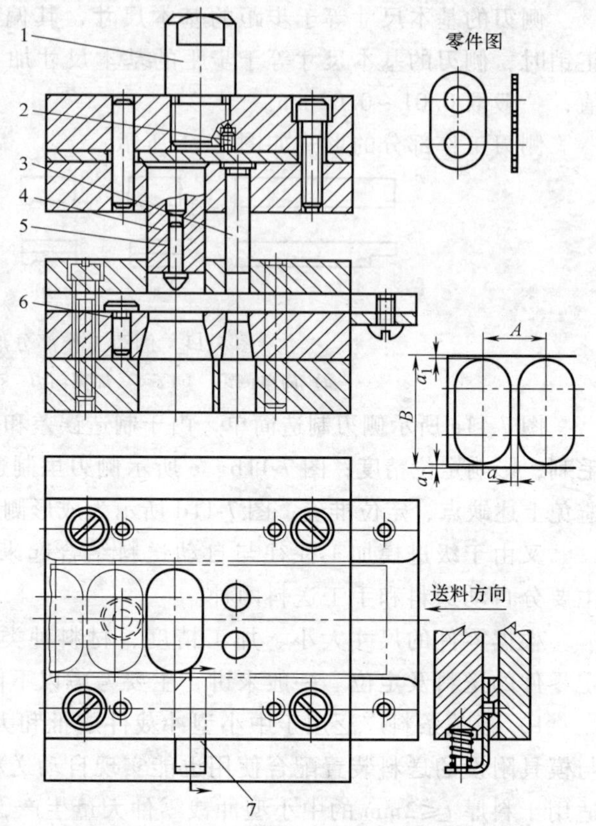

图 7-12 用导正销定距、手工送料的冲孔、落料级进模

1—模柄 2—螺钉 3—冲孔凸模 4—落料凸模 5—导正销 6—固定挡料销 7—始用挡料销

送料时，由固定挡料销 6 进行初定位，由两个装在落料凸模上的导正销 5 进行精定位。导正销与落料凸模的配合为 H7/r6，其连接的结构应保证在修磨凸模时装拆方便，因此落料凸模安装导正销的孔是一个通孔。导正销头部的形状应有利于在导正时插入已冲的孔，它与孔的配合应略有间隙。为了保证首件的正确定距，在带导正销的级进模中，常采用始用挡料装置。它安装在导板下的导料板中间。在条料冲制首件时，用手推始用挡料销 7，使它从导料板中伸出来抵住条料的前端即可冲第一件上的两个孔。以后各次冲裁时就由固定挡料销 6 控制送料步距作初定位。

图 7-13 所示为带双侧刃定距的冲孔、落料级进模。这副模具所冲零件如图中的右上角所示。根据零件的形状与尺寸，为提高材料的利用率，采用了斜对排的排样方式。在上模的凸模固定板中，共安装了六个冲孔凸模 1、两个落料凸模 2 以及两个侧刃 3。双侧刃采用前后错开排列。

第一次冲裁时，条料抵在左侧刃的凸肩 M 处，冲出三个孔及左边一狭条。第二次冲裁时，落一个已冲过孔的料，同时又冲出三个孔。第三次冲裁时，落第二个料，并在右边冲去一个狭条。以后在每次冲裁时都同时冲两件的孔、落两件的料，并在左右各冲去一狭条来定距。每次送料时，条料上的左、右凸肩分别抵住导料板中的凸肩 M 和 N，每冲一次可以得到两个冲裁件。

导料板中的凸肩 M 和 N 对于送料步距的控制起着重要作用。为了提高其耐磨性，在此镶有淬火钢制作的镶块 5。该模具可以采用手工送料，当为带料或卷料时，也可直接实现自动送料。

图 7-13 所示模具也可采用单侧刃定位，但条料冲完最后一件上的孔时，条料的狭边被冲完，于是在条料上不再存在凸肩，在落料时无法再定位，所以末件是废品。因此生产中，常采用错开排列的双侧刃，一个侧刃排在第一个工作位置或其前面，另一个侧刃排在最后一个工作位置或其后面，以避免条料末端的浪费。有时，为提高送料精度，使送料时条料不致歪斜，也有将左、右两侧刃并排布置的。

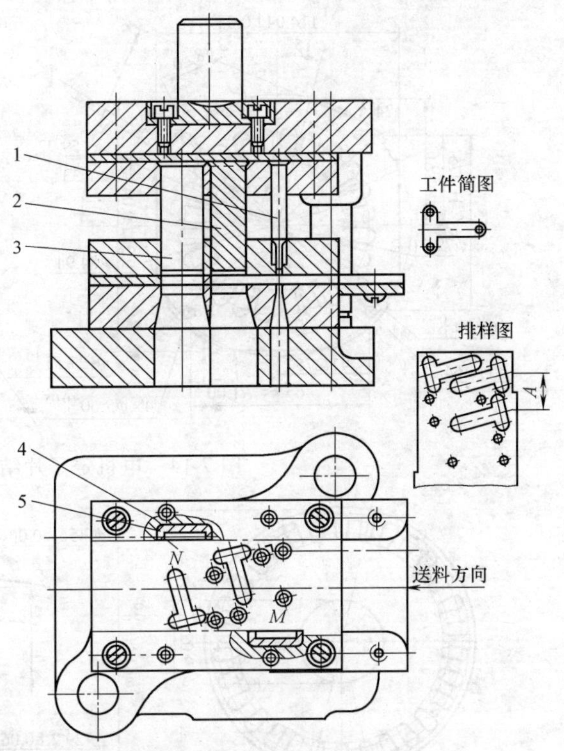

图 7-13　带双侧刃定距的冲孔、落料级进模

1—冲孔凸模　2—落料凸模　3—侧刃

4—导料板　5—镶块

在生产中，冲裁级进模加工不仅仅用于零件的冲孔、落料等的加工，对板料上的沉孔，为提高生产效率及加工质量，也常采用冲压加工，加工实例参见 7.2.3。

7.2.2　双排无搭边定转子硬质合金级进模设计

1. 零件结构　图 7-14、7-15 为电机定、转子片结构简图，采用 0.5mm 厚的 50W540 硅钢片制成，大批量生产。

2. 排样　分析两零件结构，很容易发现电机转子外形与定子内孔尺寸相同。根据客户的机床和产品特点，经过优化排样后，采用图 7-16 所示的无搭边、双排搭接式排样，即采用料宽 225.05mm，步距为 114.04mm 的卷料加工。

若采用常见的带搭边双排排样，其料宽为 119.3mm×2+4.5mm（搭边）=243.1mm，步距为 114.04mm+1.5mm（搭边）=115.54mm。

3. 模具结构　模具结构如图 7-17 所示。

该模具在引进的澳大利亚的 PDA—200L 高速冲床上使用，工作台面为

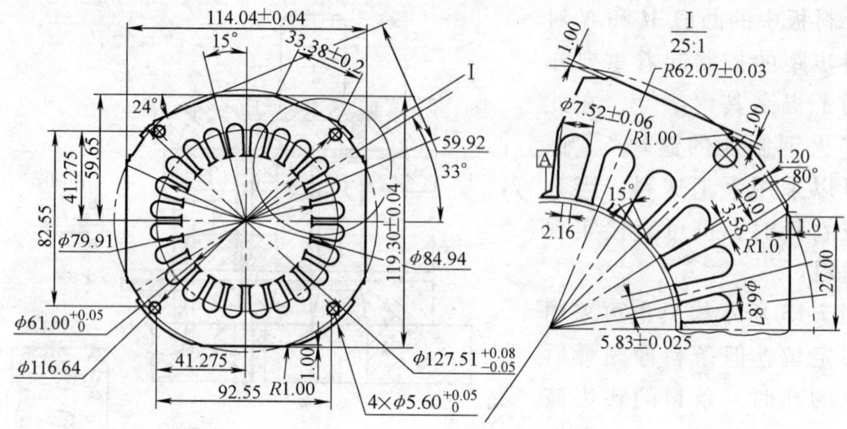

图 7-14　电机定子片结构图

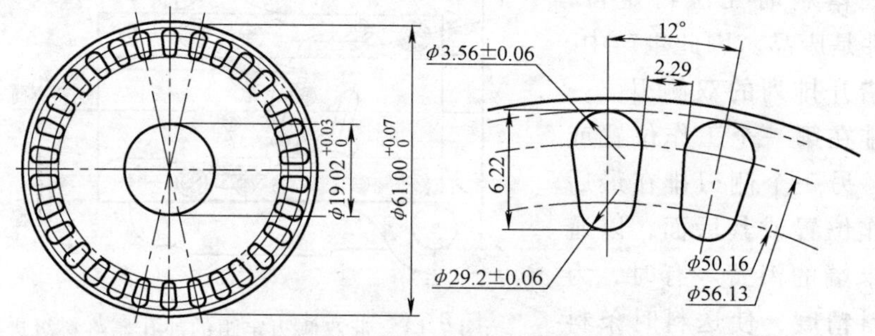

图 7-15　电机转子片结构图

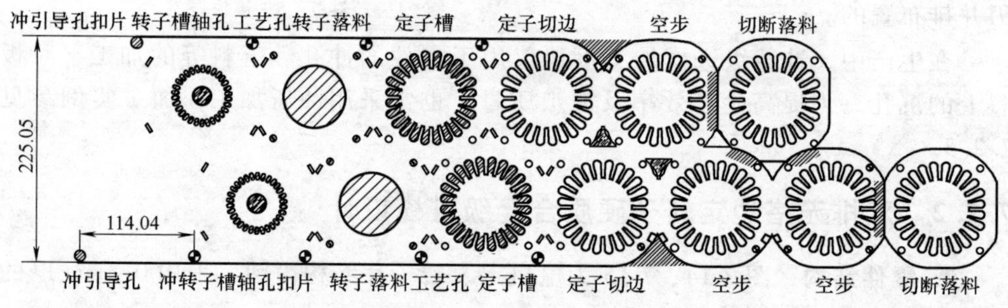

图 7-16　双排搭接式排样

2000mm × 1000mm，最小闭合高度为 410mm，最大闭合高度为 470mm，模具冲速为 150 ~ 300 次/min，故需具备良好的刚度，稳定可靠且卸料和安全保护及时。

加工时，利用导料板 24、25、26 进行粗定位，以导销 29、46、49 进行精定位，依排样图要求在各个工位依次进行冲切。

4. 设计要点

1）模架的导向结构采用 6 组 ϕ55mm 的滚珠导柱、导套、卸料板起精密导

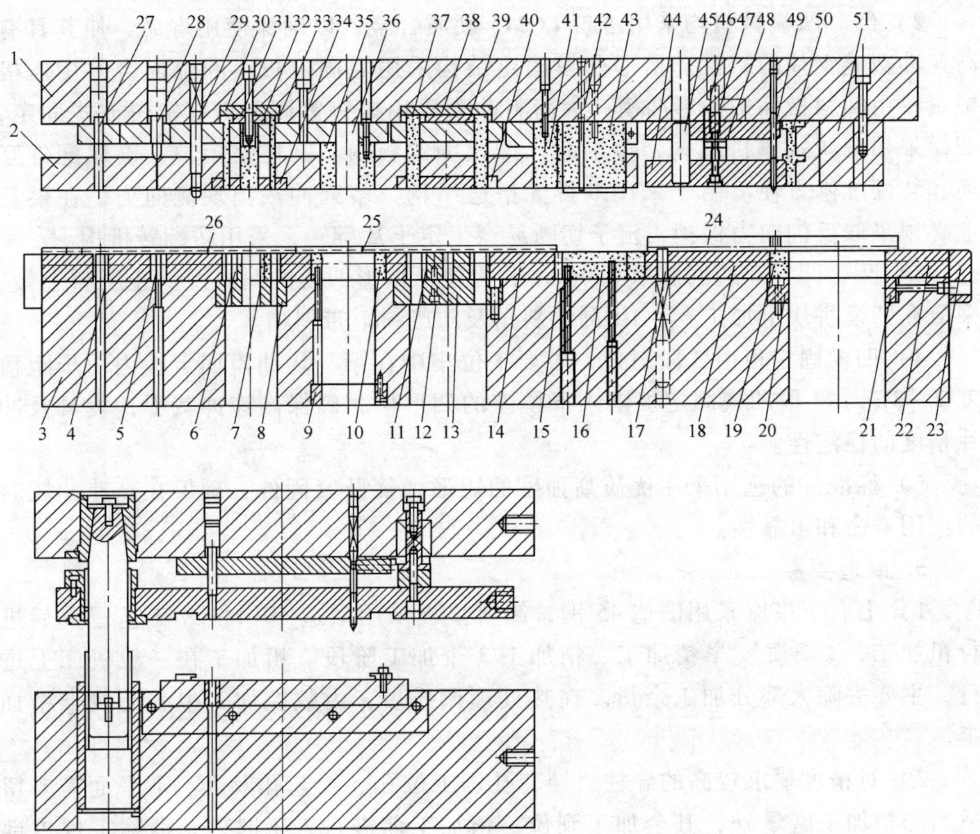

图 7-17　模具结构简图

1—上模座　2—卸料板　3—下模座　4—导销孔凹模　5—扣片凹模　6—转子槽凹模　7—轴孔凹模　8—转子槽凹模垫板　9—转子落料下挡圈　10—转子落料凹模　11—定子槽凹模拼块　12—定子槽凹模定位芯　13—定子槽凹模垫板　14、18、22—凹模固定板　15、16—定子切外形凹模　17—顶料杆　19—定子切断凹模　20—定子切断凹模垫板　21—定子切断反侧卡板　23—凹模固定板挡板　24、25、26—导料板　27—冲导销孔凸模　28—扣片凸模　29、46、49—导销　30—转子槽凸模垫板　31—轴孔凸模垫板　32—轴孔凸模　33—转子槽凸模　34—转子槽卸料板　35—转子落料凸模　36—转子落料凸模定位芯　37—定子槽凸模　38—定子槽凸模定位芯　39—定子槽凸模垫板　40—定子槽卸料板　41—定子切外形凸模　42—定子切断凸模卸料杆　43、50—定子切断凸模　44—定子切断卸料板　45—小导销　47、48—卸料组件　51—定子切断凸模固定板

向作用，装入级进模的每对导销、导料板，装配前经过严格筛选，材料采用 GCr15，配合过盈量为双边 0.02～0.025mm。上、下模座材料采用锻造 45 钢，经过调质、时效处理。卸料板主体采用40Cr 钢，分体卸料板、导料板、固定板、垫板、顶料杆均采用 Cr12MoV 和 CrWMn 合金工具钢制造。

2）凸、凹模材料均采用进口 LC215 硬质合金，以确保使用寿命，使其具有高速冲裁硅钢片的特性。槽形凸模固定结构采用与固定板小间隙配合并用压板锁紧，由卸料板保护圆形凸模，大落料凸模采用螺钉紧固，销钉定位方式固定，凹模采用分块式镶拼结构，分别装入凹模固定板内，圆柱销定位，确保配件互换和装配维修方便。由于采用双排无搭边结构，多处冲裁出现侧向力，在模具上必须采取反侧向力保护，定子切断易产生定子片翻转，采用防翻转机构。

3）凸、凹模双边间隙取 0.06mm，为便于槽形凹模的漏料及防止废料上带，采取在凹模拼块上加工 6′～10′漏料斜角及防废料上带斜槽。

4）凹模固定板由 3 段组成，主要工位集中在第一块凹模固定板内，步距精度 2～3μm。3 段凹模固定板镶入下模座的凹形槽，确保高速冲裁下，模具及冲片精度的稳定性。

5）标准件的选用采用优质高强度的矩形弹簧及紧固件，确保在高速冲压时的使用寿命和可靠性。

5. 制造要点

1）上、下模座采用锻造 45 钢，卸料垫板采用锻造 40Cr 钢，工艺退火后进行粗加工、（调质）半精加工、精加工 3 个加工阶段。粗加工在一般机床上进行，主要去除大部分加工余量。在热处理调质后，由数控加工中心完成半精加工。

2）对精度要求较高的导柱、导套孔、工位孔、工艺孔及上、下平面需要留适当的精加工磨量外，其余加工到位，精加工前进行人工时效，消除零件内部应力。精加工在精密平面磨床上磨两平面，达到平行度公差不大于 0.02mm 后，在精密数控坐标磨床上加工导柱孔、导套孔、工位孔、销孔、装凹模固定板的凹型槽，孔位精度为 ±0.002mm。

3）分体卸料板、凸模固定板、凹模固定板经锻造退火、粗加工后调质、半精加工后淬火、精加工前时效等工艺处理。分别采用精密数控慢走丝线切割机、精密数控坐标磨床等高精度设备上精加工，确保零件的使用性能稳定、精度可靠。

4）槽型凹模拼块是定转子铁心硬质合金级进模的关键部件。定、转子槽形拼块的数量按冲片上的槽数在槽形中心位置对分拼块。拼块的加工用精密数控慢走丝切割机床切割定子、转子的槽形刃口、漏料斜角及每件拼块的扇形四侧面，双边留 0.07mm。用工具成型磨床加工精密拼块的扇形四侧面，每面留研磨量 3μm；用光学曲线磨床精磨槽形刃口与斜角，每面留研磨量 2μm，研磨后拼块达到技术参数。

6. 使用效果　该模具一次试模成功，已替代进口模具。

7. 本例设计总结　级进模加工的最大问题是材料利用率低，而采用几种产品混排无疑是增加材料利用率的有效方法，但同时也会增加模具制造的难度。

7.2.3 定位板冲孔、锪孔、落料级进模

1. 零件结构 图 7-18 为定位板结构简图，采用 4mm 厚的 2A12（LY12）制成。零件上有两处 $\phi 4.5$mm 并锪 $\phi 9$mm $\times 90°$的孔，零件生产批量较大。

2. 加工工艺分析 根据零件结构，决定设计一副级进模，采用冲孔-锪孔-落料连续冲压工艺，以提高产品质量和劳动生产率。排样图如图 7-19 所示。

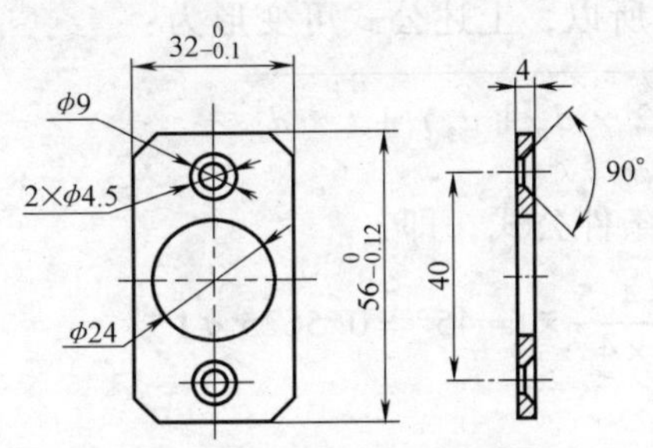

图 7-18 定位板结构简图

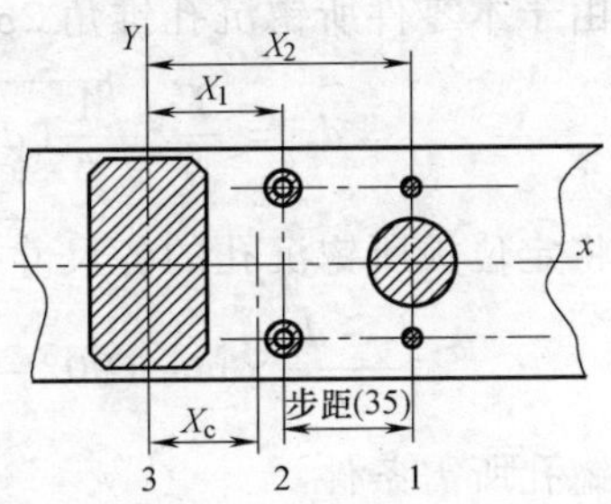

图 7-19 排样图

共分 3 个工位，即先冲出 $\phi 24$mm 及 $2\times\phi 4.5$mm 的预冲孔，再由 $2\times\phi 4.5$mm 的预冲孔定位进行锪孔，在第 3 工位落料。

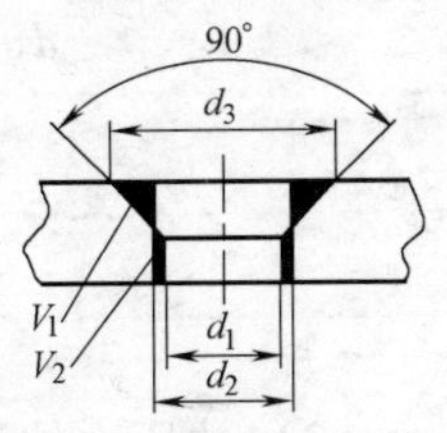

图 7-20 锪孔预冲孔孔径的确定

3. 工艺计算

（1）$\phi 4.5$mm 预冲孔孔径的确定（见图 7-20） 正确计算 $\phi 4.5$mm 预冲孔孔径 d_2 是保证锪孔质量的关键，一般根据冲压前后体积不变的原则确定，即 $V_1 = V_2$。

根据上述原则，所锪锥角为 2α 的沉孔时，预冲孔直径 d_2 值可用下述公式计算：

$$d_2 = \frac{1}{\sqrt{t}}\sqrt{\frac{1}{6}(d_3 - d_1)^2(2\times d_1 + d_3)\tan(90° - \alpha) + t\times d_1^2}$$

式中 d_1——图中所需加工的孔径（mm）；

d_2——锪孔所需预冲孔径（mm）；

d_3——90°锪孔外径（mm）；

t——料厚（mm）。

由于沉孔的深度和沉孔的角度大小与材料厚度及其力学性能有关，它直接影响到沉孔零件的平直度和圆柱度，因此，锪孔需满足下式条件，即：

$$\frac{d_3 - d_1}{2t}\times\tan(90° - \alpha) < 1$$

在设计生产过程中，发现锪 90°沉孔时，V_1 这部分体积并不完全转移到 V_2 处，d_2 值可通过乘经验修正系数 k 进行修正，即按下式的经验公式进行计算：

$$d_2 = \frac{k}{\sqrt{t}}\sqrt{\frac{1}{6}(d_3 - d_1)^2(2\times d_1 + d_3)\tan(90° - \alpha) + t\times d_1^2}$$

式中 k——修正值，一般取 0.95～1，对 10、08F 等塑性较好的钢且沉孔深度不大时，修正值取大值，否则取小值，为获得较精确的修正值，也可直接通过试验来确定。

由于本零件所锪沉孔锥角 2α 为 90°，所以，上述公式可变形为：

$$d_2 = \frac{k}{\sqrt{t}}\sqrt{\frac{1}{6}(d_3 - d_1)^2(2\times d_1 + d_3) + t\times d_1^2}$$

将定位板所锪沉孔的各尺寸代入锪孔条件公式，即：

$$\frac{d_3 - d_1}{2t}\times\tan\ (90° - \alpha)\ = \frac{9-4.5}{2\times 4}\times\tan 45° = 0.5625 < 1$$

满足锪孔所需条件。

因此，ϕ4.5mm 预冲孔径 d_2 可利用公式计算：

$$d_2 = \frac{k}{\sqrt{t}}\sqrt{\frac{1}{6}(d_3 - d_1)^2(2\times d_1 + d_3) + t\times d_1^2}$$

$$= \frac{0.95}{\sqrt{4}}\sqrt{\frac{1}{6}\ (9-4.5)^2\ (2\times 9 + 4.5)\ + 4\times 4.5^2}$$

$$= 5.6\text{mm}$$

（2）冲压力的计算

1）冲孔力。由于模具在第 1 工位冲 3 个孔，即 2 个 ϕ5.6mm 孔和 1 个 ϕ24mm 孔，冲孔力按下式计算：

$$F_{冲} = 1.3\pi dt\tau$$

式中 d——冲孔时圆孔的周长（mm）；

t——板料厚度（mm）；

τ——材料抗剪强度（N/mm²），2A12（LY12）的 τ 为 280N/mm²。

计算得冲孔力

$$F_{冲} = F_{冲1} + F_{冲2} = 1.3\pi\times 24\times 4\times 280\text{N} + 2\times 1.3\pi\times 5.6\times 4\times 280\text{N}$$
$$= 161010.4\text{N}$$

2）锪孔力。

$$F_{锪} = A_0\sigma_s$$

式中 A_0——工件锪孔处水平投影面积（mm²）；

σ_s——冲压材料的屈服强度（N/mm²），2A12 材料的 σ_s 为 340N/mm²。

计算得锪孔力：

$$2F_{锪}=2A_0\sigma_s=2\times\frac{\pi\times d_2^2}{4}\sigma_s=2\times\frac{\pi\times 9^2}{4}\times 340\text{N}=43259.7\text{N}$$

3）落料力。

$$F_{落}=1.3Lt\tau$$

式中 L——落料时工作的周长（mm）；

t——板料厚度（mm）；

τ——材料抗剪强度（N/mm^2），2A12（LY12）的 τ 为 280N/mm^2。

计算得落料力：

$$F_{落}=1.3\times 2\times(32+56)\times 4\times 280\text{N}=256256\text{N}$$

总的冲压力：

$$F_{总}=F_{冲}+F_{锪}+F_{落}=161010.4\text{N}+43259.7\text{N}+256256\text{N}=460526.1\text{N}$$

所以选用 80t 冲压设备可满足要求。

（3）压力中心的计算　由于本零件冲压力仅须考虑 X 轴向值（见图 7-19），设模具压力中心坐标为 X_C，根据“对同一轴线的分力之和的力矩等于各分力矩之和”原理，冲模压力中心坐标按下式确定：

$$X_C=\frac{2F_{锪}X_1+F_{冲}X_2}{F_{落}+2F_{锪}+F_{冲}}$$

式中 X_1、X_2 为各轮廓线段重心位置到 Y 轴距离（mm）。

计算得：

$$X_C=\frac{43259.7\times 35+161010.4\times 70}{256256+43259.7+161010.4}\text{mm}=27.7\text{mm}$$

可得冲模压力中心位于图 7-19 所示第 3 工位中心线右侧 27.7mm 处。

4. 模具结构　设计的冲孔、锪孔、落料级进模结构如图 7-21 所示。

采用对角线导柱导套模架，压力中心 27.7mm。冲孔凸模 15、16，锪孔凸模 19 及落料凸模 21 组装在凸模固定板 6 上，卸料板 8 在冲压过程中起压紧工件条料和卸料作用，采用橡胶卸料。下模部分有导板 10 和弹簧片 20 起侧向定位，定位销 18 依靠弹簧 17 对两孔 ϕ5.6mm 起定位作用。

模具工作时，条料沿导板 10 手动进给，靠导板 10 和弹簧片 20 起侧向定位作用，条料在第 1 工位冲出 2×ϕ5.6mm 孔及 ϕ24mm 孔，当条料进入第 2 工位时，定位销 18 进入 2×ϕ5.6mm 孔，锪孔凸模 19 在已冲制孔上锪出 ϕ9mm×90°孔，锪孔凸模锥体部分表面粗糙度应比零件所需要的表面粗糙度低 2 级为宜，在第 3 工位落料后零件由底孔中落下。

5. 使用效果　该模具能明显提高零件质量及生产效率。

6. 本例设计总结　在板料上锪孔，比较常用的加工方法是在落料后的坯件

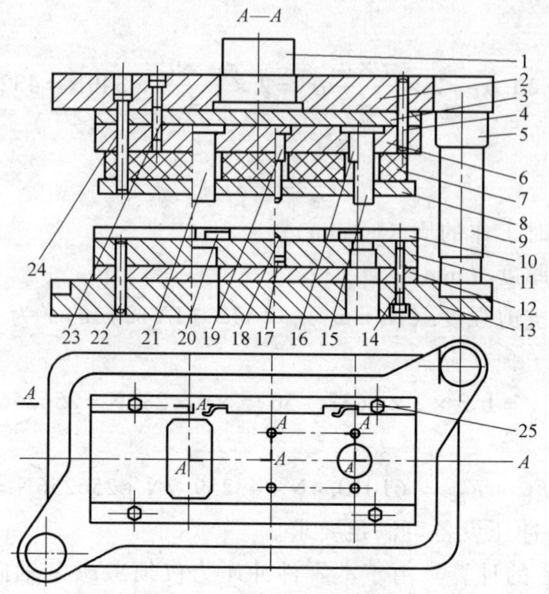

图 7-21　冲孔、锪孔、落料级进模结构简图

1—模柄　2—上模座　3—上垫板　4、22—固定销　5—导套　6—凸模固定板　7—橡胶　8—卸料板　9—导柱　10—导板　11—下模板　12—下垫板　13—下模座　14、23、24、25—螺钉　15、16—冲孔凸模　17—弹簧　18—定位销　19—锪孔凸模　20—弹簧片　21—落料凸模

上先采用钳工钻底孔，然后锪孔，工序多、生产效率低，而且零件的质量往往不够稳定。采用冲孔锪孔落料级进模，能显著提高零件的加工质量及生产效率。

7.3　冲裁、弯曲级进模案例剖析

7.3.1　冲裁、弯曲级进模设计分析

冲裁、弯曲级进模是在一副模具内完成至少各一个冲裁、弯曲工序的多工序冲模，是级进模的一种。相对于冲裁级进模，其模具结构更为复杂。由于在同一套级进模中，要完成冲裁、弯曲工序，为保证弯曲变形的顺利进行，应合理安排弯曲部位及其冲裁的先后关系。一般说来，应先冲孔和弯曲部分的外形余料，再进行弯曲，后冲靠近弯边的孔和侧面有孔位精度要求的侧壁孔，最后分离冲下零件；其次，为保证条料的正常送进及送料精度（定位），送料系统及定位系统的正确设计变得更为关键。

(1) 浮顶器　由于弯曲将造成零件在条料上形成高低不平，为保证条料的正常送进，一般需采用条料浮顶器将成形部分托至凹模工作表面以上。浮顶器

可选用 T10A、Cr12MoV 制作，热处理硬度为 56～60HRC。

采用 7-5a 所示的浮顶器，则需保证加工条料与各工作零件的关系，如图 7-22 所示。

采用 7-5b 所示导向槽浮顶器，各部分的尺寸关系见图 7-23。

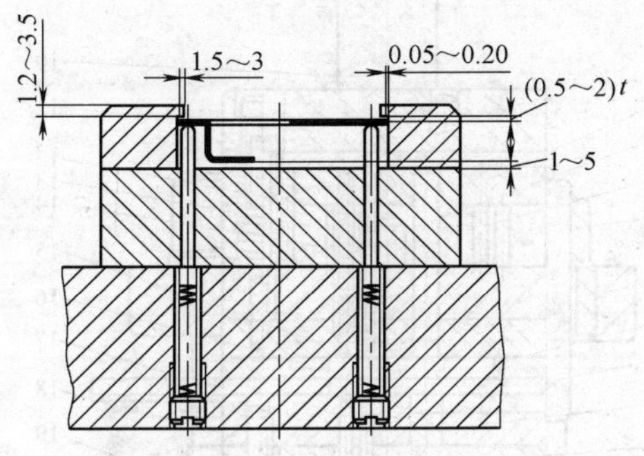

图 7-22　浮顶器与各工作零件的关系

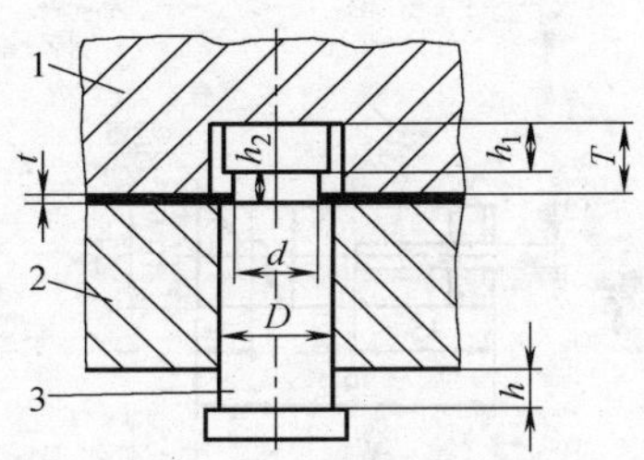

图 7-23　导向槽浮顶器各部分的尺寸关系

导向槽宽　　$h_2 = t +（0.6～1）$ mm

槽深　　$\frac{1}{2}（D-d）=（3～5）t$

头高　　$h_1 = 2～3$mm

卸料板孔深　　$T = h_1 +（0.3～0.5）$ mm

浮动高度　　h = 需抬出凹模的最大高度 +（2～3）mm

浮顶器的外径　　D 按结构设计和顶出部分的尺寸决定。

（2）载体　为保证条料的送进的强度和刚度，应正确选用载体。

1）对于冲裁、弯曲类的多工位级进模，若弯曲线的方向垂直于送料方向可选用双侧载体的排样方式。如图 7-24a 所示零件，可采用图 7-24b 所示双侧裁体零件排样。

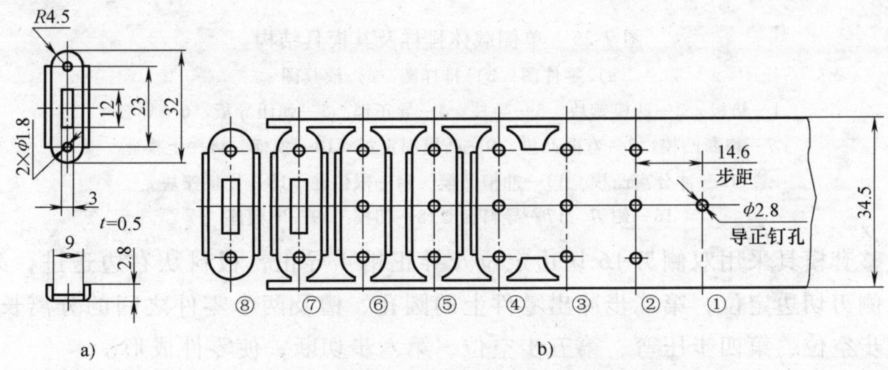

图 7-24　冲裁、弯曲类零件的双侧裁体排样示意图

a）零件图　b）双侧裁体排样示例

2）零件的一端需要弯曲的场合，选用单侧载体排样方式。这种载体形式的导正孔只能设置在单侧载体上，对条料的导正与定位都会造成一些困难，在设计中要给予注意。图 7-25 为该类零件的排样方式及模具结构。

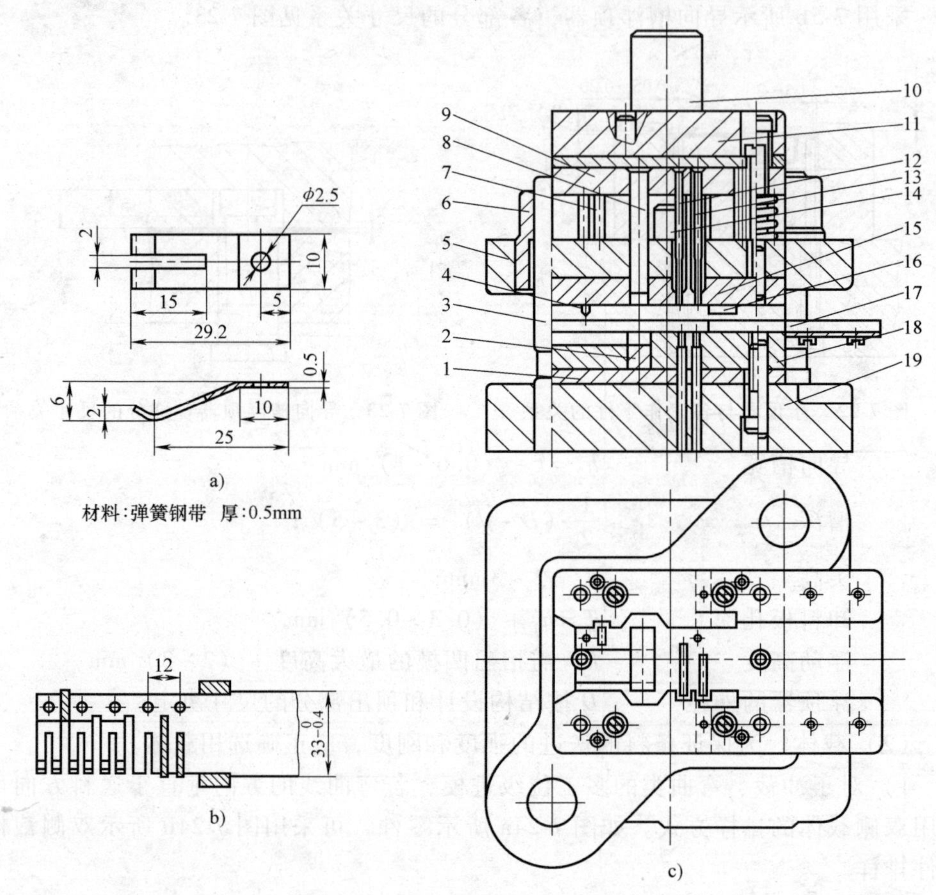

图 7-25　单侧载体排样及其模具结构

a）零件图　b）排样图　c）模具图

1—垫板　2—凹模镶块　3—导柱　4—导正销　5—弹压导板　6—导套

7—切断凸模　8—弯曲凸模　9—凸模固定板　10—模柄　11—上模座

12—冲分离凸模　13—冲槽凸模　14—限位柱　15—导板镶块

16—侧刃　17—导料板　18—凹模　19—下模座

整套模具采用双侧刃 16 切边定位及导正销 4 导正，板料从右边送进，第一步由侧刃切边定位，第二步冲出零件上的圆孔、槽及两个零件之间的分离长槽，第三步空位，第四步压弯、第五步空位，第六步切断，使零件成形。

模具采用弹压导板模架，各凸模与凸模固定板 9 之间呈间隙配合，凸模的装拆、更换方便。凸模由弹压导板 5 导向，导向准确。导板由卸料螺钉与上模连接。这种导向结构能消除因压力机导向误差对模具的影响，模具寿命长，零件质量好。弯曲凹模镶块 2 与凹模 18 之间做成镶拼形式，以便冲孔凹模磨损刃磨后能通过磨削凹模镶块 2 的底面来调整两者的高度，保证工件的高度尺寸。凹模 18 在镶块 2 左边的上面做成和零件底部同样的形状，目的是方便零件的推出。

3）弯边位于条料两边的弯曲件选用中间载体的形式。对于中间载体还可采用桥接的形式，即在不增加料宽的情况下，用零件之间的一小段材料作为连接部分，如图 7-26 所示。

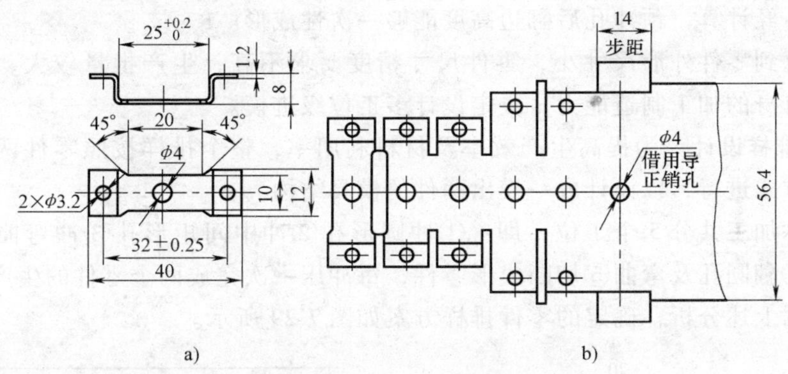

图 7-26　中间载体的桥接排样示意图

a）零件图　b）中间载体的桥接排样示例

采用桥接的形式能提高材料利用率，由于零件结构的影响，其应用将受到限制。如图 7-27a 所示零件即不便于采用桥接排样形式，其中间载体排样如图 7-27b 所示。

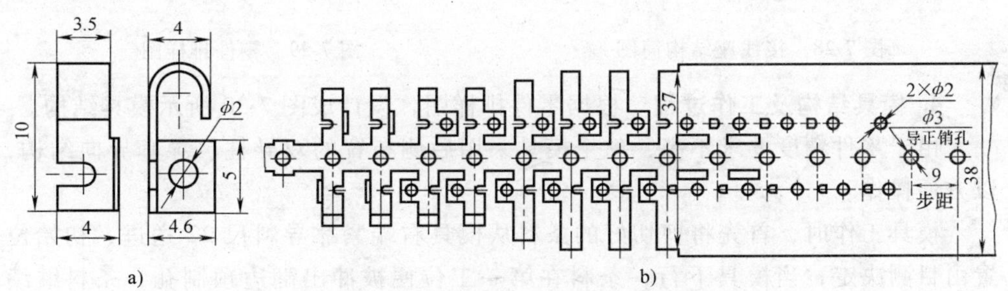

图 7-27　冲裁、弯曲类零件的中间载体排样示意图

a）零件图　b）中间载体排样示例

（3）定位　为保证条料的送进精度，多工位冲裁、弯曲级进模一般都用侧刃或自动送料机构进行粗定位，用导正销精定位。定位系统的设计参见 7.2.1。

在生产中，冲裁、弯曲级进模与冲裁级进模一样，根据加工零件的原材料类型、生产批量、加工零件的精度等决定采用手工送料或自动送料。7.7.1 为采用板裁条料，利用圆柱销定位、浮顶器抬料、手工送料的冲裁-弯曲级进模加工实例。7.7.2 为采用导正销导正、导向槽浮顶器抬料、自动送料器送料的冲裁-弯曲级进模加工实例。

7.3.2 接线座多工位级进模

1. 零件结构 图 7-28 所示接线座，采用 1mm 厚的冷轧钢板制成，生产批量较大。

2. 工艺分析 该零件结构并不复杂，为一成形与弯曲组合件，圆孔翻边高度不大，经计算，预冲孔后翻边高度能够一次性成形。

注意到零件外形尺寸小，零件尺寸精度要求不高，生产批量较大，同时又考虑到自身的加工制造能力，决定设计多工位级进模。

3. 排样设计 为提高生产效率及材料利用率，整个排样按照零件两件对称排列的方式进行，以设计成一模出两件的模具结构。

零件加工共分 5 个工位，即：①冲圆形孔②冲中间矩形孔③冲弯曲部位的预制孔④翻圆孔及弯曲⑤切断成形零件，每冲压一次完成两个零件的生产。

根据上述分析，确定的零件排样方案如图 7-29 所示。

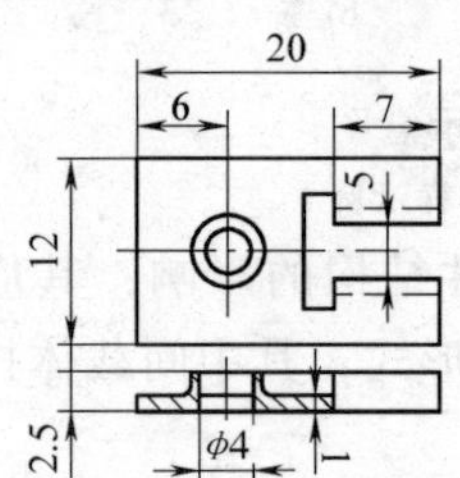

图 7-28 接线座结构简图

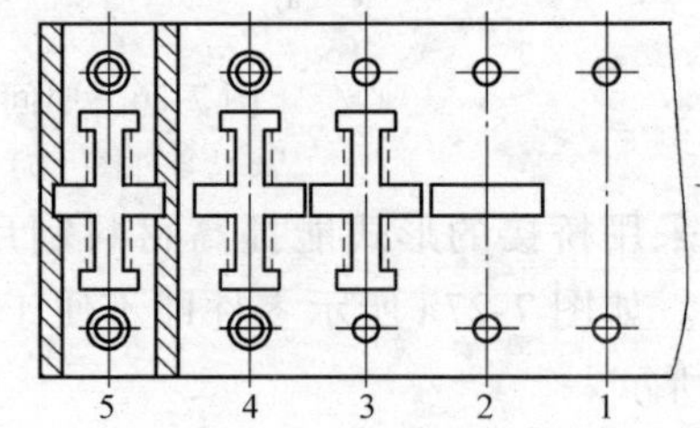

图 7-29 零件排样图

4. 模具结构及工作过程 根据零件排样图，设计成图 7-30 所示模具结构。

由于零件精度要求不高，整个模具采用后侧布置的双导柱、导套导向结构，以方便操作。

模具工作时，首先将剪切好的条料从模具右端紧靠导料尺 22 送进，初始位置由目测决定，当模具下行，条料在第一工位便被冲出翻边预制孔，条料继续送进；在第 2 工步，冲出的预制孔利用圆柱销 12 定位，模具再次下行，冲出两零件断开用的中间矩形孔；随着条料到达第 3 工步，条料被冲出弯曲的预制孔；随着条料到达第 4 工步，条料完成弯曲及圆孔的翻边，直至条料达到第 5 工步，模具将完成弯曲及翻边的条料切断，完成两件零件成品的加工；零件继续送进一个步距。此时完成第 4 工位操作的条料到达第 5 工位，同样完成两个零件的加工，依此循环。以后模具每次下行都达到一模出两件。

5. 设计要点

1）全部冲裁凸模、弯曲凸模、翻孔凸模采用线切割加工成形，采用直通式，由于结构尺寸小或形状不规则，用铆接方式固定于凸模固定板4上。

2）采用导料尺22侧向定位，手工送料，利用浮动导料销11来抬料和浮动送料。

3）模具的初始定位由操作工用眼定位，条料送进后，以后的工位由圆柱销12来定位。

4）全部凸模与卸料板7成滑动配合，以保护凸模，防止折断。

5）由于制件要在第4工位完成弯曲及圆孔翻边，为保证条料送进时的顺利、通畅，除了在模具中设置多处浮动导料销11外，特别在翻孔及弯曲复合工位4的相应下模处，设计翻孔卸料块17及弯曲卸料块20，以使压机弹性缓冲器通过顶杆18、19先将翻孔及弯曲好的部位推出模具型腔，从而避免条料送进时，由于浮动导料销11顶料力不足而可能出现的卡滞。

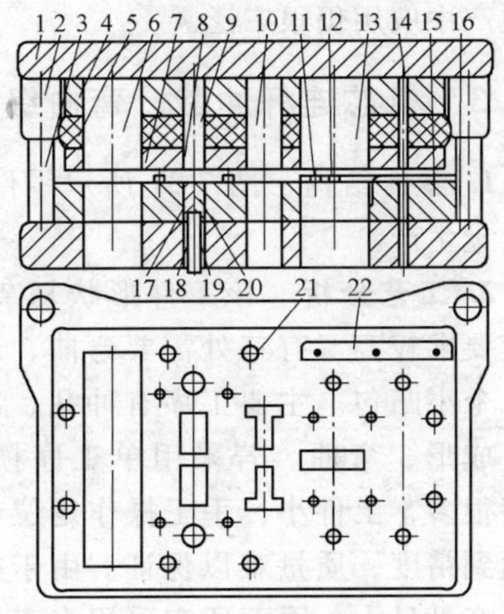

图7-30 模具结构图

1—上模板 2—导套 3—导柱 4—凸模固定板 5—橡胶块 6—切断凸模 7—卸料板 8—翻孔凸模 9—弯曲凸模 10—冲孔凸模 11—浮动导料销 12—圆柱销 13—矩形孔凸模 14—圆孔凸模 15—凹模 16—下模板 17—翻孔卸料块 18、19—顶杆 20—弯曲卸料块 21—螺钉 22—导料尺

6）凸模固定板4、卸料板7、凹模15等主要零件均采用线切割加工。

6. 使用效果 多工位级进模设计、制造完成后，进行了试模，加工的零件尺寸满足产品要求。制造的级进模用于生产加工一年余，产品质量稳定、模具工作良好。

7. 本例设计总结 本零件外形尺寸小，若采用单工序加工，其工艺步骤为：剪切条料、冲圆孔、冲切弯曲部位缺口、切断、翻圆孔及弯曲，共需五道工序，周期长，且需要使用四套专用模，不仅影响了企业的生产效率且不利于零件定位，尺寸精度也不易保证，而在最后一道翻圆孔及弯曲的复合工序中，由于前工序已被切成外形仅为20mm×12mm的小块料，给操作安全性、零件定位造成了诸多不便。因此，应设计成多工位级进模，以利于保证零件质量，提高生产效率。

本案例是采用手工送料，用导正尺及浮动导料销定位的级进模的典型结构。尽管定位精度不高，自动化程度低，由于具有简单、实用、制造成本低等优点，在生产中应用仍很广泛。

7.3.3 机芯连杆冲裁、弯曲级进模

1. 零件结构 图 7-31 所示零件为机芯连杆，采用 0.8mm 厚的 10 钢制成，大批量生产。

2. 工艺分析 该工件形状复杂，精度要求较高。有三处需要弯曲，还有 3 个小凸包。主要工序有冲孔、冲裁、成形、弯曲。若采用单工序模，工序很多，工件小，手工操作定位难以达到精度，质量难以保证。由于零件生产批量大，因而适宜采用多工位级进模制造。

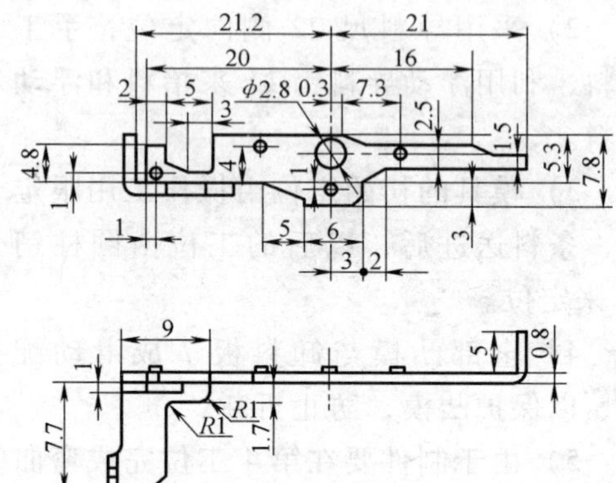

图 7-31 机芯连杆结构简图

3. 排样图设计 冲压材料使用钢带卷料，采用自动送料器送料。排样图如图 7-32 所示，共 6 个工位。

第 1 工位：冲导正销孔，冲 φ2.8mm 圆孔，冲 *K* 区 1mm×5mm 的窄长孔，冲 *T* 区的 *T* 形孔。

第 2 工位：冲零件右侧 *M* 区外形，连同下一工位冲裁 *E* 区的外形。

第 3 工位：冲零件左侧 *N* 区外形。

第 4 工位：零件 *A* 部位向上 5mm 弯曲，冲 4 个小凸包。

第 5 工位：零件 *B* 部位向上 4.8mm 弯曲。

第 6 工位：零件 *C* 部位向上 7.7mm 弯曲，*F* 区连体冲裁，废料从孔中漏出，零件脱离载体，从模具左侧滑出。

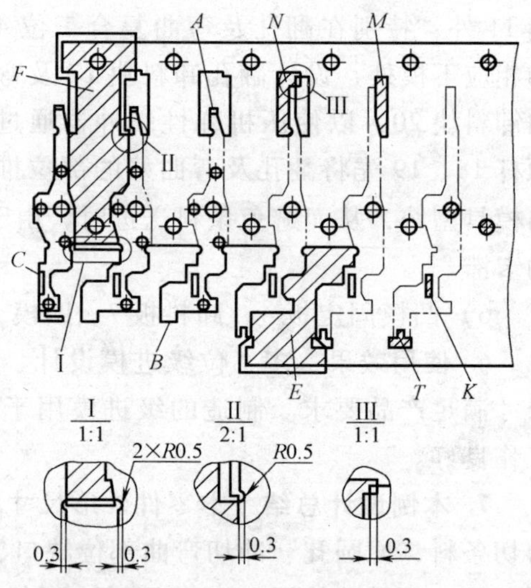

图 7-32 排样图

4. 模具结构设计 板料采用自动送料装置送进，用导正销进行精确定位，在第 1 工位冲出导正销孔后，第 2 至第 5 工位均设置导正销导正，从根本上保证零件冲压加工精度的稳定性。模具结构如图 7-33 所示。

模具采用滑动对角导柱模架。上模部分由卸料板、凸模固定板、垫板和各个凸模组成，下模部分由凹模和垫板及导尺、弹顶器等组成，凹模采用整体结

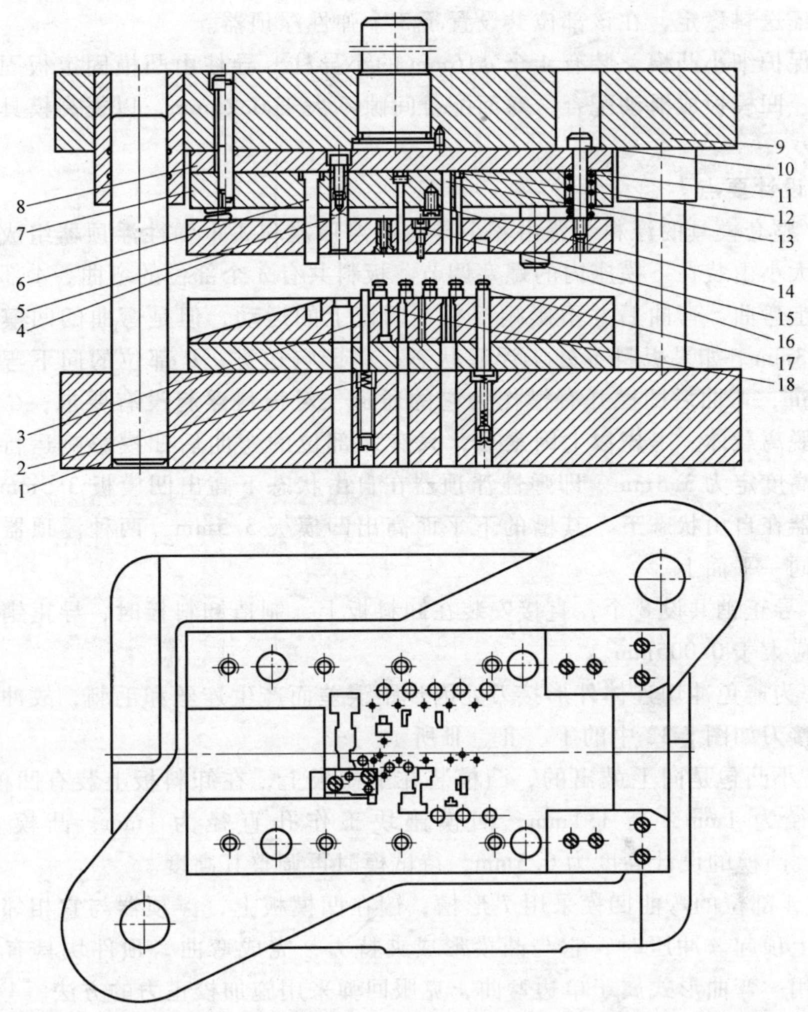

图 7-33　模具结构简图

1—下模座　2—弹簧　3—浮顶器　4—卸料板　5—*F* 区冲裁凸模　6—弯曲凸模　7—凸模固定板　8—垫板　9—上模座　10—卸料螺钉　11—弹簧　12—冲孔凸模　13—*T* 区冲裁凸模　14—固定凸模用压板　15—导正销　16—小导柱　17—导向槽浮顶器　18—凸包凸模

构。

板料依靠在模具两端设置的局部导尺导向，中间部位采用导向槽浮顶器导向。由于零件有弯曲工序，每次冲压后板料需抬起，导向槽浮顶器具有导向和浮顶的双重作用。在第 3 工位，*E* 区已被切除，边缘无板料，因此在其下侧只能装 3 个导向槽浮顶器。在第 4、5 工位的下侧是具有弯曲工序的部位，为了使板料在冲压过程中能可靠地浮起，同时防止浮顶器钩住带料上的孔而引起送料不畅，保证送料稳定，在该部位共设置了 3 个弹性浮顶器。

为保护细小凸模，装有 4 个 ϕ16mm 的小导柱，导柱由凸模固定板固定，与卸料板、凹模板成滑动配合，双面配合间隙不大于 0. 25mm，以提高模具精度与刚度。

5. 设计要点

1）整套模具的浮料装置由 8 个导向槽浮顶器和 3 个弹性浮顶器组成，浮顶的弹力大小由装在下模座内的螺塞调节。板料共有 3 个部位的弯曲，*A* 部位的弯曲是向上弯曲，弯曲后并不影响板料在凹模上的运动，但是弯曲的凹模却高出凹模板 3mm，如果板料不处于浮起状态，将影响送进；*B* 部位的向下弯曲高度为 4. 8mm，弯曲后凹模开有槽作为它的通道，对板料浮起没有要求；*C* 部位弯曲后已脱离载体。考虑以上因素后，只有 *A* 部位的弯曲后凹模影响运行，因而将浮起高度定为 3. 5mm。即弹性浮顶器在自由状态下高出凹模板 3. 5mm，导向槽浮顶器在自由状态下，其槽的下平面高出凹模板 3. 5mm，两种浮顶器浮板位置处于同一平面上。

2）导正销共设 8 个，直接安装在卸料板上，制造卸料板时，导正销的位置偏差不应大于 0. 005mm。

3）为避免冲切连体外形接刀处因步距误差而产生连丝和毛刺，故冲裁连体外形的接刀如图 7-32 中的Ⅰ、Ⅱ、Ⅲ所示。

4）小凸包是向上鼓出的，凸模装在下模板上，在卸料板上装有凹模镶块。凸包直径为 1mm，高 1.1mm。凹模镶块工作孔直径为 1mm，凸模直径为 0. 8mm，凸模的设计高度为 0. 3mm，待试模时再调整其高度。

5）*A* 部位的弯曲凹模采用 *T* 形槽，镶在凹模板上，浮顶器与它相邻，弹簧将它向上顶起。冲压时，它与凸模形成夹持力，完成弯曲，顶件块具有向上卸料的作用。弯曲形式属于单边弯曲，克服回弹采用施加校正力的方法。*A* 部位的弯曲是向下弯曲，弯曲高度为 4. 8mm，浮顶器只能将板料托起 3. 5mm，所以在凹模上沿其送进的路线还需加工出 2mm 宽、3mm 深的槽，供其送进时通过。

6）工件在最后一个工步从载体上脱离后处于自由状态，容易贴在凸模或凹模上，为此上模和凹模镶块上各装一个弹性浮顶器。凹模板侧面加工出斜面，使工件从侧面滑出，在适当部位安装气管喷嘴，利用压缩空气将成品件吹出凹模。

6. 效果 模具设计、制造后，生产的产品能满足产品使用要求。

7. 本例设计总结 本案例是冲裁、弯曲级进模中采用导向槽浮顶器、自动送料装置、导正销导正的典型结构，由于弯曲部位方向较多，为保证冲裁凹模的强度，零件的外形是分 5 次冲裁完成的，如图 7-32 所示。为保证载体连接强度及弯曲的需要，冲切顺序按分次冲切弯曲部分，最后切断分离的办法。零件各部位是分左、右两次完成的，若 *M*、*N* 区冲裁合并则凹模中间部位将处于悬壁状态，容易损坏，若 T 形槽与 *E* 区的冲裁合并，则凹模的强度不好，模具容易损坏。

在冲切过程中，为避免冲切连体外形接刀处因步距误差而产生连丝和毛刺，故冲裁连体外形接刀设计成如图 7-32 中的Ⅰ、Ⅱ、Ⅲ放大图。

这种冲切顺序及冲切接头的布置是所有分次冲切外形都必须考虑到的。

7.4 冲裁、拉深级进模案例剖析

7.4.1 冲裁、拉深级进模设计分析

冲裁拉深级进模，是级进模的一种，是在一副模具内完成一个或几个零件的多次连续的拉深，零件拉成后才从带料上冲裁下来，习惯上称为连续拉深。用这种拉深方法生产效率很高，但模具结构复杂，只有在大批量生产且零件不大的情况下才宜采用。或者零件特别小，操作很不安全，虽不是大批量生产，但有相当的产量时也可考虑采用。

适合级进模进行连续拉深的工件外形尺寸最好小于 50mm，材料厚度小于 2mm，最好在 1.2mm 以下，工件材料的塑性要好。常用于连续拉深的材料有黄铜、纯铜、低碳钢、软铝等。

带料连续拉深分无切口和有切口两种。

无切口的连续拉深，即在整体料带上拉深，由于相邻拉深件之间相互牵制，因此材料在纵向流动较困难，变形程度大时就容易拉破。所以每道工序应采用较大的拉深系数，这样，工序数就增多了，但它比有切口的连续拉深节省材料。这种方法一般用于毛坯相对厚度 $t/D>1\%$、相对凸缘直径 $d_{凸}/d=1.1\sim1.5$ 及相对高度 $h/d\leqslant0.3$ 的拉深件。

有切口的连续拉深，是在两拉深件的相邻处切开，以减小相互间的影响和约束。这种拉深方法与单个毛坯拉深较相似，因此每道工序的拉深系数可以小些，即拉深次数可以少些，但材料消耗较多。此法可用于拉深较困难的工件，即毛坯相对厚度 $t/D<1\%$、相对凸缘直径 $d_{凸}/d>1.5$ 及相对高度 $h/d>0.3$ 的拉深件。

常用的切口形式见图 7-34 所示。图 7-34a 所示的切口适用于材料厚度小于 1mm，直径大于 5mm 的圆形件拉深。这种切口的缺点是拉深后侧搭边区产生变形。图 7-34b 所示的切口用于材料厚度大于 0.5mm 的圆形小工件，应用广泛，不易起皱，拉深中料带会缩小。这种切口形式较为费料。图 7-34c 所示的切口，料带的宽度及送进步距在拉深过程中不改变，可用导正销的场合，但是模具制

造比较困难，比较费料。图 7-34d、图 7-34e 所示的切口适用于矩形拉深件，图 7-34f 所示的切口用于单排或双排的单头焊片。

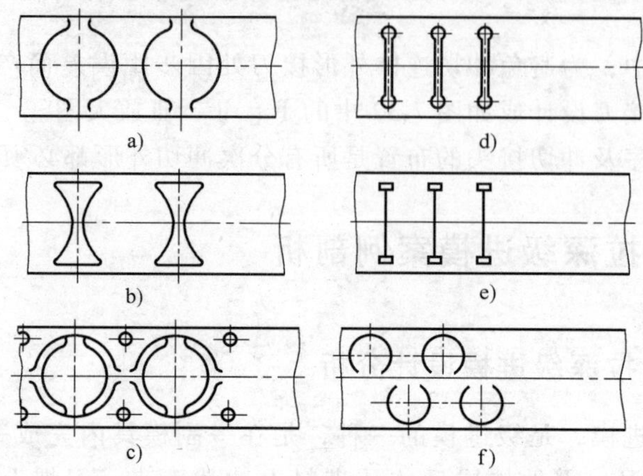

图 7-34　常用切口形式

a）用于厚 <1mm，直径 >5mm 圆形件　b）用于厚 >0.5mm 圆形小件
c）用于可用导正销的零件　d）、e）用于矩形件　f）用于单、双排单头焊片

在进行连续拉深模的毛坯尺寸的计算时，可先按照单工序模的计算方法及零件的尺寸计算所需毛坯的计算直径 D_1，然后查表 7-4 得出修边余量 δ，D_1 与 δ 之和便为所使用的实际毛坯直径 D。后续料宽的计算则根据计算出的毛坯尺寸再加上料带的搭边值或侧刃切除量等，便得到料带的宽度。

表 7-4　修边余量 δ 值　（单位：mm）

毛坯计算直径 D_1	材料厚度 t								
	0.2	0.3	0.5	0.6	0.8	1.0	1.2	1.5	2.0
>10	1.0	1.0	1.2	1.5	1.8	2.0	—	—	—
>10~30	1.2	1.2	1.5	1.8	2.0	2.2	2.5	3.0	—
>30~60	1.2	1.5	1.8	2.0	2.2	2.5	2.8	3.0	3.5
>60	—	—	2.0	2.2	2.5	3.0	3.5	4.0	4.5

由于料带在连续拉深中，不允许零件进行中间退火，因此，应审查总拉深系数 $m_{总}$，是否满足材料不进行中间退火允许的表 7-5 所示的极限总拉深系数 $[m_{总}]$。料带连续拉深次数的判定与带凸缘筒形件多次拉深的计算方法相同。即应满足：

$$m_{总}=d/D=m_1m_2m_3\cdots\geqslant[m_{总}]$$

式中　d——零件直径；

D——零件计算展开使用的实际毛坯直径；

m_1、m_2、m_3——第 1、2、3 次拉深系数。

材料最大总拉深变形程度（即允许的极限总拉深系数）见表7-5。

表7-5 连续拉深的极限总拉深系数［$m_{总}$］

材料	强度极限 σ_b/MPa	伸长率δ（%）	极限总拉深系数		
			不带推件装置		带推件装置
			材料厚度 t ≤1.2mm	材料厚度 t ＞1.2～2mm	
08F、10F	300～400	28～40	0.40	0.32	0.16
黄铜H62、H68	300～400	28～40	0.35	0.29	0.2～0.24
软铝	80～110	22～25	0.38	0.30	0.18～0.24
不锈钢、镍带	400～550	20～40	0.42	0.36	0.26～0.32
精密合金	500～600	—	0.42	0.36	0.28～0.34

各次的拉深系数按有切口和无切口两种情况对照表7-6～表7-9分别查出。

表7-6 无工艺切口的第一次拉深系数 m_1（08钢、10钢）

相对凸缘直径 d_t/d	毛坯相对厚度（t/D）×100			
	＞0.2～0.5	＞0.5～1	＞1～1.5	＞1.5
≤1.1	0.71	0.69	0.66	0.63
＞1.1～1.3	0.68	0.66	0.64	0.61
＞1.3～1.5	0.64	0.63	0.61	0.59
＞1.5～1.8	0.54	0.53	0.52	0.51
＞1.8～2	0.48	0.47	0.46	0.45

表7-7 无工艺切口的以后各次拉深系数（08钢、10钢）

拉深系数	毛坯相对厚度（t/D）×100			
	＞0.2～0.5	＞0.5～1	＞1～1.5	＞1.5
m_2	0.86	0.84	0.82	0.8
m_3	0.88	0.86	0.84	0.82
m_4	0.89	0.87	0.86	0.85
m_5	0.90	0.89	0.88	0.87

表7-8 有工艺切口的第一次拉深系数 m_1

相对凸缘直径 d_t/d	毛坯相对厚度（t/D）×100			
	＞0.2～0.5	＞0.5～1	＞1～1.5	＞1.5
≤1.1	0.62	0.60	0.58	0.55
＞1.1～1.3	0.59	0.58	0.56	0.53
＞1.3～1.5	0.56	0.55	0.53	0.51

（续）

相对凸缘直径 d_t/d	毛坯相对厚度（t/D）×100			
	>0.2~0.5	>0.5~1	>1~1.5	>1.5
>1.5~1.8	0.52	0.51	0.50	0.49
>1.8~2	0.46	0.45	0.44	0.43
>2~2.2	0.43	0.42	0.42	0.41
>2.2~2.5	0.38	0.38	0.38	0.37
>2.5~2.8	0.35	0.35	0.35	0.34
>2.8~3	0.33	0.33	0.33	0.30

表 7-9 有工艺切口的以后各次拉深系数

拉深系数	毛坯相对厚度（t/D）×100			
	>0.2~0.5	>0.5~1	>1~1.5	>1.5~2
m_2	0.79	0.78	0.76	0.75
m_3	0.81	0.80	0.79	0.78
m_4	0.83	0.82	0.81	0.80
m_5	0.86	0.85	0.84	0.82

带料连续拉深的次数 n，就是保证 $m_1m_2m_3\cdots m_n \leqslant m_{总}$ 成立的最小的 n 值。对无工艺切口的拉深也可根据毛坯相对厚度（t/D）×100 及相对凸缘直径 $d_{凸}/d$，由表 7-10 查出一次拉深所能达到的最大相对高度 h_1/d_1，并计算出所要加工零件的 h_1/d_1 的值与其比较，确定能否一次拉深成形。如零件的 h_1/d_1 小于表中所列值，则可一次拉深成功，否则需多次拉深。

表 7-10 无切口工艺的第一次拉深的最大相对高度 h_1/d_1（08 钢、10 钢）

相对凸缘直径 d_t/d	毛坯相对厚度（t/D）×100			
	>0.2~0.5	>0.5~1	>1~1.5	>1.5
~1.1	0.36	0.39	0.42	0.45
>1.1~1.3	0.34	0.36	0.38	0.40
>1.3~1.5	0.32	0.34	0.36	0.38
>1.5~1.8	0.30	0.32	0.34	0.36
>1.8~2	0.28	0.30	0.32	0.35

当计算各工序的拉深直径时，应使用调整后的各次拉深系数（调整后的拉深系数可以比表中的拉深系数数值大，但不能小），计算各工序的拉深直径，即：$d_1=m_1D$，$d_2=m_2d_1$，…，$d_n=m_nd_{n-1}$。

在计算各工序的拉深高度时，应根据一定的毛坯直径 D 来计算最后一道工序的凸缘直径，这一直径应该是固定值，即从第一道工序到最后的拉深工序都保持不变；根据毛坯和凸缘的直径，用一般方法计算各工序的拉深高度，每一工序的拉深面积应与毛坯面积相等。

首次拉深的凸、凹模圆角半径，按下式确定。即：

凸模：$r_{凸1}=(3\sim5)\ t$

凹模：$r_{凹1}=(0.6\sim0.9)\ r_{凸1}$

中间各次拉深，$r_{凸}$ 与 $r_{凹}$ 逐次递减，最后达到规定的零件圆角半径，如果零件的圆角半径与凹模接触部位的圆角半径小于 t，与凸模接触部位的圆角半径小于 $2t$，则应考虑增加校正工位，通过校正的方法，使圆角半径符合零件的要求。

在选取拉深级进模的间隙时，在前几步取值可大些，以后逐渐减小，整形工步的凸、凹模单面间隙取值可小于材料厚度 t，具体取值可参考表 7-11 选取。

表 7-11　材料厚度小于 0.6mm 的拉深级进模间隙表　（单位：mm）

材料	单面间隙值		
	第一步拉深	中间各步拉深	最后拉深
软钢	$(1.2\sim1.3)\ t$	$(1.1\sim1.2)\ t$	$(1\sim1.1)\ t$
黄铜、铝	$(1.1\sim1.2)\ t$	$(1.05\sim1.1)\ t$	$(0.95\sim1.05)\ t$

拉深级进模的结构尽管比较复杂，但相对来说比较规范。对生产批量大且使用带料或卷料的原材料，一般广泛采用自动送料机构进行送料，并进行定距。由于拉深间隙比较大，并且各次的拉深成形能利用凸模进行自动找正，因而可以不设导正销，有时仅仅在最后工位，为保证最后落料时内外形的位置精度而用导正销进行精定位。

采用板裁条料进行的连续拉深，一般采用手工送料，但与自制的送料装置配合使用，也能实现自动或半自动送料。

为保证条料的正常送进及后续拉深的稳定进行，对因拉深而造成零件在条料上形成的高低不平，一般采用浮动式导料槽或浮顶器将拉深部分托至凹模工作表面以上。

多工位拉深级进模结构的复杂化，使其制造也变得困难，因此，在设计中，为降低拉深级进模的制造难度，常采用镶拼或分块结构，进行模块化设计，既有利于模具的维修与保养，又能有针对性地解决加工制造上的难题，详见加工应用实例 7.4.2；7.4.3。

7.4.2　电极罩多工位级进模设计及制造

1. 零件结构　图 7-35 所示电极罩采用 0.2mm 的 H62 黄铜制成，由于产品内、外表面最终须进行镀银处理，因此对镀前冲压成形的零件外观光滑、平整、无毛刺等要求甚为严格。考虑到零件外形尺寸小，生产批量较大，按理应设计成多排排样的多工位级进模结构，但受生产设备的实际制造能力限制，为稳妥起见，决定按单排排样形式设计级进模。

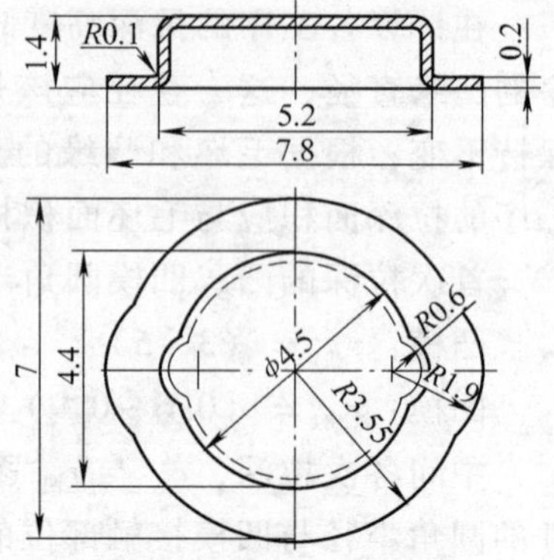

图 7-35　电极罩结构简图

2. 工艺计算及分析

（1）零件坯料计算　该零件属对称性异形拉深件，根据其拉深成形特点，可分解成直径为 $\phi4.5$mm、深 1.4mm 的带凸缘圆筒拉深件及直径为 $\phi1.2$mm 的带凸缘圆筒件分别进行拉深计算。

根据资料介绍的毛坯尺寸计算公式，可算出拉深 $\phi4.5$mm 及 $\phi1.2$mm 处带凸缘圆筒的毛坯直径分别为 $\phi8.25$mm，$\phi4.31$mm。

查表 7-4，可知连续拉深件的修边余量　$\delta=1$mm

故实际毛坯直径分别为　9.25mm，5.31mm

为便于加工，经对毛坯尺寸圆整，取毛坯为 $\phi9.5$mm 圆形料。

（2）拉深计算　首先校核并判定在连续拉深过程中能否不进行中间退火。

由于 $\phi4.5$mm 处的拉深系数为 $m_{总}=\dfrac{d}{D}=\dfrac{4.3}{9.5}=0.45>(0.24\sim0.2)$

其中 0.24～0.2 为查表 7-5 得出的连续拉深不进行中间退火所允许的极限拉深系数。

同理，可求出 $\phi1.2$mm 处的拉深系数 $m_{总}$ 为 0.19，略小于 0.24～0.2，考虑到 $\phi1.2$mm 处为整个零件的凸耳部位，其与 $\phi4.5$mm 处成圆弧连接，成形时材料能相互流动，有利于成形，因此，不进行中间退火直接拉深成 $\phi1.2$mm 没有问题。

综合上述分析，整个零件连续拉深过程中可不进行中间退火处理。

其次，确定零件的拉深次数

由于 $\phi4.5$mm 处毛坯相对厚度 $\dfrac{t}{D}\times100=\dfrac{0.2}{9.5}\times100=2.11$

凸缘相对直径 $\dfrac{d_{凸}}{d}=\dfrac{7.1}{4.3}=1.65$

查表 7-8、7-9 可知，$m_1=0.49$，$m_2=0.75$。

$$m_1\times m_2=0.49\times0.75=0.37<m_{总}=0.45$$

根据上述拉深计算，可判定拉深 $\phi4.5$mm 处需进行二次拉深。

$\phi1.2$mm 处近似按等径筒形拉深件进行考核，由此对 $\phi1.2$mm 处圆筒拉深次数可按上述同样方法进行估算，经计算得出需要进行三次拉深。

考虑到整个拉深零件的圆角半径仅为 0.1mm $< t =$ 0.2mm，故需进行整形。

3. 工艺方案的确定 考虑到拉深时其本身拉深凸模有导正作用，并且零件精度要求不高，工位数不多，因此决定采用两侧刃进行定距，根据上述工艺计算及分析，确定零件的工艺方案为：冲切带筋外形→校平→第一次拉深→第二次拉深→第三次拉深并校形→落外形料。

设计排样图如图 7-36 所示，整套模具设计了 6 个工位，步距为 11mm，采用料宽 15mm 条料加工。

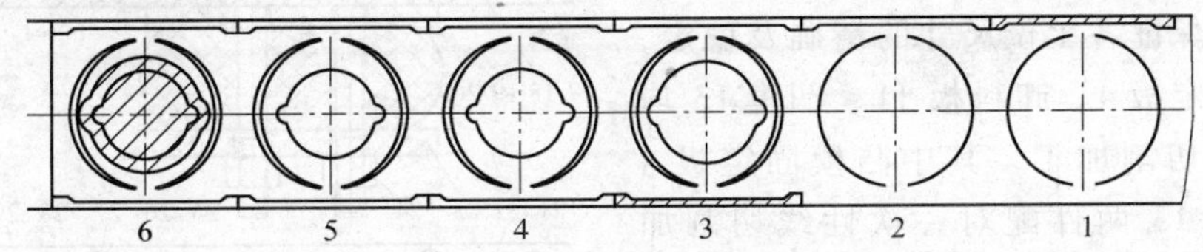

图 7-36 电极罩排样图

第 1 工位是在料带载体上先冲切一侧侧刃进行定距且冲切出带肋外形坯料，第 2 工位将冲切的坯料进行校平，第 3 工位冲切另一侧侧刃进行定距且进行首次拉深，第 4 工位进行第二次拉深，第 5 工位进行第三次拉深且校形，第 6 工位将拉深好的零件外形进行落料，完成零件的加工。

4. 模具设计及制造

(1) 模具结构 根据零件排样图，设计了如图 7-37 所示的模具。

为充分发挥该企业电火花线切割机床加工设备的作用，本着有利于制造、便于加工的原则，整套模具采用两个侧刃进行精确定距，上、下模设计成整体结构形式，全部凸模与凸模固定板 4 均采用铆接固定。工作时，条料通过导料尺 21、30 进行导正，以不在同一侧的侧刃 26、28 冲切的凸台进行定位、定距，通过外购或选配恰当的送料器，在六个工位最终完成整个零件的加工，同时实现全自动化生产。

(2) 模具设计及制造要点 为保证模具第一工位及第六工位冲切和落料时的单边仅 0.005 ~ 0.007mm 小间隙的均匀性，凸模固定板 4、卸料板 11 及凹模 13 上设置小导柱 22、29 进行精密导向，第二至第五工位则设置四个导柱 27 和导套进行导向。首次及第二次单面拉深间隙取 0.2 ~ 0.22mm，第三次拉深及校形选取小间隙取 0.18 ~ 0.2mm。整套模具的冲切，落料及拉深凸模采用 Cr12Mov 制造，工作部分淬硬至 56 ~ 60HRC，与凸模固定板 4 固定部分硬度则为 32 ~ 38HRC，以利于铆接。

模具的第一工位采用卸料器 15，弹簧 16 共同将冲切料顶出凹模 13 冲切型腔，第 3、4、5 工位则通过橡胶 20 等组成的缓冲器进行卸料，为保证第六工位中落料导正的需要，同时也为保证外形与拉深筒的同轴性，在落料凸模3底部开设一圆孔，工作时，首先利用零件外形定位导正，尔后进行落料冲切，落料后的零件直接从下模板17底部开设的孔中漏出。

为分散各小凸模的较高压应力作用，设置垫板2，选用高碳钢T10A，淬硬至56~60HRC。

为保证各工位尺寸的精确及稳定，凸模固定板4、卸料板11、凹模13均采用线切割加工，其中凸模固定板4与凹模13两件配对一次性线切割加工，然后经钳工研磨抛光，保持了各工位尺寸的一致性。

各凸模采用线切割加工，其工作尺寸根据线切割凹模的尺寸进行压印修配，修配后的尺寸进行研磨抛光，各间隙由钳工修配保证。

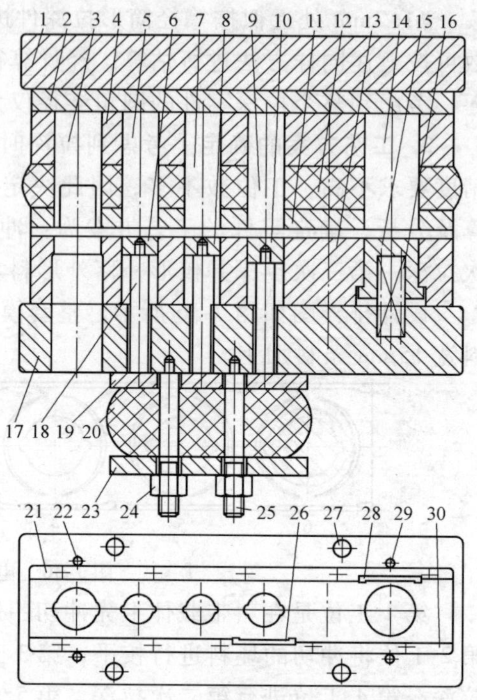

图7-37　电极罩模具结构

1—上模板　2—垫板　3—落料凸模　4—凸模固定板　5、7、9—拉深凸模　6、8、10—弹顶器　11—卸料板　12、20—橡胶　13—凹模　14—冲切凸模　15—卸料器　16—弹簧　17—下模板　18—顶杆　19、23—顶件块　21、30—导料尺　22、29—小导柱　24—螺帽　25—螺杆　26、28—侧刃　27—导柱

5. 试模后零件的缺陷产生及原因分析　模具经设计、制造验收合格后转入零件试冲，冲制的零件存在两个缺陷：第一，两处 $R0.6$mm 与 $\phi4.5$mm 相交处有明显的拉深痕迹，第二，最终落料的零件外形有明显毛刺，个别部位呈飞边状。经对毛刺部位放大观察，其冲切面显锯齿形。

针对拉深痕迹进行分析认为：由于该部位 $R0.6$mm 与 $\phi4.5$mm 圆弧相接，拉深时，材料能相互流动，导致该处材料流动活跃，若间隙偏小，就将出现压痕。

对第二个缺陷，初步分析认为是由于使用的线切割机床造成的，因冲裁料薄，冲裁间隙极小，要靠装配钳工进行修配难以保持均匀，若其中存在较大间隙部位，则在冲切时就会造成较大的冲裁毛刺，甚至飞边。

落料凸模3、冲切凸模14及凹模13实际加工是利用DK7732型电火花数控线切割机床，选用 $\phi0.13$mm 钼丝切割，经装配钳工稍作抛光研磨处理后，便转入装配（为减小修配工作量，操作工人自行省略了根据凹模尺寸压印修配步骤)。

DK7732 型线切割机床是一种高速走丝的线切割机床。高速走丝线切割机床具有结构简单、操作方便、可维护性好、使用费用低、占地面积小、价格低廉、性价比较好等诸多优点,因此深受小型私有企业的欢迎。但高速走丝由于脉冲电源、电机进给策略(变频系统)、电极丝的速度和张力控制都是粗放式的,钼丝振动急剧,导致加工精度不高,使之难以适应多次加工中精加工的要求,目前仅仅在中低档模具和零件加工中适用性较好,而该企业 DK7732 型电火花数控线切割机床实际加工精度仅能达到 ±0.03 ~ ±0.05mm。

依据上述分析,认定:锯齿形缺陷是由于线切割加工的加工精度不够,而切割中钼丝的急剧抖动,使钼丝步进切割间隙实际呈锯齿形分布,由于钳工自行省略了根据凹模尺寸压印修配步骤,就直接造成锯齿形装配间隙不能清除,导致了锯齿形冲切毛边的生成。

6. 解决措施 根据零件产生的缺陷及其原因的分析,采取了以下措施:

对 $R0.6$mm 及 $\phi4.5$mm 圆弧相接部位各工位拉深的间隙进行重新修整,其间隙调整为第 3 工位间隙为 0.25 ~ 0.28mm,第 4 工位间隙为 0.22 ~ 0.25mm,第 5 工位 $R0.6$mm 及 $\phi4.5$mm 圆弧相接处间隙为 0.22 ~ 0.25mm。经再次试模,缺陷大大减轻。

将第六工位凹模的落料型腔进行修整研磨,以去除线切割的锯齿高点,更换落料凸模 3,重新进行压印修配(冲切凸模 14 由于冲切的是毛坯外形,故不作修整),经修配后多次试冲调整,毛刺无根本性好转。

再次分析认定,由于料太薄,零件太小,冲切间隙太小,零件外观要求高,以现有的高速走丝线切割机床加工,其精度根本无法满足要求,而依靠装配钳工手工修配保证,对工人操作水平要求太高,经多次修配证明难以达到要求。针对该企业的加工设备,考虑到进口慢走丝机床加工精度尺寸精度可达 ±0.001 ~ ±0.0005mm。于是决定对原模具进行改进,对其第六工位上的极小的冲切间隙由外厂的进口慢走丝线切割机加工保证。

为此,对原模具进行如下改进:

对第六工位设置模块化结构,即将凹模 13 与凸模固定板 4 经找正后同时加工出一四方孔,然后分别加工冲切模块凸模固定板镶块 1 和凹模型腔镶块 2,装配时以镶块形式压入切割好的四方孔中。

更换落料凸模 3,新落料凸模 3 按冲切实际配对尺寸切割,其固定端依旧与凸模固定板 4 铆接。

通过借助进口慢走丝线切割机床的加工精度,钳工装配只需稍作抛光研磨即可完成总装,改进后的部分模具结构如图 7-38 所示。

7. 效果 改进完成后的模具重新进行了试模,拉深后的坯料经第六工位落料完成的零件外形光滑，无毛刺，周边手摸没有棘手感，样品经检验判定符合图样要求，制造的级进模顺利交付使用。

8. 本例设计总结 传统的快走丝线切割机床由于受制造精度的影响仅在中低档模具和零件加工中适用性好，而对于用来制造加工薄料的小间隙多工位级进模，由于它最终必须依赖装配钳工的修配水平来保证，故易造成产品质量不稳定。而采用模块化设计结构，可将其中较难加工工位转化为依靠高精度的慢走丝线切割机床加工保证，小企业采用外协加工的方法，同样能保证生产制造的需要，做到少花钱，也能办成大事。

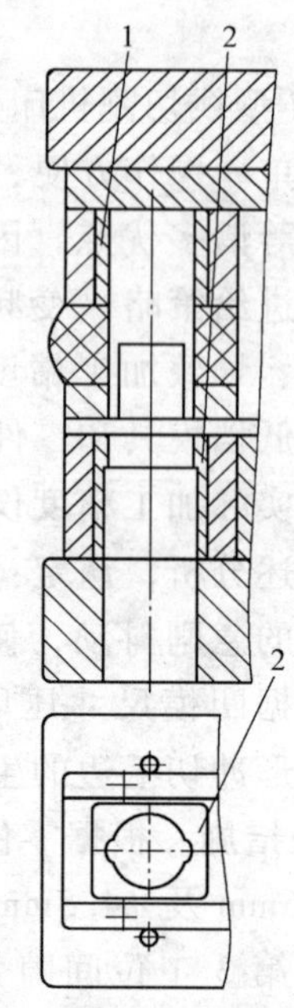

图 7-38 改进后的部分模具结构简图

1—凸模固定板镶块 2—凹模型腔镶块

本例零件料厚仅 0.2mm，拉深高度不大，采用了图 7-34a 型工艺切口，拉深模采用了顺装式结构，即拉深凸模在上模，拉深凹模在下模的结构。这种结构有利于手工送料。当然，配备自动送料装置也能实现自动送料。

而倒装式连续拉深模结构（即拉深凸模在下模，凹模在上模的结构）一般用于首、末次拉深高度大于 3mm 的情况，凸模在下模时，用弹压卸料板托起料带，便于料带的放平、定位和采用自动送料装置

图 7-39a 所示零件，采用料厚为 0.8mm 的 08 料制成，该零件采用的倒装式模具结构如图 7-39b 所示。

该零件总拉深系数 $m_{总} = \dfrac{d}{D} = \dfrac{16.8}{34} = 0.49 > [m_{总}]$

各次拉深系数 $m_1 = \dfrac{19.4}{34} = 0.57$，$m_2 = \dfrac{16.8}{19.4} = 0.86$

经工艺分析，选用图 7-34b 型工艺切口，采用六工位。六工位冲压工艺顺序为：冲工艺切口→第一次拉深→第二次拉深→冲底孔 $\phi 12.4$mm→底孔翻边→落料。

使用倒装式结构时，拉深的推件装置在上模，下模的弹压卸料板 2 用于除冲工艺切口外其余各工序的卸件，冲底孔和落料凹模在上模，冲孔废料和落料零件应经上模内孔通道逐个地顶出，如采用冲孔废料和落料零件下落在下模工作面上的设置方式，是不允许的，会影响到操作安全和生产效率。

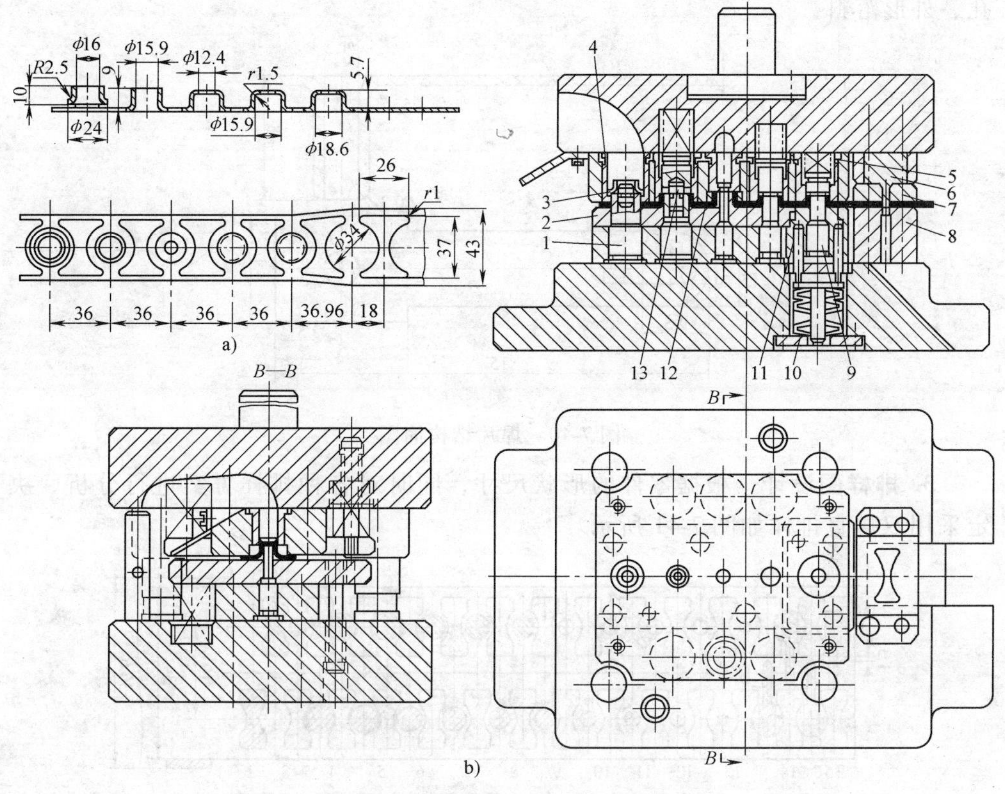

图 7-39　倒装式连续拉深模结构

a）排样图　b）连续拉深模结构

1—落料凸模　2—弹压卸料板　3、13—定位销　4—落料凹模　5—拉深凹模　6—冲切口凸模　7—压料板　8—冲切口凹模　9—拉深凸模　10—碟簧　11—压料圈　12—定位套

冲底孔 φ12.4mm 时，用定位套 12 定位，翻边时用安装在翻边凸模上的定位销 13 定位，而落料时是以定位销 3 定位的。

7.4.3　焊片多工位拉深级进模

1. 零件结构　图 7-40 所示为焊片，采用料厚为 0.4mm 的 08 钢制成，由于使用上的需要，在片状零件上需拉深成一相对较深的圆筒，大批量生产。

2. 冲压工艺分析　该零件拉深孔直径为 φ1.2mm、深 4.8mm，需经多次拉深、整形、冲孔才能达到尺寸要求。该零件是一个以拉深为主的冲压件，零件尺寸小，材料薄，尺寸精度要求不高。由于采用多工位级进模比复合模或单工序模生产效率高，成本低，操作简便，安全可靠，因此决定采用多工位拉深级进模。冲压工艺方案为：首次拉深、多次拉深、整形、冲拉深底部孔、冲长形孔、外形落料。

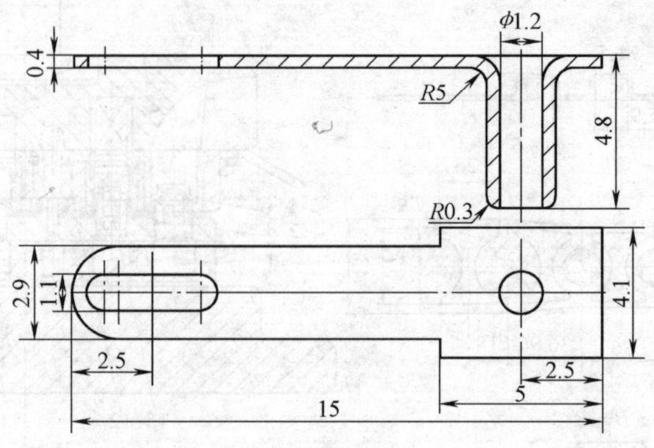

图 7-40 焊片结构简图

3. 排样图设计 根据零件的形状尺寸，同时对各种排样方案进行分析，决定采用双排直排样如图 7-41 所示。

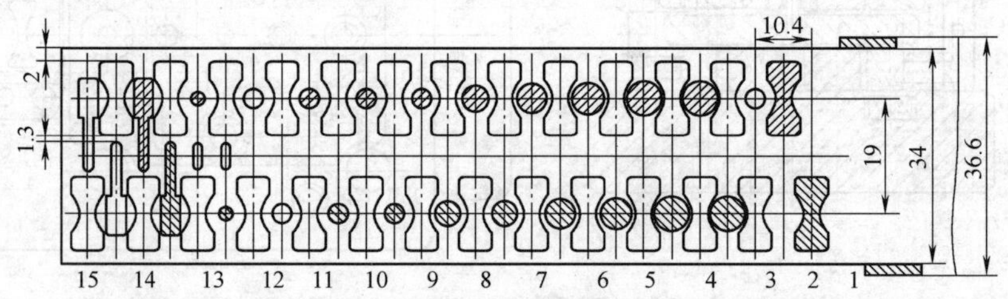

图 7-41 零件双排直排样图

排样图工序布置为：①冲侧刃边距；②切口；③空工位；④首次拉深；⑤~⑪逐次拉深；⑫空工位；⑬冲拉深底孔和长形孔；⑭外形落料；⑮另一外形落料。

该排样设计中采用了两个空工位，目的是为了满足凹模的强度要求，使模具的结构布置更合理。

4. 模具设计

(1) 模具结构及工作原理 模具结构如图 7-42 所示。

模具工作时，条料从左、右导料尺 38、34 中导正，然后依此进行排样图中各工序的要求，即冲出侧刃定位、切口、首次拉深、再拉深七次、冲拉深筒底并冲长形孔，最后落料，完成零件的加工。

(2) 凸、凹模设计要点 凹模采用镶拼结构形式，以三段拼合而成，第 1 段凹模包括侧刃冲裁和切口冲裁，第 2 段凹模全部是拉深工位，第 3 段凹模为冲孔落料。这样结构便于模具的加工、调整和维修，当某一段模具损坏时，只需更换该段凹模，而不致于使整副模具报废。分段凹模还便于模具刃磨。三段凹

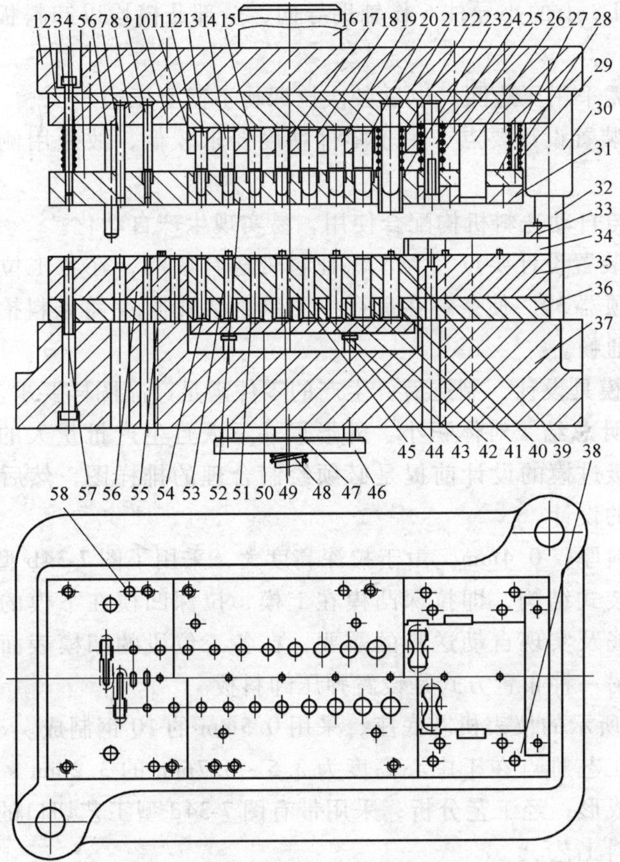

图 7-42 模具结构简图

1—上模板 2、36—垫板 3—卸料螺钉 4—弹簧 5、27、31、46、52—卸料板 6—小导柱 7—切断凸模 8—固定板Ⅰ 9—冲底孔凸模 10、55—联接螺钉 11—拉深凸模固定板 12—固定板Ⅱ 13、14、15、17、18、19、20—拉深凸模 16—模柄 21—首次拉深凸模 22、25、29、48—弹簧 23—压边圈 24—切口凸模 26—侧刃 28—卸料杆 30—导套 32—导柱 33—上导板 34—右导料尺 35—凹模Ⅰ 37—下模板 38—左导料尺 39—弹性浮顶器 40、41、42、44、49、51、53、54—顶料杆 43—顶杆 45—凹模Ⅱ 47—固定杆 50—顶板 56—凹模Ⅲ 57—螺钉 58—定位销

模各自直接紧固在同一块垫板上。

圆形凸模设计成台阶式结构，以提高强度，其与拉深凸模固定板 11 采用铆接，异形凸模设计成直通式结构，以利于线切割加工，与拉深凸模固定板 11 仍采用铆接。

（3）导向装置设计要点 该级进模采用联合导向结构，即模架导向和卸料板导向。模架采用钢球滚动式导柱、导套导向，导向效果很好。卸料板 5 通过安装于固定板Ⅰ8上的小导柱6作辅助导向，全部凸模均以卸料板为导向，保持冲压平稳。

首次拉深需采用压边圈，以后各次拉深均不需要压边。

(4) 定位装置设计要点　由于零件精度要求较低，故采用侧刃定距限定带料送进步距。

整套模具与自动送料机构配合使用，易实现生产自动化。

(5) 导料装置设计要点　为了保证料带送料顺利，在各工位段的凹模表面设置了弹性浮顶器39，使条料在运行中用弹性浮顶器39将条料抬高2mm，以利于条料送进的通畅。

5. 效果　模具设计、制造后，生产的零件满足产品图样要求。

6. 本例设计总结　对体积小、外形尺寸不大且生产批量大的零件，可考虑设计级进模。级进模的设计前提是必须绘制合理的排样图，然后才可能对模具结构进行合理的设计。

本例零件料厚仅0.4mm，由于拉深高度大，采用了图7-34b型工艺切口，拉深模采用了顺装式结构，即拉深凸模在上模，拉深凹模在下模的结构。为便于料带送进的顺畅及实现自动送料的需要，在各工位段的凹模表面设置了弹性浮顶器。生产中另一种布置方式是设置弹压卸料板。

如图7-43所示的仪表机芯底座，采用0.5mm的10钢制成。

该零件的工艺难点在于中心高度为3.5～3.7mm的3.2mm×3.2mm的方筒凸缘的拉深和成形，经工艺分析，采用带有图7-34d型工艺切口的连续拉深、成形、冲孔、落料工艺。

考虑该冲压零件的形状和拉深成形凸缘的位置、料厚及材料允许的拉深变形程度，在送料进距处直线切开而不用切口，以确保料带携带零件送进至各工位时，料带连接搭边强度足够，刚度好，不断裂，不扭曲变形，材料消耗最少，进距用直线切开后，首先拉深出ϕ5.6mm圆筒，为增加圆筒高度，依次将直径缩小至ϕ4.8mm、ϕ4.1mm、ϕ3.5mm，再将该圆筒挤压成3.15mm×3.15mm的方筒，接着切底校形成3.2mm×3.2mm的方筒，再冲出工件两端的孔，在最后一工位落料。

该模具的结构特点为：

1) 采用弹压卸料板在料带连续拉深中将料带压紧在拉深凹模表面，防止材料起皱，同时材料又可从凸模上方便卸下。

2) 设计了浮动式导料槽，不仅使料带送进时在凹模表面高度以上顺畅进行，同时还确保了材料及工件能从凹模中方便卸出。

3) 凹模按工位采用镶拼组合结构，便于制造和修理。

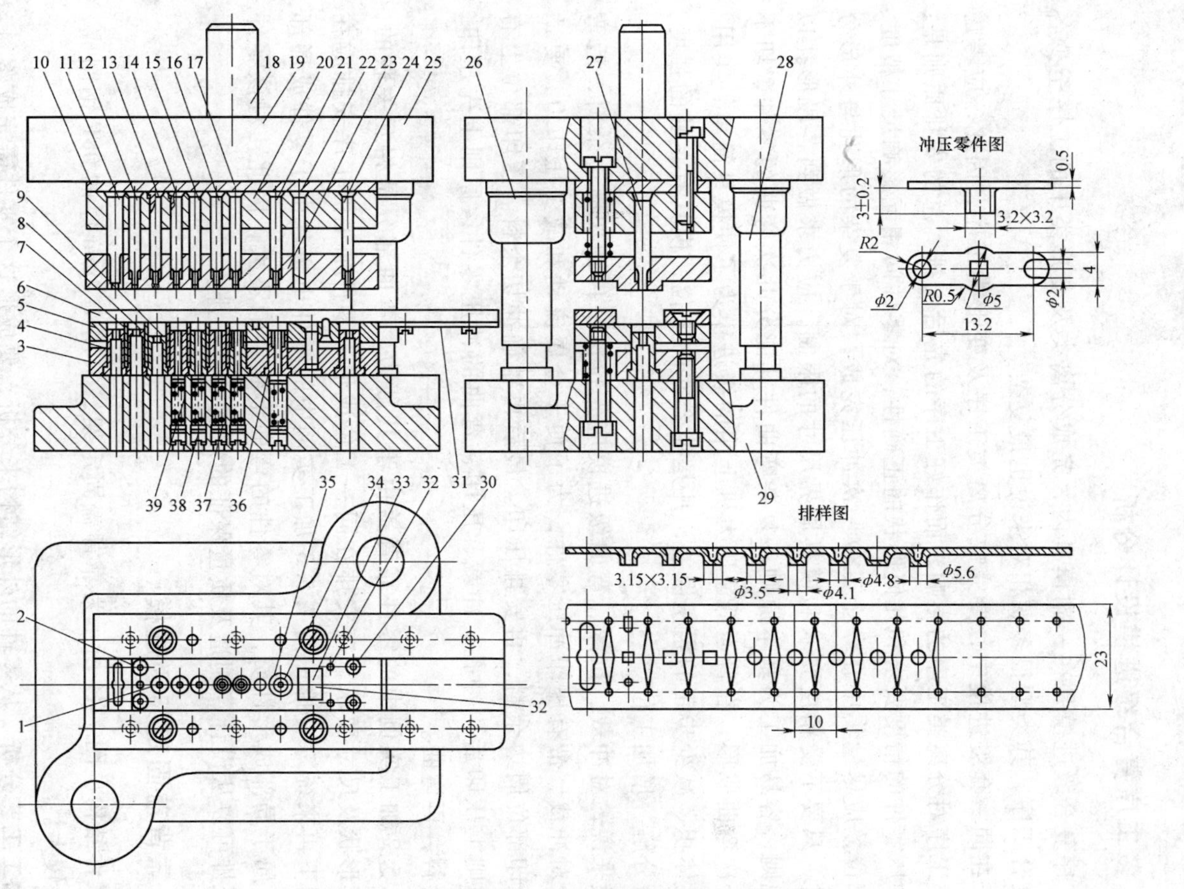

图 7-43　机芯底座十二工位连续拉深模具结构

1、4、7、8、9、30、35、36—凹模　2、34—顶件器　3、20—固定板　5—顶板　6—导料板　10—垫板　11～17、21、22、24、27、33—凸模　18—模柄　19、25—上模座　23—卸料板　26—导套　28—导柱　29—下模座　31—承料板　32—定位销　37、38、39—弹簧

7.5 多工序复合级进模案例剖析

7.5.1 多工序复合级进模设计分析

多工序复合级进模是在一副模具内，完成分离类及变形类中的工序至少各一种的复合工序，其类型很多、相对来说也最复杂。

由于在同一套级进模中，要完成分离类工序及变形类工序，因此，应考虑到变形类工序对分离类工序的影响，而作好工序的先后安排。总的安排原则是：应保证冲压零件的精度要求和几何形状的正确性，对零件间相互影响尺寸精度、形状的部位，应尽量集中在一个工位一次冲压完成；对于复杂的形孔与外形分段冲切时，只要不受精度要求和模具周界尺寸的限制，应力求做到各段形孔以简单、规则、容易加工为基本原则；复杂弯曲件凡能分几次弯曲的零件，切不可强行一次弯曲成形；在普通低速压力机上用的级进模为了使模具简单、实用、缩小模具体积、减少步距的累积误差，凡是能合并的工位，模具有足够的强度，不要轻易分解，增加工位。

一般来说，对冲裁、拉深、弯曲级进模应先拉深，再冲切周边余料，后弯曲成形；对冲裁、带有压印冲压零件，为了便于金属流动和减少压印力，要适当切除压印部位周边余料，再安排压印。最后再精确冲切余料。压印部位上有孔时，原则上压印后再冲孔；冲裁、压印、弯曲的冲压零件，原则上先压印，后冲切余料，再弯曲。

如7.5.2加工实例中的零件靠背盖由于其翻边、弯曲部分是相互关联的，为保证其形状及尺寸要求，应安排在同一工位成形，零件加工的工序安排应在这一总则下再来统筹安排；而7.5.3加工实例中的零件电极片由于零件成形部位较小，属于局部成形性质，其对零件的弯曲形状影响不大，因此，对该零件的工序安排可以从设计、制造及质量保证的角度综合安排。

7.5.2 靠背盖固定架级进模

1. 零件结构 图7-44所示为靠背盖固定架，采用1.2mm厚的08F钢制成，生产批量较大。

2. 加工工艺分析 从零件的外形结构来分析，要成形这个零件需完成落料、冲孔和成形等工序，其中成形包括半径$R10$mm的翻边，翻边高度6.5mm，底部与水平成36°角的弯曲以及侧面90°角的弯曲。由于这些成形部分相互关联，各部分尺寸相互影响，因此它们需一次成形。零件的一端有一个开口，如果要采用级进模冲压成形，如何冲压成形零件的开口部分是设计的关键。因此，在第一个工位上设计冲裁出一矩形切口，作为下一道工序成形零件开口部分的工艺孔。零件中还有一个直径为 $\phi3.5$mm 的孔，这个孔与一个带锥度的凹形连在一起，这个凹形采用胀形方法成形，$\phi3.5$mm 的尺寸也是胀形后得到的，因此在胀形前就必须有一个预制孔，通过测算与试验，该预制孔的直径为 $\phi2$mm。在该模具中此孔与矩形孔一起作为预制孔均在第一个工位中冲出。

由此确定该零件的排样图如图 7-45 所示。

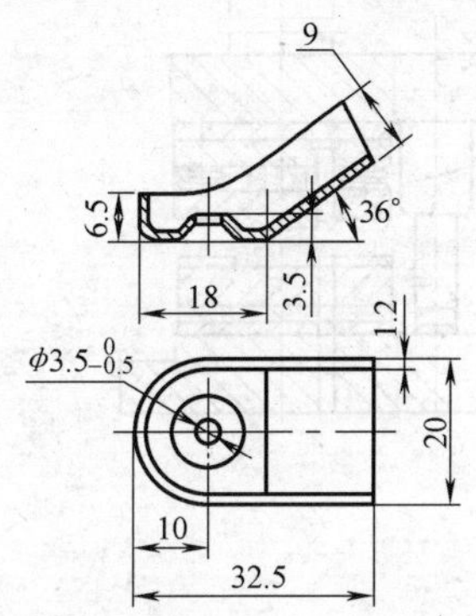

图 7-44　零件结构简图

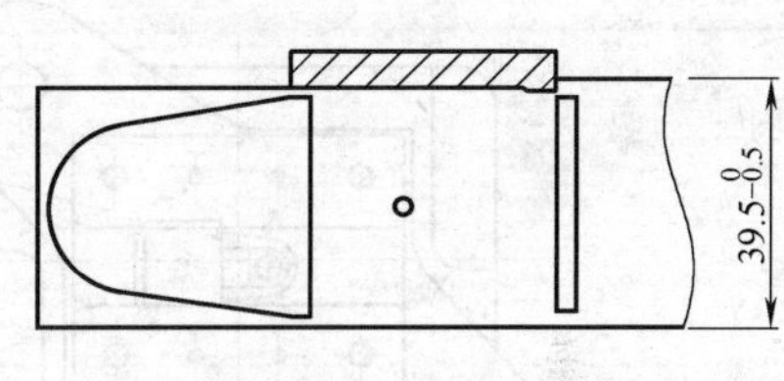

图 7-45　零件排样图

3. 模具结构　模具结构如图 7-46，采用滑动导向对角导柱模架。

模具工作时，将剪裁好的板料送入模具，在导料板 13 的引导下板料在第一个工位上进行冲裁，之后，继续向前送料，由侧刃 8 定距，凸模 17 的导正，进入第二个工位完成落料、翻边、弯曲和胀形的复合成形，成形后的零件被卸料板 18 推出凸凹模 10，最后用压缩空气把零件吹出模具。

4. 设计要点

1）模具工作的第一个工位利用凸模 5 和 9 冲出矩形工艺切口（兼作下一道工序的导正孔），第二个工位是利用侧刃 8 的定距和胀形凸模 17（兼作导正销）的导正作用完成弯曲、翻边和胀形等成形工序。

2）卸料板 18 既作为冲裁时卸料用也被用来在第二个工位上把最后成形好的零件推出凸凹模 10。卸料板的结构如图 7-47 所示，图中 *A* 部分是在凸凹模 10 的凹模内用作零件脱模的推件板，成形时也是凹模的底面部分。卸料板采用 45 钢制造，淬火硬度为 40 ~ 45HRC。

3）胀形凸模 17 采用镶嵌形式过盈配合固定其中，其材料为 Cr12，淬火硬度为 58 ~ 62HRC。

4）凸凹模 10 的结构如图 7-48 所示，材料为 Cr12，淬火硬度为 58 ~ 62HRC。根据零件结构特点，凸凹模的凹模一端开口。凸凹模的凸模用于落料，凹模用于零件成形。凸凹模 10 采用螺钉吊装固定形式，其上部与凸模固定板 4 采用过渡配合，确保凸凹模 10 的稳定性。

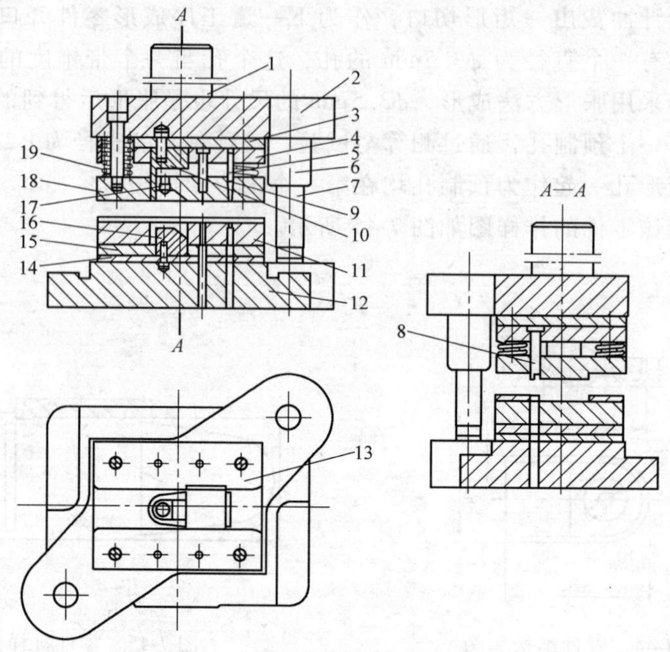

图 7-46　模具结构简图

1—模柄　2—上模座　3—上垫板　4—上凸模固定板　5—切口凸模　6—导套
7—导柱　8—定距侧刃　9—冲孔凸模　10—凸凹模　11—凹模板　12—下模座
13—导料板　14—下垫板　15—下凸模固定板　16—成形凸模　17—胀形凸模
18—卸料板　19—弹簧

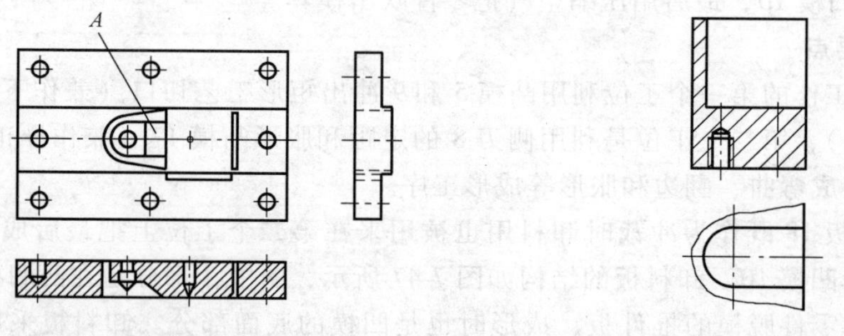

图 7-47　卸料板结构　　　　图 7-48　凸凹模结构

5. 效果　该模具操作、使用方便，设计、制造并不复杂，生产效率和操作安全性得到显著提高。

6. 本例设计总结　本零件外形尺寸小，加工工序有落料、冲孔和成形（包括弯曲、翻边、胀形），若采用单工序加工，则工序多，生产效率低且存在安全隐患。因此，宜采用级进模将以上各工序设计在一副模具中。

零件中只有一个孔有经济精度的要求，其胀形可以通过初步计算及生产试制修正满足要求，从而使模具中，只需通过控制胀形的深度 3.5mm 便能控制孔的尺寸。

7.5.3 电极片多工位级进模

1. 零件结构 图 7-49 所示电极片，采用 0.2mm 的 H62 黄铜制成，生产批量较大。由于产品内、外表面最终须进行镀银处理，因此对镀前冲压成形的零件外观光滑、平整、无毛刺等要求甚为严格。

2. 加工方案的确定 该零件结构并不复杂，为一成形与弯曲组合件。成形圆包高度很小，属典型的局部成形。整个零件的加工难点在于料太薄，工件外形太小。如用单工序模加工则需多副模具，且多次定位易造成加工零件精度低，生产效率低，尤其重要的是零件外形尺寸太小，难以进行手工操作，因此不宜用单工序模加工。

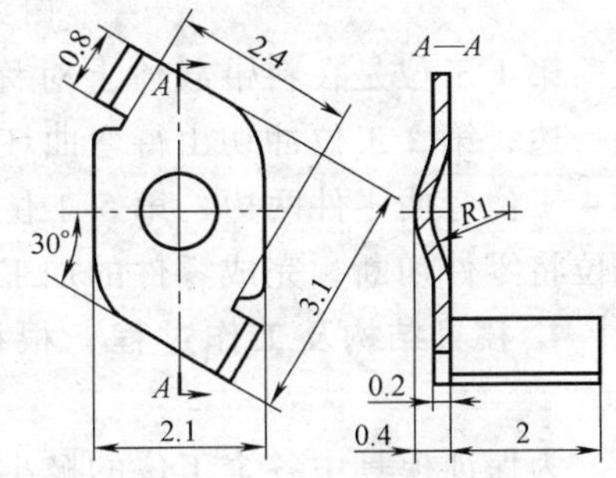

图 7-49 电极片

考虑到零件外形尺寸小，生产批量较大，按理应设计成多排排样的多工位级进模结构，以提高生产效率及材料利用率，但由于该种排样方式将使模具结构复杂，模具制造也变得困难，对生产设备及模具制造人员的要求也高，根据该企业的实际情况，为稳妥起见，也不宜采用。经协商后决定按单排排样形式设计级进模。

整个零件由一副多工位级进模来完成，既可提高零件精度、产量，减少模具数量，又能使自身的加工制造能力满足要求。

3. 排样设计 零件的各个弯曲部分展开后，形状呈狭长形，如图 7-50。

从条料刚性及模具尺寸方面考虑，采用狭长方向垂直于条料的前进方向可以减少步距，提高条料刚性，减少模具尺寸。

考虑到料太薄，易变形，不能使用导正销定位，因此决定采用二侧刃进行定距，经计算确定步距为 5.5mm，采用料宽 12mm 条料加工。

由于零件尺寸较小，为保证凹模强度不受较大的影响，从模具强度考虑，零件的弯曲设计成向上的方式。考虑到最后切断凹模的强度及其他卸料零部件布置的需要，在最后工序前还需留一空位。

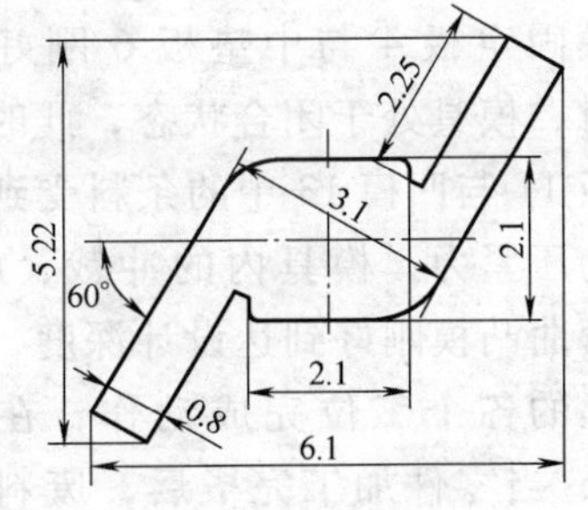

图 7-50 展开料图

综合以上各种因素，制订图 7-51 所示排样方式，共分 7 个工位，即：①冲切侧刃及切边②冲切③切边④弯曲两角⑤成形圆包⑥空位⑦切断。

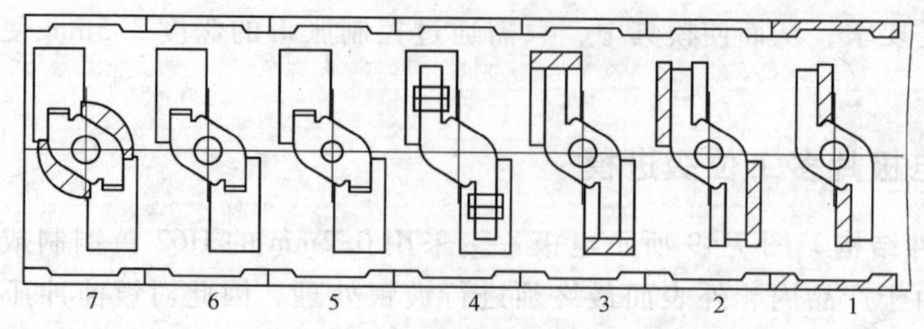

图 7-51　零件排样图

第 1 工位是在料带载体上对称冲切出两侧侧刃进行定距且冲切出待弯曲坯料一边，第 2 工位冲切出待弯曲坯料另一边，第 3 工位冲切出待弯曲坯料部位，第 4 工位弯曲零件两边，第 5 工位对零件圆包进行成形，第 6 工位为空位，第 7 工位将零件切断，完成零件的加工。

4. 模具结构及工作过程　根据零件排样图，设计成图 7-52 所示的模具结构。

为保证模具中各个工位的极小间隙要求，整个模具采用联合导向结构，即模架导向和卸料板导向，模架采用导柱 17 及导套导向；卸料板 11 通过凹模 13 上设置的小导柱 24 及安装于凸模固定板 4 上的 4 个小导套进行精导向，保证模具的导向精度，实现全部凸模均以卸料板进行导向，保持冲压平稳。

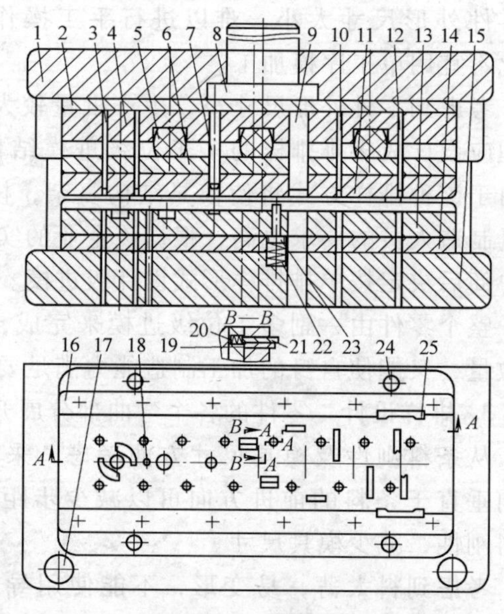

图 7-52　模具结构图

1—上模板　2—上垫板　3、9、10、12—冲裁切边凸模　4—凸模固定板　5—聚氨酯块　6—中垫板　7—成形凸模　8—模柄　11—卸料板　13—凹模　14—下垫板　15—下模板　16—导料尺　17—导柱　18—吹气钉　19—弯曲凸模　20、22—弹簧　21—弯曲卸料块　23—抬料销　24—小导柱　25—侧刃

模具工作时，当上模下行至凸模固定板 4 与中垫板 6 刚好接触时，模具处于闭合状态，此时卸料板 11 与凹模 13 中的条料受到较大的压紧力，模具内的冲裁、成形、弯曲凸模刚好到达设计深度，条料上的各个工位完成动作，在工位 7，当零件加工完毕后，废料从模具废料孔中落下，零件由浮动的抬料销 23 顶离凹模面，由吹气钉 18 吹出的高压空气吹出模外，完成一个冲裁成形过程，当上模上升时，由于弹力作用，条料在抬料销 23 作用下，离开凹模面，在送料器作用下，向前进一个步距，准备下一个循环动作。

整套模具通过外购或选配恰当的送料器，在七个工位最终完成整个零件的加工，同时实现全自动化生产。

5. 设计要点

1）全部冲裁凸模采用线切割加工成形，采用直通式，由于结构尺寸小或形状不规则，用铆接方式固定于凸模固定板 4 上。

2）冲裁侧刃及各冲裁切边凸模切边时单边受力，易滑移。将凸模设计成台阶式，采用先导向后切边的工作方式，避免单边受力造成的滑移，保证制作尺寸。

3）由于零件向上弯曲，为保证零件精度，在弯曲部位，除了设计弯曲凸模 19 外，紧靠其侧面增设一个浮动的弯曲卸料块 21，且弯曲卸料块比弯曲凸模略高些，以确保模具闭合时，能先对条料施加预压力，然后再弯曲，防止条料因滑动产生变形和尺寸不准确，同时弯曲完毕后，弯曲卸料块起顶料作用，弯曲卸料块 21 由弹簧 20 提供顶料力。

4）为分散冲裁过程中的应力分布，分别在凸模固定板 4 上设置上垫板 2、凹模 13 下设置下垫板 14。上、下垫板均选用 T10A，热处理硬度为 58～62HRC，上下面磨平后使用。

5）冲裁切边凸模 3、9、10、12，凸模固定板 4，卸料板 11，凹模 13 等主要零件均采用线切割加工。

6. 效果 模具设计制造后，进行了试模，加工的零件尺寸符合产品要求，零件外形光滑，无毛刺，周边手摸没有棘手感，能满足内、外形镀银的要求，制造的级进模顺利交付对方使用。

7. 本例设计总结 本零件外形尺寸小，加工工序有落料、成形鼓包和弯曲。由于鼓包成形为局部成形，不影响零件的外形，因此，在零件排样图设计中，对零件外形的冲切工位安排主要是基于零件弯曲及载体连接的需要。整个零件送进的抬料安排抬料销完成，采用导料板、侧刃配合自动送料装置进行导向及送进，实现自动化生产。

对零件小而批量大的加工零件，应分析其工艺特点，制订好零件的排样方案，同时设计好模具结构，考虑细其工作过程。

第8章　自动冲模案例剖析

8.1　自动冲模设计基础

8.1.1　自动冲模的选用

在冲模或冲压设备上采用各种机械装置代替人工完成冲压生产过程，叫做冲压生产的机械化与自动化。冲压的机械化与自动化是提高冲压生产率、保证安全生产、改善工人的操作条件的根本途径。

冲压生产可能实现机械化与自动化的程度，应根据生产形式、规模和应用机械化与自动化的经济合理性而定，一般可选用以下形式：

（1）单机生产自动化　单机生产自动化有两种形式，一是在压力机上安装自动送料与出件装置，使其在冲压生产时能实现自动送料、出件；二是使用自动冲模，在模具中设计有自动送料、自动出件机构，在单机上实现自动冲压。

（2）冲压生产自动线　将各种冲压设备通过机械手、自动传送机构等装置联结起来，自动完成某一种冲压零件生产的若干道工序的整个加工过程。冲压生产自动线特别适合于大批量生产形状复杂的冲压零件。

（3）数控自动冲压机床　选用冲压加工中心、全自动落料压力机、数控转塔压力机等以计算机控制的全自动冲压加工系统，实现冲压加工的自动化。

数控自动压力机是随着近代工业技术的发展，特别是以电子计算机控制的全自动冲压加工系统的迅速发展而兴起的具有高新技术的冲压自动化生产设备，它能完成许多由人工完成的冲压生产过程，使传统的冲压设备发生了巨大的转变，为冲压生产机械化与自动化开辟了新的发展途径。

自动冲模是在普通压力机上实现单机生产自动化及冲压生产自动线的基础，是冲压机械化与自动化的重要内容之一。

8.1.2　自动冲模常用装置

在自动冲模上实现冲压生产的机械化与自动化，主要是由模具中附加的自动送料装置、自动出件装置、自动检测与保护装置等常用装置来帮助完成的。

1. 自动送料装置　根据输送对象的不同，送料装置分为一次送料和二次送料两种。凡输送条、带、卷料等原材料用的送料装置称为一次送料装置；而输送毛坯和半成品用的送料装置称为二次送料装置。

一次送料装置用于普通压力机上加工的模具，安放于级进模条料入口处，整套模具通过该装置实现送料。

二次送料装置主要用于单工序模或复合模的送料，其种类较多，一般经落料得到的外形简单的平板毛坯，需要再进行校平、弯曲、冲孔（槽）、拉深等工序的，可选用滑（推）板式送料装置，一般拉深的半成品需要冲孔（槽）、切边、切底或再拉深等工序加工时，可选用转盘式送料装置等。

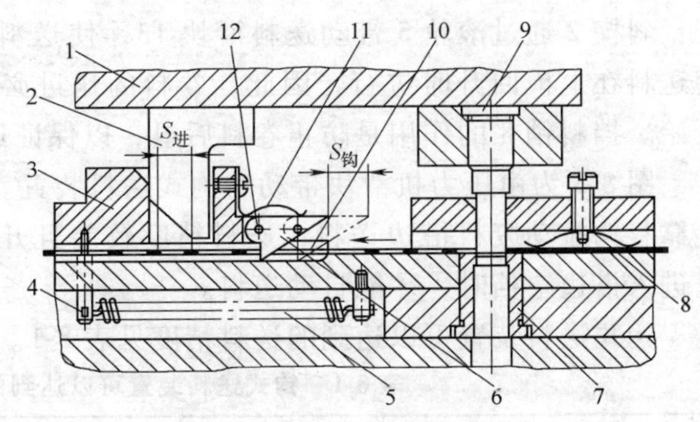

图 8-1　钩式送料装置 Ⅰ

1—上模座　2—斜楔　3—滑块　4—螺钉　5—复位弹簧　6—送料钩　7—凹模　8—压料簧片　9—凸模　10—T 形导轨板　11—簧片　12—圆柱销

（1）一次送料装置

1）钩式送料装置。钩式送料装置是条料、卷料送料装置中结构最简单的一种，送料钩子可以由压力机滑块驱动，也可由冲模的上模驱动。

上模驱动的钩式送料装置送料进距的大小，由压力机滑块行程及斜楔压力角而定。图 8-1 为其中的一种形式。斜楔 2 紧固在上模座 1 上，其下端的斜面推动滑块 3 在 T 形导轨板 10 内滑动，滑块的右端用圆柱销 12 连接送料钩 6，它在簧片 11 的压力下始终与卷料接触，滑块 3 的下面通过螺钉 4 装有复位弹簧 5。当上模带动斜楔向下移动时，斜楔 2 推动滑块 3 向左移动，卷料在送料钩 6 的带动下向左送进。当斜楔的斜面完全进入送料滑块时，卷料送进完毕。随后凸模 9 进入凹模 7 完成冲压。上模回程时，送料滑块及送料钩在复位弹簧 5 的作用下向右复位，送料钩滑起进入卷料的下一个料孔。卷料被压料簧片 8 压紧而不能退回。在 T 形导轨座上还可安装定位销，以保证滑块复位时正确定位，提高送料精度。这种结构是滑块下降时同时送料，因此，要求卷料的送进必须在冲压开始前结

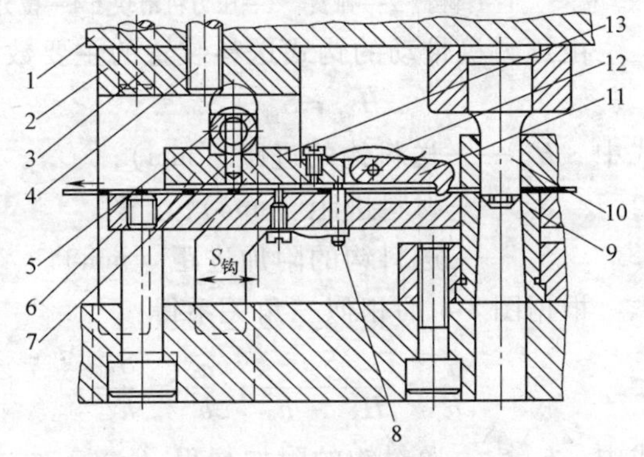

图 8-2　钩式送料装置 Ⅱ

1—凸模垫板　2—斜楔　3—定位销　4—螺钉　5—滚轮　6—承料板　7—销钉　8—挡料销　9—凹模　10—凸模　11—送料钩　12—簧片　13—送料滑块

束，即冲压时卷料停止不动。

图 8-2 为上模驱动的钩式送料装置中的另一种形式。与图 8-1 的不同之处在于：斜楔 2 通过滚轮 5 带动送料滑块 13，使送料钩 11 左右移动。斜楔的形状，使送料在上模回升时进行，因此，卷料的送进必须在凸模上升并离开凹模后才开始。挡料销 8 的作用是防止卷料后退，以保证送料精度。

图 8-3 为由压力机滑块带动的钩式送料装置。与上述两种送料装置一样，也是靠料钩拉动废料搭边送料，送料精度较差且开始几件需手工送进，至料钩可以进入搭边空档时，才能自动送料。

钩式送料装置可以达到的送料精度见表 8-1。

表 8-1　钩式送料装置可以达到的送料精度　（单位：mm）

进距	<10	10 ~ 20	>20 ~ 30	>30 ~ 50	>50 ~ 75
送料精度	±0.15	±0.2	±0.25	±0.3	±0.5

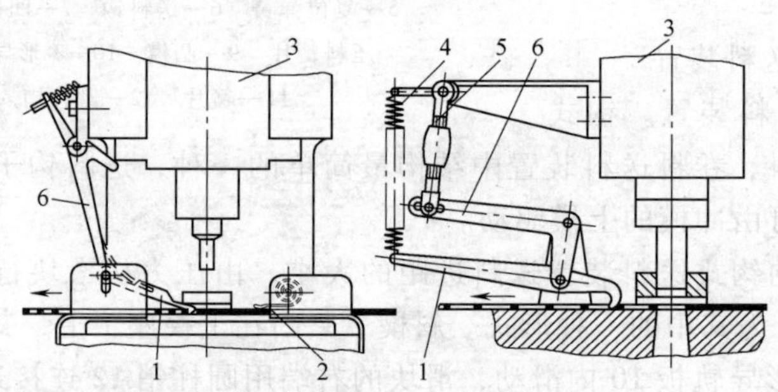

图 8-3　钩式送料装置Ⅲ

1—料钩　2—弹簧　3—压力机滑块　4—拉力弹簧　5—调节连杆　6—拐臂杠杆

由压力机带动的钩式送料装置的主要数据计算方法见图 8-4，即：

$$H_{钩} = S_{进} + S_{钩}$$

式中　$H_{钩}$——送料钩的进距（mm）；

$S_{进}$——材料进距（mm）；

$S_{钩}$——送料钩的附加进距（mm）。

根据图 8-4 的相似三角关系得：

$$\frac{a}{b} = \frac{S_{进}}{H_{行} - h_{行}};\ \frac{a}{b} = \frac{S_{钩}}{h_{行}}$$

式中　$h_{行}$——送料钩的附加行程（mm）；

a——拐臂杠杆连压力机滑块端的臂长（mm）；

b——拐臂杠杆连送料钩端的臂长（mm）；

$H_{行}$——送料钩的行程（mm）。

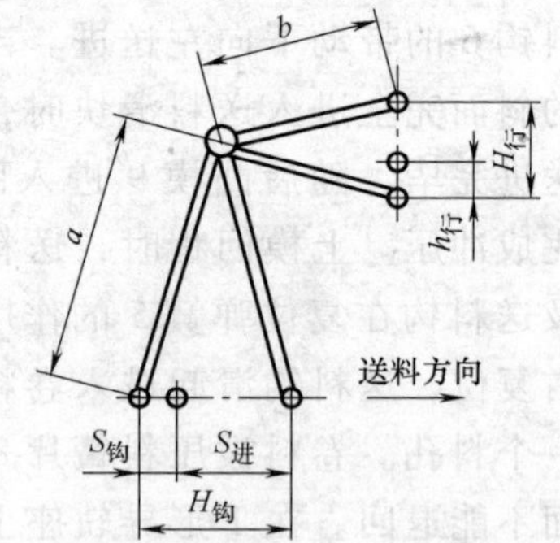

图 8-4　钩式送料装置计算示意图

取
$$S_{钩} = (0.2 \sim 0.8)\ S_{进}$$
$$h_{行} > t\ 建议取：h_{行} = (2 \sim 3)\ t$$

式中　t——材料厚度（mm）。

适合采用钩式送料装置的材料宽度与厚度：对于条料和带料，宽度为 10 ~ 150mm，厚度为 0.5 ~ 5mm；对于卷料，宽度为 10 ~ 100mm，厚度为 0.3 ~ 1mm。比较合适的进距为 10 ~ 75mm。

2）夹持式自动送料装置。夹持式自动送料装置是一种应用最为广泛的自动送料装置。

图 8-5 所示为气动夹板式自动送料装置的示意图，其送料装置分为两个部分：固定钳和移动钳，送料时，固定钳松开，移动钳夹紧条料向前送进；退回时，固定钳夹紧条料，移动钳松开并向后退回。

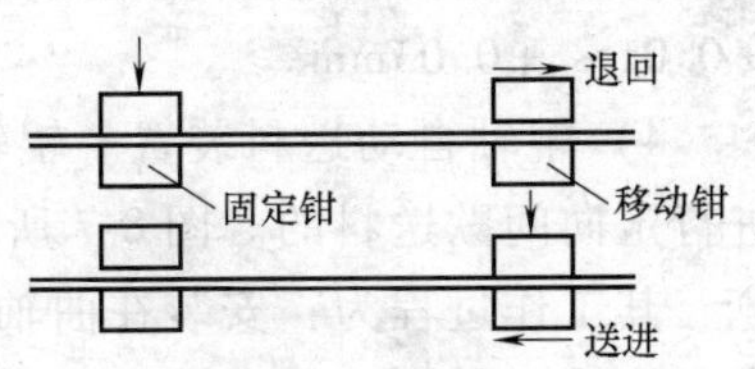

图 8-5　气动夹板式自动送料装置示意图

气动夹板式自动送料装置的最大特点是动作灵活、调整方便、送料步距精度高及送料速度快。送料后经模具导正销导正的送进距误差可达 ±0.003mm，送料后无导正的也能达到 ±0.02mm。气动夹板式自动送料装置广泛用于级进模的送料。

3）夹辊式自动送料装置。图 8-6 所示为夹辊式自动送料装置，该装置是由右边为送料用的活动夹辊及左边为止退用的固定夹辊组成的。当装在压力机滑块或冲模上的斜楔 10 随滑块下降并与滚轮 11 接触后推动活动夹辊向左运动，此时，活动夹辊中的滚柱 7 松开，而左边固定夹辊中的滚柱 5 则将条料夹紧，使条料不再向左移动。由于条料对送料活动滚柱 7 的摩擦力方向与活动滚柱座 12 的方向相反，所以滚柱 7 对条料放松，失去夹持作用。当滑块回程时，斜楔 10 也随之回程。此时，活动夹辊在弹簧 1 作用下，又回复到原位置上，但由于滚柱 7

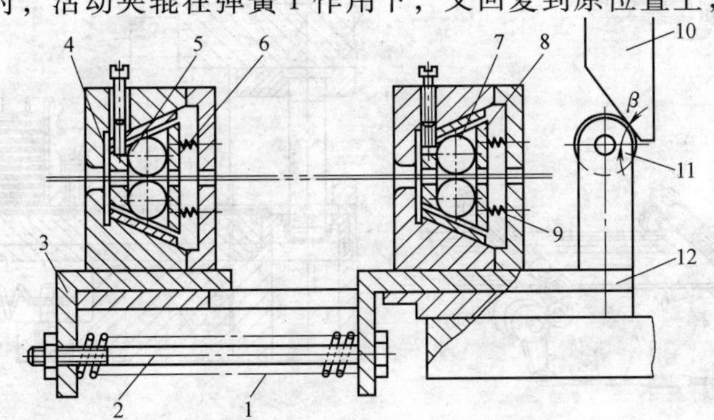

图 8-6　夹辊式自动送料装置

1、6、9—调节弹簧　2—螺杆　3—固定滚柱座　4、8—保持架

5、7—滚柱　10—斜楔　11—滚轮　12—活动滚柱座

对条料的摩擦力与活动滚柱座方向相同，故夹紧条料使之向右送进一个距离，而左边固定夹辊中的滚柱 5，因受条料对其的摩擦力作用而放松条料。故压力机滑块每一次往复运动，就使条料送进一个步距，从而完成自动送料工作。

对条料的夹紧力大小，可调节弹簧 6 和 9 的松紧。调节螺杆 2 的长短，可以对不同步距离的条料进行冲压，不必更换斜楔。斜楔的斜角 β 一般不小于 60°。

夹辊式自动送料装置适用于料厚 0.3 ~ 3mm 的条、带或卷料。送料精度达 ±0.01 ~ ±0.03mm。

4）辊轴自动送料装置。辊轴自动送料装置是通过一对辊轴定向间歇转动而进行定向间歇送料的。图 8-7 所示为一种常用的双边卧辊式辊轴自动送料装置。

其工作过程为：安装在曲轴端部的可调偏心盘 1 通过拉杆 2，带动棘轮 3 作来回摆动。棘轮 3 带动齿轮 4、5 使左侧卧辊 6 推料。同时棘轮 3 通过推杆 7，使辊轴 8 转动，进行送料。

双边卧式辊轴自动送料装置，特别适合于较薄的条、带、卷料的送料。

（2）二次送料装置

1）滑（推）板式送料装置。滑（推）板式送料装置一般有手动、模具带动和压力机带动三种，其中模具带动的使用广泛，多采用弹簧拉动和杠杆作用的结构形式。

图 8-8 为模具带动的滑板式送料装置。冲压时，上模旁附带的侧楔 2 靠自身斜面推动滑板 5 向后移，同时使拉簧 6 受拉张开。当压力机回程向上时，模具侧楔 2 向上，滑板 5 由其下面的拉力弹簧向前拉。冲模连续冲压，滑板 5 就自动往复移动，不断推送由料斗 4 中靠自重落下的平板毛坯，按次序逐个进入工作位置，进行冲压。

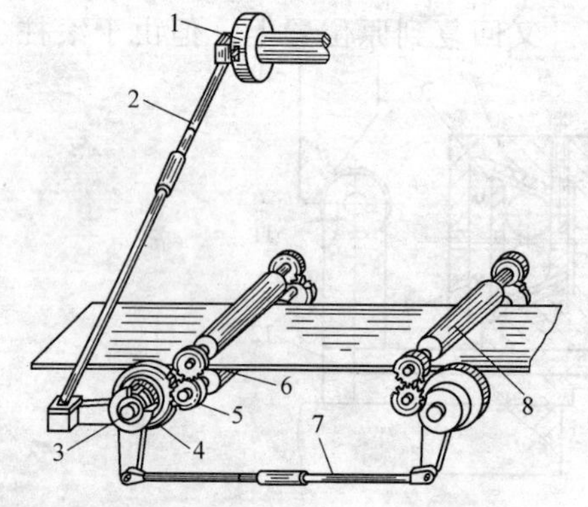

图 8-7　双边卧辊式辊轴自动送料装置

1—偏心盘　2—拉杆　3—棘轮　4、5—齿轮　6—卧辊　7—推杆　8—辊轴

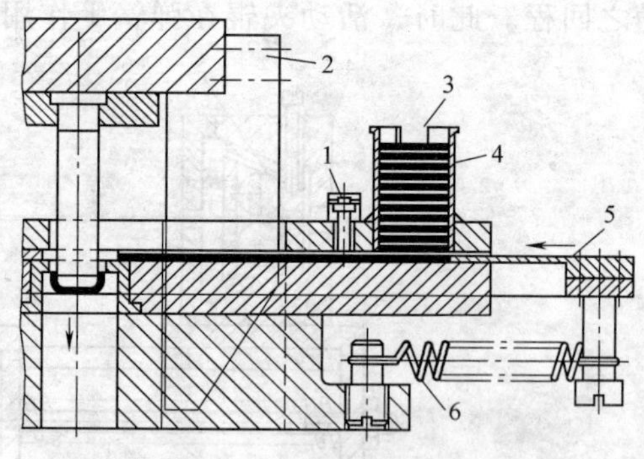

图 8-8　由模具带动的滑（推）板式送料装置

1—制动销　2—侧楔　3—毛坯　4—料斗　5—滑（推）板　6—拉簧

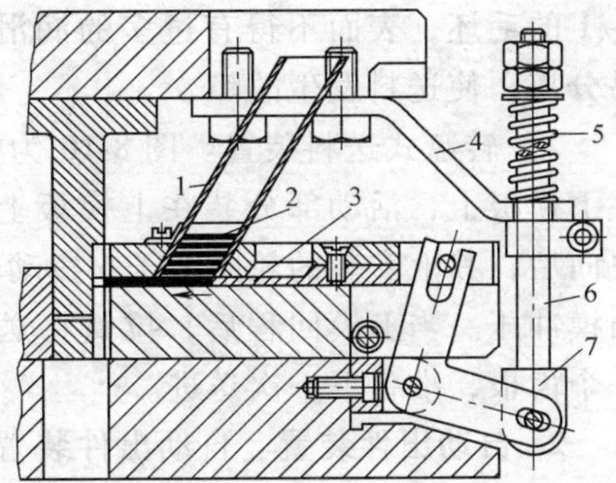

图 8-9 由压力机带动的滑（推）板式送料装置

1—料斗 2—毛坯 3—滑（推）板 4—支臂 5—压簧 6—连杆 7—拉杆

图 8-9 为压力机带动的用连杆-杠杆机构操纵滑板自动往复动作的滑板式送料装置。该装置中滑板 3 由刚性的杠杆复位，而送进时则有弹簧缓冲其动作。

设计滑（推）板式送料装置应考虑的问题是：

① 合理确定滑（推）板的厚度 $H_{板}$ 及滑道高度 $H_{道}$

$$H_{板} = (0.6 \sim 0.7)t$$

$$H_{道} = (1.2 \sim 1.4)t$$

式中 t——材料厚度（mm）。

② 滑板行程 $S_{板}$ 的计算

$$S_{板} = (2 \sim n)\ L_{坯} = L + b$$

式中 $L_{坯}$——毛坯沿送进方向的长度（mm）；

L——料斗至模具刃口最远边的直线距离（mm）；

b——滑（推）板的行程余隙（mm）；

n——毛坯件数。

③ 拉力弹簧的初牵力要大，且许用拉力行程要大于 $S_{板}$。

④ 要清除毛坯周边的毛刺，且毛坯的平行度不得超过料厚允差。装进料

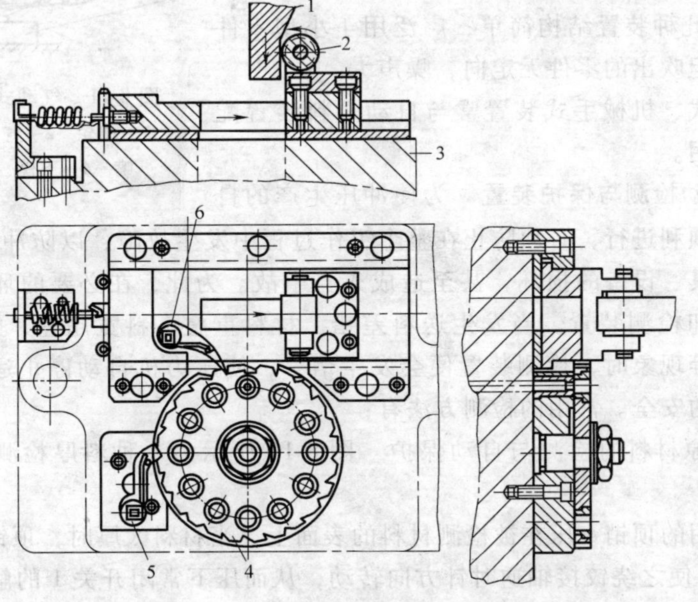

图 8-10 由模具带动的转盘式送料装置

1—侧楔 2—滚柱 3—模板 4—转盘 5—定位卡子 6—轮闸卡子

斗 1 的毛坯，表面不得有过多的润滑液，以致使两片或几片毛坯粘在一起，不易分离，使送料发生故障。

2）转盘式送料装置。图 8-10 为模具带动的转盘式送料装置。其固定部分装在下模板上，活动部分装在上模板上。当模具下行时，模具侧楔 1 推动送进滑块向后，其上安装的轮闸卡子 6 拨动转盘转动一个角度，定位卡子 5 准确定位后凸模冲压。当上模回程后，拉簧将送进滑块拉回原位，而轮闸卡子 6 又跳过后一个齿根，准备下一次送进。

2. 自动出件装置 自动出件装置是使冲压加工后的冲压零件自动送离冲模具的装置。它有气动式、机械式、机械手式等多种方式。其中，气动式出件装置在生产中应用广泛，既可在模具设计中采用图 7-7 所示气动清理装置，也可直接在零件出件部位安放图 8-11 所示的气动式出件装置。

其工作原理为：凸轮 1 装在压力机曲轴的一端，凸轮 1 控制着气阀 2 的开闭，当冲压加工结束时，凸轮 1 的最高点压迫气阀 2 内的弹簧，使气阀 2 打开，由空气压缩机进来的空气经气阀 2 和喷嘴 3 吹出，将工件吹到模外。当凸轮 1 转过最高点后，气阀中的弹簧使气阀关闭，此时可以进行送料和冲压。

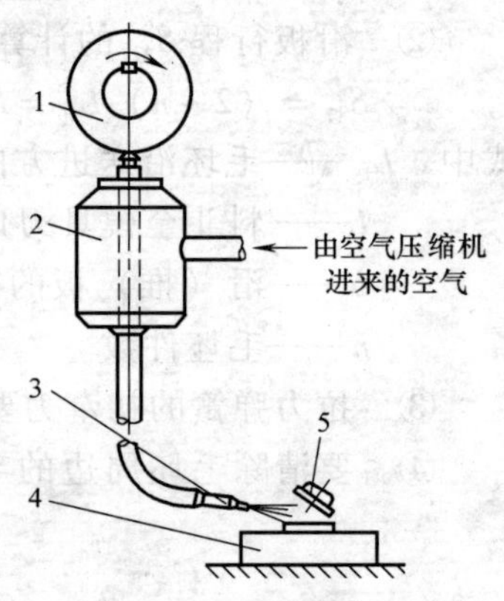

图 8-11 气动式出件装置
1—凸轮 2—气阀 3—喷嘴 4—下模 5—工件

气动式出件装置的气体压力一般为 0.4 ~ 0.6MPa。此种装置结构简单，广泛用于小型零件的出件，但吹出的零件无定向，噪声大。

机械式、机械手式装置常与自动送料装置配合共同使用。

3. 自动检测与保护装置 为使冲压生产的自动化能够顺利进行，必须防止在整个工作过程中发生故障，以防冲压工作中断，或发生模具、设备的损坏，甚至造成人身事故。为此，在必要的环节必须采用各种监视和检测装置。当发生送料差错，材料重叠、料宽超差，零件未推出，材料用完等现象时，检测装置便会发生信号，使压力机自动停止运转，以保证生产过程的安全。常用的检测方法有：

（1）原材料的检测与自动保护 图 8-12 所示为一种料厚检测自动保护装置。

检测用的顶销 4 压在被检测材料的表面上，当材料太厚时，顶销 4 顶起杠杆 2 的一端，使之绕铰接轴逆时针方向转动，从而压下常闭开关 1 的触头，切断电源，压力机停止运行。

（2）模具内的检测与保护装置 图 8-13 所示为模具内送料位置检测与保护装置。

其工作原理为：模具内安装监测导正销，当监测导正销能顺利进入条料的导正孔内时，模具、设备正常工作，当监测导正销不能进入条料导正孔时，监测导正销后退，迫使侧面的顶杆推动一个微动开关，使压力机停止运行。

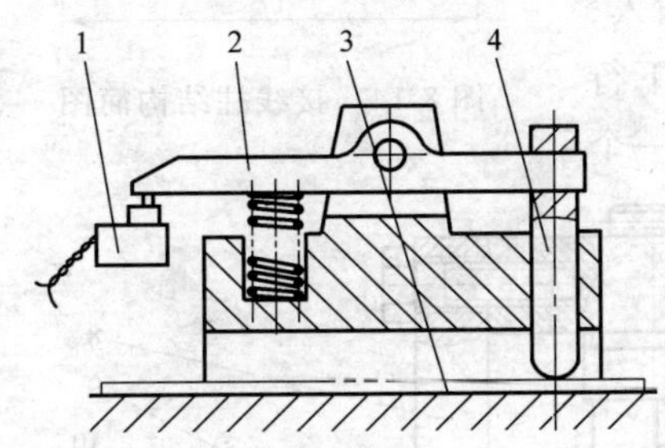

图 8-12 料厚检测自动保护装置

1—常闭开关 2—杠杆 3—材料 4—顶销

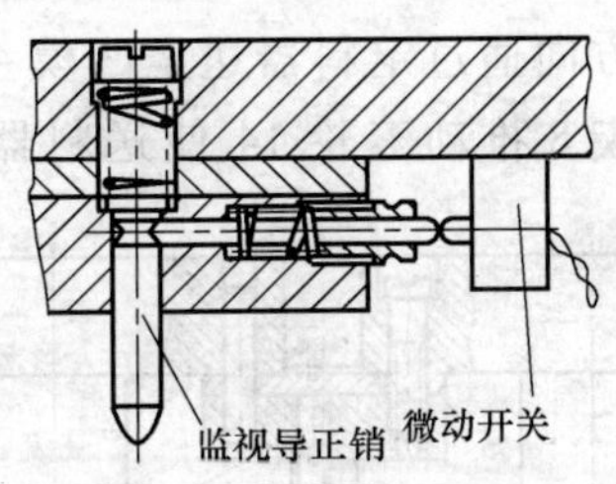

图 8-13 模具内送料位置检测与保护装置

（3）出件检测与自动保护装置 出件检测与自动保护装置多采用光电式检测装置。利用光电二极管检测模具中零件推出的区域，当零件通过时，会遮挡光线，使光电二极管发出信号，压力机能够继续工作。当没有零件推出时，光电二极管就不会发出电信号，压力机就无法继续工作。

光电式检测装置调整方便，抗振性强，工作灵敏度高，因而在送料、推件等过程的监视及安全保护方面应用较广泛。

8.2 自动冲模案例剖析

8.2.1 自动冲模设计分析

自动冲模的设计与普通冲模的设计没有本质上的区别，由于其冲压生产的机械化与自动化的实现是依赖附加的自动送料装置、自动出件装置、自动检测与保护装置等常用装置来帮助完成的，因此，在普通冲模设计的基础上，依据使用企业的生产形式、规模和应用机械化与自动化的经济合理性，有针对性地选用自动冲模的常用装置就成了自动冲模设计的关键。在级进模中广泛应用带自动送料、自动出件及自动检测与保护装置的自动冲模，主要是为了保证零件的安全、正确加工及提高生产效率（详见 8.2.2；8.2.6）；而在单工序模中则多采用坯料的二次送料装置或一次送料装置，主要是为了提高生产效率及保证操作的安全性（详见 8.2.3；8.2.4；8.2.5）。

8.2.2 接线柱自动送料切槽、切断级进模

1. 零件结构 图 8-14 为电器零件接线柱，采用 $\phi 1$mm 的黄铜 H62-Y 制成，

生产批量大。

2. 模具结构及工作过程 图 8-15 为接线柱自动送料切槽、切断级进模结构。

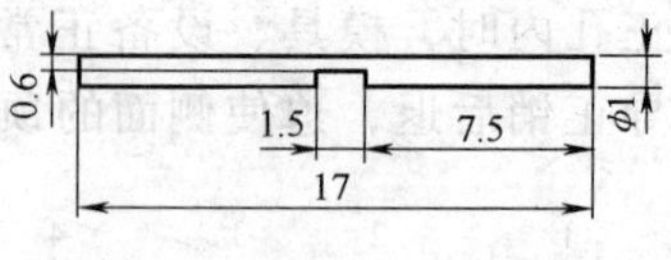

图 8-14 接线柱结构简图

模具工作时，线材由螺塞 20 的进料口插入，沿箭头方向通过定料器送至凹模 4 处。上模下行时，斜楔 8 推动滚轮 14 使送料器向右滑动一个进距，此时弹簧 23 被压缩，送料器上的滚珠 24 与线材打滑，而定料器上的滚珠 19 卡紧线材阻止线材后退。同时由切槽凸模 1 和切断凸模 7 分别完成切槽和切断线材工作。当上模回程时，斜楔 8 上行而脱离滚轮 14，送料器夹持线材在弹簧 23 作用下复位，向前移动一个送料进距，此时，送料器上的滚珠 24 卡紧线材，而定料器上的滚珠 19 则与线材打滑，从而完成一个进距的送料任务。

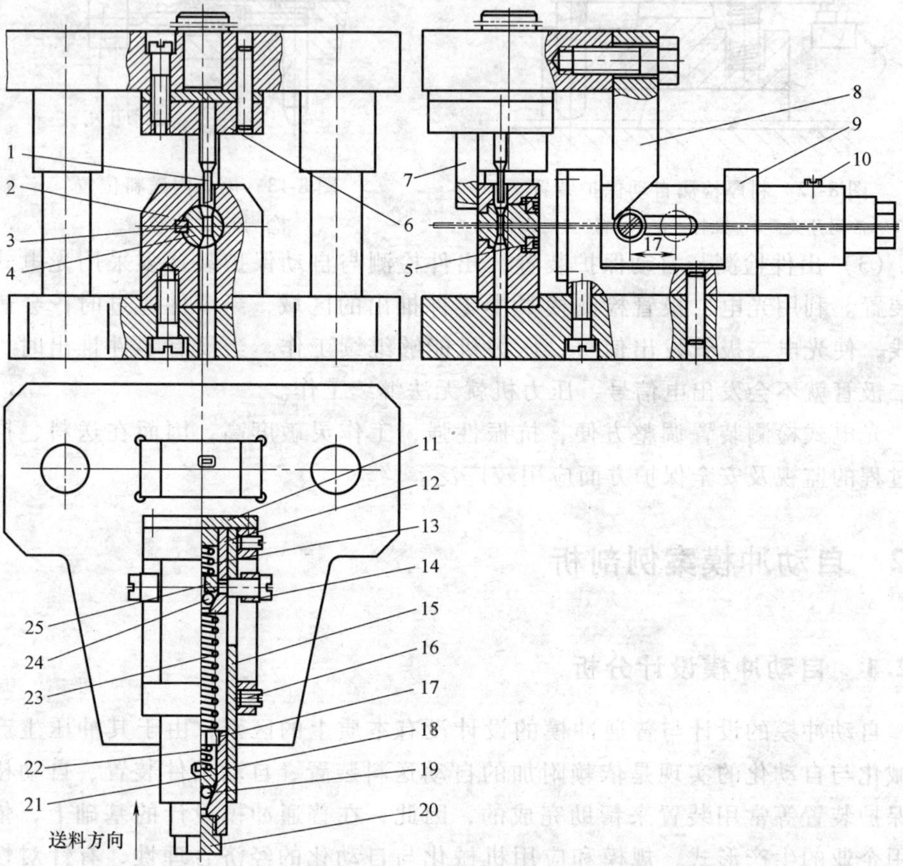

图 8-15 接线柱自动送料切槽、切断级进模结构简图

1—切槽凸模 2—固定板 3—方键 4—凹模 5—螺环 6—固定板 7—切断凸模 8—斜楔 9—支架 10、16—螺钉 11—盖板 12—送料滚珠套 13、22、23—弹簧 14—滚轮 15—导套 17、20—螺塞 18—定料滚珠套 19、24—滚珠 21、25—顶块

3. 设计要点

1）模具由滚珠式自动送料机构完成自动送料，步距由斜楔 8 控制，两个夹滚器分别起送料和定料作用，分别称为送料器和定料器。螺钉 10 将定料滚珠套 18 与导套 15 相固连，螺钉 16 则将导套 15 与支架 9 相固连。由于螺钉 10 和 16 是紧定螺钉，所以可在一定范围内调节定料滚珠套 18、导套 15 和支架 9 的相对位置。

2）送料器由送料滚珠套 12、弹簧 13、滚珠 24 和顶块 25 组成；定料器由螺塞 17、定料滚珠套 18、滚珠 19、螺塞 20、顶块 21 和弹簧 22 组成。由于送（定）料滚珠套锥面与滚珠作用，导致送（定）料器与线材的相对运动趋势决定对线材是否产生夹持力。在压力机滑块每次行程中，送料器左右运动一个进距，而定料器始终固定不动。所以在送料器与线材相互作用中，送料器是主动件。滑块上行时，送料器夹持线材左移一个进距（送料），定料器对线材无夹持作用，滑块下行时，送料器右移一个进距，送料器对线材无夹持作用，而定料器则夹持线材使其静止不动。

3）送（定）料器夹持线材的滚珠数量为 3 个，滚珠直径应保证滚珠夹住线材，即 3 个滚珠都与线材接触时，滚珠之间仍有一定的间隙。沿线材轴向投影，滚珠与线材的几何关系如图 8-16 所示。

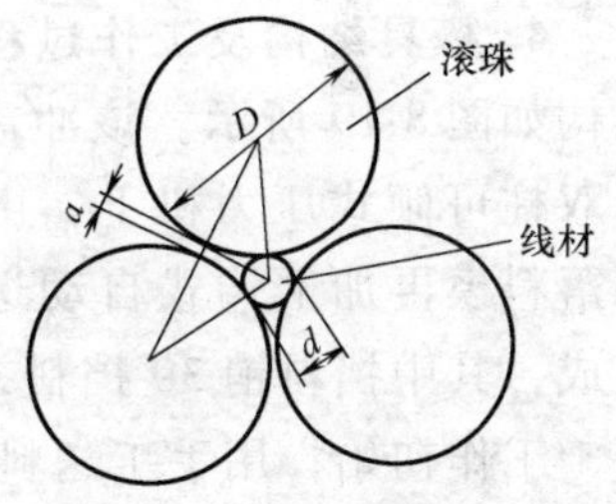

图 8-16　滚珠与线材的几何关系简图

由图得 $(D+d)\cos 30^\circ = a + D$

解得　$D = 6.5d - 7.5a$

式中 D——滚珠直径（mm）；

d——线材直径（mm）；

a——滚珠夹住线材时滚珠之间的间隙（mm）。

间隙 a 按 $(0.2 \sim 0.3)\sqrt{d}$ 选取，若其值小于 0.3mm，则取 0.3mm。

从理论上说，已知坯料直径，给定间隙 a 值，即可确定滚珠直径 D，但为降低模具制造难度和成本，应选用标准轴承滚珠，通过选定使其直径符合上述要求。

4. 使用效果　模具设计制造后，满足产品使用要求。

5. 本例设计总结　本例中采用的是夹辊式送料装置，利用滚珠在斜面上移动来对材料实行夹紧或放松，一般除采用图示的斜楔外，还有采用摆杆、气缸等传动实现间歇送料，滚珠用于线材的传动，而将滚珠换成滚柱则可用于条料、带料的送进。

8.2.3　弹簧片自动送料级进模

1. 零件结构　图 8-17 为某电器零件弹簧片，上有两个 $\phi 2$mm 的孔和两个

ϕ2.2mm 的孔。两边分别还有两个宽 8mm 的凸缘。采用 1.5mm 厚的冷轧不锈钢板制成，大批量生产。

2. 加工工艺分析 该零件外形较简单，精度不高，较易加工，但尺寸小，操作不便，同时生产批量大，故考虑采用自动送料的级进模进行冲裁。

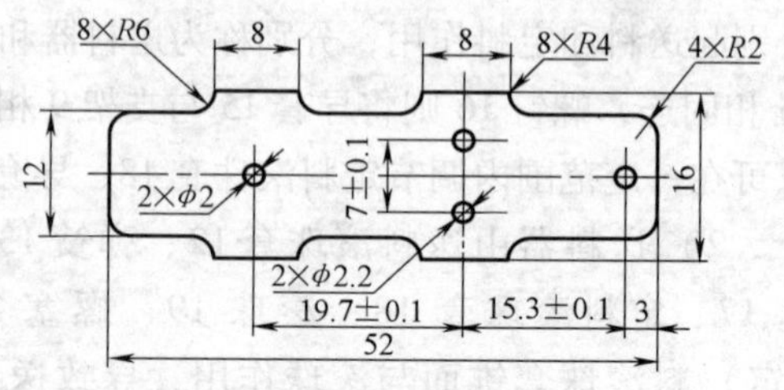

图 8-17 弹簧片结构简图

3. 排样设计 图 8-18 为该产品的排样图。共两个工位。第一工位：冲 2 × ϕ2mm 孔和冲 2 × ϕ2.2mm 孔；第二工位：零件外形落料。

根据零件材料、料厚及外形尺寸，搭边量取 2mm，故可确定步距为 18mm。

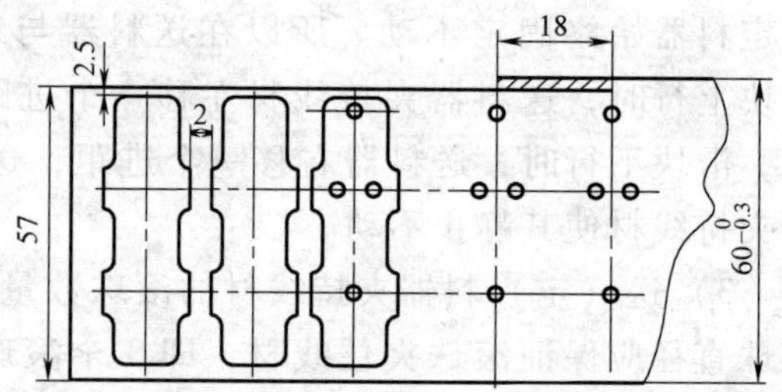

图 8-18 弹簧片排样图

4. 模具结构及工作过程 模具结构如图 8-19 所示。该冲裁模安装于双柱可倾式压力机上，由一套冲孔落料模再加上钩式自动送料装置组成，其中挡料销 30 挡料，侧刃 7 切边定位，保证送料步距的精度。

工作初始，用手工送料，待条料上的落料孔送到送料钩 25 的下面时，即开始自动送料。当上模作下冲运动时，安装在上模上的斜楔 24 向下推动滑块 26，使其沿着侧向导轨 28 边沿向左移动。弹性挡料销 30 则被板料压下。此时，送料钩 25 钩住已落料的条料内侧搭边处，随着滑块的继续下行，条料则被送料钩 25 勾住往左送进。当斜楔 24 完全进入滑块 26 槽中后，条料往左送料完毕。此时挡料销 30 进入料带的空档处，挡料销压簧将其弹起，料带此时也正好被侧刃挡板 33 定位面定位。然后凸模继续下降，凸模 10、11 在右边位置处分别进行冲孔，凸模 13 则在中间位置处进行落料。零件定位精度由侧刃挡板 33 和挡料销 30 来保证。当冲裁完成后，上模上升，滑块 26 则在回位拉簧 31 拉力作用下向右退回原位。

按上述工作过程循环，模具可进行自动送料连续冲裁。

5. 设计要点

1）模具采用弹性卸料板 4 卸料，有利于保证冲裁件的平整度。

2）模具装配后要保证上模座上平面与下模座下平面平行，导柱中心线与下模板下平面相垂直，导套中心线与上模板上平面相垂直。

3）应保证零件冲裁步距与斜楔 24 每次带动滑块 26 往左移动的距离一致，相应地侧刃挡板 33 的位置、挡料销 30 的位置也应精确，才能保证零件的定位精度。

4）滑块 26 在导向底板 29、侧向导轨 28 之间的滑动要求平顺畅通，无阻滞，工作时应加润滑油。

5）送料钩 25 的钩头高度尺寸为 1.4mm，太短钩挂不住底板，太长，易刮伤底板。

6. 使用效果　该自动送料级进模结构设计合理，定位准确，操作简单，能够高效、高质地连续生产。

7. 本例设计总结　本案例是采用钩式送料装置实现自动送料的典型结构，该送料装置能实现条料、卷料的自动送料，具有结构简单、制造简单的特点，应用仍很广泛。

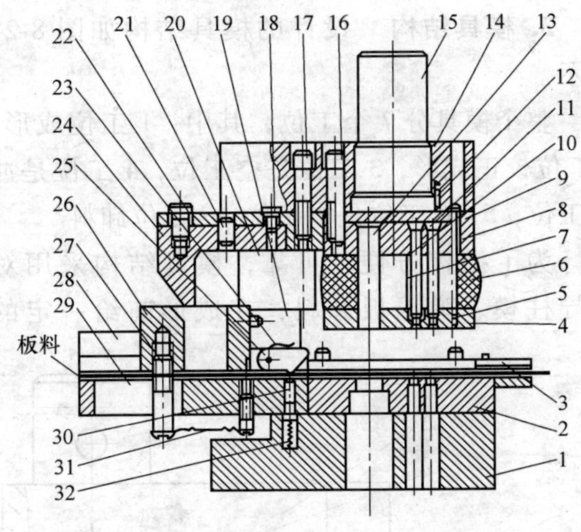

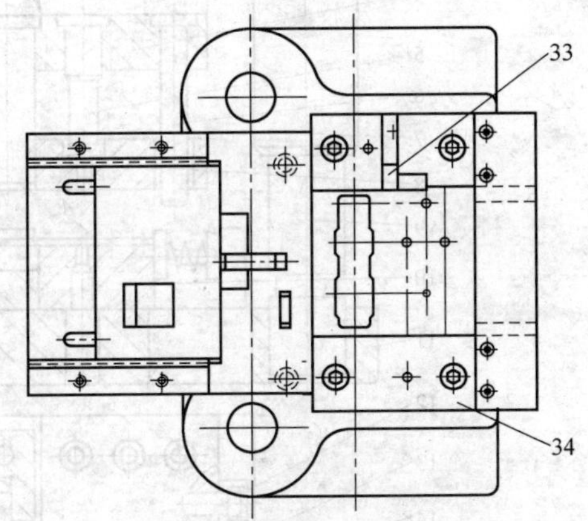

图 8-19　模具结构简图

1—下模座　2—冲孔落料凹模　3—托料板　4—卸料板　5—卸料螺栓　6—卸料橡胶　7—侧刃　8—凸模固定板　9—垫板　10—小凸模　11—凸模　12—防转销　13—落料凸模　14—上模座　15—模柄　16、17、18—紧固螺钉　19—导柱　20—导套　21—定位销钉　22—螺钉　23—回位弹簧片　24—斜楔　25—送料钩　26—滑块　27—导向螺钉　28—侧向导轨　29—导向底板　30—挡料销　31—回位拉簧　32—挡料销压簧　33—侧刃挡板　34—定位板

8.2.4　压板成形、冲孔级进模

1. 零件结构　图 8-20 为压板的零件结构简图，采用 1mm 厚的 10 钢板制成，零件孔间距精度要求较高，生产批量较大。

2. 加工工艺方案分析　该零件外形尺寸小且孔间距要求较高，根据零件结构一般采用如下工艺方案：落料→成形→冲孔。

此方案可确保孔间距（16.5 ± 0.05）mm 尺寸，零件操作不便、不安全，生产效率低。

为提高材料利用率，同时保证操作安全，先用剪板机剪成块料后，再用先成形后冲孔的级进模加工。为提高生产效率，级进模上增设自动送料机构。

3. 模具结构 设计的模具结构如图 8-21 所示。

整个模具分 7 个工位，其中：1 工位成形，2 工位校正成形，3 工位是空工位，4 工位是冲孔工位，5、6 工位是空工位，7 工位卸料。

为了操作方便、可靠，模具结构采用对角导柱模、弹压板卸料，在成形前给一定的

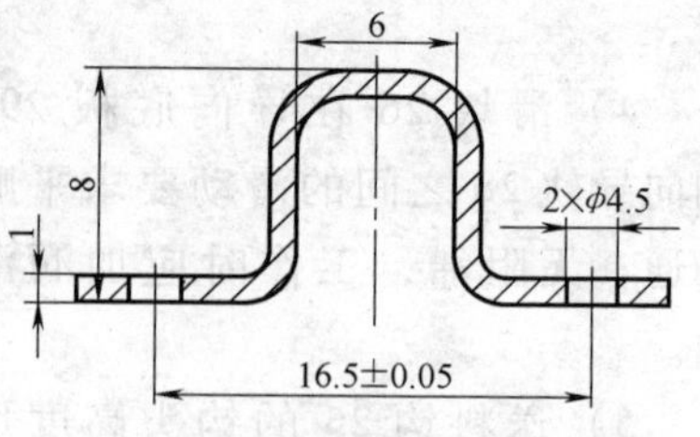

图 8-20 压板的零件结构简图

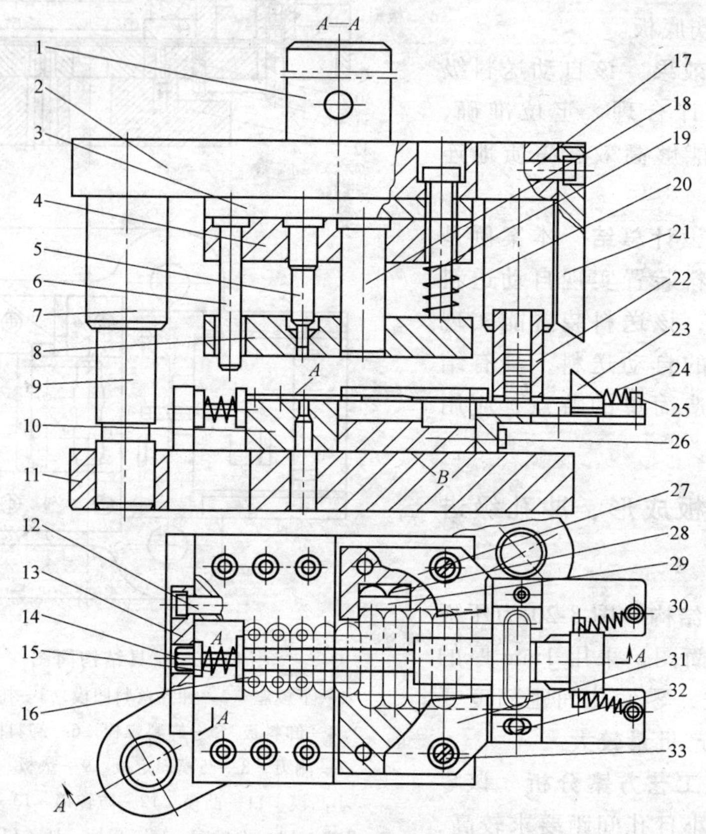

图 8-21 压板模具结构简图

1—模柄 2—上模板 3—垫板 4—固定板 5—冲孔凸模 6—打料杆 7—导套 8—卸料板 9—导柱 10—冲孔凹模 11—下模板 12、17、32—螺钉 13—固定座 14—顶料销 15—压缩弹簧 16—挡板 18—成形凸模 19—卸料螺钉 20—卸料弹簧 21—斜楔 22—料筒 23—滑块 24—拉伸弹簧 25—销钉 26—成形凹模 27—活动定位板 28—弹片 29—活动块 30—导板 31—固定定位板 33—定位螺钉

预压力。成形凸模取两个毛坯宽度，当毛坯进入成形凸模的第一个宽度（1 工位）时，模具闭合，使毛坯成形，成形完成后进入第二个宽度（2 工位）时，模具再次闭合，使成形的毛坯进行校正成形，消除材料的回弹角度，然后依次进入 3 工位（空位），至 4 工位完成冲孔，经过 5、6 空工位后，最后由 7 工位

通过打料杆 6 将合格零件推入漏料孔。

4. 设计要点

1）成形凸模 18 顶端与卸料板 8 下平面保持 0.5mm 的距离，使其在工作中产生一定的预压力。成形和冲孔时，成形凸模 18 下到成形凹模 26 中 7mm 及冲孔凸模 5 下到冲孔凹模 10 中 1.2mm 才能达到最佳效果。为兼顾两者，将成形凸模 18 和冲孔凸模 5 工作端面保持 5.8mm 的距离。

2）为保证制造工艺性能良好、修模方便，将成形凹模 26 和冲孔凹模 10 分开制作，当冲孔凹模 10 需要刃磨时，可将成形凹模 26 一同取下，同时磨冲孔凹模 10 的正面和成形凹模 26 的反面，即图 8-21 中的 *A* 面和 *B* 面，装配后能保证两个凹模的工作面仍然平齐。

3）整个坯料送进借用压力机滑块的上下往复运动，通过斜楔 21 传递给滑块 23，实现上下运动转变成滑块的平面往复运动。

4）料筒 22 底部开一个深 1.2mm、宽 36.5mm 的槽。滑块的推料上平面高出导板 30 工作面 0.8mm。导板工作面与成形、冲孔凹模工作面平齐，还与活动定位板 27、固定定位板 31 保持 1.6mm 的距离。毛坯放入料筒，使其一次只能通过一块毛坯。

5）毛坯被滑块推出料筒后靠固定定位板 31、活动定位板 27、弹片 28 和活动块 29 定位。

6）经过 1 工位成形后，零件的定位面有所改变，由零件的尺寸 6mm 的两侧面定位，然后送到 2 工位校正成形。

5. 使用效果 该模具生产的零件满足产品要求，生产效率及操作安全大大提高。

6. 本例设计总结 本案例加工工艺方案的制定很有借鉴性，充分体现了高效、经济、安全、实用。制定的加工工艺既简单又实用，且能很好地保证产品的质量要求。

采用斜楔、滑块机构是实现二次送料的常用机构之一。

8.2.5 弹簧盖半自动级进模

1. 零件结构 图 8-22 所示弹簧盖是一个薄型拉深件，采用 0.5mm 厚的 08F 低碳钢制造，生产批量较大。

2. 加工工艺分析 该零件外形尺寸小，经计算毛坯展开尺寸及拉深次数后，一次能拉成。为提高生产效率，设计了一套两工位半自动级进模冲压生产。

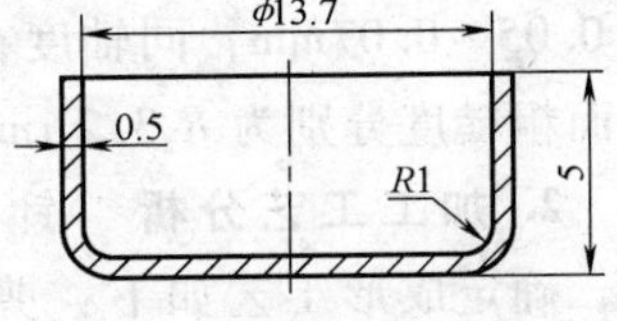

图 8-22 弹簧盖结构简图

3. 模具结构及工作过程 模具结构如图 8-23

所示。该模具能在落料后，通过弹簧力的作用将工件推到拉深工位进行拉深成形。

工作时，先手动将条料放进落料凹模 14 的固定板上，冲模下行时，落料凸模 10 下行落料，同时，模柄 8 带动凸轮 3 一起下滑，推动滚柱 1 逆弹簧之力向右运行，使料落在推料板 17 前端。冲模上行时，推力板在弹簧力作用下把落下来的料推到拉深凹模 16 上，冲模再下行时，拉深凸模 9 使工件拉深成形，同时推出工件。

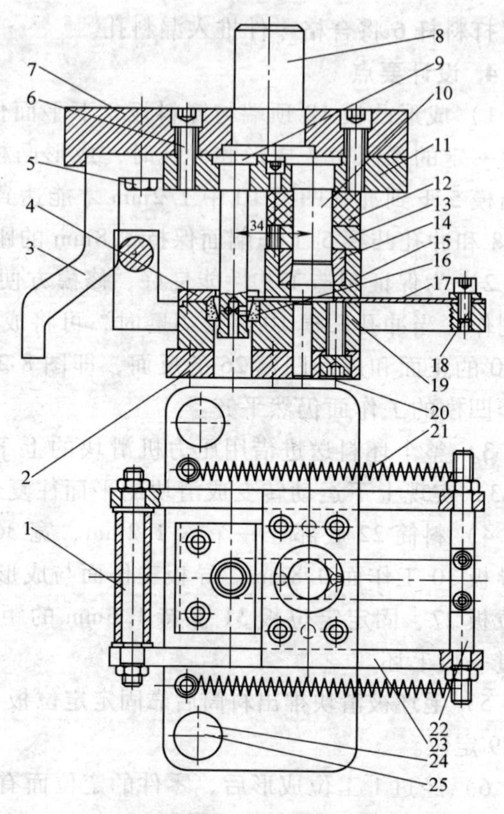

图 8-23　弹簧盖模具结构简图

1—滚柱　2—模座板　3—凸轮　4—盖板　5、6、18—内六角螺钉　7—模垫　8—模柄　9—拉深凸模　10—落料凸模　11—凸模座　12—橡胶垫　13—压料板　14—落料凹模　15—落料模座　16—拉深凹模　17—推料板　19—固模座　20—圆柱销　21—拉簧　22—圆柱　23—送料架　24—导柱　25—导套

4. 使用效果　该模具在生产实践中很实用，极大的提高了生产效率，提高了操作安全性。

5. 本例设计总结　该零件采用落料拉深复合模能一次完成加工，但由于零件外形尺寸小，操作不便且必须把手放入模具中，安全性差。采用本案例模具结构能很好地解决操作人员手不用进入模具的问题，同时模具结构简单、实用，很有借鉴性。

8.2.6　精密滚子多工位自动级进模

1. 零件结构　精密滚子如图 8-24 所示，材料为 10 钢，要求内外表面渗碳层深 0.16～0.24mm，表面硬度为 60～62HRC，两端内外锐角倒钝，表面不应有裂纹及毛刺，内外圆尺寸精度高，要求公差控制在 0.05～0.07mm，同轴度在 0.12mm 以内。内外表面粗糙度分别为 $R_a3.2\mu m$ 及 $R_a1.6\mu m$。

2. 加工工艺分析　针对精密滚子的结构特点，确定成形工艺如下：剪裁→落料→退火→拉深→整形→冲底孔→挤光→热处理。其工序排样

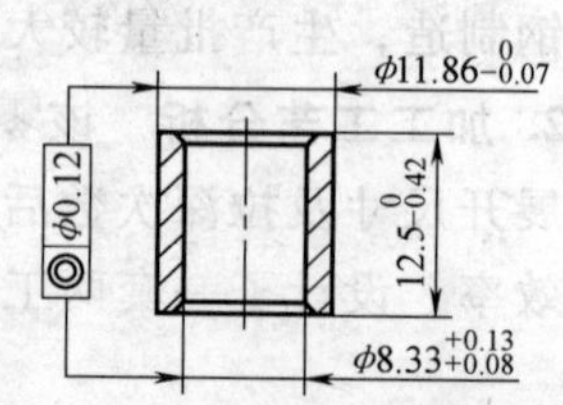

图 8-24　精密滚子结构简图

图如图 8-25 所示。其中，最关键的拉深、整形、冲底孔、挤光将在 1 副多工位级进模中完成。

3. 模具结构及其工作过程 精密滚子模具结构如图 8-26 所示，该模具结构紧凑，工人劳动强度低，生产效率高且能在普通压力机上使用。

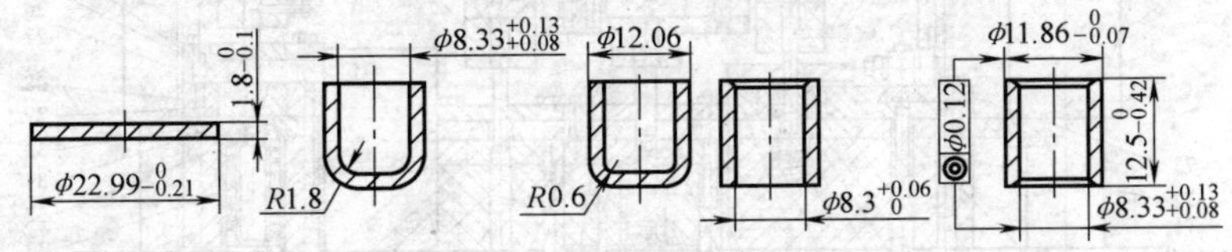

图 8-25 精密滚子成形工序排样图

毛坯零件经落料后，尺寸为 ϕ22.99mm×1.8mm 的制件进入带导向板的通道，由 V 形块定位，弹簧垫板、拉杆机构夹紧，由落料斜楔机构控制步距自动送料，首先经拉深模进行拉深，得到内径为 ϕ8.33mm、内圆角半径为 R1.8mm、厚为 1.8mm 的制件，再回到通道送入相距拉深模 85mm 的整形模整形，由滚子斜楔机构自动送料，得到尺寸为 ϕ12.06mm×11.89mm、内圆角半径为 R0.6mm 的制件，经斜楔滑块机构的顶出再次回到通道相距整形模 85mm 的冲孔模进行冲孔，得到尺寸为 ϕ12.06mm×11.89mm 不带底边的制件，由翻转机构将制件翻转 180°，送到相距冲孔模 135.5mm 的挤光模进行挤光，最后得到符合要求的精密滚子零件自动掉下。

4. 模具设计

(1) 拉深工位设计要点 由于生产量大，为了不使凸模的磨损影响到工件的质量，采用快换式凸模，尺寸为 ϕ8.43mm，半径为 R1.8mm，材料为 T10A，热处理后硬度为 56～60HRC。拉深凹模采用 30°锥形凹模，支撑材料变形区的面是锥面而不是平面，防皱效果好，可以减少包角，从而减少材料流过凹模圆角半径时摩擦阻力和弯曲变形，极限拉深系数降低，尺寸为 ϕ12.23mm，圆角半径为 R3.52mm，与固定板的配合为 H7/m6，材料为 Cr12MoV，热处理后硬度为 62～64HRC。凹模的制造公差取 IT7。

由于本次拉深的拉深系数 m=11.93/22.99=0.52，几乎接近极限拉深系数，为保证拉深的顺利进行，若采用两次拉深，则拉出的工件表面有一定的皱痕，为此，采取如下措施：拉深前将制件进行退火处理；凸、凹模间隙取 1.05t 为 1.9mm；采用锥形凹模以降低拉深系数。

(2) 整形工位设计要点 在整形时，因工件的内径在拉深时已保证，为了防止整形时的变形，凸模采用快换式且带一个锥形导正销，其最大直径与拉深凸模的直径一致，为 ϕ8.43mm。为了防止凸模下行时，碰到导料板，凸模外径应比制件最大外径小，取 ϕ12mm，制造精度 IT6，与导向板采用间隙配合 H7/h6，材料为 T10A，热处理后硬度为 56～60HRC。为保证工件能顺利的进入凹

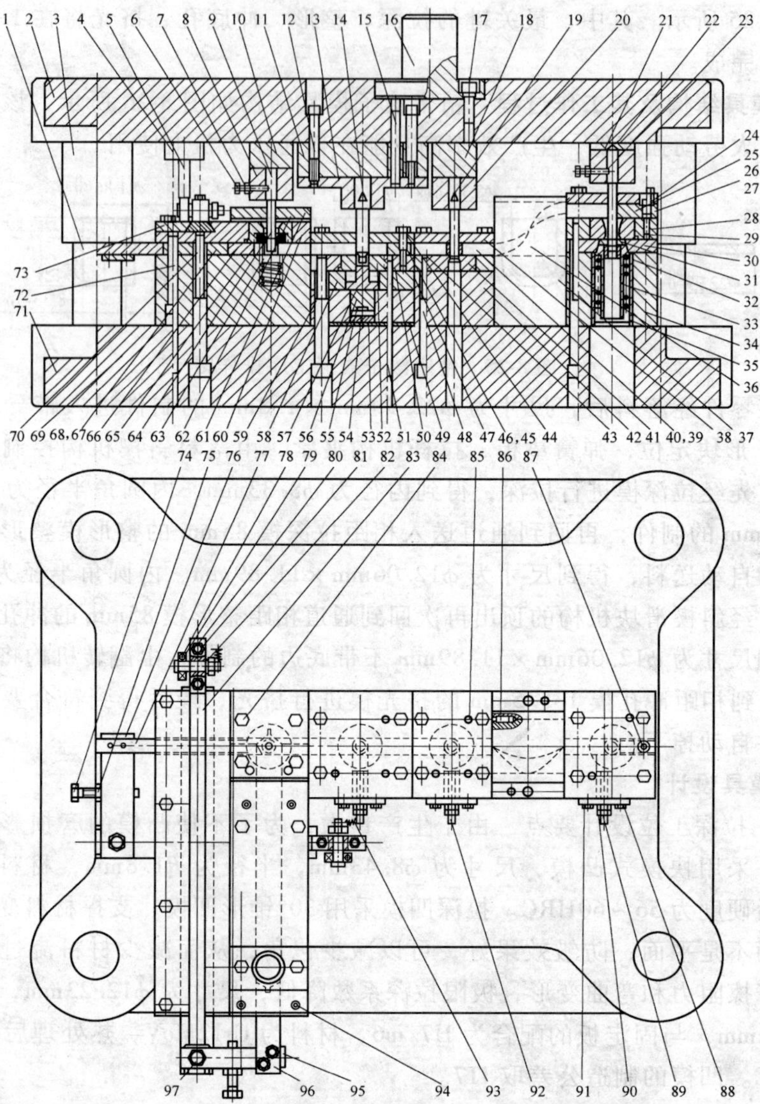

图 8-26 精密滚子模具结构简图

1—导柱 2—上模座 3—导套 4—斜楔固定板 5—斜楔 6、12、17、47、48、70、74、84、87、88、97—螺栓 7、75、90—螺母 8—拉深凸模固定板 9—拉深凸模 10—拉深垫板 11—整形凸模垫 13—整形凸模固定板 14—整形凸模 15、51、72、85、94—销 16—模柄 18—冲孔凸模垫板 19—冲孔凸模 20—冲孔凸模固定板 21—挤光凸模垫板 22—挤光凸模固定板 23—挤光凸模 24—挤光凸模导向板 25、62、66、89—定位块 26、27—挤光导料板 28—挤光凹模固定板 29—挤光凹模 30—锥孔压块 31、64—刮料板 32—弹簧 33—导料筒 34、58、59、69—垫块 35—调节螺母 36—翻转机构 37—翻转机构固定板 38—冲孔凸模固定板 39、40—冲孔导料板 41—冲孔凹模 42、49—垫板 43—冲孔凹模固定板 44—整形凸模导向板 45、46—整形导料板 50—整形固定板 52—整形凹模 53、83—滑块 54—滚轮 55—滚轮轴 56—支架 57、63—顶块 60—拉深凹模固定板 61—导向板 65、93—拉簧 67、68—拉深导料板 71—下模板 73—斜块 76、95—连接板 77—推块 78—滚轮轴 79—滚动轴承 80—轴环 81—滚子支架 82—弹簧垫圈 86—骑缝螺钉 91—盖板 92—定位板 96—推板

模，整形凹模的内径比制件大一些，取 $\phi12.23$mm。为了加工上的方便，凹模外径取与拉深凹模外径一致，与固定板的配合为 H7/m6，材料 Cr12MoV，热处理后硬度为 62～64HRC。

（3）冲孔工位设计要点　冲孔模的凸模采用快换式结构，冲底孔时，为使凸模不与工件产生磨擦而损坏工件，并且考虑到下道工序的挤光量，故底孔的直径应比制件最小直径小 0.1mm 左右，取 $\phi8.35$mm，凸、凹模间隙为 0.24～0.36mm，材料为 T10A，热处理硬度为 56～60HRC。凹模内径为 $\phi8.59$mm，凹模的外径及高度为了加工上的方便性，取与拉深凹模一致，与固定板的配合为 H7/m6，热处理后硬度为 62～64HRC。

（4）挤光工位设计要点　设计凸模时，考虑到刮料及冲孔时留下的断裂层的原因，故设计一个带锥度的凸模，锥面为凸模的工作面。因冲出的孔径为 $\phi8.3$mm，考虑微量挤压，取凸模外径为 $\phi9.5$mm，锥度为 20°，按 IT6 级精度制造，材料为 T10A，热处理硬度为 56～60HRC。

凹模按 IT7 制造，内径取为 $\phi11.81$mm，外形尺寸设计相同于拉深模，材料选取 Cr12MoV，热处理后硬度为 62～64HRC。

（5）翻转机构设计要点　由于第 3 道工序冲出的孔径比制件的内径小，且冲孔的切断面的一个裂带，其表面粗糙且带有锥度，影响到工件的使用精度，所以在冲孔与挤光的工序中间设置一个翻转机构，使制件翻转 180°，以便于挤光。

翻转机构采用螺旋传动原理如图 8-27 所示，在一个螺距之内，制件从起点到终点翻转了 360°，在半个螺距之内，制件翻转了 180°，制件的上、下端就换了一个位置，起到了翻转作用。

为了使设计的螺旋槽能顺利地通过制件，螺旋槽的宽度应大于制件直径，取 $\phi12.5$mm，高度应大于制件的最大高度，取 12.5mm，制件的输送角（螺旋升角）应防止自锁，取 60°。制件在运动中，一个推动一个，紧密排列，在一个螺距内滚子为 12 个，螺旋线长为 144.72mm，基圆直径为 $\phi23.03$mm，翻转机构的半径为 24.8mm，翻转机构的长度为 62.67mm。翻转机构与固定板的配合为 H7/h6，材料为 45 钢，调质处理。

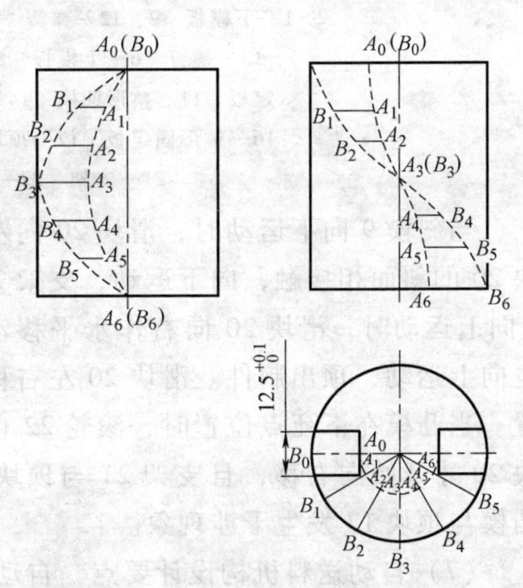

图 8-27　翻转机构运动图

（6）顶出机构设计要点　整形结

束后，需将制件准确地传送到冲孔工序上，故在整形工序中设计了一个顶出机构，以便将整形后的制件顶出来，回到原来的通道上。

顶出机构如图 8-28 所示。由斜楔、弹簧、定位钉、支架、滚轮轴、滚轮及滑轮组成。

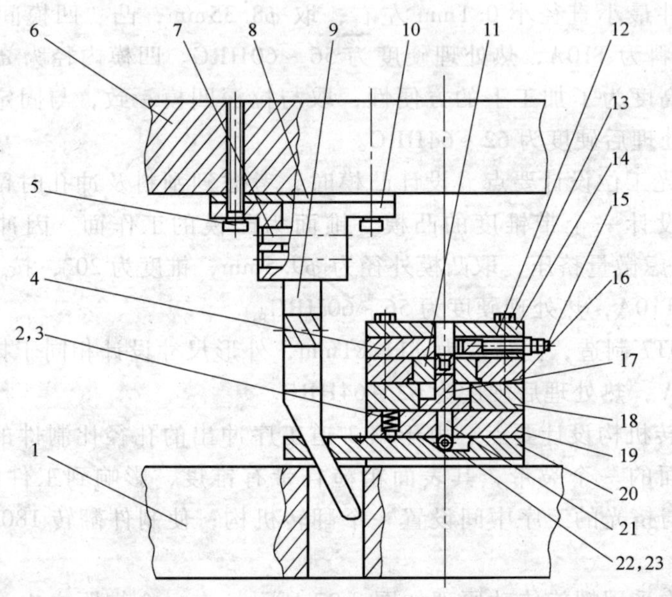

图 8-28 顶出机构

1—下模板 2、12—弹簧 3、7—定位销 4—整形导料板 5、13—螺钉 6—上模板 8—垫板 9—斜楔 10—斜楔固定板 11—整形凹模 14—整形凸模导向板 15—螺杆 16—整形固定板 17—顶块 18、19—垫块 20—滑块 21—支架 22—滚轮 23—滚轮轴

当斜楔 9 向下运动时，滑块 20 向左作水平移动，支架 21 通过滚轮 22 与滑块 20 的斜面相接触，向下运动，支架 21 上的顶块 17 也随之向下运动。当斜楔 9 向上运动时，滑块 20 向右作水平移动，支架 21 通过斜面向上运动，顶块 17 也向上运动，顶出制件。滑块 20 左右移动的距离由定位销 3 来控制它的极限位置。当凸模在下死点位置时，滚轮 22 也应在最低点。当凸模上升 2.5mm 时，滑块 20 才开始向右移，且支架 21 与顶块 17 之间还有 0.5~1mm 的余量，以避免凸模与顶块 17 发生干涉现象。

（7）自动送料机构设计要点 自动送料机构如图 8-29 所示，模具中共带有两处自动送料机构，即拉深前落料的送料机构及拉深后滚子的送料机构。

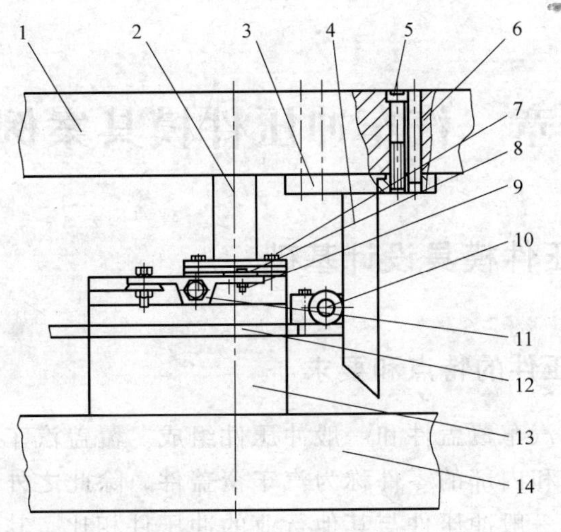

图 8-29　自动送料机构

1—上模板　2、11—连接板　3—斜楔固定板　4—斜楔　5、7—螺钉　6—定位销　8—推板　9—螺栓　10—滚轮　11—滑块　13—滑块座　14—下模板

考虑到落料件的直径（为 ϕ22.97mm），及料筒落料的位置，选用送料的步距为 28mm；考虑到斜楔的磨损，取斜楔宽为 33mm，头部 45°角，总高 128mm。待拉深凸模离开坯料时，开始送料。考虑到滚子的最大外径（为 ϕ12.06mm），及拉深后卸料的位置，选用送料步距为 20mm；考虑斜楔的磨损，取斜楔宽为 25mm，头部 45°角，总高 167mm，待本模具中的 4 个凸模都离开通道的上平面时，才开始送料。

5. 使用效果　该模具一次试模成功，自动送料、顶出，翻转到位且流畅，定位、导向准确。拉深、整形、冲孔、挤光动作灵活而可靠，精密滚子质量符合要求。

6. 本例设计总结　本案例是基于两次送料的多工位级进模典型结构。模具通过将送料机构、出件机构及翻转机构等装置联结起来，能自动完成落料完的冲压件的后续加工的整个生产自动化，与其他级进模配合能组成自动生产线，特别适合于大批量生产。

第9章　汽车冲压件模具案例剖析

9.1　汽车冲压件模具设计基础

9.1.1　汽车冲压件的特点和要求

汽车冲压件由汽车覆盖件和一般冲压件组成。覆盖汽车发动机底盘、构成驾驶室、车身表面和内部的零件称为汽车覆盖件，除此之外的其他冲压件则为一般冲压件。汽车一般冲压件与其他行业的冲压件相比，其相互间的加工特点与要求差别不大。汽车覆盖件和一般冲压件相比，具有材料薄、尺寸大、形状复杂、多为立体曲面且表面质量要求高、尺寸精度高等特点。

覆盖件按其作用和要求可分为外覆盖件、内覆盖件和骨架件三类，内、外覆盖件是由厚度为0.7、0.8、0.9、1.0mm的08或08Al钢板冲压而成，多数骨架件是由厚度为1.0、1.2、1.5、2.0mm的08或09Al钢板冲压而成。

由于使用及功能上的原因，汽车覆盖件特别是外覆盖件的可见表面不允许有波纹、皱纹、凹痕、擦伤等；对形状复杂、立体曲面多的覆盖件，其几何尺寸和曲面形状必须符合图样和主模型（或数字模型）的要求。

正因为如此，汽车覆盖件的冲压工艺设计、模具设计和模具制造工艺，具有独自的特点，对覆盖件冲模须当作特殊问题来研究。覆盖件的冲压性关键在于拉深的可能性和可靠性，而拉深工艺性的好坏主要取决于覆盖件的形状，如果覆盖件能够拉深成形，则对于拉深以后的工序仅是确定工序数和安排工序之间先后顺序的问题。具体来说，覆盖件具有如下拉深特点：

1）覆盖件大多数由复杂空间曲面组成，拉深时，毛坯在模具内的变形甚为复杂，各处应力很不均匀，因此，不能按一般拉深系数来判断和计算它的拉深次数及拉深可能性。一般采用类比的方法，经生产调整确定。且覆盖件不希望经过多次拉深，一般都采用双动或三动压力机一次拉深成。为了实现一次拉深成形，必须将覆盖件上的翻边部分展开、窗口补满，再加上工艺补充部分，拉深成形后再在后面的工序内将工艺补充部分切掉。

2）覆盖件形状复杂，深度不均，又不对称，因而往往需要采用拉深肋来加大进料阻力或利用拉深肋的合理排布，改善毛坯在压边圈下的流动条件，使各区段金属流动趋于均匀，才能有效地防止起皱。

3）对拉深深度浅的覆盖件，拉深材料得不到充分的拉深变形，容易起皱，且刚性不够，这时需采用拉深肋来加大压边圈下材料的牵引力，从而增大塑性变形程度，保证零件在修边后弹性畸变小，刚性好，以消除“鼓膜状”缺陷，避免零件在汽车运行中产生不悦的声响。

4）大型覆盖件的拉深对压边力的要求很大，为此需用双动压力机、利用压力机的气垫或模具中自带的气缸进行压边。

5）为保证覆盖件在拉深时能经受最大限度的塑性变形而不致于产生破裂，对原材料的机械性能、金相组织、化学成分、表面粗糙度和厚度精度都提出了很严的要求。常用于覆盖件拉深用材料有08Al深拉深钢板、B1F3无间隙原子钢等。所用的材料均具有伸长率大、成形性能好等特点。

9.1.2 汽车覆盖件的变形特点

覆盖件的底部形状大致有平的和基本平的、外凸的、大台阶的、内凹的四种类型。

四种类型的底部形状，以平缓、外凸形对拉深较有利，拉深时，毛坯流动条件好，变形应力较均匀。随着外凸曲面曲率的增大，深度越不均匀，拉深条件就会恶化。对于拉深深度浅的零件，平底的拉深条件并不理想，由于拉深开始时凸模同时接触毛坯，接触面积大，应力小，底部拉深变形不足，修边后会产生弹性畸变，刚性不够，故须加拉深肋来解决。大台阶底部，拉深条件就更差一些，但坡形比阶梯形进料条件要好些，台阶高差越大，拉深工艺性越趋恶劣。内凹的底部是拉深条件最差的一种，内凹角度越小，越易起皱，若局部加大压边力，又带来了新的矛盾，即容易导致破裂。根据实际经验，应使内凹角大于120°。

对于拉深件表面局部凹坑的成形，主要靠它本身材料的延伸，若凹坑深度较深，往往由于材料过分拉深，超过允许的伸长率而拉深，并导致整个制件的报废，此时，应采用工艺切口的措施，以使成形区内部的材料能向内补充，减少危险区的拉应力，避免裂纹的产生。有时，即使产生裂纹亦会限制在许可范围内，不致扩展到制件本体部分。

根据汽车覆盖件拉深的外形特点，拉深件主要具有如下变形特点：

（1）拉深深度小于50mm　外形较简单、匀称，平的或基本平的底部及小台阶底的汽车覆盖件的变形特点

1）拉深中从压边面下获得少量的补充材料，制件本体的拉深成形主要依靠自身材料的拉深。

2）变形应力较均匀，成形表面的应力数值远小于抗拉强度极限，需采用拉深肋来增加压边面下材料的流动阻力，使材料充分变形，以保证制件得到应有的刚度。

3）一般不会产生破裂。

(2) 拉深深度小于100mm 外形较复杂，平的或基本平的底或大曲率半径的外凸形底的汽车覆盖件的变形特点

1）拉深表面主要靠压边面下的毛坯向内补充而拉深成形。

2）变形、应力较均匀，成形表面塑性变形程度较大，但应力尚小于σ_b。

3）只要材料合格，模具技术状态良好，一般不会破裂。

(3) 对拉深深度为170~240mm 外形复杂又不对称，有外凸或内凹的底或大台阶形底的汽车覆盖件变形特点为：

1）拉深表面既靠压边面下的材料补充，又靠内部表面材料延伸而拉深成形。

2）制件各处变形、应力很不均匀，大部分区域已充分塑性变形且应力已临近σ_b。个别区域稍有变形不足的状态。

3）若材料不合格或模具调整不当，容易出废品。

9.1.3 汽车覆盖件模具的制造要点

由于汽车车身形状是三维的立体曲面，形状复杂，覆盖件图不可能将覆盖件所有相关空间点位置都表示出来，覆盖件图仅标注出一些坐标尺寸和边界尺寸，以满足与相邻的覆盖件的装配尺寸要求和外形的协调一致。要想把覆盖件完整地表示清楚，则采用实物模型，亦即汽车界通称的覆盖件主模型。主模型是按1:1比例尺寸准确制做的汽车外形，它可提供图样图无法表达的空间曲面形状。主模型具有以下作用：

1）制作冲压工艺研究用模型，以确定最佳冲压方向，或进一步确定工艺补充余量、拉深肋等；

2）制作工艺试验用塑料模、低熔点合金模、锌基合金模等；

3）制作仿形加工用工艺主模型；

4）制作车身装配焊接夹具用模型；

5）制作外购件、装饰件装配用模型；

6）制作样架、样板及各种检验夹具中不可缺少的标准样品。

由于覆盖件模具轮廓尺寸大，工作部分形状复杂，大多由三维曲面构成，加工表面质量和尺寸精度要求高，加工中需要用大型、专用加工设备，例如：龙门铣床、仿形刨床、数控仿形铣床、研配压力机等。

三维曲面在加工中，难以直接用检测线性尺寸的常规量具进行检测，必须借助于工艺主模型、立体样板等。这是和中小模具加工的区别所在。

覆盖件零件一般由多套模具的冲压才能完成。由于形状、变形的复杂性，落料尺寸和切边尺寸在设计计算后，需经冲试后最后确定。一般落料模和切边

模，需在拉深和翻边整形等模具调试合格后才能制造。这种模具制造中的互相依赖关系，使产品零件投产前的生产技术准备工作，包括冲模的调试验收，比一般冲模要复杂得多。

覆盖件冲模的制造是依照覆盖件主模型制作的各种模型和样板来制造。

拉深模工作部分所用材料大多选用灰铸铁、球墨铸铁或合金铸铁（Mo-Cr、Cr-Ni 铸铁）制作。采用干砂实型铸造或负压实型铸造（又称 V 法造型）。

小批量生产用覆盖件的拉深成形模，可用低熔点合金模具、锌基合金模具，也可使用钢板焊接模具。

目前，为提高汽车车身的设计效率，越来越多地采用计算机辅助设计与制造（CAD/CAM），覆盖件主模型正在被数字模型所取代，覆盖件冲模的设计与制造，随之也进入到 CAD/CAM 时代，这必将大大加快设计和制造周期，提高制造精度。

9.2 汽车覆盖件模具案例剖析

9.2.1 汽车覆盖件加工工艺及模具结构分析

覆盖件的冲压加工主要由拉深成形、修边和翻边三个基本工序组成，其中最基础、最重要的是拉深成形工序。汽车覆盖件模按其完成的工序内容分类主要有落料模、拉深模、修边模、翻边模、冲孔模，还有完成复合工序的修边冲孔模、修边翻边模、翻边冲孔模等。具有结构复杂、体积大、制造成本高且制造周期长等特点。

在编制冲压工艺时，先应确定冲压方向，汽车覆盖件的冲压方向应从成形开始，然后制定以后各工序的冲压方向，并尽量将各工序的冲压方向设计成一致，以使覆盖件流水生产时不需要翻转，减轻操作人员的劳动强度，并可减少仿型模和验架的数量，缩短制造周期及成本。对左右对称且轮廓尺寸不大的覆盖件，一般考虑左右对接起来成双拉深。

1. 汽车覆盖件冲压方向的确定　汽车覆盖件各加工工序按如下原则确定：

（1）拉深方向的确定　拉深方向不但决定是否拉深出满意的工件，而且影响到工艺补充部分的多少和压料面的形状。一般对覆盖件本身有对称面的，其拉深方向是以垂直于对称面的轴进行旋转来确定，这类覆盖件平行于对称面的坐标线是不改变的，拉深方向也较易确定。不对称的覆盖件是绕汽车位置相互垂直的两个坐标面进行旋转来确定拉深方向的。合理的拉深方向应考虑到以下方面。

1）保证凸模能顺利进入凹模，拉深终了时，应能进入拉深成形所要求的每一个角落，不应出现凸模接触不到的死角和死区，有利于一次完成冲压件本体形状的拉深，为使拉深过程终了时一并完成制件表面上的局部成形（如加强筋、棱线、压字等）应使该表面与拉深方向垂直或呈不大的角度。

2）尽可能减少拉深的深度，而且深度要均匀，保证压料面各部位进料阻力均匀，当拉深的深度相差过大时，因各方向的进料阻力不一样，易产生毛坯窜动。

3）开始拉深时，凸模与毛坯的接触面要大，防止应力集中，造成毛坯局部破裂，接触位置应接近拉深形状中间，使拉深进料均匀，避免毛坯窜动，影响表面质量，同时接触毛坯的点要多而分散，以免接触点窜动，使棱线不清晰。

（2）修边方向的确定　理想的修边方向是修边刃口的运动方向和修边表面垂直，当不便实现时，允许冲压方向与修边表面有一个大于10°的夹角，以保证材料不是被撕开的，从而对修边质量产生影响。为保证修边方向，主要采用垂直修边、水平修边、倾斜修边三种方式。

（3）翻边方向的确定　翻边工序对于一般的覆盖件来说是冲压工艺的最后成形工序。翻边方向应尽量满足以下两个条件：翻边凹模的运动方向与翻边凸缘、立边相一致；翻边凹模的运动方向和翻边基面垂直，或与各翻边基面的夹角相等。

2. 拉深成形工艺及其模具结构设计　汽车覆盖件形状和变形都是较复杂的，成形后的零件不仅要有良好的强度和刚性，还要有挺拔光顺的外观质量。对形状复杂、变形程度大的零件，主要解决成形可行性的问题，而对形状相对不太复杂，变形程度小的零件，主要是解决制件的刚性问题，以避免因材料拉深不够、刚性不足而引起的振动。为满足上述性能要求，在拉深工艺的优化设计中，除了要选择正确的拉深方向外，还需选择好压料面，合理设置工艺补偿，选择恰当的拉深材料以及适应大型覆盖件拉深的模具结构要求等。

（1）压料面的选择　设置压料面是为了使板料受到预压力，使板料在拉深时增加拉应力，改善拉深条件；使材料在压料面下不会起皱，拉入凹模的材料不破裂。选择压料面的原则：

1）保证各部分进料阻力均匀。进料阻力不均匀，在拉深过程中，毛坯有可能沿凸模顶部窜动，严重时会产生破裂和皱纹。达到进料阻力均匀的一个前提就是拉深深度较均匀。

2）使凸模相对两侧的拉入角相等。压料面选择和拉深方向选择密切相关，选择了正确的拉深方向，必然要有一个合理的压料面，当两者发生矛盾时，可通过增加或调整工艺补充来达到拉深方向正确，压料面合理，从而提高拉深件的质量。

（2）工艺补充　又称工艺补偿。覆盖件形状复杂、结构不对称，直接拉深成形较困难。有些宽幅而平滑的大面积形面的外覆盖件，因材料变形量小，使拉深后工件刚性不足而引起鼓动。增加工艺补充的作用，在于改善覆盖件拉深时的工艺条件，改善拉深件工艺性，力求使各处材料的变形均匀。增加工艺补充后的拉深件，在后续切边、翻边工序时，可有效地定位。工艺补充在拉深后要被切去，所以要尽量少用工艺补充，以节约材料。

确定工艺补充应遵循以下原则：使拉深的深度尽量浅；尽量利用垂直修边；工艺补充部分应尽量小。

常用工艺补充的方法，有阶梯拉深和过量拉深两种。

1）阶梯拉深是在凹模壁部增加一个阶梯形状；工艺补充面当作压料面，产品修边线在凹模型腔内面，见图 9-1。阶梯的宽度选择应合理，宽度太小会使修边困难；若大于 30mm，会增大材料流动阻力，引起破裂，也浪费材料。

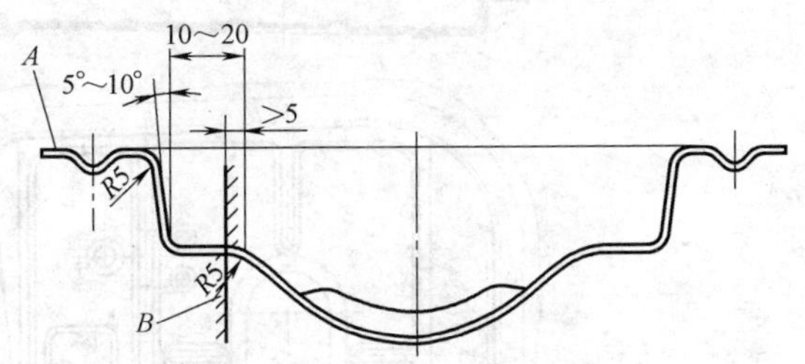

图 9-1　汽车覆盖件阶梯拉深

A—压料面　*B*—修边线

采用阶梯拉深能使材料处于纯拉深状态，可使变形量接近允许的伸长率，能达到拉深极限而表面不破裂、无凹陷、无皱折，使拉深件的刚性大大提高，回弹也有所减少，零件表面挺括、轮廓清晰、光滑美观。选择合理的阶梯拉深可使压料面趋于一平面。阶梯拉深可在零件一侧或局部设置。

2）过量拉深是将产品翻边轮廓线向外延伸 3～5mm，再设置压料面，建立合理的拉深毛坯条件，增大变形量，提高产品零件边缘部分的刚性，见图 9-2。采用过量拉深可以适当加大拉深凸模圆角，改善工艺性。

（3）工艺切口　它是针对一些局部变形剧烈，或存在反向拉深的工件而采取的工艺手段。因此，工艺切口的使用与工艺补充的使用正好相反。

工艺切口和工艺孔常设在拉应力最大的拐角处，且与局部凸起边缘形状相适应，以使材料合理流动。

工艺切口大小及形状要视其所处的区域情况和其向外补充材料的要求而定，布置原则为：

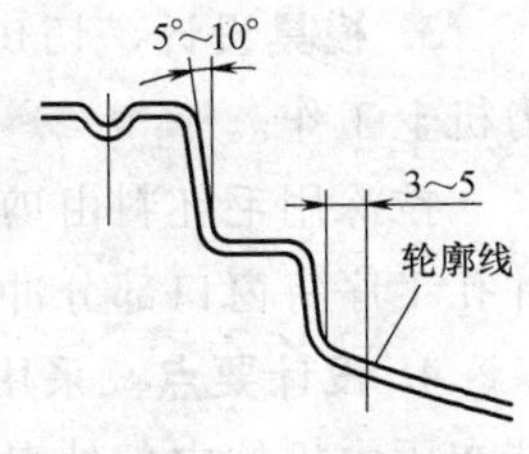

图 9-2　过量拉深

1）切口应与凹坑（局部成形部位）周缘形状相适应，以使材料合理流动。

2）切口之间应留有足够的搭边，以使凸模张紧材料，保证成形清晰，避免波纹等缺陷，且修边后可获得良好的窗口翻边的边缘质量。

3）切口的切断部分（或开口）应邻近凹坑边缘或容易破裂的区域。

4）切口的数量应保证凹坑内各处材料变形趋于均匀，否则不一定能防止裂纹的产生。

9.2.2 车门内板切口、拉深复合模

1. 零件结构 图 9-3 为车门内板切口、拉深复合模工序图，车门内板采用 0.8mm 厚的 08Al 深拉深钢板制成。

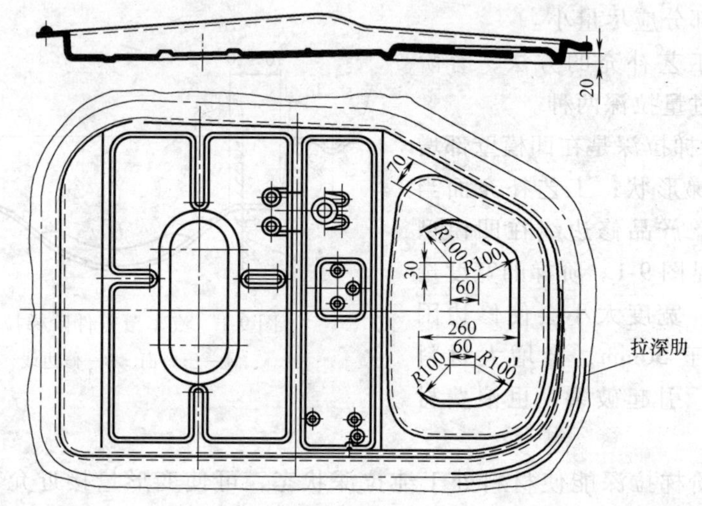

图 9-3 车门内板切口、拉深复合模工序图

2. 拉深工艺分析 图示工序图中，已选择了压料面，并在工件周边设置单拉深肋，用以增大和调整拉深时的变形程度。车门内板窗口部分为反向拉深成形。为了防止拉深时，由于材料不足而破裂，在窗口内平面部分设工艺切口，见图 9-3 中 R100mm 处，切口位相对于窗口四周圆角区和两侧短边区域。

3. 模具设计 切口、拉深模结构如图 9-4 所示。该结构模具安装在双动压力机上工作。

拉深用毛坯料由剪板机剪切而成。拉深开始时切下工艺切口，后续的切边、冲孔工序将窗口部分冲切成形。切边后整形。

4. 设计要点 采用双导板导向。凸模连接板 4、凸模 3 和压边圈 2，分别安装在压力机的内、外滑块上，并用内导板 5 导向；压边圈 2 和凹模 10 用外导板 1 导向。

凸模、凹模和压边圈为铸造结构，而切口上、下模 6、7 为钢制镶块结构。在拉深开始时，完成窗口部分工艺切口的冲切。

5. 效果 加工的零件满足产品要求。

6. 本例设计总结 本例的覆盖件形状相对不太复杂，变形程度不大的零件，

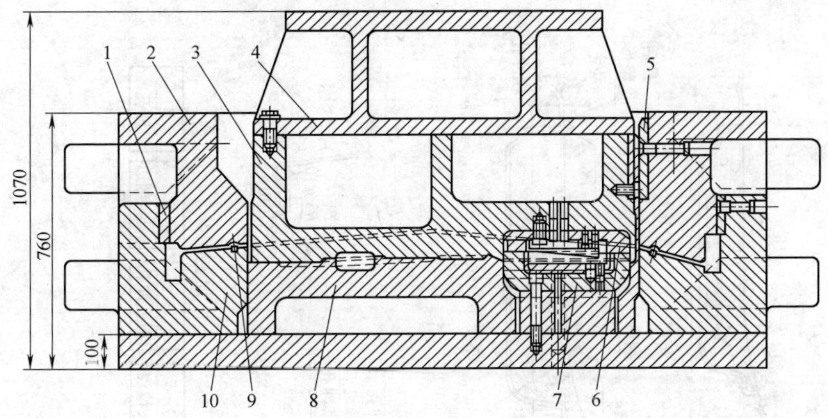

图 9-4　车门内板切口、拉深模结构

1—外导板　2—压边圈　3—凸模　4—凸模连接板　5—内导板　6—切口上模　7—切口下模　8—成形下模　9—拉深肋　10—凹模

主要是解决零件的刚性问题。一般在工艺上采取的措施是在选择压料面后，采用拉深肋来使材料得到充分的塑性变形，增强零件拉深后的刚性。但采用拉深肋相对降低了材料的利用率。

9.2.3　侧围外板切口、拉深复合模

1. 零件结构　图 9-5 为侧围外板冲压综合工序图。由于为外覆盖件，不但要求具有特定的使用功能，而且要求具有一定的观赏功能，零件应经过充分而均匀的塑性变形，使制件有良好的刚性、光滑挺拔的表面和均匀而清晰的棱线。在制件上不允许有划痕、皱折、缩颈、破裂、滑移线等缺陷。

2. 工艺分析　该覆盖件形状复杂，大多为曲面组成，凸凹形状。变形状态包括拉深和成形两种方式，拉伸和压缩两种应力状态并存，且分布无一定规律，随零件形状、尺寸的变化而不同。为此，在加工工艺及模具结构中分别采用如下措施：

（1）工艺补充设计　对整个压料面进行补充（除局部外），使整个压料面比较平坦。图 9-5*A—A*、*B—B* 断面图中，标注切边工序②以外的部分为工艺补充部分。

（2）冲压方向　使零件绕原坐标之一旋转 3°角，见图 9-5 中 *A—A* 断面图标注拉深工序①处，使各部位的拉深深度趋于均匀。

（3）工艺切口　在凹向圆弧半径较小的一边，设置有工艺切口，见图 9-5 中主视图右侧标有“①/切口”的 *R*35mm × 60°处。可以解决该部位在拉深过程中的材料流动困难和产生破裂的问题。

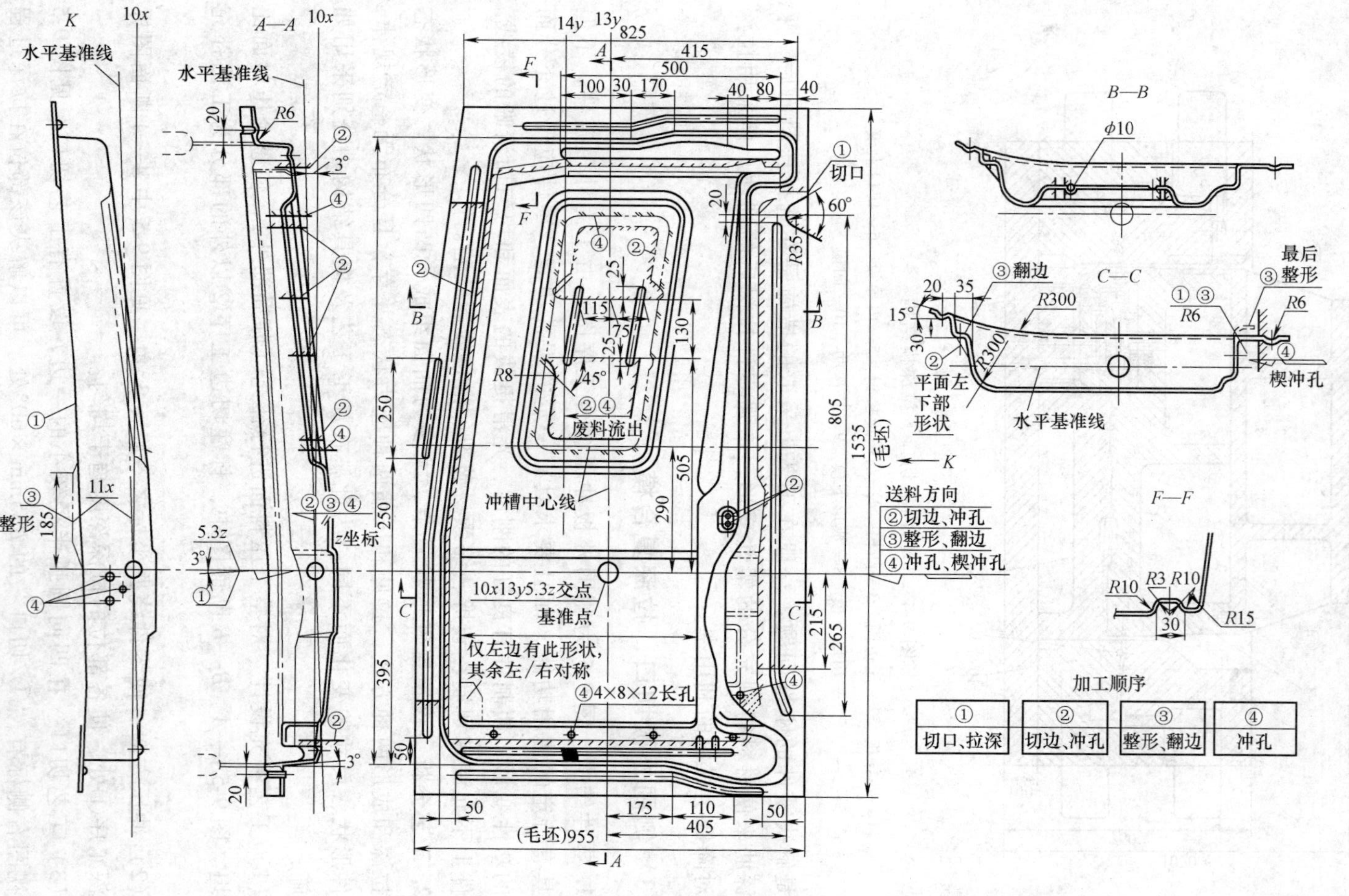

图 9-5　侧围外板冲压综合工序

(4) 拉深肋的设置　在压料面上设置拉深肋，用来增加和调节材料流动阻力，是材料的塑性变形能较均匀地进行。其中，三侧压料面上设有单肋，一侧压料面上设有长短不同的双肋；转角处无肋，见图 9-3 中主视图。这种设置方式与矩形盒件拉深时相似。

在零件上、下面端头外部（不在压料面上）以及中部反拉深处（图 9-5 中主视图和 *C*—*C* 剖面图），共设有四处长度、方向和形状不同的拉深肋，用以储存材料用张力，以消除周围的拉深缺陷，例如：消除大波浪，舒平皱折，提高工件表面平顺性和刚性。这种拉深肋和压料面上的拉深肋所起作用不同，也可称为闲肋。

3. 加工工序的选择　在采取上述措施后，选定冲压工序如下：

工序 1：剪板机剪切下料，毛坯尺寸为 1535mm × 955mm/825mm；

工序 2：拉深、切口，拉深动作开始前，将毛坯一侧切口 *R*35mm × 60°；

工序 3：切边、冲孔，其中切边线②零件一侧在压料面上，其余三侧在拉深件底面，切边废料采用阶梯式凹模结构形式切断排出。

工序 4：整形、翻边。

工序 5：冲孔，包括垂直冲孔和用斜楔冲孔。

4. 拉深模设计　按工艺设计要求，设计了图 9-6 所示的模具结构，整套模具安装在双动压力机上使用。

5. 设计要点

1）采用导柱和导板组合导向形式。导板导向可承受冲压时的水平分力。凸模 6 和压边圈 4 用内导板 5 导向，而凹模 3 与压边圈 4 用外导板 8 导向。采用 MoS2 固定自动润滑导板；导柱、导套 2 作上下模导向。因图示结构为切口、拉深复合模，如图中 *C*—*C* 所示，切口凸模 13 和堆焊的凹模刃口 14 间，要求高精度的导向装置。

2）凸模 6、凹模 3 和压边圈 4，采用 Mo-Cr 铸铁实型铸造。

3）凹模有效工作面外边，设置六副限制器 10。凹模的四角上设置四个橡胶缓冲器 9。在冲模闭合状态，限制器上下件的间隙≤0. 05mm，可用以标记压边圈的到位程度。

4）设有托料辊道 11、气缸托件滚轮装置 1 及固定滚轮 12。

7. 效果　加工的零件满足产品要求。

8. 本例设计总结　本例的覆盖件属典型大难度的外覆盖件，为大幅面的空间曲面。曲面复杂、过渡圆角小、拉深深度相对小，一侧有两个凹向圆角，中部有较深的反拉深部位，加上外覆盖件棱线质量要求高，使拉深成形的难度增大。覆盖件拉深容易出现皱折和破裂，拉深工艺设计既要防止出现起皱和破裂，还要提高工件表面的光顺性。质量光顺和棱线均匀清晰是覆盖件质量水平的标志。

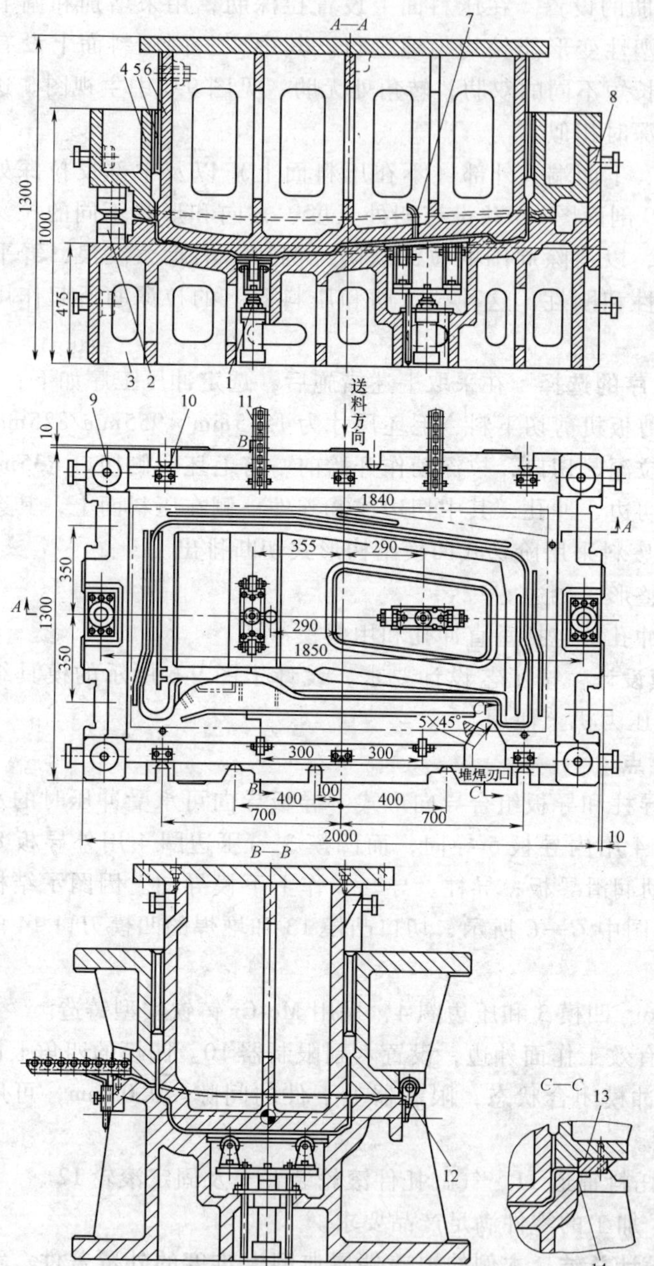

图 9-6 侧围外板拉深模

1—气缸托件滚轮装置 2—导柱、导套 3—凹模 4—压边圈 5—内导板 6—凸模 7—排气管 8—外导板 9—缓冲器 10—限制器 11—托料辊道 12—固定滚轮 13—切口凸模 14—堆焊凹模刃口

为满足这一要求，在拉深工艺设计中，主要从选择正确的拉深方向和压料面、合理设置工艺补充、选择适当的拉深材料，以及适应大型覆盖件拉深的模具结构要素等方面进行优化设计。

在设计拉深模时，应先绘制一份综合工艺图，将每道工序的内容，如拉深、修边、冲孔、翻边等都集中表示出来，从工序图上可清楚地看出各道工序之间的关系。综合工序图是在工艺审计基本完成的基准上绘制的，它是加工该零件工艺模型的依据。工艺模型是根据产品主模型和零件的综合工序图制造的，而工艺模型又是拉深、整形等模具制造和检验样架制造的依据。由此可见，综合工艺图在模具设计和制造中的作用，而这也是汽车覆盖件拉深模设计和一般中、小件拉深模设计的主要区别。综合工艺图包括的主要内容有：

1）产品零件的主要尺寸、特征尺寸；

2）工艺补充面尺寸，工艺切口（孔）尺寸；

3）拉深毛坯的定位尺寸。

4）各工序的定位尺寸。

5）工序间的尺寸变化关系，工序内容示意线。

6）各工序的冲压方向。

7）送料方向。

8）基准点。

9）拉深肋的设置。

9.2.4 汽车前翼子板整形、翻边、冲孔复合模

1. 零件结构 图 9-7 为汽车前翼子板结构示意图，采用 1mm 厚的 08F 冷轧钢板制成。

2. 加工工艺分析 该零件的成形是非对称的，同时它的材料较薄、形状复杂，成形时受力不平衡，料流变化大，因此成形比较困难，需要多个工序。如图 9-7 所示在 *A*—*A* 剖面左端进行向内翻边和整形，由于零件成形后包裹在翻边凹模上，出件困难。须设计活动凸模机构。

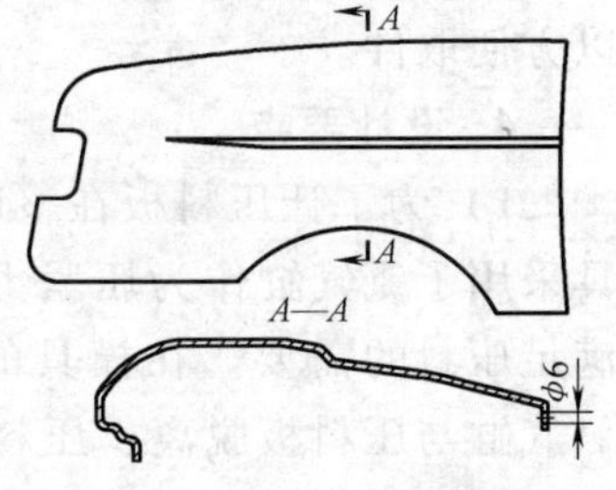

图 9-7 翼子板结构简图

剖视图 *A*—*A* 右端需进行翻边和冲孔，若使用传统的凸凹模完成这 2 个工序，翻边凹模和冲孔凸模会发生干涉而无法顺利加工。为把这两个工序同时在一副模具中实现，须专门设计带让位槽的翻边凹模和带凸模镶块的斜楔机构，使得翻边冲孔都可以顺利进行。

根据上述分析，为减少工序，提高生产效率，保证零件精度，确定零件的

冲压工艺为：落料→拉深→修边、冲孔→整形、翻边、冲孔。

3. 模具结构 图 9-8 为翼子板整形、翻边、冲孔复合模。它采用斜楔机构完成水平方向的修边、翻边和冲孔动作。

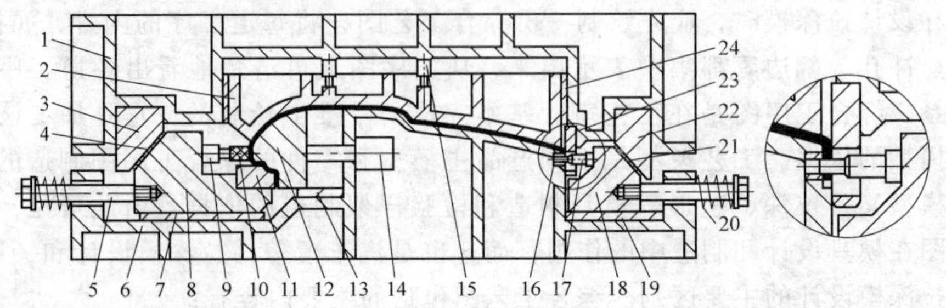

图 9-8 翼子板整形、翻边、冲孔复合模结构简图

1—上模座 2—压料板 3、22—斜楔 4、7、13、19、21—滑板 5—螺钉 6—下模座 8—翻边斜楔 9—侧压氮气缸 10—橡胶套 11—翻边凸模 12—活动凸模 14—压力机气缸 15—正压氮气缸 16—冲孔凹模 17—冲孔凸模 18—冲孔斜楔 20—弹簧 23—翻边凹模 24—垫板

工作时，上模下行，当压料板 2 接触零件时，安装在压料板 2 与上模板之间的正压氮气缸开始工作产生压料力。活动凸模 12 在由压力机控制的气缸 14 作用下到达工作位置，斜楔 3、22 和翻边凸模 23 跟随上模继续下行，由翻边凸模 23 对零件进行翻边。翻边斜楔 8 和冲孔斜楔 18 在斜楔 3、22 的作用下水平滑动，侧压氮气缸 9 先接触零件施加压料力，在气缸轴上安装橡胶套 10 接触零件，以免影响零件表面质量。翻边凸模 11 进行翻边整形，冲孔凸模 17 穿过翻边凹模 23 的让位槽和冲孔凹模 16 一起完成冲孔动作。

回程时，上模上行，同时翻边斜楔 8 和冲孔斜楔 18 在复位弹簧 20 的作用下复位。活动凸模 12 在由压力机控制的气缸 14 作用下缩进到零件的翻边轮廓外，以方便取件。

4. 设计要点

1）为了让压料板在整形、翻边的初始阶段将料压紧，且压紧力足够大，模具采用了氮气缸作为压紧力源，初始压力较大，且压力随压缩量变化较小，能满足压料的需要。在模具的垂直压边上，使用了 6 个氮气缸，模具不工作时，氮气缸与压料板脱离，压料板依靠侧销悬于上模。工作时压料板压住零件后与氮气缸接触，产生压紧力，其压边行程应大于氮气缸的行程。从图 9-7 可以看出，*A—A* 剖面左端的翻边处接近垂直，从正面气缸上传到侧面的压紧力很小。

为使零件充分压紧，防止翻边产生形状和尺寸的误差，在相应侧方向上安装了 5 个压力较小的氮气缸，这些氮气缸与翻边斜楔固定为一体，氮气缸轴上连接有聚氨酯橡胶用于压料，以保证零件的表面质量。当上模下移时，会带动斜楔和氮气缸进行压料、翻边。为使压紧力先作用于零件上，氮气缸轴的行程应大于翻边的行程。回程时，靠氮气缸自身的压力和复位弹簧的弹力使斜楔回复原位。

2）为使此翻边上的螺钉连接孔在此工序中完成，当上滑块下行，翻边即将结束时，上模压住斜楔冲孔。在翻边的凹模上开有让位槽，当上滑块上行时，冲孔斜楔在弹簧力的作用下恢复原位。

3）为方便翼子板零件在整形、翻边后能方便地取出，必须使图 9-7 中的 *A—A* 剖面左端的翻边凸模退到零件的翻边轮廓之外。为此在设计模具时，将凸模分成两块，一块为静止，与下模连成一体，一块可沿下模滑动，与压力机自身气路带动的气缸固定在一起，靠气阀控制其行程和方向。在上滑块下行前，气缸将活动凸模推向零件的翻边位置，当滑块下行时，翻边斜楔进行翻边，这时由于侧向氮气缸的压力小于压力机本身的气缸压力，活动凸模可以保持静止。当上滑块上行时，翻边斜楔复位，活动凸模在压力机气缸的带动下退回到零件的翻边轮廓外，可将零件从凸模上顺利取出。

4）为使图 9-8 中 *A—A* 剖面右端的翻边不致开裂和避免端头产生不垂直现象，在之前的拉深模上增加了几个鼓包预成形，用于补充翻边时材料不足。

5. 使用效果 该模具设计合理，结构紧凑，操作方便，出模顺畅。

6. 本例设计总结 本案例的零件形状复杂，为三维曲面的外覆盖件，不仅成形复杂，零件表面质量要求高，与相关零件的装配关系要求也较严格，其分别与前照灯、发动机罩等连接配合。为完成该覆盖件的整形、翻边、冲孔复合加工，本案例模具采用了斜楔机构完成水平方向的修边、翻边和冲孔动作。

9.3 汽车一般冲压件模具案例剖析

9.3.1 汽车一般冲压件加工工艺及模具结构分析

汽车一般冲压件与非汽车一般冲压件在冲压工艺设计上没有本质上的区别。

由于生产批量大，采用流水线作业，因此对冲压工艺方案的设计大多希望工序数目少，以提高生产效率，降低成本；但同时考虑到生产量大，修模的需要，又希望工序内容简单、不宜复合过多的工序，造成修模困难；同时还希望制定工艺及设计的模具，能保证零件加工质量可靠，不允许料厚变薄严重等缺陷的存在（详见 9.3.2）。

在汽车一般件的生成试制及定型的过程中，其加工工艺的制定是有不同侧重的。前者考虑的是尽快地生产出产品，而后者则是提高生产效率，保证零件的产品质量要求，满足大批量生产的要求。这就给冲压工艺方案的制定及其相关模具的设计提出了一个课题，即如何兼顾两者，而避免不必要的浪费（参照

9.3.3)。

9.3.2 加强角板的成形工艺方案选择

1. 零件结构 图 9-9 为发动机盖加强角板的结构简图，该零件采用 2.0mm 厚的 ST12 钢板制成。

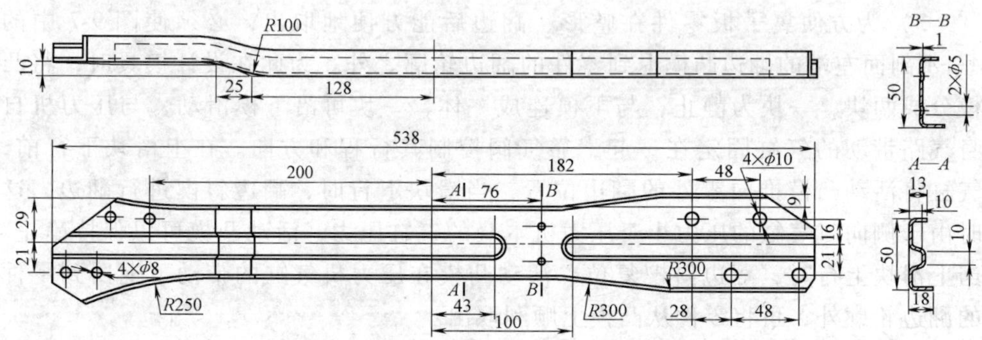

图 9-9 发动机盖加强角板结构简图

2. 加工工艺分析 该零件的冲压工艺方案可制定为：落料、冲孔→成形。其成形工序是加强肋的压制和外缘翻边的复合，属于起伏成形类零件。如何保证该零件成形时的质量是其冲压工艺的难点。对这种起伏成形类零件，可以制订以下两种成形工艺方案。

图 9-10 为该零件采用的常规成形工艺方案模具结构简图。

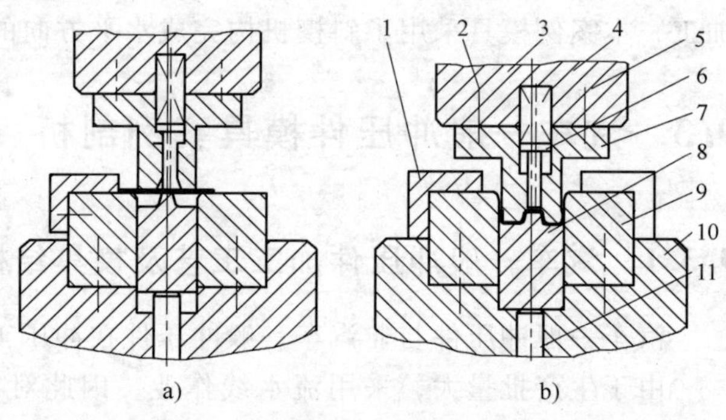

图 9-10 成形工艺方案及模具结构 1（常规工艺）
a）初始状态 b）闭合状态
1—定位块 2—螺钉 3—上模板 4—弹簧 5—圆柱销 6—顶销 7—凸模 8—顶件器 9—凹模 10—下模板 11—托杆

冲压时，加强肋的压制和外缘翻边同时进行。这种成形方法模具结构简单，只有一个活动的顶件器 8，容易制造。但由于加强肋的压制和外缘翻边同时进行，冲压时外缘翻边阻碍了毛坯外缘材料向加强肋的自由流动，毛坯的凸模部分材料不能向加强肋部位流动，因此，加强肋的成形主要靠凸模下方及附近材料的拉薄，加强肋的极限成形高度与毛坯外形尺寸不再有关，零件容易出现变薄及拉裂的情况。对塑性好、伸长率大的材料及变形程度较小的零件，采用圆滑而光洁的冲模工作部分和良好的润滑，用这种方法虽然可以压出零件。但零件加强肋圆角部位危险断面的材料变薄非常明显。

图 9-11 为该零件采用的另一种成形工艺方案的模具结构简图。

模具结构中设计了活动顶件器 8 和活动凸模 12，冲压时能够先把加强肋压出后再翻边。即成形前凸模 12 被托杆 14 顶起，同时弹簧 11 将顶件器 8 顶到与凸模 12 的上表面相平，毛坯定位后至少高出凹模 9 的上表面 1 个加强肋的高度。这样，成形时利用压力机的气垫压力先把零件的加强肋压成后再翻边。这种成形方案虽然较上述方案的模具结构复杂，模具的制造难度相应增大，但由于压加强肋时毛坯外缘部分的材料能够自由流动，能有效地避免上述方案中零件的变薄和拉裂现象的发生。

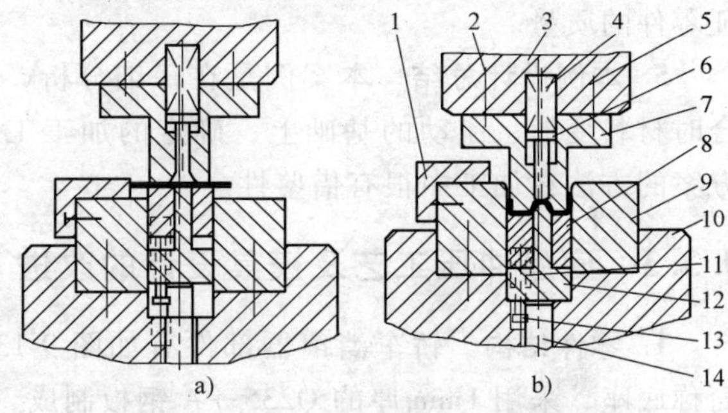

图 9-11　成形工艺方案及模具结构 2

a) 初始状态　b) 闭合状态

1—定位块　2—螺钉　3—上模板　4—弹簧　5—圆柱销　6—顶销　7—凸模Ⅰ　8—顶件器　9—凹模　10—下模板　11—弹簧　12—凸模Ⅱ　13—卸料螺钉　14—托杆

方案 1 适用于起伏成形中加强肋到外缘翻边距离较大的零件，对图 9-12 所示尺寸的起伏成形件，当尺寸 h 较大（大于 3 倍料厚 t 以上），压制加强肋时，毛坯外缘部分的材料便不易流向加强肋，毛坯的外缘尺寸在压制加强肋前后基本保持不变，加强肋的成形只能靠凸模下方及附近材料的变薄，对这类零件最好采用方案 1 的成形工艺。方案 2 适用于起伏成形中加强肋到外缘翻边的距离较小的零件，这种方案能消除零件成形时加强肋圆角部位危险断面材料的变薄。对于该零件，为保证其成形时的质量，采用了方案 2 的成形工艺，并设计相应的模具。

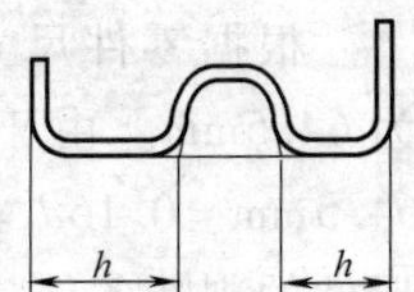

图 9-12　起伏成形件示意图

3. 使用要点　采用方案 2 的成形工艺及模具结构，冲压时要求把压力机的气垫压力调整到足够大，以保证加强肋成形所需要的力。通过模具调试，得出的结论是：当压力机的气垫压力调整到 >0.4MPa 后，压出的零件没有变薄和拉裂现象；当压力机的气垫压力调整得较小时，通过托杆 14 作用在凸模 12 上的力不能满足加强肋的成形需要。这时，方案 2 的成形方法也相当于方案 1 的成形方法，压出零件的加强肋圆角部位危险断面的材料出现变薄和拉裂现象。同时，在模具调试时，对同样外形尺寸的落料毛坯，当压力机的气垫压力调整得较大时，压出的零件翻边高度尺寸小，当压力机的气垫压力调整得较小时，压出的零件翻边高度尺寸大，这很好地证明了采用方案 2 时，毛坯外缘材料向加强肋的自由流动。

4. 使用效果 实践证明，采用方案 2 的成形工艺及模具结构，能很好地保证零件的质量。

5. 本例设计总结 本案例是在仔细分析、比较加强肋的压制和外缘翻边复合时材料变形、流动的基础上，确定的加工工艺方案。这种分析制定加工工艺方案的方法在加工中很有借鉴性。

9.3.3 底座冲压工艺及模具设计的改进

1. 零件结构 轿车消声器部件有如图 9-13 所示零件——弹簧压紧盖底座，简称底座，采用 1mm 厚的 Q235—A 钢板制成，由于使用上的要求，须拉深成一锥形盖的结构形式，且要在零件翻边后的竖边口部冲切均匀分布的三个缺口。

2. 传统加工工艺及模具设计

（1）加工方案的确定 在零件研制生产初期，考虑到整个零件结构主要是由一锥形盖通过底部翻边而成制订了传统的加工工艺方案。

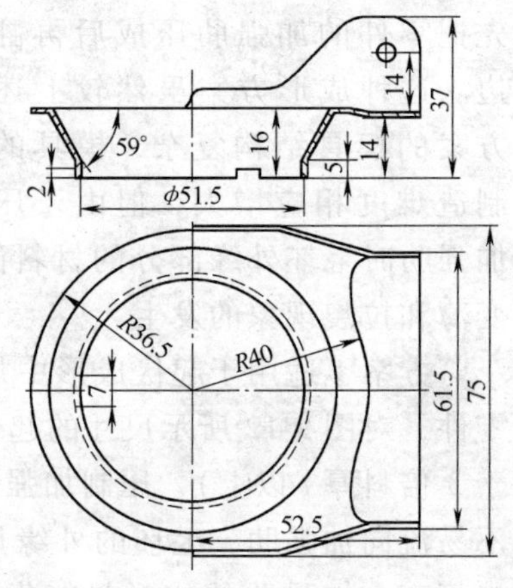

图 9-13 弹簧压紧盖底座结构简图

为制定加工工艺方案首先对零件进行了工艺计算。

根据零件尺寸可计算出锥形的大端直径 d_2 为 64.5mm。由于锥形高度 $h=10\text{mm}\approx 0.16\times 64.5\text{mm}=0.16d_2\leqslant(0.25\sim0.3)\ d_2$，满足浅锥形件的判断条件，故属于浅锥形件的拉深。

由于上述计算未曾考虑到零件的凸缘，为了进一步判定由于凸缘存在带来的影响，按带凸缘直径 $d_{凸}=74\text{mm}$（考虑修边余量）、圆筒直径 $d=52.5\text{mm}$、高 $h=10\text{mm}$ 的拉深件进行判断：

因为 $d_{凸}/d=74/52.5=1.41$，而根据拉深前后坯料体积相等原则，可计算出该拉深部位的展开料约为 $\phi84\text{mm}$，因此，

毛坯相对厚度 $(t/D)\times100=(1/84)\times100=1.19$

查表 10-29 可得，该带凸缘圆筒件第一次拉深的最大相对高度 $h_1/d_1=0.65$，由于实际零件拉深的相对高度

$$h/d=10/52.5=0.19<h_1/d_1=0.65$$

综合上述分析，可判定该零件的锥形盖能一次拉深成。

其次须对该零件翻边高度进行判断：

翻边的最大翻边高度 $h_{最大}=(D/2)\times(1-K_0)+0.57r$

K_0 为材料的翻边系数，查表 5-3，$K_0=0.7$

$h_{最大} = (52.5/2) \times (1 - 0.7) + 0.57 \times 4 = 10 > \text{mm}$，实际翻边高度5mm故能一次翻成。

根据翻边前后体积不变原则，按在拉深件底部冲孔后翻边的预冲孔直径 d 计算公式可知：

$$d = D + 1.14r - 2h = 52.5\text{mm} + 1.14 \times 4\text{mm} - 2 \times (5.5 + 4)\text{mm} = 38\text{mm}$$

根据上述计算可制订出加工工艺，如图 9-14 所示：落料→拉深→切外形且预冲孔→翻边→弯曲→冲缺口。

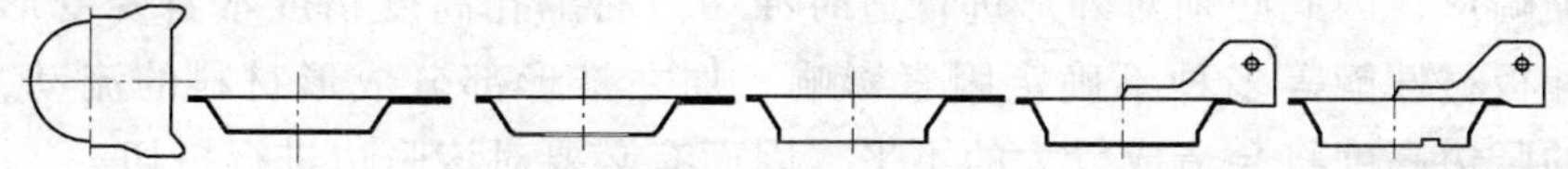

图 9-14　研制阶段加工方案

（2）模具设计　根据加工方案，分别需要设计落料、拉深、切外形及冲孔、翻边、弯曲、缺口冲切等六种模具，由于前五种模具结构均较典型，此处不再详述，设计的冲切三处翻边竖边口部缺口的冲切模结构如图 9-15 所示。

模具将成形、翻边、挤切好的零件端面，轴向套入凹模 2，通过定位销 7 克服弹簧 8 弹力后靠紧定位块 3，压力机上滑块下行，带动凸模 5 与凹模 2 共同作用，将缺口冲出，转动零件，使已冲切好的缺口靠紧定位销 7，此时同样可再冲切出一个缺口。同理转动零件可冲切出第三个缺口。

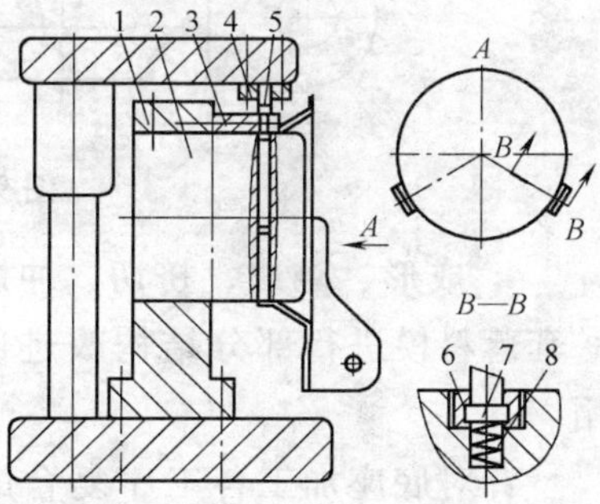

图 9-15　缺口冲切模结构

1—固定座　2—凹模　3—定位块　4—固定板　5—凸模　6—螺纹套　7—定位销　8—弹簧

模具设计要点：

1）凹模 2 与固定座 1 配合好后，必须配钻防转销或紧定螺钉，防止冲切过程凹模 2 转动，影响凸、凹模之间的间隙。

2）保证凸模 5 与定位块 3 接触处间隙为 0 ~0.01mm，以克服单向冲切的侧向力。

3）在凹模 2 冲切口左右各 120°处开设定位孔，利用已冲切好的缺口定位。为方便及提高定位效率，采用弹簧 8 进行自动复位；为便于刚挤切好的端部零件套入凹模，定位块 7 上倒出小斜面以方便零件轴向进出。

4）为保证凹模 2 与凸模 5 冲切部位的单面冲切间隙 0.04 ~ 0.07mm，固定座与下模板连结后必须有定位销定位，整个模具设置导柱、导套导向。

3. 冲压工艺方案改进　依据上述加工方案加工出的零件，满足产品设计要求。由于整个零件成形工艺流程长、占用设备多、费工费时，在该部件经生产定型需投入大批量生产时，原加工工艺就不利于大批量生产。

为进一步提高生产效率，有必要对原加工工艺进行改进。

综合传统加工工艺分析及工艺计算可知，该锥形盖由于是浅锥形结构，成形高度不大，成形难度不大，而预冲孔后的翻边，由于翻边高度不大，也易成形，因此设想将两工序合并。

考虑到由于拉深及翻边成形的复合，将使材料间的相互流动更复杂，主要表现在成形部位距外形边缘距离较小，会引起边缘材料向中部转移，易造成外形收缩畸形，因此必须对外形进行适时冲切。而翻孔高度精度本身受变形程度、模具和板材性能等多种不确定因素影响，加之锥形部分成形材料的流动，故翻孔后的竖边高度将会造成较大的不平，因而有必要对该竖边进行挤切。

根据前述的工艺计算，考虑到成形锥形时，孔径会有部分扩大且需适当留量进行挤切，故实际预冲孔时，取为 $\phi36$mm。

特制订出如下改进工艺方案：落料（含预冲孔）→成形及翻边且冲切外形→弯曲→冲缺口，如图 9-16 所示。

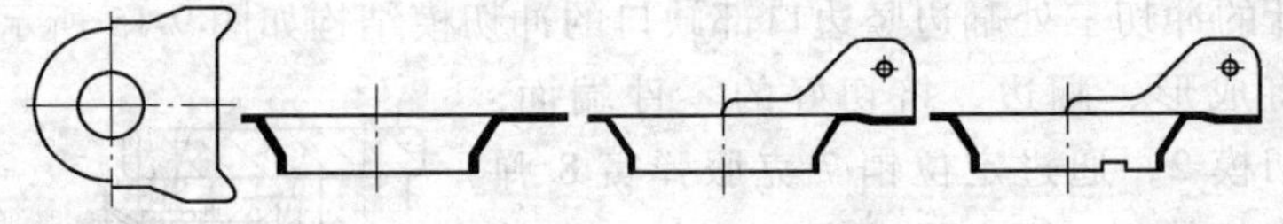

图 9-16　改进后的工艺方案

4. 成形、翻边、挤切、冲切复合模的设计　根据改进后的工艺方案，对第一套落料模进行部分结构改进便可使用，而弯曲、缺口冲切等原模具可直接使用。

针对底座加工各工序复合的可能性及复合后可能出现的工艺难点，设计了如图 9-17 所示的底座成形、翻边、挤切、冲切复合模。

整个模具工作过程分零件成形及卸料两阶段。

首先，坯料置于安放在压边圈 9 上的定位销进行定位，压力机滑块下移，翻边挤切凸模 5 与坯料接触，开始对坯料进行翻边，与此同时，坯料预冲孔边缘发生局部拉深作用，促使材料自由流动，当其下移一段距离后，拉深成形圈 6 在聚氨酯卸料块 3 弹力作用下开始与坯料弹性接触，通过聚氨酯卸料块 3 及翻边、挤切凸模 5 的共同作用对坯料进行拉深及翻边，当共同下行 8mm 后，翻边即将结束时，落料凹模 2 接触坯料并压缩翻边挤落料凹模 8 实现落料；同时，凸模 7 与翻边挤切落料凹模 8 发生作用进行冲孔，压力机滑块继续下行 2mm 后，零件落料及冲孔已经完成，而拉深成形圈 6 上端面克服聚氨酯卸料块 3 弹力作用，使限位块 4 上端面与固定板 1 下端面转为刚性接触，拉深成形圈 6 对坯料弹性拉深进行校正，而翻边、挤切凸模 5 与翻边挤切落料凹模 8 挤切部位接触，对已完成的翻边部分进行挤切。至此，零件翻边、成形、冲孔、落料、挤切等工序全部结束，零件内、外形成形完毕。

随着压力机滑块的上行，在聚氨酯卸料块4及10的共同作用下，拉深成形圈6将零件推出落料凹模2型腔，压边圈9将余下坯料顶出翻边挤切落料凹模8，底座卸料完成，压力机转入下一个工作循环。

模具设计要点：

1）翻边挤切凸模5开始部分为翻边，然后进行挤切，而翻边挤切落料凹模8上部分为成形、翻边型腔，下部为挤切凹模。挤切部分尺寸按翻边凸模实际尺寸配制，保证单面间隙0.01～0.02mm；成形部分则应保证单面间隙为1.05～1.15mm。

2）翻边挤切凸模5的翻边与挤切结合部位以$R1.5$mm相联接，以减少应力集中，改善挤切磨损，保证挤切面光滑、平整，保持卸料通畅。

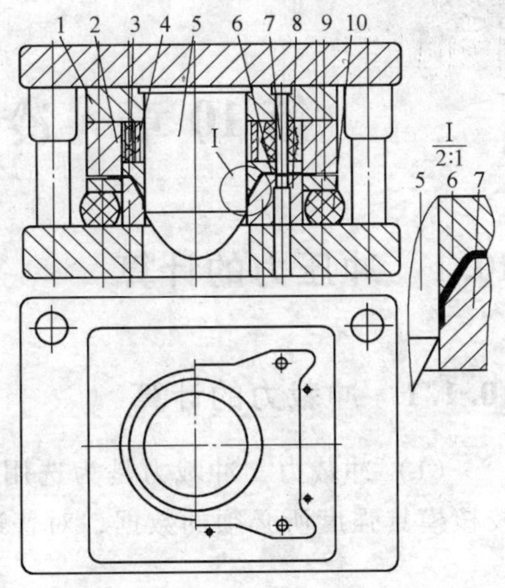

图9-17 底座成形、翻边、挤切、冲切复合模结构图

1—固定板 2—落料凹模 3、10—聚氨酯卸料块 4—限位块 5—翻边挤切凸模 6—拉深成形圈 7—凸模 8—翻边挤切落料凹模 9—压边圈

3）拉深成形圈6开始依靠聚氨酯卸料块3弹力成形，从而保证坯料外形边缘材料能自由流动，考虑到聚氨酯卸料块3弹性成形力的不足，模具结构中特意设计限位块4进行零件的最终校形；而在拉深成形圈6压紧坯料时，通过其与翻边挤切落料凹模8表面的阻滞作用，能控制成形、翻孔过程中的拉深变形，平衡材料内部应变，消除径向可能形成的料厚变薄。

4）为保证翻边、成形、落料、冲孔、挤切的“节奏”有序，因合理设计安排各工作零件的相互高度，既使坯料翻边与成形能共同协调、有机结合、相互兼顾，又能使落料冲切外形在边缘材料发生完变形之后进行，既保证了外形准确无变形，又避免了对边缘材料流动形成阻碍。

5. 效果 由于工序间进行了有效的复合，同时较好地考虑并解决了工序复合可能出现的难点，底座的冲压工艺及模具结构经此改进后，生产效率得到了大大提高，产品质量稳定，模具工作正常，能满足底座大批量生产的要求。

6. 本例设计总结 本案例是针对零件不同生产时期不同生产批量而分别制定的加工工艺方案。由于不同时期对加工的要求不同，因此，后期加工工艺方案应在分析其前期加工工艺性的基础上，通过改进工艺方案，设计多工序复合的复合模，提高生产效率，保证零件的产品质量要求，满足大批量生产的要求。

第 10 章　冷冲模设计常用资料

10.1　冲压力的计算

10.1.1　冲裁力的计算

（1）冲裁力　冲裁力是为选用合适的压力机的主要依据，也是设计模具和校核模具强度所必须的数据，对普通平刃口的冲裁，其冲裁力的计算公式为

$$F = kLt\tau$$

式中　F——冲裁力（N）；

L——冲裁件周长（mm）；

t——板料厚度（mm）；

τ——材料的抗剪强度（MPa）；

K——安全系数，一般取 1.3。

在一般情况下，材料的抗拉强度 $\sigma_b \approx 1.3\tau$，为计算方便，可用下式计算冲裁力：

$$F = Lt\sigma_b$$

（2）卸料力和推件力　将冲裁后紧箍在凸模上的料卸下来的力称为卸料力，以 $P_{卸}$ 表示；将卡在凹模中的料推出或顶出的力称为推件力与顶件力，以 $P_{推}$ 或 $P_{顶}$ 表示，其大小由下列经验公式确定：

卸料力 $F_{卸}$ 为

$$F_{卸} = K_{卸} F$$

推件力 $F_{推}$ 为

$$F_{推} = nK_{推} F$$

顶件力 $F_{顶}$ 为

$$F_{顶} = K_{顶} F$$

式中　$F_{卸}$——卸料力（N）；

$F_{推}$——推件力（N）；

$F_{顶}$——顶件力（N）；

$K_{卸}$、$K_{推}$、$K_{顶}$——分别为卸料系数、推件系数、顶件系数，其值见表 10-1；

F——冲裁力（N）；

n——卡在凹模孔内的工件数，$n = h/t$（h 为凹模刃口孔的直壁高度，t 为工件材料厚度）。

（3）压力机的选择　冲裁时所需总冲压力为冲裁力、卸料力、推件力和顶件力之和，这些力在选择压力机时是否都要考虑进去，应根据不同的模具结构分别对待：

采用刚性卸料装置和下出料方式的冲裁模的总压力 $F_{总}$ 为

$$F_{总}=F_{冲}+F_{推}$$

采用弹性卸料装置和下出料方式的冲裁模的总压力 $F_{总}$ 为

$$F_{总}=F_{冲}+F_{推}+F_{卸}$$

采用弹性卸料装置和上出料方式的冲裁模的总压力 $F_{总}$ 为

$$F_{总}=F_{冲}+F_{卸}+F_{顶}$$

根据冲裁模的总压力选择压力机时，一般应满足：压力机的公称压力≥$1.2F_{总}$。

表 10-1　卸料力、推件力及顶件力的系数

料厚 t/mm		$K_{卸}$	$K_{推}$	$K_{顶}$
纯铜、黄铜		0.02～0.06	0.03～0.09	
铝、铝合金		0.025～0.08	0.03～0.07	
钢	≤0.1	0.06～0.075	0.1	0.14
	>0.1～0.5	0.045～0.055	0.065	0.08
	>0.5～2.5	0.04～0.05	0.050	0.06
	>2.5～6.5	0.03～0.04	0.040	0.05
	>6.5	0.02～0.03	0.025	0.03

10.1.2　精冲力的计算

精冲力包括冲裁力 $F_{冲}$、齿圈压板力 $F_{压}$ 和推板反力 $F_{推}$ 三部分。

（1）冲裁力　精冲冲裁力的计算方法与普通冲裁一样，其计算公式为

$$F_{冲}=1.3Lt\tau\approx Lt\sigma_{b}(\mathrm{N})$$

式中　L——内、外冲裁周边长度的总和（mm）；

t——料厚（mm）；

τ——材料的抗剪强度（MPa）；

σ_b——材料的抗拉强度（MPa）。

（2）齿圈压板力　该力的作用主要是在冲压过程中对板料剪切周围施加静压力，防止金属流动，形成塑剪变形，其次是冲裁完毕起卸料的作用。其计算公式为

$$F_{压}=(0.3\sim0.5)F_{冲}(\mathrm{N})$$

（3）推板反压力　推板反压力对精冲件的弯度、切割面的锥度、塌角等都

有一定的影响，从对精冲件的质量来看，推板反压力越大越好。但是反压力过大，对凸模寿命又有影响。其计算公式为

$$F_{推} = (0.1 \sim 0.15) F_{冲}(\mathrm{N})$$

$F_{压}$、$F_{推}$ 的取值均需经试冲后确定，在满足精冲要求的条件下应选用最小值。

精冲总冲压力的计算为

$$F_{总} = F_{冲} + F_{压} + F_{推}$$

10.1.3 弯曲力的计算

弯曲力是指零件完成预定弯曲时需要压力机所施加的压力，弯曲力是设计弯曲模和选择压力机吨位的重要依据。计算时，先分清弯曲类型，分别运用经验公式。

1. 自由弯曲时的弯曲力 $F_{自}$

V 形件

$$F_{自} = \frac{0.6Kbt^2\sigma_b}{r+t}$$

U 形件

$$F_{自} = \frac{0.7Kbt^2\sigma_b}{r+t}$$

⌐⌙形件

$$F_{自} = 2.4bt\sigma_b\alpha\beta$$

式中　$F_{自}$——冲压行程结束时的自由弯曲力（N）；

K——安全系数，一般取 $K=1.3$；

b——弯曲件的宽度（mm）；

t——弯曲材料的厚度（mm）；

r——弯曲件的内弯曲半径（mm）；

σ_b——材料的抗拉强度（MPa）；

α——系数，其值见表 10-2，表中的 δ 见表 10-3；

β——系数，其值见表 10-4。

表 10-2　系数 α 之值

r/t	伸长率 δ（%）						
	20	25	30	35	40	45	50
10	0.416	0.379	0.337	0.302	0.265	0.233	0.204
8	0.434	0.398	0.361	0.326	0.288	0.257	0.227
6	0.459	0.426	0.392	0.358	0.321	0.290	0.259

（续）

r/t	伸长率δ（%）						
	20	25	30	35	40	45	50
4	0.502	0.467	0.437	0.407	0.371	0.341	0.312
2	0.555	0.552	0.520	0.507	0.470	0.445	0.417
1	0.619	0.615	0.607	0.680	0.576	0.560	0.540
0.5	0.690	0.688	0.684	0.680	0.678	0.673	0.662
0.25	0.704	0.732	0.746	0.760	0.769	0.764	0.764

表 10-3　各种金属板料的伸长率 δ

材料	伸长率δ（%）	材料	伸长率δ（%）
Q195（A_1）	20～30	Q295（A_6）	10～15
Q215（A_2）	20～28	Q315（A_7）	8～15
Q235（A_3）	18～25	纯铜板	30～40
Q255（A_4）	15～20	黄铜	35～40
Q275（A_5）	13～18	锌	5～8

表 10-4　系数 β 之值

Z/t	r/t						
	10	8	6	4	2	1	0.5
1.20	0.130	0.151	0.181	0.245	0.388	0.570	0.765
1.15	0.145	0.161	0.185	0.262	0.420	0.605	0.822
1.10	0.162	0.184	0.214	0.290	0.460	0.675	0.830
1.08	0.170	0.200	0.230	0.300	0.490	0.710	0.960
1.06	0.180	0.207	0.250	0.322	0.520	0.755	1.120
1.04	0.190	0.222	0.277	0.360	0.560	0.835	1.130
1.02	0.208	0.250	0.353	0.410	0.760	0.990	1.380

注：Z/t 称为间隙系数（Z 为凸凹模间隙），一般有色金属的间隙系数为 1.0～1.1，黑色金属的间隙系数为 1.05～1.15。

2. 校正弯曲时的弯曲力 $F_{校}$　由于校正弯曲时的校正弯曲力比压弯力大得多，而且两个力先后作用，因此，只需计算校正力。V 形件和 U 形件的校正力均按下式计算：

$$F_{校} = AP$$

式中　$F_{校}$——校正弯曲时的弯曲力（N）；

A——校正部分的垂直投影面积（mm^2）；

p——单位面积上的校正力（MPa），按表 10-5 选取。

表 10-5 单位面积上的校正力 p （单位：MPa）

材料	料厚 t/mm		材料	料厚 t/mm	
	≤3	>3 ~ 10		≤3	>3 ~ 10
铝	30 ~ 40	50 ~ 60	25 钢 ~ 35 钢	100 ~ 120	120 ~ 150
黄铜	60 ~ 80	80 ~ 100	钛合金 TA2	160 ~ 180	180 ~ 210
10 钢 ~ 20 钢	80 ~ 100	100 ~ 120	钛合金 TA3	160 ~ 200	200 ~ 260

3. 顶件力和卸料力 F_Q 不论采用何种形式的弯曲，在压弯时均需顶件力和卸料力，顶件力和卸料力 F_Q 可近似取自由弯曲力的 30% ~ 80%，即：

$$F_Q = (0.3 \sim 0.8) F_{自}$$

4. 压力机吨位 $F_{压}$ 自由弯曲时，考虑到压弯过程中的顶件力和卸料力的影响，压力机吨位为

$$F_{压} \geqslant F_{自} + F_Q = (1.3 \sim 1.8) F_{自}$$

校正弯曲时，校正力比顶件力和卸料力大许多，F_Q 的分量已无足轻重，因此压力机吨位为

$$F_{压} \geqslant F_{校}$$

10.1.4 拉深力的计算

计算拉深力的目的在于选择设备和设计模具。计算拉深力的实用公式见表 10-6。

表 10-6 计算拉深力的实用公式

拉深形式	拉深工序	公式
无凸缘的筒形件	第一道	$F = \pi d_1 t \sigma_b k_1$
	第二道以及以后各道	$F = \pi d_n t \sigma_b k_2$
带凸缘的筒形件	各工序	$F = \pi d_1 t \sigma_b k_\phi$
横截面为矩形、方形、椭圆件等的拉深件	各工序	$F = L t \sigma_b k$

式中 F——拉深力（N）；

d_1、$d_2 \cdots d_n$——筒形件的第 1 道、第 2 道…第 n 道工序中性层直径，按中性线（$d_1 = d - t$、$d_2 = d_1 - t \cdots d_n = d_{n-1} - t$）计算（mm）；

t——材料厚度（mm）；

σ_b——抗拉强度（MPa）；

k_1、k_2、k_ϕ——系数，见表 10-7、表 10-8、表 10-9；

k——修正系数，取 0.5 ~ 0.8；

L——横截面周边长度（mm）。

表 10-7　无凸缘筒形件第一次拉深的系数 k_1（08 钢～15 钢）

毛坯的相对厚度$(t/D)\times 100$	毛料的相对直径 D/t	第一次拉深系数 m_1									
		0.45	0.48	0.5	0.52	0.55	0.6	0.65	0.7	0.75	0.8
5	20	0.95	0.85	0.75	0.65	0.6	0.5	0.43	0.35	0.28	0.2
2	50	1.1	1.0	0.9	0.8	0.75	0.6	0.5	0.42	0.35	0.25
1.2	83		1.1	1	0.9	0.8	0.68	0.56	0.47	0.37	0.3
0.8	125			1.1	1	0.9	0.75	0.6	0.5	0.4	0.33
0.5	200				1.1	1	0.82	0.67	0.55	0.45	0.36
0.2	500					1.1	0.9	0.75	0.6	0.5	0.4
0.1	1000						1.1	0.9	0.75	0.6	0.5

注：在小圆角半径的情况下即 $r=(4\sim8)t$，系数 k_1 取比表中大 5% 的数值。

表 10-8　无凸缘筒形件第二次拉深的系数 k_2（08 钢～15 钢）

毛坯的相对厚度$(t/D)\times 100$	第 1 次最大拉深的相对厚度 $(t/d_1)\times 100$	第二次拉深系数 m_2									
		0.7	0.72	0.75	0.78	0.8	0.82	0.85	0.88	0.9	0.92
5	11	0.85	0.7	0.6	0.5	0.42	0.32	0.28	0.2	0.15	0.12
2	4	1.1	0.9	0.75	0.6	0.52	0.42	0.32	0.25	0.2	0.14
1.2	2.5		1.1	0.9	0.75	0.62	0.52	0.42	0.3	0.25	0.16
0.8	1.5			1.0	0.82	0.7	0.57	0.46	0.35	0.27	0.18
0.5	0.9			1.1	0.9	0.76	0.63	0.5	0.4	0.3	0.2
0.2	0.3				1	0.85	0.7	0.56	0.44	0.33	0.23
0.1	0.15				1.1	1	0.82	0.68	0.55	0.4	0.3

注：在小圆角半径的情况下即 $r=(4\sim8)t$，系数 k_2 取比表中大 5% 的数值。以后各次拉深（3、4、5 次）的系数 k_2，对照查出其相应的 m_n 及 t/D 数值所对应的数值，无中间退火时，系数取较大值，有中间退火系数取较小值。如果第一次拉深小于极限许可值，即以大拉深系数 m_1 拉深，则在相同的 $(t/D)\times 100$ 情况下，相对厚度 $(t/d_1)\times 100$ 将小于表中所列值。

表 10-9　拉深带凸缘的筒形件的系数 k_ϕ 的数值（08 钢～15 钢）

（用于 $(t/D)\times 100=0.6\sim2$）

比值 d_ϕ/d	第一次拉深系数 $m_1=d_1/D$										
	0.35	0.38	0.4	0.42	0.45	0.5	0.55	0.6	0.65	0.7	0.75
3	1	0.9	0.83	0.75	0.68	0.56	0.45	0.37	0.3	0.23	0.18
2.8	1.1	1	0.9	0.83	0.75	0.62	0.5	0.42	0.34	0.26	0.2
2.5		1.1	1	0.9	0.82	0.7	0.56	0.46	0.37	0.3	0.22
2.2			1.1	1	0.9	0.77	0.64	0.52	0.42	0.33	0.25
2				1.1	1	0.85	0.7	0.58	0.47	0.37	0.28
1.8					1.1	0.95	0.8	0.65	0.53	0.43	0.33
1.5						1.1	0.9	0.75	0.62	0.5	0.4
1.3							1	0.85	0.7	0.56	0.45

注：上述系数也可以用于带凸缘的锥形及球形零件在无拉深肋模具上的拉深。在有拉深肋模具内拉深相同的零件时，系数需增大 10%～20%。

拉深加工中，尽管压力机主要受到拉深力 F 及压边力 F_Q，但选择压力机时，却不能简单地将两者相加，这是因为压力机的公称压力是指在接近下死点时的压力机压力，当拉深行程很大，特别是采用落料-拉深复合模时，就很可能由于过早地出现最大冲压力而使压力机超载损坏，此时按下式选择：

浅拉深时：

$$F_{压} \geqslant (1.25 \sim 1.4)(F + F_Q)$$

深拉深时：

$$F_{压} \geqslant (1.7 \sim 2)(F + F_Q)$$

式中 $F_{压}$——压力机的公称压力（N）；

F——拉深力（N）；

F_Q——压边力（N）。

压边力的大小必须合适，过小，则不能防止起皱，过大则增加了拉深力，甚至引起拉裂。计算压边力的公式见表 10-10。

表 10-10　计算压边力的公式

拉深情况	公式
拉深任何形状的零件	$F = Aq$
筒形件第一次拉深（用平板毛坯）	$F_Q = \frac{\pi}{4}[D^2 - (d_1 + 2r_{凹})^2]q$
筒形件以后各次拉深（用筒形毛坯）	$F_Q = \frac{\pi}{4}[d_{n-1}{}^2 - (d_n + 2r_{凹})^2]q$

式中 A——在压边圈下的毛料投影面积（mm^2）；

q——单位压边力（MPa），见表 10-11；

$d_1 \cdots d_n$——第 1 次…n 次的拉深凹模直径（mm）；

$r_{凹M}$——凹模圆角半径（mm）；

D——平板毛坯直径（mm）。

表 10-11　单位压边力 q

材料	q/MPa	材料	q/MPa
软钢（$t<0.5$）	2.5 ~ 3.0	铝	0.8 ~ 1.2
软钢（$t>0.5$）	2.0 ~ 2.5	20 钢、08 钢	2.5 ~ 3.0
黄铜	1.5 ~ 2.0	高合金钢、高锰钢、不锈钢	3.0 ~ 4.0
纯铜、杜拉铝（退火）	1.0 ~ 1.5	耐热钢（软化状态）	2.8 ~ 3.5

10.1.5 起伏成形的变形力

冲压加强肋的变形力按下式计算。

$$F = KLt\sigma_b$$

式中　F——变形力（N）；

K——系数，$K=0.7\sim1$（加强肋形状窄而深时取大值，宽而浅时取小值）；

L——加强肋的周长（mm）；

t——料厚（mm）；

σ_b——材料的抗拉强度（MPa）。

10.1.6　翻边力的计算

翻边力分内缘翻边和外缘翻边分别计算。

1. 内孔翻边　翻边力 F 近似计算公式为

$$F = 1.1\pi(D-d)t\sigma_s$$

式中　D——翻边后直径（mm）；

d——预冲孔直径（mm）；

σ_s——材料屈服点（MPa）。

2. 外缘翻边　翻边力 F 可近似按带压料的单面弯曲力计算：

$$F = KLt\sigma_b$$

式中　K——系数，可取 $0.5\sim0.8$；

L——弯曲线长度（mm）；

t——材料厚度（mm）；

σ_b——材料抗拉强度（MPa）。

10.1.7　变薄拉深力的计算

变薄拉深的拉深力 F，按经验公式计算：

$$F = \pi d_2(t_1-t_2)\sigma_b K$$

式中　d_2——拉深件的直径，（mm）；

t_1、t_2——拉深前后筒壁的厚度（mm）；弯曲线长度（mm）；

σ_b——材料抗拉强度（MPa）；

K——系数，黄铜取 $1.6\sim1.8$，铜取 $1.8\sim2.25$。

10.1.8　缩口力的计算

缩口力的大小可按经验公式计算，对于无支承的缩口，缩口力 F 为

$$F = (2.4\sim3.4)\pi t_0\sigma_b(d_0-d)$$

式中　t_0——工件缩口前材料厚度（mm）；

d_0——工件缩口前中心层直径（mm）；

d——工件缩口后口部中心层直径（mm）；

σ_b——材料抗拉强度（MPa）。

10.1.9 扩口力的计算

扩口力的计算采用如下经验公式来进行：

$$p = 1.15\sigma \frac{1}{3 - \mu - \cos\alpha}\left(\ln K + \sqrt{\frac{t}{D_1}}\sin\alpha\right)$$

式中 p——单位扩口压力（MPa）；

σ——单位变形抗力（MPa）；

α——凸模半锥角（°）；

μ——摩擦系数；

K——扩口系数，$K = \frac{D_1}{D}$。

在实际生产中，可采用下式简化计算：

$$F = b\pi d_1 t\sigma_s$$

$$d_1 = \frac{D + d}{2}$$

式中 F——扩口力（N）；

b——系数，其值取决于扩口系数（见表 10-12）；

d_1——管坯的平均直径（mm）；

t——管坯壁厚（mm）；

σ_s——材料的屈服强度（MPa）；

D——管坯外径（mm）；

d——管坯内径（mm）。

表 10-12 系数 *b* 值

扩口系数	1.05	1.11	1.18	1.25	1.33	≥1.42
系数 b	0.30	0.40	0.60	0.75	0.90	1.0

10.1.10 胀形力的计算

（1）刚模胀形力 F

$$F = Ap$$

$$p = 1.15\sigma_b \frac{2t}{d_{max}}$$

式中 F——胀形力（N）；

A——胀形面积（mm^2）；

p——单位胀形力（MPa）；

σ_b——材料抗拉强度（MPa）；
d_{max}——胀形最大直径（mm）；
t——材料厚度（mm）。

（2）软模胀形时所需单位压力 p

1）两端不固定允许毛坯轴向自由收缩

$$p = \frac{2t\sigma_b}{d_{max}}$$

2）两端固定毛坯轴向不能收缩

$$p = 2t\sigma_b\left(\frac{1}{d_{max}} + \frac{1}{2R}\right)$$

式中 σ_b——材料抗拉强度（MPa），其他符号如图 5-44 所示。
t——材料厚度（mm）；
d_{max}——胀形最大直径（mm）；
R——零件胀形后的半径（mm）。

（3）液压胀形的单位压力 p

$$p = \frac{2t\sigma_b}{d_{max}}$$

但生产实际中，考虑许多因素，多采用如下的经验公式计算：

$$p = \frac{600t\sigma_s}{d_{max}}$$

式中 σ_s——材料屈服点（MPa）；

10.1.11 整形力的计算

整形力 F 可按下式计算：

$$F = Aq$$

式中 A——整形投影面面积（mm^2）；
q——单位整形力（MPa），一般为 150～200MPa。

10.1.12 冷挤压力的计算

极限变形程度影响因素的多样化，造成了冷挤压力计算的复杂化，因此，目前要较为精确地确定冷挤压的单位压力及总挤压力，还没有一个十分完善的方法，在理论上，可以由主应力法、滑移线法、变形功法或用有限元法计算单位挤压力，而在实用上通常采用经验公式法和图算法（也叫诺模图法）来确定。

使用图算法只需根据诺模图（根据实验建立的部分材料在稳定变形过程中的变形力曲线）中的曲线查出相对应材料总挤压力便可；当遇到表中未列出的

其他金属材料时，则可在表中找出与其含碳量相接近的金属挤压力，再根据这两种金属退火后的极限强度比来求得被挤压材料的挤压力。由于使用方便，因此在实际生产中应用广泛，但计算的误差偏大（约 ±10%），常用于估算。

冷挤压力计算经验公式为

$$F = Ap = AZn\sigma_b$$

式中 F——总挤压力（kN）；

A——凸模工作部分横断面积（mm^2）；

P——单位挤压力（MPa）；

Z——模具形状因数；

n——挤压方式及变形程度修正因数，见表 10-13；

σ_b——挤压前材料抗拉强度（MPa）。

模具形状因数 Z 见图 10-1 所示。

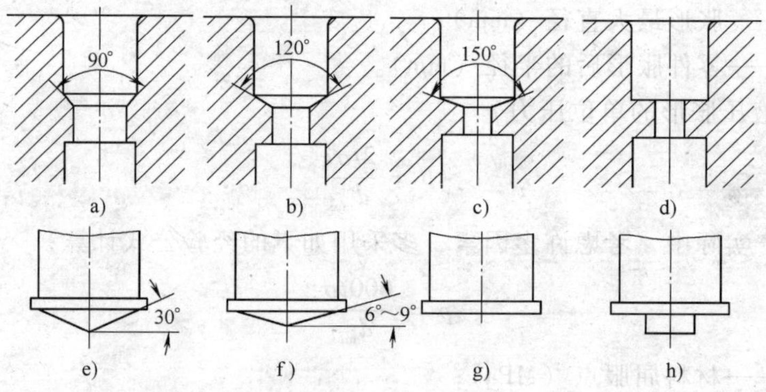

图 10-1　模具形状因数

a）~d）为正挤压　e）~h）为反挤压

a）$Z=0.9$　b）$Z=1.0$　c）$Z=1.1$　d）$Z=1.2$

e）$Z=1.0$　f）$Z=1.1$　g）$Z=1.2$　h）$Z=1.4\sim1.6$

变形程度修正因数 n 见表 10-13。

表 10-13　变形程度修正因数 n

挤压方法	变形程度 ε_A（%）			备　注
	40	60	80	
正挤压	3	4	5	正积压空心件与实心件 n 值相同
反挤压	4	5	6	

10.2　冲裁排样的搭边值

设置搭边的目的，是为了补偿冲裁过程中，条料的裁剪误差、送料步距误差及补偿由于条料与导料板之间有间隙所造成的送料歪斜误差等；同时使冲裁过程中凸、凹模刃口能双边受力；使条料在连续送进时有一定的刚度，避免零件缺角等废品的发生以及提高模具寿命与工作断面质量。

搭边过大，浪费材料，过小不但起不到应有的作用，并且过小的搭边容易挤进凹模，增加刃口磨损，影响模具寿命。

搭边值通常由经验确定。表 10-14 为常用材料的搭边值。

表 10-14　搭边 a 和 a_1 数值（低碳钢）　　（单位：mm）

材料厚度 t	圆件及 $r>2t$ 的圆角		矩形件边长 $L<50$		矩形件边长 $L>50$ 或圆角 $r<2t$	
	零件间 a	侧面 a_1	零件间 a	侧面 a_1	零件间 a	侧面 a_1
<0.25	1.8	2	2.2	2.5	2.8	3
0.25 ~ 0.5	1.2	1.5	1.8	2	2.2	2.5
0.5 ~ 0.8	1	1.2	1.5	1.8	1.8	2
0.8 ~ 1.2	0.8	1	1.2	1.5	1.5	1.8
1.2 ~ 1.5	1	1.2	1.5	1.8	1.8	2
1.6 ~ 2	1.2	1.5	1.8	2	2.0	2.2
2 ~ 2.5	1.5	1.8	2	2.2	2.0	2.5
2.5 ~ 3	1.8	2.2	2.2	2.5	2.5	2.8
3 ~ 3.6	2.2	2.5	2.5	2.8	2.8	3.2
3.5 ~ 4	2.5	2.8	2.8	3.2	3.2	3.5
4.5 ~ 5	3	3.5	3.5	4	4	4.5
5 ~ 12	0.6t	0.7t	0.7t	0.8t	0.8t	0.9t

注：对于其他材料，应将表中数值乘以下列系数：

中碳钢 0.9；高碳钢 0.8；硬黄铜 1 ~ 1.1；硬铝 1 ~ 1.2；软黄铜、纯铜 1.2；铝 1.3 ~ 1.4；非金属（皮革、纸、纤维板等）1.5 ~ 2。

10.3　普通冲裁模的间隙

冲裁间隙是指冲裁凸模和凹模之间工作部分的尺寸之差，即 $Z=D_{凹}-D_{凸}$。

在实际生产中，合理间隙的数值是由实验方法来确定的。由于没有一个绝对合理的间隙数值，加之各个行业对冲裁件的具体要求也不一致，因此各行各业甚至各个企业都有自身的冲裁间隙表，举例见表 10-15、10-16。

表 10-15 冲裁模初始双面间隙 Z（汽车拖拉机行业用）（单位：mm）

板料厚度 t	08、10、35、09Mn、Q235		Q345		40、50		65Mn	
	Z_{min}	Z_{max}	Z_{min}	Z_{max}	Z_{min}	Z_{max}	Z_{min}	Z_{max}
0.5	0.04	0.06	0.04	0.06	0.04	0.06	0.04	0.06
0.6	0.048	0.072	0.048	0.072	0.048	0.072	0.048	0.072
0.7	0.064	0.092	0.064	0.092	0.064	0.092	0.064	0.092
0.8	0.072	0.104	0.072	0.104	0.072	0.104	0.064	0.092
0.9	0.09	0.126	0.09	0.126	0.09	0.126	0.09	0.126
1	0.1	0.14	0.1	0.14	0.1	0.14	0.09	0.126
1.2	0.126	0.18	0.132	0.18	0.132	0.18		
1.5	0.132	0.24	0.17	0.24	0.17	0.23		
1.75	0.22	0.32	0.22	0.32	0.22	0.32		
2	0.246	0.36	0.26	0.38	0.26	0.38		
2.1	0.26	0.38	0.28	0.4	0.28	0.4		
2.5	0.36	0.5	0.38	0.54	0.38	0.54		
2.75	0.4	0.56	0.42	0.6	0.42	0.6		
3	0.46	0.64	0.48	0.66	0.48	0.66		
3.5	0.54	0.74	0.58	0.78	0.58	0.78		
4	0.64	0.88	0.68	0.92	0.68	0.92		
4.5	0.72	1	0.68	0.96	0.78	1.04		
5.5	0.94	1.28	0.78	1.1	0.98	1.32		
6	1.08	1.4	0.84	1.2	1.14	1.5		
6.5			0.94	1.3				
8			1.2	1.68				

注：冲裁皮革、石墨和纸板时，间隙取08钢的25%。

表 10-16 冲裁模初始双面间隙 Z（电器、仪表行业用）（单位：mm）

板料厚度 t	软铝		纯铜、黄铜、软钢（w_C0.08%～0.2%）		硬铝、中等硬钢（w_C0.3%～0.4%）		硬钢（w_C0.5%～0.6%）	
	Z_{min}	Z_{max}	Z_{min}	Z_{max}	Z_{min}	Z_{max}	Z_{min}	Z_{max}
0.2	0.008	0.012	0.01	0.014	0.012	0.016	0.014	0.018
0.3	0.012	0.018	0.015	0.021	0.018	0.024	0.021	0.027
0.4	0.016	0.024	0.02	0.028	0.024	0.032	0.028	0.036
0.5	0.02	0.03	0.025	0.035	0.03	0.04	0.035	0.045
0.6	0.024	0.036	0.03	0.042	0.036	0.048	0.042	0.054
0.7	0.028	0.042	0.035	0.049	0.042	0.056	0.049	0.063
0.8	0.032	0.048	0.04	0.056	0.048	0.064	0.056	0.072
0.9	0.036	0.054	0.045	0.063	0.054	0.072	0.063	0.081
1	0.04	0.06	0.05	0.07	0.06	0.08	0.07	0.09

（续）

板料厚度 t	软铝		纯铜、黄铜、软钢 (w_C0.08% ~0.2%)		硬铝、中等硬钢 (w_C0.3% ~0.4%)		硬钢 (w_C0.5% ~0.6%)	
	Z_{min}	Z_{max}	Z_{min}	Z_{max}	Z_{min}	Z_{max}	Z_{min}	Z_{max}
1.2	0.06	0.084	0.072	0.096	0.084	0.108	0.096	0.12
1.5	0.075	0.105	0.09	0.12	0.105	0.135	0.12	0.15
1.8	0.09	0.126	0.108	0.144	0.126	0.162	0.144	0.18
2	0.1	0.14	0.12	0.16	0.14	0.18	0.16	0.2
2.2	0.132	0.176	0.154	0.198	0.176	0.22	0.198	0.242
2.5	0.15	0.2	0.175	0.225	0.2	0.25	0.225	0.275
2.8	0.168	0.224	0.196	0.252	0.224	0.28	0.252	0.308
3	0.18	0.24	0.21	0.27	0.24	0.3	0.27	0.33
3.5	0.245	0.315	0.28	0.35	0.315	0.385	0.35	0.42
4	0.28	0.36	0.32	0.4	0.36	0.44	0.4	0.48
4.5	0.315	0.405	0.36	0.45	0.405	0.495	0.45	0.54
5	0.35	0.45	0.4	0.5	0.45	0.55	0.5	0.6
6	0.48	0.6	0.54	0.66	0.6	0.72	0.66	0.78
7	0.56	0.7	0.63	0.77	0.7	0.84	0.77	0.91
8	0.72	0.88	0.8	0.96	0.88	1.04	0.96	1.12
9	0.81	0.99	0.9	1.08	0.99	1.17	1.08	1.26
10	0.9	1.1	1	1.2	1.1	1.3	1.2	1.4

注：表中所列的 Z_{min} 与 Z_{max} 只是指新制造模具时初始间隙的变动范围，并非磨损极限。

10.4 精冲排样的搭边值

因为精冲时齿圈压板要压紧材料，故精冲排样的搭边值比普通冲裁时要大些，具体按表 10-17 选取。

表 10-17 精冲排样的搭边数值 （单位：mm）

材料厚度 t		0.5	1.0	1.25	1.5	2.0	2.5	3.0	3.5	4.0	5	6	8	10	12.5	15
搭边	a	1.5	2	2	2.5	3	4	4.5	5	5.5	6	7	8	9	10	12.5
	a_1	2	3	3.5	4	4.5	5	5.5	6	6.5	7	8	10	12	15	18

精冲的排样基本上与普通冲裁排样相同，但要注意工件上形状复杂或带有齿形的部分以及要求精密的剪切面，应放在靠材料送进的这一端，以便冲裁时有最充分的搭边，如图 10-2 所示。

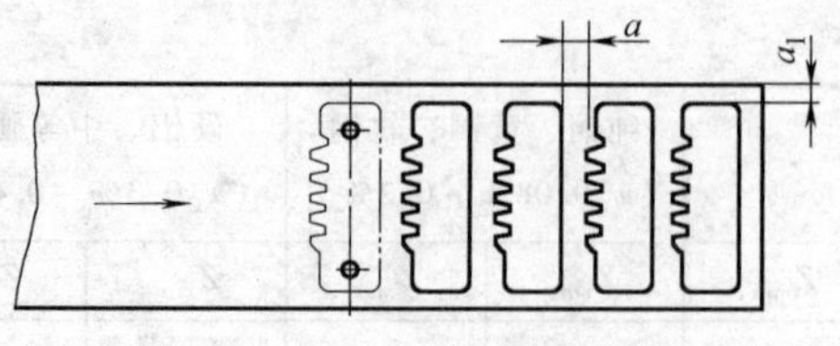

图 10-2　精冲排样图

10.5　精冲模的间隙

合理的间隙值是保证精冲件剪切断面质量和模具寿命的重要因素。间隙值的大小与材料性质、材料厚度、工件形状等因素有关。对塑性好的材料，间隙值取大一些，低塑性材料的间隙值取小一些。具体数值见表 10-18。

表 10-18　凸模和凹模的双面间隙　　（占材料厚度 t%）

材料厚度 t/mm	外形	内形		
		$d<t$	$d=t\sim5t$	$d>5t$
0.5	1	2.5	2	1
1		2.5	2	1
2		2.5	1	0.5
3		2	1	0.5
4		1.7	0.75	0.5
6		1.7	0.5	0.5
10		1.5	0.5	0.5
15		1	0.5	0.5

10.6　凸凹模的最小壁厚

在复合冲裁模中，必定有一个凸凹模。凸凹模的内、外缘均为刃口，而孔内因积存废料，若壁厚较小，过大的胀力将会使凸凹模早期损坏。考虑到模具强度及寿命的要求，积聚废料的凸凹模的最小壁厚见表 10-19。

表 10-19　积聚废料的凸凹模的最小壁厚　　（单位：mm）

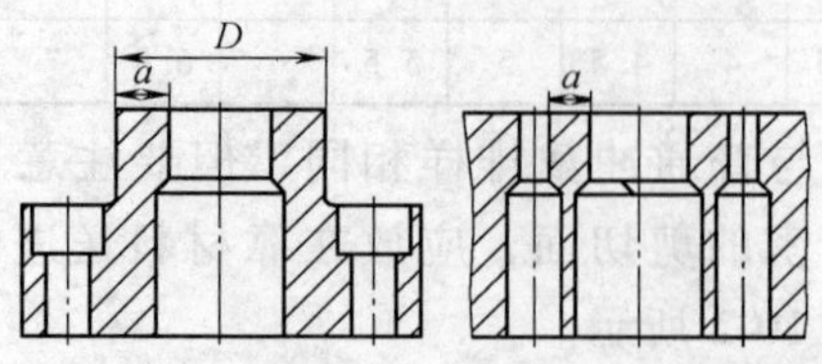

（续）

料厚 t	0.4	0.5	0.6	0.7	0.8	0.9	1	1.2	1.5	1.75
最小壁厚 a	1.4	1.6	1.8	2	2.3	2.5	2.7	3.2	3.8	4
最小直径 D	15					18			21	
料厚 t	2	2.1	2.5	2.75	3	3.5	4	4.5	5	5.5
最小壁厚 a	4.9	5	5.8	6.3	6.7	7.8	8.5	9.3	10	12
最小直径 D	21	25		28		32		35	40	45

对不积聚废料的凸凹模的最小壁厚，黑色金属和硬材料约为零件料厚的1.5倍，但不小于0.7mm，对有色金属和软材料约等于零件料厚，但不小于0.5mm。

10.7 拉深件毛坯的修边余量

由于拉深模的间隙不均匀、拉深材料的各向异性等因素的影响，在大多数情况下，拉深后的零件口部或凸缘周边并不整齐，须将不平的顶端或凸缘的毛边切去，所以在计算毛坯尺寸时就必须先将修边余量加入进去。修边余量 Δh 取值见表10-20、表10-21、表10-22。

表10-20 无凸缘筒形件的修边余量 Δh （单位：mm）

零件总高度	零件相对高度 h/d				附图
h	0.5~0.8	0.8~1.6	1.6~2.5	2.5~4	
10	1	1.2	1.5	2	
20	1.2	1.6	2	2.5	
50	2	2.5	3.3	4	
100	3	3.8	5	6	
150	4	5	6.5	8	
200	5	6.3	8	10	
250	6	7.5	9	11	
300	7	8.5	10	12	

表10-21 带凸缘圆筒件的修边余量 Δh （单位：mm）

凸缘直径	凸缘的相对直径 $d_凸/d$				附图
$d_凸$	<1.5	1.5~2	2~2.5	2.5~3	
25	1.6	1.4	1.5	1	
50	2.5	2	1.8	1.6	
100	3.5	3	2.5	2.2	
150	4.3	3.6	3	2.5	
200	5	4.2	3.5	2.7	
250	5.5	4.6	3.8	2.8	
300	6	5	4	3	

表 10-22　无凸缘矩形件的修边余量 Δh　（单位：mm）

相对高度 $h/r_{角}$	修边余量 Δh	附图
2.5 ~ 6	$(0.03 \sim 0.05)\ h$	
7 ~ 17	$(0.04 \sim 0.06)\ h$	
18 ~ 44	$(0.05 \sim 0.08)\ h$	
45 ~ 100	$(0.08 \sim 0.1)\ h$	

有凸缘矩形件的修边余量可参考表 10-21 选取。使用时，表中 $d_{凸}$ 改为矩形件短边凸缘宽度 $B_{凸}$，d 改为矩形件短边宽度 B。

10.8　拉深件毛坯直径的计算

各种简单形状的几何体表面积计算公式见表 10-23；常用拉深件的毛坯直径计算公式见表 10-24。

表 10-23　各种简单形状的几何体表面积计算公式

平面名称	简　图	面积 A
圆		$A=\frac{\pi d^2}{4}$
环		$A=\frac{\pi}{4}\ (d^2-d_1^2)$
圆筒壁		$A=\pi dh$
圆锥壁		$A=\frac{\pi}{4}d\ \sqrt{d^2+4h^2}=\frac{\pi dl}{2}$
无顶圆锥壁		$A=\pi l\left(\frac{d+d_1}{2}\right)$ $l=\sqrt{h^2+\left(\frac{d-d_1}{2}\right)^2}$

（续）

平面名称	简图	面积 A
半球面	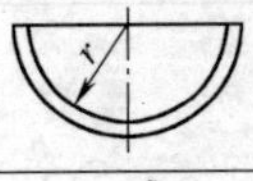	$A=2\pi r^2=\dfrac{\pi d^2}{2}$
小半球面	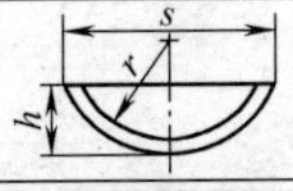	$A=2\pi rh$ $A=\dfrac{\pi}{4}(S^2+4h^2)$
腰截球面	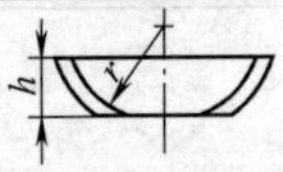	$A=2\pi rh$
凸形球侧面		$A=\dfrac{\pi}{2}(\pi d+4r)r$
凹形球侧面	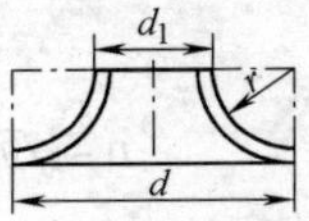	$A=\dfrac{\pi}{2}(\pi d-4r)r=\dfrac{\pi}{2}(\pi d_1+2.28r)r$
凸形球环侧面	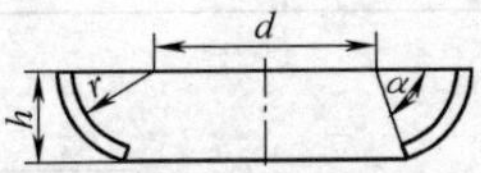	$h=r\times\sin\alpha$ $l=\dfrac{\pi r\alpha}{180}$ $A=\pi(dl+2rh)$
凹形球环侧面	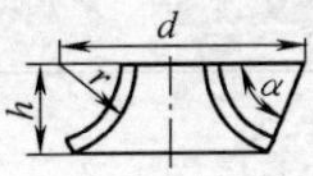	$h=r\times\sin\alpha$ $l=\dfrac{\pi r\alpha}{180}$ $A=\pi(dl-2rh)$
凸形球环侧面	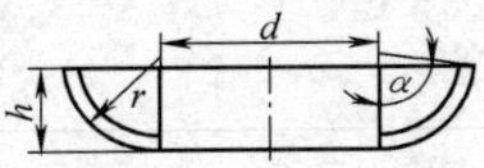	$h=r(1-\cos\alpha)$ $l=\dfrac{\pi rd}{180}$ $A=\pi(dl+2rh)$
凹形球环侧面	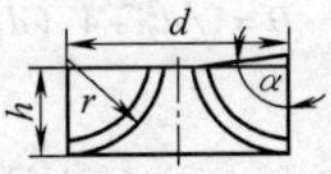	$h=r(1-\cos\alpha)$ $l=\dfrac{\pi rd}{180}$ $A=\pi(dl-2rh)$
凸形球环侧面	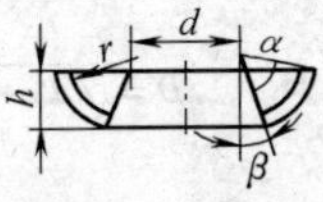	$h=r[\cos\beta-\cos(\alpha+\beta)]$ $l=\dfrac{\pi r\alpha}{180}$ $A=\pi(dl+2rh)$
凹形球环侧面	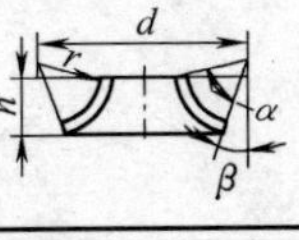	$h=r[\cos\beta-\cos(\alpha+\beta)]$ $l=\dfrac{\pi r\alpha}{180}$ $A=\pi(dl-2rh)$

表 10-24　常用拉深件的毛坯直径计算公式

零件形状	毛坯直径 D
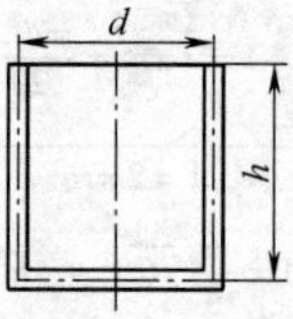	$D=\sqrt{d^2+4dh}$
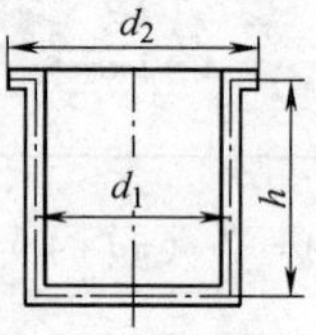	$D=\sqrt{d_2^2+4d_1h}$
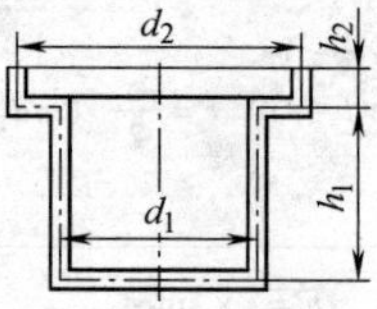	$D=\sqrt{d_2^2+4(d_1h_1+d_2h_2)}$
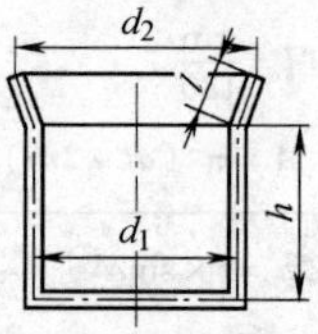	$D=\sqrt{d_1^2+4d_1h+2l(d_1+d_2)}$
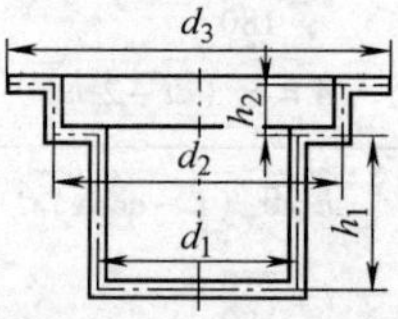	$D=\sqrt{d_3^2+4(d_1h_1+d_2h_2)}$
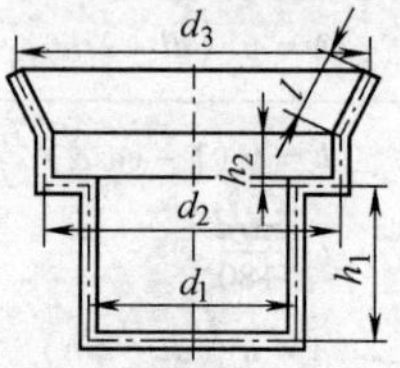	$D=\sqrt{d_2^2+4(d_1h_1+d_2h_2)+2l(d_2+d_3)}$
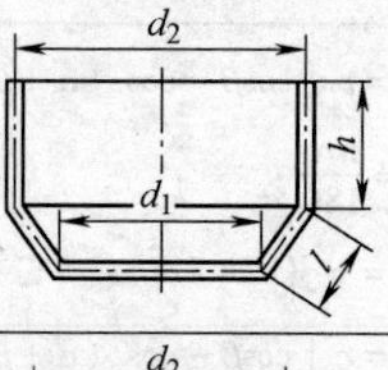	$D=\sqrt{d_1^2+2l(d_1+d_2)+4d_2h}$
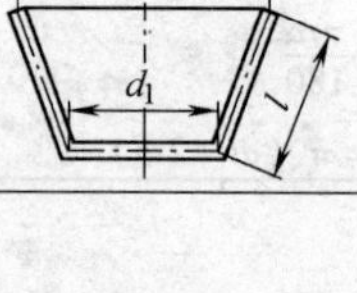	$D=\sqrt{d_1^2+2l(d_1+d_2)}$

（续）

零件形状	毛坯直径 D
d_3 d_2 d_1 l	$D=\sqrt{d_1^2+2l\ (d_1+d_2)\ +d_3^2-d_2^2}$
d l	$D=\sqrt{2dl}$
d h l	$D=\sqrt{2d\ (l+2h)}$
d_2 r d_1	$D=\sqrt{d_1^2+2r\ (\pi d_1+4r)}$
d_2 r d_3 d_1	$D=\sqrt{d_1^2+6.28rd_1+8r^2+d_3^2-d_2^2}$
d_2 H h d_1 r	$D=\sqrt{d_1^2+4d_2h+6.28rd_1+8r^2}$ $=\sqrt{d_2^2+4d_2H-1.72rd_2-0.56r^2}$
d_3 d_2 h d_1 r	$D=\sqrt{d_1^2+2\pi rd_1+8r^2+4d_2h+d_3^2-d_2^2}$

（续）

零件形状	毛坯直径 D
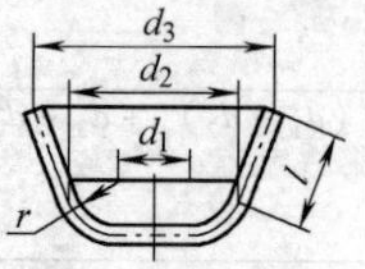	$D=\sqrt{d_1^2+2\pi rd_1+8r_2+2l\ (d_2+d_3)}$
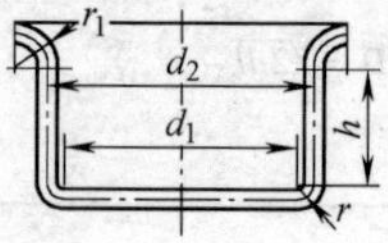	$D=\sqrt{d_1^2+6.28rd_1+8r^2+4d_2h+6.28r_1d_2+4.56r_1^2}$
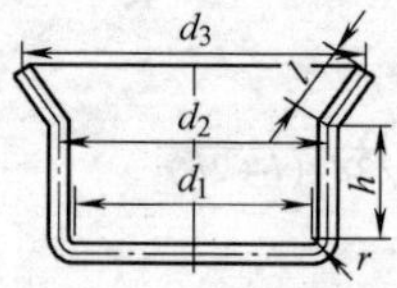	$D=\sqrt{d_1^2+2\pi rd_1+8r^2+4d_2h+2l\ (d_2+d_3)}$
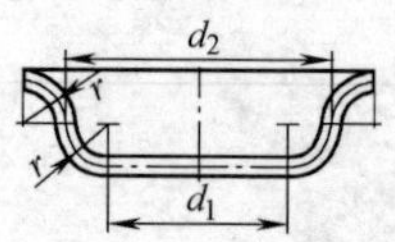	$D=\sqrt{d_1^2+2\pi r\ (d_1+d_2)\ +4\pi r^2}$
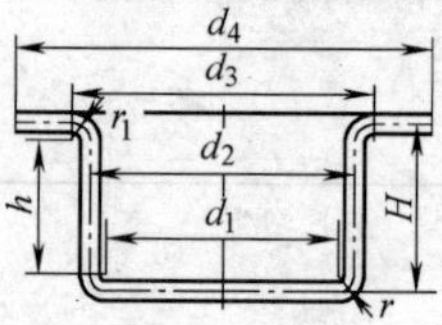	$D=\sqrt{d_1^2+6.28rd_1+8r^2+4d_2h+6.28r_1d_2+4.56r_1^2+d_4^2-d_3^2}$ 当 $r_1=r$ 时，$D=\sqrt{d_1^2+4d_2h+2\pi r(d_1+d_2)+4\pi r^2+d_4^2-d_3^2}$ 或 $D=\sqrt{d_4^2+4d_2H-3.44rd_2}$
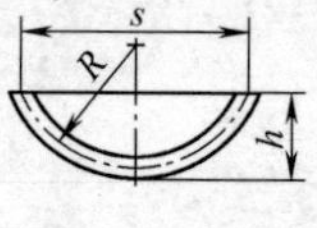	$D=\sqrt{8Rh}$或 $D=\sqrt{s^2+4h^2}$
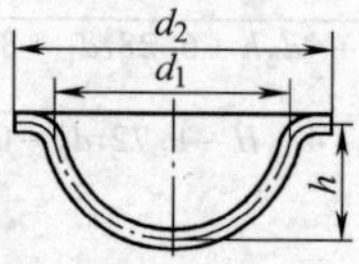	$D=\sqrt{d_2^2+4h^2}$
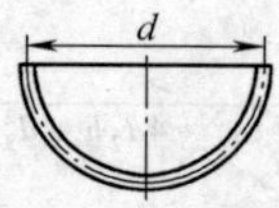	$D=\sqrt{2d^2}=1.414d$

（续）

零件形状	毛坯直径 D
d_2 d_1 $R=d/2$	$D=\sqrt{d_1^2+d_2^2}$
d_2 l d_1 h $R=d_1/2$	$D=1.414\sqrt{d_1^2+2d_1h+l(d_1+d_2)}$
d_2 l h_2 h_1 R d_1	$D=\sqrt{d_1^2+4\left[h_1^2+d_1h_2+\frac{l}{2}(d_1+d_2)\right]}$
d h_2 h_1	$D=\sqrt{d^2+4(h_1^2+dh_2)}$
d_2 d_1 h_2 h_1	$D=\sqrt{d_2^2+4(h_1^2+d_1h_2)}$
d_2 l h d_1	$D=\sqrt{d_1^2+4h^2+2l(d_1+d_2)}$
d_2 $R=d_1/2$ l d_1	$D=1.414\sqrt{d_1^2+l(d_1+d_2)}$

（续）

零件形状	毛坯直径 D
	$D=1.414\sqrt{d^2+2dh}$ 或 $D=2\sqrt{dh}$
	$D=\sqrt{d_1^2+d_2^2+4d_1h}$

10.9 无凸缘筒形件的极限拉深系数和拉深次数

1. 无凸缘筒形件的极限拉深系数 其系数见表 10-25、表 10-26。

表 10-25 无凸缘筒形件带压边圈时各次拉深的极限拉深系数

拉深系数	毛坯相对厚度$(t/D)\times100$					
	2～1.5	1.5～1	1～0.6	0.6～0.3	0.3～0.15	0.15～0.08
m_1	0.48～0.5	0.5～0.53	0.53～0.55	0.55～0.58	0.58～0.6	0.6～0.63
m_2	0.73～0.75	0.75～0.76	0.76～0.78	0.78～0.79	0.79～0.8	0.8～0.82
m_3	0.76～0.78	0.78～0.79	0.79～0.8	0.8～0.81	0.81～0.82	0.82～0.84
m_4	0.78～0.8	0.8～0.81	0.81～0.82	0.82～0.83	0.83～0.85	0.85～0.86
m_5	0.8～0.82	0.82～0.84	0.84～0.85	0.85～0.86	0.86～0.87	0.87～0.88

注：1. 表中小的数值适用于在第一次拉深中大的凹模圆角半径 $r_凹=(8\sim15)t$，大的数值适用于小的凹模圆角半径 $r_凹=(4\sim8)t$。

2. 表中拉深系数适用于 08 钢、10 钢和 15Mn 钢等普通拉深碳钢与软黄铜（H62、H68）。在有中间退火的情况下，拉深系数数值可比表列数值小 3%～5%。

3. 拉深塑性较小的金属时（20 钢～25 钢、Q215 钢、Q235 钢、酸洗钢、硬铝、硬黄铜等），拉深系数应取比表列数值增大 1.5%～2%，而拉深塑性更好的金属时（如 05 钢等）可取比表中所列数值小 1.5%～2%。

表 10-26 无凸缘筒形件不带压边圈时各次拉深的极限拉深系数

拉深系数	毛坯相对厚度$(t/D)\times100$				
	1.5	2.0	2.5	3.0	>3
m_1	0.65	0.60	0.55	0.53	0.50
m_2	0.80	0.75	0.75	0.75	0.70
m_3	0.84	0.80	0.80	0.80	0.75

（续）

拉深系数	毛坯相对厚度$(t/D)\times100$				
	1.5	2.0	2.5	3.0	>3
m_4	0.87	0.84	0.84	0.84	0.78
m_5	0.90	0.87	0.87	0.87	0.82
m_6	—	0.90	0.90	0.90	0.85

注：此表适用于08钢、10钢、15Mn钢等材料，其余各项同表10-25。

2. 无凸缘筒形件的拉深次数 可通过计算拉深件的相对拉深高度h/d和材料的相对厚度$(t/D)\times100$，由表10-27直接查表获得拉深次数。

表10-27 无凸缘筒形件的最大相对拉深高度h/d

拉深次数	毛坯相对厚度$(t/D)\times100$					
	2~1.5	1.5~1	1~0.6	0.6~0.3	0.3~0.15	0.15~0.08
1	0.94~0.77	0.84~0.65	0.7~0.57	0.62~0.5	0.52~0.45	0.46~0.38
2	1.88~1.54	1.6~1.32	1.36~1.1	1.13~0.94	0.96~0.83	0.9~0.7
3	3.5~2.7	2.8~2.2	2.3~1.8	1.9~1.5	1.6~1.3	1.3~1.1
4	5.6~4.3	4.3~3.5	3.6~2.9	2.9~2.4	2.4~2	2~1.5
5	8.9~6.6	6.6~5.1	5.2~4.1	4.1~3.3	3.3~2.7	2.7~2

注：大的h/d比值适用于在第一道工序的大凹模圆角半径（由$(t/D)\times100=2\sim1.5$时的$r_{凹}=8t$到$(t/D)\times100=0.15\sim0.08$时的$r_{凹}=15t$），小的比值适用于小的凹模圆角半径$r_{凹}=(4\sim8)t$。

10.10 各种金属材料的拉深系数

系数见表10-28。

表10-28 各种金属材料的拉深系数

材料	第一次拉深m_1	以后各次拉深m_n
08钢	0.52~0.54	0.68~0.72
铝和铝合金8A06M、1035M、3A21M	0.52~0.55	0.70~0.75
硬铝2A12M、2A11M	0.56~0.58	0.75~0.80
黄铜H62	0.52~0.54	0.70~0.72
黄铜H68	0.50~0.52	0.68~0.70
纯铜T1、T2、T3	0.50~0.55	0.72~0.80
无氧铜	0.50~0.55	0.75~0.80
镍、镁镍、硅镍	0.48~0.53	0.70~0.75
康铜BMn40-1.5	0.50~0.56	0.74~0.84
白铁皮	0.58~0.65	0.80~0.85

（续）

材料	第一次拉深 m_1	以后各次拉深 m_n
镍铬合金 Cr20Ni80	0.54～0.59	0.78～0.84
合金钢 30CrMnSiA	0.62～0.70	0.80～0.84
膨胀合金 4J29	0.55～0.60	0.80～0.85
不锈钢 1Cr18Ni9Ti	0.52～0.55	0.78～0.81
不锈钢 1Cr13	0.52～0.56	0.75～0.78
钛合金 BT1	0.58～0.60	0.80～0.85
钛合金 BT4	0.60～0.70	0.80～0.85
钛合金 BT5	0.60～0.65	0.80～0.85
锌	0.65～0.70	0.85～0.90
酸洗钢板	0.54～0.58	0.75～0.78

10.11 带凸缘的筒形件第一次拉深的极限拉深系数

宽凸缘件的首次拉深的极限拉深系数可以比相同条件的圆筒件先取得小一些，对于以后各次拉深系数，可按无凸缘圆筒件选取或选取略小一些。由于拉深带宽凸缘圆筒件时，变形区的材料没有全部被拉入凹模，而剩下宽的凸缘，因此，决不可应用无凸缘圆筒件的第一次拉深系数，只有当全部凸缘都转化为零件的圆筒壁时才能适用。表 10-29 为带凸缘的筒形件第一次拉深的极限拉深系数。

表 10-29 带凸缘的筒形件（10 钢）第一次拉深的极限拉深系数

凸缘的相对直径 d_ϕ/d	毛坯相对厚度 $(t/D)\times100$				
	2～1.5	1.5～1	1～0.6	0.6～0.3	0.3～0.15
<1.1	0.51	0.53	0.55	0.57	0.59
1.3	0.49	0.51	0.53	0.54	0.55
1.5	0.47	0.49	0.5	0.51	0.52
1.8	0.45	0.46	0.47	0.48	0.48
2.0	0.42	0.43	0.44	0.45	0.45
2.2	0.4	0.41	0.42	0.42	0.42
2.5	0.37	0.38	0.38	0.38	0.38
2.8	0.34	0.35	0.35	0.35	0.35
3.0	0.32	0.33	0.33	0.33	0.33

10.12 带凸缘的筒形件拉深次数的确定

在具体制定宽凸缘件的拉深工艺时，仅应用表 10-29 中的宽凸缘件拉深系数是不能确切地表示出其变形程度的，在判定宽凸缘件的拉深次数时，是应用与不同凸缘相对直径 $d_凸/d$ 相应的最大相对深度 h/d 进行的，其值见表 10-30。若可以一次成形，则计算到此结束；若不能一次成形，则需初步假定一个较小的凸缘相对直径 $d_凸/d$ 值，并根据其值从表 10-29 中初选首次拉深系数 m_1，初算出相应的拉深直径 d_1，然后算出该拉深直径 d_1 的拉深高度 h_1，再验算选取的拉深系数及相对深度 h/d 是否满足表 10-29、表 10-30 的相应要求。若满足则可按表 10-31 选取后续的拉深系数；若不满足重新假定凸缘相对直径 $d_凸/d$ 值，重复上述判定步骤，至此满足表 10-29、表 10-30 的相应要求后，再按表 10-31 选取后续的拉深系数，并计算后续相关的工序参数。

表 10-30 带凸缘的筒形件第一次拉深的最大相对深度 h/d

凸缘的相对直径 $d_凸/d$	毛坯相对厚度 $(t/D)\times 100$				
	2~1.5	1.5~1	1~0.6	0.6~0.3	0.3~0.15
<1.1	0.90~0.75	0.82~0.65	0.70~0.57	0.62~0.5	0.52~0.45
1.3	0.80~0.65	0.72~0.56	0.60~0.50	0.53~0.45	0.47~0.40
1.5	0.70~0.58	0.63~0.50	0.53~0.45	0.48~0.40	0.42~0.35
1.8	0.58~0.48	0.53~0.42	0.44~0.37	0.39~0.34	0.35~0.29
2.0	0.51~0.42	0.46~0.36	0.38~0.32	0.34~0.29	0.30~0.25
2.2	0.45~0.35	0.40~0.31	0.33~0.27	0.29~0.25	0.26~0.22
2.5	0.35~0.28	0.32~0.25	0.27~0.22	0.23~0.20	0.21~0.17
2.8	0.27~0.22	0.24~0.19	0.21~0.17	0.18~0.15	0.16~0.13
3.0	0.22~0.18	0.20~0.16	0.17~0.14	0.15~0.12	0.13~0.10

注：1. 大数值适用于零件圆角半径较大的情况〔由 $(t/D)\times 100=2\sim1.5$ 时的 $r_凸$、$r_凹$（$=(10\sim12)t$）到 $(t/D)\times 100=0.3\sim0.15$ 时的 $r_凸$、$r_凹$（$=(20\sim25)t$）〕和随着凸缘直径的增加及相对拉深深度的减小，其数值也逐渐减小到 $r\leqslant 0.5h$ 的情况；小数值适用于底部及凸缘小的圆角半径 $r_凸$、$r_凹$（$=(4\sim8)t$）。

2. 本表用于钢 10，对于塑性更大的材料取大值，塑性较小的材料取小值。

表 10-31 带凸缘的筒形件以后各次的拉深系数

拉深系数	毛坯相对厚度 $(t/D)\times 100$				
	2~1.5	1.5~1	1~0.6	0.6~0.3	0.3~0.15
m_2	0.73	0.75	0.76	0.78	0.8
m_3	0.75	0.78	0.79	0.8	0.82
m_4	0.78	0.8	0.82	0.83	0.84
m_5	0.8	0.82	0.84	0.85	0.86

注：上述数值用于钢 10；对于中间退火的钢，可将拉深系数减小 5%~8%。

10.13 矩形件的拉深系数

矩形件的初次拉深的极限变形程度，可以用其相对高度 $H/r_{角}$ 来表示。由平板毛坯一次拉深可能拉成的最大相对高度决定于矩形件的相对圆角半径 $r_{角}/B$、毛坯相对厚度 t/D 和板料的性能，见表 10-32。

表 10-32 矩形件在第一次拉深中的最大相对圆角半径 $H/r_{角}$（08、10 钢）

比值 $r_{角}/B$	方形件			长方形件		
	毛料的相对厚度(t/D)×100					
	0.3~0.6	0.6~1	1~2	0.3~0.6	0.6~1	1~2
0.4	2.2	2.5	2.8	2.5	2.8	3.1
0.3	2.8	3.2	3.5	3.2	3.5	3.8
0.2	3.5	3.8	4.2	3.8	4.2	4.6
0.1	4.5	5	5.5	4.5	5	5.5
0.05	5	5.5	6	5	5.5	6

注：对塑性较差的材料应减少 5%~7%，对塑性较好的材料应增加 5%~7%

矩形件第一次拉深的极限变形程度还可以用其相对高度 H/B 来表示，见表 10-33。

表 10-33 矩形件第一次拉深的最大相对高度 H/B（08、10 钢）

比值 $r_{角}/B$	毛料的相对厚度 t/D×100			
	2.0~1.5	1.5~1.0	1.0~0.5	0.5~0.2
0.30	1.2~1.0	1.1~0.95	1.0~0.9	0.9~0.85
0.20	1.0~0.9	0.9~0.82	0.85~0.70	0.8~0.7
0.15	0.9~0.75	0.8~0.7	0.75~0.65	0.7~0.6
0.10	0.8~0.6	0.7~0.55	0.65~0.5	0.6~0.45
0.05	0.7~0.5	0.6~0.45	0.55~0.4	0.5~0.35
0.02	0.5~0.4	0.45~0.35	0.4~0.3	0.35~0.25

注：1. 除了 $r_{角}/B$ 和 t/D 外，许可拉深高度与矩形件的绝对尺寸有关。对较小尺寸（$B<100$mm）取上限值；对大尺寸矩形件取下限值。

2. 对于其他材料，应根据金属塑性的大小，选取表中数据作或大或小的修正。1Cr18Ni9Ti 和铝合金的修正系数约为 1.1~1.15，20 钢~25 钢为 0.85~0.9。

如果矩形件的相对高度 $H/r_{角}$ 或 H/B 不超过表 10-32、表 10-33 所列极限值，则矩形件可一次拉成，否则就需要多道工序。

表 10-34 为多次拉深所能达到的最大相对高度 H_n/B，用这个表可初步判断拉深的次数。

表 10-34 矩形件多次拉深所能达到的最大相对高度 H_n/B

拉深工序的总数	$(t/D)\times 100$			
	2 ~ 1.6	<1.3 ~ 0.8	<0.8 ~ 0.5	<0.5 ~ 0.3
1	0.75	0.65	0.58	0.5
2	1.2	1	0.8	0.7
3	2	1.6	1.3	1.2
4	3.5	2.6	2.2	2
5	5	4	3.4	3
6	6	5	4.5	5

10.14 采用压边圈的范围

在拉深过程中,常采用压边圈来防止工件凸缘部分起皱。起皱主要决定于:

1)毛坯的相对厚度 t/D。相对厚度越小,毛坯抵抗失稳的能力越差,越容易起皱;

2)拉深系数 m。拉深系数越小,变形程度越大,越容易起皱;

3)凹模工作部分的几何形状。平端面凹模与锥形凹模相比,用前者拉深时易起皱。

是否采用压边圈可按表 10-35 选取。

表 10-35 采用压边圈的范围

拉深方式	第一次拉深		以后各次拉深	
	t/D	m_1	t/D	m_2
用压边圈	<0.015	≤0.6	<0.01	≤0.8
不用压边圈	>0.02	>0.6	>0.015	>0.8

也可以用下面公式估算,毛坯不用压边圈的条件是:

用锥性凹模时,首次拉深$\frac{t}{D}\geqslant 0.03(1-m)$;以后各次拉深$\frac{t}{D}\geqslant 0.03\left(\frac{1-m}{m}\right)$

用平端面凹模时,首次拉深$\frac{t}{D}\geqslant 0.045(1-m)$;

以后各次拉深$\frac{t}{D}\geqslant 0.045\left(\frac{1-m}{m}\right)$

如果不符合上述条件时,则拉深中须采用压边装置。

10.15 斜楔的设计

斜楔是将压力机滑块的垂直向下运动转化为水平或倾斜成某一角度运动的

传动零件,在滑块式弯曲模、摆动式弯曲模、自动送料冲模、冲侧向孔模中常有应用。斜楔设计时,应分析斜楔在工作时的受力状态,并正确地选择楔块的尺寸与角度。

1. 斜楔的尺寸及角度计算

(1)水平运动　斜楔应用时,须与滑块配合使用,斜楔通过压力机带动作垂直运动,而与之配对的滑块经两接触斜面间的压力作用实现水平或倾斜运动。

图 10-3 为斜楔与滑块水平运动的示意图。图中 S 为滑块行程,S_1 为斜楔行程,尺寸 a 应大于 5mm,尺寸 b 应大于或等于滑块斜面斜面长度的五分之一。

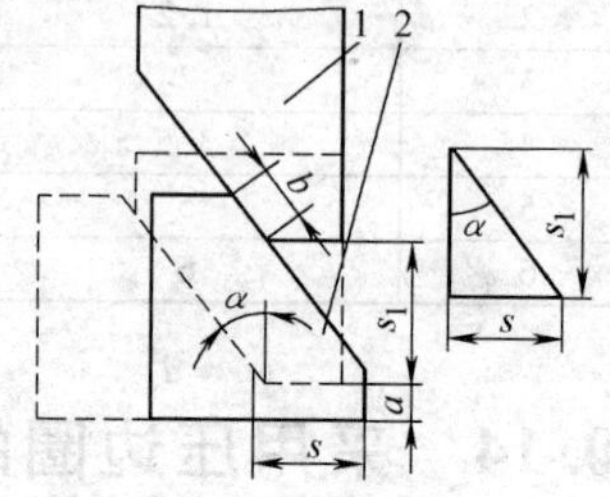

图 10-3　斜楔与滑块水平运动图

1—斜楔　2—滑块

楔块角度 α 一般取 40°,为增大滑块行程 S,可取 45°、50°;在滑块受力很大时,可取 $\alpha \leqslant 30°$。

α 与 S/S_1 的关系为

$$\tan\alpha = \frac{s}{s_1}$$

α 与 S/S_1 的关系也可直接查表 10-36。

表 10-36　α 与 S/S_1 的相应关系

α	30°	40°	45°	50°	55°
S/S_1	0.5774	0.8391	1	1.1918	1.4281

(2)倾斜运动　图 10-4 为斜楔与滑块倾斜运动示意图。楔块角度 α 一般取 45°;为了增大滑块行程 S 时,可取 50°、55°和 60°;在行程要求很大,又受到结构限制的特殊情况下可取 65°或 70°。但 $(90° - \alpha + \beta) \geqslant 45°$ 时,滑块行程 S 与斜楔行程 S_1 的比值为

$$\frac{s}{s_1} = \frac{\sin\alpha}{\cos(\alpha - \beta)}$$

α、β 和 S/S_1 的关系见表 10-37。

表 10-37　α、β 与 S/S_1 的相应关系

β (°)	α(°)										
	10	12	14	16	18	20	22	24	26	28	30
45	0.8632	0.8431	0.8249	0.8085	0.7936	0.7802	0.7682	0.7574	0.7479	0.7394	0.7321
50	1.0	0.9721	0.9469	0.9240	0.9033	0.8846	0.8676	0.8523	0.8385	0.8262	0.8152
55	1.1584	1.1200	1.0854	1.0541	1.0257	1.0	0.9767	0.9557	0.9366	0.9194	0.9038
60	1.3473	1.2943	1.2467	1.2039	1.1654	1.1305	1.0990	1.0705	1.0446	1.0212	1.0
65	1.5801	1.5060	1.4401	1.3814	1.3289	1.2817	1.2392	1.2009	1.1662	1.1348	1.1064
70	1.8794	1.7733	1.6804	1.5987	1.5263	1.4619	1.4043	1.3527	1.3063	1.2645	1.2267

2. 斜楔的受力状态

（1）水平运动　楔块水平运动时的受力大小及其相互关系如图 10-5 所示。

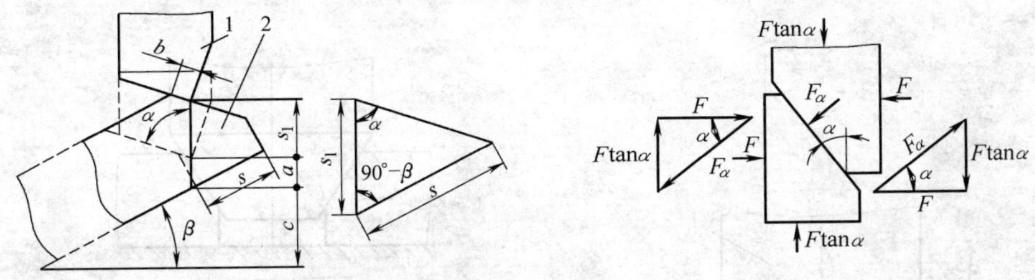

图 10-4　斜楔与滑块倾斜运动图

1—斜楔　2—滑块

图 10-5　楔块的水平运动受力

图中　F——冲裁力或滑块侧压力；

α——斜楔角度；

F_α——楔块之间的正压力，$F_\alpha = F\sec\alpha$；

$F\tan\alpha$——压力机滑块的压力。

（2）倾斜运动　楔块倾斜运动时的受力大小及其相互关系如图 10-6 所示。

图中　F——冲裁力（N）；

α——斜楔角度（°）；

β——倾斜角度（°）；

F_α——楔块之间的正压力（N），$F_\alpha = F\sec(\alpha-\beta)$；

$F_\alpha\sin\alpha$——压力机滑块的压力（N）；

$F_\alpha\cos\alpha$——斜楔侧压力（N）；

$F\tan(\alpha-\beta)$——滑块正压力（N）。

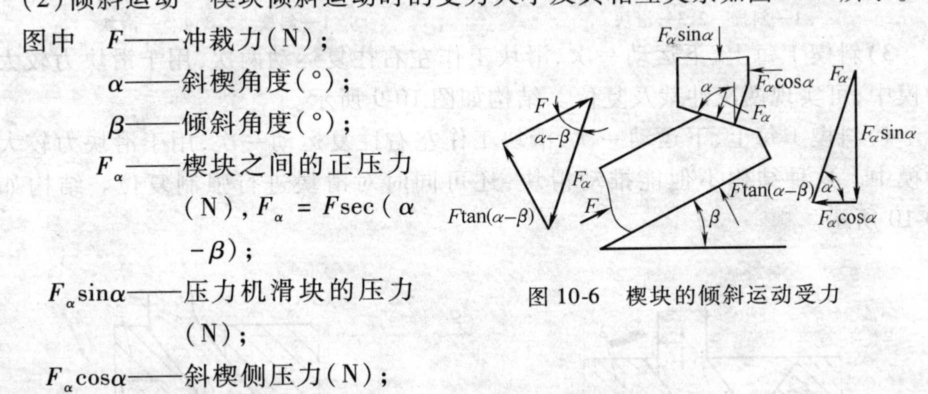

图 10-6　楔块的倾斜运动受力

10.16　斜楔滑块运动的常用机构

斜楔滑块的运动除了 10.15 节“斜楔设计”介绍的水平、倾斜运动之外，生产中常用的还有如下机构，其中斜楔及滑块单个零件的设计可参阅 10.15“斜楔的设计”一节。

1）斜楔 1 向下运动，滑块 2、3 沿水平面分别向左、右移动，用于滑块力较大的冲模中。这种结构常采用弹簧、液压或压缩空气进行复位。结构如图 10-7 所示。

2）斜楔1向下运动，滑块2、3、4、5沿水平面分别向上、下、左、右移动，用于滑块力较大的冲模中。这种结构常采用弹簧、液压或压缩空气进行复位。结构如图10-8所示。

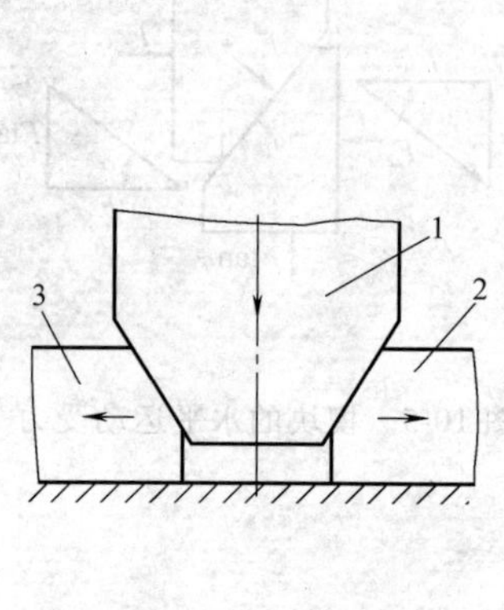

图10-7　斜楔滑块运动机构Ⅰ

1—斜楔　2、3—滑块

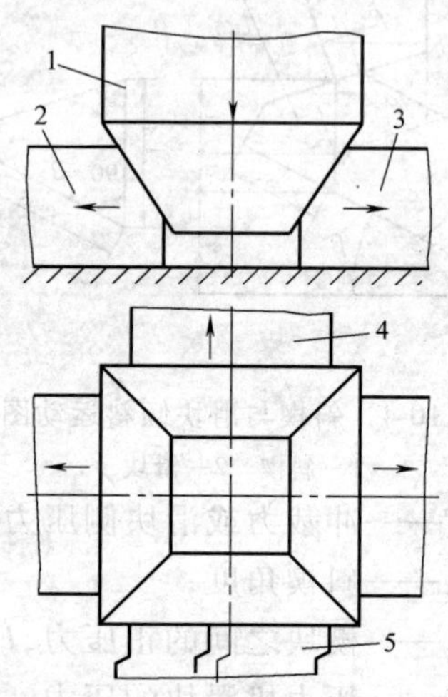

图10-8　斜楔滑块运动机构Ⅱ

1—斜楔　2、3、4、5—滑块

3）斜楔1每上、下运动一次，滑块工作左右往复运动两次，用于滑块力较大的冲模中，可实现两次冲裁及复位。结构如图10-9所示。

4）斜楔1每上、下运动一次，滑块工作左右往复运动一次，用于滑块力较大的冲模中。这种结构不但能推动滑块，还可同时对滑块进行强制复位。结构如图10-10所示。

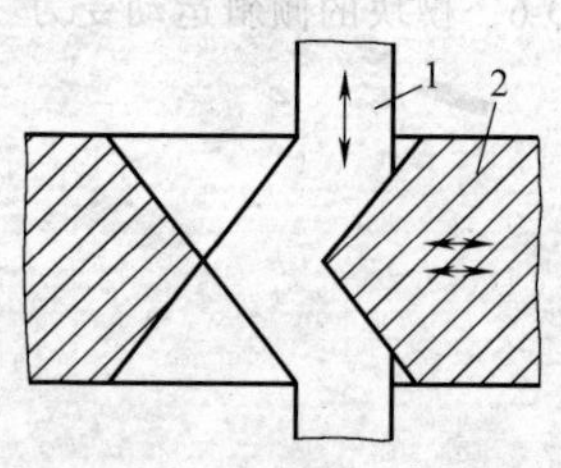

图10-9　斜楔滑块运动机构Ⅲ

1—斜楔　2—滑块

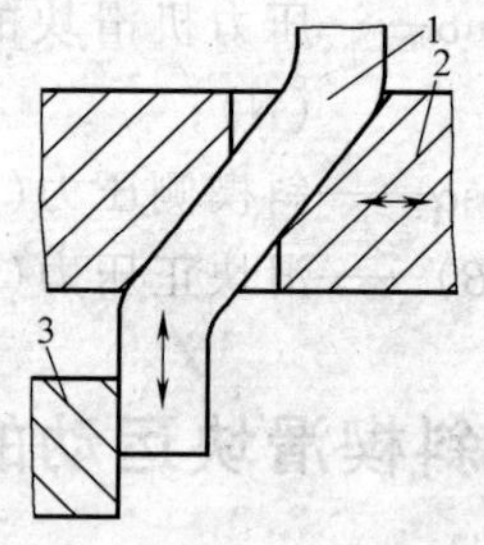

图10-10　斜楔滑块运动机构Ⅳ

1—斜楔　2—滑块　3—挡块

5）斜楔1每上、下运动一次，斜楔1通过滚轮推动滑块左右往复运动一次，用于较小滑块受力较小件。结构如图10-11所示。

6）斜楔1固定不动，滑块2在冲压力及弹顶力的作用下，作垂直上下运动的同时作水平移动,可实施横向冲压,用于滑块力较大的冲模中,复位依靠弹簧等力。结构如图 10-12 所示。

7)斜楔 1 固定不动,滑块 2 在冲压力及弹顶力的作用下,作垂直上下运动的同时作单方向的水平移动,可实施横向冲压,复位依靠弹簧。结构如图 10-13 所示。

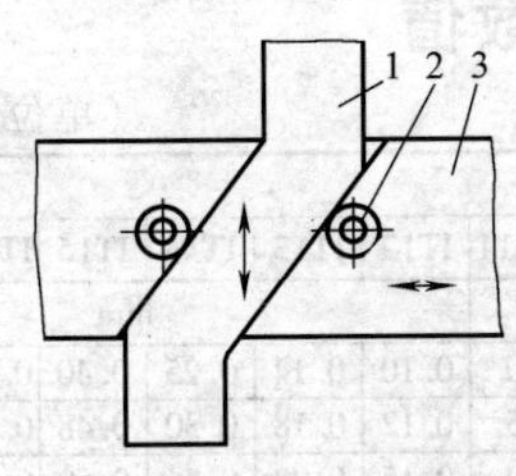

图 10-11 斜楔滑块运动机构Ⅴ

1—斜楔 2—滚轮 3—滑块

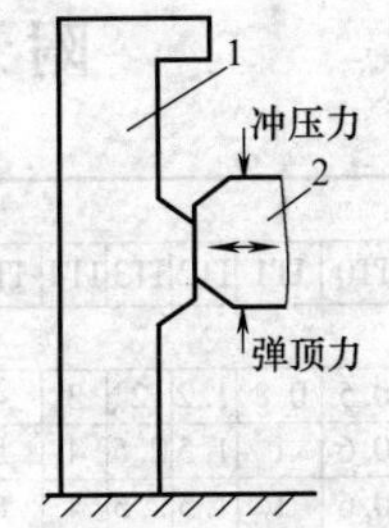

图 10-12 斜楔滑块运动机构Ⅵ

1—斜楔 2—滑块

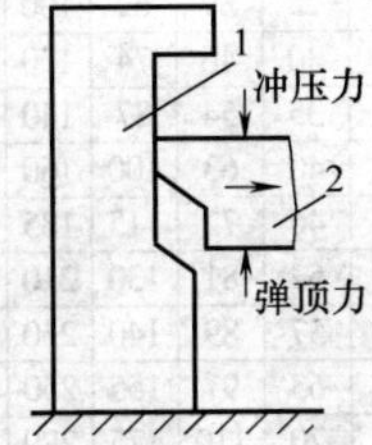

图 10-13 斜楔滑块运动机构Ⅶ

1—斜楔 2—滑块

附　录

附录 A　标准公差数值

（单位:mm）

基本公差 /mm		公差等级																			
		IT01	IT0	IT1	IT2	IT3	IT4	IT5	IT6	IT7	IT8	IT9	IT10	IT011	IT12	IT13	IT14	IT15	IT16	IT17	IT18
大于	至	μm													mm						
—	3	0.3	0.5	0.8	1.2	2	3	4	6	10	14	25	40	60	0.10	0.14	0.25	0.40	0.60	1.0	1.4
3	6	0.4	0.6	1	1.5	2.5	4	5	8	12	18	30	48	75	0.12	0.18	0.30	0.48	0.75	1.2	1.8
6	10	0.4	0.6	1	1.5	2.5	4	6	9	15	22	36	58	90	0.15	0.22	0.36	0.58	0.90	1.5	2.2
10	18	0.5	0.8	1.2	2	3	5	8	11	18	27	43	70	110	0.18	0.27	0.43	0.70	1.10	1.8	2.7
18	30	0.6	1	1.5	2.5	4	6	9	13	21	33	52	84	130	0.21	0.33	0.52	0.84	1.30	2.1	3.3
30	50	0.6	1	1.5	2.5	4	7	11	16	25	39	62	100	160	0.25	0.39	0.62	1.00	1.60	2.5	3.9
50	80	0.8	1.2	2	3	5	8	13	19	30	46	74	120	190	0.30	0.46	0.74	1.20	1.90	3.0	4.6
80	120	1	1.5	2.5	4	6	10	15	22	35	54	87	140	220	0.35	0.54	0.87	1.40	2.20	3.5	5.4
120	180	1.2	2	3.5	5	8	12	18	25	40	63	100	160	250	0.40	0.63	1.00	1.60	2.50	4.0	6.3
180	250	2	3	4.5	7	10	14	20	29	46	72	115	185	290	0.46	0.72	1.15	1.85	2.90	4.6	7.2
250	315	2.5	4	6	8	12	16	23	32	52	81	130	210	320	0.52	0.81	1.30	2.10	3.20	5.2	8.1
315	400	3	5	7	9	13	18	25	36	57	89	140	230	360	0.57	0.89	1.40	2.30	3.60	5.7	8.9
400	500	4	6	8	10	15	20	27	40	63	97	155	250	400	0.63	0.97	1.55	2.50	4.00	6.3	9.7
500	630	4.5	6	9	11	16	22	30	44	70	110	175	280	440	0.70	1.10	1.75	2.8	4.4	7.0	11.0
630	800	5	7	10	13	18	25	35	50	80	125	200	320	500	0.80	1.25	2.00	3.2	5.0	8.0	12.5
800	1000	5.5	8	11	15	21	29	40	56	90	140	230	360	560	0.90	1.40	2.30	3.6	5.6	9.0	14.0
1000	1250	6.5	9	13	18	24	34	46	66	105	165	260	420	660	1.05	1.65	2.60	4.2	6.6	10.5	16.5
1250	1600	8	11	15	21	29	40	54	78	125	195	310	500	780	1.25	1.95	3.10	5.0	7.8	12.5	19.5
1600	2000	9	13	18	25	35	48	65	92	150	230	370	600	920	1.50	2.30	3.70	6.0	9.2	15.0	23.0
2000	2500	11	15	22	30	41	57	77	110	175	280	440	700	1100	1.75	2.80	4.40	7.0	11.0	17.5	28.0
2500	3150	13	18	26	36	50	69	93	135	210	330	540	860	1350	2.10	3.30	5.40	8.6	13.5	21.0	33.0

附录 B　冲压模零件常用公差、配合及表面粗糙度

表 B-1　冲压模零件的加工精度及其相互配合

配合零件名称	精度及配合	配合零件名称	精度及配合
导柱与下模座	H7/r6	固定挡料销与凹模	H7/n6 或 H7/m6
导套与上模座	H7/r6	活动挡料销与卸料板	H9/h8 或 H9/h9
导柱与导套	H6/h5 或 H7/h6、H7/f7	圆柱销与凸模固定板、上下模座等	H7/n6
模柄（带法兰盘）与上模座	H8/h8、H9/h9	螺钉与螺钉孔	0.5 或 1mm（单边）
		卸料板与凸模或凸凹模	0.1 ~ 0.5mm（单边）
凸模（凹模）与上、下模座（镶入式）	H7/h6	顶件板与凹模	0.1 ~ 0.5mm（单边）
		推杆（打杆）与模柄	0.5 ~ 1mm（单边）
凸模与凸模固定板	H7/m6、H7/k6	推销（顶销）与凸模固定板	0.2 ~ 0.5mm（单边）

表 B-2　冲压模零件的表面粗糙度

表面粗糙度 $R_a/\mu m$	使用范围	表面粗糙度 $R_a/\mu m$	使用范围
0.2	抛光的成形面及平面	1.6	1)内孔表面(在非热处理零件上的配合用) 2)底板平面
0.4	1)压弯、拉深、成形的凸模和凹模工作表面 2)圆柱表面和平面的刃口 3)滑动和精确导向的表面	3.2	1)不磨削加工的支承、定位和紧固表面(用于非热处理零件) 2)底板平面
0.8	1)成形的凸模和凹模刃口 2)凸模、凹模镶块的接合面 3)过盈配合和过渡配合的表面(用于热处理零件) 4)支承定位和紧固表面(用于热处理零件) 5)磨削加工的基准平面 6)要求准确的工艺基准表面	6.3~12.5	不与冲制零件及冲模零件接触的表面
		25	粗糙的不重要的表面

附录 C　常用材料的软化热处理规范

挤压毛坯材料	热处理	规范	软化后硬度/HBW	附注
纯铝 1070A~1200(L1~L5)	退火	加热到 420℃,保温 2~4h,随炉冷却	15~19	
铝镁合金		加热到 390~400℃,保温 4h,炉冷至 120~160℃	38~39	
硬铝 2A12(LY12)		加热到 400~420℃,保温 4h,炉冷至 120~160℃	50~60	
硬铝 2A11(LY11)		加热到 410~420℃,保温 4h,炉冷至 150℃	53.5~55	
锻铝 2A50(LD5)		加热到(420±10)℃,保温 6h,炉冷至 150℃	50~51	
纯铜 T1—T4 无氧铜		加热到 710~720℃,保温 4h,炉冷至 150~180℃	38~42	也可用水淬软化
黄铜 H62		加热到 670~680℃,保温 5h,炉冷至 150~180℃	50~55	也可用 700~750℃水淬
黄铜 H68		加热到 600~760℃,保温 4h,炉冷至 100~150℃	45~55	也可用 700±10℃水淬
08		Ⅰ)加热到 740~760℃,保温 3h,随炉冷却 Ⅱ)加热到 870~890℃,保温 1h,空冷,再加热到 680~700℃,保温 4h,随炉冷却 Ⅲ)加热到 760~780℃,保温 1h,循环 4 次,随炉冷却 Ⅳ)加热到 760℃,保温 4h,炉冷至 700℃,保温 12h,随炉冷却(硬度为 140~145HBW)	102	只采用方案(Ⅰ)
10			107	
15			112	
20			123	
25			129	只采用方案Ⅰ、Ⅱ
30			138	
35			145	只采用方案Ⅰ、Ⅱ、Ⅲ
40			157	
45			160	采用方案Ⅰ、Ⅱ、Ⅲ、Ⅳ
50			187	只采用方案Ⅰ、Ⅱ、Ⅲ
15Mn			129	只采用方案Ⅰ、Ⅱ
20Mn			143	

（续）

挤压毛坯材料	热处理	规范	软化后硬度/HBW	附注
Q345(16Mn)	退火	加热到760℃,保温5h,随炉冷却	134	
45Mn		加热到880℃,保温4h,随炉冷却	155	
15Cr,20Cr		加热到860℃,保温4h,炉冷至300℃	130	
18CrMnTi		加热到760℃,保温4h,炉冷至700℃,保温12h,随炉冷却	135~140	
Q215		加热至920~960℃,保温8h,缓冷10h,至500℃,再加热至920~960℃,保温8h,缓冷96h	100~110	
纯铁 DT1		加热至(900±10)℃,保温3h,随炉冷却	60~80	
1Cr13		760℃退火	180	
1Cr13Mo(2Cr13)			185	
Cr17Ni8 (1Cr18Ni9Ti)	淬火	加热到1150℃,保温5min,用100℃沸水淬软	130~140	
合金 镍 N1、N2	退火	加热到(850±25)℃,保温0.5h,炉冷(气体保护)	62~65	冷挤前可镀铜
合金 封接合金4J29		加热到950~980℃,保温1h,炉冷(气体保护)	130以下	

附录D　冷压用主要材料的力学性能

材料名称	牌号	材料的状态	力学性能			
			抗剪强度 τ /MPa	抗拉强度 σ_b/MPa	屈服点 σ_s /MPa	伸长率 δ_{10} (%)
电工纯铁 $w(C)<0.025$	DT1、DT2、DT3	退火	177	225	—	26
电工硅钢	D11、D12、D21、D31、D32		186	225	—	26
	D41~D48、D310~D340		549	637	—	
普通碳素钢	Q195(A0)	未退火	255~314	314~392	195	28~33
	Q235(A3)		304~373	372~461	235	21~25
	Q275(A5)		392~490	490~608	275	15~19
碳素结构钢	08F	退火	216~304	275~383	177	32
	08		255~353	324~441	196	32
	10F		216~333	275~412	186	30
	10		255~333	294~432	206	29
	15	—	265~373	333~471	225	26
	20		275~392	353~500	245	25

（续）

材料名称	牌号		材料的状态	力学性能			
				抗剪强度 τ /MPa	抗拉强度 σ_b/MPa	屈服点 σ_s /MPa	伸长率 δ_{10} (%)
碳素结构钢	30		—	353～471	441～588	294	22
	35			392～511	490～637	314	20
	45			432～549	539～686	353	16
冷轧深拉深钢	08Al—ZF		退火	—	255～324	196	44
	08Al—HF				255～334	206	42
	08Al—F	$t>1.2$			255～343	216	39
		$t=1.2$			255～343	216	42
		$t<1.2$			255～343	235	42
优质碳素钢	10Mn2			314～451	392～569	225	22
	65Mn			588	736	392	12
合金结构钢	25CrMnSiA 25CrMnSi		低温退火	392～549	490～686	—	18
	30CrMnSiA 30CrMnSi			432～588	539～736		16
不锈钢	2Cr13		退火	314～392	392～490	441	20
	1Cr18Ni9Ti		热处理	451～511	529～686	196	35
铝	1060(L2)、1050A(L3)、1200(L5)		退火	78	74～108	49～78	25
			冷作硬化	98	118～147	—	4
铝锰合金	3A21(LF21)		退火	69～98	108～142	49	19
			半冷作硬化	98～137	152～196	127	13
铝镁合金 铝铜镁合金	5A02(LF2)		退火	127～158	177～225	98	20
			半冷作硬化	158～196	225～275	206	—
硬铝	2A12(LY12)		退火	103～147	147～211	104	12
			淬火并经自然时效	275～304	392～432	361	15
			淬火后冷作硬化	275～314	392～451	333	10
纯铜	T1、T2、T3		软	157	196	69	30
			硬	235	294	—	3
黄铜	H62		软	255	294	—	35
			半硬	294	373	196	20

（续）

材料名称	牌号	材料的状态	力学性能			
			抗剪强度 τ /MPa	抗拉强度 σ_b/MPa	屈服点 σ_s /MPa	伸长率 δ_{10} (%)
黄铜	H62	硬	412	412	—	10
	H68	软	235	294	98	40
		半硬	275	343	—	25
		硬	392	392	245	15
锡磷青铜 锡锌青铜	QSn4-4-2.5 QSn4-3	软	255	294	137	38
		硬	471	539	—	3 ~ 5
		特硬	490	637	535	1 ~ 2

参考文献

[1] 钟翔山,等．冷冲模设计应知应会[M]．北京:机械工业出版社，2008.

[2] 张正修．冲模结构设计方法、要点及实例[M]．北京:机械工业出版社，2007.

[3] 薛啟翔,等．冲压工艺与模具设计实例分析[M]．北京:机械工业出版社，2008.

[4] 模具实用技术丛书编委会．冲模设计应用实例[M]．北京:机械工业出版社，2006.

[5] 杨玉英,等．实用冲模设计手册[M]．北京:机械工业出版社，2004.

[6] 冲模设计手册编写组．冲模设计手册[M]．北京:机械工业出版社，1988.

[7] 丁松聚．冷冲模设计[M]．北京:机械工业出版社，2001.

[8] 吴诗淳,等．冲压工艺学[M]．西安:西北工业大学出版社，1987.

[9] 万战胜,等．冲压模具设计[M]．北京:中国铁道出版社，1983.

[10] 陈华丽．方管两侧同时冲孔模设计[J]．模具制造，2006(11):20-21.

[11] 杜继涛．厚料小孔冲模[J]．模具制造，2004(2):31-32.

[12] 王贞京．介绍一种高效适用的小孔冲模结构[J]．模具工程，2003(4):19-20.

[13] 王春喜,等．旋转式侧孔冲模的设计[J]．模具工业，1993(12):23-24.

[14] 李亮．滚槽模具结构设计的改进及应用[J]．模具制造,2005(11):24-25.

[15] 杨宝顺．锅盖落料拉伸冲孔切边复合模设计[J]．模具制造，2006(1):31-33.

[16] 郭景报．阶梯大凸缘零件拉伸模[J]．模具工业，1991(10):7-8.

[17] 田福祥．接线柱自动送料切槽切断级进模设计[J]．模具制造，2005(4):17-18.

[18] 何志安．圆筒形件冲缺口模设计[J]．模具工业，1992(7):30-31.

[19] 张双禄．筒壁上下对冲孔冲裁模[J]．模具工业，1992(7):32-33.

[20] 吴兴华．槽钢冲缺口模设计[J]．模具制造，2007(12):16-18.

[21] 聂兰启,等．型材剪切模[J]．模具制造，2007(12):19-20.

[22] 江国庄．一种实用型的管端弧口冲切模[J]．模具工业，1993(12):16-17.

[23] 朱尚武．冲切圆管相贯线[J]． 模具工业，1992(7):35-36.

[24] 王成璞,等．L型零件切弧模的设计[J]．模具工业，1992(4):15-16.

[25] 王实伟．开合切边模[J]．模具工业，1992(7):28-29.

[26] 朱建平,等．软磁体材料的镜面冲裁设计[J]．模具工业，1995(2):15-18.

[27] 姜琳． 塑料工件冲裁模设计[J]．模具制造，2003(2):19-20.

[28] 陈祥华．压力锅盖六牙内抽弯曲模[J]．模具工业，1992(12):24-25.

[29] 董兰,等．双下斜楔弯曲模设计[J]．模具制造，2005(2):32-33.

[30] 窦安平,等．夹簧的弯曲成形[J]．模具工业，1992(2):10-12.

[31] 董兰,等．双凸模弯曲模设计[J]．模具制造，2006(1):25-26.

[32] 彭清．模具上几种实用弯管技术[J]．模具工业，1993(8):26-28.

[33] 陈石保．棒料U形弯曲模设计[J]．模具工业，1992(5):23-24.

[34] 金国松．摆杆成形工艺及模具设计[J]．模具制造，2005(5):19-21.

[35] 贺顺祝. 真空助力器壳体工艺及模具[J]. 模具工业, 1992(11):10-12.
[36] 朱敏君. 微电机端盖拉伸工艺及模具[J]. 模具工业, 1995(2):21-23.
[37] 肖勇. 无内胎车轮轮辐的成形[J]. 模具工业, 1992(11):7-8.
[38] 李同盟. 油罐支架成形工艺及模具[J]. 模具工业, 1994(10):27-28.
[39] 孙亚雄. 抽屉支架冲压工艺及成形模设计[J]. 模具制造, 2002(8):26-27.
[40] 王实伟. 聚氨酯胀形模两例[J]. 模具工业, 1992(1):31-32.
[41] 洪慎章. 铝合金茶壶橡胶胀形模设计及制造[J]. 模具制造, 2005(11):12-15.
[42] 夏和林. 高精度U形管冷挤模[J]. 模具工业, 1992(7):23-24.
[43] 刘军华,等. 座椅腿固定板冲孔翻边模设计[J]. 模具制造, 2004(6):30-31.
[44] 周腾昌. 小轴冷墩工艺及模具的改进[J]. 模具工业, 1992(2):23-24.
[45] 吴建华. 浮动凹模扩口模设计[J]. 模具工业, 1993(12):22-23.
[46] 董安宁. 铰链卷圆模[J]. 模具工业, 1995(2):14-15.
[47] 曹玉玲. 换档拨杆工艺分析及模具设计[J]. 模具制造, 2001(5):28.
[48] 张荣清,等. 双斜楔压平冲孔模[J]. 模具制造, 2002(8):18-19.
[49] 丁鹏. 端盖成形工艺分析及模具设计[J]. 模具制造, 2003(11):27-28.
[50] 文斌. 定位板冲孔锪孔落料级进模的设计[J]. 模具制造, 2005(11):10-12.
[51] 袁斯荣. 浮动深孔一次冲裁两孔模[J]. 模具工业, 1990(8):18-19.
[52] 王桂英,等. 双排无搭边定转子硬质合金级进模[J]. 模具制造, 2004(4):10-12.
[53] 余笑梅. 弹簧盖冲压工艺及模具设计[J]. 模具制造, 2005(1):16-17.
[54] 罗晓晔. 精密滚子多工位级进模设计[J]. 模具制造, 2004(6):26-29.
[55] 邓毅. 靠背盖固定架级进模设计[J]. 模具制造, 2007(6):20-22.
[56] 宋贤士. 孔边距特小零件的冲孔[J]. 模具工业, 1991(11):44-45.
[57] 彭卫东. 机架冲压工艺分析及模具设计[J]. 模具制造, 2003(7):30-31.
[58] 余美宏,等. 克服U形件回弹的压弯模具[J]. 模具工业, 1992(3):28.